KUHMINSA

한 발 앞서나가는 출판사, **구민사**

구민사 출간도서 中 수험서 분야

- 용접
- 자동차
- 조경/산림
- 품질경영
- 산업안전
- 전기
- 건축토목
- 실내건축

- 기술사
- 기계
- 금속
- 환경
- 보일러
- 가스
- 공조냉동
- 위험물

전국 도서판매처

- 일산남부서점 • 안산대동서적 • 대구북앤북스 • 대구하나도서
- 포항학원사 • 울산처용서림 • 창원그랜드문고 • 순천중앙서점 • 광주조은서림

www.kuhminsa.co.kr

자격증 시험 접수부터 자격증 수령까지!

필기 원서 접수
큐넷(www.q-net.or.kr)
필기 시험은 회원 가입 후 인터넷 접수만 가능
(사진 파일, 접수비(인터넷 결제) 필요)
응시자격 요건 반드시 확인

필기시험
입실 시간 미준수 시 시험 응시 불가
준비물 : 수험표, 신분증, 필기구 지참

필기 합격 확인
큐넷(www.q-net.or.kr)
사이트에서 확인

실기 원서 접수
큐넷(www.q-net.or.kr)
응시 자격 서류는 실기시험 접수기간(4일 내)에
제출해야만 접수 가능

실기 시험
필답형과 작업형으로 분류
원서 접수 시 선택한 장소와 시간에 맞게 시험을 봅니다.
준비물 : 수험표, 신분증, 필기구 지참

최종합격 확인
큐넷(www.q-net.or.kr)
사이트에서 확인

자격증 신청
인터넷으로 신청(상장형 자격증 발급을 원칙으로 하며,
희망 시 수첩형 자격증 발급 신청/ 발급 수수료 부과)

자격증 수령
인터넷으로 발급(출력)
(수첩형 자격증 등기 수령 시 등기 비용 발생)

구민사는 당신의 합격을 응원합니다.

에너지관리산업기사

필기

PREFACE

　최근 주변 선진국에서 국가발전의 주요정책의 일환으로 산업, 상업, 운송 등의 전문 분야에 걸친 에너지 절약기술의 개발, 보급, 대체 에너지 개발 등에 관한 고도의 기술을 추진 하므로서 에너지관리산업기사가 절실하게 요구되고 있는 실정이다.

　이에 본서는 시대의 상황에 발맞추어 전문적인 에너지관리산업기사의 배출을 위한 정보를 철저히 파악하고 국가기능검정에 기출 되었던 문제를 철저히 분석하여 수험생 여러분이 가장 쉽고 짧은 시간 내에 자격증을 취득할 수 있도록 각 장을 정리하였고 스스로 독학을 할 수 있게끔 이해식의 방법으로 요점을 수록하였다.

　아울러 에너지관리산업기사를 대비하는 수험생들의 적극적인 사고로 본서 한 권만으로 국가기술자격의 벽을 충분히 해결하리라 믿는 바, 뜻 깊은 갈채를 보내며, 끝으로 내용 중 미비된 점이 있을시 지적하여 주시면 부분적인 내용을 수정·보완할 것을 약속드리며, 이 책의 출판을 위해 적극적으로 후원해 주신 도서출판 구민사 조규백 대표님과 직원 여러분께 깊은 감사를 드립니다.

- 보일러산업기사와 에너지관리산업기사 → **에너지관리산업기사**('14년 자격증 명칭 변경 및 출제과목 변경)로 변경이 되었습니다.

C·O·N·T·E·N·T·S

제1편 열역학 및 연소관리

CHAPTER 01 열역학 일반

1-1 열역학적 상태량 ·· 3
    1. 온도(temperature) / 3   2. 비체적, 비중량, 밀도 / 4
    3. 압력(pressure) / 4

1-2 일 및 열에너지 ·· 5
    1. 일(work) / 5   2. 열에너지(heat energy) / 6
    3. 동력(Power) / 7

1-3 열역학 법칙 ·· 8
    1. 내부에너지(internal energy) / 8
    2. 엔탈피(enthalpy)(kcal/kg) / 8
    3. 엔트로피(entropy)[kcal/kg·K] / 9
    4. 에너지관계식(열역학 법칙) / 9
    5. 유효 및 무효에너지 / 10

■ 예상문제 ·· 11

CHAPTER 02 이상기체 및 가스동력 사이클

2-1 이상기체 ·· 24
    1. 상태방정식 / 24   2. 상태변화 / 27

2-2 가스동력사이클 ·· 28
    1. 내연기관의 작동원리 / 28   2. 가스 동력사이클의 종류 및 특징 / 29

■ 예상문제 ·· 34

CHAPTER 03 증기 및 증기동력 사이클

- 3-1 증기 ··· 42
  - 1. 증기의 일반적 성질 / 42
  - 2. 증기의 상태변화 / 43
- 3-2 증기동력 사이클 ··· 45
  - 1. 증기동력 사이클의 종류 및 특징, 성능에 영향을 미치는 인자 / 45
- ■ 예상문제 ·· 50

CHAPTER 04 냉동 및 공기조화

- 4-1 냉매와 습공기 ··· 60
  - 1. 냉매의 구비조건 및 종류 / 60
  - 2. 암모니아 냉매(NH_3 : R-717) / 63
  - 3. 공비혼합냉매 / 63
  - 4. 기타냉매 / 63
  - 5. 대체냉매 / 63
  - 6. 브라인(Brine) 냉매 / 64
  - 7. 습공기선도 / 65
- 4-2 냉동사이클 ··· 67
  - 1. 냉동사이클의 종류 및 특성 / 67
  - 2. 흡수식 냉동사이클의 특성 / 73
  - 3. 열펌프(Heat Pump)시스템의 특성 / 74
  - 4. 냉동능력, 냉동률, 성능계수 / 76
- ■ 예상문제 ·· 78

CHAPTER 05 연소이론

- 5-1 연소이론 ··· 82
  - 1. 연료의 종류 및 특징 / 82
  - 2. 연료의 분석방법 및 관리 / 86
  - 3. 연료의 관리 / 91
  - 4. 연소반응 / 93
  - 5. 연소현상 / 94
  - 6. 연료의 연소방법 / 95
- 5-2 연소계산 ··· 98
  - 1. 공기량 및 공기비 / 98
  - 2. 연가스발생량 / 101
  - 3. 발열량 / 103
  - 4. 연소온도 / 104
  - 5. 연소효율 / 105
- ■ 예상문제 ·· 107

CHAPTER 06 연소설비

- 6-1 연소장치 ··· 133
  - 1. 고체연료의 연소장치 / 133
  - 2. 액체연료의 연소장치 / 137
  - 3. 기체연료의 연소장치 / 143
- 6-2 통풍장치 ··· 144
  - 1. 통풍방법 및 통풍장치 / 144
  - 2. 송풍기의 종류 및 특징 / 148
- ■ 예상문제 ·· 152

CHAPTER 07 연소안전 및 안전장치

- 7-1 연소안전장치 ··· 158
  - 1. 점화장치 / 158
  - 2. 화염검출장치 / 159
  - 3. 연소제어장치 / 159
  - 4. 연료차단장치(밸브)(전자 밸브) / 161
  - 5. 경보장치(가스누설 검지경보장치) / 161
- 7-2 화재 및 폭발 ··· 163
  - 1. 화재 및 폭발이론 / 163
  - 2. 가스폭발 / 167
  - 3. 유증기폭발 / 168
  - 4. 자연발화 / 169
- ■ 예상문제 ·· 170

제2편 계측 및 에너지 진단

CHAPTER 01 계측의 원리

- 1-1 계측기기의 의의 ··· 179
  - 1. 계측과 제어의 목적 / 179
  - 2. 계측기기의 특징 / 179
  - 3. 계기의 선택 / 179
  - 4. 계기의 보전을 위한 사항 / 180
- 1-2 단위계 ··· 180
  - 1. 차원(Dimension) / 180
  - 2. 단위, 단위계 / 180
  - 3. SI 기본단위 / 182

1-3 측정의 종류와 방식 및 특성 ·················· 183
    1. 직접측정 / 183   2. 간접측정 / 184
    3. 절대측정 / 184   4. 편위법 / 184
    5. 영위법 / 184   6. 치환법 / 185
    7. 보상법 / 185

1-4 측정의 오차 ·················· 185
    1. 측정의 정도 / 186   2. 보정값 / 187
    3. 공차 / 187

■ 예상문제 ·················· 189

CHAPTER 02 계측계의 구성 및 제어

2-1 계측계의 구성 ·················· 190
    1. 계측계의 구성요소 / 190

2-2 측정의 제어회로 및 장치 ·················· 192
    1. 자동제어의 종류 및 특징 / 192
    2. 제어동작의 특성 / 계측의 변환 / 193
    3. 보일러의 자동제어(ABC : Automatic Boiler Control) / 195
    4. 인터록 제어 / 197

■ 예상문제 ·················· 198

CHAPTER 03 유체측정

3-1 압력측정 ·················· 207
    1. 압력측정방법 / 207   2. 압력계의 종류 및 특징 / 207

3-2 유량측정 ·················· 213
    1. 유량측정방법 / 213   2. 유량계의 종류 및 특징 / 213

3-3 액면측정 ·················· 219
    1. 액면측정방법 / 219   2. 액면계의 종류 및 특징 / 219

3-4 가스분석 ·················· 222
    1. 가스분석방법 / 222   2. 가스분석계의 종류 및 특징 / 224

■ 예상문제 ·················· 230

CHAPTER 04 열측정

- 4-1 온도측정 ·· 250
  - 1. 온도측정방법 / 250
  - 2. 접촉식 온도계 / 251
  - 3. 비접촉식 온도계 / 251
  - 4. 온도측정의 비교 및 특징 / 251
  - 5. 온도측정의 종류 및 측정온도의 범위 / 252

- 4-2 온도계의 종류 및 특징 ·· 252
  - 1. 접촉식 온도계 / 252
  - 2. 비접촉식 온도계 / 260
  - 3. 기타 온도계 / 263

- 4-3 열량측정 ·· 263
  - 1. 열량측정방법의 종류 및 특징 / 263

- 4-4 습도측정 ·· 265
  - 1. 습도측정방법 / 265
  - 2. 습도계의 종류 및 특징 / 265

- ■ 예상문제 ··· 269

CHAPTER 05 열에너지진단

- 5-1 폐열회수 ·· 278
  - 1. 폐열회수 및 이용 / 278
  - 2. 폐열회수장치 / 278

- 5-2 열전달 ··· 279
  - 1. 열전달 / 279
  - 2. 열관류율 / 281
  - 3. 열교환기의 전열량 / 281

- 5-3 열정산 ··· 283
  - 1. 입열, 출열, 손실열 / 283
  - 2. 열효율 / 286

- ■ 예상문제 ··· 290

제3편 열설비구조 및 시공

CHAPTER 01 요 로

- 1-1 요로의 개요 ········· 307
    1. 요로의 일반 / 307
    2. 요로의 종류 및 특징 / 308

- 1-2 로의 종류 및 특징 ········· 311
    1. 철강용로의 구조 및 특징 / 311
    2. 제강용로의 구조 및 특징 / 312
    3. 주물용해로의 구조 및 특징 / 313
    4. 금속가열 열처리로의 구조 및 특징 / 313
    5. 유리 용융용로 / 314
    6. 축로의 방법 및 특성 / 314

- ■ 예상문제 ········· 316

CHAPTER 02 내화물, 단열재, 보온재

- 2-1 내화물 ········· 322
    1. 내화물의 일반적 성질 / 322
    2. 내화물의 종류 및 특성 / 324

- ■ 예상문제 ········· 328

- 2-2 단열재 ········· 335
    1. 단열성 재료 / 335   2. 재질상의 분류 / 335

- 2-3 보온재 ········· 336
    1. 단열재의 일반적 성칠 / 336
    2. 보온재의 종류 및 특성 / 337
    3. 단열 효과 / 340

- ■ 예상문제 ········· 341

CHAPTER 03 배관 및 밸브

3-1 배관 ·· 344
1. 배관자재 및 용도 / 344   2. 관 이음쇠 및 신축이음 / 347
3. 신축이음 및 관의 접합 / 349   4. 관지지 기구 / 353
5. 패킹 / 355

3-2 밸브 ·· 358
1. 글로브 밸브(stop valve : 옥형 밸브) / 358
2. 앵글 밸브(angle valve) / 358   3. 니들 밸브(needle valve) / 358
4. 슬루스 밸브(gate valve) / 358   5. 역지 밸브(체크 밸브) / 359
6. 콕(cock) / 359   7. 안전밸브(safety valve) / 359
8. 감압밸브 / 360   9. 공기빼기 밸브 / 360
10. 스트레이너(strainer) / 360   11. 유수분리기(oil separate) / 361

■ 예상문제 ·· 362

CHAPTER 04 보일러

4-1 보일러의 종류 및 특징 ·· 367
1. 보일러의 개요 및 분류 / 367   2. 보일러 3대 구성 / 367
3. 보일러의 분류 / 368

4-2 원통보일러의 구조 및 특성 ·· 368
1. 원통형 보일러 / 368   2. 수관보일러의 구조 및 특성 / 376
3. 주철제보일러의 구조 및 특성 / 382
4. 특수보일러의 구조 및 특성 / 383

■ 예상문제 ·· 385

CHAPTER 05 보일러 부속장치 및 부속품

5-1 급수장치 ··· 391
1. 급수탱크, 급수관계 및 급수내관 / 391
2. 급수 펌프(pump)의 종류 및 특성 / 394

5-2 송기장치 ··· 397
1. 기수분리기 및 비수방지관 / 397

2. 증기밸브, 증기관 및 감압밸브 / 399
3. 증기헤더 및 부속품 / 401 4. 안전장치 / 405
5. 응축수 회수 장치 / 409

5-3 열교환장치 ·· 410
1. 과열기 및 재열기 / 410 2. 급수예열기(절탄기) / 411
3. 공기예열기 / 412 4. 열교환기 / 413

5-4 기타 부속장치 ·· 414
1. 연료공급 장치 / 414 2. 분출 장치(blow-system) / 415
3. 수트 블로워(매연 분출기, soot blower) / 417
4. 대기오염방지 장치 / 418 5. 기타장치 / 421

■ 예상문제 ·· 425

CHAPTER 06 보일러 설치시공 및 검사기준

6-1 보일러설치·시공기준 ·· 433
1. 설치시공기준 / 433

6-2 보일러 설치검사기준 및 계속사용검사기준 ······························ 446
1. 설치검사기준 / 446 2. 보일러 계속사용 안전검사기준 / 449

6-3 온수 보일러 설치·시공 기준 ·· 451
1. 적용범위 / 451 2. 용어의 정의 / 451
3. 보일러의 설치장소 및 설치 / 452 4. 배관 및 부속장치 / 452
5. 연료 배관 / 456 6. 설치·시공 기록 등의 보존 / 456
7. 설치·시공 확인 / 457

■ 예상문제 ·· 459

CHAPTER 07 신·재생에너지

7-1 신·재생에너지 일반 ·· 466
1. 신·재생에너지 종류 및 원리 / 466
2. 신·재생에너지 이용방법 / 466

■ 예상문제 ·· 469

제4편 열설비 취급 및 안전관리

CHAPTER 01 보일러 취급

- 1-1 보일러 운전 및 조작 ·········· 473
  - 1. 취급 시 주의사항 / 473
  - 2. 보일러의 계획관리 / 473

- 1-2 보일러 가동 전의 준비사항 ·········· 475
  - 1. 신설 보일러의 가동 전 준비 / 475
  - 2. 사용중인 보일러의 점화전 준비사항 / 476

- 1-3 점화 및 운전 중의 취급 ·········· 477
  - 1. 점화 및 운전 / 477
  - 2. 운전 중의 취급 / 479

- 1-4 보일러 정지시 취급 ·········· 481
  - 1. 정지 시 조치사항 / 481
  - 2. 정지 시 순서 / 481
  - 3. 정지 후 점검 / 481
  - 4. 보일러의 냉각요령 / 482

- 1-5 보일러 보존 ·········· 482
  - 1. 보일러 청소 / 482
  - 2. 보일러의 보존 / 485

- 1-6 보일러 용수관리 ·········· 486
  - 1. 보일러 용수의 개요 / 486
  - 2. 보일러 용수처리 / 490

- ■ 예상문제 ·········· 495

CHAPTER 02 보일러 안전관리

- 2-1 안전관리의 개요 ·········· 507
  - 1. 안전일반 / 507
  - 2. 작업 및 공구 취급 시의 안전 / 508
  - 3. 화재 안전 / 514

- 2-2 보일러 손상과 방지대책 ·········· 518
  - 1. 보일러 손상의 종류와 특징 / 518
  - 2. 보일러 손상 / 521

2-3 보일러 사고 및 방지대책 ·· 522
    1. 의의(意義) / 522
    2. 보일러 사고의 구분 / 522
    3. 발생 및 대책 / 522

■ 예상문제 ··· 525

CHAPTER 03 에너지 관련 법규

3-1 에너지기본법 ·· 536
    1. 목 적 / 536
    2. 정 의 / 536
    3. 국가 등의 책무 / 538
    4. 에너지기본계획의 수립 / 538
    5. 지역에너지계획의 수립 / 539
    6. 비상시 에너지수급계획의 수립 등 / 539
    7. 에너지 위원회의 기능 / 540
    8. 에너지기술개발계획 / 540
    9. 에너지기술개발 / 541
    10. 한국 에너지기술 평가원의 설립 / 541
    11. 에너지기술개발사업비 / 542
    12. 국회보고 / 542

3-2 에너지이용합리화법 ··· 543
    1. 총칙 / 543
    2. 에너지이용 합리화를 위한 계획 및 조치 등 / 544
    3. 에너지이용 합리화시책 / 550
    4. 산업 및 건물관련시책 / 555
    5. 열사용기자재의 관리 / 561
    6. 에너지관리공단 및 시공업자 단체 / 570
    7. 보칙 / 570
    8. 벌칙 / 572

■ 예상문제 ··· 577

제5편 최근 기출문제

2017년 제1회 에너지관리산업기사(2017년 3월 5일 시행) ············ 593
　　　　제2회 에너지관리산업기사(2017년 5월 7일 시행) ············ 607
　　　　제4회 에너지관리산업기사(2017년 9월 23일 시행) ············ 621

2018년 제1회 에너지관리산업기사(2018년 3월 4일 시행) ············ 634
　　　　제2회 에너지관리산업기사(2018년 4월 28일 시행) ············ 649
　　　　제4회 에너지관리산업기사(2018년 9월 15일 시행) ············ 664

2019년 제1회 에너지관리산업기사(2019년 3월 3일 시행) ············ 678
　　　　제2회 에너지관리산업기사(2019년 4월 27일 시행) ············ 692
　　　　제4회 에너지관리산업기사(2019년 9월 21일 시행) ············ 706

2020년 복원문제 ·· 720
2021년 복원문제 ·· 737
2022년 복원문제 ·· 754
2023년 복원문제 ·· 771
2024년 복원문제 ·· 789

제6편 CBT 모의고사

1. 제1회 CBT 모의고사 ·· 807
2. 제2회 CBT 모의고사 ·· 822
3. 제3회 CBT 모의고사 ·· 837
4. 제4회 CBT 모의고사 ·· 851
5. 제5회 CBT 모의고사 ·· 866
6. 제6회 CBT 모의고사 ·· 880

출제기준 안내

직무분야	환경·에너지	중직무분야	에너지·기상
자격종목	에너지관리산업기사	적용기간	2023.1.1 ~ 2025.12.31
직무내용	에너지 관련 열설비에 대한 구조 및 원리를 이해하고 에너지 관련 설비를 시공, 보수·점검, 운영 관리하는 직무이다.			
필기검정방법	객관식	문제수	80	시험시간	2시간

필기과목명	문제수	주요항목	세부항목	세세항목
열 및 연소설비	20	1. 열의 기초	1. 상태량 및 단위	1. 온도 2. 비체적, 비중량, 밀도 3. 압력 4. 단위계
			2. 열역학 법칙	1. 일과 열 2. 내부에너지 3. 엔탈피 4. 엔트로피 5. 유효 및 무효에너지 6. 열역학 법칙
			3. 이상기체	1. 상태방정식 2. 상태변화
			4. 증기설비 관리	1. 증기의 특성 2. 증기 선도 3. 증기사이클
			5. 열전달	1. 전도, 대류, 복사 2. 전열량 3. 열관류
		2. 보일러 연소설비 관리	1. 연소 일반	1. 연료의 종류 및 특성 2. 공기량 및 공기비 3. 연소가스량 4. 발열량 5. 연소온도 6. 연소효율
			2. 연료공급설비 관리	1. 연료공급설비의 특징 2. 연료공급설비의 점검 3. 화재 및 폭발
			3. 연소장치 관리	1. 연소장치의 종류 및 특징 2. 연소장치의 점검
			4. 통풍장치 관리	1. 통풍장치의 종류 및 특징 2. 통풍장치의 점검

필기과목명	문제수	주요항목	세부항목	세세항목
			3. 보일러 에너지 관리	1. 에너지원별 특성 파악	1. 에너지원의 종류 및 특성 2. 에너지원의 저장, 공급, 연소 방식
			2. 에너지효율 관리	1. 에너지 사용량 2. 열정산
			3. 에너지 원단위 관리	1. 에너지 원단위 산출 2. 에너지 원단위 비교 분석
		4. 냉동설비 운영	1. 냉동기 관리	1. 냉매의 구비조건 및 종류 2. 냉동능력, 냉동률, 성능계수 3. 냉동기의 종류 및 특징
열설비설치	20	1. 요로	1. 요로의 개요	1. 요로 일반 2. 요로내의 분위기 및 가스의 흐름
			2. 요로의 종류 및 특성	1. 철강용로의 구조 및 특징 2. 제강로의 구조 및 특징 3. 주물용해로의 구조 및 특징 4. 금속가열 열처리로의 구조 및 특징 5. 기타 요로 6. 축로의 방법 및 특징 7. 노재의 종류 및 특징
		2. 보일러 배관설비	1. 배관도면 파악	1. 열원 흐름도 2. 배관도면의 도시기호 3. 배관 이음
			2. 배관재료 준비	1. 배관 재료의 종류 및 용도
			3. 배관상태 점검	1. 배관의 부속기기 및 용도 2. 배관 방식 3. 배관 장애 및 점검
			4. 보온상태 점검	1. 보온·단열재의 종류 및 특성 2. 보온·단열효과 3. 보온상태 점검
		3. 보일러 부속설비	1. 보일러 급수장치 설치	1. 급수장치의 원리 2. 분출장치
			2. 보일러 환경설비	1. 보일러 환경설비의 종류 및 특징 2. 대기오염방지 장치 3. 슈트블로우 등
			3. 열회수장치	1. 열회수장치의 종류 및 특징 2. 열회수장치 점검
			4. 계측기기	1. 계측의 원리 2. 유체 측정(압력, 유량, 액면, 가스) 3. 온도 및 열량 측정 4. 계측기기 유지관리 5. 계측기기 점검

필기과목명	문제수	주요항목	세부항목	세세항목
			4. 보일러 부대설비	1. 증기설비	1. 증기설비의 종류 및 특징 2. 증기밸브 3. 응축수 회수 장치
			2. 급수·급탕설비	1. 급수·급탕설비의 종류 및 특징 2. 급수·급탕설비의 점검
			3. 압력용기	1. 압력용기의 종류 및 특징 2. 압력용기의 점검
			4. 열교환장치	1. 열교환장치의 종류 및 특징 2. 열교환장치의 점검
			5. 펌프	1. 펌프의 종류 및 특징 2. 펌프의 점검
			6. 온수설비	1. 온수설비의 종류 및 특징 2. 온수설비의 점검
열설비운전	20	1. 보일러 설비운영	1. 보일러 관리	1. 보일러의 종류 및 특징 2. 보일러의 본체 및 연소장치, 부속장치 3. 보일러 열효율 4. 급탕탱크 관리 5. 보일러의 장애
			2. 보일러 고장시 조치	1. 수위 이상 점검 2. 불착화 점검 3. 전동기 과부하 점검 4. 과열정지 점검 5. 비상정지
		2. 보일러 운전	1. 보일러운전 준비	1. 보일러 및 부속·부대설비 가동 전 점검
			2. 보일러 운전	1. 보일러의 운전중 점검 2. 부속장치 정상 작동 확인 3. 연소상태 확인 4. 계측기 상태 확인 5. 고장 원인 파악 6. 보일러의 운전 후 점검 7. 휴지 시 보존관리
			3. 흡수식 냉온수기 운전	1. 정상운전 확인 2. 고장 원인 파악
		3. 보일러 수질 관리	1. 수처리설비 운영	1. 급수의 성분 및 성질 2. 수처리설비의 기능 3. 수처리설비의 자동제어
			2. 보일러수 관리	1. 보일러수 관리 2. 수질관리 기준

필기과목명	문제수	주요항목	세부항목	세세항목
			4. 보일러 자동제어 관리	1. 도면 파악	1. 설계도면 도시기호 2. 자동제어 시스템의 계통도 3. 자동제어 입출력 관제점
			2. 자동제어기기 점검	1. 자동제어기기의 동작 특징 2. 자동제어기기의 고장 원인
			3. 제어설비상태 점검	1. 자동제어 정상상태 값 2. 검출기의 정상작동 점검
			4. 자동제어 운용관리	1. 자동제어설비 운용관리 항목 2. 자동제어설비 프로그램 운용
열설비안전관리 및 검사기준	20	1. 보일러 안전관리	1. 법정 안전검사	1. 안전관련 법규 2. 검사 대상 기기와 검사항목 3. 설치검사, 안전검사, 성능검사
			2. 보수공사 안전관리	1. 안전사고의 종류 및 대처 2. 안전관리교육 3. 안전사고 예방 4. 작업 및 공구 취급 시의 안전
		2. 보일러 안전장치 정비	1. 안전장치 정비	1. 안전장치의 종류 및 특징 2. 안전장치 점검
		3. 에너지 관계법규	1. 에너지법	1. 법, 시행령, 시행규칙
			2. 에너지이용 합리화법	1. 법, 시행령, 시행규칙
			3. 열사용기자재의 검사 및 검사면제에 관한 기준	1. 특정열사용기자재 2. 검사대상기기의 검사 등
			4. 보일러 설치시공 및 검사기준	1. 보일러 설치시공기준 2. 보일러 계속사용 검사기준 3. 보일러 개조검사기준 4. 보일러 설치장소변경 검사기준

PART 01

에·너·지·관·리·산·업·기·사

열역학 및 연소관리

제1장 　열역학 일반

제2장 　이상기체 및 가스동력 사이클

제3장 　증기 및 증기동력 사이클

제4장 　냉동 및 공기조화

제5장 　연소이론

제6장 　연소설비

제7장 　연소안전 및 안전장치

에너지관리산업기사 필기

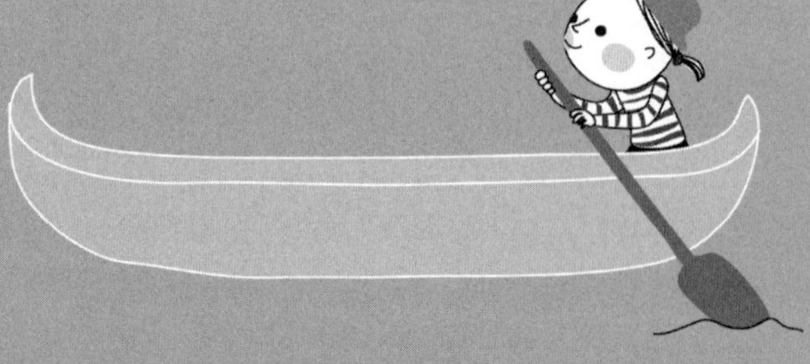

CHAPTER 01 열역학 일반

1-1 열역학적 상태량

1. 온도(temperature)

(1) 섭씨 온도[℃](Centigrade)

표준 대기압($1.0332[kg/cm^2]\cdot760[mmHg]$)하에서 순수한 물의 빙점을 0, 끓는점을 100으로 하여 100 등분한 1눈금

(2) 화씨 온도[°F](Fahrenheit)

표준 대기압하에서 물의 빙점을 32, 끓는점을 212로 하여 180 등분한 1눈금

(3) 절대온도

① 캘빈온도[K] : 섭씨의 절대온도(Kelvin)
$$[K] = 273 + [℃], \quad 0[℃] = 273[K], \quad 0[K] = -273[℃]$$
② 랭킨온도[R] : 화씨의 절대온도(Rankin) $[R] = 459.7 + [°F]$

(4) 각 온도 환산

① $[℃] = \dfrac{5}{9}([°F] - 32)$ ② $[°F] = \dfrac{9}{5}[℃] + 32$

③ $[K] = 273 + [℃]$ ④ $[R] = 459.7 + [°F]$

• $1[K] = \dfrac{1}{1.8}[R]$ • $1[R] = 1.8[K]$

2. 비체적, 비중량, 밀도

(1) 밀도(ρ)(Density)

단위 체적당 질량 $\left[\dfrac{\text{질량(kg)}}{\text{체적(m}^3)}\right]$, $(\rho) = \dfrac{M}{22.4}[\text{g}/l]$ 단위 : [g/l], [kg/m^3]

(2) 비중량(γ)(Specific weight) : 단위체적당 유체의 중량(kg$_f$/m^3)

비중 $\gamma = \left[\dfrac{\text{중량(kg)}}{\text{체적(m}^3)}\right] = \dfrac{m \cdot g}{V} = \rho \cdot g$

① 물은 4[℃]일 때 가장 무겁고 이때를 기준으로 물의 비중은 1[g/cm^3] = 1[kg/l]
= 1,000[kg/m^3] = 1[Ton/m^3]이다.
※ 물의 비중량(γ_w) = 9800N/m^3 = 1000kg$_f$/m^3

② 기체비중 = $\dfrac{M}{29}$ (가스 분자량을 공기 평균 분자량 29로 나눈값)

> ❖ **중량** : 중력 가속도를 받은 상태
> ❖ **질량** : 중력 가속도를 받지 않은 물질 고유의 무게

(3) 비체적(Δv)(Specific volume)

단위 질량당의 체적이며 비중의 역수 $\left[\dfrac{\text{체적(m}^3)}{\text{질량(kg)}}\right]$, 단위 : [$l$/g], [m^3/Kg]

3. 압력(pressure) : 단위면적당 작용하는 힘 $\left(P = \dfrac{F}{A}\right)$

단위 : [kg/cm^2], [mH$_2$O], [mmHg], [N/m^2](= Pascal), [dyne/cm^2], [bar]
Torr(0.001359kg/cm^2)

(1) 표준 대기압(atm)

위도 45° 해저면에서 0[℃]의 수은주 760[mmHg]에 상당하는 압력
$P = \gamma h = 13,595[\text{kg/m}^3] \times 0.76[\text{m}] = 10332[\text{kg/m}^2] = 1.0332[\text{kg/cm}^2]$

예제 1 비중이 13.6, 액체 표면에 수직으로 15m 깊이에서의 압력?

풀이

$13.6 \text{kg}/\ell \times \ell/1000\text{cm}^3 \times 15\text{m} \times 100\text{cm}/1\text{m} = 20.4 \text{kg/cm}^2$

∴ 1[atm] = 760[mmHg] = 1.0332[kg/cm²a] = 10.332[mH₂O]
= 10332[mmH₂O] = 30[inHg] = 14.7[Lb/in²] = 1.013[bar]
= 101325[N/m²] = 101325 Pa ▶ 0.1MPa = 101.325kPa = 101325Pa

※ 1Pa = N/m², 1hPa(헥토파스칼) = 100N/m² ▶ 1MPa = 100 N/cm²

(2) 공학기압(ata)

1[ata] = 1[kg/cm²] = 735.5[mmHg] = 10[mH₂O] = 14.2[PSI]

(3) 절대 압력(kg/cm²a)

완전 진공을 기준으로 한 압력(absolute)(진공도 100[%])

※ 절대압력 = 대기압 + 게이지압력([kg/cm²a] = 1.0332 + [kg/cm²g])
= 대기압 − 진공 게이지 압력

(4) 게이지 압력(atg)

대기압을 0으로 한 게이지가 측정한 압력(진공도 0[%])

※ 게이지 압력 = 절대압력 − 대기압

(5) 진공압력(atv)

대기압보다 압력이 낮은 압력(대기압− 절대압력) : 단위는 [cmHgV], [inHg 진공]

1-2 일 및 열에너지

1. 일(work)

$W = F \cdot \Delta L$ 일의 단위[erg, kg·m, N·m, J, kJ]

W : 일, F : 물체에 가해지는 힘, ΔL : 물체가 움직인 변위

① 1[erg] : 1[dyne]의 힘으로 물체 1[cm]를 이동하는 일
- 1×10^7[erg] = 1[J]

② 1[kg·m] : 1[kg]의 물체를 1[m] 이동하는 일
- 1[kg·m] = $10^3 \times 980$[dyne] $\times 10^2$[cm] = 9.8×10^7[erg] = 9.8[J]

2. 열에너지(heat energy)

물체가 보유한 열의 양으로 열에너지를 의미

(1) 물질의 3태 : 기체, 액체, 고체상태의 상태변화

① 융해 : 고체 → 액체
② 응고 : 액체 → 고체
③ 증발 : 액체 → 기체
④ 응축 : 기체 → 액체
⑤ 승화 : 고체 → 기체, 기체 → 고체

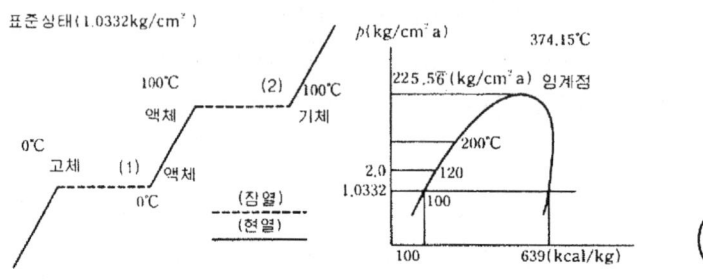 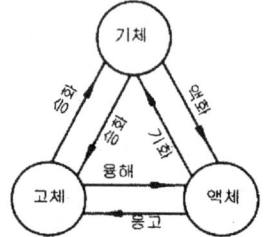

⑥ 얼음의 융해 잠열 → 약 80[kcal/kg] (79.68(0[℃]에서)
⑦ 물의 증발 잠열 → 약 539[kcal/kg] (538.8(100[℃]에서)

(2) 열 량(heat quantity)

① 1[kcal] : 물 1[kg]의 온도를 1[℃] 올리는데 필요한 열량
② 1[B.T.U] : 물 1[LB]의 온도를 1[℉] 올리는데 필요한 열량
③ 1[C.H.U] : 물 1[LB]의 온도를 1[℃] 올리는데 필요한 열량

〈열량단위 비교〉

[kcal]	[B.T.U]	[C.H.U]
1	3.968	2.205
0.252	1	0.556

- 1[Therm](썸) = 105[Btu]
- 1cal = 4.2J ∴ 1 J = 0.24cal

(3) 열용량과 비열

① 열용량 : 어떤 물질의 온도를 1[℃] 만큼 올리는데 필요한 열량
열용량 = 질량(G) × 비열(C), 단위[kcal/℃]

② 비열 : 어떤 물질 1[kg]의 온도를 1[℃] 올리는데 필요한 열량 [단위] : [kcal/kg℃]
   ※ 물 비열 : 1[kcal/kg℃], 얼음 비열 : 0.5[kcal/kg℃]
     공기 비열 : 0.24[kcal/kg℃]
   ㉠ 정압비열(C_P) : 압력을 일정히 하고 가열할 때의 비열
   ㉡ 정적비열(C_V) : 체적을 일정히 하고 가열할 때의 비열
   ㉢ 비열비($\frac{C_P}{C_V}$) : 정압비열과 정적비열의 비
     • 값이 항상 1보다 크다. (C_P) > (C_V)

$$C_P = \frac{k}{k-1} \cdot A \cdot R$$
$$C_V = \frac{1}{k-1} \cdot A \cdot R$$
$$\therefore C_P - C_V = A \cdot R$$
k : 비열비
R : 기체상수
A : 일의 열당량

(4) 현열(감열)과 잠열

① 현열(sensible heat) : 상태 변화없이 온도변화만 일으키는 데 필요한 열

※ $Q_s = G \cdot C \cdot \Delta t$

Q_s : 현열량[kcal]
G : 물질의 중량[kg]
C : 물질의 비열[kcal/kg℃]
Δt : 온도차[℃]

② 잠열(latent heat) : 온도 변화없이 상태변화만 일으키는데 필요한 열

※ $Q_L = G \cdot r$

Q_L : 잠열량[kcal]
G : 물질의 질량[kg]
r : 물질의 잠열[kcal/kg]

• 얼음의 융해잠열 : 약 80[kcal/kg]
• 물의 증발잠열 : 539[kcal/kg]

예제 2 0[℃]의 얼음 10[kg]을 100[℃]의 증기로 만들 때 열량?

풀 이
① 0[℃] 얼음 → 0[℃] 물 : $Q_L = G \times r = 10 \times 79.68 = 796.8$[kcal]
② 0[℃] 물 → 100[℃] 물 : $Q_S = G \times C \times \Delta t = 10 \times 1 \times 100 = 1,000$[kcal]
③ 100[℃] 물 → 100[℃]증기 : $Q_L = G \times r = 10 \times 539 = 5390$[kcal]
∴ ① + ② + ③ = 7186.8[kcal]

3. 동력(Power)

일의 양을 시간으로 나눈 값 즉 단위 시간당의 일량
단위 : [kg·m/s], [lb·ft/s], [kW], [HP](Horse Power), [PS](Pferde Starke)

① 1[HP] = 76[kg·m/s] = 641[kcal/h](영국마력)
② 1[PS] = 75[kg·m/s] = 632[kcal/h](미터마력)
③ 1[kW] = 102[kg·m/s] = 860[kcal/h]
④ 1[HP] = 0.75[kW]

(1) 열량과 동력의 관계

① $1[kW] = 102[kg \cdot m/s] \times \dfrac{1}{427}[kcal/kg \cdot m] \times 3,600[s/h] = 860[kcal/h]$

② $1[PS] = 75[kg \cdot m/s] \times \dfrac{1}{427}[kcal/kg \cdot m] \times 3,600[s/h] = 632[kcal/h]$

※ $1[PS] = 75[kg \cdot m/s] = 632.3[kcal/h] = 0.7355[kW] = 735.5[W] = 542.5[lb \cdot ft/s]$
　$1[HP] = 76[kg \cdot m/s] = 641.6[kcal/h] = 0.7461[kW] = 746.1[W] = 550[lb \cdot ft/s]$
　$1[kW] = 102[kg \cdot m/s] = 860[kcal/h] = 1.36[PS] = 1[kJ/s]$

- 1[Joule] : 1[N]의 힘으로 1[m] 움직이는데 필요한 일의 양
- 1[N] : 1[kg]의 물체를 매초 1[m] 가속시키는 데 필요한 힘의 크기
- 1[dyne] : 1[g]의 물체를 매초 1[cm] 이동하는데 필요한 힘의 크기

1-3 열역학 법칙

1. 내부에너지(U : internal energy)

일정한 부피에서 온도변화를 시킬 때 외력을 받지 않고 물체가 보유하는 전체에너지

$$U = U_{t1} - U_{t0}$$

※ 등온변화시 내부에너지 변화는 0이다.

$\begin{bmatrix} U : \text{내부에너지} \\ U_{t1} : \text{온도 t1에서의 내부에너지} \\ U_{t0} : \text{기준온도(t0)에서의 내부에너지} \end{bmatrix}$

2. 엔탈피(i : enthalpy)(kcal/kg)

물질이 가지는 총 에너지 열량.

① $i = u + APV$

② $i = u + \dfrac{1}{J}W$

$\begin{bmatrix} i : \text{엔탈피}[kcal/kg] \\ u : \text{내부 에너지}[kcal/kg] \\ A : \text{일의 열당량 } \dfrac{1}{427}[kcal/kg \cdot m] \\ P : \text{압력}[kg/m^2] \\ V : \text{비체적}[m^3/kg] \\ J : \text{열의 일당량 } 427[kg \cdot m/kcal] \\ W : \text{일량}(kg \cdot m) \end{bmatrix}$

※ 표준 상태의 증기 엔탈피 = 639[kcal/kg] = [100(현열) + 539(잠열)]

3. 엔트로피(ds : entropy)[kcal/kg·K]

가열할 때 총열량을 절대온도로 나눈 값.

$$ds = \frac{dQ}{T} \quad ds = \frac{1}{T}dQ \quad \therefore S = \int \frac{1}{T}dQ$$

- ds : 엔트로피[kcal/kg·K]
- dQ : 변화된 총열량[kcal/kg]
- T : 절대온도[K]

① 등온과정일 때

* 엔트로피 변화량 $= nR \ln\left(\dfrac{V_2}{V_1}\right) = n \cdot R \cdot \ln\left(\dfrac{P_1}{P_2}\right)$

② 정압과정일 때

* 엔트로피 변화량 $= nC_p \ln\left(\dfrac{T_2}{T_1}\right) = n \cdot C_p \cdot \ln\left(\dfrac{V_2}{V_1}\right)$

③ 정적과정일 때

* 엔트로피 변화량 $= nC_v \ln\left(\dfrac{T_2}{T_1}\right) = n \cdot C_v \cdot \ln\left(\dfrac{P_2}{P_1}\right)$

- n : 몰수
- C_v : 정적열용량
- C_p : 정압열용량
- R : 기체상수
- V_1 : 초기부피
- V_2 : 나중부피
- T_1 : 초기온도
- T_2 : 나중온도
- P_1 : 초기압력
- P_2 : 나중압력

※ 열출입이 없는 단열변화시 엔트로피 변화는 없다.

4. 에너지관계식(열역학 법칙)

(1) 열역학 제0법칙(열평형의 법칙)

온도차가 있는 물체가 고온은 저온으로, 저온은 고온으로 열평형을 이루는 법칙(온도측정의 기초를 이루는 중요한 개념)

$$℃ = \frac{G \cdot C \cdot t + G' \cdot C' \cdot t'}{G \cdot C + G' \cdot C'}$$

- ℃ : 평균온도
- G : 질량(kg)
- C : 비열(kcal/kg·℃)
- t : 온도(℃)

(2) 열역학 제1법칙(에너지보존의 법칙)

열은 일로, 일은 열로 상호 쉽게 교환시킬 수 있는 법칙

$$Q \rightleftarrows W, \quad Q \rightleftarrows A \cdot W, \quad W \rightleftarrows J \cdot Q$$

$$\therefore Q = A \cdot W \quad \therefore Q = \frac{W}{J}$$

- W : 일[kg·m]
- Q : 열량[kcal]
- J : 열의 일당량 : 427 [kg·m/kcal]
- A : 일의 열당량 : 1/427 [kcal/kg·m]

(3) 열역학 제2법칙(에너지흐름의 법칙)

일은 쉽게 열로 바뀌나 열은 쉽게 일로 바뀔 수 없다는 법칙을 말하며 열역학 법칙 중 지금까지 가장 유명한 법칙으로 엔트로피 개념을 도입하는데, 엔트로피는 한 계가 자발

적인 변화를 겪게 될 용량에 대한 척도이다. 즉, 닫힌 한 계의 엔트로피는 감소될 수 없다는 법칙을 말한다.

① 크라우시우스법칙 : 열은 그 자신만으로는 저온물체에서 고온물체로 이동할 수 없다. (열효율이 100[%]인 기관은 만들 수 없다)
② 켈빈의 법칙 : 일을 소비하지 않고 열을 저온체에서 고온체로 이동시킬 수 없다. (제2종 영구기관 제작 불가능의 법칙)

(4) 열역학 제3법칙

어떤 계를 절대온도 0도에 이르게 할 수 없다는 법칙

5. 유효 및 무효에너지

(1) 유효에너지(available energy)

가역 열기관에서 열이 일로 변환된 에너지로 유효일(실제일)을 의미

$$E_a = W = Q_H - Q_L = \eta_C Q_H = \Delta S(T_H - T_L)$$
$$= Q_H\left(1 - \frac{T_L}{T_H}\right)$$

- E_a : 유효에너지
- η_C : 카르노 사이클 열효율
- ΔS : 엔트로피 변화량
- T_H : 고온
- T_L : 저온
- Q_H : 고온의 열원으로 부터의 열량
- Q_L : 저온의 열원으로 부터의 열량

(2) 무효에너지(unavailable energy)

가역 열역학적 시스템에서 방출된 열량으로 볼 수 있고, 유효일로 사용할 수 없는 에너지를 의미

$$E_u = Q_L = Q_H - E_a = \Delta S T_L = Q_H(1 - \eta_C) = Q_H \frac{T_L}{T_H}$$

E_u : 무효에너지

예상문제

01 화씨온도 212°F를 섭씨온도로 환산하면 몇 도인가?

① 98℃ ② 100℃
③ 112℃ ④ 126℃

해설 ℃ $= \frac{5}{9}(°F - 32) = \frac{5}{9}(212 - 32) = 100℃$

02 섭씨 98℃를 화씨로 나타내면 몇 °F인가?

① 208.4 ② 210.4
③ 212.4 ④ 214.4

해설 °F $= \frac{9}{5} \times 98 + 32 = 208.4$

03 절대온도 293K이면 섭씨온도로 얼마인가?

① -20℃ ② 0℃
③ 20℃ ④ 293℃

해설 K = ℃+273 ∴ 293-273 = 20℃

04 화씨온도 59°F는 절대온도로 몇 도 인가?

① 15K ② 47K
③ 475K ④ 288K

해설 $\frac{5}{9}(°F - 32) = \frac{5}{9}(59 - 32) + 273 = 288K$

05 30℃의 물 300kg 과 80℃의 물 300kg을 혼합하면 그 물의 온도는?

① 32℃ ② 42℃
③ 52℃ ④ 55℃

해설 $\frac{300 \times 1 \times 30 + 300 \times 1 \times 80}{300 \times 1 + 300 \times 1} = 55℃$

06 질량 500kg인 추를 10m 낙하시킬 때 하는 일이 모두 질량 5kg, 비열 2kJ/kg·℃인 액체에 가해지면 이 액체의 온도는 몇 ℃ 상승되는가? (단, 마찰손실과 열손실은 없다.)

① 4.9 ② 45.9
③ 53.6 ④ 60.4

해설
$\frac{G \times 10}{427} = 5 \times 2 \times (t_2 - t_1)$

$t_2 - t_1 = \frac{AW}{C} = t_2 - t_1 = \frac{10 \times 500}{427} \times 4.18 = 49kJ$

∴ $t_2 - t_1 = \frac{49}{5 \times 2} = 4.9℃$

※ 일의 열당량 $= \frac{1}{427}$ [kcal/kg·m]

$500 \times 10 \times \frac{1}{427}$ [kcal] $= 5 \times 2 \times \Delta t$ [kJ]

※ 1[kcal] = 4.1867[kJ]

$500 \times 10 \times \frac{1}{427} \times 4.1867$ [kJ] $= 5 \times 2 \times \Delta t$ [kJ]

$\Delta t = \frac{\left(\frac{500 \times 10}{427}\right) \times 4.1867}{5 \times 2}$

$= 4.9℃$

ANSWER 1.② 2.① 3.③ 4.④ 5.④ 6.①

07 공기가 75L의 밀폐용기 속에 압력이 400kPa, 온도 30℃인 상태로 들어 있다. 이 공기의 압력을 800kPa로 상승시키기 위해 열을 가하였을 때 가열 후 온도는 몇 K인가? (단, 공기의 비열비는 1.4이다.)

① 473 ② 553
③ 606 ④ 626

해설) $T_2 = T_1 \times \left(\frac{P_2}{P_1}\right) = (30+273) \times \left(\frac{800}{400}\right) = 606 K$

08 압력을 나타내는 단위가 아닌 것은?

① N/m^2 ② bar
③ mmH_2O ④ $kg_f \cdot s/m^2$

09 체적이 $6m^3$일 때 무게가 $4800kg_f$인 유체의 비중은?

① 0.6 ② 0.7
③ 0.8 ④ 0.9

해설) $\frac{4800}{6} = 800 kg/m^3 = 800 \times \frac{1}{1000} = 0.8$
(물의 비중량 = $1,000 kg/m^3$)

10 다음 중 같은 액체에 대한 표현이 아닌 것은?

① 밀도가 $800kg/m^3$이다.
② $0.2m^3$의 질량이 160kg이다.
③ 비중량이 $800N/m^3$이다.
④ 비체적이 $0.00125m^3/kg$이다.

해설) 물의 비중량 = $1000kg_f/m^3 = 9800N/m^3$
③에서 1000 : 9800
X : 800
$x = \frac{1000 \times 800}{9800} = 81.632 N/m^3$
$\frac{1 m^3}{81.632 kg} = 0.01225 m^3/kg$

11 두바이유의 API 지수가 31.0일 때 비중은 약 얼마인가?

① 0.67 ② 0.77
③ 0.87 ④ 0.97

해설) $API = \frac{141.5}{비중(60/60°F)} - 131.5$
$31.0 = \frac{141.5}{비중(60/60°F)} - 131.5$
∴ 비중 $= \frac{141.5}{131.5 + 31} = 0.87$

12 보일러에서 통풍력을 표시하는 수주(水柱)의 단위는?

① mmHg ② kg/cm^2
③ mmbar ④ mmAq

해설) 통풍력 수주단위 : mmAq(mmH_2O)

13 어떤 온수보일러의 수두압이 30m이면 이 보일러에 가해지는 압력은?

① $3kg_f/cm^2$ ② $30kg_f/cm^2$
③ $300kg_f/cm^2$ ④ $3000kg_f/cm^2$

해설) $1kg_f/cm^2 = 10mH_2O$ 즉, $30mH_2O = 3kg/m^2$

14 비중이 0.9인 액체가 나타내는 압력이 2기압(atm)일 때, 이것을 이 액체의 압력수두로 환산하면 약 몇 m 인가?

① 15m ② 19m
③ 23m ④ 25m

해설) $\frac{1.0332 \times 2 \times 10000}{0.9 \times 1000} ≒ 23m$
즉, $0.9kg/l = 900kg/m^3$, $1kg/cm^2 = 10000kg/m^2$이다.

ANSWER 7.③ 8.④ 9.③ 10.③ 11.③ 12.④ 13.① 14.③

15 20kgf/cm²의 압력을 mmHg로 나타내면 약 얼마인가?

① 5420　　② 14720
③ 24720　　④ 37420

해설 $\dfrac{20 \times 760}{1.0332} = 14711.5\,\text{mmHg}$

16 표준대기압의 값을 나타낸 것으로 틀린 것은?

① 760mmHg　　② 10.332 mAq
③ 1013.25mbar　　④ 1.5kgf/cm²

해설 표준대기압(1atm) : 1.0332kg/cm² 이다.

17 압력을 나타내는 관계식으로 잘못된 것은?

① 1Pa = 1N/m²
② 1bar = 10³Pa
③ 1atm = 1.01325bar
④ 절대압력 = 대기압력 + 게이지압력

해설 1bar = 100,000pa이다.

18 어떤 용기 내의 기체의 압력이 계기압력으로 P_g이다. 대기압을 P_a라고 할 때 기체의 절대압력은?

① $P_g - P_a$　　② $P_g + P_a$
③ P_g　　④ P_a

해설 절대압력 = $P_g + P_a$

19 대기압 0.1MPa하에서 게이지 압력이 0.8MPa이었다. 이때 절대압력은 몇 MPa인가?

① 0.7　　② 0.8
③ 0.9　　④ 1

해설 절대압력 = 게이지압력 + 대기압력
∴ 0.1 + 0.8 = 0.9MPa

20 다음 단위 중 압력에 대한 단위가 아닌 것은?

① Pa　　② N/m²
③ J/s　　④ kgf/m²

해설 압력의 단위 : Pa, N/m², kg/m², mmHg, mmH₂O, psi

21 대기 중에 있는 지름 20cm의 실린더에 300kg의 추를 올려놓았을 때 실린더 내의 절대압력은 몇 kg/cm²인가?
(단, 대기압은 750mmHg이다.)

① 0.97　　② 1.27
③ 1.98　　④ 2.77

해설 절대압력 = 대기압 + 게이지압력
① 게이지압력(kg/cm²g)
$= \dfrac{\text{추의 무게(kg)}}{\text{단면적(cm}^2)} = \dfrac{300}{\dfrac{3.14 \times (20)^2}{4}}$
$= 0.955\,\text{kg/cm}^2\text{g}$
② 대기압 = $1.0332\,\text{kg/cm}^2 \times \dfrac{750\,\text{mmHg}}{760\,\text{mmHg}} = 1.020$
∴ ① + ② = 1.975

22 대기압이 100kPa일 때 계기압력이 300kPa이었다. 이때 절대압력은 몇 kPa인가?

① 101　　② 201
③ 400　　④ 499

해설 절대압력 = 대기압 + 계기압력 = 100 + 300 = 400kPa

ANSWER　15.②　16.④　17.②　18.②　19.③　20.③　21.③　22.③

23 진공압력 740mmHg는 절대압력으로 약 몇 kPa인가?

① 1.89   ② 2.67
③ 74.0   ④ 98.7

해설 절대압력 = 대기압 − 진공압력 = 760 − 740
= 20mmHg
표준대기압(1atm) = 101.325kPa
760mmHg : 102kPa
20mmHg : (X)
∴ 절대압력(abs) = $101.325 \times \frac{20}{760}$ = 2.67kPa

24 탱크 내에 900kPa의 공기 20kg이 충전되어 있다. 공기 1kg을 뺄 때 탱크 내 공기온도가 일정하다면 탱크 내 공기압력은 몇 kPa이 되는가?

① 655   ② 755
③ 855   ④ 900

해설 탱크내 공기압력 = $\frac{900kPa}{20kg}$ = 45kPa/kg
∴ 공기압력(P) = 900 − 45 = 855kPa

25 [그림]에서와 같이 탱크에 물이 들어있다. 탱크 하부에서의 압력은 얼마인가? (단, 물의 비중은 1.0이다.)

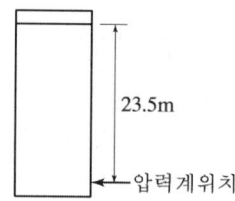

① 2.35kg/cm²   ② 23.5kg/cm²
③ 23.5cmH₂O   ④ 23.5Pa

해설 H₂O의 10m 수두압 : 1kg/cm²
∴ $\frac{23.5}{10}$ = 2.35 kg/cm²

26 0℃에서 수은주의 높이가 760mm에 상당하는 압력을 1표준 기압 또는 대기압이라 할 때 다음 중 1atm과 다른 것은?

① 1013mbar   ② 101.3Pa
③ 1.033kg/cm²   ④ 10.332mH₂O

해설 1atm = 760mmHg = 1013mbar = 1033kg/cm²
= 10.0332mH₂O = 101325Pa = 101325N/m²
= 14.7PSi

27 통풍력의 단위로 사용하기에 가장 적합한 것은?

① 수은주(mmHg)   ② 수주(mmH₂O)
③ 수주(mH₂O)   ④ kg/cm²

해설 통풍력 단위 : 수주mmH₂O(mmAq)

28 다음과 같은 압력측정장치에서 용기압력은 어떻게 표시되는가? (단, 유체의 밀도 ρ, 중력가속도 g로 표시한다.)

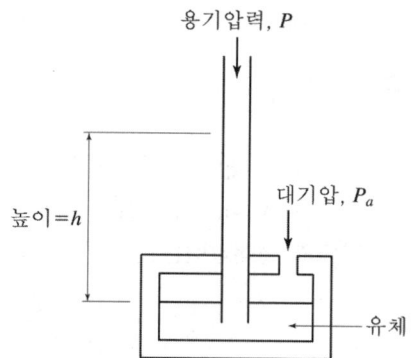

① $P = P_a$ ② $P = \rho gh$
③ $P = P_a + \frac{1}{2}\rho gh$ ④ $P = P_a + \rho gh$

해설 $P = P_a + \rho gh$

ANSWER 23.② 24.③ 25.① 26.② 27.② 28.④

29 5kcal의 열을 전부 일로 변환하면 몇 kg_f·m인가?

① 50kg_f·m ② 100kg_f·m
③ 327kg_f·m ④ 2,135kg_f·m

해설 $A = 427 \text{kg·m/kcal}$
∴ $427 \times 5 = 2,135 \text{kg}_f \cdot m$

30 열의 일당량으로 옳은 것은?

① $\frac{1}{427}$ kcal / kg_f·m

② 427kg_f·m/ kcal

③ 539kcal / kg_f·m

④ $\frac{1}{539}$ kg_f·m/kcal

해설 열의 일당량(J) = 427kg_f·m/kcal
일의 열당량(A) = $\frac{1}{427}$ kcal/kg_f·m

31 그림은 초기 체적이 V_1 상태에 있는 피스톤이 외부로 일을 하여 최종적으로 체적이 V_f인 상태로 된 것이 나타낸다. 외부로 가장 많은 일을 한 과정은?

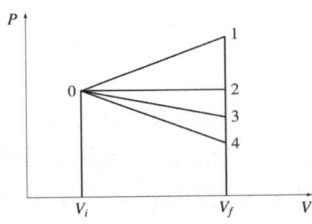

① 0-1 과정 ② 0-2 과정
③ 0-3 과정 ④ 0-4 과정

해설
• $W = \frac{1}{A}Q = JQ$
• $J = \frac{1}{A} = 427 \text{kg·m/kcal}$
$\delta\theta = du + APdv$ (kcal/kg)
① 외부에서 일을 하면 ⊕
② 외부에서 일을 받으면 ⊖
∴ 0 → 1 : 일의 체적변화가 가장 크다.

32 압력과 온도가 각각 300kPa, 300℃인 공기 3kg이 단열변화하여 체적이 5배로 되었을 때 외부에 대한 일은 약 몇 kJ인가? (단, 비열비는 1.4이고 기체상수는 R은 0.287kJ/kg·K이다.)

① 476 ② 584
③ 638 ④ 933

해설
$T_2 = T_1 \times (\frac{V_1}{V_2})^{k-1} = 573 \times (\frac{1}{5})^{1.4-1} = 301K$

∴ $W_2 = \frac{GR}{k-1}(T_1 - T_2) = \frac{3 \times 0.287}{1.4-1} \times (573 - 301)$
$= 585.48 \text{kJ} ≒ 584 \text{kJ}$

33 1.6kWh를 열량으로 환산하면 몇 kcal 인가?

① 1450kcal ② 1376kcal
③ 1600kcal ④ 1712kcal

해설 $1.6 \times 860 = 1376 \text{kcal}$

34 다음 중 열량의 단위가 아닌 것은?

① 줄(J) ② 칼로리(cal)
③ 뉴턴(N) ④ 와트시(Wh)

해설 1N·m = 1뉴턴의 힘으로 1m 이동
1J = 1Ws = 1N·m와 같다.
열량의 유도단위 = N·m, kg 중·m, Joul, cal, W·h

35 비열 0.3kcal/kg·℃, 온도 30℃인 어떤 물질 10kg을 온도 520℃까지 가열하는 데 필요한 열량은? (단, 가열 과정에서 물질의 상(相) 변화는 없다.)

① 147kcal ② 1,470kcal
③ 490kcal ④ 4,900kcal

해설 $Q = 10 \times 0.3 \times (520 - 30) = 1,470 \text{kcal}$

ANSWER 29.④ 30.② 31.① 32.② 33.② 34.③ 35.②

36 어떤 기름 5kg 을 15℃에서 115℃까지 가열하는데 필요한 열량은 몇 kcal 인가? (단, 기름의 평균 비열은 0.65kcal/kg·℃ 이다.)

① 325 ② 405
③ 510 ④ 525

해설 $Q = 5 \times 0.65 \times (115-15) ≒ 325 kcal$

37 1kcal 는 약 몇 J (줄)의 열량에 해당 되는가?

① 4.2J ② 0.24J
③ 2400J ④ 4186J

해설 1kcal = 4.186kJ = 4186J

38 열량(quantity of heat)의 단위가 아닌 것은?

① kcal ② atm
③ BTU ④ CHU

해설 atm = 표준대기압을 의미한다.

39 1보일러 마력은 몇 kcal/h에 해당하는가?

① 8435kcal/h
② 15.65kcal/h
③ 539kcal/h
④ 639kcal/h

해설 보일러 1마력의 열량은 약 8435kcal/h이다.

40 「어떤 물체의 온도를 1℃ 높이는데 필요한 열량」으로 정의되는 것은?

① 열관류량 ② 열전도율
③ 열전달율 ④ 열용량

해설 열용량 : 어떤 물체의 온도를 1℃ 높이는데 필요한 열량으로 단위는 kcal/℃ 이다.

41 단위 질량이 물체의 온도를 단위 온도차 이만큼 높이는데 필요한 열량을 말하는 것은?

① 비중량 ② 현열
③ 비열 ④ 잠열

해설 비열이란 : 어떤 물질 1kg을 1[℃]이 높이는데 필요한 열량을 의미한다.
• 현열 : 상태변화 없이 온도를 상승시키는 것.
• 잠열 : 온도변화 없이 상태가 변화 되는 것.
• 비중량 : 단위 체적당의 중량을 의미한다.

42 전기 에너지 1kW 당 몇 kcal/h로 환산하는가?

① 632kcal/h ② 427kcal/h
③ 860kcal/h ④ 539kcal/h

해설 1kW를 열량으로 환산하면 860kcal/h이다.

43 공기 2kg을 0℃을 500℃까지 압력이 일정한 상태로 가열할 때 필요한 열량은 몇 kJ인가? (단, 공기의 비열은 1kJ/kg·℃ 이다.)

① 120 ② 240
③ 500 ④ 1000

해설 $Q = G \cdot C \cdot \Delta t = 2 \times 1.0 \times (500-0) = 1000 kJ$

ANSWER 36.① 37.④ 38.② 39.① 40.④ 41.③ 42.③ 43.④

44 압력이 300kPa, 체적이 0.5m³인 공기가 일정한 압력에서 체적이 0.7m³으로 팽창하였다. 이 팽창 중에 내부에너지가 50kJ 증가하였다면 팽창에 필요한 열량은 몇 kJ인가?

① 50   ② 60
③ 100 ④ 110

해설) 등압변화
$_1W_2 = \int_1^2 PdV = P(V_2-V_1) = R(T_2-T_1)$
$= 300(0.7-0.5) = 60kJ$
∴ 팽창에 필요한 열량(W) = 60+50 = 110kJ

45 5kW의 전열기를 사용하여 10℃의 물 86kg을 80℃까지 가열하고자 한다. 열손실이 없다고 가정하면, 가열하는 데 소요되는 시간은?

① 1시간 24분   ② 1시간 40분
③ 2시간 30분   ④ 3시간 15분

해설) 1kW-h = 860kcal
86×1×(80-10) = 6,020kcal
860×5 = 4,300kcal/h
∴ $\frac{6,020}{4,300} = 1.4시간 = 1시간24분$

46 3kWh의 전열기로 80kg의 중유를 10℃에서 80℃로 예열할 때 소요시간은? (단, 중유의 비열은 0.45kcal/kg·℃, 전열기 효율은 80%로 가정한다.)

① 약 30분   ② 약 1시간 13분
③ 약 2시간 18분 ④ 약 3시간

해설) $H = \frac{80 \times 0.45 \times (80-10)}{860 \times 3 \times 0.8} \times 60 = 73분 ≒ 1시간 13분$

47 질량유량이 m이고 압축기 입·출구에서의 비내부에너지와 비엔탈피가 각각 u_1, h_1, u_2, h_2일 때 이상적으로 필요한 압축기의 동력의 크기는? (단, 위치에너지와 속도에너지는 무시한다.)

① $m(u_2-u_1)$ ② $m(h_2-h_1)$
③ $m(P_2-P_1)$ ④ $m(V_2-V_1)$

해설) 압축기 동력크기 ∴ m·(h₂-h₁)

48 발열량이 47300kJ/kg인 휘발유를 시간당 40kg씩 연소시키는 기관의 열효율이 30%라면, 이 관의 발생동력은 몇 kW인가?

① 158   ② 527
③ 1548   ④ 1752

해설) Q = 47300×0.3 = 14190kJ/kg
∴ 1kW = 3600kJ
$P = \frac{14190 \times 40}{3600} = 158kW$
$= (47300kJ/kg \times 400kg/h \times 0.3) \times \frac{1kW}{360kJ/h}$
$= 157.667kW$

Answer 44.④ 45.① 46.② 47.② 48.①

49 그림과 같이 유체가 단면적이 변하는 관로를 흐르고 있을 때 B점에서의 유속이 A점에서의 유속의 2배라 할 때 A점과 B점에서의 엔탈피는 어떠한 관계가 있는가? (단, 관로는 단열재로 싸여 있다.)

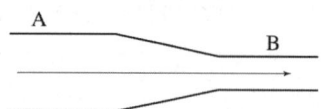

① A점의 엔탈피가 B점의 엔탈피보다 크다.
② A점의 엔탈피가 B점의 엔탈피보다 작다.
③ A점의 엔탈피와 B점의 엔탈피는 서로 같다.
④ A점의 엔탈피는 유체의 물리적 성질에 따라 B점의 엔탈피보다 클 수도 있고, 작을 수도 있다

해설
• B점 : 유속 증가
• A점 : 유속 느림
• A점의 엔탈피가 B점의 엔탈피보다 크다

50 어떤 용기에 채워져 있는 물질의 내부에너지가 u_1이다. 이 용기 내의 물질에 열을 q만큼 전달해 주고, 일을 w만큼 가해 주었을 때, 물질의 내부에너지 u_2는 어떻게 변하는가?

① $u_2 = u_1 + q + w$
② $u_2 = u_1 - q - w$
③ $u_2 = u_1 + q - w$
④ $u_2 = u_1$

해설 내부에너지 변화 : $u_2 = u_1 + q + w$

51 어느 열역학적 계(System)가 외계(Surroundings)로부터 10kJ의 열을 받고 7kJ의 일(Work)을 하였다면, 이 계의 에너지 증가는?

① $-17kJ$ ② $+3kJ$
③ $-3kJ$ ④ $+17kJ$

해설
• $\Delta u = 10 - 7 = +3kJ$
W = 외부에 일을 받으면 : -, 외부에 일을 하면 : +
Q = 외부에 열을 방출하면 : -, 외부에 열을 받으면 : +

52 부피가 일정한 공간 내에서 공기 10kg을 온도 20℃에서 100℃까지 가열하는 경우 내부에너지 변화량은 몇 kJ인가? (단, 공기의 정적비열은 $0.71kJ/kg \cdot K$이고 정압비열은 $1.0kJ/kg \cdot K$이다.)

① 514 ② 568
③ 800 ④ 932

해설 정적변화(등적변화) = $G \times C_v \times \Delta t$
내부에너지 변화량(H) = $10 \times 0.71 \times (100 - 20)$
= 568kJ

53 다음 중 이상기체의 등온과정에 대하여 항상 성립하는 것은? (단, W는 일, Q는 열, U는 내부에너지를 나타낸다.)

① $W = 0$
② $Q = 0$
③ $|Q| \neq |W|$
④ $\Delta U = 0$

해설 등온과정에서 내부에너지변화는 0이다.
(내부에너지 변화가 없다.)
$\Delta U = U_2 - U_1 = 0$
∴ $U_1 = U_2$

ANSWER 49.① 50.① 51.② 52.② 53.④

54 가스가 40kJ의 열량을 받음과 동시에 외부에 30kJ의 일을 했다. 이때 가스의 내부에너지 변화량은?

① 10kJ 증가 ② 10kJ 감소
③ 30kJ 증가 ④ 30kJ 감소

해설) 내부에너지 변화량 = 40-30 = 10kJ

55 엔탈피는 내부에너지와 무엇을 더한 것인가?

① 엑서지
② 엔트로피
③ 유동 일(Flow Work)
④ 잠열(Latent Heat)

해설) H = u+APV = 내부에너지+유동에너지

56 어떤 이상기체가 체적 V_1, 압력 P_1로부터 체적 V_2, 압력 P_2까지 등온팽창하였다. 이 과정 중에 일어난 내부 에너지의 변화량 $\triangle U = U_2 - U_1$과 엔탈피의 변화량 $\triangle H = H_2 - H_1$을 옳게 나타낸 것은?

① $\triangle U = 0$, $\triangle H = 0$
② $\triangle U < 0$, $\triangle H = 0$
③ $\triangle U = 0$, $\triangle H < 0$
④ $\triangle U > 0$, $\triangle H > 0$

해설) ① 내부에너지 변화량($\triangle U$)
$U_2 - U_1 = C_v(T_2 - T_1) = 0$
② 엔탈피변화량($\triangle H$)
$h_2 - h_1 = C_p(T_2 - T_1) = 0$

57 8℃의 이상기체를 단열압축하여 그 체적이 $\frac{1}{5}$로 되었을 때 온도는 몇 ℃인가?
(단, 이상기체의 비열비는 1.4이다.)

① 313 ② 295
③ 262 ④ 222

해설) $\frac{T_2}{T_1} = (\frac{V_1}{V_2})^{k-1} = (\frac{P_2}{P_1})^{\frac{k-1}{k}}$

∴ $T_2 = T_1(\frac{V_1}{V_2})^{k-1} = [(273+8) \times (\frac{5}{1})^{1.4-1}] - 273$
$= 262℃$

58 관로에서 외부에 대한 열의 출입이 없고 외부에 대한 일과 유압속도를 무시할 때, 유출속도 W_2에 대한 식으로 옳은 것은? (단, i는 단위질량당 엔탈피이며, 1,2는 각각 입구와 출구를 의미한다.)

① $W_2 = \sqrt{2(i_1 - i_2)}$
② $W_2 = \sqrt{2(i_1 + i_2)}$
③ $W_2 = 2\sqrt{(i_1 - i_2)}$
④ $W_2 = 2\sqrt{(i_1 + i_2)}$

해설) $W_2 = \sqrt{2(t_1 - t_2)}$ (m/s)
$= \sqrt{2(i_1 - i_2)}$

59 열역학의 기본법칙으로 일종의 에너지 보존법인 것은?

① 열역학 제3법칙
② 열역학 제2법칙
③ 열역학 제0법칙
④ 열역학 제1법칙

해설) 열역학 제1법칙을 에너지 보존의 법칙 또는 불변의 법칙이라 한다.

Answer 54.① 55.③ 56.① 57.③ 58.① 59.④

60 일을 할 수 있는 능력에 관한 법칙으로 기계적인 일이 없이는 스스로 저온부에서 고온부로 이동할 수 없다는 법칙은?

① 열역학 제1법칙 ② 열역학 제2법칙
③ 열역학 제3법칙 ④ 열역학 제4법칙

해설 열역학 제2법칙 : 일에서 열로 변하는 것은 가역적이나 열에서 일로 변하는 것은 비가역적이다. 즉, 기계적인 일이 없이는 스스로 저온부에서 고온부로 이동할 수 없다는 법칙을 의미한다.

61 열역학 제2법칙과 관계가 가장 먼 것은?

① 열은 온도가 높은 곳에서 낮은 곳으로 흐른다.
② 전열선에 전기를 가하면 열이 나지만 전열선을 가열하면 전력을 얻을 수 없다.
③ 열기관의 성능(효율)에 대한 이론적인 한계를 결정한다.
④ 10℃의 물 1kg과 30℃의 물 1kg을 잘 섞어주면 온도는 약 20℃가 된다.

해설 열역학 제0법칙(열평형의 법칙) : 온도가 서로 다른 물질을 접촉하거나 혼합하면 열의 이동이 이루어져 열의 흐름이 없는 열적 평형상태가 된다.

62 27℃에서 12L의 체적을 갖는 이상기체가 일정 압력에서 127℃까지 온도가 상승하였을 때 체적은 얼마인가?

① 12L ② 16L
③ 27L ④ 56.4L

해설 $T_1 = 27+273 = 300K$
$T_2 = 127+273 = 400K$
$\therefore V_2 = V_1 \times \dfrac{T_2}{T_1} = 12 \times \dfrac{400}{300} = 16L$

63 열역학 제2법칙과 관련된 다음 설명 중 틀린 것은?

① 열은 저온부로부터 고온부로 자연적으로 전달되지 않는다.
② 단일열원으로부터 열을 전달받아 사이클 과정으로 열을 일로 변화시킬 수 있는 열기관은 없다.
③ 모든 과정에 대하여 엔트로피의 변화량(dS)은 $\dfrac{\delta Q}{T}$보다 크거나 같다.
④ 100%의 열효율을 갖는 열기관이 존재할 수 있다.

해설 켈빈의 표현 : 100%의 열효율을 갖는 열기관이 존재할 수 없다.

64 열역학 제1법칙에 대한 설명으로 옳은 것은?

① 에너지 보존의 법칙이다.
② 반응이 일어나는 방향을 알려준다.
③ 온도 측정 원리를 제공한다.
④ 온도 0K 부근에서 엔트로피의 변화량을 나타낸다.

해설 열역학 제1법칙 : 에너지 보존의 법칙 = 에너지불변의 법칙

65 다음의 열역학 관계식 중 틀린 것은?

① $\left(\dfrac{\partial T}{\partial V}\right)_S = \left(\dfrac{\partial P}{\partial S}\right)_V$
② $\left(\dfrac{\partial T}{\partial P}\right)_S = \left(\dfrac{\partial V}{\partial S}\right)_P$
③ $\left(\dfrac{\partial P}{\partial T}\right)_V = \left(\dfrac{\partial S}{\partial V}\right)_T$
④ $\left(\dfrac{\partial V}{\partial T}\right)_P = \left(\dfrac{\partial S}{\partial P}\right)_T$

해설 $\left(\dfrac{\partial T}{\partial V}\right)_S = -\left(\dfrac{\partial P}{\partial S}\right)_V$

ANSWER 60.② 61.④ 62.② 63.④ 64.① 65.①

66 다음 중 시스템의 경계를 통하여 일, 열 등 어떠한 형태의 에너지와 물질도 통과할 수 없는 시스템은?

① 밀폐시스템
② 개방시스템
③ 고립시스템
④ 단열시스템

해설 고립시스템 : 시스템의 경계를 통하여 일, 열 등 어떠한 형태의 에너지와 물질도 통과할 수 없는 시스템

67 다음 중 열역학 제1법칙에 관한 설명은?

① 에너지는 여러 가지 형태를 가질 수 있지만 에너지의 총량은 일정하다.
② 열이 고온부로부터 저온부로 이동하는 현상은 비가역적 현상이다.
③ 고립계인 이 우주의 엔트로피는 계속 증가한다.
④ 절대온도 0K일 때 엔트로피는 0이다.

해설 열역학 제1법칙(에너지보존의 법칙, 에너지 불변의 법칙) : 일과 열의 에너지 총량은 일정

68 "일을 열로 바꾸는 것도 이것의 역도 가능하다."는 것과 가장 관계가 깊은 법칙은?

① 열역학 제1법칙
② 열역학 제2법칙
③ 줄(Joule)의 법칙
④ 푸리에(Fourier)의 법칙

해설 열역학 제1법칙(에너지보존의 법칙) : 일을 열로 바꾸는 것도 이것의 역도 가능한 법칙

69 보일의 법칙을 나타내는 식으로 옳은 것은? (단, C는 일정한 상수를 나타낸다.)

① $\dfrac{T}{V} = C$
② $\dfrac{V}{T} = C$
③ $PV = C$
④ $\dfrac{PV}{T} = C$

해설
① 보일의 법칙 : $P_1 V_1 = P_2 V_2$, $PV = C$
② 샤를의 법칙 : $\dfrac{V_1}{T_1} = \dfrac{V_2}{T_2}$, $\dfrac{V}{T} = C$
③ 보일-샤를의 법칙 : $\dfrac{P_1 V_1}{T_1} = \dfrac{P_2 V_2}{T_2}$, $\dfrac{PV}{T} = C$

70 클라우시우스(Clausius)의 부등식을 옳게 나타낸 것은?

① $\oint \dfrac{\delta Q}{T} \geq 0$
② $\oint \delta Q \geq 0$
③ $\oint \delta Q \leq 0$
④ $\oint \dfrac{\delta Q}{T} \leq 0$

해설
① 클라우시우스의 부등식 $\oint \dfrac{\delta Q}{T} \leq 0$
② 비가역과정 $\oint \dfrac{\delta Q}{T} < 0$
③ 가역과정 $\oint \dfrac{\delta Q}{T} = 0$

71 열역학 제1법칙과 관련되는 에너지의 형태가 아닌 것은?

① 내부에너지
② 엔탈피
③ 엔트로피
④ 반응열

해설 엔트로피는 열역학 제2법칙과 관계됨

ANSWER 66.③ 67.① 68.① 69.③ 70.④ 71.③

72 열역학 제2법칙에 대한 설명이 아닌 것은?

① 열은 스스로 저온부에서 고온부로 이동될 수 없음을 의미하는 법칙이다.
② 열과 일의 형태인 에너지가 보존된다는 법칙이다.
③ 열효율이 100%인 열기관은 없다.
④ 고립계에서는 엔트로피가 감소하지 않는다.

해설 열열학제1법칙 : 에너지 보존의 법칙(에너지 불변의 법칙) 즉, 일과 열은 가역적이다.

73 공기의 체적비율이 산소 22%, 질소 78%의 혼합기체라 가정할 때 표준상태에서 공기의 기체상수는 몇 kJ/kg·K인가?

① 0.2819　　② 0.2879
③ 0.2915　　④ 0.2938

해설 $R = \dfrac{8.314}{M} = \dfrac{8.314}{28.88} = 0.2879 \text{kJ/kg·K}$
평균분자량(공기) = $(32 \times 0.22) + (28 \times 0.78) = 28.88$

74 어떤 계가 한 상태에서 다른 상태로 변할 때 이 계의 엔트로피는?

① 항상 감소한다.
② 항상 증가한다.
③ 항상 증가하거나 불변이다.
④ 증가, 감소, 불변 모두 가능하다.

해설 어떤 계가 한 상태에서 다른 상태로 변할 때 이 계의 엔트로피 증가, 감소, 불변 모두 가능하다.

75 엔트로피에 대한 설명 중 틀린 것은?

① 엔트로피는 열역학적 상태량이다.
② 계의 엔트로피 변화는 가역 및 비가역 과정에서 경로와 무관하다.
③ 엔트로피는 모든 과정에 대하여 전달 열량을 온도로 나눈 것으로 정의된다.
④ 몰리에선도는 엔탈피와 엔트로피 관계를 나타내는 선도이다.

해설 엔트로피 = $\dfrac{\delta Q}{T} = \dfrac{GCdT}{T}$ kcal/kg·K
비엔트로피 = $\dfrac{\delta q}{T} = \dfrac{CdT}{T}$ kcal/kg·K

76 2mol의 이상기체가 등온상태에서 처음 부피의 3배로 팽창할 때 엔트로피 변화량은 약 몇 J/K인가? (단, 기체상수는 8.314J/mol·K이다.)

① 12.47　　② 18.26
③ 36.52　　④ 49.86

해설 등온변화
$\triangle S = n \cdot R \cdot \ln\left(\dfrac{V_2}{V_1}\right)$
$= 2 \times 8.314 \times \ln\left(\dfrac{3}{1}\right) = 18.267 \text{J/K}$

77 물의 기화열은 1기압에서 2257kJ/kg이다. 1기압하에서 포화수 1kg을 포화수증기로 만들 때 물의 엔트로피의 변화는 몇 kJ/K인가?

① 0　　② 6.05
③ 539　　④ 2,257

해설 1기압(atm) : 포화온도 100℃ = 100+273 = 373K
∴ 비엔트로피 변화(ds) = $\dfrac{\delta q}{T} = \dfrac{2257}{373} = 6.05 \text{kJ/K}$

ANSWER 72.② 73.② 74.④ 75.③ 76.② 77.②

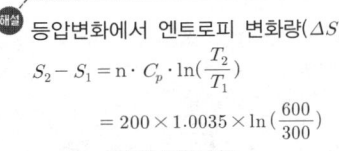

78 공기 1kg이 온도 27℃로부터 300℃까지 가열되며 이때 압력이 400kPa에서 300kPa로 내려가는 경우의 엔트로피 변화량은 약 몇 kJ/kg·K인가? (단, 공기의 정압비열을 1.005kJ/kg·K이며, 공기의 기체상수는 0.287kJ/kg·K이다.)

① 0.362 ② 0.533
③ 0.733 ④ 0.957

해설
$\Delta S = \Delta S_p - \Delta S_t$
$= C_p \times \ln\frac{T_2}{T_1} - R \times \ln\frac{P_2}{P_1}$
$= 1.005 \times \ln\left(\frac{573}{300}\right) - 0.287 \times \ln\left(\frac{300}{400}\right)$
$= 0.65033 - (-0.0825) = 0.733\,\text{kJ/kg·K}$

79 공기 1kg을 15℃로부터 80℃로 가열하여 체적이 0.80m³에서 0.95m³로 되는 과정에서의 엔트로피 변화량은 약 몇 kJ/K인가? (단, 공기의 정압비열은 C_P는 1.004kJ/kg·K이며, 기체상수 R은 0.287kJ/kg·K이다.)

① 0.195 ② 0.253
③ 3.802 ④ 65.32

해설
$\Delta s = C_v \cdot \ln\left(\frac{T_2}{T_1}\right) + R \cdot \ln\left(\frac{V_2}{V_1}\right)$
$\therefore \Delta s = 0.717 \times \ln\left(\frac{353}{288}\right) + 0.287 \times \ln\left(\frac{0.95}{0.80}\right)$
$\fallingdotseq 0.195\,\text{kJ/K}$
$C_v = C_p - R = 1.004 - 0.287 = 0.717\,\text{kJ/kg·K}$

80 압력을 일정하게 유지하면서 200kg의 이상기체를 300K에서 600K까지 가열하다면 엔트로피 변화량은 약 몇 kJ/K인가? (단, 이 기체의 정압비열은 1.0035 kJ/kg·K이다.)

① 117.2 ② 139.1
③ 227.3 ④ 240.1

해설 등압변화에서 엔트로피 변화량(ΔS)
$S_2 - S_1 = n \cdot C_p \cdot \ln\left(\frac{T_2}{T_1}\right)$
$= 200 \times 1.0035 \times \ln\left(\frac{600}{300}\right)$
$= 139.323\,\text{kJ/K}$

81 온도 300K인 공기를 가열하여 600K가 되었다. 초기 상태 공기의 비체적을 1m³/kg, 최종 상태의 공기의 비체적을 2m³/kg이라고 할 때, 이 과정 동안 엔트로피의 변화량은 약 몇 kJ/kg·K인가? (단, 공기의 정적비열은 0.7kJ/kg·K, 기체상수는 0.3kJ/kg·K이다.)

① 0.3 ② 0.5
③ 0.7 ④ 1.0

해설
$\Delta S = C_v \ln\left(\frac{T_2}{T_1}\right) + R \ln\left(\frac{V_2}{V_1}\right)$
$\therefore 0.7 \times \ln\left(\frac{600}{300}\right) + 0.3 \times \ln\left(\frac{2}{1}\right) = 0.693\,\text{kJ/kg·K}$

83 15℃인 공기 4kg이 일정한 체적을 유지하며 400kJ의 열을 받은 경우 엔트로피 증가량은 약 몇 kJ/kg·K인가? (단, 공기의 정적비열은 0.71kJ/kg·K이다.)

① 1.13 ② 26.7
③ 100 ④ 400

해설
$\Delta S = S_2 - S_1 = C_v - \int_1^2 \frac{dT}{T} = C_v \ln\frac{T_2}{T_1} = C_v \ln\frac{P_1}{P_2}$
$\Delta S = \left(\frac{400}{273+15}\right) - \left(0.71 \times 2.3\log\frac{400}{273+15}\right) = 1.13$

ANSWER 78.③ 79.① 80.② 81.③ 83.①

CHAPTER 02 이상기체 및 가스동력 사이클

2-1 이상기체

1. 상태방정식

(1) 이상기체법칙

이상기체 : 기체의 압력(P), 부피(V), 온도(T)의 관계를 나타내는 가상적인 기체를 말한다. 즉 보일의 법칙, 샬의 법칙, 돌턴의 법칙 등에 따른다.

1) 이상기체(완전가스)의 성질

① 기체분자 상호간에 작용하는 인력과 분자의 크기는 무시되며, 분자간의 충돌은 완전 탄성체로 봄
② 보일-샬의 법칙 만족
③ 아보가드로 법칙에 따름

※ 아보가드로 법칙 : 온도와 압력이 일정하면, 모든 기체는 같은 부피 속에 같은 수의 분자가 들어 있다. 또한 표준상태(0[℃], 1[atm])에서 모든 기체의 1[mol]의 부피는 22.4[ℓ]이고, 22.4[ℓ] 속에 6.02×10^{23}개의 분자가 존재한다. 기체밀도를 이용해서 분자량을 구할 수 있는 법칙

④ 온도에 관계없이 비열비는 일정 ($K = \dfrac{C_p}{C_v}$)
⑤ 내부 에너지는 부피(체적)에 관계없이 온도에 의해서만 결정. 즉 내부 에너지는 줄(Joule)의 법칙 성립

2) 이상 기체의 법칙

① 보일의 법칙(Boyle law) : 일정 온도에서 기체가 차지하는 부피는 압력에 반비례

$$P_1 V_1 = P_2 V_2 \quad \therefore \quad PV = C$$

- P_1 : 압력(kg/cm² · abs)
- V_1 : 부피(ℓ)
- P_2 : 부피가 V_1일 때 가스 압력(kg/cm² · abs)
- V_2 : 압력이 P_1일 때 가스 부피(ℓ)

② 샬의 법칙(Charle's law) : 일정 압력에서 기체가 차지하는 부피는 절대온도에 비례

$$\frac{V_1}{T_1} = \frac{V_2}{T_2} \quad \therefore \quad \frac{V}{T} = C$$

- V_1 : 0[℃](절대 온도 273)일 때의 가스 부피(ℓ)
- T_1 : 0[℃](절대 온도 273)
- V_2 : t[℃](절대 온도 273 + t℃)일 때의 가스 부피(ℓ)
- T_2 : t[℃](절대 온도 273 + t℃) : 0[℃](절대 온도 273) 일 때의 가스 부피(ℓ)

③ 보일-샬의 법칙 : 기체의 부피는 압력에 반비례하고, 절대온도에 비례

$$\frac{P_1 V_1}{T_1} = \frac{P_2 V_2}{T_2} \quad \therefore \quad \frac{PV}{T} = C$$

예제 1
1[atm], 25[℃], 200[m³]의 공기를 300[atm], -100[℃]로 하면 그 부피는 몇 [ℓ]?

풀이

$$V_2 = \frac{P_1 \cdot V_1 \cdot T_2}{T_1 \cdot P_2} = \frac{1 \times 200 \times (273 - 100)}{(273 + 25) \times 300} = 0.387[\text{m}^3] = 387[\ell]$$

3) 이상 기체의 상태 방정식

이상 기체의 상태를 온도, 압력, 부피와의 관계를 나타내는 방정식

① $PV = nRT, \left(n = \dfrac{W}{M}, R = 0.08205 \left[\dfrac{l \cdot \text{atm}}{\text{mol} \cdot \text{K}} \right] \right)$

- n : 몰수
- M : 분자량
- V : 부피[ℓ]
- R : 기체상수 ($l \cdot \text{atm/mol} \cdot \text{K}$)
- W : 질량[g]
- P : 압력[atm]
- T : 절대온도[K]

예제 2
600[ℓ]의 용기에 40[atm], 27[℃]에서 O₂가 충전되어 있다. 몇 [kg]의 O₂가 충전되어 있는지를 계산하라.

풀이

$$W = \frac{PVM}{RT} = \frac{40 \times 600 \times 32}{0.082 \times 300} = 31219.5[\text{g}] \fallingdotseq 31.22[\text{kg}]$$

② $PV = GRT$

$\begin{cases} P : 압력[kg/m^2 a] \\ V : 부피[m^3] \\ G : 질량[kg] \\ R : 기체상수\left(\dfrac{848}{M}[kg \cdot m/kg \cdot K]\right) \\ T : 절대온도[K] \end{cases}$

예제 3 수소 2[kg]이 내용적 6000[ℓ]의 용기에 4[kg/cm²G]로 충전되어 있다. 이때 수소의 온도[℃]는 얼마인가? (단, 가스의 상수는 848[kg·m/Kmol·K]이다.)

[풀이]

$T = \dfrac{PV}{GR} = \dfrac{(4+1.033) \times 10^4 \times 6}{2 \times \dfrac{848}{2}} = 356.1[K]$ ∴ $356.1[K] - 273 = 83[℃]$

- 기체상수 R값 : $PV = nRT$에서

1) $R = \dfrac{PV}{nT} = \dfrac{1[atm] \times 22.4[l]}{1[mol] \times 273[K]} = 0.08205 \left[\dfrac{l \cdot atm}{mol \cdot K}\right]$

2) $R = \dfrac{PV}{nT} = \dfrac{1.0332 \times 10^4 [kg/m^2] \times 22.4[m^3]}{1[kmol] \times 273[K]} = 848 \left[\dfrac{kg \cdot m}{kmol \cdot K}\right]$

4) 실제 기체의 상태방정식(반데르 발스 방정식)

이상 기체의 상태방정식 $PV = nRT$는 분자의 부피와 분자간의 인력이 무시된 상태에서 성립된 식이다. 따라서 실제 기체의 상태식은 분자간의 인력과 부피에 대한 보정이 필요하다.

① 실제 기체 1[mol]경우 : $\left(P + \dfrac{a}{V^2}\right)(V - b) = RT$ $\begin{cases} \dfrac{a}{V^2} : 기체 분자간의 인력 \\ b : 기체 자신이 차지하는 부피 \end{cases}$

5) 돌턴의 분압법칙

기체 혼합물의 전압은 각 성분 기체의 분압의 합과 같다.

$P_t = P_1 + P_2 + P_3 \cdots\cdots$ $\begin{cases} P_t : 전압 \\ P_1, P_2, P_3 : 분압 \end{cases}$

분압 = 전압 × $\dfrac{성분\ 기체\ 몰수}{전몰수}$ = 전압 × $\dfrac{성분\ 기체\ 부피}{전부피}$

2. 상태변화

이상기체의 상태변화는 등온변화, 등압변화, 등적변화, 가역단열변화, 폴리트로픽변화 등의 가역변화와 비가역 단열변화, 교축, 가스의 혼합 등의 비가역 변화가 있다.

※ PV = RT에서 P, V, T관계

① 등온변화 : $PV = P_1 V_1 = P_2 V_2$ [T = C(일정)]

② 등압변화 : $\dfrac{V_1}{T_1} = \dfrac{V_2}{T_2}$ [P = C(일정)]

③ 등적변화 : $\dfrac{P_1}{T_1} = \dfrac{P_2}{T_2}$ [V = C(일정)]

④ 가역단열변화 : $\dfrac{T_2}{T_1} = \left(\dfrac{V_1}{V_2}\right)^{K-1} = \left(\dfrac{P_2}{P_1}\right)^{\frac{K-1}{K}}$, $T_2 = T_1 \left(\dfrac{P_2}{P_1}\right)^{\frac{K-1}{K}}$ [PV^K = C(일정)]

⑤ 폴리트로픽변화 : PV^n = [C(일정)] 로 실제기체의 변화과정을 말하며, n을 폴리트로픽지수라고 한다.

〈폴리트로픽지수(n)와 상태변화〉

상태변화	n의값	P.V.T 관계
등온변화($n=1$)	1	PV = RT = C
등압변화($n=0$)	0	$PV^0 = PV = C$
등적변화($n=\infty$)	∞	$PV\infty = P1/\infty V = V = C$
단열변화($n=K$)	K	$PV^K = C$
폴리트로픽변화(n)	n	$PV^n = C$

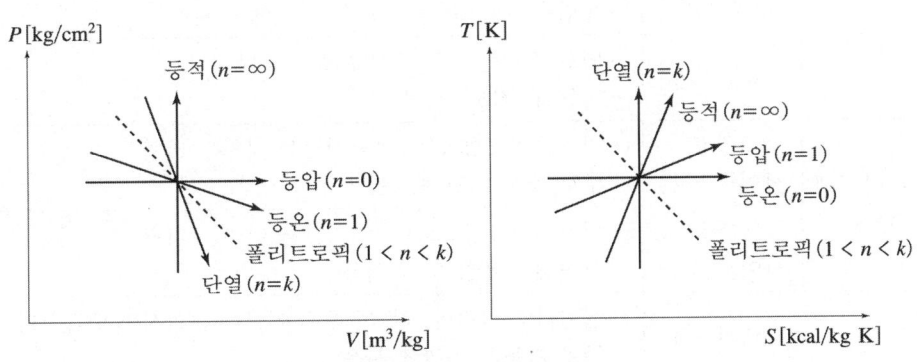

〈이상기체의 상태변화〉

∴ 등온변화 < 폴리트로픽변화 < 단열변화
(1 < n < K)

2-2 가스동력사이클

1. 내연기관의 작동원리

(1) 기관분류

분류	종류	작동 원리
외연기관	증기기관 증기터빈기관	보일러를 사용하여 발생하는 고온 고압의 증기로 피스톤을 왕복운동시키거나 날개차를 회전시킨다.
내연기관	피스톤기관 가스터빈기관	연료와 공기의 혼합기를 기관 안에서 연소, 폭발시켜 그 때에 발생하는 고온, 고압의 연소가스로 피스톤을 움직이거나, 노즐에서 분출시켜 날개차를 회전시킨다.
	제트기관 로켓기관	연소가스를 기관에서 내보낼 때의 반동력이 힘이 되어 일을 한다.

(2) 내연 기관의 종류와 특징

분류 기준	종류	특징 및 용도
사용 연료에 따라	가스 기관	- 연료로 발생로 가스, 용광로 가스, 천연 가스 등의 기체를 사용 - 공장용으로 이용
	가솔린 기관	- 연료로 가솔린을 사용하고, 시동 및 운전이 편리 - 고속 기관에 널리 사용
	등유 기관	- 농업용, 어업용 등이 소형 기관에 쓰임
	디젤 기관	- 연료 소비량이 적고 열효율이 좋다 - 자동차, 철도, 선박 등
작동 방식에 따라	2행정 사이클 기관	- 피스톤의 2행정으로 1사이클을 마치는 기관 - 주로 소형 기관에 사용
	4행정 사이클 기관	- 피스톤의 4행정으로 1사이클을 마치는 기관 - 가솔린 기관에 많이 사용
냉각 방식에 따라	수냉식 기관	- 실린더와 실린더 헤드의 주위에 물을 순환시켜 냉각시키는 기관 - 주로 자동차 기관에 사용
	공냉식 기관	- 실린더 헤드와 실린더에 냉각 핀을 설치하여 공기로 냉각하는 기관 - 비행기, 오토바이 기관에 사용

2. 가스 동력사이클의 종류 및 특징

가스동력 사이클은 연소가스를 동작유체로하는 내연기관을 말함.
(가솔린기관, 디젤기관, 가스터빈기관, 제트기관등)

🔖 가스사이클은 이상 사이클(Ideal cycle)
① 동작물질은 이상기체로 보는 공기이며 비열이 일정
② 가역과정
③ 고열원에서 열을 받아 저열원에 열 방출
④ 압축 및 팽창과정은 등엔트로피 단열과정이며 단열지수는 서로 같다
⑤ 연소 중 열해리가 없다고 가정

(1) 오토사이클(Otto cycle)

전기점화기관의 이상 사이클로 등적(Constant volume) 사이클이며 자동차용 가솔린기관, 소형기관에 사용

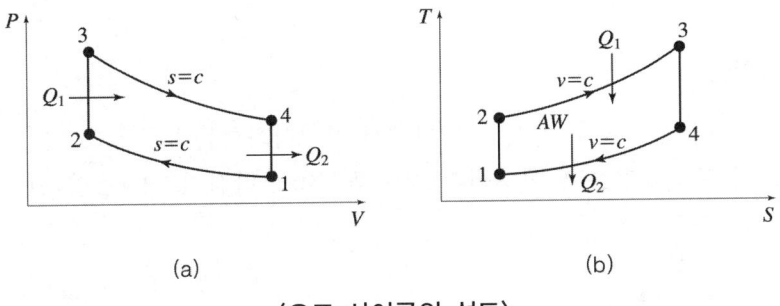

〈오토 사이클의 선도〉

1) 오토사이클 상변화

① 단열(등엔트로피)압축과정(1 → 2)

$$PV^k = C, \quad \frac{T_2}{T_1} = (\frac{V_1}{V_2})^{k-1} = (\frac{P_2}{P_1})^{\frac{k-1}{k}}$$

② 등(정)적가열과정(2 → 3)

$$V_2 = V_3 = C, \quad \frac{P_2}{T_2} = \frac{P_3}{T_3}$$

③ 단열(등엔트로피)팽창과정(3 → 4)

$$PV^k = C, \quad \frac{T_3}{T_4} = (\frac{V_4}{V_3})^{k-1} = (\frac{P_3}{P_4})^{\frac{k-1}{k}}$$

④ 등(정)적방열과정(4 → 1)

$$V_1 = V_4 = C, \quad \frac{P_1}{T_1} = \frac{P_4}{T_4}$$

⑤ 흡수열량(Q_1) 및 방열량(Q_2)

$$Q_1 = CV(T_3 - T_2) \text{kcal/kg}$$
$$Q_2 = CV(T_4 - T_1) \text{kcal/kg}$$

2) 오토사이클 열효율(η_O)

열효율은 압축비 만의 함수이며, 압축비 및 작동유체의 비열비가 클수록 열효율은 증가하나 이상연소의 문제 때문에 압축비 크기는 제한을 받는다.

$$\eta_o = 1 - \frac{T_4 - T_1}{T_3 - T_2} = 1 + \frac{T_4 - T_1}{\epsilon^{k-1}(T_4 - T_1)} = 1 - \left(\frac{1}{\epsilon}\right)^{k-1} = 1 - \epsilon^{1-k}$$

- 압축비(ϵ) = $\dfrac{V_1}{V_2} = \dfrac{1 + 통극}{통극}$

(2) 디젤 사이클(Diesel cycle)

동작유체를 단열압축시켜 고온, 고압하에서 자연착화하는 방식으로 2개의 단열과정과 1개의 등압 및 등적과정으로 이루어진 사이클. 저속 디젤기관용(등압 사이클)

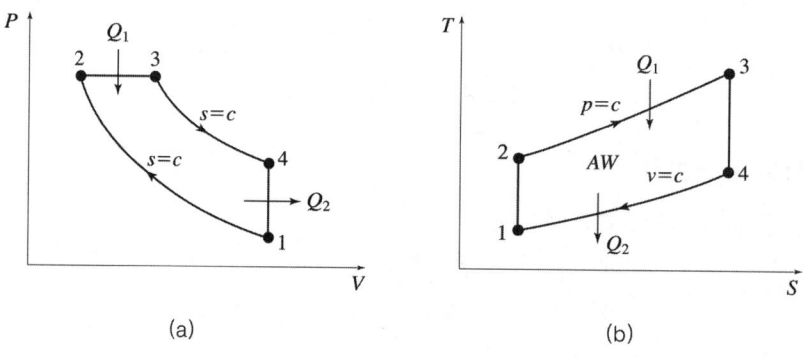

〈디젤 사이클의 선도〉

1) 디젤 사이클 상변화

① 단열압축과정(1 → 2) : 흡입공기 압축하는 과정

$$\frac{T_2}{T_1} = \left(\frac{V_1}{V_2}\right)^{k-1}, \quad T_2 = T_1\left(\frac{V_1}{V_2}\right)^{k-1} = T_1 \epsilon^{k-1}$$

② 등압가열과정(연소)(2→3) : 연료 분사 후 등압에서 연소과정

$$P_2 = P_3, \quad \frac{V_2}{T_2} = \frac{V_3}{T_3}, \quad T_3 = T_2\frac{V_3}{V_2} = T_1\epsilon^{k-1}\rho$$

- $\rho = \dfrac{V_3}{V_2}$: 체절비, 단절비

③ 단열팽창과정(3→4) : 연소가스 팽창과정

$$\frac{T_4}{T_3} = \left(\frac{V_3}{V_4}\right)^{k-1} = \left(\frac{V_3}{V_1}\right)^{k-1} = \left(\frac{V_3}{V_2} \cdot \frac{V_2}{V_1}\right)^{k-1}$$

$$T_4 = T_3\left(\rho\frac{1}{\epsilon}\right)^{k-1} = \rho T_1\epsilon^{k-1}\left(\rho\frac{1}{\epsilon}\right)^{k-1} = T_1\rho^k = \frac{\rho^k - 1}{\epsilon^{k-1}(\rho - 1)}$$

④ 등적방열과정(4→1) : 등적과정으로 연소가스 배출과정

$$V_4 = V_1, \quad \frac{P_1}{T_1} = \frac{P_2}{T_2}$$

⑤ 흡수열량(Q_1) 및 방열량(Q_2)

$$Q_1 = C_p(T_3 - T_2)(\text{kcal/kg}), \quad Q_2 = C_v(T_4 - T_1)(\text{kcal/kg})$$

2) 디젤 사이클 열효율(η_o)

$$\eta_o = 1 - \frac{Q_2}{Q_1} = 1 - \frac{C_v(T_4 - T_1)}{C_v(T_3 - T_2)} = 1 - \frac{T_4 - T_1}{K(T_3 - T_2)} = 1 - \left(\frac{1}{\epsilon}\right)^{k-1} \cdot \frac{\rho^k - 1}{K(\rho - 1)}$$

(3) 사바테 사이클(Sabathe cycle)

연소가 등적변화와 등압변화의 2단계의 합성 연소 사이클로 고속 디젤기관 사이클로 등적, 등압 사이클(이중연소 사이클) 즉, 현재 대부분 디젤엔진이 이에 해당되며 정적과 정압이 부합되어 일정한 압력 하에서 연소가 되는 것으로 사바테 사이클이라고 한다.

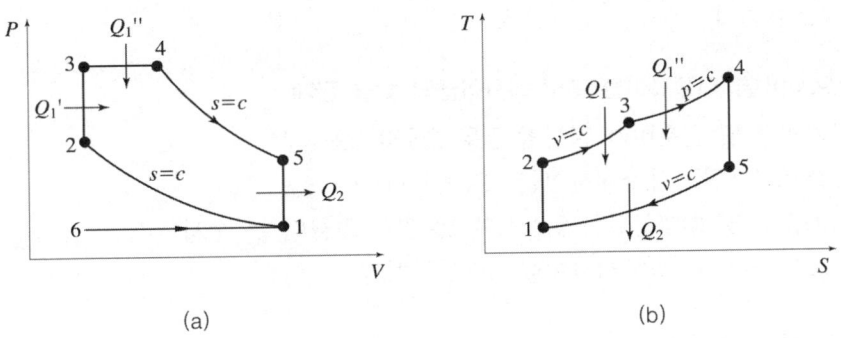

(a) (b)

〈사바테 사이클의 선도〉

6→1 : 흡입행정, 1→6 : 배기행정, 1→2 : 압축행정

2→3 : 정적연소, 3→4 : 정압연소, 4→5 : 동력행정(단열팽창)

5→1 : 배기밸브 열림

1) 사바테 사이클 상변화

① 단열 압축과정(1 → 2)

$$\frac{T_2}{T_1} = \left(\frac{V_1}{V_2}\right)^{k-1}, \quad T_2 = T_1 \epsilon^{k-1}$$

② 등적가열과정(연소)(2 → 3)

$$V_2 = V_3, \quad \frac{P_2}{T_2} = \frac{P_3}{T_3}, \quad T_3 = T_2\left(\frac{P_3}{P_2}\right) = T_1 \epsilon^{K-1} \beta$$

③ 등압가열과정(연소)(3 → 4)

$$P_3 = P_4, \quad \frac{V_3}{T_3} = \frac{V_4}{T_4}, \quad T_4 = \frac{V_4}{V_3}, \quad T_3 = T_1 \epsilon^{K-1} \beta \rho$$

④ 단열팽창과정(4 → 5)

$$\frac{T_5}{T_4} = \left(\frac{V_4}{V_5}\right)^{K-1}$$

$$T_5 = T_4\left(\frac{V_4}{V_5}\right)^{k-1} = T_4\left(\frac{V_4}{V_3} \cdot \frac{V_3}{V_5}\right)^{k-1} = T_1 \epsilon^{k-1} \beta \rho \cdot \rho^{k-1}\left(\frac{1}{\epsilon}\right)^{k-1} = T_1 \beta \rho^k$$

⑤ 흡수열량($Q_1{'}$, $Q_2{'}$) 및 방열량(Q_2)

$$Q_1{'} = C_v(T_3 - T_2) \quad \therefore Q_1 = Q_1{'} + Q_1{''} = C_v(T_3 - T_2) + C_p(T_4 - T_3)(\text{kca/kg})$$

$$Q_1{''} = C_p(T_4 - T_3)$$

$$Q_2 = C_v(T_5 - T_1)(\text{kcal/kg})$$

2) 사바테 사이클 열효율(η_S)

$$\eta_s = 1 - \frac{C_v(T_5 - T_1)}{C_v(T_3 - T_2) + C_p(T_4 - T_3)} = 1 - \left(\frac{1}{\epsilon}\right)^{k-1} \cdot \frac{\beta \cdot \rho^{k-1}}{(\beta - 1) + k\beta(\rho - 1)}$$

- ϵ(압축비) $= \dfrac{V_1}{V_2}$, ρ(차단비) $= \dfrac{V_4}{V_3}$, β(압력비) $= \dfrac{P_3}{P_2}$

❖ 오토사이클, 디젤사이클, 사바테사이클의 효율 관계

① 가열량 및 압축비가 일정할 경우 효율이 큰 순서
  오토사이클 > 사바테사이클 > 디젤사이클

② 가열량 및 최대압력을 일정하게 할 경우 효율이 큰 순서
  오토사이클 < 사바테사이클 < 디젤사이클

(4) 브레이튼 사이클(Brayton cycle)

2개의 등압과정, 2개의 단열과정으로 구성된 가스터빈의 이상 사이클로 냉동사이클의 역 사이클(자동차, 항공기, 발전용, 고로의 송풍용, 고부하시 보조발전용, 소방펌프 등 특수 용도에 사용)

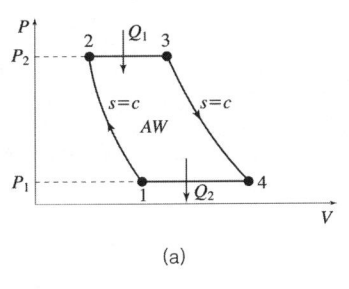
(a)
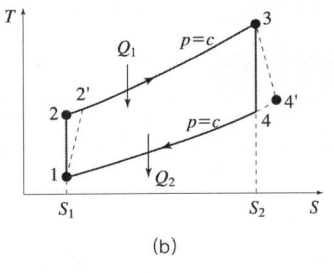
(b)

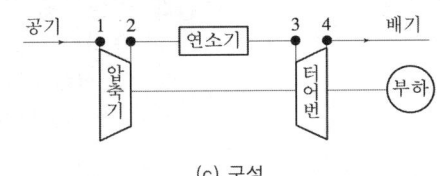
(c) 구성

〈브레이튼 사이클의 선도〉

1) 브레이튼 사이클 상변화

① 단열압축과정(1 → 2) : 압축기에서 압축과정

$$\frac{T_2}{T_1} = \left(\frac{V_1}{V_2}\right)^{k-1} = \left(\frac{P_2}{P_1}\right)^{\frac{k-1}{k}}$$

$$T_2 = T_1\left(\frac{P_2}{P_1}\right)^{\frac{k-1}{k}} = T_1(r)^{\frac{k-1}{K}} \quad r\,(압력비) = \frac{P_2}{P_1}$$

② 등압가열과정(2 → 3) : 연소과정

③ 단열팽창과정(3 → 4) : 연소된 동작유체가 터빈을 돌려 일하는 과정

$$\frac{T_4}{T_3} = \left(\frac{V_3}{V_4}\right)^{k-1} = \left(\frac{P_4}{P_3}\right)^{\frac{k-1}{k}}$$

$$T_3 = T_4\left(\frac{P_3}{P_4}\right)^{\frac{k-1}{k}} = T_4\left(\frac{P_2}{P_1}\right)^{\frac{k-1}{k}} = T_4 r^{\frac{k-1}{k}}$$

④ 등압방열과정(4 → 1) : 터빈에서 일을 끝낸 가스를 대기 중에 배출과정

⑤ 흡수열량(Q_1) 및 방열량(Q_2)

$$Q_1 = C_p(T_3 - T_2)$$
$$Q_2 = C_p(T_4 - T_1)$$

2) 브레이튼 사이클의 열효율(η_B)

$$\eta_B = 1 - \frac{Q_2}{Q_1} = 1 - \frac{T_4 - T_1}{T_3 - T_2} = 1 - \left(\frac{1}{r}\right)^{\frac{k-1}{k}}$$

$r(압력비) = \dfrac{P_2}{P_1}$ (압력비가 클수록 열효율이 높아짐)

예상문제

01 비열비를 계산하는 옳은 식은?

① 정압비열 ÷ 정적비열
② 정적비열 ÷ 정압비열
③ 비체적 ÷ 정압비열
④ 정적비열 ÷ 비체적

해설 기체의 비열비(k) = $\frac{정압비열}{정적비열}$ ∴ k > 1

02 온도 100℃, 압력 2MPa의 일정한 질량의 이상기체가 있다. 압력이 일정한 과정하에서 체적이 원래 체적의 2배가 되었을 때 기체의 온도는 몇 ℃인가?

① 173   ② 273
③ 373   ④ 473

해설 $T_2 = T_1 \times \frac{V_2}{V_1} = (273 + 100) \times \frac{2}{1} = 746 K$
∴ $T = 746 - 273 = 473℃$

03 이상기체에 관한 식으로 옳은 것은?
(단, $R[J/kg \cdot K]$은 기체상수, $\overline{R}[J/mol \cdot K]$는 일반기체상수, N은 기체몰수, M은 기체의 분자량, ρ는 기체의 밀도이다.)

① $PN = \overline{R}T$ ② $PV = M\overline{R}T$
③ $PV = NRT$ ④ $P = \rho RT$

해설
• 이상기체(P) = ρRT
• $PV = RT$, $V = \frac{RT}{P}$, $T = \frac{PV}{GR}$, $G = \frac{PV}{RT}$

04 이상기체 5kg의 온도를 500℃만큼 상승시키는데 필요한 열량이 정압과 정적의 경우 600kJ의 차이가 있을 때 이 기체의 기체상수는 약 몇 kJ/kg·K인가?

① 1.21   ② 0.83
③ 0.36   ④ 0.24

해설
• $C_p - C_v = AR$, $C_p - C_v = R$(SI단위)
∴ 가스상수(R) = $\frac{Q}{G_a \Delta t} = \frac{600}{5 \times 500}$
　　　　　= 0.24 kJ/kg·K

05 다음 중 샤를의 법칙을 나타내는 것은?

① PV = 일정   ② $\frac{V}{T}$ = 일정
③ $\frac{RT}{PV}$ = 일정   ④ $\frac{PV}{T}$ = 일정

해설 샤를 법칙 : 일정 압력하에서 기체의 부피는 절대온도에 비례한다.
즉, $\frac{V}{T}$ = 일정

06 압축성 인자(Compressibility Factor)에 대한 설명으로 옳은 것은?

① 실제 기체가 이상기체에 대한 거동에서 벗어나는 정도는 나타낸다.
② 실제기체는 1의 값을 갖는다.
③ 항상 1보다 작은 값을 갖는다.
④ 기체압력이 0으로 접근할 때 0으로 접근된다.

해설 압축성 인자(Compressibility Factor) : 실제 기체가 이상기체에 대한 거동에서 벗어나는 정도

ANSWER 1.① 2.④ 3.④ 4.④ 5.② 6.①

07 공기의 온도가 일정할 때 다음 압력 중에서 이상기체에 가장 가까운 거동을 하는 것은?

① 100기압 ② 10기압
③ 1기압   ④ 0.1기압

해설) 압력은 낮고 온도는 높아야 실제기체가 이상기체에 가까워진다.

08 "압력이 일정할 때 기체의 부피는 온도에 비례하여 변화한다."라는 법칙과 관계가 있는 것은?

① 보일의 법칙
② 샤를의 법칙
③ 보일-샤를의 법칙
④ Joule의 법칙

해설) 샤를의 법칙 : 일정 압력하에서 기체의 부피는 절대온도에 비례한다.

09 이상기체의 성질에 대한 표현으로 적절하지 않은 것은? (단, u는 내부에너지, h는 엔탈피, k는 비열비, C_v는 정적비열, C_p는 정압비열, R은 기체상수, T는 온도이다.)

① $\dfrac{dh}{dT} - \dfrac{du}{dT} = R$
② $h = u + RT$
③ $C_v = \dfrac{1}{k-1}R$
④ $C_p = \dfrac{k}{k-1}C_v$

해설) $C_v = \dfrac{1}{k-1}R$, $\dfrac{dh}{dT} - \dfrac{du}{dT} = R$, $h = u + RT$

10 Van der Waals 상태방정식을 옳게 표현한 것은? (단, a와 b는 양의 상수이다.)

① $PV = RT$
② $\left(P + \dfrac{a}{V^2}\right)(V-b) = RT$
③ $PV = RT + bP$
④ $\left(P + \dfrac{a}{TV^2}\right)(V+b) = RT$

해설) Van der Waals 상태방정식
$\left(P + \dfrac{a}{V^2}\right)(V-b) = RT$

11 공기가 100kg은 산소 23.3kg과 질소 76.7kg으로 구성되어 있다고 할 때, 공기의 평균 분자량 M[kg/kmol]과 가스상수 R[kJ/kg·K]을 옳게 구한 것은?

① M = 30.5, R = 0.272
② M = 30.5, R = 0.282
③ M = 28.8, R = 0.272
④ M = 28.9, R = 0.288

해설)
• 가스상수 (R) = $\dfrac{8.314}{M}$ [kJ/kg·K]
• 기체상수 (R) = 8.314 [kJ/kmol·K]
∴ M = (32×0.233)+(28×0.767) = 28.9 [kg/kmol]
∴ $R = \dfrac{8.314}{28.9} = 0.288$ [kJ/kg·K]

12 외부로부터 열을 받지도 않고 외부로 열을 방출하지도 않는 상태에서 가스를 압축 또는 팽창시킬 때의 변화는?

① 정압변화
② 정적변화
③ 단열변화
④ 폴리트로픽 변화

해설) 단열변화 : 외부열 차단, 내부의 열을 외부로 방출 차단

ANSWER 7.④ 8.② 9.④ 10.② 11.④ 12.③

13 다음 변화과정 중에서 엔탈피의 변화량과 열량의 변화량이 같은 경우는 어느 것인가?

① 등온변화과정　② 정적변화과정
③ 정압변화과정　④ 단열변화과정

> 정적변화 : 엔탈피의 변화량과 열량의 변화량이 서로 동일한 경우를 말한다.

14 가로, 세로, 높이가 각각 3m, 4m, 5m인 직육면체 상자에 들어 있는 어떠한 이상기체의 질량이 80kg이다. 상자 안의 기체의 압력이 100kPa이면 온도는 몇 ℃인가? (단, 기체상수는 R은 250J/kg·K이다.)

① 27　② 31
③ 34　④ 44

> $PV = GRT$, ∴ $T = \dfrac{PV}{GR}$
> ∴ $T = \dfrac{100 \times 60}{80 \times 0.25} - 273 = 27℃$
> • 용적 = $3 \times 4 \times 5 = 60\text{m}^3$

15 산소 117.6kg과 질소 98kg으로 혼합된 기체의 정압비열을 약 몇 kJ/kg·K인가? (단, 산소의 정압비열은 0.908kJ/kg·K이고, 질소의 정압비열은 1.005kJ/kg·K이다.)

① 0.823　② 0.883
③ 0.912　④ 0.952

> ∴ 117.6+98 = 215.6kg
> 기체의 정압비열(C_p)
> $= (0.908 \times \dfrac{117.6}{215.6}) + (1.005 \times \dfrac{98}{215.6})$
> $= 0.952\text{kJ/kg·K}$

16 이상기체의 등온변화에 대한 관계식으로 옳은 것은? (단, Q는 열량, k는 비열비, U는 내부에너지, H는 엔탈피이다.)

① $Q = \triangle H$　② $\dfrac{V_2}{V_1} = \left(\dfrac{P_1}{P_2}\right)^{\frac{1}{k}}$
③ $dQ = dU$　④ $\triangle H = 0$

> • 등온변화에서 엔탈피 변화(dH)
> 　$dH = H_2 - H_1 = 0$
> • $H_1 = H_2$(엔탈피 변화가 없다)
> ∴ $\triangle H = 0$

17 이상기체 0.5kg을 압력이 일정한 과정으로 50℃에서 150℃로 가열할 때 필요한 열량은 몇 kJ인가? (단, 이 기체의 정적비열은 3kJ/kg·K, 정압비열은 5kJ/kg·K이다.)

① 150　② 250
③ 400　④ 550

> $Q = G \times C_p \times \triangle t = 0.5 \times 5 \times (150-50) = 250\text{kJ}$

18 실제기체가 이상기체에 비슷하게 접근하는 조건으로 가장 적합한 것은?

① 압력, 온도가 높은 경우
② 압력, 온도가 낮은 경우
③ 압력이 높고 온도가 낮은 경우
④ 압력이 낮고 온도가 높은 경우

> 실제기체가 압력이 낮고 온도가 높으면 이상기체와 비슷해진다.

ANSWER　13.②　14.①　15.④　16.④　17.②　18.④

19 $PV^n = C$의 거동을 하는 기체에서 등적 과정 시 n의 값은? (단, C는 값이 일정한 상수이다.)

① 0
② 1
③ ∞
④ 1.4

해설 $PV^n = C$에서 등적(정적) 변화 시 폴리트로픽지수 n의 값은 ∞이다.

20 이상기체의 특성이 아닌 것은?

① 이상기체 상태 방정식을 만족한다.
② 엔탈피는 압력만의 함수이다.
③ 비열은 온도만의 함수이다.
④ $dU = C_v dt$ 식을 만족한다.

해설 이상기체의 내부에너지 및 엔탈피는 온도만의 함수이다.

21 이상기체의 등온변화를 설명한 것으로 옳은 것은?

① 엔탈피 변화가 없다.
② 엔트로피 변화가 없다.
③ 열 이동이 없다.
④ 외부에 대하여 일을 하지 못한다.

해설 등온변화
① 엔탈피 변화가 없다.
② 내부에너지 변화가 없다.
③ 가열한 열량은 전부 일로 바뀐다.

22 폴리트로픽 과정에서 폴리트로픽 지수 n과 관련하여 옳게 나타낸 것은?
(단, k는 비열비이다.)

① n = 1 : 등엔트로피 과정
② n = 0 : 정압과정
③ n = k : 정적과정
④ n = ∞ : 등온과정

해설 폴리트로픽 지수(η)와 비열
• 등온변화 : n = 1 : (∞)
• 정압변화 : n = 0 : (C_p)
• 단열변화 : n = k : (O)
• 정적변화 : n = ∞ : (C_v)

23 압력 700kPa, 온도 250℃인 공기가 축소-확대 노즐에서 가역단열팽창할 때 노즐 목(Throat)에서의 공기속도는 약 몇 m/s인가? (단, 노즐 출구에서는 초음속이며 공기의 비열비는 1.4이고, 기체상수는 0.2871kJ/kg·K이다.)

① 463
② 452
③ 430
④ 418

해설 축소-확대노즐에서

노즐 속도(W_2) = $\sqrt{2\left(\dfrac{k}{k-1}\right)P_1V_1\left[1-\left(\dfrac{P_2}{P_1}\right)^{\frac{k-1}{k}}\right]}$

250+273 = 523K, 1atm = 101.3kPa

$\therefore W_2 = \sqrt{2\times\left(\dfrac{1.4}{1.4-1}\right)0.287\times10^3\times523\cdot\left[1-\left(\dfrac{101.3}{700}\right)^{\frac{1.4-1}{1.4}}\right]}$

= 418m/s

※ 노즐 출구속도(W_2)

$\therefore W_2 = \sqrt{2\times\left(\dfrac{k}{k-1}\right)\times R\cdot T_1\times\left[1-\left(\dfrac{P_2}{P_1}\right)^{\frac{k-1}{k}}\right]}$

= $\sqrt{2\times\left(\dfrac{1.4}{1.4-1}\right)\times 287.1\times(273+250)\times\left[1-\left(\dfrac{101.3}{700}\right)^{\frac{1.4-1}{1.4}}\right]}$

= 667.86m/s

ANSWER 19.③ 20.② 21.① 22.② 23.④

24 어떤 이상기체를 가역단열과정으로 압축하여 압력이 P_1에서 P_2로 변하였다. 압축 후의 온도를 구하는 식은? (단, 1은 초기상태, 2는 최종상태, k는 비열비로 나타낸다.)

① $T_2 = T_1 \left(\dfrac{P_2}{P_1}\right)^{\frac{k-1}{k}}$

② $T_2 = T_1 \left(\dfrac{P_2}{P_1}\right)^{\frac{1-k}{k}}$

③ $T_2 = T_1 \left(\dfrac{P_2}{P_1}\right)^{\frac{k}{k-1}}$

④ $T_2 = T_1 \left(\dfrac{P_2}{P_1}\right)^{\frac{k}{1-k}}$

[해설] 압축 후 온도(가역단열과정)

∴ $T_2 = T_1 \left(\dfrac{P_2}{P_1}\right)^{\frac{k-1}{k}}$

25 압력 500kPa, 온도 320℃의 공기 3kg을 일정압력으로 체적을 $\dfrac{1}{2}$까지 압축시키면 방출된 열량은 약 몇 kJ인가?
(단, 공기의 기체상수는 0.287kJ/kg·K 이고 정압비열은 1.0kJ/kg·K이다.)

① 217　　② 445
③ 634　　④ 890

[해설] 정압(등압)변화
SI단위 $C_p - C_v = R$, $C_v = 1.0 - 0.287 = 0.713$
비열비(k) $= \dfrac{C_p}{C_v} = \dfrac{1.0}{0.713} = 1.4$, $\dfrac{1}{2} = 0.5$

∴ 방출열량$(Q) = m C_p T_1 \left(\dfrac{V_2}{V_1} - 1\right)$
$= 3 \times 1.0 \times (273+320) \times \left(\dfrac{0.5}{1} - 1\right)$
$= -890 \text{kJ(방출)}$

26 체적 20m³의 용기 내에 공기가 채워져 있으며, 이때 온도는 25℃이고, 압력은 200kPa이다. 용기 내의 공기온도를 65℃까지 가열시키는 경우에 소요 열량은 약 몇 kJ인가? (단, R = 0.287kJ/kg·K, C_v = 0.71kJ/kg·K이다.)

① 240　　② 330
③ 1,330　④ 2,840

[해설] PV = GRT
$G = \dfrac{PV}{RT} = \dfrac{200 \times 20}{0.287 \times (25+273)} = 46.78\text{kg(질량)}$
∴ $Q = G \cdot C_v \cdot (T_2 - T_1)$
$= 46.78 \times 0.71(338-298) = 1330\text{kJ}$

27 압력 0.2MPa, 온도 200℃의 어떤 기체(이상기체) 2kg이 가역단열과정으로 팽창하여 압력이 0.1MPa로 변한다. 이 기체의 최종온도는 약 몇 ℃인가? (단, 이 기체의 비열비는 1.4이다.)

① 92　　② 115
③ 365　④ 388

[해설] $T_2 = T_1 \times \left(\dfrac{P_2}{P_1}\right)^{\frac{K-1}{K}} = (200+273) \times \left(\dfrac{0.1}{0.2}\right)^{\frac{1.4-1}{1.4}}$
$= 388\text{K}$
∴ 최종온도 (t) = 388-273 = 115℃

28 이상기체에 대한 설명으로 가장 거리가 먼 것은?

① 기체분자 간의 인력을 무시할 수 있고 이상기체의 상태방정식을 만족하는 기체
② Boyle-Charles의 법칙(Pv/T = Const)을 만족하는 기체
③ 분자 간에 완전 탄성충돌을 하는 기체
④ 일상생활에서 실제로 존재하는 기체

[해설] 이상기체는 일상생활에서 실제로 존재하지 않는다.

ANSWER 24.① 25.④ 26.③ 27.② 28.④

29 폴리트로픽(Polytropic) 과정에서 폴리트로픽 지수가 무한히 큰 수($n = \infty$)인 경우는 다음 중 어느 과정에 가장 가까운가?

① 정압(Constant Pressure) 과정
② 정적(Constant Volume) 과정
③ 등온(Constant Temperature) 과정
④ 단열(Adiabatic) 과정

해설 폴리트로픽지수 : 정압변화 (O), 등온변화 (I), 단열변화 (K), 정적변화(∞)

30 디젤사이클의 이론열효율을 표시하는 식에서 차단비(Cut Off Ratio)는 다음 그림에서 어떻게 정의된 것인가?

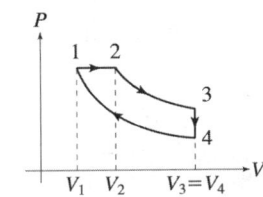

① $\sigma = \dfrac{V_1}{V_3}$ ② $\sigma = \dfrac{V_3}{V_1}$
③ $\sigma = \dfrac{V_2}{V_1}$ ④ $\sigma = \dfrac{V_1}{V_2}$

해설 (ϵ)차단비(단절비 = 체절비) = $\dfrac{V_2}{V_1}$
(σ)압축비 = $\dfrac{V_4}{V_1} = \dfrac{V_3}{V_1}$

31 다음 열기관 사이클 중 가장 이상적인 사이클은?

① 랭킨사이클 ② 재열사이클
③ 카르노사이클 ④ 재생사이클

해설 열기관 사이클에서 가장이상적인 사이클은 카르노 사이클이다.

32 카르노 사이클(Carnot Cycle)이 고온 열원에서 1000kJ을 흡수하여 저온 열원에서 400kJ을 방출하였다. 효율은 몇 %인가?

① 40 ② 50
③ 60 ④ 70

해설 효율(η) = $\dfrac{1000 - 400}{1000} \times 100 = 60\%$

33 다음 중 카르노 사이클에 포함되지 않는 과정은?

① 가역 단열팽창 ② 가역 단열압축
③ 가역 등온압축 ④ 가역 등온팽창

해설 등온팽창, 단열팽창, 등온압축, 단열압축

34 카르노 사이클에 대한 설명으로 옳은 것은?

① 실제적인 수증기 사이클이다.
② 내연기관 사이클이다.
③ 이상적인 가역 사이클이다.
④ 실제적인 가스 사이클이다.

해설 카르노 사이클 : 이상적인 가역 사이클

35 300℃의 고온 열원에서 600kW의 열량을 얻는 카르노기관에서 저온 열원의 온도를 20℃라 할 때 기관의 출력과 저온 열원에 주는 열량을 구하면 각각 얼마인가?

① 출력 : 293kW, 열량 : 40kW
② 출력 : 560kW, 열량 : 40kW
③ 출력 : 293kW, 열량 : 307kW
④ 출력 : 560kW, 열량 : 307kW

해설
• 출력 : $600 \times \left[\dfrac{(273+300) - (273+20)}{273+300}\right]$
   = 293kW
• 열량 : 600 − 293 = 307kW

ANSWER 29.② 30.③ 31.③ 32.③ 33.④ 34.③ 35.③

36 200kPa, 500L인 1kg의 공기를 일정온도 상태에서 압축하는 데 120kJ이 소모되었다면 공기의 최종 압력은 약 몇 kPa 인가?

① 135   ② 346
③ 664   ④ 932

해설
- 압축일량 = $P_1 V_1 \ln \dfrac{P_2}{P_1}$

$120 = 200 \times 0.5 \ln\left(\dfrac{x}{200}\right)$

∴ $x = 664$ kPa

37 열기관의 실제 사이클이 이상 사이클보다 낮은 열효율을 가지는 이유에 대한 설명 중 틀린 것은?

① 과정이 가역적으로 이루어진다.
② 유체의 마찰손실이 있다.
③ 유한한 온도차이에서 열전달이 이루어진다.
④ 엔트로피가 생성된다.

해설 가역사이클 : 사이클을 여러 번 진행해도 결과가 동일하며 자연계에 아무런 변화도 남기지 않는 사이클이다.

38 디젤기관의 열효율은 압축비 ϵ, 차단비(또는 단절비) σ와 어떤 관계가 있는가?

① ϵ와 σ가 증가할수록 열효율이 커진다.
② ϵ와 σ가 감소할수록 열효율이 커진다.
③ ϵ가 감소하고, σ가 증가할수록 열효율이 커진다.
④ ϵ가 증가하고, σ가 감소할수록 열효율이 커진다.

해설 디젤기관 열효율은 압축비가 증가하고 차단비(단절비)가 감소할수록 열효율이 커진다.

39 430K에서 500kJ의 열을 공급받아 300K에서 방열시키는 카르노 사이클의 열효율과 일량을 옳게 나타낸 것은?

① 30.2%, 349kJ   ② 30.2%, 151kJ
③ 69.8%, 151kJ   ④ 69.8%, 349kJ

해설
카르노 열효율 = $1 - \dfrac{T_2}{T_1} = \left(1 - \dfrac{300}{430}\right) \times 100 = 30.2\%$

일량 = $500 \times 0.302 = 151$ kJ

40 가솔린 기관의 이론 표준 사이클인 오토 사이클(Otto Cycle)의 4가지 기본과정에 포함되지 않는 것은?

① 정압가열 과정   ② 단열팽창 과정
③ 단열압축 과정   ④ 정적방열 과정

해설 오토사이클(내연기관사이클)

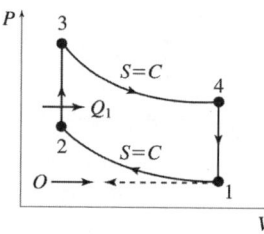

① 1 → 2 : 단열압축(등엔트로피)
② 3 → 4 : 단열팽창(등엔트로피)
③ 2 → 3 : 정적가열(폭발)
④ 4 → 1 : 정적방열(방열)

41 계가 사이클을 이룰 때, 비가역 사이클에 대한 $\dfrac{dQ}{T}$의 적분 값을 옳게 나타낸 것은?
(단, Q는 열량, T는 절대온도이다.)

① $\oint \dfrac{dQ}{T} \geq 0$ ② $\oint \dfrac{dQ}{T} = 0$
③ $\oint \dfrac{dQ}{T} < 0$ ④ $\oint \dfrac{dQ}{T} > 0$

해설
- 가역과정 : $\oint \dfrac{dQ}{T} = 0$
- 비가역과정 : $\oint \dfrac{dQ}{T} < 0$

42 온도가 400℃인 고온열원과 100℃인 저온 열원 사이에서 작동하는 카르노 열기관의 효율은 약 얼마인가?

① 0.25 ② 0.45
③ 0.75 ④ 1.00

해설 $\eta = \dfrac{(400+273)-(100+273)}{400+273} ≒ 0.45$

43 카르노사이클의 열효율을 나타낸 것 중 틀린 것은? (단, Q_1은 온도 T_1인 고온부 흡수 열량이고, Q_2는 온도 T_2인 저온부 방출 열량이며, W는 출력일이다.)

① $\dfrac{W}{Q_1}$ ② $\dfrac{Q_1-Q_2}{Q_1}$
③ $1-\dfrac{T_2}{T_1}$ ④ $\dfrac{T_1-T_2}{T_1+T_2}$

해설 $\eta_c = \dfrac{AW}{Q_1} = \dfrac{Q_1-Q_2}{Q_1} = 1-\dfrac{Q_2}{Q_1} = 1-\dfrac{T_2}{T_1}$

44 공급열량과 압축비가 일정한 경우에 다음 중 효율이 가장 좋은 것은?

① 오토사이클
② 디젤사이클
③ 사바테사이클
④ 모두 같다.

해설 오토사이클 : 공급열량과 압축비가 일정한 경우에 효율이 가장 좋다.
$\eta_o = \dfrac{q_1-q_2}{q_1} = 1-(\dfrac{V_2}{V_1})^{k-1} = 1-(\dfrac{1}{\varepsilon})^{k-1}$

45 오토사이클에 대한 설명으로 틀린 것은?

① 일정 체적과정이 포함되어 있다.
② 압축 및 팽창은 등엔트로피 과정으로 이루어진다.
③ 압축비가 클수록 열효율이 감소한다.
④ 스파크 점화 내연기관의 사이클에 해당된다.

해설 $\therefore \eta_o = 1-(\dfrac{1}{\varepsilon})^{k-1}$
즉, 오토사이클에서 압축비가 커지면 열효율이 증가한다.

ANSWER 42.② 43.④ 44.① 45.③

CHAPTER 03 증기 및 증기동력 사이클

3-1 증기

1. 증기의 일반적 성질

증기란 상온에서 액체 상태이고 온도 변화에 따라 증발이나 응축의 상태변화를 수반하는 기체를 말하며, 증기에는 습포화 증기, 건포화 증기, 과열 증기가 있다.

① **포화수** : 포화 압력에 도달하여 물이 증발을 시작할 때의 물
② **습포화 증기** : 포화 온도 상태에서 수분을 포함하고 있는 증기(건조도 1이하)
③ **건포화 증기** : 포화 온도 상태에서 수분을 포함하지 않는 증기로 습포화 증기를 계속 가열하여 물방울을 완전히 제거한 증기(건조도 1)
  • 표준 대기압(1.0332[kg/cm^2])에서 100[℃] 건포화증기 엔탈피 : 639[kcal/kg]
④ **건조도** : 증기속에 함유되어 있는 액의 혼용율
  • 어느 증기 1[kg] 안에 건조 증기가 x[kg] 있을때 나머지는 액(1-x)[kg]이다. 이 때 x를 건조도(건도)

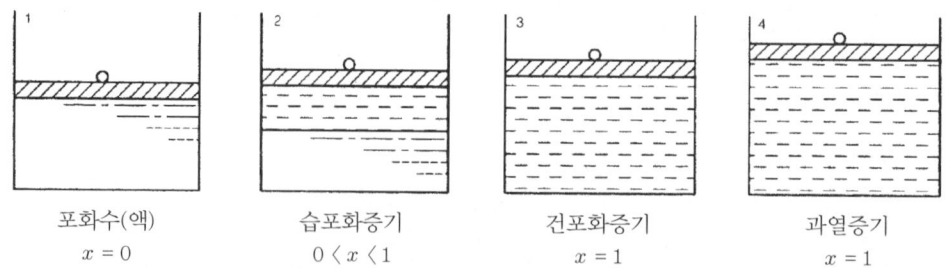

| 포화수(액) | 습포화증기 | 건포화증기 | 과열증기 |
| $x=0$ | $0<x<1$ | $x=1$ | $x=1$ |

㉠ 포화수 엔탈피 = 압력에 따라 다르다(급수온도)
㉡ 습포화증기 엔탈피 = (포화수 엔탈피) + (건조도 × 잠열)

ⓒ 건포화증기 엔탈피 = 포화수 엔탈피+잠열
ⓓ 과열증기 엔탈피 = 건포화증기 엔탈피+(증기비열 × 과열도)
⑤ **과열증기** : 건조포화 증기에 계속 열을 가해 얻은 증기(압력은 일정하다)
⑥ **과열도(℃)** : 과열증기 온도와 포화증기 온도와의 차(과열증기 온도 - 포화증기 온도)
⑦ **임계점(Critical point)** : 증기의 압력을 올리면 잠열은 감소하는데 어느 압력에도달하면 잠열이 0이 되어, 액체와 기체의 구별이 없어지는 점을 임계점이라 하며, 이때의 온도를 임계온도(374.15℃), 이때의 압력을 임계압력(225.65kg/cm²)이라 한다.

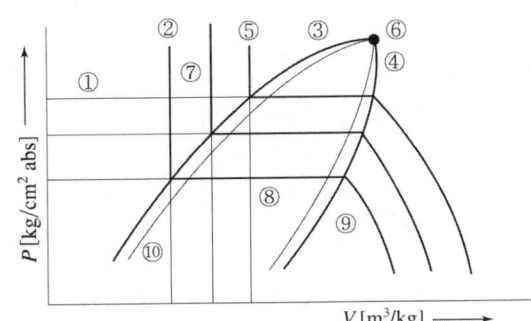

① 등 압력선
② 등 엔탈피선
③ 포화액선
④ 건조포화증기선
⑤ 등온선
⑥ 임계점
⑦ 과냉액구역
⑧ 습증기구역
⑨ 과열증기구역
⑩ 등건조도선

* 증발잠열=건포화 증기와 포화액의 엔탈피 차이다.

2. 증기의 상태변화

증기 상태변화를 나타내는 데 P-V, T-S, H-S등 선도가 사용되고 있다.

(1) 등압변화

상태 1에서 압축수를 등압하에서 가열하여 상태 2의 과열증기로 만들 경우 P - V, T - S, H - S 선도

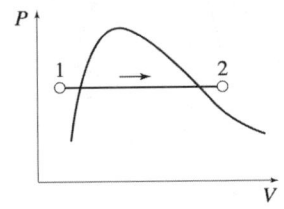 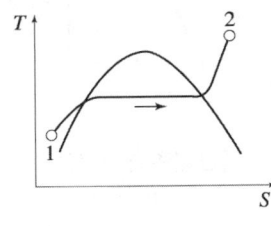 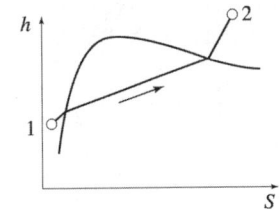

〈등압변화의 선도〉

(2) 등적변화

습포화증기를 등적하에서 가열하면 압력, 온도, 엔탈피가 모두 증가하여 과열증기로 된다.

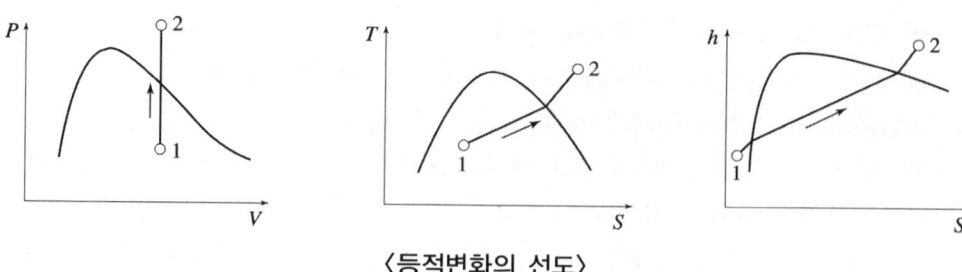

〈등적변화의 선도〉

(3) 등온변화

압축수는 체적 팽창에 따라 압력이 감소하나 습증기의 등온변화는 등압변화와 일치하고 체적만이 증가한다. 또한 과열증기구역에서는 압력 저하, 엔탈피, 체적은 증가한다.

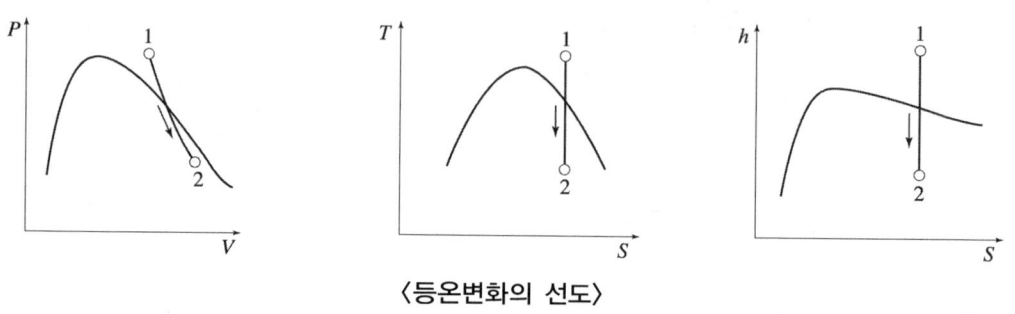

〈등온변화의 선도〉

(4) 단열변화

단열변화는 가열량은 0, 과열증기가 단열팽창시 건포화 증기가 되고 계속 팽창하면 습증기로 된다.

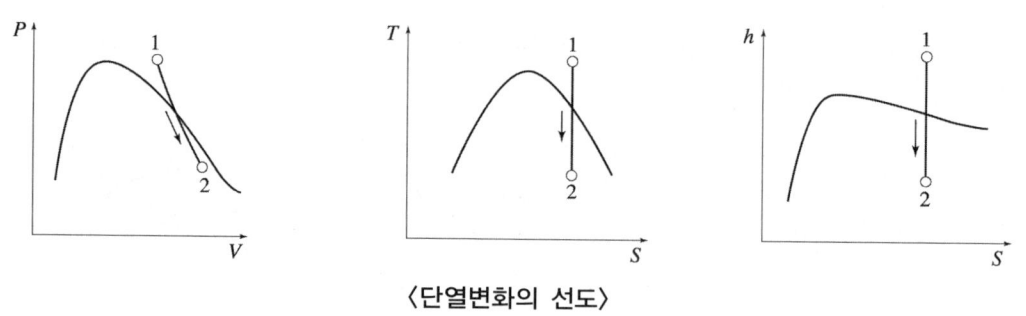

〈단열변화의 선도〉

(5) 증기의 교축

증기유로가 갑자기 좁아졌을 때 이 좁은 유로를 통과할 때 증기가 겪는 변화를 말한다. 단열변화는 가역변화인데 비해 교축과정(Throtting)은 비가역 정상류 과정으로 엔트로피 증가, 압력 감소, 엔탈피는 일정하다.

- 습증기 건조도 측정 : 교축열량계(Throttling calorimeter)

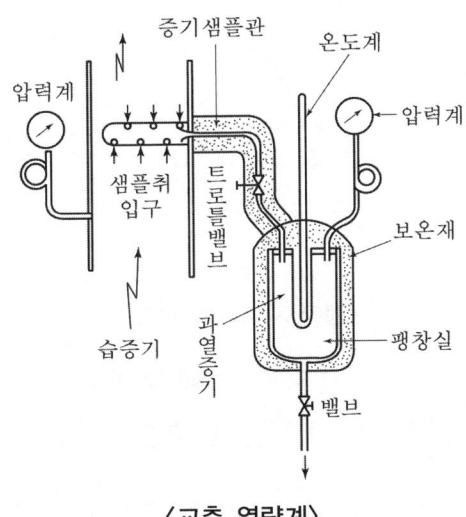

〈교축 열량계〉

3-2 증기동력 사이클

1. 증기동력 사이클의 종류 및 특징, 성능에 영향을 미치는 인자

(1) 랭킨 사이클(Rankin cycle)

증기의 기본 사이클로 펌프 → 보일러 → 터빈 → 복수기(응축기) → 펌프로 구성

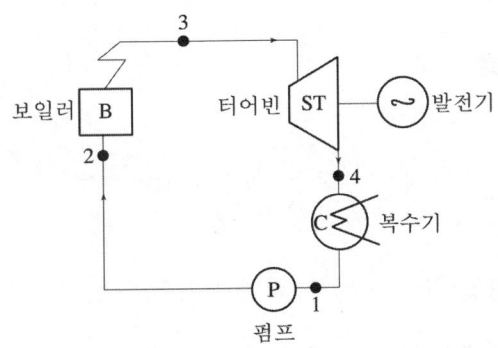

〈랭킨 사이클의 구성〉

1) 랭킨 사이클의 선도

 2개의 단열과정, 2개의 등압과정으로 구성됨
 P-V, T-S, H-S 선도

제3장 증기 및 증기동력 사이클 · **45**

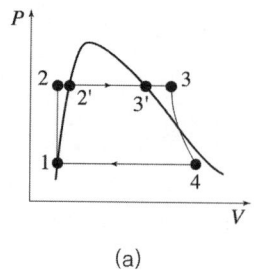 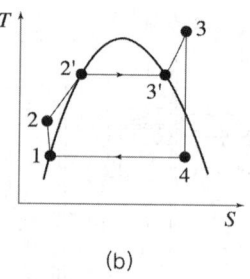 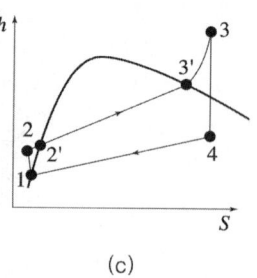

(a)   (b)   (c)

〈랭킨 사이클의 온도〉

〈각 과정별 상태 및 특징〉

과정	상태변화	구성장치	유체의 상태변화	특징
1→2	단열압축	급수펌프	포화수→압축수	펌프에 의해 보일러 압력까지 가압하여 급수되며 물은 체적의 변화가 거의 없어 등적변화
2→2'→3'	등압가열	보일러	압축수→포화수→건포화증기	압축수를 가열 등압하에서 포화수로 되며 등압, 등온하에서 포화수를 가열, 엔탈피가 상승된 건포화 증기
3'→3	등압가열	과열기	건포화증기→과열증기	건포화증기가 등압하 과열기내에서 가열되어 과열증기
3→4	단열팽창	터어빈	과열증기→습포화증기	과열증기가 터어빈에서 일을 하고 팽창된 증기는 온도와 압력이 내려가 습증기(엔트로피 = 0)
4→1	등압냉각	복수기	습포화증기→포화수	습포화증기가 복수기 내에서 냉각되어 등압하에서 포화수

2) 랭킨 사이클 열효율

랭킨 사이클의 이론열효율(η)

$$\eta = \frac{\text{사이클중에서 일로변화한 열량}(AW)}{\text{사이클중에 가해진 열량}(Q_1)}$$

Q_1 = 보일러 가열량$(h_3' - h_2)$ + 과열기 가열량$(h_3 - h_3')$

AW = 터어빈에서 발생한 일에 상당하는 열량$(h_3 - h_4)$ - 급수펌프가 받은 일에 상당하는 열량$(h_2 - h_1)$

과열증기를 사용하면 랭킨 사이클 효율을 향상할 수 있다. 랭킨사이클 효율은 초온, 초압이 높을수록 배압이 낮을수록 커짐, 배압이 너무 낮으면 터빈 날개의 부식을 초래한다.

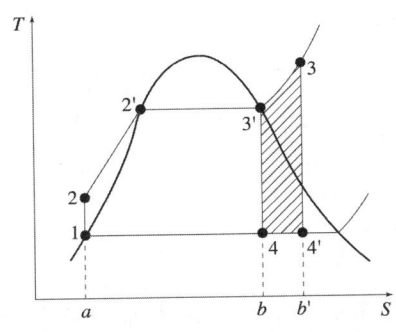

〈증기의 과열이 효율에 미치는 영향〉

(2) 재열 사이클(Reheat cycle)

랭킨 사이클은 단열팽창 과정 도중에 증기를 재열기로 보내 재열하고 다시 원동기에 복수압력까지 단열팽창하는 사이클

- **재열 사이클의 장점** : 배기의 건도를 높여 마찰손실, 날개 부식 방치, 열효율 개선에 목적

1) 재열 사이클 선도

P-V, T-S, h-s 선도

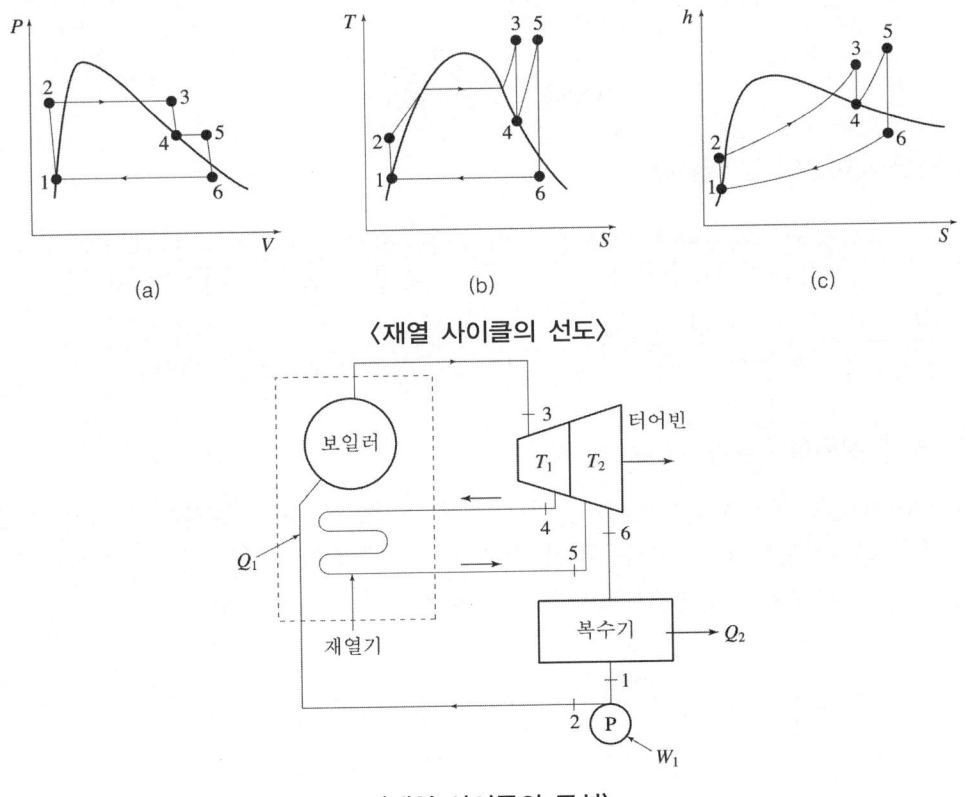

〈재열 사이클의 선도〉

〈재열 사이클의 구성〉

2) 재열 사이클의 상태변화

① 급수 펌프에서 단열압축(1→2) ② 보일러와 과열기에서 등압가열(2→3) ③ 고압 터어빈에서 단열팽창(3→4) ④ 재열기에서 등압가열(4→5) ⑤ 저압 터어빈에서 단열팽창(5→6) ⑥ 복수기에서 등압방열(6→1)의 순.

(3) 재생 사이클(Regenerative cycle)

팽창중인 증기 일부를 빼내어 급수 가열기전에 급수를 가열해주는 사이클

- 급수 가열기 종류
  ① 혼합형 급수 가열기 : 추기가 급수와 혼합하여 전열하는 가열기
  ② 표면형 급수 가열기 : 전열면을 통해 두 유체가 따로 흐르면서 추기로부터 급수에 전열하는 가열기

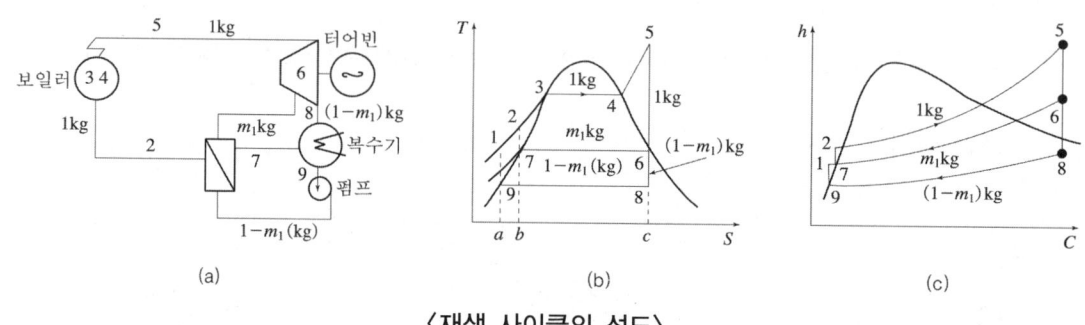

〈재생 사이클의 선도〉

1) 재생 사이클의 열효율(η_R)

$$\eta_R = \frac{\text{사이클에서일로변화한열량}}{\text{사이클에서얻은열량}} = \frac{\text{고압터어빈의팽창열} + \text{저압터어빈의팽창열}}{\text{보일러및과열기에서의가열량}}$$

$$\therefore \frac{(h_5 - h_6) + (1 - m_1)(h_6 - h_8)}{(h_5 - h_7)}$$

(4) 2유체 사이클(Binary vapour cycle)

물-수은(Hg), 물-연소가스(CO_2), 물-프레온 등을 사용하여 효율을 높이기 위해 고온부에 수은, 저온부에 물을 사용하여 수은 사이클에서 팽창일을 한 후 수은의 증발잠열로 물을 증발시켜 팽창일을 하게 하여 열효율을 증가시키는 방식

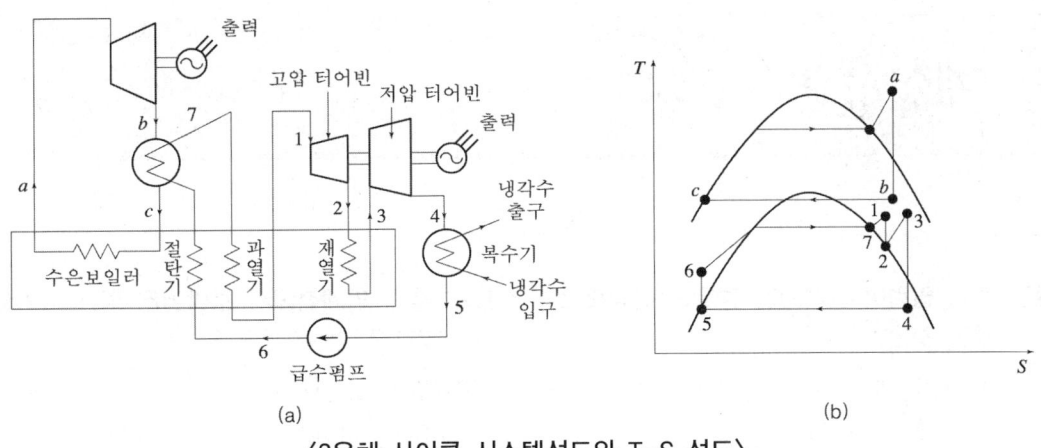

〈2유체 사이클 시스템선도와 T-S 선도〉

예상문제

01 증기 압력이 높아지는 경우의 설명으로 틀린 것은?

① 포화온도가 높아진다.
② 잠열이 증대한다.
③ 현열이 증대한다.
④ 전열량이 증대한다.

해설 증기의 압력이 높아지면 잠열이 감소한다.

02 습증기 영역에서 건도에 관한 설명으로 잘못된 것은?

① 건도가 1에 가까워질수록 건포화 증기 상태에 가깝다.
② 건도가 0에 가까워질수록 포화수 상태에 가깝다.
③ 건도가 x일 때 습도는 'x−1'이다.
④ 건도가 1에 가까울수록 갖고 있는 열량이 크다.

해설 습도 = 1−x 이다.

03 증기압력이 높아질 때 나타나는 현상을 틀리게 설명한 것은?

① 포화온도가 상승한다.
② 포화수 엔탈피가 증가한다.
③ 증기 엔탈피가 감소한다.
④ 증발잠열이 감소한다.

해설 증기압력이 상승하면 증기엔탈피는 증가한다.

04 물의 임계점에서 증발열은 몇 kcal/kg 인가?

① 100kcal/kg   ② 539kcal/kg
③ 0kcal/kg   ④ 639kcal/kg

해설 임계점 : 액체가 증발현상없이 기체로 변하는 점
- 잠열 0kcal/kg
- 임계온도 : 374.15℃
- 임계압력 : 225.6kg/cm²

05 과열증기를 바르게 설명한 것은?

① 건포화증기를 가열하여 압력과 온도를 상승시킨 증기이다.
② 건포화증기를 온도의 변동 없이 압력을 상승시킨 증기이다.
③ 건포화증기를 압축하여 온도와 압력을 상승시킨 증기이다.
④ 건포화증기를 가열하여 압력의 변동 없이 온도를 상승시킨 증기이다.

해설 압력변화 없이 온도만 상승시킨 것

06 대기압 하에서 물의 증발 잠열은?

① 639kcal/kg
② 533kcal/kg
③ 537kcal/kg
④ 539kcal/kg

해설 물의 증발 잠열은 539kcal/kg이다. 즉, 100℃ 물 1kg을 100℃의 증기로 변화시키는데 필요한 열량이다.

ANSWER 1.② 2.③ 3.③ 4.③ 5.④ 6.④

07 보일러 1마력은 몇 kg_f의 상당증발량 (100℃의 물을 1시간 동안 같은 온도의 증기로 변화시킬 수 있는 능력)에 해당하는가?

① 10.65　　② 12.68
③ 15.65　　④ 17.64

해설) 보일러 1마력이 차지하는 상당증발량은 15.65kg/h, 열량은 약 8435kg/h이다.

08 물체의 온도는 변화시키지 않고 상(相)의 변화를 일으키는 데만 사용되는 열량은?

① 현열　　② 액체열
③ 잠열　　④ 반응열

해설) • 현열 : 온도변화 상 변화 없음.
• 잠열 : 온도변화 없고, 상 변화

09 증기 건도를 향상시키기 위한 방법과 관계가 없는 것은?

① 저압의 증기를 고압의 증기로 증압시킨다.
② 기수분리기를 설치하여 증기 건도를 높인다.
③ 증기관 내에 드레인을 설치한다.
④ 포밍, 프라이밍 현상을 방지하여 캐리오버 현상이 일어나지 않도록 한다.

해설) 증기의 압력변화와 증기건도상승과는 관계없다.

10 물체의 상태변화에서 고체에서 곧바로 기체로 변화하는 것은?

① 승화　　② 액화
③ 기화　　④ 응고

해설) • 승화 : 고체 → 기체　• 기화 : 액체 → 기체
• 액화 : 기체 → 액체　• 응고 : 액체 → 고체

11 증발잠열이 0이고, 액체와 기체의 구별이 없어지는 지점을 무엇이라고 하는가?

① 포화점
② 임계점
③ 비등점
④ 기화점

해설) • 임계점 : 액체가 증발현상 없이 바로 기체로 변하는 점 즉, 액체와 기체의 구별이 없어지는 지점을 말한다.
• 임계점 상태 : 증발잠열이 0이다. 포화수와 증기 간의 비중차가 동일하다.

12 잠열변화 과정에 해당하는 것은?

① -20℃의 얼음을 0℃의 얼음으로 변화시켰다.
② 0℃의 얼음을 0℃의 물로 변화시켰다.
③ 0℃의 얼음을 100℃의 물로 변화시켰다.
④ 100℃의 증기를 110℃의 증기로 변화시켰다.

해설) 잠열 : 0℃의 얼음을 0℃의 물로 변화 시킨 것.

13 수분이 없는 건포화 증기에 계속 열을 가하게 되면 압력의 변동이 없이 계속 온도가 상승하게 되는데 이 증기를 무엇이라 하는가?

① 습증기
② 과열증기
③ 포화증기
④ 증발증기

해설) 과열증기 : 압력 변화없이 온도만 상승시킨 것

ANSWER　7.③　8.③　9.①　10.①　11.②　12.②　13.②

14 어떤 압력하에서 포화수의 엔탈피를 i, 물의 증발잠열을 r, 건도를 x라 할 때, 습포화증기의 엔탈피 i''를 구하는 식은?

① $i'' = i + rx$ ② $i'' = i + r$
③ $i'' = i - rx$ ④ $i'' = i - r$

해설 습포화증기엔탈피
= 포화수엔탈피 + 증발잠열 × 건도

15 액체가 모두 증기가 된 상태이며 이때의 온도는 포화온도이고 증기만 존재한다. 이러한 상태의 증기를 무엇이라 하는가?

① 냉열증기 ② 습포화증기
③ 과열증기 ④ 건포화증기

해설 건포화증기란 100% 증기를 말한다. 즉 건조도가 1인 상태

16 보일러 운전 중 증기압력이 높을 때 발생하는 현상으로 틀린 것은?

① 포화온도가 상승한다.
② 증발잠열이 증가된다.
③ 포화수 엔탈피가 증가된다.
④ 보일러 동이나 배관에 무리가 온다.

해설 증기압력이 높아지면 포화수엔탈피증가, 증발잠열 감소

17 잠열변화 과정에 해당하는 것은?

① -20℃의 얼음을 0℃의 얼음으로 변화시켰다.
② 0℃의 얼음을 0℃의 물로 변화시켰다.
③ 0℃의 물을 100℃의 물로 변화시켰다.
④ 100℃의 증기를 110℃의 증기로 변화시켰다.

해설 잠열(융해) : 0℃의 얼음을 0℃의 물로 변화시킨 것.

18 보일러에서 공급되는 증기는 대부분 습증기이다. 증기의 건도 x 가 0 이라 하면 무엇을 말하는가?

① 포화수 ② 건포화증기
③ 습증기 ④ 과열증기

해설 건조도(x)가 0 이란 100[%]물인 포화수를 의미하고, 건조도(x)가 1인 상태가 가장 양호한 100[%]의 증기를 말한다.

19 증기 발생시의 주의사항으로 옳지 않은 것은?

① 연소초기에는 수면계의 주시를 철저히 한다.
② 급격한 압력상승이 일어나지 않도록 연소상태를 서서히 조절시킨다.
③ 증기를 송기할 때 과열기의 드레인을 배출시킨다.
④ 증기를 송기할 때 증기관 내의 수격작용을 방지하기 위하여 배출을 사후에 실시한다.

해설 증기를 송기할 때 증기관 내의 수격작용을 방지하기 위하여 응축수를 제거하여야 한다.

20 물의 임계압력 및 임계온도의 값으로 각각 옳은 것은?

① 약 $226\text{kg}_f/\text{cm}^2$, 약 374℃
② 약 $427\text{kg}_f/\text{cm}^2$, 약 632℃
③ 약 $102\text{kg}_f/\text{cm}^2$, 약 427℃
④ 약 $100\text{kg}_f/\text{cm}^2$, 약 273℃

해설 임계압력은 약 $226\text{kg}_f/\text{cm}^2$, 온도 약 374℃

ANSWER 14.① 15.④ 16.② 17.② 18.① 19.④ 20.①

21 대기압 하에서 건도가 0.9인 증기 1kg이 가지고 있는 증발잠열은 약 얼마인가?

① 53.9kcal ② 100kcal
③ 485kcal ④ 539kcal

해설 $539 \times 0.9 = 485\text{kcal}$

22 절대압력 800kPa인 증기의 엔탈피를 측정하니 2724kJ/kg이다. 이때 증기의 건도는 얼마인가? (단, 같은 압력하에서의 건포화증기 엔탈피는 2765kJ/kg이고 포화수 엔탈피는 718.3kJ/kg이다.)

① 0.92 ② 0.94
③ 0.96 ④ 0.98

해설
- $2724 - 718.3 = 2005.7\text{kJ/kg}$
- $2765 - 718.3 = 2046.7\text{kJ/kg}$
$\therefore x = \dfrac{2005.7}{2046.7} = 0.98$

23 물의 임계점에 대한 설명 중 틀린 것은?

① 임계점에서 $\left(\dfrac{\partial P}{\partial V}\right)_T = 0$이다.
② 임계점에서의 온도와 압력은 약 374℃, 22.1MPa이다.
③ 임계압력 이상에서 포화액과 포화증기는 공존한다.
④ 임계상태의 잠열은 0kJ/kg이다.

해설 임계점 이상에서는 액체와 증기가 평형을 이룰 수 없다.

24 압력이 20bar인 증기를 교축과정(등엔탈피 변화)을 일으켜 압력이 1bar, 온도가 150℃인 증기로 만들었다. 증기의 처음 건도는 약 얼마인가? (단, 압력 20bar인 포화액의 엔탈피는 908.59 kJ/kg, 포화증기의 엔탈피는 2,797.2kJ/kg이며, 1bar, 150℃인 증기의 엔탈피는 2,776.3kJ/kg이다.)

① 0.81 ② 0.89
③ 0.92 ④ 0.99

해설 건조도$(x) = \dfrac{2776.3 - 908.59}{2797.2 - 908.59} = 0.99$

25 건포화증기의 건도는 얼마인가?

① 0 ② 0.3
③ 0.5 ④ 1.0

해설
- 건조도(x)
  ① 포화수$(x = 0)$
  ② 습포화증기$(0 < x < 1)$
  ③ 건포화증기, 과열증기$(x = 1)$

26 부피가 일정한 용기에 온도 250℃, 건도 30%의 습증기가 들어 있다. 이를 냉각하여 100℃가 될 때 건도는 약 몇 %인가? (단, 100℃에서 포화액의 비체적은 0.00104m³/kg, 건포화증기의 비체적은 1.6729m³/kg이며 250℃에서 포화액의 비체적은 0.001251m³/kg, 건포화증기의 비체적은 0.05013m³/kg이다.)

① 0.4 ② 0.89
③ 1.1 ④ 2.1

해설
- $x = \dfrac{0.0159147 - 0.001044}{1.6729 - 0.001044} \times 100 = 0.89\%$
- $V = V' + x \times (V'' - V')$
  $= 0.001251 + 0.3 \times (0.05013 - 0.001251)$
  $= 0.0159147$

ANSWER 21.③ 22.④ 23.③ 24.④ 25.④ 26.②

27 다음 중 건도가 0일 때의 상태로 적합한 것은?

① 습증기   ② 건포화증기
③ 과열증기   ④ 포화액체

해설
① 포화액(수) : x = 0
② 건포화증기 : x = 1
③ 습포화증기 : 0 < x < 1
④ 과열증기 : x = 1

28 압력 2.5MPa일 때 포화수 엔탈피는 960 kJ/kg, 포화수증기의 엔탈피는 2800kJ/kg 이다. 이때 동일 압력하에서 습증기 5kg의 엔탈피는 10000kJ이다. 이 습증기의 건도는?

① 0.27   ② 0.37
③ 0.47   ④ 0.57

해설
- 증발잠열 = 2800−960 = 1840 kJ/kg
- 습증기잠열 = $\frac{10000}{5}$ − 960 = 1040 kJ/kg
- ∴ 건조도(x) = $\frac{r_2}{r_1}$ = $\frac{1040}{1840}$ = 0.57(57%)

29 동일한 온도와 압력에서 포화수의 엔탈피가 418kJ/kg, 건포화 증기의 엔탈피가 2674kJ/kg이며 이때 습포화 증기의 엔탈피가 2092kJ/kg인 경우의 건도는 약 얼마인가?

① 0.36   ② 0.52
③ 0.74   ④ 0.93

해설
r = 2674−418 = 2256 kJ/kg
2092−418 = 1674 kJ/kg
∴ 증기건조도(X) = $\frac{1674}{2256}$ = 0.74

30 물에 대한 임계점에서의 온도와 압력을 옳게 표현한 것은?

① 273.16℃, 0.61kPa
② 273.16℃, 221bar
③ 374.15℃, 0.61kPa
④ 374.15℃, 221bar

해설
- 임계온도 : 374.15℃
- 임계압력 : 221bar(225.65kg/cm²)

31 압력 100kgf/cm²인 포화증기 100kg을 450℃까지 과열하는데 필요한 열량은? (단, 포화증기 엔탈피는 651kcal/kg이고 450℃의 과열증기 엔탈피는 777kcal/kg이다.)

① 32700kcal
② 20100kcal
③ 12600kcal
④ 45000kcal

해설
과열도 = (777−651)×100 = 12600kcal

32 압력 12kgf/cm²로 공급되는 어떤 수증기 건도가 0.95이다. 이 수증기 1kg 당 엔탈피는 약 얼마인가? (단, 압력 12kgf/cm²에서 포화수의 엔탈피는 189.5 kcal/kg, 포화증기 엔탈피는 664.5kcal/kg이다.)

① 474.7kcal/kg
② 531.3kcal/kg
③ 640.8kcal/kg
④ 854.3kcal/kg

해설
189.5 + (664.5−189.5)×0.95 = 640.8kcal/kg

33 다음 중 열에 의한 상태변화를 올바르게 설명한 것은?

① 1kg의 액체가 같은 온도의 기체로 바뀌는데 많은 열량이 필요한데 이것을 기화열이라고 한다.
② 압력이 상승하면 포화온도가 감소하고 증발열은 증가한다.
③ 순수한 물 1kg에 대하여 100℃의 증기로 바꾸는데 639kcal의 잠열이 필요하다.
④ 물이 비등하는 온도는 대기의 압력과 관계가 없다.

해설 기화열(기화잠열) 100℃의 포화수가 같은 온도의 증기(기체)로 변화는데 필요한 열량을 의미한다.

34 일정한 압력하에서 25℃의 공기에 의해 100℃의 포화수증기 1kg이 100℃의 포화액으로 변화되었다면 이 과정에 대한 전체 엔트로피 변화는 몇 kJ/K인가?
(단, 100℃의 수증기에 대한 증발잠열(h_{fg})은 2257kJ/kg이고, 공기의 온도 변화는 없다.)

① 6.048   ② -6.048
③ 1.522   ④ 7.570

해설 $\therefore S_2 - S_1 = \left(\dfrac{2257}{273+25}\right) - \left(\dfrac{2257}{273+100}\right)$
$= 7.5738 - 6.050 = 1.523 kJ/K$

35 실제 일을 생산하는 기기의 효율을 옳게 표시한 것은?

① $\dfrac{손실일}{이상일}$ ② $\dfrac{실제일}{이상일}$
③ $\dfrac{이상일}{실제일}$ ④ $\dfrac{손실일}{실제일}$

해설 실제 일을 생산하는 기기의 효율 = $\dfrac{실제일}{이상일}$

36 다음은 물의 압력-온도 선도를 나타낸다. 액체와 기체의 혼합물은 어디에 존재하는가?

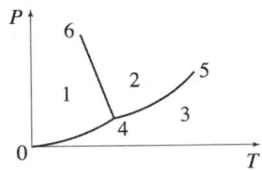

① 영역 1
② 선 4-6
③ 선 0-4
④ 선 4-5

해설
① 고체 ② 액체 ③ 증기
④ 6→4 : 용해곡선
⑤ 0→4 : 승화곡선
⑥ 4→5 : 증발곡선

37 장치 내의 전수량이 2000L의 온수보일러에 8℃의 물을 넣고 96℃로 가열하였다면 온수의 팽창량은 약 몇 L인가?
(단, 8℃의 물의 밀도는 0.99988kg/L, 96℃의 물의 밀도는 0.96122kg/L이다.)

① 70.8
② 80.5
③ 90.5
④ 100.6

해설 • 온수팽창량(V) = $\left(\dfrac{1}{\rho_2} - \dfrac{1}{\rho_1}\right) \times$ 전수량
$= \left(\dfrac{1}{0.96122} - \dfrac{1}{0.99988}\right) \times 2000$
$= 80.5 L$

ANSWER 33.① 34.③ 35.② 36.④ 37.②

38 다음은 물의 압력-온도 선도를 나타낸 것이다. 임계점은 어디를 말하는가?

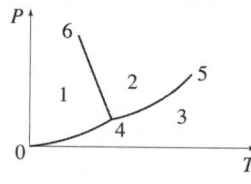

① 점 0　　② 점 4
③ 점 5　　④ 점 6

해설 점 5

39 보일러에서 포화증기의 압력을 올리면 증기의 잠열은 어떻게 변하는가?

① 증가한다.
② 변하지 않는다.
③ 감소한다.
④ 상황에 따라 다르다.

해설 증기의 압력이 높아지면 증발잠열은 감소한다.

40 습증기의 건도를 잘 설명하는 것은?

① 습증기 1kg 중에 포함되어 있는 액체의 양을 습증기 1kg 중에 포함된 건포화증기 양으로 나눈 값
② 습증기 1kg 중에 포함되어 있는 건포화증기의 양을 습증기 1kg 중에 포함된 액체 양으로 나눈 값
③ 습증기 1kg 중에 포함되어 있는 액체의 양을 습증기 1kg으로 나눈 값
④ 습증기 1kg 중에 포함되어 있는 건포화증기의 양을 습증기 1kg으로 나눈 값

해설 습증기건도$(x) = \dfrac{\text{습증기 1kg중 건포화증기의 양}}{\text{습증기 1kg}}$

41 그림은 증기원동소의 재열 Cycle을 T-s선도 상에 표시한 것이다. 재열과정에 해당하는 것은?

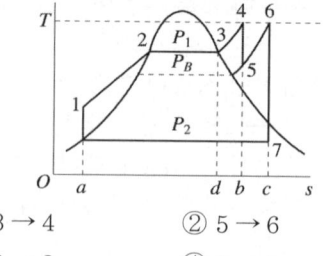

① 3 → 4　　② 5 → 6
③ 2 → 3　　④ 7 → 1

해설 재열과정 : 5 → 6

42 재생 랭킨 사이클을 사용하는 주된 목적으로 가장 타당한 것은?

① 펌프 일의 감소
② 공급열량 감소
③ 터빈 출구 건도 향상
④ 터빈 일의 증가

해설 재생랭킨사이클을 급수가열기를 이용하여 공급열량을 될 수 있는 한 적게 함으로써 열효율 개선으로 고안된 사이클

43 공기표준 사이클에 대한 가정에 해당되지 않는 것은?

① 공기는 밀폐시스템을 이루거나 정상상태유동에 의한 사이클로 구성한다.
② 공기는 이상기체이고 대부분의 경우 비열은 일정한 것으로 간주한다.
③ 연소과정은 고온 열원에서의 열전달 과정이고, 배기과정은 저온열원의 열전달로 대치된다.
④ 각 과정은 비가역과정이며 운동에너지와 위치에너지는 무시된다.

해설 공기표준 사이클은 가역사이클이다.

ANSWER　38.③　39.③　40.④　41.②　42.②　43.④

44 다음 사이클(Cycle) 중 상변화를 동반하는 것은?

① 오토 사이클 ② 스털링 사이클
③ 랭킨 사이클 ④ 브레이튼 사이클

> 해설 랭킨 사이클
> 증기 발전소에서는 급수펌프(단열압축), 보일러 및 과열기(등압가열), 터빈(단열팽창) 및 복수기(등압방열)의 각 요소에 의해 랭킨사이클이 실현되고 있다. 즉, 사이클 중 상변화를 동반한다.

45 랭킨 사이클에서 응축기(Steam Condenser)의 압력이 낮을수록 나타나는 현상이 아닌 것은?

① 사이클의 효율이 증가한다.
② 보일러 공급 열량이 증가한다.
③ 터빈에서의 엔탈피 낙차가 커진다.
④ 응축기의 포화온도가 내려간다.

> 해설 랭킨사이클에서 응축기의 압력이 낮을수록 보일러 공급 열량이 증가한다.

46 다음 사이클 중에서 작동 유체에 상(Phase)의 변화가 있는 사이클은?

① 랭킨 사이클 ② 오토 사이클
③ 스털링 사이클 ④ 브레이튼 사이클

> 해설 랭킨사이클 : 포화수 → 포화증기 → 과열증기 → 응축수

47 다음 중 기체 동력 사이클과 무관한 것은?

① 증기원동소
② 가스터빈
③ 디젤기관
④ 불꽃점화 자동차기관

> 해설 증기원동소 : 증기사이클

48 그림은 초기체적이 V_i 상태에 있는 피스톤이 외부로 일을 하여 최종적으로 체적이 V_f 인 상태로 된 것을 나타낸다. 외부로 가장 많은 일을 한 과정은 어느 것인가?

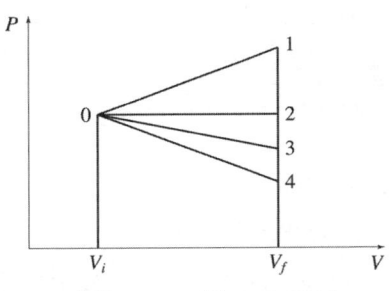

① 0-1 과정 ② 0-2 과정
③ 0-3 과정 ④ 0-4 과정

> 해설 P-V : 0-1과정이 가장 일을 많이 한 과정이다.

49 공기로서 작동되는 복합(사바테) 사이클에서 압축비가 5, 비열비가 1.4, 차단비가 1.6, 압력비가 1.8일 때 이론 열효율은 약 몇 %인가?

① 34.6 ② 37.6
③ 43.8 ④ 53.9

> 해설
> $\eta_s = 1 - (\frac{1}{\varepsilon})^{k-1} \times \frac{\rho \times \sigma^k - 1}{(\rho - 1) + k \times \rho(\sigma - 1)}$
> $= 1 - (\frac{1}{5})^{1.4-1} \times \frac{1.8 \times 1.6^{1.4} - 1}{(1.8 - 1) + 1.4 \times 1.8(1.6 - 1)}$
> $= 0.438$

50 증기터빈에 36kg/s의 증기를 공급하고 있다. 터빈의 출력이 3×10^4kW이면 터빈의 증기 소비율은 몇 kg/kW·h인가?

① 3.00 ② 4.32
③ 6.25 ④ 7.18

> 해설
> • $36 \times 3600 = 129600$ kg/h(증기)
> ∴ 증기소비율 $= \frac{129600}{30000} = 4.32$ kg/kW·h

ANSWER 44.③ 45.④ 46.① 47.① 48.① 49.③ 50.②

51 증기 사이클의 효율을 올리기 위한 방법이 아닌 것은?

① 유입되는 증기의 온도를 높인다.
② 배출되는 증기의 온도를 높인다.
③ 배출증기의 압력을 낮춘다.
④ 유입증기의 압력을 높인다.

> 증기사이클에서 배출되는 증기의 온도는 낮고 유입되는 증기의 온도는 높여야 열효율이 좋아진다.

52 랭킨사이클의 효율을 높이기 위한 방법으로 옳은 것은?

① 보일러의 가열 온도를 높인다.
② 응축기의 응축 온도를 높인다.
③ 펌프 소요 일을 증대시킨다.
④ 터빈의 출력을 줄인다.

> 랭킨사이클 : 터빈입구에서 온도와 압력이 높을수록 또는 배압(복수기 압력)이 낮을수록 그 열효율이 좋아진다.

53 오토사이클에 대한 설명으로 틀린 것은?

① 등엔트로피 압축과정이 있다.
② 일정한 압력에서 열방출을 한다.
③ 압축비가 클수록 이론적인 열효율은 증가한다.
④ 효율은 압축비의 함수이다.

> 오토사이클(내연기관 사이클)
> 정적방열 : 일정한 체적에서 열을 방출한다.
> (정적가열, 정적방열, 단열압축, 단열팽창)

54 [그림]에서 과정 1-2인 보일러 및 과열기에서의 열 흡수, 2-3은 터빈에서의 일, 3-4는 응축기에서의 열 방출, 4-1은 펌프의 일을 표시할 때 다음 랭킨사이클에서 열효율은 어떻게 나타나는가?
(단, 각 점에서의 엔탈피는 h_1, h_2, h_3, h_4라 한다.)

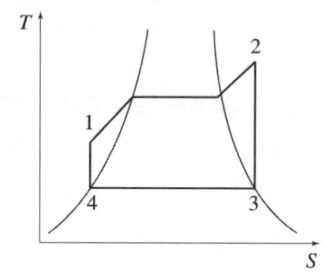

① $\dfrac{h_3 - h_4}{h_2 - h_1}$ ② $1 - \dfrac{h_3 - h_4}{h_2 - h_1}$

③ $1 - \dfrac{h_2 - h_3}{h_2 - h_1}$ ④ $\dfrac{h_1 - h_4}{h_2 - h_1}$

55 재생 랭킨사이클을 보일러 및 증기동력사이클에 채용하는 주된 이유는 무엇인가?

① 급수를 가열하여 열효율을 높이기 위하여
② 터빈 출구의 수증기의 건도를 높이기 위해서
③ 응축수를 이용하여 연소용 공기를 예열하기 위해서
④ 펌프 일을 감소시키기 위해서

> 재생사이클은 터빈에서 나오는 증기를 일부 추출해서 급수를 가열하여 열효율을 증가시킨다.

56 그림과 같은 재열사이클의 I-s 선도로부터 펌프 일을 무시하는 경우의 이론 열효율은? (단, i는 엔탈피를 나타낸다.)

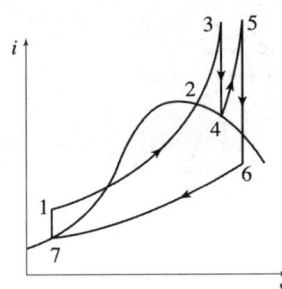

① $\dfrac{(i_3 - i_4) + (i_5 - i_6)}{(i_3 - i_1) + (i_5 - i_4)}$

② $\dfrac{(i_3 - i_4) + (i_5 - i_6)}{(i_3 - i_7) + (i_5 - i_4)}$

③ $\dfrac{(i_3 - i_1) + (i_5 - i_6)}{(i_3 - i_7) + (i_5 - i_4)}$

④ $\dfrac{(i_3 - i_1) + (i_5 - i_6)}{(i_3 - i_1) + (i_5 - i_4)}$

해설 $\eta_r = \dfrac{(i_3 - i_4) + (i_5 - i_6)}{(i_3 - i_1) + (i_5 - i_4)}$

ANSWER 56.①

CHAPTER 04 냉동 및 공기조화

4-1 냉매와 습공기

1. 냉매의 구비조건 및 종류

(1) 냉매정의

증발하기 쉬운 액체로 냉동물질로부터 열을 흡수하며 다른 물질로 열을 운반하는 즉 냉동 사이클을 순환하면서 온도 또는 상태변화에 의해 열을 운반하는 동작유체

① 1차 냉매(직접 냉매) : 잠열상태로 열을 운반하는 냉매(프레온냉매, NH_3)
② 2차 냉매(간접 냉매) : 감열(현열) 상태로 열을 운반하는 냉매(브라인)

(2) 냉매의 구비조건

① 저온, 대기압 이상에서 증발하고, 상온 저압에서 쉽게 응축 액화할 것

　▣ 중요 냉매의 대기압에서 증발온도

　　㉠ NH_3 : $-33.3[℃]$
　　㉡ R-11 : $23.7[℃]$
　　㉢ R-12 : $-29.8[℃]$
　　㉣ R-13 : $-81.5[℃]$
　　㉤ R-22 : $-40.8[℃]$

② 임계온도 높고, 응고온도 낮을 것
③ 증발잠열이 크고 액체비열이 작을 것

중요 냉매 증발 잠열

㉠ NH_3 : 313.5[kcal/kg]

㉡ R-11 : 45.8[kcal/kg]

㉢ R-12 : 38.59[kcal/kg]

㉣ R-22 : 51.9[kcal/kg]

④ 소요 동력이 적을 것

⑤ 비열비가 작을 것

㉠ NH_3 : 비열비가 크다. 따라서 저온냉동(-35[℃] 이하)을 시키려면 2단압축으로 할 필요가 있다.

㉡ 프레온 냉매 : 비열비가 적다.

⑥ 윤활유 수분등과 작용하여 냉동작용에 영향을 미치지 않을 것

㉠ NH_3 : 윤활유와 용해가 어렵다

㉡ 프레온 : 윤활유와 용해가 쉽다.

냉매에 윤활유가 용해에 미치는 영향

증발 온도 상승, 윤활작용 저하, 전열작용 저하, 냉동능력 감소

⑦ 점도와 표면장력이 작을 것

⑧ 전기적 절연내력이 클 것

㉠ NH_3 : 절연 내력이 작다.(개방형 냉동기 채택)

㉡ 프레온 냉매 : 절연 내력이 크다.(밀폐형 냉동기 제작이 가능)

⑨ 금속을 부식하지 않고, 압축기 윤활유를 열화시키지 않을 것.

㉠ NH_3 : 동, 동합금을 부식(강 사용)

㉡ 프레온 : 마그네슘(동 및 동합금 사용), Mg 2[%] 이상 함유하는 Al 합금부식

⑩ 냉매 가스의 비체적이 작을 것.

(3) 냉매의 종류

1) 프레온 냉매

가) 프레온계 냉매구성 요소

탄소(C), 수소(H_2), 염소(Cl_2), 불소(F)로 구성(R-12(CCl_2F_2), R-22($CHClF_2$))

① 프레온을 구성하는 모체 : 프레온계 냉매의 모체가 되는 메탄계 탄화수소 중 CH_4과 C_2H_6이 주로 쓰이며 나머지는 연료로 사용된다. 분자식은 C_k, H_ℓ, Cl_m, F_n 형태로 표기

㉠ 메탄계(CH_4) : 4개의 H 대신 할로겐원소와 치환된 냉매

㉡ 에탄계(C_2H_6) : 6개의 H 대신 할로겐원소와 치환된 냉매

② 표기방법 : C H Cl$_2$ F(R − 21)

C : C의 숫자가 한 개일 때는 메탄계로서 냉매번호는 십의 자리수이고 C의 숫자가 두 개일 때는 에탄계로서 냉매번호는 백의 자리수이다.

H : 냉매 번호상 십의 자리에 쓰고(H수 + 1)의 값을 냉매 번호에 표시

Cl$_2$: 메탄계 일때는 C 이외의 원소수가 4개가 되도록 Cl로 맞추어 채운다.
에탄계 일때는 C 이외의 원소수가 6개가 되도록 Cl로 맞추어 채운다.

F : 냉매 번호의 일의 자리에 F의 숫자를 표시

나) 프레온 냉매 특징

① 열에 대하여 500[℃]까지 안정한다.
② 절연내력이 크고 전기절연물을 침식하지 않으므로 밀폐형 냉동기 제작이 가능하다.
③ 수분에 용해하지 않는다.
④ 마그네슘(Mg) 및 마그네슘(Mg) 2[%] 이상 함유한 알루미늄(Al) 합금을 부식시킨다.
⑤ 천연고무나 수지를 용해하므로 패킹 재료는 인조 고무 사용한다.

다) 프레온 냉매 종류

① R−11(CCl$_3$F) : 터보 냉동기에 주로 사용(100[RT] 이상의 대용량 공기조화장치용)
② R−12(CCl$_2$F$_2$)
  ㉠ 냉매 중 가장 최초(1930년)로 나온 것이며 현재 프레온계 냉매 중 가장 널리 사용되고 있는 대표적인 냉매
  ㉡ 용도는 주로 왕복동식에 사용되나 터보형에도 사용된다.
  ㉢ 동일 흡입 가스에 대한 냉동능력은 암모니아의 60[%] 정도
③ R−13(CClF$_3$) : 용도는 2원 냉동방식에 의하여 −100[℃] 정도의 초저온장치에 사용.
④ R−21(CHCl$_2$F) : 단위 냉동톤당 배기량이 R−12의 약 3.5배로, 용도는 소용량의 공기조화용
⑤ R−22(CHClF$_2$)
  ㉠ 프레온계 냉매 중에서 열역학적 성질이 암모니아와 가까워 독성이 없는 암모니아라 한다.
  ㉡ 응고 온도가 낮아 1단 압축에 −40[℃], 2단 압축에 −80[℃] 정도의 저온을 얻는다.
  ㉢ 용도는 R−12와 더불어 소형~대형, 저온~고온 등 광범위하게 이용된다.

2. 암모니아 냉매(NH$_3$: R-717)

(1) 일반적성질

① 기준 냉동 사이클에서 -15[℃] 기준 증발온도에 대한 포화압력은 2.41 [kg/cm^{2}a] 응축 온도 30[℃]에서의 포화압력은 11.895[kg/cm^{2}a]로서, 냉동기 제작 및 배관 설비용이, 표준 대기압 하에서 응고점이 -77.7[℃]로 비교적 높은 온도로 초저온 용으로 곤란하다.
② 냉동능력이 다른 냉매에 비해 크다.(269[kcal/kg])
③ 전열 작용이 냉매 중에서 가장 크다.
④ 비열비 값(1.31)이 냉매중에 가장 크고, 압축 후 토출가스 온도가 높아져서 윤활유를 변질시키기 쉽다. 따라서 워터 재킷을 설치하여 실린더를 수냉각 시킨다.
⑤ 경제적으로 우수하여 대형 냉동기에 사용

3. 공비혼합냉매

서로 다른 2종의 냉매를 혼합하면 전혀 다른 성질의 냉매를 말하며, 냉매번호 R-500 번대

① R-500(CCl$_2$F$_2$ + CH$_3$CHF$_2$)(R-12 +R-152)
② R-501(CCl$_2$F$_2$ + CHClF$_2$)(R-12 +R-22)
③ R-502(C$_2$ClF$_5$ + CHClF$_2$)(R-115 +R-22)
④ R-503(CHF$_3$ + CClF$_3$)(R-23 +R-13)

4. 기타냉매

① 무기화합물 : 700대 번호(예 R-718(물))
② 불포화화합물 : 1000대 번호(예 R-1150(에틸렌))

5. 대체냉매

① R-12의 대체 냉매 : HFC-134a(CH$_3$FCF$_3$)
② R-11의 대체 냉매 : HCFC-123(CHCl$_3$CF$_3$)
③ 이 외에도 HCFC-142b, HCFC-123, 132b, 133a 등

6. 브라인(Brine) 냉매

간접냉매인 브라인은 증발기에서 증발하는 냉매의 냉동력에 의해 냉각된 후 다시 피냉각 후 다시 피냉각 물질을 냉각하는데 쓰이는 2차 냉매로 일종의 부동액, 상 변화없이 현열 형태로 열을 운반하는 냉매로 간접냉매, 브라인을 사용하는 냉동장치를 간접팽창식, 브라인식이라고 함.

(1) 브라인의 구비조건

① 비열이 클 것.
② 열전도율이 클 것.
③ 점도가 작을 것.
④ 냉동점(공정점)이 낮을 것.(냉매의 증발온도보다 5~6[℃] 낮을 것)
⑤ PH값이 중성일 것.(PH 7.5~8.2 정도)
⑥ 금속에 대한 부식성이 없을 것.(유기질은 부식이 적고, 무기질은 부식성이 크다)

(2) 브라인의 종류

1) 무기질 브라인

① 염화칼슘($CaCl_2$) : 제빙용, 냉장용으로 현재 가장 많이 사용, 공정점(-55[℃])로 저온용
② 염화나트륨(NaCl) : 식료품과 직접접촉해도 이상없는 생선류의 냉동, 냉장용, 가격 저렴, 공정점 -21[℃]
③ 염화마그네슘($MgCl_2$) : $CaCl_2$ 대용으로 사용할 때가 있으나 거의 사용되지 않음. 공정점 : -33.6[℃]
  • 공정점 : 두 물질을 용해시키면 농도가 짙을수록 응고점이 낮아지게 되나 일정 농도 이상이 되면 다시 응고점은 높아진다. 이 때 최저동결온도(응고점)를 공정점이라 함

2) 유기질 브라인

① 에틸렌글리콜(제상용) : 부식성이 거의 없으며 모든 금속에 사용 가능, 소형 냉동기에 사용되며, 저온에 알맞다.
② 프로필렌글리콜(식품동결용) : 부식이 적고 독성이 없으며 냉동식품의 동결용
③ 에틸알콜(초저온 동결용)

〈무기질 브라인과 유기질 브라인비교〉

무기질 브라인	유기질 브라인
C(탄소)가 포함되지 않는 브라인	C(탄소)가 포함된 브라인
부식성이 강하다.	부식성이 적다.

7. 습공기선도

(1) 습공기선도 구성요소

① h-x선도 : 엔탈피 h를 경사측에, 절대습도 x를 종축으로 구성
② t-x선도 : 건구온도 t를 횡측에, 절대습도 x를 종축으로 구성

습공기 선도구성

건구온도, 습구온도, 노점온도, 상대습도, 절대 습도, 엔탈피, 비체적, 현열비, 열수분비, 수증기 분압

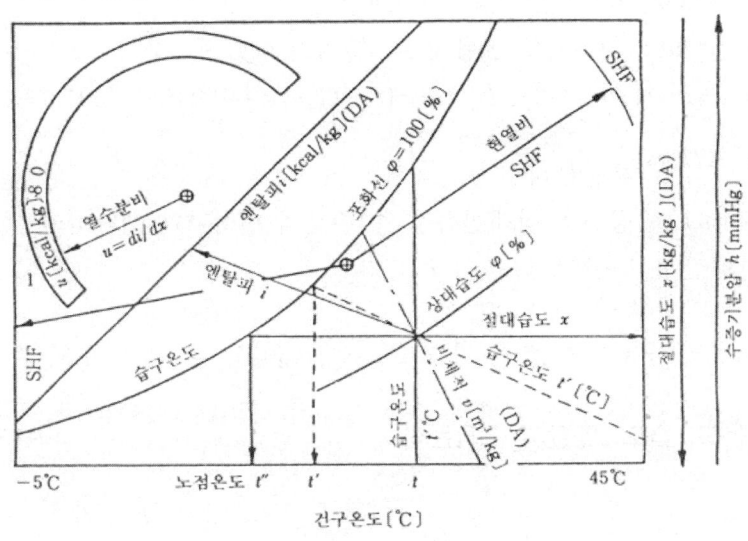

(2) 습공기 상태변화

- PA : 가열변화
- PC : 등온가습변화
- PE : 냉각변화
- PG : 등온감습변화

- PB : 가열가습변화
- PD : 단열가습(가습, 냉각변화)
- PF : 감습냉각변화
- PH : 가열감습변화

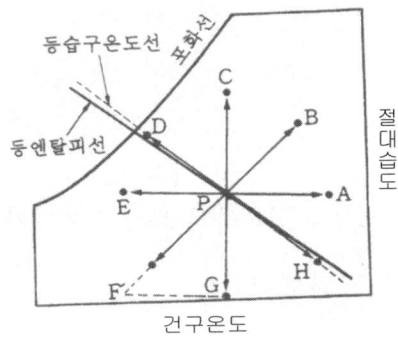

(3) 공기 엔탈피 구하는 식

공기의 비중량/비체적 : $1.293 \text{kg/m}^3 / 0.773 \text{m}^3/\text{kg}(0℃때)$,
$1.2 \text{kg/m}^3 / 0.83 \text{m}^3/\text{kg}(20℃때)$

① 건조공기 엔탈피 : $ha = C_p \cdot t = 0.24t [\text{kcal/kg}]$
  ※ C_p : 건조공기 정압비열(0.24[kcal/kg℃])
② 수증기 엔탈피 : $hv = r + C_{vp} \cdot t = 597.5 + 0.44t [\text{kcal/kg}]$
  ※ r : 0[℃], 포화수의 증발잠열(597.5[kcal/kg])
  ※ C_{vp} : 수증기 정압비열(0.44[kcal/kg℃])
③ 습공기 엔탈피 : (건공기의 엔탈피 + 수증기의 엔탈피)
  $hw = ha + x \cdot hv [\text{kcal/kg}] = C_p \cdot t + x(r + C_{vp} \cdot t) = 0.24t + x(597.5 + 0.44t)$
④ 현열비 $SHF = \dfrac{현열부하}{현열부하 + 잠열부하}$
⑤ 열수분비(μ) : 습공기의 상태변화량 중 수분의 변화량과 엔탈피의 변화량의 비율
  $\mu = \dfrac{비엔탈피의 변화량}{수분의 변화량} = \dfrac{h_3 - h_1}{x_3 - x_2}$
  ※ 가습방법 종류 : 증기가습(가습효율 가장 좋다), 온수분무가습, 순환수분무가습

(4) 혼합시 온도, 습도, 엔탈피 구하는식

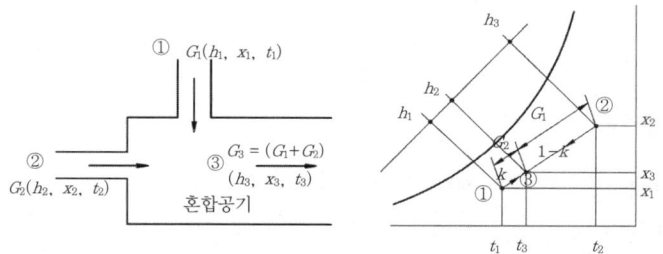

① $t_3 = \dfrac{G_1 t_1 + G_2 t_2}{G_3}$ ② $x_3 = \dfrac{G_1 x_1 + G_2 x_2}{G_3}$

③ $h_3 = \dfrac{G_1 h_1 + G_2 h_2}{G_3}$

(5) 바이패스팩터

공기가 코일을 통과해도 코일과 접촉하지 못하고 지나가는 공기의 비율

$BF = \dfrac{코일 출구온도 - 코일 표면온도}{혼합 공기온도 - 코일 표면온도}$

■ 바이패스팩터가 작아지는 경우

① 전열면적이 클 때
② 코일의 열수가 많을 때
③ 송풍량이 작을 경우
④ 핀 간격이 좁을 때

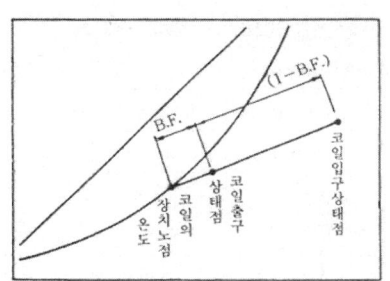

(6) 콘택트팩터 : 코일과 접촉한 후의 공기비율

$$CF = 1 - BF, \quad BF = \frac{\text{바이패스한 공기량}}{\text{코일을 통과한 공기량}}$$

4-2 냉동사이클

1. 냉동사이클의 종류 및 특성

(1) 사이클

1) 카르노 사이클(carnot cycle)

이상적인 열기관 사이클로 2개의 등온선과 2개의 단열선으로 구성

2) 역카르노 사이클(refrigeration cycle)(냉동사이클)

2개의 등온선과 2개의 단열선으로 구성되어 카르노 사이클의 역으로 냉동사이클

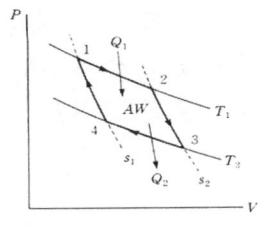 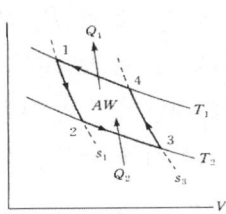

(a) 카르노 사이클   (b) 역카르노 사이클

3) 표준 냉동 사이클

① 증발온도 : $-15℃$
② 응축온도 : $30℃$
③ 팽창밸브 직전온도 : $25℃$(과냉각도 $5℃$)
④ 압축기 흡입가스온도 : 건조포화증기($-15℃$)

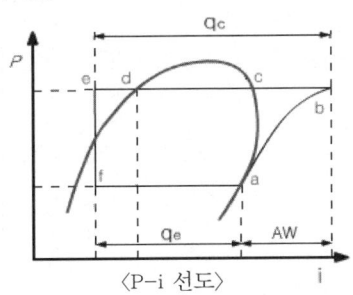

〈P-i 선도〉

$P-i$ 선도	냉동 사이클	변화과정
$a \to b$	압축과정	압력 상승, 온도 상승, 비체적 감소, 엔트로피 불변, 엔탈피 증가
$b \to c$	과열제거과정	압력 불변, 온도 강하, 비체적 감소, 엔탈피 감소
$c \to d$	응축과정	압력 불변, 온도 일정, 엔탈피 감소, 건조도 감소
$d \to e$	과냉각과정	압력 불변, 온도 강하, 엔탈피 감소
$e \to f$	팽창과정	압력 강하, 온도 강하, 엔탈피 불변, 비체적 증대
$f \to a$	증발과정	압력 불변, 온도 일정, 엔탈피 증가

(2) 몰리에르 선도(Mollier diagram)

1) 종 류

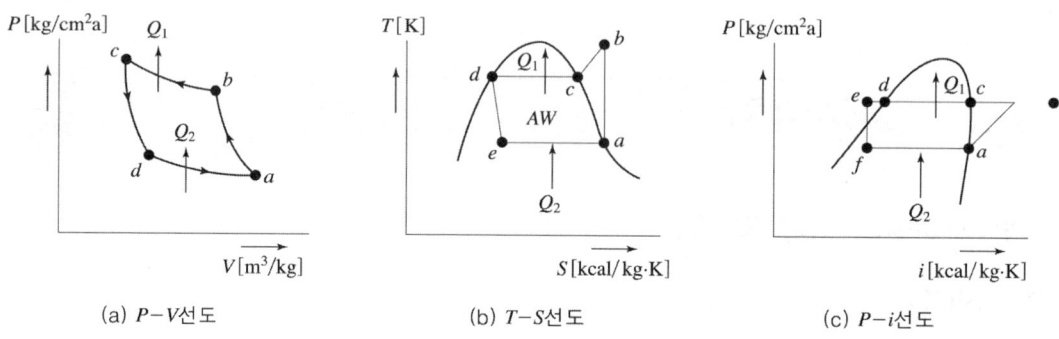

(a) $P-V$선도   (b) $T-S$선도   (c) $P-i$선도

① P-i 선도 : 횡축에 엔탈피(kcal/kg), 종축에 절대압력(kg/cm²)으로 표시
  • 응축, 증발 엔탈피를 알 수 있다.
② T-S 선도 : 종축에 절대온도 T, 횡축에 엔트로피 S로 표시
  • 열교환 과정에서 많이 사용, 냉동 사이클의 증발, 응축, 토출, 팽창밸브 직전온도를 알 수 있다.
③ P-V 선도 : 종축에 절대압력 P, 횡축에 비체적 또는 체적 v를 취함
  • 가스비체적, 응축 및 증발압력을 알 수 있고, 열기관의 성적 분석에 사용한다.
④ i-S 선도 : 종축에 엔탈피 i, 횡축에 엔트로피 S를 취함
  • 교축작용을 표시하기에 매우편리하다.

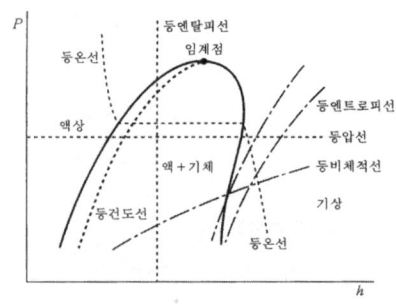

2) 선도설명

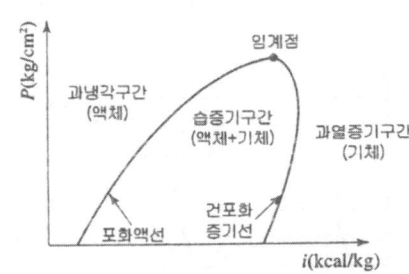

① 포화액선 : 포화온도 및 압력이 일치하는 증발 직전의 냉매 상태를 나타내며 과냉각 구간과 습증기 구간을 구분하는 선이다.
② 건포화증기선 : 포화액이 증발하여 포화 온도의 가스를 전환한 냉매의 상태를 나타내며 건포화증기선 좌측은 습증기 구간 우측은 과열증기 구간이다.
③ 과냉각구역 : 포화액선의 왼쪽 부분으로 등압하에서 포화온도 이하로 냉각된 액 상태이다.
④ 습포화증기구역 : 포화액선과 포화증기선으로 둘러쌓인 부분으로 포화액이 등압하에서 같은 온도의 증기와 공존하는 냉매 상태이다.
⑤ 과열증기구역 : 건조포화증기를 더욱 가열하여 포화증기 온도보다 높은 상태를 나타내는 구역이다.
⑥ 등압선 : 수평선으로 표시하며 냉동사이클에서 응축기와 증발기 상태를 알 수 있다.
⑦ 등온선 : 포화액선 이전에는 등엔탈피선과 일치하며 습증기 구간에서는 등압선과 일치한다.
⑧ 등엔탈피선 : 수직으로 표시되며 냉동사이클에서 팽창밸브에 해당한다.
⑨ 등비체적선 : 습증기 구간에서 경사가 완만하지만 과열증기 구간은 경사가 증가한다.
⑩ 등건조도선 : 습증기 구간에 존재하며 포화액선에선 X = 0이며, 건포화증기선에서 X = 1이다.
⑪ 등엔트로피선 : 등건조도선과 등비체적선 사이에 그려지며 냉동사이클에서 압축기에 해당한다.

3) 몰리에르 선도의 이용

① 냉동기의 크기 결정
② 전동기의 크기 결정
③ 냉동 능력 판단
④ 냉동장치의 운전상태 파악
⑤ 효율적인 운전에 필요

4) 몰리에르 선도의 6대 구성 요소

① 등압선(P : kg/cm² abs) : 증발, 응축압력, 압축비를 알 수 있다.

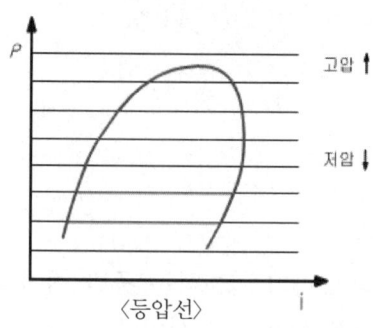

〈등압선〉

② 등엔탈피선(i : kcal/kg) : 냉매 1[kg]에 대한 엔탈피, 냉동효과, 압축열량, 응축열량, 플래시가스(flash gas) 발생량을 알 수 있다.

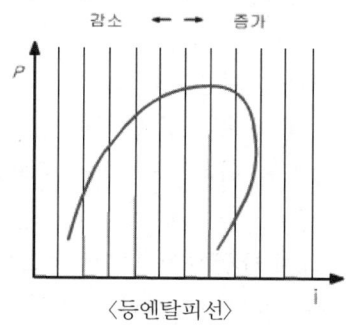

〈등엔탈피선〉

📍 플래시 가스(flash gas)

교축 작용시 자체 내에서 증발 잠열에의해 냉매가 증발되어 발생되는 기체로 냉동 능력을 상실한 가스.

플래시 가스 발생을 억제하기 위해 팽창 밸브 직전의 냉매를 5[℃] 정도 과냉각 시켜준다.

📍 플래시 가스 발생원인

㉠ 액관이 직사광선에 노출될 때
㉡ 액관이 방열하지 않고 따뜻한 곳을 통과할 때
㉢ 액관이 현저히 입상하거나 지나치게 길 때
㉣ 액관 액관지지 밸브, 전자 밸브, 드라이어, 스트레이너의 구경이 적은 경우
㉤ 여과기나 드라이어 등의 막힘

📍 플래시 가스가 장치에 미치는 영향

냉동능력 감소, 압축비 상승, 소요동력 증가, 토출가스 온도상승, 실린더 과열, 윤활유 열화 및 탄화.

플래시 가스 발생량

① NH_3 : 14 ~15[%]
② R-12 : 23[%]
③ R-22 : 22[%]
→ 증발잠열에 대한 액체 비열이 클수록 플래시 가스 발생량이 많다.

③ 등온선(t : ℃) : 토출가스 온도, 증발온도, 응축온도, 팽창 밸브 직전의 냉매 온도를 알 수 있다.

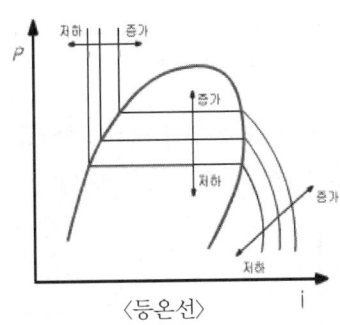

〈등온선〉

응축온도(압력)상승시 현상

압축비 증대, 토출가스 온도 상승, 냉동 효과 감소, 성적계수 감소, 윤활유의 탄화, 소요동력증대, 체적 효율 감소, 냉매 순환량 감소

증발 온도 낮을시 현상

압축비증대, 토출가스온도 상승, 체적 효율 감소, 냉매 순환량 감소, 냉동 효과저하, 성적계수저하, 피스톤 압출량 감소, 실린더 과열, 윤활유 탄화, 소요 동력 증대

④ 등비체적선(ν : m^3/kg) : 습포화 증기구역과 과열증기 구역에서만 존재하는 선, 압축기로 흡입되는 냉매의 체적을 구한다.

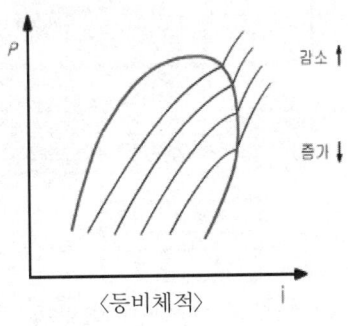

〈등비체적〉

과열증기 흡입시 영향

냉매 순환량 감소, 토출가스 온도 상승, 체적 효율 감소, 소요 동력증대, 실린더 과열, 윤활유 탄화, 냉동 능력 감소

⑤ 등건조도선(x) : 습증기 구역에만 존재하며, 포화액의 건조도는 0이며 건조포화 증기의 건조도는1이다. 냉매 1[kg]이 포함하고 있는 증기량을 알 수 있다.

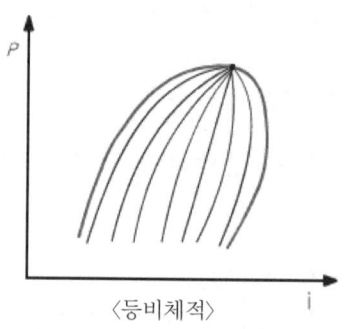

〈등비체적〉

⑥ 등엔트로피선(S : kcal/kg K) : 습증기 구역과 과열증기 구역에만 존재. 압축기 압축은 단열변화로 등 엔트로피선을 따라 압축된다.

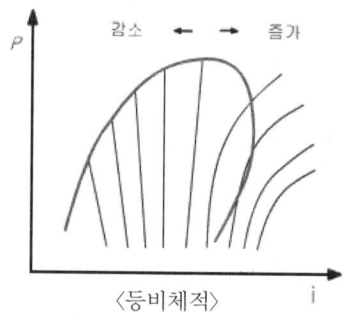

〈등비체적〉

5) 냉동장치 상태

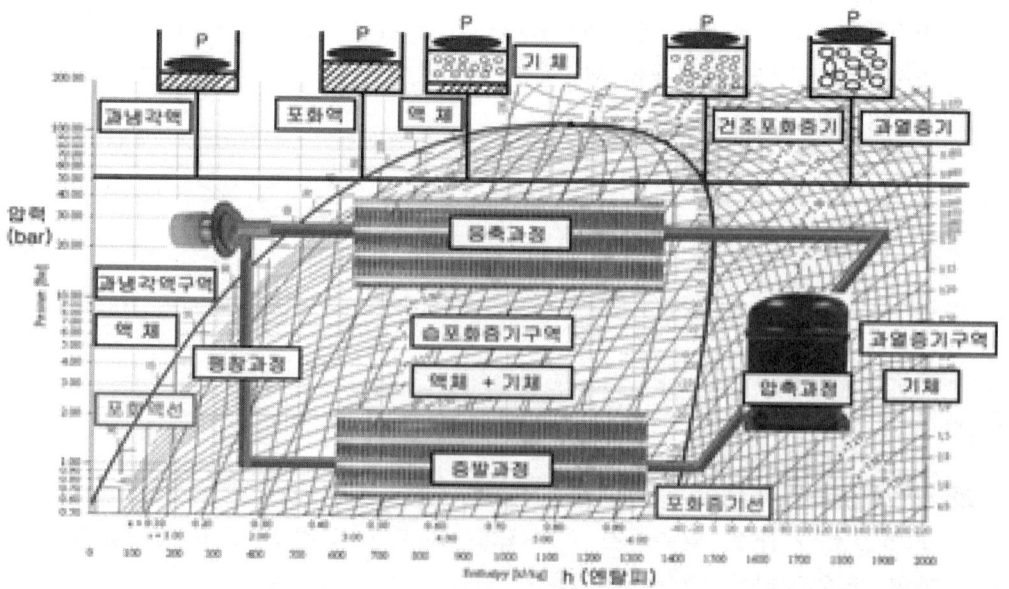

구성기기	역할	상태변화	온도	압력	엔탈피	엔트로피
압축기	압력증대	단열	상승	상승	증가	일정
응축기	열제거	등온	일정	일정	저하	감소
팽창밸브	압력감소 및 유량조절	단열	저하	저하	불변	상승(小)
증발기	열흡수	등온	일정	일정	상승	증가

① 습포화 증기를 흡입할 때 영향 : 액압축 위험, 성적계수 감소, 냉동 능력 감소, 소요 동력 증대
② 과열증기를 흡입할 때 영향 : 냉매 순환량 감소, 토출가스 온도 상승, 체적 효율 감소, 소요 동력 증대, 실린더 과열, 윤활유 탄화, 냉동 능력 감소 → 과열도를 주면 성적 계수는 상승
③ 응축온도 응축압력이 상승하면 나타나는 현상 : 압축비의 증대, 토출가스 온도 상승, 냉동 효과 감소, 성적계수 감소, 실린더 과열, 윤활유의 탄화, 소요 동력 증대, 체적 효율 감소, 피스톤 압출량 감소, 냉매 순환량 감소
④ 증발 온도가 낮을 때 현상 : 압축비 증대, 토출가스 온도 상승, 체적 효율 감소, 냉매 순환량 감소
  냉동 효과 저하, 성적계수 저하, 피스톤 압출량 감소, 실린더 과열, 윤활유 탄화, 소요 동력 증대
⑤ 압축비가 증대하여 장치에 미치는 영향 : 체적 효율 감소, 압축 효율 감소, 냉매 순환량 감소, 냉동 능력 감소, 실린더 과열, 윤활유 탄화, 토출 가스 온도 상승, 소요 동력 증대

2. 흡수식 냉동사이클의 특성

흡수식 냉동법 : 흡수제와 냉매를 사용한 온도가 낮아진 물을 냉동목적에 사용하는 방법

※ 흡수식 냉동기 구성요소 : 발생기(재생기) → 응축기 → 팽창밸브 → 증발기 → 흡수기

〈흡수제와 냉매〉

흡수제	냉매
H_2O(물)	NH_3(암모니아)
LiBr(리튬브로마이드)	H_2O(물)

〈흡수식과 증기압축식 냉동기 구성요소 비교〉

흡수식	증기 압축식
흡수기	압축기
고온재생기	

제4장 냉동 및 공기조화 · 73

응축기	응축기
저온재생기	팽창밸브
증발기	증발기

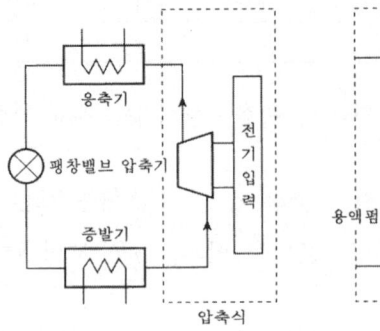
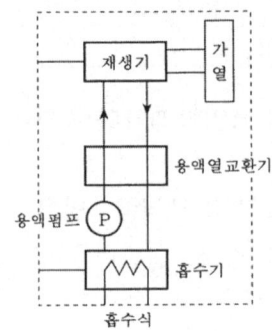

흡수식 냉동기 장, 단점

[장점]
① 과부하시 사고 위험성 적다.
② 구동원이 펌프로 소음, 진동이 적다.
③ 저렴한 연료로 운전경비가 경제적이다.
④ 사고발생 우려가 적다.

[단점]
① 냉동기를 기동하는 시간이 길다(가동 전 예열을 필요로 한다).
② 타 냉동기에 비해 설치면적이 크다.
③ 부속설비가 많아 설비비가 고가다.

3. 열펌프(Heat Pump)시스템의 특성

(1) 열펌프 시스템

열펌프 시스템은 저온 열원(외기, 저온수, 우물물 등)으로부터 열을 흡수하여 따뜻한 실내공기, 온수 등의 고온 열원을 만들어 열을 방출하는 장치

- 기본 사이클 : 압축기, 응축기, 팽창기, 증발기로 구성

(2) 열펌프(Heat Pump)의 종류 및 특성

1) 전기히트펌프 : E.H.P(Electric Heat Pump)

전기로 압축기를 구동 시키는 개념의 전기 냉·난방기로 가스 구동식 HEAT PUMP (GHP) 냉·난방기와 그 작동원리는 비슷하나 압축기의 구동력을 가스대신 전기를 사용하는 방법의 전기로 공기열원 히트펌프 냉·난방에 사용된다.

❄ EHP의 특징

① 난방능력이 외부의 기온에 직접적인 영향을 받는다.
② 냉난방 해당실 단독운영이 가능하고, 토출되는 열풍의 온도가 낮다.
③ 증발기의 열효율을 높이기 위해서 제상작업이 필요하다.
④ 별도의 기계실이 불필요하다.
⑤ 실외기 설치공간이 필요하고, 운전소음이 높다
⑥ 장치동력이 크고 저효율, 에너지 절약 기준에 부적합하며, 초기 난방이 이루어지는 시간이 많이 걸린다.

2) 가스히트펌프 : G.H.P(Gas engine Heat Pump)

GHP는 LNG와 LPG를 열원으로 가스 엔진의 동력으로 구동되는 압축기에 의해 냉매를 실내기와 실외기 사이의 냉매배관으로 흐르게 하여 액화와 기화를 반복시켜 여름에는 냉방장치로, 겨울에는 난방장치로 이용하는 가스 냉·난방 시스템에 사용한다.

❄ GHP의 특징

① 난방능력이 외부기온에 따라 변하기 때문에 동절기 및 피크 시간대에도 안정적인 난방이 가능, 냉·난방 해당실 단독운영이 가능하다.
② 청정에너지 사용으로 에너지 절약, 토출 열풍 온도가 높다.
③ 운전소음이 적고, 제상작업 공정이 없다.
④ 초기 난방의 속도가 빠르다.(30분정도)
⑤ 초기투자비가 높고, 실내환경의 쾌적성이 감소되며, 사용연한에 따라 배기가스 배출이 증가한다.

3) 지열 히트펌프 : G.S.H.P(Geothermal Source Heat Pump)

지중 수열원을 이용하는 열펌프 시스템으로 지열 교환기에 열을 흡수 및 방출, 재생하는 시스템으로 지열 에너지를 이용하기 때문에 연간 에너지 소비량을 30~50% 정도 절감이 가능하다.

❄ G.S.H.P의 특징

① 고효율 유지비가 저렴하고, 기계실 면적이 대폭 축소된다.
② 저소음 내구성이 뛰어나고, 온도제어가 간단하다.
③ 대기오염 및 지구온난화 방지가 가능하다.
④ 냉·난방 운전시 급탕 이용이 가능하다.
⑤ 부지확보가 필요하다.
⑥ 초기 투자비가 비싸다.

제4장 냉동 및 공기조화 · 75

4. 냉동능력, 냉동률, 성능계수

(1) 냉동(Refrigeration)

자연계에 존재하는 물체(고체, 액체, 기체)로부터 열을 흡수하여 자연계의 온도(주위의 온도 보다 낮게 유지시켜 주는 조작)

1) 냉동용어정의

① 냉동 : 피냉각 물체의 온도를 0℃ 이하로 내려 동결시키는 것.(-15[℃] 정도)
② 동결 : 수분이 있는 물질을 상하지 않도록 동결점이하의 온도 까지 얼리는 것.
③ 냉각 : 상온의 물체를 상용의 온도로 낮추어 동결하지 않은 온도로 만드는 것.
④ 냉장 : 물체가 동결하지 않을 정도의 상태에서 저장하는 것.
⑤ 제빙 : 상온의 물을 -9[℃] 정도의 얼음으로 만드는 것.
⑥ 저빙 : 상품화된 얼음을 저장하는 것.
⑦ 제습 : 공기나 제품의 습기를 제거하는 것.
⑧ 공기조화 : 대기의 물리, 화학적 조건(온도, 습도)을 인간의 요구에 알맞게 유지시켜 주는 것.(보건용 공기조화, 산업용 공기조화)
⑨ 냉방 : 주거 공간을 시원하게 유지하는 것.

(2) 냉동능력(냉동효과) : 냉매 1[kg]이 증발기에서 흡수한 열량(kcal/kg)

① NH_3 : 269.03[kcal/kg]
② R-11 : 38.6[kcal/kg]
③ R-12 : 29.6[kcal/kg]
④ R-22 : 40.2[kcal/kg]

(3) 냉동톤(한국RT)

0[℃]의 물 1톤을 24시간 0[℃]의 얼음으로 만드는데 제거해야 할 열량

① 1냉동톤(RT) : 1000× 79.68 = 79680[kcal/24시간]
  • 1RT = 3320[kcal/h]
② 1USRT(미국RT) : 32[℉]의 물 2000[lb]를 24시간동안 32[℉]의 얼음으로 만드는데 제거해야 할 열량
  • 1USRT : $\dfrac{12000}{3.968}$ = 3024[kcal/h]

(4) 1제빙톤

25[℃]의 물 1톤을 24시간 동안 -9[℃]의 얼음으로 만드는데 제거해야 할 열량
- 1.65[RT](1제빙톤)

(5) 결빙시간

$$h = \frac{0.56 \times t^2}{-(tb)}$$

t : 얼음의 두께(cm)
tb : 브라인 냉매 온도(℃)

(6) 냉동기 성적계수(COP)

냉동능력과 소요동력에 상당하는 열량과의 비(比)

① $COP = \dfrac{\text{냉동 효과}}{\text{압축일의 열당량}} = \dfrac{q_e}{Aw} = \dfrac{Q_2}{Q_1 - Q_2} = \dfrac{T_2}{T_1 - T_2}$

Q_1 : 냉동능력(kcal/h)
Q_2 : 응축부하(kcal/h)
T_1 : 증발 절대온도(K)
T_2 : 응축 절대온도(K)

② 카르노사이클(열펌프) $COP = \dfrac{Q_1}{Q_1 - Q_2} = \dfrac{T_1}{T_1 - T_2}$

(7) 냉동 사이클 각종계산

① 냉동효과(q_e : kcal/kg) : $q_e = i_a - i_e$
② 압축일의 열당량(AW : kcal/kg) : $AW = i_b - i_a$
③ 응축기 방열량(q_c : kcal/kg) : $q_c = q_e + AW$
④ 성적계수(COP) : $COP = \dfrac{q_e}{AW}$
⑤ 압축비 : $P = \dfrac{P_c}{P_e}$
⑥ 냉매순환량(G : kg/h) : $G = \dfrac{3320}{q_e} = \dfrac{\text{냉동능력}}{\text{냉동 효과}}$

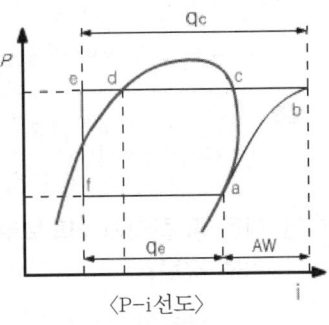

〈P-i선도〉

예상문제

01 냉매의 일반적인 구비조건이 아닌 것은?

① 증발잠열이 클 것
② 증발압력은 가급적 대기압보다 높을 것
③ 단위 냉동 능력당 냉매 순환량이 적을 것
④ 액체의 비열은 크고 기체의 비열은 작을 것

해설 냉매는 기체의 비열은 크고 액체의 비열은 작아야 한다.

02 냉동 사이클의 작업 유체(Working Fluid)인 냉매(Refrigerant)의 구비조건으로 가장 거리가 먼 것은?

① 증발잠열이 클 것
② 임계 온도가 낮을 것
③ 응축 압력이 낮을 것
④ 열전달 특성이 좋을 것

해설 냉매는 언제나 액상이 가능하여야 하기 때문에 임계온도가 높아야 한다.

03 다음 중 몰리에 선도로부터 파악하기 어려운 것은?

① 포화수의 엔탈피
② 과열증기의 과열도
③ 포화증기의 엔탈피
④ 과열증기의 단열팽창 후 상대습도

해설 몰리에 선도로부터 파악할 수 있는 것
① 포화수의 엔탈피
② 건포화증기
③ 과열증기온도 및 과열도
④ 포화증기 엔탈피

04 다음 그림의 냉동 사이클에서 압축과정을 나타내는 구간은?

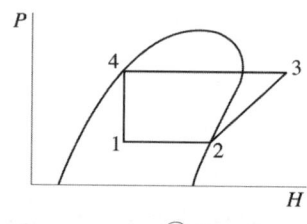

① 1 → 2
② 2 → 3
③ 3 → 4
④ 4 → 1

해설
① 1 → 2 : 등온, 정압과정(증발기)
② 2 → 3 : 단열압축(압축기)
③ 3 → 4 : 정압방열(응축기)
④ 4 → 1 : 교축과정(팽창밸브)

05 고열원의 온도 800k, 저열원의 온도 300k인 두 열원 사이에서 작동하는 이상적인 카르노 사이클이 있다. 고열원에서 사이클에서 가해지는 열량이 120kJ이면 사이클일은 몇 kJ인가?

① 60
② 75
③ 85
④ 120

해설 $120 \times \dfrac{300}{800} = 45kJ$ ∴ $120 - 45 = 75kJ$

ANSWER 1.④ 2.② 3.④ 4.② 5.②

06 역카르노사이클로 작동되는 냉동기가 25kW의 일을 받아 저온체로부터 100kW의 열을 흡수할 때 성능계수는?

① 0.25   ② 0.75
③ 1.33   ④ 0.4

해설) 성능계수(COP) = $\frac{100}{25}$ = 0.4

07 Mollier Chart에서 종축과 횡축은 어떤 양으로 나타내는가?

① 압력-체적
② 온도-입력
③ 엔탈피-엔트로피
④ 온도-엔트로피

해설) 몰리에르 선도
① 증기선도 : h-s선도(엔탈피-엔트로피)
② 냉매선도 : P-h선도(압력-엔탈피)

08 그림과 같은 $T-S$ 선도에서 빗금 친 부분의 면적 $abcd$는 무엇을 나타내는가?

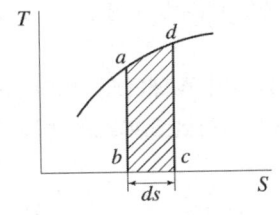

① 일량   ② 열량
③ 비체적 ④ 압력

해설) T-S 선도에서 a, b, c, d 빗금 친 부분는 열량을 표시한다.

09 몰리에 선도에서 직접적으로 알아내기가 가장 어려운 것은?

① 과열증기의 엔탈피
② 과열증기의 비열
③ 과열증기의 과열도
④ 건포화증기의 엔트로피

해설) 몰리에 선도 : 포화수의 엔탈피, 과열증기의 비열은 알 수 없다.

10 $P-v$ 선도의 각 과정을 옳게 나타낸 것은? (단, ④는 PV^k = 일정이며, k는 비열비, n은 폴리트로프 지수이다.)

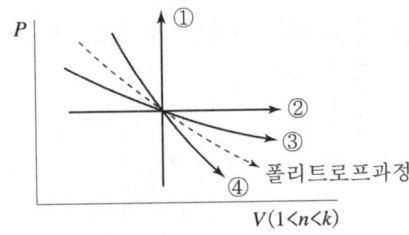

① ① - 단열과정
② ② - 정압과정
③ ③ - 정적과정
④ ④ - 등온과정

해설) • $P-v$ 선도
① 정적과정
② 정압과정
③ 등온과정
④ 단열과정

11 공기 냉동 cycle은 어느 cycle의 역 cycle인가?

① Otto   ② Diesel
③ Sabathe ④ Brayton

해설) 공기냉동 표준사이클 : 브레이턴사이클의 역사이클

ANSWER 6.④ 7.③ 8.② 9.② 10.② 11.④

12. 고열원의 온도 800K, 저열원의 온도 300K인 두 열원 사이에서 작동하는 이상적인 카르노 사이클이 있다. 고열원에서 사이클에 가해지는 열량이 120kJ이면 사이클 일은 몇 kJ인가?

① 60 ② 75
③ 85 ④ 120

해설
$(_1W_2) = 120 - (120 \times \frac{300}{800}) = 75\,kJ$

효율$(\eta_c) = \frac{Aw}{Q_1} = 1 - \frac{T_2}{T_1}$

∴ $\eta_c = 1 - \frac{300}{800} = 0.625$
$= 120 \times 0.625 = 75\,kJ$

13. 공기 표준 카르노사이클에 대한 설명 중 틀린 것은?

① 실제적으로는 불가능하다.
② 두 개의 등압과정과 두 개의 등적과정으로 이루어져 있다.
③ 다른 공기 사이클에 대한 기준이 된다.
④ 가역과정으로 이루어진 사이클이다.

해설
표준 카르노사이클
등온팽창 → 단열팽창 → 등온압축 → 단열압축

14. 고열원 227℃, 저열원 17℃의 온도범위에서 작동하는 카르노 사이클의 열효율은?

① 7.5%   ② 42%
③ 58%   ④ 92.5%

해설
$\frac{Q_1 - Q_2}{Q_1} = \frac{227 - 17}{227} \times 100 = 92.50\%$

15. 열기관의 반대로서 겨울에 주위로부터 열을 흡수하여 건물 내에 열을 방출함으로써 난방에 이용되는 기기를 무엇이라 하는가?

① 에어컨
② 히트파이프
③ 제습기
④ 열펌프

해설
히트펌프(열펌프)는 냉매를 압축하여 응축하는 과정에서 발생하는 열을 이용하여 난방에 용하는 방식

16. 겨울에 주위로부터 열을 흡수하여 건물 내에 열을 방출함으로써 난방에 이용되는 기기를 무엇이라고 하는가?

① 에어컨
② 히트파이프
③ 제습기
④ 열펌프

해설
겨울에 주위로부터 열을 흡수하여 압축기 냉매를 가스화 압축 후 응축기에서 발생되는 열을 건물 내로 방출하여 난방에 이용

17. 에어컨이 실내에서 400kJ의 열을 흡수하여 실외로 500kJ을 방출할 때의 성적계수는?

① 0.8   ② 1.25
③ 2.0   ④ 4.0

해설
성적계수(COP) = $\frac{400}{500 - 400} = 4.0$

ANSWER 12.② 13.② 14.④ 15.④ 16.④ 17.④

18 어떤 냉동기에서 응축기용 냉각수 유량이 5000kg/h이고, 응축기 입구와 출구의 냉각수 온도는 각각 15℃, 30℃이다. 냉각수의 평균 비열이 4.183kJ/kg·K이면 응축기를 거치면서 냉각수가 흡수한 열량은 약 몇 kJ/h인가?

① 2.715×10^5
② 3.137×10^5
③ 3.792×10^5
④ 4.185×10^5

해설
$\theta = 5000 \times 4.183 \times (30-15)$
$= 313725 \text{kJ/h} = 3.137 \times 10^5 \text{kJ/h}$

19 에어컨이 실내에서 400kJ의 열을 흡수하여 실외로 500kJ을 방출할 때의 성능계수는?

① 0.8
② 1.25
③ 2.0
④ 4.0

해설
∴ 성능계수$(COP) = \dfrac{400}{500-400} = 4$

Answer 18.② 19.④

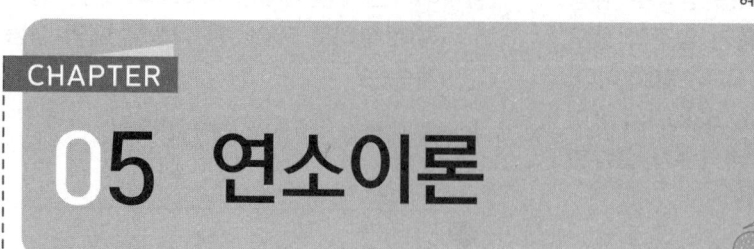

CHAPTER 05 연소이론

5-1 연소이론

1. 연료의 종류 및 특징

(1) 연료의 개요

1) 연료
공기 중에서 쉽게 연소하여 연소에 의해 생긴 열을 경제적으로 이용할 수 있는 물질

2) 연료의 구비 조건
① 연소가 용이할 것.
② 발열량이 클 것.
③ 구입이 쉽고 가격이 저렴할 것.
④ 운반·저장·취급이 용이할 것.
⑤ 인체에 유해하지 않으며, 공해 요인이 적을 것.

3) 연료의 주성분 : C(탄소), H(수소), O(산소)

4) 연료의 가연성분 : C(탄소), H(수소), S(황)

5) 연료의 불순물 : N(질소), A(회분), W(수분) 등

(2) 고체연료

1) 고체연료 특징
① 연료구입이 용이하고 저렴하다.
② 인건비 및 설비비가 저렴하다.
③ 연료품질이 균일하지 않고, 완전연소가 불가능하다.
④ 점화 및 소화, 온도조절이 어렵다.
⑤ 부하변동에 신속히 응하기 어렵다.

2) 고체연료 종류 : 목재, 목탄, 무연탄, 역청탄, 코크스, 미분탄 등

3) 석탄의 분류 기준 : 점결성, 입도, 연료비, 탄화도, 발열량.
① 점결성 : 역청탄을 고온 건류 시켰을때 350℃ 부근에서 용융되었다가 450℃ 정도에서 굳어지는 성질
② 입도(크기) : 괴탄(50[mm] 이상), 중괴탄(25~50[mm] 이하), 분탄(25[mm] 이하), 미분탄(3[mm] 이하)
③ 연료비 : 휘발분에 대한 고정 탄소비(연료비 = $\dfrac{C}{H}$)
  • 연료비가 크면 발열량이 높고, 착화가 어렵다
④ 탄화도 : 탄소 함류량의 정도

🔖 탄화도가 큰순서 : 흑연 〉 무연탄 〉 역청탄 〉 갈탄 〉 아탄 〉 이탄 〉목재

🔖 고체연료 탄화도가 큰 경우 : 고정탄소량·연료비·착화온도는 증가, 휘발분·수분은 감소

🔖 기공율 = (참비중 − $\dfrac{겉보기비중}{참비중}$) × 100% (기공율은 탄화도가 증가할수록 감소)

  • 참비중 : 석탄 내 포함된 기공을 제외한 석탄 자체의 비중
  • 겉보기비중 : 석탄 내 기공을 포함한 상태의 비중

(3) 액체 연료

1) 액체연료의 특징
[장점]
① 품질이 균일하며, 발열량이 크다.
② 연소효율이 높고, 완전 연소가능
③ 회분이 적고, 연소조절 용이
④ 운반, 저장, 취급 용이

[단점]
① 화재, 역화 위험 있다
② 국부과열 우려
③ 황분이 많고, 버너 소음 유발

액체연료의 정제과정

가스 → 가솔린 → 등유 → 경유 → 중유
   ←―――――――
   발열량이 높다

2) 액체연료의 종류

① 원유 : 천연적으로 얻어지는 포화, 불포화 탄화수소의 혼합물
② 가솔린 : 옥탄가(80) 이상 : 고급 휘발유
   옥탄가(80) 이하 : 저급 휘발유
   - 비점 : 30~210[℃]
   - 인화점 : -43~-20[℃] 정도
   - 폭발범위 : 1.4~7.6
   - 총발열량 : 1,100~11,300[kcal/kg ℃]
③ 등유 : 소형 내연기관용에 사용
   - 비점 : 150~300[℃]
   - 인화점 : 40~70[℃]
   - 착화온도 : 220[℃]
④ 경유 : 대형 보일러 점화용
   - 비점 : 250~350[℃]
   - 인화점 : 50~70[℃]
   - 착화온도 : 200[℃]
⑤ 중유
   ㉠ 중유 예열 온도는 인화점보다 5℃ 낮게 조정(오일프리히터 가열온도 : 80~90℃)
   ㉡ 점도에 따라 A, B, C 중유(무화 연소시 중요한 성질)
   - A중유 : 예열 불필요, 소용량 보일러용
   - B중유 : 예열 필요, 소·중용량 보일러용
   - C중유 : 예열 필요, 중·대용량 보일러용
   ㉢ 유동점은 응고점보다 2.5℃ 높게 한다.(응고점 = 유동점 - 2.5℃)
   ㉣ 중유에 황 성분은 저온부식 초래(노점온도 150℃ 이하 시)
   ㉤ 중유에 회분은 고온부식 초래(융점온도 550℃ 이상 시)
   ㉥ 연료비가 큰 순서(C / H) = 타르계 > 중유 > 경유 > 등유 > 가솔린

ⓐ 중유첨가제 종류 : 연소촉진제(분무양호), 슬러지분산제(슬러지 생성 방지), 회분개질제(회분의 융점 높여 고온부식 방지), 유동점 강하제(유동점 낮춰 송유 양호), 탈수제(수분 분리)

(4) 기체연료

1) 기체연료 특징

[장점]
① 적은 공기비로 완전연소 가능하다.
② 연소효율이 높고 공해문제가 없다.
③ 회분이 없고, 전열면 오손이 적다.
④ 부하변동에 신속히 응하기 쉽다.

[단점]
① 누설시 화재, 폭발 위험이 크다.
② 저장, 수송에 주의 요망
③ 설비비가 많이 든다.

2) 기체연료 종류

① **천연가스(NG)** : 천연 가스 중에 탄화수소를 주성분으로 하는 가연성 가스, 습성 가스는 유전지대에서 많이 생산되며 주성분은 CH_4(메탄) C_2H_6(에탄)
② **액화 천연가스(LNG)** : 주성분 : CH_4(메탄), 비등점 : -162℃
조성은 천연가스와 거의 동일하나 냉각(-161.5[℃], -182.5[℃])시킬 경우 제진, 탈황, 탈수 등으로 불순물이 제거되어 청결, 무해하다.
③ **액화석유가스(LPG)**
  ㉠ 주성분 : C_3H_8(프로판) C_4H_{10}(부탄) C_3H_6(프로필렌) C_4H_8(부틸렌) C_4H_6(부타디엔)
  ㉡ 액화석유가스 특징
    ⓐ 발열량이 크고 저장이 용이
    ⓑ 완전연소시 다량의 공기량이 필요
    ⓒ 공기보다 비중이 무거워 누설시 낮은 곳에 체류하여 인화, 폭발 위험
    ⓓ 연소 속도가 느려 집중화염을 얻기 어렵다.
    ⓔ 용기는 40℃이하 보관
④ **석탄가스** : 석탄을 고온 건류시(1,000[℃]정도) 얻어지는 가스
  • 주성분 : 수소(H_2), 메탄가스(CH_4), 일산화탄소(CO)
⑤ **고로가스(BFG)** : 용광로에서 코크스를 연소해 얻어지는 부산물 가스
  • 주성분 : N_2, CO, H_2

⑥ 발생로 가스 : 고체연료를 적열상태로 가열하여 공기, 산소를 공급하여 불완전 연소로 얻는 가스
- 주성분 : N_2, CO, H_2

⑦ 수성가스 : 고온의 코크스, 무연탄에 수증기를 작용시켜 얻는 가스
- 주성분 : H_2, CO, N_2

2. 연료의 분석방법 및 관리

(1) 고체연료 시험방법

고체연료 시험방법은 샘플링방법, 전수분 및 습분측정법, 공업분석법, 원소분석법, 발열량 측정법 등이 있다.

1) 시료채취방법

① 계통시료채취 : 롯트(Lot)에서 단위시료를 양적 또는 시간적으로 일정한 간격으로 채취하는 방법

- **롯트(Lot)** : 품위를 결정하려고 하는 단위량의 석탄으로 약 500ton 정도
- **단위시료** : 1롯트에서 시료채취기에 의해 1회의 동작으로 무작위하게 채취한 단위량의 석탄

② 층별 시료채취 : 롯트를 몇 부분으로 나누어 각 부분에서 무작위(Random)로 단위시료를 채취하는 방법

③ 2단시료 채취 : 롯트를 몇 개 부분으로 나누어 먼저 1차 시료를 채취한다. 다음 2차로 시료를 채취한 부분 중에서 몇 개의 단위시료를 채취하는 방법

2) 베이스(Base)의 환산

고체연료 중에 함유하고 있는 습분(M), 수분(W), 회분(A) 등이 취급여부에 따라서 다음과 같이 표시

① 도착베이스 : 전수분 베이스라고도 하며 습분, 수분, 회분, 휘발분, 고정 탄소 등의 전항목을 분석하는 방법

- 도착베이스= 항습베이스 $\times \dfrac{100-M(\%)}{100}$

② 항습베이스 : 도착베이스의 분석항목에서 습분이 제외된 것으로 고체연료의 분석방법(일반적으로 많이 사용)

- 항습베이스= 도착베이스 $\times \dfrac{100}{100-M(\%)}$

③ 무수베이스 : 회분, 휘발분, 고정탄소의 3항목에 대하여 측정하는 방법
- 무수베이스 = 항습베이스 × $\dfrac{100}{100-W(\%)}$

④ 순탄베이스 : 무수베이스에서 회분이 제외된 것으로 휘발분과 고정탄소만을 측정하는 무수, 무회베이스 라고도 하며 유효성분의 분석 방법
- 순탄베이스 = 무수베이스 × $\dfrac{100}{100-A(\%)}$

3) 전수분 및 습분 측정방법

① 예비건조수분 : 시료를 $0.6g/cm^2$ 이하로 건조접시에 담아 35℃ 이하의 온도에서 그 무게 감소가 0.5%/h 미만일 때까지 건조시켜 건조 감량을 구하여 예비건조 수분을 계산
- 예비건조수분(%) = $\dfrac{건조감량(건조감량의 합)}{시료중량(단위시료중량의 합)} \times 100(\%)$

② 전수분 측정
- 전수분 : 연료의 고유수분 및 연료 표면에 부착되어 있는 습분의 합

$$열건조감량(B) = \dfrac{열건조감량 무게}{예비건조 수분 측정 후의 시료무게} \times 100(\%)$$

- 전수분(W) = $A + B\dfrac{(100-A)}{100} \times 100(\%)$ (A : 예비 건조 수분)

4) 공업분석 방법

① 분석성분 : 수분(W), 회분(A), 휘발분(V), 고정탄소(F) 등
② 공업분석 시료인 석탄은 항습베이스, 코우크스는 무수베이스를 사용하며 측정온도계는 열전대온도계(PR 또는 CA)를 사용

㉠ 수분정량법 : 시료 1g을 건조기에서 107±2℃(코우크스 : 150±5℃)까지 60분 동안 가열하여 건조시켰을 때의 감량을 시료에 대한 백분율로 표시
- $W = \dfrac{감량무게(g)}{시료무게(g)} \times 100(\%)$

수분이 많을 경우
ⓐ 점화가 어렵다.
ⓑ 연소를 나쁘게 한다.
ⓒ 열효율을 저하시킨다.
ⓓ 통풍이 불량해진다.

㉡ 회분정량법 : 시료 1g을 노내에 넣고 800±10℃로 60분 이상 가열연소시켜 회화하여 잔류량의 시료에 대한 백분율로 표시

- $A = \dfrac{회화량(g)}{시료무게(g)} \times 100(\%)$

❖ **회분이 많을 경우**
ⓐ 발열량이 감소한다.
ⓑ 크린카(Cllinker) 발생으로 통풍을 방해한다.
ⓒ 연소상태가 고르지 못하다.
ⓓ 불완전 연소 생성물이 심하여 열손실이 많다.

ⓒ 휘발분 정량법 : 시료 1g을 925±20℃로 7분간 가열하였을 때의 가열감량을 측정하고 동시에 정량한 수분량을 뺀 백분율로 표시

- $V = \dfrac{가열감량\ 무게(g)}{시료의\ 무게(g)} \times 100 - 수분(\%)$

❖ **휘발분이 많을 경우**
ⓐ 연소시 그을음 발생이 심하다.
ⓑ 점화가 손쉽다.
ⓒ 연소시 붉은 장염이 발생한다.
ⓓ 발열량이 저하되고 매연발생이 많다.

ⓔ 고정탄소 산출법 : 시료에서 측정한 수분, 회분, 휘발분의 각 성분을 빼고 남는 양을 고정탄소로 보며 계산
ⓐ 석탄인 경우(F) = 100−[W(%)+A(%)+V(%)]
ⓑ 코우크스인 경우(F) = 100−[A(%)+V(%)]

❖ **고정탄소가 많을 경우**
ⓐ 발열량이 높고 매연발생이 적다.
ⓑ 연소시 새파란 단염을 발생한다.
ⓒ 복사선의 강도가 크다.
ⓓ 열효율은 높지만 점화가 느리다.

5) 원소분석 방법

원소분석성분 : 탄소(C), 수소(H), 산소(O), 질소(N), 유황(S), 인(P) 등

① 탄소 및 수소 정량법 : 리히비법, 셰필드법
② 황분 정량법 : 에쉬카법, 산소봄브법, 연소용량법
③ 질소 정량법 : 켈달법, 세미마이크로 켈달법
④ 산소 정량법 :
$$100 - (C(\%) + H(\%) + 연소성 S(\%) + N_2(\%) + A(\%) \times \dfrac{100}{100 - W(\%)})$$

(2) 액체연료 시험방법

1) 시료 채취방법

1롯트에서 1차 시료를 채취한 다음 2차 시료를 채취한다. 채취시는 규정된 용기(병, 비이커 등)에 먼저 채취한 1차 시료를 충분히 혼합한 다음 시험에 필요한 충분한 양을 2차 시료에서 보충한다.

- **1롯트** : 같은 배치(Batch)에서 생산 또는 같은 탱크의 재고품을 꺼낸 것, 저장된 것
  ① 1차시료 채취방법 및 장소
    ㉠ 병, 비이커(Beaker) 채취 : 탱크차, 유조선, 탱크 등
    ㉡ 연속채취 : 주입관, 송유관, 이송관 등
    ㉢ 세관채취 : 드럼(Drum) 등
    ㉣ 탭(Tab) 채취 : 저장 탱크 등
    ㉤ 시이프(Seef) 채취 : 탱크차, 저장탱크, 유조선 등
    ㉥ 보오링(Boring) 채취 : 자루, 통, 상자, 케이크 등
  ② 2차시료 채취방법
    충분한 양의 시료를 구매자용, 판매자용, 심판용으로 각각 3개 채취하여 구분한다.

2) 수분측정법 : 석유 제품에 함유된 수분은 일반적으로 간접 증류법으로 측정

3) 석유제품의 비중은 15℃의 기름과 4℃와 같은 용적의 물의 중량비로 표시

① 비중 표시
  비중이 크면 불꽃의 휘도가 커서 방사율이 커지고 점도가 증대하여 발열량이 감소함
② 비중계의 종류
  ㉠ 비중계법
  ㉡ 비중병법(정확성이 있다)
  ㉢ 비중 천평법
  ㉣ 치환법(고점도나 중점도 측정용)

  - API(미국 석유협회)도 : 미국표시 = $\dfrac{141.5}{비중(60°F/60°F)} - 131.5$

  - Baume(보메)도(유럽표시) = $\dfrac{140}{비중[60°F/60°F]} - 130$

③ 온도 변화에 따른 중유의 비중보정
  온도 1℃ 상승할 때 비중은 0.00065 씩 감소하고, 체적은 0.0007[l/℃]씩 증가한다.
④ 점도측정
  점도가 크면 무화 및 유동이 어렵고 불완전 연소되어, 비중을 작게, 예열온도를 높게 하여 점도를 낮춘다.

㉠ 절대점도(Poise : 포아즈) : 정지 상태의 점도, 단위 : [g/cm·s]
㉡ 동점도 : 유동 상태의 점도 = 절대점도를 같은 온도상태의 밀도로 나눈 값
  (동점도 = 절대점도 ÷ 밀도) 단위 : [cm^2/s 스토크스]

⑤ 유동점 시험
  ㉠ 유동점 = 응고점 + 2.5℃
  ㉡ 응고점 = 유동점 − 2.5℃

4) 인화점 시험

인화점 : 가연물에 인위적으로 불씨를 대면 불이 붙는 최저 온도
- 위험도를 표시하는 척도(연료의 점도, 비중이 클수록 인화점 높다.)

① 인화점 시험기 및 종류
  ㉠ 펜스키 마아텐스식(밀폐형) : 인화점 50℃ 이상의 석유제품 인화점 시험용
    (원유, 경유, 중유, 방청유등)
  ㉡ 아벨펜스키식(밀폐형) : 인화점 50℃ 이하의 석유제품 인화점 시험용
    (휘발유, 등유, 도로용제 등)
  ㉢ 클리브렌드식(개방형) : 인화점 80℃ 이상의 석유제품 인화점 시험용
    (아스팔트유, 윤활유, 절삭유)
  ㉣ 태그식(밀폐형, 개방형) : 인화점 80℃ 이하의 석유제품 인화점 시험용
    (원유, 휘발유, 등유 등)

(3) 기체 연료 시험 방법

기체연료 각 성분에 맞는 흡수액을 사용하는 화학적 분석 법중 헴펠법 사용.

1) 헴펠법 가스분석 순서 : $CO_2 \rightarrow C_mH_n \rightarrow O_2 \rightarrow CO$

  ❖ 흡수액
  ① CO_2 : KOH 30[%] 수용액
  ② C_mH_n : 발연(무수)황산
  ③ O_2 : 알칼리성 피로카롤용액
  ④ CO : 암모니아성 염화제1동 용액

2) 비중 측정 방법

분젠 실링법, 라이드법, 비중병법

3) 발열량 측정

① 융커스(Junkers)식 유수형 열량계(많이 사용)
② 시그마 열량계

3. 연료의 관리

(1) 고체연료 관리

1) 고체연료의 인수

① 검량 : 석탄을 인수시는 중량, 용량을 측정하여 단위 용적당의 중량을 정하여 확인 후 인수하고 트럭, 화차에 적재된 경우는 직접계량 하고 선박에서 내릴때는 벨트 콘베이어 스케일을 사용하여 계량

② 검질 : 석탄 중의 습분, 공업분석 성분, 발열량, 입도 등을 측정하여 계약서와 확인 한후 인수하되 연료 내에 습분, 또는 회분이 많을 경우에는 습분과 수분을 계약서에 맞게 보정하여 인수량을 감량한 후 인수

2) 고체연료 저장

석탄의 저장 방법은 옥외저장과 옥내저장이 있고 저장 중에는 풍화나 자연발화에 유의하고 주의는 빗물 침입이 없도록 배수로나 적당한 대책을 세운다.

① **풍화작용** : 석탄을 오랫동안 저장하면 공기 중의 산소와 산화작용에 의해 변질되는 현상
　㉠ 풍화작용으로 인한 저해요인
　　ⓐ 발열량 저하
　　ⓑ 휘발분 감소
　　ⓒ 표면탈색
　　ⓓ 점결성 저하
　㉡ 풍화의 원인
　　ⓐ 연료내에 수분, 휘발분이 많을 경우
　　ⓑ 석탄이 분탄이 되어 입자가 너무 작을 경우 → 잘 일어난다.
　　ⓒ 외기의 온도가 너무 높을 경우
　　ⓓ 석탄이 새로울 경우

② **자연발화 현상** : 석탄의 탄층 내에 열의 축척으로 가연성분이 흰 연기를 내면서 연소하는 현상

자연발화 방지법
　㉠ 공기 유통을 잘되게 한다.
　㉡ 인수시기 · 입도별 저장한다.
　㉢ 탄층을 적당한 높이로 고쳐 쌓는다.
　㉣ 실내온도 60[℃] 이하로 유지할 것.

③ 석탄의 저장방법
  ㉠ 석탄의 높이는 실내 저장시 2m 이하, 실외 저장시 4m 이내로 저장한다.
  ㉡ 인수시기, 입도별로 구분하여 저장한다.
  ㉢ 배수가 잘 되게 하기 위해 바닥을 $\frac{1}{100} \sim \frac{1}{150}$의 경사
  ㉣ 직사광선을 피하고, 통풍이 잘 되도록 한다.
  ㉤ 자연발화를 방지하기 위해 정기적으로 탄층 1m 깊이의 온도를 측정하여 60℃ 이하가 되도록 한다.
  ㉥ 동일장소에 30일 이상 장기간 저장하지 않도록 한다.

(2) 액체연료의 관리

1) 액체연료의 선택
가격, 연소성, 열효율, 안정성, 인화점, 유동점, 점도, 수분, 황분, 잔류탄소분 등을 확인 하여 선택 하도록 한다.

2) 연료의 인수
용적식 유량계를 이용하여 kℓ단위로 계측하여 인수하며 연료의 온도, 비중, 연료내 수분, 점도 등을 측정한다.

3) 연료의 저장
저장 용기는 견고하고 품질저하를 방지하고 화재예방에 적합해야 하며, 저장탱크의 강판 두께는 3.2mm이상, 상용압력의 1.5배의 압력에 10분 이상 견디며 누설 및 변형되지 말것.

(3) 기체연료의 관리

1) 기체연료의 인수
① 검량 : 기체연료는 용적(Nm^3) 단위로 계량하고, LPG는 kg(질량)으로 계량하여 이때의 온도 및 압력을 측정한다.
② 검질 : 발열량의 측정, 일반성분 및 특수성분 등의 분석 및 LPG는 황분, 증기압, 수분, 불포화분 등을 시험

2) 기체연료의 저장
① 저장의 목적 : 제조량 및 공급량을 조절하여 품질을 균일하고 일정한 압력을 유지시키기 위하여 가스 홀더에 저장해 두었다가 공급한다.
② 가스 홀더의 기능 : 가스 수요의 시간적 변동에 대해 제조가 순응할 수 없는 가스량을 보급하여 공급을 확보하고, 가스의 성분, 연소성 등 성질을 균일하게 한다.

③ 가스 홀더의 종류
  ㉠ 유수식 홀더 : 물통에 가스원통을 거꾸로 놓은 것으로 가스 공급압력을 유지한다.
  ㉡ 무수식 홀더 : 홀더에 피스톤이 상하로 움직여 가스 공급압력을 유지한다.
  ㉢ 고압식 홀더 : 가스 압력에 따라 가스 공급압력을 유지한다.
     (압송설비가 불 필요, 저장량에 비해 설치면적 적고, 건설비 저렴하다)
④ LPG 용기의 관리
  ㉠ 용기로부터 2m 이내에는 인화성, 발화성 물질을 두지말 것.
  ㉡ 용기를 저장, 운반 시는 항상 40℃ 이하로 유지할 것.
  ㉢ 통풍이 잘되는 서늘한 곳에 저장하고 누설유무를 수시로 점검할 것.
  ㉣ 밸브는 천천히 열고 닫을 것.
⑤ LNG의 저장방법은 2종 금속제 보냉 탱크, 단열구조의 지상식, 콘크리트제 보냉탱크에 사용하고, 저장소가 해안에 가까울 때는 가스화 방법으로 해수가열방식을 사용한다.

4. 연소반응

연소(combustion)란 빛과 열을 수반하는 급격한 산화반응으로, 반응에 의하여 발생하는 열에너지와 활성화학물질에 의해 자발적으로 반응이 계속되는 현상을 의미한다.

① 연료중의 가연성분 즉, C, H, S 등이 공기 중의 산소와 화합하면서 열과 빛을 내는 현상을 연소라 한다.
② 연소반응에 의해 이산화탄소(CO_2), 수증기(H_2O), 이산화황(SO_2) 등이 생긴다.

(1) 고체 및 액체연료 완전연소식

① 탄소(C) : $C + O_2 \rightarrow CO_2$ = 406,197kJ/kmol(97200[kcal/kmol])

② 수소(H_2) : $H_2 + \frac{1}{2}O_2 \rightarrow H_2O$(물) = 284,757kJ/kmol(68000[kcal/kmol])

③ 황(S) : $S + O_2 \rightarrow SO_2$ = 4355,008kJ/kmol(80000[kcal/kmol])

(2) 기체연료 완전연소식

탄화수소의 완전연소식(C_mH_n계 탄화수소)

• $C_mH_n + (m + \frac{n}{4})O_2 \rightarrow mCO_2 + \frac{n}{2}H_2O$

① 프로판(C_3H_8)의 완전연소식

$$C_3H_8 + (3 + \frac{8}{4})O_2 \rightarrow 3CO_2 + \frac{8}{2} H_2O$$

$$= C_3H_8 + 5O_2 \rightarrow 3CO_2 + 4H_2O + 530[kcal/mol]$$

- 프로판이 완전연소하면 CO_2와 H_2O가 생성된다

② 부탄(C_4H_{10})의 완전연소식

$$C_4H_{10} + 6.5O_2 \rightarrow 4CO_2 + 5H_2O + 700[kcal/mol]$$

③ 메탄(CH_4)의 완전연소식

$$CH_4 + 2O_2 \rightarrow CO_2 + 2H_2O + 212.8[kcal/mol]$$

④ 아세틸렌(C_2H_2)의 완전연소식

$$C_2H_2 + 2.5O_2 \rightarrow 2CO_2 + H_2O$$

5. 연소현상

(1) 연소3요소

① 가연성물질 : C, H, S
② 조연성(지연성)물질 : O_2, 공기 등
③ 점화원 : 산화열, 마찰열, 충격, 발화(착화), 인화 등

1) **연소속도** : 연료가 착화하여 완전히 연소되기까지의 속도

① 정상연소속도 : 0.3~10[m/s]
① 폭속시 : 1,000~3,500[m/s]

2) **연소온도에 미치는 영향**

① 산소농도
② 연료발열량
③ 공기비

3) **착화**(발화) : 인위적으로 점화하지 않아도 연료 자체가 스스로 연소하는 것

착화 온도가 낮아지는 조건

① 발열량이 높을수록
② 분자 구조가 간단할수록
③ 산소 농도가 짙을수록
④ 압력이 높을수록

4) **인화** : 인위적으로 화기를 대면 점화하여 연소하는 것

(2) 연소 현상에 따른 분류

- 기체 연소 : 확산 연소(발염 연소)
- 액체 연소 : 증발 연소, 분해 연소
- 고체 연소 : 표면 연소, 분해 연소, 증발 연소, 자기 연소

① 확산연소 : 가연성가스와 공기가 확산에 의해 혼합되면서 연소가 일어나는 것
 (수소, 아세틸렌 등)
② 증발연소 : 인화성 액체가 온도 상승에 따른 증발에 의해 연소
 (알콜, 에테르, 등유, 경유 등)
③ 분해연소 : 연소시 열분해에 의해 가연성가스를 방출시켜 연소가 일어남
 (중유, 석탄, 목재, 종이, 고체 파라핀 등)
④ 표면연소 : 고체 표면과 공기와 접촉되는 부분에서 연소가 일어남
 (숯, 코크스, 알루미늄박, 마그네슘 리본 등)
⑤ 자기연소 : 자기스스로 연소가능(질산 에스테르, 초산 에스테르, T.N.T)

(3) 연소 화염

① 산화염 : 연료연소시 공기비가 커서 과잉산소를 포함한 화염
② 환원염 : 연료연소시 공기비가 적어 산소가 부족하여 불완전연소(CO함유)된 화염

🌱 염공부하
안정된 불꽃으로 완전연소할 수 있는 염공의 단위면적당 인풋(In Put) 즉 염공 $1mm^2$ 당 단위 시간에 몇 kcal의 연료를 연소시키는가를 표시하는 수치

6. 연료의 연소방법

(1) 고체연료 연소방식

① 화격자 연소
② 미분탄 연소
③ 유동층 연소

1) 미분탄 연소 특징

[장점]
① 적은 공기비로 완전 연소
② 저질 연소에 적합
③ 점화, 소화 용이
④ 연소제어 가능

[단점]
① 비산회가 많다.
② 집진장치가 필요하다.
③ 설비유지비가 많이 든다.

2) 미분탄의 이송경로

석탄 → 쇄탄기 → 철편제거 장치 → 건조기 → 미분쇄기 → 버너

(2) 액체 연료 연소방식

① 기화연소(심지식, 포트식, 증발식)
② 무화(분무)연소

1) 무화 목적

① 단위중량당 표면적을 크게 한다.
② 공기와 연료의 혼합을 양호하게 한다.
③ 연소효율을 높게 한다.
④ 연소실 고부하를 유지할 수 있다.

2) 무화방법

① 유압식
② 이류체식
③ 회전식
④ 진동(초음파)식
⑤ 충돌식

3) 오일버너 종류 / 특징

① 유압식버너 : 연료자체에 압력을 가하여 연료를 무화시킨다.

🔹 특징

㉠ 사용유압 : 5~20kg/cm² 정도
㉡ 유량은 유압의 평방근에 비례(16kg/cm²에서 4kg/cm²으로 압력을 내리면 분사량은 1/2)
㉢ 유압이 5kg/cm² 이하면 무화 곤란
㉣ 유량 조절범위 : (1 : 1.5~3)

② 저압기류식 버너 : 분무매체 증기 또는 공기

🔸 **특징**
  ㉠ 유량조절 범의 1 : 5~1 : 6
  ㉡ 소형설비에 적합

③ 고압기류식 버너

🔸 **특징**
  ㉠ 유량조절범위 1 : 10으로 가장 넓다(불꽃길이가 길다)
  ㉡ 고점도 유체 무화 가능

④ 회전식 버너 : 회전하는 분무컵의 원심력에 의해 무화

🔸 **특징**
  ㉠ 유량조절범위 : 1 : 5
  ㉡ 유압은 $0.3kg/cm^2$의 가장 낮은 압력에 이용한다.
  ㉢ 자동화에 편리, 설비가 간단하다

⑤ 건타입버너 : 유압식과 기류식을 병행한 자동 버너

🔸 **특징**
  ㉠ 송풍기와 버너 조합형
  ㉡ 유압은 $7kg/cm^2$ 이상으로 연소가 양호
  ㉢ 소음기준 70폰 이하

(3) 기체 연료 연소

1) 확산연소 : 포트형, 버너형

2) 예혼합연소

종류 : 저압버너, 고압버너, 송풍버너, 가정용보일러, LPG, LNG 연소 기구 연소
• 연료와 공기가 폭발범위에 들지 않도록 주위 한다.

3) 예혼합 연소 특징
 ① 역화위험이 크다.
 ② 고온을 얻기 쉽다.
 ③ 연소속도 빠르다.
 ④ 예열공기 사용 곤란하다.

5-2 연소계산

1. 공기량 및 공기비

(1) 이론산소량(O_0), 이론공기량(A_0)

1) 이론산소량(O_0)의 계산

연료를 이론적으로 완전연소시키는데 필요한 최소값의 산소량.

① C + O_2 → CO_2
   1[kmol]   1[kmol]   1[kmol]
   22.4[Nm^3] 22.4[Nm^3] 22.4[Nm^3]
   12[kg]   32[kg]   44[kg]

- 탄소 1[kg]당의 이론산소량 = 22.4[Nm^3]÷12[kg] = 1.867[Nm^3/kg]
  = 32[kg]÷12[kg] = 2.667[kg/kg]

② H_2 + $\frac{1}{2}O_2$ → H_2O
   1[kmol] $\frac{1}{2}$[kmol]   1[kmol]
   22.4[Nm^3] 11.2[Nm^3] 22.4[Nm^3]
   2[kg]   16[kg]   18[kg]

- 수소 1[kg]당의 이론산소량 = 11.2[Nm^3]÷2[kg] = 5.6[Nm^3/kg]
  = 16[kg]÷2[kg] = 8[kg/kg]

③ S + O_2 → SO_2
   1[kmol]   1[kmol]   1[kmol]
   22.4[Nm^3] 22.4[Nm^3] 22.4[Nm^3]
   32[kg]   32[kg]   64[kg]

- 황 1[kg]당의 이론산소량 = 22.4[Nm^3]÷32[kg] = 0.7[Nm^3/kg]
  = 32[kg]÷32[kg] = 1[kg/kg]

∴ 이론산소량(O_0) = $\boxed{1.867\,C + 5.6(H - \frac{O}{8}) + 0.7\,S\ [Nm^3/kg]}$

= $2.667C + 8(H - \frac{O}{8}) + 1\,S\,[kg/kg]$

2) 이론공기량(A_0)의 계산

연료를 이론적으로 완전 연소시키는데 필요한 최소값의 공기량.

① C의 이론산소량은 1.867[Nm³/kg], 2.667[kg/kg]이므로

$$1.867 \times \frac{100}{21} (체적비율) = 8.89[Nm^3/kg]$$

$$2.667 \times \frac{100}{23.2} (중량비율) = 11.49[kg/kg]$$

② H의 이론산소량은 5.6[Nm³/kg], 8[kg/kg]이므로

$$5.6 \times \frac{100}{21} = 26.67[Nm^3/kg]$$

$$8 \times \frac{100}{23.2} = 34.5[kg/kg]$$

③ S의 이론산소량은 0.7[Nm³/kg], 1[kg/kg]이므로

$$0.7 \times \frac{100}{21} = 3.33[Nm^3/kg]$$

$$1 \times \frac{100}{23.2} = 4.31[kg/kg]$$

$$\therefore 이론공기량(A_o) = \boxed{8.89\,C + 26.67(H - \frac{O}{8}) + 3.33\,S\ [Nm^3/kg]}$$

$$= \boxed{8.89C + 26.67H + 3.33(S - 0)}$$

$$= [1.867C + 5.6(H - \frac{O}{8}) + 0.7S] \times \frac{100}{21}[Nm^3/kg]$$

3) 실제공기량(A)

연료를 실제로 완전 연소시키는 경우 이론 공기량만으로는 불충분하므로 부족한 공기를 추가 공급하여 완전 연소시킬 때의 공기(이때 추가공기를 과잉공기)

$\therefore$ 실제공기량(A) = 이론공기량(A_0) + 과잉공기량

실제공기량(A) = 공기비(m) × 이론공기량(A_0)

❖ **과잉공기**
이론공기량만으로는 완전연소가 불가능하므로 더 보내 여지는 여분의 공기

과잉공기 = $A - A_0$ 과잉공기율[%] = $(m-1) \times 100[\%]$

$= mA_0 - A_0$

$\therefore = \boxed{(m-1)A_0 [Nm^3/kg]}$

4) 공기비(m)

실제공기량(A)과 이론공기량(A_0)의 비($m = \dfrac{A}{A_0}$)

$A = m \cdot A_0$, $A > A_0$, $m > 1$, $A > 1$ 항상 크다

- 실제공기량 = 공기비(m) × 이론공기량(A_0)
- 과잉공기 = 실제공기 − 이론공기량 = $(m - 1) A_0$

$$\therefore m = \dfrac{A}{A_0} = \dfrac{A_0 + 과잉공기}{A_0} = 1 + \dfrac{과잉공기}{A_0} = 1 + \dfrac{A - A_0}{A_0}$$

$A = m \cdot A_0$

공기비가(m)가 클 경우
① 연소실내의 온도가 낮아진다.
② 배기가스로 인한 손실열 증대
③ 배기가스중 SO_2, NO_2 함량증가 해 대기오염 초래

공기비(m)이 작을 경우
① 불완전연소
② 가스폭발 및 매연발생
③ 손실열 증대

5) 완전 연소시 공기비

$$m = \dfrac{A}{A_0} = \dfrac{A}{A - 과잉공기} \quad m = \dfrac{N_2}{N_2 - 3.76 O_2}$$

배기가스중 O_2 함량에 의해 $m = \dfrac{21}{21 - O_2}$

6) 불완전 연소시

$$m = \dfrac{N_2}{N_2 - 3.76(O_2 - 0.5 CO)}$$

$N_2 = 100 - (CO_2 + O_2 + CO)$

7) CO_2 max[%]에 의한 방법

$$m = \dfrac{CO_2 max[\%]}{CO_2 [\%]}$$

(2) 최대 탄산가스율[%](CO_2 max [%])

이론공기량에 의한 배기가스 속의 탄산가스(CO_2) 체적을 백분율로 표시한 것으로 최대 탄산가스율(CO_2max)이라 함(이론공기량으로 완전 연소시키면 CO_2량이 최대가 된다)

1) 기체연료의 경우

① 완전연소시 : $CO_2max[\%] = \dfrac{CO_2}{100 - O_2/0.21} \times 100 = \dfrac{21 CO_2}{21 - O_2}$

② 불완전연소시(CO가 존재할 때) : $CO_2max[\%] = \dfrac{21(CO_2 + CO)}{21 - O_2 + 0.395 CO}$

2) 고체 및 액체연료의 경우

① $CO_2max[\%] = \dfrac{1.867C + 0.7S}{\text{이론건연소가스량}} \times 100$

2. 연소가스발생량

(1) 연소가스량 계산

① G_w (실제습연소가스량) : 연료에 실제 공기량을 공급한 후 완전연소시켰을 때의 생성 가스량
② G_d (실제건연소가스량) : 실제 습연소 가스량 중에서 수증기의 양을 제거한 것.
③ G_{ow} (이론습연소가스량) : 연료에 이론공기량을 공급한 후 완전연소시켰을 때의 생성 가스량
④ G_{od} (이론건연소가스량) : 이론습연소가스량 중에서 수증기의 양을 제거한 것.

1) 실제습배기(연소)가스량 : (GS)의 계산

연료 1[kg]의 연소 후 연소가스 성분

1. CO_2
2. H_2O
3. SO_2
4. O_2(과잉공기속의)
5. N_2(실제공기속의)
6. n(연료속의 질소)

$+$ 실제공기(O_2, N_2)

① $\quad C \;\;+\;\; O_2 \;\;\rightarrow\;\; CO_2$
$\quad\;\;\;$ 1[kmol] $\qquad\qquad\quad$ 1[kmol]
$\quad\;\;\;$ 12[kg] $\qquad\qquad\quad\;$ 22.4[Nm^3]

- 탄소 1[kg] 연소시 CO_2의 값 $= \dfrac{22.4[Nm^3]}{12[kg]} = \boxed{1.867[Nm^3/kg]}$

② $H_2 + \dfrac{1}{2}O_2 \rightarrow H_2O$

    1[kmol]   1[kmol]

    2[kg]   22.4[Nm³]

- 수소 1[kg] 연소시 H_2O 값 = $\dfrac{22.4[\text{Nm}^3]}{2[\text{kg}]}$ = 11.2[Nm³/kg]

연료속의 수분(W)도 H_2O 로 같이 나오므로

$W = H_2O = \dfrac{22.4[\text{Nm}^3]}{18[\text{kg}]} = 1.244[\text{Nm}^3/\text{kg}]$

    1[kmol]

    22.4[Nm³]

    18[kg]

$\therefore 11.2H + 1.244W = \boxed{1.244(9H+W)[\text{Nm}^3/\text{kg}]}$

③ $S + O_2 \rightarrow SO_2$

    1[kmol]   1[kmol]

    32[kg]   22.4[Nm³]

- 황 1[kg] 연소시 SO_2의 값 = 22.4[Nm³], 32[kg] = $\boxed{0.7[\text{Nm}^3/\text{kg}]}$

(2) 배기가스 관계식

① 건배기가스

   ⊙ 이론 건배기가스량(G_{od}) = $8.89C + 21.07(H - \dfrac{O}{8}) + 3.33S + 0.8N[\text{Nm}^3/\text{kg}]$

                               = $(1-0.21) \times A_0 + 1.867C + 0.7S + 0.8N [\text{Nm}^3/\text{kg}]$

   ⓒ 실제 건배기가스량(G_d) = $G_{od} + (m-1)A_0 = G_w - W_g$

② 습배기가스

   ⊙ 이론 습배기가스량(G_{ow})

    = $(1-0.21) \times A_0 + 1.867C + 11.2H + 0.7S + 0.8N + 1.244W[\text{Nm}^3/\text{kg}]$

    = $G_{od} + 1.244(9H+W) = 8.89C + 32.27(H - \dfrac{O}{8}) + 3.33S + 0.8N + 1.244W[\text{Nm}^3/\text{kg}]$

   ⓒ 실제 습배기가스량(G_w) = $G_{ow} + (m-1)A_0 = G_d + W_g$

                               = $(m-0.21) \times A_0 + CO_2 + H_2O + \cdots + N_2[\text{Nm}^3/\text{kg}]$

③ 연소생성 수증기량 : $W_g = 1.244(9H+W)$

3. 발열량

(1) 발열량

고체, 액체 1[kg], 기체 1[Nm^3]의 연료가 완전연소시 발생된 열량

- 단위 : 고체, 액체(kcal/kg), 기체(kcal/Nm^3)

① 고위발열량(Hh)
열량계에 의해 측정된 발열량(총발열량)
Hh = Hℓ + 600(9H+W)[H : 수소(kg), W : 수분(kg)]

② 저위발열량(Hℓ)
고위발열량에서 수증기의 응축열을 제거한 열량(진발열량)
Hℓ = Hh − 600(9H+W)

◈ 기체 연료 저위발열량 : Hℓ = Hh − (480×W)

(2) 고위발열량의 계산

①   C   +   O$_2$ →   CO$_2$ = 97200[kcal/kmol]
    1[kmol]   1[kmol]   1[kmol]
    12[kg]   32[kg]   44[kg]

- 탄소(C) 1[kg] 당의 발열량 : 97200[kcal/kmol] ÷ 12[kg/kmol] = 8100[kcal/kg]

②   H$_2$ + $\frac{1}{2}$O$_2$ →   H$_2$O(물)   = 68000[kcal/kmol]
    1[kmol]   0.5[kmol]   1[kmol]
    2[kg]   16[kg]   18[kg]

- 수소(H) 1[kg] 당의 발열량 = 68000[kcal/kmol] ÷ 2[kg/kmol] = 34000[kcal/kg]

> ❖ 증기의 경우
> H$_2$ + $\frac{1}{2}$O$_2$ → H$_2$O(수증기) = 57200[kcal/kmol]
> 이로 인해 저위 발열량이 등장한다.
> ❖ 수소 증발잠열 약 600kcal/kg으로 계산함.

③   S   +   O$_2$ →   SO$_2$ = 80000[kcal/kmol]
    1[kmol]   1[kmol]   1[kmol]
    32[kg]   32[kg]   64[kg]

- 황(S) 1[kg] 당의 발열량 = 80000[kcal/kmol] ÷ 32[kg/kmol] = 2500[kcal/kg]

∴ Hh(고위발열량) = 8100 C + 34000(H − $\frac{O}{8}$) + 2500 S[kcal/kg]

> ❖ (H − $\frac{O}{8}$) : **유효수소**, $\frac{O}{8}$: **무효수소**
>
> 연료속의 산소는 그 일부분이 수소와 결합되어 연소되지 않는다.
>
> (중량당 $\frac{H_2}{O}$ 는 $\frac{2}{16}$ 이므로 $\frac{O}{8}$ 의 값은 무효수소)
>
> H : 전체수소
>
> $\frac{2O}{16}$: $\frac{O}{8}$ 이며 무효수소
>
> H − $\frac{O}{8}$: 유효수소
>
> 9(H − $\frac{O}{8}$) : 유효수소가 타서 발생한 물
>
> $\frac{9}{8}$O : 연료속의 수소와 산소가 화합하여 발생한 물

(3) 저위 발열량의 계산

Hl(저위 발열량) = [8100 C + 34000 (H − $\frac{O}{8}$) + 2500 S] − 600 (9H + W)

= 8100 C + 28600 H − 4250 O + 2500 S − 600 W = H_h − 600 (9H + W)

> ❖ **600(9H + W) 수증기 기화잠열**
>
> 수증기의 증발잠열은 0[℃]를 기준하면 10,800÷18 = 600[kcal/kg]
>
> 10,800÷22.4 = 480[kcal/Nm³]
>
> (9H + W)는 H_2와 W(H_2O)의 중량비로 2 : 18 = 1 : 9 의 비율이다.

4. 연소온도

연소가스가 보유하는 최고의 온도(화염 온도)

(1) 이론 연소온도

연료를 이론공기량으로 완전 연소시킬 때 최고온도(이론 화염온도). 연소온도는 공기비, 발열량, 산소농도, 공급공기의 온도, 압력 등에 영향

- 이론연소온도(℃) = $\dfrac{Hl}{G_{ow} \times C_P}$ (℃) + t_o(℃)
  Hl : 저위발열량(kcal/kg)
  G_{OW} : 습이론 연소가스량(Nm³/kg)
  C_P : 연소가스 정압비열(kcal/Nm³·℃)
  t_o : 기준온도(℃)

(2) 실제 연소온도

연소온도는 800(℃) 이상이어야 되며 실제 연소온도는 이론 연소온도의 60~80% 정도.

- 실제연소온도(℃) = $\dfrac{Hl + Q_1 + Q_2}{G_W \times C_P} + t_0$ (℃)

  - Q_1(공기의 현열) : 공기량×공기의 비열×예열공기의 온도 (kcal/kg)
  - Q_2(연료의 현열) : 연료의 비열×예열연료의 온도 (kcal/kg)
  - G_W : 실제 습연소 가스량 (Nm³/kg)
  - t_0 : 기준온도(℃)

5. 연소효율

(1) 연소효율

연료 1kg이 완전 연소하였을 때와 실제로 연소하였을 때의 열량비율

$$\text{연소효율}(\eta_c) = \dfrac{\text{실제연소열량}}{\text{연료의발생열량}} \times 100(\%)$$

연소효율을 높이는 방법

① 연소실내 온도를 높임
② 공기 및 연료를 적정온도로 예열하여 공급
③ 연소실내 용적을 크게 하며, 무리한 연소는 피함.
④ 공기공급은 적절히 하며, 불완전 연소를 피함.

(2) 전열효율

연소실 내 연료 1kg를 연소시켜, 연소열에 대한 유효열의 비율을 전열효율이라 함

$$\text{전열효율}(\eta_f) = \dfrac{\text{유효열}}{\text{노내연소열}} \times 100(\%)$$

전열효율을 높이는 방법

① 전열면적을 넓힘.
② 여열장치를 설치하여 배기가스 열을 회수 이용함.
③ 전열면에 그을음 등 오염을 줄임.
④ 전열면에 열가스 접촉을 좋게 함.
⑤ 노벽을 단열하여 방사손실을 줄임.

(3) 열효율

공급열에 대한 유효열의 비율

$$열효율(\eta) = \frac{유효열}{공급열} \times 100 = 연소효율(\%) \times 전열효율(\%)$$

🔖 열효율을 높이는 방법
① 열손실을 줄인다.
② 설계조건과 운전조건에 맞는 운전을 한다.
③ 공기 및 피열물을 예열하고, 연소가스 온도를 적절히 높인다.
④ 단속적 운전보다, 연속적 운전으로 축열에 의한 손실열을 줄인다.

예상문제

01 연료 중 유황이나 회분은 거의 포함하지 않으나 쉽게 인화하여 화재 및 폭발의 위험이 큰 연료는?

① B-C유　　② 코크스
③ 중유　　　④ LPG

해설) LPG : 연료 중 유황이나 회분이 거의 없으며, 폭발의 위험이 크다.

02 기체연료인 LPG의 특성에 대한 설명으로 틀린것은?

① 주성분은 프로판과 부탄이다.
② 발열량이 크고 저장이 용이하다.
③ 누설시 폭발성이 크다.
④ 공기보다 가볍다.

해설) LPG는 기체는 공기보다 무거우나 액체는 물보다는 가볍다.

03 액체 및 고체연료와 비교한 기체연료의 특징 설명으로 틀린 것은?

① 저장이 용이하며, 취급에 주의를 요하지 않는다.
② 점화 및 소화가 간단하다.
③ 누설 가스는 유해하며, 폭발의 위험성이 있다.
④ 연소시 재가 없고, 연소효율도 높다.

해설) 기체연료는 액체 및 고체연료에 비하여 저장 및 운반 취급에 주의가 필요하다.

04 액화 천연가스(LNG)는 0℃, 1atm에서 1kgf의 가스가 약 1.4m³의 체적이나 1atm에서 -163℃까지 냉각하면 약 2.4ℓ로 된다. 처음체적의 약 몇 배로 작아졌는가?

① 1/300　　② 1/350
③ 1/600　　④ 1/6000

해설) 액체가 기체로 변하면 600배로 증가 기체를 액화시키면 1/600로 감소

05 액체연료의 특징 설명으로 틀린 것은?

① 회분 및 분진이 적다
② 연소온도가 높아 국부적 과열이 적다.
③ 저장 및 운반 취급이 용이하다.
④ 계량 및 기록이 용이하다.

해설) 연소온도가 높아 국부과열의 위험성이 높다.

06 가스절단에 활용되는 가스로는 프로판가스와 아세틸렌 가스를 들 수 있다. 아세틸렌가스와 비교할 때 프로판 가스의 특징으로 볼 수 없는 것은?

① 절단면이 미세하며 깨끗하다.
② 슬래그 제거가 용이하다.
③ 절단개시까지 시간이 빠르며 중성 불꽃을 만들기 쉽다.
④ 후판 절단시는 아세틸렌보다 빠르다.

해설) 중성불꽃이 어렵다.

ANSWER 1.④ 2.④ 3.① 4.③ 5.② 6.③

07 연료의 휘발분에 대한 설명으로 틀린 것은?

① 완전 연소되기 어렵다.
② 수분과 탄소의 복잡한 화합물이다.
③ 저급탄일수록 많이 함유한다.
④ 매연을 발생시키지 않는다.

해설 휘발분의 성분에 따라서 매연발생의 원인이 된다.

08 중유연소의 취급에 대한 설명으로 적합하지 않은 것은?

① 중유를 적당히 예열한다.
② 과잉공기량을 가급적 많이 하여 연소시킨다.
③ 연소용 공기는 적절히 예열하여 공급한다.
④ 2차 공기의 송압을 적절히 조절한다.

해설 연료연소시 과잉공기량을 적게 사용 연소시킨다.

09 석유정제과정에서 생성하는 프로판, 부탄을 주체로 하는 가스를 압축 액화시킨 가스는?

① LPG   ② CH_4
③ LNG   ④ SNG

해설
- LPG(액화석유가스) 주성분 : 프로판, 부탄
- LNG(액화천연가스) 주성분 : 메탄

10 다음 중 중유의 예열에 대한 설명으로 잘못된 것은?

① 저장탱크나 서비스탱크에서의 예열은 펌핑과 송유를 위해서하며 분무에 필요한 예열은 중유예열기에서 한다.
② 서비스탱크에서 점도가 떨어진 기름은 인화점보다 높은 온도로 가열해야 한다.
③ 가열온도가 너무 높으면 관내부에서 기름분해와 분무상태가 불량하고 분사각도가 나빠진다.
④ 가열온도가 낮으면 불길이 한 쪽으로 치우쳐 그을음, 분진이 일어나고 무화상태가 불량하다.

해설 기름의 예열은 인화점보다 낮게 예열을 해야 한다.

11 기체연료의 특징으로 틀린 것은?

① 노 내의 온도분포를 쉽게 조절할 수 있다.
② 연소조절, 점화, 소화가 용이하다.
③ 연소효율이 높고 약간의 과잉공기로 완전연소가 가능하다.
④ 회분발생이 많고 수송이나 저장이 편리하다.

해설 기체연료는 회분발생이 적으나, 수송이나 저장이 주의를 요한다.

ANSWER 7.④ 8.② 9.① 10.② 11.④

12 연료비가 증가할 때 일어나는 현상이 아닌 것은?

① 고정탄소량 증가
② 연소속도 증가
③ 착화온도 상승
④ 자연발화 방지

해설) 연료비가 증가하면 연소속도는 늦어진다.

13 보일러 연료 중 하나인 액체연료의 일반적인 특징에 대한 설명으로 틀린 것은?

① 수송과 저장 및 취급이 용이하다.
② 연료 중의 유황성분이 거의 없어서 기기의 부식이 잘 발생하지 않는다.
③ 연소효율이 높고 연소 조절이 용이하다.
④ 단위 중량당 발열량이 석탄에 비해서 높다.

해설) 액체 연료 중에는 유황성분이 포함되어 있으며, 이는 저온부식의 원인이 된다.

14 보일러의 연료로 사용되는 LNG의 일반적인 장점이 아닌 것은?

① 수송 및 취급이 용이하다.
② 유동성 물질이 적다.
③ 비중이 공기보다 가벼워서 누출되어도 가스 폭발의 위험이 적다.
④ 연소범위가 넓어서 특별한 연소기구가 필요치 않다.

해설) 고체, 액체, 기체연료 모두 연소기구가 필요하다.

15 석탄의 풍화작용에 의한 현상으로 틀린 것은?

① 휘발분이 감소한다.
② 발열량이 감소한다.
③ 석탄표면이 변색된다.
④ 분탄으로 되기 어렵다.

해설) 풍화작용의 해
① 수분, 휘발분 감소
② 발열량 감소
③ 석탄표면 탈색
④ 분탄이 되기 쉽다.

16 탄화도에 대한 설명으로 틀린 것은?

① 탄화도가 클수록 연소속도가 늦어진다.
② 탄화도가 클수록 비열과 열전도율은 증가한다.
③ 탄화도가 클수록 연료비가 증가하고 발열량이 커진다.
④ 탄화도가 클수록 휘발분이 감소하고 착화온도가 높아진다.

해설) 탄화도가 클수록 연소속도 늦어지고, 비열은 감소, 열전도율 증가, 연료비 증가, 발열량 높아짐, 휘발분 감소, 착화온도 높아짐

17 다음 원소 중 일반적인 연료의 주성분이 아닌 것은?

① C   ② H
③ O   ④ S

해설)
• 연료의 주성분 : C, H, O
• 가연성분 : C, H, S

18 다음 중 기체연료의 저장방식이 아닌 것은?

① 유수식　② 무수식
③ 고압식　④ 가열식

해설 가스홀더(기체연료 저장) 종류 : 고압홀더, 저압홀더 (유수식, 무수식)

19 경유에 포함되는 탄화수소 중에서 세탄가가 높은 순서대로 옳게 나타낸 것은?

① 노말 파라핀 〉 이소 파라핀 〉 나프텐 〉 올레핀
② 이소 파라핀 〉 노말 파라핀 〉 나프텐 〉 올레핀
③ 노말 파라핀 〉 이소 파라핀 〉 올레핀 〉 나프텐
④ 이소 파라핀 〉 노말 파라핀 〉 올레핀 〉 나프텐

해설 세탄가가 높은 순서 : 노말 파라핀 〉 이소 파라핀 〉 나프텐 〉 올레핀

20 LPG의 특징에 대한 설명으로 틀린 것은?

① 상온·상압에서는 액체로 존재한다.
② 주성분은 탄소수 3 및 4의 탄화수소이다.
③ 천연고무를 잘 용해시킨다.
④ 기체상태는 공기보다 무겁다.

해설 LPG는 상온·상압에서 기체로 존재한다.

21 다음 중 액체연료의 점도와 관련이 없는 것은?

① 캐논-펜스계　② 몰리에(Mollier)
③ 스톡스(Stokes)　④ 포아즈(Poise)

해설
• 캐논-펜스계 : 점도계
• 점도의 단위 : 스톡스, 포아즈

22 포화상태의 습증기에 대한 성질을 설명한 것으로 틀린 것은?

① 증기의 압력이 높아지면 포화액과 포화증기의 비체적 차이가 줄어든다.
② 증기의 압력이 높아지면 엔탈피가 증가한다.
③ 증기의 압력이 높아지면 포화온도가 증가한다.
④ 증기의 압력이 높아지면 증발잠열이 증가된다.

해설 증기압력이 높아질수록 증발잠열은 감소한다.

23 중유에 대한 설명으로 틀린 것은?

① 정제과정에 따라 A, B 및 C급 중유로 분류한다.
② 착화점은 약 580℃ 정도이다.
③ 비중은 약 0.79~0.82 정도이다.
④ 탄소성분은 약 85~87% 정도이다.

해설 중유의 비중 : 0.86~0.98 정도

24 다음 중 CH_4 및 H_2를 주성분으로 한 기체 연료는?

① 고로가스　② 발생로가스
③ 수성가스　④ 석탄가스

해설 석탄가스 : 메탄(CH_4) 및 수소(H_2)가 주성분이다.

ANSWER 18.④　19.①　20.①　21.②　22.④　23.③　24.④

25 연료로서 갖추어야 할 조건으로 옳지 않은 것은?

① 저장, 운반 등의 취급이 용이하고 안전성이 높아야 한다.
② 연소반응에서 공기와의 혼합범위를 넓게 조정할 수 있어야 한다.
③ 황 등의 가연성 물질이 포함되어 단위 질량당 발열량을 높일 수 있어야 한다.
④ 가격이 경제적이고 공급이 안정적이어야 한다.

해설 연료중 황(S) 성분은 저온부식 발생, 대기오염 초래 등의 원인이 되므로 제거하고 정제한다.

26 중유를 연소시킬 때 그을음(Soot)의 발생방지 대책으로 가장 옳은 것은?

① 공기비를 1.5 이상으로 한다.
② 무화입자를 작게 한다.
③ 노내압(爐內壓)을 높인다.
④ 황분이 많은 연료를 사용한다.

해설 중유 연소 시 그을음 발생방지를 위하여 무화입자를 작게 하여 연료의 공기와 혼합을 양호하게 하여 완전연소시킨다.

27 중유에 대한 설명으로 틀린 것은?

① 점도에 따라 A, B, C 등 3종류로 나눈다.
② 비중은 약 0.79~0.85이다.
③ 보일러용 연료로 사용된다.
④ 인화점은 약 60~150℃ 정도이다.

해설 중유의 비중은 일반적으로 0.78~0.97

28 다음 중 발생로 가스의 성분을 옳게 나타낸 것은?

① CH_4 85%, C_2H_6 7.5%, C_3H_8 5%, C_4H_{10} 2%
② CO 6%, H_2 18%, CH_4 33%, C_2H_4 22%, C_3H_8 8%, N_2 6%
③ CO 9%, H_2 51%, CH_4 29%, C_2H_4 3%, N_2 5%
④ CO 24%, H_2 13%, CH_4 3%, N_2 55%, CO_2 5%

해설 석탄 건류 시 발생되는 발생로 가스: CO, H_2, CH_4, N_2, CO_2

29 중유의 비중이 크면 C/H비가 커지며 이때 발열량은 어떻게 되겠는가?

① 적어진다.
② 커진다.
③ 관계없다.
④ 불규칙하게 변한다.

해설 탄화수소비(C/H)가 커지면 탄소량 증가하고 수소량이 감소하므로 발열량은 낮아진다.
• 탄소의 발열량: 8,100Kcal/kg
• 수소의 발열량: 34,000Kcal/kg

30 역청탄의 참 비중은 1.45, 겉보기 비중은 0.780이다. 이때의 기공률은 약 몇 %인가?

① 46.2% ② 61.5%
③ 66.7% ④ 78%

해설 • 기공률 = $\frac{1.45 - 0.78}{1.45} \times 100\% = 46.2\%$

ANSWER 25.③ 26.② 27.② 28.④ 29.① 30.①

31 일반적으로 고체연료는 액체연료에 비하여 어떠한가?

① H의 함량이 많고, O의 함량이 적다.
② N의 함량이 많고, O의 함량이 적다.
③ O의 함량이 많고, N의 함량이 적다.
④ O의 함량이 많고, H의 함량이 적다.

해설 액체연료보다는 일반적으로 고체연료(석탄, 목재)는 고정탄소, 산소의 함량이 많고 수소(H)의 함량이 적다.

32 고체연료가 갖는 장점에 대한 설명으로 옳은 것은?

① 설비비 및 유지비가 저렴하다.
② 공연비 조절이 용이해 부하변동에 쉽게 대처할 수 있다.
③ 발열량이 크고 완전연소가 가능하다.
④ 연소용 공기를 예열하므로 연소효율이 높다.

해설 고체연료의 설비비 및 유지비가 타 연료에 비하여 많이 든다.

33 연료유에는 여러 목적 때문에 각종 첨가제를 첨가한다. 다음 중 연료 첨가제의 종류와 약제가 옳지 않게 짝지어진 것은?

① 산화방지제 : 페놀류, 방향족아민화합물
② 세탄가 향상제 : 요오드화합물
③ 빙결방지제 : 계면활성제
④ 회분개질제 : 마그네슘화합물

해설 액체연료 세탄가 향상제 : 질산아밀

34 일반적인 중유의 인화점 범위로서 가장 옳은 것은?

① 60~150℃ ② 300~350℃
③ 520~580℃ ④ 730~780℃

해설
• 중유의 인화점 : 60~150℃
• 점성에 따라 : A급, B급, C급으로 분류

35 다음 중 풍화의 영향이 크지 않은 것은?

① 석탄의 휘발분
② 석탄의 고정탄소
③ 석탄의 회분
④ 석탄의 수분

해설 석탄에서 풍화 현상은 입자가 작을수록, 새 석탄일수록, 수분과 휘발분이 많을수록, 고정탄소가 많을수록 심하다.

36 다음 중 가연물이 되기 쉬운 조건으로 옳은 것은?

① 산소와 친화력이 적을 것
② 열전도율이 클 것
③ 발열량이 적을 것
④ 활성화에너지가 적을 것

해설
① 열전도율이 적을 것
② 발열량이 클 것
③ 산소와 친화력이 클 것
④ 활성화에너지가 적을 것

37 연료 중에 들어 있는 성분에 대한 설명으로 옳은 것은?

① 탄소는 연료 성분 중 단위질량당 발열량이 가장 높기 때문에 연료의 가치 판정의 기준이 된다.
② 황은 연료 중에 0.1~4% 정도 함유되어 있으며, 발열량에 도움이 되므로 함유량이 높으면 좋다.
③ 질소는 연소 시 가스화하여 암모니아를 생성하게 되며 발열량의 감소가 일어난다.
④ 수분이 착화를 방해하지만 발열량이 높기 때문에 다소 함량이 높은 것이 좋다.

해설 질소는 연소 시 가스화하여 암모니아를 생성하게 되며 발열량 감소의 원인이 된다.

38 기체연료의 장점에 대한 설명으로 가장 거리가 먼 것은?

① 저장이 쉽고 운송이 용이하다.
② 적은 공기로 완전연소가 가능하다.
③ 연료의 공급량 조절이 쉽다.
④ 연소 후 유해 잔류성분이 거의 없다.

해설 ① 연소효율이 높다.
② 대기오염을 초래하지 않는다.
③ 연료의 공급량 조절이 쉽다.
④ 연소 후 유해 잔류성이 거의 없다.
⑤ 저장 및 운송에 주의가 필요하다.

39 석탄의 분쇄성을 표시하는 지표는?

① 하드그로브지수 ② 탄화도
③ 기공율 ④ 비중

해설 석탄의 분쇄성 표시 지수 : 하드그로브지수(HGI)

40 기체연료 저장설비인 가스 홀더의 종류가 아닌 것은?

① 유수식 홀더 ② 무수식 홀더
③ 저압식 홀더 ④ 고압식 홀더

해설 가스홀더종류 : 유수식, 무수식, 고압실 홀더의 3종류가 있다.

41 소비자에게 공급하는 가스의 체적을 측정하는데 사용되는 가스미터가 갖추어야 할 사항으로 틀린 것은?

① 가스 사용의 최소유량에 적합한 계량 능력일 것
② 사용 중에 기온 차의 변화가 없을 것
③ 정확한 계량이 이루어 질 것
④ 내압, 내열성, 내구성이 좋을 것

해설 가스사용의 최대유량에 적합한 계량능력일 것

42 다음 중 석탄의 원소분석 방법이 아닌 것은?

① 리비히법 ② 세필드법
③ 에쉬카법 ④ 라이드법

해설 석탄의 원소분석
① 리비히법 : 탄소, 수소 분석
② 세필드법 : 탄소, 수소 분석
③ 에쉬카법 : 전유황 분석

43 연료의 원소분석법 중 탄소의 분석법은?

① 에쉬카법 ② 리비히법
③ 켈달법 ④ 보턴법

해설 연료의 원소분석법
① 리비히법, 셰필드고온법 : 탄소, 수소
② 에쉬카법, 연소용랍법 : 전유황
③ 켈달법, 세미마이트로 켈달법 : 질소

ANSWER 37.③ 38.① 39.① 40.③ 41.① 42.④ 43.②

44 수분이 3%, 회분이 23% 함유된 석탄 1000g을 완전 연소시켜 연소가스를 염화바륨($BaCl_2$) 용액에 통과시킨 결과 0.0525g의 황산바륨을 얻었다. 공시험 결과 황산바륨이 0.0025g이었다면 이 석탄의 전황분은 약 얼마인가?
(단, 분자량 및 원자량은 $BaCl_2$ 208.24, $BaSO_4$ 233.4, Cl_2 71, S 32이다.)

① 0.687% ② 0.070%
③ 0.892% ④ 0.928%

해설
• 전황분
$$\left[\frac{(본시험 - 바탕시험) \times 13.75}{시료} \times \frac{100}{100 - 수분} \right] \times 100$$
∴ 전황분
$= \left[\frac{(0.0525 - 0.0025) \times 13.75}{1000} \times \frac{100}{100 - 3} \right] \times 100$
$= 0.070\%$

45 공업분석법에 의한 석탄의 정량분석에서 회분정량에 대한 조건으로 가장 옳은 것은?

① 105±10℃에서 10분 가열
② 105±10℃에서 1시간 가열
③ 815±10℃에서 10분 가열
④ 815±10℃에서 1시간 가열

해설
공업분석 : 일반적으로 고체연료의 분석방법으로 연료 중의 수분, 회분, 휘발분, 고정탄소 등을 산출하는 것
① 수분정량 : 시료 1g을 107±2℃로 60분간 가열 그 감량을 시료에 대한 백분율로 표시 한다.
② 회분정량 : 시료 1g을 머플로에 넣고 815±10℃로 60분간 가열 연소시켜 회화한 후 잔류하는 재의 양을 시료에 대한 백분율로 표시한다.
③ 휘발분 정량 : 시료 1g을 머플로에 넣고 925±20℃로 7분간 가열 했을 때 감량을 시료에 대한 백분율을 구하고, 여기에 동시에 정량한 수분을 감함 것을 휘발분으로 표시 한다.
④ 고정탄소 정량 : 정량된 각 성분의 양(%) 100%에서 뺀 나머지의 양을 고정탄소로 표시한다.
∴ 고정탄소 = 100-[회분(%)+수분(%)+휘발분(%)]

46 다음 (　)안에 알맞은 것은?

> 석탄의 공업분석은 수분, 휘발분, 회분을 정하고, (　)을(를) 정한다.

① 고정탄소 ② 수소
③ 황 ④ 질소

해설
석탄의 공업분석 : 연료 중의 수분, 회분, 휘발분, 고정탄소 등을 산출하는 것

47 물질의 상변화를 일으키지 않고 온도만 상승시키는 데 필요한 열을 무엇이라 하는가?

① 증발열 ② 융해열
③ 잠열 ④ 감열

해설
• 현열(감열) : 물질의 상변화 없이 온도만 변화
• 잠열 : 물질의 온도 변화 없이 상이 변화되는 것

48 연료가스 중의 전황분을 검출하는 방법은?

① DMS법 ② 더스트튜브법
③ 리비히법 ④ 세필드고온법

해설
DMS법 : 전황분 검출법

49 공업분석법에 따라 성분을 정량할 때 순서로 옳은 것은?

① 수분 → 휘발분 → 회분 → 고정탄소
② 수분 → 회분 → 휘발분 → 고정탄소
③ 휘발분 → 수분 → 고정탄소 → 회분
④ 수분 → 휘발분 → 고정탄소 → 회분

해설
공업분석 = 수분 → 회분 → 휘발분 → 고정탄소

ANSWER 44.② 45.④ 46.① 47.④ 48.① 49.②

50 대규모 저탄장에 석탄을 옥외저장 시 자연발화의 위험이나 풍화의 장해를 줄이기 위한 조치로 적절치 않은 것은?

① 완만한 경사로 가급적 낮게 층을 쌓는다.
② 내풍화성이 좋은 석탄을 선택한다.
③ 저탄면적이 넓을 경우 적절히 통기구를 설치한다.
④ 가급적 입자가 미세한 석탄을 선정하여 탄탄히 쌓는다.

해설 입자가 미세할수록 외공기와 접촉면이 넓어져 풍화현상이 심하게 일어난다.

51 액화석유가스(LPG)의 관리방법 중 틀린 것은?

① 찬 곳에 저장한다.
② 접속부분의 누출여부를 정기적으로 점검한다.
③ 용기주위에 체류가스가 없도록 통풍을 잘 시킨다.
④ 용기의 온도는 60℃ 이하가 되도록 한다.

해설 LPG(액화석유가스)의주성분은 프로판, 부탄이며 가스연료 용기 내의 온도가 40℃이하가 되도록 한다.

52 기체연료의 일반적인 특징에 대한 설명으로 가장 거리가 먼 것은?

① 저장하기 쉽다.
② 열효율이 높다.
③ 점화 및 소화가 간단하다.
④ 연소용 공기 예열에 의해 저발열량이라도 전열효율을 높일 수 있다.

해설 기체연료 : 폭발의 위험성 크므로 저장에 많은 어려움이 있다.

53 석탄을 공업분석하였더니 수분이 3.35%, 휘발분이 2.65%, 회분이 25.50%이었다. 고정탄소분은 몇 %인가?

① 37.69
② 49.48
③ 59.87
④ 68.50

해설 고정탄소 = 100−(수분+휘발분+회분)
       = 100−(3.35+2.65+25.50) = 68.50%

54 보일러의 절탄기나 공기예열기를 주로 부식시키는 연료 중의 물질은?

① 탄소
② 유황(S)
③ 수소(H_2)
④ 바나듐(V)

해설 $S + O_2 \rightarrow SO_2$
$SO_2 + H_2O \rightarrow H_2SO_3$
$H_2SO_3 + 1/2O_2 \rightarrow H_2SO_4$

55 연소의 정의로 가장 옳은 것은?

① 연료와 산소의 화학반응으로 열을 흡수하는 현상
② 연료와 수소의 화학반응으로 열을 발생하는 현상
③ 가연물질이 공기 중의 산소와 급격히 화합하면서 열과 빛을 내는 현상
④ 탄소가 산소와 화합하여 빛을 발생하는 현상

해설 연소란 가연물질이 공기 중의 산소와 산화반응을 일으켜 열과 빛을 발하는 현상

ANSWER 50.④ 51.④ 52.① 53.④ 54.② 55.③

56 아래의 프로판가스 연소반응식에서 ( ) 속에 알맞은 것은?

$$C_3H_8 + 5O_2 \rightarrow (\ \ ) + 4H_2O$$

① CO_2 ② $2CO_2$
③ $3CO_2$ ④ $4CO_2$

해설 $C_3H_8 + 5O_2 \rightarrow 3CO_2 + 4H_2O$

57 탄소 12kg을 연소시키는 데 필요한 이론공기량은?

① $22.4Nm^3$ ② $106.7Nm^3$
③ $12.0Nm^3$ ④ $24.0Nm^3$

해설 $C + O_2 \rightarrow CO_2$, 12 : 22.4
∴ $22.4 \times (1/0.21) = 106.7Nm^3$

58 탄소 1kg을 완전 연소시키는데 필요한 산소량은 약 몇 kg인가?

① 1.867 ② 2.667
③ 1.667 ④ 3.667

해설 $C + O_2 \rightarrow CO_2$
12kg : 32kg
1kg : X 즉, $\dfrac{1 \times 32}{12} = 2.667Kg$

59 부탄 $1Nm^3$을 완전 연소시킬 때 필요한 산소량은?

① $2.5Nm^3$ ② $4.5Nm^3$
③ $6.5Nm^3$ ④ $8.5Nm^3$

해설 $C_4H_{10} + 6.5O_2 \rightarrow 4CO_2 + 5H_2O$
$22.4Nm^3 : 6.5 \times 22.4Nm^3$
$1Nm^3 : x$
∴ $\dfrac{1 \times 6.5 \times 22.4}{22.4} = 6.5Nm^3$

60 다음 중 저온부식과 관련 있는 물질은?

① 황산화물 ② 바나듐
③ 나트륨 ④ 염소

해설
- 저온부식 발생원인 : 황(S)에 의한 황산화물(H_2SO_4)에 의해 부식
- 고온부식 발생원인 : 바나듐(V)에 의한 오산화바나듐(V_2O_5)에 의해 부식

61 메탄(CH_4)를 이론공기비로 연소시켰을 경우 생성물의 압력이 100kPa일 때 생성물 중 이산화탄소의 분압은 약 몇 kPa인가? (단, 메탄과 공기는 100kPa, 25℃에서 공급되고 있다.)

① 71.5 ② 18.7
③ 9.5 ④ 6.2

해설
- 메탄(CH_4)의 완전연소 반응식
$CH_4 + 2O_2 \rightarrow CO_2 + 2H_2O$
- $Gow = (1-0.21)A_0 + CO_2 + 2H_2O$
$= (1-0.21) \times \dfrac{2}{0.21} + 1 + 2 = 10.52Nm^3/Nm^3$
∴ $100 \times \dfrac{1}{10.52} = 9.5kPa$
분압 = 전압 × $\dfrac{\text{성분 기체의 부피}}{\text{전체 부피}}$

62 어떤 원소 C_mH_n $1Sm^3$를 완전연소시킬 때 발생되는 H_2O는 몇 Sm^3인가?
(단, m, n은 상수이다.)

① $2n$ ② n
③ $\dfrac{n}{2}$ ④ $\dfrac{n}{4}$

해설 $C_mH_n + (m + \dfrac{n}{4})O_2 \rightarrow mCO_2 + \dfrac{n}{2}H_2O$

ANSWER 56.③ 57.② 58.② 59.③ 60.① 61.③ 62.③

63 B-C유 100리터에서 발생하는 이산화탄소배출량은 약 몇 tCO₂인가? (단, B-C유의 석유환산계수는 0.935TOE/kL이며, 중유의 탄소 배출계수는 0.875TC/TOE이다.)

① 0.08181　　② 0.0989
③ 0.3　　　　 ④ 0.5

해설
$100L = 0.1kLTOE = 0.1 \times 0.935 = 0.0935 TOE$
$\therefore CO_2$ 배출량 $= TOE \times \frac{44}{12} = 0.0935 \times \frac{44}{12}$
$= 0.3 tCO_2$
(탄소분자량 : 12, 탄산가스분자량 : 44)
$C + O_2 \rightarrow CO_2$
$12kg + 32kg \rightarrow 44kg$
※ CO_2 배출량(ton)
　= 에너지 소비량 × 탄소배출계수 × 연소율 × $\frac{44}{12}$
※ B-C유의 연소율 = 0.99
$\therefore 0.1 \times 0.935 \times 0.875 \times 0.99 \times \frac{44}{12} = 0.297$

64 연소의 3요소에 해당하지 않는 것은?

① 가연물　　　② 인화점
③ 산소공급원　④ 점화원

해설
연소의 3대 요소
① 가연물
② 점화원
③ 산소공급원

65 물질을 연소시켜 생긴 화합물에 대한 설명으로 옳은 것은?

① 수소가 연소했을 때는 물로 된다.
② 황이 연소했을 때 황화수소로 된다.
③ 탄소가 불완전 연소했을 때는 탄산가스로 된다.
④ 탄소가 완전 연소했을 때는 일산화탄소가 된다.

해설
- $H_2 + \frac{1}{2}O_2 \rightarrow H_2O$　　・$S + O_2 \rightarrow SO_2$
- $C + \frac{1}{2}O_2 \rightarrow CO$　　　・$C + O_2 \rightarrow CO_2$

66 표준 대기압하에서 메탄(CH₄)-공기의 가연성 혼합기체를 완전 연소시킬 때 메탄 1kg을 연소시키기 위해서 공기는 약 몇 kg이 필요한가? (단, 공기 중의 산소는 23.15%이다.)

① 4.4　　　② 17.3
③ 21.1　　④ 28.8

해설
$CH_4 + 2O_2 \rightarrow CO_2 + 2H_2O$
　16kg　　2×32kg
　1kg　　　x(O₀)
$\therefore A_0 = O_0 \times \frac{1}{0.2315} = (64 \times \frac{1}{16}) \times \frac{1}{0.2315}$
$= 17.278 kg$

67 휘발성이 강한 가연성 물질에서 불씨에 의해 연소가 시작되는 최저온도를 무엇이라고 하는가?

① 발화점　　② 인화점
③ 폭발점　　④ 착화점

해설
- 인화점 : 가연성 물질이 불씨(점화원)에 의해 연소가 시작되는 최저온도를 말한다.
- 발화점 : 가연성 물질이 일정온도로 상승되면 불씨(점화원) 없이도 연소가 시작되는 최저온도를 말한다.

68 황(S) 함량이 2.0%인 중유를 3000kg/h로 연소할 때 생성되는 SO₂의 양은 몇 Nm³/h인가? (단, 표준상태로 가정하며, 연료 중의 황 성분은 모두 SO₂로 된다.)

① 32　　② 42
③ 60　　④ 72

해설
$S = 3000 \times 0.2 = 60 kg$이므로
$S + O_2 \rightarrow SO_2$
32kg　:　22.4Nm³
60kg　:　x
$\therefore \frac{60 \times 22.4}{32} = 42 Nm^3$

ANSWER　63.③　64.②　65.①　66.②　67.②　68.②

69 연료의 연소 시 고온부식의 주된 원인이 되는 성분은?

① 질소 ② 황
③ 바나듐 ④ 탄소

해설
- 고온부식 : 연료중의 바나듐(V)
- 저온부식 : 연료중의 황(S)

70 다음 기체연료를 1m³씩 완전 연소시켰을 때 연소가스가 가장 많이 발생하는 것은?

① 일산화탄소
② 프로판
③ 수소
④ 부탄

해설
① $CO + \frac{1}{2}O_2 \rightarrow CO_2$
② $C_3H_8 + 5O_2 \rightarrow 3CO_2 + 4H_2O$
③ $H_2 + \frac{1}{2}O_2 \rightarrow H_2O$
④ $C_4H_{10} + 6.5O_2 \rightarrow 4CO_2 + 5H_2O$

71 연소에서 유효수소를 옳게 나타낸 것은?

① $H - \frac{C}{8}$ ② $H - \frac{O}{8}$
③ $O - \frac{S}{8}$ ④ $O - \frac{H}{8}$

해설 $H - \frac{O}{8}$: 유효수소

72 연료의 연소 시 고온부식의 주된 원인이 되는 성분은?

① 질소 ② 황
③ 바나듐 ④ 탄소

해설
- 고온부식 : 연료중의 바나듐(V)
- 저온부식 : 연료중의 황(S)

73 다음 중 연료의 연소 시 비정상연소가 되는 경우로 가장 적합한 것은?

① 연소실의 온도가 높을 때
② 산소가 많이 투입될 때
③ 연료 중에 수분의 함유량이 지나치게 클 때
④ 가연물질이 투입될 때

해설 연료 중에 수분의 함유가 많아지면 불안정한 연소가 이루어진다. 즉, 맥동연소의 원인 된다.

74 가마울림 현상이 연소실에서 발생하였다. 방지 대책 중 틀린 것은?

① 2차 공기의 가열, 통풍에 조절을 개선한다.
② 연소실과 연도를 개조한다.
③ 수분이 많은 연료를 사용한다.
④ 연소실내에서 완전연소 시킨다.

해설 가마울림 현상을 방지하려면 수분이 없는 연료를 사용해야 한다.

75 보일러 가동시 매연이 발생되는 경우와 거리가 먼 것은?

① 노 내압이 정압일 때
② 공기의 공급량이 부족하거나 과대할 때
③ 연소실의 온도가 현저히 낮을 때
④ 무리한 연소를 한 때

해설 매연발생 : 불완전 연소시 발생. 노내압이 정압(+)과는 무관하다.

ANSWER 69.③ 70.④ 71.② 72.③ 73.③ 74.③ 75.①

76 보일러 운전 중 역화방지 대책으로 맞는 것은?

① 실화시 노내의 여열로 재점화 한다.
② 점화시 공기보다 연료를 먼저 노내에 공급한다.
③ 점화시 댐퍼를 열고 미연소가스를 배출시킨 뒤 점화한다.
④ 연료밸브를 급개하여 많은 양의 연료를 노내에 공급한다.

해설 역화발생원인 : 연소실 내에 미연소가스가 차있을 때 발생한다. 즉, 방지를 위해서는 노내환기를 시켜 미연소가스를 배출 시켜야 한다.

77 연소 조작중의 역화의 원인 설명으로 가장 거리가 먼 것은?

① 연도댐퍼의 개도를 너무 좁힌 경우
② 연도댐퍼가 고장이 나서 닫혀진 경우
③ 불완전한 연소상태가 두드러진 경우
④ 압입통풍이 약하거나 흡입통풍이 많은 경우

해설 역화(미연소가스 폭발) : 연소실 내의 미연소가스가 폭발하는 것을 말하며, 노내환기 불충분 등의 원인이다.

78 보일러 연소 조작중의 역화(逆火)의 원인과 관계가 없는 것은?

① 연도댐퍼의 개도를 너무 좁힌 경우
② 연도댐퍼가 고장이 나서 닫혀진 경우
③ 불완전 연소의 상태가 두드러진 경우
④ 연도에 가스포켓이 없는 경우

해설 연도에 가스포켓이 있는 경우 역화의 원인이 된다.

79 가스연소시 발생하는 이상 현상 중 리프팅(Lifting)이 발생하는 경우에 대한 설명으로 틀린 것은?

① 가스압이 너무 높은 경우
② 1차공기 과다로 분출속도가 높은 경우
③ 연소실 배기 불량으로 2차공기가 과소한 경우
④ 염공이 막혀 염공의 유효면적이 큰 경우

해설 리프팅(Lifting) : 염공이 막혀 염공의 유효면적이 작아진 경우에 발생된다.

80 보일러 연소에서 2차 연소의 발생원인에 대한 설명 중 틀린 것은?

① 불완전 연소의 비율이 적은 경우
② 연도나 연소실벽 등의 틈이나 균열이 생긴 곳에서 찬공기가 스며드는 경우
③ 연도 등에 가스가 쌓이거나 와류의 가스 포켓이나 모가 난 경우
④ 연도의 단면적이 급격히 변하는 경우

해설 불완전 연소의 비율이 높을수록 심해진다.

81 다음 중 인화성 물질이 아닌 것은?

① 가솔린
② 페인트
③ 알콜
④ 산소

해설 산소 : 지연성 가스이며 인화성 물질이 아님

82 보일러의 점화 시 역화 원인에 대한 설명으로 틀린 것은?

① 프리퍼지의 불충분이나 또는 잊어버린 경우
② 연도댐퍼가 고장이 나서 열려진 경우
③ 점화원을 가동하기 전에 연료를 분무해 버린 경우
④ 착화가 지연되거나 혹은 불착화를 발견하지 못하고 연료를 노 내에 분무한 경우

해설 연도댐퍼가 고장이 나서 닫혀 있었다면 노내환기 불량으로 역화의 원인이 될 수 있다.

83 이상(異狀)소화현상이 발생하는 경우의 원인 설명으로 틀린 것은?

① 오일스트레이너가 막히거나 펌프흡입구에서 급유온도가 저하하는 경우
② 중유의 예열온도가 낮아 압력이 낮아지는 경우
③ 통풍장치의 정상으로 공기량이 적정한 경우
④ 중유의 공급 온도저하와 급격한 연소량의 변동이 있을 경우

해설 통풍장치의 정상으로 공기량이 적정하다면 완전연소의 조건에 해당된다.

84 가스연료 연소 시 발생하는 현상 중 옐로우 팁(Yellow tip)을 올바르게 설명한 것은?

① 불꽃의 색상이 적황색으로 1차 공기가 부족한 경우 발생하는 불꽃의 모양
② 버너에서 부상하여 일정한 거리에서 연소하는 불꽃의 모양
③ 가스 연소 시 공기량이 부족하여 발생하는 불꽃의 모양
④ 불꽃이 염공을 따라 거꾸로 들어가는 현상

해설 옐로우 팁 : 불꽃의 색상이 적황색으로 1차 공기가 부족한 경우 발생하는 불꽃의 모양

85 연료의 불완전연소에서 발생되는 그을음(Soot, 검댕)에 대한 설명으로 옳은 것은?

① 연료 중 탄소와 수소의 비(C/H)가 작을수록 그을음이 발생하기 쉽다.
② 기체연료의 확산연소는 예혼합연소에 비해 그을음이 발생하기 어렵다.
③ 탈수소반응이나 방향족 생성반응 등이 일어나기 쉬운 탄화수소일수록 그을음 발생이 어렵다.
④ 분해나 산화되기 쉬운 탄화수소는 그을음을 적게 발생시킨다.

해설
① 탄화수소비($\frac{C}{H}$)가 클수록 그을음이 많이 발생한다.
② 확산연소는 예혼합연소보다 그을음 발생이 심하다.
③ 탈수소 반응이나 방향족 생성반응 등이 일어나기 쉬운 탄화수소가 그을음 발생이 심하다.

86 회분이 연소에 미치는 영향에 대한 설명으로 옳지 않은 것은?

① 연소실의 온도를 높인다.
② 통풍에 지장을 주어 연소효율을 저하시킨다.
③ 보일러 벽이나 내화벽돌에 부착되어 장치를 손상시킨다.
④ 용융 온도가 낮은 회분은 클링커를 작용시켜 통풍을 방해한다.

해설 고체 연료 중 회분이 많으면 연소실의 온도가 저하한다.

ANSWER 82.② 83.③ 84.① 85.④ 86.①

87 연료의 무화 조건과 가장 무관한 것은?

① 노즐의 길이   ② 연료의 점도
③ 연료의 온도   ④ 분무압력

해설 노즐의 길이와 무화와는 관련이 없다.

88 액체 연료 연소방식에서 연료를 무화시키는 목적이 아닌 것은?

① 연소효율을 높이기 위하여
② 연소실 열부하를 낮게 하기 위하여
③ 연료와 연소용 공기의 혼합을 고르게 하기 위하여
④ 연료 단위 중량당 표면적을 크게 하기 위하여

해설 무화의 목적
① 단위중량당 표면적을 크게.
② 연료와 공기의 혼합을 양호하게.
③ 연소효율 증가

89 일반적인 가스 연료용 버너의 종류가 아닌 것은?

① 링형 버너
② 통형 버너
③ 다분기관형 버너
④ 고압 기류형 버너

해설 고압 기류형 버너 : 액체 연료용 버너이다.

90 소형 보일러에 널리 사용되고 있는 건타입 버너(gun type burner)에 대한 설명으로 틀린 것은?

① 소형이며 전자동 연소가 이루어진다.
② 구조가 간단하여 비교적 제작이 쉽다.
③ 점화는 대부분 가스용 파이롯 점화기를 이용한다.
④ 버너의 유압은 보통 $7 kg_f/cm^2$ 이상이다.

91 고압기류식 버너 중 버너의 선단부에 혼합실을 설치하여 공기, 기름 등을 혼합시킨 후 노즐에서 분사하여 무화하는 방식은?

① 내부 혼합식
② 외부 혼합식
③ 무화 혼합식
④ 내, 외부 혼합식

해설 내부혼합식 : 버너의 선단부(혼합실)에서 공기와 연료혼합

92 보일러에서 사용되고 있는 연소방식으로 잘못된 것은?

① 기체연료 : 예혼합연소
② 기체연료 : 유동층연소
③ 액체연료 : 증발연소
④ 액체연료 : 무화연소

해설
• 기체연료 연소방식 : 확산연소방식, 예혼합연소방식
• 유동층연소 : 고체연료 연소방식

93 보일러 운전 중 완전연소를 위한 연료량과 공기량 조절방법을 바르게 설명한 것은?

① 연소량을 증가시킬 때 먼저 공기량을 증가시키고 연료량을 증가시킨다.
② 연소량을 증가시킬 때 먼저 연료량을 증가시키고 공기량을 증가시킨다.
③ 연소량을 감소시킬 때 먼저 공기량을 증가시키고 연료량을 감소시킨다.
④ 연소량을 감소시킬 때 먼저 연료량을 감소시키고 공기량을 증가시킨다.

해설 연료량과 공기량의 조절방법은 먼저 공기량을 증가시키고 연료량을 증가 시켜야 한다.

ANSWER 87.① 88.② 89.④ 90.③ 91.① 92.② 93.①

94 기체연료의 연소방식 중 예혼합연소방식의 특징에 대한 설명으로 틀린 것은?

① 화염이 짧다.
② 고온의 화염을 얻을 수 있다.
③ 역화의 위험성이 매우 작다.
④ 가스와 공기의 혼합형이다.

해설 예혼합연소(내부혼합식) 방식은 역화의 위험성이 크다.

95 목탄, 코크스 같은 연료가 고체 표면에서 산화반응을 일으키는 연소의 형태는?

① 증발연소   ② 표면연소
③ 혼합연소   ④ 확산연소

해설 표면연소 : 목탄, 코크스와 같은 연료가 연소초기에 화염이 없이 연소되며, 고체 표면에서 산화반응을 일으킨다.

96 다음 중 주로 공업용으로 사용되는 액체연료의 연소방식은?

① 증발연소방식   ② 무화연소방식
③ 기화연소방식   ④ 표면연소방식

해설 액체연료 연소방식 : 기화연소방식과 무화연소방식이 있으며 공업용은 주로 무화연소방식을 택한다.

97 중유의 분무연소에 있어서 가장 적당한 기름방울의 평균입경(μm)은?

① 1000~2000   ② 500~1000
③ 50~100   ④ 10~50

해설 중유의 무화(기름방울) 입경 : 50 ~ 100μm 정도

98 기체연료의 연소에는 층류확산연소, 난류확산연소 및 예혼합연소가 있다. 이 중 가장 고부하연소가 가능한 연소방식은?

① 층류확산연소   ② 난류확산연소
③ 예혼합연소   ④ 모두 가능하다.

해설 기체연료 연소방식
① 확산연소(층류, 난류)
② 예혼합연소 : 역화의 위험은 있으나 고부하 연소가 가능하다.

99 고체연료인 석탄, 장작 등이 불꽃을 내면서 타는 형태의 연소로서 가장 옳은 것은?

① 확산연소   ② 증발연소
③ 분해연소   ④ 표면연소

해설
• 분해연소 : 고체 연료 중 석탄, 장작 등 연소초기에 화염을 발하면서 연소한다.
• 표면연소 : 코크스, 목탄과 같이 연소 초기에 화염이 없이 연소를 한다.

100 탄소 1kg을 완전 연소시키는 데 필요한 이론 산소량은?

① 22.4Nm^3 ② 1.87Nm^3
③ 11.2Nm^3 ④ 2.67Nm^3

해설
C + O$_2$ → CO$_2$
12kg : 22.4Nm^3
1kg : x Nm^3
$x = \dfrac{1 \times 22.4}{12} = 1.867 [Nm^3/kg]$

101 보일러 연료의 완전연소시 공기비(m)의 일반적인 값은?

① m > 1   ② m = 1
③ m < 1   ④ m ≤ 1

해설 공기비(m) = $\dfrac{실제공기량}{이론공기량}$, ∴ m > 1

ANSWER 94.③ 95.② 96.② 97.③ 98.③ 99.③ 100.② 101.①

102 보일러 연소에서 과잉공기율을 계산하는 옳은 식은?

① $\dfrac{과잉공기량}{이론공기량} \times 100$

② $\dfrac{실제산소량}{이론산소량} \times 100$

③ $\dfrac{실제공기량}{이론공기량} \times 100$

④ $\dfrac{이론공기량}{실제공기량} \times 100$

해설 과잉공기율 = $(m-1) \times 100(\%)$
공기비$(m) = \dfrac{실제공기량}{이론공기량}$

103 공기비(m)를 구하는 옳은 식은? (단, L_0 : 이론공기량, L : 실제공기량)

① $m = \dfrac{L_0}{L}$ ② $m = \dfrac{L}{L_0}$

③ $m = \dfrac{(1-L_0)}{L}$ ④ $m = \dfrac{(1-L)}{L_0}$

해설 공기비$(m) = \dfrac{실제공기량}{이론공기량}$

104 연료의 완전연소에 필요한 실제 공기량을 구하는 식은?

① 실제 공기량 = 이론 공기량 + 과잉 공기량
② 실제 공기량 = 이론 공기량 − 과잉 공기량
③ 실제 공기량 = 과잉 공기량 − 이론 공기량
④ 실제 공기량 = 이론 공기량 × 과잉 공기량

해설 실제 공기량(A) = 이론 공기량(A_0) + 과잉 공기량

105 어떤 연료 1kg을 연소시키는데 이론적으로 $2.5Nm^3$의 산소가 소요된다. 이 연료 1kg을 공기비 1.2로 연소시킬 때 필요한 실제 공기량은?

① $11.9Nm^3$ ② $14.3Nm^3$
③ $18.5Nm^3$ ④ $24.4Nm^3$

해설 실제공기량 = $\dfrac{이론산소량}{0.21} \times 공기비$
= $\dfrac{2.5}{0.21} \times 1.2 = 14.3Nm^3$

106 보일러 연료 및 연소장치에서 공기비에 대한 정의로 옳은 것은?

① (공기비) = (실제공기량) / (이론공기량)
② (공기비) = (이론공기량) / (실제공기량)
③ (공기비) = (과잉공기량) / (이론공기량)
④ (공기비) = (과잉공기량) / (실제공기량)

해설 공기비 : 실제공기량과 이론공기량의 비를 의미한다.

107 최대탄산가스율(%)에 의한 공기비(m)를 구하는 식은?

① $m = \dfrac{CO_2 max(\%)}{CO_2(\%)}$

② $m = \dfrac{CO_2(\%)}{CO_2 max(\%)}$

③ $m = \dfrac{실제공기량}{이론공기량}$

④ $m = \dfrac{이론공기량}{실제공기량}$

해설 최대탄산가스율(%)에 의한 공기비(m)
∴ $m = \dfrac{CO_2 max(\%)}{CO_2(\%)}$

ANSWER 102.① 103.② 104.① 105.② 106.① 107.①

108 이론공기량 L_t(Nm³/kg)을 나타내는 관계식으로 올바른 것은?

① $L_t = \dfrac{1}{0.21}(5.6C+1.867H+0.7S-0.7O)$

② $L_t = \dfrac{1}{0.21}(1.867C+0.7H+0.1S-0.2O)$

③ $L_t = \dfrac{1}{0.21}(1.867C+0.7H+S-O)$

④ $L_t = \dfrac{1}{0.21}(1.867C+5.6H+0.7S-0.7O)$

해설 이론공기량
$= \dfrac{1}{0.21}\left(1.867C + 5.6\left(H-\dfrac{O}{8}\right) + 0.7S\right)$

109 이론 공기량은 12Nm³/kg, 공기비(또는 공기과잉계수)는 1.2인 액체 연료를 시간당 50kg 연소시킬 때 단위 시간당 소요되는 실제 공기량은 몇 Nm³/h인가?

① 72 ② 720
③ 14.4 ④ 144

해설 공기비 $= \dfrac{\text{실제공기량}}{\text{이론공기량}}$
∴ 실제공기량 $= 12 \times 1.2 \times 50 = 720 \text{Nm}^3/\text{h}$

110 고체 및 액체연료에서의 이론공기량을 중량(kg/kg)으로 구하는 식은?
(단, C, H, O S는 원자기호이다.)

① $1.87C+5.6\left(H-\dfrac{O}{8}\right)+0.7S$

② $2.67C+8\left(H-\dfrac{O}{8}\right)+S$

③ $8.89C+26.7\left(H-\dfrac{O}{8}\right)+3.33S$

④ $11.49C+34.5\left(H-\dfrac{O}{8}\right)+4.3S$

해설 $A_o = 11.49C+34.5\left(H-\dfrac{O}{8}\right)+4.3S$ kg/kg

111 다음 연료 중 이론공기량(Nm³/Nm³)을 가장 많이 필요로 하는 것은?

① 메탄 ② 수소
③ 아세틸렌 ④ 일산화탄소

해설
- $CH_4 + 2O_2 \rightarrow CO_2 + 2H_2O$
- $C_2H_2 + 2.5O_2 \rightarrow 2CO_2 + H_2O$
- $H_2 + \dfrac{1}{2}O_2 \rightarrow H_2O$
- $CO + \dfrac{1}{2}O_2 \rightarrow CO_2$

112 $(CO_2)_{max}$ 18.8%, CO_2 14.2%, CO 3%일 때 연소가스 중의 O_2는 약 몇 %인가?

① 2.97 ② 3.63
③ 4.53 ④ 5.83

해설 $CO_2\text{max}[\%] = \dfrac{21\times(CO_2+CO)}{21-O_2+0.395CO}$

$18.8 = \dfrac{21\times(14.2+3)}{21-O_2+0.395\times3}$

$21-O_2 = \dfrac{21\times(14.2+3)}{18.8} - 0.395\times3 = 18.027\%$

∴ $O_2 = 21-18.027 = 2.973\%$

113 연소 시의 실제공기량 A와 이론공기량 Ao 사이에는 A = m·Ao의 식이 성립된다. 이 식에서 m이란?

① 과잉공기계수
② 연소효율
③ 공기압축계수
④ 공기의 열전도율

해설 실제공기량(A) = 이론공기량(Ao) × 공기비(m)

114 C 87%, H 12%, S 1%의 조성을 가진 중유 1kg을 연소시키는 데 필요한 이론공기량(Nm³/kg)은?

① 6.0　　② 8.5
③ 9.4　　④ 11.0

해설
$A_0 = [1.867C + 5.6(H - \dfrac{O}{8}) + 0.7S] \times \dfrac{1}{0.21}$
$= [1.867 \times 0.87 + 5.6 \times 0.12 + 0.7 \times 0.01] \times \dfrac{1}{0.21}$
$= 10.968 Nm^3/kg$

115 메탄 1Nm³를 과잉공기계수 1.1의 공기량으로 완전연소시켰을 때의 소요 공기량은 몇 Nm³인가?

① 5.8　　② 6.9
③ 8.8　　④ 10.5

해설
실제공기량 = 이론공기량×과잉공기계수
$CH_4 + 2O_2 \rightarrow CO_2 + 2H_2O$
∴ A(실제공기량) = 이론공기량×과잉공기계수
$= (2 \times \dfrac{1}{0.21}) \times 1.1$
$= 10.476 Nm^3/Nm^3$

116 프로판 1kg이 완전연소하는 데 필요한 이론공기량은 약 몇 kg인가?

① 5.00　　② 12.17
③ 15.67　　④ 23.87

해설
프로판(C_3H_8) + $5O_2 \rightarrow 3CO_2 + 4H_2O$
44kg : 5×32kg
　1kg :　x
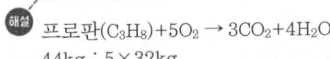
※ 공기 중 산소는 중량당 23.2%, 체적당 21%

117 당량비에 대하여 가장 바르게 나타낸 것은?
① 일정량의 공기에 대해 양론비의 몇 배의 연료가 공급되는가를 나타내는 양
② 일정량의 공기에 대해 몇 배의 연료가 공급되는가를 나타내는 양
③ 일정량의 연료에 대해 양론비의 몇 배의 공기가 공급되는가를 나타내는 양
④ 일정량의 연료에 대해 몇 배의 공기가 공급되는가를 나타내는 양

해설 당량비란 일정량의 공기에 대해 양론비의 몇 배의 연료가 공급되는가를 나타내는 양이다.

118 다음 중 공기 과잉률(과잉 공기율)을 나타내는 식은? (단, A는 실제공기량, A_0는 이론공기량이다.)

① $\dfrac{A_0}{A} \times 100[\%]$

② $(A_o - A) \times 100[\%]$

③ $\dfrac{(A_0 - A)}{A} \times 100[\%]$

④ $\dfrac{(A - A_0)}{A_0} \times 100[\%]$

해설 과잉공기율 = (공기비-1)×100(%)
∴ 과잉공기율
$= \dfrac{실제공기량 - 이론공기량}{이론공기량} \times 100(\%)$

119 과잉공기량이 다소 많을 경우 발생되는 현상을 설명한 것으로 틀린 것은?
① 배기가스 중 CO_2%가 낮게 된다.
② 연소실 온도가 낮게 된다.
③ 배기가스에 의한 열손실이 증가한다.
④ 불완전연소를 일으키기 쉽다.

해설 과잉공기량이 다소 많으면
① 배기가스 중 탄산가스는 적어지고 산소량은 증가
② 배기가스 열손실 발생
③ 노내 온도가 낮아진다.
④ 완전연소는 가능하다.

ANSWER　114.④　115.④　116.③　117.①　118.④　119.④

120 옥탄(C_8H_{18}) 1mol을 이론공기비로 완전연소 시 발생하는 생성물의 총 몰수는?

① 40　　② 46
③ 60　　④ 64

해설
- $C_8H_{18} + 12.5O_2 \rightarrow 8CO_2 + 9H_2O$
옥탄 1mol을 완전연소 시 CO_2는 8mol, H_2O는 9mol,
질소는 산소량의 $\frac{79}{21}$ 배이므로
$12.5 \times \frac{79}{21} = 47$mol
∴ $8+9+47=64$mol

121 천연가스가 순수 메탄으로 구성되었다고 가정할 때, 1kg의 연료를 완전연소시키는 데 필요한 이론공기량은 약 몇 kg인가?

① 2.0　　② 9.5
③ 17.3　　④ 27.2

해설
$CH_4 + 2O_2 \rightarrow CO_2 + 2H_2O$
16 : 2×32
1 : x
∴ $A_0 = \frac{2 \times 32}{16} \times \frac{1}{0.232} = 17.24$kg

122 CH_4 45%, H_2 30%, CO_2 10%, O_2 8%, N_2 7%로 구성된 혼합기체연료 $1Nm^3$이 있을 때 이 혼합가스를 $6Nm^3$의 공기로 연소시킨다면 공기비는 약 얼마인가?

① 1.2　　② 1.3
③ 1.4　　④ 3.0

해설
완전 연소반응식
① $CH_4 + 2O_2 \rightarrow CO_2 + 2H_2O$
② $H_2 + \frac{1}{2}O_2 \rightarrow H_2O$
이론공기량
　= 이론산소량 × $\frac{1}{0.21}$
　= {(2×0.45+0.5×0.3)−1×0.08)} × $\frac{1}{0.21}$
　= $4.62Nm^3/Nm^3$
∴ 공기비 = $\frac{실제공기량}{이론공기량} = \frac{6}{4.62} = 1.3$

123 액체연료를 분석한 결과 그 성분이 다음과 같았다. 이 연료의 연소에 필요한 이론공기량(Nm^3/kg)은?

| 탄소 : 80%, 수소 15%, 산소 5% |

① 10.9　　② 12.3
③ 13.3　　④ 14.3

해설
고체, 액체연료 이론공기량(A_0)
$A_0 = 8.89C + 26.67(H - \frac{O}{8}) + 3.33S$
　= $8.89 \times 0.8 + 26.67(0.15 - \frac{0.05}{8}) = 10.9Nm^3$/kg
황(S)의 성분이 없으므로 제외된다.

124 수소 1kg을 완전연소시키는데 필요한 이론산소량은 몇 Nm^3인가?

① 1.86　　② 2
③ 5.6　　④ 26.7

해설
$H_2 + \frac{1}{2}O_2 \rightarrow H_2O$
2kg : $11.2m^3$
1kg : $x(O_0)$
∴ $O_0 = \frac{1 \times 11.2}{2} = 5.6Nm^3$/kg

125 연료를 연소시키는 경우의 공기비에 대한 설명 중 옳지 않은 것은?

① 공기비가 클 경우 연소실 내의 온도가 올라간다.
② 공기기가 적을 경우 역화의 위험성이 있다.
③ 공기비는 배기가스 중의 산소 %가 최저가 되도록 하는 것이 좋다.
④ 공기비는 이론공기량에 대한 실제공기량의 비를 의미한다.

해설 공기비(m)가 크면 과잉공기량이 많아져서 노내 온도가 낮아진다.

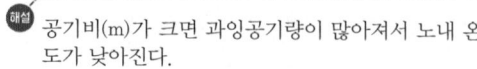

126 질량 조성비가 탄소 0.87, 수소 0.1, 황 0.03인 연료가 있다. 이론공기량(Sm^3/kg)은?

① 7.2　　② 8.3
③ 9.4　　④ 10.5

해설
- $A_0 = [1.867C + 5.6(H - \dfrac{O}{8}) + 0.7S] \times \dfrac{1}{0.21}$ 식에서
  $\therefore A_0 = 8.89C + 26.67(H - \dfrac{O}{8}) + 3.33S$
  $= 8.89 \times 0.87 + 26.67 \times 0.1 + 3.33 \times 0.03$
  $= 7.7343 + 2.667 + 0.0999 = 10.5 Sm^3/kg$

127 다음 조성의 수성가스 연소 시 필요한 공기량은 약 몇 Sm^3/Sm^3인가? (단, 공기비는 1.25, 사용 공기는 건조공기이다.)

[조성비]
CO_2 : 4.5%, CO : 45%, N_2 : 11.7%
O_2 : 0.8%, H_2 : 38%

① 0.97　　② 1.22
③ 2.42　　④ 3.07

해설
기체연료의 실제공기량 (A)
= 이론공기량(A_0) × 공기비(m)
방법 ①
$A_0 = 2.38H_2 + 2.38CO + 9.52CH_4 + 14.3C_2H_4 + 23.8C_3H_8 + 40.0C_4H_{10} - 4.762O_2$
$= (2.38 \times 0.45) + (2.38 \times 0.38) - (4.762 \times 0.008)$
$= 1.071 + 0.9044 - 0.0380 = 1.9374 Sm^3/Sm^3$
∴ 실제공기량(A) = $1.9374 \times 1.25 = 2.42 Sm^3/Sm^3$
방법 ②
CO_2, CO, N_2, O_2, H_2 중
공기가 필요한 가스는 CO와 H_2이므로
- $C + \dfrac{1}{2}O_2 \rightarrow CO$
- $H_2 + \dfrac{1}{2}O_2 \rightarrow H_2O$
$A_0 = \{(0.5 \times 0.45 + 0.5 \times 0.38 - 1 \times 0.008)\} \times \dfrac{1}{0.21}$
$= 1.938$
∴ $A = 1.938 \times 1.25 = 2.42 Sm^3/Sm^3$

128 다음 중 매연의 방지조치로서 옳지 않은 것은?

① 공기비를 최소화하여 연소한다.
② 보일러에 적합한 연료를 선택한다.
③ 연료가 연소하는 데 충분한 시간을 준다.
④ 연소실 내의 온도가 내려가지 않도록 공기를 적정하게 보낸다.

해설 공기비가 적으면 불완전연소가 발생되어 매연이 발생된다.

129 다음 중 이론공기량에 대하여 가장 올바르게 나타낸 것은?

① 완전 연소에 필요한 1차 공기량
② 완전 연소에 필요한 2차 공기량
③ 완전 연소에 필요한 최소 공기량
④ 완전 연소에 필요한 최대 공기량

해설 이론공기량(A_0) : 완전연소에 필요한 최소공기량 값

130 탄소(C) 87.5%, 수소(H) 12.5%인 조성의 액체연료를 공기과잉률 1.3으로 연소시키기 위한 실제공기량은 약 몇 Nm^3/kg인가? (단, 공기 중의 산소는 21%이다.)

① 10.5　　② 14.5
③ 20.1　　④ 25.3

해설
- $A = A_0 \times m$
  $\therefore A_0 = [1.867C + 5.6(H - \dfrac{O}{8}) + 0.7S] \times \dfrac{1}{0.21}$
- $A = [1.867 \times 0.875 + 5.6 \times 0.125] \times \dfrac{1}{0.21} \times 1.3$
  $= 14.5 Nm^3/kg$

131 탄소(C) 1kg을 완전연소 시킬 때 생성되는 CO_2의 양은?

① 1.67kg　　② 2.67kg
③ 3.67kg　　④ 6.34kg

ANSWER　126.④　127.③　128.①　129.③　130.②　131.③

해설
$C + O_2 \rightarrow CO_2$
$12kg + 32kg \rightarrow 44kg$
$\therefore \dfrac{44}{12} = 3.67kg$

132 한 시간 동안 연도로 배기되는 가스량이 300kg, 배기가스 온도 240℃, 가스의 평균비열이 0.32kcal/kg·℃이며, 외기 온도가 −10℃이면, 배기가스에 의한 손실 열량은?

① 14,100kcal/h ② 24,000kcal/h
③ 32,500kcal/h ④ 38,400kcal/h

해설
$Q = 300 \times 0.32 \times [240 - (-10)] = 24,000 kcal/h$

133 연도가스 분석결과 탄산가스(CO_2)가 14.2%, 산소(O_2)가 5.4%로 측정될 때 최고탄산 CO_2max[%]은 약 몇 %인가?

① 18.0% ② 19.1%
③ 12.5% ④ 14.2%

해설
$CO_2max[\%] = \dfrac{21 \times CO_2}{21 - O_2} = \dfrac{21 \times 14.2}{21 - 5.4} = 19.1\%$

134 메탄 $1Nm^3$를 이론공기량으로 완전 연소시켰을 때의 습연소가스량은 몇 Nm^3인가?

① 6.5 ② 8.5
③ 10.5 ④ 12.5

해설
메탄(CH_4)의 완전연소 방응식
$CH_4 + 2O_2 \rightarrow CO_2 + 2H_2O$
• $Gow = (1-0.21)A_0 + CO_2 + 2H_2O$
$= (1-0.21) \times \dfrac{2}{0.21} + 1 + 2 = 10.52 Nm^3/Nm^3$

135 도시가스의 조성을 조사하니 H_2 30%, CO 6%, CH_4 40%, CO_2 24%였다. 이 도시가스를 연소하기 위한 이론산소량은 약 몇 Nm^3/Nm^3인가?

① 0.68 ② 0.78
③ 0.88 ④ 0.98

해설
• $H_2 + 0.5O_2 \rightarrow H_2O$
• $CO + 0.5O_2 \rightarrow CO_2$
• $CH_4 + 2O_2 \rightarrow CO_2 + 2H_2O$
$\therefore O_0 = 0.5 \times 0.3 + 0.5 \times 0.06 + 2 \times 0.4$
$= 0.98 Nm^3/Nm^3$

136 탄소 0.87, 수소 0.1, 황 0.03의 조성을 가지는 연료가 있다. 이론 건배가스량은 약 몇 Nm^3/kg인가?

① 7.54 ② 8.84
③ 9.94 ④ 10.84

해설
이론 건배기가스량(God)
$= 8.89C + 21.07(H - \dfrac{O}{8}) + 3.33S + 0.8N$
$= 8.89 \times 0.87 + 21.07 \times 0.1 + 3.33 \times 0.03$
$= 7.7343 + 2.107 + 0.0999 = 9.9412 Nm^3/kg$

137 휘발유 100리터에서 발생하는 이산화탄소 배출량은 약 몇 tCO_2인가? (단, 휘발유의 석유환산계수는 0.740TOE/kL이며, 탄소 배출계수는 0.78TC/TOE이다.)

① 0.06 ② 0.21
③ 0.3 ④ 0.7

해설
이산화탄소톤(tCO_2)
$=$ 에너지소비량$\times$탄소배출계수$\times$연소율$\times\dfrac{44}{12}$
• 에너지 소비량[[(석탄(톤), 석유(kL), 가스(천m^3)]]
• 휘발유의 연소율 : 0.99
$= 0.1 \times 0.740 \times 0.78 \times 0.99 \times \dfrac{44}{12} = 0.209$

138 다음 중 저온부식과 관련 있는 물질은?

① 황산화물 ② 바나듐
③ 나트륨 ④ 염소

해설
$S + O_2 \rightarrow SO_2 + \dfrac{1}{2}O_2 \rightarrow SO_3 + H_2O \rightarrow H_2SO_4$
(황산화물 : 저온부식 발생)

139 탄소 84.0%, 수소 13.0%, 황 2.0%, 질소 1.0%인 중유 1kg을 15Sm³의 공기로 완전연소시켰을 때의 습연소 배기가스 중의 SO_2는 약 몇 ppm인가?
(단, 황은 연소하여 모두 SO_2로 되었다.)

① 700　　② 740
③ 890　　④ 1,000

해설
탄소 = 8.89 × 0.84 = 7.4676Sm³
수소 = 32.27 × 0.13 = 4.1821Sm³
황 = 3.33 × 0.02 = 0.0666Sm³
질소 = 0.8 × 0.010 = 0.008Sm³
∴ 이론공기량 = 7.4676 + 4.1821 + 0.066Sm³
∴ 공기비 = $\frac{15}{11.7157}$ = 1.28
• 이론 습배기
  = (1−0.21) × 11.7157 + 1.867 × 0.84 + 11.2 × 0.13 + 0.7 × 0.02 + 0.8 × 0.01 = 12.30Sm³

방법 ①
• 이론 습배기 가스량(G_{ow})
  = 12.30 + (1.28−1) × 11.7157 = 15.58Sm³/kg
∴ 1,000,000 × $\frac{0.014}{15.58}$ = 898ppm

방법 ②
• 이론 습배기 가스량(G_{ow})
  = (1−0.21)A_0 + 1.867C + 11.2H + 0.7S + 0.8N + 1.244W
  = 11.736
• 실제 습배기 가스량
  = G_{ow} + (m−1)A_0
  = 15.696

S + O_2 = SO_2
32kg　　　22.4Nm³
0.02kg　　x

$x = \frac{0.02 \times 22.4}{32} = 0.014$

$\frac{0.014}{15.696} \times 10^6 = 891.9$ ppm

140 프로판가스(C_3H_8) 1Nm³을 완전연소시킬 경우 이론 건조연소 가스량은 약 몇 Nm³/Nm³이 되는가?

① 12　　② 22
③ 32　　④ 42

해설
• $C_3H_8 + 5O_2 \rightarrow 3CO_2 + 4H_2O$
∴ $G_0' = (1-0.21)A_0 + CO_2 = (1-0.21) \times \frac{5}{0.21} + 3$
　　= 21.809 ≒ 22Nm³/Nm³
∴ A_o = 이론산소량 × $\frac{1}{0.21}$ (m³/m³)

141 다음 중 저위 발열량(HL)을 구하는 식으로 맞는 것은? (단, Hh = 고위 발열량 (kcal/kg, h = 연료 1kg 중의 수소량, w = 연료 1kg 중의 수분량)

① HL = Hh − 600(h−9w)
② HL = Hh − 600(9h−w)
③ HL = Hh − 600(h+9w)
④ HL = Hh − 600(9h+w)

해설
HL = Hh − 600(9h+W)

142 연소할 때 유효하게 자유로이 연소할 수 있는 수소, 즉 유효수소량(kg)을 구하는 식으로 옳은 것은? (단, H는 연료 속의 수소량(kg)이고, O는 연료 속에 포함된 산소량(kg)이다.)

① H + $\frac{O}{8}$　　② H − $\frac{O}{8}$
③ H + $\frac{O}{4}$　　④ H − $\frac{O}{4}$

해설
유효수소 = H − $\frac{O}{8}$

143 고위발열량과 저위발열량의 차이는?

① 수분의 증발잠열
② 연료의 증발잠열
③ 수분의 비열
④ 연료의 비열

해설
고위발열량과 저위발열량의 차 : 수증기 증발잠열에 의해 발생
즉 연료 중의 수분과 수소 성분에 의해 발생한다.

ANSWER　139.③　140.②　141.④　142.②　143.①

144 수소가 완전 연소할 때의 고위발열량과 저위발열량의 차이는 몇 kJ/kmol인가?
(단, 물의 증발열은 0℃ 포화상태에서 2501.6kJ/kg이다.)

① 5003　　② 10006
③ 44570　　④ 45029

해설
$H_2 + \frac{1}{2}O_2 \rightarrow H_2O$
　　　[18kg/kmol]
∴ 18 × 2501.6 = 45029kJ/kg

145 기체 연료의 고위발열량(kcal/Nm³)이 높은 것에서 낮은 순서로 옳게 나열된 것은?

① 오일가스 〉 수성가스 〉 고로가스 〉 발생로가스 〉 LNG
② LNG 〉 오일가스 〉 수성가스 〉 발생로가스 〉 고로가스
③ LNG 〉 발생로가스 〉 고로가스 〉 수성가스 〉 오일가스
④ LNG 〉 오일가스 〉 발생로가스 〉 수성가스 〉 고로가스

해설 기체 연료의 고위발열량(kcal/Nm³)이 높은 것에서 낮은 순서 : LNG 〉 오일가스 〉 수성가스 〉 발생로가스 〉 고로가스

146 탄소 72.0%, 수소 5.3%, 황 0.4%, 산소 8.9%, 질소 1.5%, 수분 0.9%, 회분 11.0%의 조성을 갖는 석탄의 고위 발열량은 약 몇 kcal/kg인가?

① 4990　　② 5890
③ 6990　　④ 7270

해설 고위발열량(Hh)
$= 8,100C + 34,000(H - \frac{O}{8}) + 2,500S$
$= 8,100 \times 0.72 + 34,000(0.053 - \frac{0.089}{8}) + 2,500 \times 0.004$
$= 5,832 + 1,423.75 + 10 = 7,265.75\text{kcal/kg}$

147 다음 중 연료의 발열량을 측정하는 방법으로서 가장 부적당한 것은?

① 연소가스에 의한 방법
② 열량계에 의한 방법
③ 원소분석치에 의한 방법
④ 공업분석치에 의한 방법

해설 연소가스에 의한 열효율계산은 가능하다.

148 다음 가스 연료 중 진발열량(Kcal/Nm³)이 가장 큰 것은?

① 에탄　　② 메탄
③ 수소　　④ 일산화탄소

해설 가스는 진(저위)발열량이 클수록 분자량이 크다.
① 에탄(C_2H_6) : 30
② 수소(H_2) : 2
③ 메탄(CH_4) : 16
④ CO : 불완전연소가스 : 28

149 다음 연소반응식 중 발열량(kcal/kg-mol)이 가장 큰 것은?

① $C + \frac{1}{2}O_2 \rightarrow CO$　　② $CO + \frac{1}{2}O_2 \rightarrow CO_2$
③ $C + O_2 \rightarrow CO_2$　　④ $S + O_2 \rightarrow SO_2$

해설
① CO : 2428kcal/kg
② C : 8100kcal/kg
③ S : 2500kcal/kg

150 다음 연료 중 발열량이 가장 큰 것은?

① 아세틸렌　　② 프로판
③ 메탄　　④ 코크스로가스

해설 발열량
① 아세틸렌 : 14080kcal/m³
② 프로판 : 24370kcal/m³
③ 메탄 : 9530kcal/m³
④ 코크스로가스 : 1100kcal/m³

ANSWER 144.④　145.②　146.④　147.①　148.①　149.③　150.②

151 수소 31.9%, 일산화탄소 6.3%, 메탄 22.3%, 에틸렌 3.9%, 이산화탄소 3.8%, 질소 31.8%의 조성을 갖는 가스 연료의 고위발열량은 약 몇 MJ/Sm³인가?

① 10.5　② 11.3
③ 14.2　④ 16.3

해설
- 고체·액체연료의 고위발열량(Hh)
  Hh = 8100C+34000(H−$\frac{O}{8}$)+2500S
- 기체연료의 고위발열량(Hh)[MJ/Sm³]
  방법 ①
  Hh = 12.68CO+12.749H₂+39.835C₂H₄
  　 = 12.68×0.063+12.749×0.319+39.835
  　　×0.223+63.87×0.039 = 16.3MJ/Sm³
- 기체연료의 고위발열량(Hh)[kcal/Nm³]
  방법 ②
  Hh = 3050·H₂+3050·CO+9530·CH₄+14080·
  　　C₂H₂+15280·C₂H₄+…
  　 = 3050×0.319+3035×0.063+9530×0.223
  　　+15280×0.039
  　 = 3885.263[kcal/Nm³]×$\frac{4.1867kJ}{1kcal}$×$\frac{1MJ}{10^3kJ}$
  　 = 16.266MJ/Nm³

152 다음 기체연료 중 고위발열량(MJ/Sm³)이 가장 큰 것은?

① 고로가스
② 천연가스
③ 석탄가스
④ 수성가스

해설
기체연료 고위발열량
① 고로가스 : 900kcal/Sm³ (주성분 : N₂, CO, CO₂)
② 액화천연가스 : 9,550kcal/Sm³ (주성분 : CH₄)
③ 석탄가스 : 5,670kcal/Sm³ (주성분 : H₂, CH₄, CO)
④ 수성가스 : 2,800kcal/Sm³ (주성분 : H₂, CO, N₂)

153 다음 중 이론연소온도(t)를 구하는 식은? (단, H_h : 고위발열량, H_L : 저위발열량, G_r : 이론연소 가스량, C_P : 연소가스의 평균정압비열, t_a : 기준온도이다.)

① $t = \frac{H_L}{G_t \cdot G_P} + t_a$　② $t = \frac{H_L}{G_t \cdot G_P} - t_a$

③ $t = \frac{G_T \cdot G_P}{H_L}$　④ $t = \frac{G_T \cdot G_P}{H_h}$

해설
이론연소온도(t) = $\frac{H_L}{G_t \cdot G_P} + t_a$

154 입경이 작아질수록 석탄의 착화온도의 변화를 나타내는 것으로 옳은 것은?

① 착화온도가 높아진다.
② 착화온도가 낮아진다.
③ 입경의 크기와 무관하다.
④ 착화온도의 차이가 없다.

해설
석탄의 입경이 작아질수록 공기와 혼합이 양호하고, 연소상태가 양호하며 착화온도가 낮아진다.

155 연소실의 열부하를 옳게 나타낸 식은?

① $\frac{연소실\ 용적(m^2)}{연료\ 소모량(kg/h)}$×(저위발열량
　+ 공기현열 − 연료현열)[kcal/kg]

② $\frac{연소실\ 용적(m^2)}{연료\ 소모량(kg/h)}$×(저위발열량
　+ 공기현열 + 연료현열)[kcal/kg]

③ $\frac{연료\ 소모량(kg/h)}{연소실\ 용적(m^2)}$×(저위발열량
　+ 공기현열 − 연료현열)[kcal/kg]

④ $\frac{연료\ 소모량(kg/h)}{연소실\ 용적(m^2)}$×(저위발열량
　+ 공기현열 + 연료현열)[kcal/kg]

해설
연소실 열부하(kcal/m²h)
= $\frac{연료소모량×(연료발열량+공기의현열+연료현열)}{연소실용적}$

ANSWER　151.④　152.②　153.①　154.②　155.④

156 연료를 효과적으로 연소시키기 위한 연소실의 조건으로 잘못된 것은?

① 연소실을 고온으로 유지한다.
② 투입된 연료는 빠르게 착화시킨다.
③ 연소용 공기를 예열한다.
④ 액체 연료는 저온으로 공급한다.

해설 액체 연료는 고온(예열) 즉, 적당한 온도로 예열하여 공급하면 연소 효율이 증가한다.

157 저위발열량이 9750kcal/kg인 중유를 연소시키는 10ton/h의 증기보일러에 적합한 버너의 용량은 몇 L/h인가?
(단, 중유 비중은 0.915, 보일러 효율은 88%이다.)

① 530.3
② 604.2
③ 628.2
④ 686.6

해설 $1000 \times 10\text{ton/h} \times 539\text{kcal/kg} = 5390000\text{kcal/h}$
물의 증발잠열 = 539kcal/kg
$\therefore$ 버너용량 $= \dfrac{5390000}{9750 \times 0.915 \times 0.88} = 686.6\text{kg/h}$

ANSWER 156.④ 157.④

CHAPTER 06 연소설비

6-1 연소장치

1. 고체연료의 연소장치

고체연료 연소장치를 화격자라 함.

① 연소방식에 따라 고정화격자, 기계화격자로 구분되고,
② 연료공급 및 재처리방식에 따라 수분, 기계분으로 구별된다.

 고체연료의 연소방식
　　㉠ 화격자 연소방식
　　㉡ 미분탄 연소방식
　　㉢ 유동층(세분탄) 연소방식

❖ 유동층 연소방식의 특징
① 미분쇄 할 필요가 없다.
② 부하변동에 따른 적응력이 좋지 않다.
③ 도시쓰레기 및 오물의 소각로로서 많이 사용 된다.

　　화격자 연소장치 종류
　　㉠ 가동화격자(요동식)
　　㉡ 중공화격자
　　㉢ 경사화격자
　　㉣ 고정수평 화격자

① **기계분(스토커) 연소장치** : 중형 보일러에 사용되는 연소방식으로 연료의 층을 항상 균일하게 제어하고 저질연료라도 연소효율이 높은 장점으로 운전할 수 있다. 스토커 연소(stoker combustion)라고도 한다.
   ㉠ 기계분의 종류
      ⓐ 산포식 스토커 : 호퍼에 공급된 연료를 회전익차에 의해 널리 산포시키는 방법으로 왕복식, 회전식, 공기분사식, 증기분사식 등이 있으며 화격자 부하는 자연통풍시 100~130[kg/m³h] 정도이고 강제통풍시엔 150~200[kg/m³h] 정도이다. 휘발분이 적은 무연탄 연소에 적합하다.
      ⓑ 계단식 스토커 : 30~40° 정도로 화격자를 경사시켜 상부에 투입된 연료를 굴러 떨어지게 하여 연소하는 방법으로 쓰레기소각로에 가장 적합한 연소장치이다.(말틴 스토커가 대표적이다)

❖ 연료는 가급적 입도가 적고 산화층이 두껍게 하고 미리 예열해서 연소한다.

      ⓒ 쇄상식 스토커 : 벨트 모양의 체인 위에서 투탄부터 회의 처리까지 연속 완전자동형식으로 대형 연소로로 휘발성분이 15[%] 이상 점결성이 적은 연료에 적합하다.
      ⓓ 하입식 스토커 : 고정화격자 하부에 설치한 스크루(screw)로 공급하는 형식으로 착화성을 고려 예열공기를 사용하기 때문에 클링커가 발생하기 쉽고 비교적 양질의 연료로 선택하여야 한다.

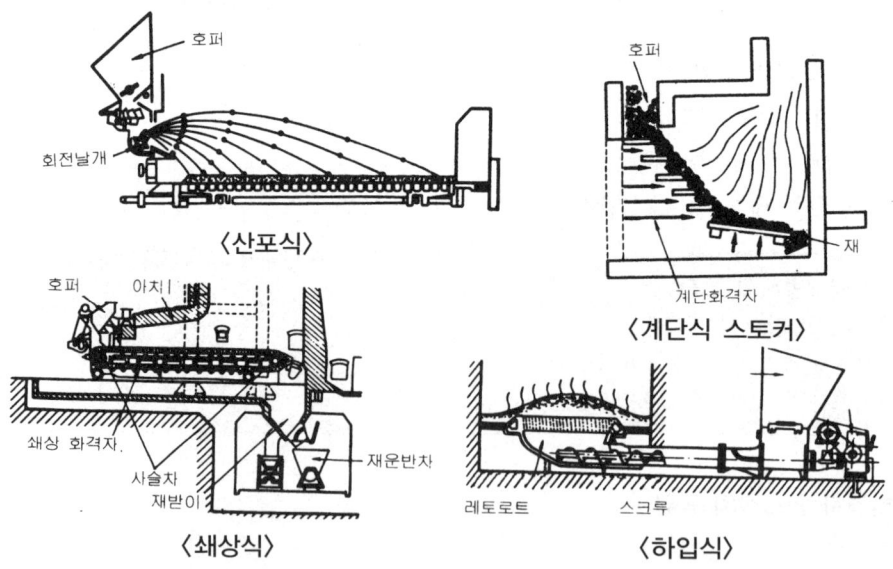

② **미분탄 연소장치** : 석탄을 150~200[mesh] 이하로 미세하게 분쇄하여 이것을 공기와 함께 연소실에 취입하고 화염의 방사열에 의해 착화시켜 연소실 속에 넣고 부유상태로 연소시키는 방식이다.

㉠ 장점
  ⓐ 단위중량에 대한 표면적이 커서 공기와의 접촉이 좋다.
  ⓑ 고온의 예열공기의 사용이 가능하다.
  ⓒ 적은 공기비의 연소로 열손실을 줄일 수 있다.
  ⓓ 다소 저급의 탄이라 할지라도 연소효율이 높다.
  ⓔ 연소조절이 용이하여 부하변동에 응하기 쉽다.
  ⓕ 액체 또는 기체연료와의 혼합연소가 용이하다.
㉡ 단점
  ⓐ 비산회(fly ash)가 많아 집진 장치가 필요하다.
  ⓑ 대규모 연소실이 필요하다.
  ⓒ 소요동력비, 보수, 유지비가 많이 든다.
  ⓓ 설비비가 높다.
  ⓔ 폭발의 위험성이 많다.
㉢ 연소 형식에 의한 분류
  ⓐ 저탄식 : 석탄을 분쇄 후 저장소에 저장 후 보일러 버너에 분배하는 형식
  ⓑ 직접식 : 석탄을 분쇄 후 즉시 버너에 보내는 형식
㉣ 버너에 의한 분류
  ⓐ 편평류 버너 : 화염의 길이가 길고 저온의 화염을 낸다.
  ⓑ 선회류 버너 : 화염의 길이가 짧고 고온의 화염을 낸다.
     미분탄연료와 중유연료를 혼합하여 연소시킬 수 있다.
㉤ 연소방법에 의한 분류
  ⓐ U형 연소 : 편평류 버너를 일렬로 늘어놓고 노의 상부에서 2차 공기와 함께 분사연소한다.
  ⓑ L형 연소 : 선회류 버너를 사용하여 공기와 혼합을 잘하여 연소한다.
  ⓒ 우각연소(코너 연소) : 노를 정방향으로 하고 4각모서리에서 연소한다.

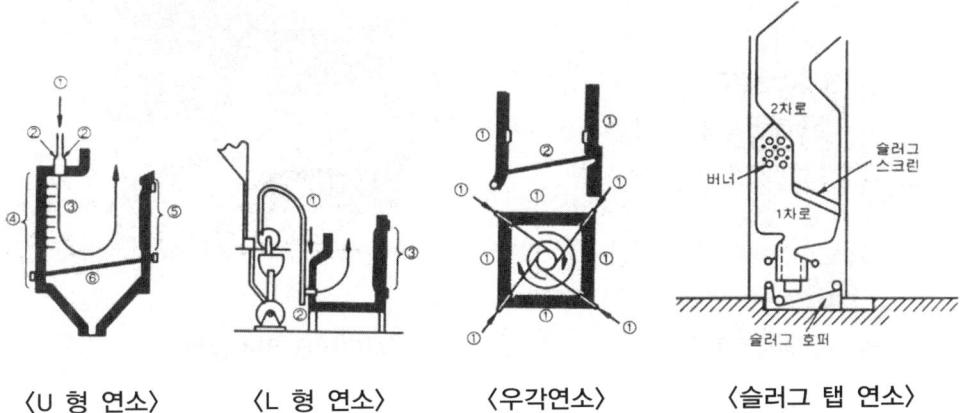

〈U 형 연소〉   〈L 형 연소〉   〈우각연소〉   〈슬러그 탭 연소〉

ⓓ 슬러그 탭(slug tap) : 연소실을 두 개로 나누어 1차로에서 고부하 연소를 하여 재를 용해시킨다. 화염은 슬러그 스크린(slug screen)으로 비산회를 분리하여 2 차로에 들어가 미연분을 연소시키는 방법이다.
[장점]
1. 적은 공기비로 연소하므로 배기가스에 의한 열손실이 적다.
2. 회의 날림이 적고, 전열면 오손이 적다.
3. 고온도의 연소가스가(1차로) 얻어진다.
4. 연속운전 시간이 길다.
5. 회가 용융되어 미연물이 함유되지 않으며(2차로) 열손실이 적다.

㉥ 특수 미분탄 연소장치
ⓐ 크레이머(cramer) 연소장치 : 분쇄기를 간단히 하여 거칠은 가루모양으로 연소시킨다. 분쇄기는 연소실 열가스의 흡인통풍기를 겸하여 열가스와 석탄의 거칠은 가루를 연소실에 들여보낸다. 연소실에서 부유상태로 연소할 수 없는 거친 입자는 하부의 화격자에 떨어져 연소한다.

미분탄의 이송경로
연료탄 → 쇄탄기 → 철편제거장치 → 건조기 → 미분쇄기 → 버너

미분쇄기 종류
① 중력식(튜브밀)   ② 원심력식(롤밀)
③ 스프링식(로쉐밀)   ④ 충격식(해머밀)

ⓑ 사이클론(syclone) 연소장치 : 미분탄을 고압공기와 함께 연소실에 넣어 선회시켜 고부하연소한다.

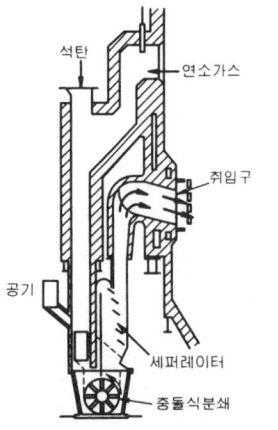
〈크레이머 연소장치〉

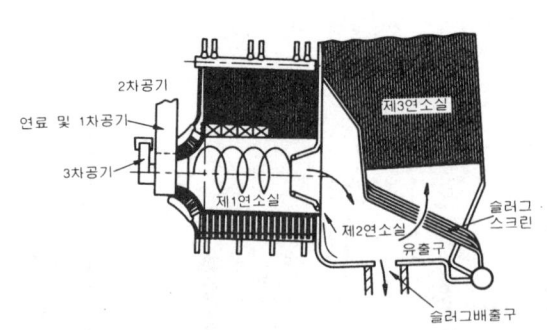
〈사이클론 연소장치〉

2. 액체연료의 연소장치

액체연료는 대체적으로 버너(burner) 연소방식을 사용하며 중질·경질의 연료에 따라 무화방식과 기화방식으로 나눈다(심지연소방식과 포트연소방식도 있다).

> ❖ **무화의 목적**
> ① 단위중량당 표면적을 넓게 한다.
> ② 연료와 공기 혼합 양호
> ③ 완전연소 용이(연소효율 증가)
>
> ❖ **무화의 종류**
> ① 유압무화
> ② 이류체무화
> ③ 충돌무화
> ④ 회전이류체무화
> ⑤ 초음파무화(진동무화)
> ⑥ 정전기무화
>
> ❖ **기화연소(경질유 연소)**
> 연료를 고온의 물체에 접촉 또는 충돌시켜 가연성 증기로 바꾸어 연소시키는 방법

① 버너 선택시 주의사항
  ㉠ 상의 구조, 사용유의 성질, 사용유량 등에 적합해야 한다.
  ㉡ 연소제어의 범위나 설비비 등이 고려되어야 한다.
  ㉢ 통풍 장치(댐퍼제어)의 제어범위를 고려해야 한다.

② 버너의 종류
  ㉠ 유압 분무식 : 연료유에 기어펌프로 0.5~2MPa(5~20[kg/cm^2]) 정도 고압을 가하여 칩(chip)을 통해 나오면서 공기와의 강한 마찰, 운동량, 유의 표면장력에 의해 분무연소되는 방식으로 환류방식과 비환류방식으로 나눈다.
     ▫ 유량은 유압의 평방근에 비례한다.[1.6MPa~0.4MPa(16[kg/cm^2]에서 4[kg/cm^2])으로 내리면 분사량은 $\frac{1}{2}$이 된다.]

  [장점]
  ⓐ 대용량의 제작에 용이하다.
  ⓑ 무화 매체가 필요 없다.
  ⓒ 설비가 간단하며 분무상태가 양호하다.

  [단점]
  ⓐ 유량조절범위가 좁다.(비환류식 1 : 2, 환류식 1 : 3)
  ⓑ 흡입력이 적어 착화 안정장치가 필요하다.
  ⓒ 칩이 잘 폐쇄된다.

❖ 유량조절방법
① 버너 팁 교환　　　　　　　　　② 버너수의 가감
③ 플런저식 압력분무 방식을 택한다.　④ 환류식 버너 사용

　ⓒ 회전식 버너 : 버너 전방에 분사컵을 설치하여 고속으로 회전하면서 원심력을 얻어낸다. 이때 연료를 0.03MPa(0.3[kg/cm^2]) 정도 가압 분출하여 1차로 공급된 공기가 에어 노즐을 통해 무화하는 형식이다.

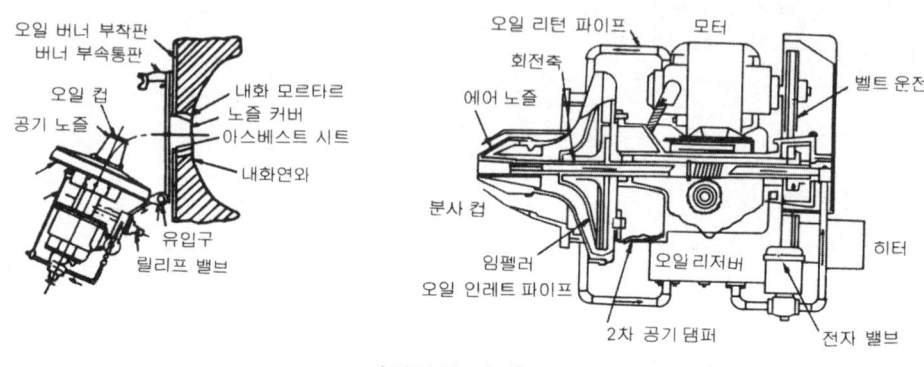

〈회전식 버너〉

[장점]
ⓐ 유량조절범위가 비교적 넓다.(1 : 5)
ⓑ 소음이 적고 자동화에 용이하다.
ⓒ 분무각이 넓다.(40~80°)

[단점]
ⓐ 점도가 커지면 무화가 곤란하다.(A·B 중유 사용)
ⓑ 유량이 적어지면 무화가 곤란하다.

　ⓒ 기류식 버너
　　ⓐ 저압공기(증기)분무식 버너 : 연료유를 자연낙하시키고 그때 저압의 0.005~0.02MPa(0.05~0.2[kg/cm^2]) 공기(증기)를 분출하여 무화하는 형식으로 비교적 고점도 유체라도 무화가 양호하고 유량조절범위 1 : 5 이상 분무각 30~60° 정도의 구조가 간단하며 가격이 싼 버너이다.
　　ⓑ 고압증기(공기)분무식 버너 : 저압공기 분무와 동일한 원리로 0.2~0.7MPa(2~7[kg/cm^2])의 고압공기(증기)를 사용하는 형식이다. 공기와 연료유의 혼합방식에 따라 외부혼합식과 내부혼합식으로 구분되고 유량조절범위는 1 : 10 정도로 넓으나 분무각이 30°로 좁다.

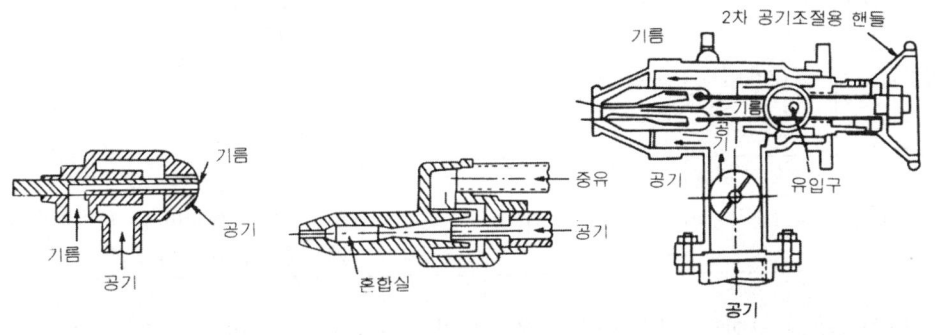

〈고압공기 분무 버너(외부혼합)〉〈고압공기 분무 버너(내부혼합)〉 〈저압공기(증기)분무식 버너〉

ⓔ 건 타입 버너(Gun type) : 송풍기와 버너를 조합한 형식으로 제어방식이 용이한 버너이다. 0.7MPa(7[kg/cm^2]) 이상 정도의 유압으로 노즐에 공급하며 연소 조절은 ON-OFF 방식이다.
• 소음기준 : 70 폰

[특징]
ⓐ 구조가 간단하며 소형이다.
ⓑ 콤팩트하게 제작된다.
ⓒ 양호한 연소가 이루어진다.

〈건 타입 버너〉

〈각종 버너의 특징〉

버너형식	연료사용범위 [ℓ/h]	분무각도[°]	유량조절범위	화염의 형상	유압MPa ([kg/cm^2])
유압식	30~3000	40~90° 의 범위	논리턴식으로 1 : 1.5 리턴식으로 1 : 3.0	넓은 각의 불길로서 길이는 공기의 공급에 따라 변화하나 짧다.	비환류식 0.5~2(5~20) 환류식 0.5~2(5~20)
회전식	5~1000	40~80° 의 범위	1 : 5	비교적 넓은 각이 되 며 길이는 공기의 공급에 따라 변화시킬 수 있다.	0.03~0.05 (0.3~0.5)

제6장 연소설비 • 139

고압기류식	2~2000	약 30°	1:10	가장 좁은 각에서 긴 불길이 되고, 내부혼기식이 유순한 불길이 된다.	0.005~0.02 (0.05~0.2)
저압공기식	2~300	30~60°의 범위	1:5	비교적 급유각이 넓고, 길이가 짧지만 1·2차 공기로 변화된다.	0.2~0.7 (2~7)

③ **보염 장치** : 착화와 연소화염을 안정시키고 공기와 연료의 혼합을 도모케 하여 저공기비 연소를 하게 하는 장치이다.

❖ **설치목적**
① 연료의 분무를 돕고 공기와의 혼합을 양호하게 한다.
② 안정된 착화를 도모한다.
③ 화염의 형상을 조절한다.
④ 연소실의 온도분포를 고르게 하고 국부과열을 방지한다.
⑤ 연소가스의 체류시간을 지연시켜 돕는다.

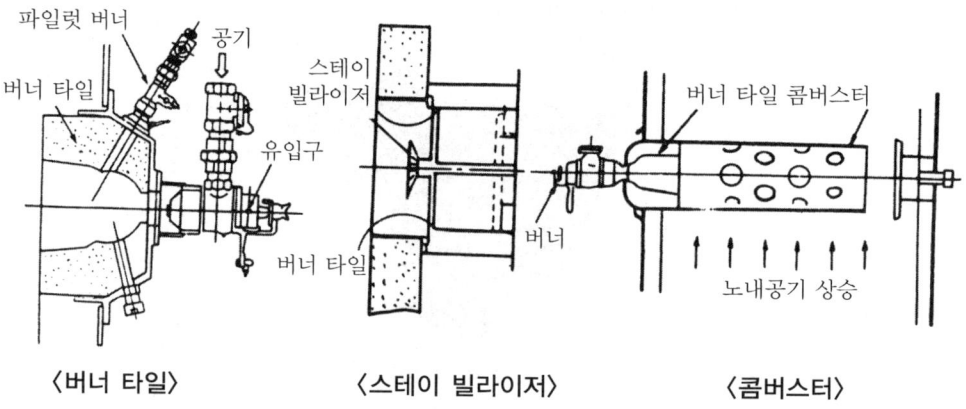

〈버너 타일〉 〈스테이 빌라이저〉 〈콤버스터〉

㉠ **스테이 빌라이저** : 연료유의 분무흐름이나 연소공기 사이에서 저유속 흐름을 유도함으로 불꽃의 안정성을 유지케 하는 장치이다.

㉡ **윈드 박스(wind box)** : 버너 벽면에 설치된 밀폐상자로 공기흐름을 적절히 유지하며 동압을 정압 상태로 바꾸어 착화나 연속화염을 안정시키는 장치이다.

㉢ **버너 타일** : 버너의 첨단부분을 보호하며 화염의 모양을 형성시켜 연속화염을 안정시키는 내화재로 구축된 장치이다.

㉣ **콤버스터** : 저온의 노에서도 연소를 안정시켜 분출흐름의 모양을 안정시킨 장치이다.

◈ 윈드 박스 주위에 부착하는 기구
  ㉠ 화염검출기
  ㉡ 착화 버너
  ㉢ 투시구
  ㉣ 점화구

④ 급유계통의 장치
  ㉠ 저장 탱크(storage tank) : 연료 메인 탱크로 7~14 일 정도의 분량을 저장하며 저장온도는 40~50[℃] 정도이다.

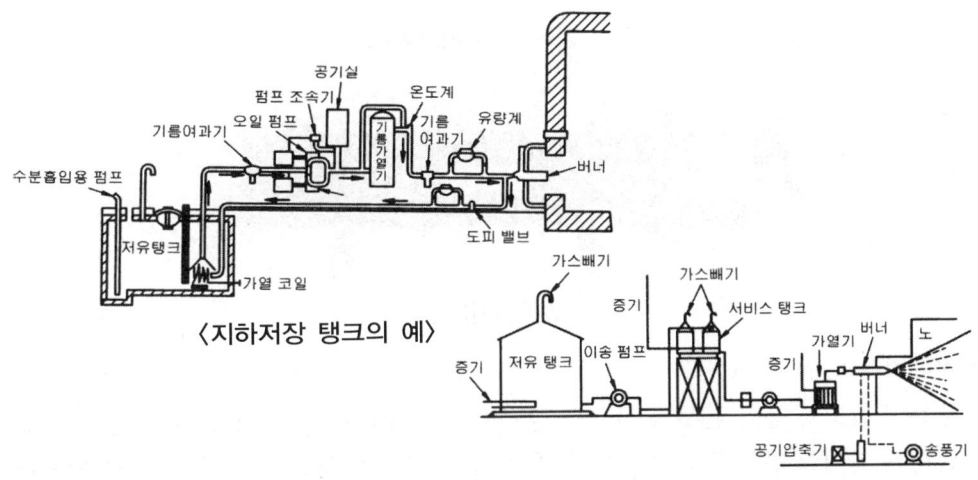

〈지하저장 탱크의 예〉

〈지상저장 탱크의 예〉

  ㉡ 서비스 탱크(service tank) : 버너로 이송하기 전 저장 탱크로부터 3~5 시간 정도 사용할 분량을 저장하는 탱크로 보일러로 부터 2[m] 이상 떨어져야 하며 버너보다 1.5[m] 이상 높게 설치한다. (가열온도 60~70[℃])

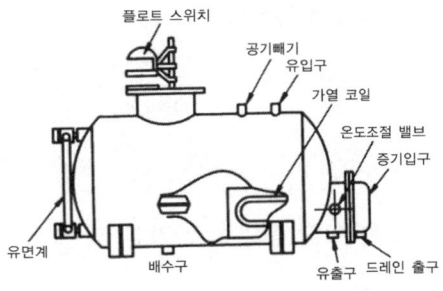

〈서비스 탱크〉

◈ 시공시 부대설비
  ① 유송입관   ② 통기관   ③ 유면계〈서비스 탱크〉
  ④ 온도계   ⑤ 도피관   ⑥ 플로트 스위치

◈ 급유계통의 이송경로
  저장탱크 → 여과기 → 기어펌프 → 서비스탱크 → 여과기 → 오일프리히터 → 유압펌프 → 급유온도계 → 유압계 → 유량조절밸브(전자 밸브) → 버너

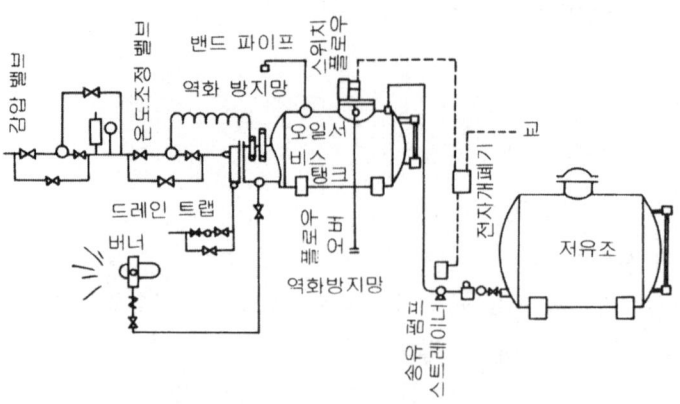

〈서비스 탱크 주위배관의 예〉

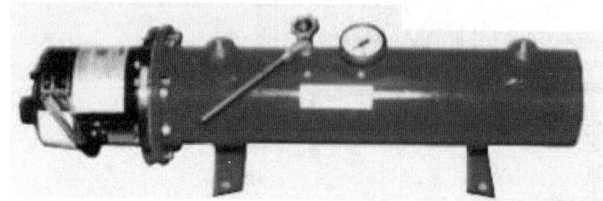

〈유예열기〉

- **유예열기**(oil preheater)

  중유의 점도가 높아 분무시 무화를 돕기위해 가열하여 적정점도로 유지하기 위해 가열하는 장치로 증기로 가열하는 증기식, 온수로 가열하는 온수식, 전기로 가열하는 전열식이 있다.(예열온도 : 80~90[℃])

- **용량계산식**

  $$\text{kWh} = \frac{Gf \times C \times (t_1 - t_2)}{860 \times \eta}$$

  - Gf : 시간당 연료소비량[kg/h]
  - C : 연료평균비열[kcal/kg℃]
  - t_1 : 유예열기 출구온도[℃]
  - t_2 : 유예열기 입구온도[℃]
  - η : 효율[%]

- **오일 펌프** : ㉠ 원심 펌프 ㉡ 기어 펌프 ㉢ 스크루 펌프

- **여과망** ─ 유량계전 : 20~30 메시
          └ 버너입구 : 60~120 메시

❖ **가열온도가 너무 높으면**
① 관내에서 기름의 분해가 일어난다.
② 분무상태가 고르지 못하다.
③ 분사각도가 흐트러진다.
④ 탄화물 생성의 원인이 된다.

❖ **가열온도가 너무 낮으면**
① 무화가 불량해진다.
② 불길이 한편으로 흐른다.
③ 그을음·분진이 발생한다.

3. 기체연료의 연소장치

연료자체가 연소성이 우수하여 안정된 화염을 얻을 수 있고 연속제어가 용이하므로 자동화설비에 적합하다.

(1) 연소용 공기 공급방식에 따른 분류

확산연소방식, 예혼합방식

① 확산연소 방식 : 연소용 공기를 고온으로 예열 사용할 수 있는 방식으로 고온에서 열분해가 일어나는 관계에 따라 포트형 버너형으로 구분된다. 특히 천연가스에 적합한 종류는 방사형이다.
② 예혼합 방식
  ㉠ 저압 버너 : 1차 공기를 이론공기량의 60[%] 정도 흡입하여 가스압력을 낮게 하고 노내를 부압으로 유지하면서 2차 공기를 흡인하여 연소하는 방식으로 발열량이 높은 연료에서는 노즐 지름을 작게 하고 가스압력과 2차 공기의 흡인 능력을 크게 해야 한다.
  ㉡ 고압 버너 : 고온의 노에 $0.2MPa(2[kg/cm^2])$ 이상의 가스압력으로 연소하는 버너이다.
  ㉢ 송풍 버너 : 연소용 공기를 가압 송입하는 형식으로 연료가스와 공기혼합비율에 폭발되지 않도록 주의해야 한다.

(2) 가스버너 연소방식

① 적화식 버너 : 가스를 그대로 대기중에 분출하여 연소시키는 방법으로 연소에 필요한 공기는 전부 불꽃의 주변에서 취한다.
② 분젠(Busen)식버너 : 연소시 필요한 공기를 1차, 2차공기에 의하여 연소하는 방식으로 역화의 염려가 있으나 열효율이 높다. 그리고 좁은 연소공간에서 완전연소가 가능한 반면 가스소비량 크다.
③ 세미분젠식 버너 : 분젠식과 적화식 중간방식의 버너로 1차 공기율이 약 40% 이하이며 내염과 외염의 구별이 확실하지 않음.
④ 전 1차 공기식 버너 : 연소에 필요한 필요공기량 전체를 1차 공기에 의존하여 연소하는 방식

(3) 공기 공급방식에 따른 가스버너 종류

1) 유도혼합식버너(송풍기를 부착하지 않은 버너, 소형가정용)
  ① 적화식버너(파이프버너, 어미식버너, 충염버너)
  ② 분젠식버너(세미분젠식, 분젠식, 전1차공기식버너)

2) **강제혼합식버너**(송풍기에 의한 공기 공급방식, 대용량용)
   ① 내부혼합식버너(고압, 표면연소버너)
   ② 외부혼합식버너(고속, 휘염, 혼소, 보일러용 버너, 산업용대부분사용)
   ③ 부분혼합식

(4) 가스버너종류

① 링(ring)형 : 버너타일과 비슷한 지름의 링에 다수의 노즐을 설치한 가스 버너
② 멀티스폿(다분기관)형 : 링형가스 버너와 비슷하지만 노즐부의 수열면적을 적게 한 것 (LPG용 버너)
③ 스크롤형 : 가스를 스크롤(소용돌이)내에서 선회 분사시켜 가스와 공기의 혼합이 잘되도록 한 가스버너
④ 건(센타파이어)형 : 2중관으로 구성되어 중심부에는 유류가 분사되고 바깥쪽에는 가스가 분사되는 형태로 유류와 가스를 동시에 연소시키는 버너

6-2 통풍장치

1. 통풍방법 및 통풍장치

(1) 자연통풍

소형 보일러에 채택되며 배기가스와 공기의 비중 차와 연돌의 높이에 의한 능력으로 통풍된다. 배기가스의 유속은 3~4[m/sec] 정도이다.

❖ **통풍력을 증가 시키는 방법**
① 연돌의 높이를 높인다.
② 배기가스 온도를 높인다.
③ 굴곡부를 줄인다.(굴곡부 3개소 이내)
④ 연돌 상부단면적을 크게

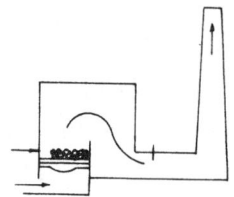

❖ **이론 통풍력 계산**
① $Z = H(r_a - r_g)$
② $Z = 273H \left(\dfrac{r_a}{T_a} - \dfrac{r_g}{T_g} \right)$

- H : 연돌높이[m]
- r_a : 외기공기 비중량[kg/m³]
- Z : 이론 통풍력[mmH₂O]
- r_g : 배기가스 비중량[kg/m³]
- T_a : 외기공기의 절대온도[K]
- T_g : 배기가스의 절대온도[K]

- 355 : 외기공기와 배기가스의 평균비중량(1.3)×273

  평균비중량 = $\dfrac{1.294 + 1.345 + 1.31 + 1.25}{4} = 1.3$

- 353 : 외기공기 비중량×273
- 367 : 고체연료 비중량×273

③ $Z = 355H\left(\dfrac{1}{T_a} - \dfrac{1}{T_g}\right)$

$Z = H\left(\dfrac{353}{T_a} - \dfrac{367}{T_g}\right)$

※ 1atm 상태에서 비중량[kg/m³]
① 외기공기 : 1.297
② 배기가스
 • 고체연료 : 1.345
 • 액체연료 : 1.31
 • 기체연료 : 1.25

❖ 실제통풍력은 이론통풍력에서 마찰손실수두를 뺀 값으로 편의상 약 20[%]를 줄인다.
∴ 실제통풍력 = 이론통풍력 × 0.8(이론통풍력의 80%)

(2) 강제통풍

① **압입통풍** : 연소실 앞에 압입송풍기를 장착하여 통풍하는 방식으로 노내압이 대기압보다 높아(정압) 연소가스나 화염의 누설이 발생할 수 있다. 배기가스의 유속은 8[m/sec] 정도이며 예열용 공기를 사용할 수 있다.

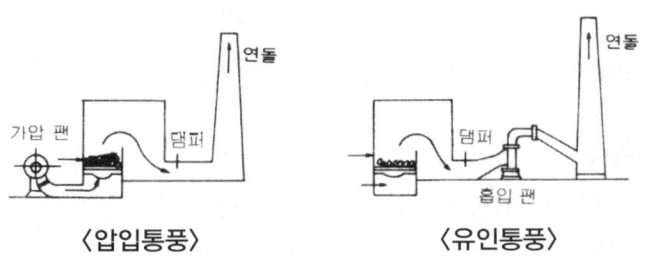

〈압입통풍〉   〈유인통풍〉

② **유인(흡입)통풍** : 연도에 배풍기를 장착하여 통풍하는 방식으로 노내압이 대기압보다 낮아(부압) 외기공기의 누입이 발생될 수 있다. 배기가스의 유속은 10[m/sec] 정도이며 예열된 공기 사용이 불가능하다.

③ **평형통풍** : 압입통풍과 유인통풍을 절충한 형식으로 연소실 앞에 송풍기와 연도 내에 배풍기를 장착 정·부압을 임의로 조정 사용할 수 있다. 배기가스유속은 10[m/sec] 이상이며 실제적으로 가장 많이 사용되는 통풍방식으로 소요동력이나 설치비가 많이 든다.

강제통풍시 통풍력 조절
① 송풍기 회전수 조절
② 댐퍼의 조절
③ 흡입 베인의 개폐

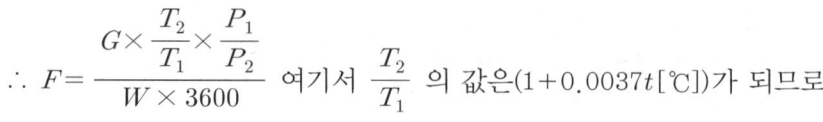

〈흡입 베인〉

연돌 상부 단면적의 계산

$G = F \cdot W$ 에서

$F = \dfrac{G}{W}$ 이나 G(배기가스량)이 [Nm³]

즉, 표준 상태에 있으므로 온도와 압력의 보정하게 된다.

$$\therefore F = \dfrac{G \times \dfrac{T_2}{T_1} \times \dfrac{P_1}{P_2}}{W \times 3600}$$ 여기서 $\dfrac{T_2}{T_1}$ 의 값은 $(1+0.0037t[℃])$가 되므로

$$\therefore F = \dfrac{G \times (1+0.0037t[℃]) \times \dfrac{P_1}{P_2}}{W \times 3600} [\text{m}^2]$$

- F : 단면적[m²]
- G : 배기가스량[Nm³/h]
- T_1, T_2 : 표준 상태, 배기가스의 절대온도[K]
- P_1, P_2 : 표준 상태, 배기가스의 압력[kg/cm², mmHg]
- W : 유속[m/sec]
- t : 배기가스 온도[℃]

(3) 덕 트(Duct)

공기 및 가스등을 보내는 통로로 원형덕트, 각형덕트 등이 있다.

1) 덕트재료 및 종류

① 아연도금 강판(함석) : 일반적으로 가장 많이사용 되며, 공조기용, 환기 덕트, 풍량 조절 댐퍼, 덕트 행거 등에 사용하며, 가격이 싸고 가공이 쉽고, 강도가 크고, 부식성이 적은 특징

② 열간 압연 강판(KSD 3501) : 고온의 공기 및 가스가 통하는 덕트, 방화댐퍼, 보일러 연도 등에 사용

③ 냉간 압연 강판

④ 알루미늄판

2) 덕트의 종류

① 급기덕트 : 공조기에서 공기를 실내로 보내는 덕트

② 환기덕트 : 실내 공기를 공조기로 보내는 덕트

③ 배기덕트 : 실내 공기를 외부로 버리는 덕트

④ 외기덕트 : 외기를 공조기로 도입하는 덕트

3) 덕트 설계, 시공시 주의 사항

① 덕트 종횡비(aspect ratio)는 4 이내로 한다.
② 국부 부분은 되도록 큰 곡률 반지름을 취한다.
③ 덕트의 확대각도 20° 이하, 축소각도 45° 이하로 한다.
④ 덕트풍속 15[m/s]이하, 정압 50[mmAq]이하의 저속덕트 사용으로 소음을 줄인다.

4) 덕트의 풍속

① 저속덕트 : 풍속이 15[m/s] 이하
② 고속덕트 : 풍속이 15[m/s] 이상(15~20[m/s])

(4) 댐 퍼(Damper)

1) 설치 목적

① 통풍력을 조절한다.
② 배기가스의 흐름을 차단한다.
③ 주연도에서 부연도로의 전환한다.

2) 종 류

① 댐퍼형식
  ㉠ 회전식 : 댐퍼판의 중앙 또는 한쪽으로 회전축을 설치하여 개·폐도에 의해 통풍력을 조절한다.
  ㉡ 승강식 : 댐퍼판의 승강에 의하여 개·폐도를 조절한다. 대형 보일러용

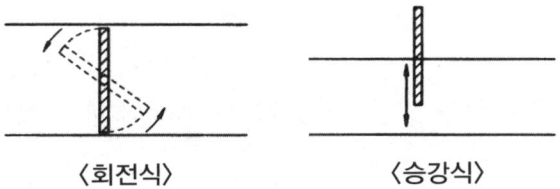

〈회전식〉   〈승강식〉

3) 용도별 종류

① 풍량조절(볼륨)댐퍼(VD : volume damper) : 풍량조절, 폐쇄 역할용 댐퍼.
  ㉠ 루버댐퍼 : 2개 이상의 날개를 가진 것으로 다익댐퍼. 대형 덕트용
  ㉡ 스플릿댐퍼 : 분기부용
  ㉢ 버터플라이 댐퍼 : 소형덕트용
    • 풍량조절 댐퍼 : 버터플라이 댐퍼, 루버 댐퍼
    • 풍량분기 댐퍼 : 스플릿 댐퍼

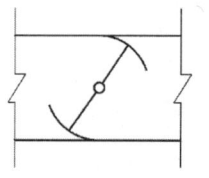
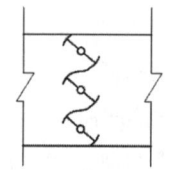
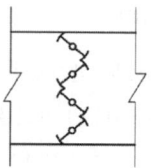
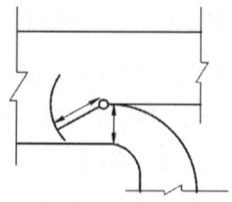

〈버터플라이댐퍼〉　　〈루버(다익)댐퍼〉　　〈스플릿댐퍼〉

② 방화댐퍼(FD : fire damper) : 화재발생시 덕트를 통해 화재가 번지는 것을 방지하기 위한 댐퍼
- 방화댐퍼 종류
  - ㉠ 루버형 : 대형의 4각 덕트용으로 퓨즈 이용 72[℃] 용융)
  - ㉡ 피벳(pivot)형
  - ㉢ 슬라이드형
  - ㉣ 스윙형

③ 방연댐퍼(SD : smoke damper) : 실내 연기 감지기로 화재초기에 덕트 폐쇄
- 다이어몬드 브레이크 : 덕트의 강도 보강 및 진동을 흡수하는 덕트 연결방법

풍량조절방식

① 댐퍼 조절에 의한 방법
② 섹션 베인의 개도에 의한 방법
③ 전동기 회전수에 의한 방법

2. 송풍기의 종류 및 특징

(1) 송풍기(Blower)

기체 수송을 목적으로 하는 것. 기체압축을 목적으로 하는 것은 압축기이다.

1) 압력에 따른 분류

① 팬 : $0.1[kg/cm^2]$ 미만(송풍기)
② 블로워 : $0.1[kg/cm^2]$ 이상 $1[kg/cm^2]$ 미만
③ 압축기 : $1[kg/cm^2]$ 이상

2) 송풍기 분류

① 원심식 : 다익형, 방사형(플레이트형), 터보형, 리밋로드형, 익형(다익+터보형개량)
② 축류식 : 베인형, 튜브형, 프로펠러형

3) 원심식 송풍기의 종류

① **다익(시로코)(sirocco fan)형** : 다수의 날개를 가진 송풍기로 풍압이 비교적 낮고 (15–200mmH$_2$O), 전향날개형(날개 각도 > 90°)

[특징]
- ㉠ 큰 동력으로 효율이 낮고, 설치면적이 적다.
- ㉡ 소형, 경량이며 값이 싸다.
- ㉢ 고온, 고압, 고속에는 부적합하며, 저회전에 적합하다.
- ㉣ 환기 및 배기용으로 풍량이 5,000m^3/min 정도이다.

② **방사형(플레이트)(plate fan)** : 날개가 방사형으로 6~12개의 플레이트를 부착시킨 것으로(날개각도 = 90°), 풍압은(50–200mmH$_2$O)이다. 자기청소 특성이 있고, 분진누적이 많은 곳에 사용

[특징]
- ㉠ 플레이트 교체가 쉽고, 자기청소 특성이 있어 분진누적이 많은 곳에 사용가능하다.
- ㉡ 효율이 50~60%정도다.
- ㉢ 소요동력이 풍량에 따라 비례적으로 증가한다.
- ㉣ 유인통풍방식에 주로 사용한다.

③ **터보(후곡)(turbo fan)형** : 후향날개형으로(날개각도 < 90°) 고속회전 및 효율이 좋고, 풍압은(15–500mmH$_2$O)이다.

[특징]
- ㉠ 효율이 높고 구조가 간단하여 튼튼하다.
- ㉡ 고온, 고압, 대용량이며 가격이 비싸다.
- ㉢ 고속회전으로 소음이 크다.
- ㉣ 압입통풍방식에 주로 사용한다.

〈다익 송풍기〉　〈전향 날개〉　〈터보 송풍기〉

〈후향 날개〉　〈축류형〉　〈방사형 날개〉

4) 축류식 송풍기(axial fan)

날개를 경사지게 설치한 구조로 프로펠러형 송풍기라 하며 고속 및 고압에 사용

① 종류 ┌ 프로펠러형(배기·환기용)
　　　 └ 디스크형(배기·환기용)

[특징]
㉠ 경량, 소형으로 설치가 간단하다.
㉡ 소음이 크고, 고속운전에 적합하다.
㉢ 풍량이 증가하면 동력이 감소하는 경향이 있다.
㉣ 환기 및 배기용에 적합하다.

각 송풍기의 비교
- 풍압 : 터보형 〉 플레이트형 〉 다익형
- 효율 : 터보형 〉 플레이트형 〉 다익형

(2) 송풍기 성능

1) 송풍기 크기 : 송풍기 번호(No)로 나타냄

① 원심식(No) = $\dfrac{\text{회전날개의 지름[mm]}}{150[\text{mm}]}$

② 축류식(No) = $\dfrac{\text{회전날개의 지름[mm]}}{100[\text{mm}]}$

2) 소요동력

① 축동력(L_s) = $\dfrac{Q \times \Delta P}{102 \times 60 \times \eta}$ [kW]

② 축마력(PS) = $\dfrac{Q \times \Delta P}{75 \times 60 \times \eta}$ [PS]

③ 축마력(HP) = $\dfrac{Q \times \Delta P}{76 \times 60 \times \eta}$ [PS]

　Q : 송풍량(m^3/min)
　ΔP : 송풍기정압(mmAq)
　η : 송풍기효율

3) 송풍기 상사법칙

① 풍량은 회전속도에 비례하여 변화한다. $Q_2 = Q_1 \left(\dfrac{N_2}{N_1}\right)$

② 풍압은 회전속도의 2제곱에 비례하여 변화한다. $P_2 = P_1 \left(\dfrac{N_2}{N_1}\right)^2$

③ 동력은 회전속도의 3제곱에 비례하여 변화한다. $L_2 = L_1 \left(\dfrac{N_2}{N_1}\right)^3$

④ 풍량은 송풍기 크기비의 3제곱에 비례하여 변화한다. $Q_2 = Q_1 \left(\dfrac{D_2}{D_1}\right)^3$

⑤ 압력은 송풍기의 크기비의 2제곱에 비례하여 변화한다. $P_2 = P_1 \left(\dfrac{D_2}{D_1}\right)^2$

⑥ 동력은 송풍기 크기비의 5제곱에 비례하여 변화한다. $L_2 = L_1 \left(\dfrac{D_2}{D_1}\right)^5$

$\begin{cases} N_1 \to N_2 : 회전속도변화 \\ D_1 \to D_2 : 송풍기 크기변화 \\ Q_1 \to Q_2 : 풍량변화, \\ P_1 \to P_2 : 압력변화 \\ L_1 \to L_2 : 동력변화 \end{cases}$

◆ 송풍기 특성곡선

일정한 회전수에서 가로축을 풍량 Q[m³/min], 세로축을 풍압(정압Ps, 전압 Pt)[mmAq], 효율(%), 소요동력 L(kW)로 놓고 풍량에 따라 이들의 압력 및 효율의 변화과정을 나타낸 것

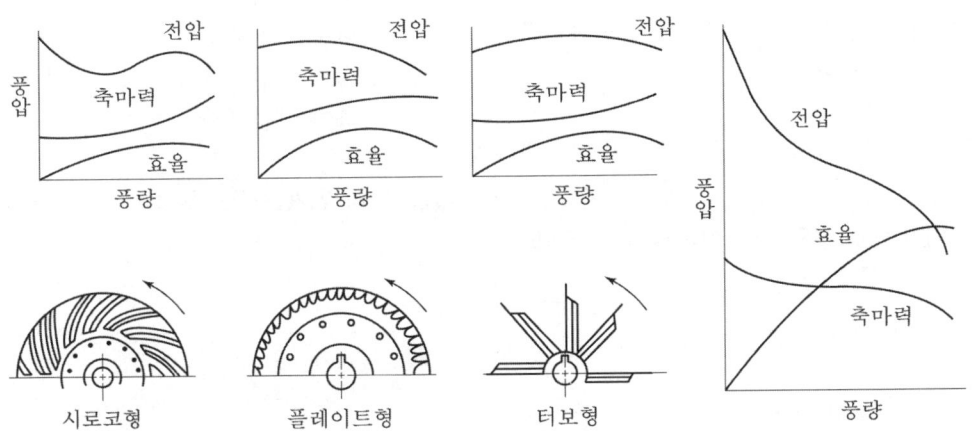

4) 송풍기 풍량제어 방법

① 흡입, 토출 댐퍼 개도 제어법
② 흡입 베인(vane) 제어법
③ 회전수 제어법
④ 가변 피치(날개각도) 제어법

예상문제

01 고체 연소장치인 미분탄 연소장치를 화격자 연소장치와 비교하여 설명한 것으로 잘못된 것은?

① 연료가 공기와의 접촉면적이 넓어서 적은 과잉 공기비로 연소시킬 수 있다.
② 연소 속도가 빠르고, 점화 및 소화가 용이하다.
③ 연소의 자동제어가 용이하여 부하 변화에 잘 대응할 수 있다.
④ 완전 연소되므로 별도의 집진장치가 필요 없다.

해설) 미분탄 연소장치는 플라이애쉬 발생으로 별도의 집진장치가 반드시 필요하다.

02 미분탄연소장치에서 석탄을 어느 정도로 분쇄하는가?

① 300~400mesh
② 150~200mesh
③ 210~250mesh
④ 260~280mesh

해설) 미분탄연소장치에서 석탄의 분쇄는 약 150~200 mesh로 한다.

03 보일러 중유 연소장치에 사용되는 버너의 종류가 아닌 것은?

① 압력 분사식   ② 증기 분무식
③ 회전 분무식   ④ 포트식

해설) 포트식 : 기체연료의 버너이다.

04 로터리 버너의 설명으로 틀린 것은?

① 연료의 정도변화에 따른 성능변화가 비교적 적다.
② 고속으로 회전하는 회전컵에 연료 공급관을 통해 연료가 공급되면 이 연료는 회전컵의 원심력에 의해 회전컵 내면에 액막을 형성한다.
③ 대형보일러에 가장 보편적으로 사용되고 있다.
④ 회전컵 외부로는 미립화용 공기가 고속으로 분출되어 연료의 액막과 충돌하여 미립화가 이루어진다.

05 물의 임계온도는 몇 도 정도인가?

① 273℃   ② 300℃
③ 374℃   ④ 539℃

해설)
• 임계온도 : 374℃
• 임계압력 : 225.6kg/cm²

06 보일러 설비의 계획에 있어서 연소장치의 선택은 가장 중요한 것 중의 하나이다. 버너를 선정할 때 검토해야 할 조건이 아닌 것은?

① 연료의 종류
② 안전 밸브 여부
③ 연소실의 분위기(압력, 온도조절)
④ 유량조절 및 공기조절

해설) 안전밸브와 버너의 선정 조건과는 무관하다.

ANSWER 1.④ 2.② 3.④ 4.③ 5.③ 6.②

07 중유 연소의 취급에 대한 설명으로 부적합한 것은?

① 중유를 적당히 예열한다.
② 과잉공기량을 가급적 많이 하여 연소시킨다.
③ 연소용 공기는 예열하여 공급한다.
④ 2차 공기의 송입을 적절히 조절한다.

해설) 과잉공기량은 적게 사용할수록 열손실 및 부식방지에 좋다.

08 연료유에 5~20kgf/cm² 정도의 압력을 가하여 노즐로부터 고속으로 분출 무화시키는 방식으로 대용량 보일러에 적합하고 유량 조절범위가 좁은 버너는?

① 고압공기 버너
② 유압분사식 버너
③ 회전식 버너
④ 고압증기 버너

해설) 유압분사식버너 : 연료에 5~20kg/cm²의 압력을 가하여 연료의 압력만을 이용하여 연료분사

09 연료유 자체에 높은 압력을 가하고 작은 분사구를 통하여 연료를 분사시켜 무화시키는 형식으로 종류로는 환류식과 비환류식이 있는 버너는?

① 회전식 버너
② 유압분무식 버너
③ 보염분무식 버너
④ 저압공기분무식 버너

해설) 유압분무식 버너 : 연료유압력 자체만을 이용하여 연료분사

10 다음 중 유량조절 범위가 가장 큰 오일 버너는?

① 환류식 압력분무식
② 비환류식 압력분무식
③ 고압기류식
④ 저압기류식

해설) 유량조절범위
① 환류식 1 : 3
② 비환류식 1 : 2
③ 고압기류식 1 : 10
④ 저압기류식 1 : 5 ~ 1 : 8
⑤ 회전무화식 1 : 5

11 회전 분무식 버너에 대한 설명으로 틀린 것은?

① 자동제어가 편리한다.
② 분무각도는 40~80° 정도이다.
③ 유량조절 범위는 1 : 5 정도로서 비교적 넓다.
④ 연료소비량 10L/h 이하에서 주로 사용된다.

해설) 회전 분무식 버너(수평로터리 버너)는 연료소비량이 10L/h이상에서 주로 사용

12 0.05~0.2kg/cm²(5~20kPa)의 공기를 사용하여 무화시키는 버너로서 연동형과 비연동형으로 구분되는 것은?

① 유압분무식   ② 고압기류식
③ 저압기류식   ④ 회전분무식

해설) 저압기류식(저압공기분무식) : 분무압력은 약 0.05~0.2kg/cm²(5~20kPa) 이다.

ANSWER 7.② 8.② 9.② 10.③ 11.④ 12.③

13 다음 [보기]의 특징을 가지는 버너는?

> - 구조가 비교적 간단하다.
> - 소음발생이 거의 없다.
> - 무화특성이 좋지 않다.
> - 무화매체인 증기나 공기가 필요 없다.
> - 유량조절 범위가 좁다.

① 회전분무식　② 증기분무식
③ 유압분무식　④ 외부혼합식

[해설] 유압무화식(압력분사식)버너의 특징
- 구조가 비교적 간단하다.
- 소음발생이 거의 없다.
- 무화특성이 좋지 않다.
- 무화매체인 증기나 공기가 필요 없다.
- 유량조절 범위가 좁다.

14 공업용 가스 용기의 색상으로 잘못 표시된 것은?

① 아세틸렌 : 황색
② 산소 : 녹색
③ 이산화탄소 : 청색
④ 암모니아 : 회색

[해설] 암모니아 : 백색

15 일반적인 가스 연료용 버너의 종류가 아닌 것은?

① 링형 버너
② 통형 버너
③ 다분기관형 버너
④ 고압 기류형 버너

[해설] 고압기류형 버너는 액체 연료용 버너이다.

16 다음 중 기체연료의 연소장치가 아닌 것은?

① 계단형
② 포트형
③ 저압버너
④ 고압버너

[해설] 기체연료의 연소장치(버너) : 저압버너, 고압버너, 송풍버너, 포트형이 있다.

17 보일러 연소실 내 부압(負壓)이 가장 크게 형성되는 통풍방식은?

① 압입통풍　② 평형통풍
③ 자연통풍　④ 흡입통풍

[해설] 자연통풍과 흡입통풍은 노내 부압이 형성되나 흡입통풍의 부압이 크다.

18 노앞과 연돌하부에 송풍기를 두어 노 내 압을 대기압보다 약간 낮게 조절한 통풍방식은?

① 압입통풍　② 흡입통풍
③ 간접통풍　④ 평형통풍

[해설] 평형통풍 : 연소실(노) 입구측에 송풍기, 연도측에 배풍기를 설치하여 통풍시키는 방식

19 연도의 끝이나 연돌하부에 송풍기를 설치하여 연소가스를 빨아내는 강제통풍방식은?

① 압입통풍　② 대류통풍
③ 평형통풍　④ 흡입통풍

[해설]
- 압입통풍 : 연소실 입구에 송풍기 설치
- 흡입통풍 : 연도에 송풍기 설치
- 평형통풍 : 연소실 입구 연도측에 송풍기 설치

ANSWER 13.③　14.④　15.④　16.①　17.④　18.④　19.④

20 강제통풍방법 중 배기가스의 유속이 다른 것은?

① 압입통풍 : 8m/s 정도
② 유인통풍 : 10m/s 정도
③ 평형통풍 : 10m/s 이상
④ 흡입통풍 : 15m/s 이상

해설 흡입(유인)통풍 : 8~10m/s

21 연소용 공기를 송풍기로 노입구에서 대기압보다 높은 압력으로 보내는 통풍방식은?

① 자연통풍　② 압입통풍
③ 흡입통풍　④ 평형통풍

해설 ① 압입통풍 : 정압(+), 대기압보다 높다.(연소실 입구에서 송풍기로 압입)
② 흡입통풍 : 부압(-), 대기압보다 낮다.(연도측에서 배풍기로 흡입)
③ 평형통풍 : 정압, 부압이 동시에 걸린다(연소실 입구와 연도측에 송풍기 설치)

22 보일러에서 통풍력이 증가되는 조건에 대한 설명으로 가장 거리가 먼 것은?

① 연돌이 높고 단면적이 클수록 증가된다.
② 연도의 길이가 짧고 굴곡부가 적을수록 증가된다.
③ 외기의 온도가 높을수록 증가된다.
④ 배기가스 온도가 높을수록 증가된다.

해설 배기가스 온도가 높고, 외기 온도가 낮을수록 통풍력은 커진다.

23 굴뚝의 높이가 20m 이고, 대기온도가 -10℃, 연소배기 가스 평균온도가 250℃인 경우 이론 통풍력은 약 얼마인가?
(단, 표준상태에서 공기의 비중량은 1.29kg/Nm³, 연소 가스의 비중량은 1.34kg/Nm³ 이다.)

① 5.8mmH₂O
② 12.8mmH₂O
③ 15.7mmH₂O
④ 20.3mmH₂O

해설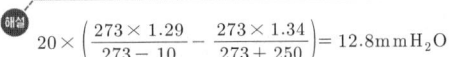
$20 \times \left(\frac{273 \times 1.29}{273-10} - \frac{273 \times 1.34}{273+250} \right) = 12.8 mmH_2O$

24 다음 중 연돌의 설치목적으로 틀린 것은?

① 배기가스의 배출을 신속히 한다.
② 역풍을 일부 막아준다.
③ 유효통풍력을 막아준다.
④ 매연 등을 멀리 확산시킨다.

해설 연돌의 설치목적 : 통풍력을 증가, 역풍의 일부 차단, 매연 확산 등의 역할을 한다.

25 통풍기를 크게 원심식과 축류식으로 구분할 때 축류식에서 주로 사용하는 풍향 조절 방식은?

① 회전수를 변화시켜 풍향을 조절한다.
② 댐퍼를 조절하여 풍향을 조절한다.
③ 흡입 베인의 개도에 의해 풍향을 조절한다.
④ 날개를 동익가변시켜 풍향을 조절한다.

해설 축류식은 주로 날개를 동익가변시켜 풍향을 조절한다.

ANSWER　20.④　21.②　22.③　23.②　24.③　25.④

26 통풍기 소요동력을 kW로 구하는 식이 올바른 것은? (단, 통풍압력 P(mmAq), 풍량 Q(m³/min), η : 통풍기효율)

① 소요동력(kW) = $\dfrac{P \times Q}{102 \times 60 \times \eta}$

② 소요동력(kW) = $\dfrac{P \times Q \times \eta}{102 \times 3600}$

③ 소요동력(kW) = $\dfrac{P \times Q \times \eta}{75 \times 60}$

④ 소요동력(kW) = $\dfrac{P \times Q}{75 \times 3600 \times \eta}$

해설
- 송풍기 동력(kW) = $\dfrac{P \times Q}{102 \times 60 \times \eta}$
- 송풍기 마력(PS) = $\dfrac{P \times Q}{75 \times 60 \times \eta}$

27 다음 통풍방식 중 굴뚝(Stack)의 역할이 가장 큰 것은?

① 자연통풍 ② 압입통풍
③ 흡입통풍 ④ 평형통풍

해설
자연통풍 방식 : 외기의 비중과 배기가스의 비중차를 이용하여 통풍시키는 방식으로 연돌의 높이에 큰 영향을 받는다.

28 연통의 평균가스온도가 300℃, 외기온도(대기온도)가 27℃일 때 통풍력으로서 20mmH₂O를 얻기 위해 필요한 연통의 높이는 약 몇 m인가?

① 23.1   ② 28.3
③ 31.7   ④ 35.5

해설
355는 연료(고체, 액체, 기체)의 배기가스 비중량과 외기공기 비중량의 평균 비중량에 273을 곱하여 산출한다.

$Z = H \times \left(\dfrac{353}{Ta} - \dfrac{355}{Tg}\right)$

$\therefore H = \dfrac{Z}{\dfrac{355}{Ta} - \dfrac{355}{Tg}} = \dfrac{20}{\dfrac{355}{273+27} - \dfrac{355}{273+300}}$

$= 35.474\text{m}$

29 보일러 통풍방식 중 배기가스의 유속이 가장 큰 것은?

① 흡입통풍   ② 평형통풍
③ 압입통풍   ④ 자연통풍

해설
통풍력(배기가스 유속)이 큰 순서
평형통풍 > 흡입통풍 > 압입통풍 > 자연통풍

30 보일러 연도에 설치하는 댐퍼(damper)의 형상에 따른 종류에 속하지 않는 것은?

① 버터플라이 댐퍼
② 글로브 댐퍼
③ 다익 댐퍼
④ 스플리트 댐퍼

해설
형상에 따른 댐퍼종류 : 버터플라이, 다익, 스플리트 댐퍼

31 댐퍼에서 형상에 따른 분류가 아닌 것은?

① 터보형 댐퍼
② 버터플라이 댐퍼
③ 시로코형 댐퍼
④ 스플리트 댐퍼

해설
형상에 따른 댐퍼의 분류 : 버터플라이 댐퍼, 시로코형 댐퍼, 스플리트 댐퍼

32 보일러 댐퍼(Damper)의 설치목적과 무관한 것은?

① 통풍력을 조절한다.
② 가스의 흐름을 차단한다.
③ 연료 공급량을 조절한다.
④ 주연도와 부연도가 있을 때 가스 흐름을 전환한다.

해설
연료 공급량을 조절하는 것은 조절 밸브에서 조작한다.

ANSWER 26.① 27.① 28.④ 29.② 30.② 31.① 32.③

33 어떤 원심형 송풍기의 회전수가 2,500 rpm일 때 송풍량이 150m³/min이었다. 회전수를 3,000rpm으로 증가시키면 송풍량은?

① 216m³/min ② 259.2m³/min
③ 180m³/min ④ 125m³/min

해설 $150 \times \left(\frac{3,000}{2,500}\right) = 180 \text{m}^3/\text{min}$

• $Q_2 = Q_1 \times \left(\frac{N_2}{N_1}\right)$ 유량에 대한 상사의 법칙

34 송풍기 마력을 구하는 식으로 옳은 것은? (단, N : 송풍기의 마력(PS), Z : 출구의 압력(mmAq), Q : 송풍량(m³/min), η : 송풍기의 효율)

① $N = \frac{Z \cdot Q \cdot \eta}{60 \times 75}$ ② $N = \frac{Z \cdot Q}{60 \times 75 \times \eta}$
③ $N = \frac{Z \cdot Q \cdot 20}{60 \times 75 \times \eta}$ ④ $N = \frac{Z \cdot Q \cdot \eta}{60 \times 75}$

해설 송풍기 마력(PS) = $\frac{Z \cdot Q}{75 \times 60 \times \eta}$

35 터보형 송풍기에서 풍량조절 방법이 아닌 것은?

① 전동기의 2차측에 저항을 가변시킨다.
② 회전차 입구측에 설치된 안내깃의 개도를 조절한다.
③ 송풍기의 입구와 출구측의 덕트에 설치된 댐퍼를 개폐한다.
④ 전류와 전압을 조정하여 동력을 가감시킨다.

해설 전류, 전압은 풍량조절과 관련이 없다.

36 저압용 보일러의 흡입용으로 많이 사용되는 송풍기로서, 짧은 전향날개를 많이 (60~90매) 갖고 있는 원심형이며, 비교적 경량 소형인 송풍기는?

① 터보 송풍기 ② 플레이트 송풍기
③ 다익 송풍기 ④ 축류 송풍기

해설 다익송풍기는 원심형으로 짧은 전향 날개로 되어 있다.

37 어떤 원심형 송풍기의 회전수가 2,500rpm일 때 송풍량이 150m³/min 이었다, 회전수를 3,000rpm 으로 증가시키면 송풍량은?

① 216m³/min ② 259.2m³/min
③ 180m³/min ④ 125m³/min

해설 $150 \times \left(\frac{3000}{2500}\right) = 180 \text{m}^3/\text{min}$

38 통풍압력을 2배로 높이려면 원심형 송풍기의 회전수를 몇 배로 높여야 하는가? (단, 다른 조건은 동일하다고 본다.)

① 1 ② $\sqrt{2}$
③ 2 ④ 4

해설 다른 조건이 동일한 상태에서 통풍압력을 2배로 높이려면 회전수를 $\sqrt{2}$ 가 되어야 한다.

• $H_2 = H_1 \times \left(\frac{N_2}{N_1}\right)^2$, $2 = 1 \times \left(\frac{N_2}{1}\right)^2$
∴ $N_2 = \sqrt{2}$

39 연소기에 부착된 터보형 송풍기의 풍압이 200mmH₂O이었다. 회전수를 1750rpm에서 2200rpm으로 상승시키면 풍압은 약 몇 mmH₂O가 되는가?

① 251 ② 287
③ 316 ④ 397

해설 풍압은 회전수의 2승에 비례하므로 다음과 같이 계산한다.

∴ $200 \times \left(\frac{2200}{1750}\right)^2 = 316 \text{mmH}_2\text{O}$

• 전압(풍압)에 대한 상사의 법칙
$H_2 = H_1 \times \left(\frac{N_2}{N_1}\right)^2$

ANSWER 33.③ 34.② 35.④ 36.③ 37.③ 38.② 39.③

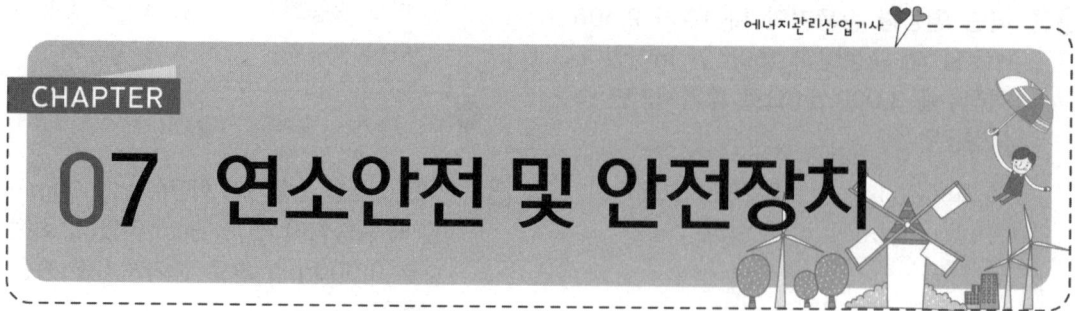

CHAPTER 07 연소안전 및 안전장치

7-1 연소안전장치

1. 점화장치

점화용 불씨를 만들기 위해 점화버너, 점화플러그, 착화트랜스등을 설치한다.

(1) 점화장치(착화 트랜스)

점화플러그는 간격이 3~5(mm)의 1조의 전극을 사용하며 기름점화시(경유등) 약 10000V, 가스연료의 경우는 5000~7000 V의 전압을 발생시켜 점화한다.

(2) 점화장치 취급 일반사항(KBO-2151)

① 점화용 변압기의 고전압 케이블 및 절연애자의 손상, 접속의 헐거움 유무를 점검한다.
  • 고전압측이 스프링식인 것은 전극의 접촉이 양호한지 조사한다.
② 점화용 변압기의 1차측(저압측)의 전기배선의 손상 및 접속의 헐거움 유무를 점검한다.
③ 점화용 전극의 방전부 간격, 노즐과의 거리 및 상하위치가 정상인지 또한 전극봉의 구부러짐 및 손모가 없는지 점검한다.
④ 점화용전극 지지애자의 오염, 부서짐 및 고정부의 헐거움 유무를 점검한다.
⑤ 노즐 끝의 카본 고착상태를 점검한다.
⑥ 점화버너 공기배관의 접속부 헐거움, 구부러짐, 막힘 등이 있는지 점검한다.
⑦ 가스누설검출액 등을 이용하여 점화버너의 가스배관으로부터 가스가 누설되는지 유무를 점검한다.

⑧ 점화용연료의 압력이 저하하면 점화화염이 짧아져 점화가 지연되어 역화를 일으킬 우려가 있다. 이 때문에 점화용 연료의 압력, 점화염의 길이 및 불꽃세기에 대하여 이상유무를 점검하고 필요시 점화버너의 공기비를 재조정한다. 또 점화용 연료로 LP가스를 사용하는 경우에는 LP가스용기 내의 가스잔량에 대한 용기압력계 등의 확인을 게을리해서는 안된다.

2. 화염검출장치

(1) 화염검출 장치 설치목적

보일러에서는 미연소가스에 의한 폭발이 통풍력의 부족, 연료의 이상 누입, 불완전연소 등의 원인에 의해 문제시 되므로 연소실 내의 갑작스런 소화, 실화, 불착화, 정상연소상태를 검출 정상연소상태가 아닌 때엔 연료 밸브를 닫아 연료공급을 차단하기 위한 안전장치이다.

(2) 화염검출장치 종류

① 플레임 아이(flame eye) : 화염에서 나타나는 방사선을 전기적 신호로 바꾸어 화염의 정상유무를 검출하는 형식으로 화염의 발광을 이용한 검출기.

플레임 아이종류
  ㉠ 황화납 광전도 셀(기름, 가스버너에 사용)
  ㉡ 황화카드뮴 광전도 셀(경유버너에 사용)
  ㉢ 자외선 광전관(기름, 가스버너에 사용)
  ㉣ 적외선 광전관

② 플레임 로드(flame rod)(가스 연료에만 적용된다) : 화염의 이온화현상(고온측 : 양이온)을 통해 이때의 전기전도성을 이용하여 화염의 유무를 검출하는 형식이다.
③ 스택 스위치 : 화염의 발열현상을 이용한 것으로 내부에 바이메탈을 사용 열에 의한 팽창현상으로 화염의 정상유무를 검출, 응답속도가 매우 느리므로 소용량 보일러에 사용된다.

3. 연소제어장치

(1) 연소 제어장치는 배관과 자동제어기기로 구성되며, 연료·공기의 유량제어장치와 연소안전장치가 필요하다. 연소를 합리적으로 하고, 연소 배가스를 적게 배출하기 위해 부하변동과 연료, 연소공기의 공급압력에 변화가 생긴 경우도 필요로 하는 공기비를 유지 할 수 있게 제어하는 장치이다.

(2) 연소제어장치 종류

1) 기계적 링키지 제어방식

연료 및 공기 라인에 설치한 조절밸브를 링키지로 기계적으로 결합시켜 한 개의 컨트롤 모터로 구동하고 변화량의 변화에 따라 공기비를 추종시키는 방식.

■ 특징
① 장치가 간단하며 비용이 저렴하다.
② 링키지 조절이 어렵고 숙련을 요한다.
③ 연소량과 공기비의 변화특성을 변경한 경우, 정확한 복귀가 어렵다.

2) 균압밸브 제어방식

균압밸브를 구동하여 개폐함으로써 공기와 기체연료의 압력이 동일한 압력이 되도록 기계적으로 제어하는 방법

■ 특징
① 저연소시 제어 정밀도, 재현성이 부족하다.
② 저연소시 기체 연료량이 부족하게 되는 경향이 있다.

3) 유량제어 방식

연료 및 공기 라인에 각각 설비된 유량계 또는 오리피스 차압 발신기로부터 신호를 이용한 유량제어 방식.

■ 특징
① 실제유량, 노내 산소농도 등의 정밀도가 높은 연소제어가 가능하다.
② 온도보정, 크로스 리미트 등을 실시하게 되어, 가격이 고가이다.
③ 오리피스 차압을 이용한 유량제어로 턴, 다운함에 따른 유량계측의 오차가 있다.

4) EBC-i 연소제어시스템(Easy & Eco. Burner Control System)

기체연료용 연소기기의 유량제어 성능에 대해 고정밀도, 고속응답을 달성하고, 동시에 최적의 공기비제어 및 사용자 부담 경감을 실현할 수 있는 시스템

■ EBC-i 기능
① 자동공기비 운전 기능 : 연소공기비 패턴을 연소량별로 임의 설정 가능.
② 연소용량 턴다운 기능 : 턴다운비의 10분의 1까지 고정밀도의 유량제어 가능.
③ 자동압력·온도 보정 기능 : 압력 변동, 예열공기 온도변화시 공기비제어를 고속도, 고정 밀도로 보정기능.
④ 솎아냄제어 대응 기능 : 복수 버너의 자동 솎아냄 운전에 대응기능.
⑤ 시스템 및 버너 진단 기능 : 구성기기와 버너 연소상태의 진단기능.

4. 연료차단장치(밸브)(전자 밸브)

보일러에서 점화시 또는 운전 중 불착화, 프리퍼지, 저수위, 압력초과 등의 경우 화염검출기, 댐퍼나 송풍기, 저수위 경보기, 압력차단 스위치 등과 연결되어 응급시 연료를 차단하는 밸브로 바이패스 배관을 하지 못하는 안전장치의 일종이다.

(1) 연료차단밸브의 취급일반

① 연료차단밸브는 설치할 때 엄격한 누설검사를 함과 동시에 정기적인 누설검사를 하고 그 기능을 확인한다.
② 연료차단밸브는 그 작동용 동력원이 끊어진 경우는 즉시 연료를 차단하는 구조이고, 그 작동용 동력원이 끊어져 있는 동안은 수동조작으로 차단된 밸브를 열 수 있는 구조의 것으로 한다.
③ 연료차단밸브에는 바이패스를 설치하여서는 안 된다.
④ 연료 리턴밸브를 설치하는 경우는 그 작동용 동력원이 끊어진 경우는 즉시 밸브가 열리는 구조인 것으로 하고, 그 작동용 동력원이 끊어져 있는 동안은 수동 조작으로 밸브를 닫을 수 없는 구조인 것으로 한다.
⑤ 연료 리턴밸브와 직렬로 밸브 또는 콕크를 설치하여서는 안 된다.

(2) 연료차단기구의 고장

① 전자코일의 절연저하
② 밸브의 작동을 원활치 못하게 하는 코일의 소손
③ 밸브축의 구부러짐이나 절손
④ 연료나 배관 중의 이물질의 혼입
⑤ 밸브시트의 변형이나 손상
⑥ 스프링의 절손이나 장력저하 등

5. 경보장치(가스누설 검지경보장치)

(1) 가스누설 검지경보장치 기능

① 가스의 누설을 검지하여 그 농도를 지시함과 동시에 경보를 울리는 것일 것.
② 미리 설정된 가스농도(폭발하한계의 1/4 이하)에서 자동적으로 경보를 울리는 것일 것.
③ 경보를 울린 후에는 주위의 가스농도가 변화되어도 계속 경보를 울리며, 그 확인 또는 대책을 강구함에 따라 경보정지가 되어야 할 것.

④ 담배연기 등 잡가스에 경보를 울리지 아니하는 것일 것.
⑤ 경보기의 정밀도는 경보농도 설정값에 대하여 가연성가스용에 있어서는 ±25[%] 이하, 독성가스용에 있어서는 ±30[%] 이하로 할 것.
⑥ 검지경보장치의 검지에서 발신까지 걸리는 시간은 경보농도의 1.6배 농도에서 보통 30초 이내일 것. 다만, 검지경보장치의 구조상 또는 이론상 30초가 넘게 걸리는 가스(암모니아, 일산화탄소 또는 이와 유사한 가스)에 있어서는 1분 이내로 한다.
⑦ 전원의 전압 등 변동이 ±10[%] 정도일 때에도 경보정밀도가 저하되지 않을 것.
⑧ 지시계의 눈금은 가연성 가스용은 0~폭발하한계 값, 독성가스는 0~허용농도의 3배 값(암모니아를 실내에서 사용하는 경우에는 150[ppm]을 각각의 눈금의 범위에 명확하게 지시하는 것일 것.
⑨ 경보를 발신한 후에는 원칙적으로 분위기중 가스농도가 변화하여도 계속 경보를 울리고, 그 확인 또는 대책을 강구함에 따라 경보정지가 되어야 할 것.

가스 누설검지경보장치 종류 : 접촉연소방식, 격막갈바니전지방식, 반도체방식

(2) 가스누설 검지경보장치 구조

① 충분한 강도를 가지며, 취급과 정비(특히 엘리먼트의 교체)가 용이할 것.
② 가스에 접촉하는 부분은 내식성의 재료 및 부식방지처리를 한 재료를 사용할 것.
③ 가연성가스(암모니아제외)의 검지경보장치는 방폭성능을 갖는 것일 것.
④ 경보는 램프의 점등 또는 점멸과 동시에 경보를 울리는 것일 것.
⑤ 수신회로가 작동상태에 있는 것을 쉽게 식별할 수 있도록 할 것.

(3) 설치장소

① 제조설비에 있어서 검지 경보장치의 검출부 설치장소 및 개수
　㉠ 건축물 내에 설치되어 있는 압축기, 밸브, 반응설비, 저장 탱크 등 가스가 누설하기 쉬운 고압가스설비 등이 설치되어 있는 장소의 주위에는 누설한 가스가 체류하기 쉬운 곳에 이들 설비군의 바닥면 둘레(10[m])에 대하여 1개 이상의 비율로 계산한 수
　㉡ 건축물 밖에 설치되어 있는 고압가스설비, 벽이나 그 밖의 구조물에 인접하거나 피트 등의 내부에 설치되어 있는 경우, 그 설비군의 바닥면 둘레 20[m]에 대하여 1개 이상 설치할 것.
　㉢ 특수 반응설비로서 그 주위에 누설한 가스가 체류하기 쉬운 장소에는 그 바닥면 둘레 10[m]에 대하여 1개 이상 설치할 것.
　㉣ 가열로 등 발화원이 있는 제조설비의 주위에 가스가 체류하기 쉬운 장소에는 그 바닥면 둘레(20[m])에 대해 1개 이상 설치할 것.
　㉤ 계기실 내부, 독성가스 충전용 접속구 군 주위에 1개 이상 설치할 것.

(4) 가스누설 검지경보장치 구성요소

① 검지부 : 누설된 가스를 검지하여 제어부로 신호를 보내는 기능
② 차단부 : 제어부로부터 보내진 신호에 따라 가스의 유로를 개폐하는 기능
③ 제어부 : 차단부에 자동 차단신호를 보내는 기능, 차단부를 원격 개폐할 수 있는 기능 및 경보기능을 가진 것

(5) 검지부 설치위치

① 검지부는 천정으로부터 검지부 하단까지의 30[cm] 이하로 되도록 설치할 것. 다만, 공기보다 무거운 가스는 바닥면으로부터 검지부 상단까지 30[cm] 이하로 할 것.
② 검지부를 설치해서 안되는 곳.
   ㉠ 출입구의 부근 등으로서 외부의 기류가 통하는 곳.
   ㉡ 환기구 등 공기가 들어오는 곳으로부터 1.5[m] 이내의 곳.
   ㉢ 연소기의 폐가스에 접촉하기 쉬운 곳.

7-2 화재 및 폭발

1. 화재 및 폭발이론

(1) 화재의 정의

화재란 불로 인해 발생되는 재해로서 사람의 의도에는 반하는 현상을 의미 한다. 즉 연소의 연쇄반응에 의해 야기되는 재산 및 인명손상을 일으킨다.

(2) 화재의 종류

① 가스 화재 : LPG, LNG, SNG, 도시가스, 아세틸렌 등 기타의 가스 화재
② 유류 화재 : 원유, 등유, 휘발유 등의 가연성 액체의 화재
③ 가연물 화재 : 목재, 종이, 섬유 등 고체 가연성 물질의 화재
④ 전기 화재 : 전기 기기에 쓰이는 전기 절연물질의 화재
⑤ 금속 화재 : 마그네슘, 알루미늄, 철, 티탄 등의 분말 화재

(3) 소화 방법

1) 산소공급의 차단
공기 중의 산소함량이 10~15[%] 이하이면 연소가 계속되지 않고 소화된다.

2) 가연물 제거
가연물을 연소지역에서 제거 소화시키는 방법.

3) 냉각효과
다량의 물이나 탄산가스를 사용하여 발화점 이하가 되도록 하여 소화시키는 방법.

4) 화재의 분류 및 적응소화기

분류 \ 구분	종 류	소화기표시색	내 용	적용소화기
일반화재	A급	백 색	목재, 종이 등 일반화재	산·알칼리, 포, 주수(물)
유류및가스화재	B급	황 색	유류, 가스, 인화성 물질화재	CO_2, 하론, 분말, 포말
전기화재	C급	청 색	전기합선화재	CO_2
금속화재	D급	무 색	Mg, Al분말화재	마른모래(건조사)

5) 소화약제

① 포말소화제
- 화학포(탄산수소나트륨($NaHCO_3$)와 황산알루미늄[$Al(SO_4)_3$]을 혼합 사용)
- 공기포(계면활성제를 주성분으로 하여 물에 타서 발포)

② 할로겐소화제 : 사염화탄소(CCl_4) 및 일염화 일취화 메탄(하론 1011)

③ 분말소화제 : 탄산수소나트륨($NaHCO_3$), 탄산수소칼륨($KHCO_3$), 인산암모늄($NH_4H_2PO_4$)

(4) 폭 발

급격한 압력의 발생 또는 해방의 결과로서 격렬하거나 또는 음향을 발하며 파열되거나 팽창하는 현상으로서 급격한 연소를 특히 폭발이라 한다.

1) 폭발의 원인
폭발하는데는 먼저 발화(착화)가 일어나야 하며, 발화의 발생 원인은 ① 온도 ② 조성 ③ 압력 ④ 용기의 크기 및 형태의 4가지가 있다.

① 발화지연 : 어느 온도에서 가열하기 시작하여 발화에 이르기까지의 시간을 말한다.
  ㉠ 고온, 고압일수록 발화지연은 짧아진다.
  ㉡ 가연성가스와 산소의 혼합비가 완전 산화에 가까울수록 발화지연은 짧아진다.

② 발화점에 영향을 주는 인자
　㉠ 가연성가스와 공기의 혼합비
　㉡ 발화가 생기는 공간의 형태와 크기
　㉢ 가열 속도와 지속 시간
　㉣ 기벽의 재질과 촉매 효과
　㉤ 점화원의 종류와 에너지 투여법

2) 폭굉(detonation)

폭발 중에서도 특히 격렬한 경우를 폭굉이라 하며, 폭굉이라 함은 가스 중의 음속보다도 화염전파속도가 큰 경우로 이때는 파면선단에 충격파라고 하는 솟구치는 압력파가 발생하여 격렬한 파괴작용을 일으키는 원인이 된다.

폭굉시 현상
① 폭발온도는 연소 때보다 10~20[%] 높다.
② 파면 압력은 연소때보다 약 2배 높다(밀폐공간에서는 7~8배).
③ 폭굉파가 장애물 벽면에 부딪치면 파면 압력 2.5배 상승.
④ 사람이 사망할 수 있는 폭발압력 : 700KPa(7Kg/cm^2)

3) 폭연(Deflagration)

폭발시 발생하는 충격파의 속도에 의해 폭연과 폭굉이 구분된다. 폭연에서의 압력증가는 일반적으로 수기압 정도이나, 폭굉의 경우 압력증가가 일반적으로 그 10배 이상 증가된다. 화염면과 압력파면의 운동이 느려지고 이것이 음속보다 느리게 이동한다.

4) 폭속

폭굉이 전하는 연소속도를 폭속(폭굉속도)이라 하는데 음속보다 빠르며 폭속이 클수록 파괴작용이 격렬해진다.

- 폭굉시 : 1,000~3,500[m/sec](폭굉파)
- 정상연소시 : 0.03~10[m/sec](연소파)

5) 폭굉유도거리(DID)

최초의 완만한 연소가 격렬한 폭굉으로 발전할 때까지 거리를 폭굉 유도거리라 한다.

① 폭굉 유도거리가 짧은 경우
　㉠ 정상 연소속도가 큰 혼합가스일수록 짧다.
　㉡ 관속에 방해물이 있거나 관지름이 작을수록 짧다.
　㉢ 압력이 높을수록 짧다.
　㉣ 점화원의 에너지가 강할수록 짧다.

(5) 안전간격 및 폭발등급, 폭발범위

1) 소염
화염이 전파되지 않고 도중에 꺼져 버리는 현상

2) 안전간격
8[ℓ]의 구형 용기 안에 폭발성 혼합가스를 채우고 점화시켜 발생된 화염이 용기 외부의 폭발성 혼합가스에 전달되는가의 여부를 측정하여 화염을 전달시킬 수 없는 한계의 틈(안전 간격이 작은 가스일수록 위험).

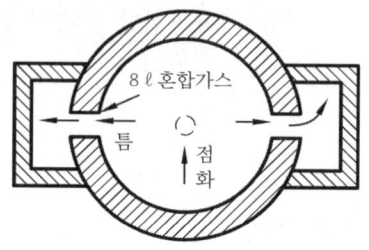

3) 폭발 등급 : 안전간격에 따라서 구분
① 폭발 1등급 : 안전간격이 0.6 [mm] 이상인 가스(CO, CH_4, C_2H_6, NH_3, n-부탄, 벤젠, 가솔린)
② 폭발 2등급 : 안전간격이 0.6~0.4 [mm]인 가스(에틸렌, 석탄가스($CO+H_2+CH_4$))
③ 폭발 3등급 : 안전간격이 0.4 [mm] 이하인 가스(수소, 수성가스($CO+H_2$), 아세틸렌, 이황화탄소(CS_2)) ※ H_2, C_2H_2은 안전간격이 0.1[mm]

4) 폭발범위
가연성가스와 공기 또는 산소의 혼합가스에 점화원을 주었을 때 연소(폭발)가 일어날 수 있는 혼합가스의 농도 범위(부피 [%])를 폭발 범위라 하며, 낮은 쪽의 농도 한계를 폭발하한계, 높은 쪽의 농도 한계를 폭발 상한계라 한다.(폭발 범위 = 폭발 한계 = 연소 범위 = 연소 한계)

〈주요 가연성가스 폭발범위〉

가스종류	폭발범위(공기중)	가스종류	폭발범위(공기중)
C_2H_2	2.5~81%(분해, 화합, 산화폭발)	C_2H_6	3~12.5%
C_2H_4O	3~80%(분해, 중합폭발)	C_2H_4	3.1~32%
H_2	4~75%	C_3H_8	2.1~9.5%
CO	12.5~74%	C_4H_{10}	1.8~8.4%
NH_3	15~28%	HCN	5.6~40.5%(중합폭발)
CH_4	5~15%	CH_3Br	13.5~14.5%
H_2S	4.3~45.5%	CS_2	1.2~44%

5) 위험도

폭발 범위를 하한계로 나눈 값을 말하며, H로 표시한다.

$$H = \frac{U-L}{L}$$

- H : 위험도
- U : 폭발상한치
- L : 폭발하한치

H값(위험도)가 클수록 위험한 가스이다.

6) 르샤트리에(Lechatelier)의 법칙(혼합가스의 폭발 범위 구하는 식)

$$\frac{100}{L} = \frac{V_1}{L_1} + \frac{V_2}{L_2} + \frac{V_3}{L_3} \cdots\cdots$$

- L : 혼합가스의 폭발 한계값
- $L_1, L_2, L_3 \cdots\cdots$: 각 성분의 단독 폭발 한계값
- $V_1, V_2, V_3 \cdots\cdots$: 각 성분의 체적[%]

2. 가스폭발

가스가 공기와 혼합 상태인 기상부분 용적이 크고 또한 밀폐 공간 상태에 있을 때 착화원의 존재에 의해 발생하는 폭발이다. 가스조성(농도)과 발화원 존재시의 2가지 조건이 동시에 만족될 때 발생된다.

(1) 아세틸렌(C_2H_2)의 폭발

① 산화폭발 : $C_2H_2 + 2.5O_2 \rightarrow 2CO_2 + H_2O$(폭발범위 : 2.5 ~ 81%)

② 분해 폭발 : $C_2H_2 \rightarrow 2C + H_2 + 54.2[kcal]$(폭발열)

③ 화합폭발(Cu, Hg, Ag 금속과)
- $C_2H_2 + 2Cu \rightarrow Cu_2C_2$(동아세틸라이드) $+ H_2$
- $C_2H_2 + 2Hg \rightarrow Hg_2C_2$(수은아세틸라이드) $+ H_2$
- $C_2H_2 + 2Ag \rightarrow Ag_2C_2$(은아세틸라이드) $+ H_2$

(2) 산소, 염소, 불소와 반응하여 폭명기 형성(촉매폭발)

① 수소폭명기 : $2H_2 + O_2 \rightarrow 2H_2O$

② 염소폭명기 : $H_2 + Cl_2 \rightarrow 2HCl$

③ 불소폭명기 : $H_2 + F_2 \rightarrow 2HF$

(3) 중합폭발가스 : 시안화수소(HCN)(2%수분존재시), 염화비닐, 산화에틸렌(C_2H_4O)

(4) 폭발의 종류

① 산화 폭발 : 가연성 가스의 연소 폭발
② 화학적 폭발 : 폭발성 혼합가스에 점화시 일어나는 폭발(산화, 유증기 폭발), 화약의 폭발 등
③ 압력의 폭발 : 불량 용기의 폭발, 고압가스 용기의 폭발, 보일러 폭발
④ 분해 폭발 : 가압하에서 단일 가스의 폭발(C_2H_2, C_2H_4O)
⑤ 중합 폭발 : 중합열에 의한 폭발(시안화수소 등)
⑥ 촉매 폭발 : 수소와 염소의 혼합가스에 직사 일광 등에 의한 폭발
⑦ 분진 폭발 : 분말의 폭발(Mg, Al 등)

3. 유증기폭발

(1) 유증기 폭발

폭연을 일으키는 유증기 중 화염전파 속도가 빨라 심각한 압력이 형성되는 경우의 폭발이다. 압력 형성 요소로 난류혼합, 제한물이나 방출물, 폭굉의 3가지가 있다.

1) 유증기 폭발 발생 단계

① 1단계 : 다량의 가연성 유증기의 급격한 방출(과열로 압축된 액체용기가 파열될 때 발생)
② 2단계 : 유증기가 분산되어 공기와 혼합될 때 발생
③ 3단계 : 유증기에 점화시 발생

2) 유증기 폭발 발생 영향 변수

① 유증기 물질의 함유율
② 방출물질의 양
③ 유증기 점화 지연시간
④ 점화되기 전 유증기 이동거리
⑤ 유증기 폭발한계치 이상 존재여부
⑥ 점화원위치 등

3) 유증기폭발 초과압력 형성 조건

① 방출물질이 가연성이고 압력, 온도가 폭발에 적합할 때
② 발화하기 전 충분한 크기의 구름이 형성되어 확산상태일 때
③ 충분한 양의 구름이 연소범위내로 강한 압력초과 형성의 원인일 때

4. 자연발화

(1) 발화온도(발화점 또는 착화점)

가연성가스가 발화하는데 필요한 최저 온도를 말하며, 공기 중에서 가연성 물질을 가열하여 점화원이 없이 스스로 연소할 수 있는 최저 온도라 할 수 있다.

(2) 발화지연 : 어느 온도에서 가열하기 시작하여 발화에 이르기까지의 시간

① 고온, 고압일수록 발화지연은 짧아진다.
② 가연성가스와 산소의 혼합비가 완전 산화에 가까울수록 발화지연은 짧아진다.

(3) 발화점에 영향을 주는 인자

① 가연성가스와 공기의 혼합비
② 발화가 생기는 공간의 형태와 크기
③ 가열 속도와 지속 시간
④ 기벽의 재질과 촉매 효과
⑤ 점화원의 종류와 에너지 투여법

⟨가연성 물질의 착화온도⟩

물 질	착화온도[℃]	물 질	착화온도[℃]
메탄	615~682	건조한 목재	280~300
프로판	460~520	목탄	250~320
부탄	430~510	석탄	330~450
가솔린	210~400	코크스	450~550
아세틸렌	400~440	에틸렌	500~519
수소	580~590	일산화탄소	637~658

※ 탄화수소의 발화점은 탄소수가 많을수록 낮아진다.

(4) 압력의 영향

① 일반적으로 가스 압력이 높아질수록 발화온도는 낮아지고, 폭발 범위는 넓어진다.
② 수소와 공기의 혼합가스는 10[atm] 정도까지는 폭발 범위가 좁아지나 그 이상의 압력에서는 다시 점차 넓어진다.
③ 일산화탄소와 공기의 혼합가스는 압력이 높아질수록 폭발 범위가 좁아진다.
④ 가스의 압력이 대기압 이하로 낮아질 때는 폭발 범위가 좁아지고, 어느 압력 이하에서는 변화하지 않는다.

예상문제

01 가스 보일러에 점화를 하고자 한다. 이 때 지켜야 할 주의사항으로 옳은 것은?

① 점화 전에 암모니아수로 연료배관 계통의 가스 누설 여부를 확인한다.
② 댐퍼를 완전하게 닫고, 연소실 용적 2배 이상의 공기로 사전 환기를 행한다.
③ 점화는 3회로 나누어 착화할 수 있도록 한다.
④ 갑작스런 실화시에는 연료공급을 즉시 차단하고, 그 원인을 조사한다.

[해설]
① 가스누설 : 비눗물
② 댐퍼를 열고 환기
③ 점화는 1회로 점화
④ 실화시에는 연료공급 즉시 차단

02 다음 중 점화불량의 원인이 아닌 것은?

① 공기비의 조정 불량
② 보염기의 위치 불량
③ 수저분출 장치의 누설
④ 공기압력 부족이나 과잉

[해설] 수저분출장치의 누설은 저수위 원인이 된다.

03 사용 중인 보일러의 점화 전 주의사항이다. 잘못 설명된 것은?

① 수면계, 압력계의 기능을 점검한다.
② 수저 분출밸브를 약간 열어 놓는다.
③ 댐퍼를 완전히 열고 노 내를 충분히 환기시킨다.
④ 각 밸브의 개폐 상태를 확인한다.

[해설] 수저 분출밸브를 열어 놓으면 이상감수의 원인이 된다.

04 보일러 점화 시 역화의 원인에 해당되지 않는 것은?

① 프리퍼지가 불충분 하였을 경우
② 착화가 지연 되었을 경우
③ 점화원(점화봉, 점화용 전극)을 사용 하였을 경우
④ 연료의 공급밸브를 필요이상 급개 하였을 경우

[해설] 역화의 원인은 노내에 미연소가스가 있을 때 즉, 노내환기 불충분 시, 가동 중 실화 시, 착화가 늦어진 경우, 공기보다 연료를 먼저 노내에 진입 시 등의 경우에 발생한다.

ANSWER 1.④ 2.③ 3.② 4.③

05 보일러의 점화조작 시 주의사항에 대한 설명으로 틀린 것은?

① 연료가스의 유출속도가 너무 빠르면 실화 등이 일어난다.
② 연소실의 온도가 낮으면 연료의 확산이 양호해서 착화가 잘 된다.
③ 연료의 예열온도가 낮으면 무화불량, 그을음, 분진 등이 발생한다.
④ 점화시간이 늦으면 연소실 내로 연료가 유입되어 역화의 원인이 된다.

해설) 연소실 온도가 높을수록 연소효율이 높아지며 매연 발생이 방지된다.

06 가스보일러의 점화 시 주의사항으로 틀린 것은?

① 가스가 누설되는지 면밀히 점검하여야 한다.
② 가스압력이 적정하고 안정되어 있는지 점검한다.
③ 착화 후 연소가 불안정할 때에는 즉시 가스공급을 중단한다.
④ 착화가 실패한 경우에는 가스공급을 유지한 채 점화용 파이로트버너를 꺼야 안전하다.

해설) 점화는 1회에 이루어질 수 있도록 화력이 큰 불씨를 사용해야 하며, 실패 시는 처음단계부터 재 점화를 시작해야 한다.

07 화염이 발광체임을 이용하여 화염을 검출하는 것으로, 광전관 PbS 셀(cell), CdS 셀 등을 사용하는 것은?

① 플레임 아이   ② 플레임 로드
③ 스택 스위치   ④ 연료차단 밸브

해설)
• 플레임아이 : 발광체이용
• 플레이로드 : 이온화 이용
• 스택스위치 : 발열체 이용

08 보일러의 연소안전장치 중 화염의 방사선을 전기신호로 바꾸어 화염의 유무를 검출하는 장치는?

① 플레임아이   ② 플레임로드
③ 스택스위치   ④ 연료차단밸브

해설) 플레임 아이 : 광학적 성질 이용, 즉 화염의 방사선을 전기신호로 바꾸어 화염의 유무검출

09 자동제어 보일러가 가동 중 실화가 된 경우에도 연료 및 연소용 공기가 멈추지 않고 계속 공급된다면 일차적으로 어떤 부품에 고장이 있다고 생각할 수 있는가?

① 화염검출기   ② 연료분무노즐
③ 통풍장치   ④ 연료예열기

해설) 화염검출기 : 가동 중 실화시 연소실 내로 진입되는 연료를 차단하는 역할을 해야 하나 고장시 감지를 못하므로 연료를 차단하지 못한다.

10 보일러 연소장치 중 보염장치에 해당되지 않는 것은?

① 윈드박스   ② 보염기
③ 버너타일   ④ 플레임 아이

해설) 플레임 아이는 화염 검출기로서 안전장치이다.
∴ 보염장치 : 윈드박스, 보염기, 버너타일, 스테이빌라이져, 콤버스터

ANSWER 5.② 6.④ 7.① 8.① 9.① 10.④

11 보일러 액체연료 연소장치인 버너의 공기 조절장치의 구성요소가 아닌 것은?

① 윈드박스　② 호퍼
③ 버너타일　④ 보염기

해설 호퍼 : 고체연료장치에 사용되는 석탄 투입구

12 가스보일러 연소장치의 점화시 주의사항으로 틀린 것은?

① 가스연소의 점화 순서는 기름 연소와 정반대지만 가스누설시 위험이 크므로 세심한 주의가 필요하다.
② 점화전에 연소실 용적의 약 4배 이상 공기량을 보내어 충분히 환기를 한다.
③ 가스압력이 소정의 압력을 유지하는지 확인한 후에 1회 착화가 이루어지도록 점화버너의 스파크 상태나 카본 부착 상태를 점검한다.
④ 착화실패나 갑작스런 실화 시는 연료공급을 중단하고 환기 후 그 원인을 조사한다.

해설 가스연료의 점화순서는 기름연소와 정반대로 이루어져서는 안된다.

13 가스보일러 점화시 착화를 실패한 경우에는 가스공급을 차단하고 점화용 파이로트버너를 끈 후 연소실과 연도체적의 약 몇 배 이상의 공기로 충분히 환기시켜야 하는가?

① 1배　② 2배
③ 3배　④ 4배

해설 착화를 실패한 경우는 가스를 차단하고 연소실과 연도 체적의 약 4배 이상으로 충분히 환기시켜야 한다.

14 다음 중 보염장치(保炎裝置)가 아닌 것은?

① 에어레지스터　② 버너타일
③ 컴버스터　④ 크레이머

해설 보염장치 : 보염기, 윈드박스, 에어레지스터, 컴버스터, 버너타일

15 맥도널식 고저수위 경보장치는 수위의 감지를 무엇으로 하는가?

① 플로트　② 전극봉
③ 전자석　④ 초음파

해설 맥도널식 고저수위 경보장치는 플로트의 부력을 이용하여 수위를 조절한다.

16 소화기 종류 중 석유와 같은 유류의 화재에 가장 적합한 소화기 형식은?

① A타입 소화기
② B타입 소화기
③ C타입 소화기
④ D타입 소화기

해설 A급 : 일반화재, B급 : 유류 및 가스화재
C급 : 전기화재, D급 : 금속화재

17 보일러실 내의 유류 화재 시 소화설비로 다음 중 가장 적합한 것은?

① 스프링클러 설비
② 분말소화 설비
③ 연결살수 설비
④ 옥내소화전 설비

해설 유류화재시도 포말 소화기, 분말소화기 등을 사용한다.

ANSWER　11.② 12.① 13.④ 14.④ 15.① 16.② 17.②

18 LPG설비로부터 화기를 취급하는 장소까지는 몇 m 이상 우회거리를 두어야 하는가?

① 2m 이상　　② 5m 이상
③ 8m 이상　　④ 10m 이상

해설 LP가스설비와 화기까지의 우회거리는 8m 이상 이격거리를 둔다.

19 소화기 종류 중 석유와 같은 유류의 화재에 가장 적합한 소화기 형식은?

① A급 소화기　　② B급 소화기
③ C급 소화기　　④ D급 소화기

해설 A급 : 보통화재, B급 : 유류, 가스화재
C급 : 전기화재, D급 : 금속화재

20 보일러 취급 시 화재예방 조치로서 가장 적당하지 않은 것은?

① 화기는 정해진 장소에서 취급한다.
② 유류취급 장소에는 방화수를 준비한다.
③ 흡연은 정해진 장소에서만 한다.
④ 기름걸레 등은 정해진 용기에 보관한다.

해설 유류취급 장소에는 방화사를 준비한다.

21 수소의 연소하한계는 4vol%이고, 연소상한계는 75vol%이다. 수소가스의 위험도는 얼마인가?

① 15.75　　② 16.75
③ 17.75　　④ 18.75

해설 가스위험도(H)
$= \dfrac{\text{상한계} - \text{하한계}}{\text{하한계}} = \dfrac{75 - 4}{4} = 17.75$

22 다음 기체 중 연소 시 위험성이 가장 큰 것은?

① 에탄　　② 아세틸렌
③ 수소　　④ 일산화탄소

해설 연소(폭발)범위가 클수록 위험성이 크다.
① 에탄 : 3~12.5%
② 아세틸렌 : 2.5~81%
③ 수소 : 4~75%
④ 일산화탄소 : 12.5~74%

23 공기와 혼합 시 폭발범위가 가장 넓은 것은?

① 메탄　　② 프로판
③ 일산화탄소　　④ 메틸알코올

해설 가스폭발범위(하한치~상한치)
① 메탄 : 5~15%
② 프로판 : 2.1~9.5%
③ 일산화탄소 : 12.5~74%
⑤ 메틸알코올(메탄올, CH_3OH) : 7.3~36%

24 다음 중 프로판가스의 폭발범위(vol%)에 해당하는 것은?

① 4.1~75　　② 12.5~7.5
③ 5.0~15　　④ 2.1~9.5

해설 프로판 폭발범위 : 2.1~9.5%

25 아세틸렌 가스는 산소와 혼합되면 폭발성이 증가되는데 폭발위험이 가장 큰 혼합가스 비율로 맞는 것은?

① 아세틸렌 15%, 산소 85%
② 아세틸렌 40%, 산소 60%
③ 아세틸렌 50%, 산소 50%
④ 아세틸렌 60%, 산소 40%

해설 아세틸렌(C_2H_2) 연소범위는 2.5~81%로 아세틸렌 15%, 산소 85%가 연소범위가 가장 크다.

ANSWER 18.③　19.②　20.②　21.③　22.②　23.③　24.④　25.①

26 다음 중 유류 화재에 가장 부적당한 소화설비는?

① 포화설비
② 옥외소화전설비
③ 분말소화설비
④ 이산화탄소 소화설비

해설) 옥외소화전설비는 A급(일반화재)소화설비이다.

27 보일러 연도에서 가스가 폭발을 일으키는 경우는?

① 미연소가스가 연도에 충만했을 때
② 방폭문 장치가 없을 때
③ 안전밸브가 작동하지 않을 때
④ 통풍이 너무 강할 때

해설) 미연소가스가 연도에 있을 때 가스가 폭발한다.

28 보일러 점화시 역화(逆火)의 원인과 거리가 먼 것은?

① 프리퍼지가 부족하다.
② 연료 중에 물 또는 협잡물이 섞여 있었다.
③ 연도 댐퍼가 열려 있었다.
④ 유입이 과대했다.

해설) 역화방지를 위해서는 연도 댐퍼를 열고 노내를 환기 시킨다.

29 보일러에서 가스폭발이 발생할 수 있는 조건과 무관한 것은?

① 연료가 가스화한 상태로 노 내에 존재한다.
② 가스와 공기의 혼합비가 가연한계 내에 있다.
③ 혼합가스에 인화하는 점화원이 있다.
④ 연소실 내의 압력이 낮다.

해설) 노내에서 가스 폭발원인 : 미연소 가스차 있을 때, 노내환기 불충분시, 노내에 미연소가스가 있는 상태에서 공기와 연료의 혼합비가 가연한계에 있고 점화원이 있을 때

30 다음 중 보일러 연소가스에 의한 폭발이 발생되는 가장 큰 원인은?

① 가스가 불완전 연소할 때
② 물이 지나치게 많은 경우
③ 증기압력이 높을 경우
④ 연소실 내 미연소 가스가 남아 있을 때

해설) 역화(연소가스의 폭발)의 원인 : 연소실내에 미연소가스가 차 있을 때.

31 연소실 내의 미연소 가스에 의해 폭발이나 역화발생 시 그 폭발압을 외부로 배출시켜 보일러 손상이나 안전사고를 방지하기 위한 장치는?

① 안전밸브
② 화염검출기
③ 방폭
④ 가용전

해설) 방폭문 : 연소실내의 미연소가스 폭발시 그 압을 외부로 도피시켜 보일러 파손방지

32 보일러의 가스폭발 방지대책으로 거리가 먼 것은?

① 점화시에는 미리 충분한 프리퍼지를 한다.
② 점화전에 중유를 가열하여 필요 점도로 해둔다.
③ 노내의 여열이나 다른 버너의 화염을 점화원으로 사용하지 않도록 한다.
④ 점화시의 분무량은 당해 버너의 고연소율 상태의 양으로 한다.

 보일러 점화는 당해 버너의 저연소에서 고연소의 단계로 행한다.

33 다음 중 BLEVE(Boiling Liquid Expanding Vapor Explosion) 현상을 가장 올바르게 설명한 것은?

① 물이 점성의 뜨거운 기름 표면 아래서 끓을 때 연소를 동반하지 않고 Overflow 되는 현상
② 물이 연소유(Oil)의 뜨거운 표면에 들어갈 때 발생되는 Overflow되는 현상
③ 탱크 바닥에 물과 기름의 에멀젼이 섞여 있을 때 물의 비등으로 인하여 급격하게 Overflow되는 현상
④ 과열상태의 탱크에서 내부의 액화가스가 분출하여 기화되어 착화되었을 때 폭발하는 현상

 BLEVE 현상 : 과열상태의 탱크에서 내부의 액화가스가 분출하여 기화되어 착화되었을 때 폭발현상

ANSWER 32.④ 33.④

계측 및 에너지 진단

제1장 계측의 원리
제2장 계측계의 구성 및 제어
제3장 유체측정
제4장 열측정
제5장 열에너지진단

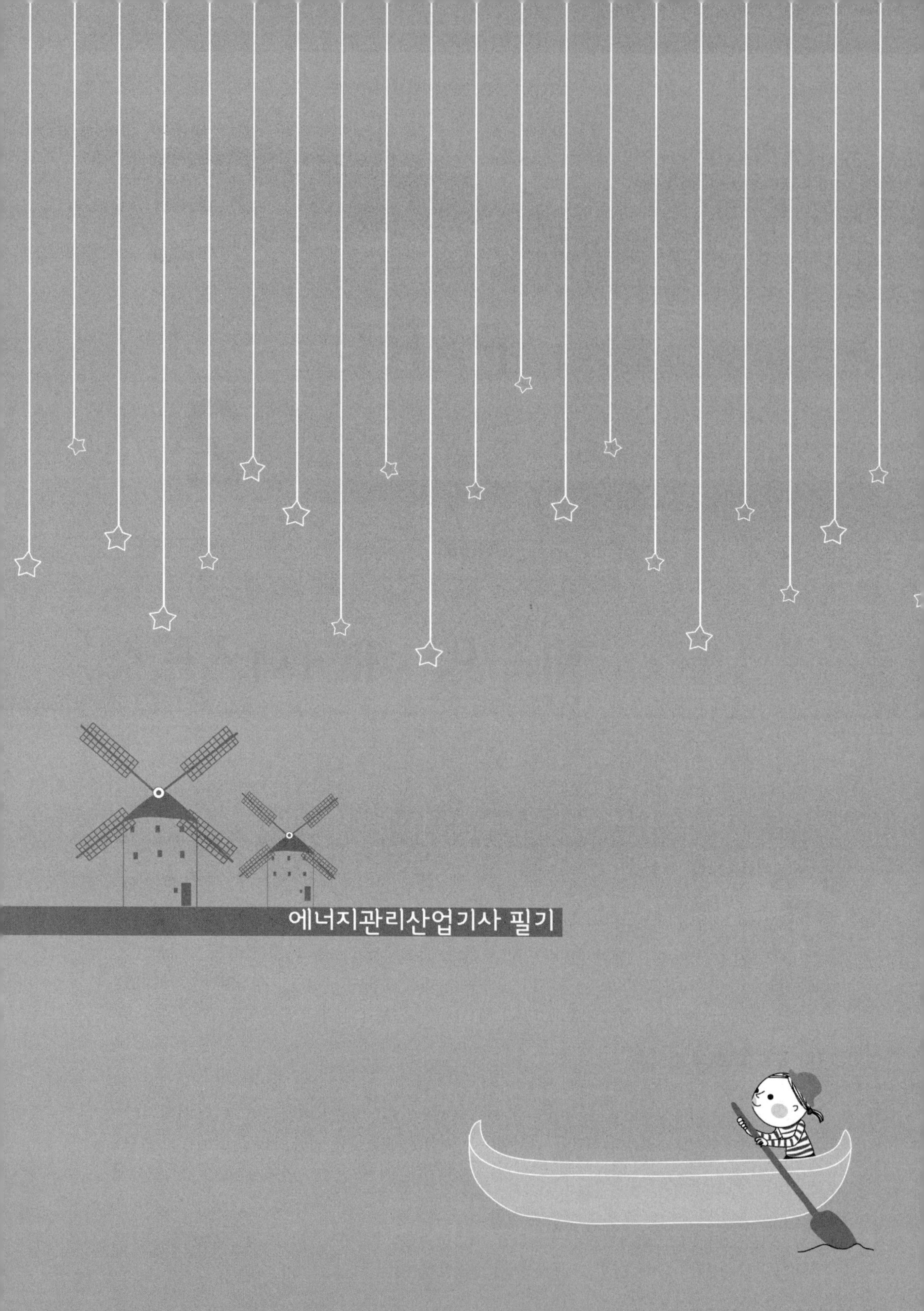

에너지관리산업기사 필기

CHAPTER 01 계측의 원리

1-1 계측기기의 의의

1. 계측과 제어의 목적

열설비 등의 일반적인 프로세스(Process)에 있어서 계측과 제어의 목적은 ① 조업조건의 안정화 ② 고효율화 ③ 안전위생관리 ④ 작업인원절감 등이 있다. 이와 같이 여러 가지 계측 및 제어장치를 갖추는 것을 계장이라고 하고 산업이 발달함에 따라 규모도 커지고 주로 공업용에 많이 이용된다.

2. 계측기기의 특징

열관리용 계측기기로서는 각종 가스분석기, 온도계, 유량계, 액면계, 압력계, 중량측정기, 습도계, 매연농도계, 수질계 및 자동제어장치 등이 있으며 구비조건은 다음과 같다.
① 설치장소의 주위조건에 대하여 내구성이 있을 것.
② 견고하고 신뢰성이 있을 것.
③ 구조가 간단하고 취급이 쉬우며 보수가 용이할 것.
④ 구입이 용이하며 경제적일 것.
⑤ 원격지시나 기록이 연속적으로 가능할 것.

3. 계기의 선택

기본적으로 우선 목적에 따른 계장전반을 생각한 다음 계기의 선택을 할 필요가 있다. 그러므로 개개의 계기는 ① 측정대상 및 사용조건 ② 측정범위 ③ 정도 등을 정밀히 검토하고 측정치의 ④ 원격 전달 지시, 기록, 조절경보 등을 사용목적에 맞도록 경제적으로 선택하여야 한다.

4. 계기의 보전을 위한 사항

① 일상 및 정기점검 : 이상 유무 및 열화정도 확인
② 검사 및 수리 : 변환에 의한 기능 회복을 위한 수리 및 내면적 검사를 행하여 성능 체크
③ 시험 및 교정 : 계기의 신뢰성을 유지하기 위하여 정기적인 성능시험과 교정
④ 보전 요원 교육 : 계기 관리자에 대한 원리 및 취급 방법에 대한 교육
⑤ 예비부품 상비 : 호환성이 큰 예비기기 및 예비부품 상비
⑥ 관리자료 정비 : 각 계기의 이력과 특성을 기록 보존

1-2 단위계

1. 차원(Dimension)

측정할수 있는 양으로 기본차원 길이(L), 시간(T), 질량(M)과 기본차원의 조합으로 유도되는 유도차원(2차 차원)으로 구분한다.

2. 단위, 단위계

단위 : 일반적으로 길이, 압력 등 측정대상으로 되는 양에는 여러 가지가 있으며 그 양의 종류에 의하여 각종 단위가 채용되고 있다.

(1) 기본단위

측정방법을 정해서 기준을 세워 놓은 단위로서 다음 표와 같이 6종이나 이외에 물질량의 단위인 몰(mol)이 추가된다.

기본량	법정계량 기본단위	계량법에 따른 정의
길이	미터(m)	kr_{86}원자에 에너지준위 $2p_{10}$과 $5d_s$와의 사이에 대응하는 스펙트로 선의 진공에서 파장의 1650753.73배와 동일한 길이이다.
질량	킬로그램(kg)	원래 $1dm^3$의 4℃의 순수물의 질량을 1kg으로 한 것이지만 원기가 만들어진 다음 미터법 조약에 따라 교부된 킬로그램 원기로 나타냄
시간	초(sec)	C_{e133}원자의 기저상태에 두 개의 초미세 준위사이의 천이에 대응하는 방사에 9192631770주기의 계속을 시간으로 나타냄.
전류	암페어(A)	진공 중에 1m의 간격으로 평행으로 놓여진 무한히 긴 2개의 직선상의 도체를 통과할 때 그 도체의 길이 1m에 대하여 $2\times 10^{-7}N$의 힘이 작용하는 일정전류의 크기로 나타냄.
온도	켈빈(K)	물의 삼중점의 열역학 온도의 273.16분의 1로 하고 규정에서 정하는 방법에 따라 나타냄.
광도	칸델라(cd)	압력 101.325 뉴톤마다 평방미터 밑에서 백금의 응고점에 흑체 600,000분의 1평방미터 평활한 표면 수직방향의 광도로 하여 나타냄.

(2) 유도단위

기본단위를 기초로 하여 물리학 등의 법칙 또는 정의에 의하여 관계된 조합량으로 부터 유도된 유도단위 즉 조립단위라고도 말하며 44종이 있으나 중요한 것은 다음과 같다.

물질의 상태량	법정 계량 유도단위
면적(넓이)	평방미터(m^2)
체적(부피)	입방미터(m^3)
속도	미터매초(m/s)
가속도	미터 매초 매초(m/s^2)
힘	뉴우톤(N), 중량 킬로그램(kg_f)
압력	뉴우톤 매평방미터(N/m^2), 바(bor) = $105N/m^2$, 중량 킬로그램 매평방센티미터(kg_f/cm^2), 수주미터(mAq), 기압(atm)
일	킬로와트초(kW·s), 쥬율(J), 킬로그램미터(kg·m)
공율	와트(W), 중량킬로그램매초(kgW·m/s)
열량	쥬울(J), 와트초(WS), 중량킬로그램 미터(kg_f·m), 칼로리(cal)
각도	도(°) 라디안(rad)
유량	입방미터 매초(m^3/s), 킬로그램 매초(kg/S)
점도	포와즈(P)
밀도	킬로그램 매 입방미터(kg/m^3)
농도	질량 백분율(wt%), 체적백분율(Vol%), 몰농도(mol), 규정농도(N)
광속	루멘(lm)
조도	룩스(lux)
주파수	사이클 매초(c/s), 싸이클(C)
소음	혼(phon)

(3) 보조단위

기본단위와 유도단위의 사용상 편의를 도모하기 이하여 정수배 또는 정수분하여 나눈 단위로서 현재 37종으로 정해져 있다.

❖ 10의 정수승 또는 정수배를 나타내는 분량 배량 및 접두기호는 다음과 같다.

배량 분량	접두어	기호	배량 분량	접두어	기호
10^{12}	테라	T	10^1	데카	da
10^9	기가	G	10^{-1}	데시	d
10^6	메가	M	10^{-2}	센티	c
10^3	킬로	K	10^{-3}	밀리	m
10^2	헥토	h	10^{-6}	마이크로	μ

(4) 특수단위

기본단위, 유도단위, 보조단위로 계측할 수 없는 특수한 용도에 쓰이는 단위로서 주요한 것은 습도, 비중, 입도, 인장강도, 압축강도, 내화도, 굴절도 등이 있다.

3. SI 기본단위

앞서 말한 바와 같이 기본단위와 유도단위로 구분되며 현재 국제적으로 통일한 것으로 국제단위계(SI : International. system units)라고 한다.

(1) 기본단위가 갖추어야 할 조건

① 가능한한 정확히 실현될 것.
② 일정하게 유지될 것.
③ 실용상 편리한 크기 일것.
④ 가능한한 간단한 형태로 유도 될것.

(2) 미터 단위계

역학량의 기본단위로서 길이를 (cm), (m), (km) 등, 질량을 (g)(kg) 등, 시간을 (s), (min), (h) 등을 사용하는 단위계로서 우리나라를 비롯한 여러 나라가 사용하는 국제단위이다.

① C. G. S 단위 : cm, g, s 단위계를 채용하고 있다.
② M, K, S 단위 : m, kg, s 단위계를 채용하고 있는 단위계로서 우리나라 계량법에서 이 단위계를 채택하고 있다.

③ M. T. S 단위 : m, Ton, s 단위계를 채용하고 있는 단위계로서 프랑스의 법정 단위계로 사용되고 있다.

(3) 야드 단위계

길이를(ft), (yd) 등 질량을(Ib), 시간을(s), (min), (h) 등을 사용하는 단위계로 F.P.S. 또는 Y.P.S 등이 있으며 영국, 미국 등 서구에서 옛 부터 많이 이용되어 온 단위계이다.

(4) 중력 단위계

M.K.S 단위계에서는 질량 1kg에 $1m/s^2$의 가속도를 생기게 하는 힘을 1N이라 정하고 있으며 표준인 중력 가속도로서는 g : $9.80665m/s^2$라고 정의되어 있으므로 $1kg_f$ = 9.80665N = $9.80665kg \cdot m/s^2$의 관계가 있다. 이와 같이 무게를 기준으로 한 단위로 힘(F), 길이(L), 시간(T)을 기준으로 한 단위계이다.

> ❖ **법정계량 단위의 우수점**
> ① 계량단위가 미터 조약에 의하여 각국에 교부된 원기라는 극히 안정되고 보편적인 원기에 의해 실제로 량이 표시되어 있어 언제나 어느 곳이든가 확고한 기준이 세워지고 있다.
> ② 대부분의 계량단위가 10진법으로 되어 있어 사용하기 편리하고 외우기 쉽다.
> ③ 각 계량 단위의 관련이 명확하고 새로운 분야의 계량단위를 서로 정할 때도 사용하고 있는 계량 단위에서 간단히 유도단위를 만들어 낼 수 있다.
> ④ 특히 국제적으로 널리 보급되어 있고 학술연구를 미터법 계량단위에 의해서만 연구되고 있다.

1-3 측정의 종류와 방식 및 특성

측정함에 있어서 측정량의 크기 또는 물리적 상태 등을 지시 기록하는 기구를 계기라 하며 측정을 행하는 기구 장치 등을 계측기라고 할 수 있으며 측정량을 알려면 이 계측기를 이용하여 시각, 촉각, 청각 등에 의하여 감지된다. 이 때 계량법으로서는 다음과 같다.

1. 직접측정

계측량을 동일 종류의 기준량과 비교하여 측정량을 결정하는 방법으로 대상물이 정적일 때 이용한다.

① 자로 물체의 길이를 비교 측정하는 경우
② 속도계로 속도를 비교 측정하는 경우
③ 물체의 질량을 천평과 분동을 사용하여 비교측정하는 경우
④ 압력을 분동식 표준 압력계로 비교측정하는 경우

2. 간접측정

계측량과 일정한 관계가 있는 얼마간의양에 대하여 측정을 행하고 그것으로부터 수치를 도출하는 방식으로 대상물이 동적이거나 원격일 때 이용한다.

① 속도를 측정하는 경우 시간과 거리를 측정하여 산출하는 경우
② 체적을 측정하는 경우 직경과 길이를 측정하여 산출하는 경우
③ 중량을 측정하는 경우 용수철의 변형량을 산출하는 경우
④ 고온도를 측정하는 경우 열전대에 흐르는 전류를 환산하여 결정하는 경우
⑤ 부력에 의하여 밀도나 비중을 측정하는 경우

3. 절대측정

조합량의 측정을 기본량만의 측정으로부터 산출하는 방식이다. 이 경우를 예를 들면 압력을 측정하는 경우에 수은 압력계를 사용하여 수은주의 높이, 직경, 질량 등의 측정치로부터 압력의 측정치를 결정하는 경우가 있다.

4. 편위법

측정량을 그것에 비례한 지시의 변화량으로 치환하여 그 변화량으로부터 측정량을 아는 방법

① 다이얼게이지나 전류계 등으로서 지침의 흔들린 량으로 부터 측정량을 아는 방법
② 용수철의 변형을 이용하여 물체의 무게를 아는 방법
③ 압력을 브르돈관의 변형 상태를 이용하여 아는 방법

5. 영위법

독립적으로 조정할 수 있는 기준량과 측정량의 균형을 맞추어 그 때의 기준량 값으로 측정량을 아는 방법

① 마이크로 미터와 같이 표준나사의 회전에 의하여 깊이를 측정하는 경우
② 천평으로 질량을 측정하는 경우

❖ 영위법에 의한 측정은 기준량과 측정량을 균형을 맞추어 측정하기 때문에 마찰, 열팽창, 전압 변동 등에 의한 오차가 적게 되므로 정밀측정에 적합하다.

6. 치환법

처음에는 측정물과 치환량을 평형시킨 다음 측정물 대신 정확한 표준량을 바꾸어 치환량으로부터 측정값을 구하는 방법(천평으로 사용하여 측정할 때 처음에 측정량과 분동을 맞추고 다음에 측정량 대신 정확한 분동을 대치하여 치환 분동의 크기로부터 측정량을 아는 방법)

7. 보상법

측정량으로부터 거의 동등한 기준량을 받아 그 차를 측정하여 측정하는 방법이다.

1-4 측정의 오차

어떠한 측정기를 써서 측정하여도 절대로 올바른 참값을 얻는다는 것은 불가능하다. 즉 측정값은 항상 근사적인 값이며 참값은 아니다.

오차 = 측정치 − 진실치

오차율 = $\dfrac{오차}{참값}$ 또는 오차 백분율 = $\dfrac{오차}{참값} \times 100$

(1) 과오에 의한 오차(틀림 : mistake)

측정자가 눈금을 잘못 읽음과 기록의 잘못 등에 의하여 생기는 오차.

(2) 계통적 오차(syetematic error)

어떤 정해진 원인에 의하여 규칙적으로 생기는 오차로서 쏠림(치우침)의 원인이 되는 오차.

① 원인
　㉠ 측정기 자체의 오차(기차) → 고유 오차
　㉡ 측정자의 습관 등에 의한 오차 → 개인 오차
　㉢ 온도나 습도 등 환경조건에 의한 팽창 등으로 인한 오차 → 이론 오차
② 특징
　㉠ 조건 변화에 따라 규칙적으로 생긴다.
　㉡ 원인을 알 수 있는 오차이므로 오차를 제거할 수도 보장할 수도 있다.
　㉢ 측정치의 평균값으로부터 참값을 뺀 값으로 반드시 치우침의 오차가 생긴다.
③ 제거방법
　㉠ 환경조건 등에 의한 규칙적으로 생기는 오차이므로 온도 및 습도는 항온 항습실에서 측정한다.
　㉡ 제작이나 수리시 생긴 기차일 경우 보정해 준다.

(3) 우연오차

계통적 오차를 제거해도 역시 예측할 수 없는 우연적인 원인에 의하여 생기는 오차로서 그림과 같이 계측기기의 사소한 진동이나 기온 기압의 사소한 변동 등 몇 개의 원인이 겹쳐서 생기는 오차로 산포(흐트러짐)을 생기게 하는 원인이 된다.

① 원인
　㉠ 측정기 자신의 산포
　㉡ 측정자의 관측 오차 및 시차 등의 산포
　㉢ 온도, 진동, 습도 등 조건 변동에 의한 산포
② 특징
　㉠ 원인을 알 수 없다.
　㉡ 원인을 제거할 방법도 없다.

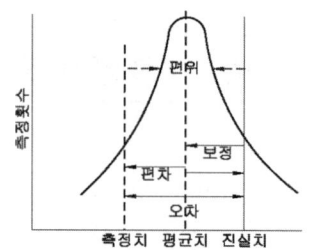

(4) 계기오차(기차)(Instrument error)

계측기의 눈금의 부동 마찰력의 변화 나사피치의 부동 등의 고유오차와 외부적인 요인으로 오는 히스테리시스차, 설치 부적당으로 오는 시차 등을 계량기의 오차인 기차로 볼 수 있다.

1. 측정의 정도

(1) 정확도

진정한 값에서 편차가 적은 정도 즉 회수를 많이하여 측정시 측정값을 평균해 보아도

참값과 일치하지 않는다. 이 평균값과 참값의 차를 치우침(쏠림 : bias)이라 하고 이것이 작은 정도를 말한다.

❖ 편위 = 참값 – 평균값 즉 치우침을 말한다.

(2) 정밀도

측정치의 불균등이 적은 정도 즉 같은 계기로 같은 량을 몇 번이고 반복하여 측정하면 측정값이 흩어진다. 이 흩어짐(산포 : dispression)이 작은 정도를 말한다.

(3) 감도

측정량의 변화에 대한 지시량의 변화 비율을 말한다. 즉 계기의 민감성을 말할 때 감도라고 하는 말을 사용한다.

(4) 정도

정확도와 정밀도를 포함한 것. 즉, 측정결과에 대한 신뢰도를 수량적으로 나타내는 척도를 말한다.

❖ 정확도와 정밀도는 명확히 구분된다. 즉 정확한 측정이 반드시 정밀한 측정이라고 말할 수 없다.

2. 보정값

참값에 가까운 값을 구하기 위하여 측정치 또는 계산치에 어떠한 값을 가하는 값 즉 보정값 = 참값– 측정값, 참값 = 측정값+보정값

3. 공차

측정에 있어서 기준으로 잡은 값과 거기에 대한 허용되는 범위와의 차 즉, 법령 등에 의해 정해져 있는 허용차를 공차라고 말하며 종류로는 검정공차와 허용공차가 있다.

(1) 검정공차

계량기의 제조수리, 수입된 계량기 등에 최대 한도로 허용될 수 있는 기차의 범위를 말하며 이는 검정 기준의 여건이며 사용공차에도 기준이 된다.

❖ ① 강제규정 : 정기검사, 수시검사, 검정제도, 비교교정검사 등
② 검정계량기
  ㉮ 길이계 : 줄자, 접음자, 회전자
  ㉯ 저울 : 수동저울(수동 맞저울, 대저울, 접시수동저울)
         지시저울(스프링식 지시저울)
         자동저울(매달림 자동저울)
         분동저울
  ㉰ 지시온도계 : 수은 온도계계통, 바이메탈지시온도계
  ㉱ 부피계 : 적산식(가스미터, 수도미터, 오일미터)
  ㉲ 탱크로리, 혈압계 및 체온계

(2) 허용공차(사용공차)

계량기 사용시 허용되는 오차의 최대한도를 말하며 공차의 값은 검정공차를 기준으로 하여 같거나 1.5배 또는 2배의 값으로 한다(단, 전기계기는 별도로 한다).

① 검정 공차와 같은 것.
  메스후라스크, 피펫, 메스실린더, 혈청계, 밀도계, 농도계, 입도계, 비중계, 열량계, 혈압계 등
② 검정 공차의 1.5배인 것.
  길이계, 수동저울, 반지시저울, 분동 및 추를 이용한 질량계, 에나멜되, 오일계량기미터, 계량통식 가솔린미터 등
③ 검정공차의 2배인 것.
  지시저울, 자동저울, 대저울, 온도계, 면적계, 가스미터, 수도미터, 오일미터, 지시압력계, 습도계 등

❖ 계량법에서 상거래 또는 증명행위에 쓰이는 측정기를 계량기라 부르며 공정을 기하기 위하여 검정공차를 규정하고 있다.

예상문제

01 다음 중 국제단위계의 접두어를 옳게 나타낸 것은?

① 10^1 = 데시(d)
② 10^{15} = 테라(T)
③ 10^{21} = 엑사(E)
④ 10^{24} = 요타(Y)

- 10^1 = 데카(da)
- 10^{15} = 페타(T)
- 10^{12} = 테라(P)
- 10^{18} = 엑사(E)
- 10^{24} = 요타(Y)

02 열유체의 물성을 표시하는 무차원적인 Prandtl수는? (단, ρ는 유체의 밀도, c는 유체의 비열, μ는 점성계수, λ는 열전도율이다.)

① $\dfrac{\mu\lambda}{c}$ ② $\dfrac{c\lambda}{\rho}$

③ $\dfrac{c\rho}{\lambda}$ ④ $\dfrac{c\mu}{\lambda}$

무차원 프란틀수 : $\dfrac{c\mu}{\lambda}$
① 물리적 의미 : $\dfrac{열확산}{열전도}$
② 중요성 : 열대류

03 층류와 난류의 유동상태 판단의 척도가 되는 무차원수는?

① 마하수
② 프란틀수
③ 넛셀수
④ 레이놀즈수

레이놀즈수(Re)
① 2100 이하(층류)
② 4000 정도(난류)

ANSWER 1.④ 2.④ 3.④

CHAPTER 02 계측계의 구성 및 제어

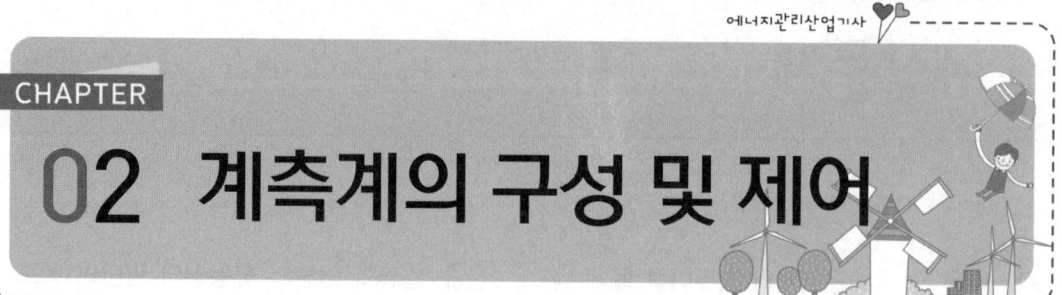

2-1 계측계의 구성

1. 계측계의 구성요소

(1) 자동제어(automatic control)

제어란 일반적으로 어떤 대상물을 어떠한 목적에 적합하도록 조절하거나 조작하는 것을 말하며 이런 조절이나 조작이 행하여질 때를 제어라 한다.

 **자동제어의 목적**
① 일정한 온도나 압력의 증기를 얻기 위함이다.
② 경제적이고, 고효율적인 증기의 생산
③ 보일러의 안전운전
④ 인건비의 절감

(2) 자동제어방식에 의한 분류

① 피드백 제어(feed-back control system) : 자동제어방식의 기본적인 것으로 신호에 의하여 주어진 목표값과 조작한 결과인 제어량이 원인이 되어 제어동작을 되돌려 진행하는 것으로 출력측의 신호를 입력측으로 돌려보내는 조작으로 폐회로를 구성한다.(보일러의 기본제어이다.)

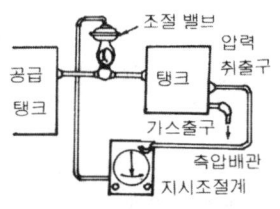
〈제어계의 구조〉

② **시퀀스 제어**(sequence control system) : 피드백 제어에 의하지 않고 정해진 순서에 따라 제어단계를 순차적으로 진행하는 방식

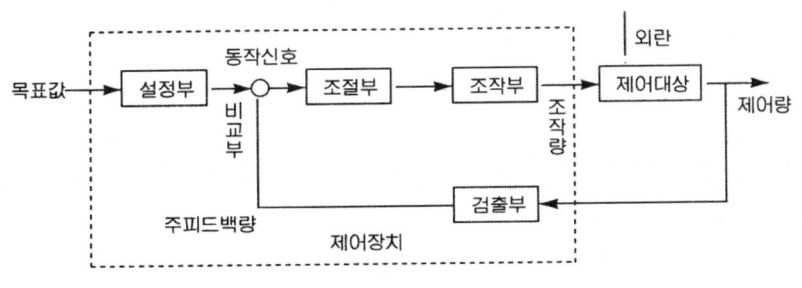

〈피드백 제어장치 회로〉

(3) 제어요소

① **제어량** : 제어대상에 대한 전체량 가운데 제어코자하는 목적의 량
② **제어대상** : 제어를 행하려는 대상물
③ **목표값** : 제어의 출력이 소정의 값을 만족하도록 목표를 세운 외부에서 주어진 값
④ **검출부** : 제어대상으로부터 압력이나 온도, 유량 등의 제어량을 검출하여 신호로 만드는 역할을 하는 부분
⑤ **조절부** : 동작신호를 받아 규정된 동작을 하기 위해 조작신호를 만들어 조작부로 보내는 부분
⑥ **조작부** : 실제의 제어대상에 그 역할을 하는 부분으로 조작신호를 받아서 조작량으로 변환한다.
⑦ **외란** : 제어계를 혼란시키는 외적작용으로 가스유량, 탱크 주위온도, 가스공급압, 공급온도 및 목표값 변경 등의 변화를 말한다.
⑧ **기준입력** : 목표값과 피드백 신호를 비교하기 위하여 주피드백 신호와 같은 종류의 신호로 목표값을 변화시켜 제어계의 폐쇄 루프에 입력하는 입력신호를 말한다.
⑨ **동작신호** : 주피드백량과 기준입력을 비교하여 얻어 들여진 편차량신호를 말하는 것으로 조절부의 입력이 되는 것이다.
⑩ **주피드백량** : 제어량을 목표값과 비교하기 위한 피드백 신호를 말한다.
⑪ **제어편차** : 목표값에서 제어량의 값을 뺀 값

❖ **자동제어계의 동작순서** : 검출 → 비교 → 판단 → 조작

(4) 자동제어 특성과 응답

① **정특성과 동특성** : 밀도나 강도 등의 시간에 관계없이 정적의 특성을 부여하고 일반적으로 안정성과 적응성이 좋으며 자동제어에서 응답을 나타낼 때 목표값의

앞과 뒤의 진동으로 시간지연이 필요로 하는 시간동작을 하는데 이는 동적특성이라 한다.

② 응답 : 입력과 출력은 결과 현상이며 자동제어에서 어떤 요소에 대한 출력의 결과를 입력에 대해 응답이라 한다.
  ㉠ 정상응답 : 자동제어계가 완전히 정상상태를 유지하고 있을 때의 자동제어계의 응답
  ㉡ 과도응답 : 목표의 기준값이 평형상태가 무너지고 시간이 지나 새로운 평형상태가 유지될 때의 응답
  ㉢ 주파수응답 : 정상응답을 주파수함수로 표시한 응답
  ㉣ 인디셜 응답(스텝 응답) : 입력과 출력이 평형상태에 있을 때 입력을 다소 변화시켜 새로운 평형상태로 변화할 때 출력의 시간적 결과를 말한다.

2-2 측정의 제어회로 및 장치

1. 자동제어의 종류 및 특징

(1) 제어방법에 종류 및 특징

① 정치제어 : 목표값이 변화없이 일정한 값을 갖는 제어
② 추치제어 : 목표값이 변화되는 것으로 목표값을 측정하면서 제어 목표량을 목표값에 맞추는 제어방식
  ㉠ 추종제어 : 목표값이 시간에 따라 임의로 변화되는 값으로 부여한 제어이다.
  ㉡ 비율제어 : 2개 이상의 제어값의 값이 정해진 비율을 보유하여 제어한다.
  ㉢ 프로그램 제어 : 목표값이 시간에 따라 미리 결정된 일정한 제어
  ㉣ 캐스케이드 제어 : 1차 제어장치가 제어명령을 발하고 2차 제어장치가 이 명령을 바탕으로 제어량을 조절하는 측정제어를 말한다.

(2) 정작동과 역작동

① 정작동 : 조절계의 출력이 제어량의 목표값보다 커짐에 따라 커지는 방향으로 움직이는 동작을 말한다.
② 역작동 : 조절계의 출력이 제어량의 목표값보다 커짐에 따라 감소되는 방향으로 움직이는 동작을 말한다.

(3) 신호전달(신호전송)방식의 종류 및 특징

① 공기압
  ㉠ 사용조작압력은 0.2~1[kg/cm^2]이다.
  ㉡ 신호전달거리가 100~150[m] 정도이다.
  ㉢ 온도제어 등에 적합하고 위험이 적다.
  ㉣ 배관이 용이하고 보존이 쉽다.
  ㉤ 내열성이 우수하나 압축성이므로 신호전달에 지연이 있다.
  ㉥ 희망특성을 살리기 어렵다.

② 유압식
  ㉠ 사용유압은 0.2~1[kg/cm^2]이다.
  ㉡ 신호전달거리가 300[m] 정도이다.
  ㉢ 높은 유압이 필요하다.
  ㉣ 인화 위험성이 많다.

③ 전기식
  ㉠ 사용전류는 4~30[mA] 또는 10~50[mA](DC)의 전류를 통일신호로 한다.
  ㉡ 신호전달거리는 0.3~10[km]까지 가능하다.
  ㉢ 신호전달의 지연이 없고 배선이 용이하다.
  ㉣ 대규모 조작력이 필요한 경우에 사용된다.
  ㉤ 높은 기술을 요하며 가격이 비싸다.

〈전달방식에 의한 각 특징 비교〉

전달방식	장 점	단 점
공기식	① 배관이 용이 ② 위험성이 없다. ③ 보존이 비교적 용이	① 신호의 전달 지연이 있다. ② 조작 지연이 있다. ③ 희망특성을 살리기 어렵다.
유압식	① 조작속도가 크다. ② 조작력이 강대 ③ 희망특성의 것을 만드는 것이 용이	① 기름이 넘치면 더럽다. ② 인화의 위험이 있다. ③ 수기압정도의 유압원이 필요
전기식	① 배선의 용이 ② 신호의 전달지연이 없다. ③ 신호의 복잡한 취급이 용이	① 조작속도가 빠른 비례조작부를 만드는 것이 곤란하다. ② 보존에 기술이 요한다.

2. 제어동작의 특성 / 계측의 변환

(1) 불연속동작

① 2위치 동작 : 편차입력에 따라 두 개의 조작량의 값을 선택하는 동작으로 입력이 증가할 때마다 감소할 때 전환점에서 간극을 가진 on-off 동작이다.

② 다위치동작 : 조작위치가 3개 이상으로 제어량의 변화를 크기에 맞게 위치를 설정하는 방식

③ 불연속 속도동작 : 제어량이 목표값에 따라 출력이 비례하여 증가하는 정작동과 그와 반비례하는(출력이 저하) 역작동으로 조작위치를 편차의 양에 의해 설정하는 동작

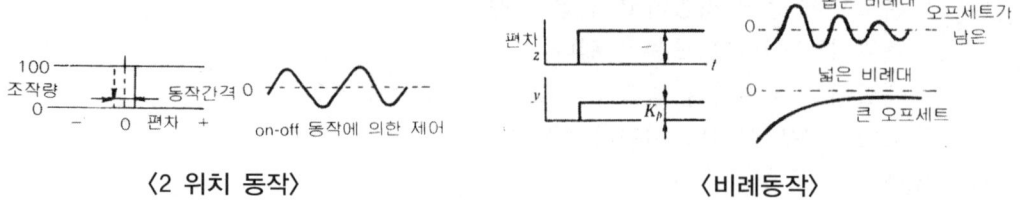

〈2 위치 동작〉　　　　　　　　　　〈비례동작〉

(2) 연속동작

① 비례동작(P 동작) : 편차량이 검출되면 그것에 비례하여 조작량을 가감하도록 하는 것으로 비례동작의 제어량은 설정값과 또 다른 값에 상응하도록 한다. 비례동작을 작게 하면 할수록 동작은 강하게 된다. 잔류편차가 남는 동작이다.

$$y = K_P \cdot Z$$

- y : 조작량
- K_P : 비례정수
- Z : 동작신호(편차)

② 적분동작(I 동작) : 출력편차의 시간적분에 비례하여 이동작은 편차가 남은 것을 적분하여 수정함으로서 잔류편차가 남는 일은 없으나 제어의 안정성은 떨어진다.

$$y = K_I \int Z dt$$

- K_I : 비례정수

③ 미분동작(D 동작) : 출력편차의 시간변화에 비례하며 제어편차가 검출될 때 편차가 변화하는 속도에 비례하여 조작량을 증가하도록 작용하는 동작으로 단독으로 사용되지 않는다.

$$y = K_D \frac{dz}{dt}$$

- K_D : 비례정수

(3) 복합동작

P.I.D 의 동작 중 2개 이상으로 조합된 동작으로 특성에 따라 제어의 상태가 양호해져 실제적으로 쓰이게 된다.

① 비례적분동작(PI 동작) : 단위입력이 설정될 때 비례동작에 의한 출력변화가 적분동작만으로 발생된 출력변화와 같게 될 때까지의 적분시간이 작게 되면 적분동작이 강하게 된다. 주로 프로세스에 사용되며 잔류편차가 남지 않는다.

$$y = K_P(Z + \frac{1}{T_1}\int Zdt), \ T_1 = \frac{K_P}{K_1} = 적분시간, \ \frac{1}{T_1} = 리셋율$$

② 비례미분동작(PD 동작) : 미분시간이 크면 클수록 미분동작이 강하며 실제의 기기에서의 다소 변형을 가한 미분동작으로 비례동작과 합친 동작이다.

$$y = K_P\left(Z + T_D \frac{dz}{dt}\right)(T_D = \frac{K_P}{T_D} = 미분시간)$$

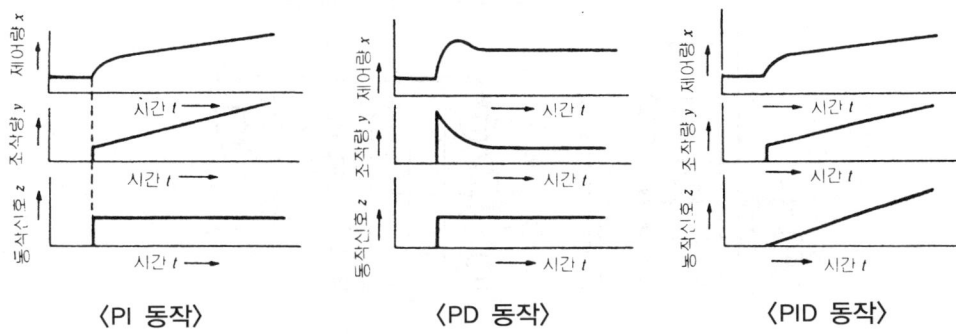

〈PI 동작〉　　〈PD 동작〉　　〈PID 동작〉

③ 비례적분미분동작(PID 동작) : 비례동작을 적분동작으로 잔류편차(off set)를 제거하고 미분동작으로 응답을 신속히 안정화한다.

$$y = K_P(Z + \frac{1}{T_1}\int Zdt + T_D \frac{dz}{dt})$$

3. 보일러의 자동제어(ABC : Automatic Boiler Control)

(1) 자동연소제어(ACC : Automatic Combustion Control)

증기의 압력 및 온수의 온도가 일정한 값이 되도록 연소의 양을 자동으로 제어하는 방식

① 증기압력제어
② 온수온도제어
③ 노내압제어

(2) 급수제어(FWC : Feed Water Control)

급수의 양을 자동으로 보충하여 조절하는 제어장치

① 단요소식(수위만 검출)
② 2요소식(수위와 증기량 검출)
③ 3요소식(수위·증기량·급수량 검출)

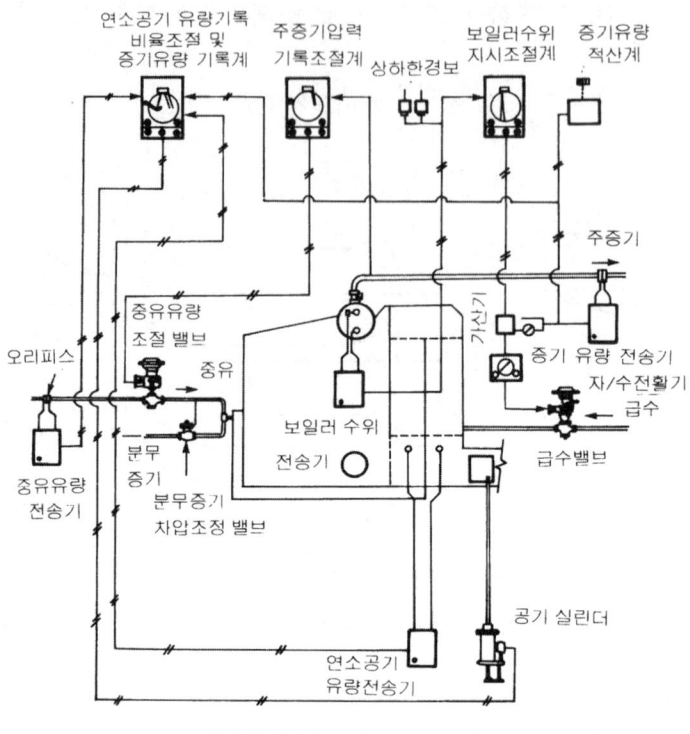

〈보일러 제어장치의 구조〉

(3) 증기온도제어(STC : Steam Temperature Control)

과열 증기온도를 일정온도로 자동 조절하게 하기 위한 장치

(4) 로칼 제어(LC : Local Control)

부속장치 및 설비를 자동으로 조작가능하게 제어하는 장치

〈제어량과 조절량의 관계〉

종류	제어량	조작량
증기온도제어(S.T.C)	증기온도	전열량
급수제어(F.W.C)	보일러수위	급수량
연소제어(A.C.C)	증기압력	연료량·공기량
	노내압력	연소 가스량

4. 인터록 제어

보일러 운전 중 어떠한 한 가지라도 이상 현상이 발생되면 다음 동작을 하지 못하게 보일러를 자동 정지시키는 자동제어 방식

① **저수위인터록** : 수위가 이상 저수위시 전자밸브를 닫아 연소를 정지하는 인터록
② **압력초과인터록** : 증기압이 소정압력 초과시 전자밸브를 닫아 연소 정지하는 인터록
③ **저연소인터록** : 유량조절밸브가 저연소 상태가 되지 않으면 전자밸브를 열지않아 점화저지하는 인터록
④ **불착화인터록** : 연소중 화염이 소멸시 전자밸브를 닫아 버너에 연료분사 정지하는 인터록
⑤ **프리퍼지인터록** : 보일러 점화전 송풍기가 작동되지 않으면 전자밸브가 열리지 않아 점화저지하는 인터록

예상문제

01 계측기기의 구비조건으로 틀린 것은?
① 연속 측정이 가능하여야 한다.
② 센서는 기계적이어야 하며 열전도가 좋아야 한다.
③ 정도가 좋고 구조가 간단하여야 한다.
④ 설치장소의 주위 조건에 대하여 내구성이 있어야 한다.

해설 센서는 전기의 전도성을 이용한 것이다.

02 계측기가 구비해야 할 조건으로 틀린 것은?
① 주위조건 등에 대하여 내구성을 가질 것
② 견고하고 신뢰성이 높으며 취급이 간단할 것
③ 정도(精到)가 낮고 가변성(可變性)이 높을 것
④ 원거리 지시 및 기록과 연속측정이 가능할 것

해설 정도가 높을 것. 즉, 정도가 좋아야 한다.

03 계측기의 구비조건 설명으로 틀린 것은?
① 취급과 보수가 용이해야 한다.
② 설치되는 장소의 주위 조건에 대하여 내구성이 있어야 한다.
③ 견고하고 신뢰성이 높아야 한다.
④ 구조가 복잡하고, 전문가가 아니면 취급할 수 없어야 한다.

해설 계측기는 구조가 간단하고 누구나 손쉽게 취급이 가능하여야 한다.

04 계측기의 구비조건이 아닌 것은?
① 견고하고 신뢰성이 높아야 한다.
② 경제적이어야 한다.
③ 취급과 보수가 용이해야 한다.
④ 근거리지시와 기록이 단속적이어야 한다.

해설 계측기는 연속적으로 기록이 되어야 한다.

05 피드백 자동제어계에서 제어장치의 주요 구성부가 아닌 것은?
① 감응부 ② 검출부
③ 조절부 ④ 조작부

해설 주요구성부 : 비교부, 조절부, 조작부, 검출부

ANSWER 1.② 2.③ 3.④ 4.④ 5.①

06 자동피드백 제어의 회로 구성에서 조절부에 해당 되는 것은?

① 제어 편차량을 산출하는 부분
② 제어를 하기 위해 제어대상에 가해지는 부분
③ 압력이나 온도, 유량 등의 제어량을 측정하는 부분
④ 제어동작의 신호를 만들어서 조작부로 보내는 부분

해설 조절부 : 제어동작의 신호를 만들어서 조작부로 보내는 부분

07 보일러 자동제어의 일반적인 동작순서로 가장 적합한 것은?

① 검출 → 비교 → 판단 → 조작
② 판단 → 비교 → 검출 → 조작
③ 검출 → 판단 → 비교 → 조작
④ 비교 → 검출 → 판단 → 조작

해설 동작순서 : 검출 → 비교 → 판단 → 조작

08 자동제어의 종류에서 출력측 데이터를 되돌려 보내서 입력측 데이터와 비교하여 제어하는 방식은?

① 시퀀스 제어
② 서보 제어
③ 피드백 제어
④ 수동 제어

해설 출력측의 데이터를 입력측으로 되돌려 보내 비교 측정하는 제어방식을 피드백 제어라 한다.

9 다음 [그림]은 피드백 제어의 기본 회로이다. ( )안에 적당한 것은?

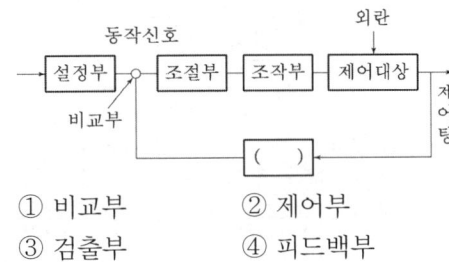

① 비교부   ② 제어부
③ 검출부   ④ 피드백부

10 자동제어에 대한 설명으로 틀린 것은?

① 블록선도(Block Diagram)란 자동제어계의 각 요소의 명칭이나 특성을 각 블록 내에 기입하고, 신호의 흐름을 표시한 계통도이다.
② 제어량은 출력이라고도 하며, 제어하고자 하는 양으로서 목표치와 같은 종류의 양이다.
③ 비교부란 검출한 제어량과 조작량을 비교하는 부분으로 그 오차를 제어편차라 한다.
④ 외란이란 제어계의 상태를 혼란케 하는 외적 작용이다.

해설 비교부 : 검출부에서 검출한 제어량과 목표치를 비교한 그 오차가 제어편차이다.

ANSWER 6.④ 7.① 8.③ 9.③ 10.③

11 다음의 블록 선도에서 피드백제어의 전달함수를 구하면?

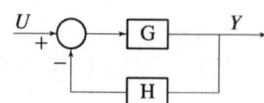

① $F = \dfrac{G}{1-H}$ ② $F = \dfrac{G}{1+H}$

③ $F = \dfrac{G}{1-GH}$ ④ $F = \dfrac{G}{1+GH}$

> 전달함수(F) = (U−YH)G = Y
> UG = Y+YHG
> ※ $F = \dfrac{G}{1+GH}$

12 제어장치를 사용하여 어떤 프로세스(Process)를 운전 시 자동제어가 잘 되고 있는지를 의논할 때 가장 일반적으로 고려되어야 할 사항이 아닌 것은?

① 잔류편차(Offset)
② 속응성(Quick Response)
③ 외란(Disturbance)
④ 안정성(Stability)

> 프로세스 자동제어의 일반적 고려사항
> ① 잔류편차
> ② 속응성
> ③ 안정성

13 다음 중 시정수에 대한 설명으로 올바른 것은?

① 2차 지연요소에서 출력이 최대 출력의 63%에 도달할 때까지의 시간이다.
② 1차 지연요소에서 출력이 최대 입력의 63%에 도달할 때까지의 시간이다.
③ 2차 지연요소에서 입력이 최대 출력의 63%에 도달할 때까지의 시간이다.
④ 1차 지연요소에서 출력이 최대 출력의 63%에 도달할 때까지의 시간이다.

> 시정수란 1차 지연요소에서 출력이 최대 출력의 63%에 도달할 때까지의 시간이다.

14 2개의 제어계를 조립하여 제어량을 1차 조절계로 측정하고 그의 조작 출력으로 2차 출력계의 목표치를 설정하는 제어방식은?

① 추종 제어
② 정치 제어
③ 캐스케이드 제어
④ 프로그램 제어

> 캐스케이드 제어 : 2개의 제어계를 조립하여 제어량을 1차 조절계로 측정하고 그의 조작 출력으로 2차 출력계의 목표치를 설정하는 제어방식

15 1차 제어장치가 제어명령을 하고 2차 제어장치가 1차 명령을 바탕으로 제어량을 조절하는 측정제어는?

① 캐스케이드제어
② 추종제어
③ 프로그램제어
④ 비율제어

> 1차 제어장치가 제어명령을 하고 2차 제어장치가 1차 명령을 바탕으로 제어량을 조절하는 측정제어를 캐스케이드제어라 한다.

ANSWER 11.④ 12.③ 13.④ 14.③ 15.①

16 프로세스 계 내에 시간지연이 크거나 외란이 심할 경우 조절계를 이용하여 설정점을 작동시키게 하는 제어방식은?

① 프로그램 제어
② 캐스케이드 제어
③ 피드백 제어
④ 시퀀스 제어

해설 캐스케이드 제어 : 프로세스계 내에 시간지연이 크거나 외란이 심할 경우 조절계를 이용하여 설정점을 동작시키는 제어방식

17 프로세스 제어의 난이 정도를 표시하는 낭비시간(Dead Time : L)과 시정수(T)와의 비($\frac{L}{T}$)는 어떤 성질을 갖는가?

① 작을수록 제어가 용이하다.
② 클수록 제어가 용이하다.
③ 조작정도에 따라 다르다.
④ 비에 관계없이 일정하다.

해설 $\frac{낭비시간(L)}{시정수(T)}$의 값이 작을수록 제어가 용이하다.

18 출력편차의 시간변화에 비례하여 제어편차가 검출될 때 편차가 변화하는 속도에 비례하여 조작량을 증가하도록 작용하는 동작은?

① 미분(D)동작
② 적분(I)동작
③ 비례(P)동작
④ 절환(ON-OFF)동작

해설 미분동작 : 출력편차의 시간변화에 비례하여 제어편차가 검출 될 때 편차 변화 속도에 비례 조작량 증가

19 제어동작 중 제어량에 편차가 생겼을 때 편차의 적분차를 가감하여 조작단의 이동속도가 비례하는 동작으로 잔류편차가 남지 않으나 제어의 안정성이 떨어지는 것은?

① 2위치 동작
② 비례 동작
③ 미분 동작
④ 적분 동작

해설 적분동작은 제어동작 중 제어량에 편차가 발생되었을 때 편차의 적분차를 가감하여 조작단의 이동속도가 비례하는 동작으로 잔편차가 남지 않으나 제어의 안정성이 떨어지는 경향이 있다.

20 다음 중 편차의 크기와 지속시간에 비례하여 응답하는 제어동작은?

① P 동작
② D 동작
③ I 동작
④ PID 동작

해설 I 동작(적분동작) : 편차의 크기와 지속시간에 비례하여 응답하는 제어동작

21 프로세스 제어의 난이정도를 표시하는 값으로 L(Dead Time)과 T(Time Constant)의 비, 즉 L/T가 사용되는데, 이 값이 작을 경우 어떠한가?

① P동작 조절기를 사용한다.
② PD동작 조절기를 사용한다.
③ 제어가 쉽다.
④ 제어가 어렵다.

해설 $\frac{L}{T}$ 값이 작으면 제어가 용이하다.

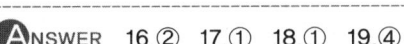

22 다음 중 잔류편차(Offset)가 발생되는 결점을 제거하기 위한 제어동작으로 가장 적합한 것은?

① 비례동작 ② 미분동작
③ 적분동작 ④ On-off 동작

해설) 적분동작 : 잔류편차(Offset)가 발생되는 결점을 제거하기 위한 제어동작

23 자동제어에서 제어편차를 옳게 설명한 것은?

① 목표치와 제어량을 합한 값이다.
② 주 피드백량에서 제어량을 뺀 값이다.
③ 목표치에서 제어량을 뺀 값이다.
④ 주 피드백량과 제어량을 합한 값이다.

해설) 제어편차 : 목표치에서 제어량을 뺀 값

24 목표치가 일정한 자동제어를 의미하는 용어는?

① 프로그램 제어 ② 캐스케이드 제어
③ 정치 제어   ④ 추치 제어

해설)
- 프로그램제어 : 목표치가 시간에 따라 미리 결정된 일정한제어
- 추종제어 : 시간에 따라 임의 변화되로 값으로 부여한 제어
- 캐스케이드제어 : 1차제어 명령을 받고 2차 명령을 바탕으로 제어량 조절

25 목표치가 변화하는 제어로서 목표치를 측정하면서 제어량을 목표치에 맞추는 방식의 추치제어(측정제어)의 종류가 아닌 것은?

① 추종제어   ② 비율제어
③ 프로그램제어 ④ 정치제어

해설) 측정제어종류 : 추종제어, 비율제어, 프로그램제어

26 불연속동작 제어방식으로 조절요소의 위치가 제어변수의 순간값에 의하여 정해지는 동작방식은?

① 비례동작 ② 2위치동작
③ 적분동작 ④ 미분동작

27 제어동작에 따른 분류시 연속동작의 종류가 아닌 것은?

① 다위치 동작 ② 비례 동작
③ 미분 동작   ④ 복합 동작

해설) 다위치동작 : 불연속동작

28 자동제어장치에서 시퀀스제어의 정지시 작동에 대한 설명으로 틀린 것은?

① 고연소에서 저연소로 진행이 된다.
② 포스트퍼지를 한 후 송풍기, 버너모터가 정지한다.
③ 주버너의 화염이 꺼지고 연소 안전장치가 작동한다.
④ 프리퍼지 후 파일럿버너가 작동하여 점화가 이루어진다.

해설) ④항은 작동(점화)시에 해당되는 것이다.

29 제어용 밸브가 갖추어야 할 성질로서 가장 거리가 먼 것은?

① 히스테리시스가 있어야 한다.
② 선형성이 좋아야 한다.
③ 제어신호에 빠르게 응답하여야 한다.
④ 현장의 설치 및 작동에 적합하여야 한다.

해설) 제어용 밸브는 히스테리시스가 발생하지 말아야 한다.

ANSWER 22.③ 23.③ 24.③ 25.④ 26.② 27.① 28.④ 29.①

30 1차 지연요소에서 시정수(Time Constant)란 최대출력의 몇 %에 이를 때까지의 시간인가?

① 50%   ② 63%
③ 95%   ④ 100%

해설 1차 지연요소 시정수 : 최대출력의 63%에 이를 때까지의 시간

31 다음 중 서보(Servo)기구의 제어량은?

① 압력   ② 유량
③ 온도   ④ 물체의 방향

해설 자동제어 서보기구의 제어량 : 물체의 방향, 위치, 자세 등

32 유압식 신호전달 방식의 특징에 대한 설명으로 틀린 것은?

① 전달의 지연이 적고 조작량이 강하다.
② 주위의 온도변화에 영향을 받지 않는다.
③ 인화의 위험성이 있다.
④ 비압축성이므로 조작속도 및 응답이 빠르다.

해설 유압식 신호전달 방식은 주위의 온도변화에 영향을 받는다.

33 다음 중 잔류편차(Off-set)가 있는 제어는?

① I 제어   ② PI 제어
③ P 제어   ④ PID 제어

해설
• 비례동작(P) : 잔류편차가 발생
• 적분동작(I) : 잔류편차가 없다.

34 공기식으로 전송하는 계장용 압력계의 공기압 신호압력(kg/cm^2) 범위는?

① 0.2~1.0   ② 3~5
③ 0~10   ④ 4~20

해설 신호전달 방식 중 공기식의 공기신호압력은 약 0.2~1.0 kg/cm^{2}이다.

35 피드백(Feed Back) 제어에서 설정부에 해당되는 것은?

① 목표치를 기억하고 그것을 신호로 보내는 요소
② 제어를 하기 위해 제어대상에 가해지는 양
③ 제어 편차량을 산출하는 부분
④ 제어동작의 신호를 조작부로 보내는 부분

해설 설정부는 목표치를 기억하고 그것을 신호로 보내는 요소를 말한다.

36 자동제어의 신호전달 방식 중 공기압 신호 전송에 대한 설명으로 틀린 것은?

① 사용공기압은 0.2~1kg/cm^2 정도이다.
② 신호 전달의 지연이 없다.
③ 최대전송거리는 100m~150m 정도이다.
④ 공기원에서 제진, 제습이 요구된다.

해설 공기압 신호전달의 단점은 신호의 전달 지연이 있다.

ANSWER 30.② 31.④ 32.② 33.③ 34.① 35.① 36.②

37 보일러 자동제어에 있어서 어떤 조건이 충족되지 않으면 다음 단계의 동작이 이루어지지 않는 형태의 제어는?

① 인터록 제어
② 피드백 제어
③ 정치제어
④ 캐스케이드 제어

해설) 인터록 제어 : 어떤 조건이 충족되지 않으면 다음 단계의 동작이 이루어지지 않는다.

38 자동제어계에서 신호전달방식이 아닌 것은?

① 열팽창식 ② 전기식
③ 공기식   ④ 유압식

해설) 열팽창식(코프식)은 수위제어장치

39 보일러 자동제어(A. B. C)는 제어량과 조작량으로 분류한다. 조작량에 해당 되지 않는 것은?

① 급수량
② 공기량
③ 증기압력
④ 연료량

40 보일러 수위제어장치에서 조절량은?

① 연료량   ② 증기량
③ 공기량   ④ 급수량

해설)
• 수위제어에서 조절량 : 급수량
• 제어량 : 보일러수위

41 보일러사용기술규격(KBO)에서 이상저수위의 원인과 무관한 것은?

① 급수펌프 흡입관에 여과기를 설치하였을 때
② 급수장치가 증발능력에 비해 과소하였을 때
③ 분출밸브에서 누수가 생겼을 때
④ 급수 내관에 스케일이 쌓여 급수가 되지 않았을 때

해설) 급수펌프의 입구에는 이물질 제거를 위해서 여과기를 설치한다.

42 다음 중 인터록제어에 속하지 않는 것은?

① 저수위 인터록   ② 미분 인터록
③ 불착화 인터록   ④ 프리퍼지 인터록

해설) 인터록제어 : 초과압력 인터록, 저수위 인터록, 저연소 인터록, 프리퍼지 인터록, 불착화 인터록

43 보일러 자동제어의 한 방식인 인터록(inter lock)의 종류가 아닌 것은?

① 불착화 인터록
② 프리퍼지 인터록
③ 포스트퍼지 인터록
④ 저수위 인터록

해설) 인터록의 종류 : 초과압력 인터록, 저수위 인터록, 저연소 인터록, 프리퍼지 인터록, 불착화 인터록

44 보일러 자동제어의 수위제어방식에서 3요소식에 속하지 않는 것은?

① 수위   ② 노내압
③ 증기유량   ④ 급수유량

해설) 3요소식 : 수위, 증기량, 급수량을 이용하여 수위제어

ANSWER 37.① 38.① 39.③ 40.④ 41.① 42.② 43.③ 44.②

45 보일러 수위제어를 위한 수위 검출방식이 아닌 것은?

① 전극식 ② 차압식
③ 열팽창식 ④ 증기압력식

해설 수위제어기(수위검출방식) : 전극식, 코프스식(열팽창식), 맥도널식(부자식), 차압식

46 자동제어에서 필요한 인터록 종류 중 송풍기가 작동되지 않으면 전자밸브가 열리지 않고 점화를 저지하는 것은?

① 불착화 인터록
② 저수위 인터록
③ 프리퍼지 인터록
④ 저연소 인터록

해설 프리퍼지 인터록 : 송풍기가 작동되지 않으면 전자밸브 차단.

47 보일러의 3요소식 수위제어장치에서 검출 대상에 해당되지 않는 것은?

① 수위 ② 증기유량
③ 급수유량 ④ 연료량

해설 1요소식 : 수위, 2요소식 : 수위, 증기량
3요소식 : 수위, 증기량, 급수량.

48 자동 연소제어의 조작량에 해당 되지 않는 것은?

① 연소가스량 ② 공기량
③ 연료량 ④ 전열량

해설 전열량 : 증기온도제어의 조작량에 해당된다.

49 보일러 자동제어의 일종인 연소제어(A.C. C)의 조작량에 해당되지 않는 것은?

① 공기량 ② 급수량
③ 연료량 ④ 연소가스량

해설 연소제어(A.C.C) 조작량 : 연료량, 공기량, 연소가스량

50 보일러 자동제어인 연소제어(A.C.C)에서 조작량에 해당되지 않는 것은?

① 연료량 ② 연소가스량
③ 공기량 ④ 전열량

해설 연소자동제어(A.C.C)에서 조작량은 연료량, 공기량, 연소가스량이며 전열량은 증기온도제어(S.T.C)에 해당한다.

51 보일러 수위제어 방식 중 3요식에서 검출하는 것과 관계가 없는 것은?

① 수위 ② 증기유량
③ 증기압력 ④ 급수유량

해설 3요소식 : 수위, 증기량, 급수량을 이용 수위제어

52 보일러 자동제어의 분류에서 증기압력을 제어하는 것을 무엇이라고 하는가?

① ACC제어 ② STC제어
③ FWC제어 ④ ABC제어

해설
- ABC : 보일러자동제어
- FWC : 급수자동제어
- STC : 증기온도자동제어
- ACC : 연소자동제어(증기압력)

53 보일러 자동제어에서 점화시나 운전 중에 어느 조건이 충족되지 않으면 연료를 차단하는 전자밸브가 작동하여 인터록을 행한다. 다음 중 연료분사를 저지하는 인터록과 관계가 먼 것은?

① 고수위 인터록 ② 압력초과 인터록
③ 저연소 인터록 ④ 프리퍼지 인터록

해설 연료분사저지는 인터록이다.

ANSWER 45.④ 46.③ 47.④ 48.④ 49.② 50.④ 51.③ 52.① 53.①

54 보일러의 자동제어에 관한 설명으로 틀린 것은?

① 수위제어의 1요소식은 급수유량만을 검출하고 주로 중·소형 보일러에서 이용되고 있다.
② 수위와 증기유량을 검출하여 보일러 드럼내부의 급수량을 조절하는 수위제어 방식은 2요소식이다.
③ 수위제어의 3요소식은 급수유량, 수위, 증기유량을 검출해서 조작부로 신호를 전하는 것이다.
④ 코프식 자동급수 조정장치는 금속관의 열팽창을 이용한 장치이다.

해설) 1요소식 : 수위만을 측정한다.

55 보일러의 자동제어에 제어량 대상이 아닌 것은?

① 증기압력 ② 보일러수위
③ 증기온도 ④ 급수온도

해설) 급수온도는 보일러 외부에서 공급되므로 급수의 온도이므로 자동제어의 제어량과 관련이 없다.

56 자동제어 장치에 대한 설명으로 틀린 것은?

① 증기압력제어는 공기량과 연료량을 제어하는 것이다.
② 연소제어는 증기의 압력 및 온도가 일정한 값이 되도록 연소의 양을 자동으로 제어하는 방식이다.
③ 신호를 전달하는 공기식은 파일럿 밸브식과 분사관식이 있다.
④ 수위제어의 3요소식은 수위, 급수량, 증기량을 검출해서 조작부로 신호를 전한다.

해설) 공기압식 : 플래퍼 노즐, 파일럿 노즐식이 있다.

57 보일러의 제어에서 A. C. C란 무엇을 의미하는가?

① 자동급수 제어장치
② 자동유입 제어장치
③ 자동증기온도 제어장치
④ 자동연소 제어장치

해설)
• ABC : 보일러 자동제어
• ACC : 연소 자동제어
• STC : 증기온도 자동제어
• FWC : 급수 자동제어

58 보일러에서 가장 기본이 되는 제어는?

① 추종 제어   ② 시퀀스 제어
③ 피드백 제어 ④ 수동 제어

해설) 시퀀스 제어(sequence control system) : 피드백 제어에 의하지 않고 정해진 순서에 따라 제어단계를 순차적으로 진행하는 방식으로 보일러에서 가장 기본이 되는 제어이다.

59 보일러의 자동제어 중 시퀀스(Sequence) 제어에 의한 것은?

① 자동점화, 소화
② 증기압력 제어
③ 온수, 급수온도 제어
④ 수위 제어

해설) 시퀀스 제어(sequence control system) : 보일러 자동 점화 및 소화제어

ANSWER 54.① 55.④ 56.③ 57.④ 58.② 59.①

CHAPTER 03 유체측정

3-1 압력측정

1. 압력측정방법

(1) 측정원리별 분류

① 압력을 액체의 무게와 평형시켜 이에 대응하는 액체량으로부터 압력을 구하는 방법(액주식 압력계)
② 압력을 고체의 무게와 평형시켜 이에 대응하는 고체량으로부터 압력을 구하는 방법(침종식 압력계, 분동식 압력계)
③ 압력을 탄성체의 탄성력과 평형시켜 변위로 변환하는 것으로 압력을 구하는 방법(탄성식 압력계)
④ 전기적 현상을 이용한 방법(저항선 압력계·전기식 압력계)

2. 압력계의 종류 및 특징

(1) 압력계측의 종류와 특징

종 류	정 도	측정범위	용 도
U자관 압력계	0.5[mmH$_2$O]	0~2,000[mmH$_2$O]	일반공업용, 표준용
단관 압력계	0.1[mmH$_2$O]	0~2,000[mmH$_2$O]	일반공업용, 표준용, 지시용
경사관 압력계	0.001[mmH$_2$O]	0~50[mmH$_2$O]	미소압력측정용, 표준용, 진공
침종식 압력계	±0.5~2.5[%]	0~50[mmH$_2$O]	저압측정용, 전송기록용
부르동관 압력계	±0.25~3[%]	0~3,000[kg/cm^{2}abs]	고압측정용, 표준용, 기록용

벨로즈 압력계	±0.25~2.5[%]	0~2[kg/cm²abs]	일반압력용, 표준용
다이어프램식 압력계	±0.2~2.5[%]	0~2[kg/cm²abs]	일반압력용
피스톤식 압력계	1~2[%]	0.5~5[kg/cm²]	게이지압력용, 원격지시용

(2) 압력계의 종류

1) 액주식 압력계

액주를 이용한 압력계는 구조가 간단하고 정도가 좋으며 응답성이 빠르나 변동하는 압력의 측정에는 적당하지 않아 주로 표준용으로 공업용 압력계로 사용되고 있다.

① U자관식 압력계 : U자형으로 구부린 유리관에 계측액(수은, 물, 기름 등)을 넣어 압력의 크기에 따라 계측액의 높이의 차로 나타나는 압력계로 점성, 모세관현상, 열팽창계수가 적은 구조로 계측액을 사용해야 한다.
주로 게이지압력 또는 차압측정에 사용되고 측정범위는 0~2,000[mmH₂O]로 공업계측용 표준기로 이용되며 수은 사용의 경우 한쪽을 진공으로 하면 절대압력도 측정할 수 있다.

② 단관식 압력계 : 계측액의 용기에 수직으로 관을 설치 액위에 변화로 압력측정 사용액체, 측정범위, 특징 등이 U자관식 압력계와 같다.

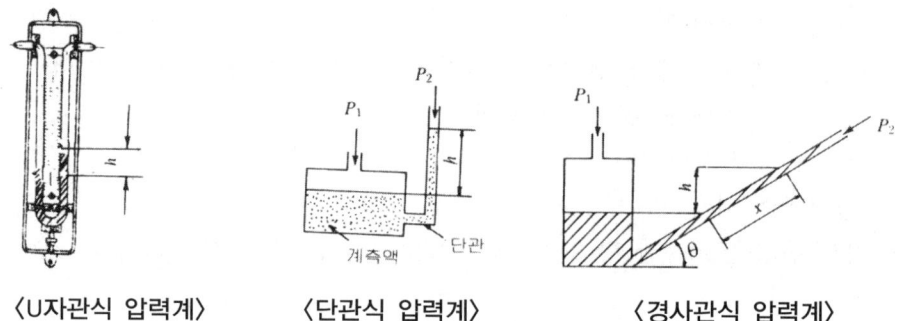

〈U자관식 압력계〉　　〈단관식 압력계〉　　〈경사관식 압력계〉

③ 경사관식 압력계 : 미소차압을 측정하기 위해 수직거리에 높이를 경사된 길이로 나타냄으로 작은 미압도 큰 거리의 차로 현시할 수 있는 압력계이다.
길이(x)의 확대율은 θ가 작을수록 크게 되나 실제로는 모세관 또는 관지름의 불균일 등의 영향으로 경사도는 1/10 정도 이내가 좋다. 측정범위는 0~50[mmH₂O]로 정도는 0.001[mmH₂O]이다. 정밀측정이 가능하여 미세측정을 위한 공업측정용 표준기로 사용된다.

$$P_1 = P_2 + \gamma h \quad h = \sin\theta x \text{이므로}$$
$$= P_2 + \gamma \sin\theta x$$

④ 2액 마노미터 : 경계면이 명확한 두 가지 액을 이용 그때에 나타나는 차압이 높이의 차로 현시한 압력계로 유량계측에도 사용된다.

압력차 $\Delta P = P_1 - P_2 = (\rho_1 - \rho_2)gh$

밀도차를 이용하므로 온도의 영향에 특히 주의하고 사용하는 2종의 액체로는 물과 클로로포름(1 : 1.449, 20[℃]) 물과 톨루엔(1 : 0.884, 20[℃]) 등이 사용된다.

2) 고체의 중량과 평형시키는 압력계

① 침종식 압력계(단종형, 복종형) : 아르키메테스의 원리 이용

종모양의 용기를 액 중에 거꾸로 달아놓고 용기 내에 압력이 가해지면 종을 위로 올리는 힘이 작용하여 종과 평형을 유지시켜 압력을 측정한다. 압력계에 사용되는 액체는 일반적으로 물·기름·수은이다.

측정범위는 - 물·기름사용 : 0~50[mmH₂O]이며 정도는 ±2.5[%] 이하이다.
　　　　　 - 수은사용 : 0~2500[mmH₂O]

❖ **특 징**
① 진동 및 충격의 영향이 적다.
② 미소압력측정이 용이하여 저압가스유량을 측정한다.
③ 가능한 배관을 짧고 계기설치는 수평으로 한다.

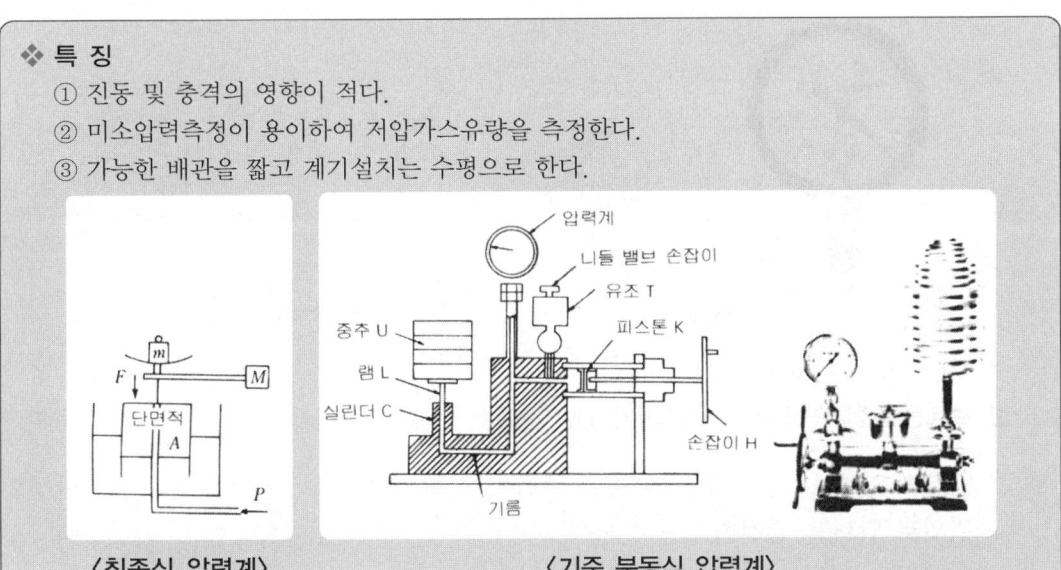

〈침종식 압력계〉　　〈기준 분동식 압력계〉

② 기준 분동식 압력계(표준 분동식) : 분동을 사용하여 압력을 측정하는 형식으로 일반 압력계의 기준으로 사용하며 교정 및 검정용 표준기로 사용된다. 측정범위는 500Mpa(5,000[kg/cm²])이고 정도는 0.005[kg/cm²]이다.

오차율 = $\dfrac{\Delta P}{측정\ 게이지압} \times 100$

ΔP = (측정 게이지압과 피측정 게이지압과의 차)

3) 탄성식 압력계

압력에 의한 탄성체의 변화량으로부터 압력을 측정하는 것으로 구조에 따라, 부르돈관, 벨로즈, 다이어프램 등으로 나눈다. 특히, 압력변화가 큰 곳에 사용되면 탄성계수가 변화하기 때문에 오차의 발생 원인이 되며 장시간 과대한 압력을 가하면 재료에 크리프 현상이 일어나게 된다.

① 부르동관 압력계 : 가장 높은 압력을 측정할 수 있고, 약 300Mpa(3,000[kg/cm^2]) 공업용 압력계로 널리 사용되고 있으나, 정도가 ±0.5~3[%]의 것으로 가장 나쁘다.
　㉠ 재료
　　　ⓐ 저압용 : 인청동, 황동, 니켈청동
　　　ⓑ 고압용 : 스테인리스강, 합금강 등
　㉡ 종류 : 스파이럴형, 헬리컬형
　㉢ 용도 : 보일러용, 고압용

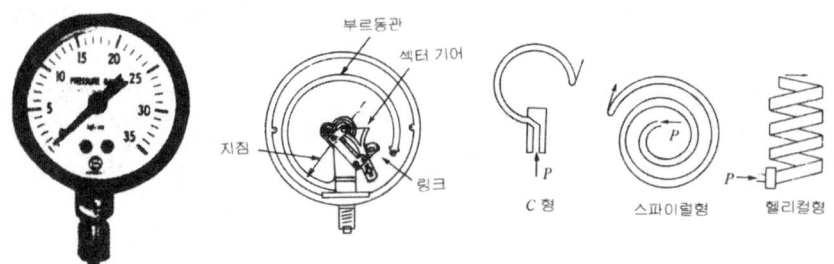

(a) 압력계의 구조　　　　　　　　(b) 부르동관의 종류
〈부르동관 압력계〉

▣ **브르동관종류** : 스파이럴형(저압용), 헬리컬형(고압용)

② 벨로즈 압력계 : 금속 원통에 깊은 주름이 잡힌 파형으로 여기에 나타나는 탄성의 변위로 압력을 측정한다.
　㉠ 재료 : 벨릴륨동, 인청동, 스테인리스
　㉡ 압력검출소자 등 자동제어장치에 사용

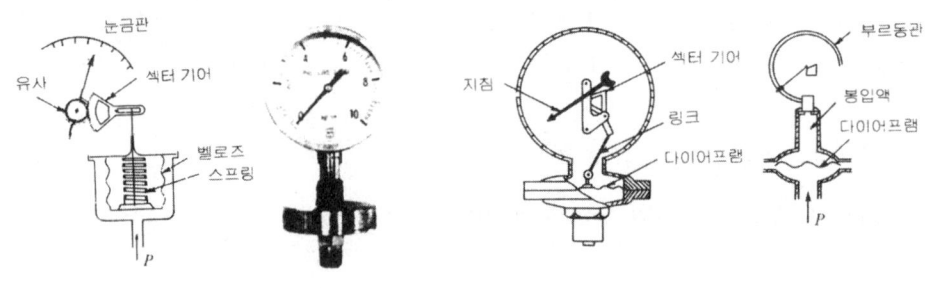

〈벨로즈 압력계〉　　　　　　〈다이어프램식 압력계〉

③ 다이어프램식 압력계 : 탄성체의 막판을 격막으로 사용하여 압력에 대한 탄성변형을 이용한 압력계로 막의 변위를 기어 및 링크로 지시하여 압력을 측정한다.
  ㉠ 재료 : 고무, 양은, 테프론, 스테인리스강

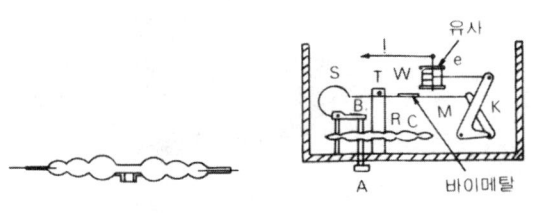
〈캡슐(capsule)식 압력계〉

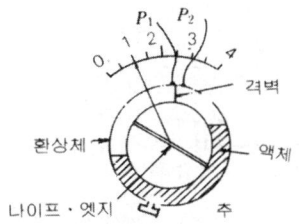
〈링·밸런스식 압력계〉

  ㉡ 용도 : 통풍 게이지
  ㉢ 캡슐식도 다이어프램의 일종이다.

  ❖ **다이어프램식 작동순서** : 격막 → 링크 → 섹터기어 → 피니언 → 지침

4) 환상천평식 압력계

부식성 가스나 습기가 적은 곳. 또한 충격이나 진동이 없는 장소에서 사용하는 것으로 원격전송이 가능하고 단면적을 크게 하면 회전력이 증대되어 고정도를 얻을 수 있으며 저압기체 및 배기가스 압력측정에 사용되는 압력계이다. 즉, 봉입액이 액체이므로 액의 압력 측정에는 사용할 수 없으며 기체측정에만 사용된다.

① 내부사용액 : 물, 수은, 기름 등
② 용도 : 배기가스 압력측정, 원격 측정용
③ 설치조건
  ㉠ 온도변화가 적고 상온이 유지되는 장소
  ㉡ 진동, 충격이 없는 장소
  ㉢ 보수점검이 쉽고 눈에 잘 띄는 장소
  ㉣ 습기나 부식성 기체가 없는 장소

5) 전기식 압력계

금속선에 신축을 주면 전자적 저항값이 변화한다. 따라서 압력에 의해 금속선에 탄성변형을 주면 변화하므로 전기적 변량으로 전환하여 측정하면 압력을 알 수 있다. 금속선으로는 되도록 온도계수가 적은 것을 선택하며 용기 속에 특수 벨로즈가 공간유지되어 그 안에 비압축성인 등유가 충만되어 있으며 그 중심에 금속저항선으로 측정하게 된다.

① 스트레인 게이지식 압력계 : 수압부에 탄성체를 사용하고 스트레인 게이지를 부착하여 압력에 의한 변위를 검출한다. 이것으로 브리지회로를 구성하고 필요에 따라

서는 증폭회로를 거쳐서 압력을 지시 및 기록한다. 압력의 범위는 압력검출부에 사용하는 탄성체에 따라 저압에서 고압에 이르기까지 광범위하게 사용된다.

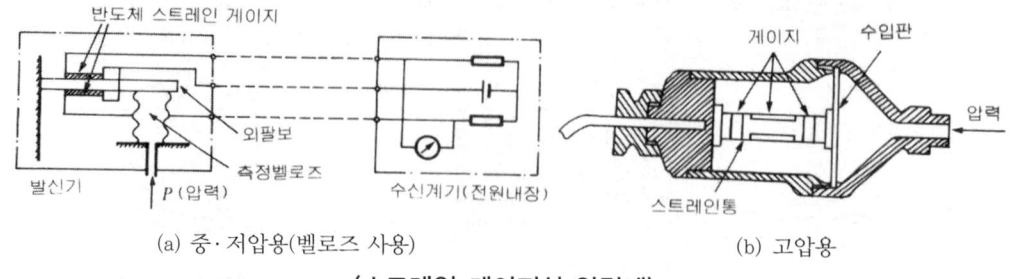

〈스트레인 게이지식 압력계〉

② 전기저항식 압력계 : 초고압의 측정에 사용되는 유일한 압력계로 온도계수가 적은 망가닌(Ni+Cu)과 같은 선에 압력을 가하면 선이 늘어나고 저항이 감소하여 단면적의 감소를 이용하여 측정한다.

③ 전기압식 압력계 : 수정이나 티탄산 바륨 등이 외력을 받으면 전기 기전력이 발생하는데 이를 압전효과라 하며 자동제어, 지시 및 기록계와 결속하여 원격측정을 하며 구조가 간단하고 정밀도가 좋으며 반응속도가 빠르다.

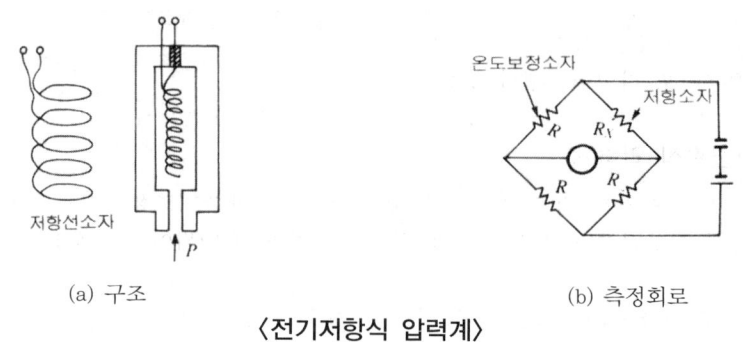

〈전기저항식 압력계〉

(3) 압력계의 크기와 눈금

① 증기보일러에 부착하는 압력계 눈금판의 바깥지름은 100mm 이상으로 하고 그 부착높이에 따라 용이하게 지침이 보이도록 한다.

② 눈금판의 바깥지름을 60mm 이상으로 할 수 있는 것
  ㉠ 최고사용압력 0.5MPa{5kg$_f$/cm^2} 이하이고, 동체의 안지름 500mm 이하, 동체의 길이 1,000mm 이하인 보일러
  ㉡ 최고사용압력 0.5MPa{5kg$_f$/cm^2} 이하로서 전열면적 2m^2 이하인 보일러
  ㉢ 최대증발량 5t/h 이하인 관류보일러, 소용량 보일러

③ 압력계의 최고눈금은 보일러 최고사용압력의 1.5배 이상 3배 이하로 한다.

3-2 유량측정

1. 유량측정방법

흐르는 유체의 체적 또는 질량의 시간에 대한 비율로 측정하기 위한 계측기로 단위는 [m^3/min], [m^3/h], [l/h] 등 여러 가지로 표시한다.

① **면적식** : 압력차를 일정하게 유지하여 교측의 면적을 변화시켜 유량을 측정한다.
② **용적식** : 용적과 시간의 적산에 의한 측정
③ **차압식** : 교축기구의 전후 압력차에 의한 측정
④ **유속식** : 임펠러 회전 변환으로 회전수의 적산에 의한 측정
⑤ **전자식** : 전자유도 법칙을 이용한 측정
⑥ **피토관식, 열선식** : 유속 측정에 의한 측정
⑦ **와류식** : 와류를 이용하는 측정

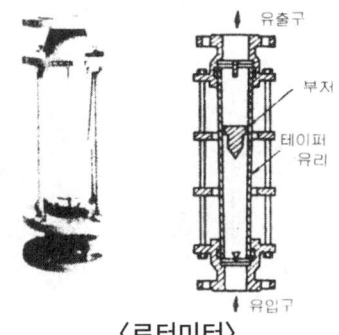

〈로터미터〉

2. 유량계의 종류 및 특징

(1) 면적식 유량계

교축기구 전후의 압력차를 일정하게 유지하도록 교축의 면적을 변화시켜 이때의 면적을 측정하여 순간의 유량을 알아내는 방법으로 유량의 측정원리는 베르누이정리를 이용한 것이다.

1) 종류 : 로터미터, 부력식(부자식), 피스톤식, 게이트식

2) 특징

① 진동이 적은 장소에 수직으로 설치한다.
② 부식성 유체나 슬러리 유체의 측정에 적합하다.
③ 고점도 및 소량의 유체에 대한 측정이 가능하다.
④ 압력손실이 적으며 정도가 ±1~2[%]이다.
⑤ 유량에 따른 균등눈금을 얻는다.

(2) 용적식 유량계

유량을 일정한 분량으로 측정해서 계속 유체를 보내어 회전수의 회수에 의해 측정하는 방법으로 정도가 높은 측정을 할 수 있는 유량계로서 적산유량에 적합하다.

1) 종 류

① 오벌 기어식
② 루즈식
③ 가스미터식 : 건식, 습식
④ 로터리 피스톤
⑤ 로터리 베인식

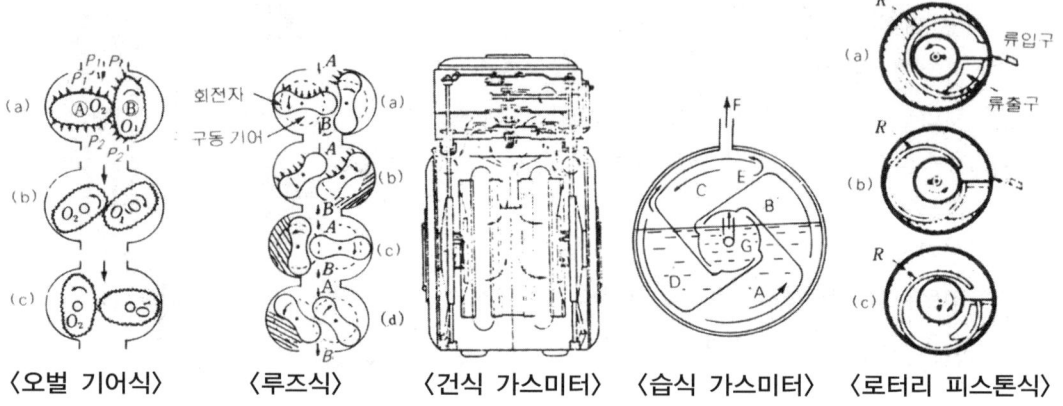

〈오벌 기어식〉　〈루즈식〉　〈건식 가스미터〉　〈습식 가스미터〉　〈로터리 피스톤식〉

2) 특 징

① 고점도 유체 측정에 적합하다.
② 맥동의 영향이 적어 정도가(±0.2~0.5%) 높아 거래용으로 많이 사용된다.
③ 고형물의 혼입을 막기 위해 입구측에 반드시 여과기를 설치한다.
④ 회전자의 재질은 부식을 방지하기 위해 주철, 포금, 스테인리스 등을 설치한다.

(3) 차압식 유량계

일정하게 유체가 흐르는 관 내부에 교축기구를 설치하여 그 전후의 압력차를 이용하여 순간유량을 측정하는 방법이다. 교축기구로는 벤튜리, 플로우 노즐, 오리피스 등이 있다.

1) 벤튜리관(Venturi tube)

① 압력손실이 가장 적다.
② 정밀도가 높고 내구성이 좋다.
③ 가격이 고가이며 교환이 어렵다.
④ 구조가 복잡하다.
⑤ 침전물 생성이 없고 대형이다.

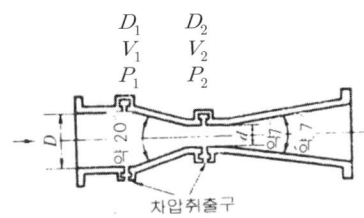
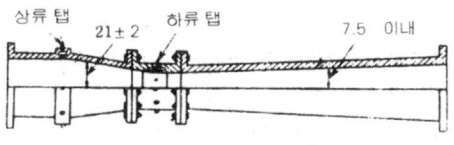

〈벤튜리관의 단면도〉

❖ **차압식 유량계의 계산**

베르누이 정리를 이용한다.

$\dfrac{P_1}{\gamma} + \dfrac{V_1^2}{2g} + Z_1 = \dfrac{P_2}{\gamma} + \dfrac{V_2^2}{2g} + Z_2$ 에서 차압식 유량계의 위치수두 Z_1, Z_2는 동일하므로

$\dfrac{P_1}{\gamma} + \dfrac{V_1^2}{2g} = \dfrac{P_2}{\gamma} + \dfrac{V_2^2}{2g}$ 에서 동일분모로 모으면

$\dfrac{P_1}{\gamma} - \dfrac{P_2}{\gamma} = \dfrac{V_2^2}{2g} - \dfrac{V_1^2}{2g}$ 에서 연속방정식 $[Q = A_1 V_1 = A_2 V_2 (d_1^2 V_1 = d_2^2 V_2)]$

V_1에 대입하면 $\therefore V_1 = \dfrac{d_2^2}{d_1^2} \times V_2$

$\dfrac{P_1 - P_2}{\gamma} = \dfrac{V_2^2 - \left[\left(\dfrac{d_2^2}{d_1^2}\right) \times V_2\right]^2}{2g}$

$\dfrac{P_1 - P_2}{\gamma} = \dfrac{V_2^2 \times \left[1 - \left(\dfrac{d_2}{d_1}\right)^4\right]}{2g}$ 에서 V_2를 구하면

$V_2 = \sqrt{\dfrac{2g\dfrac{P_1 - P_2}{\gamma}}{1 - \left(\dfrac{d_2}{d_1}\right)^4}}$ 에서 유량 $Q = A_2 V_2$ 이므로

$Q = \dfrac{\pi d_2^2}{4} \times \dfrac{1}{\sqrt{1 - m^2}} \times \sqrt{2g\dfrac{P_1 - P_2}{\gamma}}$ 개구비 $m = \left(\dfrac{d_2}{d_1}\right)^2$

벤튜리 유량계수 C_v를 곱하면

$Q = \dfrac{\pi d_2^2}{4} \times \dfrac{C_v}{\sqrt{1 - m^2}} \times \sqrt{2g\dfrac{\gamma' - \gamma}{\gamma} h} \, [\text{m}^3/\text{s}]$

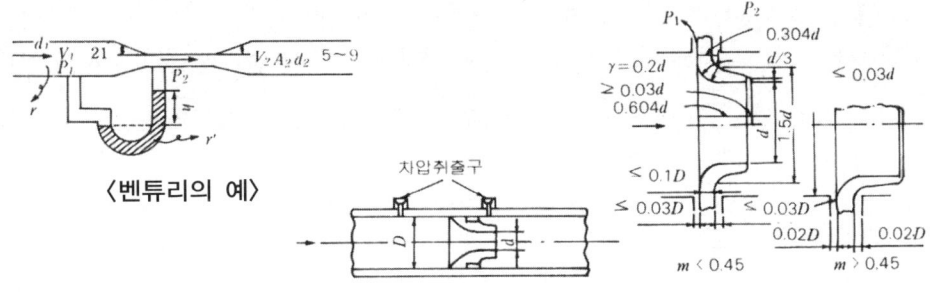

〈벤튜리의 예〉   〈플로우 노즐의 단면〉

2) 플로우 노즐

① 가격 및 압력손실은 중간정도이다.
② 고압유체 측정 용이(레이놀드수가 클 때)
③ 다소의 슬러리 유체에도 사용된다.
④ 측정유량이 오리피스보다 많다.

3) 오리피스

① 압력손실이 가장 크다.
② 제작 및 부착이 쉽고 경제적이므로 널리 사용된다.
③ 구조가 간단하며 동심·편심으로 제작된다.

❖ **차압을 뽑아내는 방식(탭)**

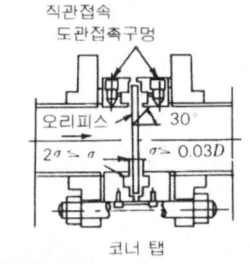 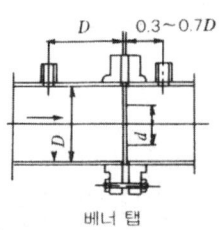 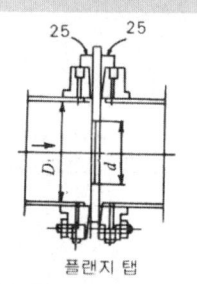

〈오리피스에서 차압을 뽑아내는 방식〉

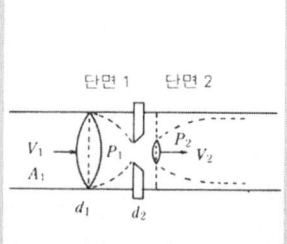 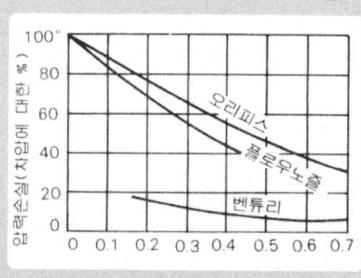 

〈차압식 유량계의 원리〉 〈차압식 유량계의 압력손실〉 〈수도미터〉

① 코너 탭 : 조리개의 전후에서 압력을 뽑아내는 형식
② 플랜지 탭 : 조리개의 전후에 ±25.4[mm]의 거리에서 뽑아내는 방식
③ 베너 탭 : 하류측을 흐르는 단면적이 최소로 되는 축류위치(D0.3~0.7)에서 차압을 뽑아내는 형식

(4) 유속식 유량계

흐르는 유체의 관에 터빈이나 프로펠러 등을 설치하여 유속에 따라 압력의 변화로 회전수를 측정하여 적산하는 유량계이다.

1) 종 류

수도미터, 축류익차식(울트만)

2) 특 징

① 구조가 간단하다.
② 저점도의 유체 측정에 적합하다.
③ 난류에 의한 측정오차가 발생한다.
④ 정도가 ±0.5[%]이다.

(5) 전자식 유량계

전도성의 물체가 기전력을 발생하여 도전성 유체의 유속 또는 유량을 구하는 것으로 전자유도에 의한 페러데이 법칙을 이용한 유량계이다.

1) 특 징

① 유량에 대한 직선의 눈금을 얻을 수 있다.
② 검출의 시간 지연이나 압력손실이 거의 없다.
③ 고점도 및 슬러리 유체측정에 정도가 높다.
④ 도전성의 유체측정에만 한한다.
⑤ 응답속도가 빠르며 라이닝을 해 내식성을 증가시킨다.

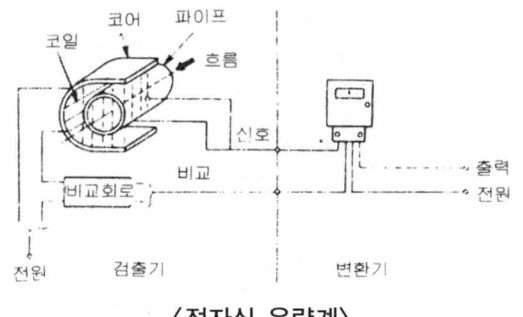

〈전자식 유량계〉

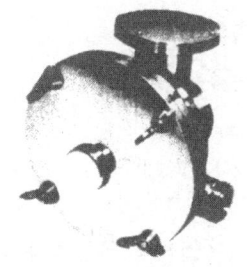

〈전자 유량계의 구성〉

(6) 유속측정에 의한 유량계

관내에 흐르는 유체의 유속을 측정하여 관의 단면적을 곱함으로 유량을 측정한다.

1) 피토관식 유량계

$$V = \sqrt{2g\frac{(P_t - P_s)}{\gamma}} = \sqrt{2gh} \quad [\text{m/s}]$$

- P_t : 전압[kg/m²]=mmH₂O
- P_s : 정압[kg/m²]=mmH₂O
- γ : 유체비중량[kg/m³]
- h : 수두[m]
- g : 9.8[kg/s²]
- V : 유속[m/s]

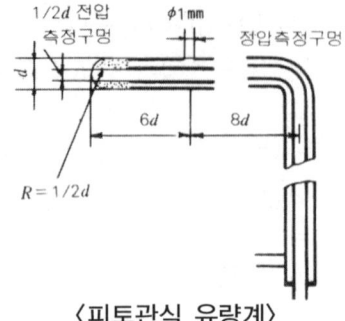

〈피토관식 유량계〉

❖ 유량 $Q = A \times C \times V$ 에서

$$= A \times C \times \sqrt{2g \times \frac{(P_t - P_s)}{\gamma}} \quad [\text{m}^3/\text{s}]$$

- A : 단면적[m²]
- C : 피토 유량계수
- P_t : 전압, P_s : 정압, P_v : 동압

$P_t = P_s + P_v \qquad P_v = P_t - P_s$

❖ **특 징**
① 더스트·미스트 등이 많은 유체의 측정은 부적합하다.
② 기체의 속도가 5[m/sec] 이하는 부적합하다.
③ 유체의 압력에 대한 충분한 강도를 가져야 한다.
④ 노즐의 마모나 관내의 속도·분포의 상태에 따라 오차가 발생한다.
⑤ 일시적인 시험용으로 사용한다.
⑥ 유체흐름의 방향에 평형하게 피토관을 설치한다.

2) 열선식 유량계

유체 내부에 전류를 흐르게 하여 열을 발생시킨 후 유체를 직각으로 흐르게 하고 유속에 의한 온도변화로 유량을 측정하는 것으로 압력손실이 거의 없다.

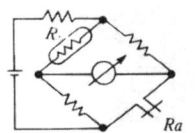 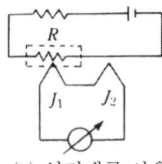 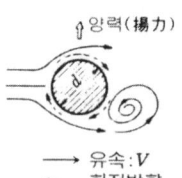 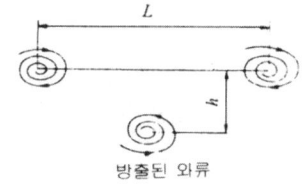

(a) 측정저항체를 사용하는 열선식 유량측정 회로   (b) 열전대를 사용하는 열선식 유량 측정회로

〈열선식 유량계의 회로도〉   〈와류 유량계의 원리〉

(7) 와류 유량계

칼먼 소용돌이를 이용한 측정법으로, 유체가 유로를 빠른 속도로 지나가게 되면 양쪽으로 와류가 생기고, 검출기가 그 와류가 생기는 횟수를 속도로 계산하여 유량측정을 측정하며 압력손실이 작아 정도가 좋다.

3-3 액면측정

1. 액면측정방법

액면계의 대형화에 따라 탱크 및 액면측정에 따른 장치는 필요에 의해 정도가 높고 자동화 및 안전관리를 위한 측정은 보다 신속성이 요구되며 엄격해지고 있다. 액면측정은 대부분 탱크 내의 자유액면측정이며 액체의 경계면, 액 중의 침전물 레벨 및 분체의 높이를 대상으로 한다.

> ❖ **액면측정의 구비조건**
> ① 구조가 간단하고 취급이 쉬울 것.
> ② 보수가 쉽고 가격이 저렴할 것.
> ③ 고온 고압에 잘견디며 내식성이 좋을 것.
> ④ 지시 및 기록의 원격측정을 할 수 있어야 한다.

① 직접식 : 직관식(게이지 글라스), 부자식, 검척봉
② 간접식 : 압력식, 차압식, 다이어프램식, 기포식, 전극식 등

2. 액면계의 종류 및 특징

(1) 직접식 액면측정

1) 게이지 그라스(직관)식 액면계

직접측정 방식의 대표적인 것으로 경질유리와 플라스틱의 투명한 세관을 탱크 등의 측면에 설치하고 탱크의 위 아래 구멍을 뚫어 내부의 액체를 연결하여 액면의 위치를 외부에서 직접 관찰하는 것으로 빛의 굴절과 반사, 직진 등의 성질을 이용한다.

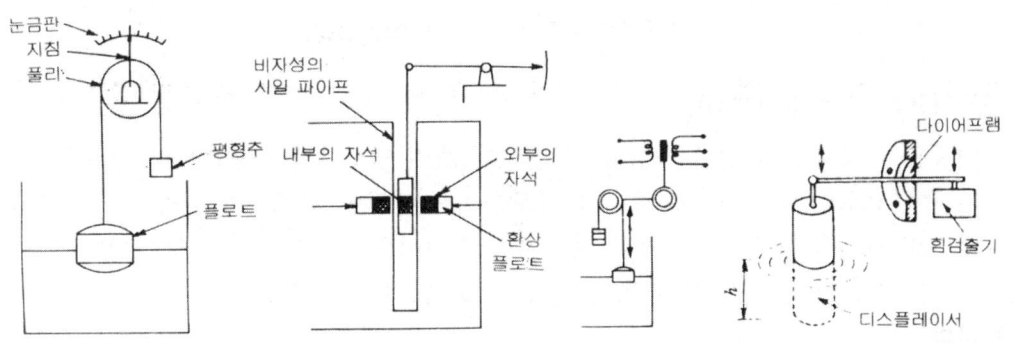

(a) 개방 탱크의 경우　(b) 밀폐 탱크의 경우
〈부자식 액면계〉　〈활차식 액면계〉〈디스플레이먼트식 액면계〉

2) 부자식 액면계(플로트식)

플로트(float)의 부력을 이용한 가장 간단한 액면계이며 어느 것이나 측정범위가 비교적 적고 내압이 있는 경우에는 스태핑 박스가 필요해지며 마찰에 의한 오차나 히스테리시스를 유발할 위험성이 있다. 종류로는 플로트의 변위를 이용한 액면계와 플로트 부력을 이용한 것이 있다.

① 활차식 액면계 : 개방 탱크의 측정범위가 넓은 액면측정용으로 사용하며 더불어 가스 홀더(저장소) 위치계에도 쓰이는 액면장치이다.
② 디스플레이먼트식 액면계 : 단면적이 일정한 원통형의 디스플레이어가 액으로부터 받는 부력은 액중에 잠기는 체적이나 깊이에 비례한다. 이 힘을 외부로 빼내어 측정하는 방식으로 구조가 간단하고 견고하므로 고온고압의 사용에도 가능하며 프로세스에 많이 이용한다.

3) 검척봉

(2) 간접식 액면측정

1) 차압식 액면계

액체의 높이 압력과 측정계기 압력과의 압력차에 의한 액면을 이용한 액면계로 종류로는 U자관식, 변위평형식, 힘평형식 등이 있다.(고압밀폐 탱크에 적합하다.)

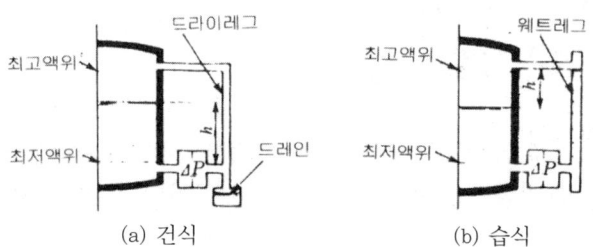

〈차압계에 의한 탱크 내의 액면측정〉

2) 기포식 액면계(퍼지식)

기포관을 액체 탱크 밑바닥에 파이프를 연결하여 일정량의 기포로부터 압축공기를 적당한 유량으로 보내어 선단으로부터 기포를 방출시키면 기포관의 배압은 액의 정압과 같아지게 되는데 기포관의 배압을 측정하여 간접적으로 액면을 측정하는 방식이다. 기포식 액면계는 고온의 액체, 부식성 액체 및 고형물을 혼입하는 액체 등에도 사용이 가능하다.

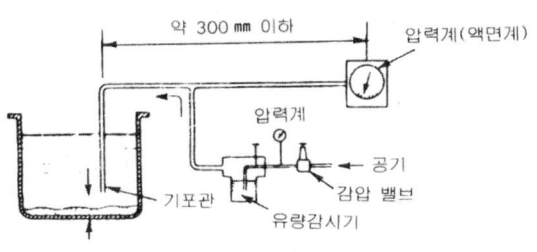
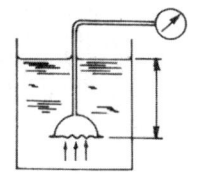

〈기포식 액면계〉   〈압력검출식 액면계〉

3) 압력검출식 액면계(액저압식)

점도가 비교적 낮은 액체의 측정용으로 외부에 압력계를 장치하여 액면의 변위를 압력변화 측정의 개방식 또는 밀폐식 탱크에 사용한다. 특히 밀폐식 탱크는 내부의 압력을 압력계의 상부로 도입 균압을 시킨 후 측정하는 액면계이다.

4) 다이어프램식 액면계

액체의 변위에 따라 다이어프램에 작용하여 압력의 변화를 공기압의 신호변환으로 액면을 지시하는 방식이다.

5) 정전용량식 액면계

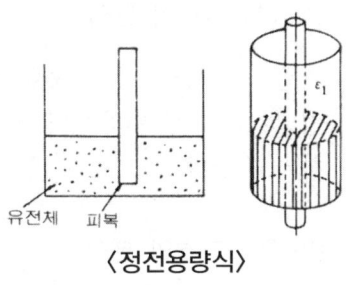

서로 마주 대하고 있는 두 개의 전열된 전극간의 정전용량은 전극 사이에 있는 물질의 유전율의 함수로 기체와 액체의 유전율은 서로 다르므로 탱크 내의 전극을 놓고 액체의 높이 변화에 따라 액체량이 달라지는 구조로 하여 액면의 높이를 정전용량의 크기로 반환시킬 수 있다. 또한 가동부나 정밀한 기계부분이 없으므로 견고하고 신뢰성이 높아 그 액의 경계나 분체의 레벨도 측정할 수 있다.

〈정전용량식〉

6) 도전율식 액면계

유전율 대신에 도전율을 사용한 것으로 보통전극의 분극작용을 제거하기 위해 교류를 사용하며 도전율은 온도나 성분에 의한 변동이 유전율보다 크므로 정도는 다소 떨어지나 구조는 정전용량식보다 간단하다.

7) 초음파식 액면계

초음파의 송수신기를 설치하고 발신기로부터 발사되는 초음파가 액면에 반사되어 수신기로 되돌아오는 왕복시간을 측정하면 액면의 위치를 얻을 수 있는 것으로 액면에 접촉하지 않고 측정할 수 있어 식품이나 고압 또는 부식성이 있는 액체용의 탱크에 사용한다.

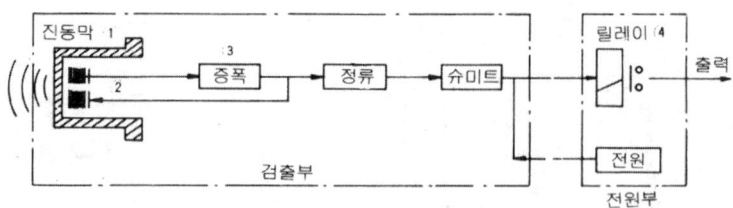

〈초음파식 액면계의 제어장치〉

8) 방사선 액면계

투과력이 큰 방사선을 사용하여 탱크의 외부로부터 액면 위치를 측정할 수 있으며 특히 탱크 내에 검출기를 설치할 수 없는 고온고압 등의 보통 액면계로 이용이 곤란한 장소에 사용하는 것으로 안전이나 제어용으로 많이 사용한다. 투과식과 추종식이 있다.

3-4 가스분석

1. 가스분석방법

(1) 연료가스의 분석

연료가스는 여러 성분의 혼합가스로 성분이 급변하는 경우가 없어 오르잣(orsat)이나 헴펠식을 주로 이용하며 실험실용인 가스 크로마토그래프(gas chromatograph)를 사용하기도 한다.

(2) 연소가스의 분석

연소가스는 주로 CO_2, O_2, CO, N_2로 조성되어 공기비에 따라 함량이 변화하며 CO_2, O_2만으로도 연소상태를 판독할 수 있다. CO_2는 비교적 분석하기 용이하며 취급도 비교적 간단한 특성을 가지고 있으며 이론공기량만으로 완전연소시 최대가 된다.$CO_{2max}[\%]$, 이때 CO_2 농도만으로는 연소판정이 불충분하므로 연소모양, 색 등으로 과잉공기의 공급상태를 확인한다.

❖ **부족공기의 상황판단**
① 투시구를 통해 화염의 색을 판독
② 배기가스의 온도측정
③ 집진장치의 포집 매진 점검
  O_2농도는 공기량의 증가에 따라 증가하나 연료의 종류에 대해서는 변화가 적다. 그래서 사

용연료가 바뀌는 연소방식이나 혼소의 경우 과잉공기계(O_2계)에 의한 것이 양호하다. 공기비를 확실하게 알려면 $CO+H_2$계(미연소계)로 측정하고 CO_2계와 병용하면 어떤 CO_2농도에 대해서 잘 알 수 있다.

(3) 가스분석기의 특징

① 일반적으로 다른 계측기에 비해 구조가 복잡하므로 설치조건 및 보수의 주의를 요한다.
② 선택성에 대한 고려를 해야 한다.
③ 교정시 표준시료 가스를 사용한다.
④ 가스의 온도·압력 유속변화에 의한 오차에 주의한다.

❖ **선택성** : 다른 성분에 영향없이 측정성분만을 분석할 수 있는 성질

(4) 시료가스 채취시 일반적 주의사항

① 시료가스 채취 위치는 연도 중심부에서 하며, 공기의 침입이 없도록 한다.
② 배관은 기울기를 주어 경사지게 하고, 최저부에는 드레인 장치를 한다.
③ 시료가스 채취배관은 가능한 짧게 하고, 시간지연을 적게 하며, 경우에 따라 바이패스 장치를 한다.(600[℃] 이상시 철관금지)
④ 청소, 점검을 정기적으로 실시하고 필터나 채취 프루프(proof) 장치시 보수가 쉽도록 설치하여야 한다.
⑤ 화학반응이나 가스성분을 일으키는 배관의 재료나 부품은 사용하지 않도록 한다.

(5) 배기가스 측정위치

단면의 형상이 급격히 변하는 연도의 굴곡 및 수축된 부분이 아닌 가스 흐름이 안정된 유속의 변동이 되도록 적은 곳에서 측정한다.

1) 배기가스 분석목적

① 연소상태(완전, 불완전)를 파악한다.
② 공기비 및 연소가스조성을 알 수 있다.
③ 열정산의 필요한 자료가 된다.
④ 공기량조절로 열손실을 감소하여 열효율을 증대시킨다.
⑤ 공해 및 매연을 제거한다.

2. 가스분석계의 종류 및 특징

(1) 화학적 가스분석계

1) 오르잣(Orsat) 가스분석

배기가스를 흡수액에 흡수시켜 뷰렛의 상태에 의해 측정하는 장치로 CO_2, O_2, CO의 순서에 의해 측정한다.

■ 가스분석계의 종류 및 측정 구분

종 류	구 분	측정방법	선택성	측정 가스	분석계기 및 분석법
화학적 가스분석계	화학반응을 이용	연소열법	양 호	H_2, CO, C_mH_n 등의 가연성 기체 및 산소	미연소가스계(H_2+CO) 연소식 O_2계
		오르잣법	양 호	($CO_2 \rightarrow O_2 \rightarrow CO$) 흡수액(시약)에 쉽게 용해되는 기체	간헐자동측정식 자동화학식 CO_2계
물리적 가스분석계	물성정수에 의한 측정	열전도율법	불 량	2성분으로 볼 수 있는 혼합기체 또는 열전도율이 어느 정도 다른 2성분	전기식 CO_2계
		밀도법	불 량	밀도가 어느 정도 다른 2개의 성분이나 2성분으로 간주되는 혼합기체	라우터계 라나렉스계
		가스 크로마토그래프법	우 수	비점 및 기체가 300[℃] 이하의 액체	간헐자동측정식
	전기적 성질을 이용	도전율법	양 호	물이나 용액에 녹아 도전율이 변해지는 기계	저농도가스측정
		세라믹법	양 호	산소(O_2)가스	지르코니아식
	자기적 성질을 이용	자화율법	우 수	산소(O_2)가스	자기식 O_2계
	광학적 성질을 이용	적외선흡수법	우 수	H_2, O_2, N_2(2원자분자) 이외의 가스	

① 특 징
  ㉠ 취급이 간단하고 측정하기에 용이하다.
  ㉡ 숙련이 되면 높은 정도를 얻을 수 있다.
  ㉢ 분석 순서가 바뀌면 오차가 발생할 수 있다.
  ㉣ 내열성초자(유리)로 만든다.
  ㉤ 수분의 분석은 할 수 없다.

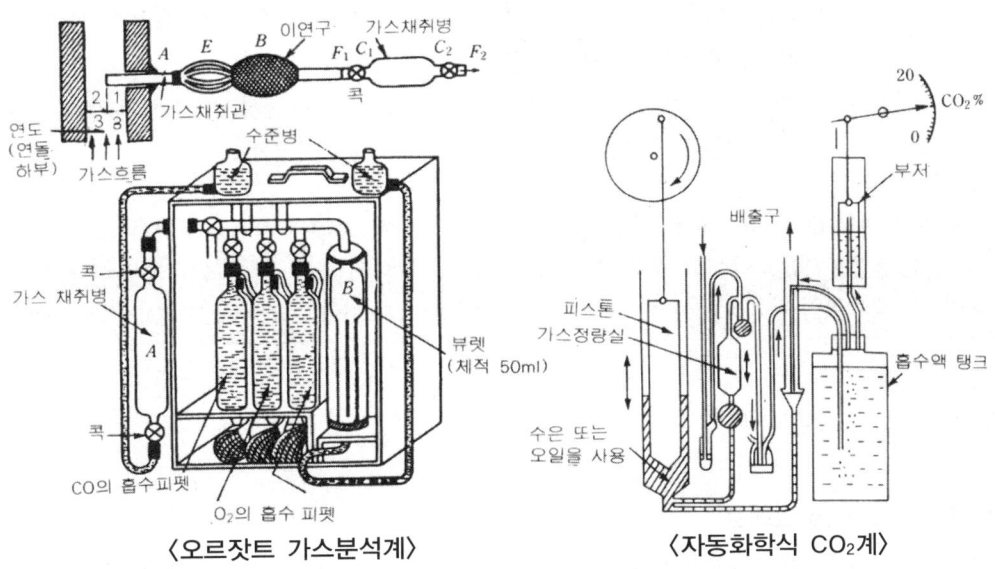

⟨오르잣트 가스분석계⟩　　⟨자동화학식 CO_2계⟩

② 흡수액의 성분
　㉠ CO_2의 흡수액 : 수산화 칼륨(KOH) 30[%] 수용액(1[cc]당 40[cc] 흡수)
　㉡ O_2의 흡수액 : 알칼리성 피로카롤 용액(1[cc]당 8[cc] 흡수)
　㉢ CO의 흡수액 : 암모니아성 염화제1동용액(1[cc]당 10[cc] 흡수)
　CO_2의 양이 많을수록 완전연소에 가까우며 CO가 많으면 불완전연소하게 된다. 또한 O_2의 양이 많게 되면 과잉공기에 의한 열손실로 노내의 냉각이 초래된다.

③ 계산식
- $CO_2[\%] = \dfrac{KOH30[\%] 용액의 흡수량}{시료채취량} \times 100[\%]$
- $O_2[\%] = \dfrac{알칼리성 피로카롤 흡수량}{시료채취량} \times 100[\%]$
- $CO[\%] = \dfrac{암모니아성 염화제1동용액의 흡수량}{시료채취량} \times 100[\%]$

　$N_2[\%] = 100 - (CO_2[\%] + O_2[\%] + CO[\%])$

2) 자동화학식 CO_2계

오르잣의 원리로 CO_2를 흡수시켜 시료가스용적이 흡수된 CO_2양에 의해 감소되는 측정방법으로 피스톤에 의해 자동으로 CO_2의 농도를 지시한다.

❖ 특 징
① 선택성이 양호하다.　　② 연속측정이 가능하나 유리파손에 주의
③ 점검 및 보수가 어렵다.　　④ 흡수액 선정으로 O_2도 측정이 가능하다.

① 연소식 O₂계 : 반응열이 산소농도에 따라 변화하는 점을 이용한 것으로 H_2의(가연성가스) 혼합이 필요하며 촉매로 파라듐이 사용된다.
② 미연소 가스계(CO+H₂계) : 연소식 O₂계와 반대로 O_2(지연성가스)를 혼합 반응열에 의해 H_2, CO의 농도를 측정한다. 촉매로는 백금을 사용한다.

❖ 앞에서도 밝힌 바와 같이 가스분석기는 주위의 온도, 압력, 유량의 변화가 일어나면 측정이 곤란하기 때문에 주위조건에 각별히 주의하고 연소식 O₂계나 CO+H₂계는 반응열을 이용하므로 내열성, 내식성이 양호한 촉매의 사용이 가장 중요하다.(분석실의 온도는 20[℃]가 적당하다.)

(2) 물리적 가스분석계

1) 가스 크로마토그래프

실리카겔, 활성탄 등의 흡착제를 충진한 세관(내부에 캐리어가스 충진)을 통하여 그 때에 나타난 이동 속도차를 이용하여 열전도율계 등으로 검출하여 측정하는 것으로 연구실용과 공업용이 있다. 특히 선택성이 우수하며 연속측정이 가능한 가스분석계이다.

◈ 캐리어(운반용)가스 : H_2, He, N_2, Ar

❖ 특징
① 분리능력과 선택성이 우수하다.
② 가스성분이 여러 가지 섞여있는 시료가스 분석이 가능하다.
③ 측정에 숙련을 필요로 하고 측정준비시간이 길다.
④ 적외선 가스분석계에 비해 응답속도가 느리다.

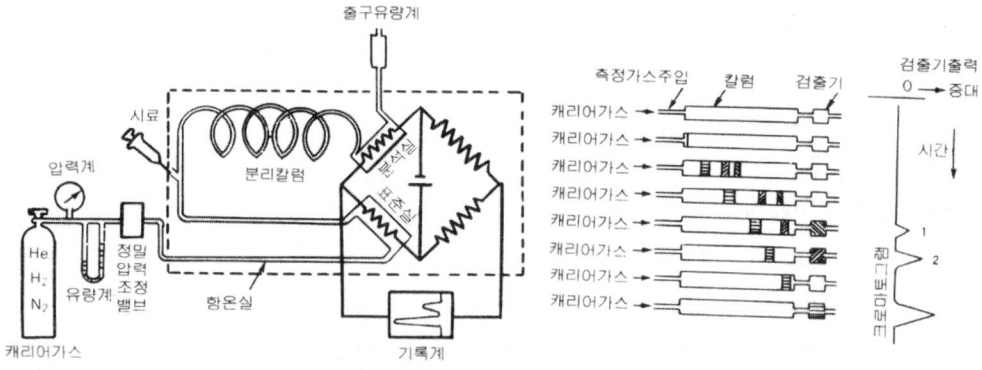

〈가스 크로마토그래프〉

2) 세라믹스 O_2계(지르코니아식 O_2계)

지르코니아(ZrO_2)를 주원료로 한 특수 세라믹은 온도를 높이면 산소이온만을 통과시키는 성질로 파이프 내외부에 백금의 다공질 전극을 붙여 파이프 전체를 850[℃]로 보존하여 파이프 외부에 공기를 흐르게 하고 측정하려는 가스를 내부에 흐르게 하였을 경우 양극의 기전력을 측정해 가스 중에서 산소의 농도를 알아낸다.

❖ 특 징
① 측정가스 중 가연성가스가 혼합되어 있으면 측정이 곤란하다.
② 응답속도가 빠르며 주위조건의 변화에도 큰 영향이 없다.
③ 측정부의 온도유지를 위해 전기로가 필요하다.
④ 측정범위가 대단히 넓다.

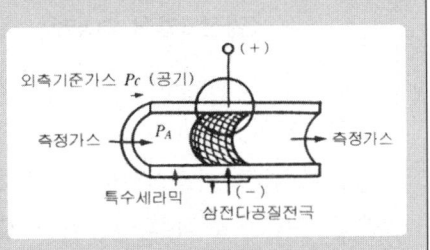

〈지르코니아식 O_2계의 내부구조〉

3) 밀도식 CO_2계

CO_2의 밀도와 점도를 이용한 것으로 가스 및 공기와 같은 크기의 모세관을 통과할 때 생기는 저항차에 의해 탄산가스량을 측정하는 것이며 이때의 저항차에 따라 밀도차가 일어나는 분석계이다. 즉, CO_2의 밀도가 공기에 비해 현저히 큰 점을 이용했다.

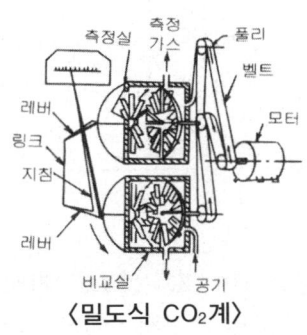

〈밀도식 CO_2계〉

〈가스의 밀도 및 비중〉

가스의 종류	밀도[kg/Nm³]	비중(공기=1)
공기	1.2928	1.000
CO_2	1.9768	1.529
H_2	0.0899	0.070
수증기	0.8043	0.622
N_2	1.2506	0.967
O_2	1.4289	1.105

4) 열전도율형 CO_2계

CO_2의 열전도율이 공기에 비해 극히 작은 점을 이용한 것으로 연소가스 CO_2분석에 많이 사용된다.

측정가스를 도입하는 측정실과 공기가 담긴 비교실 속에 백금선을 두어 전류를 약 100[℃]로 가열하면 백금선의 온도는 주위 가스의 열전도에 의해 발열량이 많고 적음을 변화시키며 백금선 온도의 상승은 전기저항장치를 증가시키며 불평형 전압계(휘스톤 브리지) 회로에 불평형 전압이 생겨 이때의 전압을 측정해서 CO_2 농도를 지시한다.

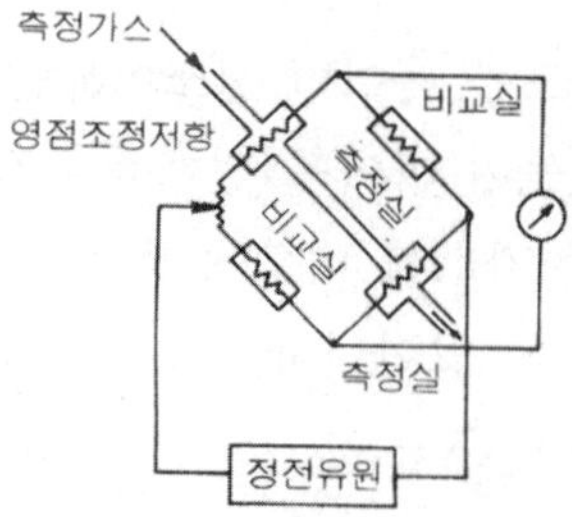

〈열전도율식 CO_2계〉

〈가스의 열전도율〉

가 스	열전도율[$\times 10^{-4}$calcm^{-1}s$-$1deg^{-1}]	
	0[℃]	100[℃]
공 기	0.556(1.00)	0.719
CO_2	0.349(0.616)	0.496
O_2	0.584(1.03)	0.743
N_2	0.568(1.003)	0.718
H_2	3.965(1.003)	0.718
H_2	3.965(7.01)	4.99
CO	0.552(0.975)	

5) 자화율식 O_2계(자기식 O_2계)

산소가 다른 가스와 비교하여 강한 상자성체이므로 자장에 흡인되는 성질을 이용한 것으로 흡인력을 직접 이용하고 자기풍 및 계면압력을 사용한 두 종류가 있으며 연소가스의 과잉공기계로 가장 많이 보급되어 있는 자기풍에 의한 것이다.

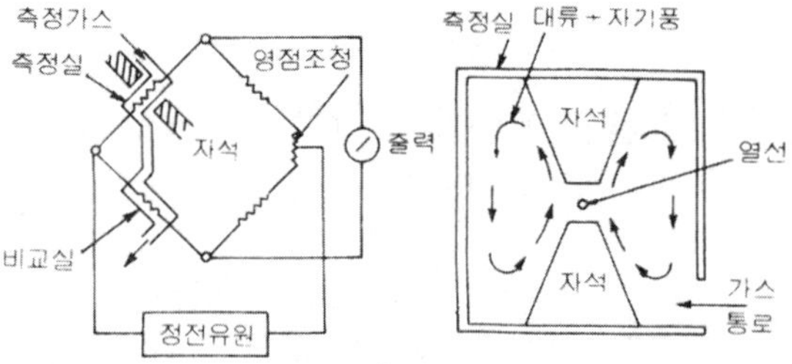

〈원 리〉

〈가스의 자화율〉

가스의 종류	상대적 자화율 (O_2 = 100)
산소(O_2)	100
산화질소(NO)	43.8
공기	21.6
탄산가스(CO_2)	−0.613
수소(H_2)	−0.123
염소(Cl_2)	−0.128
메탄(CH_4)	−0.37
질소(N_2)	−0.42

6) 적외선 가스분석계

압력차를 금속박막의 변위, 전기용량의 변화로 검출하여 CO_2 농도를 지시 및 기록시키는 것으로 적외선을 흡수하지 않는 N_2, O_2, H_2, Cl_2 등 대칭성 2원자 분자를 제외한 CO, CO_2, CH_4 등 대부분의 분자를 각각 적외선 스펙트럼을 이용한 가스분석기이다.

❖ **특 징**

① 저농도가스의 분석에 적합하다.
② 선택성이 우수하다.
③ 더스트 및 습기방지에 주의한다.
④ 대상범위가 넓고 연속측정이 용이하다.

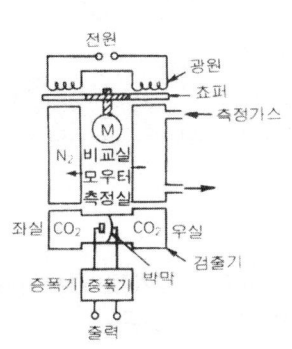 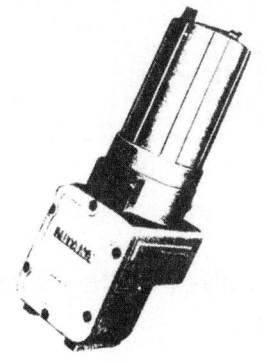

〈적외선가스 분석기〉

7) 용액 도전율식 가스분석계

가스를 적당히 화학반응한 흡수용액을 용해시켜 그 용액의 도전율의 변화를 액중에 투입시켜 전극간의 저항변화를 측정하여 이것에 대응하는 가스의 농도를 측정한다.

예상문제

01 다음 중 진공을 측정하는 데 사용되는 압력계는?

① 분동식 압력계
② 밸로스식 압력계
③ 맥클로드식 압력계
④ 다이어프램식 압력계

해설 맥클로드식 압력계 : 수은 사용 진공계로서 액주를 이용하는 진공 압력계

02 증기 보일러에 압력계를 설치할 때 압력계와 보일러를 연결시키는 관은?

① 사이폰관
② 통기관
③ 오버플로우관
④ 냉각관

해설 사이폰관 설치이유 : 압력계를 보호하기 위해 설치한다.

03 소형보일러 압력계의 최고눈금은 보일러의 최고사용압력의 3배 이하로 하되, 몇 배 보다 작아서는 안 되는가?

① 1.5
② 2
③ 2.5
④ 1.8

해설 압력계눈금은 최고사용압력의 1.5배에서 3배 이하일 것

04 보일러 압력계의 검사시기로 가장 적절하지 않는 것은?

① 프라이밍이나 포밍이 일어날 때 검사한다.
② 부르동관이 높은 열을 접촉한 경우에 검사한다.
③ 점화전이나 교체 후에 검사한다.
④ 신설 보일러의 경우 압력이 오른 후에 검사한다.

해설 신설보일러의 경우 압력이 오르기 전에 검사한다.

05 증기보일러의 증기압을 측정하는 압력계로 가장 적합한 것은?

① 분동식 압력계
② 진공 압력계
③ 공기 압력계
④ 부르동관 압력계

해설 보일러에 사용하는 압력계는 부르동관식을 사용한다.

06 압력계와 연결된 증기관은 증기온도가 몇 ℃를 초과할 때에는 동관을 사용해서는 안 되는가?

① 110
② 210
③ 310
④ 410

해설 증기관(사이폰관)이 동관의 경우에는 210℃가 초과해서는 안된다.

ANSWER 1.③ 2.① 3.① 4.④ 5.④ 6.②

07 유체의 압력을 측정하기 위해 유체를 수압소자(愛壓素子)로 유도하여 힘 또는 변위로 변환한다. 수압소자가 아닌 것은?

① 다이어프램 ② 벨로우즈
③ 부르동관   ④ 백플레이트

해설 수압소자 : 다이어프램, 벨로우즈, 부르동관

08 보일러 압력계 취급에 대한 설명으로 틀린 것은?

① 온도가 353K(80℃) 이상 올라가지 않도록 한다.
② 압력계 사이폰관의 수직부에 콕크를 설치하고 콕크의 핸들이 축방향과 일치 할 때에 닫힌 것이어야 한다.
③ 압력계를 부착할 때에는 사이폰관의 상태에 이상이 없는지를 확인하여야 한다.
④ 한냉기에 장기간 사용하지 않을 경우에는 동결로 인하여 고장이 발생되므로 압력계를 떼어내어 보관하고 연락관, 사이폰관을 비워둔다.

해설 콕크의 핸들이 축방향과 일치시켜 열려 있는 상태임

09 펌프, 램, 실린더, 기름탱크 등으로 구성된 압력계로 다른 압력계를 교정 또는 검정하는 표준기로 사용되는 압력계는?

① 벨로스 압력계
② 전기식 압력계
③ 다이어프램 압력계
④ 분동식 압력계

해설 분동식 압력 : 급력계 교정, 점검용으로 사용됨

10 압력을 측정하는 방법에서 탄성과 평행시켜 스프링의 변위로 압력을 재는 방법을 사용한 압력계는?

① 침종식 압력계
② 액주식 압력계
③ 벨로스식 압력계
④ 환상 평형식 압력계

해설 탄성식 압력계 : 부르동관식, 벨로스식, 다이어프램식, 캡슐식

11 다음 중 탄성식 압력계가 아닌 것은?

① 부르동관 압력계
② 다이어프램 압력계
③ 벨로스 압력계
④ 환상천평식 압력계

해설 환상천평식(Ring Balance Manometer)압력계 : 부식성이나, 충격이 없고, 습기가 적은 곳에 주로 사용되며, 저압기체 및 배기가스 압력측정에 사용

12 액주식 압력계 중 하나인 U자관 압력계에 사용하는 유체의 구비조건에 대한 설명으로 잘못된 것은?

① 모세관 현상 및 표면장력이 커야 한다.
② 점성이 작아야 한다.
③ 온도에 따른 밀도 변화가 작아야 한다.
④ 휘발성과 흡습성이 작아야 한다.

해설 액주식 압력계의 구비조건 중 모세관 현상이 적어야 한다.

ANSWER 7.④ 8.② 9.④ 10.③ 11.④ 12.①

13 액주식 압력계에 사용하는 액체에 필요한 특성이 아닌 것은?

① 점성이 클 것
② 열팽창계수가 작을 것
③ 모세관 현상이 작을 것
④ 일정한 화학성분을 가질 것

해설 액주식 압력계에 사용하는 액체의 특성
① 점성이 적을 것
② 열팽창계수가 작을 것
③ 모세관 현상이 작을 것
④ 일정한 화학성분을 가질 것

14 다음 중 높은 압력의 측정이 가능하지만, 정도가 가장 낮은 압력계는?

① 부르돈관 압력계
② 분동식 압력계
③ 경사식 액주압력계
④ 전기식 압력계

해설 부르돈관식 압력계 : 0~300Mpa까지 측정온도가 높지만 정도가 낮다.

15 다이어프램식(탄성식) 압력계의 동작 순서로 옳은 것은?

① 격막 → 링 → 섹터기어 → 피니언 → 지침
② 격막 → 피니언 → 링 → 섹터기어 → 지침
③ 격막 → 섹터기어 → 피니언 → 링 → 지침
④ 격막 → 링 → 피니언 → 섹터기어 → 지침

해설 다이어프램식(탄성식) 압력계 동작순서
격막 → 링 → 섹터기어 → 피니언 → 지침

16 고압 밀폐탱크의 액면 측정에 가장 적합한 방법은?

① 부자에 의한 측정법
② 차압에 의한 측정법
③ 부피차에 의한 측정법
④ 게이지글라스에 의한 측정법

해설 차압에 의한 액면 측정법은 고압 밀폐탱크의 액면 측정에 용이하다.

17 보일러설치기술규격(KBI)에서 강관을 사용할 때 압력계와 연결된 증기관의 크기는?

① 6.5mm 미만
② 6.5mm 이상
③ 12.7mm 미만
④ 12.7mm 이상

해설 사이펀관(증기관) : 동관 6.5mm이상, 강관 12.7mm 이상

18 타원 단면의 금속관을 활모양으로 구부려서 한 끝을 봉한 것으로 개방단에 압력이 가해지면 관은 펴지려하므로 한 쪽 끝에 변위가 발생하는 데, 이와 같은 원리를 이용하는 압력검출소자는?

① 다이야프램(diaphragm)
② 벨로즈(bellows)
③ 피토관(pitot tube)
④ 부르돈관(bourdon tube)

ANSWER 13.① 14.① 15.① 16.② 17.④ 18.④

19 부르동관 압력계의 설명으로 틀린 것은?

① 저압용 부르동관 재료는 인청동, 황동 등을 사용한다.
② 고압용 부르동관 재료는 니켈청동, 구리 등을 사용한다.
③ 헬리컬형 부르동관 압력계는 주로 고압측정에 사용된다.
④ 스파이럴형 부르동관 압력계는 주로 저압측정에 사용된다.

해설 고압용 부르동관 : 스테인레스를 사용한다.

20 압력계의 종류에 해당되지 않는 것은?

① 액주식　　② 로터미터식
③ 탄성식　　④ 분동식

해설 로터미터식 : 유량계의 종류

21 탄성식 압력계의 일종으로 보일러의 증기압 측정 등 공업용으로 많이 사용되는 압력계는?

① 부르동관식 압력계
② 링 밸런스식 압력계
③ 벨르즈식 압력계
④ 피스톤식 압력계

해설 탄성식 압력계 : 부르돈관식, 벨로즈식, 다이어프램식 등이 있고, 가장 많이 사용되는 것은 부르돈관식으로 보일러에도 사용된다.

22 온도변화가 적고 부식성 가스나 습기가 적은 곳에 주로 사용되며 저압기체 및 배기가스의 압력측정에 적합한 압력계는?

① 침종식 압력계
② 환상천평식 압력계
③ 분동식 압력계
④ 약주식 압력계

해설 환상천평식은 온도변화가 적고 부식성 가스나 습기가 적은 곳에 주로 사용되고 저압기체 및 배기가스의 압력측정에 적합하다.

23 재료의 탄성과 스프링의 변위를 이용하여 압력을 측정하는 탄성식 압력계가 아닌 것은?

① 경사관식 압력계
② 다이어프램식 압력계
③ 벨로스식 압력계
④ 부르동관식 압력계

해설
- 탄성식(브르돈관식, 벨로즈식, 다이어프램식, 캡슐식)
- 액주식(단관식, U자관식, 경사관식)

24 액주계(manometer)의 원리를 옳게 설명한 것은?

① 관의 대기압 현상을 이용한 것이다.
② 액체 압력에 의한 관의 휨을 이용한 것이다.
③ 액주의 높이와 압력과의 관계를 이용한 것이다.
④ 액체의 부력을 이용한 것이다.

해설 액주식 압력계는 액주의 높이와 압력과의 관계를 이용한 것이다.

ANSWER　19.②　20.②　21.①　22.②　23.①　24.③

25 도시가스 연소식 노통연관보일러에 설치하는 증기압력계의 적정한 눈금은 어느 범위에 있어야 하는가?

① 사용압력의 1.5~3배
② 최고사용압력의 1.5~3배
③ 사용압력의 2~3배
④ 최고사용압력의 2~3배

> 해설) 증기압력계 눈금범위 : 최고사용압력의 1.5배~3배 이하

26 아래 그림과 같은 경사관식 압력계에서 압력 P_1과 P_2의 압력차는? (단, $\theta = 30°$, X = 100cm, 액체의 비중 = 0.9)

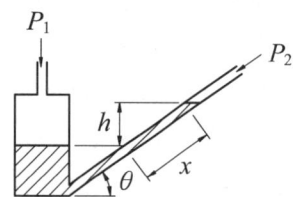

① $0.045 kg_f/cm^2$ ② $0.45 kg_f/cm^2$
③ $0.09 kg_f/cm^2$ ④ $0.90 kg_f/cm^2$

> 해설) $\therefore P_1 - P_2 = r \times X \times \sin\theta$
> $= 0.9 \times \dfrac{1}{1000} \times \sin 30 \times 100$
> $= 0.045 kg_f/cm^2$

27 [그림]과 같은 경사압력계에서 $P_1 - P_2$는 어떻게 표시되는가? (단, 유체의 밀도는 ρ, 중력가속도는 g로 표시된다.)

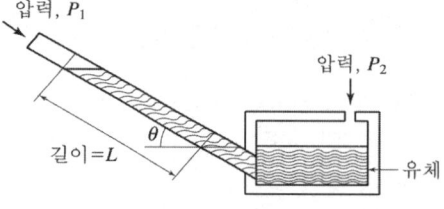

① $P_1 - P_2 = \rho g L$
② $P_1 - P_2 = -\rho g L$
③ $P_1 - P_2 = \rho g L \sin\theta$
④ $P_1 - P_2 = -\rho g L \sin\theta$

> 해설) 경사관식 압력계
> • $P_2 = P_1 + \gamma \cdot L \cdot \sin\theta$
> $\therefore P_2 = P_1 + \rho g L \sin\theta$

28 링밸런스식 압력계에 대한 설명 중 옳은 것은?

① 압력원에 가깝도록 계기를 설치한다.
② 부식성 가스나 습기가 많은 곳에는 다른 압력계보다 정도가 높다.
③ 도입관은 될 수 있는 한 가늘고 긴 것이 좋다.
④ 측정 대상 유체는 주로 액체이다.

> 해설) 링밸런스식 압력계(환상천평식) 특성
> ① 부식성 가스나 습기가 적은 장소에 설치한다.
> ② 도입관은 굵고 짧게 설치하는 것이 좋다.
> ③ 주로 기체측정에 사용된다.

29 다음 중 진공계의 종류가 아닌 것은?

① 맥라우드 진공계
② 열전도형 진공계
③ 전리 진공계
④ 음향식 진공계

> 해설) 진공계 종류
> ① 맥라우드(MC Leod)계
> ② 열전도형계
> ③ 전리 진공계
> ④ 방전전리 진공계

30 보일러 등 연소장치의 통풍력을 측정하는 데 주로 사용되는 것은?

① 탄산가스미터
② 파이로미터
③ 드래프트 게이지
④ 부르동관 압력계

해설) 드래프트 게이지 : 통풍력 측정 압력계

31 다음 압력계 중 고압 측정에 가장 적당한 것은?

① 다이어프램식   ② 벨로식
③ 브르동관식   ④ 링밸런스식

해설) 브르동관식 : 0.5~3,000kg/cm² 까지 측정(정도 ±1~2%), 기준분동식 압력계 다음으로 높은 압력을 측정한다.

32 다음 중 부르돈관(Bourdon Tube) 압력계에서 측정된 압력은?

① 절대압력   ② 게이지 압력
③ 진공압   ④ 대기압

해설) 게이지 압력 : 대기압을 0으로 기준한 압력, 즉 압력계에 지시된 압력을 말한다.

33 감도 및 정확성이 높아 대기압차가 적은 미소압력을 측정할 때 적당하며 보일러 연소가스의 통풍계로도 사용되는 것은?

① 분동식 압력계
② 다이어프램식 압력계
③ 벨로스 압력계
④ 부르동(Bourdon)관 압력계

해설) 다이어프램식 압력계 : 미압측정에 적합하며 통풍계로도 사용

34 다음 중 휘트스톤 브리지를 사용하는 진공계는?

① 피라미드 진공계
② 가이슬러 진공계
③ 매클라우드 진공계
④ 개관형 진공계

해설) 피라미드 진공계 : 휘트스톤 브리지 사용

35 다음 중 연돌가스의 압력측정에 가장 적당한 압력계는?

① 링밸런스식 압력계
② 압전식 압력계
③ 분동식 압력계
④ 부르동관식 압력계

해설) 링밸런스(환상천평)식 압력계 : 통풍력 측정에 적합한 압력계이다.

36 탄성 압력계의 일반 교정에 주로 사용되는 시험기는?

① 침종식 압력계
② 격막식 압력계
③ 정밀 압력계
④ 기준분동식 압력계

해설) 기준(표준)분동식 : 압력계 교정 및 시험용으로 사용된다.

ANSWER   30.③   31.③   32.②   33.②   34.①   35.①   36.④

37 벨로스 압력계에 대한 설명으로 틀린 것은?

① 정도는 ±1~2% 정도이다.
② 벨로스 재질은 인청동이 사용된다.
③ 측정압력 범위는 1~2000kg/cm² 정도이다.
④ 벨로스 압력에 의한 신축을 이용한 것이다.

해설) 벨로스식 압력계 측정범위는 10mmH₂O~10kg/cm² 정도

38 다이어프램 압력계에 대한 설명으로 틀린 것은?

① 연소로의 드래프트게이지로 사용된다.
② 다이어프램의 재료로는 고무, 인청동, 스테인리스 등의 박판이 사용된다.
③ 측정이 가능한 범위는 공업용으로는 20~5000mmH₂O 정도이다.
④ 먼지를 함유한 액체나 점도가 높은 액체의 측정에는 부적당하다.

해설) 다이어프램식 압력계
① 고체 부유물이 있는 유체압력 측정 가능
② 내식성 재료를 사용하면 부식성 유체압력 측정 가능
③ 점도가 큰 액체압력 측정 가능

39 유체가 흐르는 관로에 회전자를 설치하고, 이 회전자의 회전수를 측정하여 적산 유량을 계측하는 것은?

① 유속식   ② 용적식
③ 와류식   ④ 열선식

해설) 유속식은 유체가 흐르는 관로에 회전자를 설치 이 회전자의 회전수를 측정하여 적산유량을 구한다.

40 다음 중 교축을 이용한 것으로 유량 측정부 전후의 압력차를 측정하여 유량을 측정하는 유량계는?

① 로터미터(rotameter)
② 오벌(oval) 유량계
③ 습식 가스미터
④ 오리피스

해설) 교축기구 전, 후의 압력차를 이용한 압력계를 차압식(오리피스, 플로우노즐, 벤튜리식)라 한다.

41 지름이 200mm인 관에 비중이 0.9인 기름이 평균속도 5m/s로 흐를 때 유량은 약 몇 kg/s인가?

① 14   ② 15.7
③ 141.3   ④ 157

해설)
$$Q = A \times V = \frac{\pi d^2}{4} \times V$$
$$= \frac{3.14 \times (0.2)^2}{4} \times 5 \times 900 = 141.3 \text{kg/s}$$
(비중 0.9의 기름 비중량 = 900kg/m³)

42 피토관을 사용하여 해수의 유속을 측정하였더니 마노메타의 차가 10cm 이었다. 이때 유속은 약 몇 m/s인가?

① 1.4   ② 1.96
③ 14   ④ 18.6

해설) • 유속$(V) = \sqrt{2gh} = \sqrt{2 \times 9.8 \times 0.1} = 1.4$m/s

43 안지름 25cm인 관에 물이 가득 흐를 때 피토관으로 측정한 유속이 6m/s이었다면 이때의 유량은 약 몇 kg/s인가?

① 108   ② 120
③ 295   ④ 770

해설)
$$\therefore Q = A \times V = \frac{3.14 \times (0.25)^2}{4} \times 6$$
$$= 0.295 \text{m}^3/\text{s} \times 1000 \text{kg/m}^3 = 295 \text{kg/s}$$
• 물의 비중량 : 1000kg/m³

ANSWER 37.③ 38.④ 39.① 40.④ 41.③ 42.① 43.③

44 대유량의 측정에 적합하고, 비전도성 액체라도 유량 측정이 가능하며 도플러효과를 이용한 유량계는?

① 플로노즐 유량계
② 벤투리 유량계
③ 임펠러 유량계
④ 초음파 유량계

해설) 초음파 유량계 : 도플러 효과를 이용한 유량계로 대유량 측정에 적합하고, 비전도성 액체라도 유량 측정이 가능하다.

45 관로에 설치된 오리피스에 의한 유량측정에서 유량은?

① 차압의 제곱에 비례한다.
② 차압의 제곱에 반비례한다.
③ 차압의 제곱근에 비례한다.
④ 차압의 제곱근에 반비례한다.

해설) • 차압식 유량계 : 교축기구 전후의 차압을 이용하여 유량을 측정하며 차압은 유량의 제곱근에 비례한다.
• 종류 : 오리피스식, 플로우노즐식, 벤튜리식

46 다음 중 유량을 나타내는 단어가 아닌 것은?

① m^3/h ② kg/min
③ L/s   ④ m/s

해설) 유속 : m/s

47 오리피스(Orifice)에 의한 유량측정 시 관계있는 것은?

① 유로의 교축기구 전후의 압력차
② 유로의 교축기구 전후의 온도차
③ 유로의 교축기구 입구에 가해지는 압력
④ 유로의 교축기구 출구에 가해지는 압력

해설) 차압식 유량계는 유로의 교축기구 전후의 압력차를 이용하여 유량측정

48 용적식 유량계의 특성 설명 중 틀린 것은?

① 고점도 유체의 유량 측정이 가능하다.
② 입구측에 여과기를 설치해야 한다.
③ 구조가 간단하며, 적산용으로 부적합하다.
④ 유체의 맥동에 대한 영향이 적다.

해설) 용적식 유량계는 정도가 높아서 상업거래용으로 사용한다.

49 다음 중 유체의 흐름 중에 프로펠러 등의 회전자를 설치하여 이것의 회전수로 유량을 측정하는 유량계의 종류는?

① 유속식   ② 전자식
③ 용적식   ④ 피토관식

해설) 유속식 유량계는 프로펠러 등의 회전자를 설치하여 회전수로 유량을 측정

50 차압식 유량계인 오리피스 전, 후의 압력차가 3.2mmH₂O일 때 유량이 18m³/h이었다. 압력차가 0.8mmH₂O일 때의 유량은?

① 172.8m3/h   ② 50.6m³/h
③ 9.0m³/h   ④ 4.5m³/h

해설)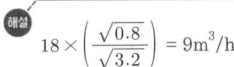

51 용적식 유량계의 입구측에 필히 설치해야 하는 기구는?

① 온도계   ② 여과기
③ 교축기구 ④ 차압계

Answer 44.④ 45.③ 46.④ 47.① 48.③ 49.① 50.③ 51.②

52 체적과 시간으로부터 직접 유량을 구하는 유량계는?

① 벤투리관　② 오리피스
③ 노즐　　　④ 로터미터

해설) 오리피스, 벤투리, 플로우노즐실은 차압을 측정하여 유량을 산정하는 간접 방법이다.

53 초음파 유량계의 원리는 무엇을 응용한 것인가?

① 제백 효과
② 도플러 효과
③ 바이메탈 효과
④ 펠티에 효과

해설) 초음파 유량계로 도플러 효과의 원리를 응용한 것이다.

54 피토관을 사용하여 측정한 결과 수주차가 7cm, 속도계수 K = 0.95일 때 유속은?
(단, 유속 $V = K\sqrt{2gh}$ 로 계산한다.)

① 111.3cm/sec
② 119.2cm/sec
③ 126.2cm/sec
④ 130.2cm/sec

해설) $0.95 \times \sqrt{2 \times 9.8 \times 7} = 111.3$cm/sec
중력가속도(g) : 9.81
$V = k \cdot \sqrt{2gh}$
$= 0.95 \times \sqrt{2 \times 9.8\text{m/s}^2 \times 0.07\text{m}}$
$= 1.1127\text{m/s} \times 100 = 111.27$cm/s

55 차압식 유량계의 종류가 아닌 것은?

① 오리피스식　② 피스톤식
③ 노즐식　　　④ 벤투리식

해설) 차압식 유량계 : 오리피스식, 플로우노즐식, 벤투리식

56 유량 측정 방법에서 체적과 시간으로부터 직접 유량을 구하는 방식의 유량계는?

① 벤투리관　② 오리피스
③ 피토관　　④ 로터미터

57 관로에 가열된 전열선을 두고 유속에 의한 온도 변화로 유량을 측정하는 것은?

① 용적식 유량계　② 차압식 유량계
③ 면적식 유량계　④ 열선식 유량계

해설) 열선식 유량계 : 관로에 가열된 전열선을 두고 유속에 의한 온도변화로 유량을 측정

58 유체의 압력차를 일정하게 유지하고 유체가 흐르는 단면적을 변화시켜 유량을 측정하는 계측기는?

① 오리피스　② 플로 노즐
③ 벤투리미터　④ 로터미터

해설) 로터미터(면적식) : 유체의 압력차를 일정하게 유지하고 흐르는 단면적을 변화시켜 유량측정

59 차압식 유량계의 종류가 아닌 것은?

① 벤투리미터　② 오리피스
③ 플로노즐　　④ 피스톤

해설) 차압식유량계 : 오리피스, 벤투리미터, 플로노즐

60 차압식 유량계 종류 중 구조가 간단하여 많이 사용되나 압력 손실이 가장 큰 것은?

① 오리피스　② 벤튜리식
③ 피토식　　④ 플로우 노즐

해설) 차압식 유량계 : 오리피스식, 플로우노즐식, 벤튜리식 등이 있고, 이 중에서 구조가 간단하고 가격이 저렴한 것은 오리피스식이다.

ANSWER　52.④　53.②　54.①　55.②　56.④　57.④　58.④　59.④　60.①

61 유량이 1400cm³/s이고, 유속이 1m/s일 때 이관의 내경은?

① 약 34mm   ② 약 38mm
③ 약 42mm   ④ 약 46mm

해설) 관의 내경(d) = $\sqrt{\frac{4Q}{\pi V}}$ = $\sqrt{\frac{0.0014 \times 4}{3.14 \times 1}} \times 1000$
≒ 42mm

62 다음 중 용적식 유량계가 아닌 것은?

① 로터리 피스톤식
② 오벌기어식
③ 루트식
④ 피토우관식

해설) 피토우관식 : 유속식에 속한다.

63 유체가 흐르는 관로에 오리피스나 노즐, 벤튜리 같은 교축기구를 넣어서 교축 전후의 압력차에 의해 유량을 측정하는 방식은?

① 면적식   ② 열선식
③ 차압식   ④ 용적식

해설) 차압식 : 교축기구 전후의 차압을 이용하여 유량 산출(오리피스식, 플로우노즐식, 벤튜리식)

64 가스미터에는 실측식과 추량식이 있다. 추량식에 속하지 않는 것은?

① 오리피스식
② 터빈식
③ 벤튜리식
④ 다이어프램식

해설) 다이어프램식은 압력계에 속한다.

65 차압식 유량계로 유량을 측정하였더니 관로 중에 설치한 조리개기구(오리피스)전후의 압력차가 1.826mmH₂O일 때 22m³/h이었다. 차압이 1.036mmH₂O일 때의 유량은 약 얼마인가?

① 17.2m³/h   ② 13.5m³/h
③ 14.5m³/h   ④ 16.6m³/h

해설) $22 \times (\frac{\sqrt{1.036}}{\sqrt{1.826}})$ = 16.6m³/h

66 유량계의 종류 중 차압식이 아닌 것은?

① 오리피스   ② 플로우 노즐
③ 벤튜리미터   ④ 로터미터

해설) 차압식 유량계 : 오리피스식, 플로우노즐식, 벤튜리식

67 다음 중 유체의 흐름 중에 터빈이나 프로펠러를 설치하여 이것의 회전수로 유량을 측정하는 유량계에 속하는 것은?

① 로터미터   ② 전자 유량계
③ 오리피스   ④ 수도미터

해설) 수도미터 : 임펠러의 회전수를 이용하여 유량을 산출한다.

68 면적식 유량계의 특징 설명으로 틀린 것은?

① 소유량, 고점도 액체의 측정이 가능하다.
② 유량 눈금이 균등하다.
③ 적산용 유량계로 사용된다.
④ 부식액의 측정에 적합하다.

해설) 면적식 유량계는 순간유량계이다.

ANSWER   61.③   62.④   63.③   64.④   65.④   66.④   67.④   68.③

69 유량계의 유량측정에 사용되지 않는 방식은?

① 용적식 ② 유속식
③ 저항식 ④ 면적식

> 해설) 온도측정에서 저항온도계는 사용되나 유량측정에 사용되지 않는다.

70 차압식 유량계의 압력손실의 크기를 표시한 것으로 옳은 것은?

① 오리피스 > 플로노즐 > 벤투리관
② 플로노즐 > 오리피스 > 벤투리관
③ 벤투리관 > 플로노즐 > 오리피스
④ 오리피스 > 벤투리관 > 플로노즐

> 해설) 차압식 유량계 압력손실이 큰 순서
> 오리피스 > 플로노즐 > 벤투리관

71 다음 중 와류식 유량계가 아닌 것은?

① 칼만식 유량계
② 델타식 유량계
③ 스와르미터 유량계
④ 전자 유량계

> 해설) 와류식 유량계 : 델타식, 스와르미터, 칼만식 등

72 면적식 유량계의 특징에 대한 설명으로 틀린 것은?

① 유체의 밀도를 미리 알고 측정하여야 한다.
② 정도가 아주 높아 정밀측정이 가능하다.
③ 슬러리나 부식성 액체의 측정이 가능하다.
④ 압력손실이 적고 균등한 유량 눈금을 얻을 수 있다.

> 해설) 면적식 유량계(로터미터식, 게이트식)특징
> ① 유체의 밀도를 미리 알아야 측정이 가능하다.
> ② 슬러리나 부식성 액체 측정 가능
> ③ 정도가 ±1~2%이라서 정밀측정에는 사용불가
> ④ 소유량, 고점도 유체측정 가능

73 전자유량계는 어떤 유체의 유량을 측정하는데 주로 사용되는가?

① 순수한 물
② 과열된 증기
③ 전도성 유체
④ 비전도성 유체

> 해설) 전자식유량계 : 전도성 유체의 흐름과 직각 방향으로 작용되는 기전력을 이용하여 유량을 측정하는 형식으로 페러데이 법칙을 이용하였다.

74 관로의 유속을 피토관으로 측정할 때 마노미터 수주의 높이가 1m이었다. 이때 유속은 약 몇 m/s인가?

① 0.44 ② 0.89
③ 4.43 ④ 8.86

> 해설) $V = \sqrt{2gh} = \sqrt{2 \times 9.8 \times 1} = 4.43 \, m/s$

75 유속 3m/s의 물속에 피토관을 설치할 때 수주의 높이는 약 몇 m인가?

① 0.46m ② 0.92m
③ 4.6m   ④ 9.2m

> 해설) $3 = \sqrt{2gh} = \sqrt{2 \times 9.8 \times h}$
> $\therefore h = \dfrac{V^2}{2g} = \dfrac{3^2}{2 \times 9.8} = 0.46m$

ANSWER 69.③ 70.① 71.④ 72.② 73.③ 74.③ 75.①

76 오리피스에 의한 유량측정에 유량은 압력차와 어떤 관계인가?

① 압력차에 비례한다.
② 압력차에 반비례한다.
③ 압력차의 평방근에 비례한다.
④ 압력차에 평방근에 반비례한다.

해설) 오리피스식 유량계는 차압식 유량계이며 압력차는 평방근(제곱근)에 비례한다.

77 최근 널리 보급되어 사용되고 있는 초음파 유량계에 대한 설명으로 틀린 것은?

① 고주파의 펄스를 이용하여 유체의 유속을 측정함으로써 유량을 측정하는 장치이다.
② 초음파가 유속을 진행할 때, 유체의 속도에 따른 유체와 초음파의 공명현상을 이용한 것이다.
③ 싱어라운드법, 시간차법, 위상차법 등이 있다.
④ 주로 대유량의 측정에 적합하고 측정에 따른 압력손실이 거의 없다.

해설) 초음파 유량계 : 초음파가 유속을 진행할 때 유체의 속도에 따른 주파수 변화를 계측하여 이용한 것

78 다음 중 차압식 유량계가 아닌 것은?

① 벤투리 유량계
② 오리피스 유량계
③ 피스톤형 유량계
④ 플로 노즐 유량계

해설) 피스톤형 유량계 : 용적식 유량계로서 가솔린 등의 유량 측정

79 다음 중 용적식 유량계에 해당되지 않는 것은?

① 로터리유량계   ② 루트유량계
③ 로터미터   ④ 가스미터

해설)
• 용적식 유량계 : 오벌식, 루트식, 로터리피스톤식, 가스미터(습식, 건식)
• 면적식 유량계 : 로터미터, 게이트식

80 피토관(Pitot Tube)은 무엇을 측정하기 위한 기기인가?

① 유속계   ② 압력계
③ 액면계   ④ 온도계

해설) 피토관 : 유량측정을 하는 유량계(유속계)

81 다음 [보기]의 특징을 가지는 유량계는?

[보기]
- 고점도 유체나 소유량에 대한 측정이 가능하다.
- 압력손실이 적고, 측정치는 균등 유량 눈금을 읽을 수 있다.
- 슬러지나 부식성 액체의 측정이 가능하다.
- 정도는 1~2% 정도로서 정밀측정에는 부적당하다.

① 전자식 유량계
② 임펠러식 유량계
③ 유속측정식 유량계
④ 면적식 유량계

해설) 면적식 : 고점도 유체나, 부식성 액체 등 측정이 가능하다.

ANSWER 76.③ 77.② 78.③ 79.③ 80.① 81.④

82 다음 중 와류식 유량계가 아닌 것은?

① 델타 유량계
② 칼만 유량계
③ 스와르 메타 유량계
④ 토마스 유량계

[해설] 와류식 유량계 : 델타식, 칼만식, 스와르 메타 유량계

83 상온, 상압의 공기 유속을 피토관으로 측정하였더니 동압(P)으로 80mmH₂O이었다. 비중량(γ)이 1.3kg/m³일 때 유속은 약 몇 m/s인가?

① 3.20 ② 12.3
③ 34.7 ④ 50.5

[해설] $V = \sqrt{2g \times \frac{(P_t - P_s)}{\gamma}} = \sqrt{\frac{2 \times 9.8 \times 80}{1.3}}$
= 34.7m/s [g(중력가속도) : 9.8]
P_t : 전압, P_s : 정압, P_v : 동압
$P_t = P_s + P_v$ $P_v = P_t - P_s$

84 다음 중 패러데이(Faraday) 법칙을 이용한 유량계는?

① 전자유량계 ② 델타유량계
③ 스와르미터 ④ 초음파유량계

[해설] 전자유량계 : 전도성 유체의 흐름과 직각 방향으로 작용되는 기전력을 이용하여 유량을 측정하는 형식으로 패러데이 법칙을 이용

85 액면에 부자를 띄워 그것이 상하로 움직이는 위치로써 액면을 측정하는 액면계는?

① 직관식 액면계
② 초음파 액면계
③ 플로트식 액면계
④ 압력식 액면계

[해설] 플로트식 액면계는 부자의 부력을 이용하여 액면을 측정한다.

86 보일러의 액면측정에 사용되는 액면계의 종류가 아닌 것은?

① 직관식   ② 플로트식
③ 압력식   ④ 체적식

[해설] 체적식(용적식)은 유량계의 종류에 포함된다.

87 액면측정기의 종류 중 직접식 액면계에 속하는 것은?

① 압력식   ② 방사선식
③ 검척식   ④ 정전용량식

[해설] 간접식(압력식, 방사선식, 초음파식, 정전용량식)이며, 검척식은 직접식이다.

88 증기부와 수부의 굴절률 차를 이용한 것으로 증기는 적색, 수부는 녹색으로 보이도록 한 것으로 고압의 대용량이나, 발전용 보일러에 사용되는 수면계는?

① 평형투시식 수면계
② 유리관 수면계
③ 평형반사식 수면계
④ 2색식 수면계

[해설] 2색식 수면계 : 증기부와 수부의 굴절차를 이용한 것으로 증기는 적색, 수부는 녹색으로 표시됨

89 액면계를 측정방법에 따라 분류할 때 간접법을 이용한 액면계가 아닌 것은?

① 게이지 글라스 액면계
② 초음파식 액면계
③ 방사선식 액면계
④ 압력식 액면계

[해설] 게이지 글라스형은 직접식에 속한다.

ANSWER 82.④ 83.③ 84.① 85.③ 86.④ 87.③ 88.④ 89.①

90 다음 유리관식 액면계의 종류 중 가장 높은 압력범위에서 사용할 수 있는 액면계는?

① 멀티포트식
② 2색 액면계
③ 평형 반사식
④ 원형 유리관식

해설
① 원형유리관식 수면계: 저압용-1MPa(10kg/cm²)
② 평형투시식 수면계: 고압용으로 4.5MPa(45kg/cm²)에서 7.5MPa(75kg/cm²)
③ 평형반사식 수면계: 수부를 검게 나타낸 것으로 1.6MPa(16kg/cm²)에서 2.5MPa(25kg/cm²)
④ 멀티포트식 수면계: 원격지시수면계이며, 21MPa(210kg/cm²)까지의 초고압용

91 밀폐 고압탱크나 부식성 탱크의 액면 측정에 가장 적절한 액면계는?

① 차압식   ② 플로프(Float)식
③ 노즐식   ④ 감마(γ)선식

해설 감마선식 액면계: 고압 밀폐탱크 및 부식성 액체 측정이 가능하다.

92 부자식 액면계에 대한 설명 중 틀린 것은?

① 기구가 간단하고 고장이 적다.
② 측정범위가 넓다.
③ 액면이 심하게 움직이는 곳에서는 사용하기가 곤란하다.
④ 습기가 있거나 전극에 피측정체를 부착하는 곳에서는 사용하기가 부적당하다.

해설 부자식(플로트식): 액면계 습기가 있거나 전극에 피측정체를 부착하여도 사용이 가능한 직접식 액면계이다.

93 다음 중 액면 측정방법이 아닌 것은?

① 플로트식
② 액압측정식
③ 정전용량식
④ 박막식

해설 박막식(격막식)은 압력측정용 또는 유량계 등에도 사용된다.

94 다음 액면계에 대한 설명 중 틀린 것은?

① 고압 밀폐 탱크의 액면제어용으로 가장 많이 사용하는 것으로 부자식 액면계이다.
② 개방탱크나 저수조에 주로 사용하는 것은 검척식 액면계이다.
③ 공기압을 이용하여 액면을 측정하는 액면계는 퍼지식 액면계이다.
④ 관내의 공기압과 액압이 같아지는 압력을 측정하여 액면의 높이를 측정하는 것은 정전용량식 액면계이다.

해설 정전용량식 액면계: 측정물의 유전율을 이용하여 정전용량의 변화로 액면측정한다.

95 부력과 중력의 평형을 이용하여 액면을 측정하는 것은?

① 초음파식 액면계
② 정전용량식 액면계
③ 플로트식 액면계
④ 차압식 액면계

해설 플로트식 액면계: 부력에 의해 플로트의 변화량을 이용하여 액면을 측정한다.

ANSWER 90.① 91.④ 92.④ 93.④ 94.④ 95.③

96 다음 중 직접식 액면계가 아닌 것은?

① 플로트식 액면계
② 검척식 액면계
③ 압력식 액면계
④ 유리관식 액면계

해설 간접식 : 압력식, 차압식, 기포식

97 어떤 굴뚝가스가 50mol% N_2, 20mol% CO_2, 10mol% O_2와 나머지가 H_2O인 조성을 가지고 있다. 이 기체 중 CO_2 가스의 건기준의 몰분율은?

① 0.125　　② 0.2
③ 0.25　　④ 0.55

해설 V = 50+20+10 = 80mol
∴ $CO_2 = \dfrac{20}{80} = 0.25$

98 오르사트 가스분석계의 배기가스 분석 순서를 바르게 나열한 것은?

① $N_2 \rightarrow CO \rightarrow O_2 \rightarrow CO_2$
② $CO_2 \rightarrow CO \rightarrow O_2 \rightarrow N_2$
③ $N_2 \rightarrow O_2 \rightarrow CO \rightarrow CO_2$
④ $CO_2 \rightarrow O_2 \rightarrow CO \rightarrow N_2$

해설 배기가스 분석순서 : $CO_2 \rightarrow O_2 \rightarrow CO \rightarrow N_2$

99 오르사트 가스분석 장치에 사용되는 흡수제와 흡수되는 가스가 옳게 짝지어진 것은?

① 암모니아성 염화 제1구리 용액 - CO_2
② 무수황산 30% 용액 - CO_2
③ 알칼리성 피로갈롤 용액 - O_2
④ KOH 30% 용액 - O_2

해설
• KOH 30% 용액 : CO_2
• 알칼리성 피로갈롤 용액 : O_2
• 암모니아성 염화 제1구리 용액 : CO

100 가스와 흡수액의 접촉이 양호한 구조의 피펫을 사용하여 신속하고 간편하게 가스를 분석하는 것으로 가스의 분석순서는 $CO_2 \rightarrow O_2 \rightarrow CO$이며, 구조가 간단하고 취급이 용이한 분석법은?

① 오르샤트 분석법
② 열전도율 분석법
③ 헴펠 분석법
④ 자화율 분석법

해설 오르샤트분석법의 배기가스 분석순서
$CO_2 \rightarrow O_2 \rightarrow CO$

101 산소농도를 측정하는 분석계 중 기전력을 측정하여 산소를 분석하는 계측기기는?

① 자기식 산소분석계
② 세라믹 산소분석계
③ 밀도식 산소분석계
④ 연소식 산소분석계

해설 세라믹식 : 과잉공기계(O_2계)는 기전력을 이용한다.

102 가스크로마토그래피를 사용하여 가스를 분석할 때 사용되는 캐리어스가스가 아닌 것은?

① He　　② Ne
③ O_2　　④ Ar

해설 캐리어(시료운반)가스 : He, Ne, Ar, N_2, H_2

103 가스크로마토그래피에 사용되는 캐리어 가스가 아닌 것은?

① N_2　　② Ar
③ CO_2　　④ H_2

해설 캐리어가스(시료운반가스) : N_2, Ar, H_2, He, Ne

ANSWER 96.③ 97.③ 98.④ 99.③ 100.① 101.② 102.③ 103.③

104 흡착제를 충진한 세관(細管)을 통과하는 가스의 이동속도차를 이용하여 분석을 행하며, 분리능력이 좋고 선택성이 우수한 분석기는?

① 가스크로마토그래피
② 적외선 가스분석계
③ 흡수식 가스분석계
④ 밀도식 가스분석계

해설 가스크로마토그래피법은 가스의 이동속도차를 이용하여 가스를 분석한다.

105 특정가스의 물성정수인 확산속도를 주로 이용하는 가스분석방법은?

① 자동 화학식 CO_2법
② 가스크로마토그래피법
③ 오르사트법
④ 연소열식 O_2법

해설 가스크로마토그래피법 : 특정가스의 물성정수인 확산속도를 이용하여 가스를 분석한다.

106 다음 [보기]의 특징을 가지는 분석기기는?

[보기]
- 응답속도가 대체로 늦다.
- 여러 성분이 섞여 있는 시료가스 분석에 적당하다.
- 분리 능력과 선택성이 우수하다.
- 자동 Sampling 장치 부착 시 자동분석이 가능하다.

① 가스크로마토그래피
② 적외선가스분석계
③ 자기식 O_2계
④ 세라믹 O_2계

해설 가스크로마토그래피 : 여러 성분이 섞여 있는 시료 가스 분석, 선택성 우수, 응답속도가 늦다.

107 산소의 농도를 계측할 때 기전력을 이용하여 분석 계측하는 계측기기는?

① 연소식 O_2계
② 자기식 O_2계
③ 세라믹 O_2계
④ 밀도식 O_2계

해설 세라믹 산소계는 산소의 농도 측정시 기전력을 이용한다.

108 다음 가스분석계 중 CO_2를 측정하기 위한 것이 아닌 것은?

① 자기식 가스분석계
② 적외선 가스분석계
③ 오르사트 가스분석계
④ 헴펠식 가스분석계

해설 자기식 O_2계는 O_2를 측정한다.

109 보일러 연도에서 가스를 채취하여 분석할 때 분석계 입구에서 2차 필터로 사용하는 것은?

① 소결금속
② 카보란덤
③ 아런덤
④ 유리솜

해설
- 1차 필터 : 아런덤, 카브란담, 소결금속
- 2차 필터 : 유리솜, 석면, 면

110 상자성체이므로 자력을 이용하여 자기풍을 발생시켜 농도를 측정할 수 있는 기체는?

① 산소
② 이산화탄소
③ 수소
④ 메탄가스

해설 산소는 자기장의 영향을 받는 상자성 가스다

ANSWER 104.① 105.② 106.① 107.③ 108.① 109.④ 110.①

111 실리카겔, 활성탄 등의 흡착제를 충전한 가는 관의 한쪽으로부터 시료 가스를 공급하고, H_2, He, Ar, N_2 등의 캐리어 가스로 시료를 흡입시키는데, 이 때 각 가스마다 다르게 분리되어 나오는 출구가스의 농도를 열전형 CO_2 측정계로 검출하여 분석하는 것은?

① 세라믹 O_2 분석계
② 자동 화학식 CO_2 분석계
③ 가스 크로마토그래피
④ 오르잣트 분석계

해설 가스크로마토그래픽 : 시료운반가스를 이용하여 가스를 분석한다.

112 다음 중 온도를 높여주면 산소 이온만을 통과시키는 성질을 이용한 가스분석계는?

① 세라믹 O_2계
② 갈바닉 전자식 O_2계
③ 자기식 O_2계
④ 적외선 가스분석계

해설 세라믹 O_2계 : 주원료는 ZrO_2(지르코니아)이고 온도를 높여주면 산소이온만 통과시킨다.

113 열전도도 CO_2 분석계의 특징을 설명한 것은?

① 선택성이 우수하다.
② 수소가 혼입되면 오차가 발생한다.
③ 측정농도 범위가 넓다.
④ 저농도의 가스 분석에 적합하다.

해설 열전도도 CO_2 분석계의 경우 수소 혼입시 오차가 발생한다.

114 가스분석 측정법 중 화학적 가스분석계에 속하는 것은?

① 자화율법
② 연소열법
③ 열전도율법
④ 세라믹법

해설
- 연소열법 : 화학적가스분석계
- 물리적가스분석계 : 자화율법, 세라믹법, 열전도율법

115 오르잣트(Orast) 가스분석계에서 이산화탄소를 흡수하는 용액은?

① 수산화칼륨 30% 수용액
② 알칼리성 피로카롤 용액
③ 차아황산소다
④ 암모니아성 염화 제1구리 용액

해설
- CO_2 흡수용액 : KOH 30%수용액
- O_2 : 알칼리성 피로카롤 용액
- CO : 암모니아성 염화제1동용액

116 다음 중 적외선 가스분석계로 분석할 수 없는 것은?

① CO_2
② CH_4
③ CO
④ Cl_2

해설 적외선가스분석계는 CO_2, CO, CH_4 등을 분석한다.

117 적외선 분광분석계에서 고유 흡수스펙트럼을 가지지 못하기 때문에 분석이 불가능한 것은?

① CH_4
② CO
③ CO_2
④ O_2

해설 적외선 가스분석계 : H_2, O_2, N_2 등의 가스는 분석이 불가능하다.

ANSWER 111.③ 112.① 113.② 114.② 115.① 116.④ 117.④

118 적외선 가스분석계로 분석할 수 없는 가스는?

① CO ② CO_2
③ O_2 ④ CH_4

해설 O_2는 적외선 가스분석계로 분석이 불가능하다.

119 물리적 가스분석계의 종류가 아닌 것은?

① 가스 크로마토 그래피
② 세라믹식 O_2계
③ 밀도식 CO_2계
④ 헴펠식 가스분석계

해설 헴펠식 가스분석계 : 화학적 가스분석계

120 가스분석계에서 CO_2 분석계에 해당하는 것은?

① 세라믹식
② 갈바니 전기식
③ 자기식
④ 밀도식

해설 밀도식 CO_2계

121 다음 중 화학식 가스분석계가 아닌 것은?

① 오르자트식
② 연소식
③ 자동화학식 CO_2계
④ 밀도식

해설 밀도식 CO_2계 : 물리적 가스분석계

122 보일러 출구의 배기가스를 측정하는 세라믹 O_2계의 특징이 아닌 것은?

① 응답이 신속하다.
② 연속측정이 가능하다.
③ 측정부의 온도유지를 위하여 온도조절용 히터가 필요하다.
④ 분석하고자 하는 가스를 흡수 용액에 흡수시켜, 전극으로 그 용해에서의 굴절률 변화를 이용하여 O_2 농도를 측정한다.

해설 세라믹 산소(O_2)계 : 지르코니아를 주원료로 한 특수 세라믹은 온도를 높이면 산소이온만을 통과시키는 특수한 원리를 이용한 것

123 "CO+H_2"분석계란 어떤 가스를 분석하는 계기인가?

① 과잉공기계
② CO_2계
③ 미연소가스계
④ N_2계

해설 미연소가스계 : CO+H_2가스의 화학적인 가스분석계

124 다음 중 가스의 비중을 이용하는 가스분석계는?

① 도전율식 CO_2계
② 열전도율식 CO_2계
③ 지르코니아식 O_2계
④ 밀도식 CO_2계

해설 밀도식 CO_2계 : CO_2의 밀도가 공기보다 현저히 크다는 원리를 이용한 것

125 연소가스 중의 O_2의 측정하는 방법이 아닌 것은?

① 자기식 ② 밀도식
③ 연소열식 ④ 세라믹식

해설 과잉공기계 : 자기식 O_2계, 연소식 O_2계, 세라믹식 O_2계, 밀도식 CO_2계(물리적 가스분석계)

ANSWER 118.③ 119.④ 120.④ 121.④ 122.④ 123.③ 124.④ 125.②

126 자기식 O_2계의 특징에 대한 설명으로 틀린 것은?

① 가동부분이 없다.
② 측정가스 중에 가연성 가스가 포함되면 사용할 수 없다.
③ 시료가스의 유량, 점성, 압력 등의 변화에 대하여 측정오차가 크게 발생한다.
④ 열선이 유리로 피복되어 있어서 측정가스 중의 가연성가스에 대한 백금의 촉매작용을 막아준다.

해설) 자기식 O_2계 시료가스의 유량 : 점성, 압력변화에 대해 측정오차가 생기지 않는다.

127 일정량의 측정가스와 수소(H_2) 등 가연성가스를 혼합하고 이 혼합가스에 촉매를 넣고 연소시키는 분석계는?

① 연소식 O_2계
② 자기식 O_2계
③ H_2+Co계
④ 자동화학 CO_2계

해설) 연소식 O_2계는 선택성은 있으나 H_2가스 등의 가연성 가스를 준비 후 산소를 측정한다.

128 가스분석계의 측정법 중 전기적 성질을 이용한 것은?

① 세라믹법
② 자화율법
③ 오르자트(Orsat)법
④ 기체크로마토그래피 (Gas Chromatography)법

해설) 세라믹 O_2계 (지르코니아 ZrO_2 이용)는 세라믹의 온도를 높여주면 산소이온만 통과시키는 성질을 이용하여 세라믹 파이프 내외의 산소 농담 전지를 형성함으로써 기전력을 측정하여 (O_2)농도 측정하는 방식

129 세라믹식 O_2계에 대한 설명으로 옳은 것은?

① 응답이 느리다.
② 온도조절용 전기로가 필요 없다.
③ 연속측정이 가능하며 측정범위가 좁다.
④ 측정가스 중에 가연성 가스가 존재하면 사용이 불가능하다.

해설) 세라믹식(자기식 O_2계)은 측정가스 중에 가연성 가스가 존재하면 사용이 불가능하다.

130 지르코니아식 O_2 측정기의 특징에 대한 설명 중 틀린 것은?

① 응답속도가 빠르다.
② 측정범위가 넓다.
③ 설치장소 주위의 온도변화에 영향이 적다.
④ 온도 유지를 위한 전기히터가 필요 없다.

해설) 세라믹 O_2계 (ZrO_2 이용)
① 응답속도가 빠르다.
② 측정범위가 넓다.
③ 설치장소 주위의 온도변화에 영향이 적다.
④ 온도 유지를 위한 전기히터가 필요 하다.

131 적외선 가스분석계의 특징에 대한 설명으로 옳은 것은?

① 선택성이 뛰어나다.
② 대상 범위가 좁다.
③ 저농도의 분석에 부적합하다.
④ 측정가스의 Dust 방지나 탈습에 충분한 배려가 필요 없다.

해설) 적외선 가스분석계 : 선택성이 뛰어나다.

ANSWER 126.③ 127.① 128.① 129.④ 130.④ 131.①

132 다음 중 가스분석에 가장 적합한 온도는 몇 ℃인가?

① 0
② 12
③ 20
④ 50

> 가스분석 시 적합한 온도 : 20℃

133 가스분석계인 자동화학식 CO_2계에 대한 설명으로 틀린 것은?

① 오르사트(Orsat)식 가스분석계와 같이 CO_2를 흡수액에 흡수시켜 이것에 의한 시료 가스 용액의 감소를 측정하고 CO_2 농도를 지시한다.
② 피스톤의 운동으로 일정한 용적의 시료가스가 $CaCO_2$ 용액 중에 분출되며 CO_2는 여기서 용액에 흡수된다.
③ 조작은 모두 자동화되어 있다.
④ 흡수액에 따라서 O_2 및 CO의 분석계로도 사용할 수 있다.

> 자동화학식 CO_2계의 흡수액은 KOH 30% 수용액을 사용한다.

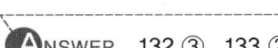

CHAPTER 04 열측정

4-1 온도측정

열에 관한 양의 기본량은 온도이며, 온도 눈금에는 열역학적 섭씨(Celsius) 눈금[℃]과 켈빈(Kelvin) 눈금[K]이 사용되며 실제로는 이들과 합치한 국제 실용온도 눈금에서 정한 온도정점을 이용한다.

정의정점	섭씨[℃]	켈빈[K]
① 평형수소 3중점	−259.34	13.81
② 압력 25/76기압에서 평형수소의 비점	−256.108	17.042
③ 평형 수소 비점	−252.87	20.28
④ 네온의 비점	−246.048	27.102
⑤ 산소의 3중점	−218.789	54.361
⑥ 산소의 비점	−182.962	90.188
⑦ 물의 3중점	0.01	273.16
⑧ 수증기 점	100	373.15
⑨ 황 비점	444.6	717.75
⑩ 아연 응고점	419.58	692.73
⑪ 은의 응고점	961.93	1,235.08
⑫ 금의 응고점	1,064.43	1,337.58

1. 온도측정방법

온도의 측정법은 온도를 측정할 물체와 계기의 검출소자를 접촉시켜 측정하는 방식과 물체의 방사 또는 색 등을 이용한 비접촉방식이 있다.

2. 접촉식 온도계

측정기의 감온부를 직접 접촉시켜 양자사이에 열수수를 행하게 하여 평형이 되었을 때 검출부의 온도에서 대상물의 온도를 측정하는 방법이다.

(1) 열팽창을 이용한 것

① 팽창에 의한 체적변화 또는 자유팽창 이용 : 유리 온도계, 바이메탈 온도계,
② 압력식 온도계 : 압력식 온도계

(2) 열기전력을 이용한 것

① 열전대 온도계
　㉠ 귀금속 열전대 : PR열전대, IC열전대, CC열전대
　㉡ 비금속 열전대 : CA열전대

(3) 저항변화를 이용한 것

① 금속선 저항변화이용 : Pt, Ni, Cu선 등 이용
② 반도체의 저항변화 이용 : 서미스터(thermister)

(3) 상태변화를 이용한 것 : 제겔 콘, 서머칼라(시온도료)

3. 비접촉식 온도계

측온체와 접촉하지 않고 물체에 방사하는 열복사의 강도를 측정하여 온도를 측정하는 방법이다.

① 열복사를 이용한 온도계 : 방사온도계
② 파장을 이용한 온도계 : 광고 온도계, 색 온도계

4. 온도측정의 비교 및 특징

접촉식	비접촉식
① 각 개소의 온도측정이 가능 ② 온도를 측정하는 물체에 검출소자를 접촉하여 측정 ③ 1,000[℃] 이하의 온도측정이 용이하다.	① 표면온도를 측정한다. ② 움직이는 물체의 온도측정이 가능 ③ 700[℃] 이하의 온도측정은 곤란하나 주로 고온 측정용이다.(3,000[℃])

④ 일반적 정도는 0.5~1.0[%]여서 좋은 편이다.	④ 일반적으로 10~20[℃]의 오차로 정확도가 나쁘다.
⑤ 응답속도는 1~2분 정도여서 나쁘다.	⑤ 일반적으로 2~3초로 빠르다.
	⑥ 방사율의 보정을 요한다.
	⑦ 내구성의 고려가 필요하다.

5. 온도측정의 종류 및 측정온도의 범위

	온도계측의 종류		최고 사용온도 범위
접촉식 온도계	유리 온도계	수은 유리온도계	−35[℃]~350[℃](650)
		알콜 온도계	−100[℃]~200[℃]
		베크만 온도계	150[℃] 이내
		탄소저항 봉입식 온도계	−100[℃]~200[℃]
	압력식 온도계	액체 팽창식	−100[℃]~200[℃]
		증기 압력식	−45[℃]~320[℃]
		기체 팽창식	130[℃]~430[℃]
	바이메탈식 온도계		−50[℃]~500[℃]
	전기저항 온도계	백금저항 온도계	−200[℃]~500[℃]
		니켈 저항 온도계	−50[℃]~150[℃]
		더미스터 온도계	−100[℃]~300[℃]
	열전대 온도계	PR 열전 온도계	0[℃]~1600[℃]
		CA 열전 온도계	−200[℃]~1,200[℃]
		IC 열전 온도계	−200[℃]~350[℃]
		CC 열전 온도계	−200[℃]~350[℃]
비접촉식 온도계	광고 온도계		700[℃]~3,000[℃]
	광전관식 온도계		700[℃]~3,000[℃]
	방사식 온도계		500[℃]~3,000[℃]
	색 온도계		600[℃]~3,500[℃]

4-2 온도계의 종류 및 특징

1. 접촉식 온도계

(1) 유리 온도계

유리관 내에 봉입된 감온체가 온도변화에 따라 팽창수축함에 따라 이동하는 액면의 위치에 의해 온도를 지시한다.

① 수은 온도계
  ㉠ 측정온도 범위가 −35~350[℃] 정도인 것이 보통이지만 불활성가스를 봉입한 것은 650[℃]까지 측정이 가능
  ㉡ 정도는 ±1[℃]이고 다른 유리 온도계에 비해 응답속도가 느린 편이다.
  ㉢ 비열이 작아 열전도율이 크며 유리제 온도계 중 가장 고온을 측정한다.
  ㉣ 저온에서는 유기액체인 알콜(−100[℃]), 톨루엔(−100~100[℃]), 펜탄(−200~30[℃]) 등이 사용된다.

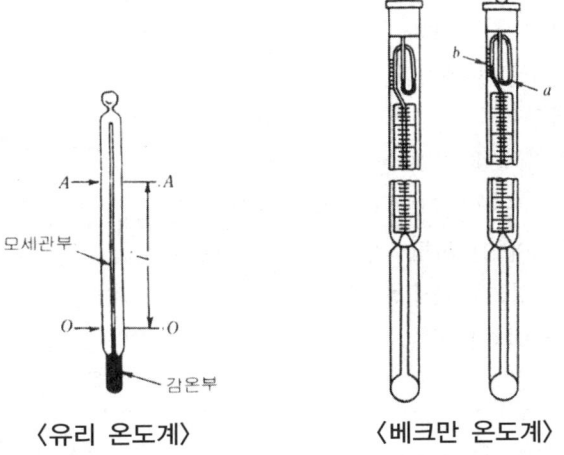

〈유리 온도계〉   〈베크만 온도계〉

❖ **유리제 온도계의 오차원인**
  1. 관지름의 부동
  2. 눈금의 부정확
  3. 유리재료의 경년변화
  4. 노출부분
  5. 측정자세의 영향
  6. 유리 자체의 열팽창
❖ **감온액(봉입액)** : 수은, 알콜, 톨루엔, 펜탄 등

② 알콜 온도계 : 측정온도 범위가 −100[℃]~200[℃]까지 측정할 수 있어 저온용으로 적당하다.
③ 베크만 온도계 : 측정온도의 사용에 따라 수은 양을 가감할 수 있어 0.01[℃] 정도의 미소온도까지 측정이 가능하며 실제 온도측정이 불가능하며 열량계로서도 쓰인다. 최고 사용온도는 150[℃] 이내다.

(2) 바이메탈 온도계

고체의 팽창을 이용하여 만든 온도계로서 선팽창계수가 다른 두 종의 금속판을 하나로 합쳐 온도 차이에 따라 팽창 정도가 다른 점을 이용한 것이다.

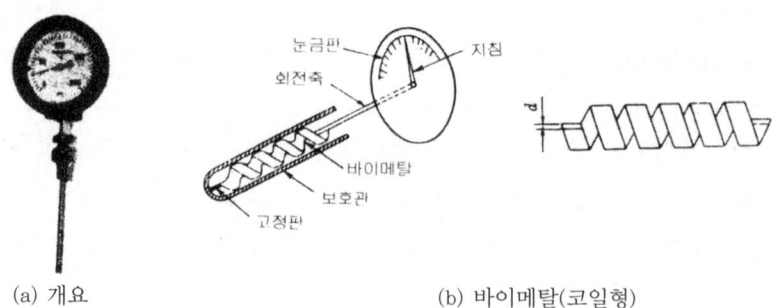

〈바이메탈 온도계〉

① 구조가 간단하고 견고하다.
② 고압기기의 온도측정용이다.
③ 응답속도가 빠르다.
④ 자동온도 기록장치에 사용한다.
⑤ 측정온도범위가 -50~500[℃] 정도이다.
⑥ 측정재료로는 100[℃] 이하 : 황동, 34[%] 니켈강
　　　　　　　150[℃] 이하 : 황동 및 인바(Invar, Ni-Cu 합금)
　　　　　　　250[℃] 이하 : 모넬 메탈 및 34~42[%] 니켈강

(3) 압력식 온도계

　일정한 용적의 용기 내에 봉입된 유체의 압력이 온도에 의해 변화하는 현상을 이용하는 방식으로 감온부 및 감압부, 도압부에 있어 온도에 의한 체적 팽창으로 압력변화를 측정하여 온도를 측정한다.

① **액체팽창식 온도계** : 알콜, 아닐린 및 수은 등의 비압축성 액체를 내부에 봉입한 것으로 구동력이 강하고 눈금읽기에 용이하며 강도가 좋고 도압부를 50[m] 정도까지 늘릴 수 있어 원격측정용으로 용이하다. 봉입액은 주로 알콜, 수은, 아닐린이 사용된다.
② **증기압력식 온도계** : 감온부 내부를 진공시켜 휘발성액체와 증기를 공존하게 한 뒤 감온부로부터 정확한 온도변화를 측정검출하는 것으로 봉입액은 프레온, 톨루엔, 에틸에테르, 아닐린 등을 사용하며 최고 사용온도는 500[℃]까지 측정할 수 있으며 모세관 온도의 영향으로 감도가 느리며 원격측정이 가능하다.

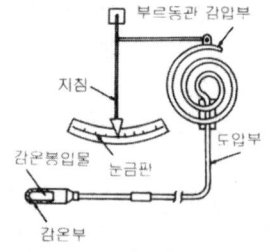 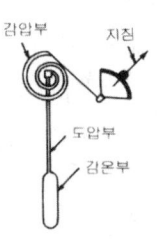 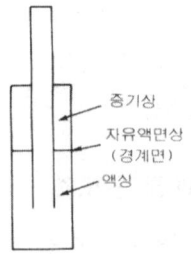

〈압력식 온도계의 기본구성〉　〈액체 팽창식〉　〈증기압식 온도계의 감온부〉

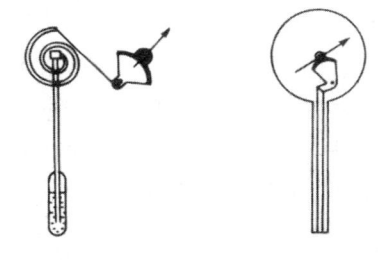

〈기체 팽창식〉   〈고체 팽창식〉

증기압력식 온도계 3대 구성 요소
① 감온부
② 도압부
③ 지시부(감압부)

③ 기체 압력식 온도계(기체 팽창식) : 측온부 내부에 질소, 헬륨, 불활성가스 등을 충전하여 온도 및 압력에 따라 변화하는 것을 이용한 것으로 측정범위는 최고 500[℃]까지 가능하고 원격측정용으로 용이하다.

❖ **고체 팽창식 온도계** : 선팽창계수의 차를 이용한 것으로 압력식 온도계는 아니다. 내부에 삽입하는 금속물질은 황동, 인바(invar), 석면막대 등이며 측정 정도는 최고눈금의 1/2 정도이며 구조가 간단하고 보수가 쉽다. 전기접점을 자동제어에 부착하여 사용한다.

(4) 전기저항 온도계

금속의 도체 및 반도체의 온도상승에 의해 전기저항이 증가하여 변화하는 현상을 이용한 것으로 산업용 온도계측으로 저온의 정밀측정이 용이하다.

① 저항 온도계의 특징
  ㉠ 비교적 낮은 온도를 정밀하게 측정(백금측온)
  ㉡ 원격조정이 가능하다.
  ㉢ 자동제어 및 기록이 용이하다.
  ㉣ 정도가 높다.(500[℃] 이하에서)

② 저항선의 조건
  ㉠ 저항의 온도계수가 가능한 크고 내식성이 좋을 것.
  ㉡ 온도 및 전기저항의 관계가 안정될 것.
  ㉢ 동일 특성의 성질을 얻기 쉬운 금속일 것.
  ㉣ 온도 이외의 조건에서 변화하지 않을 것.

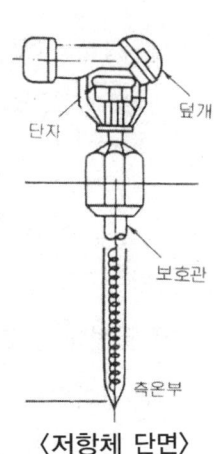

〈저항체 단면〉

③ 전기저항 온도계의 종류

㉠ 백금저항 온도계 : 백금은 측온시 시간지연이 있어 큰 결점이 되긴 하나 안정성 및 재현성이 크고 저온에서 열화가 적다. 또한 저온 및 중온의 영역에서의 온도 측정에 가장 적합하며 열전대 온도계에 비하여 정도가 높고 온도의 범위는 −200~500[℃]까지 가능하다. 충격 또는 진동에 약하고 온도계수가 적은 결점이 있다. 측온 저항체의 공칭저항값은 0[℃]에서 25[Ω]·50[Ω]·100[Ω]이다.

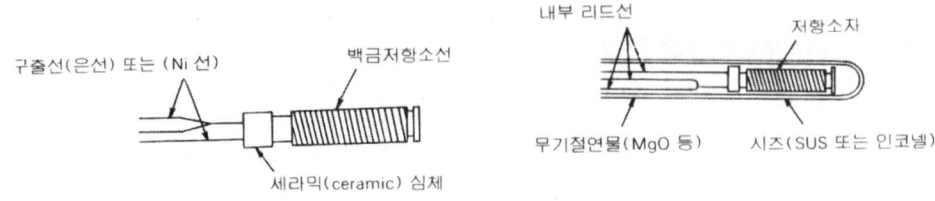

〈측온저항체의 구조〉

㉡ 니켈 저항 온도계 : 측정온도 범위는 −50~300[℃]로서 백금보다 적으며 온도계수는 크고 감도도 좋다. 니켈의 공칭저항값은 0[℃]에서 500[Ω]이다.

㉢ 동저항 온도계 : 측정온도 범위는 0~120[℃]로서 저항 온도계 중 가장 낮은 온도 측정에 적합하며 가격이 싸고 비례성이 좋으나 저항율이 낮아 선을 길게 감아야 하는 결점이 있으며 고온에서는 산화하므로 상온 부근의 온도 측정을 요한다.

㉣ 서미스터 온도계 : 온도 변화에 따른 저항체가 크게 변하는 일종의 반도체로서 더미스터의 저항체는 주로 Ni, Co, Mn, Fe, Cu 등의 금속 산화물의 압축 소결체로 되어 있으며 미소한 온도차의 측정이 가능하고, 온도계수가 크며(백금의 약 10배) 응답속도가 매우 빠르다. 또한 좁은 측정범위에서는 국부적인 온도측정에 적합하며 온도의 범위는(−100~300[℃])이고 정도는 ±0.1~0.2[℃]이다. 단점으로는 넓은 온도 측정에는 부적합하고 동일 특성의 성질을 얻기 어려우며 외부전원이 필요한 점들이다.

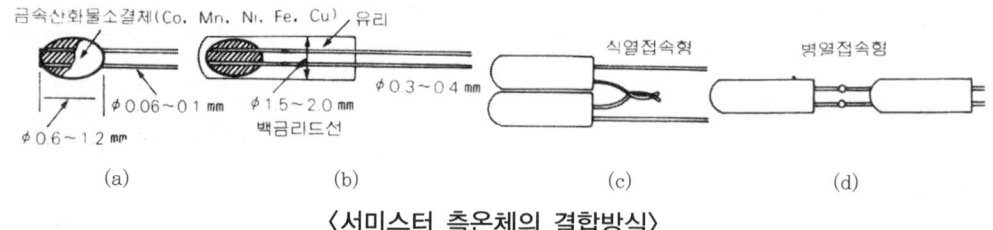

〈서미스터 측온체의 결합방식〉

(5) 열전대 온도계

두 개의 서로 다른 금속선을 양단에 연결하여 폐회로를 구성(2위치 동작)하여 양단접점에 온도차를 주어 열기전력이 발생하는(제백 효과) 원리를 이용한 것으로 열기전력을 측정함으로서 측온체의 온도를 알아낸다.

① 열전대 구비조건
　㉠ 장시간 사용해도 기전력이 안정될 것.
　㉡ 내열성 가스의 기밀유지 및 내식성이 클 것.
　㉢ 외부온도의 변화에 신속하게 반응할 것.
　㉣ 기전력이 크고 온도변화에 따라 연속상승할 것.
　㉤ 열전도율, 전기저항, 온도계수가 적을 것.
　㉥ 충격 및 진동에 강할 것.

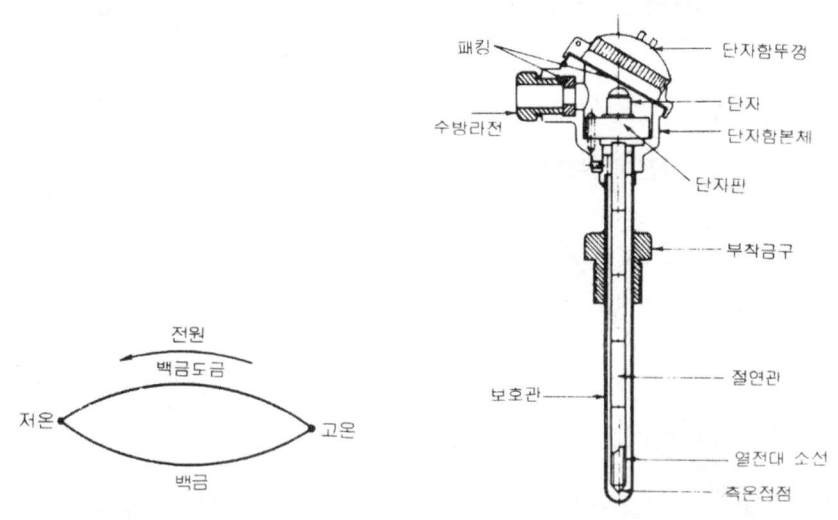

〈열전대의 원리〉

② 열전대의 종류
　㉠ 백금-백금 로듐(PR) : 사용온도 범위가 약 1,500[℃] 정도로 고온에 잘 견디며 산화성 분위기로 정도가 높고 안정성을 지니고 있으나 금속증기에 침식되기 쉽고 가격이 비싸다.
　㉡ 크로멜-알루멜(CA) : 사용온도가 1,200[℃] 정도까지 사용 가능한 비금속 열전대로 가격이 저렴하나 산화성 분위기에서 노화가 빠르다.

종 류	측정온도 범위	금속제		정 도
		양 극	음 극	
백금 로듐-백금(PR)	0~1600[℃]	백금 로듐	백 금	±3[℃]
크로멜-알루멜(CA)	0~1200[℃]	크 로 멜	알 루 멜	±2.3[℃]
철-콘스탄탄(IC)	-200~800[℃]	순 철	콘스탄탄	±2.3[℃]
구리-콘스탄탄(CC)	-200~300[℃]	순 구 리	콘스탄탄	±1.0[℃]

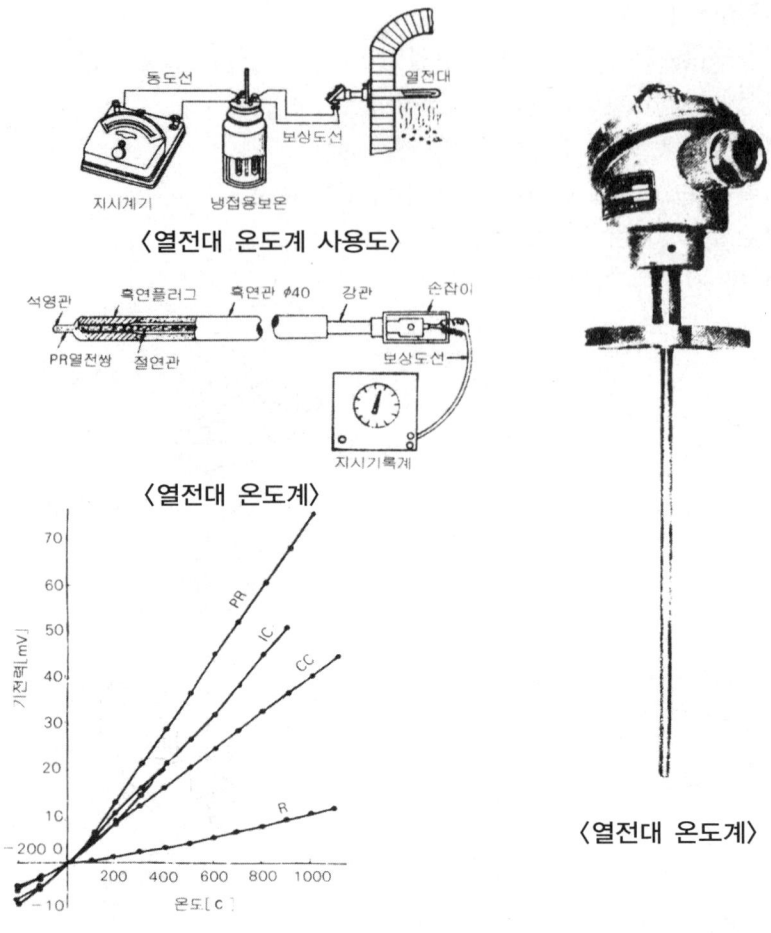

〈열전대 온도계 사용도〉

〈열전대 온도계〉

〈열전대 온도계〉

〈열기전력 특성의 곡선〉

ⓒ 철-콘스탄탄(IC) : 환원성 분위기에 가장 강하고 가격이 저렴하며 열기전력이 크고 사용온도가 800[℃] 정도이다.

ⓔ 구리-콘스탄탄(CC) : 측정온도 범위가 -200~300[℃] 정도 측정하는 특히 저온용으로 적합한 것으로 수분에 의한 내식성이 강하다.

③ **열전대의 구조**

㉠ 보상도선 : 열전대의 재료를 전부분에 사용하면 비용이 너무 많이 들기 때문에 측온부의 열전대 단자에서 기준접점의 계기까지 거리를 보상도선으로 대용하고 경제적이고 편리하게 한다. 종류로는 일반용과 내열용을 나누며 일반용은 105[℃] 정도까지 견디는 비닐 피복으로 침수의 위험시에도 절연이 되는 것이며 내열용은 200[℃]까지 견딜 수 있는 글라스 울로 절연피복시킨다.

㉡ 보호관 : 측정장소의 측온저항체 소자를 기계적 또는 화학적으로 보호하기 위한 목적으로 측정에 따라 내열성, 내식성, 기계적 강도 등을 고려하여 열전대를 보호관에 넣어 사용한다.

ⓐ 보호관의 종류

금속보호관

종 류	최고사용온도		특 징
내열강SEH0-5	1050	1,200[℃]	기계적 강도가 크다. 산화 및 환원성 가스에도 사용
SUS-27 32	850	1,100[℃]	내식성이 크다. 환원불꽃 및 황가스에 좋지 않다.
13Cr카로라이즈강관	900	1,100[℃]	환원불꽃에 약하나 강관에 카로라이징하여 기계적 강도가 좋다.
13Cr강관	800	950[℃]	산화 및 환원불꽃에 강하고 기계적 강도도 크다.
연 강 관	600	800[℃]	내산성이 좋고 기계적 강도가 크다.
황 동 관	400	650[℃]	저온측정에 쓰인다.

비금속보호관

종 류	최고사용온도		특 징
카보란담관	1,600	1,700[℃]	2중보호관 및 방사고온계용 단망관의 외관 사용. 다공질로서 급냉·열에 강함.
자기관	1,450	1,550[℃]	내열성 및 알칼리에 약하나, 용융금속 등 연소가스에 강하다.
석영관	1,000	1,050[℃]	내산·내열성이 좋아 기계적 강도가 크다. 환원성가스에 기밀성이 약간 떨어진다.

ⓑ 보호관 구비조건
   ㉮ 내열성 및 기밀성이 커야 하며 부식되지 않을 것.
   ㉯ 고온에서도 충분한 기계적 강도를 유지하고 온도 급변에 견딜 것.
   ㉰ 보호관에서 열전대에 유해한 가스를 발생하지 않을 것.
   ㉱ 진동충격에 견딜 것.
   ㉲ 외부온도의 변화를 신속히 열전대에 전할 것.
   ㉳ 구입이 쉽고 가격이 저렴할 것.

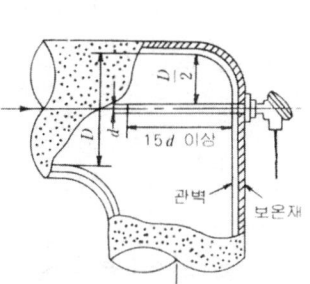

〈온도계의 보호관 결속〉

ⓒ 냉접점
   ㉮ 영점식 냉접점 : 얼음이나 물을 보온병에 넣어 냉접점을 0[℃]로 유지하기 위해 열적인 평형을 유지시킨다.
   ㉯ 보상식 냉접점 : 온도변화에 의하여 전압변화를 열기전력을 주어서 보상하는 방식으로 공장용 계기로 많이 쓰인다.

ⓓ 열전대의 특징
   ㉮ 고온측정에 적합(1,500[℃])
   ㉯ 전원장치가 필요 없다.

㉢ 원격지시기록이 가능하다.
㉣ 측정할 곳에 직접 열접점을 넣어야 한다.
㉤ 보상도선이나 냉접점으로 인해 오차가 발생하기 쉽다.
㉥ 지시계 및 기록계로 할 수 있다.

2. 비접촉식 온도계

모든 물체에서 나오는 복사 에너지를 포착하여 측정 가능한 전기량으로 변환시켜 온도를 측정하는 방법이다.

(1) 광고 온도계

물체의 방사휘도와 고온계에 들어있는 기준 온도의 고온체인 전구의 필라멘트 휘도를 특색파장(적색유리)을 통하여 육안으로 휘도를 비교 관측하여 온도를 측정한다.

① 특 징
  ㉠ 방사율에 의한 보정량이 적다.
  ㉡ 개인오차가 발생하므로 다수의 사람이 정밀 측정한다.
  ㉢ 휴대 및 취급이 용이하다.
  ㉣ 비접촉 중 가장 정확한 온도를 측정한다.(±10~15[℃])
  ㉤ 측정시 수동을 요하므로 자동제어가 불가능하다.
  ㉥ 연속 측정이 곤란하고 700[℃] 이하에서는 측정이 곤란하다.
     (측정온도범위 : 700~3,000[℃])

(2) 광전관식 온도계

광고 온도계와 같은 측정원리로 장점을 보다 효율적으로 이용하고 단점을 보완하여 두 개의 광전관을 통해 측온체로부터 빛을 얻어 양자의 휘도를 같도록 하여 필라멘트 전류로 부터 온도지시 위치를 얻게 한다.

① 특 징
  ㉠ 응답속도가 매우 빠르다.
  ㉡ 자동제어 및 기록이 용이하다.
  ㉢ 이동하는 물체의 측정이 용이하다.
  ㉣ 구조가 복잡하다.
② 측정온도범위 : 700~3,000[℃]

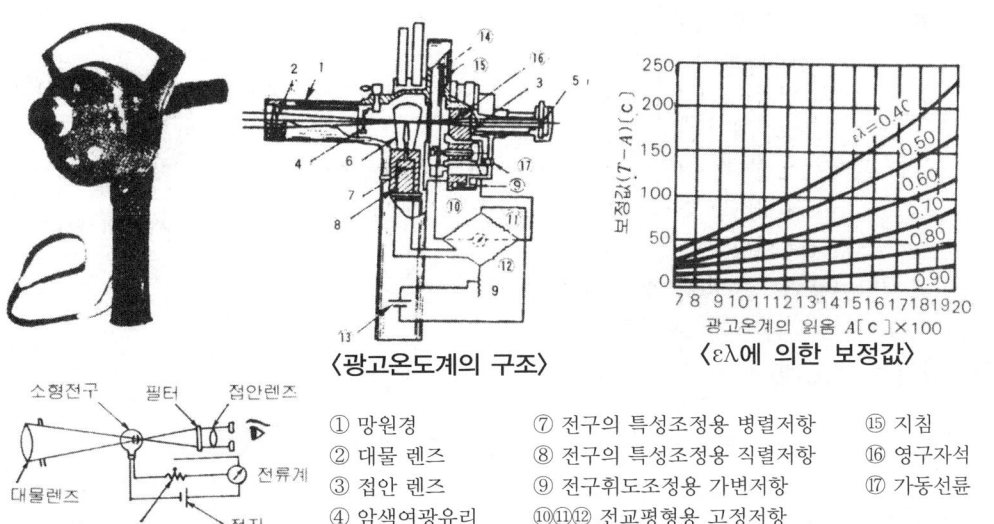

〈광고온도계의 구조〉 　〈ελ에 의한 보정값〉

① 망원경　　　⑦ 전구의 특성조정용 병렬저항　⑮ 지침
② 대물 렌즈　　⑧ 전구의 특성조정용 직렬저항　⑯ 영구자석
③ 접안 렌즈　　⑨ 전구휘도조정용 가변저항　　⑰ 가동선륜
④ 암색여광유리　⑩⑪⑫ 전교평형용 고정저항
⑤ 적색여광유리　⑬ 전지
⑥ 표준전구　　⑭ 목성판

〈광고온도계〉

(3) 방사 온도계

물체온도가 올라가면 복사 에너지가 높아진다. 이를 이용하여 온도를 측정하는 것으로 비교적 높은 온도와 온도 측정을 하는데 이러한 복사 에너지는 절대온도의 4제곱에 비례한다. 즉 복사 에너지

$$E = \epsilon_1 \cdot \alpha \cdot T^4$$
$$= 4.88 \times \epsilon \times (\frac{T}{100})^4 [kcal/m^2 h]$$

- E : 복사 에너지 열량
- ϵ : 전방사율
- α : 비례상수
- T : 절대온도

이는 스테판 볼쯔만의 법칙을 적용한다.

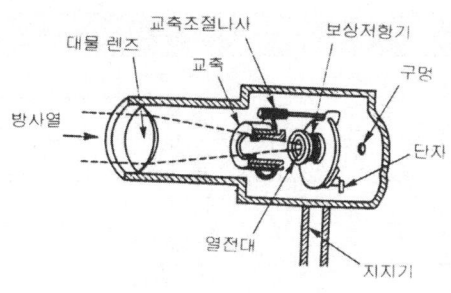

〈방사 온도계의 구조〉

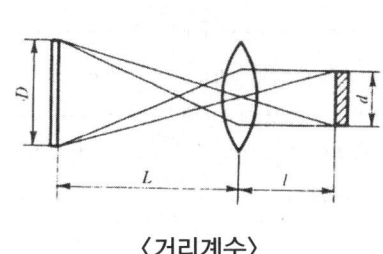

〈거리계수〉

제4장 열측정 · **261**

① 특 징
　㉠ 측정 지연시간이 적다.
　㉡ 자동제어 및 기록이 가능하다.
　㉢ 이동하는 물체의 표면을 고온 측정한다.
　㉣ 방사율에 의한 보정량이 크고 정밀한 정도가 어렵다.
　㉤ 측정 거리의 영향을 받는다.
② 측정온도범위 : 50~3,000[℃]

〈적외선 온도계〉

(4) 적외선 온도계

고온측정용으로(0~2,000[℃]) 제련소, 도자기 공장에서 사용한다.

(5) 색온도계

물체가 600[℃] 이상의 온도가 되면 암적색의 빛으로 발광하기 시작하여 온도가 상승함에 따라 짧은 파장의 에너지를 많이 방사하게 되는 온도계로 정도는 다소 높은 편이나 측정이 어렵다. 색온도계는 색의 필터를 통해 고온체를 보고 조절하여 다른 고온체의 색과 합쳐 필터의 조절 위치에서의 측정온도를 아는 것이며 이 색온도계는 방사되는 2가지의 파장을 골라서 이 에너지의 비와 온도의 변화에 따라 온도를 측정하며 연속 측정이 가능하다.

① 특 징
　㉠ 취급이 간편하고 휴대가 용이하다.
　㉡ 측정이 어려워 개인오차가 심하다.
　㉢ 정도가 높고 고장이 적다.

② 측정온도 범위와 색의 관계

온도 범위[℃]	색의 종류
600[℃]	암적색
800[℃]	적 색
1,000[℃]	오렌지색
1,200[℃]	황 색
1,500[℃]	눈부신 황백색
2,000[℃]	눈부신 백색
2,500[℃]	푸른기가 있는 눈부신 백색

3. 기타 온도계

(1) 제겔 콘(Seger Cone) 온도계

내화물의 내화도 측정에 주로 사용되는 온도계로서 물질의 상태변화를 이용하여 온도를 측정한다. 재질은 점토, 규석질, 금속산화물 등을 배합하여 만든 것으로 측정범위는 600~2,000[℃]이다.

〈제게르 콘 온도계〉

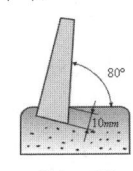  

[설 치]   [가 열]   [연화온도]

(2) 서모칼라(thermo color) 온도계

도료의 일종으로 피 측온부에 도료를 칠하며 그 색의 온도변화에 따라 열의 전도 및 속도, 분포와 상태 등을 알 수 있다. 측정온도 범위는 50~450[℃] 정도로 가역·비가역이 있다.

4-3 열량측정

1. 열량측정방법의 종류 및 특징

(1) 고체 열량 측정

열량계에 의한 방법, 원소분석에 의한 방법, 공업분석에 의한 방법이 있으며 발열량이란 단위량(kg 또는 Nm^3)의 연료가 완전연소할 때 발생되는 열의 양을 나타내는 것($kcal/kg$, $kcal/Nm^3$의 단위로 표시)

1) 열량에 의한 방법

열량계로 정용형 봄베 열량계가 사용되며 단열식과 비단열식의 2종류로서 연료의 연소열을 물에 전하는 방식

① 단열식 발열량 = $\dfrac{\text{내통수의 비열} \times \text{상승온도} \times (\text{내통수량}+\text{수당량}) - \text{발열보정}}{\text{시료}} \times \dfrac{10}{100-\text{수분}}$ [cal/g]

② 비단열식 발열량 = $\dfrac{\text{내통수의 비열} \times (\text{상승온도}+\text{냉각보정}) \times (\text{내통수량}+\text{수당량}) - \text{발열보정}}{\text{시료}} \times \dfrac{10}{100-\text{수분}}$ [cal/g]

※ 수당량 : 장치의 열용량에 상당하는 물의 양(g)

2) 원소 분석에 의한 방법

① 고위발열량 = $8100C + 34000(H - \dfrac{O}{8}) + 2500S$ (kcal/kg)

② 저위발열량 = $8100C + 28600(H - \dfrac{O}{8}) + 2500S - 600W - 600(9\dfrac{O}{8})$ (kcal/kg)

고위발열량(Hh)과 저위발열량(Hℓ)과의 차는 연료 중 수분의 증발잠열에 의한 것으로서
Hℓ = Hh − 600(9H+W) (kcal/kg)이다.

3) 공업분석에 의한 방법

① 석탄인 경우 : 발열량 = $97[81C + 96 - \alpha W)(H+W)]$ (kcal/kg)

② 코오크스인 경우 : 발열량 = $81(H+C) = 81(100-A-W)$ (kcal/kg)

- C : 고정탄소(kg/kg)   H : 휘발분(kg/kg)
- W : 수분(kg/kg)   A : 회분(kg/kg)
- α : 수분에 관계된 계수로서 W < 5.0%이면 α = 650W, ≥ 5.0%이면 α = 500

(2) 액체 열량 측정

열량계에 의한 방법, 원소분석에 의한 방법, 공업분석에 의한 방법 등이 있으나(고체연료와 동일한 방법) 액체연료로는 고체연료와는 달리 비중과 연료의 조성에 의하여 발열량을 산출한다.

1) 비중이나 조성에 의한 중량당 발열량을 구하는 식

① 고위발열량(Hh') = $12400 - 2100d^2$ (kcal/kg)

② 저위발열량(Hℓ') = $Hh' - 50.45H$ (kcal/kg)

- H : 수소의 함유율로서 26−15d(%)로 구함
- d : 15℃의 중유의 비중(60/60°F)

실제로는 그 석유 중에 함유되어 있는 수분, 회분, 황분 등에 대한 보정이 필요하다.
Hh = Hh' − 0.01Hh'(W+A·S) + 22.5S (kcal/kg)

- Hh : 석유의 실제 고위발열량(kcal/kg)   W : 석유 중 수분(용적%)
- A : 석유중의 회분(중량%)   S : 석유 중 황분(중량%)

2) 비중량에 의한 용적당 발열량 구하는 식

Hh'' = Hh' × r (kcal/ℓ)

- Hhr : 연료의 비중량(kg/ℓ)

(3) 기체 열량 측정

① 계산에 의한 방법 : 헴펠법에서 얻은 가스분석치로 근사 적발량을 계산하는 방식은 복잡하여 어렵지만 가스크로마토 그래피에 의해 정밀분석을 정확한 발열량과 비중을 구할 수 있다.

② 융켈스식 유수형 열량계 : 10ℓ의 시료가스를 일정한 가스압력하에서 완전연소시켜 연소 생성물을 처음 가스온도로 냉각하여 수증기를 응축시키므로서 발열량의 총량은 물에 흡수된다. 이때 ㉠ 시료 가스량 ㉡ 유수량 ㉢ 유수의 상승온도에서 열량을 구한다. 그리고 보정을 하여 표준상태의 건조가스 $1m^3$ 발열량을 산출하여 kcal로 표시하였고 발열량으로 하는데 여기서 응축수의 응축감열을 감하면 저 발열량을 산출할 수 있다.

③ 시그마 열량계 : 동심원에 배열된 금속제의 팽창체를 일정한 조건의 가스로 가열하여 팽창시키면 온도의 변화에 따라 위치가 서로 바꾸어지는데 이런 것을 확대 자기식으로 한 것(간단한 구조이며, 일부에서 사용)

4-4 습도측정

1. 습도측정방법

(1) 수분흡수법

습도를 측정하려고 하는 일정 용적의 공기를 취하여 그 속에 함유된 수증기를 실리카겔, 염화칼슘($CaCl_2$), 오산화인(P_2O_5), 황산(H_2SO_4)등 흡수제를 이용 흡수시켜서 정량하는 방법.

(2) 건습구 습도계

2개의 수은 유리 온도계를 사용하여 한 쪽의 측온부는 기체 온도를 측정하고, 다른 쪽의 측온부를 물에 적신 얇은 흰 천을 덮어 씌워 놓고 이 2가지의 온도로 그 때의 상대습도를 구하는 방법.

2. 습도계의 종류 및 특징

(1) 간이 건습구 습도계

통풍 장치 없이 자연 통풍에 의해 측정한다.

(2) 통풍형 건습구 습도계(아스만 통풍 건습구 습도계)

시계 장치로 팬을 돌려 약 2.5m/sec의 바람을 흡인하여 건습구에 통풍하여 측정.

(3) 저항 온도계식 건습구 습도계

온도가 상온에서 벗어나는 경우는 오차가 커지는 자동평형 계기로 직접 상대습도를 측정한다.

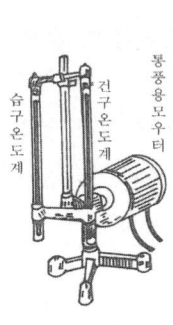
〈건습구 습도계〉

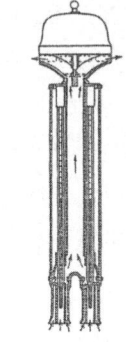
〈아스만식 통풍 습도계〉

[특징]
① 구조가 간단하고, 취급이 용이하다.
② 휴대가 간편하고, 값이 싸다.
③ 바로 상대습도를 나타내지 않는다.
④ 헝겊이 감긴 방향, 바람에 따라 오차가 발생된다.
⑤ 물이 필요하다.

(4) 모발 습도계

모발은 상대습도에 따라 수분을 흡수하여 신축하는 성질을 이용한 것으로 가정용 실내습도 조절용에 많이 사용한다.

[특징]
① 구조가 간단하고 연속지시를 할 수 있다.
② 상대습도를 바로 나타낸다.
③ 차가운 지역에 사용이 편리하다.
④ 재현성이 좋기 때문에 상대 습도계의 감습 소자로 이용된다.
⑤ 응답이 늦고, 정도가 좋지 않다.
⑥ 히스테리시스가 있고, 시도가 틀리기 쉽다.
⑦ 모발의 유효 작용기간은 2년이다.

(5) 전기 저항식 습도계

건습구 온도계와 원리는 같지만 수은 온도계 대신 전기저항 온도계나 열전대를 사용하여 저항치를 따라 상대습도를 표시하는데 감도가 좋고 좁은 범위의 상대습도 측정에 적당하지만 온도가 상온을 벗어날 경우는 오차가 크다.

[특징]
① 저온도의 측정이 가능하고, 응답이 빠르다.
② 교류전압에 의하여 저항치를 측정하여 상대습도를 표시한다.
③ 연속기록, 원격측정, 자동제어에 이용된다.
④ 고습도 중에 장시간 방치하면 감습막이 유동한다.
⑤ 다소의 경련 변화가 있어 온도 계수가 비교적 크다.

(6) 냉각식 노점계

수동식인 것은 에테르(Ether) 등을 사용하며 그 증발열로써 금속 경면을 냉각시켜 가면서 공기 중 수분이 이슬 모양으로 경면에 붙었을 때의 온도를 측정한다.

[특징]
① 저습도의 측정이 가능하다.
② 구조가 간단하고, 휴대가 편리하다.
③ 육안에 의한 노점 판정에 숙련을 요한다.
④ 정도가 좋지 않다.
⑤ 냉각이 필요하다.

(7) 가열식 노점계(듀셀 노점계)

염화리듐의 포화수용액이 포화수증기압보다 일정온도에서 낮다는 것을 이용한 노점계.

[특징]
① 고압에 사용이 가능하다.
② 상온 및 저온 에서도 정도가 좋다.

(8) 광전관 노점습도계

냉각식 노점계를 자동화시킨 것으로서 금속거울에 맺힌 이슬로 인하여 광원의 반사광의 량이 감소하여 광전관에 들어가는 빛의 량이 감소한다. 이 때 고주파 가열기에 의하여 금속거울의 이슬이 없어질 때까지 가열하여 자동적으로 노점을 유지한다. 금속거울 이면에 열전대를 부착하여 열기전력을 전위차계로 노점을 직접 나타낸다.

※ 특징
① 저습도의 측정이 가능하며 상온 또는 저온에서 정도가 좋다.
② 연속기록, 원격측정, 자동제어에 이용한다.
③ 기구가 복잡하다.
④ 노점과 상점의 육안 판정이 필요하다.

(9) 피막 습도계

동물 또는 식물의 섬유 또는 피막에는 모발과 같은 성질을 가진 것이 있다. 소의 장 점막을 세장 한 것으로 모발습도계와 동일하게 사용하는 것을 고올드 비이터즈스킨 습도계라 한다.

예상문제

01 보일러설치기술규격(KBI)에서 보일러의 온도계 설치위치로 틀린 것은?

① 급수입구
② 버너급유입구
③ 급수펌프의 앞
④ 과열기 및 재열기 출구

해설) 온도계 설치 위치 : 급수입구의 급수온도계, 버너급유입구 온도계, 과열기 및 재열기 출구, 절탄기 및 공기예열기 전후

02 비접촉식 온도계에 속하는 것은?

① 유리 온도계   ② 저항 온도계
③ 압력 온도계   ④ 광고 온도계

해설) 비접촉식온도계 : 방사 온도계, 광고 온도계, 광전관식 온도계

03 배관시공시 적당한 온도계의 설치 높이는 몇 m인가?

① 1   ② 1.2
③ 1.5   ④ 0.8

04 온도를 측정하는 원리와 온도계가 옳게 짝 지워진 것은?

① 열팽창을 이용 – 유리제 온도계
② 상태변화를 이용 – 압력식 온도계
③ 전기저항을 이용 – 서모컬러 온도계
④ 열기전력을 이용 – 바이메탈식 온도계

해설)
• 열전대 온도계 : 열기전력
• 전기저항 온도계 : 전기저항 이용
• 제겔콘 온도계 : 상태변화 이용

05 다음 중 접촉식 온도계에 속하는 것은?

① 방사온도계
② 광전관식 온도계
③ 베크만 온도계
④ 광고온도계

해설) 베크만 온도계, 알코올 온도계, 수은 온도계, 바이메탈 온도계, 열전대 온도계, 전기저항 온도계, 접촉식 온도계이다.

06 방사온도계로 금속의 온도를 측정하였더니 970℃이었다. 전방사율이 0.84일 때의 진온도는 약 몇 ℃인가?

① 815   ② 970
③ 1,025   ④ 1,298

해설)
• 진온도(T) = $\dfrac{R}{\sqrt[4]{\epsilon}}$ 에서 전방사율(ϵ) = 0.84

∴ $T = \dfrac{970 + 273}{\sqrt[4]{0.84}} = 1,298 K$

∴ 진온도 = (1298−273) = 1025℃

ANSWER 1.③ 2.④ 3.③ 4.① 5.③ 6.③

07 전기저항 온도계에서 측온 저항체의 구비조건으로 틀린 것은?

① 물리·화학적으로 안정하고 동일 특성을 갖는 재료이어야 한다.
② 일정 온도에서 일정한 저항을 가져야 한다.
③ 저항온도계수가 적고 규칙적이어야 한다.
④ 내열성이 있어야 한다.

해설 측온 저항체의 구비조건
① 물리·화학적으로 안정하고 동일 특성을 갖는 재료이어야 한다.
② 일정 온도에서 일정한 저항을 가져야 한다.
③ 저항온도계수가 크고 규칙적이어야 한다.
④ 내열성이 있어야 한다.

08 규폴라 상부의 배기가스 온도를 측정하고자 한다. 어떤 온도계가 가장 적당한가?

① 광고 온도계
② 열전대 온도계
③ 색 온도계
④ 수은 온도계

해설 규폴라(용해로) 배기가스 온도 측정계 : 열전대 온도계(백금-백금로듐온도계의 온도측정범위 600~1600℃)

09 특정한 광파장 에너지(휘도)를 이용하여 계측하는 온도계는?

① 광고 온도계
② 방사 온도계
③ 서머컬러
④ 복사 온도계

해설 광고 온도계 : 고온의 물체에서 방사되는 에너지 중 특정파장의 방사에너지 휘도와 표준전구의 필라멘트 휘도를 비교 측정하여 온도를 측정한다.

10 다음 열전대 형식 중 구리와 콘스탄탄으로 구성되어 주로 저온의 실험용으로 사용되는 것은?

① T type   ② E type
③ J type   ④ K type

해설 T type : 열전대 형식 중 구리와 콘스탄탄으로 구성되어 주로 저온의 실험용으로 사용

11 보일러 내의 온도를 측정하는 데 부적당한 계기는?

① 열전대 온도계   ② 압력 온도계
③ 저항 온도계   ④ 건습구 온도계

해설 건습구 온도계 : 건구와 습구의 공기온도계 측정

12 열전대 온도계의 원리를 옳게 설명한 것은?

① 이종 금속의 열기전력을 이용한다.
② 금속의 전기저항을 이용한다.
③ 금속의 열전도도를 이용한다.
④ 이종 금속의 열팽창계수가 다른 것을 이용한다.

해설 열전대 온도계의 원리 : 이종 금속의 열기전력(제백효과)을 이용

13 다음 중 가장 높은 온도를 측정할 수 있는 열전대는? (단, ( ) 속은 구기호)

① R형 열전대(PR)
② K형 열전대(CA)
③ J형 열전대(TC)
④ T형 열전대(CC)

해설 열전대
- R형 : 1600℃
- K형 : 1200℃
- J형 : -200~800℃
- T형 : -200~350℃

ANSWER 7.③ 8.② 9.① 10.① 11.④ 12.① 13.①

14 다음 중 노 내의 온도측정이나 벽돌의 내화도 측정용으로 사용되는 온도계는?

① 색온도계
② 바이메탈온도계
③ 저항온도계
④ 제겔콘

해설) 제겔콘 : 내화도 측정용

15 서미스터(thermistor)저항 온도계에 대한 설명 중 옳은 것은?

① 비금속 산화물을 압축하여 만든 전류의 양도체이다.
② 400℃ 이상의 고온 측정에 적합하다.
③ 온도계수가 크고 응답속도가 빠르다.
④ 국부적인 온초 측정이 불가능하다.

해설) 서미스터온도계는 온도계수가 크고 응답속도가 빠르다.

16 반도체의 저항 변화를 이용하여 온도를 측정하는 서미스터(thermister)의 측온 소자가 아닌 것은?

① Ni ② Cu
③ Si ④ Mn

해설) 서미스터 소자 : Ni, Co, Mn, Fe, Cu

17 서미스터(Thermistor)온도계의 서미스터 재료로 사용되는 것이 아닌 것은?

① 니켈   ② 알루멜
③ 코발트 ④ 망간

해설) 서미스터 재료 : 니켈, 코발트, 망간, 철, 구리 등이다.

18 열전대 온도계에서 열전대의 구비조건으로 맞는 것은?

① 열기전력이 작아야 하며 내구성이 있어야 한다.
② 온도에 따른 변화가 곡선적이어야 한다.
③ 재현성이 높고 전기저항, 열전도율이 커야 한다.
④ 고온에서도 기계적 강도가 커야 한다.

19 열전대 온도계에서 보상도선이 사용되는 구간은?

① 열전대의 측온 접점에서 지시기 단자까지
② 열전대의 보호관 단자에서 냉접점 단자까지
③ 열전대의 측온 접점에서 보호관 단자까지
④ 열전대 냉접점 단자에서 지시기 단자까지

해설) 보상도선 : 측온부의 열전대 단자에서 기준접점(냉접점)의 계기까지의 거리

20 압력식 온도계가 아닌 것은?

① 액체압력식 온도계
② 증기압력식 온도계
③ 열전 온도계
④ 기체압력식 온도계

해설) 압력식 온도계 : 액체 압력식, 기체 압력식, 증기 압력식이 있다.

ANSWER 14.④ 15.③ 16.③ 17.② 18.④ 19.② 20.③

21 다음 중 저항온도계의 종류가 아닌 것은?

① 서미스터 온도계
② 백금 저항온도계
③ 니켈 저항온도계
④ CA 저항온도계

> 해설 저항온도계의 종류: 백금저항온도계, 니켈저항온도계, 구리저항온도계, 서미스터온도계

22 보상도선이 필요한 온도계는?

① 압력 온도계　② 열전대 온도계
③ 광전관 온도계　④ 서미스터 온도계

> 해설 열전대 온도계: 보상도선 사용

23 열팽창계수가 다른 2종의 금속 박판을 밀착시켜 만든 것으로 구조가 간단하고 취급이 용이하며 온도 변화에 대한 응답이 빠른 온도계는?

① 열전도 온도계
② 바이메탈 온도계
③ 침지식 온도계
④ 고체 팽창식 온도계

> 해설 바이메탈온도계: 2종의 서로 다른 금속을 이용하여 온도를 측정

24 열전대의 구비조건으로 틀린 것은?

① 열기전력이 크고 온도 변화에 따른 변화가 직선적이어야 한다.
② 고온에서도 기계적 강도가 크고 내열성, 내식성이 있어야 한다.
③ 재현성이 낮고 전기저항, 온도계수, 열전도율이 커야 한다.
④ 취급과 관리가 용이하며 가격이 싸고 동일 특성을 얻기 쉬워야 한다.

> 해설 재현성이 있어야 한다.

25 열전대의 보호관 단자에서 냉접점까지 사용되는 도선으로 열전대와 동일 특성을 가진 도선은?

① 입력 도선　② 출력 도선
③ 보상 도선　④ 절연 도선

> 해설 보상 도선: 열전대 보호관 단자에서 냉접점까지 사용된 도선

26 다음 중 비접촉식 온도계가 아닌 것은?

① 색(色)온도계　② 광(光) 고온도계
③ 방사온도계　④ 저항온도계

> 해설 비접촉식온도계: 방사온도계, 광 고온도계, 광 전관식 온도계

27 비접촉식 광전관식 온도계의 특징 설명으로 틀린 것은?

① 연속 측정이 용이하다.
② 이동 물체의 온도 측정이 용이하다.
③ 응답 속도가 빠르다.
④ 기록제어가 불가능하다.

> 해설 광전관식 온도계
> ㉠ 비접촉식이며, 이동물체 측정가능
> ㉡ 연속측정 용이
> ㉢ 응답이 빠르며, 기록제어가 가능하다.

28 노 내의 온도측정이나 벽돌의 내화도 측정용으로 사용되는 온도계는?

① 시온도료
② 바이메탈 온도계
③ 색온도계
④ 제겔콘(seger cone)

> 해설 제겔콘 온도계: 내화물의 내화도 측정에 사용된다.

ANSWER 21.④　22.②　23.②　24.③　25.③　26.④　27.④　28.④

29 열전대의 종류 중 환원성 분위기에 강하고 가격이 저렴하며 열기전력이 큰 비금속 열전대로 널리 사용되는 것은?

① 동 – 콘스탄탄 ② 철–콘스탄탄
③ 백금–백금로듐 ④ 크로멜–알루멜

해설 크로멜(C)–알루멜(A) : 환원에 강하며 가격이 저렴하다.

30 열전대 온도측정 장치에서 냉접점의 온도는?

① 0℃ ② 15℃
③ 18℃ ④ 20℃

해설 열전대온도계에서 냉접점은 0[℃]를 유지한다.

31 접촉식 온도계 중 열전 온도계의 열전대 종류가 아닌 것은?

① 동–콘스탄탄 ② 철–콘스탄탄
③ 크로멜–알루멜 ④ 은–은 토륨

해설 열전대 종류 : P–R(백금–백금로듐), C–A(크로멜–알루멜), I–C(철–콘스탄탄), C–C(동–콘스탄탄)

32 증기압식 온도계에서 사용하는 봉입액의 종류에 속하지 않는 것은?

① 프레온 ② 수은
③ 톨루엔 ④ 아닐린

해설 수은은 액체압력식의 봉입액으로 사용된다.

33 불에 타지 않고 고온에 견디는 성질을 의미하는 것으로 제게르콘(Segercone) 번호(SK)로 표시하는 것은?

① 내화도 ② 감온성
③ 크리프계수 ④ 점도지수

해설 제게르콘(SK)의 번호는 내화물의 내화도를 측정하는 온도계를 표시한다.

34 저항온도계에 사용되는 축온저항체의 구비조건에 관한 설명으로 틀린 것은?

① 저항온도계수가 작을 것
② 온도와 저항관계가 일정할 것
③ 내열성이 클 것
④ 화학적으로 안정될 것

해설 저항온도계의 측온 저항체의 구비조건 중 저항온도계수가 커야한다.

35 다음 열전대 중에서 가장 낮은 온도에 사용되는 것은?

① 철–콘스탄탄
② 크로멜–알루멜
③ 백금–백금·로듐
④ 동–콘스탄탄

해설
• 철–콘스탄탄(IC : −180 ~ 800℃)
• 크로멜–알루멜(CA : 0 ~ 1200℃)
• 백금–백금·로듐(PR : 0 ~ 1600℃)
• 동–콘스탄탄(CC : −200 ~ 300℃)

36 온도 변화에 따라 저항치가 크게 변하는 반도체로 니켈, 코발트, 망간 등의 금속 산화물을 압축, 소결시켜 만든 온도계는?

① 바이메탈 온도계
② 보상도선
③ 서미스터
④ 열전대 온도계

해설 서미스터온도계는 니켈, 코발트, 망간, 철, 구리 등의 소결합금의 소자로 이루어진 온도계이다.

ANSWER 29.④ 30.① 31.④ 32.② 33.① 34.① 35.④ 36.③

37 베크만 온도계는 어느 형식의 온도계에 속하는가?

① 유리제 온도계
② 방사 온도계
③ 전기저항 온도계
④ 열전대 온도계

해설 유리제 온도계 : 알콜, 수은, 베크만 온도계

38 다음 중 보일러의 화염온도를 측정하는 데 가장 적합한 온도계는?

① 알코올 온도계
② 광고 온도계
③ 수은유리 온도계
④ 표면 온도계

해설 광고 온도계 : 비접촉식 온도계로 측정범위가 700~3,000℃로 높은 온도 측정에 적합하다.

39 휘도를 표준온도의 고온 물체와 비교하여 온도를 측정하는 온도계는?

① 액주 온도계 ② 광고 온도계
③ 열전대 온도계 ④ 기체팽창 온도계

해설 광고 온도계 : 비접촉식 온도계로 휘도를 표준온도의 고온 물체와 비교하여 온도를 측정한다.

40 모세관의 상부에 보조구부를 설치하고 사용온도에 따라 수은의 양을 조절하여 미세한 온도차를 측정할 수 있는 온도계는?

① 액체팽창식 온도계
② 열전대 온도계
③ 가스압력 온도계
④ 베크만 온도계

해설 베크만 온도계 : 모세관의 상부에 보조구부를 설치하고 사용온도에 따라 수은의 양을 조절하여 미세한 온도차를 측정하며, 정도가 매우높다.

41 니켈, 망간, 코발트 등의 금속 산화물 분말을 혼합, 소결시켜 만든 반도체로서 전기저항이 온도에 따라 크게 변화하므로 응답이 빠른 감열소자로 이용할 수 있는 온도계는?

① 광온도계
② 서미스터
③ 열전대온도계
④ 서모컬러

해설 서미스터 저항온도계 : 니켈(Ni), 망간(Mn), 코발트(Co), 철(Fe), 구리(Cu)의 합금체로 된 저항 소자를 이용하여 온도에 따라 전기 저항값을 변화하는 것을 이용 온도 측정

42 온도측정에 대한 하나의 방법으로 색(色)을 이용하는 비교측정 방법이 사용되고 있는데 눈부신 황백색이라면 이에 대한 온도로서 가장 적합한 것은?

① 1000℃ ② 1200℃
③ 1500℃ ④ 2000℃

해설 ① 1000℃ : 오렌지색
② 1200℃ : 노랑색
③ 1,500℃ : 황백색
④ 2000℃ : 눈부신 흰색

43 열기전력에 의한 제백(Seebeck)효과를 이용한 온도계는?

① 서미스터
② 열전대온도계
③ 백금저항온도계
④ 니켈저항온도계

해설 열전대 온도계 : 온도차에 의한 열기전력에 의한 제백효과를 이용한 온도계

ANSWER 37.① 38.② 39.② 40.④ 41.② 42.③ 43.②

44 광전관식 온도계의 특징에 대한 설명으로 옳은 것은?

① 응답속도가 느리다.
② 고정물체의 측정만 가능하다.
③ 구조가 다소 복잡하다.
④ 기록의 제어가 불가능하다.

해설) 광전관식 온도계(비접촉식)
① 응답성이 빠르다
② 이동물체의 온도측정이 가능하다
③ 온도 기록의 자동이 가능하다
④ 700℃이상의 높은 온도측정용이다.

45 방사온도계의 방사에너지는 절대온도의 몇 승에 비례하는가?

① 2 ② 3
③ 4 ④ 5

해설) 방사온도계의 방사에너지는 절대온도의 4승에 비례한다.

46 서미스터(Thermistor)에 대한 설명 중 틀린 것은?

① 응답이 빠르다.
② 온도 저항 특성이 비직선적이다.
③ 좁은 장소에서의 온도 측정에 적합하다.
④ 충격에 대한 기계적 강도가 양호하고, 흡습 등에 열화되지 않는다.

해설) 서미스터 저항온도계 : Ni, Co, Mn, Fe, Cu의 합금체로 이루어져 있으며, 기계적 강도가 약하다.

47 열전대가 있는 보호관 속에 MgO, Al_2O_3를 넣고 다져서 길게 만든 것으로서 진동이 심하고 가소성이 있는 곳에 주로 사용되는 열전대는?

① 시스(Sheath) 열전대
② CA(K형) 열전대
③ 더미스트
④ 석영관열전대

해설) 시스(Sheath)열전대
① 굵기 0.25m~12mm정도이며 구부릴 수 있는 반경은 직경1~5배 정도
② 열전대가 있는 보호관 속에 MgO, Al_2O_3를 넣고 다져서 길게 만든 것으로서 진동이 심하고 가소성이 있는 곳에 주로 사용

48 방사온도계에 대한 설명으로 틀린 것은?

① 물체로부터 방사되는 모든 파장의 전방사에너지는 물체의 절대온도 K의 4제곱에 비례한다는 원리를 이용한 것이다.
② 측정의 시간지연이 작고, 발신기를 이용하여 기록이나 제어가 가능하다.
③ 피측온체와의 사이에 흡수체로 작용하는 CO_2, 수증기, 연기 등의 영향을 받지 않는다.
④ 피측정물과 접촉하지 않기 때문에 측정조건을 지나치게 어지럽히지 않는다.

해설) 방사온도계는 CO_2, H_2O, 연기 등에 영향을 받으면 오차 발생.

ANSWER 44.③ 45.③ 46.④ 47.① 48.③

49 0℃에서의 저항이 100[Ω]이고 저항 온도계수가 0.0025℃인 저항온도계로 어떤 노안에 삽입하였을 때 저항이 180[Ω]이 되었다면 이 노안의 온도는 약 몇 ℃인가?

① 125　　② 150
③ 250　　④ 320

> 해설) 변화된 저항값 = 180−100 = 80Ω
> ∴ $T = \dfrac{80}{0.0025 \times 100} = 320℃$
> $R = R_o(1+\alpha t)$
> $t = \dfrac{R-R_o}{R_o \times \alpha}$

50 다음 중 압력식 온도계가 아닌 것은?

① 방사 압력식 온도계
② 액체 압력식 온도계
③ 증기 압력식 온도계
④ 기체 압력식 온도계

> 해설) 압력식 온도계 : 액체, 기체, 증기압력식이다.

51 다음 방사온도계에 대한 설명 중 틀린 것은?

① 물체로부터 방사되는 모든 파장의 전 방사에너지는 물체의 절대온도 K의 4제곱근에 비례한다는 원리를 이용한 것이다.
② 측정의 시간지연이 작고, 발신기를 이용하게 기록이나 제어가 가능하다.
③ 피측온체와의 사이에 흡수체로 작용하는 CO_2, 수증기 연기 등의 영향을 받지 않는 장점이 있다.
④ 피측정물과 접촉하지 않기 때문에 측정조건을 지나치게 어지럽히지 않는 등의 장점이 있다.

> 해설) 방사고온계는 피측온체와의 사이에 흡수체로 작용하는 CO_2, H_2O, 연기 등의 영향을 받는다.

52 다음 중 T형 열전대의 (−)측 재료로 사용되는 것은?

① 크로멜(Crommel)
② 콘스탄탄(Constantan)
③ 동(Copper)
④ 알루멜(Alummel)

> 해설) P(−)R(+) : 백금, 백금로듐, C(+)A(−) : 크로멜, 알루멜
> I(+)C(−) : 철, 콘스탄탄, C(+)C(−) : 동, 콘스탄탄

53 가는 유리관에 액체를 봉입하여 봉입액의 온도에 따른 팽창현상을 이용한 온도계의 봉입액체로 사용할 수 없는 것은?

① 수은　　② 알코올
③ 아닐린　　④ 글리세린

> 해설) 봉입액 : 수은, 알코올, 아닐린, 톨루엔, 펜탄

54 우리나라에서 내화도 측정의 표준으로 하고 있는 것은?

① 오르톤콘　　② 제겔콘
③ 광고 온도계　　④ 색온도계

> 해설) 제겔콘 : 내화물의 내화도 측정의 표준

55 열전대 온도계의 보호관 중 상용사용온도가 약 1000℃로서 급열, 급냉에 잘 견디고 산에는 강하나 알칼리에는 약한 비금속 온도계 보호관은?

① 자기관　　② 석영관
③ 황동관　　④ 카보런덤관

> 해설) 석영관 : 열전대 온도계의 보호관 중 상용사용온도가 약 1000℃로서 급열, 급냉에 잘 견디고 산에는 강하나 알칼리에는 약하다.

56 다음 중 온도상승에 따라 저항이 감소하는 특징을 가진 온도계는?

① 알코올 온도계
② 서미스터저항 온도계
③ 백금저항 온도계
④ 광복사 온도계

해설 서미스터저항 온도계 : 온도 상승에 따라 저항이 감소하는 특징

57 0℃에서의 저항이 100[Ω]이고, 저항온도계수가 0.005인 저항온도계를 어떤 로 안에 집어넣었을 때 저항이 200[Ω]이 되었다면 이 로 안의 온도는 몇 ℃인가?

① 100   ② 150
③ 200   ④ 250

해설
- $R = R_0 \times (1 + \alpha t)$ · $t = (\dfrac{R - R_0}{R_0 \times \alpha})$

∴ $t = \dfrac{200 - 100}{100 \times 0.005} = 200℃$

58 다음 중 공업 계측에서 고온 측정용으로 가장 적합한 온도계는?

① 금속저항 온도계
② 유리 온도계
③ 압력 온도계
④ 열전대 온도계

해설 열전대(PR) 온도계 : 측정 범위 0~1600℃로 접촉식 온도계 중 가장 높은 온도를 측정한다.

59 다음 중 구리-콘스탄탄 열전대의 표시 기호는?

① T   ② K
③ E   ④ S

해설 T : 구리~콘스탄탄 열전대 온도계

60 열전대 온도계의 보상도선에 주로 사용되는 금속재료는?

① 순철   ② 크롬
③ 구리   ④ 백금

해설 열전대 온도계의 보상도선 : 구리, 니켈

ANSWER 56.② 57.③ 58.④ 59.① 60.③

CHAPTER 05 열에너지진단

5-1 폐열회수

1. 폐열회수 및 이용

폐열이란 열발생 및 사용설비에서 이용되지 못하고 버려지는 에너지를 말한다.

(1) 폐열의 종류

① 각종 요로나 보일러 등 연료 사용 설비 등에서는 연소 배가스로 배출되는 폐열.
② 가열, 냉각, 증류, 증발, 정제, 분리 등의 공정에서 냉각, 응축 등의 냉각수로 배출되는 폐열.
③ 간접 열풍식의 건조 설비나 공조 설비 등의 배출공기 폐열.
④ 각종 설비 및 공정으로부터의 물성, 유량 및 온도로 배출되는 폐열.
⑤ 저급 연료의 연소 배기 가스(부식성 가스)의 폐열.

2. 폐열회수장치

폐열 회수 장치는 공정자체에 이용하는 경우와 타공정 보조 열원 또는 난방 등에 이용하는 방법이 있다.

① 공정자체에 이용하는 경우는 해당 공정(설비)의 열효율 제고로 회수열의 손실은 없다.
② 회수열 자체를 이용하지 않는 경우는 열수요처의 가동조건에 따라 회수열을 효과적으로 이용하지 못하는 경우도 있다.
③ 폐열을 회수해도 이용할 대상이 없는 경우도 있다.

(1) 공정별 폐열 회수 장치 및 설비

1) 열발생설비 등 연도가스(Flue Gas) 폐열

① 공기 예열기(GAH) : 관형(중소형 Boiler), 판형(LNG 연소설비), 히트파이트형(LNG 연소설비), 회전재생식(발전용 등 대형 Boiler), 레큐퍼레이터(요로류의 고온 배가스), 내식성 열교환기(부식성 배가스 폐열회수)

② 급수 예열기(에코노마이져) : 튜블러식(탈기기가 있는 발전용 등 대형보일러), 핀튜브식 튜블러(LNG 등 Clean 에너지 사용설비), 내식성 튜블러(B-C유 등 저급연료 사용설비 및 소각설비)

③ 폐열보일러(대형소각설비, 요로류 등 고온배가스 배출설비)

2) 건조설비, 공조설비 등 중.저온폐열

① 급배기 열교환기(공기예열기) : 관형(고온설비), 판형(중저온, 고온설비), 히트파이프식(중저온설비), 회전재생식(중저온설비), 내식성열교환기(중저온설비)

② 급수예열기(온수발생) : 레디알 핀튜브식(고온설비), 판(sheet)핀 튜브식(중저온설비), 튜블러식(먼지등 오염물질이 많은 경우), 내식성 열교환기(부식성 배가스 폐열회수)

3) 증류, 분리, 정제 등 식품, 화공 공정 폐열

① 판형(Feed와 Product 열교환, 온수발생 등)
② 셸 앤 튜브(Shell and Tube)형(Feed와 Product 열교환, 온수발생 등)
③ 흡수식 히트펌프(공정 현열 및 잠열회수)
④ 압축식 히트펌프(공정 현열 및 잠열 회수)

5-2 열전달

1. 열전달

(1) 전 도

> ❖ 퓨리에(Joseph Fourier)의 열전도 법칙
> 고온체의 열이 고체의 벽을 통해 저온체로 이동되는 현상

$$Q = \frac{\lambda \cdot A \cdot (t_1 - t_2)}{d} \text{[kcal/h]} \text{ (고체의 벽이 하나인 경우)}$$

$$Q = \frac{A(t_1 - t_2)}{\dfrac{d_1}{\lambda_1} + \dfrac{d_2}{\lambda_2} + \dfrac{d_3}{\lambda_3}} \,[\text{kcal/h}]$$

(고체의 벽이 2개 이상인 경우)

$Q = \alpha A \Delta t \,[\text{kcal/h}]$ ········· 열전달량

- Q : 열량[kcal/h]
- λ : 열전도율[kcal/mh℃]
- A : 면적[m^2]
- d : 두께[m]
- t_1 : 고온측온도
- t_2 : 저온측온도
- α : 열전달율[kcal/m^{2}h℃]

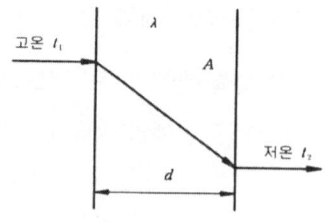
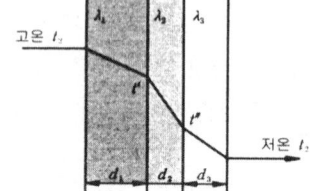

(2) 대 류

❖ **뉴톤(Newton)의 냉각법칙**
고체벽이 온도가 다른 유체와 접촉하고 있을 때 유체의 유동이 생기면서 열이 이동하는 현상

❖ **대류에 의한 전열량**
Q[kcal/h] = 열전달율(α)[kcal/m^{2}h℃] × 고체표면적(A)[m^2] × [고체표면온도−유체온도][℃]

1) 자연대류(natural convection)

유체는 열을 받으면 밀도가 작아져 부력이 생기기 때문에 상승현상이 생기어 유체 스스로 대류 현상이 된다. 이러한 현상을 자연대류라 한다.

2) 강제대류(forced convection)

송풍기나 배풍기 등으로 대류를 촉진시키는 것을 강제대류라 한다.

(3) 복사(방사)

태양광선이나 화염과 같이 열에너지가 전자파 형태의 물체로부터 복사되며 이것이 다른 물체에 도달하여 흡수되면 열로 변하는데 이것을 열복사라한다. 중간 매질이 없는 상태에서도 열이 전달된다.

❖ **스테판−볼츠만(Stafan−Boltzmann)의 법칙**
흑체(黑體) 표면에서 방출하는 복사열 에너지 총량은 절대온도의 4제곱에 비례한다는 법칙.
$E = 4.88 \times \varepsilon \left[\left(\dfrac{T^1}{100}\right)^4 - \left(\dfrac{T^2}{100}\right)^4\right]$ [kcal/m^{2}h]

- 4.88 = 스테판-볼츠만정수
- T^1, T^2 : 각각 고온체 저온체의 절대온도
- ε = 흑도(방사능)

📝 입사 에너지를 모두 흡수하는 물체를 완전흑체라 하며 반대로 입사 에너지를 모두 반사하는 물체를 완전백체라 한다.

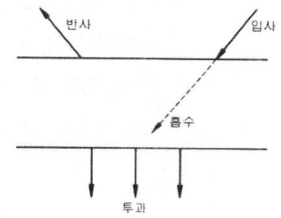

❖ 완전흑체나 완전백체는 아직 지구상에서 발견하지 못하였으며 복사열은 진공인 상태에서도 전달되므로 고체의 벽을 이용한 전도나 유체의 열전달을 이용한 대류와 또 다른 열전달의 형태이다.

2. 열관류율

열이 한 유체에서 벽을 통하여 다른 유체로 전달되는 현상으로 열통과(열관류율)라고도 한다.

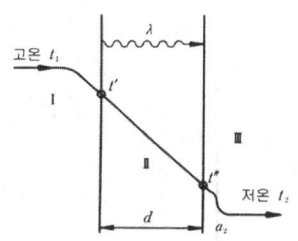

$$Q = \frac{A(t_1 - t_2)}{\frac{1}{\alpha_1} + \frac{d}{\lambda} + \frac{1}{\alpha_2}} [\text{kcal/h}]$$

$$K = \frac{1}{\frac{1}{\alpha_1} + \frac{d}{\lambda} + \frac{1}{\alpha_2}} [\text{kcal/m}^2\text{h}°\text{C}]$$

$$K = \frac{1}{R}$$

$$\therefore R = \frac{1}{\alpha_1} + \frac{d}{\lambda} + \frac{1}{\alpha_2} [\text{m}^2\text{h}°\text{C/kcal}]$$

$$Q = K \cdot A \cdot (t_1 - t_2)$$

- Q : 열량[kcal/m²h℃]
- α_1 : 고온측 경막계수[kcal/m²h℃]
- α_2 : 저온측 경막계수[kcal/m²h℃]
- A : 면적[m²]
- d : 두께[m]
- λ : 열전도율[kcal/mh℃]
- t_1 : 고온측온도[℃]
- t_2 : 저온측온도[℃]
- K : 열관류율[kcal/m²h℃]
- R : 열저항[m²h℃/kcal]

3. 열교환기의 전열량

열교환기란 고온유체(열원)로부터 저온유체(피가열물)로 열이 흐르도록 하는 장치를 말한다.

(1) 열교환기 종류

① 병류식(병행류) 열교환기 : 고온유체와 저온유체가 서로 같은 방향으로 흐르게 하는 방식
② 향류식(대향류) 열교환기 : 고온유체와 저온유체가 서로 반대 방향으로 흐르게 하는 방식.(병류식에 비해 전열효율이 좋다)
③ 직교류식(직류식) 열교환기 : 병류와 향류의 병용방식으로 고온유체와 저온유체가 서로 교차하는 방향으로 흐르는 형식. 같은조건에서 온도효율은 향류 〉 직교류 〉 병류 순.

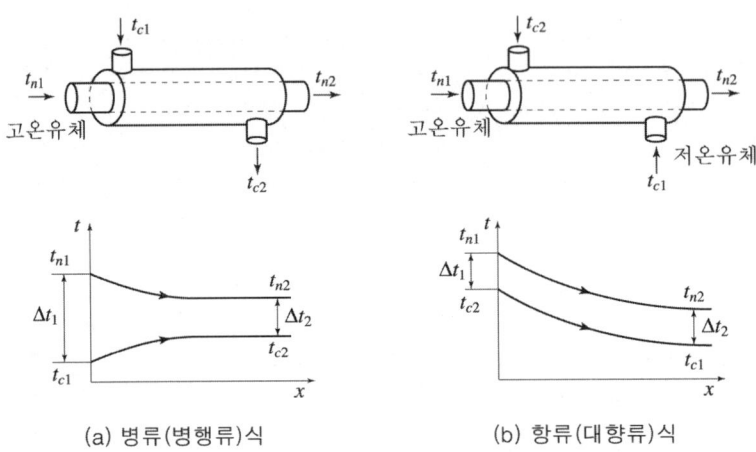

(a) 병류(병행류)식   (b) 향류(대향류)식

(2) 전열량

열교환기의 전열량은 수열체에서 흡수하는 열량을 말한다.

전열량(Q) = $KF\Delta t_m$ (kcal/h)

K : 열교환기 전열면의 열관류율(kcal/m² · h · ℃)
F : 전열면적(m²)
Δt_m : 열교환기 입·출구의 대수평균온도차(℃)

1) 대수평균 온도차 Δt_m (LMTD : Log Mean Temperature Difference)

$$LMTD = \Delta t_m = \frac{\Delta t_1 - \Delta t_2}{\ln(\frac{\Delta t_1}{\Delta t_2})}$$

Δt_1 : 고온유체의 입구측에서의 유체온도차(℃)
Δt_2 : 출구측에서의 온도차(℃)

$$\therefore Q = KF\Delta t_m = KF\frac{\Delta t_1 - \Delta t_2}{\ln\frac{\Delta t_1}{\Delta t_2}}$$

2) **전열유니트수**(NTU : Number of heat transfer unit)

$Q = KF\Delta t_m = GC\Delta t$ 에서

$$\therefore \text{NTU}(전열유니트수) = \frac{KF}{GC}(무차원수) = \frac{\Delta t}{\Delta t_m}$$

- Q : 전열량(kcal/hr)
- K : 열전달률(kcal/m²h℃)
- F : 전열면적(m²),
- C : 유체의 비열(kcal/kg℃)
- Δt : 유체의 온도차(℃),
- Δt_m : 대수평균온도차(℃)
- G : 유체의 양(kg/h)

5-3 열정산

1. 입열, 출열, 손실열

(1) 열정산

열정산(열수지)은 열을 취급하는 설비의 공급열량과 소비열량 사이의 관계를 양적으로 명확히 구분한 것으로 입열과 출열의 총량은 같아야 한다.

(2) 열정산(열수지)의 목적

① 열의 손실을 파악(열의 분포 상태 파악)
② 열설비의 성능 능력을 파악
③ 조업방법을 개선
④ 열설비의 구축자료(노의 개축, 축로의 자료 이용)

(3) 열정산 기준

① 단위 : kcal/kg, kcal/Nm³(연료), kcal/h, kcal/t(백분율), kcal/kg(제품) 등
② 기준온도 : 외기 온도
③ 발열량 : 고위 발열량(필요에 따라 저위발열량-사용 시는 뜻을 분명하게 명기)
④ 시험부하 : 정격부하(필요에 따라 3/4, 1/2, 1/4로 표시)
⑤ 시험 보일러 : 다른 보일러와 무관한 상태
⑥ 결과표시
  ㉠ 입열 : 설비 내로 들어오는 에너지 및 발생된 열

ⓒ 출열 : 설비 내에서 외부쪽으로 방출되는 에너지
　　ⓒ 순환열 : 설비 내에서의 순환하는 열

(4) 열정산 방법

1) 입열항목

① 연료의 연소열(저위발열량)

② 연료의 현열
$$C \times (t_1 - t_2) = C \Delta t \, [\text{kcal/kg}]$$

$\begin{bmatrix} C : 연료\ 비열[\text{kcal/kg}℃, \text{kcal/Nm}^3℃] \\ t_1 : 공급\ 연료\ 온도[℃] \\ t_2 : 외기\ 온도[℃] \end{bmatrix}$

③ 공기의 현열
$$AC\Delta t = mA_0 C(t_1 - t_2) \, [\text{kcal/kg}]$$

$\begin{bmatrix} A : 실제\ 공기량(= mA_0 \, [\text{Nm}^3/\text{kg}]) \\ m : 공기비(\dfrac{N_2}{N_2 - 3.76(O_2 - 0.5CO)}),\ \dfrac{N_2}{N_2 - 3.76O_2},\ \dfrac{21}{21 - O_2} \\ A_o : 이론\ 공기량(8.89C + 26.67(H - \dfrac{O}{8}) + 3.33S[\text{Nm}^3/\text{kg}] \\ t_1 : 실내\ 온도[℃] \\ t_2 : 외기\ 온도[℃] \end{bmatrix}$

④ 노내분입증기에 의한 입열

2) 출열 항목

① 유효 출열(발생증기 보유열)

② 손실열
　　ⓐ 배기가스에 의한 손실열 : 손실열 중에서 가장 크다.
　　ⓑ 불완전 연소에 의한 손실열
　　ⓒ 미연분에 의한 손실열
　　ⓓ 노벽방산에 의한 손실열

(5) 측정방법

1) 외기 온도

보일러실 외기 주위의 입구에서 측정한다.
(공기예열기가 있는 경우 → 입구측에서 측정)

2) 연료량

① 고체 연료 : 연소 직전에 계량(계량기 허용오차 ±1.5[%])
② 액체 연료 : 중량 탱크, 용량 탱크, 체적식 유량계(허용오차 ±1.0[%])
③ 기체 연료 : 체적식, 오리피스 유량계(허용오차 ±1.6[%])

3) 급수량

중량 탱크, 용량 탱크, 체적식 유량계, 오리피스 유량계(허용오차 ±1.0[%]) 등으로 측정한다.

4) 급수온도측정

절탄기 입구에서 측정(절탄기 없는 경우 보일러 몸체의 입구에서 측정)한다.

5) 연소용 공기량 측정

연료 및 연소가스의 조성으로 산출(예열공기의 경우 공기예열기 입구 및 출구에서 측정)한다.

6) 발생 증기량 측정

급수량에서 산정한다(시험시 및 종료시 보일러 수면이 다른 경우 보정한다).

7) 과열증기 및 재열증기온도 측정

과열증기 및 재열증기온도의 측정은 과열기 및 재열기 출구에 근접한 위치에서 측정한다.

8) 증기압력의 측정

포화증기의 압력은 보일러동 또는 그에 상당하는 부분에서 측정한다.

9) 포화증기의 건조도 측정

보일러동 출구에 근접한 위치 또는 그에 상당하는 부분에서 조임식(교축식) 열량계 등을 사용하여 측정한다.

10) 배기가스 온도 측정

보일러의 최종 가열기의 출구에서 측정한다.
(배기가스의 압력측정 → 수주압력계로 최종가열기 출구에서 측정한다)

(6) 측정 시간의 간격

① 기체 및 액체의 채취 : 시험시간 중 2회 이상
② 석탄 시료채취 : 시험시간 중 가능한 많은 횟수
③ 증기압력 및 온도, 급수온도 : 10~30분마다
④ 급수유량 : 5~30분마다
⑤ 공기 및 배기가스 등의 압력 및 온도 : 15~30분마다
⑥ 배기가스 시료채취 : 30분마다

(7) 열계산의 기준

① 보일러 가동 후 같은 부하에서 배기가스 온도 변화가 없는 시간에서부터 시작하고 측정시간은 2시간 이상
② 연료발열량 : B-C 중유는 9,750[kcal/kg]
③ 연료의 비중 : 0.963[kg/l]
④ 증기의 건도는 0.98로 한다.(단, 주철제는 0.97로 한다.)
⑤ 열계산은 사용한 연료 1[kg]에 대하여
⑥ 압력의 변동은 ±7[%] 이내로(증기 발생량의 변동은 ±15[%])
⑦ 측정은 10분마다

(8) 열효율 향상 대책

① 손실열을 가급적 적게 한다.
② 장치의 설계조건과 운전조건을 일치시키도록 노력한다. 또 장치 개개에 대해서도 적정 연료, 적정 조업조건을 연구한다.
③ 전열량이 증가되는 방법을 취한다. 그 때문에 가령 공기, 급수 또 연료를 폐열회수에 의하여 예열하고, 연소가스 온도를 높인다.
④ 조업이 불연속식인 경우에는 축열로 인한 손실이 많으므로 될수록 연속으로 조업할 수 있게 한다.

2. 열효율

열효율이란 보일러 내에 공급된 총입열과 그에 따라 발생된 유효출열(발생증기 보유열)과의 비를 말한다.

(1) 보일러 열효율(η)

1) 입·출열에 의한 계산

$$\eta = \frac{유효출열}{입열} \times 100[\%]$$

❖ 입열 = (Hl) + 공기현열 + 연료현열

$$\eta = \frac{G(h'' - h')}{Gf \times (Hl + 공기현열 + 연료현열)} \times 100[\%] \quad \therefore \quad \eta = \frac{G(h'' - h')}{Gf \times H}$$

2) 손실열에 의한 계산

$$\eta = \frac{입열 - 손실열}{입열} \times 100 = (1 - \frac{손실열}{입열}) \times 100 [\%]$$

❖ 기타 열효율 산출공식

① $\eta = \dfrac{Ge \times 539}{Gf \times H} \times 100 [\%]$

② $\eta = $ 연소효율 × 전열효율 × 100 [%]

③ $\eta = \dfrac{증발계수 \times G \times 539}{Gf \times H} \times 100 [\%]$

- G : 매시간당 실제증발량(kg/h)
- h'' : 증기 엔탈피(kcal/kg)
- h' : 급수 엔탈피(kcal/kg)
- Gf : 시간당 연료사용량(kg/h)
- H : 연료의 발열량(kcal/kg)
- Hh : 고위발열량
- $H\ell$: 저위발열량
- Ge : 상당 증발량(kg/h)

❖ 증발계수 : $\dfrac{(h'' - h')}{539}$

(2) 연소 효율(η_c)

연료 1[kg]의 연소시 완전히 연소(일반적으로 고위발열량)할 때의 열량과 실제로 발생하는 열량과의 비를 말한다.

$$\eta_c = \frac{연소열}{공급열} \times 100$$

(3) 전열 효율(η_f)

연소실에서 실제로 발생한 열량과 보일러에서 발생된 유효 열량과의 비를 말한다.

$$\eta_f = \frac{유효출열}{연소열} \times 100$$

(4) 보일러 용량

보일러의 용량 표시는 최대 연속부하(정격 부하)의 상태에서 단위시간 마다의 증발량 [kg/h], [Ton/h]으로 표시하며 일반적으로 상당증발량을 말한다.

❖ 보일러의 크기

① 정격용량
② 정격출력
③ 보일러마력
④ 전열면적
⑤ 상당방열면적(EDR)
⑥ 상당증발량
⑦ 최대 연속 증발량

1) 보일러 열출력[kcal/h]

1시간에 발생된 증기가 갖는 순수 열량

$$G \times (h'' - h') = Ge \times 539 [\text{kcal/h}]$$

- G : 시간당 실제 증발량(= 급수량)[kg/h]
- h'' : 발생증기 엔탈피[kcal/kg]
- h' : 급수 엔탈피[kcal/kg]
- Ge : 상당 증발량[kg/h]

■ 온수 보일러의 경우

$$GC(t_1 - t_2)$$

- G : 발생 온수량[kg/h]
- C : 온수 비열[kcal/kg℃]
- t_1, t_2 : 입구 및 출구 온도[℃]

2) 상당 증발량[kg/h]

환산 증발량(= 기준 증발량)이라고도 하며 표준대기압하에서 100[℃]의 포화수가 100[℃]의 건포화 증기로 변화시키는 경우의 1시간당 증발량

$$Ge = \frac{G(h'' - h')}{539} [\text{kg/h}]$$

539 : 표준상태 대기압(1.0332[kg/cm²])에서의 증발 잠열[kcal/kg]

3) 증발계수[단위없음]

보일러에서 발생한 순수 열량을 표준 상태의 증발 잠열로 나눈 값

$$증발계수 = \frac{G_e}{G} = \frac{h'' - h'}{539}$$

4) 보일러 마력(B-HP)

① 표준대기압(760[mmHg])에서 100[℃]의 포화수 15.65[kg]을 1시간에 100[℃]의 포화증기로 바꿀 수 있는 능력
② 4.9[kg/cm² atg]에서 100[℉](37.8[℃])의 급수를 1시간에 13.6[kg]의 포화증기로 바꿀 수 있는 능력
③ 상당 증발량이 15.65[kg]인 보일러의 능력

$$보일러 마력[B-HP] = \frac{Ge}{15.65}$$

□ 보일러 1마력의 열량은 약 8435[kcal/h], 상당증발량은 15.65kg/h이다.

5) 전열면 증발율[kg/m²h]

보일러의 전열면적 1[m²]당 1시간 동안의 실제 증발량

① 전열면(실제) 증발율 = $\dfrac{G}{H_A}$ [kg/m²h]

② 전열면 상당 증발율 = $\dfrac{G_e}{H_A}$ [kg/m²h]

⎡ G : 시간당 실제 증발량[kg/h]
⎣ H_A : 전열면적[m²]

6) 증발 배수[kg/kg 연료]

연료 1[kg]이 발생시킨 증발 능력

① 증발 배수 = $\dfrac{G}{G_f}$ [kg/kg 연료]

② 환산 증발배수 = $\dfrac{Ge}{G_f}$ [kg/kg 연료]

(연료 1[kg]이 발생시킨 환산 증발능력)

⎡ G_f : 시간 연료 소비량[kg/h 연료]
⎣ ◈ 단위 꼭 쓸 것.

7) 화격자 연소율[kg/m²h]

화격자 면적 1[m²]당 1시간 동안 연소시키는 석탄의 양

① 화격자 연소율 = $\dfrac{G_f}{Ar}$ [kg/m²h]

② 버너 연소율 = $\dfrac{\text{전연료비량}}{\text{가동시간}}$ [kg/h]

⎡ G_f : 시간당 연소 석탄량[kg/h]
⎣ Ar : 화격자 면적[m²]

8) 전열면 열부하(열발생율)[kcal/m²h]

보일러 전열면적 1[m²]당 1시간 동안의 보일러 전열면 열이동량

전열면 열부하 = $\dfrac{G(h'' - h')}{H_A}$ [kcal/m²h]

9) 연소실 열발생율[kcal/m³h]

보일러 연소실 용적 1[m³]당 연료를 소비시켜 발생된 총열량

연소실 열발생율 = $\dfrac{G_f \times (Hl + \text{공기현열} + \text{연료현열})}{V}$ [kcal/m³h]

V : 연소실 용적[m³]

예상문제

01 보일러설치규격(KBI)에서 공기예열기의 형식 중 재생식의 분류에 속하지 않는 것은?

① 회전식 ② 고정식
③ 전도식 ④ 이동식

해설 재생식 공기예열기종류 : 회전식, 고정식, 이동식이 있다.

02 증기보일러 과열기의 종류를 열가스 흐름에 의하여 분류할 때 해당 되지 않는 것은?

① 병류형 ② 직류형
③ 향류형 ④ 혼류형

해설 열가스 흐름에 의한 분류 : 병류형, 향류형, 혼류형

03 재생식 공기예열기의 대표적인 회전식의 특징 설명으로 가장 적합한 것은?

① 단위 체적당 배치할 수 있는 전열면적이 크고 설치 장소가 좁아도 된다.
② 운동부가 없으며 누설의 우려가 없고 통풍손실이 적다.
③ 한쪽에는 연소가스가 흐르고 다른 한쪽은 반대 방향으로 공기가 흐른다.
④ 금속 전열면 양측에 연소가스와 공기를 통하게 하여 연소가스의 보유열을 공기에 전한다.

해설 재생식 공기예열기로 한쪽은 연소가스, 반대 방향은 공기가 흐르는 구조이다.

04 보일러 본체에서 발생한 포화증기를 같은 압력하에서 고온으로 가열하는 장치는?

① 절탄기 ② 과열기
③ 축열기 ④ 흡수기

해설 과열기는 포화증기의 압력은 변동 없이 온도만 상승시킨 것

05 절탄기를 사용함으로써 얻을 수 있는 이점이 아닌 것은?

① 급수 중의 용존 산소를 일부 제거할 수 있다.
② 보일러 동의 열응력을 감소시킬 수 있다.
③ 연소가스의 배출력을 증대시킬 수 있다.
④ 보일러의 열효율을 향상시킨다.

해설 절탄기의 단점은 통풍력 감소 및 저온부식 발생원인

06 보일러 절탄기(economizer)에 대한 설명으로 맞는 것은?

① 연료의 발열량을 증대시키는 장치이다.
② 연소가스의 여열을 이용하여 보일러 급수를 예열하는 장치이다.
③ 연도로 흐르는 연소가스의 여열을 이용하여 연소실에 공급되는 연소공기를 예열시키는 장치이다.
④ 보일러에서 발생한 습포화 증기를 압력은 일정하게 유지하면서 온도만 높여 과열증기로 바꾸어 주는 장치이다.

해설 절탄기 : 연소가스의 여열을 이용하여 급수예열

ANSWER 1.③ 2.② 3.③ 4.② 5.③ 6.②

07 공기예열기가 보일러에 주는 효과를 설명한 것 중 가장 거리가 먼 것은?

① 여열을 이용하므로 열손실을 감소시킨다.
② 연료의 불완전연소가 감소된다.
③ 열효율이 증가된다.
④ 통풍저항이 감소된다.

해설 통풍저항이 증가된다.

08 보일러의 안전작업을 수행하기 위하여 부착하는 부속장치에 해당되지 않는 것은?

① 저수위 경보기
② 화염 검출기
③ 압력 제한기
④ 절탄기

해설 폐열(여열)회수장치 : 과열기, 재열기, 절탄기, 공기예열기

09 전열에 대한 설명으로 잘못된 것은?

① 유체의 밀도차에 의한 유동에 의해 열이 전달되는 형태는 전도이다.
② 대류 전열에는 자연대류와 강제대류 방식이 있다.
③ 어떤 물체의 열 방사율은 그 물체의 열흡수율과 같다.
④ 전열에는 전도, 대류, 복사의 3방식이 있다.

해설 유체의 밀도차에 의한 유동에 의해 열이 전달되는 형태는 대류이다.

10 보온재의 열전도율에 관한 설명으로 틀린 것은?

① 보온재의 두께가 두꺼울수록 열전도율은 작아진다.
② 온도가 높을수록 열전도율은 커진다.
③ 습기를 많이 함유할수록 열전도율은 작아진다.
④ 단위 체적당 기공 숫자가 많을수록 열전도율은 작아진다.

해설 습기를 많이 함유할수록 열전도율은 커진다. 즉, 습기가 많으면 보온효율이 떨어진다.

11 보온재의 수분과 열전도율과의 관계는?

① 수분과 관계없이 열전도율은 일정하다.
② 수분을 함유하게 되면 열전도율이 작아진다.
③ 수분을 함유하게 되면 열전도율이 커진다.
④ 수분을 함유하게 되면 열전도율이 작아지다가 커진다.

해설 수분이 많으면 열전도율은 커진다.

12 열전달에 대한 설명으로 잘못된 것은?

① 유체의 밀도차에 의한 유동에 의해 열이 전달되는 형태는 전도이다.
② 대류 전열에는 자연대류와 강제대류 방식이 있다.
③ 중간 열매체를 통하지 않고 열이 이동되는 형태는 복사이다.
④ 열전달에는 전도, 대류, 복사의 3방식이 있다.

해설 전도 : 고체간의 열의 이동

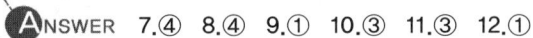
ANSWER 7.④ 8.④ 9.① 10.③ 11.③ 12.①

13 보일러수를 가열하면 가열된 물은 위쪽으로 올라가고, 온도가 낮은 위쪽의 물은 하강한다. 이런 형태로 열이 이동하는 것은?

① 전도
② 복사
③ 대류
④ 관류

> 해설
> • 전도 : 고체간의 열의 이동
> • 대류 : 비중차(밀도차)에 의한 열의 이동
> • 복사 : 중간 매질 없이도 열이 이동하는 형식

14 열전도에 대한 설명 중 옳지 않은 것은?

① 전도에 의한 열전달 속도는 전열면적에 비례한다.
② 열전도율은 온도의 함수이다.
③ 열전도율은 물질 특유의 상수로 코사인 법칙이라고 한다.
④ 전도에 의한 열전달 속도는 온도구배에 비례한다.

> 해설
> 열전도 : 퓨리에의 열전도 법칙

15 열팽창계수와 온도차 등이 포함되어 있어 자연대류에 대하여 가장 잘 표현할 수 있는 무차원수는?

① 레이놀즈수
② 그라쇼프수
③ 프란틀수
④ 너셀수

> 해설
> 그라쇼프수 : 열팽창계수와 온도차 등이 포함되어 있어 자연대류에 대하여 가장 잘 표현할 수 있는 무차원의 수

16 전도에 의한 열전달속도에 대한 설명으로 옳은 것은?

① 온도차($\triangle t$)가 클수록 열전달 속도는 작아지게 된다.
② 열이 통과할 수 있는 면적(A)이 클수록 열전달속도는 작아지게 된다.
③ 열이 통과하는 길이(L)가 길수록 열전달속도는 작아지게 된다.
④ 열전도도(k)가 높을수록 전도에 의한 열전달속도는 작아지게 된다.

> 해설
> 전도에 의한 열전달 속도
> ① 온도차($\triangle t$)가 클수록 열전달 속도는 커진다.
> ② 열이 통과할 수 있는 면적(A)이 클수록 열전달속도는 커진다.
> ③ 열이 통과하는 길이(L)가 길수록 열전달속도는 작아지게 된다.
> ④ 열전도도(k)가 높을수록 전도에 의한 열전달속도는 커진다.

17 24℃의 실내에 직경 100mm인 보온용 수증기관이 있다. 이 관의 표면온도는 40℃, 방사율은 0.92이다. 관의 길이 1m당 방사 전열량은 약 몇 kcal/h인가?

① 27
② 37
③ 47
④ 57

> 해설
> 복사 전열량(Q) $= 4.88 \times \varepsilon [(\frac{T_1}{100})^4 - (\frac{T_2}{100})^4] A$
> $= 4.88 \times 0.92 \times [(\frac{273+40}{100})^4 - (\frac{273+24}{100})^4] \times 0.314]$
> $= 25.616 \text{kcal/h}$
>
> A(파이프의 표면적)
> $= \pi \cdot D \cdot \ell$
> $= 3.14 \times 0.1 \times 1$
> $= 0.314 \text{m}^2$

ANSWER 13.③ 14.③ 15.② 16.③ 17.①

18 열전도율이 0.8kcal/hm℃인 콘크리트 벽의 안쪽과 바깥쪽의 온도가 각각 25℃와 20℃이다. 벽의 두께가 5cm일 때 1m²당 매시간 전달되어 나가는 열량은 약 몇 kcal인가?

① 0.8　　② 8
③ 80　　④ 800

해설
$$Q = \frac{\lambda \times A \times (t_2 - t_1)}{b}$$
$$= \frac{0.8 \times 1 \times (25 - 20)}{0.05} = 80\text{kcal/h}$$

19 20cm 두께의 벽체 열전도계수가 1.4kcal/m·h·℃, 내·외 표면의 열전달계수가 각각 8.1kcal/m²h℃, 20.1kcal/m²h℃인 경우 이 벽체의 열관류율은?

① 29.6kcal/m²·h·℃
② 227.9kcal/m²·h·℃
③ 3.16kcal/m²·h·℃
④ 0.32kcal/m²·h·℃

해설
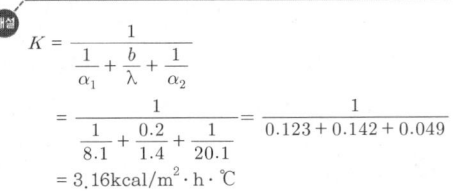
$$= \frac{1}{\frac{1}{8.1} + \frac{0.2}{1.4} + \frac{1}{20.1}} = \frac{1}{0.123 + 0.142 + 0.049}$$
$$= 3.16\text{kcal/m}^2 \cdot \text{h} \cdot ℃$$

20 어떤 건물의 벽체 크기가 4m×20m이다. 실내온도 20℃, 외기온도 2℃, 열관류율 2kcal/m²·h·℃일 때, 이 벽체를 통한 손실열량은?

① 2440kcal/h　　② 2880kcal/h
③ 2736kcal/h　　④ 2956kcal/h

해설
$2 \times 4 \times 20 \times (20 - 2) = 2880\text{kcal/h}$
$Q = k \cdot A \cdot (t_1 - t_2)$

21 어떤 내화벽돌의 열전도율이 0.8kcal/m·h·℃인 재질의 평면벽 양쪽 온도가 800℃와 200℃이며 이 벽을 통한 열전달률이 1,500kcal/h일 때 벽의 두께는 약 몇 cm인가?

① 25　　② 32
③ 43　　④ 49

해설
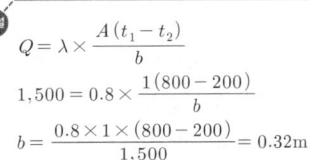
$$1,500 = 0.8 \times \frac{1(800 - 200)}{b}$$
$$b = \frac{0.8 \times 1 \times (800 - 200)}{1,500} = 0.32\text{m}$$

22 내벽은 내화벽돌로 두께 220mm, 열전도율 1.1kcal/m·h·℃, 중간벽은 단열벽돌로 두께 9cm, 열전도율 0.12kcal/m·h·℃, 외벽은 붉은 벽돌로 두께 20cm, 열전도율 0.8kcal/m·h·℃로 되어 있는 노벽이 있다. 내벽 표면의 온도가 1000℃일 때 외벽의 표면온도는 약 몇 ℃인가? (단, 외벽 주위온도는 20℃, 외벽 표면의 열전달율은 7kcal/m·h·℃로 한다.)

① 104℃　　② 124℃
③ 141℃　　④ 267℃

해설
- 전열저항계수$(R_1) = \frac{0.22}{1.1} + \frac{0.09}{0.12} + \frac{0.2}{0.8} + \frac{1}{7}$
  $= 1.3428$
- 전열저항계수$(R_2) = \frac{0.22}{1.1} + \frac{0.09}{0.12} + \frac{0.2}{0.8}$
  $= 1.2\text{m}^2\text{h}℃/\text{kcal}$
- ∴ 외벽표면온도(T)
  $= 1000 - \frac{1.2 \times (1000 - 20)}{1.3428} = 124℃$

ANSWER 18.③ 19.③ 20.② 21.② 22.②

23 방열유체의 전열유니트수(NTUh)가 3.2이고 온도차가 96℃인 열교환기의 전열효율을 1로 할 때 LMTD는 몇 ℃인가?

① 0.03℃   ② 3.2℃
③ 30℃   ④ 307.2℃

해설 대수평균온도차(LMTD)
$$\frac{\Delta t}{NTU_h \cdot \eta} = \frac{96}{3.2 \times 1} = 30℃$$

24 노벽이 두께 24cm의 내화벽돌, 두께 10cm의 절연벽돌 및 두께 15cm의 적색벽돌로 만들어질 때 벽 안쪽과 바깥쪽 표면 온도가 각각 900℃, 90℃라면 열손실은 약 몇 kcal/h·m²인가? (단, 내화벽돌, 절연벽돌 및 적색벽돌의 열전도율은 각각 1.2kcal/h·m·℃, 0.15kcal/h·m·℃, 1.0kcal/h·m·℃이다.)

① 351   ② 797
③ 1501   ④ 4057

해설
$$\therefore Q = \frac{A \times (t_2 - t_1)}{\frac{b_1}{\lambda_1} + \frac{b_2}{\lambda_2} + \frac{b_3}{\lambda_3}} = \frac{1 \times (900 - 90)}{\frac{0.24}{1.2} + \frac{0.1}{0.15} + \frac{0.15}{1.0}}$$
$$= 797 kcal/m^2 h$$

25 온도 300℃의 평면 벽에 열전달률 0.06kcal/h·m·℃의 보온재가 두께 50mm로 시공되어 있다. 평면벽으로 부터 외부공기로의 배출열량은 약 몇 kcal/h·m²인가? (단, 공기온도는 20℃, 보온재 표면과 공기와의 열전달 계수는 8kcal/m²h이다.)

① 5   ② 57
③ 292   ④ 573

해설
$$Q = \frac{A \times (t_2 - t_1)}{\frac{1}{\alpha_1} + \frac{b}{\lambda} + \frac{1}{\alpha_2}} = \frac{1 \times (300 - 20)}{\frac{1}{8} + \frac{0.05}{0.06}}$$
$$\fallingdotseq 292 kcal/hm^2$$

26 다관식 열교환기에 속하지 않는 것은?
① 고정관판형   ② 유동두형
③ U자관형   ④ 트롬본형

해설 다관식열교환기 : U자관형, 고정관판형, 유동두형

27 방열기의 출구온도가 70℃, 입구온도가 90℃, 실내온도가 20℃일 때 방열기의 방열량은 몇 kcal/m²h인가? (단, 방열기의 방열계수는 7kcal/m²h℃이다.)

① 320   ② 360
③ 420   ④ 480

해설
$$7 \times \left(\frac{90+70}{2} - 20\right) = 420 kcal/m^2 h$$

28 어떤 주택이 외기와 접한 벽체 및 지붕의 면적이 250m², 평균열관류계수가 10kcal/m²·h·℃, 주택 내외의 온도차가 15℃, 방위계수가 1인 경우, 이 주택의 열부하는? (단, 건물 바닥과의열수지는 없는 것으로 한다.)

① 37,500cal/h   ② 37,500kcal/h
③ 3,750cal/h   ④ 3,750kcal/h

해설
$$Q = k \cdot A \cdot \Delta t \cdot z$$
$$= 10 \times 250 \times 15 \times 1 = 37,500 kcal/h$$

29 온수난방에서 방열기 내의 온수의 평균온도 85℃, 실내온도 20℃, 방열계수가 7.2kcal/m²·h℃이라면, 이 방열기의 방열량은?

① 468kcal/m²·h   ② 472kcal/m²·h
③ 496kcal/m²·h   ④ 592kcal/m²·h

해설 $Q = 7.2 \times (85 - 20) = 468 kcal/m^2 \cdot h$

ANSWER 23.③ 24.② 25.③ 26.④ 27.③ 28.② 29.①

30 열전도율 30kcal/m·h·℃, 두께 10mm 인 강판의 양면 온도차가 2℃이다. 이 강판 1m² 당 전열량은?

① 60000kcal / h ② 6000kcal / h
③ 15000kcal / h ④ 1500kcal / h

해설 $\dfrac{30 \times 1 \times 2}{0.01} = 6000\text{kcal/h}$

31 연돌입구의 온도가 200℃, 출구온도가 30℃일 때 배출가스의 평균온도는 약 몇 ℃인가?

① 85℃ ② 90℃
③ 100℃ ④ 115℃

해설 평균온도$(t) = \dfrac{t_1 - t_2}{\ln\left(\dfrac{t_1}{t_2}\right)} = \dfrac{200 - 30}{\ln\left(\dfrac{200}{30}\right)} = 90℃$

32 보일러 열정산 기준 설명으로 잘못된 것은?

① 열정산시험은 시험 보일러를 다른 보일러와 무관한 상태로 하여 실시한다.
② 열정산은 원칙적으로 정격부하 이상에서 정상상태로 적어도 2시간 이상의 운전 결과에 따라 한다.
③ 연료의 발열량은 원칙적으로 사용시 연료의 고발열량(총 발열량)으로 한다.
④ 열정산의 기준온도는 특별한 경우를 제외하고는 0℃로 한다.

해설 열정산의 기준온도는 외기온도가 기준이다.

33 보일러 열정산에 있어서 출열항목이 아닌 것은?

① 불완전 연소 가스에 의한 손실 열량
② 복사열에 의한 손실 열량
③ 발생 증기의 흡수 열량
④ 공기의 현열에 의한 열량

해설 공기의 현열은 열정산에서 입열

34 보일러 열정산시 출열 항목에 해당되지 않는 것은?

① 노내 분입증기의 보유열량
② 배기가스의 보유열량
③ 발생 증기의 보유열량
④ 노벽의 흡수열량

해설 보일러 열정산에서 노내 분입증기의 보유열량은 입열항목

35 보일러의 열손실에 해당 되지 않는 것은?

① 굴뚝으로 배출되는 배기가스 열량의 손실
② 연소하지 않은 연료에 의한 손실
③ 연료 중의 수소나 수분에 의한 손실
④ 연료의 불완전연소에 의한 손실

해설 열손실 : 배기가스에 의한 손실, 미연소가스에 의한 손실, 방산에 의한 손실

ANSWER 30.② 31.② 32.④ 33.④ 34.① 35.③

36 KS 규격에서 육용 보일러의 열정산 방식 중 열정산의 조건에 대한 설명으로 틀린 것은?

① 열정산은 원칙적으로 정격 부하 이상에서 정상상태로 적어도 2시간 이상의 운전결과에 따라 한다.
② 기준온도는 시험 시의 외기온도를 기준으로 한다.
③ 발열량은 원칙적으로 사용시 연료의 고발열량으로 한다.
④ 시험은 시험보일러를 다른 보일러와 병행한 상태에서 시행한다.

해설) 시험은 시험보일러와 다른 보일러를 별개의 상태에서 시행한다.

37 보일러 설비의 열정산 시 입열항목에 해당하지 않는 것은?

① 연료의 연소열   ② 공기의 현열
③ 연료의 현열   ④ 재의 현열

해설) 입열항목 : 연료의 발열량(연소열), 연료의 현열, 공기의 현열, 노내분입증기열

38 보일러 열정산의 조건에 대한 설명으로 올바르지 않은 것은?

① 시험부하는 원칙적으로 정격부하 이상으로 하고, 필요에 따라 3/4, 1/2, 1/4 등의 부하로 한다.
② 증기 보일러 열출력 평가의 경우, 시험압력은 보일러 설계압력의 80% 이상에서 실시한다.
③ 시험은 시험 보일러를 다른 보일러와 서로 연결시킨 상태에서 시험한다.
④ 열정산의 기준 온도는 시험시의 외기온도를 기준으로 하나, 필요에 따라 주위온도 또는 압입송풍기 출구 등의 공기온도로 할 수 있다.

해설) 열정산 시 시험 보일러는 다른 보일러와 무관한 상태에서 행한다.

39 열정산에서 입열에 해당되는 것은?

① 발생증기의 흡수열
② 공기의 현열
③ 배기가스의 손실열
④ 방산에 의한 손실열

해설) 입열항목 : 연료의 발열량, 연료의 현열, 공기의 현열, 노내분입증기열

40 열정산에 있어서 발생증기량은 일반적으로 무엇으로부터 수위보정을 통해 산정하는가?

① 증기압력
② 증기온도
③ 증기유량
④ 급수량

해설) 발생증기량은 급수량으로 하여 산정한다.

41 보일러 열정산 방법에서 입열항목에 해당하는 것은?

① 사용시 연료의 발열량
② 블로다운수의 흡수열
③ 불완전 연소가스에 의한 열손실
④ 발생증기의 흡수열

해설) 입열항목 : 연료의 저위발열량, 연료의 현열, 공기의 현열, 노내분입증기열

ANSWER 36.④ 37.④ 38.③ 39.② 40.④ 41.①

42 보일러 열정산 시의 측정사항이 아닌 것은?

① 배기가스 온도
② 급수 압력
③ 연료사용량 및 발열량
④ 외기온도 및 기압

해설) 열정산시 급수온도를 측정한다.

43 보일러 열정산에서 출열 항목인 것은?

① 사용시 연료의 발열량
② 연료의 현열
③ 공기의 현열
④ 배기가스의 보유열

해설) 출열항목 : 유효출열, 배기가스의 보유열, 미연가스보유열, 방산에의 손실열

44 보일러의 능력에 대한 표기인 보일러 마력이란 어떤 값인가? (단, 실제 증발량 및 상당증발량 단위는 kg_f/h이다.)

① 실제증발량 / 15.65
② 상당증발량 / 15.65
③ 실제증발량 / 539
④ 상당증발량 / 539

해설) 보일러마력이란 상당증발량을 15.65로 나눈 값이다.

45 보일러의 1마력은 한 시간에 몇 kg의 상당증발량을 나타낼 수 있는 능력인가?

① 15.65   ② 30.0
③ 34.5   ④ 10.56

해설) 보일러 마력이란 한시간에 15.65kg의 상당증발량을 나타낸다.

46 연료가 보유하고 있는 열량으로부터 실제 유효하게 이용된 열량과 각종 손실에 의한 열량 등을 조사하여 열량의 출입을 계산한 것은?

① 열정산   ② 보일러효율
③ 전열면 부하   ④ 상당 증발량

해설) 연료가 보유하고 있는 열량으로부터 실제 유효하게 이용된 열량과 또한 각종 손실열 등을 정산하여 열량의 출입을 계산하는 것은 열정산이라 한다.

47 보일러 열정산 시에 보일러 최종 가열기의 출구에서 측정하는 값은?

① 급수온도   ② 예열공기온도
③ 과열증기온도   ④ 배기가스온도

해설) 보일러 전열면 최종 출구에 배기가스 온도계를 설치하여 배기가스 온도측정

48 비열 0.3kcal/m³℃인 배기가스의 유량 및 온도가 2000Nm³/h, 210℃이고 외기온도가 -10℃라고 할 때, 이와 같은 배기가스로 인한 손실열량은 얼마인가?

① 125000kcal/h   ② 132000kcal/h
③ 140000kcal/h   ④ 147000kcal/h

해설) $2000 \times 0.3 \times (210+10) = 132000$ kcal/h

49 다음 중에서 열손실이라고 볼 수 없는 것은?

① 불완전 연소에 의한 질량
② 미연 연료에 의한 열량
③ 배기가스에 의한 열량
④ 공기의 예열로 인한 열량

해설) 공기의 예열로 인한 열량(공기의 현열) : 입열항목에 속한다.

ANSWER 42.② 43.④ 44.② 45.① 46.① 47.④ 48.② 49.④

50 보일러 열정산에서 출열 항목인 것은?

① 사용시 연료의 발열량
② 연료의 현열
③ 공기의 현열
④ 배기가스의 보유열

해설 출열항목
① 유효출열
② 손실열(배기가스에 의한 손실연, 미연소가스에 의한 손실열, 방산에 의한 손실열)

51 난방부하가 3000kcal/h이고, 난방면적이 30m²일 때 열손실 지수는 몇 kcal/m²h인가?

① 30   ② 100
③ 300 ④ 3000

해설 $\frac{3000}{30} = 100 \text{kcal/m}^2\text{h}$

52 발열량이 9600kcal/kg인 연료 180kg을 연소시켜, 엔탈피 630kcal/kg인 증기 2000kg을 발생시켰다면 열손실은 약 몇 kcal인가? (단, 급수 엔탈피는 12kcal/kg이다.)

① 444000 ② 468000
③ 492000 ④ 524000

해설 열손실 = [(9600×180) − 2000×(630 − 12)]
= 492000kcal

53 다음 중에서 열손실이라고 볼 수 없는 것은?

① 불완전 연소에 의한 열량
② 미연 연료에 의한 열량
③ 배기가스에 의한 열량
④ 공기의 예열로 인한 열량

해설 열손실(출열항목) : 배기가스에 의한 손실열, 미연소(불완전 연소)가스에 의한 손실열, 방산에 의한 손실열 등
• 공기의 현열은 입열항목에 속한다.

54 열관류율이 5W/m²·K인 구조물에서 전열면적이 10m²이고 구조물 안쪽 온도와 바깥쪽 온도를 각각 500℃, 100℃라고 하면 손실열량은 얼마인가?

① 10kW   ② 15kW
③ 20kW   ④ 25kW

해설 $5 \times 10 \times (773 - 373) \times \frac{1}{1000} = 20\text{kW}$

55 실제 증발량 1,300kg/h, 급수온도 35℃, 전열면적 50m²인 노통연관식 보일러의 전열면 열부하는? (단, 발생 증기 엔탈피는 660kcal/kg이다.)

① 13,580kcal/m²h
② 16,250kcal/m²h
③ 18.675kcal/m²h
④ 20,458kcal/m²h

해설 $\frac{G(h_2-h_1)}{A} = \frac{1,300(660-35)}{50} = 16,250\text{kcal/m}^2\text{h}$

56 증기 발생을 위해 쓰인 열량과 보일러에 공급된 열량(입열량)과의 비를 무엇이라고 하는가?

① 전열면 열부하   ② 보일러효율
③ 증발계수   ④ 전열면의 증발률

해설 효율 = $\frac{\text{증기발생에 쓰인 열량(공급열−손실열)}}{\text{공급열량}} \times 100(\%)$

ANSWER 50.④ 51.② 52.③ 53.④ 54.③ 55.② 56.②

57 보일러 상당증발량의 정의는?

① 표준대기압 하에서 0℃의 물을 100℃의 건포화증기로 만들 때의 1시간당 증발량
② 표준대기압 하에서 100℃의 포화수를 100℃의 건포화증기로 만들 때의 1시간당 증발량
③ 보일러에 급수된 물을 습포화증기로 1시간 동안 증발시킨 량
④ 보일러에 급수된 물을 100℃의 건포화증기로 1시간동안 증발시킨 량

> 해설 상당증발량이란 표준대기압하에서 100℃의 포화수를 100℃의 건포화증기로 1시간동안에 증발시킨량

58 급수온도가 20℃이고, 발생증기의 엔탈피가 650kcal/kg, 실제 증발량이 1ton/h일 때 보일러의 상당증발량은?

① 1,018kg/h ② 1,000kg/h
③ 1,200kg/h ④ 1,169kg/h

> 해설 1ton/h = 1,000kg/h
> $Ge = \dfrac{G(h_2 - h_1)}{539} = \dfrac{1,000(650-20)}{539} = 1,169 \text{kg/h}$

59 상당증발량(G_e, kg/h)을 구하는 공식으로 맞는 것은? (단, G는 실제증발량(kg/h), h_2는 발생증기의 엔탈피(kJ/kg), h_1는 급수의 엔탈피(kJ/kg)이다.)

① $G_e = \dfrac{G(h_1 - h_2)}{2256}$
② $G_e = \dfrac{G(h_2 - h_1)}{2256}$
③ $G_e = \dfrac{G(h_1 - h_2)}{226}$
④ $G_e = \dfrac{G(h_2 - h_1)}{226}$

> 해설 상당증발량
> $= \dfrac{\text{실제증발량} \times (\text{증기엔탈피} - \text{급수엔탈피})}{539}$
> 즉, $\dfrac{\text{실제증발량} \times (\text{증기엔탈피} - \text{급수엔탈피})}{2256}$
> ※ 1kcal = 4.1867kJ이므로 538.8×4.1867 = 2256

60 온도 25℃의 급수를 받아, 압력 15kg/cm², 온도 300℃의 증기를 1시간당 10000kg/h이 발생할 때 상당증발량은 약 몇 kg/h인가? (단, 발생증기의 엔탈피 725kcal/kg 이다.)

① 10987 ② 12987
③ 14287 ④ 15287

> 해설 $\dfrac{10000 \times (725-25)}{539} = 12987 \text{kg/h}$

61 보일러의 실제증발량이 1650kgf/h이고, 증발계수가 1.2일 때 상당증발량(kgf/h)은?

① 1375 ② 1555
③ 1980 ④ 2017

> 해설 증발계수 = $\dfrac{\text{상당증발량}}{\text{실제증발량}}$
> 즉, = 1650×1.2 ≒ 1980kgf/h

62 어떤 보일러의 증발량이 10ton/h이고 보일러 본체의 전열면적이 65m²일 때 이 보일러의 전열면 증발율은 약 몇 kg/m²·h 인가?

① 134kg/m²·h
② 165kg/m²·h
③ 65kg/m²·h
④ 154kg/m²·h

> 해설 $\dfrac{10000\text{kg/h}}{65\text{m}^2} ≒ 154\text{kg/m}^2\text{h}$

ANSWER 57.② 58.④ 59.② 60.② 61.③ 62.④

63 증기압력 10kg/cm²에서 증발량이 2ton/h인 보일러 본체의 전열면적이 50m²이면, 이 보일러의 전열면 증발율은?

① 40kg/m²·h   ② 50kg/m²·h
③ 100kg/m²·h ④ 500kg/m²·h

해설) ∴ 증발율 = $\frac{증발량(kg/h)}{전열면적(m^2)}$

2ton/h = 2,000kg/h = $\frac{2,000}{50}$ = 40kg/m²·h

64 보일러 버너 용량 계산식으로 옳은 것은? (단, Q = 버너 용량(ℓ/h), D = 보일러 상당증발량(kg/h), H_L = 연료 저위발열량(kcal/kg), S = 연료 비중, η = 보일러 효율)

① $Q = \frac{D \times 539}{H_L \times S \times \eta}$

② $Q = \frac{S \times 539}{H_L \times D \times \eta}$

③ $Q = \frac{D \times H_L \times S}{\eta}$

④ $Q = \frac{D \times S}{S \times \eta}$

해설) 버너용량(ℓ/h) = $\frac{D \times 539}{H_L \times S \times \eta}$

65 효율이 90%인 보일러에서 저위발열량이 9500kcal/kg인 연료를 사용하여 온수발생능력이 60000kcal/h가 되도록 하려면, 매시 연료 공급량은 약 몇 kg/h인가?

① 7.02   ② 14.42
③ 21.62 ④ 28.82

해설) $\frac{60000}{9500 \times 0.9}$ = 7.02 kg/h

66 20℃의 물을 공급받아 시간당 2000kg의 증기를 발생하는 보일러의 상당증발량은 약 몇 kg/h 인가?(단, 발생증기의 엔탈피는 715kcal/kg이고, 급수의 엔탈피는 20kcal/kg이다.)

① 2653   ② 2000
③ 1857   ④ 2579

해설) $\frac{2000 \times (715 - 20)}{539}$ = 2579kg/h

67 증발배수를 구하는 식으로 옳은 것은?

① 증발배수 = $\frac{시간당 연료소비량}{시간당 실제증발량}$

② 증발배수 = $\frac{시간당 실제증발량}{시간당 연료소비량}$

③ 증발배수 = $\frac{발생 증기엔탈피}{539}$

④ 증발배수 = $\frac{539}{발생 증기엔탈피}$

해설) 증발배수 = $\frac{실제증발량(kg/h)}{연료소비량(kg/h)}$

68 보일러의 전열면적이 25m²이고, 시간당 실제 증발량이 1600kg/h, 발생증기의 엔탈피가 667kcal/kg, 급수의 엔탈피가 20kcal/kg인 경우, 전열면 열부하는 몇 kcal/m²·h인가?

① 45678   ② 41408
③ 42688   ④ 43968

해설) $\frac{1600 \times (667 - 20)}{25}$ = 41408

ANSWER 63.① 64.① 65.① 66.④ 67.② 68.②

69 매시간 1500kg의 연료를 연소시켜 16800kg/h의 증기를 발생시키는 보일러의 효율은?(단, 연료의 저위발열량 9800kcal/kg, 증기의 엔탈피 724kcal/kg, 급수온도 24℃이다.)

① 90% ② 60%
③ 75% ④ 80%

해설 $\dfrac{16800 \times (724-24)}{9800 \times 1500} \times 100 = 80\%$

70 상당 증발량이 300kg/h 이고, 급수온도가 30℃, 증기 엔탈피가 730kcal/kg인 보일러의 실제 증발량은 약 몇 kg/h인가?

① 215.3 ② 220.5
③ 231.0 ④ 244.8

해설 $G = \dfrac{539 \times Ge}{h_2 - h_1} = \dfrac{539 \times 300}{730 - 30} = 231 \text{kg/h}$

71 어떤 보일러의 증발량이 20t/h이고, 보일러 본체의 전열면적이 500m²일 때 보일러의 증발률은?

① 25kg/m²·h ② 10kg/m²·h
③ 30kg/m²·h ④ 40kg/m²·h

해설 보일러 증발률 $= \dfrac{20,000}{500} = 40 \text{kg/m}^2 \text{h}$

72 전열면적 240m², 급수온도 35℃, 증발량 400000kg, 총연료 사용량 4600kg, 시험시간 5시간인 보일러의 전열면적당 매시간 증발율은 약 kg/m²·h 인가?

① 225 ② 288
③ 333 ④ 370

해설 $\dfrac{400000}{240 \times 5} = 333 \text{kg/m}^2 \text{h}$

73 보일러의 전열면적이 25m²이고, 시간당 실제 증발량이 1600kg/h, 발생증기의 엔탈피가 667kcal/kg, 급수의 엔탈피가 20kcal/kg인 경우, 전열면 열부하는 몇 kcal/m²·h인가?

① 45678 ② 41408
③ 42688 ④ 43968

해설 전열면열부하(kcal/m²·h)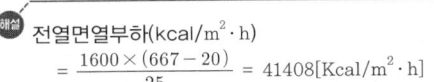
$= \dfrac{1600 \times (667 - 20)}{25} = 41408 [\text{Kcal/m}^2 \cdot \text{h}]$

74 증기보일러에서 부하율을 올바르게 설명한 것은?

① 최대연속증발량(kg/h)을 실제증발량(kg/h)으로 나눈 값의 백분율이다.
② 실제증발량(kg/h)을 상당증발량(kg/h)으로 나눈 값의 백분율이다.
③ 실제증발량(kg/h)을 최대연속증발량(kg/h)으로 나눈 값의 백분율이다.
④ 상당증발량(kg/h)을 실제증발량(kg/h)으로 나눈 값의 백분율이다.

해설 부하율 = 실제증발량 / 최대연속증발량

75 어떤 보일러의 증발량이 10ton/h이고 보일러 본체의 전열면적이 65m²일 때 이 보일러의 전열면증발율은 약 몇 kg/m²·h인가?

① 134kg/m²·h ② 165kg/m²·h
③ 65kg/m²·h ④ 154kg/m²·h

해설 전열면증발율 $= \dfrac{10000}{65} = 154 \text{Kg/m}^2 \cdot \text{h}$

ANSWER 69.④ 70.③ 71.④ 72.③ 73.② 74.③ 75.④

76 가정용 보일러를 난방면적 85m²에 설치하고자 한다. 필요한 열량은 약 얼마인가? (단, 3.3m²에 500kcal/h가 소요되고 열손실은 0이다.)

① 42500kcal/h ② 28050kcal/h
③ 140250kcal/h ④ 12879kcal/h

해설 $\frac{500 \times 85}{3.3} = 12,879 \text{kcal/h}$

77 다음 중 용어에 대한 단위가 잘못된 것은?

① 전열면 증발율 : kg/m²h
② 연소실 열부하율 : kg/m²h
③ 전열면 열부하율 : kcal/m²h
④ 매시 환산증발량 : kg/h

해설 연소실 열부하 = kcal/m³h

78 어떤 보일러의 연소효율이 80%, 전열효율이 90%이다. 이 보일러의 보일러 효율은?

① 10% ② 80%
③ 72% ④ 90%

해설 보일러효율 = 80×90×1/100 = 72%

79 효율이 90%인 보일러에서 저위발열량이 9500kcal/kg인 연료를 사용하여 온수발생능력이 60000kcal/h가 되도록 하려면, 연료 공급량은 약 몇 kg/h인가?

① 7.02   ② 14.42
③ 21.62 ④ 28.82

해설 연료 공급량 = $\frac{60000}{0.9 \times 9500}$ = 7.02kg/h

80 매시간 1500kg의 연료를 연소시켜 16800kg/h의 증기를 발생시키는 보일러의 효율은 약 몇 %인가? (단, 연료의 저위발열량 9800kcal/kg, 증기의 엔탈피 724kcal/kg, 급수 엔탈피는 24kcal/kg이다.)

① 90 ② 60
③ 75 ④ 80

해설 $\eta = \frac{G \times (h_2 - h_1)}{Gf \times Hl} \times 100$
$= \frac{16800 \times (724 - 24)}{1500 \times 9800} \times 100 = 80\%$

81 1시간당 발생하는 증기량 200kg, 1시간에 소모되는 중유량 20kg, 급수의 엔탈피 15kcal/kg, 발생증기의 엔탈피 735kcal/kg일 때, 이 보일러의 효율은? (단, 중유의 저위발열량은 10000kcal/kg이다.)

① 52% ② 62%
③ 72% ④ 82%

해설 $\frac{200 \times (735 - 15)}{10000 \times 20} \times 100 = 72\%$

82 어떤 보일러의 효율을 산출하기 위한 측정결과가 다음과 같았다. 이 경우의 효율은 약 몇 %인가?

- 매시간당 석탄소비량 200kg/h
  (발열량 5300kcal/kg)
- 증기압력 8kg/cm²
- 발생증기의 전열량 662kcal/kg
- 급수온도 15℃
- 매시간당 증발량 1000kg/h

① 50 ② 61
③ 72 ④ 83

ANSWER 76.④ 77.② 78.③ 79.① 80.④ 81.③ 82.②

해설
- 석탄 발열량 : $200 \times 5300 = 1060000 \text{kcal/h}$
- 증기발생량 : $1000 \times (662-15) = 647000 \text{kcal/h}$
- ∴ 효율$(\eta) = \dfrac{\text{유효율}}{\text{공급율}} \times 100 = \dfrac{647,000}{1,060,000} \times 100 = 61\%$

83 고체연료를 사용하는 어느 열기관의 출력이 2800kW이고 연료소비율이 매시간 1300kg일 때 이 열기관의 열효율은 약 몇 %인가? (단, 이 고체연료의 저위발열량은 28MJ/kg이다.)

① 28   ② 32
③ 36   ④ 40

해설
$1\text{kW-h} = 3600\text{kJ}(3.6\text{MJ})$
연료의 발열량 $= 1300 \times 28 = 36400\text{MJ}$
열기관 출력 $= 2800 \times 3.6 = 10,080\text{MJ}$
∴ 열효율 $= \dfrac{\text{출력}}{\text{연료의 발열량}} \times 100$
$= \dfrac{10080}{36400} \times 100 = 28\%$

84 2.0MPa, 370℃의 수증기를 30ton/h로 발생하는 보일러가 있다. 이 보일러의 연료소비량이 5.5ton/h일 때 열효율은 약 몇 %인가? (단, 연료의 저위발열량은 20.9MJ/kg, 발생수증기의 비엔탈피는 3183kJ/kg, 20℃의 급수의 비엔탈피는 84kJ/kg이다.)

① 61   ② 71
③ 81   ④ 91

해설
∴ 30ton = 30000kg, 5.5ton = 5500kg
보일러효율$(\eta) = \dfrac{30000 \times (3183 - 84)}{5500 \times 20900} \times 100$
$= 80.87\%$
※ $20.9\text{MJ} = 20900000\text{J} = 20900\text{KJ}$

ANSWER 83.① 84.③

PART 03

에·너·지·관·리·산·업·기·사

열설비구조 및 시공

제1장 요로
제2장 내화물, 단열재, 보온재
제3장 배관 및 밸브
제4장 보일러
제5장 보일러 부속장치 및 부속품
제6장 보일러 설치시공 및 검사기준
제7장 신·재생에너지

에너지관리산업기사 필기

CHAPTER 01 요로

1-1 요로의 개요

1. 요로의 일반

요로는 열을 이용하여 물체를 가열하는 공업적 장치를 말하며, 열원으로는 주로 연료의 연소열 또는 전열이다.

요(kiln = 가마)는 배소, 소성에 사용되는 것으로, 보통 400℃ 이하의 온도에서 증발을 수반하는 것에 사용되며, 가열용해에 사용되는 것을 로(Furnace)라 한다.

열원 이용에 따라 세 종류로 분류한다.
① 연료의 발열반응을 이용한 장치
② 연료의 환원반응을 이용한 장치
③ 전열을 이용하는 가열장치

(1) 요로의 분류

① **업종에 의한 분류** : 제철, 제강, 비철금속용, 기계공업용, 요업용 등
② **열원에 따른 분류** : 가스로(기체연료), 중유로(액체연료), 석탄로(고체연료), 전기로 등
③ **전열방식에 의한 분류**
　㉠ 직화식로(직접가열) : 강재의 가공을 위한 가열로
　㉡ 머플로(간접가열) : 강재의 내부조직 변화 및 변형의 제거를 위한 소둔로
④ **조업방법에 의한 분류**
　㉠ 불연속요 : 횡염식요, 승염식요, 도염식요
　㉡ 반연속요 : 등요, 셔틀요
　㉢ 연속요 : 윤요(고리가마), 터널요

⑤ 형상에 의한 분류 및 용도
  ㉠ 시멘트 소성요 : 회전요, 윤요, 선요
  ㉡ 도자기 제조용 : 터널요, 셔틀요, 머플요, 등요
  ㉢ 유리용융용 : 탱크로, 도가니로
  ㉣ 석회소성용 : 입식요, 유동요, 평상원형요

2. 요로의 종류 및 특징

(1) 불연속요(uncontinous draft kiln) : 단독가마

가마내기를 하기 위해서는 불을 끄고 가마를 냉각시킨 후 단속적으로 작업을 한다.

1) 도염식요(doun draft kiln) = 도염식 가마

도염식이란 연소실에서 발생한 불꽃이 측벽과 화교사이를 상승하여 천장에서 피열물 사이를 하강하여 바닥은 직사각형이며 여러 개의 흡입공이 연도에 연결되어 있고 화교가 버터 포트 앞쪽에 설치되어 있는 구조이다.

① 원요(둥근가마) : 외형이 둥근 모양으로 승염식, 횡염식의 결점인 온도분포나 열효율이 나쁜 점을 개선한 가마로서 특수 제품이나 소용량으로서 이용되고 있다.
② 각요 : 외형이 각형이며 벽돌, 위생도기 등의 소성용으로서 많이 사용되며 도자기용으로서는 소형의 것이 많으며 축조가 쉽다.
[특징]
  ㉠ 작업이 간편하고 소성의 연속화가 가능하다.
  ㉡ 요체를 예열할 수 있어 연료의 소비가 적다.
  ㉢ 도자기, 내화벽돌 소성용으로 사용된다.
  ㉣ 가마 내의 온도를 비교적 균일하게 할 수 있다.

2) 횡염식요(horinzontal draft kiln) = 횡염식 가마

아궁이에서 발생한 불꽃이 소성실로 들어가 그 불꽃이 소성실을 수평으로 진행하며 피열물을 가열하는 방식의 요를 말한다.

[특징]
① 토관류 및 도자기 제도에 적합하다.
② 가마 내 온도분포가 고르지 못하고 온도차가 크다.

3) 승염식요(up draft kiln) = 승염식 가마

아궁이 또는 소성실에서 발생한 연소가스가 소성실 내를 상승하여서 피열물을 가열하고 상부의 연돌로 배출되는 요를 말한다. 단점으로는 열효율이 낮으며 온도분포가 균일하지 못하다.

4) 머플요(muffle kiln) = 머플 가마

피열물에 직접 연소가스가 접촉하지 않고 간접으로 가열하는 간접가열요로서, 연소실과 소성실을 내화벽으로 만들어 직화염이 닿지 않고 간접 소성하기 위하여 만든 요이다.

[특징]
① 유해가스의 영향을 받지 않고 균일하게 가열할 수 있다.
② 열효율이 좋지 않고 요의 값이 고가이며, 수명이 짧다.
③ 소형품의 담금질과 뜨임가열에 사용된다.
④ 열원은 주로 가스가 사용되며, 간접가열로 이다.

(2) 반연속요(semi contnous kiln) = 반연속 가마

소성실에서 한정된 구간까지는 연속적인 소성작업이 가능하나 이후 소성작업이 끝나면 불을 끄고 냉각 이후 가마내기, 재임을 하는 가마이다.

1) 등요(up hill kiln)

반연속요의 대표적인 것으로서 폐열을 회수 이용하기 위해서 전실의 소성 혹은 냉각 중의 폐열을 후실의 소성에 이용하는 것이다.

[특징]
① 경사($\frac{3}{10} \sim \frac{5}{10}$)지게 소성실을 여러 개(4~5) 만든 가마로서 소성품을 재어 놓고 아래부터 이용하며 조업하는 형식이다.
② 연소된 연소가스는 피가열체를 가열하고 다음실로 들어가 예열한다.
③ 아래쪽 소성실에 배출된 연소가스는 그 위에 장입되어 있는 피열물의 예열에 이용되며 소성이 끝난 고온의 제품사이를 통과한 공기는 예열되어 소성실의 2차 공기로 사용된다.
④ 각실의 마무리 소성은 각실의 측벽에서 연료를 투입하므로써 이루어진다.
⑤ 소성실 내 온도분포는 불균일한 편이다.
⑥ 토기, 옹기 등 미술 공예품을 소성하는데 사용된다.

2) 셔틀요(shuttle kiln) = 대차형 가마

도염식 각요의 일종이나 대차에 요적하고 대차를 요내에 밀어 넣어 소성하고 냉각 후 대차를 꺼내는 식의 요이다.

[특징]
① 작업이 간편하고 소성의 연속화가 가능하다.
② 요체를 예열할 수 있어 연료의소비가 적다.
③ 도자기나 내화물 소성용으로 사용된다.

(3) 연속식요(continous kiln) = 연속식 가마

가마내기, 재임을 연속적으로 할 수 있도록 만든 가마로서 여러 개의 단가마를 연도로서 연결한 형태의 가마이고 3~4개의 소성실을 거쳐 폐가스가 배출된다. 대량제품 생산이 가능하며, 작업능률의 향상과 열효율이 높아 연료비가 절약된다.

1) 터널요(tunnel kiln) = 터널 가마

터널요는 가늘고 긴 터널 모양이며 그 길이는 약 30~100m이다. 제품을 2m 전후의 대차에 적재되어 순차적으로 실내로 송입되고, 입구로부터 예열대, 소성대, 냉각대의 3대를 통과하여 제품이 완성된다.

[특징]
① 장점
  ㉠ 열효율이 높아 연료비가 절약된다.
  ㉡ 소성이 균일하여 제품의 품질이 좋다.
  ㉢ 단독 가마에 비해 소성시간이 짧고, 대량생산에 적합하다.
  ㉣ 노 내의 분위기나 온도조절이 쉽다.
  ㉤ 인건비나 유지비가 싸다.
  ㉥ 능력에 비해 설치 면적이 적다.
② 단점
  ㉠ 연속운전을 하기 때문에 정리된 물품을 연속적으로 처리해야 한다.
  ㉡ 능력에 비해 설치비가 비싸다.
  ㉢ 다종 소량 생산에 적당치 않다.

2) 윤요(ring kiln) = 고리 가마

연속식 가마로서 hoffman식 가마라고도 하며 고리모양의 가마속에 피열물을 적재시키고 소성대의 위치를 단계적으로 옮겨가며 연속소성을 한다.

[특징]
① 효율을 높으나 소성실 내의 온도 분포가 고루지 못하다.
② 소성실의 모양은 원형과 타원형이 있으며, 주로 타원형이다.
③ 냉각대를 통과한 공기는 고온제품의 현열로 예열되고 연소용으로 쓰여진다.
④ 배기가스의 현열을 이용하여 제품을 예열시킨다.

(4) 시멘트 제조용 요

주로 시멘트, 석회석, 돌로마이트, 알루미나, 마그네시아 등의 소성용으로 흔히 사용되며, 회전요, 입요(선가마)가 있다.

1-2 로의 종류 및 특징

1. 철강용로의 구조 및 특징

(1) 용광로(고로)

철광석을 원료로 하여 이것에 열원 환원제로서 코크스, 불순물 제거용제로서 석회석 등을 첨가하여 노내에 장입하고 열풍을 불어 넣어 코크스를 연소시켜 선철을 제조한다. 구조는 노체 상부로부터 노구(throat), 샤프트(shaft), 보시(bosh), 노상(hearth)으로 구성되어 있으며, 종류는 철피식, 철대식, 절충식이 있다.

① 제철원료 : 자철광, 적철광, 갈철광, 능철광 등으로 철광석은 철분이 40% 이상이며, 인, 황은 0.1%이하, 규소 10%이하일 것
② 연료 : 코크스를 사용하며 크기가 균일하고, 노내에서 부서지지 않을 것
③ 열풍로 : 고로의 입구에 설치 노내에 흡입하는 공기를 예열하여 열풍을 만드는 장치 축열식과 전열식이 있다.
④ 용량은 24시간 출선량(ton)으로 나타낸다.
⑤ 코크스 : 환원성가스에 의해 철을 환원시키는 흡탄작용, 열원 공급을 한다.

(2) 혼선로

고로와 제철공장 사이에서 용융선철을 일시 저장하는 노로 보조버너를 설치하여 출선시 일정온도유지 및 불순물(황분)제를 목적으로 사용한다.

(3) 배소로

광석이 용해되지 않을 정도로 가열하여 제련상 유리한 상태로 변화시키는 것

(4) 소결로(괴상화용로)

분말 철광석을 용광로에 넣으면 가스의 유동이 나빠져 용광로의 능률을 저하시키므로 분광을 괴상화시키기 위해 사용된다.

2. 제강용로의 구조 및 특징

용광로에서 나온 선철 중의 불순물을 제거하고 탄소량을 감소시켜 강을 만드는 것으로 평로, 전로, 전기로 등이 있다.

(1) 평로

축열실 반사로를 사용하여 선철을 용해, 정련하는 방법으로 시멘스마틴법(sinmens-martins process)이라고도 하며 연소열로 선철과 고철을 용융시켜 강을 제조하는 것

① 내화물의 종류에 따라 산성 평로, 염기성 평로로 구분하며 산성평로는 탈황, 탈인이 어려워 주로 염기성 평로를 사용한다.
② 노상부에는 내화물로 둘러있는 용해실이 있어, 노내에 장입된 재료는 그 윗면으로부터 직접 가열되는 동시에 천장 벽돌에서의 반사열을 받는다.
③ 노 아래 부분에는 축열실이 있어 용해실로부터 나오는 폐가스에 의한 축열과 연소용 공기 및 연료의 예열을 한다.
④ 평로의 용량은 1회에 용해할 수 있는 쇳물의 무게로 표시한다.

(2) 전로

전로는 고로에서 생산된 쇳물(선철)을 용강으로 정련하는 제강로를 지칭하며 선철을 강으로 전환하는 노(爐)라는 의미다.

고로에서 생산된 쇳물은 탄소 함유량이 많고 인, 유황 등 불순물들이 포함돼 있어 제품의 가공성 저하, 균열 유발 등을 일으킨다.

때문에 양질의 철을 만들기 위해서는 이를 제거하는 작업이 필요하다. 이를 위해 전로가 필요한 것인데 선철을 만드는 제선공정이 끝나면 쇳물은 전로가 있는 제강공정을 거치게 된다.

① 노체의 외판은 강판제로 만들며 회전장치는 270° 이상 기울일 수 있다.
② 저취형은 바람구멍이 노의 밑 부분에 상취형은 위에 있다.
③ 내화물의 종류에 따라 산성법(베세머법)과 염기성법(토마스법)이 있다.
④ 정련시간은 15~20분이며 용량은 1회에 용해할 수 있는 최대용량(ton)으로 표시한다.

(3) 전기로

전열을 이용하여 고철, 선철 등 원료를 용해하여 합금강을 만들며, 금속의 열처리 등에도 사용된다.

① 저항로 : 전기 저항 발열체(금속, 비금속)를 사용하는 것으로 금속 열처리 등에 사용

② 아크로(전호로) : 전극에서 내는 아크열을 이용하여 재료를 가열 용융하는 형식
③ 유도로 : 용기에 전류를 유도시켜 가열하는 방법

3. 주물용해로의 구조 및 특징

(1) 큐폴라(cupola) = 용선로

강판으로 만든 원통 내부에 내화벽돌을 쌓아 직립형으로 만든 로이며 보통 주철의 용해에 사용된다. 열효율이 좋고 용해시간이 빠르고, 규격은 매 시간당 용해할 수 있는 중량(ton)으로 표시한다.

(2) 반사로

동, 알루미늄 합금 및 선철 등을 용해하는데 사용되며 낮은 천장을 가열하여 그 복사열을 이용하는 형식이다. 특히 알루미늄 용해조업에서 가스의 흡수 및 산화방지를 위해서 고온을 피하고 노온도를 700~750℃로 지정한다.

(3) 회전로

회전로의 특징은 용탕을 잘 교반하여 성분의 균일화, 탈가스, 탈황 등의 촉진 및 노체 회전으로 신속히 용해가되고 시간당의 처리량이 크며 각종 금속재료의 용해, 특히 알루미늄 등의 용해에 사용된다.

4. 금속가열 열처리로의 구조 및 특징

(1) 열처리로

금속재료의 내부응력을 제거하여 기계적 성질을 개선하기 위한 노이다. 열처리란 담금질, 뜨임, 풀림, 불림 등을 말하며 열처리에는 직화식, 라이안트 튜브식이 있다.

① 담금질로(quenching) : 가열 후 급속히 냉각 시키는 방법으로 강의 경도 및 강도 증가
② 뜨임로(tempering) : 적당한 온도로 가열 후 재료에 알맞은 속도로 냉각시켜 인성을 증가시키기 위한 방법
③ 풀림로(annealing) : 뜨임 온도보다 약간 높은 온도로 가열하여 가열로 속에서 천천히 냉각시켜 가공경화나 내부응력을 제거시키기 위해 행하는 열처리
④ 불림로(normalizing) : 가열(800-950℃) 후 공기 중에서 냉각시키는 열처리

(2) 균열로

강괴를 압연 가능한 온도까지 가열하기 위하여 사용하는 노를 말한다.

(3) 연속가열로

강편을 압연 온도까지 가열하기 위하여 사용하는 노로서 종류는 푸셔식, 위킹·빔식, 위킹 허스식, 회전 노상식, 롤러 hearse식 등이 있다.

(4) 단조용 가열로

금속의 단조를 위한 가열로를 말한다.

5. 유리 용융용로

(1) 탱크로(가마)

대규모의 판유리, 제병, 전구, 관, 용기 등 대량의 유리생산에 적합하며, 미청진 유리액이 조업부로 넘어가는 것을 막기 위해 브리지 벽(Bridge wall)을 설치한다.

(2) 도가니로(가마)

동합금, 경합금 등의 비철금속 및 소형의 유리를 제조하는데 적합하다.

6. 축로의 방법 및 특성

(1) 로의 기초 및 바닥

① 배수(drainage) : 물고임 방지를 위하여 지반의 적부 결정은 지하의 탐사, 토질 시험, 지내력 시험을 행하여 결정한다.

② 기초(foun dation) : 석재 지반 다짐 혹은 콘크리트 지반 다짐으로 가마의 하중에 견딜 수 있는 충분한 강도의 지반으로 한다.

※ 지반의 선택
㉠ 지하수가 생기지 않고 지반이 튼튼한 곳
㉡ 배수 및 하수처리가 잘 되는 곳
㉢ 가마의 시공이 편리한 곳

③ 벽돌 쌓기 : 벽돌은 내부의 화염이 닿는 부분에 내화벽돌, 단열벽돌, 적벽돌 순으로 쌓는다.

㉠ 내화벽돌은 건조한 것을 사용하며, 보통벽돌은 물에 적셔 사용한다.
㉡ 불순물을 제거 후 벽돌을 쌓는다.
㉢ 벽돌 쌓을 때 모르타르(mortar)는 벽돌에 평균적으로 고루게 칠하고 나무망치로 두드리면서 쌓는다.

④ **천장 쌓기** : 천장은 편형형과 아치(arch)형이 있으나 아치형이 강도상 유리하며 아치에는 모르타르를 특히 얇게 넣는다.

⑤ **가마의 보강 및 굴뚝시공** : 가마는 강철제로 보강하고 굴뚝시공은 통풍력을 고려하여 쌓는다.

예상문제

01 다음은 요로의 정의를 설명한 것이다. 가장 적절한 것은?

① 금속을 녹이는 장치이다.
② 물을 가열하여 수증기를 만드는 장치이다.
③ 도자기를 굽는 장치이다.
④ 물체를 가열하는 공업적 장치이다.

해설 요로란 : 열을 이용하여 물체를 가열하는 공업적 장치의 열설비이다.
• 요(kiln : 가마) : 가열, 소성하여 도자기 생활용품 등을 만드는 장치
• 로(furnace : 노) 가열, 용융시켜 공업용품을 만드는 장치

02 다음 중 도자기 제조용 요가 아닌 것은?

① 견요, 윤요
② 터널요, 머플요
③ 등요, 각요
④ 원요, 셔틀요

해설 도자기 제조용 요는 터널요, 머플요, 등요, 각요, 원요, 셔틀요 등이며 견요 및 윤요는 시멘트 제조용 요이다.

03 철강용로에 해당하는 것은?

① 전로
② 머플요
③ 윤요
④ 도가니로

04 요로의 분류 중에서 불꽃의 방향에 따른 것이 아닌 것은?

① 승염식
② 도염식
③ 직하식
④ 횡염식

해설 불꽃의 방향에 따른 분류
① 횡염식요(옆 불꽃식 가마)
② 승염식요(오름 불꽃식 가마)
③ 도염식요(꺾임 불꽃식 가마)

05 구리합금용 도가니로에서 사용될 도가니의 재질로서 가장 적합한 것은?

① 흑연질
② 점토질
③ 구리
④ 크롬질

해설 도가니에는 주로 흑연도가니를 사용한다.

06 다음 중 전기로가 아닌 것은?

① 아크로
② 유도로
③ 저항로
④ 비치로

해설 전기로란 전기를 열원으로 하여 철강 등을 용해 정련하는 로이다. 비치로는 가열로의 일종이며 광범위한 슬랩을 압연하는 후판 공장에서 사용된다.

Answer 1.④ 2.① 3.① 4.③ 5.① 6.④

07 고온용 요로의 벽 구조로서 가장 적합한 것은?

① 내화 벽돌 만으로 쌓은 것
② 보통 벽돌 만으로 쌓은 것
③ 고온부는 내화 벽돌로 하고 저온부는 보통 벽돌로 쌓은 것
④ 고온부는 내화 벽돌을 쓰고 저온 부분은 보통 벽돌로 하되 그 사이에 단열 벽돌을 쌓은 것

해설) 요로의 벽은 주로 내화벽돌, 단열벽돌, 보통벽돌의 구조로 쌓는다.

08 강괴를 압연 가능한 온도까지 가열 목적으로 쓰이는 로는?

① 전로   ② 소결로
③ 혼선로   ④ 균열로

해설) 균열로는 강괴를 압연 가능한 온도까지 가열하기 위하여 사용하는 로를 말한다.

09 다음 중 도자기나 벽돌을 소성시키는데 가장 알맞은 것은?

① 회전가마   ② 큐폴라
③ 터널가마   ④ 평로

10 분상 원료의 소성에 적합한 가마는?

① 터널가마   ② 회전가마
③ 고리가마   ④ 반사로

11 요로의 열효율을 높이는데 필요한 사항이다. 이중 가장 유효한 것은?

① 기초공사   ② 축열식 부착
③ 연돌   ④ 벽돌쌓기

12 다음 중에서 반연속요에 속하는 것은?

① 등요   ② 터널요
③ 도염식요   ④ 윤요

해설) 조업방법에 의한 분류
① 불연속요 : 횡염식요, 승염식요, 도염식요
② 반연속요 : 등요, 셔틀요
③ 연속요 : 윤요, 터널요

13 전로법에 의한 제강작업에서 노 내 온도 유지로 맞는 것은?

① 가스의 연소열
② 중유의 연소열
③ 코크스의 연소열
④ 선철 중의 불순물 산화열

해설) 전로에서 노 내 온도는 선철 중에 포함된 규소(Si), 인(P), 망간(Mn) 등의 불순물의 산화열에 의해 노 내 온도가 유지된다.

14 다음 중 터널가마의 구조 부분이 아닌 것은?

① 푸셔   ② 종이 칸막이
③ 대차   ④ 샌드실

해설) 종이 칸막이는 연속요인 윤요(고리가마)의 구조 부분이다.

15 다음 중 터널요의 구성 중 3부분에 속하지 않는 것은?

① 소성대   ② 냉각대
③ 예열대   ④ 용융대

해설) 입구로부터 예열대, 소성대, 냉각대의 3대를 통과하여 제품이 완성된다.

ANSWER   7.④ 8.④ 9.③ 10.② 11.② 12.① 13.④ 14.② 15.④

16 화교(불다리)의 역할 설명이 되지 않는 것은?

① 불꽃이 직접 가열실 안으로 들어가지 않도록 하기 위함이다.
② 열원과 가열물 사이의 거리를 길게 하여 가능한 한 천천히 가열하고자 할 때
③ 가연가스와 공기와의 혼합을 좋게 하기 위함이다.
④ 가연가스 유통을 천천히 하기 위함이다.

> 해설: 화교(불다리)는 가연가스와 공기의 혼합이 잘되고 가연가스의 유통을 천천히 하며 불꽃이 직접 가열실 안으로 들어가지 않게 하여 균일한 가열을 시키기 위함이다.

17 요로의 합리적인 열효율 향상 대책이 될 수 없는 것은?

① 연속 조업을 한다.
② 피열물의 배열을 적절히 한다.
③ 화학적인 침식 및 균열을 감소시키기 위하여 내화벽을 냉각시킨다.
④ 설계 조건에 따른 적정한 연료 및 연소장치를 사용한다.

> 해설: 열효율 향상을 위해서는 연료, 공기, 피열물을 예열시키고 노벽 손실열의 저감과 과잉공기를 감소시킨다.

18 염기성 제강에 쓰이는 것은?

① 도염식 가마
② 균열로
③ LD전로
④ 큐폴라

> 해설: LD전로 : 독일의 Linze와 Donawitz 사의 약자를 따서 명명한 전로이며 염기성 제강에 쓰인다.

19 유리를 연속적으로 대량 용융하여 규모가 큰 판유리 등의 대량생산용에 가장 적당한 가마는?

① 회전 가마
② 탱크 가마
③ 터널 가마
④ 도가니 가마

> 해설: 탱크가마(직화식이며 횡염식가마) : 대규모의 판유리, 제병, 전구, 용기 등 대량생산에 적합
• 유리용융용 : 탱크로, 도가니로

20 가마 내의 온도를 비교적 균일하게 할 수 있어 도자기, 내화벽돌의 소성에 적합한 가마는?

① 직염식 가마
② 승염식 가마
③ 횡염식 가마
④ 도염식 가마

> 해설: ① 도자기, 내화벽돌 소성용으로 사용된다.
② 가마 내의 온도를 비교적 균일하게 할 수 있다.

21 다음 중 터널요(tunnel kiln)의 장점이 아닌 것은?

① 다품종 소량생산에 적합하다.
② 열효율이 높아 연료비가 절약된다.
③ 노 내의 분위기나 온도 조절이 쉽다.
④ 소성에 균일하여 제품의 품질이 좋다.

> 해설: ① 열효율이 높아 연료비가 절감된다.
② 소성이 균일하고 제품의 품질이 좋다.
③ 단독 가마에 비해 소성시간이 짧고, 대량생산에 적합하다.
④ 노내의 분위기나 온도조절이 쉽다.

22 축열실 반사로를 사용하여 선철을 용해, 정련하는 방법으로 시멘스마틴법(sinmens-martins process)이라고도 하는 것은?

① 불림로   ② 용선로
③ 평로   ④ 진로

해설) 축열실 반사로를 사용하여 선철을 용해, 정련하는 방법으로 시멘스마틴법(sinmens-martins process)이라고도 하며 연소열로 선철과 고철을 용융시켜 강을 제조하는 것

23 터널가마의 레일과 바퀴부분이 연소가스에 의해서 부식되지 않도록 하는 부분은?

① 샌드시일(sand seal)
② 에어커튼(air curtain)
③ 내화갑
④ 칸막이

해설) 샌드시일 : 터널가마에서 연소가스에 의해 레일과 바퀴부분이 부식되는 것을 방지하기 위해 설치한다.

24 다음 중 주물 용해로가 아닌 것은?

① 반사로   ② 큐폴라
③ 회전로   ④ 불림로

해설) 주물용해로 : 반사로, 큐폴라, 회전로
• 불림로는 열처리에 사용된다.

25 조업방식에 따른 요의 분류 시 불연속요에 해당되지 않는 것은?

① 횡염식요   ② 터널식요
③ 승염식요   ④ 도염식요

해설) 조업방법에 의한 분류
① 불연속요 : 횡염식요, 승염식요, 도염식요
② 반연속요 : 등요, 셔틀요
③ 연속요 : 윤요(고리 가마), 터널요

26 주로 점토 제품에 사용하는 연속식 가마로서 hoffman식 가마라고도 하며 열효율은 좋지만 소성실 내의 온도분포가 균일하지 않은 것이 단점인 것은?

① 고리 가마   ② 도염식 가마
③ 각 가마   ④ 터널 가마

해설) 윤요(고리 가마)의 특징
① 효율을 높으나 소성실 내의 온도 분포가 고르지 못하다.
② 냉각대를 통과한 공기는 고온제품의 현열로 예열되고 연소용으로 쓰여 진다.

27 요를 조업방법에 따라 분류할 때 불연속요는?

① 윤요   ② 터널요
③ 도염식요 ④ 셔틀요

해설) 조업방법에 의한 분류
• 불연속요 : 횡염식요, 승염식요, 도염식요

28 불연속식 가마로서 바닥은 직사각형이며 여러 개의 흡입공이 연도에 연결되어 있고 화교(bagwall)가 버너 포트의 앞쪽에 설치되어 있는 것은?

① 도염식 가마
② 터널 가마
③ 둥근 가마
④ 호프만 윤요

해설) 도염식이란 연소실에서 발생한 불꽃이 측벽과 화교 사이를 상승하여 천장에서 피열물 사이를 하강하여 바닥은 직사각형이며 여러 개의 흡입공이 연도에 연결되어 있고 화교가 버너 포트 앞쪽에 설치되어 있는 구조이다.

ANSWER 22.③ 23.① 24.④ 25.② 26.① 27.③ 28.①

29 용선로(cupola)에 대한 설명으로 틀린 것은?

① 규격은 매 시간당 용해할 수 있는 중량(ton)으로 표시한다.
② 코크스 속의 탄소, 인, 황 등의 불순물이 들어가 용탕의 질이 저하된다.
③ 열효율이 좋고 용해시간이 빠르다.
④ Al합금이나 가단주철 및 칠드 롤러(chilled roller)와 같은 대형 주물제조에 사용된다.

해설 큐폴라(용선로)는 주철용해로 이다.

30 머플(muffle)요에 대한 설명 중 틀린 것은?

① 간접가열로이다.
② 노 내는 높은 진공분위기가 사용된다.
③ 열원은 주로 가스가 사용된다.
④ 소형품의 담금질과 뜨임가열에 사용된다.

해설 ① 유해가스의 영향을 받지 않고 균일하게 가열할 수 있다.
② 열효율이 좋지 않고 요의 값이 고가이며, 수명이 짧다.
③ 소형품의 담금질과 뜨임가열에 사용된다.
④ 열원은 주로 가스가 사용되며, 간접가열로 이다.

31 LD전로 조업에서 산소취입은 주로 어느 부분에서 하는가?

① 노의 밑부분
② 노의 윗부분
③ 노의 측면부분
④ 노의 중간부분

해설 LD전로는 노의 윗부분에서 산소를 취입한다.

32 요로 중 상부에서 피열물을 가열하는 것은 어느 것인가?

① 반사로
② 터널요
③ 시멘트 회전요
④ 석회요

33 요의 구조 및 형상에 의한 분류가 아닌 것은?

① 터널요   ② 셔틀요
③ 횡요   ④ 승염식요

해설 조업방법에 의한 분류
• 불연속요 : 횡염식요, 승염식요, 도염식요

34 동합금, 경합금 등의 비철금속 용해로로 사용되고 있으며 separate형, oven형 등으로 구분되는 것은?

① 반사로
② 도가니로
③ 고리가마
④ 회전가마

해설 도가니로 : 동합금, 경합금의 비철금속 용해로

35 용광로에 장입하는 코크스의 역할이 아닌 것은?

① 철광석 중의 황분을 제거
② 가스상태로 선철 중에 흡수
③ 선철을 제조하는데 필요한 열원을 공급
④ 연소 시 환원성 가스를 발생시키며 철의 환원을 도모

해설 망간광석 : 탈황, 탈산 첨가용

ANSWER 29.④ 30.② 31.② 32.① 33.④ 34.② 35.①

36 연속가열로를 강제의 이동방식에 따라 분류할 때 이에 해당되지 않는 것은?

① 전기 저항식
② 회전 노상식
③ 푸셔(pusher)식
④ 워킹 · 빔(walking beam)식

해설 연속가열로 : 강편을 압연 온도까지 가열하기 위하여 사용하는 노로서 종류는 푸셔식, 워킹 · 빔식, 워킹 허스식, 회전 노상식, 롤러 hearse식 등이 있다.

37 다음 중 광석을 용해되지 않을 정도로 가열하는 배소(roasting)의 목적이 아닌 것은?

① 물리적 변화의 방지
② 탄산염의 분해를 촉진
③ 황(S), 인(P) 등의 성분을 제거
④ 산화도를 변화시켜 제련을 용이하게 함

해설 배소는 균열 등의 물리적인 변화를 목적으로 광석을 제련상 유리한 상태로 변화시키는 목적으로 한다.

38 다음 중 용해로가 아닌 것은?

① 큐폴라   ② 도가니로
③ 평로   ④ 용광로

해설 용광로(고로)는 선철 제조용이다.

39 용광로에 장입되는 물질 중 탈황 및 탈산을 위해 첨가하는 것은?

① 철광석   ② 망간광석
③ 코크스   ④ 석회석

해설 고로의 탈황, 탈산을 위해 망간광석을 사용한다.

40 열처리로의 구조에 따른 분류가 아닌 것은?

① 상형로
② 진공로
③ 대차로
④ 회전로

해설 열처리로의 구조에 따른 분류 : 상형로, 대차로, 회전로

41 터널가마(tunnel kiln)의 장점이 아닌 것은?

① 소성이 균일하여 품질이 좋다.
② 온도조절과 자동화가 용이하다.
③ 열효율이 좋아 연료비가 절감된다.
④ 사용연료의 제한을 받지 않고 전력소비가 적다.

해설 ① 노 내의 분위기나 온도조절이 쉽다.
② 소성이 균일하고 제품의 품질이 좋다.
③ 대량생산이 가능하고, 열효율이 좋아 연료비가 절감된다.

42 알루미늄 용해 조업에서 고온을 피하고 노온도를 700~750℃로 지정한 주된 이유는?

① 연료절약
② 가스의 흡수 및 산화방지
③ 노재의 침식방지
④ 알루미늄의 증발방지

ANSWER 36.① 37.① 38.④ 39.② 40.② 41.④ 42.②

CHAPTER 02 내화물, 단열재, 보온재

2-1 내화물

고열 공업의 공재로서 내열성이 기준이 되는 비금속 무기재료(난용성)를 말한다.

① SK26(1580[℃]) ~ 42(2000[℃])
② PCE15(1430[℃]) 이상

1. 내화물의 일반적 성질

(1) 로재의 구비조건

① 고온에 견디고 기계적 강도가 충분할 것.
② 온도 변화에 따른 팽창, 수축이 적을 것.
③ 내충격, 내마모성이 클 것.
④ 화학적 침식에 잘 견딜 것.
⑤ 내스폴링성이 클 것.
⑥ 어느 정도 열전도율을 가질 것.

(2) 내화도

로재의 품질을 추정하는 중요한 것의 하나로 인화 변형상태를 나타내는 표준온도를 일반적으로 SK번호로 표시한다.

1) 측정방법

콘을 세울 때 수직 또는 수평으로 하지 않고 경사지게 한다. SK콘은 80° PCE 콘은 90°로 세워서 측정한다.

2) 제게르 콘(Seger cone)

내화물의 내화도를 측정하는 온도계로서 총 59종이 있으며 최고 2,000[℃]까지 측정이 가능하다.
- 성분 : Al_2O_3, SiO_2, K_2O, CaO

(3) 하중 연화점(softening temperature under point)

노재를 고온으로 가열하면 조직내에서 부분적으로 용융하기 시작하여 점차 연화 현상이 될 때 어느 일정한 하중을 받으면 연화되는 온도도 낮아진다. 이 때의 연화 현상을 일으키는 온도를 하중 연화점이라고 하며 압력은 일반적으로 $2[kg/cm^2]$를 가한다.

(4) 스폴링(spalling) 현상 = 박락현상

로가 열응력을 받아 균열 또는 쪼개지는 현상

1) 원인
① 열적 스폴링 : 불균일한 가열, 열응력, 급작스런 온도변화
② 기계적 스폴링 : 로재 내외면의 온도차, 기계적 응력, 과잉 압축
③ 조직적 스폴링 : 슬래그 침식, 용재의 작용

(5) 용손

내화물이 각종 이유로 녹아 손상되는 것.

(6) 볼로우팅

점토질 벽돌이 1000℃ 이상 고온에서 발포성의 용적 팽창을 일으키는 현상

(7) 프레이킹

내화벽돌의 표면이 얇은 껍질처럼 벗겨지는 현상

(8) 버스팅(bursting)

평로 등에서의 크로마그계 벽돌은 사용 중 고온면이 일정의 침식반응을 일으켜, 표면적이 부풀어 올라 열괴되는 현상

(9) 슬래킹(siaking)

마그네시아, 돌로마이트(염기성) 등이 수분을 흡수하여 수산화마그네슘, 수산화칼슘으로 소화하여 부피 팽창을 일으켜 균열, 붕괴의 현상을 나타낸다.

(10) 내화물의 제조 공정

일반적으로 내화물은 분쇄→혼련→성형→건조→소성 등의 기본 공정을 거쳐 제조되며 각 공정의 관리상태가 제품의 품질을 좌우한다.

① 분쇄 : 분쇄의 목적은 중량의 변동 없이 표면적을 증감시킴에 있으며 조분쇄와 미분쇄로 구분다.
② 혼련 : 건조된 배합원료를 물 또는 결합제를 사용하여 조합, 배합, 혼합하는 과정
③ 성형 : 혼련된 원료를 소정의 형상과 치수로 성형하는 것으로 연니법, 경니법, 반건식법, 건식법, 주입성형법, 재압법, 래머법으로 구분된다.
④ 건조 : 성형된 내화물의 수분을 제거하는 과정으로 벽돌 내부와 표면의 건조상태가 다르면 균열이 발생된다.
⑤ 소성 : 건조된 것을 열적으로 안정한 광물조직이 되게하기 위하여 소결시켜 결합조직을 갖게 하기 위하여 소성을 한다.

2. 내화물의 종류 및 특성

(1) 원료 종류에 의한 분류

점토질, 규석질, 알루미나질, 폴스테라이트질, 석영, 탄소질, 돌마이트질, 크롬 마그네시아질

(2) 화학조성에 의한 분류

1) 산성내화물

① 규석질 내화물 : SiO_2
② 반규석질 내화물 : $SiO_2 - Al_2O_3$
③ 납석질 내화물 : $SiO_2 - Al_2O_3$
④ 샤모트질 내화물 : $SiO_2 - Al_2O_3$

규석질 내화물의 특성

㉠ 내화도, 내식성, 내마모성이 크다.
㉡ 열전도율이 비교적 크다.
㉢ 팽창 수축이 거의 없다.
㉣ 고온강도가 크다.

🔸 반규석질 내화물의 특성
㉠ 규석질과 점토질 내화물의 혼합형이다.
㉡ 저온에서도 강도가 크며 가격이 저렴하다.
㉢ 수축 팽창이 적으며 내스폴링성이 크다.
㉣ 주로 야금로, 배소로, 지온용 벽돌 등에 시용된다.

🔸 납석질 내화물의 특성
㉠ 내화도는 SK26~34 정도의 것이 대부분이다.
㉡ 슬래그 및 글라스질 등과 접촉할 경우에도 내식성이 크다.
㉢ 비교적 낮은 온도에서 잘 소결이 된다.
㉣ 흡수율이 적으며 압축 및 고온 강도가 크다.

🔸 샤모트질 내화물의 특성
㉠ 내화도는 SK 28~34 정도로 낮다.
㉡ 성분범위가 넓고 제적이 쉽다.
㉢ 고온에서 강도가 낮고, 가격이 싸다.
㉣ 열팽창, 열전도가 작으며 주로 보일러 등 일반 가마에 사용된다.

2) 중성내화물
① 고알루미나질 내화물 : $Al_2O_3 - SiO_2$
② 탄소질 내화물 : C
③ 탄화규소질 내화물 : SiC
④ 크롬질 내화물 : Cr_2O_3, Al_2O_3, MgO

🔸 고알루미나질 내화물의 특성
㉠ 내화도는 SK 35이상이다.
㉡ 내식성, 내화도, 내마모성이 크다.
㉢ 급열, 급냉에 대한 저항성이 크다.
㉣ 고온에서 용적변화가 적다.
㉤ 열전도율이 높고, 하중 연화온도가 높다.
㉥ 산성 및 염기성 슬래그에 대한 내식성이 크다.
㉦ 용도는 유리탱크 가마, 강재 가열로, 화학공업로, 전기로 뚜껑, 내화물 등에 사용된다.

🔸 탄소질 내화물의 특성
㉠ 화학적 침식에 잘 견디며, 열전도율이 높다.
㉡ 내스폴링성이 강하다.
㉢ 큐폴라의 내장, 도가니 등에 사용된다.

탄화 규소질 내화물의 특성
㉠ 열이나 전기전도율이 높다.
㉡ 내식성, 내마모성, 내스폴링성이 크다.
㉢ 하중 연화점이 상당히 높다.
㉣ 고온에서 부피변화가 적다.

크롬질 내화물의 특성
㉠ 비중이 크고, 내마모성, 내화도가 높다.
㉡ 산성 노재와 염기성 노재의 접촉부에 사용하여 서로 침식을 방지한다.
㉢ 내스폴링성 및 하중 연화점이 낮다.

3) 염기성내화물
① 마그네시아질 내화물 : MgO
② 크롬마그네시아질 내화물 : Cr_2O_3, MgO
③ 돌로마이트질 내화물 : MgO, CaO
④ 폴스테라이트질 내화물 : MgO, SiO_2

마그네시아질 내화물의 특성
㉠ 내화도(SK36~42)가 매우 높다.
㉡ 염기성 슬랙에 강하다.
㉢ 비중과 열전도율이 크다.
㉣ 열팽창성이 크므로 스폴링(Spalling)에 약하다.
㉤ 장시간 저장하면 소화(슬래킹)현상을 일으킨다.

돌로마이트질 내화물의 특성
㉠ 내화도(SK36~39) 및 하중연화점이 높다.
㉡ 염기성 슬랙에 대한 저항이 크다.
㉢ 내스폴링성이 크다.
㉣ 염기성 제강로, 시멘트소성가공, 전기로 등에 사용된다.
㉤ 소화성이 크다.

폴스테라이트질 내화물의 특성
㉠ 기공율이 크고, 내화도 하중 연하점이 높다.
㉡ 스폴링이 되기 쉽다.
㉢ 고온에서 용적변화가 적고 열전도율이 낮다.

(3) 형상에 의한 분류

① 표준형 : 230×114×65[mm]
② 이형 : 230×110×60[mm]
③ 부정형
  ㉠ 내화 모르타르 : 열경성, 기경성, 수경성
  ㉡ 캐스타블 내화물
  ㉢ 플라스틱 내화물

(4) 가열 처리에 의한 분류

① 소성 내화물
② 불소성 내화물
③ 용융 내화물

분류	주원료의 종류(화학 성분)
산성 내화물	규석질 내화물(SiO_2계 내화물) 납석질 내화물(SiO_2-Al_2O_3계 내화물) 점토-탄화규소질 내화물(SiO_2-Al_2O_3-SiCrP 내화물) 점토-흑연-탄화규소질 내화물(SiO_2-Al_2O_3-C-SiC계 내화물) 지르콘질 내화물(ZrO_2-SiO_2계 내화물)
중성 내화물	고알루미나질 내화물(Al_2O_3-SiO_2계 내화물) 탄산규소질 내화물(SiC계 내화물 알루미나-탄소질 내화물(Al_2O_3-SiC-C계 내화물) 알루미나 탄화규소 탄소질 내화물(Al_2O_3-SiC-C계 내화물) 크롬질 내화물(Cr_2O_3계 내화물 스피넬질 내화물(MgO-Al_2O_3계 내화물)
염기성 내화물	마그네시아-크롬질 내화물(MgO-Cr_2O_3계 내화물) 마그네시아질 내화물(MgO계 내화물) 돌로마이트질 내화물(MgO-CaO계 내화물) 마그네시아-흑연질 내화물(MgO-C계 내화물)

예상문제

01 다음 중 내화물의 정의에 합당하지 않는 것은?

① 열의 급격한 변화에 손상이 적어야 한다.
② 용융도가 높아야 한다.
③ 내화 재료와 방화 재료는 같은 것이다.
④ 고열에서 용적의 변화가 적어야 한다.

해설 내화물이라 함은 한국공업규격(KS)에 의하면 제게르 콘(seger cone, SK) 등을 써서 SK 26(용융온도 1580℃) 이상의 것을 말한다.

02 내화물의 특성 중 비중과 관계가 없는 것은?

① 기공율   ② 슬랙킹(소화)
③ 압축강도 ④ 내화도

해설 비중은 가공률의 크기에 관계가 되며 비중이 작으면 압축 강도가 낮고 내화도가 저하된다.
• 슬랙킹(slaking, 소화) : 마그네시아 및 돌마이트질 노재의 성분인 MgO, CaO는 대기중의 수분 등과 결합하여 분해되는데 이런 현상은 슬랙킹(소화) 이라 한다.

03 내화물의 구비조건으로 틀린 것은?

① 수축 팽창이 클수록 좋다.
② 압축강도가 클수록 좋다.
③ 내화도가 클수록 좋다.
④ 내마모성이 클수록 좋다.

해설 내화물의 구비조건
① 사용온도에서 연화하지 않을 것.
② 열에 의해 팽창 수축이 적을 것.
③ 내마모성이 클 것.
④ 상온 20℃ 및 사용온도에서 압축강도가 클 것.
⑤ 화학적으로 침식되지 않을 것.
⑥ 온도의 급격한 변화에 의한 파손이 적을 것.

04 내화물이란 각종 요로의 구조 재료로 사용되는 것인데 대략 몇 도 이상의 내화도를 말하는가?

① 1000℃ 이상
② 900℃ 이상
③ 1580℃ 이상
④ 1250℃ 이상

해설 내화물이란 인공품 또는 천연물로서 SK26(1580℃) 이상의 것을 말한다.

05 다음 중 내화물의 분류 방법에 적합하지 않는 것은?

① 압축 강도 값에 의한 분류
② 원료에 의한 분류
③ 열처리법에 의한 분류
④ 형상에 의한 분류

해설 내화물의 분류방법
① 열처리에 의한 분류
② 화학조성에 의한 분류
③ 내화도에 의한 분류
④ 주조성 광물에 의한 분류
⑤ 원료에 대한 분류
⑥ 형상에 의한 분류

ANSWER 1.③ 2.② 3.① 4.③ 5.①

06 어느 온도에서 연화되는 로재에 하중을 낮추어서 가열하면 낮은 온도에서 연화한다. 이 때의 온도를 무엇이라 하는가?

① 응고점　　② 하중연화점
③ 용융점　　④ 가열점

07 성형이 끝난 내화벽돌은 충분히 건조시켜 강도를 갖게 해야 한다. 건조 온도의 범위가 가장 낮은 내화물은?

① 크롬질 내화물
② 점토질 내화물
③ 규석질 내화물
④ 마그네시아질 내화물

08 스폴링(spalling) 현상에 대한 설명 중 옳은 것은?

① 열응력에 따른 내화물의 체적이 변화하는 현상이다.
② 열응력에 의해서 내화물의 균열 및 쪼개지는 현상이다.
③ 열충격으로 내화물이 부서지는 현상이다.
④ 가열되어 표면이 용융되는 현상이다.

09 스폴링(spalling) 현상을 일으키는 원인 중 옳지 않은 것은?

① 급격한 온도의 변화
② 시공 불량의 과잉압축에 의한 응력
③ 충격에 의한 마모의 변화
④ 화학성 슬랙에 의한 침식

10 다음 중 산성 또는 염기성의 것과 별로 반응을 일으키지 않는 중성 내화물은?

① 점토질　　② 마그네시아질
③ 규석질　　④ 크롬질

해설) 중성 내화물에는 고알루미나질 내화물, 탄소질 내화물, 탄화규소질 내화물, 크롬질 내화물 등이 있다.

11 다음 중 마그네시아계 내화물은 어느 것에 속하는가?

① 중성 내화물　　② 산성 내화물
③ 염기성 내화물　④ 양성 내화물

해설) 내화물의 분류 방법에는 여러 가지가 있으나 가장 이해하기 쉬운 분류법은 화학 성분에 의한 분류와 가열처리 방법에 의한 분류가 있다.

12 내화물을 형상에 따라 분류하면 다음과 같다. 이 중 틀린 것은?

① 이형　　② 기준형
③ 부정형　④ 표준형

13 여러 가지 내화물 중에서 일반적으로 고온용에 사용되는 것은?

① 산성 내화물　　② 중성 내화물
③ 가소성 내화물　④ 염기성 내화물

14 다음 중 중성 내화물의 화학조성은?

① BaO　　② SiO_2
③ Al_2O_3　④ ZrO

15 산성 내화물 중 규산(SiO_2)을 주체로 하여 만든 벽은 다음 중 어느 것인가?

① 샤모트 벽돌　　② 반규석 벽돌
③ 납석 벽돌　　　④ 규석 벽돌

ANSWER　6.②　7.②　8.②　9.③　10.④　11.③　12.②　13.④　14.③　15.④

16 점토질 벽돌에 관한 사항은?

① 보크사이트 및 내화점토를 원료로 하는 벽돌이다.
② 납석을 포함하는 내화점토를 원료로 하는 벽돌이다.
③ 소성 온도는 SK22 ~ 25이다.
④ 화학적으로 중성 내화물이다.

해설 점토질 벽돌에는 샤모트 벽돌과 납석 벽돌, 반규석 벽돌이 있으며 모두 산성 내화물이다.
※ 보크사이트를 주성분으로 하는 것을 알루미나질 내화물이며 제품에는 보크사이트 벽돌과 알루미나질 주조 내화물이 있다.

17 다음 설명 중 고알루미나질 내화물에 관계가 없는 것은?

① 하중 단화 온도가 높고 고온에서 체적 변화가 낮다.
② 알루미나가 50% 이상이고 SK 35번 이상인 것을 말한다.
③ 알루미나 함량이 많은 원료는 가소성이 크다.
④ 급열 급냉에 대한 저항성이 크다.

해설 고알루미나질의 특성
① 고온에 부피 변화가 적다.
② 하중 연화 온도가 높다.
③ 산성 및 염기성 슬래그(slag)에 대한 내식성이 강하다.
④ 내화도가 높다.(SK35~38 정도)
⑤ 열전도율이 높다.

18 다음은 내화물의 원료를 샤모트화하는 이유를 설명한 것이다. 관계없는 것은?

① 잔존 팽창, 수축성을 적게하기 위하여
② 내화도를 높이기 위하여
③ 내스폴링성을 높이기 위하여
④ 가스성을 높이기 위하여

해설 내화 점토를 주원료로 하여 500℃로 가열시켜 탈수시킨 후 다시 1000℃ 이상으로 가열시켜 안정된 결정구조를 얻은 후 잔존 팽창, 수축성을 없애기 위해 1300~1400℃로 굽는다. 이와 같이 일단 구워 분쇄한 것을 샤모트라 한다.

19 다음 중 규석질(SiO_2) 내화물이란?

① 실리카를 주체로 한 내용물이다.
② 실리카, 마그네시아를 주체로 한 내화물이다.
③ 알루미나를 주체로 한 내화물이다.
④ 마그네시아를 주체로 한 내화물이다.

20 다음 설명 중 납석 벽돌의 특징이 아닌 것은?

① 비교적 저온에서의 소결이 용이하다.
② 슬래그에 의해서 내식성이 크다.
③ 내화도는 SK34 이상이다.
④ 흡수율이 작고 압축 강도가 크다.

해설 납석 벽돌의 특징
① 내화도는 SK20~30 정도의 것이 대부분이다.
② 슬래그 및 글라스질 등과 접촉할 경우에도 내식성이 크다.
③ 비교적 낮은 온도에서 잘 소결이 된다.
④ 흡수율이 적으며 압축강도는 큰 값을 나타낸다.

21 다음 중 규석 벽돌의 특징을 설명한 것으로 틀린 것은?

① 열전도율이 비교적 크다.
② 이상 팽창을 한다.
③ 고온강도가 크다.
④ 내식성, 내마모성이 크다.

ANSWER 16.② 17.③ 18.④ 19.① 20.③ 21.②

22 다음 중 부정형 내화물이 아닌 것은?

① 플라스틱 내화물
② 캐스터블 내화물
③ 내화 모르타르
④ 내화 점토

23 염기성 내화물에 속하는 것은 어느 것인가?

① 탄화 규소질 내화물
② 샤모트질 내화물
③ 마그네시아질 내화물
④ 납석질 내화물

24 다음 중 플라스틱 내화물 결합제로 틀린 것은?

① 알루미나 시멘트
② 가소성 점토
③ 워터 글라스(water glass)
④ 유기질 결합제

해설 플라스틱(plastic) 내화물은 높은 온도에서 안전한 골재로에 가소성을 부여하기 위하여 가소성 점토 및 워터 글라스 또는 유기질 결합체를 가해서 혼련하여 만든 것이다.

25 다음 중 캐스터블 내화물의 특성을 설명한 것으로 맞는 것은?

① 필요한 형상이나 치수로 성형해야 한다.
② 적당한 온도로 소성해야 한다.
③ 시공 후 5일이 경과되어야 목표 온도까지 올릴 수 있다.
④ 접합부 없이 노재를 구축할 수 있다.

해설 보일러의 노벽, 가열로의 노벽 등에 종래부터 널리 부정형 내화물로 사용되어 왔다. 부정형 내화물이란 내화벽돌과 같이 일정한 형상을 가지고 있는 것이 아니라 사용 현장에서 물을 가하여 혼련한 후 필요한 형태로 사용하는 내화물이다. 캐스터블(castable) 내화물의 특징은 다음과 같다.

① 사용 현장에서 필요한 형상이나 치수로 형성한다.
② 접합부 없이 노재를 구축할 수 있다.
③ 사용 현장에서 필요한 형상이나 치수로 형성된다.
④ 노온의 큰 변동에도 스폴링을 일으키지 않는다.
⑤ 보통 점토질 내화 벽돌과 같이 소성할 필요가 없다.
⑥ 건조 및 소성 수축이 매우 작다.

26 보통형 내화벽돌의 치수는 23.0cm×11.4cm×6.5cm이다. 한 장 쌓기의 벽의 두께는?

① 6.5cm ② 11.4cm
③ 21.6cm ④ 23.0cm

해설 23.0cm는 길이(가로) 치수이며, 11.4cm는 세로, 6.5cm는 높이 치수가 된다.
※ 한 장 쌓기 : 벽의 두께가 벽돌 한 장의 길이가 된다.

26 다음 중 노내의 천장 아치(arch)에 사용되는 내화 벽돌은?

① 고알루미나질 벽돌
② 마그네시아 벽돌
③ 납석질 내화 벽돌
④ 규석 내화 벽돌

27 다음은 노재 손상의 종류이다. 해당되지 않는 것은?

① 플레이킹 ② 핀팅
③ 버드네스트 ④ 피어링

해설 노재의 손상 원인 및 종류를 열거하면 다음과 같다.
① 버드네스트 : 크로마그계 벽돌의 사용 중 고온면이 침식반응을 일으켜 표면적이 부풀어올라 열괴되는 현상(동일 현상으로 블리딩 현상이 있다.)
② 핀팅 : 라이닝 벽이 급격한 온도상승이나 벽돌간의 국부적인 접촉으로 인해 접촉부(라이닝과의 사이)에 균열, 박리가 발생되는 현상
③ 피어링 : 사용 중 슬래그의 침입으로 내화벽돌에 침식이 발생되어 원래의 물리적, 열적, 화학적, 성질을 변화시킴으로서 벽돌의 균열, 층상의 벗겨짐이 발생되는 현상

Answer 22.④ 23.③ 24.① 25.④ 26.④ 26.④ 27.①

28 다음 중 노재의 제조 과정 중 순서가 맞는 것은?

① 분쇄 → 수련 → 혼련 → 건조 → 성형 → 소성
② 분쇄 → 혼련 → 수련 → 성형 → 건조 → 소성
③ 혼련 → 수련 → 분쇄 → 성형 → 건조 → 조성
④ 성형 → 혼련 → 분쇄 → 건조 → 소성

해설 ① 분쇄
 ㉮ 일반적인 방법 : 조분쇄 → 분쇄
 ㉯ 고급품일 때의 방법 : 조분쇄 → 분쇄 → 미분쇄 → 털어내기
② 혼련 : 각각 분쇄된 원료를 섞는 과정이다.
③ 수련 : 물을 주고 기포를 제거하는 과정으로 일종의 반죽 과정이다.
 ㉮ 습식 조합법 : 수련 시 물 20~25%를 가하는 방법
 ㉯ 반건식 조합법 : 수련 시 물을 10% 정도로 가하는 방법
 ㉰ 건식 압축법 : 수분을 5% 정도 가하여 압축성형하도록 한 것.
④ 성형 : 사용에 알맞는 형상 또는 치수로 모양을 만드는 과정
⑤ 건조 : 소성 속도 및 소성 온도에 달한 효율 증대를 위하여 부착 수분 결합 수분 등을 제거하기 위한 과정
⑥ 소성 : 내화물의 성질을 부여하기 위한 과정으로 내화물 원료의 종류에 따라서 소성 온도를 맞추어 굽는 과정

29 마그네시아(magnesia) 벽돌을 사용하는 경우로서 옳은 것은?

① 혼선로의 내벽
② 전기로의 천장
③ 코크스로의 탄화실벽
④ 평로의 천장

해설 마그네시아(magnesia) 벽돌 : 혼선로 내장, 제강로의 노상이나 노벽 등에 사용

29 가장 치밀한 내화물의 조식은?

① 결합조직 ② 응고조직
③ 복합조직 ④ 다공조직

30 크롬질 벽돌의 특징에 대한 설명으로 옳지 않은 것은?

① 내화도가 높고 하중연화점이 낮다.
② 마모에 대한 저항성이 크다.
③ 온도 급변에 잘 견딘다.
④ 고온에서 산화철을 흡수하여 팽창한다.

해설 크롬질 벽돌은 내스폴링성이 적어서 온도 급변화에 잘 견디지 못한다.

31 돌로마이트질 내화물의 주요 화학 성분은?

① SiO_2 ② SiO_2, Al_2O_3
③ Al_2O_3 ④ CaO, MgO

해설 염기성내화물
① 마그네시아질 내화물 : MgO
② 크롬마그네시아질 내화물 : $CrSO_3$, MgO
③ 돌마이트질 내화물 : MgO, CaO

32 탄화규소질 내화물에 대한 설명으로 옳은 것은?

① 알칼리 조건에서 사용이 제한된다.
② 소결성이다.
③ 고온에서 부피 변화가 적다.
④ 하중연화온도가 낮다.

해설 ① 열이나 전기전도율이 높다.
② 내식성, 내마모성, 내스폴링성이 크다.
③ 하중 연화점이 상당히 높다.
④ 고온에서 부피변화가 적다.

ANSWER 28.② 29.① 29.② 30.③ 31.④ 32.③

33 내화 몰탈의 종류가 아닌 것은?

① 열경성 몰탈
② 기경성 몰탈
③ 압경성 몰탈
④ 수경성 몰탈

해설 내화 몰탈의 종류 : 열경성, 수경성, 기경성

34 단열벽돌을 요로에 사용할 때 특징에 대한 설명으로 틀린 것은?

① 축열 손실이 적어진다.
② 전열 손실이 적어진다.
③ 노내 온도가 균일해지고, 내화물의 배면에 사용하면 내화물의 내구력이 커진다.
④ 효과적인 면도 적지 않으나 가격이 비싸므로 경제적인 이익은 없다.

해설
① 축열 손실이 적어진다.
② 전열 손실이 적어진다.
③ 노내 온도가 균일해지고, 내화물의 배면에 사용하면 내화물의 내구력이 커진다.
④ 열손실 차단으로 경제적이다.

35 염기성 제강로의 용강이나 광재가 접촉되는 부분에 사용하는 내화물로 가장 적합한 것은?

① 규석질 내화물
② 마그네시아질 내화물
③ 고알루미나질 내화물
④ 사모트질 내화물

해설 염기성 내화물 마그네시아질 내화물이 가장 이상적이다.

36 전기로나 시멘트 소성용 회전가마의 소성대 내벽에 사용하기 가장 적합한 내화물은?

① 내화점토질 내화물
② 마그-크롬 내화물
③ 고알루미나 내화물
④ 규석질 내화물

해설 마그-크롬 염기성 내화물 : 전기로, 시멘트 소성용 회전가마 소성대 내벽용 내화물로 산화철을 흡수하여 팽창한 후 붕괴하는 버스팅(busting)현상이 발생한다.

37 크롬 철광을 원료로 하는 내화물이 온도가 1600℃ 이상에서 산화철을 흡수하여, 표면이 부풀어 올라 떨어져 나가는 현상을 무엇이라고 하는가?

① 버스팅(busting)
② 스폴링(spalling)
③ 라미네이션(lamination)
④ 블리스터(blister)

해설 버스팅(busting)현상 : 크롬 철광을 함유한 내화물이 1600℃ 이상에서 산화철을 흡수하여 표면이 부풀어 올라 떨어지는 현상

38 소성 고알루미나질 내화물의 특성에 대한 설명 중 틀린 것은?

① 내화도가 높다.
② 열전도율이 나쁘다.
③ 급열, 급냉에 대한 저항성이 크다.
④ 하중연화 온도가 높고 고온에서 용적 변화가 적다.

해설
① 내화도는 SK 35 이상이다.
② 내식성, 내화도, 내마모성이 크다.
③ 급열, 급냉에 대한 저항성이 크다.
④ 고온에서 용적변화가 적다.
⑤ 열전도율이 높고, 하중 연화온도가 높다.

ANSWER 33.③ 34.④ 35.② 36.② 37.① 38.②

39 크롬 마그네시아 벽돌은 크롬철광을 몇 % 이상 함유하는 것을 말하는가?
① 20 ② 30
③ 40 ④ 50

해설) 크롬 마그네시아 염기성 벽돌은 크롬철광을 50% 이상 함유한다.

40 다음 중 중성내화물로 분류되는 것은?
① 샤모트질 ② 마그네시아질
③ 규석질   ④ 탄화규소질

해설) 중성내화물 : 고알루미나질, 탄화규소질, 탄소질, 크롬질

41 내화질 벽돌 중 표준형의 길이는 몇 mm로 되어 있는가?
① 200mm ② 210mm
③ 230mm ④ 250mm

해설) 표준형 길이 : 230(가로)×114(세로)×65(높이)

42 산성내화물의 중요 화학성분의 형태는?
(단, R은 금속원소, O는 산소원소이다.)
① R_2O ② RO
③ RO_2 ④ R_2O_3

해설) $SiO_2 - Al_2O_3$

43 크롬이나 크롬-마그네시아 벽돌이 고온에서 산화철을 흡수하여 표면이 부풀어 오르거나 떨어져 나가는 현상을 의미하는 것은?
① 스폴링(spalling)
② 열화
③ 슬래킹(slaking)
④ 버스팅(bursting)

해설) 버스팅(bursting)이란 크롬이나 크롬-마그네시아 벽돌이 고온에서 산화철을 흡수하여 부풀어 오르거나 떨어져 나가는 현상을 말한다.

44 다음 중 규석질 벽돌이 주로 사용되는 곳은?
① 가마의 내벽
② 가마의 외벽
③ 가마의 천장
④ 연도의 축물

해설) 규석질 산성내화물의 용도는 주로 가마의 천장에 사용된다.

45 스폴링(spalling) 이한 내화물에 대한 어떤 현상을 의미하는가?
① 용융현상
② 연화현상
③ 박락현상
④ 분화현상

해설) 스폴링 현상을 박락현상이라고도 한다.

46 탄소질 내화물의 사용처로서 가장 거리가 먼 것은?
① 고로
② 열풍로
③ 전기로
④ 전기저항 발열체

ANSWER 39.④ 40.④ 41.③ 42.③ 43.④ 44.③ 45.③ 46.②

2-2 단열재

열전도성이 작은 재료를 써서 로내로 부터의 열 방산을 방지하여 열효율을 높이기 위한 열전도성이 적은 재료($\lambda = 0.1[kcal/mh℃]$)를 단열재라 한다.

(1) 종 류

① 내화 단열재 : SK 10(1300[℃]) 이상 단열 효과가 있는 재료
② 단열재 : 800~1200[℃]에서 단열 효과가 있는 재료

(2) 구비조건

① 독립기포의 다공질일 것.   ② 시공성이 우수할 것.
③ 열전도율이 적을 것.   ④ 기계적 압축강도가 있을 것.
⑤ 비중(밀도)이 적을 것.

1. 단열성 재료

(1) 규조토

규조라 불리우는 단세포 조류의 사멸된 유해가 점토, 화산회, 유기물 등과 함께 퇴적한 것.(SiO_2 70[%] 이상의 것이 양질)

(2) 석면(asbestos)

최고사용온도 650[℃]
① 각섬석족에 속하는 섬유상 광물을 총칭한 명칭
② 온석면, 청석면, 각섬석면, 직섬석면 등이 있다.

2. 재질상의 분류

(1) 규조토질 단열벽돌

① 제일 많이 사용되는 것으로 그 종류가 많다.
② 소성온도를 균일하게 하고, 1000[℃]를 넘지 않게 한다.
③ 압축강도 마모저항 및 spalling 저항에 약하다.
④ 재가열 수축률도 큰 사실은 다공질 조직 때문이다.

(2) 점토질 내화단열벽돌

① 고온노면에 사용하며 노벽이 얇아져 노의 중량이 준다.
② 가열속도가 단축된다.(내화벽돌의 25~30[%] 단축)
③ 노벽의 열용량이 적고 내스폴링성이 크며 노면, 내면 어느 곳에도 사용

2-3 보온재

온도를 보존하기 위하여 사용되는 재질로서 일명 단열재(斷熱材;insulation material)라고 말하나 보온재(保溫材;lagging material)와 단열재를 엄격히 다음과 같이 구분된다.

1. 단열재의 일반적 성질

〈내화, 단열, 보온재의 구분〉

구 분	내 용
내화물	우리나라에서는 SK 26(1,580[℃]) 이상의 것을 내화물이라고 하며, 이것은 각국마다 공업규격이 규정하고 있다.
내화단열재	단열효과를 갖게 하며 SK 10(1,300[℃]) 이상에 견디는 것.
단열재	800~1,200[℃]까지의 온도에 견디며 단열효과를 나타내는 것.
보온재	100~800[℃]까지의 온도에 견디며, 무기질 보온재는 약 200~800[℃], 유기질 보온재는 약 100~200[℃]까지의 온도에 견디는 것
보냉재	100[℃] 이하의 냉온을 유지하는 냉동, 냉장용의 것.

1) **보온재의 구비조건**(단열재, 보냉재)

① 열전도율이 작아야 한다.
② 사용온도에 있어서 내구성이 있어야 하며, 변질되지 말아야 한다.
③ 부피·비중이 작아야 한다.
④ 다공성이며, 기공이 균일하여야 한다.
⑤ 기계적 강도가 크고, 시공성이 좋아야 한다.
⑥ 흡수성, 흡습성이 없어야 한다.

2. 보온재의 종류 및 특성

(1) 유기질 보온재

다공질 구조(독립기포)로 미세한 공백층에 의하여 열전도를 지연시키며 주로 보냉재로 사용한다.

보온재명	특 성	용 도	비 고
면화 • 목재Pulp • 톱밥	160[℃](열분해) 105[℃](〃) 130[℃](〃)	의류 • 물독 steam • 수송관	최적충진밀도 80~100[kg/m^2]
양모 우모 마모	〃 〃 〃	의 류 〃 〃	흡습도 목면 5~ 8[%] 양모류 15~19[%]
닭털	〃	〃	
쌀겨	〃	물독 steam 수 송 관	(17[℃]) i = 0.097~150
콜크판	〃	보 온 재	kcal/mh℃
지류(파형)	〃	〃	최적밀도 73~215[kg/cm^2] i = 0.045~0.060 kcal/mh℃ ※ i = 열전도율

(2) 무기질 보온재

다공질 구조로 미세한 공백층에 의하여 열전도를 지연시키며 500~600[℃] 정도에서 많이 사용한다.

보온재명	특 성	용 도
혼합물 • 탄산 마그네슘 85[%] • 석면 15[%]	320~350[℃]에서 분해	300[℃]에서 사용
규조토	안전사용온도 500[℃] 평균밀도 400~460[kg/m^2] λ = 0.073[kcal/mh℃]	증기관 보온
생석회	0.083[kcal/mh℃] 이하	1. 증기관 보온 2. plaster

석면(천연품)	안전사용온도 500[℃] 내연성, 내마모성 mp 1,100~1,400[℃] λ = 0.15[kcal/mh℃]	1. 보온재 2. 절연재 3. 스레트 진동이 많은 곳에도 사용
질석	500[℃]에서 가열 팽창 흡습성이 큼 제품에는 질석과 규산소다 혼합물과 질석 tar의 혼합물로 가열, 가압하여 형성	질석보드 권으로 실내보온
경량 콘크리트	비중 1~1.4 λ = 0.26~0.4[kcal/mh℃] 안전사용온도 400~500[℃]	보온재
보통 콘크리트	λ = 1.3~2.3[kcal/mh℃] 부피순비중 0.5~0.9 기 공 율 55~74[%]	
단열벽돌	규조토질 내압강도 20~70[kg/m²] 안전사용온도 900~1,000[℃] λ = 0.10~0.15[kcal/mh℃](350[℃])	보온재
내화단열벽돌	부피순비중 0.8~1.2 기공율 50~70[%] 내압강도 30~10[kg/cm²] λ = 0.10~0.35[kcal/mh℃](350[℃])	
내화벽돌	λ = 1.08~1.51[kcal/mh℃]	
보통벽돌	부피순비중 1.8 기공율 20[%] 내외 λ = 1.10~0.35[kcal/mh℃]	
오지토관	λ = 1.08[kcal/mh℃]	
Fiber Glass	섬유질 흡착소 λ = 0.03~0.045[kcal/mh℃] 안전사용온도 300~350[℃] 특수하게 사용할 때에는 600~900[℃]	1. 증기관 2. 고급보온재
Foam Galss	밀도 160~180[kg/m²] 내압강도 10~15[kg/cm²] 가공율 92[%] = 0.04[kcal/mh℃] 안전사용온도 300~350[℃]	
Rock Wool (1) Rock Wool(인공품) (2) Slag Wool	섬유상 7~20[μ] λ = 0.032~0.04[kcal/mh℃] Rock Wool보다 석회분이 많다. 그외 특성은 동일	보온재

(3) 금속질 보온재

금속 특유의 반사특성(복사열)을 이용한 것으로 가볍다.

(4) 보냉재

① 탄화 코르크 : 코르크 수피(일명 젖꼭지나무)를 재질로 사용하며 판·통·입의 형상으로 180~200[kg/m^3]의 밀도를 가지고 있다.
  ㉠ 열전도율 : $0.035 + 0.00013\theta$[kcal/mh℃]
  ㉡ 안전사용온도 : 130~200[℃]
  ㉢ 용도 : 용기, 파이프, 덕트

② 경질 폴리우레탄 폼(polyurethane foam) : 우레탄 수지발포제(폴리올이소시아네트, R-11)의 재질로 판·통의 형상을 하며 30[kg/m^3]의 밀도를 가지고 있다.
  ㉠ 열 전도율 : $0.016 + 0.00012\theta$
  ㉡ 안전사용온도 : 100~-180[℃]
  ㉢ 용도 : 파이프, 덕트, 지하온수 파이프(현지발포)

③ 다포유리 : 유리발포체를 재질로 사용하며 판·통의 형상으로 180[kg/m^3]의 밀도이다.
  ㉠ 열 전도율 : $0.030 + 0.00012\theta$
  ㉡ 안전사용온도 : 70~-50[℃]
  ㉢ 용도 : 용기, 파이프, 덕트

④ 비닐 폼 : 염화 비닐수질 발포체의 재질로 판형의 형상으로 67[kg/m^3]의 밀도를 가지고 있다.
  ㉠ 열 전도율 : $0.032 + 0.00013\theta$
  ㉡ 안전사용온도 : 70~-50[℃]
  ㉢ 용도 : 특히 고온강도용

⑤ 펄라이트입 : 팽창진주암의 재질로 형상은 입형으로 50[kg/m^3]의 밀도를 갖고 있다.
  ㉠ 열 전도율 : $0.04~0.06 + 0.00012\theta$
  ㉡ 안전사용온도 : 800~200[℃]
  ㉢ 용도 : 충전용, 밀폐 탱크 이중 충전

(5) 보온시공

① 물반죽 보온재를 사용할 때는 약 25[mm] 두께로 바르고, 수분이 보온재의 1~1.5배 남을 정도로 건조시킨 후, 같은 방법으로 소정의 두께까지 바른다.
② 판상 보온재를 사용할 때는 소정 두께의 보온판을 강선으로 고정 밀착시킨다. 두께가 75[mm] 이상일 때는 두 층으로 나누어 시공한다.
③ 입상 또는 섬유상의 보온재를 사용할 때에는 소정 두께의 외곽을 만들고, 그 속에 보온재를 채운다.

④ 펠트상 보온재를 사용할 때에는 소정 두께의 펠트를 강선으로 감아 밀착시키고, 휴지 등으로 외부를 시공한다.
⑤ 보온통의 경우에는 소정 두께의 보온통을 강선으로서 밀착시킨다. 두께가 75[mm] 이상시는 두 층으로 나누어 시공한다.
⑥ 내화단열연화를 시공할 때는 600~1000[℃]의 보온면에 연와를 내층으로 층간 밀착시키고, 연와에는 내화 모르타르(mortar)를 바른다.

3. 단열 효과

① 축열용량이 작아진다.
② 열전도도가 작아진다.
③ 로온이 균일하게 된다.
④ 스폴링 현상을 감소시킨다.

예상문제

01 알루미늄박 보온재를 다음의 어떤 특성을 이용한 것인가?

① 복사열의 대류특성
② 복사열의 흡수특성
③ 복사열에 대한 반사특성
④ 복사열에 대한 흡수특성

해설 알루미늄박 보온재는 알루미늄판을 사용하여 증기층을 중첩시킨 것으로 그 표면은 열복사에 대한 반사특성을 이용한 것이며 공기층의 두께는 10mm 이하일 때까지 효과가 가장 크다.

02 다음 중 보온재가 갖추어야 할 성질에 속하지 않는 것은?

① 열전도율이 클 것.
② 어느 정도의 강도를 갖을 것.
③ 비중이 작을 것.
④ 장시간 사용하여도 사용온도에 견디며 변질되지 않을 것.

해설 보온재의 구비조건
① 열전도율이 작아야 한다.
② 사용온도에 있어서 내구력이 있어야 하며, 변질되지 말아야 한다.
③ 부피, 비중이 작아야 한다.
④ 다공성이며 가공이 균일하여야 한다.
⑤ 기계적 강도를 가져야 하며, 시공성이 좋고, 흡수성이 없어야 한다.

03 보온재 또는 단열재의 열전도도를 저하시키기 위하여 재질 내부에는 어떤 것이 형성되어야 하는가?

① 독립 기포로 된 다공질
② 연속 기포로 된 다공질
③ 치밀한 다공질 및 세포질
④ 독립 기포로 된 세포질

해설 유기질 보온재는 일반적으로 그 자체가 독립기포로 된 다공질이나, 무기질은 발포제를 가하여 독립 기포를 형성케 하여 열전도도를 지연시킨다.

04 다음 중 보온재의 종류에 속하지 않는 것은?

① 유기질 보온재   ② 금속질 보온재
③ 무기질 보온재   ④ 섬유질 보온재

해설 보온재는 유기질 보온재, 무기질 보온재, 금속질 보온재가 있다.

05 규산 칼슘 보온재의 최고 사용온도는?

① 400℃   ② 500℃
③ 650℃   ④ 750℃

06 전도에 의한 열의 전달과 보온재의 두께에 관하여 일반적으로 어떻게 되는가?

① 반비례한다.
② 온도가 낮을수록 비례한다.
③ 비례한다.
④ 무관하다.

ANSWER 1.③ 2.① 3.① 4.④ 5.③ 6.③

해설 전도에 의한 열전달을 두께에 비례하고 방사에 의한 전달을 두께에 무관하며 보온재 내부 물질의 양에 따라서 전열량의 대소는 영향이 크다.

07 관, 탱크, 노벽 등의 보온재로 사용되는 것은?

① 규조토 보온재
② 탄산 마그네슘 보온재
③ 규산 칼슘 보온재
④ 파형 보온재

해설 규산칼슘 보온재는 규조토에 소석회와 3~15%의 석면섬유를 가하여 성형하고 수증기 처리를 하여 경화시킨 것인데 강도 내열성, 내수성이 우수하며, 가볍고, 열전도율은 0.05~0.065kcal/m·h·℃이고, 최고 안전사용온도는 30~650℃이다. 관, 탱크, 노벽 등의 보온재로는 규조토, 암면 등이 많이 사용된다.

08 온도가 높은 물체의 나면과 그 보온면으로 부터의 방산열량을 각각 Q_0, Q 라고 하면 보온 효율은?

① $\dfrac{Q_0 - Q}{Q_0}$ ② $\dfrac{Q_0 - Q}{Q}$

③ $\dfrac{Q_0}{Q_0 - Q}$ ④ $\dfrac{Q}{Q_0 - Q}$

해설 보온 효율은 보온재의 두께가 증가할수록 커지나, 직선적으로 비례하지는 않는다.

보온 효율$(n) = \dfrac{Q_0 - Q}{Q_0}$

$= 1 - \dfrac{\text{그 보온면으로부터의 방산열량}}{\text{고온체의 나면 방산열량}}$

Q_0 : 물체의 확산열량
Q : 보온면의 확산열량

09 다음 중 고온용 단열재는?

① 기포유리   ② 세라믹 파이프
③ 규조토   ④ 석면

해설 내화섬유는 고온용 단열재로서, 최고 안전사용온도는 1200℃이며 석영섬유, 유기질 실리카 파이버, 세라믹 파이버, 티탄산 칼리 파이버 등이 있다.

10 보온 효과와 경제적으로 좋게하기 위하여는 어떤 시공법을 해야 할 것인가?

① 열전도율이 큰 보온재를 얇게 한다.
② 열전도율이 작은 보온재를 얇게 한다.
③ 열전도율이 작은 보온재를 두껍게 한다.
④ 열전도율이 큰 보온재를 두껍게 한다.

해설 보온재는 열전도율($\lambda = 0.1$kcal/m·h·℃ 이하)이 작아야 하며 얇은 것이 경제적으로 좋다.

11 다음 중 보냉재에 속하는 것은?

① 석면
② 경질 폴리우레탄 폼
③ 우모
④ 탄산마그네슘

해설 보냉재로는 탄화 코르크, 경질 폴리우레탄 폼, 다포유리, 폼 폴리스틸렌, 페놀폼, 비닐폼, 펄라이트입 (보온, 보냉) 등이 있다.

12 다음 중 유기질 단열재는?

① 기포성 수지
② 규조토
③ 탄산 마그네슘
④ 암면

해설 유기질 단열재 : 펠트, 텍스, 코르크, 기포성 수지

13 기포성 수지에 대한 설명으로 맞지 않는 것은?

① 열전도성이 극히 작다.
② 가볍고 흡수성이 적다.
③ 부드럽고 거의 불연성이다.
④ 열전도율이 극히 크다.

ANSWER 7.① 8.① 9.② 10.② 11.② 12.① 13.④

14 다음 중 안전사용 온도가 가장 낮은 것은?

① 무기질 보온재
② 유기질 보온재
③ 단열재
④ 내화물

> [해설]
> ① 내화물 : 1580℃ 이상
> ② 단열재 : 800~1200℃
> ③ 무기질 : 200~800℃
> ④ 유기질 : 100~200℃
> ⑤ 보냉재 : 100℃ 이하

15 탄산 마그네슘 보온재에 관한 다음 설명 중 잘못된 것은?

① 무기질 보온재이다.
② 염기성 탄산 마그네슘 15%, 석면 85%로 구성되어 있다.
③ 열전도율이 적다.
④ 250℃ 이하 온도의 배관, 탱크 등의 보온용으로 쓰인다.

> [해설] 탄산 마그네슘 보온재 : 염기성 탄산 마그네슘 85%, 석면 15%로 구성되어 있다.

16 열전도율이 극히 낮고 경량이며, 흡수성은 좋지 않으나 굽힘성이 풍부한 유기질 보온재는?

① 펠트   ② 코르크
③ 기포성 수지 ④ 규조토

17 다음 중 발포(發砲) 보온재에 해당하지 않는 것은?

① 폴리스틸렌
② 우레탄
③ 염화 비닐(PVC)
④ 양모 펠트

18 판상 보온재를 사용하는 경우 소정의 두께 보온판을 철사로 묶어서 밀착시킨다. 보온재의 두께가 다음 중 어느 정도가 넘을 경우 가능한 한 2층으로 나누어 시공하는가?

① 10mm   ② 25mm
③ 50mm   ④ 75mm

19 다음 중 무기질 보온재에 속하는 것은?

① 우모 펠트
② 탄화 코르크
③ 규산 칼슘
④ 텍스

20 아스팔트로 방습한 것은 -60℃ 정도까지 유지할 수 있어 보냉용으로 사용되며, 관의 곡면 부분에도 시공이 가능한 보온재는?

① 펠트
② 코르크
③ 석면
④ 암면

21 다음 중 일정한 두께를 가진 재질에 있어서 보냉 효율이 가장 좋은 것은?

① 경질 폴리우레탄 발포제
② 양모
③ 기포 시멘트
④ 석면

ANSWER 14.② 15.② 16.③ 17.④ 18.④ 19.③ 20.① 21.①

CHAPTER 03 배관 및 밸브

3-1 배관

1. 배관자재 및 용도

(1) 강관

1) 종류
- 재질에 따라 : 탄소 강관, 합금 강관, 스테인리스 강관
- 제조방법에 따라
  - 단접강관
  - 이음매 없는 강관
  - 전기저항용접 강관
  - 아크 용접관

2) 특징
① 주철관에 비해 가볍고, 굴요성이 크다.
② 접합작업이 용이하고, 가격이 저렴하다.
③ 내충격성이 크고, 인장강도가 크다.
  온수 배관의 경우는 압력이 낮게 작용되므로 배관용 탄소강 강관과 기계구조용 탄소강 강관이 주로 사용되었으나, 최근에는 동관, 스테인레스 강관이 많이 사용되고 있다.

❖ 스케줄 번호(SCH) $= 10 \times \dfrac{P}{S}$

- P : 사용압력[kg/cm^2]
- S : 허용응력[kg/mm^2]
- S : 인장강도 ÷ 안전율

※ 스케줄 번호(schedule No) : 관의 두께를 나타내는 번호

3) 배관용 강관

① 배관용 탄소 강관(SPP)
　㉠ 사용압력이 1MPa(10[kg/cm²]), 사용온도 350[℃] 이하이고, 증기, 물, 기름, 가스 및 공기 등에 널리 사용한다.
　㉡ 일명 가스관이라고 한다.
　㉢ 주철관에 비해 부식되기 쉽기 때문에 아연도금(백관)을 한다.

② 압력 배관용 탄소 강관(SPPS)
　㉠ 보일러의 증기관, 유압관, 수압관 등의 압력배관에 사용되며 사용압은 1~10MPa(10~100[kg/cm²], 온도 350[℃] 이하)에 사용된다.

③ 고압 배관용 탄소 강관(SPPH)
　㉠ 온도 350[℃] 이하에서 사용압력이 10MPa(100[kg/cm²]) 이상으로 높은 고압 배관용으로 사용된다.
　㉡ 암모니아 합성배관, 내연기관의 연료 분사관, 화학공업의 고압 배관에 사용된다.
　㉢ 제조방법은 킬드강으로 이음매 없이 제조하며 4종류가 있고, 호칭 지름은 6~650A까지 25종으로 다양하다.

④ 고온 배관용 탄소 강관(SPHT)
　㉠ 온도 350[℃] 이상 온도의 과열증기 등의 배관용이며, 관의 호칭은 호칭 지름과 스케줄 번호에 의하며, 호칭 지름은 6~500A 이다.
　㉡ 관의 제조방법은 3종류가 있으며, 2·3종은 조립의 킬드강(killed steel)으로 이음매 없이 제조되며, 4종은 띠강이나 강판을 전기저항용접에 의해서 제조한다.

⑤ 배관용 아크용접 탄소 강관(SPW)
　㉠ 사용압력 1MPa(10[kg/cm²])의 낮은 증기, 물, 기름, 가스 및 공기 등의 배관용 호칭 지름은 350~2,400A까지 22종이 있으며, 호칭 지름은 바깥지름으로 한다.
　㉡ 일반 수도관 1.5MPa(15[kg/cm²] 이하), 가스 수송관 1MPa(10[kg/cm²] 이하)에 사용된다.
　㉢ 관마다 수압시험은 2.1MPa(21[kg/cm²]) 이상으로 실시한다.

⑥ 배관용 스테인리스 강관(STS×TP)
　㉠ 내식용, 내열용 및 고온 배관용, 저온 배관용에도 사용된다.
　㉡ 호칭 지름은 6~500A이고, 두께는 스케줄 번호로 표시한다.

4) 수도용 강관

① 수도용 아연도금 강관(SPPW) : 정수두 100[m] 이하의 급수배관용으로 주로 사용되며, 호칭 지름은 10~300A이다.
② 수도용 도복장 강관(STWW) : 정수두 100[m] 이하의 급수배관용으로 주로 사용되며, 호칭 지름은 80~2,400A이다.

5) 열전달용 강관

① 보일러·열교환기용 강관(STH)
② 보일러·열교환기용 합금강 강관(STHA)
③ 보일러·열교환용 스테인리스 강관(STS×TB)
④ 저온 열교환기용 강관(STLT)

6) 구조용 강관

① 일반 구조용 탄소 강관(SPS) : 구조물용으로 사용되며, 정밀 다듬질이 필요한 기계 부품에 사용한다.
② 기계 구조용 탄소 강관(STM) : 기계 부분품용에 사용한다.
③ 구조용 합금 강관(STA) : 항공기, 자동차 기타의 구조물용으로 사용되며, Cr-Mo강이 2종류, Cr-Ni-Mo이 2종류, 스테인리스강 6종류 모두 10종류가 사용된다.

(2) 동 관

1) 동관의 치수 및 용도

동관은 바깥지름을 기준하며, 바깥지름은 같으나 두께가 다르므로 동관은 KS 기준에 따라 K, L, M형으로 구분된다. 동관은 냉온수, 냉난방 배관에는 L, M형이 주로 사용된다. 또한 동관은 냉간가공 및 가공경화 현상에 의하여 인장강도, 연신율, 경도 등 기계적 성질이 서로 달라지기도 한다.(즉, 동관 두께 순서 K 〉 L 〉 M 순이다.)

2) 특징

① 내식성, 내충격성이 좋으나 외부의 기계적 강도는 약한 결점이 있다.
② 가공 및 시공이 용이하다.
③ 열전도율이 크고, 가격이 비싸다.
④ 마찰손실이 적다.

(3) PE파이프(고밀도 폴리에틸렌관 : XL-pipe)

일반적으로 100[℃] 이하의 온수난방 배관에 주로 사용된다. XL-관은 반투명 유백색을 표준으로 하며, 색소를 첨가하여 색을 지닌 제품도 생산·판매되고 있다.

1) 특징

① 시공이 용이하고, 수명이 반영구적이다.
② 무공해 배관에 사용되며, 인체에 해가 없다.
③ 부식의 우려가 없다.
④ 사용압력은 0.5MPa(5[kg/cm^2]), 온도 80[℃] 이하의 저온에 사용된다.

(4) PB파이프

폴리뷰틸렌은 수명이 길며 배관작업이 용이하고 온돌배관에, 화학배관, 공기압배관 등 여러 곳에 사용된다. 나사이음이나 용접이음이 필요 없고 끼워 맞춤 형식으로 배관작업이 된다.

(5) PP-C파이프

냉온수, 방열관 등에 사용되며, 열융착에 의하여 시공된다.

(6) 스테인리스관

내식성, 내열성이 뛰어나기 때문에 사용이 증가되고 있다.

1) 특징
① 내식성, 내열성이 크고, 특히 염소성분에 내식성이 있다.
② 관 마찰 손실수두가 작고, 배관작업이 용이하며, 시간이 단축된다.
③ 열전도율이 낮고, 강도가 크고 굽힘 작업이 곤란하다.
④ 몰코이음으로 공작이 가능하지만 수리작업이 비교적 어렵다.

2. 관 이음쇠 및 신축이음

강관의 이음은 주로 나사이음, 용접이음, 플랜지이음을 하게 된다.

(1) 관 이음쇠

1) 관 이음쇠의 사용 용도에 의한 분류
① 배관의 방향을 전환할 때 : 엘보우, 벤드
② 관을 도중에서 분기할 때 : 티, 크로스, 가지관(Y)
③ 동일 지름의 관을 직선 결합할 때 : 소켓, 유니온, 니플
④ 지름이 다른 관을 연결할 때 : 이경 엘보우, 이경 티, 부싱
⑤ 관의 끝을 막을 때 : 캡, 플러그

(2) XL파이프의 관 이음쇠

XL파이프는 주로 직렬식으로 사용되고 연결부는 강관과 연결하여 사용하는 경우가 많아 동관 이음쇠형의 어댑터를 많이 사용한다.

(3) 플랜지

플랜지는 보수 점검 분리가 용이하도록 하기 위하여 배관의 중간이나 밸브, 펌프 등 각종 기기 접속부에 설치된다.

1) 플랜지 종류

① 관과 부착방법에 따라 : 용접식, 나사식, 반스톤식
② 플랜지 모양에 따라 : 원형, 타원형, 사각형
③ 플랜지면의 모양에 따라 : 전면 시트, 대평면 시트, 소평면 시트, 삽입형 시트, 홈형 시트

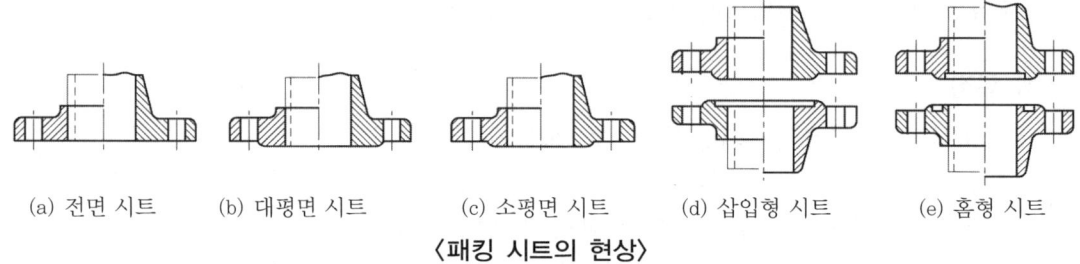

(a) 전면 시트　　(b) 대평면 시트　　(c) 소평면 시트　　(d) 삽입형 시트　　(e) 홈형 시트

〈패킹 시트의 현상〉

(4) 동관용 관 이음쇠

동관의 관 이음쇠에는 플레어 이음쇠(압축이음), 청동주물이음쇠, 동관이음쇠로 분류된다.

1) 압축이음(플레어 이음)

동관의 지름이 20[mm] 이하에 사용되며, 분리 재결합 등이 용이하고 이음쇠와 접촉되는 동관의 끝부분을 나팔모양으로 확관하여 너트를 조임으로써 이음이 된다.

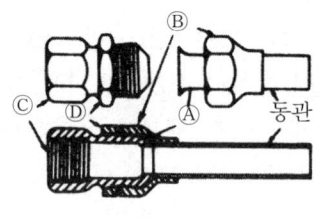

〈압축 접합〉

2) 동관 이음쇠

동관의 이음쇠는 아래 표와 같이 많은 종류가 있다.

〈동관용 연결부속 및 형태〉

소켓 C×C	CF 어댑터	C×F / Ftg×F	티이 C×C×C	줄임소켓	C×C / Ftg×C
CM 어댑터	C×M / Ftg×m	유니온 C×C	90° 엘보우	C×C / C×Ftg	45° 엘보우 C×C / 캡 플러그

(5) 스테인리스 배관용 관 이음쇠

스테인리스 배관의 이음은 용접이음이나 몰코이음(유압프레스 이음)을 주로 한다. 이음쇠의 형태는 동관 이음쇠와 비슷하지만 관이음 작업시에는 내부에 고무링을 채운 다음 프레스(관이음 기계)로 연결한다.

3. 신축이음 및 관의 접합

열에 의한 팽창과 수축작용을 흡수하여 관의 파손을 방지하기 위하여 설치한다.

강관인 경우에 철의 선팽창 계수가 0.000012[℃] 정도이므로 이는 온도가 1[℃] 변함에 따라 직관 1[m]당 0.012[mm]가 늘어나게 된다.

동관인 경우에도 선팽창 계수가 양 0.000017[℃] 이므로 동관인 경우가 강관보다 신축량이 많아지게 된다.

(1) 신축이음 종류 및 특징

1) 슬리브형(미끄럼형)

슬리브와 본체 사이에 패킹을 끼우고 그랜드로 밀착시켜 기밀을 유지하고, 신축을 흡수한다. 단식과 복식이 있으며, 나사 결합식(50A 이하), 플랜지 결합식(65A 이상)이 있다.

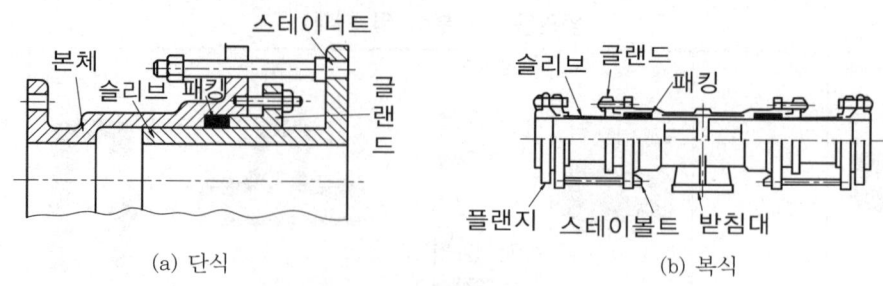

(a) 단식   (b) 복식

〈슬리브 이음쇠의 구조〉

2) 벨로우즈형(주름통형)

　일명 펙레스형이라고도 하며, 벨로우즈(주름통)을 사용하여 신축을 흡수한다. 저압증기나 가스, 온수배관에 주로 사용된다.

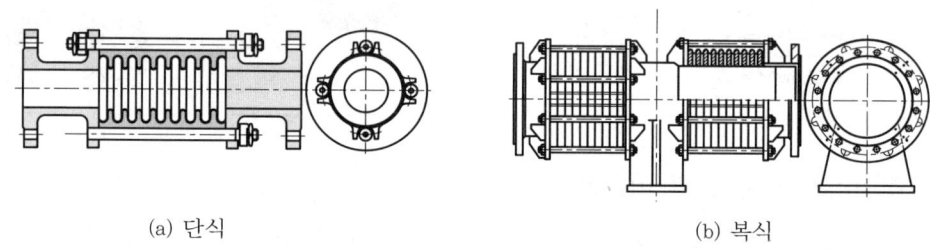

(a) 단식   (b) 복식

〈벨로스형 신축 이음쇠 종류〉

3) 루프형(만곡관형)

　가장 고압, 고온용으로 사용되며, 강관이나 동관을 만곡관형으로 벤딩을 하여 신축을 흡수할 수 있게 되어 있다.

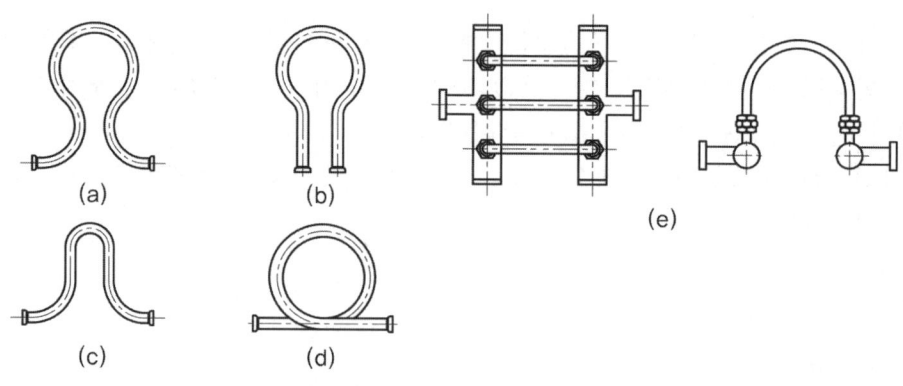

〈루프형 신축 이음쇠의 종류〉

[특징]
① 설치장소가 필요 없다.
② 자체응력이 발생하는 결점이 있다.

③ 곡률반지름은 관지름의 6배 이상이다.
④ 가장 고온고압용으로 사용된다.

4) 스위블형(swivel type)

2개 이상의 엘보우를 사용하여 관의 신축을 흡수하며 증기, 온수 난방배관에서 주관으로부터 지관으로 분기 주관으로 합류하는 경우나 방열기 입구에 주로 사용된다.

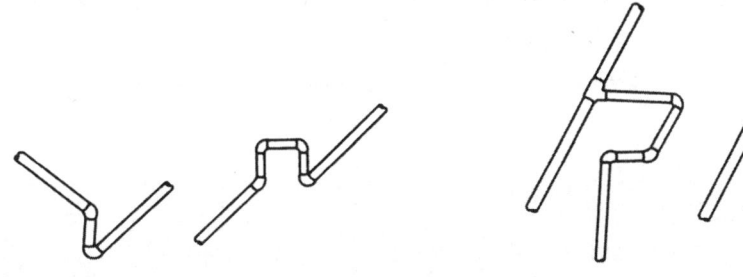

〈스위블이음〉

[특징]
① 저압용에 사용되며, 압력강하가 크다.
② 나사 이음부의 나사회전에 의해 신축을 흡수하므로 신축량이 큰 배관에 부적당하며 누설되기 쉽다.
③ 현장에서 제작이 가능한 잇점이 있다.

5) 플렉시블 튜브

면간거리가 짧고 많은 신축량을 흡수할 수 있는 구조로 설계되며 특히 펌프 코넥터용으로 이상적이다.

〈플렉시블 튜브〉

(2) 관의 접합법

1) 동관의 접합

① 플레어 접합(flare joint) : 동관 끝을 플레어링 툴셋으로 넓혀 압축이음쇠(플레어)로 접합하는 방식으로 일명 압축접합이라고도 한다. 관의 점검 및 보수를 위한 해체할 곳에 사용한다.

② 납땜 접합
㉠ 연납땜(soldering) : 유체의 온도(120[℃] 이하) 및 사용압력이 낮은 곳에 사용하는 방식으로 익스펜더로 관을 확관하여(간격 0.1[mm]) 연결할 관을 끼워

용제(flux)를 바른 뒤 플라스턴을 용해하여 틈새에 채워 접하는 방법이다. 이때의 가열온도는 200~300[℃] 정도이다.

ⓛ 경납땜(brazing) : 고온 및 사용압력이 높은 곳에 사용하는 방식으로 연납땜 시공처럼 확관 후 연결할 관을 끼우나(간격 0.05~0.2[mm]) 용제를 사용하지 않고 인동납(BCup), 은납(BAg)을 틈새에 채워 접합하는 방법이다. 이때의 가열온도는 700~850[℃] 정도이다.

③ 용접 접합 : 방사난방의 온수관 이음이나 진동이 심한 곳에 사용하는 방법으로 동관과 동관을 수소용접으로 접합한다.

④ 플랜지 접합 : 끼워맞춤형, 홈형, 유합 플랜지형으로 구분되며 상당한 고압배관시 사용한다.

❖ **동관의 굽힘**
열간과 냉간법(벤더)이 있으며 열간시 가열온도는 600~700[℃]이며 냉간시에는 곡률반지름은 관지름의 4~5배 정도이다.

2) 연관의 접합

① 플라스턴 접합 : 플라스턴(Sn 40[%], Pb 60[%])을 녹여(232[℃] 접합하는 것으로 다음과 같은 접합방법이 있다.
  ㉠ 직선접합
  ㉡ 맞대기접합
  ㉢ 수전소켓접합
  ㉣ 분기관(지관)접합
  ㉤ 맨더린접합

② 살붙임 납땜접합 : 이음부분에 납을 둥글게 녹여 접합하는 방식으로 다음과 같은 접합방법이 있다.
  ㉠ 직접접합
  ㉡ 살올림 맨더린 덕크 접합

3) 주철관 접합

① 소켓 접합 : 허브(hub)에 스피고트(spigot)를 삽입 얀(yarn)을 단단히 꼬아 감고 정으로 다진 후 납을 채워 다시 정으로 다져(코킹) 접합하는 방법이다.

❖ **주의사항**
① 얀은 기밀유지 및 굽힘성을 부여하고 납은 얀의 이탈을 방지할 목적으로 사용된다.
② 급수관(얀 1/3, 납 2/3), 배수관(얀 2/3, 납 1/3)

③ 납은 충분히 가열된 것으로 단 1회에 붓고 수분으로 인한 납의 비산에 주의한다.
④ 코킹(다지기)은 누설을 방지하기 위해 하는 것으로 얇은 정에서 점차 두꺼운 정으로 확실히 작업한다.

② **기계적 접합** : 플랜지 접합과 소켓 접합의 장점을 취한 것으로 150[mm] 이하의 수도관에 사용된다. 다소의 굴곡에도 누수가 발생하지 않으며 스패너 하나만으로도 시공할 수 있고 수중작업에도 용이하게 사용된다.
③ **플랜지 접합** : 플랜지가 달린 주철관을 서로 맞추어 볼트로 죄어 접합하는 것으로 사용유체에 따라 패킹제는 고무, 마, 석면, 납, 동 등을 사용하며 그리스를 발라두면 해체시 편리하다.
④ **빅토리 접합** : 빅토리형 주철관을 고무링과 금속제 칼라를 사용 접합하는 것으로 관지름이 350[mm] 이하이면 2분, 400[mm] 이상이면 4분하여 조여준다. 특히 관내의 압력이 증가함에 따라 고무링이 관벽에 밀착하여 더욱더 기밀이 유지된다.
⑤ **타이톤 접합** : 원형의 고무링 하나만으로 접합하는 방법이다.

4. 관지지 기구

(1) 행거(hanger)

배관 중량을 천정에서 지지할 목적으로 사용된다.

1) 행거의 종류

① **리지드 행거(rigid hanger)** : I 비임 터언버클을 이용 지지하는 것으로 수직방향으로 변위가 없는 곳에 사용된다.
② **스프링 행거(spring hanger)** : 터언버클대신에 스프링을 사용한다.
③ **콘스탄트 행거(constant hanger)** : 배관의 상하이동에 관계없이 관지지력이 일정한 것.

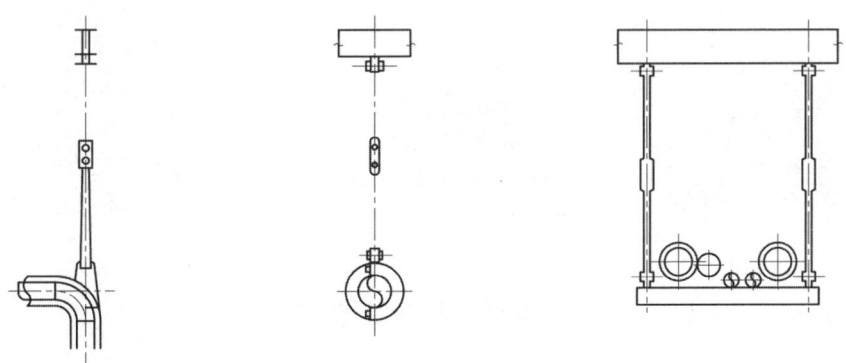

(a) 리지드 행거

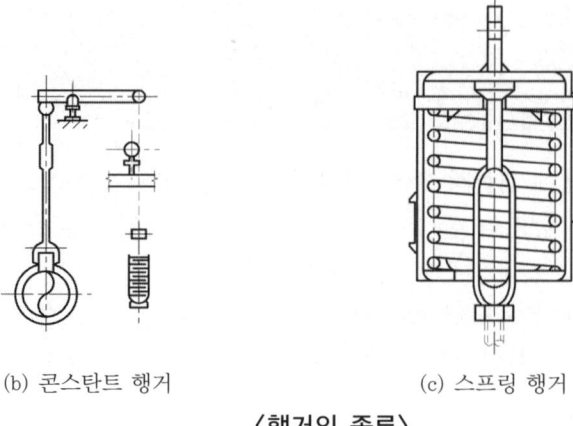

(b) 콘스탄트 행거   (c) 스프링 행거

〈행거의 종류〉

(2) 리스트레인(restrain)

열팽창으로 인한 배관의 좌우, 상하 이동을 제한하는 장치이다.

1) 리스트레인의 종류

① 앵커(anchor) : 리지드 서포트 일종으로 이동 및 회전을 방지하기 위해 지지점 위치에 완전히 고정하는 장치이다.
  • 앵커의 설치 위치 : 열팽창으로 인한 진동이 다른 부분에 영향이 미치지 않도록 배관을 분리하여 설치하고 잘 고정시킨다.
② 스톱(stop) : 배관의 일정한 방향과 회전만 구속하고 다른 방향은 자유롭게 이동하게 하는 장치이다.
  • 용도 : 노즐 보호를 위한 안전밸브에서 분출하는 유체의 추력을 받는 곳 또는 신축 조인트와 내압에 의한 축방향의 힘을 받는 곳에 사용한다.
③ 가이드(guide) : 배관의 곡관부분이나 신축이음(루프형, 슬리브형) 부분에 설치하며 축과 직각방향의 이동을 구속하는 장치이다.

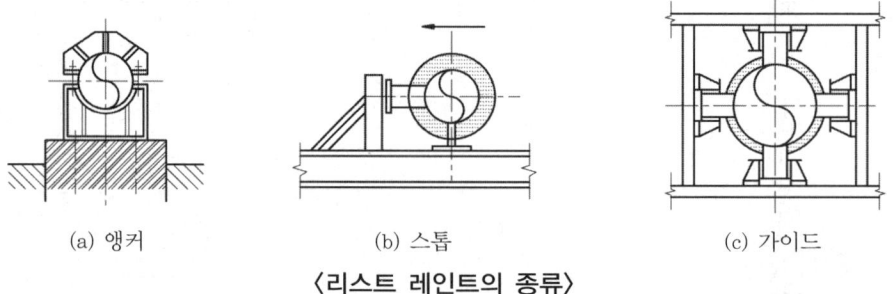

(a) 앵커   (b) 스톱   (c) 가이드

〈리스트 레인트의 종류〉

(3) 서포트(support)

배관 하중을 밑에서 떠받쳐 지지해 주는 장치이다.

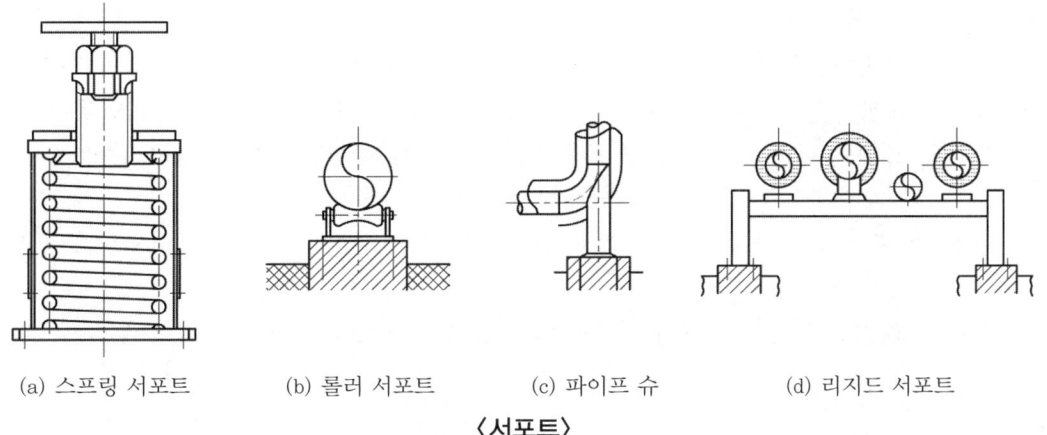

(a) 스프링 서포트   (b) 롤러 서포트   (c) 파이프 슈   (d) 리지드 서포트

〈서포트〉

1) 스프링 서포트(spring support)
스프링의 완충 작용에 의해 상하로 자유롭게 이동하고 밑에서 위로 지지해주는 장치이다.

2) 롤러 서포트(roller support)
관을 지지하면서 신축을 자유롭게 하는 것으로 롤러가 관을 받치고 있다.

3) 파이프 슈(pipe shoe)
배관의 벤딩과 수평부분에 관으로 영구히 고정시켜 배관의 이동을 구속시키는 장치이다.

4) 리지드 서포트(rigid support)
I 비임 이나 H 비임으로 만든 받침을 만들어 지지한다.

5. 패 킹

(1) 패킹제

패킹은 접합부로 부터의 누설을 방지하기 위해 사용한다.

1) 플랜지 패킹
① 고무패킹
　㉠ 천연고무
　　ⓐ 탄성은 우수하나 흡수성이 없다.

ⓑ 산이나 알칼리에 강하나 열과 기름에 약하다.

ⓒ 100[℃] 이상 고온 배관에는 사용이 불가능하며 주로 급·배수용으로 사용된다.

ⓛ 네오프렌(neoprene)

ⓐ 내열범위가 −46~121[℃]인 합성 고무제이다.

ⓑ 물, 공기, 기름, 냉매 배관용(증기배관에는 제외) 등에 많이 사용된다.

② 석면 조인트 시트 : 증기, 온수, 고온의 기름 배관에 적합하며, 가늘고 강한 광물질로 된 패킹제로 450[℃]까지 고온배관에 사용된다.

③ 합성수지 패킹 : 가장 많이 쓰이고 있으며 테프론은 기름에도 침해되지 않고 내열범위도 −260~260[℃]이다.

④ 금속 패킹 : 구리, 납, 연강, 스테인리스강 등이 있으며, 탄성이 적어 누설의 위험이 있다.

2) 나사용 패킹

① 페인트 : 광명단을 혼합 사용하는 것으로 고온의 기름배관은 사용이 불가능하고, 모든 배관에 사용된다.

② 일산화연 : 페인트에 소량의 일산화연을 혼합사용하며 냉매배관에 많이 사용된다.

③ 액상 합성수지 : 내열범위가 −30~130[℃] 정도로 증기, 기름, 약품수송 배관에 많이 쓰인다.

3) 그랜드 패킹

밸브의 회전부위에 기밀을 목적으로 사용된다.

① 석면 각형 패킹 : 석면을 각형으로 짜서 만들었으며, 내열성, 내산성이 좋아 대형의 밸브 그랜드용에 쓰인다.

② 석면 야안 : 석면을 꼬아서 만들었으며, 소형 밸브, 수면계의 콕, 기타 소형 그랜드용으로 사용된다.

③ 아마존 패킹 : 면포와 내열 고무 콤파운드를 가공 성형한 것으로 압축기의 그랜드용에 쓰인다.

④ 몰드 패킹 : 석면, 흑연, 수지 등을 배합 성형한 것으로 밸브, 펌프 등의 그랜드용에 쓰인다.

(2) 방청용 도료

1) 광명단 도료

연단에 아마인유(linseed oil)를 혼합한 것으로 녹을 방지하기 위하여 널리 사용된다.

2) 합성수지 도료
① 프탈산계 : 상온에서 도막을 건조시키기 위한 도료이다. 내수성, 내유성이 우수하며, 내수성은 불량하고 특히 5[℃] 이하의 온도에서 건조가 잘 안 된다.
② 요소 메라민계 : 내열성, 내유성, 내수성이 좋다. 특수한 부식에서 금속을 보관할 때는 내열도료를 사용하고 내열도는 150~200[℃] 정도이며 베이킹 도료로 사용된다.
③ 염화비닐계 : 내약품성, 내유성, 내산성이 우수하여 금속의 방식 도료로서 우수하다. 부착력과 내후성이 나쁘며, 내열성이 약한 것이 결점이다.
• 합성수지 도료는 증기관, 보일러, 압축기 등의 도장용으로 쓰인다.
④ 실리콘 수지계 : 요소 메라민계와 같이 내열도료 및 베이킹 도료로 사용된다.
• 내열도는 200~350[℃] 정도로 우수하다.

3) 산화철 도료
산화 제 2철에 보일유나 아마인유를 섞은 도료이며, 도막이 부드럽고 값도 저렴하지만, 녹방지 효과는 완벽하지 못하다.

4) 알루미늄 도료(은분)
① 알루미늄 분말에 유성 바니시(oil varnish)를 혼합한 도료이다.
② 알루미늄 도막이 금속 광택이 있으며 열을 잘 반사하는 장점이 있다.
③ 내열성이 400~500[℃]로 좋아 난방용 방열기 등의 외면에 도장한다.
④ 은분이라고 하며 방청효과가 매우 양호하고, 밑칠용으로 수성페인트를 칠하면 더욱 좋다.
⑤ 수분이나 습기가 통하기 어렵기 때문에 대단히 내구성이 풍부한 도막이 된다.

(3) 나사이음에 사용되는 밀봉제

① 합성수지 패킹 : 테프론 테이프
② 액상 합성수지 : 콤파운드
③ 마
④ 배관용 면테이프
⑤ 석면끈

3-2 밸브

1. 글로브 밸브(stop valve : 옥형 밸브)

① 유체의 저항은 크나 기밀도가 양호하다.
② 유량 조절용으로 좋다.
③ 50A 이하는 포금제의 나사결합형, 65A 이상은 밸브, 밸브시트는 포금제, 본체는 주철제의 플랜지형
④ 유체의 흐름 방향과 평행하게 개폐된다.
⑤ 밸브 디스크의 모양은 평면형, 원뿔형, 반원형, 부분원형이 있다.

2. 앵글 밸브(angle valve)

직각으로 굽어지는 방향 전환용이다.

3. 니들 밸브(needle valve)

밸브의 디스크 모양을 원뿔 모양으로 바꾸어서 유체가 통과하는 평면이 극히 작은 구조로 되어 있으며, 특히 유량이 적거나 고압일 때에 유량조절을 누설없이 정확히 행할 목적으로 사용된다.

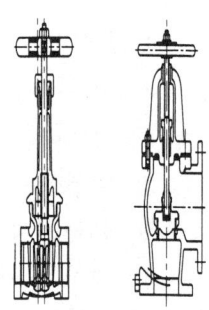

〈앵글 밸브〉

4. 슬루스 밸브(gate valve)

배관용으로 가장 많이 사용되며 개폐용으로 사용된다.

① 관내 마찰저항 손실이 적다.
② 유량 조절용으로는 부적합하다.
③ 온수난방에는 사용압력 5MPa 이상의 청동제가 사용된다.

〈슬루스 밸브〉

5. 역지 밸브(체크 밸브)

(1) 유체의 흐름 방향을 한 방향으로 흐르게 하고 역류를 방지하기 위하여 사용된다.

(2) 종류

① 스윙식 : 수직, 수평에 사용
② 리프트식 : 수평에만 사용
③ 푸트 밸브 : 펌프 흡입관 하부에 사용되는 역지 밸브의 일종이다.

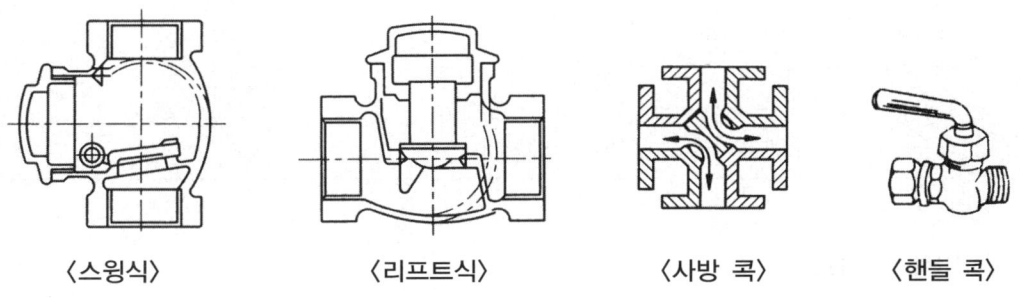

〈스윙식〉　　〈리프트식〉　　〈사방 콕〉　　〈핸들 콕〉

6. 콕(cock)

① 유체의 마찰 저항이 적다.
② 신속한 개폐가 용이하다.(1/4 회전으로 완전 개폐)
③ 기밀도는 불량하다.

7. 안전밸브(safety valve)

설비내의 압력이 일정압 이상일 때 증기(압력 매체)를 분출시켜 설비의 파손을 방지하기 위하여 설치한다.(보일러의 경우 안전밸브는 2개를 설치하는 것을 원칙을 하나 전열면적이 $50[m^2]$ 미만인 경우는 1개를 설치한다.)

(1) 안전밸브의 종류

① 중추식 : 추의 중량으로 압력을 조절한다.
② 지렛대식 : 전압이 600[kg] 이상이면 사용이 불가능하다.
③ 스프링식 : 스프링의 탄성에 의하여 분출압력을 조절한다. 종류가 다양하여 가장 많이 사용된다.(종류 : 저양정식, 고양정식, 전양정식, 전량식)

(2) 방출밸브

보일러 내 관수가 이상팽창을 하는 경우 또는 과열로 인한 내부 증기 발생으로 보일러 내 압력상승으로부터 보일러를 보호하기 위한 밸브이다.(온수보일러의 경우 온수의 온도가 120[℃] 이하이면 방출밸브를 설치하고 120[℃]를 초과하면 안전밸브를 설치한다.)

8. 감압밸브(고압측과 저압측 사이에 설치한다.)

❖ 설치목적
① 고압 증기를 저압 증기로 전환하기 위한 경우(사용압으로 감압)
② 압력을 일정하게 유지하기 위한 경우
③ 고압과 저압의 증기를 동시에 사용하고자 할 때
④ 종류 : 스프링식, 벨로우즈식, 다이어프램식 등이 있다.

9. 공기빼기 밸브

배관내에 공기가 체류하면 순환력이 저하되므로 공기제거를 위하여 설치한다.

〈공기방출기(플로우트형)〉

〈공기방출기(볼플로우트형)〉

10. 스트레이너(strainer)

관내의 불순물을 제거하는 목적으로 사용된다.
스트레이너는 형상에 따라 Y형, U형, V형 등이 있다.

〈스트레이너〉

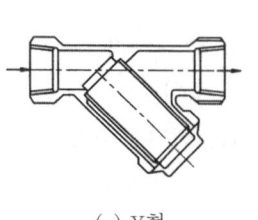 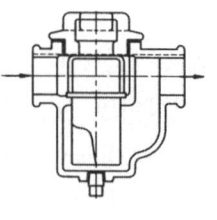 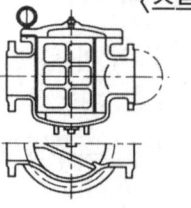

(a) Y형   (b) U형   (c) V형
〈여과기의 종류〉

11. 유수분리기(oil separate)

연료내에 포함되어 있는 수분과 불순물을 분리하여 연료유를 공급하기 위하여 오일펌프와 저장탱크 사이에 설치한다. 유수분리기에는 드레인 밸브를 필히 설치해야 된다.

예상문제

01 다음 중 관 재료를 선택할 때 고려해야 할 사항으로 가장 관계가 없는 것은?

① 관의 진동 또는 충격, 내압, 외압
② 유체의 질량, 비중
③ 유체의 온도
④ 접합, 굽힘, 용접 등의 가공성

02 다음 중 용접관(welded pipe)이 아닌 것은?

① 단접관   ② 전기저항용접관
③ 이음매없는 관 ④ 아크 용접관

03 관을 회전하지 않고, 고압의 유체 탱크 배관, 밸브, 펌프, 열교환기, 각종 기기의 접속 및 관의 지름이 큰 관의 해체교환에 편리한 이음쇠는?

① 유니온   ② 플랜지
③ 소켓   ④ 바이패스

  해설) 관지름이 작은 곳에는 유니온(50A 이하), 관 지름이 큰 곳에는 플랜지(65A 이상)가 사용된다.

04 다음 중 유체의 흐름방향을 바꾸는데 사용되는 배관 부속품은?

① 유니온   ② 니플
③ 엘보   ④ 글로브 밸브

  해설) 나사 결합용의 사용처별 분류
  ① 배관의 방향을 바꿀 때 : 엘보우, 밴드
  ② 관을 도중에서 분기할 때 : T, Y, 크로스
  ③ 동경관을 직선 결합할 때 : 소켓, 유니온, 니플
  ④ 이경관의 연결 : 레듀샤, 줄임 엘보, 줄임 티, 부싱
  ⑤ 관 끝을 막을 때 : 플러그, 캡

05 보일러의 증기관 유압관 수압관(1MPa~10MPa)에 사용하는 강관은?

① 배관용 탄소강관
② 압력배관용 탄소강관
③ 고압배관용 탄소강관
④ 고온배관용 탄소강관

06 안전 밸브의 밸브 및 밸브 시트에 포금을 사용하는 이유로 가장 합당한 것은?

① 가열되어도 조직의 변화가 없다.
② 부식에 강하고 주조하기 쉽다.
③ 과열되어도 변형이 없다.
④ 열의 전도가 양호하다.

07 다음 KS 강관기호와 종류가 바르게 짝 지어진 것은?

① SPHT : 고온배관용 탄소강관
② SPPH : 압력배관용 탄소강
③ STHA : 저온배관용 탄소강관
④ STHP : 수도용 도복장 강관

  해설) ① 압력배관용 탄소강관(SPPS)
  ② 저온배관용 탄소강관(SPLT)
  ③ 수도용 도복장 강관(STWW)

ANSWER 1.② 2.③ 3.② 4.③ 5.② 6.② 7.①

08 동관 이음쇠 중 순동 이음쇠의 특징 설명으로 잘못된 것은?

① 용접시 가열시간이 짧다.
② 외형이 크지 않은 구조이므로 배관공간이 적어도 된다.
③ 관 두께가 불균일하며 취약부분이 많다.
④ 내면이 동관과 같아 압력손실이 작다.

09 배관이음 도중에 고장이 생겼을 때 쉽게 분해하기 위해 사용하는 배관용 관이음쇠는?

① 엘보우 ② 티
③ 소켓   ④ 유니온

10 다음 중 대형 밸브의 회전부에 사용하여 누수를 막아주는 그랜드 패킹은?

① 합성수지 패킹 ② 석면각형 패킹
③ 금속 패킹   ④ 고무 패킹

11 파이프축에 대하여 직각 방향으로 개폐되는 밸브로 유체의 흐름에 따른 마찰저항 손실이 적고 난방배관 등에 주로 사용되나 유량조절용으로 부적합한 밸브는?

① 앵글 밸브
② 슬루스 밸브
③ 글로브 밸브
④ 다이어프램 밸브

12 배관용 관이음쇠 중 엘보우나 티 등을 폐쇄할 필요가 있을 때 사용하는 관이음쇠는?

① 캡   ② 니플
③ 소켓 ④ 플러그

13 동관에 관한 설명으로 잘못된 것은?

① 전기 및 열전도율이 좋다.
② 가볍고 가공이 용이하며 시공이 쉽다.
③ 산에 대하여 내식성이 강하다.
④ 전성, 연성이 풍부하다.

14 배관 또는 기기의 이음부에서 유체의 누설을 방지하기 위하여 사용하는 것은?

① 패킹   ② 스트레이너
③ 트랩   ④ 콕

15 다음은 주철관에 대한 설명이다. 틀린 것은?

① 내식성, 내마모성이 우수하다.
② 내구성이 뛰어나다.
③ 수도용 급수관, 가스공급관 등의 매설용으로 사용된다.
④ 절연성이 풍부하다.

16 다음 배관용 연결 부속 중 분해, 조립이 가능토록 하려면 무엇을 설치하면 되는가?

① 엘보우, 티
② 레듀셔, 부싱
③ 유니온, 플랜지
④ 캡, 플러그

17 강관의 호칭법에서 스케줄 번호란?

① 관의 바깥지름
② 관의 안지름
③ 관의 길이
④ 관의 두께

ANSWER 8.③ 9.④ 10.② 11.② 12.④ 13.③ 14.① 15.④ 16.③ 17.④

18 사용압력이 40kg/cm², 관의 인장강도가 20kg/cm²일 때의 스케줄 번호(Sch. No.)는? (단, 안전율은 4로 한다.)

① 60   ② 80
③ 120 ④ 160

해설
Sch. $= 10 \times \dfrac{P}{S}$ 이때 허용응력 $S = \dfrac{인장강도}{안전율}$

Sch. $= 10 \times \dfrac{10}{\left(\dfrac{20}{4}\right)} = 80$

19 다음 중 주철관의 접합방법으로 사용되지 않는 것은?

① 소켓 접합   ② 플랜지 접합
③ 기계적 접합 ④ 용접 접합

해설
주철관의 접합방법
① 소켓 접합
② 기계적 접합
③ 빅토리 접합
④ 타이톤 접합
⑤ 플랜지 접합

20 2개 이상의 엘보(Elbow)로 나사의 회전을 이용하여 온수 또는 저압증기용 배관에 사용하는 신축이음 방식은?

① 루프형(Loop Type)
② 벨로스형(Bellows Type)
③ 슬리브형(Sleeve Type)
④ 스위블형(Swivel Type)

21 관선의 지름을 바꿀 때 주로 사용되는 관 부속품은?

① 소켓(Socket)   ② 엘보(Elbow)
③ 리듀서(Reducer) ④ 플러그(Plug)

22 보온재는 일반적으로 상온(20℃)에서 열전도율이 몇 kcal/mh℃ 이하인 것을 말하는가?

① 0.01 ② 0.05
③ 0.1   ④ 0.5

23 동관의 용접 접합은 어떤 현상을 이용하는가?

① 모세관 현상
② 단락현상
③ 용착현상
④ 고착현상

24 파이프와 플랜지를 접합하는 방법으로 틀린 것은?

① 맞대기 용접이음
② 나사이음
③ 슬리브 용접이음
④ 볼트이음

25 동관을 배관할 때 접합하는 방법으로 기계의 점검, 보수할 때를 고려하여 사용하는 것은?

① 납땜이음
② 플라스턴 이음
③ 플레어 이음
④ 용접이음

26 관을 절단한 후 안쪽에 생기는 거스러미(burr)를 제거하는 공구는?

① 파이프 커터
② 파이프 리머
③ 파이프 렌치
④ 파이프 벤더

ANSWER 18.② 19.④ 20.④ 21.③ 22.③ 23.① 24.④ 25.③ 26.②

27 다음은 동관 접합 방법의 종류를 열거한 것이다. 잘못된 것은?

① 용접 접합(welding joint)
② 빅토리 접합(victoric joint)
③ 플레어 접합(flare joint)
④ 납땜 접합(soldering joint)

28 합성고무 패킹제로서 내열 범위가 –46℃~121℃인 패킹제는?

① 네오프렌(neoprene)
② 석면 패킹
③ 테플론(teflon)
④ 몰드 패킹(mould packing)

29 석면사를 각형으로 짜서 흑연과 윤활유를 침투시킨 것으로 내열성, 내산성이 좋아 대형 밸브의 그랜드 패킹으로 쓰이는 것은?

① 석면 각형 패킹
② 아마존 패킹
③ 석면 야안
④ 석면 조인트 시트

30 그랜드 패킹에 속하지 않는 것은?

① 몰드 패킹
② 석면 야안 패킹
③ 합성수지 패킹
④ 석면 각형 패킹

> **해설** 그랜드 패킹
> 밸브의 회전부분에 기밀을 유지할 목적으로 사용
> • 종류 : 석면각형, 석면얀, 아마존, 몰드패킹

31 강관의 녹을 방지하기 위해 페인트 밑칠에 사용되는 도료는?

① 산화철도료
② 알루미늄도료
③ 광명단도료
④ 합성수지도료

32 기볼트(gibault) 조인트는 주로 어떤 관에 사용하는 접합 방법인가?

① 석면 시멘트관
② 주철관
③ 철근 콘크리트관
④ 폴리에틸렌관

> **해설** 기볼트 조인트는 석면시멘트관 접합에 사용된다.

33 지름 20mm 이하의 동관을 이음할 때 또는 기계의 점검, 보수, 기타 관을 떼어내기 쉽게 하기 위한 동관의 이음 방법은?

① 플레어 이음
② 슬리브 이음
③ 플랜지 이음
④ 사이징 이음

34 석면, 흑연, 수지 등을 배합 성형한 것으로 밸브, 펌프 등의 그랜드용으로 쓰이는 것은?

① 석면 각형 패킹
② 몰드 패킹
③ 석면 얀 패킹
④ 아마존 패킹

> **해설** 몰드 패킹 : 석면, 흑연, 수지 등을 배합 성형하여 제조되며 그랜드 패킹 등의 용도로 사용된다.

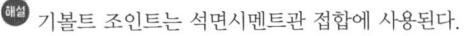

ANSWER 27.② 28.① 29.① 30.③ 31.③ 32.① 33.① 34.②

35 배관부의 열팽창, 신축흡수와 동시에 방진, 방음기능까지 가능한 이음쇠는?

① 스위블 이음
② 루프형 이음
③ 플렉시블 이음
④ 슬리브 이음

해설 플렉시블 : 진동 충격을 완화시켜 장치 파손 방지

36 호칭지름 15A 강관을 곡률반경 150mm로 90° 구부림을 할 경우 곡선길이는 약 몇 mm인가?

① 150
② 236
③ 300
④ 436

해설
$3.14 \times 300 \times \dfrac{90}{360} = 235.5\text{mm}$

$\ell = \pi \times D \times \dfrac{\theta}{360}$

D : 지름
θ : 각도

37 배관용 연결부속 중 관의 수리, 점검, 교체가 필요한 곳에 사용되는 것은?

① 플러그
② 니플
③ 소켓
④ 유니온

해설 유니온 : 수리·분해하기가 용이하게 하기 위해 설치

CHAPTER 04 보일러

4-1 보일러의 종류 및 특징

1. 보일러의 개요 및 분류

밀폐된 용기속에 물 또는 열매체를 넣고 가열하여 증기 또는 온수를 발생시키는 장치를 보일러라 한다.

> 열매체 종류 : 수은, 다우섬, 카네크롤액, 모빌섬
> 열매체 사용 시 잇점 : ① 고온 저압의 증기를 얻는다.
> ② 동결의 우려가 없다.
> ③ 급수처리가 필요 없다.

2. 보일러 3대 구성

(1) 보일러 본체

동(drum)과 관(tube)으로 구성되어 있다.

(2) 연소 장치

연소실, 연도(煙道), 연돌(煙突, 굴뚝), 버너, 화격자 등

(3) 부속 설비

급수 장치, 안전 장치, 송기 장치, 폐열회수 장치, 통풍 장치, 제어 장치 등

3. 보일러의 분류

① 사용 장소 : 육용 보일러, 선박용 보일러
② 동의 축심 : 횡형 보일러, 입형 보일러
③ 노의 위치 : 내분식 보일러, 외분식 보일러
④ 사용 형식 : 둥근형 보일러, 수관 보일러
⑤ 이동 여하 : 정치 보일러, 운반 보일러
⑥ 본체 구조 : 원통 보일러, 수관 보일러, 특수 보일러, 주철제 보일러

〈보일러의 종류〉

보일러의 종류	원통형	입 형		입형 횡관식, 입형 다관식(연관식), 코크란
		횡 형	노 통	코르니시(cornish), 랭커셔(lancashire)
			연 관	횡 연관식, 기관차, 케와니
			노통 연관	스코치, 하우덴 존슨, 노통 연관 패키지형
	수관식	자연 순환식		바브콕, 쓰네기찌, 타쿠마, 2동 D형, 야로, 3동 A형, 방사
		강제 순환식		베록스, 라몬트
		관 류 식		벤슨, 슐저(sulzer), 엣모스, 람진, 소형 관류
	주철제			주철제 섹셔널 보일러
	특수 보일러	특수 액체 보일러		열매체 보일러(수은, 다우삼, 모빌섬, 카네크롤액)
		특수 연료 보일러		버가스(사탕수수의 찌꺼기), 흑회(도시의 연료쓰레기), 소다 회수, 바크(나무껍질)
		폐열 보일러		리히, 하이네
		간접 가열 보일러		슈미트, 레플러

4-2 원통보일러의 구조 및 특성

1. 원통형 보일러

강도상 유리한 점을 들어 원통형으로 제작 되며 그 내부에 노통, 연소실, 연관 등을 설비한 보일러이다.

🔸 **특징**

[장점]
① 구조간단, 취급 용이
② 청소·검사 용이

③ 보유수량이 많아 부하 변동에 응하기가 쉽다.
④ 급수처리가 수관식 보일러에 비해 까다롭지 않다.

[단점]
① 고압, 대용량에 부적당하다.
② 전열면적이 적어 효율이 낮다.
③ 보유수량이 많아 파열시 피해가 크다.
④ 증발시간이 오래 걸린다.

(1) 입형 보일러

① 입형 횡관식 보일러(Vertical tube boiler)

❖ **횡관의 설치 잇점**
① 물의 순환양호
② 전열면적 증가
③ 화실판(연소실) 강도 보강

② 입형 연관식 보일러(V smoke tube boiler)

❖ **입형으로 제작하면**
① 설치장소를 작게 차지한다.
② 효율은 일반적으로 낮다.
③ 연소실이 좁아 완전연소 곤란
④ 습증기 발생이 많다.

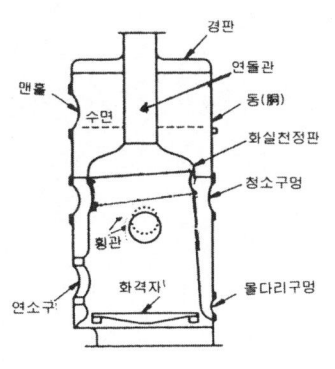
〈입형 횡관식〉

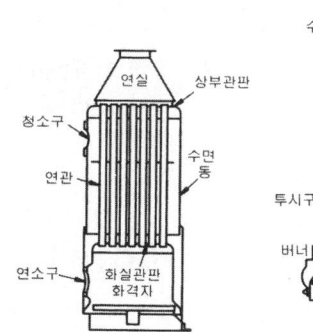
〈입형 연관식(다관식)보일러〉

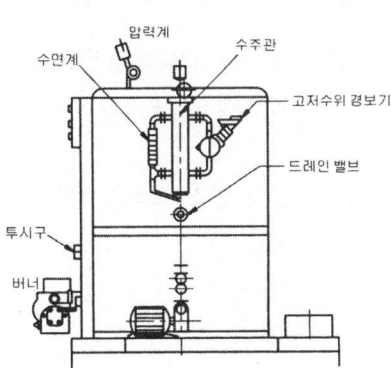
〈소형 입형 보일러식〉

③ 코크란 보일러

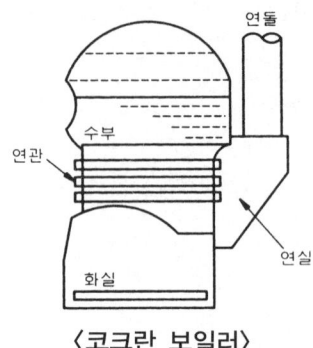
〈코크란 보일러〉

(2) 횡형 보일러(horizontal boiler)

① 노통 보일러(flue boiler)
  ㉠ 코르니시 보일러(Cornish boiler) : 노통이 한 개인 것으로 노통은 물의 순환을 촉진하기 위하여 편심으로 제작하여 설치한다.
  [장점]
   ⓐ 관수의 보유 수량이 많아 부하 변동에 큰 영향이 없다.
   ⓑ 구조가 간단하여 취급이 용이하고 청소, 검사, 수리가 용이하다.
   ⓒ 급수 처리가 간단하다.
  [단점]
   ⓐ 전열 면적이 형체에 비해 적어 효율이 낮다.
   ⓑ 예열 부하가 커서 부하에 대응하기 어렵다.
   ⓒ 보유수량이 많아 폭발시 피해가 크다.

❖ 코르니시 보일러 전열면적 계산

전열면적 $H_A = \pi DL$ $\begin{bmatrix} D : \text{동의 안지름[m]} \\ L : \text{동의 길이[m]} \end{bmatrix}$

❖ 내분식 연소 장치의 특징
  ㉠ 연소실 크기가 제한된다.
  ㉡ 완전 연소가 어려워 노벽에 검뎅(유리탄소)이 축적된다.
  ㉢ 연소실의 온도가 낮다.
  ㉣ 열손실은 극히 적다.
  ㉤ 연료의 질이 양호해야 한다.

❖ 완전 연소 구비 조건
  ㉠ 연료와 공기의 혼합이 양호할 것.

ⓒ 연소실 온도가 높을 것.
　ⓒ 연소 생성물의 완전 연소를 위한 충분한 시간
　ⓔ 연소실 용적이 클 것.

❖ **용어해설**
- 전열면적 : 연소가스가 접하는 면
- 연 관 : 연소가스가 지나가는 관(바둑판 모양 배열 : 물의 순환양호)
- 수 관 : 관속으로 물이 지나가는 관(마름모 꼴로 배열 : 연소가스와 전열면 접촉양호)
- 안전저수위 : 사용 중 유지해야 할 최저 수위(수면계의 최하부와 일치)
- 상용수위 : 사용 중 항상 유지해야 할 수위(수면계의 1/2 지점)
- 수격작용(water hammer) : 응축수가 고속으로 진입되는 증기 압력에 의해 관 및 부속품을 때리는 현상

보일러의 전열면적 계산

　㉠ 랭커셔 보일러 $H_A[\text{m}^2] = 4Dl$
　㉡ 코르니시 보일러 $H_A[\text{m}^2] = \pi Dl$
　㉢ 수관 보일러 $H_A[\text{m}^2] = \pi \cdot d \cdot l \cdot n$

D : 동의 안지름[m]
l : 동의 길이[m]
d : 수관의 바깥지름

즉, 수관은 연소가스와 외경이 접하므로 바깥지름이 전열면적이다.

파형 노통, 평형 노통

(1) 평형 노통 특징
① 제작 용이, 가격 저렴　　② 청소, 검사용이
③ 열에 의한 신축성 불량　　④ 고압에 부적당
⑤ 강도에 약하다.

(2) 파형 노통 특징
① 열에 의한 신축성 양호　　② 강도에 강하다.
③ 전열면적 증가(평형 노통의 1.4배)　④ 청소, 검사 곤란
⑤ 제작이 어렵고 가격이 비싸다.

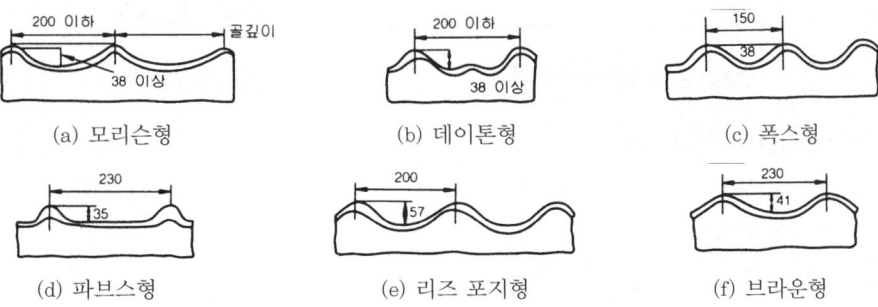

〈파형 노통의 종류 및 피치·골의 깊이〉

ⓒ 랭커셔 보일러(Lancashire boiler) : 노통이 2개로 구성되어 있다.

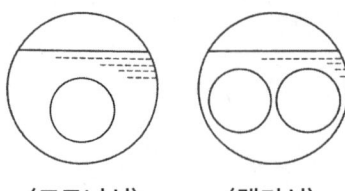

- 코르니시 노통부 길이 3~8[m]
- 랭커셔 노통부 길이 6~10[m]

〈코르니시〉   〈랭커셔〉

랭커셔 보일러 전열 면적 계산

전열 면적 $H_A = 4DL$ $\begin{cases} D : 동의\ 안지름[m] \\ L : 동의\ 길이[m] \end{cases}$

아담슨 접합(Adamson joint)

노통의 열응력에 따른 신축 문제를 고려 1~2[m] 정도로 분할제작 플랜지형식으로 접합한 방식으로 강도보강, 열에 의한 수축 팽창 양호

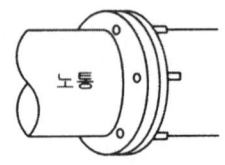

〈아담슨 접합〉

브리딩 스페이스(Breathing space) : 노통 호흡장소

노통 보일러의 경우 경판과 동판의 강도를 보강하기 위해 가셋트 스테이를 설치하게 되는데 가셋트 스테이의 하단부와 노통 사이의 거리를 브리딩 스페이스라 하고 최소 225[mm] 이상 유지되어야 하고 구루빙 현상(도랑모양의 부식) 방지를 위해 설치되며 경판의 두께에 따라 거리가 달라지게 된다(안전관리 참조).

경판의 두께	13[mm] 이하	15[mm] 이하	17[mm] 이하	19[mm] 이하	19[mm] 초과
브리딩 스페이스의 거리	230[mm]	260[mm]	280[mm]	300[mm]	320[mm]

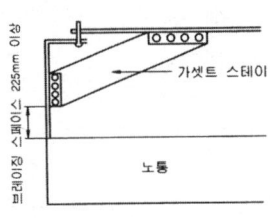 

〈브리딩 스페이스의 예〉   〈겔러웨이관〉

겔러웨이관의 설치 잇점

㉠ 물의 순환 양호
㉡ 전열면적 증가
㉢ 노통강도 보강

② 연관 보일러(smoke tube boiler)
  ㉠ 횡연관식 보일러(horizontal type) : 외분형식으로 동내부에 다수의 연관군을 수평으로 연결하여 동체의 안지름에 해당하는 전열 면적을 증가시켰으며 보유 수량도 많지 않아 증기의 발생시간을 단축하여 이로 인한 시동부하(예열부하)를 적게 하여 사용 후의 부하에 대응하기 쉽게 만든 보일러이다. 증기압력은 1MPa(10[kg/cm^2]) 정도 내외이다.

▣ 노통 보일러에 비해
  [장점]
  ㉠ 외분식 구조로 완전연소 및 고온도의 상승이 용이하다.
  ㉡ 전열면적이 넓어 대류순환이 잘된다.
  ㉢ 같은 용량이면 노통 보일러보다 설치면적이 적다.
  ㉣ 예열부하가 적어 급수요에 응하기 쉽다.
  [단점]
  ㉠ 구조가 복잡하여 취급이 용이하지 않다.
  ㉡ 급수처리를 요한다.
  ㉢ 외분식의 경우(횡연관식) 노벽방사손실이 있다.

▣ 외분식 연소 장치의 특징
  ㉠ 연소실 크기의 제한을 받지 않는다.
  ㉡ 완전연소가 가능하다.
  ㉢ 연소효율이 좋아 노내 온도상승이 쉽다.
  ㉣ 노벽방사손실이 있다.
  ㉤ 연료의 질에 크게 상관하지 않는다(저질연료라도 연소 양호)

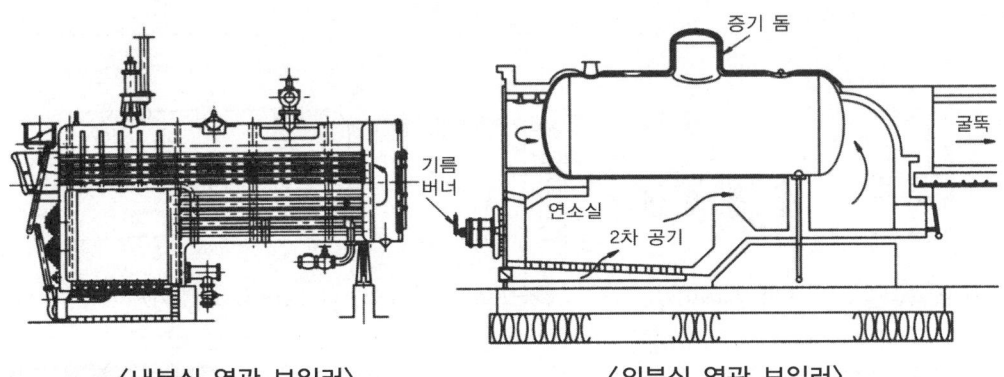

〈내분식 연관 보일러〉   〈외분식 연관 보일러〉

▣ 동(drum) : 경판(end plate)과 동판(drum plate)의 합을 말한다.
  강도 : 구형 〉 반구형 〉 접시형 〉 평경판

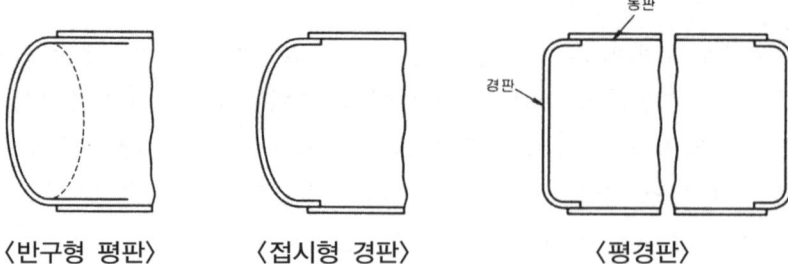

〈반구형 평판〉　〈접시형 경판〉　〈평경판〉

일반적 동의 수위는 2/3~4/5 정도이며 고수위나 저수위를 만들지 않도록 주의한다.

❖ **고수위시 문제점**
① 동내부에 정상 수위보다 높게 되면 증기부가 적어 건조 증기를 얻기 힘들다.
② 비수현상이 나타난다.
③ 보유 수량이 많아 시동부하가 크고 파열시 피해가 크다.

❖ **저수위시(이상감수) 문제점**
① 공관(주변에 물이 없이) 연소로 인한 파열 사고가 우려된다.
② 관수의 농축으로 과열부식이나 스케일 생성이 빨라진다.

버팀(stay)

강도가 약한 부분의 강도보강을 위하여 사용되는 이음부분

종 류	사용장소(목적)
관 스테이	연관과 경판 선단 부위에 관을 확관 마찰이나 마모에 견디게 한다.
바 스테이	경판, 화실, 천장판의 강도 보강용
볼트 스테이	평행판의 강도보강(횡연관 보일러)
가셋트 스테이	경판과 동판의 강도보강(노통 보일러)
도리 스테이	화실 천장판의 강도보강(기관차 보일러)
도그 스테이	맨홀, 청소의 밀봉용

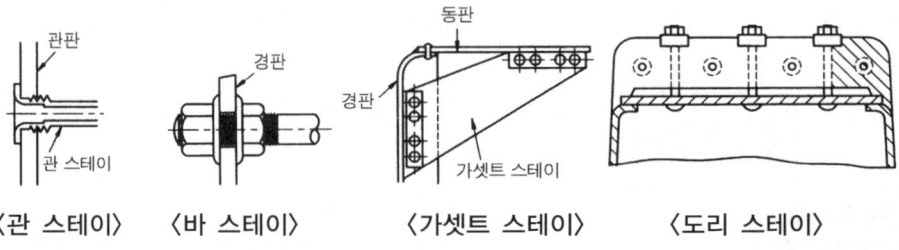

〈관 스테이〉　〈바 스테이〉　〈가셋트 스테이〉　〈도리 스테이〉

- **맨홀** : 타원형(375×275[mm] 이상), 원형(375[mm] 이상)
  - **청소구멍** : 타원형(90×70[mm] 이상), 원형(90[mm] 이상)
    노통연관식 보일러(120×90[mm] 이상)
  - **검사구멍** : 원형(30[mm] 이상)

ⓒ 기관차 보일러(locometive boiler) : 내분 형식으로 동의 지름이 작고 길이가 긴 보일러이다.

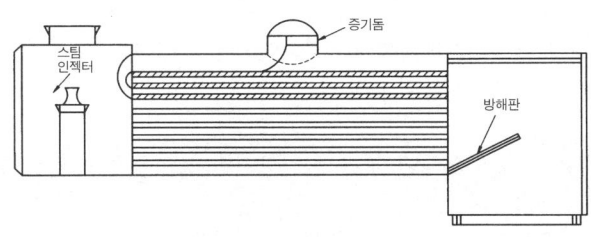

〈기관차 보일러〉

ⓒ 케와니 보일러(Kewanee boiler) : 기관차형 보일러라고도 하며 난방전용 보일러로 기관차 보일러의 구조와 동일한 형식이다.

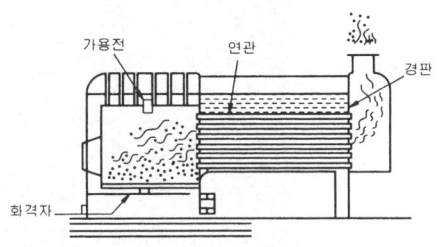 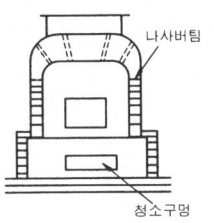

〈연관 보일러의 구조도〉

③ 노통 연관 보일러(flue-smoke tube boiler)
  ㉠ 노통 연관 패키지 보일러(package boiler)
  [장점]
   ⓐ 내분식이여서 열손실이 적다.
   ⓑ 콤팩트한 구조여서 전열면적이 크고 증발능력이 우수하다.
  [단점]
   ⓐ 구조가 복잡하여 청소, 수리 및 급수처리가 까다롭다.
   ⓑ 증발속도가 빨라, 과열로 인한 스케일부착이 쉽다.

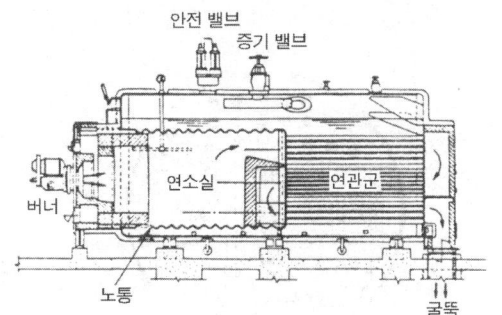 

〈노통 연관식 보일러〉　　〈노통 연관식 보일러〉

제4장 보일러 · 375

ⓛ 스코치 보일러(Scotch boiler) : 선박용으로 동의 지름은 크나 길이가 짧은 형식으로 보유수량이 많고 설치공간이 적으며 증발율도 높으나 순환이 자유롭지 못하다.
ⓒ 하우덴-존슨 보일러(Howden-Johnson boiler) : 연소실 주위가 건조한 형식
　ㅁ 보일러 내부에 폐열회수장치를 장착 효율을 극대화한 보일러이다.

❖ 육용강재 보일러에서 관판의 롤확관 부착부는 완전한 고리형을 이룬 접촉면의 두께는 10mm 이상으로 한다.

2. 수관보일러의 구조 및 특성

일반적으로 상부에 증기드럼, 하부에 물드럼으로 구성되며 고압에 견디기 좋은 보일러 열교환기용 합금강 강관(STBA. 이음매 없는 강관)을 사용 연결하여 외분식의 최대 장점인 전열 면적을 최대한 도입할 수 있는 고압 대용량의 보일러이다.

[장점]
㉠ 고온, 고압에 적당하다.
㉡ 효율이 대단히 높다.

❖ 고압에 견딜 수 있는 구조는 관의(동) 안지름이 작을수록 우수하다.

㉢ 외분식이여서 연료의 질에 장애를 받지 않으며 연소 상태도 양호하다.
㉣ 보유수량이 적어 파열시 피해가 적다.

[단점]
㉠ 급수처리가 까다롭다.
㉡ 구조가 복잡하여 청소, 검사, 수리에 불편하다.
㉢ 제작이 까다로우며 비용도 많이 든다.
㉣ 보유수량이 적어 부하 변동에 응하기가 어렵다.

❖ 수냉 노벽 : ① 전열 면적을 증가 ② 복사열을 흡수 ③ 노벽보호 ④ 효율증가

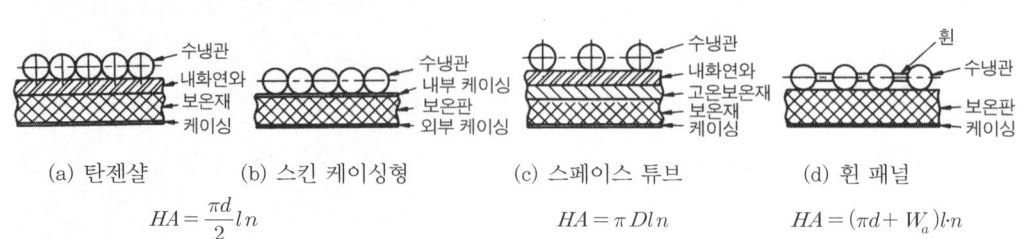

(a) 탄젠샬　　　(b) 스킨 케이싱형　　　(c) 스페이스 튜브　　　(d) 휜 패널

$HA = \frac{\pi d}{2} ln$　　　　　　　　　　$HA = \pi D l n$　　　　$HA = (\pi d + W_a) l \cdot n$

〈수냉 노벽의 구조〉

(1) 수관식 보일러의 분류

1) 순환방식

자연순환식, 강제순환식, 관류식

① **자연순환** : 포화증기와 포화수의 비중력차를 이용한 중력순환방식으로 저압일수록 크게 일어나 능력이 우수하게 된다.
② **강제순환** : 임계압력(22.56MPa : 225.56[kg/cm² abs])으로 가까와짐에 따라 잠열의 감소로 인한 포화증기와 포화수의 비중력차가 점차 없어져 자연순환으로 순환능력을 상실하게 된다. 이때 특수 펌프를 사용하여 강제순환 한다.
③ **관류식** : 미리 정해진 관계로 순환하므로 양호하나 구조상 고압이므로 강제순환하게 된다.

> **관수의 순환을 촉진하는 방법**
> ㉠ 포화수와 포화증기의 비중차를 크게 한다.
> ㉡ 관지름을 크게 한다.
> ㉢ 수관의 경사도를 크게 한다.
> ㉣ 강수관의 가열을 피한다.

2) 배열방식

〈수평관식〉　〈수직관식〉　〈경사식〉

3) 동의 수에 따라

> **수관식 보일러의 전열면적 계산**
> ① 완전나관 : 전열면적 $H_A = \pi dLn$
> ② 반나관 : 전열면적 $H_A = \dfrac{\pi dLn}{2}$
>
> d : 수관의 바깥지름[m]
> L : 수관의 길이[m]
> n : 수관의 갯수

(3) 자연순환식 수관 보일러

1) 하이네 보일러(Hina boiler)

제철용로에서 폐열을 회수시켜 수관군과 접촉, 열교환을 하는 15°의 경사수관식 자연순환 보일러이다. 직관식이며 연소 장치가 없다.

2) 바브콕 보일러(Babcok boiler)

상부에 증기드럼을 설치하고 순환이 용이한 헤더(관모음)를 이용 수평에서 15°의 경사로 장착하며, 연소 가스 이용도를 높이기 위해 베플판(baffle-plate)으로 구획을 나눈 조립식 수관 보일러이다. 종류로는 수관과 증기드럼의 설치방식에 따라 WIF 형과 CTM 형이 있다.

3) 쓰네기찌 보일러

2 동 형식의 직관 자연순환식 보일러이며 수관을 드럼의 경판부에 연결시켜 30° 경사도의 소형 난방용 보일러이다.

4) 타쿠마 보일러(Takumas boiler)

상부에 증기 드럼 하부에 수 드럼을 설치하여 그 사이에 45°의 경사수관을 연결한 형식으로 중앙에 2중관으로 된 130[mm](내부 90[mm])의 강수관을 두고 주위를 다수의 증발관으로 에워싸 강수관을 가열하지 못하게 함으로 증기 드럼으로 공급된 관수를 수 드럼으로 원활 순환시키는 보일러이다.

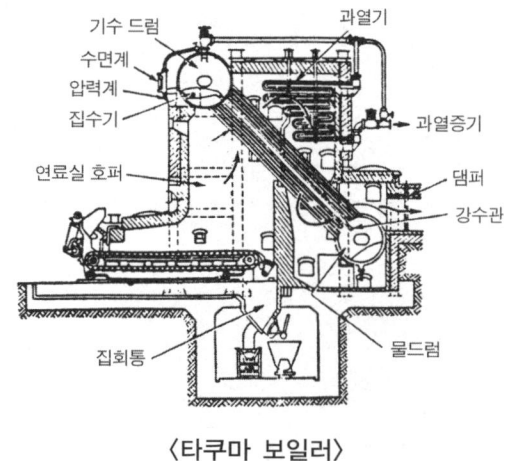
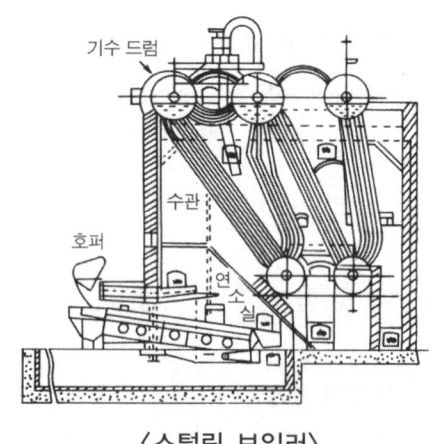

집수기 설치 목적
① 관수의 순환촉진
② 동의 부동팽창방지
③ 급수내관보호

5) 2동 D형 보일러
최근 수관식 보일러의 대표적인 것으로 상부에 증기(기수)드럼 하부에 수 드럼을 설치 곡관형식으로 영문자 "D"자 모양으로 수관을 배열, 관의 신축을 어느 정도 흡수한 보일러이다.

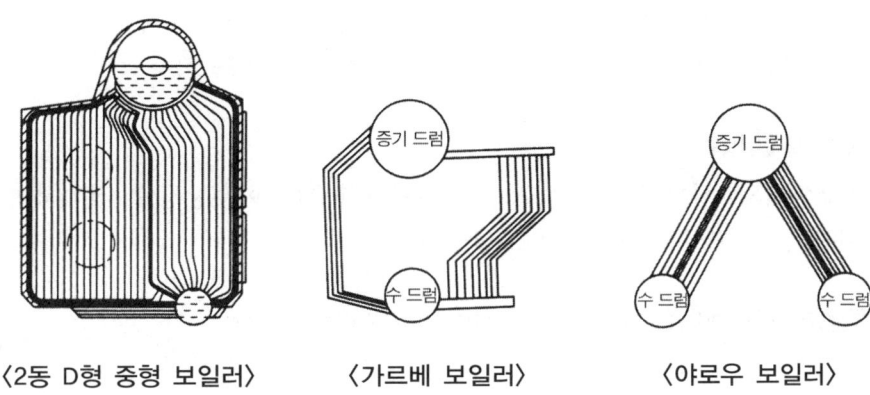

〈2동 D형 중형 보일러〉   〈가르베 보일러〉   〈야로우 보일러〉

6) 가르베 보일러(Garbe boiler)
복사열을 흡수하기 위해 증기 드럼의 높이를 낮추고 전열면의 활용을 위해 급경사형의 사각순환방식의 보일러로 상하부 연결수관에 헤더를 설치 순환을 도운 형식이다(단동곡수관).

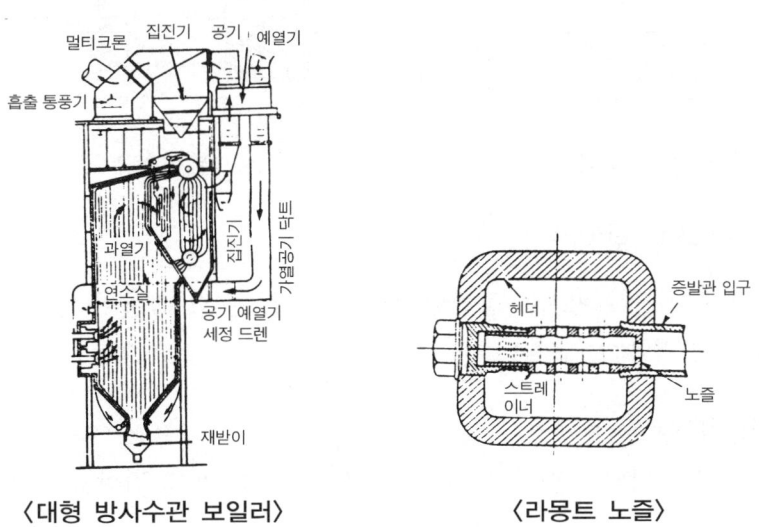

〈대형 방사수관 보일러〉   〈라몬트 노즐〉

7) 야로우 보일러(Yarrow boiler)

증기 드럼과 수 드럼을 삼각배열로 형성한 것으로 선박용 보일러로 쓰인 형식이다.

8) 방사수관 보일러(radiation boiler)

외분식 구조의 단점인 방사손실을 줄이기 위해 수냉노벽을 연소실 내벽에 설치한 형식으로 65[%] 정도의 복사열을 흡수하는 대용량의 산업발전용 보일러이다.

(4) 강제 순환방식의 수관 보일러

1) 라몽트 보일러(La Mont boiler)

순환속도가 대단히 빠른 형식으로 동일유속, 관내여과를 위해 라몽트 노즐(Nozzle)을 설치했다. 열전달율이 높아 소형으로도 난방능력이 큰 보일러이다.

2) 벨록스 보일러(Velox boiler)

가압연소방식의 설치면적이 작고 각 수관사이 폐열회수장치로 장착하여 효율을 90[%] 이상 높인 고성능 강제순환 보일러이다.

3) 콘트롤드 서큘레이션 보일러(controlled circulation boiler)

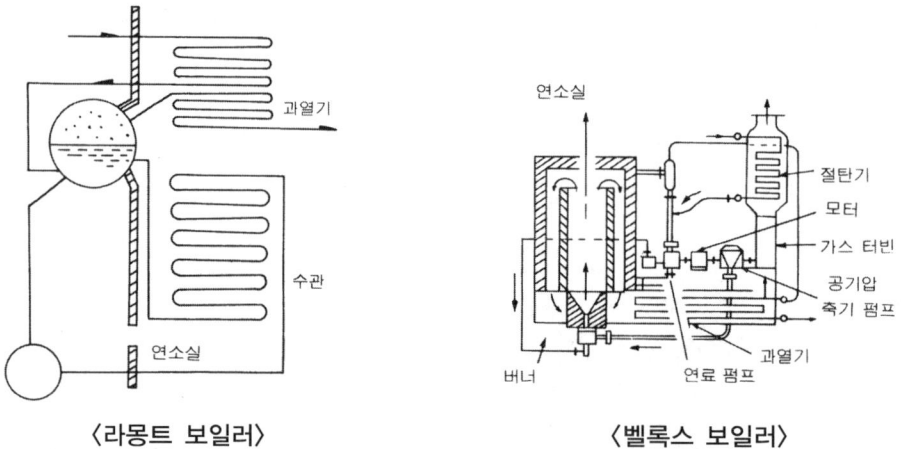

〈라몽트 보일러〉　　〈벨록스 보일러〉

(5) 관류방식의 수관 보일러

하나의 관계에서 급수 펌프로 공급된 관수가 예열, 증발, 과열이 동시에 일어나는 형식으로 초임계 압력 보일러이다.

1) 벤손 보일러(Benson boiler)

수관이 병렬로 배치되어 폐열회수능력을 크게 한 형식으로 가장 고압용 대용량의 보일러이다.

증발관의 배열방법
① 상승관군 하강관형　　② 미앤더형　　③ 스파이럴형

2) 슐저 보일러(Sulzer boiler)(모노 튜브 보일러)
벤손 보일러 원리이나 증발부에서 복사증발이 더 큰 형식으로 압력이 낮은 보일러이다.

3) 소형 관류 보일러(가와사키형)
자동제어의 발달로 취급이 용이해서 최근에 각광을 받는 형식으로 소용량이면서 효율이 높아 가정용 난방, 사우나, 병원 등에서 널리 사용되며 증발량은 규모에 따라 차이가 있으나 0.5[t/h] 정도이다.

관류 보일러의 장단점

[장점]
㉠ 순환비($\frac{급수량}{증발량}$)가 1 이여서 드럼이 필요 없다.
㉡ 전열면적이 크고 효율이 높다.
㉢ 가동부하가 짧아 부하측에 대응하기 쉽다.

[단점]
㉠ 자동연소, 온도 제어장치를 설치하여 부하의 변동에 대응해야 한다.
㉡ 급수의 유속을 균일하게 유지해야 한다.
㉢ 완벽한 급수처리를 해야 한다.
㉣ 콤팩트하므로 청소, 검사, 수리가 어렵다.

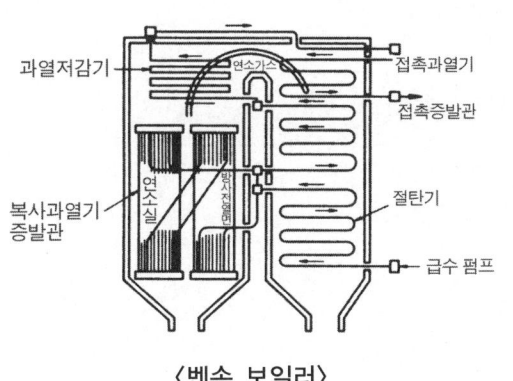
〈벤손 보일러〉

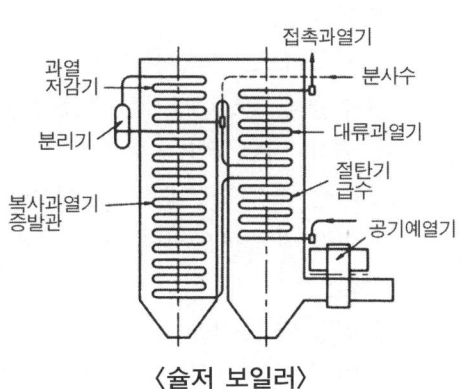
〈슐저 보일러〉

4) 람진 보일러(ramsin boiler)

5) 엣모스 보일러

3. 주철제보일러의 구조 및 특성

주물로 제작한 형식으로 내부구조를 복잡하게 하여 전열면적이 비교적 큰 형식의 저압용 보일러이다. 조합방식은 전후, 좌우, 맞세움 전후 조합으로 각 섹숀(쪽)을 용량에 알맞게(5~18쪽) 조절 사용되며 살 두께는 8[mm]정도이다.

❖ **증기 보일러** : 최고 사용압력을 0.1[MPa] 이하(보통 0.3~0.8[kg/cm^2])로 사용
❖ **온수 보일러** : 최고 사용수두압 50[mH$_2$O](0.5[MPa]) 이하로 사용
　　　　　　　 또한, 증기온도 503K, 온수온도는 393K를 초과하지 말 것
　　　　　　　 섹션수는 약 20개 정도, 전열면적은 [50m^2]정도까지가 보통이다.
❖ **주철제 보일러 조합방법**
　① 전후조합　② 좌우조합　③ 맞세움 전후조합

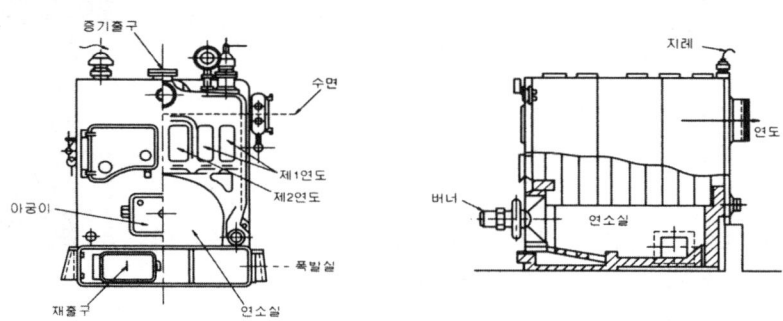

〈주철제 보일러〉

주철제 보일러의 특성

[장점]
㉠ 저압이므로 파열사고 시 피해가 적다.
㉡ 주물제작으로 복잡한 구조로 제작이 가능하다.
㉢ 내식·내열성이 우수하다.
㉣ 섹숀 증감으로 용량조절이 용이하다.
㉤ 현장 반입 시 조립식으로 유리하다.

[단점]
㉠ 인장 및 충격에 약하다.
㉡ 열에 의한 부동팽창으로 균열이 생기기 쉽다.
㉢ 고압·대용량에 부적당하다.
㉣ 구조가 복잡하므로 내부청소 및 검사가 곤란하다.

4. 특수보일러의 구조 및 특성

(1) 특수 열매체 보일러

열의 매체를 부동성액체인, 다우섬, 모빌섬, 세큐리티 53, 카네크롤, 수은의 액체로 사용하여 물보다 비열도가 낮은 성질(약kcal/kg ℃)을 이용 낮은 압력하에서도 고온을 얻어내는 형식의 보일러이다.

> ❖ **주의** : 특수 유체가 증발할 때 유독성 가스로 변화되거나, 취급 시 중금속 오염이 될 수 있으므로 안전밸브를 밀폐형식으로 하거나 안전한 곳으로 유도할 수 있게 장치해야 한다.
> 또한 저압력(0.1~0.3MPa)에서 고온(623K)을 안전하고 쉽게 얻을 수 있다.

〈열매체 보일러〉

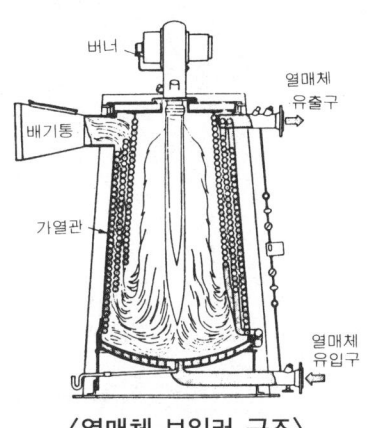

〈열매체 보일러 구조〉

(2) 간접 가열 보일러

고온·고압의 보일러에서는 물이 증발할 때 급수중의 불순물이 관석(scale)이 되어 관벽에 부착하는 일이 현저하게 된다. 따라서 고온·고압 보일러일수록 급수처리를 완벽하게 하기 위하여 여러 장치를 필요로 하고 비용도 증가하게 된다. 이러한 문제를 해결하기 위해 고안된 것이 슈미트·레플러 보일러이다.

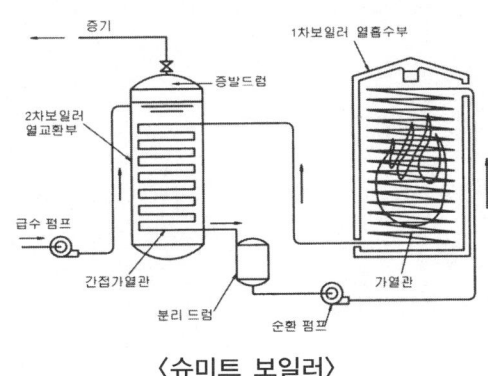

〈슈미트 보일러〉

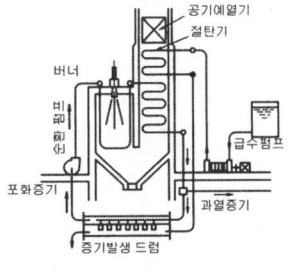

〈레플러 보일러〉

(3) 폐열 보일러(waste heat boiler)

가열로·용해로·시멘트 가마 등 보일러 이외의 각종의 열발생장치에서 발생되는 배출가스 또는 디젤 기관이나 가스터빈으로부터 배출되는 배기가스의 여열을 열원으로 하는 보일러이다. 보일러 본체의 구조는 일반 보일러와 차이가 없으나 배기가스는 경우에 따라 부식성·독성 및 폭발성을 가질 수 있고 또한 분진이 많이 함유된 경우에 전열면을 오손시킬 수 있으므로 배기가스의 유동·노벽의 구조·집진장치 등을 적절히 고려하여야 한다.

예상문제

01 밀폐된 용기로서 대기압보다 높은 압력의 증기를 발생하는 장치 및 물의 온도를 상승시켜 용기 밖으로 공급하는 온수관에 해당하는 것은 어느 것인가?

① 용광로　　② 배소로
③ 가열로　　④ 보일러

해설　보일러 : 밀폐되어 있는 용기로서 그 속에 물 또는 다른 액체(카네크롤액, 다우삼액 등)를 넣고 대기압 이상의 압력으로 증기 또는 온수를 발생시키는 장치

02 증기 보일러의 용량은 무엇으로 표시하는가?

① 급수량　　② 급유량
③ 실제 증발량　　④ 상당 증발량

해설　보일러 용량표시 : 상당 증발량, 보일러마력, 전열면적, 정격출력, 상당방열면적

03 노통보일러에서 전열면적을 증대시키고, 물의 순환을 좋게 하고 노통을 보강시키는 역할을 하는 것은?

① 겔로웨이관
② 압력관
③ 액면관
④ 스테이관

해설　노통강도 보강, 물의 순환촉진 : 겔로웨이관

04 보일러 동체를 용접 후 열처리를 하는 이유는?

① 용접부위의 청소를 위하여
② 동체의 불순물을 제거하기 위하여
③ 용접한 부분의 결함을 위하여
④ 용접부의 열응력을 없애기 위하여

해설　용접후 풀림(열처리)작업을 하는 이유는 열응력을 제거하기 위함이다.

05 코르니시 보일러나 랭커셔 보일러(Lan-cashire boiler)의 안전 저수위를 옳게 설명한 것은?

① 노통 최고 부위 100mm
② 연관 최고 부위 150mm
③ 화실 천정판 최고 부위 75mm
④ 연관 길이의 1/3 에 해당하는 곳

해설　각종 보일러 안전 저수위
① 입형 보일러
　㉮ 횡관 보일러 : 화실천장판 최고 부위 75mm
　㉯ 연관 보일러 : 상부 연관 전길이 1/3
② 횡형 보일러
　㉮ 노통 : 노통 상부 100mm
　㉯ 연관 : 연관 최고 부위 75mm
　㉰ 노통연관 : 연관 최고 부위 75mm(노통이 위일 경우 : 노통 최고 부위 100mm)

ANSWER　1.④　2.④　3.①　4.④　5.①

06 보일러의 증기 드럼을 원통형으로 제작하여야 하는 가장 타당한 이유는?
① 열전도율이 크기 때문에
② 용접 제작이 간편하기 때문에
③ 청소, 검사가 쉽기 때문에
④ 강도상 유리하기 때문에

해설 드럼을 원통형으로 제작하는 이유는 강도상 유리하기 때문이다.

07 보일러의 안전 저수위에 관한 사항으로 옳은 것은?
① 사용 중 유지해야 할 최고 수면
② 사용 중 유지해야 할 중간 수면
③ 사용 중 유지해야 할 최저 수면
④ 최고 부하시 유지해야 할 적정 수위

해설 안전 저수위 : 보일러 운전 중 유지해야 할 최저 수위

08 보일러 내부의 청소나 검사를 위하여 사람이 들어갈 수 있도록 구멍을 보일러 동체 위쪽에 만든 것을 무엇이라 하는가?
① 맨홀
② 마구리판
③ 겔로웨이관
④ 수평관

해설 맨홀 : 청소를 위해 사람이 들어갈 수 있도록 뚫어 놓은 구멍을 말함

09 원통 보일러에 관한 설명 중 틀린 것은?
① 노통이 1개인 코르니시 보일러와 2개인 랭커셔 보일러가 있다.
② 수관 보일러보다 효율이 떨어진다.
③ 구조가 간단하고 정비·취급이 용이하다.
④ 물이 많으므로 안전면에서 유리하다.

해설 원통형 보일러 특징
① 구조가 간단하고 취급이 용이
② 급수 처리가 까다롭지 않다(수관에 비해)
③ 고압 대용량에는 사용 부적당
④ 보유수량이 많아 파열시 피해가 크다.
⑤ 보유수량이 많아 증기 발생시간이 길다.
⑥ 부하 변동에 따른 압력변화가 적다.

10 코르니시 보일러에서 노통을 한쪽에 치우쳐 만드는 이유는?
① 청소하기 쉬우므로
② 전열면적을 크게 하려고
③ 보일러수 순환을 좋게 하려고
④ 보일러 강판의 강도를 유지하려고

11 자연순환식 수관보일러가 아닌 것은?
① 다쿠마 보일러   ② 야로우 보일러
③ 스털링 보일러   ④ 코르니시 보일러

해설
• 자연순환식 보일러 : 다쿠마, 쓰네기찌, 야로우, 스털링 보일러
• 코르니시 보일러 : 노통보일러

12 특수 열매체 보일러의 열매체로 사용되지 않는 것은?
① 다우섬   ② 수은
③ 카네크롤   ④ 아세틸라이드

해설 열매체 : 수은, 다우섬, 카네크롤액 등

ANSWER 6.④ 7.③ 8.① 9.④ 10.③ 11.④ 12.④

13 노통보일러의 특징을 설명한 것으로 틀린 것은?

① 관수의 보유수량이 많아 부하변동에 큰 영향이 없다.
② 급수처리가 비교적 복잡하다.
③ 전열면적이 다른 형식에 비해 적어 효율이 낮다.
④ 수면이 넓어 기수공발이 적다.

해설) 급수처리는 수관보일러가 더 까다롭다.

14 자연순환식 수관보일러에서 보일러수의 순환을 양호하게 하기위한 방법과 거리가 먼 것은?

① 수관의 관경을 크게 한다.
② 수관을 수평으로 배열한다.
③ 강수관은 연소가스접촉을 피한다.
④ 포화수와 포화증기와의 비중차를 크게 한다.

해설) 수관은 경사가 커질수록 보일러수의 순환이 양호해진다.

15 주로 보일러 경판의 강도를 보강하기 위하여 3각형 모양의 평판을 경판에서 동판에다 비스듬이 부착시킨 버팀은?

① 가셋트 버팀
② 나사 버팀
③ 경사 버팀
④ 시렁 버팀

해설) 스테이(버팀)의 역할
동판과 경판의 강도를 보강함과 동시에 화실벽을 지지
• 종류 : 가셋트 스테이, 튜브 스테이, 볼트 스테이, 경사 스테이, 도그 스테이, 봉 스테이

16 전열면적을 증가시키고 물의 순환을 도우며 노통을 튼튼히 하는 역할을 하기 위해 설치되는 것은?

① 아담스 조인트
② 마구리판
③ 맨홀
④ 겔로웨이관

해설) 겔로웨이 튜브의 사용상 잇점
① 노통의 강도를 보강
② 관수 순환이 용이
③ 전열 면적의 증가

17 보일러에서 수부를 넓게 하면 어떤 잇점이 있는가?

① 효율이 낮아진다.
② 부하의 변동이 응하기 쉽다.
③ 건조증기를 얻기 쉽다.
④ 증기에 수분을 포함하기 쉽다.

해설) 수부가 크면
① 부하변동에 따른 압력 변화가 적다.
② 습증기 발생이 심하다.
③ 증발시간이 길며 파열시 피해가 크다.

18 아담슨 조인트(Adamson's joint) 설치 잇점이 아닌 것은?

① 노통의 열에 의한 신축을 조절하기 위해 설치한다.
② 노통의 강도를 증가시킬 수 있다.
③ 노통의 중량을 경감시킬 수 있다.
④ 리벳 이음이 물속에 있으므로 소손의 위험이 적다.

해설) 아담슨 조인트 사용상 잇점
① 외압에 대한 노통의 강도가 증가
② 열에 의한 신축조절이 용이
③ 전열 면적이 증가

ANSWER 13.② 14.② 15.① 16.④ 17.② 18.③

19 원통 보일러의 특징 설명으로 틀린 것은?

① 구조가 간단하다.
② 전열면적이 크고, 수부가 적다.
③ 내부청소가 용이하다.
④ 보일러 내 보유수량이 많다.

해설 수관보일러에 비해 전열면적이 적고 수부가 크다.

20 관류보일러의 특징 설명으로 옳은 것은?

① 증기압력이 고압이므로 급수펌프가 필요 없다.
② 전열면적에 대한 보유수량이 많아 가동시간이 길다.
③ 일반적으로 기수드럼이 없으며 고압용으로 적합하다.
④ 터빈 부하변동에 대해서도 바르고 정확하게 보일러의 부하에 대응시킬 수 있다.

해설 관류 보일러 : 드럼이 없이 관으로만 구성

21 다음 보일러 중 효율이 가장 좋은 것은?

① 노통 보일러
② 연관 보일러
③ 직접 보일러
④ 수관 보일러

22 다음 중 수관식 보일러로서 특징에 해당되지 않는 것은?

① 구조상 고압 대용량에 적당하다.
② 보유수량에 비해 전열면적이 크므로 증기발생 시간이 짧다.
③ 보일러수의 순환이 좋고 효율이 높다.
④ 보유수량이 많아 파열시 피해가 크다.

해설 수관 보일러의 특징
① 고압 대용량에 적당하고, 효율이 높다.
② 보유수량이 적어 파열시 피해가 적다.
③ 양질의 급수를 요구
④ 부하 변동에 따른 압력변화가 크다.

23 보일러 본체를 통하는 노통이 2개인 보일러는?

① 코르니시 보일러 ② 케와니 보일러
③ 스코치 보일러   ④ 랭커셔 보일러

해설 코르니시 노통 1개, 랭커셔 노통 2개

24 주철제 보일러는 어느 곳에 많이 사용하는가?

① 발전용   ② 소형 난방용
③ 일반 동력용   ④ 제조 가공용

해설 주철제 보일러의 특징
① 섹션의 증감에 따른 용량을 자유로이 조절 가능
② 조립식이므로 운반이 편리
③ 내열 내식성이 우수
④ 복잡한 구조라도 제작이 가능
⑤ 저압이므로 파열시 피해가 적다.
⑥ 열에 의한 부동팽창에 따른 균열이 발생되기 쉽다.
⑦ 내부 청소나 검사가 곤란
⑧ 고압 대용량에는 사용 부적당

25 곡관식 수관보일러에 속하는 것은?

① 코르니시 보일러 ② 수은 보일러
③ 랭커셔 보일러   ④ 스털링 보일러

26 노통 보일러에서 열신축에 따른 응력 등의 문제를 고려하여 설치하는 것은?

① 거싯 스테이   ② 겔로웨이 튜브
③ 앤드 플레이트   ④ 아담슨 조인트

해설 아담슨 조인트 : 평형노통에 설치되며 열에 의한 신축성을 고려하여 설치됨

ANSWER 19.② 20.③ 21.④ 22.④ 23.④ 24.② 25.④ 26.④

27 보일러 최고사용 압력이란?

① 강도상 허용할 수 있는 최고의 절대압력
② 강도상 허용할 수 있는 최고의 게이지 압력
③ 동체재료의 최대 인장강도와 같은 압력
④ 동체재료의 최소 인장강도와 같은 압력

해설) 고사용압력 : 강도상 허용 가능한 최고사용 게이지 압력이다.

28 강제순환식 보일러의 종류에 속하는 것은?

① 바브콕 보일러   ② 베록스 보일러
③ 하이네 보일러   ④ 타쿠마 보일러

해설) 강제순환식 : 라몽드, 베록스 보일러

29 내분식 보일러와 외분식 보일러의 연소실의 비교로서 틀린 것은?

① 연소실 내의 온도는 외분식 보일러가 높다.
② 외분식 보일러는 휘발분이 많은 석탄은 적당치 않다.
③ 내분식 보일러는 방사열의 흡수가 좋다.
④ 외분식 보일러는 연료의 선택이 자유롭다.

해설) ① 내분식 보일러의 특징
  ㉮ 방산에 의한 열손실이 적다.
  ㉯ 연소실 크기의 제한을 받는다.
  ㉰ 휘발분이 많은 연료는 사용이 부적당
② 외분식 보일러의 특징
  ㉮ 연소실의 모양과 크기를 자유로이 조절이 가능
  ㉯ 저질의 연료로도 유효하게 연소
  ㉰ 연소실 내 온도를 높일 수 있다.

30 초임계압력 이상의 고압증기를 얻을 수 있는 보일러는?

① 노통연관보일러   ② 노통보일러
③ 연관보일러   ④ 관류보일러

해설) 초고압의 증기를 얻을 수 있는 보일러는 수관보일러인 관류보일러이다.

31 소용량 및 소형관류보일러에는 몇 개 이상의 유리수면계를 부착해야 하는가?
(단, 단관식 관류보일러는 제외한다.)

① 1개   ② 2개
③ 3개   ④ 4개

해설) 소용량 및 소형관류보일러에는 1개 이상의 유리수면계를 설치한다.

32 주철제 보일러의 특징 설명으로 잘못된 것은?

① 섹션수의 증감에 따라 용량조절이 편리하다.
② 열에 의한 부동팽창으로 균열이 생기기 쉽다.
③ 전열면적에 비하여 설치면적이 적다.
④ 고압이기 때문에 파열시 재해가 크다.

33 다음 중 간접가열 보일러의 종류에 해당되는 것은?

① 레플러 보일러
② 하이네 보일러
③ 다쿠마 보일러
④ 벤슨 보일러

해설) 간접가열보일러 : 슈미트, 레플러 보일러

ANSWER 27.② 28.② 29.② 30.④ 31.① 32.④ 33.①

34 자연순환 수관 보일러에서 보일러수의 순환력을 크게 하기 위한 방법으로 옳은 것은?

① 재열기를 부착한다.
② 수관을 평행으로 설치한다.
③ 강수관이 연소가스에 의해 가열되지 않게 한다.
④ 수관을 가능한 길게 한다.

해설) 자연순환수관 보일러에서 보일러수의 순환력을 크게 하기 위해서는 강수관이 연소가스에 가열되지 않게 한다.

35 수관식 보일러에서 수냉 노벽을 설치하는 목적과 관계가 없는 것은?

① 전열면적 증가로 전열효율을 높여 준다.
② 고열에 의한 내화벽의 손상을 방지한다.
③ 노벽 방사손실을 적게 한다.
④ 순도가 높은 급수를 할 수 있다.

해설) 수냉노벽설치 잇점 : 전열면적 증가, 열효율증가, 노벽보호 방사열흡수

36 증기보일러 가동 중 과부하 상태가 될 때 나타나는 현상 설명으로 틀린 것은?

① 보일러 효율이 떨어진다.
② 프라이밍(Priming) 발생이 적어진다.
③ 전열면의 증발률이 작아진다.
④ 연료의 단위당 증발량이 작아진다.

해설) 과부하 상태가 일어나면 프라이밍(비수)발생이 커질 수 있다.

37 보일러의 증기 배관에서 수격작용의 발생을 방지하는 방법으로 잘못된 것은?

① 환수관 등의 배관 구배를 작게 한다.
② 배관 관경을 크게 한다.
③ 송기를 급격히 하지 않는다.
④ 배관 중의 응축수 배출을 잘 한다.

해설) 증기배관에서 수격작용의 방지로서는 환수관 등의 배관구배(기울기)를 크게 하여야 한다.

ANSWER 34.③ 35.④ 36.② 37.①

CHAPTER 05 보일러 부속장치 및 부속품

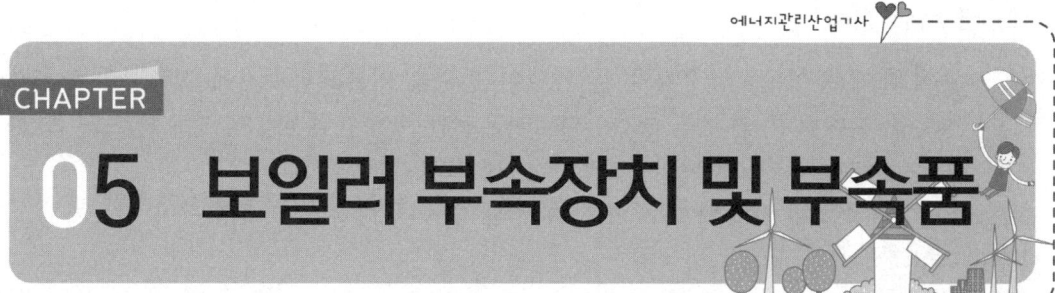

5-1 급수장치

1. 급수탱크, 급수관계 및 급수내관

(1) 급수탱크 일반

① 급수탱크의 재질은 탄소강, 탄소강에 라이닝을 한 것 또는 스테인리스제에 지하수 조라면 콘크리트제에 방수 가공한 것이 사용되고 있다.
② 최근에는 연화기의 재생시에 보일러에 급수량을 확보하기 위한 용량으로 한다. 또한 공장에서 드레인 회수량을 일시적으로 저장하기 위한 용량으로 결정한다.

(2) 급수탱크 정비방법

① 내부의 물을 전부 배제하고 오염이나 침전물을 청소한다. 오염을 청소할 때에는 압력수를 이용하는 것이 좋다.
② 콘크리트제의 것에서는 균열의 유무를 점검하고, 균열이 있는 것은 방수용 급결 시멘트로 보수한다.
③ 부식의 상태를 점검하고 보수한다. 라이닝되어 있는 것은 균열의 유무를 점검하고 균열이 있는 것은 보수한다.
④ 지하수조로 콘크리트제의 것은 균열의 유무를 점검하고 균열이 있는 것은 방수용 시멘트로 보수한다.
⑤ 급수펌프보다 아래쪽에 있는 것에서는 흡입파이프, 체크밸브의 상태(누설, 균열)를 점검하고 손상이 심한 것은 새로운 것으로 교환한다.
⑥ 강판제의 것에서는 부식의 상태를 점검하고 방식도료를 칠한다.
⑦ 탱크내로 들어갈 때에는 산소결핍 예방에 주의하여야 한다.

(3) 급수연화장치

① 본체 내에는 이온교환수지가 들어 있어 원수를 이온교환수지에 접촉시켜 그 경도 성분을 흡착하여 연수를 생산한다. 이온교환수지는 일정량의 경도성분을 흡착하면 연화능력이 감퇴하지만, 식염수로 세관하면 부활한다.
② 이온교환수지는 사용에 따라 조금씩 손모 및 마모되기 때문에 보급할 필요가 있다.

(4) 급수내관

보일러 내에 급수를 행하는 관을 말하며 안전저수위보다 약간 아래(50[mm])에 긴 내관을 설치하여 급수가 골고루 행하여지게 한다.

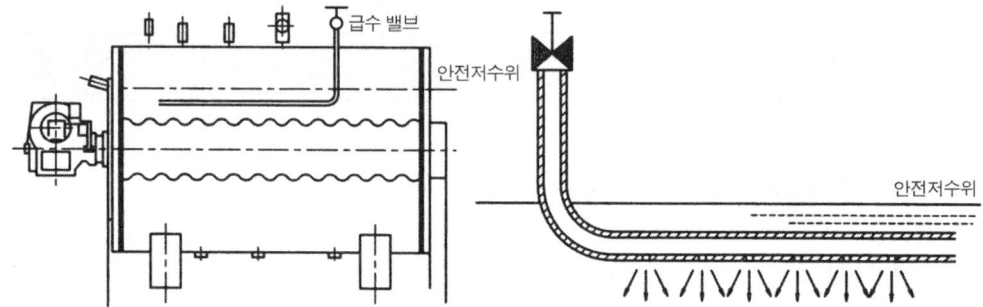

▣ 설치이점

① 집중급수를 피함으로 동내 부동팽창을 방지한다.
② 급수가 이루어지면서 예열하게 되어 열응력 발생을 방지한다.
③ 수면부 이하에서 급수가 행하여지기 때문에 수격작용을 방지한다.

- 설치위치가 안전수위보다 낮을 경우의 해
  ㉠ 보일러 동하부의 냉각
  ㉡ 보일러 수의 순환불량
  ㉢ 전열 방해

- 설치위치가 안전수위보다 높을 경우의 해
  ㉠ 노출로 인한 내관의 과열
  ㉡ 과열된 상태로 급수시 수격현상
  ㉢ 증발을 방해

▣ 보일러 동내부에 설치되는 장치(내부 부착품)

① 급수내관   ② 증기내관(비수방지관)
③ 버팀   ④ 수면분출장치

(5) 급수 밸브(valve)

전열면적 10[m²] 초과 : 호칭지름 20[A] 이상, 전열면적 10[m²] 이하 : 호칭지름 15[A] 이상(A : mm, B : inch)

1) 정지 밸브

① 글로브 밸브(glove valve, stop valve) : 옥형 밸브라고도 하며 구조상 유량조절용으로 사용된다. 내부 디스크에 따라 평면, 원뿔, 반원, 부분원형으로 나뉜다.

② 슬루스 밸브(sluice valve, gate valve) : 사절 밸브라고도 하며 유량조절용으로 부적합하나 구조상 퇴적물이 체류하지 않는 장점이 있고 유체의 차단을 주목적으로 일반 배관용으로 가장 많이 사용되고 있다.

  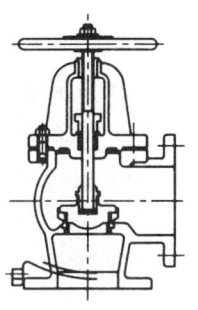

〈글로브 밸브〉　〈슬루스(게이트) 밸브〉　〈앵글 밸브〉

2) 역정지 밸브(check valve)

한 방향으로만 흐르게 하고 반대방향으로는 흐르지 못하게 하는 기구의 밸브이다. 작동방법에 따라 스윙형과 리프트형의 2종이 있다. 펌프에는 흡상관 하단 흡입구에 정착하는 푸트 밸브(foot valve)도 체크 밸브의 일종이다.

① 스윙식(swing) : 수평·수직배관에 사용할 수 있다.
② 리프트식(lift) : 수평배관으로만 사용

 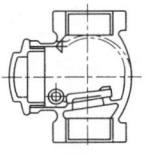 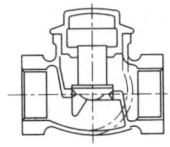 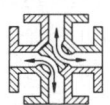

〈스윙식〉　〈리프트식〉　〈사방 콕〉　〈핸들 콕〉

3) 콕(cocks)

원뿔형의 전을 각도 90° 회전함으로 유체의 흐름을 차단하고 유량을 정지시킨다. 각도 0°~90° 사이의 각도만큼 회전함으로서 유량을 조절하며 가장 신속히 개폐할 수 있다.

2. 급수 펌프(pump)의 종류 및 특성

보일러에 물을 공급하는 장치로 회전식과 왕복운동식 등으로 구분한다.

❖ 펌프의 구비조건
① 고온·고압에 견딜 수 있어야 한다.
② 병렬운전에 장애가 없어야 한다.
③ 구조가 간단하고 부하변동에 대응하기에 좋아야 한다.
④ 원심 펌프는 고속운전에 지장이 없어야 한다.
⑤ 저부하에서도 효율이 좋고 작동이 간단해야 한다.
⑥ 취급이 용이하고 효율이 좋아야 한다.

(1) 회전식

① 터빈 펌프(turbine pump) : 임펠러가 케이싱속에서 고속도로 회전함에 따라 진공이 생겨 물을 빨아올리며, 빨아올려진 물이 임펠러 중심에서 압력이 생겨 토출하는 형식으로 임펠러 선단에 안내날개(guide vane)를 정착하여 유속을 작게 하여 수압을 높이는 펌프이다.

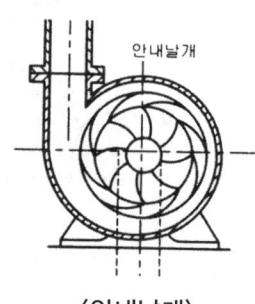

〈안내날개〉

❖ 터빈 펌프의 특징
① 고속회전에 적합하다.
② 효율이 높고 안정된 성능을 얻는다.
③ 구조가 간단하고, 취급, 보수, 관리가 편하다.
④ 토출시 흐름이 조용하고 운전상태가 양호하다.
⑤ 양정 20[m] 이상에 사용된다.
⑥ 가동전 플라이밍이 필요하다.
　☐ 플라이밍 : 펌프 가동전 외부에서 펌프에 물을 채워 주는 작업

② 센트리퓨걸 펌프(centrifugal pump, 볼류트 펌프) : 터빈 펌프의 원리와 동일하나 안내날개가 없다. 20[m] 이하의 저양정용으로 사용된다.

❖ 펌프의 동력계산

축동력 $kW = \dfrac{rQH}{102 \times 3,600 \times \eta}$

축마력 $PS = \dfrac{rQH}{75 \times 3,600 \times \eta}$

$\begin{bmatrix} Q : \text{유량}[m^3/h] \\ \eta : \text{효율} \\ H : \text{전양정}[m] \\ r : \text{비중량}[kg/m^3] \text{물} = 1,000[kg/m^3] \end{bmatrix}$

1[kW] = 102[kg·m/sec]

❖ **공동현상(cavitation : 캐비테이션 현상)**
관로의 변화가 일어나는 부분에서(1. 만곡부 2. 단면이 좁아진 곳) 저압이 되어 포화증기압보다 낮아지므로 증기가 발생하거나 수중에 혼합된 공기도 물과 분리되어 기포가 생긴 현상으로 ① 심한 소음과 진동충격, ② 깃의 침식, ③ 토출양정 효율의 저하 등을 나타낸다.

❖ **방지방법**
① 펌프의 회전수를 낮게하여 유속을 적게 한다.
② 설치 위치를 수원과 가까이하여 흡입수 양정을 작게 한다.
③ 가급적 만곡부를 줄인다.
④ 2단 이상의 펌프를 사용한다.
⑤ 흡입관의 손실 수두를 줄인다.

❖ **맥동 현상(서어징)**
흡입관로에 공기, 관내 저항 등으로 펌프 입구 또는 출구측 압력계의 지침이 흔들리거나 송출유량이 변화하는 현상(송출압력과 송출유량 사이에 주기적인 변동이 일어나는 현상. 관내의 생출된 기포가 깨어짐으로 유체에 충격진동을 일으키는 것)

(2) 왕복동식

① 플런저 펌프(plunger pump) : 동력이나 증기를 사용, 내부의 플런저가 수평으로 좌우 왕복운동함으로서 주로 소용량 고압으로 운전되는 펌프이다.
② 워싱톤 펌프(worthington pump) : 증기의 힘으로 내부의 증기 피스톤을 움직여 물 실린더 피스톤이 왕복운동함으로 급수를 행하는 펌프이다.
③ 웨어 펌프(wear pump) : 워싱톤 펌프의 구조와 동일하며 1개의 피스톤 봉으로 연결되었다.

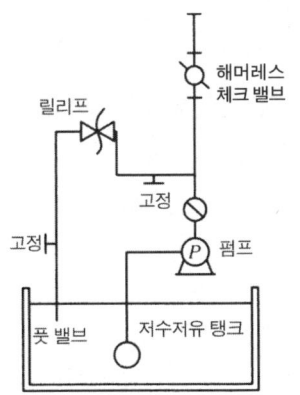
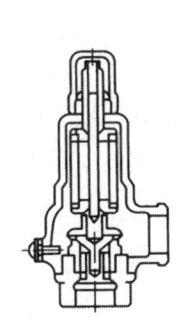

✧ 릴리프 밸브(Relif Valve) : 펌프의 도피 밸브로 안전 밸브를 사용 워터 해머를 방지한다.

〈배관상의 예〉

(3) 인젝터(injector)

보일러에서 발생한 증기를 사용해서 급수하는 방식으로 증기압 0.2MPa(2[kg/cm^2]) 이상의 증기로 공급되는 급수를 가열하며 공급하게 된다. 이때 급수는 인젝터 작용에 의하여 보일러 내의 압력 이상의 압력으로 변하게 된다.

증기의 열에너지→운동 에너지로 변화→압력 에너지로 변화→급수

〈인젝터〉

종 류
① 그레샴형(Gresham) : 급수온도 50[℃] 이하
② 메트로폴리탄형(Metropolitan) : 급수온도 65[℃] 이하

특 징
[장점]
① 동력이 필요 없다.
② 설치장소를 작게 차지한다.
③ 구조가 간단하며 가격이 저렴하다.
④ 급수가 예열되어 열응력 발생을 방지한다.

[단점]
① 흡입양정이 낮아 급수조절이 어렵다.
② 증기압이 낮으며 급수가 곤란하다.
③ 구조상 소용량이다.
④ 급수온도가 높아지면 급수가 곤란하다.

인젝터 작동불능원인
① 증기 속에 수분이 많이 포함되었다.
② 증기압력이 너무 낮을 때 0.2MPa(2[kg/cm^2]) 이하)
③ 급수온도가 높다(50[℃] 이상)
④ 흡입측의 공기 누입
⑤ 노즐부의 마모·파손
⑥ 인젝터 과열시
⑦ 체크 밸브 고장시

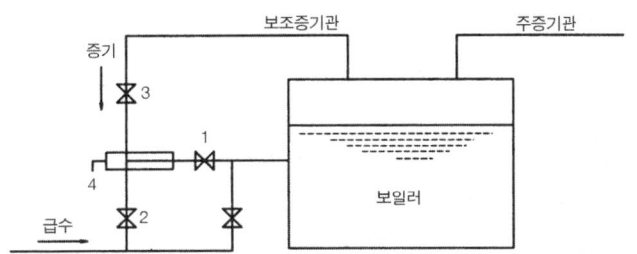

작동순서

① 인젝터 출구측 밸브를 연다. ② 인젝터 급수 밸브를 연다.
③ 인젝터 증기 밸브를 연다. ④ 인젝터 조절 핸들을 연다.

(4) 환원기

저압 소용량 보일러에서 급수 펌프의 대용으로 사용되었던 장치이며 증기 사용 후에 생긴 응축수를 회수하여 집결된 탱크로 증기를 보내어 다시 보일러로 급수하는 장치(수두압과 증기압 이용)

무동력 급수장치

인젝터, 워싱톤 펌프, 웨어 펌프, 환원기

5-2 송기장치

1. 기수분리기 및 비수방지관

(1) 기수분리기(steam separdter)

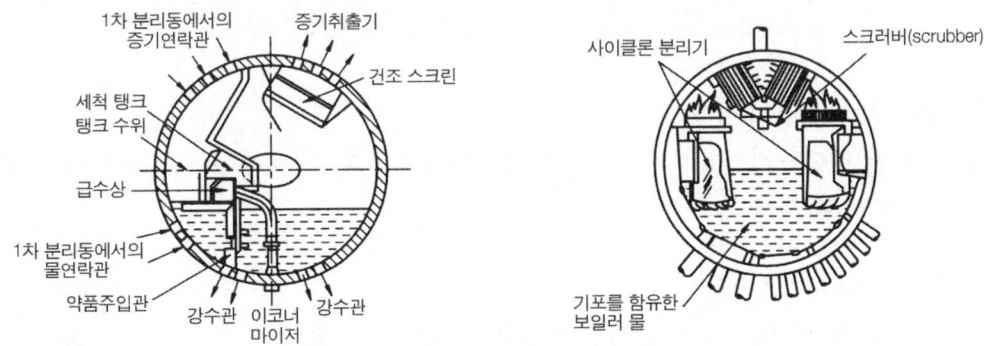

〈기수분리기(증기세정장치부)의 한 예〉

제5장 보일러 부속장치 및 부속품 · 397

동내부, 또는 수관 보일러의 상승관 내에 기수분리기를 설치하여 건증기를 취출하여 관내 부식이나 수격작용을 방지한다.

기수분리기 종류
① 사이크론식(원심력이용)
② 스크레버식(파도형의 장애판이용)
③ 건조 스크린식(금속망이용)
④ 배플식(방향전환이용)

(2) 비수 방지관(anti priming pipe)

고수위, 관수농축, 과열 등으로 동내부에 비수현상이 발생시에 수위의 오판, 수격작용 등의 피해를 방지하기 위하여 주증기관을 연결 설치한다.

설치위치
둥근 보일러 동내부 증기 취출구에 설치

설치이점
① 프라이밍(비수현상) 방지
② 동내 수면안정으로 정확한 수위 측정
③ 수격작용 방지
④ 건증기를 얻을 수 있다.
□ 취출구 구멍면적은 주증기 밸브 면적의 1.5 배 이상이어야 한다.

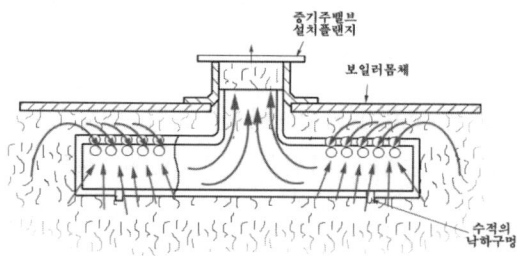

〈비수방지관〉

> ❖ **기수공발**(carry over) : 증기관 내로 물방울이 따라 들어가 운반되는 현상
> • 기계적 캐리오버 : 작은 물방울(액적)이 증기와 함께 송출되는 현상
> • 선택적 캐리오버 : 증기속에 용해되어 있던 실리카(무수규산) 성분이 증기와 함께 송출되어지는 현상

1) 프라이밍(Priming : 비수)
주증기 밸브 급개시, 고수위시 수면으로부터 끊임없이 물방울이 비산하면서 수위를 불안정하게 하는 현상

2) 포밍(Forming : 물거품)
관수 중 용해 고형물, 유지류 등의 불순물로 인한 거품의 층을 형성하는 단계로 심해지면 프라이밍 상태로 변하게 된다.

비수현상의 원인
① 고수위
② 관수농축
③ 급격한 과열
④ 고압에서 저압으로의 변화
⑤ 용존고형물, 유지분의 과다
⑥ 주증기 밸브의 급개

비수현상시 피해
① 수위의 오판
② 계기류의 통수공들의 차단
③ 과열도 저하
④ 수격작용(water hammer)
⑤ 저수위사고

비수현상시 조치
① 연소량을 가볍게 한 뒤 증기 밸브를 닫아 수위안정을 도모한다.
② 보일러 관수를 일부 교환한다.(분출반복)
③ 계기류의 통수공들의 막힘을 시험한다.
④ 원인을 알아내어(수질시험, 기계류점검) 제거한다.

2. 증기밸브, 증기관 및 감압밸브

(1) 주증기 밸브(main stop valve)

밸브는 구조상 옥형 밸브(globe valve)의 형식인 주로 앵글 밸브를 설치한다.

주증기 밸브 재질(어느 경우이든 0.7MPa 이상에서 견딜 것)
① 주철제 : 1.6MPa(16[kg/cm^2]) 미만의 압력에 사용
② 주강제 : 1.6MPa(16[kg/cm^2]) 이상의 압력에 사용

〈주증기 밸브〉

❖ 주증기 밸브는 어느 경우에도 0.7MPa이상의 압력에 견딜 것

(2) 감압 밸브(pressure reducing valve)

고압배관과 저압배관의 사이에 감압 밸브를 설치한다.

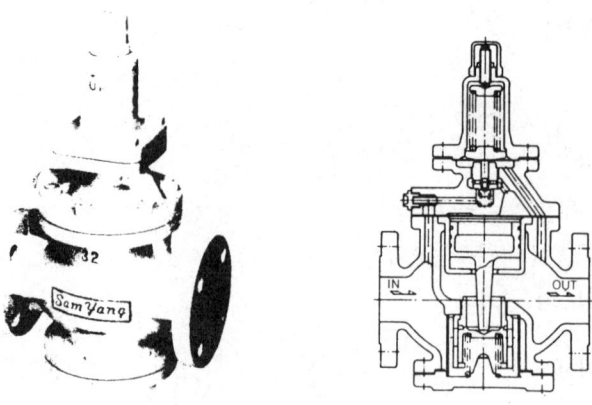

〈감압 밸브〉

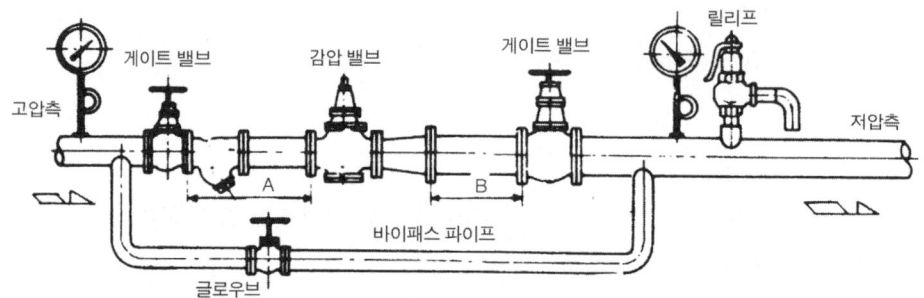

설치목적

① 고압증기를 저압증기(사용압)로 유지한다.
② 항상 부하측에 일정압력을 유지한다.
③ 고압과 저압을 동시에 사용한다.

작동방법에 의한 분류

① 벨로즈형(Bellows)
② 다이어프램형(Diaphragm)
③ 피스톤형(Piston)

구조에 의한 분류

① 스프링식
② 추식

3. 증기헤더 및 부속품

(1) 증기 헤더(steam header)

일종의 분배기이며, 보일러에서 나온 증기를 한 곳으로 모아 필요 난방개소에 증기를 송기하는 장치로 송기 및 정지가 손쉽고 불필요한 곳에 송기하지 않으므로 열손실을 적게 할 수 있는 설비이다. 또한 증기량과 증기압을 일정하게 공급한다.

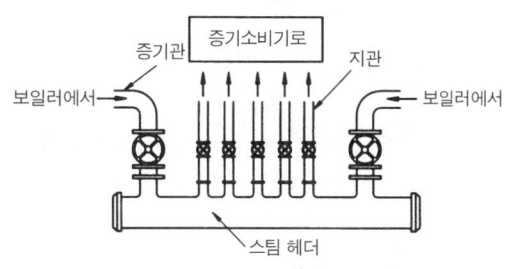

□ 헤더의 크기는 헤더에 부착되는 증기관의 가장 큰 지름의 2배

(2) 축열기(steam accumulator)

저부하 또는 변동부하 시 잉여증기를 저장하고 과부하시(peak)에 저장된 잉여증기를 공급하는 장치로 변압식과 정압식이 있다.

① 변압식 : 보일러 출구 증기측에 설치
② 정압식 : 보일러 입구 급수측에 설치

〈증기축열기〉

(3) 온도조절 밸브

사용 증기나 온수의 설비온도를 일정온도로 유지하기 위하여 설치된 금속 감온부에 의해 자동적으로 온도를 조정하는 밸브이다.

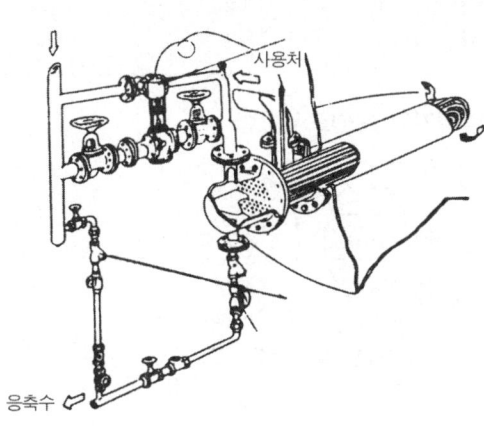

감온부의 방식에 따른 종류
① 바이메탈식
② 증기 압력식
③ 전기 저항식

(4) 방열기(radiator)

실내에 설치하여 증기 또는 온수의 잠열·현열을 이용 방산하는 열로 실내공기를 덥게 하는 설비이다.

1) 재질상 분류
① 주철제
② 강제
③ Al제

2) 구조상 분류
① 주형 방열기(Ⅱ, Ⅲ)
② 세주형 방열기(3, 5, 3C, 5C)
③ 벽걸이형 방열기(W-H, W-V)
④ 길드 방열기
⑤ 강판제 방열기
⑥ 대류 방열기(Convector)

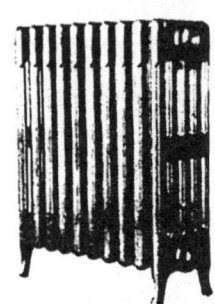
〈5세 주방열기(5-650)〉

〈벽걸이형방열기(W-V)〉

> **주형방열기** : 사용압력은 0.5MPa 이하, 섹션수는 최대 30쪽까지 사용
> **벽걸이방열기** : 섹션수는 최대 15쪽까지 사용
> **방열기 호칭법**
> • 주형 : 종류 - 높이 × 쪽수
> • 벽걸이 : 종류 - 형 × 쪽수

방열기의 도면도시방법

| 쪽수 |
| 형식-높이 |
| 유입관지름×유출관지름 |

| 25 |
| 5C-650 |
| 32 × 25 |

25 : 방열기 Section 수
5C : 5세주 방열기
650 : 높이[mm]
32 : 공급관지름[mm]
25 : 환수관지름[mm]

호칭법 : 5-650×25

방열기의 배치
① 외기에 접한 창문 아래쪽에 설치한다.
② 기둥형 방열기는 벽에서 50~60[mm], 벽걸이 방열기는 바닥에서 150[mm] 떨어지게 설치하며, 대류 방열기는 바닥으로부터 하부 케이싱까지 최저 90[mm] 이상 높게 설치한다.

방열기 표준방열량(kcal/m2h)
① 증기 : $8[kcal/m^2h℃] \times (102-21)[℃] = 650[kcal/m^2h]$
② 온수 : $7.2[kcal/m^2h℃] \times (80-18)[℃] = 446.4 ≒ 450[kcal/m^2h]$
　　　　　[방열계수×온도차]

(5) 증기 트랩(steam traps)

증기관 내에 생긴 응축수 및 공기를 배제하여 수격작용을 방지하고 증기를 막아 증기의 응축열을 효과적으로 발열시키는 장치이다.

트랩의 구비조건
① 동작이 확실할 것.
② 내식·내마모성이 있을 것.
③ 마찰저항이 작고 단순한 구조일 것.
④ 응축수를 연속적으로 배출할 수 있을 것.
⑤ 공기의 배제나 정지 후 응축수 빼기가 가능할 것.

1) 기계적 트랩

포화수와 포화증기의 비중차를 이용한 형식으로 다량 트랩(플로트 트랩), 버킷 트랩 등이 있다.

〈플로트식 트랩〉

〈버킷 트랩〉

2) 온도조절 트랩

포화수와 포화증기의 온도차를 이용한 형식으로 금속팽창(바이메탈) 트랩, 벨로즈 트랩, 액체팽창 트랩 등이 있다.

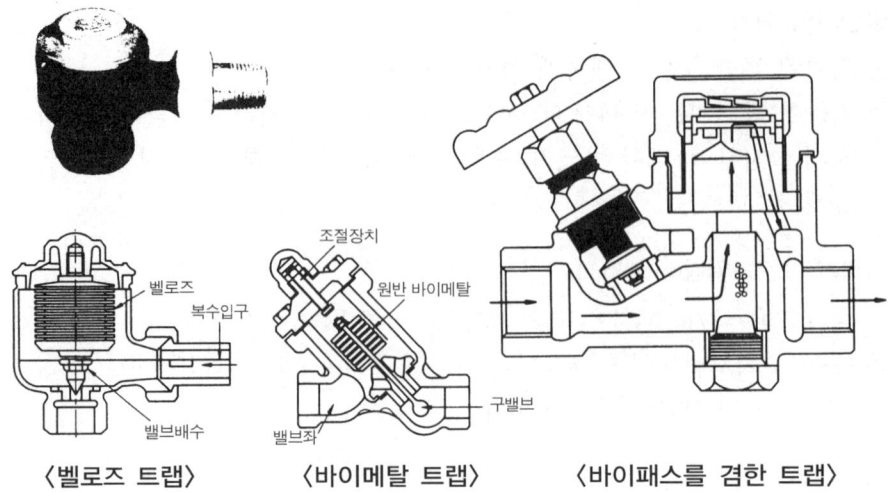

〈벨로즈 트랩〉　　〈바이메탈 트랩〉　　〈바이패스를 겸한 트랩〉

3) 열역학적 트랩

포화수 또는 포화증기의 열역학적인 특성차를 이용한 형식으로 디스크 트랩, 오리피스 트랩 등이 있다.

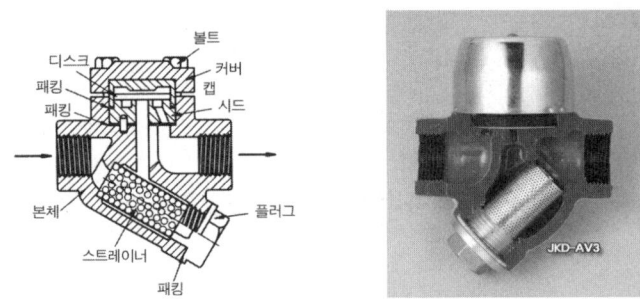

〈디스크식 증기트랩〉

🔷 트랩 고장의 분류

① 트랩이 차거울 때
　㉠ 밸브의 고장
　㉡ 스트레이너 막힘
　㉢ 기계식 트랩은 압력이 높다.
② 트랩이 뜨거울 때
　㉠ 용량이 부족
　㉡ 배압이 높다.
　㉢ 이물질 혼입
　㉣ 밸브의 마모
　㉤ 벨로즈 손상
　㉥ 바이메탈 변형

4. 안전장치

(1) 안전 밸브(safty valve)

보일러 동상부(증기부)에 설치하며, 보일러 내부의 증기압이 이상 상승하게 될 때 자동적으로 이상 증기압을 외부로 배출하여 보일러를 보호하는 장치이다.

1) 안전 밸브의 종류

① 중추식 안전밸브 : 추의 중량(kg)이 연결된 구체 밸브와의 단면적에(cm^2) 작용되는 힘의 원리로 중량에 의해 분출능력을 결정한다.

② 지렛대식 안전밸브(레버식) : 전압이 600[kg] 이상이면 사용이 불가능하다.

③ 스프링식 안전밸브 : 일반적으로 보일러에 많이 사용되고 있는 것으로 다음 조건의 유량제한으로 형식을 구분한다.

▣ 안전 밸브 분출용량 계산식

① 저양정식 $W = \dfrac{1.03P + 1}{22} AC$

② 고양정식 $W = \dfrac{1.03P + 1}{10} AC$

③ 전양정식 $W = \dfrac{1.03P + 1}{5} AC$

④ 전 양 식 $W = \dfrac{1.03P + 1}{2.5} A_0 C$

W : 분출용량[kg/h]
A_0 : 최소증기통로의 면적[mm^2]
P : 분출압력[kg/cm^{2}g]
C : 계수(분출압이 120[kg/cm^{2}g] 이하 280[℃] 이하일 경우 1이다)
A : $\dfrac{\pi}{4} D^2$ (D는 밸브 시트 지름[mm^2])

❖ 밸브 시트의 단면적은 분출압에 반비례하며 증발량에 비례한다. 그러므로, 증발량이 일정시 분출압이 늘어나면 밸브 시트 면적은 작아져야 한다.

▣ 누설 원인

① 밸브와 시트의 가공이 불량한 경우
② 시트와 밸브축이 이완된 경우
③ 스프링 장력감쇄
④ 조종압력이 너무 낮다.
⑤ 밸브 시트에 이물질이 낀 경우

※ 증기 보일러에는 2개 이상의 안전밸브를 설치하여야 한다(단, 전열면적 50[m^2] 이하는 1개 이상 설치, 작동은 최고사용압력이하, 단, 2개 설치 시는 다른 1개는 최고사용압력의 1.03배에서 작동)

🔹 안전밸브 및 압력방출장치의 크기

안전밸브 및 압력방출장치의 크기는 호칭지름 25[A] 이상으로 한다.(다만, 다음의 보일러에서는 호칭지름 20[A] 이상으로 할 수 있다)
① 최고사용압력 0.1MPa(1[kg/cm^2]) 이하의 보일러
② 최고사용압력 0.5MPa(5[kg/cm^2]) 이하의 보일러로 동체의 안지름이 500[mm] 이하이며 동체의 길이가 1,000[mm] 이하의 것
③ 최고사용압력 0.5MPa(5[kg/cm^2]) 이하의 보일러로 전열면적 2[m^2] 이하의 것
④ 최대증발량 5[T/H] 이하의 관류 보일러
⑤ 소용량 보일러(최고사용압력이 0.35[MPa] 이하, 전열면적이 5[m^2] 이하, 열효율은 정격용량이상부하에서 75[%] 이상)

(2) 화염검출기

가동 중 연소실 내의 갑작스런 소화, 실화, 불착화, 정상연소상태를 검출 정상연소 상태가 아닌 때엔 연료 밸브를 닫아 연료의 누입을 방지하는 안전장치이다.

1) 플레임 아이(flame eye)

화염에서 나타나는 방사선을 전기적 신호로 바꾸어 화염의 정상유무를 검출하는 형식으로 화염의 발광을 이용한 검출기이다. 종류로는 황화카드뮴셀(Cds셀), 황화납셀(Pbs셀), 광전관, 자외선 광전관 등이 있다.

2) 플레임 로드(flame rod)(가스 연료에만 적용된다)

화염의 이온화현상(고온측 : 양이온)을 통해 이때의 전기전도성을 이용하여 화염의 유무를 검출하는 형식이다.

3) 스텍 스위치

화염의 발열현상을 이용한 것으로 내부에 바이메탈을 사용 열에 의한 팽창현상으로 화염의 정상유무를 검출한다. 응답속도가 매우 느리므로 소용량 보일러에 사용한다.

(3) 저수위 경보 장치

안전 저수위 이하로 수위가 감소 시 자동적으로 경보가 울리면서(연료차단 50~100초 전) 연소실내로 진입되는 연료를 차단시켜 과열현상을 방지하기 위한 장치

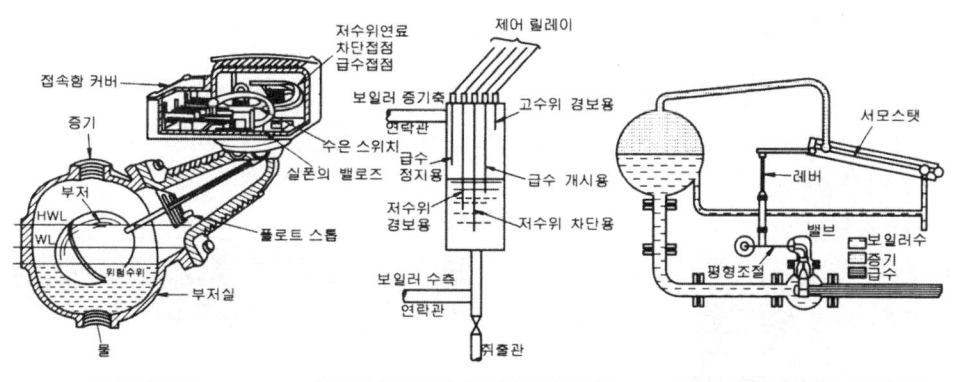

⟨맥도널식⟩   ⟨전극식 자동 급수조절장치⟩   ⟨코프스식 수위 제어기⟩

종류
① 플로트식(맥도널식)
② 전극식
③ 열팽창력식(코프스식)

수위 제어 방식
① 1요소식(단요소식) : 수위만을 이용 검출
② 2요소식 : 수위, 증기량을 이용 검출
③ 3요소식 : 수위, 증기량, 급수량을 이용 검출

1) 맥도널식
내부에 플로트를 설치하여 수위의 부력에 의해 연결된 수은 스위치를 작동하는 형식으로 중·소형 보일러에 가장 많이 사용하는 형식이다.

2) 전극식
물의 전기전도도를 이용하여 내부에 수위에 맞는 기본 접점들을 두어 수위의 변화에 나타나는 전기적 신호를 제어 릴레이를 통해 경보를 발하는 형식이다.

> 주 6개월에 1회정도 검출통을 분해하여 내부청소를 실시하며, 1년 1회 이상 통전시험 및 전열저항을 측정한다.

3) 코프스식(열팽창력식)
금속의 열팽창력을 이용하여 수위를 제어하는 형식이다.

(3) 가용전(용해 plug)

노통이나 화실 천장부에 설치하여 이상온도의 상승으로 과열되게 되면 그 속에 내장된 합금이 녹아 급수가 화실로 분출하여 보일러를 안전운전하게 하는 장치로 납과 주석을 사용한다.

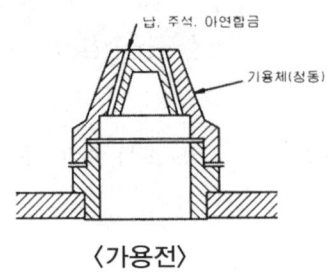
〈가용전〉

합금원소		용융온도
주석	납	
10	3	150[℃]
3	3	200[℃]
3	10	250[℃]

(4) 증기 압력 제어기(steam pressure control instrumemt)

1) 증기 압력 제한기

수은 스위치의 변위에 의해 전기의 온(ON), 오프(OFF) 신호를 버너와 전자 밸브로 보내 연료의 공급 및 차단을 하는 역할을 한다.

2) 증기 압력 조절기

증기 압력에 따른 벨로즈의 신축작용으로 전기저항을 변화시켜 연료량과 함께 공기량을 조절하여 항상 일정한 증기 압력이 되도록 유지하는 장치이다.

(5) 방폭문

연소실 내의 미연소가스에 의한 폭발이나 역화의 발생시 그 폭발압을 외부로 배출시켜, 역화에 의한 보일러의 손상이나 안전사고를 방지하기 위한 장치이며, 형식으로 개방형(스윙식)과 밀폐형(스프링식)이 있다.

> 설치위치 : 연소실 후부나 좌우측에 설치

(6) 방출 밸브

온수 보일러에서의 안전장치로 1개 이상 설치하여야 하며 393K(120[℃])를 초과하는 온수 보일러에서는 안전밸브를 설치하여야 한다. 393K(120[℃]) 이하의 온수 보일러에는 방출 밸브를 설치하여 호칭지름은 20[mm] 이상으로 최고사용압력에 그 10[%](그 값이 0.035MPa(0.35[kg/cm^2]) 미만인 경우 0.035MPa(0.35[kg/cm^2])으로 함)를 초과하지 않도록 지름과 갯수를 정하여야 한다.

전열면적	방출관의 안지름
10[m²] 미만	25[A] 이상
10 이상~15[m²] 미만	30[A] 이상
15 이상~20[m²] 미만	40[A] 이상
20[m²] 이상	50[A] 이상

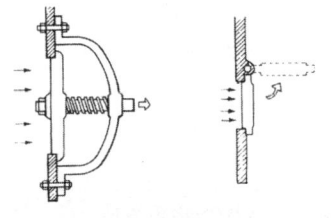

스프링식(밀폐식) 스윙식(개방식)〉
[방폭문]

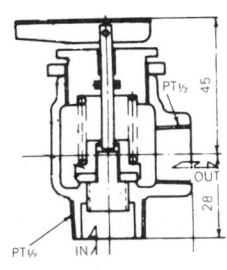 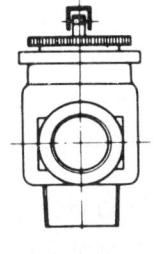 

〈방출 밸브〉

5. 응축수 회수 장치

보일러의 급수질 향상 및 효율을 향상시키며 용수비용 절감을 위해 응축수를 회수하여 재사용한다.

(1) 응축수 환수방법에 의한 분류

① 중력 환수식 : 건수환수 방식에서의 관수의 비중력차에 의해 환수하는 방식이다.
② 기계 환수식 : 방열기에서 응축수 탱크까지는 중력환수 탱크에서 보일러까지는 펌프에 의한 강제순환방식이다.
③ 진공 환수식 : 방열기의 설치장소에 제한을 받지 않는 환수방식으로 증기와 응축수를 진공 펌프로 흡입 순환시키는 방식이다.

❖ 특 징
① 중력, 기계 환수보다 순환이 가장 빠르다.
② 기울기(구배)에 큰 애로가 없다.
③ 방열량을 광범위하게 조절할 수 있다.
④ 환수관의 관지름을 적게 할 수 있다.
⑤ 버큠 브레이커(vacuum breaker)를 사용하여 진공을 일정히 유지해야 한다.

(2) 환수관의 배관방식에 의한 분류

① 건식환수 : 보일러의 표준수위보다 높은 위치(약 650[mm])에 배관하여 환수하는 방식으로 관말에 냉각관(나관배관)과 관말 트랩(열동식 트랩)을 사용하여 증기의 환수로 인한 수격작용을 방지해야 한다.

② 습식환수 : 저압증기 보일러의 표준수위보다 낮은 위치에 배관하여 환수하는 방식으로 접속부 누수로 인한 이상감수 현상을 방지하게 하기 위하여 하트포드 접속 한다.

5-3 열교환장치

1. 과열기 및 재열기

(1) 증기과열기(super heater)

1) 정 의

연소가스의 여열을 이용하여 일정한 압력을 유지하면서 보일러 속에 발생한 포화증기를 과열증기로 증기의 온도를 높이는 가열장치

2) 과열기의 종류

① 열가스 흐름에 의한 분류
㉠ 병류식 : 증기와 열가스의 흐름이 같은 방향이며, 열 이용율도 높고, 소손도 적다.
㉡ 향류식 : 증기와 열가스의 흐름이 반대방향이며, 열 이용율이 높고 양호하나 연소가스에 의한 소손의 우려가 있다.
㉢ 혼류식 : 병류식과 향류식을 병합이며, 열 이용율이 높고, 소손의 우려가 적다.

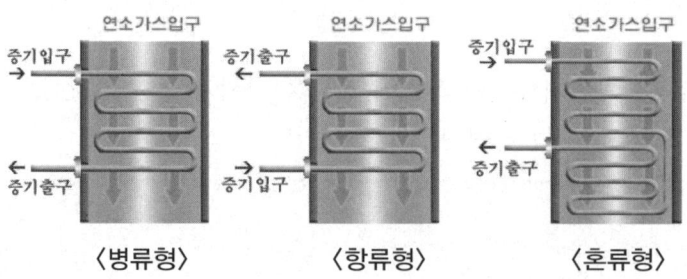

② 열가스 접촉에 의한 분류
㉠ 접촉(대류)과열기 : 대류열을 이용
㉡ 복사과열기 : 복사열을 이용
㉢ 접촉복사과열기 : 대류 및 복사열을 이용
③ 연소방식에 따른 분류
㉠ 직접 연소식
㉡ 간접 연소식

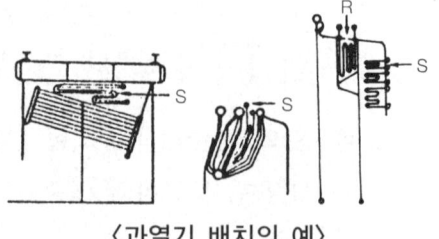

〈과열기 배치의 예〉

3) 과열기의 설치상 잇점
① 보일러의 열효율을 높여 준다.
② 관내부식 및 워터 해머 현상을 방지한다.
③ 적은 량의 증기로 많은 열을 얻을 수 있다.
④ 관내 유속에 따른 마찰저항이 감소된다.

❖ 과열 증기 온도 조절 방법
㉠ 열가스량 조절
㉡ 과열 증기에 습증기나 급수를 분무하는 방법
㉢ 과열기 전용 회로에 의하는 방법
㉣ 배기가스의 재순환 방법
㉤ 화염 위치 조절 방법
㉥ 과열 저감기를 사용하는 방법

(2) 재열기(reheater)

증기의 건도를 높이기 위하여 증기를 재가열하는 장치로 과열증기가 고압 터빈에서 팽창이 끝나고 응축 직전에 회수하여 다시 가열시켜 저압 터빈에서 팽창하도록 하는 것으로 증기 터빈의 열효율을 향상시킬 뿐만 아니라 터빈 날개의 부식이나 마찰에 따른 손실을 감소시켜 준다.

2. 급수예열기(절탄기)

보일러에서 배출되는 배기가스의 여열을 이용하여 급수를 예열하는 장치로 연도안에 설치되어 보일러의 포화온도보다 약간 낮은 10~20[℃] 이하 정도로 급수를 예열하여 보일러 본체와 급수관에 연결한다.

☐ 절탄기에서 급수 온도를 10[℃] 높일 때마다 보일러 효율은 1.5[%] 증가된다. 절탄기 출구 온도는 170[℃] 이상 되어야 저온부식이 방지된다.

❖ 특징
[장점]
① 보일러의 열효율을 증가
② 급수와 보일러수의 온도차를 작게 하여 열응력을 방지
③ 급수에 포함된 일부 불순물을 제거 한다(경수→연수).
[단점]
① 저온부식이 발생한다.
② 연소가스 통풍의 마찰손실이 많다(통풍력의 감소).
③ 청소 및 점검이 곤란하다.

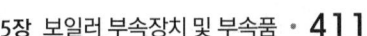

3. 공기예열기

보일러의 연도가스 온도(200~400[℃])의 여열을 이용하여 연소용 공기를 예열하는 장치

- 공기예열기의 공기의 예열온도는 180~350[℃] 정도가 알맞다. 공기에서 연소용 공기의 온도를 25[℃] 정도 높일 때마다 열효율이 1[%] 정도가 높아진다.

(1) 특 징

① 착화 및 연소를 좋게 하고 연소온도를 높인다.
② 연료의 완전연소를 가능하게 한다.
③ 저온부식의 위험이 크므로 배기가스 온도를 150~170[℃] 이하가 되지 않도록 한다.

(2) 공기예열기의 열원에 의한 종류

① 급수식
② 증기식
③ 가스식 전열식 ┌ 강관형
　　　　　　　　└ 강판형

전열(구조)에 따른 종류

① 전열식 공기예열기(전도식) → ㉠ 판형 ㉡ 관형
② 재생식(융그스트롬[Ljungström]식 : 회전식, 고정식, 이동식)
③ 히트 파이프식

> ❖ 전도식은 금속 전열면을 통해서 배기가스가 보유하는 열을 공기에 전하는 것이며, 그 구조에 따라 관형과 판형으로 구분된다.
> 재생식은 금속판을 일정시간 배기가스에 접촉시켜 열을 흡수시키고 다음에 또 일정시간 공기에 접촉시켜 열을 방출하는 것이며 회전식, 고정식, 이동식이 있다.

(3) 공기예열기의 설치 상 잇점

① 연소 및 전열 효율을 향상시킨다.
② 보일러의 열효율을 향상시킨다.
③ 연료의 완전연소를 가능하게 한다.
④ 수분이 많은 저질탄 연료도 연소가 가능하다.

폐열회수장치 일반적 특징

① 연소실·연도내에 설치하여 배기가스의 여열을 이용하는 장치이다.

② 연도내 설치위치는 연도에서 연돌방향으로 과열기 → 절탄기 → 공기예열기의 순이다.
③ 과열기·재열기에서는 일반적으로 고온부식(V_2O_5)이 문제로 배기가스온도가 500[℃] 이상 되어지지 않도록 주의해야 한다.
④ 절탄기·공기예열기에서는 일반적으로 저온부식(H_2SO_4)이 문제로 배기가스온도가 170[℃] 이하로 되어지지 않도록 주의해야 한다.
⑤ 공기예열기의 저온부식
　㉠ 공기예열기에 가장 주의를 요하는 것은 공기 입구부의 저온부식이다.
　㉡ 공기 입구 온도가 낮으면 전열관 온도가 노점이하가 되어 전열관에 부식을 초래한다.
　㉢ 유황성분이 많을수록 또 산소가 높을수록 노점은 높아진다.

[장점]
① 배기가스 손실을 줄일 수 있다.
② 보일러 용량의 증대
③ 연소효율·전열효율이 높아진다.

[단점]
① 연도내 통풍력이 감소한다.
② 취급자의 운전범위가 넓어진다.
③ 저온·고온부식에 주의해야 한다.

예열장치의 설치순서

(증발관) → 과열기 → 재열기 → 절탄기 → 공기예열기

4. 열교환기

(1) 열교환기의 개념

고온 물체의 열을 저온의 물체로 이동하는 열의 관계를 상용화 한 것을 열교환기(heater exchanger)라 한다. 즉, 열교환기는 고열량의 물체와 저열량의 물체가 상호 열을 교환할 수 있도록 만들어진 기계적 장치를 말한다. 건물에서 냉·난방을 위해 필수적인 보일러에서 사용되는 열교환기는 온수를 만드는 온수 가열기와 연료를 예열하는 오일히터 등이 있다.

(2) 열교환기의 종류

1) 쉘 앤 튜브식 열교환기(shell and tub heater exchanger)

난방 및 온수용으로 가장 많이 사용하고 있는 쉘 앤 튜브식 열교환기는 원통형의 쉘 내부에 다수의 관군을 삽입한 형태입니다. 쉘의 내부에 가열하는 물질을 코일에 열매를 통과시켜 열교환을 하는 형태입니다.

① 고정관판식
② 유동두식
③ U자관식

2) 이중관식 열교환기(double pip heater exchanger)

대구경관에 수구경관을 삽입하여 각각의 관에 가열 유체와 열매를 통과시켜 열을 교환하는 형식으로 구조가 간단하고 가격이 저렴하며, 고압용으로 제작이 가능하고 전열면의 증감이 자유로워 규모가 작은 건물에서 많이 사용한다.

3) 판형 열교환기

여러 개의 판을 조합하여 각 각의 면으로 유체와 열매를 통과시켜 열을 교환하는 형태이며, 유로 및 강도를 고려하여 요철형으로 프레스 성형된 전열판을 포개어 교대로 각각의 유체가 흐르는 구조의 열교환기이다.

5-4 기타 부속장치

1. 연료공급 장치

(1) 저장 탱크(storage tank)

연료 메인 탱크로 7~14 일 정도의 분량을 저장하며 저장온도는 40~50[℃] 정도이다.

(2) 서비스 탱크(service tank)

버너로 이송하기 전 저장 탱크로부터 3~5 시간 정도 사용할 분량을 저장하는 탱크로 보일러로 부터 2[m] 이상 떨어져야 하며 버너보다 1.5[m] 이상 높게 설치한다.(가열온도 60~70[℃])

■ 시공시 부대설비
① 유송입관
② 통기관
③ 유면계
④ 온도계
⑤ 도피관
⑥ 플로트 스위치

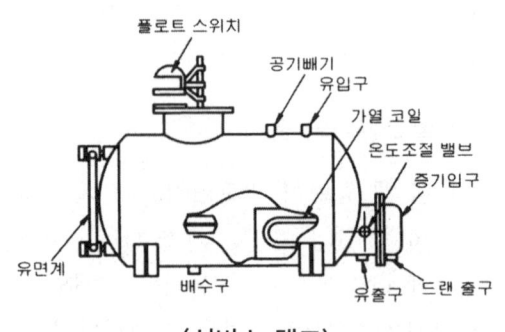

〈서비스 탱크〉

급유계통의 이송경로

저장탱크 → 여과기 → 기어펌프 → 서비스탱크 → 여과기 → 오일프리히터 → 유압펌프 → 급유온도계 → 유압계 → 유량조절밸브(전자 밸브) → 버너

유예열기(oil preheater)

중유의 점도가 높아 분무 시 무화를 돕기 위해 가열하여 적정점도로 유지하기 위해 가열하는 장치로 증기로 가열하는 증기식, 온수로 가열하는 온수식, 전기로 가열하는 전기식이 있다.(예열온도 : 80~90[℃])

용량계산식

$$\text{kWh} = \frac{Gf \times C \times (t_1 - t_2)}{860 \times \eta}$$

- Gf : 시간당 연료소비량[kg/h]
- C : 연료평균비열[kcal/kg℃]
- t_1 : 유예열기 출구온도[℃]
- t_2 : 유예열기 입구온도[℃]
- η : 효율[%]

오일 펌프

㉠ 원심 펌프
㉡ 기어 펌프
㉢ 스크루 펌프

여과망

- 유량계전 : 20~30 메시
- 버너 입구 : 60~120 메시

❖ **가열온도가 너무 높으면**
① 관내에서 기름의 분해가 일어난다.
② 분무상태가 고르지 못하다.
③ 분사각도가 흐트러진다.
④ 탄화물 생성의 원인이 된다.

❖ **가열온도가 너무 낮으면**
① 무화가 불량해진다.
② 불길이 한편으로 흐른다.
③ 그을음·분진이 발생한다.

---

2. 분출 장치(blow-system)

분출목적

① 관수의 불순물 농도를 한계값 이하로 유지(농축방지)
② 관수의 PH를 조절(급수의 PH : 7~9(8.5), 보일러수의 PH : 10.5~11.5)
③ 캐리오버 현상을 방지
④ 관수의 신진대사 촉진으로 대류열 향상
⑤ 스케일, 슬러지 생성방지 및 청소보존을 위해

(1) 수저분출(단속분출)

침전된 슬러지를 배출하는 것으로 동저부 가장 낮게 설치한다. 일반적으로 하나의 밸브(콕)를 사용하나 두 개의 밸브를 사용할 때에 보일러 가까이 급개형밸브(콕) 그 뒤에 서개형 밸브(점개형밸브)를 설치하며, 개방 순서는 콕(급개형)을 열고 서개형밸브를 연다.(잠글때는 역순)(단, 저압보일러의 경우는 보일러 가까이에 서개형밸브 먼쪽에 콕을 설치한다. 개방순서는 콕을 열고 서개형밸브를 연다.)

> 급개밸브는 전폐상태에서 급속히 전개하는 것으로, 또 점개형밸브는 전폐 상태에서 전개까지 밸브축을 5회 이상 회전하는 것이다. 이 경우 급개밸브는 잠금용으로 사용하고, 점개밸브는 분출용으로 사용한다.

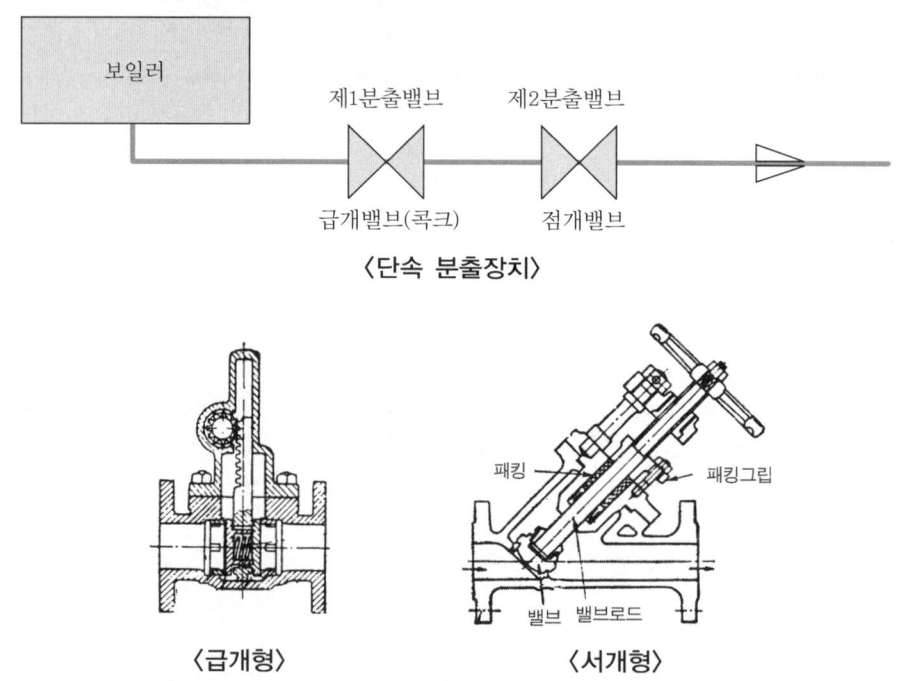

❖ 슬러지가 장기간 퇴적되면 스케일(관석)이 된다. 이때에는 분출이 안되므로 급수처리의 상태에 따라 분출회수를 결정한다.

(2) 수면분출(연속분출)

동내부 안전저수위보다 약간 높게 설치하여 유지분, 부유물 등을 제거하는 장치로 수의 농도를 일정하게 유지하도록 조절 밸브에 의해 분출량을 가감하는 연속분출 형식도 있다. 배출된 관수는 플래시(flash) 탱크에 들어가 증기는 기화하여 회수하고 내부에 담긴 농축수는 배출하도록 되어 있다.

분출시기

① 보일러 점화전
② 운전 중인 보일러에는 부하가 가장 가벼울 때
③ 프라이밍 포밍의 발생시
④ 고수위로 가동될 때
⑤ 관수의 농축이 지나치다고 생각될 때

분출시 주의사항

① 관수 중 불순물 농도를 분석 분출량을 측정한다.
② 분출은 2명이 1조로 하되 수위의 감시를 철저히 하도록 한다(저수위 사고).
③ 분출은 가급적 시동전 또는 부하가 가장 가벼운 때 한다.
④ 1일 1회 이상 분출하되 신속히 작업한다.
⑤ 비수현상시나 농축되었을 때 분출한다.
⑥ 매화를 한 보일러는 불때기 직전에 한다.

〈연속분출장치〉

매화(埋火)
석탄때기의 경우 소화시 완전 소화하지 않고 재로 불씨를 묻는 것을 말하며 매화시는 다음날 분출을 위해 수위를 약간(상용수위보다 100[mm] 높게) 높혀 둔다.(매화는 점화·재점화 시 수고를 덜기위해 한다)

밸브 설치

① 최소한 0.7MPa(7[kg/cm^2]) 이상에 견딜 것.
② 보일러 가까이에 급개형 밸브, 그 뒤에 서개형 밸브를 설치한다.
③ 밸브는 침전물이나 퇴적물이 쌓이지 않는 구조일 것.
④ 호칭 25~65[A]를 사용한다(주철제 보일러는 20~70[A]).
⑤ 전열 면적(보일러) 10[m^2] 이하의 경우 20[A]

주) 최고사용압력이 1.3MPa(13kg/cm^2)을 초과하는 보일러의 분출밸브는 회주철 또는 펄라이트 가단주철로 하고, 최고사용압력이 1.9MPa(19kg/cm^2)을 초과하는 보일러의 분출밸브는 흑심 가단 주철제로 한다.

3. 수트 블로워(매연 분출기, soot blower)

전열면에 부착된 그을음을 제거하는 장치로 증기분사·공기분사·물분사의 형식이 있으며 주로 수관식 보일러에 사용한다.

(1) 롱 리트랙터블형(long retractable : 삽입형)

긴분사관을 이용 선단에 노즐을 설치 청소하는 것으로 주로 고온의 전열면에 사용된다.

(2) 로터리형(rotary : 회전형)

회전을 하면서 분사 청소하는 것으로 연도 등의 주로 저온의 전열면에 사용된다.

(3) 건형(gun : 총형)

일반적 전열면에 사용한다.

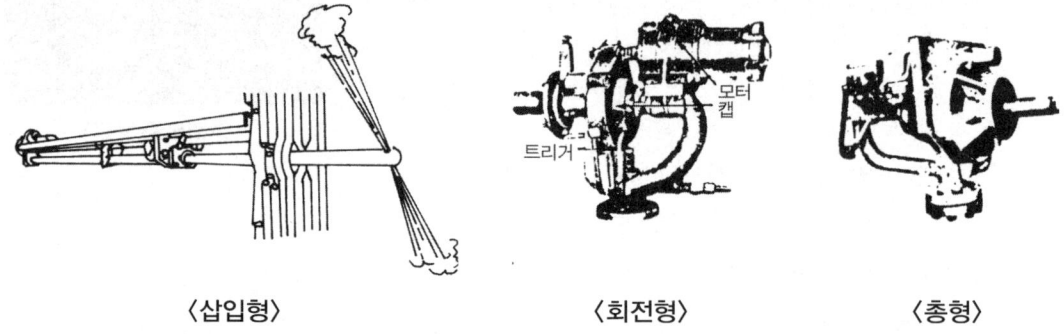

〈삽입형〉　　　　〈회전형〉　　　　〈총형〉

▣ 수트 블로워(soot blower) 사용시 주의사항
① 부하가 적거나(50[%] 이하) 소화 후 사용하지 말 것.
② 분출하기전 연도내 배풍기를 사용 유인통풍을 증가시킬 것.
③ 분출기 내의 응축수를 배출시킨 후 사용할 것.
④ 한 곳으로 집중적으로 사용함으로 전열면에 무리를 가하지 말 것.
⑤ 연료의 종류, 분출 위치, 증기의 온도 등에 따라 분출시기를 결정할 것.

▣ 종류
① 고온 전열면 블로워 – 롱리트렉터블형
② 연소 노벽 블로워 – 숏트렉터블형
③ 전열면 블로워 – 건타입형
④ 저온전열면 블로워 – 로터리형
⑤ 공기예열기 블로워 – 롱리트렉터블형, 트래벌링 프레임형

4. 대기오염방지 장치

(1) 집진장치(集塵裝置)

연소로 인한 함진배기가스 중 분진(dust), 회분, 유해가스(CO, SO_x, NO_x) 등을 처리하는 장치로 건식과 습식이 있다.

1) 건식 집진장치

① 중력침강식 : 함진배기 중의 입자를 중력에 의해 포집하는 방식으로 수십 μ 이상의 거칠은 입자의 포집에 사용되며 입력손실은 대략 5~10[mmAq] 정도이다. 처리가스속도가 늦을수록, 흐름이 균일할수록 집진율이 높다.

② 관성력식 : 함진가스를 방해판 등에 충돌시켜 기류의 급격한 전환에 의해 침강력을 가지게 될 때 분리포집하는 방식으로 전환각도가 작고 전환회수가 많을수록 집진율이 높다.

③ 원심력식 : 함진가스에 선회운동을 주어 입자에 작용하는 원심력에 의하여 입자를 분리하는 방식으로 내통경은 작게 처리가스 속도는 크게 하면 집진율이 높아진다. 접선유입식, 축류식 등이 있으며 소형의 사이클론을 다수 설치한 블로 다운 방식의 멀티 사이클론이 있다.

④ 여과기 : 함진가스를 여과제(filter)를 통하여 분리, 포착하는 방식이다. 내면 여과 방식과 표면 여과방식으로 나뉘며 표면여과방식 중 대표적인 백(bag) 필터가 있다.

⑤ 전기식(cottrell) : 고압의 직류 전원을 사용하여 방전극 근처에서 양이온과 자유전 자로부터 이루어지는 프라스마 형성에 의해 입자를 전리하는 방식으로 이러한 방전을 코로나 방전현상이라 하며 가스 중 함유입자는 음이온으로 되어 부착 분리되어 제거하는 장치이다.(코트렐 집진장치(cottrell precipitator)가 대표적이다)

2) 습식 집진장치(세정식)

① 세정식
② 가압수식
③ 유수식
④ 회전식

(2) 매연농도측정 및 매연농도계

연료의 연소에 의한 그을음, 일산화탄소, 황산화물, 회분, 분진 등의 배기가스 중에 유해 물질이 발생하여 인체, 동식물 및 열설비에 큰 재해를 준다. 이러한 대기오염을 방지하기 위하여, 또한 배기가스의 매연을 측정하기 위해 매연농도계를 설치한다.

① 매연의 발생 원인
   ㉠ 연소기술의 미숙
   ㉡ 통풍의 과다 및 부족 시
   ㉢ 공기와 연료와의 혼합불량
   ㉣ 연소실의 온도가 너무 낮다.
   ㉤ 연료 속에 슬러지, 수분 등의 혼입 시
   ㉥ 연료에 따른 연소장치의 부적정

매연의 종류

　㉠ 황화물 : SO_2, SO_3 등의 황산화물(SO_x)
　㉡ 질화물 : NO, NO_2 등의 질소산화물(NO_x)
　㉢ CO
　㉣ 그을음과 분진

② 매연농도계의 종류

1) 링겔만 매연농도계

　매연농도와 시각에 의한 비교측정법으로 백색 바탕에 흑선을 수평, 수직의 격자모양으로 검은 부분이 차지하는 면적과 전면적의 비율에 따라서 0 번에서 5 번까지 6 종으로 구분한 농도표로 한다. 이 표를 관측자로부터 16[m] 떨어진 위치에 놓고 관측자와 연돌과의 거리를 약 30~39[m] 정도의 위치에서 연돌상단의 입구로부터 30~45[cm]에 떨어진 부분의 연기색을 비교해 몇번인지를 측정한다. 이때 주의할 점은 해를 등지고, 연기의 흐름과는 직각방향의 위치에서 측정하며 주위의 하늘색이 너무 환하거나 어두울 때는 측정하지 않는다.

No.	0	1	2	3	4	5
농도율	0	20%	40%	60%	80%	100%
흑선[mm]	-	1	2.3	3.7	5.5	전흑
백선[mm]	전백	9	7.7	6.3	4.5	-
연기색	무색	엷은 회색	회색	엷은 흑색	흑색	암흑색

매연농도율[%]

　① $\dfrac{총매연\ 농도값}{측정시간(분)} \times 20$

　② $\dfrac{총매연\ 농도값}{시간측정회수} \times 20$

　　□ 가장 양호한 연소상태는 No.1 이며, No.2번 이하이어야 합격이다.

2) 로버트 농도표

링겔만의 일종으로 4종류의 비표로 나타낸다.

3) 광전관식 매연농도계

표준 전구와 광전관을 부착하여 연기의 색도에 따라 투과된 방사관의 양을 광전관에 의해 자동으로 매연을 측정한다.

4) 매연포집 중량법

배기가스를 여과종이에 통과시켜 여과지에 부착된 양을 이용하여 측정한다. 매진량 자동연속측정장치

> ❖ **바카라치(Bacharch)**
> 0번부터 9번까지 10종이 있으며 온수 보일러의 형식승인 기준상 스모크스겔 4번 이하로 연소 배기가스 매연농도를 규정하고 있다.

5. 기타장치

(1) 압력계

보일러를 안전하게 운전하기 위하여 설치하여야 하며 탄성식 압력계 중 보일러에서는 일반적으로 부르돈관식 압력계를 사용한다.

> ❖ **탄성식 압력계 종류** : 부르동관식, 벨로즈식, 다이어프램식

압력계의 크기
① 압력계 최고눈금은 보일러 최고사용압력의 1.5배 이상 3배 이하로 한다.
② 문자판 지름 100[mm] 이상으로 한다.(60[mm] 이상의 경우 안전관리 참조)
③ 재질은 황동으로 내부온도를 353K(80[℃]) 이하로 유지해야 한다.
④ 압력계 연결관은 동관 안지름 6.5[mm] 강관 안지름 12.7[mm] 이상
⑤ 사이폰관의 안지름은 6.5[mm] 이상이어야 한다.

> ❖ 증기온도가 483K(210[℃]) 이상인 경우 황동관 또는 동관사용금지
> 사이폰관의 내부유체온도 : 80[℃] 이하

압력계 검사시기
① 두 개가 설치된 경우 지시도가 다를 때
② 비수현상, 포밍 등으로 압력계에 영향이 미쳤다고 생각될 때
③ 신설 보일러의 경우 압력이 오르기 전
④ 부르동관이 높은 열을 받았을 때
⑤ 계속사용 검사를 할 때

⑥ 장기간 휴지 후 사용하고자 할 때
⑦ 안전밸브의 실제분출압력과 설정압력이 맞지 않을 때

❖ 압력계에 삼방 콕을 부착시키는 이유는 보일러가동 중 압력계를 시험하기 위함이다.

압력계 취급상의 주의 사항
① 온도가 353K(80℃) 이상 올라가지 않도록 한다. 부르돈관내에 직접증기가 들어가면 고장이 나기 쉬우므로 사이폰관에 물이 가득차지 않으면 안된다. 압력계를 부착할 때에는 사이폰관의 상태에 이상이 없는지 확인하여야 한다.
② 압력계 사이폰관의 수직부에 콕크를 설치하고 콕크의 핸들이 축방향과 일치할 때에 열린 것이어야 한다.
③ 압력계의 위치가 보일러 본체로부터 멀리 있어 긴 연락관을 사용할 때에는 본체의 가까운 곳에 정지밸브를 설치할 필요가 있지만 이 경우 정지밸브를 완전히 열어 고정하든지 또는 핸들을 뽑아둔다.
④ 압력계를 떼어내었을 때에는 콕크. 사이폰관, 연락관을 불어내고 이물질 및 녹 등을 제거한다. 스케일이 부착되어 있는 경우에는 완전히 청소하거나 또는 새것으로 교체한다.
⑤ 한냉기에 장기간 사용하지 않을 경우에는 동결로 인하여 고장이 발생되므로 압력계를 떼어 내어 보관하고, 연락관, 사이폰관을 비워둔다.
⑥ 항상 검사 받은 정확한 압력계 예비품을 1개 준비해두고 사용 중 압력계의 기능이 의심스러울 때에는 수시로 연락관 콕크를 닫고 예비압력계로 교체하여 비교하여 본다.
⑦ 압력계는 고장이 나서 바꾸는 것이 아니라 일정사용시간을 정하고 정기적으로 교체해야 한다. 원칙적으로 매1년에 1회, 압력계의 시험을 하는 것이 필요하다.

(2) 수면계

증기 보일러 내의 수위를 측정하는 계측기로 수위의 관리는 대단히 중요하므로 항상 정확히 알고 있어야 하며, 증기 보일러에는 2개 이상의 유리수면계를 부착하여야 하며, 밸브류는 한눈에 개폐여부를 알 수 있도록 한다. 또 수면계의 설치는 최하단부가 안전저수위와 일치하여야 한다.

❖ 온수 보일러에는 수고계를 설치한다.

원통형 보일러의 안전저수위
① 직립형 보일러 : 연소실 천정관 최고부위(플랜지부를 제외) 75[mm]

② 직립형 연관 보일러 : 연소실 천정관 최고부위, 연관길이의 $\frac{1}{3}$
③ 수평연관 보일러 : 연관의 최고부위 75[mm]
④ 노통연관 보일러 : 연관의 최고부위 75[mm] (노통 윗면이 높은 것은 노통 최고부위 100[mm])
⑤ 수위 검출시 검출기 종류
  ㉠ 전극식
  ㉡ 플로트식
  ㉢ 차압식
  ㉣ 열팽창식

1) 수면계의 종류

① 원형유리관식 수면계 : 저압용 1MPa(10[kg/cm^2]) 유리관의 안지름은 10[mm] 이상일 것.
② 평형투시식 수면계 : 고압용으로 4.5MPa(45[kg/cm^2])에서 7.5MPa(75[kg/cm^2]) 용이 있다.
③ 평형반사식 수면계 : 수부를 검게 나타낸 것으로 1.6MPa(16[kg/cm^2])에서 2.5MPa(25[kg/cm^2]) 용이 있다.
④ 2색식 수면계 : 고압용 수위의 식별을 위해 색유리의 굴절차로 색이 나타나게 한 수면계이다.(녹색 : 물, 적색 : 증기)
⑤ 멀티포트식 수면계 : 원격지시 수면계이며, 21MPa(210[kg/cm^2])까지의 초고압용으로 사용된다.

2) 수주관의 설치

육용강제 보일러의 경우 수면계에 온도상승, 압력팽창 등으로 인한 수면계 파손으로부터 보호하며 불순물로 인한 연락관을 막히게 하는 장애가 일어나지 않도록 원통형 강판으로 제작 설치한다.(단, 주철제 수주관을 사용하는 경우는 1.6MPa(16[kg/cm^2]) 이하에서 사용한다)

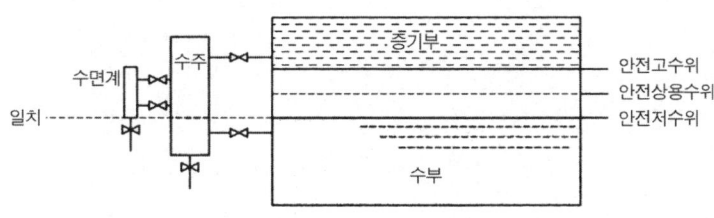

〈수주관 및 수면계 정착의 예〉

3) 수면계 점검순서

① 물 밸브를 닫는다.
② 증기 밸브를 닫는다.
③ 드레인 밸브를 열어 물을 빼낸다.
④ 물 밸브를 열고 확인 후 잠근다.
⑤ 증기 밸브를 연다.
⑥ 드레인 밸브를 닫고 물 밸브를 연다.

4) 수면계 점검시기

① 비수·포밍 발생 시
② 두 개의 수면계 수위가 서로 다를 때
③ 수위가 보이지 않을 때
④ 수면계의 움직임이 둔하고, 수위가 의심스런 경우
⑤ 보일러를 가동하기 전

5) 수면계 파손원인

① 무리한 너트의 조임
② 외부에서 충격을 가할 때
③ 급열·급냉 시
④ 상하부의 축이 이완되었을 때

예상문제

01 보일러 수면계의 종류가 아닌 것은?

① 삼각유리 수면계
② 유리관 수면계
③ 2색식 수면계
④ 평형반사식 수면계

해설) 유리수면계 종류 : 원형유리관식, 평형반사식, 평형투시식, 2색식, 멀티포트식

02 보일러에서 가장 많이 사용하는 안전밸브의 형식은?

① 레버식 ② 스프링식
③ 중추식 ④ 복합식

03 안전 밸브의 지름은 보일러 전열 면적 2m² 이상에서 최소 몇 mm 이상인가?

① 20   ② 30
③ 25   ④ 40

해설) 최고사용압력이 0.5Mp 이하, 전열면적이 2m² 이하의 경우에는 20A 이상이 가능하다.

04 보일러의 가동 중 사고 방지를 위한 가장 중요한 부분은?

① 안전 밸브
② 밸브
③ 수면계
④ 비수 방지관

05 보일러의 안전밸브의 면적은 고압일수록 저압일 때 보다는?

① 좁아야 한다.
② 넓어야 한다.
③ 무관하다.
④ 똑같이 한다.

해설) 안전밸브의 크기는 전열면적에 비례하고, 압력에 반비례해야 한다.

06 밸브 중 증기 누설의 원인을 설명한 것이다. 틀린 것은?

① 안전밸브의 랩핑이 불량할 때
② 하중이 밸브축과의 중심이 맞지 않을 때
③ 밸브와 밸브 시트 사이에 이물질이 있을 때
④ 밸브의 구경이 사용압력에 비해 지나치게 클 때

해설) 안전 밸브의 증기 누설 원인
① 밸브와 밸브 시트 사이에 이물질이 부착
② 랩핑 불량 시
③ 스프링의 장력이 감쇄 시
④ 밸브축의 이완시
⑤ 밸브 및 밸브 시트의 마모 시

ANSWER 1.① 2.② 3.③ 4.① 5.① 6.④

07 보일러에서 사용하는 압력계의 최고 눈금에 대해서 바르게 설명한 것은?

① 보일러 최고사용압력의 4배 이하로 하되 2배 보다 작아서는 안된다.
② 보일러 최고사용압력의 4배 이하로 하되 최고사용압력보다 작아서는 안된다.
③ 보일러 최고사용압력의 3배 이하로 하되 1.5배 보다 작아서는 안된다.
④ 보일러 최고사용압력의 3배 이하로 하되 최고사용압력보다 작아서는 안된다.

해설 눈금 범위 : 최고사용압력의 1.5배 이상 3배 이하

08 유리관식 액면계의 종류 중 가장 높은 압력범위에서 사용할 수 있는 액면계는?

① 멀티포트식 ② 2색 액면계
③ 평형 반사식 ④ 원형 유리관식

해설
① 원형유리관식 수면계 : 저압용-1MPa(10kg/cm^2)
② 평형투시식 수면계 : 고압용으로 4.5MPa(45kg/cm^2)에서 7.5MPa(75kg/cm^2)
③ 평형반사식 수면계 : 수부를 검게 나타낸 것으로 1.6MPa(16kg/cm^2)에서 2.5MPa(25kg/cm^2)
④ 멀티포트식 수면계 : 원격지시수면계이며, 21MPa(210kg/cm^2)까지의 초고압용

09 보일러 설비배관에서 역류방지 밸브를 설치하는 배관은?

① 급수 배관
② 증기공급 배관
③ 증기환수 배관
④ 스팀헤드 주위배관

해설 급수관에는 급수밸브와 역류방지밸브를 직렬로 설치한다.

10 보일러의 안전작업을 수행하기 위하여 부착하는 부속장치에 해당되지 않는 것은?

① 저수위 경보기 ② 화염 검출기
③ 압력 제한기 ④ 절탄기

해설 폐열(여열)회수장치 : 과열기, 재열기, 절탄기, 공기예열기

11 열역학적 트랩으로 수격현상에 강하고 과열증기에도 사용할 수 있으며 구조가 간단하여 유지보수가 용이한 증기트랩은?

① 버킷 트랩 ② 디스크 트랩
③ 벨로스 트랩 ④ 바이메탈식 트랩

해설 열역학적 트랩 : 오리피스식, 디스크식

12 증기트랩(steam trap)을 사용하는 이유로 가장 적합한 것은?

① 증기배관 내의 수격작용을 방지한다.
② 증기의 송기량을 증기시킨다.
③ 증기배관의 강도를 증가시킨다.
④ 증기발생을 왕성하게 해준다.

해설 증기트랩 : 증기관내의 고인 응축수를 제거하여 수격작용 및 부식 방지

13 증기의 순환이 가장 빠르며 방열기 설치 장소에 제한을 받지 않는 환수방식으로 증기와 응축수를 진공펌프로 흡입 순환 시키는 난방법은?

① 중력환수식 ② 기계환수식
③ 진공환수식 ④ 자연환수식

해설 진공환수식 : 방열기 설치장소에 제한을 받지 않고, 증기의 순환이 빠르며, 진공펌프로 흡입 순환시켜 난방하는 방식

ANSWER 7.③ 8.① 9.① 10.④ 11.② 12.① 13.③

14 일반적인 관류 보일러의 장점에 해당하지 않는 것은?

① 기수분리기가 불필요하다.
② 열용량이 적어서 추종성이 빠르다.
③ 임계압력 이상의 고압에 적당하다.
④ 증기 발생속도가 매우 빠르다.

해설 관류보일러는 드럼이 없이 관으로만 구성이 되어 있으므로 기수분리기를 설치해야 한다.

15 일반적인 과열증기의 온도조절 방법으로 가장 거리가 먼 것은?

① 과열기 내에 통과하는 연소가스의 유로를 조정한다.
② 과열증기 일부를 냉각기 속에 통과시켜 증기온도를 조절한다.
③ 과열증기의 압력을 조정하여 온도를 조절한다.
④ 과열증기 중에 습증기를 분사시켜 온도를 조절한다.

해설 과열기온도 조절방법
① 열가스량 조절
② 과열 증기에 습증기를 분무하는 방법
③ 연소가스의 유로 조정
④ 과열증기 일부를 냉각기 속에 통과시켜 조절
⑤ 화염 위치 조절 방법

16 증기트랩(steam trap)의 종류 중 열역학적 트랩(thermodynamic trap)에 해당되는 것은?

① 오리피스식   ② 상향버킷식
③ 벨로스식   ④ 레버 플로트식

해설 ① 기계적트랩(버킷식, 플로트식)
② 온도조절식 트랩(바이메탈식, 벨로즈식)
③ 열역학적 트랩(오리피스식, 디스크식)

17 다음 중 매연 취출장치(수트 블로어)의 구조에 해당하지 않는 것은?

① 롱레트랙터블형
② 로터리형
③ 쇼트레트렉터블형
④ 인젝터형

해설
• 매연 취출장치(수트 블로어) : 전열면에 부착된 그을음을 제거하는 장치
• 인젝터 : 급수보조장치, 즉, 증기압력을 이용하여 급수를 하는 보조장치이다.

18 트랩 내부에 열팽창계수가 다른 이종 금속이 접합되어 있어서 온도 변화에 따라 열팽창계수 상이에 따른 휘어짐과 펴짐으로 인해 응축수를 배출할 수 있는 트랩은?

① 버킷 트랩
② 바이메탈식 트랩
③ 벨로스 트랩
④ 플로트 트랩

해설 바이메탈식 트랩이란 열팽창계수가 다른 이종 금속이 접합되어 온도 변화에 따라 휘어짐과 펴짐으로 인해 응축수를 배출할 수 있는 트랩이다.

19 벨로즈형 신축 이음쇠의 특징에 관한 설명으로 틀린 것은?

① 설치 공간을 넓게 차지하지 않는다.
② 고압 배관에 적당하다.
③ 자체 응력 및 누설이 없다.
④ 벨로즈는 부식되지 않는 스테인리스 강, 청동 제품 등을 사용한다.

해설 신축이음 중 고온, 고압에 적당한 것은 만곡관(루프형)이음이다.

ANSWER 14.① 15.③ 16.① 17.④ 18.② 19.②

20 증기난방의 응축수 환수방법 중 증기의 순환속도가 제일 빠른 환수방식은?

① 진공 환수식
② 기계 환수식
③ 중력 환수식
④ 강제 환수식

해설 증기난방에서 응축수 환수방식은 중력 환수식, 기계 환수식, 진공 환수식이 있으며 이 중 진공 환수식이 제일 빠른 환수방식이다.

21 증기난방에서 증기 공급관의 관말부의 최종 분기 이후에서 트랩에 이르는 배관은 여분의 증기가 충분히 냉각되어 응축될 수 있도록 냉각래그(cooling leg)를 설치하는데 일반적으로 냉각래그의 길이는 몇 m 이상으로 하는가?

① 1.0
② 1.5
③ 0.5
④ 2.0

해설 냉각래그의 길이는 1.5m 이상으로 설치한다.

22 과열기에 부착되는 안전밸브의 분출용량 및 수는 보일러 동체의 안전밸브의 분출용량 및 수에 포함시킬 수 있다. 이 경우 보일러의 동체에 부착하는 안전밸브는 보일러의 최대증발량의 몇 % 이상을 분출할 수 있는 것이어야 하는가?

① 55%
② 65%
③ 75%
④ 85%

해설 보일러 본체의 안전밸브는 최대증발량의 75% 이상을 분출할 수 있는 용량을 설치한다.

23 다음 보일러의 부속장치 중 설명이 잘못된 것은?

① 재열기 : 보일러에서 발생된 증기로 급수를 예열시켜 주는 장치
② 공기예열기 : 연소가스의 여열 등으로 연소용 공기를 예열하는 장치
③ 과열기 : 포화증기를 가열하여 압력은 일정하게 유지하면서 증기의 온도를 높이는 장치
④ 절탄기 : 폐열가스를 이용하여 보일러에 급수되는 물을 예열하는 장치

해설 재열기란 한번 사용된 증기를 재가열하여 증기를 과열시켜주는 장치를 말하며, 급수를 예열시키는 장치는 절탄기이다.

24 증기보일러에 부착하는 압력계 눈금판의 바깥지름은 100mm 이상으로 해야 하나 특수한 경우 눈금판의 바깥지름을 60mm 이상으로 할 수 있다. 이 경우에 해당하지 않는 것은?

① 소용량 보일러
② 최대 증발량 5t/h 이하인 관류보일러
③ 최고사용압력 1.0MPa 이하로서 전열면적 $2m^2$ 이하인 보일러
④ 최고사용압력 0.5MPa 이하이고, 동체의 안지름 500mm 이하 동체의 길이 1000mm 이하인 보일러

해설 최고사용압력이 0.5MPa 이하이고 전열면적이 $2m^2$ 이하인 보일러

ANSWER 20.① 21.② 22.③ 23.① 24.③

25 저압증기 보일러에서 보일러의 물이 환수관으로 역류하거나, 환수배관이 파손되었을 때 보일러의 물이 유출되는 것을 방지하기 위해 설치하는 배관방식은?

① 리프트 피팅 배관
② 바이패스 배관
③ 드레인 접속 배관
④ 하트포드 배관

_{해설} 저압증기 난방에서 물이 환수관으로 역류하거나 환수배관이 파손되었을 때 보일러의 물이 역류되는 것을 방지하기 위해 설치하는 배관방식을 하트포드 접속법이라 한다.

26 집진장치의 선정 시 고려할 사항으로 가장 거리가 먼 것은?

① 연료의 연소방법
② 배기가스 중의 O_2 농도
③ 사용연료의 종류
④ 처리해야 할 입자의 크기

_{해설} 집진장치는 배기가스 중의 분진 등을 포집하는 장치로 O_2 성분은 포집하지 못하므로 선정 시 고려 사항과 관련이 없다.

27 보일러의 안전장치에 속하지 않는 것은?

① 압력계
② 방폭문
③ 화염검출기
④ 스테이빌라이저

_{해설} 스테이빌라이저는 보염장치에 속한다.

28 보일러 그을음 제거 장치인 슈트블로워의 분사형식이 아닌 것은?

① 모래분사
② 물분사
③ 공기분사
④ 증기분사

_{해설} 슈트 블로워(전열면의 그을음 제거장치)의 분사형식은 공기분사, 증기분사, 물 분사형식이 있다.

29 공기예열기는 금속판을 일정시간 동안 연소가스에 접촉시켜 열을 흡수시키고 또 일정시간 공기를 접촉시켜 열을 회수한 다음 방출하는 재생식이 있는데 이러한 재생식의 방법이 아닌 것은?

① 전도식
② 회전식
③ 고정식
④ 이동식

_{해설} 재생식은 금속판을 일정시간 배기가스에 접촉시켜 열을 흡수시키고 그 열을 이용한 공기예열기는 회전식, 이동식, 고정식이 있다. 전도식은 금속 전열면을 통해서 배기가스가 보유하는 열을 공기에 전하는 것이며, 판형과 관형으로 구분된다.

30 관성력식 집진법을 올바르게 설명한 것은?

① 함진가스에 선회운동을 주어 분진을 분리한다.
② 함진가스를 양모, 유리섬유 등에 통과시켜 분진을 분리한다.
③ 함진가스를 세정액에 충돌시켜 분진을 분리한다.
④ 함진가스를 방해 판에 충돌시켜 분진을 분리한다.

_{해설} 관성력식이란 함진가스를 방해 판에 충돌시켜 분진을 포집하는 형식이다.

ANSWER 25.④ 26.② 27.④ 28.① 29.① 30.④

30 다음 중 화염검출기의 종류로 볼 수 없는 것은?

① 플레임아이 ② 보염기
③ 플레임로드 ④ 스택스위치

해설 화염검출기의 종류 : 플레임아이, 플레임로드, 스택스위치가 있으며, 보염기는 보염장치에 속한다.

31 다음 그림은 감압장치의 바이패스(by-pass)회로이다. (가)부분에 적합한 배관 부속 기호는?

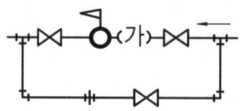

① ┤▽├   ② ┤Ν├
③ ┤├┤├   ④ ┤□├

해설 감압밸브 입구측에는 이물질제거를 위해 스트레이너(여과기)를 설치해야 한다.

32 보일러의 분출사고 시 긴급조치 사항으로 틀린 것은?

① 보일러 부근에 있는 사람들을 우선 안전한 곳으로 긴급히 대피시켜야 한다.
② 연소를 정지시키고 압입통풍기를 정지시킨다.
③ 다른 보일러와 증기관이 연결되어 있는 경우에는 증기밸브를 닫고 증기관 연결을 끊는다.
④ 급수를 정지하여 수위 저하를 막고 보일러의 수위유지에 노력한다.

해설 급수를 계속하여 수위 저하를 막고 보일러의 수위 유지에 노력한다.

33 강관의 플랜지 이음에 대한 설명 중 틀린 것은?

① 기밀을 유지하기 위해 패킹을 사용한다.
② 패킹 양면에 그리스를 발라두면 분해 시 편리하다.
③ 대칭으로 볼트를 죄는 것이 기밀 유지에 유리하다.
④ 플랜지 이음은 영구적인 이음이다.

해설 플랜지 이음은 고장 및 수리 시 분해조립이 가능한 이음이다.

34 검출된 증기압력이 설정된 압력에 이르면 연료공급을 차단하는 신호를 발생하는 발신기는?

① 압력 설정기
② 압력 제한기
③ 압력 경보기
④ 압력 발신기

해설 증기압력제한기란 정상운전 중 증기압력을 이용하여 보일러를 ON-OFF한다.
즉, 증기압력이 설정압력이 이르면 연료공급을 차단하며 신호를 발생하는 장치이다.

35 보일러 기수드럼의 수위 경보용으로 중·소형 보일러에 가장 널리 사용되는 것은?

① 직관식
② 맥도널식
③ 압력식
④ 초음파

해설 저수위경보장치로 중소형의 경우에는 플로트식(맥도널식)이 가장 널리 사용된다.

ANSWER 30.② 31.① 32.④ 33.④ 34.② 35.②

36 수면계의 시험회수 및 점검시기에 대한 설명으로 가장 거리가 먼 것은?

① 1일 1회 이상 행한다.
② 2개의 수면계 수위가 다를 때 행한다.
③ 안전밸브가 작동한 다음에 행한다.
④ 수면계 수위가 의심스러울 때 행한다.

> 수면계 점검시기
> • 2개의 수위가 서로 다를 때
> • 수위가 의심스러울 때
> • 장기간 휴지 후 재가동 시
> • 1일 1회 이상 행하며, 안전밸브가 작동한 다음에 행하는 것은 잘못된 것임

37 다음의 [보기]에서 (　) 속에 맞은 내용으로만 구성된 것은?

> [보기]
> 안전밸브의 작동시험에서 안전밸브의 분출압력은 1개일 경우 최고사용압력(㉠), 안전밸브가 2개 이상인 경우 그 중 1개는 최고사용압력(㉡) 기타는 최고사용압력의 (㉢)배 이하에서 작동되어야 한다.

① ㉠ 이상, ㉡ 이상, ㉢ 0.9
② ㉠ 이하, ㉡ 이상, ㉢ 1.03
③ ㉠ 이하, ㉡ 이하, ㉢ 1.03
④ ㉠ 이하, ㉡ 이하, ㉢ 1.5

> 안전밸브를 1개 설치시는 최고사용압력이하에서 작동해야 하며, 2개설치의 경우 1개는 최고사용압력이하, 나머지 1개는 최고사용압력의 1.03배에서 작동하도록 조정해야 한다.

38 증기 축열기(steam accumulator)의 부품이 아닌 것은?

① 증기 분사노즐　② 순환통
③ 증기분배관　　④ 트레이

> 트레이(Tray)는 증기축열기와는 무관하며, 트레이는 보일러의 탈기장치(脫氣裝置) 등에서 낙하하는 물의 표면적을 증대시키기 위하여 고안된 장애판(障礙板)을 말한다. tray는 원래 얇은 접시, 쟁반 등의 뜻이다.

39 어떤 원심펌프가 1800rpm으로 회전하여 전양정 80m, 0.3m³/min의 수량을 방출한다. 이 펌프를 1200rpm으로 운전하면 수량은 약 얼마인가?

① 0.13m³/min　② 0.20m³/min
③ 0.45m³/min　④ 0.67m³/min

>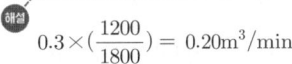
> $0.3 \times (\frac{1200}{1800}) = 0.20 \text{m}^3/\text{min}$
> ※ 유량상사의 법칙
> $Q_2 = Q_1 \times \left(\frac{N_2}{N_1}\right)$
> $= 0.3 \times \left(\frac{1200}{1800}\right) = 0.2 \text{m}^3/\text{min}$

40 증기배관에 설치방법에 관한 설명으로 틀린 것은?

① 증기주관은 반드시 보온되어야 한다.
② 물이 고일 수 있는 배관은 피해야 한다.
③ 증기사용설비 바로 앞에 기수분리기를 설치한다.
④ 증기지관은 반드시 증기주관의 하부에 연결한다.

> 증기지관은 주관의 상부에 연결한다.

ANSWER 36.③　37.③　38.④　39.②　40.④

41 원심펌프가 500rpm 으로 회전할 때 토출압력이 5kgf/cm² 이다. 이 펌프를 1000rpm 으로 운전하면 토출압력은?

① 5kgf/cm²
② 10kgf/cm²
③ 15kgf/cm²
④ 20kgf/cm²

해설 $5 \times \left(\dfrac{1000}{500}\right)^2 = 20 \text{kg}_f/\text{cm}^2$

※ 전양정의 상사법칙 $H_2 = H_1 \times \left(\dfrac{N_2}{N_1}\right)^2$

※ 펌프의 상사법칙
① 유량에 대한 상사법칙
$Q_2 = Q_1 \times \left(\dfrac{N_2}{N_1}\right) \times \left(\dfrac{D_2}{D_1}\right)^3$

② 전양정에 대한 상사법칙
$H_2 = H_1 \times \left(\dfrac{N_2}{N_1}\right)^2 \times \left(\dfrac{D_2}{D_1}\right)^2$

③ 축동력에 대한 상사법칙
$L_2 = L_1 \times \left(\dfrac{N_2}{N_1}\right)^3 \times \left(\dfrac{D_2}{D_1}\right)^5$

N : 회전수
D : 임펠러 지름
Q : 유량(토출량)
H : 양정
L : 축동력

42 보일러 급수펌프 중 안내깃(guide vane)이 있는 것은?

① 터빈 펌프
② 기어 펌프
③ 로터리 펌프
④ 진공 펌프

해설 터빈 펌프 : 고양정용이며 안내깃(guide vane)이 있다

43 건식 환수관에서 증기관 내의 응축수를 환수관에 배출할 때는 응축수가 체류하기 쉬운 곳에 무엇을 설치하여야 하는가?

① 안전밸브
② 드레인 포켓
③ 열동식 트랩
④ 공기빼기 밸브

해설 건식환수관에서 응축수가 체류하기 쉬운 곳에 드레인 포켓을 설치한다.

44 증기보일러에서 포밍, 프라이밍이 발생하는 원인으로 가장 거리가 먼 것은?

① 주 증기 밸브를 천천히 개방 했을 때
② 증기 부하가 과대할 때
③ 보일러 수가 농축되었을 때
④ 보일러 수 중에 불순물이 많이 포함되었을 때

해설 주 증기밸브를 급개시 프라이밍 발생의 원인이 된다.

CHAPTER 06 보일러 설치시공 및 검사기준

6-1 보일러설치·시공기준

[산업통상자원부고시]

(1) 적용범위

이 기준은 에너지이용합리화법 제28조, 제31조의 2와 동법 시행규칙 제27조 및 제42조의 규정에 의한 강철제 보일러, 주철제 보일러 및 가스용 온수 보일러(이하 "보일러"라 한다)의 설치·시공기준, 설치검사기준, 계속사용 안전검사기준, 계속사용 성능검사기준, 개조검사기준 및 설치장소 변경검사기준에 대하여 규정한다.

(2) 용어의 정의

이 기준에서 사용하는 주요용어는 별도의 규정이 없는 한 KS B 6233(육용강제 보일러의 구조)에 따른다.

1. 설치시공기준

(1) 설치장소

1) 옥내설치

보일러를 옥내에 설치하는 경우에는 다음 조건을 만족시켜야 한다.

① 보일러는 불연성 물질의 격벽으로 구분된 장소에 설치하여야 한다. 다만, 소용량 강철제·주철제 보일러, 가스용 온수 보일러 및 1종 관류 보일러(이하 "소형 보일러"라 한다)는 반격벽으로 구분된 장소에 설치할 수 있다.

② 보일러 동체 최상부로부터(보일러의 검사 및 취급에 지장이 없도록 작업대를 설치한 경우에는 작업대로부터) 천정, 배관 등 보일러 상부에 있는 구조물까지의 거리는 1.2[m] 이상이어야 한다. 다만, 소형 보일러의 경우는 0.6[m] 이상으로 할 수 있다.

③ 보일러 및 보일러에 부설된 금속제의 굴뚝 또는 연도의 외측으로부터 0.3[m] 이내에 있는 가연성 물체에 대하여는 금속 이외의 불연성 재료로 피복하여야 한다.

④ 연료를 저장할 때에는 보일러 외측으로부터 2[m] 이상 거리를 두거나 방화격벽을 설치하여야 한다. 다만, 소형 보일러의 경우에는 1[m] 이상 거리를 두거나 반격벽으로 할 수 있다.

⑤ 보일러에 설치된 계기들을 육안으로 관찰하는 데 지장이 없도록 충분한 조명 시설이 있어야 한다.

⑥ 보일러실은 연소 및 환경을 유지하기에 충분한 급기구 및 환기구가 있어야 하며, 급기구는 보일러 배기가스 덕트의 유효단면적 이상이어야 하고 도시가스를 사용하는 경우에는 환기구를 가능한 한 높이 설치하여 가스가 누설되었을 때 체류하지 않는 구조이어야 한다.

⑦ 보일러 동체에서 벽, 배관, 기타 보일러측부에 있는 구조물까지의 거리는 0.45m 이상이어야 한다. 다만 소형 보일러의 경우는 0.3m이상으로 할 수 있다.

2) 옥외설치

보일러를 옥외에 설치할 경우에는 다음 조건을 만족시켜야 한다.

① 보일러에 빗물이 스며들지 않도록 케이싱 등의 적절한 방지설비를 하여야 한다.
② 노출된 절연재 또는 패킹 등에는 방수처리(금속 커버 또는 페인트 포함)를 하여야 한다.
③ 보일러 외부에 있는 증기관 및 급수관 등이 얼지 않도록 적절한 보호조치를 하여야 한다.
④ 강제통풍팬의 입구에는 빗물방지 보호판을 설치하여야 한다.

3) 보일러의 설치

보일러는 다음 조건을 만족시킬 수 있도록 설치하여야 한다.

① 기초가 약하여 내려앉거나 갈라지지 않아야 한다.
② 강 구조물은 접지되어야 하고 빗물이나 증기에 의하여 부식이 되지 않도록 적절한 보호조치를 하여야 한다.
③ 수관식 보일러의 경우 전열면을 청소할 수 있는 구멍이 있어야 하며, 구멍의 크기 및 수는 강철제 보일러 형식승인 기준에 따른다. 다만, 전열면의 청소가 용이한 구조인 경우에는 예외로 한다.

④ 보일러에 설치된 폭발구의 위치가 보일러기사의 작업장소에 2[m] 이내에 있을 때에는 당해 보일러의 폭발가스를 안전한 방향으로 분산시키는 장치를 설치하여야 한다.

4) 배관의 설치

보일러실내의 각종 배관은 팽창과 수축을 흡수하여 누설이 없도록 하고, 가스용 보일러의 연료배관은 다음에 따른다.

① 배관의 설치
  ㉠ 배관은 외부에 노출하여 시공하여야 한다. 다만, 동관, 스테인리스강관 기타 내식성 재료로서 이음매(용접이음매를 제외한다) 없이 설치하는 경우에는 매몰하여 설치할 수 있다.
  ㉡ 배관의 이음부와 전기계량기 및 전기개폐기와의 거리는 60cm 이상, 굴뚝(단열조치를 하지 아니한 경우에 한한다). 전기점멸기 및 전기접속기와의 거리는 30cm 이상, 절연 전선과의 거리는 10cm 이상, 절연조치를 하지 아니한 전선과의 거리는 30cm 이상의 거리를 유지한다.

② 배관의 고정
배관은 움직이지 아니하도록 고정 부착하는 조치를 하되 그 관지름이 13[mm] 미만의 것에는 1[m]마다, 13[mm] 이상 33[mm] 미만의 것에는 2[m] 마다, 33[mm] 이상의 것에는 3[m] 마다 고정장치를 설치하여야 한다.

③ 배관의 접합
  ㉠ 배관을 나사접합으로 하는 경우에는 KS B 0222(관용 테이퍼나사)에 의하여야 한다.
  ㉡ 배관의 접합을 위한 이음쇠가 주조품인 경우에는 가단주철제이거나 주강제로서 KS 표시허가제품 또는 이와 동등 이상의 제품을 사용하여야 한다.

④ 배관의 표시
  ㉠ 배관은 그 외부에 사용가스명·최고사용압력 및 가스흐름방향을 표시하여야 한다.
  ㉡ 배관의 표면색상은 황색으로 하여야 한다.

(2) 급수장치

1) 급수장치의 종류

① 급수장치를 필요로 하는 보일러는 다음의 조건을 만족시키는 주펌프(인젝터를 포함한다. 이하 같다) 세트 및 보조 펌프세트를 갖춘 급수장치가 있어야 한다. 다만, 전열면적 12[m^2] 이하의 보일러, 전열면적 14[m^2] 이하의 가스용 온수 보일러 및 전열면적 100[m^2] 이하의 관류 보일러에는 보조펌프를 생략할 수 있다.

② 주 펌프세트 및 보조 펌프세트는 보일러의 상용압력에서 정상 가동상태에 필요한 물을 각각 단독으로 공급할 수 있어야 한다. 다만, 보조 펌프세트의 용량은 주 펌프세트가 2개 이상의 펌프를 조합한 것일 때에는 보일러의 정상 상태에서 필요한 물의 25[%] 이상이면서 주 펌프 세트 중의 최대 펌프의 용량 이상으로 할 수 있다.

③ 주 펌프세트는 동력으로 운전하는 급수 펌프 또는 인젝터이어야 한다. 다만, 보일러의 최고사용압력이 0.25MPa(2.5[kg/cm^2]) 미만으로 화격자면적이 0.6[m^2] 이하인 경우, 전열면적이 12[m^2] 이하인 경우 및 상용압력 이상의 수압에서 급수할 수 있는 급수 탱크 또는 수원을 급수장치로 하는 경우에는 예외로 할 수 있다.

④ 보일러 급수가 멎는 경우 즉시 연료(열)의 공급이 차단되지 않거나 과열될 염려가 있는 보일러에는 인젝터를 설치하여야 한다.

2) 2개 이상의 보일러에 대한 급수장치

1개의 급수장치로 2개 이상의 보일러에 물을 공급할 경우 2.1항의 규정은 이들 보일러를 1개의 보일러로 간주하여 적용한다.

3) 급수 밸브와 체크 밸브

급수관에는 보일러에 인접하여 급수 밸브와 체크 밸브를 설치하여야 한다. 이 경우 급수가 밸브 디스크를 밀어 올리도록 급수 밸브를 부착하여야 하며 1조의 밸브 디스크와 밸브 시트가 급수 밸브와 체크 밸브의 기능을 겸하고 있어도 별도의 체크 밸브를 설치하여야 한다. 다만, 최고사용압력 0.1MPa(1[kg/cm^2]) 미만의 보일러에서는 체크 밸브를 생략할 수 있으며 급수가열기의 출구 또는 급수 펌프의 출구에 스톱 밸브 및 체크 밸브가 있는 급수장치를 개별 보일러마다 설치한 경우에는 급수 밸브 및 체크 밸브를 생략할 수 있다.

4) 급수 밸브의 크기

급수 밸브 및 체크밸브의 크기는 전열면적 10[m^2] 이하의 보일러에서는 호칭 15[A] 이상, 전열면적 10[m^2]를 초과하는 보일러에서는 호칭 20[A] 이상이어야 한다.

5) 자동급수조절기

자동급수조절기를 설치할 때에는 필요에 따라 즉시 수동으로 변경할 수 있는 구조이어야 하며, 2개 이상의 보일러에 공통으로 사용하는 자동급수조절기를 설치하여서는 안된다.

(3) 압력방출장치

1) 안전밸브의 개수

증기 보일러에는 2개 이상의 안전밸브를 설치하여야 한다. 다만, 전열면적 50[m^2] 이하의 증기 보일러에서는 1개 이상으로 하며 U 자형 입관을 부착한 보일러는 안전밸브를 부착하지 않아도 된다. 관류 보일러에서 보일러와 압력방출장치와의 사이에 체크 밸브를 설치할 경우 압력방출장치는 2개 이상이어야 한다.

2) 안전밸브의 부착

안전밸브는 쉽게 검사할 수 있는 장소에 밸브축을 수직으로 하여 가능한 한 보일러의 동체에 직접 부착시켜야 한다.

3) 안전밸브 및 압력방출장치의 용량

안전밸브 및 압력방출장치의 용량은 다음에 따른다.

① 안전밸브 및 압력방출장치의 분출용량은 강철제 보일러 형식승인 기준에 따른다.
② 자동연소제어장치 및 보일러 최고사용압력의 1.06배 이하의 압력에서 급속하게 연료의 공급을 차단하는 장치를 갖는 보일러로서 보일러 출구의 최고사용압력 이하에서 자동적으로 작동하는 압력방출장치가 있을 때에는 동 압력방출장치의 용량(보일러의 최대증발량 30[%]를 안전밸브 용량에 산입할 수 있다.)

4) 안전밸브 및 압력방출장치의 크기

안전밸브 및 압력방출장치의 크기는 호칭지름 25[A] 이상으로 하여야 한다. 다만, 다음 보일러에서는 호칭지름 20[A] 이상으로 할 수 있다.

① 최고사용압력 0.1MPa(1[kg/cm^2]) 이하의 보일러
② 최고사용압력 0.5MPa(5[kg/cm^2]) 이하의 보일러로 동체의 안지름이 500[mm] 이하이며 동체의 길이가 1,000[mm] 이하의 것.
③ 최고사용압력 0.5MPa(5[kg/cm^2]) 이하의 보일러로 전열면적이 2[m^2] 이하의 것.
④ 최대증발량 0.5MPa(5[t/h]) 이하의 관류 보일러
⑤ 소용량 보일러

5) 과열기 부착 보일러의 안전밸브

① 과열기에는 그 출구에 1개 이상의 안전밸브가 있어야 하며 그 분출용량은 과열기의 온도를 설계온도 이하로 유지하는데 필요한 양(보일러의 최대 증발량의 15[%] 이상이어야 한다.
② 과열기에 부착되는 안전밸브의 분출용량 및 수는 보일러 동체의 안전밸브의 분출용량 및 수에 포함시킬 수 있다. 이 경우 보일러의 동체에 부착하는 안전밸브는 보일러의 최대 증발량의 75[%] 이상을 분출할 수 있는 것이어야 한다. 다만, 관류 보일러의 경우에는 과열기출구에 최대 증발량에 상당하는 분출용량의 안전밸브를 설치할 수 있다.

6) 재열기 또는 독립과열기의 안전밸브

재열기 또는 독립과열기에는 입구 및 추구에 각각 1개 이상의 안전밸브가 있어야 하며 그 분출용량의 합계는 최대 통과증기량 이상이어야 한다. 이 경우 출구에 설치하는 안전밸브의 분출용량의 합계는 재열기 또는 독립과열기의 온도를 설계온도 이하로 유지하는데 필요한 양(최대통과증기량의 15[%]를 초과하는 경우에는 15[%] 이상이어야 한다. 다만, 보일러에 직결되어 보일러와 같은 분출용량의 합계는 독립과열기의 온도를 설계온도 이하로 유지하는데 필요한 양(독립과열기의 전열면적 1[m^2]당 30[kg/h]로 한다) 이상으로 한다.

7) 안전밸브의 종류 및 구조

① 안전밸브의 종류는 스프링 안전밸브로 하며 스프링 안전밸브의 구조는 KS B 6216(증기용 및 가스용 스프링 안전밸브)에 따라야 하며 어떠한 경우에도 밸브 시트나 몸체에서 누설이 없어야 한다. 다만, 스프링 안전밸브 대신에 스프링 파일럿 밸브부착 안전밸브를 사용할 수 있다. 이 경우 소요분출량의 1/2 이상이 스프링 안전밸브에 의하여 분출되는 구조의 것이어야 한다.

② 인화성증기를 발생하는 열매체 보일러에서는 안전밸브를 밀폐식 구조로 하든가 또는 안전밸브로부터의 배기를 보일러실 밖의 안전한 장소에 방출시키도록 한다.

8) 온수발생 보일러(액상식 열매체 보일러 포함)의 방출밸브와 방출관

① 온수발생 보일러에는 압력이 보일러의 최고사용압력(열매체 보일러의 경우에는 최고사용압력 및 최고사용온도)에 달하면 즉시로 작동하는 방출밸브 또는 안전밸브를 1개 이상 갖추어야 한다. 다만, 손쉽게 검사할 수 있는 방출관을 갖출 때는 방출밸브로 대응할 수 있다. 이 때 방출관에는 어떠한 경우든 차단장치(밸브 등)를 부착하여서는 안 된다.

② 인화성 액체를 방출하는 열매체 보일러의 경우 방출밸브 또는 방출관은 밀폐식 구조로 하든가 보일러 밖의 안전한 장소에 방출시킬 수 있는 구조이어야 한다.

9) 온수발생 보일러(액상식 열매체 보일러 포함)의 방출밸브 또는 안전밸브의 크기

① 액상식 열매체 보일러 및 온도 120[℃] 이하의 온수발생 보일러에는 방출밸브를 설치하여야 하며 그 지름은 20[mm] 이상으로 하고 보일러의 압력이 보일러의 최고사용압력에 그 10[%](그 값이 0.35[kg/cm^2] 미만인 경우에는 0.35[kg/cm^2]로 한다)를 더한 값을 초과하지 않도록 지름과 개수를 정하여야 한다.

② 온도 120[℃]를 초과하는 온수발생 보일러는 안전밸브를 설치하여야 하며 그 크기는 호칭지름 20[mm] 이상으로 하고(3)항을 적용한다. 다만, 환산증발량은 열출력을 보일러의 최고사용압력에 상당하는 포화증기의 엔탈피와 급수 엔탈피의 차로 나눈 값[kg/h]으로 한다.

10) 온수발생 보일러(액상식 열매체 보일러 포함) 방출관의 크기

방출관은 보일러의 전열면적에 따라 〈표 1〉의 크기로 하여야 한다.

〈표 1〉

전열면적[m²]	방출관의 안지름[mm]
10 미만	25 이상
10 이상 15 미만	30 이상
15 이상 20 미만	40 이상
20 이상	50 이상

(4) 수면계

1) 수면계의 개수

① 증기 보일러는 2개(소용량 및 소형 관류 보일러는 1개) 이상의 유리수면계를 부착하여야 한다. 다만 단관식 관류 보일러는 제외한다.
② 최고사용압력 1MPa(10[kg/cm²]) 이하로서 동체안지름이 750[mm] 미만인 경우에 있어서는 수면계 중 1개는 다른 종류의 수면측정장치로 할 수 있다.
③ 2개 이상의 원격지시 수면계를 시설하는 경우에 한하여 유리수면계를 1개 이상으로 할 수 있다.

2) 수면계의 구조

유리수면계는 보일러의 최고사용압력과 그에 상당하는 증기온도에서 원활히 작동하는 기능을 가지며, 또한 수시로 이것을 시험할 수 있는 동시에 용이하게 내부를 청소할 수 있는 구조로서 다음에 따른다.

① 유리수면계는 KS B 6208(보일러용 수면계유리)의 유리를 사용하여야 한다.
② 유리수면계는 상·하에 밸브 또는 콕을 갖추어야 하며, 한눈에 그것의 개·폐 여부를 알 수 있는 구조이어야 한다. 다만, 소형 관류 보일러에서는 밸브 또는 콕을 갖추지 아니할 수 있다.
③ 스톱 밸브를 부착하는 경우에는 청소에 편리한 구조로 하여야 한다.

(5) 계측기

1) 압력계

보일러에는 KS B 5305(브로돈관 압력계)에 따른 압력계 또는 이와 동등 이상의 성능을 갖춘 압력계를 부착하여야 한다.

① 브르돈관식 압력계의 크기와 눈금
　㉠ 증기보일러에 부착하는 압력계 눈금판의 바깥지름은 100[mm] 이상으로 하고 그 부착높이에 따라 용이하게 지침이 보이도록 하여야 한다. 다만, 다음에 표시하는 보일러에 부착하는 압력계에 대하여는 눈금판의 바깥지름을 60[mm] 이상으로 할 수 있다.
　　ⓐ 최고사용압력 0.5MPa(5[kg/cm^2]) 이하이고 동체의 안지름 500[mm] 이하 동체의 길이 1,000[mm] 이하인 보일러
　　ⓑ 최고사용압력 0.5MPa(5[kg/cm^2]) 이하이고 전열면적 2[m^2] 이하인 보일러
　　ⓒ 최대증발 5[t/h] 이하인 관류 보일러
　　ⓓ 소용량 보일러
　㉡ 압력계 최고눈금은 보일러의 최고사용압력의 3배 이하로 하되 1.5배보다 작아서는 안 된다.

② 압력계의 부착
　증기 보일러의 압력계 부착은 다음에 따른다.
　㉠ 압력계는 원칙으로 보일러의 증기실에 눈금판의 눈금이 잘 보이는 위치에 부착하고 얼지 않도록 하며 그 주위의 온도는 사용 상태에 있어서 KS B 5305(브로돈관 압력계)에 규정하는 범위 안에 있어야 한다.
　㉡ 압력계와 연결된 증기관은 최고사용압력에 견디는 것으로서 그 크기는 황동관 또는 동관을 사용할 때에는 안지름 6.5[mm] 이상, 강관을 사용할 때에는 12.7[mm] 이상이어야 하며 증기온도가 210[℃]를 넘을 때에는 황동관 또는 동관을 사용하여서는 안 된다.
　㉢ 압력계에는 물을 넣은 안지름 6.5[mm] 이상의 사이폰관 또는 동등한 작용을 하는 장치를 부착하여 증기가 직접 압력계에 들어가지 않도록 하여야 한다.
　㉣ 압력계의 콕은 그 핸들을 수직인 증기관과 동일방향에 놓은 경우에 열려 있는 것이어야 하며 콕대신에 밸브를 사용할 경우에는 한눈으로 개폐여부를 알 수가 있는 구조로 하여야 한다.
　㉤ 압력계와 연결된 증기관의 길이가 3[m] 이상이면 관의 내부를 충분히 청소할 수 있는 경우에는 보일러의 가까이에 열린 상태에서 봉인된 콕 또는 밸브를 두어도 좋다.
　㉥ 압력계의 증기관이 길어서 압력계의 위치에 따라 수두압에 따른 영향을 고려할 필요가 있을 경우에는 눈금에 보정을 하여야 한다.

2) 수위계
① 온도발생 보일러에는 보일러 동체 또는 온수의 출구 부근에 수위계를 설비하고 이것에 가까이 부착한 콕을 달을 경우 이외에는 보일러와의 연락을 차단하지 않도록

하여야 하며 콕의 핸들은 콕이 열려 있을 경우에 이것을 부착시킨 관과 평행이 되어야 한다.
② 수위계의 최고 눈금은 보일러의 최고사용압력의 1배 이상 3배 이하로 하여야 한다.

3) 온도계

아래의 곳에는 KS B 5320(공업용 바이메탈식 온도계) 또는 이와 동등 이상의 성능을 가진 온도계를 설치하여야 한다. 다만, 소용량 보일러 및 가스용 온수 보일러는 배기가스온도계만 설치하여도 좋다.

① 급수 입구의 급수 온도계
② 버너 급유입구의 급유온도계, 다만, 예열을 필요로 하지 않는 것은 제외한다.
③ 절탄기 또는 공기예열기가 설치된 경우에는 각 유체의 전후 온도를 측정할 수 있는 온도계 다만, 포화증기의 경우에는 압력계로 대신할 수 있다.
④ 보일러 본체 배기가스온도계, 다만 ③의 규정에 의한 온도계가 있는 경우에는 생략할 수 있다.
⑤ 과열기 또는 재열기가 있는 경우에는 그 출구 온도계

4) 유량계

용량 1[t/h] 이상의 보일러에는 다음의 유량계를 설치하여야 한다.

① 급수관에는 적당한 위치에 급수유량계를 설치하여야 한다. 다만, 온수발생 보일러는 제외한다.
② 기름용 보일러에는 연료의 사용량을 측정할 수 있는 유량계를 설치하여야 한다. 다만, 2[t/h] 미만의 보일러로써 온수발생 보일러 및 난방전용 보일러에는 CO_2 측정장치로 대신할 수 있다.
③ 가스용 보일러에는 가스사용량을 측정할 수 있는 유량계를 설치하여야 한다. 다만, 유량계가 보일러실 안에 설치되는 때에는 다음 각호의 조건을 만족하여야 한다.
  ㉠ 가스의 전체 사용량을 측정할 수 있는 유량계가 설치되었을 경우는 각각의 보일러마다 설치된 것으로 본다.
  ㉡ 유량계는 당해 도시가스 사용에 적합한 것이어야 한다.
  ㉢ 유량계는 화기(당해 시설 내에서 사용하는 자체화기를 제외한다)와 2[m] 이상의 우호거리를 유지하는 곳으로서 수시로 환기가 가능한 장소에 설치하여야 한다.
  ㉣ 유량계는 전기계량기 및 전기개폐기와의 거리는 60[cm] 이상, 굴뚝 단열조치를 하지 아니한 경우에 한한다. 전기점멸기 및 전기접속기와의 거리는 30[cm] 이상, 절연조치를 하지 아니한 전선과의 거리는 15cm 이상의 거리를 유지하여야 한다.

ⓜ 각 유량계는 해당온도 및 압력 범위에서 사용할 수 있어야 하고 유량계 앞에 여과기가 있어야 한다.

5) 자동연료차단장치

① 최고사용압력 0.1MPa(1[kg/cm^2])를 초과하는 증기 보일러에는 다음 각 호의 저수위 안전장치를 설치해야 한다. 다만, 소용량 보일러는 제외한다.
　㉠ 보일러의 수위가 안전을 확보할 수 있는 최저수위(이하 "안전수위"라 한다)까지 내려가기 직전에 자동적으로 경보가 울리는 장치
　㉡ 보일러의 수위가 안전수위까지 내려가는 즉시 연소실 내에 공급하는 연료를 자동적으로 차단하는 장치
② 열매체 보일러 및 사용온도가 120[℃] 이상인 온수발생 보일러에는 작동유체의 온도가 최고사용온도를 초과하지 않도록 온도-연소제어장치를 설치해야 한다.
③ 최고사용압력이 0.1MPa(1[kg/cm^2])(수두압의 경우 10[m])를 초과하는 주철제 온수 보일러에는 온수 온도가 115[℃]를 초과할 때에는 연료공급을 차단하거나 파이럿연소를 할 수 있는 장치를 설치하여야 한다.
④ 관류 보일러는 급수가 부족한 경우에 대비하기 위하여 자동적으로 연료의 공급을 차단하는 장치 또는 이에 대신하는 안전장치를 갖추어야 한다.
⑤ 가스용 보일러에는 급수가 부족한 경우에 대비하기 위하여 자동적으로 연료의 공급을 차단하는 장치를 갖추어야 하며, 또한 수동으로 연료공급을 차단하는 밸브 등을 갖추어야 한다.

6) 공기유량 자동조절기능

가스용 보일러 및 용량 5[t/h](난방전용은 10[t/h]) 이상인 유류 보일러에는 공급연료량에 따라 연소용 공기를 자동조절하는 기능이 있어야 한다. 이때 보일러용량이 [kcal/h]로 표시되었을 때에는 60만[kcal/h]를 1[t/h]로 환산한다.

7) 연소가스분석기

6)항의 적용을 받는 보일러에는 배기가스성분(O_2, CO_2 중 성분)을 연속적으로 자동분석하여 지시하는 계기를 부착하여야 한다. 다만, 용량 5[t/h](난방전용은 10[t/h]) 미만인 가스용 보일러로서 배기가스온도 상한 스위치를 부착하여 배기가스가 설정온도를 초과하면 연료의 공급을 차단할 수 있는 경우에는 이를 생략할 수 있다.

8) 가스누설 자동차단장치

가스용 보일러에는 누설되는 가스를 점검하여 경보하며 자동으로 가스의 공급을 차단하는 장치 또는 가스누설 자동차단기를 설치하여야 하며 이 장치의 설치는 도시가스사업법 시행규칙[별표 4]의 규정에 따라 산업통상자원부장관이 고시하는 가스누설 자동차단장치 설치기준에 따라야 한다.

9) 압력조정기(정압기)

압력조정기는 1차 압력에 관계없이 2차 압력을 일정하게 유지시켜 안정된 연소를 위해 설치한다.

(6) 스톱 밸브 및 분출 밸브

1) 스톱 밸브의 개수

① 증기의 각 분출구(안전밸브 과열기의 분출구 및 재열기의 입·출구를 제외한다)에는 스톱밸브를 갖추어야 한다.
② 맨홀을 가진 보일러가 공통의 주 증기관에 연결된 때에는 각 보일러와 주증기관을 연결하는 증기관에는 2개 이상의 스톱 밸브를 설치하여야 하며 이들 밸브 사이에는 충분히 큰 드레인 밸브를 설치하여야 한다.

2) 스톱 밸브

① 스톱 밸브의 호칭압력(KS 규격에 최고사용압력을 별도로 규정한 것은 최고사용압력)은 보일러의 최고사용압력 이상이어야 하며 적어도 0.7MPa(7[kg/cm^2]) 이상이어야 한다.
② 65[mm] 이상의 증기 스톱 밸브는 바깥나사형의 구조 또는 특수한 구조로 하고 밸브 몸체의 개폐를 한눈에 알 수 있는 것이어야 한다.

3) 밸브의 물빼기

물이 고이는 위치에 스톱 밸브가 설치될 때에는 물빼기를 설치하여야 한다.

4) 분출밸브의 크기와 개수

① 보일러 아랫부분에는 분출관과 분출 밸브 또는 분출 콕을 설치하여야 한다. 다만, 관류 보일러에 대해서는 이에 적용하지 않는다.
② 분출밸브의 크기는 호칭 25A 이상의 것이어야 한다. 다만 전열면적이 10[m^2] 이하인 보일러에서는 지름 20[mm] 이상으로 할 수가 있다.
③ 최고사용압력 0.7MPa(7[kg/cm^2]) 이상의 보일러(이동식 보일러는 제외한다)의 분출관에는 분출밸브 2개 또는 분출밸브와 분출 콕을 직렬로 갖추어야 한다. 이 경우에 적어도 1개의 분출밸브는 닫힌 밸브를 전개하는데 회전축을 적어도 5회전 하는 것이어야 한다.
④ 1개의 보일러에 분출관이 2개 이상 있을 경우에는 이것들을 공통의 주관에 하나로 합쳐서 각각의 분출관에는 1개의 분출밸브 또는 분출 콕을, 어미관에는 1개의 분출밸브를 설치하여도 좋다. 이 경우 분출밸브 및 콕은 닫힌 상태에서 전개하는데 회전축을 적어도 5회전하는 것이어야 한다.

⑤ 2개 이상의 보일러의 공동분출관은 분출밸브 또는 콕의 앞을 공동으로 하여서는 안 된다.
⑥ 정상 시 보유수량 400[kg] 이하의 강제 순환 보일러에는 닫힌 상태에서 전개하는데 회전축을 적어도 5회전 이상 회전을 요하는 분출밸브는 1개를 설치하여도 좋다.

5) 분출밸브 및 콕의 모양과 강도
① 분출밸브는 스케일 그 밖의 침전물이 퇴적되지 않는 구조이어야 하며 그 최고사용압력은 보일러 최고사용압력의 1.25배 또는 보일러의 최고사용압력에 1.5MPa(15[kg/cm^2])를 더한 압력중 작은쪽의 압력 이상이어야 하고, 어떠한 경우에도 0.7MPa(7[kg/cm^2])(소용량 보일러, 가스용 온수 보일러 및 주철제 보일러는 0.5MPa(5[kg/cm^2])) 이상이어야 한다.
② 주철제의 분출밸브는 최고사용압력 1.3MPa(13[kg/cm^2]) 이하, 흑심가단주철제의 것은 1.9MPa(19[kg/cm^2]) 이하의 보일러에 사용할 수 있다.
③ 분출 콕은 그랜드를 갖는 것이어야 한다.

6) 기타 밸브
보일러 본체에 부착하는 기타의 밸브는 그 호칭압력 또는 최고사용압력이 보일러의 최고사용압력 이상이어야 한다.

(7) 운전성능

1) 운전상태
보일러는 운전상태(정격부하상태를 원칙으로 한다)에서 이상진동과 이상소음이 없고 각종 부분품의 작동이 원활하여야 한다.

① 다음의 압력계들의 작동이 정확하고 이상이 없어야 한다.
  ㉠ 증기드럼압력계(관류 보일러에서는 절탄기입구압력계)
  ㉡ 과열기출구 압력계(과열기를 사용하는 경우)
  ㉢ 급수압력계
  ㉣ 노내압계
② 다음의 계기들의 작동이 정확하고 이상이 없어야 한다.
  ㉠ 급수유량계
  ㉡ 급유량계
  ㉢ 유리수면계 또는 수면측정장치
  ㉣ 수위계 또는 압력계
  ㉤ 온도계

③ 급수 펌프는 다음 사항이 이상없고 성능에 지장이 없어야 한다.
  ㉠ 펌프송출구에서의 송출압력상태
  ㉡ 급수펌프의 누설유무
④ 가스용 보일러의 가스버너는 액화석유가스의 안전 및 사업관리법 제21조 규정에 의하여 검사를 받은 것이어야 한다.

2) 배기가스온도

① 유류용 및 가스용 보일러(열매체 보일러는 제외한다) 출구에서의 배기가스온도는 주위온도와의 차이가 정격용량에 따라 〈표 2〉와 같아야 한다. 이때 배기가스온도의 측정위치는 보일러 전열면의 최종출구로 하며 폐열회수장치가 있는 보일러는 그 출구로 한다.

〈표 2〉

보일러 용량[T/h]	배기가스온도차[℃]
5 이하	300 이하
5 초과 20 이하	250 이하
20 초과	210 이하

〈주 1〉 보일러 용량이 [kcal/h]로 표시되었을 때에는 60만[kcal/h]를 1[t/h]로 환산한다.
〈주 2〉 주위 온도는 보일러에 최초로 투입되는 연소용 공기 투입 위치의 주위 온도로 하며 투입위치가 실내일 경우는 실내온도, 실외일 경우는 외기온도로 한다.

② 열매체 보일러의 배기가스온도는 출구열매온도와의 차이가 150K(℃) 이하이어야 한다.

3) 외벽의 온도

보일러의 외벽온도는 주위온도보다 30K(℃)를 초과하여서는 안 된다.

4) 저수위안전장치

① 저수위안전장치는 연료차단 전에 경보가 울려야 한다.
② 온수발생보일러(액상식 열매체 보일러 포함)의 온도-연소제어장치는 최고사용온도 이내에서 연료가 차단되어야 한다.

6-2 보일러 설치검사기준 및 계속사용검사기준

1. 설치검사기준

(1) 검사의 신청 및 준비

1) 검사의 신청

에너지이용합리화법 시행규칙 제37조의 규정에 따르며, 동법 동조 제2항 제1호 가목의 제조검사가 면제된 경우 제출하는 자체검사기록 사본은 보일러 제조검사기준의 별지 제6호 서식으로 한다.

2) 검사의 준비

검사신청자는 에너지이용합리화법 시행규칙 제43조의 규정에 의하여 다음의 준비를 하여야 한다.

① 보일러(또는 부품)를 검사할 수 있게 준비한다.
② 보일러를 운전할 수 있도록 준비한다.
③ 정전, 단수, 화재, 천재지변 등 부득이한 사정으로 검사를 실시할 수 없을 경우는 1회에 한하여 재 신청없이 다시 검사받을 수 있다.

(2) 검사

1) 수압 및 가스누설시험

① 수압시험대상
  수입한 보일러, 구조검사 중 발급일로부터 1년 이상 경과한 보일러 및 4)항의 검사를 받아야 하는 보일러
② 가스누설시험대상 : 가스용 보일러
③ 수압시험 압력
  ㉠ 강철제 보일러
    ⓐ 보일러의 최고사용압력이 0.43MPa(4.3[kg/cm^2]) 이하일 때에는 그 최고사용압력의 2배의 압력으로 한다. 다만, 그 시험압력이 0.2MPa(2[kg/cm^2]) 미만인 경우에는 0.2MPa(2[kg/cm^2])로 한다.
    ⓑ 보일러의 최고사용압력이 0.43MPa(4.3[kg/cm^2]) 초과 1.5MPa(15[kg/cm^2]) 이하일 때에는 그 최고사용압력이 1.3배에 0.3MPa(3[kg/cm^2])를 더한 압력으로 한다.

ⓒ 보일러의 최고사용압력이 1.5MPa(15[kg/cm^2])를 초과할 때에는 그 최고사용압력의 1.5배의 압력으로 한다.
　ⓒ 주철제 보일러
　　ⓐ 증기 보일러의 최고사용압력이 0.43MPa이하 일 때에는 최고사용압력의 2배의 압력으로 한다.
　　ⓑ 증기보일러의 최고사용압력이 0.43MPa초과 일 때에는 최고사용압력의 1.3배에 0.3을 더한 압력으로 한다. 다만 그 시험압력이 0.2MPa미만의 경우에는 0.2MPa로 실시한다.
　ⓒ 가스용 온수 보일러
　　ⓐ 강철제인 경우에는 ㉠의 ⓐ에서 규정한 압력
　　ⓑ 주철제인 경우에는 ㉡의 ⓑ에서 규정한 압력으로 한다.
④ 수압시험 방법
　㉠ 공기를 빼고 물을 채운 후 천천히 압력을 가하여 규정된 시험수압에 도달된 후 30분이 경과된 뒤에 검사를 실시하여 검사가 끝날 때까지 그 상태를 유지한다.
　㉡ 시험수압은 규정된 압력의 6[%] 이상을 초과하지 않도록 모든 경우에 대한 적절한 제어를 마련하여야 한다.
　㉢ 수압시험 중 또는 시험 후에도 물이 얼지 않도록 하여야 한다.
⑤ 가스누설시험 방법
　㉠ 내부누설시험 : 차압누설감지기에 대하여 누설확인 작동시험 또는 자기압력기록계등으로 누설유무를 확인한다. 자기압력기록계로 시험할 경우 밸브를 잠그고 압력 발생기구를 사용하여 천천히 공기 또는 불활성 가스 등으로 최고사용압력의 1.1배 또는 840[mmH$_2$O] 중 높은 압력 이상으로 가압한 후 24분 이상 유지하여 압력의 변동을 측정한다.
　㉡ 외부누설시험 : 보일러 운전 중에 비눗물시험 또는 가스누설검사기로 배관접속 부위 및 밸브류 등의 누설유무를 확인한다.

2) 압력방출장치

① 안전밸브 작동시험
　㉠ 안전밸브의 분출압력은 1개일 경우 최고사용압력 이하, 안전밸브가 2개 이상인 경우 그중 1개는 최고사용압력 이하 기타는 최고사용압력의 1.03배 이하일 것.
　㉡ 과열기의 안전밸브 분출압력은 증발부 안전밸브의 분출압력 이하일 것.
　㉢ 재열기 및 독립과열기에 있어서는 안전밸브가 하나인 경우 최고사용압력 이하, 2개인 경우 하나는 최고사용압력 이하이고 다른 하나는 최고사용압력의 1.03배 이하에서 분출하여야 한다. 다만, 출구에 설치하는 안전밸브의 분출압력은 입구에 설치하는 안전밸브의 설정압력보다 낮게 조정하여야 한다.

ⓔ 발전용 보일러에 부착하는 안전밸브의 분출정지 압력은 분출압력의 0.93배 이상이어야 한다.

② 방출밸브의 작동시험

온수발생 보일러(액상식 열매체 보일러 포함)의 방출밸브는 다음 각 항에 따라 시험하여 보일러의 최고사용압력 이하에서 작동하여야 한다.

- ㉠ 공기 및 귀환밸브를 닫아 보일러를 난방 시스템과 차단한다.
- ㉡ 팽창 탱크에 연결된 관의 밸브를 닫고 탱크의 물을 빼내고 공기 쿠션이 생겼나 확인하여 공기 쿠션이 있을 경우 공기를 배출시킨다. 다만, 가압팽창 탱크는 배수시키지 않으며 분출시험 중 보일러와 차단되어서는 안 된다.
- ㉢ 보일러의 압력이 방출밸브의 설정압력의 50[%] 이하로 되도록 방출밸브를 통하여 보일러의 물을 배출시킨다.
- ㉣ 보일러수의 압력과 온도가 상승함을 관찰한다.
- ㉤ 보일러의 최고사용압력 이하에서 작동하는지 관찰한다.

3) 운전성능

앞 항 및 다음에 따른다.

앞 항의 공기유량자동조절기능을 갖추어야 하는 보일러는 부하율을 90±10[%]에서 45±10[%]까지 연속적으로 변경시켜 배기가스 중 O_2 또는 CO_2 성분이 사용연료별로 〈표 3〉에 적합하여야 한다. 이 경우 시험은 반드시 다음 조건에서 실시하여야 한다.

① 매연농도 바카라치 스모크 스켈 4 이하, 다만 가스용 보일러의 경우 배기가스 중 CO의 농도는 0.1[%] 이하
② 부하변동시 공기량은 별도 조작없이 자동조절

4) 내부검사 등

① 유류 및 가스를 제외한 연료를 사용하는 정격출력이 50만[kcal/h] 미만인 온수발생 보일러가 연료변경으로 인하여 검사대상이 되는 경우의 최초 검사는 앞항 및 제조검사기준의 앞항을 추가로 검사하여 이상이 없어야 한다.
② 검사대상기기가 아닌 유류용 보일러가 가스로 연료를 변경하여 검사대상기기로 되는 경우의 최초 검사는 앞항을 추가로 검사하여 이상이 없어야 한다.

(3) 검사의 특례

① 출력 50만[kcal/h] 미만인 온수발생 보일러가 82. 1. 31 이전에 준공된 건물에 설치된 경우
② 유류용 이외의 온수발생 보일러가 85. 10. 7 이전에 준공된 건물에 설치된 경우
③ 가스용 온수 보일러 및 소형 관류 보일러가 88. 11. 27 이전에 준공된 건물에 설치된 경우

2. 보일러 계속사용 안전검사기준

(1) 검사의 신청 및 준비

1) 검사의 신청
에너지이용합리화법 시행규칙 제39조의 규정에 따른다.

2) 검사의 준비
① 연료공급관은 차단하며 적당한 곳에서 잠궈야 한다. 기름을 사용하는 것에서는 무화장치들을 버너로부터 제거한다. 가스를 사용하는 경우에는 공급관에 이중 블록과 블라이드(2개의 차단밸브와 그 사이에 한 개의 통기공이 있는)가 설비되어 있지 않으면 공급관을 비게 하든지 가스차단 밸브와 버너 사이의 연결관을 떼어내야 한다.

② 보일러에 대한 손상을 방지하고 가열면에 고착물이 굳어져 달라붙지 않도록 충분히 냉각시켜야 한다. 맨홀과 청소공 또는 검사공에 뚜껑을 열어 환기시킬 때에는 보일러의 내부가 마를 수 있기에 충분한 열이 아직 보일러에 남아 있을 때 배수한다.

③ 모든 맨홀과 선택된 청소공 또는 검사공의 뚜껑 세척용 플러그 및 수주 연결관을 열고 보일러 장치 안에 들어가기 전에 체크 밸브와 증기 스톱 밸브는 반드시 잠그고 꼬리표를 붙이고 꺾쇠로 고정시키며 두 밸브 사이의 배수 밸브 또는 콕은 열어야 한다. 급수 밸브는 잠그고 꼬리표를 붙여야 하고 꺾쇠로 고정하는 것이 좋으며 두 밸브 사이의 배수 밸브나 콕들은 열어야 한다.

④ 내부조명 : 검사를 위한 내부조명은 축전지로부터 전류가 공급되는 12볼트 램프나 이동램프를 사용하여야 한다.

⑤ 화염측 청소 : 보일러의 내벽, 배출 및 드럼은 철저히 청소되어야 하고 모든 부품을 검사원이 검사할 수 있도록 재와 매연을 제거시켜야 한다.

⑥ 안전밸브, 안전방출밸브 및 저수위 감지장치는 분해 정비하여야 한다.

⑦ 검사대상기기 취급일지(시행규칙 별지 제42호 서식)가 작성 비치되어 있어야 한다. 다만, 가스용 보일러의 경우는 부표 1에 의한 가스용 보일러 사용자 자체점검 일지가 작성 비치되어 있어야 한다.

⑧ 화재, 천재지변 등 부득이한 사정으로 검사를 실시할 수 없는 경우에는 재신청 없이 다시 검사를 받을 수 있다.

(2) 검사

1) 외부검사
① 보일러는 깨끗하게 청소된 상태이어야 하며 사용상에 현저한 부식과 구루빙이 없어야 한다.

② 시험용 해머로 스테이볼트 한쪽 끝을 두들겨 보아 이상이 없어야 한다.
③ 가스용 플러그가 사용된 경우에는 플러그 주위 금속부위와 플러그면의 산화피막을 적절히 제거하여 육안으로 관찰하였을 때 사용상 이상이 없어야 하며 불완전한 경우에는 교환토록 해야 한다.
④ 보일러가 매달려 있는 경우에는 지지대와 고정구대를 검사하여 구조물의 과도한 변형이 없어야 한다.
⑤ 리벳이음 보일러에서 이음부분에 누설 또는 그 밖의 유해한 결함이 없어야 한다.
⑥ 보일러 지지대의 균열, 내려앉음, 지지부재의 변형 또는 파손 등 보일러의 설치상태에 이상이 없어야 한다.
⑦ 벽돌 쌓음에서 벽돌의 이탈, 심한 마모 또는 파손이 없어야 한다.

2) 내부검사

① 관의 부식 등을 검사할 수 있도록 스케일은 제거되어야 하며, 관 끝부분의 손모, 취화 및 빠짐이 없어야 한다.
② 보일러의 내부에는 균열, 스테이의 손상, 이음부의 현저한 부식이 없어야 하며, 침식, 스케일 등으로 드럼에 현저히 얇아진 곳이 없어야 한다.
③ 화염을 받는 곳에는 그을음을 제거하여야 하며 얇아지기 쉬운 관 끝부분을 가벼운 해머로 두들겨 보았을 때 얇아짐이 없어야 한다.
④ 관의 표면은 팽출, 균열 또는 결함 있는 용접부가 없어야 한다.
⑤ 관의 지나친 찌그러짐이 없어야 한다.
⑥ 급수관 및 그 밑의 물받이의 상태는 퇴적물이 없어야 하며 이음쇠는 헐거워지거나 가스켓의 손상이 없어야 한다.
⑦ 관판에 있는 관구멍 사이의 리거먼트를 조사하여 파단이나 누설이 없어야 한다.
⑧ 노벽 보호부분은 벽체의 현저한 균열 및 파손 등 사용상 지장이 없어야 한다.
⑨ 맨홀 및 기타 구멍과 보강판, 노즐, 플랜지이음, 나사이음의 연결부의 내외부를 조사하여 균열이나 변형이 없어야 한다. 이때 검사는 가능한 보일러 안쪽부터 시행한다.
⑩ 저수위 차단 배관 등의 외부 부착 구멍들이나 방출밸브 구멍들에 흐름의 차단 또는 지장을 줄 수 있는 퇴적물 등의 장애물이 없어야 한다.
⑪ 연소실 내부에는 부적당하거나 결함이 없는 버너 또는 스토커의 설치 운전에 의한 현저한 열의 국부적인 집중으로 인한 현상이 없어야 한다.
⑫ 보일러 각부에 불룩해짐·팽출·팽대·압궤 또는 누설이 없어야 한다.

6-3 온수 보일러 설치·시공 기준

1. 적용범위

이 기준은 전열면적이 14[m^2] 이하이며, 최고사용압력이 0.35MPa(3.5[kg/cm^2]) 이하의 온수를 발생하는 보일러(이하 "보일러"라 한다)의 설치시공에 대하여 규정한다(구멍탄용 온수 보일러 및 축열식 전기 보일러는 제외).

2. 용어의 정의

① "상향순환식"이란 송수주관을 상향구배로 하고 방열면을 보일러 설치기준보다 높게하여 온수를 순환시키는 배관방식을 말한다.

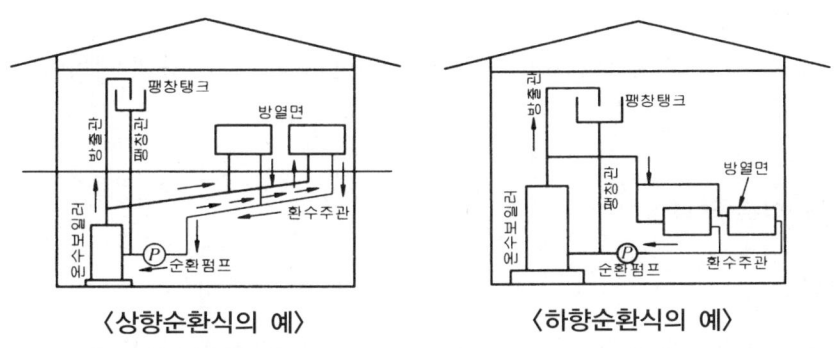

〈상향순환식의 예〉   〈하향순환식의 예〉

② "하향순환식"이란 송수주관을 하향구배로 하고 온수를 순환시키는 배관방식을 말한다.
③ "송수주관"이란 보일러에서 발생된 온수를 방열관 또는 온수 탱크에 공급하는 관을 말한다.
④ "환수주관"이란 방열관 등을 통과하여 냉각된 온수를 회수하는 관을 말한다.
⑤ "팽창 탱크"란 온수의 온도변화에 따른 체적팽창 또는 이상팽창에 의한 압력을 흡수하여 보일러의 부족수를 보충할 수 있는 물을 보유하고 있는 탱크를 말한다.
⑥ "급수 탱크"란 팽창 탱크에 물이 부족할 때 공급할 수 있는 물을 보유하고 있는 탱크를 말한다.
⑦ "공기방출기"란 순환 중에 함유된 공기를 외부로 방출하기 위한 장치를 말한다.
⑧ "팽창관"이란 보일러 본체 또는 환수주관과 팽창 탱크를 연결시켜주는 관을 말한다.

3. 보일러의 설치장소 및 설치

(1) 보일러의 설치장소

① 보일러는 콘크리트, 콘크리트 블록 등 내화구조로 시공된 보일러실에 설치하는 것을 원칙으로 한다.
② 보일러는 통풍 및 배수가 잘되며, 굴뚝과 가능한 한 인접한 곳에 설치하여야 한다.
③ 보일러가 설치된 바닥면은 충분한 강도를 갖도록 콘크리트 구조로 하고 습기에 의한 부식 등의 장애가 없어야 한다.

(2) 보일러의 설치

① 보일러는 수평으로 설치하여야 한다.
② 보일러는 보일러실 바닥보다 높게 설치하여야 하며, 주위에 적당한 공간을 두어 조작, 보수 및 청소가 용이하여야 한다.
③ 수도관 및 $0.1MPa(1[kg/cm^2])$ 이상의 수두압이 발생하는 급수관은 보일러에 직접 연결하여서는 안 된다.
④ 보일러를 설치·시공할 경우에는 전기에 의한 누전, 감전 등의 위험이 없도록 적절한 조치를 하여야 한다.

4. 배관 및 부속장치

(1) 배관재료

① 배관은 KS D 3507(배관용 탄소강관), KS D 3517(기계구조용 탄소강관) 또는 동등 이상의 것을, 급탕용관은 KS D 3507중 백관 또는 동등 이상의 것을 사용하여야 한다.
② 관이음쇠는 KS B 1531(나사식 가단주철제 관이음쇠), KS B 1533(나사식 강관제 관이음쇠) 또는 동등 이상의 것을 사용하여야 한다.
③ 밸브는 KS B 2303(청동 밸브) 또는 동등 이상의 것을 사용하여야 한다.
④ 기타 배관재료 및 부품은 한국공업규격 또는 동등 이상의 것을 사용하여야 한다.

(2) 배관의 크기 및 보온

① 송수주관 및 환수주관의 크기는 보일러 용량이 30,000[kcal/h] 이하는 호칭지름 25[mm] 이상을, 30,000[kcal/h] 초과는 호칭지름 30[mm] 이상을 원칙으로 한다.
② 급탕관의 크기는 보일러 용량이 50,000[kcal/h] 이하는 호칭지름 15[mm] 이상을, 50,000[kcal/h] 초과는 호칭지름 20[mm] 이상을 원칙으로 한다.

③ 배관은 KS F 2803(보온·보냉공사 시공표준)에 정하는 방법에 따라 보온을 하여야 한다.

(3) 배관의 이음

① 배관은 분해조립이 가능하도록 한국공업규격에서 정한 나사이음 또는 이와 동등 이상의 방법으로 연결하여야 하며, 연결부에서 누수가 없도록 적절한 조치를 취하여야 한다.
② 배관은 전 계통이 연결된 후 배관 내부에 있는 찌꺼기 등 온수순환의 장애물을 깨끗이 청소하여야 한다.

(4) 순환 펌프

순환 펌프를 설치할 경우에는 당해 보일러에서 발생되는 온수를 충분히 순환시킬 수 있는 용량의 것을 다음의 방법에 따라 설치하여야 한다. 다만, 순환 펌프가 내장된 보일러의 경우는 예외로 한다.

① 순환 펌프는 보일러 본체 연도 등에 의한 방열에 의해 영향을 받을 우려가 없는 곳에 설치하여야 한다.
② 순환 펌프에는 바이패스회로를 설치하여야 한다. 다만, 하향식 구조 및 자연순환이 곤란한 구조에서는 이를 설치하지 아니할 수 있다.
③ 순환 펌프와 전원콘센트간의 거리는 가능한한 최소로 하고 누전 등의 위험이 없어야 한다.
④ 순환 펌프의 흡입측에는 여과기를 설치하여야 하며, 펌프의 양측에는 밸브를 설치하여야 한다.
⑤ 순환 펌프는 방출관 및 팽창관의 작용을 폐쇄하거나 차단하여서는 아니되며, 환수주관에 설치함을 원칙으로 한다.
⑥ 순환 펌프의 모터부분은 수평으로 설치함을 원칙으로 한다.

(5) 급수 탱크

팽창 탱크 및 급탕용 급수가 부족할 때 이를 자동으로 보충하는 구조의 급수 탱크를 설치하여야 한다. 이 경우 급수 탱크의 구조는 KS B 5122(온수 보일러용 시스템)에 따른다.

(6) 온수 탱크

급탕이 필요하여 온수 탱크를 설치할 경우에는 다음의 조건을 만족시켜야 한다.

① 내식성 재료를 사용하거나 내식처리된 온수 탱크를 설치하여야 한다.
② KS F 2803(보온·보냉공사 시공표준)에 정하는 방법에 따라 보온을 하여야 한다.
③ 100[℃]의 온수에도 충분히 견딜 수 있는 재료를 사용하여야 한다.
④ 탱크 밑부분에는 물빼기관 또는 물빼기 밸브가 있어야 한다.
⑤ 밀폐식 온수 탱크의 경우에는 팽창흡수장치 또는 방출밸브를 설치하여야 하며, 이 때 방출밸브는 KS B 6155(온수기용 방출밸브)에 정한 것 또는 동등 이상의 것을 사용하여야 한다.

(7) 팽창관 및 방출관

보일러내의 물의 팽창 및 증기발생에 대비하여 다음 조건을 만족시키는 팽창관 및 방출관(또는 방출밸브)을 설치하여야 한다.

① 팽창관 및 방출관의 크기는 보일러 용량이 시간당 30,000[kcal/h] 이하인 경우 호칭지름 15[mm] 이상, 30,000[kcal/h] 이상 150,000[kcal/h] 이하인 경우 호칭지름 25[mm] 이상, 150,000[kcal/h]를 초과하는 경우에는 호칭지름 30[mm] 이상이어야 한다.
② 팽창관 및 방출관에는 물 또는 발생증기의 흐름을 차단하는 장치가 있어서는 안된다.
③ 팽창관은 가능한한 굽힘이 없고 어는 것을 방지할 수 있는 조치가 되어 있어야 한다.

(8) 팽창 탱크

팽창관의 상부에 다음 조건을 만족시키는 팽창 탱크를 설치하여야 한다. 다만, 팽창 탱크가 보일러에 내장되었을 경우는 예외로 한다.

① 100[℃] 이상의 온수에도 충분히 견딜 수 있으며, 수위를 용이하게 알아볼 수 있어야 한다.
② 개방식의 경우 팽창 탱크의 높이는 방열면보다 1[m] 이상 높은 곳에 설치하여야 하며, 얼지 않도록 적절한 보온을 하여야 한다.
③ 밀폐식의 경우 배관계통 내의 압력이 제한압력 이상으로 되면 자동적으로 과잉수를 배출시킬 수 있도록 방출 밸브를 설치하여야 한다.
④ 팽창 탱크의 용량은 보일러 및 배관 내의 보유수량이 200[L]까지는 20[L], 보유수량이 200[L]를 초과하는 경우 그 초과량 100[L]마다 10[L]씩 가산한 용량 이상이어야 한다.

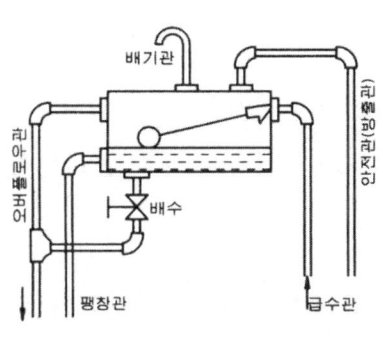
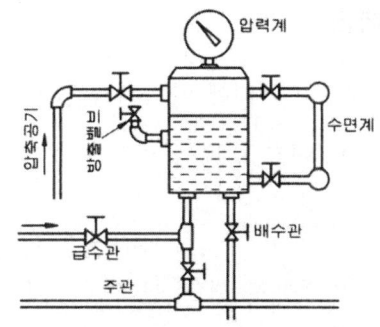

〈개방식 탱크〉   〈밀폐식 탱크〉

⑤ 팽창관의 끝부분은 팽창 탱크 바닥면보다 25[mm] 정도 높게 배관되어야 한다.
⑥ 팽창 탱크에 물이 부족한 때 이를 자동으로 보충할 수 있는 장치를 하여야 한다.
⑦ 팽창 탱크에는 물의 팽창에 대비하여 인체, 보일러 및 관련 부품에 위해가 발생되지 않도록 일수관(오버플로관)을 설치하여야 한다.

(9) 공기 방출기

배관중의 공기를 방출할 수 있는 공기방출기가 있어야 한다.

(10) 연도 및 굴뚝

① 연도 굽힘부의 수는 가능한한 3개소 이내로 하고 수평부의 경사는 1/10 기울기 이상으로 하여야 한다. 다만, 보일러 자체가 강압통풍식으로 화실내의 연소압력이 대기압보다 높은 경우에는 예외로 할 수 있다.
② 연도 및 굴뚝의 재료는 보일러 배기가스 온도에 충분히 견딜 수 있는 것이어야 한다.
③ 연도 및 굴뚝은 주위의 가연물과 접촉되지 않도록 하여야 한다.
④ 강제 급배기식(FF형) 보일러를 설치할 때에는 연소용 공기를 예열하여 공급할 수 있는 구조의 연도를 설치하여야 한다. 다만, 보일러실의 구조상 부득이 할 경우에는 예외로 한다.
⑤ 제④항에 의한 연도의 재질은 연소가스에 충분한 내식성을 갖는 것이어야 한다.
⑥ 연도 및 굴뚝의 규격은 보일러 배기가스 출구와 접속되는 부분의 유효 단면적 이상이어야 한다.
⑦ 자연배기식 보일러의 경우 굴뚝의 옥상 돌출부는 지붕면으로부터 1[m] 이상이어야 한다. 다만, 건축물의 기존 굴뚝과 연결하는 경우에는 예외로 한다.
⑧ 연도 및 굴뚝은 배기가스의 온도가 적정치를 유지할 수 있도록 충분한 보온을 하는 것을 원칙으로 한다.

5. 연료 배관

(1) 연료 탱크의 위치에 따라서 단관식 또는 복관식으로 배관하여야 한다.

① 단관식 : 연료 탱크의 위치가 버너의 펌프 위치보다 높을 때 사용하는 방식으로 공기 배출장치가 필요하다.

② 복관식 : 복관식 연료 배관법은 연료 탱크와 오일 펌프와의 사이에 2개의 배관으로 하는 방법으로 연료 탱크가 오일 펌프보다 낮은 위치에 있을 때 사용하는 배관방식으로 공기 배출장치가 필요없다.

(2) 보일러와 연료 탱크 사이의 배관에는 기름과 물을 분리할 수 있는 유수 분리기가 있어야 하며, 유수 분리기에는 물빼기 밸브가 있어야 한다.

(3) 연료 탱크와 버너 사이의 배관에는 여과기가 있어야 한다.

(4) 연료 배관은 KS D 3507(배관용 탄소강관) 또는 동등 이상의 것을 사용하여야 한다.

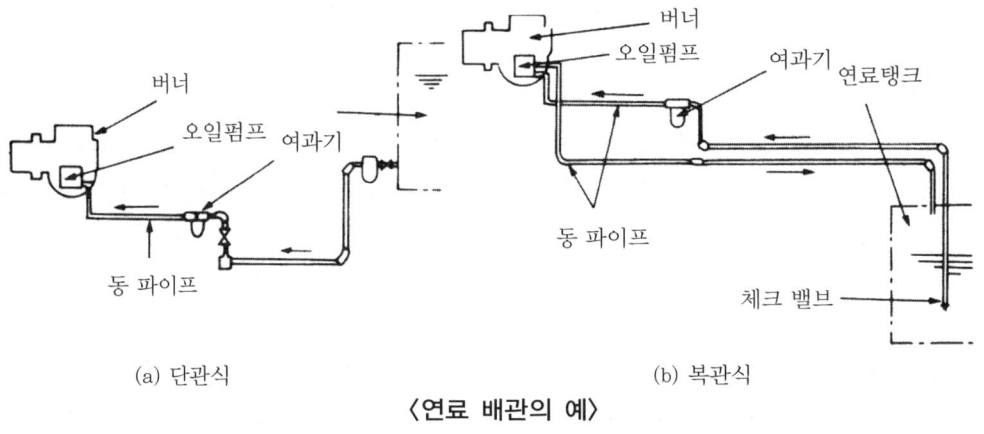

〈연료 배관의 예〉

6. 설치 · 시공 기록 등의 보존

(1) 시공표지판

시공업자는 그가 설치한 시설에 관하여 시공표지판을 부착하여야 하며, 시공표지판의 규격, 재료, 기재사항, 기재방법 및 부착방법은 다음과 같다.

① 규격 : 20[cm]×9[cm]

② 재료 : 100[g/m^2]의 노랑색 아트지 스트카

③ 기재사항
    ㉠ 시공자의 상호
    ㉡ 시공자의 지정번호
    ㉢ 사무소 소재지
    ㉣ 시공자의 성명 및 전화번호
    ㉤ 보일러 제조업체명
    ㉥ 보일러 기종 및 제조번호
    ㉦ 시공 연월일
    ㉧ 특기사항

(2) 설치 · 시공기록의 보존

시공업자는 그가 설치한 시설에 관하여 설치 · 시공 기록부를 작성하여 3년동안 보존하여야 하며, 그 기재사항은 다음과 같다.

① 시공기간
② 건축주 성명 및 전화
③ 건축주 주소 및 건축물 소재지
④ 보일러 종류 및 제조업체명
⑤ 보일러용량 및 대수
⑥ 특기사항

(3) 배관도면의 작성 및 보존

시공업자는 그가 설치한 시설에 관하여 다음 사항을 표시한 설치 · 시공 도면을 작성하여 3년 동안 보존하여야 한다.

① 모든 배관의 크기, 치수 및 경로
② 배관을 매설할 경우 매설 위치와 연결부
③ 밸브의 종류 및 설치 위치
④ 안전장치의 설치 위치
⑤ 작성 연월일

7. 설치 · 시공 확인

시공업자는 보일러를 설치한 후 가동 전에 다음 사항에 대하여 적합여부를 확인하여야 한다.

(1) 수압 및 안전장치

① 보일러 설치가 끝난 후 실제사용 최고압력의 2배(그 값이 $0.2MPa(2[kg/cm^2])$ 이하일 경우는 $0.2MPa(2[kg/cm^2])$)의 수압을 가하여 누설 및 변형이 없어야 한다.
② 본 기준이(2)항 내지(4)항에 적합 여부를 확인한다.

(2) 보일러의 연소 및 배기성능관계

보일러를 점화하여 정상연소가 이루어지는지 확인하고 연도 접속부의 가스누설 및 매연의 발생유무를 확인한다.

(3) 연소계통의 누설상태

보일러의 가동시 연료배관계통에 누설이 발생하는가를 확인한다.

(4) 온수순환

순환 펌프를 가동시켜 온수의 순환상태를 확인한다.

(5) 자동제어에 의한 성능관계

실내온도 조절기의 지시에 따른 순환 펌프의 작동 및 정지 버너의 작동 및 정지상태를 확인하며, 실내온도 조절기를 부착하지 않았을 때는 Hi-Lo 또는 On-Off시 버너의 정지 및 작동, 순환 펌프의 작동과 정지상태가 원활한가를 확인한다.

(6) 보온상태

배관 및 온수 탱크는 적절한 보온이 되었는가 확인한다.

예상문제

01 증기 보일러의 급수장치에 관하여 기술한 것 중 옳지 않은 것은?

① 전열면적 20m² 이하의 보일러는 급수장치를 1개로 할 수 있다.
② 수시 단독으로 최대 증발량 이상의 급수를 할 수 있는 능력이어야 한다.
③ 증기 보일러에는 2세트 이상의 급수장치를 갖추어야 한다.
④ 인접한 2기 이상의 보일러를 결합 사용할 때는 규정상 이들을 1기의 증기 보일러로 간주한다.

> [해설] 급수장치를 1세트 이상으로 할 수 있는 경우
> ① 전열면적이 12m² 이하일 때
> ② 관류 보일러로 전열면적 100m² 이하일 때
> ③ 최고사용압력이 2.5kg/cm² 미만으로 화격자면적이 0.6m² 이하일 때

02 온도 몇 K(℃)를 초과하는 온수 보일러에는 안전 밸브를 설치하여야 하는가?

① 373K(100℃)
② 378K(105℃)
③ 388K(115℃)
④ 393K(120℃)

> [해설] 온수의 온도가 393K(120℃) 이하일 때는 방출 밸브 설치
> ① 전열면적이 10m² 미만은 25A 이상
> ② 전열면적이 10 이상~15m² 미만은 30A 이상
> ③ 전열면적이 15 이상~20m² 미만은 40A 이상
> ④ 전열면적이 20m² 이상은 50A 이상

03 비수방지관에 뚫는 구멍의 전체면적은 주증기관의 단면적과 비교하여 몇 배 이상 되어야 하는가?

① 0.5배
② 1배
③ 1.25배
④ 1.5배

> [해설] 비수방지관에 뚫는 구멍의 전체면적은 주증기관의 단면적보다 1.5배 이상일 것

04 보일러의 안전밸브는 규정압력보다 몇 % 이상일 때 자동적으로 작동하도록 되어 있어야 하는가?

① 2% ② 3%
③ 8% ④ 10%

> [해설] 안전밸브의 분출은 규정압력보다 3% 이상일 때 작동되어 어떠한 경우도 6%를 초과하여서는 안 된다.

05 액상식 열매체 보일러에 설치하는 방출밸브의 지름은 몇 mm 이상으로 하는가?

① 15mm
② 20mm
③ 25mm
④ 32mm

> [해설] 액상식 열매체 보일러에 설치하는 방출밸브는 약 20mm이상으로 설치한다.

ANSWER 1.① 2.④ 3.④ 4.② 5.②

06 보일러 부속장치 설명 중 잘못된 것은?
① 기수분리기 : 증기 중의 혼입된 수분을 분리하는 장치
② 슈트 블로우 : 보일러 동저면의 스케일, 침전물 등을 밖으로 배출하는 장치
③ 인젝터 : 증기를 이용한 급수장치
④ 스팀트랩 : 응결수를 자동으로 배출하는 장치

해설 슈트블로우 : 전열면적에 부착된 그을음 제거

07 배관에는 열신축에 대응하여 신축이음쇠를 설치한다. 동관의 경우 배관길이 몇 m 당 1 개의 신축이음쇠를 설치하는 것이 좋은가?
① 20m   ② 30m
③ 40m   ④ 20m

해설 신축이음쇠의 경우 동관 20m, 강관 30m마다 설치한다.

08 다음 중 보일러 안전장치와 가장 거리가 먼 것은?
① 수저분출장치   ② 가용전
③ 고저수위경보기   ④ 플레임아이

09 발생증기량이 소비량에 비해 남아돌 때 그 증기 에너지를 일시 저장하였다가 재사용하는 장치는?
① 증기축열기   ② 재열기
③ 절탄기   ④ 과열기

해설 증기축열기란 잉여증기(여분의 증기)를 일시 저장하였다가 응급시를 대비하기 위해 설치한다.

10 증기 과열기의 안전밸브 취출 압력은 다음 중 어떻게 조정하는가?
① 최고사용압력
② 보일러 본체의 안전밸브에서 먼저 취출한다.
③ 보일러 본체의 안전밸브와 증기 과열기의 안전밸브에서 동시에 취출한다.
④ 보일러 본체의 안전밸브에서 얼마쯤 뒤에 취출한다.

해설 본체의 안전밸브 보다 약간 늦게 취출한다.

11 수면계 부착을 위한 설명이다. 틀린 것은?
① 최고사용압력 $16kg/cm^2$ 이하의 보일러 수주는 주철제 사용
② 연결관은 호칭 지름 20A 이상으로 하고 물쪽 연락관은 용이하게 청소할 수 있어야 한다.
③ 물쪽 연락관은 수면계가 보이는 최저 수위보다 위에 설치한다.
④ 증기쪽 연락관은 도중에 드레인이 고이지 않는 구조일 것.

해설 물쪽 연락관은 수면계가 보이는 최저 수위보다 아래에 설치한다.

12 다음 급수 펌프 중 증기왕복식 기관형식인 것은?
① 터빈   ② 볼류트
③ 워싱톤   ④ 플랜저

해설 증기왕복식 펌프는 워싱턴, 웨어펌프가 있다.

ANSWER 6.② 7.① 8.① 9.① 10.④ 11.③ 12.③

13 보일러에서 증기관 쪽에 보내는 증기에 수분이 많이 함유되는 것을 무엇이라 하는가?

① 아웃오버　② 포밍
③ 프라이밍　④ 캐리오버

해설 프라이밍 : 고수위 및 주증기밸브를 급개 시 물방울 솟음 현상을 말한다.

14 보일러(육용강제 보일러 및 주철제 보일러)의 설치 검사기준에 아래의 곳에는 반드시 온도계를 설치하도록 규정하고 있다. 다음 중 생략할 수 있는 온도계는? (단, 소용량 보일러가 아닌 보일러로서 절탄기 및 공기예열기가 설치된 경우이다.)

① 급수입구의 급수온도계
② 버너 급유구의 온도계
③ 보일러 본체 배기가스 온도계
④ 과열기 및 재열기가 있는 경우 과열기 및 재열기 출구온도계

해설 보일러 본체 배기가스온도계는 절탄기 또는 공기예열기가 설치된 경우 전후에 온도계를 설치한다. 이 경우 생략이 가능하다.

15 강철제 증기보일러의 최고사용압력이 1.0MPa일 때 수압 시험 압력은?

① 1.0MPa
② 1.6MPa
③ 1.8MPa
④ 2.0MPa

해설 0.43 초과~1.5MPa 이하 : 1.3배+0.3MPa
＝1×1.3+0.3＝1.6MPa

16 온수 보일러의 팽창관의 크기는 얼마 이상이어야 하는가?

① 35A　② 25A
③ 20A　④ 15A

해설
① 팽창관 : 15A 이상
② 급탕주관 : 15A
③ 송수·환수주관 : 32A 이상
④ 방열관 : 20A

17 다음은 온수난방배관 중 보온피복을 하지 않아도 되는 곳을 열거하였다. 아닌 것은?

① 실내에 장치된 밸브류
② 암거(어두운 장소)내 배관에 장치된 밸브
③ 온수 공급관
④ 플랜지 접합부

해설 증기관 및 온수 공급관에는 꼭 보온피복을 해야 한다.

18 다음은 전열면적이 $14m^2$ 이하인 유류용 온수 보일러 팽창 탱크에 관한 설명이다. 옳지 않은 것은?

① 팽창 탱크는 100℃ 이상의 온도에 견디는 재질이어야 한다.
② 수위를 용이하게 알아볼 수 있는 구조여야 하며 얼지 않도록 적절한 보온을 하여야 한다.
③ 팽창 탱크 높이는 방열기 또는 방열기 코일면 보다 50m 이상 높은 곳에 설치한다.
④ 밀폐식일 경우 배관계 등 압력이 제한 압력 이상으로 되면 자동적으로 과잉수를 배출시킬 수 있도록 방출 밸브를 설치해야 한다.

해설
① 개방식 팽창 탱크 : 최고층의 방열면보다 1m 높게
② 밀폐식 팽창 탱크 : 설치 위치에 제한을 받지 않는다.

ANSWER　13.③　14.③　15.②　16.④　17.③　18.③

19 온수 보일러의 설치기준 중 잘못 기술된 것은?

① 보일러는 수평을 유지하여야 한다.
② 청소가 편리하도록 공간을 두고 설치하여야 한다.
③ 감전을 방지하기 위하여 접지를 해야 한다.
④ 급수관은 보일러에 직접 연결해야 한다.

해설) 급수관은 팽창 탱크에 연결한다.

20 전열면적 $14m^2$ 이하인 온수 보일러에 설치되는 온수 순환 펌프의 설명으로 잘못된 것은?

① 순환 펌프에는 바이패스회로를 설치해야 한다.
② 순환 펌프는 송수주관에 설치함을 원칙으로 한다.
③ 순환 펌프는 흡입측에는 여과기를 설치해야 한다.
④ 순환 펌프는 모터 부분은 수평으로 설치함을 원칙으로 한다.

해설) 순환 펌프는 환수 주관에 연결한다

21 온수 보일러의 연도는 굽힘부를 몇 개소 이내로 하는 것이 원칙인가?

① 1개소
② 2개소
③ 3개소
④ 4개소

해설) 연도의 경사도는 1/10 이상이며 굽힘부는 3개소 이내일 것

22 팽창탱크 내의 물이 넘쳐흐를 때에 대비하여 팽창탱크에 설치하는 관은?

① 배수관　　② 팽창관
③ 환수관　　④ 오버플로우관

해설) 오버플로우관(일수관)은 팽창탱크 내의 물이 넘쳐흐를 때에 대비하여 설치한다.

23 밀폐식 팽창탱크의 수면에서 최고 위치의 방열기까지 수직높이가 10m, 온수온도 110℃의 고온수 난방장치에서 순환펌프의 양정을 1m로 할 때 밀폐식 팽창탱크가 받는 게이지 압력은? (단, 온수온도 110℃에서의 포화증기 게이지 압력은 $0.5kg/cm^2$이다.)

① 13.2mAq　　② 15.8mAq
③ 17.5mAq　　④ 19.4mAq

해설) $0.5kg/cm^2 = 5mAq$
$10 + 1.5 = 11.5mAq$
∴ $5 + 11.5 + 1 = 17.5mAq$
※ $p = h_1 + h_2 + \frac{1}{2}h_3 + 2mAq$
$= 10 + 5 + \frac{1}{2} \times 1 + 2 = 17.5mAq$

24 온수 보일러에 온수 탱크 설치 기준 설명이 잘못된 것은?

① 내식성 재료를 사용하거나 내식처리가 된 재료를 사용함을 원칙으로 한다.
② 80℃의 온도에 견딜 수 있는 재료를 사용한다.
③ "드레인"할 수 있는 관 및 밸브가 있어야 한다.
④ 밀폐식 온수 탱크의 경우 팽창관 등 팽창흡수장치가 있어야 한다.

해설) 온수탱크는 100℃ 이상의 온도에 견딜 수 있는 재료를 사용한다.

ANSWER 19.④ 20.② 21.③ 22.④ 23.③ 24.②

25 온수 보일러의 보일러실 위치 선정에 대한 다음 사항 중 가장 적당치 않은 것은?

① 통풍이 잘되고 보수가 양호한 곳이어야 한다.
② 중앙 집중식의 경우보다 특히 개별식의 경우에는 배관 저항이 적게 걸리도록 길이가 짧은 곳이어야 한다.
③ 보일러실은 거실과 직접 통하지 않는 구조이어야 하며, 부득이한 경우 연탄가스 유입을 방지할 수 있는 구조이어야 한다.
④ 보일러는 빗물을 받지 않는 곳에 설치하여야 한다.

해설 중앙집중식의 경우는 배관의 길이를 짧게 설치하는 것이 저항 등을 고려할 때 적당하다.

26 온수 보일러는 순환 펌프 설치시공에 관한 설명 중 틀린 것은?

① 순환 펌프의 규격은 난방순환 계통장치 내에서 충분히 순환시킬 수 있는 용량 및 규격으로 시공한다.
② 순환 펌프의 흡입측에 펌프 자체의 공기빼기 장치가 없을 때는 공기빼기 밸브를 만들어 공기를 제거할 수 있어야 한다.
③ 자연순환이 불가능한 구조에서는 바이패스를 설치 아니할 수 있다.
④ 순환 펌프의 배관 접속부는 공기유입이 가능하도록 설치한다.

해설 순환펌프의 배관 접속부는 공기유입이 되지 말아야 한다.

27 온수 보일러의 팽창 탱크에 관한 설명으로 틀린 것은?

① 상부에 적정 크기의 통기 구멍이 있을 것.
② 원칙적으로 자동 급수가 가능할 것.
③ 난방면적 $20m^2$ 당 $2l$ 이상의 크기일 것.
④ 팽창관의 끝부분은 팽창 탱크 바닥면보다 25mm 높게 설치할 것.

해설 팽창탱크의 용량은 보일러 및 배관내의 보유수량이 $200l$ 이하인 경우는 $20l$ 이상으로 하고 보유수량이 $100l$씩 초과할 때마다 $10l$를 가산한 용량 이상이어야 한다.

28 최고사용압력이 0.4MPa인 강철제 증기 보일러의 수압시험 압력은?

① 0.4MPa   ② 0.6MPa
③ 0.8MPa   ④ 0.93MPa

해설 0.43MPa이하의 보일러는 최고사용압력의 2배
=0.4×2=0.8MPa

29 다음 중 밀폐식 팽창 탱크 주변에 설치되는 계기 또는 배관이 아닌 것은?

① 압력계   ② 배기관
③ 온도계   ④ 수면계

해설 개방식 팽창 탱크 주위배관 배기관, 팽창관, 배수관, 일수관, 급수관, 도피관(안전관)

30 열사용기자재관리규칙에 따라 검사대상기기의 검사 종류 중 운전성능검사 대상이 아닌 것은?

① 철금속가열로
② 용량이 1t/h인 산업용 강철제보일러
③ 용량이 5t/h인 난방용 주철제보일러
④ 용량이 3t/h인 난방용 강철제보일러

해설 운전성능검사 : 용량이 5t/h이하인 난방전용 강철제보일러는 대상에서 제외

ANSWER 25.② 26.④ 27.③ 28.③ 29.② 30.④

31 보일러 설치조건에 대한 설명으로 틀린 것은?

① 수관식 보일러는 전열면을 청소할 수 있는 구멍이 있어야 한다.
② 보일러의 사용압력은 필요에 따라 최고사용압력을 초과할 수 있도록 설치하여야 한다.
③ 강 구조물은 접지가 되어야 하고 빗물이나 증기에 의하여 부식이 되지 않도록 보호 조치를 해야 한다.
④ 보일러의 폭발구 위치가 작업자 2m 이내 있을 경우에는 폭발가스가 안전한 방향으로 분산시키는 장치를 설치한다.

해설 보일러의 사용압력은 최고사용압력을 초과해서는 안된다.

32 열사용지자재 관리규칙에 따라 검사대상기기 조종자의 선임기준에 관한 설명으로 옳은 것은?

① 검사대상기기 조종자의 선임기준은 1구역마다 1명 이상으로 한다.
② 1구역은 검사대상기기 1대를 기준으로 정한다.
③ 중앙통제설비를 갖춘 시설은 조종자 선임이 면제된다.
④ 압력용기의 경우 1구역은 검사대상기기 조종자 2명이 관리할 수 있는 범위로 한다.

33 어떤 강철제 증기보일러의 최고사용압력이 2.0MPa 일 때 수압시험 압력은 몇 MPa로 해야 하는가?

① 2.0MPa   ② 2.5MPa
③ 3.0MPa   ④ 3.5MPa

해설 최고사용압력이 1.5MPa 초과이면 수압시험은 최고사용압력의 1.5배 한다.
즉, $2 \times 1.5 = 3.0$MPa로 실시한다.

33 과열기에 부착되는 안전밸브의 분출용량 및 수는 보일러 동체의 안전밸브의 분출용량 및 수에 포함시킬 수 있다. 이 경우 보일러의 동체에 부착하는 안전밸브는 보일러의 최대증발량의 몇 % 이상을 분출할 수 있는 것이어야 하는가?

① 55%   ② 65%
③ 75%   ④ 85%

해설 보일러 본체의 안전밸브는 최대증발량의 75% 이상을 분출할 수 있는 용량을 설치한다.

34 강철제 증기보일러의 수압시험 방법에 대한 설명으로 틀린 것은?

① 공기를 빼고 물을 채운 후 천천히 압력을 가한다.
② 규정된 시험 수압에 도달한 후 10분이 경과한 뒤 검사를 실시한다.
③ 시험수압은 규정된 압력의 6% 이상을 초과하지 않도록 적절한 제어를 마련한다.
④ 수압시험 중 또는 시험 후에도 물이 얼지 않도록 하여야 한다.

해설 수압시험의 경우 시험수압에 도달한 후 30분이 경과한 뒤 검사를 실시한다.

ANSWER 31.② 32.① 33.③ 33.③ 34.②

35 열사용기자재 관리규칙에 따라 가스를 사용하는 소형온수보일러 중 검사대상기기에 해당 되는 것은 가스 사용량이 몇 kg/h를 초과하는 경우인가?

① 10kg/h ② 13kg/h
③ 17kg/h ④ 15kg/h

해설) 열사용기자재 관리규칙에 따라 가스를 사용하는 소형온수보일러 중 검사대상기기에 해당 되는 것은 가스사용량이 17kg/h를 초과하는 것

36 보일러 설치·검사기준상 급수장치를 필요로 하는 보일러에는 주펌프 및 보조펌프세트를 갖춘 급수장치가 있어야 하는데 다음 중 보조펌프세트를 생략할 수 있는 보일러는?

① 전열면적 50m^2인 관류보일러
② 전열면적 30m^2인 강철제 증기보일러
③ 전열면적 20m^2인 가스용 온수보일러
④ 전열면적 40m^2인 주철제 증기보일러

해설) 보조펌프를 생략할 수 있는 경우
- 전열면적이 100m^2 미만의 관류보일러
- 전열면적이 12m^2 미만의 증기보일러 및 소용량 보일러

37 검사를 받아야 하는 검사대상기기의 종류에 포함되지 않는 것은?

① 강철제 보일러
② 태양열 집열기
③ 주철제 보일러
④ 2종 압력용기

해설) 태양열 집열기는 검사대상기기에서 제외된다.

38 보일러 검사를 받는 자에게는 그 검사의 종류에 따라 필요한 사항에 대한 조치를 하게 할 수 있다. 그 조치에 해당되지 않는 것은?

① 비파괴검사의 준비
② 수압시험의 준비
③ 운전성능 측정의 준비
④ 보온단열재의 열전도 시험준비

해설) 보온단열재의 열전도 시험준비는 검사의 사항과 관련이 없다.

CHAPTER 07 신·재생에너지

7-1 신·재생에너지 일반

1. 신·재생에너지 종류 및 원리

(1) 신·재생 에너지

공해물질을 배출하지 않는 환경 친화적인 에너지로 녹색 에너지, 청정에너지, 대체에너지와 기존의 화석연료를 변화시켜 이용하거나 햇빛, 물, 지열, 생물유기체 등을 포함하는 재생 가능한 에너지를 변환시켜 이용하는 에너지를 말한다.

(2) 신·재생에너지의 종류

① 신에너지 : 연료전지, 석탄액화가스화, 수소에너지
② 재생 에너지 : 태양열, 태양광발전, 바이오매스, 풍력, 수력, 지열, 해양에너지, 폐기물에너지

2. 신·재생에너지 이용방법

(1) 태양열 에너지

태양광선의 파동성질을 이용하는 태양에너지 광열학적 이용분야로 태양열의 흡수·저장·열변환 등을 통하여 건물의 냉난방 및 급탕 등에 활용하는 기술을 말하고 태양열 이용시스템은 집열부, 축열부, 이용부로 구성되어 있다.

① 집열부 : 열시점과 집열량이 이용시점과 부하량에 일치하지 않기 때문에 필요한 일종의 버퍼역할을 할 수 있는 열저장 탱크

② 이용부 : 태양열 축열조에 저장된 태양열을 효과적으로 공급하고 부족할 경우 보조 열원에 의해 공급
③ 제어장치 : 태양열을 효과적으로 집열 및 축열하고 공급, 태양열 시스템의 성능 및 신뢰성 등에 중요한 역할을 해주는 장치

❖ 태양열 에너지는 에너지 밀도가 낮고 계절별, 시간 별 변화가 심한 에너지이므로 집열과 축열 기술이 가장 핵심이 됨

(2) 태양광 에너지

집열판에 모아진 고온의 열에너지를 이용하여 액체를 가열해 증기를 생산하여 터빈 발전기를 회전시킴으로써 전기에너지를 만들어내는 발전방식의 기술을 말한다. 즉, 태양광 발전은 태양광을 직접 전기에너지로 변환시키는 기술로 햇빛을 받으면 광전효과에 의해 전기를 발생하는 태양전지를 이용한 발전방식으로 태양광 발전시스템은 태양전지 (solar cell)로 구성된 모듈(module)과 축전지 및 전력변환장치로 구성되어 있다.

(3) 지열 에너지

땅속의 물, 지하수 및 지하의 열 등의 온도차를 이용하여 냉·난방 등에 이용하는 에너지를 말한다.

지열에너지 이용 방법은 겨울철에는 외부의 차가운 순환유체를 지중 열교환기를 통해 온도를 상승시켜 난방에 활용하고 여름에는 외부의 따뜻한 순환유체를 지중 열교환기를 통해 냉각하여 실내로 유입시켜 냉방에 활용된다.

(4) 수소 에너지

물 또는 그 밖의 연료를 변환시켜 수소를 제조할 수 있으며, 사용 후에 다시 물로 재순환할 수 있다. 수소는 가스나 액체로서 쉽게 수송할 수 있으며 고압가스, 액체수소, 금속수소화물 등의 다양한 형태로 저장이 용이하다. 또한 수소는 연료로 사용할 경우에 연소 시 극소량의 NOx를 제외하고는 공해물질이 생성되지 않아 대기오염을 초래하지 않는다.

(5) 연료 전지

연료전지는 수소와 산소의 화학반응으로 생기는 화학에너지를 직접 전기에너지로 변환시키는 기술이다.

(6) 바이오 에너지

바이오 에너지는 태양광을 이용하여 광합성 되는 유기물(주로 식물체) 및 동 유기물을 소비하여 생성되는 모든 생물 유기체(바이오 매스)의 에너지를 말한다.

(7) 석탄 가스화 액화 에너지

① **석탄(중질잔사유)가스화 에너지** : 가스화 복합발전기술(IGCC : Integrated Gasification Combined Cycle)은 석탄, 중질잔사유 등의 저급원료를 고온·고압의 가스화기에서 수증기와 함께 한정된 산소로 불완전연소 및 가스화시켜 일산화탄소와 수소가 주성분인 합성가스를 만들어 정제공정을 거친 후 가스터빈 및 증기터빈 등을 구동하여 발전하는 신기술이다.
② **석탄 액화** : 고체 연료인 석탄을 휘발유 및 디젤유 등의 액체연료로 전환시키는 기술로 고온 고압의 상태에서 용매를 사용하여 전환시키는 직접액화 방식과, 석탄 가스화 후 촉매상에서 액체연료로 전환시키는 간접액화 기술이다.

(8) 폐기물 에너지

에너지 함량이 높은 폐기물을 열분해, 고형화, 소각 등의 가공·처리하여 고체·액체·가스연료, 폐열을 생산 재이용(재생)하는 에너지이다.

(9) 풍력 에너지

바람의 힘을 회전력으로 전환시켜 발생되는 유도전기를 전력계통이나 수요자에게 공급하는 기술이다.

(10) 해양 에너지

① **조력발전** : 조류간만의 차가 큰 내만에 조력댐을 설치하여 해수유통을 차단, 조류 간만차 파력발전에 의해 발생하는 댐 내·외측의 수위차를 낙차로 이용 발전
② **파력발전** : 파도의 운동에너지를 이용하여 동력을 얻어서 전기를 생산
③ **조류발전** : 조류현상에 의한 강한 유속이 발생되는 해역의 수로에 수차발전기 설치, 구동하여 전기를 생산
④ **온도차발전** : 해양 표면층의 온수(예 : 25~30℃)와 심해 500~1000m정도의 냉수(예 : 5~7℃)와의 온도차를 이용하여 열에너지를 기계적 에너지로 변환시켜 발전하는 기술

예상문제

01 신에너지 및 재생에너지 개발·이용·보급 촉진법에서 정의하는 신·재생에너지 설비에 해당하지 않는 것은?

① 태양에너지 설비
② 석탄을 액화·가스화한 에너지 및 중질잔사유를 가스화한 에너지 설비
③ 수소에너지 설비
④ 핵융합에너지 설비

> 해설 핵융합에너지 설비는 신재생에너지 개발, 이용, 보급 촉진법에서 정의하는 신, 재생에너지 설비에 해당되지 않는다.

02 신·재생 에너지 설비 성능검사기관으로 지정받으려는 자가 신청해서 첨부하여 제출해야 하는 서류가 아닌 것은?

① 법인인 경우 정관
② 성능검사기관의 운영계획서
③ 자산에 대한 감정평가서
④ 신·재생에너지 설비의 성능검사에 필요한 조직·인력 및 장비 현황에 관한 자료

03 신·재생에너지 설비 중 수소와 산소의 전기화학 반응을 통하여 전기 또는 열을 생산하는 설비는?

① 수력 설비
② 해양에너지 설비
③ 수소 에너지 설비
④ 연료전지 설비

> 해설 연료전지 설비 : 신·재생에너지 설비 중 수소와 산소의 전기화학 반응을 통하여 전기 또는 열을 생산하는 설비이다.

04 저탄소 녹색성장 기본법에 따라 녹색성장위원회에서 심의하는 사항에 대한 설명으로 틀린 것은?

① 기후변화대응 기본계획, 에너지기본계획 및 지속가능발전 기본계획에 관한 사항
② 녹색성장국가전략의 수립·변경·시행에 관한 사항
③ 저탄소 녹색성장 추진의 목표관리, 점검, 실태조사 및 평가에 관한 사항
④ 중앙행정기관의 저탄소 녹색성장과 관련된 정책 조정 및 지원에 관한 사항(지방자치단체는 제외)

> 해설 저탄소 녹색성장 기본법에 따른 녹색성장위원회의 심의 사항에서 중앙행정기관의 저탄소 녹색성장과 관련된 정책 조정 및 지원에 관한 사항(지방자치단체는 제외)은 포함에서 제외된다.

05 저탄소 녹색성장 기본법에서 정의하는 온실가스의 종류가 아닌 것은?

① 이산화탄소   ② 아산화질소
③ 수소불화탄소 ④ 일산화탄소

> 해설 온실가스 : 이산화탄소, 메탄, 아산화질소, 수소불화탄소, 과불화탄소, 육불화황 등이다.

ANSWER 1.④ 2.③ 3.④ 4.④ 5.④

06 신·재생에너지 설비 중 물, 지하수 및 지하의 열 등의 온도차를 변환시켜 에너지를 생산하는 설비로 맞는 것은?

① 지열에너지 설비
② 해양에너지 설비
③ 연료전지 설비
④ 수력 설비

07 해양 에너지를 이용한 발전의 종류에 속하지 않는 것은?

① 조력 발전
② 파력 발전
③ 온도차 발전
④ 기류 발전

> [해설] 해양 에너지를 이용한 발전 : 조력발전, 파력발전, 온도차 발전, 조류 발전

08 조석현상에 의한 강한 유속이 발생되는 해역의 수로에 수차발전기 설치, 구동하여 전기를 생산하는 발전으로 옳은 것은?

① 조류 발전
② 파력 발전
③ 온도차 발전
④ 조력 발전

> [해설] 조류발전 : 조석현상에 의한 강한 유속이 발생되는 해역의 수로에 수차발전기 설치, 구동하여 전기를 생산

09 신·재생에너지 설비 중 수소에너지 설비에 대하여 바르게 나타낸 것은?

① 물이나 그 밖에 연료를 변화시켜 수소를 생산하거나 이용하는 설비
② 물의 유동에너지를 변환시켜 전기를 생산하는 설비
③ 수소와 산소의 전기화학 반응을 통하여 전기 또는 열을 생산하는 설비
④ 물, 지하수 및 지하의 열 등의 온도차를 변환시켜 에너지를 생산하는 설비

> [해설] 수소에너지설비 : 물이나 연료를 변환시켜 수소를 생산하거나 이용하는 설비

ANSWER 6.① 7.④ 8.① 9.①

PART 04

에·너·지·관·리·산·업·기·사

열설비 취급 및 안전관리

제1장 보일러 취급

제2장 보일러 안전관리

제3장 에너지 관련 법규

에너지관리산업기사 필기

CHAPTER 01 보일러 취급

1-1 보일러 운전 및 조작

보일러는 일종의 압력용기로 내부에 열로 인한 체적 변화가 항상 불규칙하게 운전되고 있음을 명심하고 그 대책은 다소 전문적 지식을 요하고 있기 때문에 잘 숙지하여 대처할 수 있도록 하여야 한다.

1. 취급 시 주의사항

① 사용 보일러의 구조 및 특징을 파악하고 그것에 따른 안전운전에 주의한다.
② 보일러의 수명은 자연적이긴 하나 인위적으로도 많은 차이가 있게 되므로 적절한 예방보존을 수시로 해야 한다.
③ 보일러의 운전은 그 성능이 최고의 효율이 유지될 수 있도록 그것에 따른 고도의 운전기술을 습득하여야 한다.
④ 필요증기(온수)량에 맞추어 운전하되 초과되는 일은 없도록 한다.
⑤ 보일러를 계획적으로 관리하여야 하며, 연간계획 및 일상보존계획 기록 및 점검이 철저히 이루어져 이에 따른 개선계획이 잘 이루어져야 한다.

2. 보일러의 계획관리

보일러를 바르게 취급하기 위하여서는 보일러의 종류, 사용조건 등을 고려하여 작업표준을 결정하고 이것을 토대로 하여 점화·연소의 조정 등을 하여야 한다. 또 보일러를 계획적으로 관리하기 위하여는 연간계획 및 일상보전계획을 세워 이에 따라 관리를 철저히 하도록 한다.

(1) 연간계획

① **운전계획** : 증기나 온수의 용도별, 공정별 사용조건을 고려하여 연간, 분기, 매월마다 운전계획을 세운다.
② **연료계획** : 운전계획에 따라 저장유량 및 사용유량을 고려하여 구입계획을 세운다.
③ **정비계획** : 보일러 운전 성능검사의 시기에 따라 6개월, 3개월마다 기기의 보전장비보전계획과 함께 정비계획을 세운다.
④ **점검계획** : 운전중 수시점검사항 및 주간점검사항, 월간점검사항별로 점검계획을 세운다.

〈수시 점검사항〉

항 목	점검내용
연료온도	펌프 흡입측, 버너전, 예열기 후
연료압력	펌프흡입측, 펌프 토출측, 여과기 전·후, 조절 밸브 전후
화염상태	색깔, 형태, 버터플라이
버너 타일	카본 부착상태, 손상
공기압력	윈드박스 차압, 노내압, 보일러 출구
공연비제어장치	위치에 따른 유량변화
배관	누설여부
본체증기압력	압력변동범위

〈주간 점검사항〉

항 목	점검내용
공급 탱크	수분분리상태, 유면의 지지상태, 온도조절기
수면변화	저수위감지장치, 배수 등
저장 탱크	수분분리, 온도조절기
배기가스	가스분석, 스모크 번호
각종계기	지시상태
회전체	벨트 장력, 베어링 부분 발열
버너 본체	벨트 장력
전기배선	단자의 접촉, 발열상태

〈월간 점검사항〉

항 목	점검내용
화염검출기	기 능
저수위감지장치	감지상태, 스케일 발생
압력제한기	기 능
공기흐름 스위치	기 능
온도 스위치	기 능

파일럿 버너	점화 전극간격, 소손, 점화 트랜스기능
차단 밸브	작동상태
공연비제어장치	동작범위 및 위치

1-2 보일러 가동 전의 준비사항

1. 신설 보일러의 가동 전 준비

(1) 내부점검

설치 후 동내부의 부속설비나 부속품 등의 부착상태, 사용공구나 불순물 등이 남아 있는가 확인 점검한다.

(2) 노 및 연도 내의 점검

통풍의 장애나 연소장애 등의 원인을 제거하고 노벽의 건조상태를 확인하도록 한다.

(3) 부속품의 정비상황 점검

압력계, 수면계, 안전밸브, 주증기밸브 등 정비 및 개폐상태 등을 점검하고 조임부가 풀린 곳은 없나 정확히 점검한다.

(4) 소다 보링

설치제작 시 부착된 페인트, 유지, 녹 등을 제거하기 위해 동내부에 소다 계통의 약액을 주입하고 가압하여($0.3~0.5[kg/cm^2]$) 2~3일간 끓여 반복 분출한다.

❖ **사용 약액**
탄산소다(Na_2CO_3), 가성소다(NaOH), 제3인산소다($Na_3PO_4 \cdot 12H_2O$)

(5) 자동제어장치의 점검

보일러의 안전사고는 수동 운전시보다는 자동 운전시에 더 잘 일어난다는 것을 명심하고 다음의 점검에 게을리하지 않도록 한다.

① 전기회로의 절연상태와 패널 내의 습기유무를 점검한다.
② 배관에서의 손상이나 누설유무를 점검한다.
③ 조절 밸브 및 조작기구의 이상 유무를 점검한다.
④ 수위검출기 및 화염검출기 이상 유무를 점검한다.(특히 광전관의 오손에 주의한다.)
⑤ 점화장치의 전극의 간격, 소모 상황에 이상 유무를 확인한다.

(6) 부속장치의 점검

급수계통의 이상 유무와 특히 연소계통의 정비점검은 보일러의 파열사고와 직결되므로 철저한 점검 후 시운전을 통해 정상유무를 확인한다.

❖ 부속설비의 사용 준비
(1) 과열기(super heater)의 준비
  ① 과열기 내·외부 상태 확인
  ② 개방부의 밀폐
  ③ 수압시험
  ④ 공기빼기 밸브, 드레인 밸브의 개방

(2) 절탄기(economizer)의 준비
  ① 절탄기 내·외면의 상태 확인
  ② 수압시험
  ③ 방출 밸브의 취출압력 확인
  ④ 출구 밸브의 개방

2. 사용 중인 보일러의 점화전 준비사항

(1) 보일러의 수위확인

보일러의 수위는 수면계의 $\frac{1}{2}$ 정도에 오도록 표준수위를 설정하고 그 이상의 고수위나 저수위가 일어나지 않도록 조정한다. 또한 수면계나 수주관의 기능 테스트를 통해 고장 유무를 확인하고 수면계의 오손으로 인한 수위오판 등의 피해가 없도록 한다.

(2) 분출 및 분출장치의 점검

보일러의 분출은 점화전 부하가 가장 가벼운 때 하도록 전날 수위를 약간 높인 상태여야 하며 특히 수저분출장치의 누설은 저수위사고의 원인이 되므로 항상 감시하여야 할 대상이다.

(3) 프리퍼지, 포스트퍼지

소화 후 급속냉각을 막기 위해 배기 댐퍼를 닫은 상태이므로 점화 전에 내부에 남아 있는 잔류가스(미연소가스)를 배출해야 한다. 이러한 작업을 프리퍼지라 하며, 이 때 유인배풍기를 작동하여 노내에 체류하고 있는 미연소가스를 배출함으로 역화의 발생을 방지할 수 있다. 포스트퍼지란 점화 후 갑작스런 실화로 인해 노내의 미연소가스가 체류할 수 있으므로 이때의 배출을 말한다. 자연통풍시엔 충분한 환기를 위해 5분 이상 완전히 배출하도록 한다.

> ❖ 프리퍼지, 포스트퍼지
> (1) 프리퍼지(pre-purge)
>   점화전 댐퍼를 열고 노내와 연도에 체류하고 있는 가연성가스를 송풍기로 취출시키는 것 (소형 : 30~40초, 대형 : 3분 이상)
> (2) 포스트퍼지(post-purge)
>   보일러 운전이 끝난 후, 정상점화 후 갑작스런 실화로 인해 노내와 연도에 체류하고 있는 가연성가스를 취출시키는 것(소형 : 30~40초, 대형 : 3분 이상)

(4) 연료, 연소장치의 점검

연료계통의 누설은 화재의 직접적인 원인이므로 저장 탱크에서 서비스 탱크의 이음부 또한 버너까지 이송 중에서도 누설이 없도록 항시 확인하고 수동인 경우의 연료저장은 정상유면조정에 주의해야 한다. 액체 연료의 경우 이송 펌프, 스트레이너 등에 정상작동 유무를 확인하고 유가열기를 사용하는 경우에는 적정가열온도를 항시 유지할 수 있도록 한다.

(5) 자동제어장치의 점검

수위검출기, 화염검출기 등의 작동유무를 확인하고 신설 보일러인 경우와 마찬가지로 제어부의 이상 여부를 항상 점검하여야 하며, 특히 인터록(interlock)에 이상이 없는가 확인하여야 한다.

1-3 점화 및 운전 중의 취급

1. 점화 및 운전

앞에서 전술한 점검사항 등이 다 확인된 후 점화를 한다. 점화조작시에는 순서를 잘 숙지하여야 하며 안전한 위치에서 이루어질 수 있도록 자세를 잘 조정한다. 특히 점검이 다 확인되었더라도 정상 수위와 프리퍼지의 작동유무는 다시 한 번 확인한다.

(1) 기름연소장치의 점화

점화에 앞서 송풍기의 작동유무, 버너, 제어부의 이상유무를 확인하고 정상수위와 노내환기·연료가열상태를 다시 확인한 뒤 점화한다.

① **수동점화** : 연료유의 가열상태를 확인하고 통풍압을 조절한다. 통풍이 강하게 되면 실화의 원인이 되므로 댐퍼로 잘 조정한다. 점화봉은 화구 깊숙이 닿을 수 있는 길이의 철봉으로 석면 또는 면포를 감아 기름에 충분히 적신 후 사용한다.
② **자동점화** : 각 스위치의 정상유무를 점검한 후 표시등의 작동에도 이상이 없는가 확인한다.

❖ **조작시 순서**
① 노내환기(프리퍼지), ② 버너동작, ③ 노내압조정, ④ 파일럿 버너, ⑤ 화염검출, ⑥ 점화, ⑦ 댐퍼작동, ⑧ 저연소→고연소

❖ **점화불량 원인**
① 점화 버너의 가스압 이상, ② 공기비의 조정불량, ③ 점화용 트랜스의 전기 스파크 불량, ④ 보염기의 위치 불량, ⑤ 공기압력 부족이나 과잉, ⑥ 주전원 전압의 이상

(2) 가스 보일러의 점화

가스 보일러는 연료의 누설에 철저한 점검을 하여야 하며 점화시나 연소 중에서도 연료누설로 인한 미연소가스폭발에 만전을 기울여야 한다.

❖ **점화시 주의사항**
① 점화는 1회에 이루어질 수 있도록 화력이 큰 불씨를 사용한다.
② 특히 노내환기에 주의하여야 하고 실화시에도 충분한 환기가 이루어진 뒤 점화한다.
③ 연료배관계통의 누설 유무를 정기적으로 할 수 있도록 한다.(비눗물 사용)
④ 전자 밸브의 작동유무는 파열사고와 직결되므로 수시로 점검한다.

❖ **육안관찰을 통한 연소상태의 판단**

공기비	화염의 색	연기색
공기부족의 연소	어두운 적색	흑 색
공기비적당	오렌지색	담 백 색
공기비 과대연소	백 색	백 색

2. 운전 중의 취급

(1) 운전 중 일반취급

점화가 이루어져 가동 중인 보일러는 항시 다음의 것들을 감시 조절하여야 한다.

① 수위의 유지 : 상용수위의 유지가 중요하며 어떠한 경우라도 안전저수위 이하로 내려가지 않도록 한다.

〈안전저수위〉

보일러 종별	안전저수위
입형 횡관 보일러	화실 천장판 최고부위 75[mm]
직립형 연관 보일러	화실 관판 최고부위 연관길이 1/3
횡연관식	최상단 연관 최고부위 75[mm]
노통 보일러	노통 최고부(플랜지부 제외) 위 100[mm]
노통 연관식	연관이 높은 경우 최상단 부위 75[mm] 노통이 높을 경우 노통 최상단부위 100[mm]

※ 수관 보일러는 구조에 따라 결정된다.

② 증기압력의 관리
  ㉠ 압력계의 지시압력 감시
  ㉡ 안전 밸브, 압력조절기, 압력제한기의 기능 확인

③ 연소의 유지 및 조절
  ㉠ 무리한 연소를 하지 않을 것. 보일러 본체나 벽돌벽에 강열한 화염을 충돌시키지 않도록 주의하고 항상 화염의 흐르는 방향을 감시하는 것이 필요하다.
  ㉡ 연소량을 급격히 증감하지 말 것. 연소량을 증가하는 때는 통풍량을 먼저 증가시키고 연소량을 감소할 때에는 연료의 투입을 먼저 감소시키는 것이 중요하다. 이것을 거꾸로 행하여서는 아니된다.
  ㉢ 2차공기의 양을 조절하여 불필요한 공기의 노내 침입을 방지하고 노내를 고온도로 유지할 것.
  ㉣ 화격자연소에서는 화층의 불균형에 의한 부분적인 연소, 클링커(clinker)의 생성, 버드 네스트(bird-nest)의 형성 등을 일으키지 않도록 할 것.
  ㉤ 가압연소에 있어서는 단열재나 케이싱(casing)의 손상, 연소가스 누설을 방지함과 더불어 통풍계를 보면서 통풍압력을 적정하게 유지할 것.
  ㉥ 연소가스온도, CO_2[%], 통풍력 등의 계측값(計測値)에 근거하여 연소의 조절에 힘쓸 것.

(2) 연소 초기의 취급

보일러의 연소 초기에는 급격한 연소가 되지 않도록 주의해야 한다.

> ❖ 급격한(무리한) 연소시 장해
> ① 보일러 본체의 부동팽창으로 내화벽돌의 파손(균열·박리현상)
> ② 동내 구식(그루빙), 크랙, 이음부의 누설
> ③ 열응력으로 인한 부식 및 파열사고

(3) 증기압이 오르기 시작할 때의 취급

① 공기 배제 후 공기빼기 밸브를 닫는다.
② 장치 및 부속품의 누설을 점검한 후 누설이 있는 곳은 가볍게 조여준다.
③ 급격한 압력상승이 일어나지 않도록 연소상태를 천천히 조정한다.(압력계 주시)
④ 가열에 따른 팽창으로 수위의 변동을 확인하고 필히 수면계의 기능을 시험한다.
⑤ 급수장치의 기능을 확인한다.
⑥ 분출장치의 누설유무를 확인한다.(수저분출장치의 누설 → 저수위 사고)
⑦ 절탄기의 설치시 물의 유동을 시킨다.(파열 사고)
⑧ 증기압이 거의 올랐을 때(75[%]) 안전 밸브를 열어 분출시험을 한다.

(4) 송기시 취급

▣ 주증기 밸브의 작동요령
① 스팀 헤더의 주위 밸브 및 트랩 등의 바이패스 밸브를 열어 드레인을 제거한다.
② 주증기관 내에 소량의 증기를 공급하여 예열한다.
③ 천천히 열기 시작하여 3분에 1회전을 한다.
④ 만개 후 조금 되돌려 놓는다.

> ❖ 주증기 밸브의 급개는 동내부에 급격한 압력 변화를 주므로 그로 인한 비수현상의 극심, 수격 작용(water hammer)으로의 관 파열 및 부속기기들의 파손의 원인이 된다.

(5) 송기 후 취급

송기가 이루어졌어도 완전한 상태가 아니므로 다음 주의사항에 유의한다.

① 밸브의 개폐상태 확인
② 송기 후 압력강하로 인한 압력조절
③ 수면계 수위감시
④ 제어부 점검

1-4 보일러 정지시 취급

1. 정지 시 조치사항

① 증기를 사용하는 곳과 연락을 취하여 작업종료시까지 필요로 하는 증기를 남기고 운전을 정지시킨다.
② 벽돌쌓기가 많은 보일러에서는 벽돌쌓기의 여열로 압력이 상승하는 위험이 없는 것을 확인하여 주증기 밸브를 닫는다.
③ 보일러의 압력을 급히 내리거나 벽돌쌓기 등을 급냉하거나 하지 않는다.
④ 보일러수는 상용수위보다 약간 높게 급수하여 놓고 급수 후는 급수 밸브, 주증기 밸브를 닫고 주증기관, 관계의 드레인 밸브를 반드시 열어 놓는다.
⑤ 다른 보일러와 증기관의 연락이 있는 경우에는 그 연락 밸브를 닫는다.

2. 정지 시 순서

① 연료의 투입을 정지한다.
② 공기의 투입을 정지한다.
③ 급수를 하여 압력을 내리고 급수 밸브를 닫는다.
③ 증기 밸브를 닫고 드레인 밸브를 연다.
④ 댐퍼를 닫는다.

3. 정지 후 점검

위에서 전술한 대로 보일러의 운전이 정지되면 다음의 사항을 점검한다.

① 전원 스위치 점검
② 노내 여열로 인한 압력상승
③ 밸브류의 누설(급수 밸브, 드레인 밸브, 콕, 주증기 밸브, 분출 밸브)
④ 정지 시 증기압력
⑤ 재의 처리, 주위의 가연물
⑥ 연료계통, 급수 펌프 등의 누설
⑦ 집진장치의 매진의 처리

4. 보일러의 냉각요령

(1) 자연냉각

① 연소의 정지 및 연료가 전부 연소한 것을 확인 후 댐퍼를 반쯤열고, 연소구, 공기구를 열어 자연통풍을 실시한다.
② 가급적 장시간에 걸쳐 서서히 냉각하고 적어도 313K[40℃] 이하로 한다. 벽돌이 쌓여 있는 보일러에서는 적어도 1일 이상 냉각하여야 한다. 빨리 냉각을 하여야 하는 경우에는 냉수를 보내면서 분출(순환분출)하는 방법을 선택한다.
③ 보일러의 압력이 없어진 것을 확인하고 공기빼기밸브 그 외 증기부의 밸브를 열어 보일러 내에 공기를 보낸다. 그 다음에 분출콕크와 분출밸브를 열어 보일러수를 분출한다.

(2) 급냉

① 보일러를 멈추지 않고 급하게 냉각시켜야할 경우에는 급수밸브에서 냉수를 보일러 내부로 보내면서 분출 콕크와 밸브를 열어서 분출시킨다. 즉 블로우를 시키면서 압력을 떨어뜨리는 방법이다. 이때 수위는 안전저수면 이하로 내려가지 않도록 주의해야 한다.
② 적당히 식힌 다음에는 최종적으로 전블로우를 한다.

1-5 보일러 보존

1. 보일러 청소

보일러의 사용에 따라 내면에는 스케일이나 슬러지, 외면에는 용융회, 그을음 등이 부착하여 효율이 저하되는 원인이 된다. 또한 자동제어로 운전하는 보일러에서는 장치의 기능장해가 되어 안전에도 큰 영향을 미치게 한다. 이러한 내·외면의 부착물을 제거하는 시기나 횟수는 사용 상태에 따라 다르며 구조에 따라서도 그 방법이 다양하다.

(1) 청소의 목적

① 효율저하 방지
② 과열의 예방
③ 운전기능장해 방지
④ 수명 연장

❖ 스케일의 생성이 1~1.5[mm] 정도, 미급수처리의 경우에는 1,500~2,000시간 가동 후 청소하는 것이 적당하다.

(2) 청소 시 주의사항

① 보일러 내부와 연도 내의 환기를 충분히 행한다.
② 증기관 및 급수관, 타 보일러와의 연락관을 확실히 차단한다.
③ 배선의 절연상태를 점검한다.
④ 세정작업 시 발생하는 수소의 환기를 충분히 행한다.
⑤ 내부작업 중에는 외부에 감시자를 둔다.
⑥ 작업복은 주머니가 적고 피부가 과다 노출되지 않는 것으로 한다.

❖ 보일러 냉각요령
① 보일러의 수위를 상용수위로 유지하도록 급수를 계속하고 증기를 내보내는 것을 차츰 감소시킨다.
② 연료의 공급을 정지한다. 석탄분의 경우에는 노내의 연료를 완전하게 연소시킨다.
③ 압입통풍기를 정지한다. 자연통풍의 경우는 댐퍼를 반개하여, 연소구, 공기구를 열어 노내를 냉각한다.
④ 보일러에 압력이 없는 것을 확인한 다음 급수 밸브, 증기 밸브를 닫고 공기빼기 밸브 기타 증기실부의 밸브를 열어서 보일러 내에 공기를 집어넣어 내부가 진공으로 되는 경우를 방지한다.
⑤ 보일러수의 온도가 90[℃] 이하로 된 다음 취출 밸브를 열어 보일러수를 배출한다.

(3) 청소방법

① **외부청소** : 전열면 부착된 그을음, 재 등의 청소와 연도내 축적된 재도 제거하는 것으로 연도내에 들어갈 땐 특히 유해가스의 충분한 환기를 행하고 석탄때기 보일러의 경우 재의 냉각에도 주의하여야 한다.
  ㉠ 스팀 소킹법(socking) : 매연층에 증기로 습기를 형성 제거
  ㉡ 워터 소킹법(water socking) : 매연층에 분무수로 습기를 주어 제거
  ㉢ 수세법(washing) : pH 8~9의 용수를 대량으로 사용 수세한다.
  ㉣ 샌드 블로우법, 스틸 쇼트 클리닝(sand blow, steel short cleaning)
② **내부청소** : 보일러 내부에 축적된 스케일이나 슬러지 등을 제거하는 방법으로 기계적인 방법과 화학적인 방법이 있다.
  ㉠ 기계적 청소법 : 청소용 공구(스케일 해머, 와이어 브러시, 스크랩퍼)를 사용 청소하는 방법, 튜브 크리너 등의 기계를 사용한다.

❖ **주의사항**
① 맨홀을 여는 경우 압력의 존재 여부를 주의하며 진공상태도 파괴한 후 맨홀을 열고 충분한 환기, 냉각 후 들어간다.
② 주증기 밸브, 급수 밸브 등의 증기나 물의 역류에 대비, 밸브를 완전히 차단하도록 하며 열지 못하도록 봉인 후 작업에 임한다.
③ 무리한 공구를 사용 손상이 되지 않도록 주의한다.

ⓛ 화학적 청소법
ⓐ 산세관 : 세정액의 종류, 농도, 처리조건(온도, 유속, 시간)의 선정은 보일러의 상태에 따라 좌우되겠으나 일반적으로 염산 5~10[%], 부식억제제(인히비터) 0.2~0.8[%]를 혼합하여 처리온도 60±5[℃] 처리시간(4~6시간)을 정해 순환시켜 세정한다. 세정액으로는 무기산으로 유산, 설파민산 등이 사용되며 유기산으로는 구연산, 히트록산, 옥살산 등이 사용된다. 산세관시에는 강의 부식을 촉진시키므로 중화 방청제(탄산소다, 가성소다, 인산소다, 히드라진)를 사용 방청처리를 해야 한다.

❖ **특 징**
① 가격이 저렴하다.
② 스케일 용해 능력이 크다.
③ 물에 용해가 잘되어 세관 후 세척이 용이하다.
④ 취급이 용이하다.

❖ **주의사항**
① 열부하가 높은 곳이나 보일러수의 흐름이 정체하기 쉬운 곳부터 실시한다.
② 부속류는 제거하거나 나무마개로 차단하고 행한다.
③ 과열기의 세관 시엔 보일러와는 별도로 행한다.
④ 화기에 절대 주의한다.(세정 시 수소발생)
⑤ 세정 후 수세를 충분히 하여 세정액이 남지 않도록 한다.

❖ **산의 종류**
① 염산(HCl) ② 황산(H_2SO_4) ③ 인산(H_3PO_4) ④ 질산(HNO_3) ⑤ 설파민산

❖ 규산염·황산염 등 경질 스케일의 경우 용해촉진제인 불화수소산(HF)을 사용한다.
  탄산염 : 연질 스케일 생성원인

❖ **부식억제제의 종류 및 구비조건**

종 류	구비조건
① 인히비터	① 부식억제능력이 클 것.
② 알콜류	② 점식발생이 없을 것.
③ 알데히드류	③ 물에 대한 용해도가 클 것.
④ 아민유도체	④ 세관액의 온도·농도에 대한 영향이 적을 것.

ⓑ 알칼리 세관 : 가성소다, 탄산소다, 인산소다의 알칼리성 약품과 계면활성제를 첨가 전농도가 0.2~0.5[%] 정도의 세정액을 60~80[%] 정도 유지하면서 세정계통을 순환시켜 pH가 9 이하로 유지될 때까지 수세한다. 알칼리 부식을 방지하기 위해 인산나트륨이나 질산나트륨을 첨가한다.

❖ **알칼리성 약품의 종류**
① 암모니아(NH_3)   ② 가성소다(NaOH)
③ 탄산소다(Na_2CO_3)   ④ 인산소다(Na_3PO_4)

ⓒ 유기산 세관 : 가장 안전한 세관방법으로 중성에 가까워 부식억제제 등이 필요 없다. 구연산의 농도를 3[%] 정도로 희석하여 수용액온도를 90±5[℃] 정도 처리한다.

❖ **유기산 종류** : ① 구연산, ② 히트록산, ③ 옥살산
❖ **산세관시 부식발생 방지대책**
① 산화성 이온에 의한 부식 방지
② 농도차 및 온도에 의한 부식 방지
③ 금속조직의 변화에 의한 부식 방지

2. 보일러의 보존

계절적인 관계로 보일러가 휴지상태에 놓이면 보일러 내부에 물, 공기 등의 존재로 부식이 진행되게 된다. 이러한 부식을 최대한 억제하기 위해 적절한 조치를 강구하여야 한다.

(1) 건식보존법

휴지기간이 장기간(6개월 이상)인 경우 또는 동결의 위험이 있는 경우 처치하는 방법으로 수를 완전히 배출한 뒤 장작 등의 연소량 가벼운 것으로 동 내부를 완전 건조시킨다. 경우에 따라 흡습제를 내부에 분할 배치하고 밀폐한다.

❖ **사용흡습제**
생석회, 실리카겔, 염화칼슘, 활성 알루미나 등
❖ **건조보존요령**
① 보일러수를 전부 배출하여 내·외면을 청소한 다음 장작을 가볍게 때서 완전히 건조한다.
② 보일러 내에 증기나 물이 새어 들어가지 않도록 증기관, 급수관은 확실하게 외부와의 연락을 단절한다. 이 연락차단은 정지 밸브를 폐지하는 것보다 플랜지 이음 부분에 맹판을 끼워 넣어 끝을 자르는 것이 가장 확실하다.

③ 흡습제(吸濕劑)를 용기에 넣어서 보일러 내의 여러 곳에 배치하고 밀폐한다. 흡습제는 보일러의 내용적 1[m³]에 대해 생석회 1.4[kg] 또는 실리카 겔(silica gel·규산 겔) 1.2[kg] 정도를 혼합하는 것이 표준이다.
④ 밀폐 1~2주간 후에 흡습제를 점검하고 그 결과에 의해 흡습제의 증감과 교체시기를 결정한다.
⑤ 본체 외면은 와이어 브러시로 청소한 다음 그리스, 빨간 페인트 또는 콜타르(coal tar) 등을 도포(塗布)하는 것이 좋다.
⑥ 벽돌 쌓은 곳이 특히 습기를 띄기 쉬운 경우는 때때로 장작을 조금씩 때서 건조한다.

(2) 만수보존법

휴지기간이 2~3개월 이내의 경우 또는 불시에 사용에 대비하여 쉬는 경우 처치하는 방법으로 동결의 위험이 있는 경우에는 곤란하다.

❖ 만수보존의 요령
① 비교적 양질의 물에 가성소다, 아황산소다, 탄산소다 등을 첨가하여 정수부까지 만수하여 약간 압력을 가하여 보존한다.
② pH를 12~13 정도로 높게 유지되도록 한다.
③ 조치 후에도 보일러수를 조사하여 목표 농도에 1/3 이하로 될 때엔 약액을 추가하여 농도를 유지한다.
④ 보일러를 사용 시엔 완전히 배수한 후 다시 수세한 후 사용한다.

(3) 특수 보존

① 질소봉입법 : 질소순도 99.5[%]의 것으로 0.6[kg/cm²] 정도로 가압봉입하여 공기와 치환하는 방법
② 내면 페인트의 도포 : 건조보존의 경우 부식방지를 목적으로 흑연, 아스팔트, 타르 등으로 얇게 늘여 도포한다.

1-6 보일러 용수관리

1. 보일러 용수의 개요

(1) 개 요

보일러 연소관리 다음으로 중요한 관리이며 최근 보일러구조가 복잡해지는 관계로 더욱 완벽한 급수처리를 통하여 연료의 손실을 방지하고 보일러의 수명도 연장시키므로 만전을 기하여야 한다.

(2) 보일러 용수

① **지표수** : 비나 눈 등 자연적 현상으로 지표에 고인 물로(하천, 호수) 유기물 및 불순물의 함유가 상당히 많아 보일러수로는 적당하지 못하나 부득이 사용될 경우 지역이나 계절 등을 고려하여 급수처리 후 사용한다.
② **지하수** : 우물물이라고도 하며 지역에 따라 수질의 차이는 있겠으나 경도성분이 다량 함유되어 있어 스케일이 발생되기 쉬우므로 처리 후 사용한다.
③ **상수도** : 음료를 목적으로 정화, 살균처리한 하천수로 구조가 간단한 저압 보일러에서는 그대로 사용하기도 하나 경도성분이 함유되어 처리 후 사용한다.
④ **재용수(응축수)** : 발생된 증기가 다시 응축된 복수로 경도성분이 거의 없으며 동시에 열을 가지고 있으므로 급수에 응력을 주지 않는 장점이 있다. 보일러수는 가장 이상형이나 제조공장 등에서는 경우에 따라 사용하지 못하기도 하는 용수이다.
⑤ **보일러용 처리수** : 보일러 급수용으로 처리한 것으로 연화수, 탈염수, 증류수 등이 있다.

(3) 보일러 급수로 인한 장해

① 스케일 생성
② 발생증기의 불순으로 습증기 발생
③ 비수현상
④ 농축으로 인한 순환불량
⑤ 가성취화현상
⑥ 부식사고

(4) 수질의 용어

① **PPm(Parts Per million)** : 용액 1[kg] 중의 용질 1[mg]으로 mg/kg, g/ton의 중량 100만분율을 말한다.
② **PPb(Parts Per billion)** : 용액 1[ton] 중의 용질 1[mg]으로 mg/ton의 중량 10억분율을 말한다.
③ **epm(equivalents per million)** : 용액 1[kg] 중의 용질 1[mg]당량으로 상온 수용액일 때는 ppm과 같이 1[l] 중에 mg당량으로 표시한다.
④ **BOD생물학적 산소요구량(Biochemical Oxygen Demand)** : BOD가 높으면 수중유기물이 많은 것이다.
⑤ **DO(용존산소 Dissolved Oxygen)**
⑥ **경도(Harchess)** : 수중의 칼슘(Ca), 마그네슘(Mg)의 염류에 기인된다. 칼슘, 마그네슘의 염화물, 질산염, 황산염은 영구경도를 나타내고 중탄산염은 끓임으로써 탄산염이 되어 침전제거되므로 일시경도라 한다. 영구경도와 일시경도를 합하여 총

경도라 하며 단위는 CaCO₃로 환산하여 ppm으로 표시한다.
(일시경도 = 탄산경도, 영구경도 = 비탄산경도)
경도성분을 알기 위해 비누를 풀면 난용성일수록 경도성분이 많이 함유된 물이다.

㉠ 경도의 종류
- 칼슘경도 : $CaCO_3$의 함유량에 의해 표시한 것.
- 마그네슘경도 : $MgCO_3$의 함유량에 의해 표시한 것.
- 산염경도 : HCO_3^- 이외의 음이온과 결합하고 있는 $Ca^{2+} + Mg^{2+}$의 함유량에 의해 표시한 것.
- 경도 : 칼슘 경도와 마그네슘 경도의 합으로 표시한 것.

㉡ 경도의 표시 단위
ⓐ $CaCO_3$경도 : 물 1[l]속에 $CaCO_3$가 1[mg]이 포함된 것을 경도 1[°dH]로 표시한다.
ⓑ 독일 경도 : 물 100[cc] 중에 광물질(CaO, MgO)이 1[mg]이 포함된 것을 경도 1[°dH]로 표시한다.

⑦ 알칼리도 : 물속에 함유된 수산화물, 탄산염, 중탄산염 등의 알칼리성분의 표시로 보일러수 중 농축 알칼리는 강재에 알칼리 부식을 만든다.

⑧ 전리와 pH : 물은 수소이온(H^+OH^-)의 양에 따라 산성인지 알칼리성인지를 구분한다. 그 척도로 pH가 쓰이며 순수한 미량의 물이라도 일부는 다음과 같이 전리한다.

$H_2O \rightarrow H^+ + OH^-$

상온(25[℃])에서 $K = (H^+) \times (OH^-) = 10-14$

K는 물의 전리상수 또는 물의 이온적이라 하며, 상온부근에서는 K = 10−14이다.
순수한 물(중성)에서는 H^+와 OH^-는 동수로서 $H^+ = OH^- = 10-7$
이때 H^+의 값이 10−7보다 클 때는 산성이 강하고 작아질 때는 알칼리성이 강하다.
수소이온의 농도(H^+)를 상용대수의 부호를 바꾼 것을 pH로 표시한다.

$-\log[H^+] = pH$

중성용액은 $[H^+] = 10-7$이므로

$pH = -\log[H^+] = 7$이 된다.

(5) 불순물의 영향

① 불순물의 종류

㉠ 가스체 : 가스체에는 산소, 탄산가스, 암모니아 등이 함유되어 있는 경우 강의 부식의 원인이 되며 특히 산소는 직접부식작용을 가지는 외에 다른 물질과의 화학작용에 의해서도 부식된다.

㉡ Ca, Mg의 중탄산염류 : 탄산염 경도의 성분으로 열에 의해 불용해성의 탄산염과 탄산가스로 분해되고 탄산염은 슬러지로 되어 보일러 내에 침전된다.

ⓒ Ca, Mg의 유산염류 : 비탄산염의 성분으로 열에 의해서도 분해되지 않으며 농축하여 단단한 스케일로 되고 석출한다. 특히 황산칼슘은 경질 스케일의 원인이 된다.

ⓔ 규산염(Silica) : Ca, Mg, Na과 복잡한 화합물을 만들어 경질 스케일의 원인이 되며 연질의 다공성으로 되는 경우도 있다. 규산염에 의한 스케일이 형성되면 열전도도가 현저히 떨어지게 되며 고착된 스케일의 제거도 어렵다.

ⓜ 비스케일 염류 : 보통의 보일러 사용상태에서는 보일러수에 용해하여 스케일로 되지 않는 염류이다. 비수현상의 원인이 된다.

ⓗ 용존고형물 : 진흙, 모래, 수산화철, 유지분 등으로 수면 속에 떠돌거나 침전되며 농축시 비수현상을 초래한다.

❖ **5대 불순물과 장해**
① 염류 : 황산염, 규산염, 탄산염 등(스케일 발생의 주요원인)
② 알칼리분 : 급수계통부식, 알칼리부식 등
③ 산분 : pH저하로 전면식
④ 유지분 : 포밍, 프라이밍, 과열 등
⑤ 가스분 : O_2, CO_2, N_2, H_2S(점식·부식의 주요원인)

② 불순물의 장해

㉠ 스케일(관석) : 급수 중 용해되어 있는 칼슘염, 마그네슘염, 규산염 등의 농축이 단독 또는 다른 성분과의 화합으로 발생하며 황산염과 규산염은 경질 스케일을 만들며 슬러지(가마검댕) 탄산 마그네슘, 수산화 마그네슘, 인산 칼슘 등이 주원인이다. 스케일이 부착하면 열전도율이(0.2~2[kcal/mh℃]) 낮기 때문에 전열이 방해되며 과열의 원인이 되기도 한다.

❖ **스케일에 의한 장해**
① 통수공 차단으로 순환 불량   ② 연료소비로 인한 손실
③ 과열로 인한 파열사고   ④ 배기가스 손실 증대
⑤ 효율저하

❖ **스케일 생성방지법**
① 급수처리를 철저히 할 것.
② 적절한 청관제의 사용으로 스케일 생성 방지
③ 수질분석을 통한 급수의 한계값 유지
④ 슬러지 상태에서의 철저한 분출

㉡ 슬러지(sludge) : Ca, Mg 중에 중탄산염이 가열에 의해 분해되어 청정제 등과 화합하여 생기는 연질의 침전물로 적기에 분출(blow)을 통하여 제거하여야 하며 특히 염화 마그네슘으로 인한 슬러지는 분해시 염산이 생성되므로 부식이 극심하게 된다.

❖ 슬러지 주성분
① 탄산염   ② 수산화물   ③ 산화철

ⓒ 부식 : 급수로 인한 부식은 용존가스체(산소, 탄산가스)나 산성반응을 통해 이루어지나 알칼리성에 의해서도 일어나게 된다. 이러한 부식은 고온으로 될수록 심하게 나타나며 내부 압력변화도 문제시 된다.

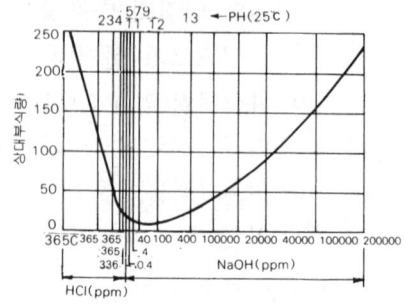

〈pH와 상대부식량〉

❖ 우측의 도표에서 밝힌대로 25[℃]의 관수는 pH가 11~12의 상태에서 부식이 제일 적게 된다.

ⓐ 염화 마그네슘에 의한 부식 : 보일러수 중에 염화 마그네슘($MgCl_2$)이 용존되어 있을 때 180[℃] 이상에서 가스분해되어 염산이 발생되며 강을 침식시키므로 pH를 상승시켜(10.5~11.8 정도) 용해되지 않도록 해야 한다.

ⓑ 저 pH : 보일러수가 산성에 가까우면 수소이온(H^+) 농도가 커지므로 강을 부식시키며 또한 탄산가스가 용존될 시 pH를 저하시키므로 수소이온(H^+)이 증가한다.

ⓒ 알칼리 부식 : 보일러수 중 수산화 나트륨이 함유되어 농축하게 되면 pH의 이상상승이 조장되어 상대 부식량이 증가한다.

ⓓ 농염전지 : 농도가 다른 두 개의 동일전해질 용액에 동일금속을 침투시키면 전자가 형성되어 용액에 접한 금속이 양극화가 되어 부식이 촉진한다.

ⓔ 증기분해에 의한 부식 : 가열된 기체상의 증기가 용존 산소 등과의 화합으로 부식을 촉진시키며 고온에서 일부 분해하여 단독적으로도 강을 부식시키게 된다.

2. 보일러 용수처리

(1) 관내처리

보일러 내에 청관제를 투입하여 화학적 작용을 통한 처리, 물리적 처리를 내처리라 한다.

① pH, 알칼리조정 : pH의 조정은 경도성분을 불용성화하여 스케일생성을 방지하기 위해 조금 높게 유지되어야 하며 고압 보일러의 경우 알칼리 조정제는 제3인산나트륨, 암모니아, 수산화 나트륨 등이 사용된다.

② 연화 : 경도성분을 불용성의 화합물인 슬러지화하여 스케일을 예방하는 처리제로 수산화나트륨, 탄산나트륨, 인산나트륨 등이 사용된다.
③ 탈산소제 : 용존산소의 제거로 점식을 예방하는 처리제로 탄닌, 아황산 나트륨 등이 사용되며 고압 보일러의 경우 히드라진을 사용한다.
④ 슬러지 조정 : 스케일 생성을 예방하며 분출이 용이하도록 사용하는 처리제로 탄닌, 리그린, 녹말 등을 사용한다.

약품명	분자식	작 용
수산화나트륨 탄산나트륨 제 3인산나트륨 제 1인산나트륨 헥사메타인산나트륨 인산 암모니아	$NaOH$ Na_2CO_3 Na_3PO_4 NaH_2PO_4 $Na_6P_4O_{18}$ H_3PO_4 NH_3	pH, 알칼리 조정 (급수, 보일러수의 pH 및 알칼리도를 조절하고 스케일 부착시 보일러 부식방지)
수산화나트륨 탄산나트륨 제 3인산나트륨 제 2인산나트륨 헥사메타인산나트륨 데트라인산나트륨	$NaOH$ Na_2CO_3 Na_3PO_4 Na_2HPO_4 $Na_6P_4O_{18}$ $Na_6P_4O_{13}$	연 화 (보일러수의 경도 성분을 불용성으로 침전, 즉 슬러지로 하여 스케일의 부착방지)
탄닌 리그닌 녹말 해초추출물 고분자유기화합물	$(C_6H_{10}O_5)$	슬러지 조정 (화학적 및 물리적 작용에 의해 슬러지를 보일러수 중에 분산·현탁시켜서 블로우하기 쉽게 하고 스케일 부착을 방지)
아황산나트륨 중아황산나트륨 히드라진 탄닌	Na_2SO_3 $NaHSO_3$ N_2H_4	탈산소 (급수 중의 용존산소를 화학적으로 제거하여 부식을 방지)
고급지방산폴리아민 고급지방산폴리아콜		포밍 방지
질산나트륨 인산나트륨 탄닌 리그닌	$NaNO_3$	가성 취화 방지

〈보일러 종류별 급수와 보일러수의 표준값〉

구분	항 목		보일러의 종류 압력[kg/cm^2] 전열면증발율 [kg/m^{2}h]	둥근 보일러		수관 보일러				
				–		10 〈		10~20	20~30	30~50
				〈30	〉30	〈50	〉50	–	–	–
급수	pH(25[℃])			〉7	〉7	〉7	〉7	〉7	〉7	8.0~9.0
	경도 CaCO$_3$	[ppm]		〈60	〈40	〈40	〈2	〈2	〈2	0
	유지(1)	[ppm]		0에 가까이 유지	0에 가까이 유지	0에 가까이 유지	0에 가까이 유지	0에 가까이 유지	0에 가까이 유지	0에 가까이 유지
	용전산소 O$_2$	[ppm]		낮게 유지	낮게 유지(6)	낮게 유지	낮게 유지	〈0.5	〈0.1	〉0.03
	전철 Fe	[ppm]		–	–	–	–	–	–	낮게 유지
	히드라진(2) N$_2$H$_4$	[ppm]		–	–	–	–	–	–	0.01~0.05
보일러수	pH(25[℃])			11.0~11.8	11.0~11.5	11.0~11.8	11.0~11.5	10.8~11.3	10.5~11.0	10.5~11.0
	M알칼리도 CaCO$_3$	[ppm]		500~1000	500~800	500~1000	500~800	〈600	〈150	〈100
	P알칼리도 CaCO$_3$	[ppm]		300~800	300~600	300~800	300~600	〈400	〈120	〈70
	전고유물(3)	[ppm]		〈4000	〈3000	〈3000	〈2500	〈2000	〈700	〈500
	염소이온 Cl$^-$	[ppm]		〈800	〈500	〈500	〈400	〈300	〈100	–
	인산이온(4) PO$_4^{3-}$	[ppm]		20~40	20~40	20~40	20~40	20~40	20~40	10~30
	아유산이온(5) SO$_3^{2-}$	[ppm]		–	–	10~20	10~20	10~20	10~20	10~20
	실리카 SiO$_2$	[ppm]		–	–	–	–	–	〈50	〈40

〈주〉 수관 보일러에 있어서 10~20[kg/cm^2]의 표준값은 보급수에 연화수의 사용을 전제로 하여 정하고 20[kg/cm^2] 이상의 표준값은 보급수에 탈염수의 사용을 전제로 하여 결정하고 있다. 만약 10~20[kg/cm^2]의 보급수에 탈염수를 사용하는 경우는 20~30[kg/cm^2]에 표시하고 있는 표준값을 적용하고 또 20~30[kg/cm^2]의 보급수에 연화수를 사용하는 경우에 10~20[kg/cm^2]에 표시하고 있는 표준값을 적용한다.

(2) 관외처리

① 용존가스의 제거

㉠ 탈기법 : 용존산소 및 탄산가스를 제거하는 방법으로 물을 가열하여 포화압력에 대응하는 비등점까지 상승시켜 산소의 용해를 제거하거나 압력을 감소시켜 제거하는 진공탈기방법이 있다.

㉡ 기폭법 : 탄산가스체나 철, 망간 등을 제거하는 방법으로 공기 중에 물을 강수하는 방식과 수중에 공기를 흡입하는 방식이 있다.

② 현탁 고형물(불순물) 제거

㉠ 자연침강법 : 일정 수수 탱크에 물을 체류시켜 부유물을 자연침강시키는 방법이다.

㉡ 여과법 : 수중 불순물을 거르는 방법으로 완속여과 및 급속여과방법이 있다.

㉢ 응집법 : 불순물의 입자가 어느 정도 적게 되면 침강속도가 늦고 여과로도 어렵다. 이러한 입자의 불순물을 흡착, 결합, 침전시키는 방법으로 응집제로는 명반, 유산알루미늄 등이 사용된다.

③ 용해 고형물 제거
  ㉠ 이온교환법 : 합성수지나 천연산 제올라이트 등의 이온교환수지를 통해 경도성분의 수를 통과시켜 Ca, Mg 성분을 나트륨과 교환하는 방법으로 나트륨도 불순물이긴 하나 스케일로 되지 않고 물에 완전히 녹지 못하는 것은 침전되므로 해가 적다.

❖ **이온 교환에 의한 연화방법**
통수 → 역세 → 재생 → 수세

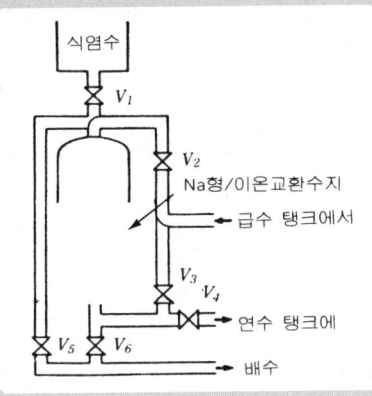

〈연화장치의 사용 예〉

순위	프로세스	V_1	V_2	V_3	V_4	V_5	V_6
1	통수	×	○	×	○	×	×
2	역세	×	×	○	×	○	×
3	재생	○	×	×	×	×	○
4	수세	×	○	×	×	×	○

  ㉡ 증류법 : 물을 가열시켜 증기를 발생시키고 냉각하여 응축수를 만들어 사용하는 방법으로 양질의 수를 얻을 수 있으나 비경제적이다.
  ㉢ 약제 첨가법 : 약품의 첨가로 경도성분을 불용성 화합물로서 침전여과에 의해 제거하는 방법으로 석회소다법, 가성소다법, 인산소다법 등이 있다.

🔹 **청관제의 약품주입장치**
  ① 개방형 중력주입기(소형에 사용)
  ② 밀폐형 중력주입기(소형에 사용)
  ③ 포트형 비례주입기

〈관외 처리방법〉

불순물	장 해	처리법	비 고
현탁고형물 (탁고)	• 보일러 수관에 침전되어 관을 막히게 한다. • 순환방해 • 이온교환수지의 오염	• 침강분리 • 여 과 • 응집침전	• 표류수(漂流水)에 많고 비, 눈 등이 내릴 때 증가한다.
용해고형물	• 캐리오버의 원인 • 기타, 여러 종류의 장해	• 전염탈염	
용존산소	• 급·복수계통 및 보일러 본체의 수관을 산화부식한다.	• 기계적 탈기와 화학적 탈산소	• 지하수에는 비교적 적음 • 지표수는 대기 중의 산소와 거의 평형에 가깝게 함유
유리탄산 (CO_2)	• 증기 및 복수계통의 부식	• 기계적 탈기와 아민류의 첨가 • 음이온 교환수지에 의한 제거	• 지하수에 비교적 많다.
경도성분	• 스케일, 슬러지	• 이온교환에 의한 연화	• 지하 깊이 고여 있는 물에 많이 함유 • 지표수에는 소량 함유
실리카 (SiO_2)	• 보일러에 스케일 생성 • 터빈 날개에 경질의 불용성 부착물 생성	• 전염 탈염 • 전해에 의한 탈규산법 • 마그네시아염에 의한 가열 탈규산법	
알칼리도	• 캐리오버의 원인 • 금속 재료의 부식 • pH조절의 방해	• 전염 탈염 • 탈알칼리연화	• 알칼리부식의 원인
유지류	• 스케일, 슬러지 • 거품의 원인 • 이온교환수지의 오염	• 응집 침전 • 활성탄, 규조토에 의한 여과	• 공장의 복수계 중에 함유되어 있는 수가 많다.
콜로이드상 실리카	• 보일러 내에서 가용성의 분자상 실리카의 염으로 되어 실리카의 경우와 동일한 장애	• 응집침전 • 전해에 의한 탈규산법	
유기물 (아민산 등)	• 보일러수의 거품 발생의 원인 • 이온교환수지를 오염해서 순수 수질을 저하 • 보일러 내에서 고온분해되어 CO_2발생	• 활성탄 처리 • 응집 침전	• 표면수에 많다. • 식물의 부패물이 원인
유기철 및 콜로이드상철	• 급수계통 및 보일러 내에 부착	• 응집 침전	• 유기철은 아민산과 결합하는 수가 많다.
Fe^{2+}, Fe^{3+}	• 급수계통 및 보일러 내의 부착 • 일부는 현탁고형물로 된다.	• 기폭여과 • 응집 침전 • 염소산화여과 • 이온교환	• 지하 깊이 고여있는 Fe^{2+}로 되어 다량으로 함유

예상문제

01 보일러 내면의 스케일이 보일러에 미치는 영향으로 가장 옳은 것은?

① 수격작용을 유발한다.
② 프라이밍, 포밍을 일으킨다.
③ 열효율을 증대시킨다.
④ 보일러 동의 가열로 균열파괴를 유발한다.

해설 보일러에 스케일이 쌓이면
① 배기가스 온도상승
② 전열효율 감소
③ 과열원인
④ 연료소모량 증대

02 다음 중 보일러 동 내에서 연질 스케일을 만드는 성분은?

① 황산칼슘
② 황산마그네슘
③ 규산나트륨
④ 탄산칼슘

해설 • 탄산칼슘 : 연질 스케일
• 황산칼슘, 황산마그네슘, 규산나트륨 : 경질 스케일

03 다음 물의 pH값 중 약알칼리성인 것은?

① 12~14   ② 4~5
③ 6~7   ④ 8~9

해설 ① 급수 pH 8~9정도의 약알칼리 공급
② 보일러수 pH 10.5~11.8

04 스케일의 종류와 성질을 설명한 것으로 틀린 것은?

① 중탄산칼슘은 급수에 용존되어 있는 염류 중에 슬러지를 생성하는 주된 성분이다.
② 중탄산칼슘의 용해도는 온도가 올라갈수록 떨어지기 때문에 높은 온도에서 석출된다.
③ 황산칼슘은 주로 증발판에서 스케일화 되기 쉽다.
④ 중탄산마그네슘은 보일러 수중에서 열분해하여 탄산마그네슘으로 된다.

해설 중탄산칼슘은 슬러지 및 스케일의 원인이 된다.

05 보일러 급수 중의 현탁 고형물을 처리하는 방법과 거리가 가장 먼 것은?

① 침강법
② 탈기법
③ 여과법
④ 응집법

해설 • 현탁 고형물 제거법 : 침강법, 여과법, 응집법
• 가스체 제거법 : 기폭법, 탈기법
• 용해 고형물 제거법 : 이온교환법, 증류법, 약제 첨가법

ANSWER 1.④ 2.④ 3.④ 4.② 5.②

06 부식억제제의 구비조건에 대한 설명으로 틀린 것은?

① 환경오염방지 기준에 저촉되지 않을 것
② 정지 시에는 부식억제 효과가 적을 것
③ 스케일(scale) 생성을 조장하지 않을 것
④ 방식피막이 두꺼우며 열전도에 지장이 없을 것

해설 정지 후에도 부식억제 효과가 있어야 한다.

07 보일러 연소장치에서 이상(異狀)소화의 원인으로 가장 거리가 먼 것은?

① 연료의 압력이 갑자기 떨어지는 경우
② 통풍장치의 고장으로 공기량이 부족한 경우
③ 수분의 혼입이나 통풍에 의한 통풍교란인 경우
④ 펌프 흡입구에서 급유 온도가 상승한 경우

해설 중유(B, C 중유)는 예열하여 사용하며, 급유 온도가 상승하면 연소효율이 증가한다.

08 보일러의 급수처리 중 급수에서 기폭법(기폭장치)으로 제거할 수 없는 것은?

① 탄산가스
② 황화수소
③ 산소
④ 망간

해설 용존가스의 제거
① 탈기법 : 용존산소 및 탄산가스를 제거하는 방법
② 기폭법 : 탄산가스체나 철, 망간 등을 제거하는 방법

09 가스보일러의 점화 시 주의사항으로 틀린 것은?

① 가스가 누설되는지 면밀히 점검하여야 한다.
② 가스압력이 적정하고 안정되어 있는지 점검한다.
③ 착화 후 연소가 불안정할 때에는 즉시 가스공급을 중단한다.
④ 착화가 실패한 경우에는 가스공급을 유지한 채 점화용 파이로트버너를 꺼야 안전하다.

해설 점화는 1회에 이루어질 수 있도록 화력이 큰 불씨를 사용해야 하며, 실패 시는 처음단계부터 재 점화를 시작해야 한다.

10 신설 보일러의 가동 전 준비사항에 대한 설명으로 올바르지 않은 것은?

① 공구나 기타 물건이 동체 내부에 남아 있는지 반드시 확인한다.
② 기수분리기나 부속품의 부착상태를 확인한다.
③ 신설 보일러에 대해서는 가급적 가열건조를 시키지 않고 자연건조(1주 이상)를 시킨다.
④ 제작 시 내부에 부착된 페인트, 유지, 녹 등을 제거하기 위해 내면을 소다 끓이기 등을 통하여 제거한다.

해설 신설보일러에서 노벽의 건조상태를 확인해야 한다.

ANSWER 6.② 7.④ 8.③ 9.④ 10.③

11 다음 중 스케일의 생성형태를 맞게 설명한 것은?

① 규산칼슘 스케일은 실리카가 많은 급수 또는 칼슘의 제거가 불완전한 경우 생성된다.
② 황산칼슘 스케일은 pH 조정제의 투입으로 pH가 상승되는 경우 생성된다.
③ 탄산칼슘 스케일은 경도 성분 중 Mg 성분의 제거가 불충분한 경우 생성된다.
④ 중탄산칼슘은 저온에서 탄산가스를 분리하여 황산칼슘 등과 결합하면 경질의 스케일이 생성된다.

해설) 보일러 수 중에 칼슘과 마그네슘 등에 의해 스케일이 생성된다. 즉, 경질스케일(규산염, 황산염), 연질스케일(탄산염)

12 보일러 수중의 용존산소에 의한 국부전지가 구성되어 생기는 전기화학적 부식에 해당되는 것은?

① 알칼리 부식   ② 가성취화
③ 구식(grooving)   ④ 점식(pitting)

해설) 용존산소에 의해 점식이 발생된다.

13 관로 속을 가득차 흐르는 물 등의 유체 속도를 급격히 변화시킬 때에 생기는 압력변화로 인해 관에 타격을 주는 작용으로 밸브의 급격한 개폐, 기체의 혼입 등에 의하여 발생하는 이상현상은?

① 수격작용   ② 캐비테이션
③ 맥동 현상   ④ 포밍

해설) 수격작용은 주증기 밸브의 급개 등에 의해 증기관 속으로 물방울이 따라 들러가 증기관 벽 또는 밸브류 등의 부속품을 때리는 현상을 말한다.

14 보일러수면에서 증발이 격심하여, 기포가 비산해서 수적이 증기부에 심하게 튀어 오르는 현상은?

① 프라이밍(Priming)
② 포밍(Forming)
③ 캐리오버(Carry over)
④ 워터해머(Water hammer)

해설) 비수현상(프라이밍) : 수면에서 물방울이 솟아오르는 현상

15 수질에 관한 용어 중 보일러 수용액 1L 중에 함유하는 불순물의 양을 mg으로 표시하는 것은?

① ppt   ② ppm
③ ppg   ④ pps

해설) ppm : 수용약 1kg(L) 중에 분순물의 양을 1mg으로 표시하는 것
즉, 1/1,000,000를 의미한다.

16 다음을 보고 보일러를 비상정지 시킬 때의 순서가 올바르게 된 것은?

㉠ 연소용 공기를 멈춘다.
㉡ 버너와 송풍기 모터를 정지시킨다.
㉢ 이상 유무 확인 및 비상사태 원인조사 후 조치한다.
㉣ 압력을 서서히 자연적으로 하강시키며 보일러를 식힌다.
㉤ 연료공급밸브를 잠근다.

① ㉡ → ㉤ → ㉠ → ㉢ → ㉣
② ㉡ → ㉤ → ㉠ → ㉣ → ㉢
③ ㉤ → ㉠ → ㉡ → ㉣ → ㉢
④ ㉤ → ㉣ → ㉠ → ㉡ → ㉢

해설) 비상 정시 순서
연료공급 정지 → 공기공급 정지 → 송풍기 모터 정지 → 보일러 냉각 → 원인 조사

ANSWER 11.① 12.④ 13.① 14.① 15.② 16.③

17 보일러의 점화조작 시 주의사항에 대한 설명으로 틀린 것은?

① 연료가스의 유출속도가 너무 빠르면 실화 등이 일어난다.
② 연소실의 온도가 낮으면 연료의 확산이 양호해서 착화가 잘 된다.
③ 연료의 예열온도가 낮으면 무화불량, 그을음, 분진 등이 발생한다.
④ 점화시간이 늦으면 연소실 내로 연료가 유입되어 역화의 원인이 된다.

[해설] 연소실 온도가 높을수록 연소효율이 높아지며 매연 발생이 방지된다.

18 보일러의 화학세정 시 사용될 수 있는 약품이 아닌 것은?

① 염산　　　② 수산화나트륨
③ 구연산　　④ 염화나트륨

[해설] 염화나트륨은 세관액으로 사용할 수 없다.

19 보일러 수 100cc 중 CaO이 2mg, MgO이 2mg 존재할 경우 독일 경도는 얼마인가?

① 2.2°dH　　② 3.7°dH
③ 4.8°dH　　④ 5.4°dH

[해설] = 2+2×1.4 = 4.8°dH

20 보일러를 새로 설치하여 가동 전에 보일러 내부에 부착되는 페인트, 유지, 녹을 제거하기 위하여 약액끓이기를 한다. 이때 사용하는 약품이 아닌 것은?

① 실리카　　② 탄산나트륨
③ 3인산나트륨　④ 수산화나트륨

[해설] 소다 끓이기(보링) : 신설 보일러의 경우 유지류, 페인트, 녹 등을 방지할 목적으로 주로 사용되며 약품으로는 수산화나트륨, 탄산나트륨, 인산나트륨 등이 사용된다.

21 pH가 높으면 보일러 수중의 경도 성분인 (㉠), (㉡) 등의 화합물의 용해도가 감소되기 때문에 스케일 부착이 어렵게 된다. ㉠, ㉡에 들어갈 적당한 용어는?

① ㉠ 망간, ㉡ 나트륨
② ㉠ 탄닌, ㉡ 나트륨
③ ㉠ 나트륨, ㉡ 인산
④ ㉠ 칼슘, ㉡ 마그네슘

[해설] 독일경도 : 급수 100cc중의 칼슘과 마그네슘이 1mg이 포함된 수를 말하며, 칼슘과 마그네슘은 스케일 생성의 원인이 되기도 한다.

22 보일러 조종자가 보일러를 운전 중일 때 취급하여야 할 사항과 가장 관계가 없는 것은?

① 보일러 급수의 수질분석 및 연료의 열량 등을 계산해야 한다.
② 보일러 안전하게 운전하기 위하여 수면계, 압력계 등을 수시로 점검하여야 한다.
③ 보일러가 경제적으로 운전되도록 불필요한 곳의 증기공급 밸브는 차단한다.
④ 보일러 가동시간, 급수량 등 필요사항은 일지에 기록해야 한다.

[해설] 보일러 조종자의 임무 중 급수의 수질분석 및 연료의 열량 계산은 포함되지 않는다.

23 보일러 운전 중 완전연소를 위한 연료량과 공기량 조절방법을 바르게 설명한 것은?

① 연소량을 증가시킬 때 먼저 공기량을 증가시키고 연료량을 증가시킨다.
② 연소량을 증가시킬 때 먼저 연료량을 증가시키고 공기량을 증가시킨다.
③ 연소량을 감소시킬 때 먼저 공기량을 증가시키고 연료량을 감소시킨다.
④ 연소량을 감소시킬 때 먼저 연료량을 감소시키고 공기량을 증가시킨다.

해설 연료량과 공기량의 조절방법은 먼저 공기량을 증가시키고 연료량을 증가시켜야 한다.

24 보일러 외부청소를 하여야 할 조건에 해당되는 내용이 아닌 것은?

① 배기가스 온도가 급격히 높아질 때
② 보일러 증기발생시간이 평소에 비해 단축될 때
③ 장기간 매연이 많이 발생할 때
④ 통풍력이 갑자기 저하될 때

해설 보일러 증기발생시간이 평소에 비해 단축되는 것은 스케일생성방지 및 청소 등으로 증발이 양호해진 상태로 볼 수 있다.

24 급수처리 중 현탁질 고형물의 제거법이 아닌 것은?

① 침강법
② 응집법
③ 여과법
④ 탈기법

해설
- 가스체 제거 : 기폭법, 탈기법
- 현탁 고형물 제거 : 여과법, 침강법, 응집법
- 용해 고형분 제거 : 이온교환법, 증류법, 약제첨가법

26 사용 중인 보일러의 점화 전 주의사항이다. 잘못 설명된 것은?

① 수면계, 압력계의 기능을 점검한다.
② 수저 분출밸브를 약간 열어 놓는다.
③ 댐퍼를 완전히 열고 노 내를 충분히 환기시킨다.
④ 각 밸브의 개폐 상태를 확인한다.

해설 수저 분출밸브를 열어 놓으면 이상감수의 원인이 된다.

27 다음 중 점화불량의 원인이 아닌 것은?

① 공기비의 조정 불량
② 보염기의 위치 불량
③ 수저분출 장치의 누설
④ 공기압력 부족이나 과잉

해설 수저분출장치의 누설은 저수위 원인이 된다.

28 보일러에서 증기를 공급할 때 주의사항으로 틀린 것은?

① 주증기관 내부의 드레인을 제거하고 드레인 밸브는 증기를 보내기 시작할 때 닫아 둔다.
② 일정한 압력에 도달하면 주증기 밸브를 급속히 만개하고 증기를 보낸다.
③ 증기관 내부가 충분히 예열되도록 관의 예열 조작을 한 후 송기한다.
④ 증기를 보내기 시작한 직후 압력계, 수면계의 변동에 주의하고 드레인 밸브가 닫혀 있는지 확인한다.

해설 일정압력에 도달하면 주증기밸브를 서서히 열어 증기를 공급한다.

ANSWER 23.① 24.② 24.④ 26.② 27.③ 28.②

29 사용 중인 보일러의 점화전 점검 또는 준비사항이 아닌 것은?

① 수위와 압력 확인
② 노벽 및 내화물 건조
③ 노 내의 환기 송풍 확인
④ 부속장치 확인

[해설] 점화전에는 수위, 압력, 환기 등을 확인한다.

30 보일러 내부의 산세정시 주의사항으로 틀린 것은?

① 사전에 스케일 성분분석, 용해시험 후 세정방법을 검토한다.
② 본체 부착물을 제거한다.
③ 과열기가 있는 부분은 산액 침입을 방지한다.
④ 세관 후 폐액은 완전 알칼리화하여 버린다.

[해설] 세관 후 폐액은 중화시켜야 한다.

31 신설 보일러의 소다 끓이기에서 사용되는 약품은?

① 탄산나트륨
② 염화칼슘
③ 염화나트륨
④ 탄산칼슘

[해설] 신설보일러의 경우 유지류제거를 위해 소다 끓이기를 한다. 이때 약품은 탄산나트륨을 사용한다.

32 보일러의 수질이 불량할 때의 장해에 대한 설명으로 틀린 것은?

① 분출을 자주하게 됨으로써 열손실이 적어진다.
② 슬러지, 스케일의 고착 등에 의한 열전도도가 방해된다.
③ 발생증기의 질이 저하되고 비수를 유발시킨다.
④ 관에 부식이 발생한다.

[해설] 수질이 불량하면 분출을 자주하게 되고 스케일 생성의 원인이 되어 열손실이 많아져 효율저하의 원인이 된다.

33 증기보일러 가동 중에 가장 빈번하게 점검해야 할 사항은?

① 연료유 예열상태
② 급수 및 관수의 수질상태
③ 보일러의 수위
④ 드레인 밸브 개폐 상태

[해설] 보일러의 수위는 가동 중에 항상 관찰해야 하는 중요한 사항이다.

34 이상(異狀)소화현상이 발생하는 경우의 원인 설명으로 틀린 것은?

① 오일스트레이너가 막히거나 펌프흡입구에서 급유온도가 저하하는 경우
② 중유의 예열온도가 낮아 압력이 낮아지는 경우
③ 통풍장치의 정상으로 공기량이 적정한 경우
④ 중유의 공급 온도저하와 급격한 연소량의 변동이 있을 경우

[해설] 통풍장치의 정상으로 공기량이 적정하다면 완전연소의 조건에 해당된다.

ANSWER 29.② 30.④ 31.① 32.① 33.③ 34.③

35 장시간 휴지(休止)하고 있던 보일러를 재사용 하려고 할 때, 점화전 점검 및 정비사항을 열거한 것 중 잘못된 것은?

① 본체 내면의 부식 여부나 정도를 조사하여 필요한 경우 청소를 한다.
② 연도 내 습기찬 부분에 대해서는 부식 유무를 확인하고 보수를 요하는 곳을 조사하여 보수한다.
③ 최저사용압력 정도의 수압으로 가압하여 외형적 점검을 확실히 할 수 없는 부분 등의 이상 유무를 조사한다.
④ 연소장치인 버너를 점검하되, 필요한 경우 분해 정비한다.

36 증기보일러에서 증기를 송기할 때의 주의사항으로 잘못 설명된 것은?

① 수격작용이 일어나지 않도록 한다.
② 비수발생에 조심한다.
③ 주증기 밸브는 가급적 빨리 개방한다.
④ 부하 측의 압력이 정상적으로 유지되고 있는가를 확인한다.

해설 주증기 밸브는 프라이밍 방지 등을 위해 서서히 개방하는 것이 원칙이다.

37 유류보일러 점화 시 점검 준비사항 중 틀린 것은?

① 보일러의 수위가 정상 위치에 있는지 확인한다.
② 공기와 연료의 송입 준비가 모두 되었는지 확인한다.
③ 노 및 연도의 통풍 환기는 완전히 되어 있는지 확인한다.
④ 노 내에 연료가 먼저 송입되고 나중에 공기가 들어가는지 확인한다.

해설 점화 시 공기를 먼저 송입 후 연료를 공급한다.

38 보일러 급수 중의 불순물이 용해되어 전열면 벽에 고착하지 않고 동체 저부(低部)에 침전되는 것은?

① 스케일   ② 부유물
③ 슬러지   ④ 슬래그

해설 슬러지 : 불순물이 동저면에 침전되어 있는 것

39 보일러를 휴지상태로 보존할 때 부식을 방지하기 위해 채워두는 가스는?

① 아황산가스
② 이산화탄소
③ 질소가스
④ 헬륨가스

해설 부식방지를 위해 질소를 봉입해둔다.

40 어떤 보일러수의 불순물 허용농도가 500ppm이고, 급수량이 1일 50톤이며, 급수 중의 고형물 농도가 20ppm 일 때 분출율은 약 얼마인가?

① 2.38%   ② 3.17%
③ 4.17%   ④ 5.34%

해설
$$분출률 = \frac{d}{b-d} \times 100$$
$$= \frac{20}{500-20} \times 100 = 4.17[\%]$$

$$분출률 = \frac{1일\ 분출량}{1일\ 급수사용량}$$
$$= \frac{급수중의 불순물 허용농도}{관수중의 불순물 허용농도 - 급수중의 불순물 허용농도} \times 100$$
$$= \frac{20}{500-20} \times 100 = 4.17[\%]$$

ANSWER 35.③ 36.③ 37.④ 38.③ 39.③ 40.③

41 보일러 연소에서 2차 연소의 발생원인에 대한 설명 중 틀린 것은?

① 불완전 연소의 비율이 적은 경우
② 연도나 연소실벽 등의 틈이나 균열이 생긴 곳에서 찬공기가 스며드는 경우
③ 연도 등에 가스가 쌓이거나 와류의 가스 포켓이나 모가 난 경우
④ 연도의 단면적이 급격히 변하는 경우

해설 불완전 연소의 비율이 높을수록 심해진다.

42 보일러의 휴지보존법 중 석회밀폐 건조 보존법에 대한 설명으로 틀린 것은?

① 보일러 수는 모두 배출시키고 스케일을 제거한 후 보일러 내에 열풍을 통과시켜 완전히 건조한다.
② 뚜껑, 밸브, 콕 등은 모두 밀폐시켜 놓는다.
③ 보일러 내에 질소가스를 압입하고 산소를 배제해서 방식하는 방법이다.
④ 보일러 내의 습기를 제거하기 위하여 실리카겔 등의 건조제를 보일러 속에 넣는다.

해설 ③항은 질소봉입 보존법으로 석회밀폐건조 보존법과 관련이 없다.

43 백색분말로 흡습성은 없으나, 승화와 강의 부식 억제성을 가지고 있는 약품은?

① 생석회
② VCI(Volatile Corrosion Inhibitor)
③ 실리카겔
④ 활성알루미나

해설 인히비터(VCI) : 부식 억제제로 사용된다.

44 스프링 안전밸브의 누설 원인으로 가장 거리가 먼 것은?

① 밸브와 밸브 시트의 가공이 불량한 경우
② 밸브 시트에 이물질이 부착된 경우
③ 스프링 조정압력이 높게 설정된 경우
④ 밸브 시트에 가해지는 힘이 불균일한 경우

해설 누설원인 : 스프링의 조정압력이 낮게 설정된 경우

45 가성취화 현상의 특징 설명으로 틀린 것은?

① 고압보일러에서 보일러수의 알칼리 농도가 높은 경우에 발생한다.
② 외견상 부식성이 없고, 극히 미세한 불규칙적인 방사상 형태를 하고 있다.
③ 발생하는 장소로는 반드시 수면위의 리벳부나 관구멍 등 응력이 분산하는 곳의 틈이 많은 곳이다.
④ 저압보일러에서도 열부하가 매우 클 때에는 발생할 가능성이 있다.

해설 가성취화(알칼리부식) : 보일러수의 알칼리도가 높아져서 발생되므로 수면아래(수부)에서 발생된다.

46 보일러 정지할 때의 일반적인 준비사항으로 적당하지 않은 것은?

① 증기의 사용처와 미리 연락을 하여 작업종료 시까지 필요한 증기를 남겨놓고 운전을 정지한다.
② 보일러의 압력을 급하게 내리거나 벽돌 등을 급냉시키지 않는다.
③ 보일러의 정상수위보다 낮게 급수를 해놓는다.
④ 다른 보일러와 증기관이 연결되어 있는 경우에는 그 연결밸브를 닫는다.

해설 보일저러정지 시(보일러 냉각 시) : 보일러 수위를 상용 수위로 유지

ANSWER 41.① 42.③ 43.② 44.③ 45.③ 46.③

47 보일러의 보존을 위한 내부청소법이 아닌 것은?

① 와이어브러시에 의한 스케일 제거법
② 스팀쇼킹법
③ 산 세관법
④ 알칼리 세관법

해설 스팀쇼킹법 : 외부청소 방법

48 보일러 용수의 관내처리 약품으로 탄닌, 리그닌, 전분 등은 어떤 작용을 하는가?

① pH의 조정
② 슬러지 조정
③ 경도 성분의 변화
④ 용존산소 제거

해설 슬러지 조정제 : 탄닌, 리그닌, 전분

49 이온교환수지의 이온교환 능력이 소진 되었을 때 재생 처리를 하는데, 다음 작업들을 운전공정 순서대로 옳게 나열한 것은?

| ㉠ 압출 | ㉡ 부하 |
| ㉢ 역세 | ㉣ 수세 | ㉤ 통약 |

① ㉠→㉤→㉢→㉡→㉣
② ㉢→㉡→㉠→㉤→㉣
③ ㉠→㉡→㉢→㉣→㉤
④ ㉢→㉤→㉠→㉣→㉡

해설 재생순서 : 역세 → 통약 → 압출 → 수세 → 부하

50 보일러 내의 스케일 발생방지 대책과 관계가 없는 것은?

① 보일러 수에 약품을 넣어 스케일 성분이 고착되지 않게 한다.
② 기수분리기를 설치하여 경도 성분을 제거한다.
③ 보일러수의 농축을 막기 위하여 관수 분출작업을 적절히 한다.
④ 급수 중의 염류 등 스케일 생성 성분을 제거한다.

해설 기수분리기 : 증기의 건조도 상승 즉, 건증기를 얻기 위해 설치

51 급수처리법을 설명한 내용 중 옳지 않은 것은?

① 용존산소처리 : 침강법
② 용존 탄산가스처리 : 기폭법
③ 현탁질 고형물 처리 : 여과법
④ 용존 고형물 처리 : 증류법

해설 용존산소 : 기폭법

52 보일러 내에 들어가서 작업(청소, 정비 등) 할 때의 주의사항으로 가장 거리가 먼 것은?

① 다른 보일러와 연결되는 주증기 밸브, 급수밸브 등은 반드시 개방하여 둔다.
② 보일러 내에 공기가 유통될 수 있도록 모든 구멍 등은 개방하여 둔다.
③ 보일러 외부에 감시인을 두고, 각종밸브 등에는 조작 금지의 표시를 한다.
④ 보일러 내부에 가지고 들어가는 전등은 안전망이 부착된 것을 사용토록 한다.

해설 다른 보일러와 연결되는 것은 반드시 잠가야 한다.

ANSWER 47.② 48.② 49.④ 50.② 51.① 52.①

53 가스보일러 연소장치의 점화 시 주의사항으로 틀린 것은?

① 가스연소의 점화 순서는 기름 연소와 정반대지만 가스누설 시 위험이 크므로 세심한 주의가 필요하다.
② 점화전에 연소실 용적의 약 4배 이상 공기량을 보내어 충분히 환기를 한다.
③ 가스압력이 소정의 압력을 유지하는지 확인한 후에 1회 착화가 이루어지도록 점화버너의 스파크 상태나 카본 부착 상태를 점검한다.
④ 착화실패나 갑작스런 실화 시는 연료 공급을 중단하고 환기 후 그 원인을 조사한다.

해설 가스연료의 점화순서는 기름연소와 정반대로 이루어져서는 안된다.

54 보일러 동체 내에 스케일(scale)이 많이 부착되었을 때 발생하는 현상과 가장 거리가 먼 것은?

① 전열면 국부과열현상을 일으킨다.
② 연료소비량이 증대된다.
③ 수격작용이 발생한다.
④ 배기가스 온도를 상승시킨다.

해설 스케일(관석)과 수격작용은 관련이 없다.

55 보일러의 증기압력이 오르기 시작할 때 해야 할 사항이 아닌 것은?

① 공기 배제 후 공기빼기밸브를 닫는다.
② 급격한 압력상승이 일어나지 않도록 연소상태를 천천히 조정한다.
③ 급수장치의 기능을 확인한다.
④ 증기압이 거의 올랐을 때(75%) 안전밸브를 닫고 분출시험을 한다.

해설 증기압이 거의 올랐을 때(75%) 안전밸브를 열어 분출시험을 한다.

56 보일러 급수처리의 목적을 설명한 것으로 틀린 것은?

① 전열면의 스케일의 생성을 방지하기 위해
② 점식 등의 내면부식을 방지하기 위해
③ 보일러 수의 농축을 방지하기 위해
④ 라미네이션 현상을 방지하기 위해

해설 라미네이션 : 동판의 내부에서 동판 등이 두 층으로 분리되는 현상.

57 보일러 가동을 정지하고자 할 때 정지 순서로 가장 먼저 해야 하는 것은?

① 댐퍼를 닫는다.
② 공기 공급을 정지한다.
③ 연료 공급을 정지한다.
④ 증기밸브를 닫고 드레인 밸브를 연다.

해설 가동 정지시 먼저 연료차단을 한다.

58 보일러수(水) 중의 탈산소제로 사용되는 청관제는?

① 가성소다   ② 탄산소다
③ 전분   ④ 히드라진

해설 탈산소제 : 히드라진

59 보일러 급수의 수질이 불량할 때 나타나는 현상으로 잘못 설명된 것은?

① 보일러 관과 판에 부식이 생긴다.
② 스케일이나 침전물이 생긴다.
③ 분출회수가 적어진다.
④ 발생증기의 질이 저하된다.

해설 수질이 불량하면 분출회수 증가

ANSWER 53.① 54.③ 55.④ 56.④ 57.③ 58.④ 59.③

60 보일러를 비상 정지시킬 경우의 조치 설명으로 잘못된 것은?

① 연소용 공기의 공급을 중단한다.
② 연료 공급을 중단한다.
③ 열매체유 순환펌프는 열매체유의 탄화방지를 위해서 충분히 냉각될 때까지 가동시킨 후 정지시킨다.
④ 증기밸브를 열고 드레인(배수)밸브를 닫는다.

해설 증기밸브를 닫는다.

61 25°C에서 보일러수의 수질기준으로 가장 적합한 pH 값은?

① 약 5~6
② 약 10~12
③ 약 15~16
④ 약 18~19

해설 보일러 수 pH : 10.5~11.8 급수의 pH : 7~9

62 보일러 급수처리법 중 내처리 방법은?

① 청관제의 사용　② 여과법
③ 이온교환법　　④ 폭기법

해설 급수처리에서 내처리 : 청관제 사용

63 보일러의 건식 보존법에서 보일러 내부에 넣어두는 건조 약품으로 가장 적합한 것은?

① 탄산 칼슘
② 실리카겔
③ 염화 나트륨
④ 염화수소

해설 흡습제(건조제) : 실리카겔, 생석회, 염화칼슘, 활성알루미나

64 보일러 설비의 계획에 있어서 연소장치의 선택은 가장 중요한 것 중의 하나이다. 버너를 선정할 때 검토해야 할 조건이 아닌 것은?

① 연료의 종류
② 안전밸브 여부
③ 연소실의 분위기(압력, 온도조절)
④ 유량조절 및 공기조절

해설 안전밸브와 버너의 선정 조건과는 무관하다.

65 보일러의 알칼리 세관 시 알칼리 농도는 몇 %이며 보일러수의 유지온도는 약 몇 °C 정도인가?

① 0.1~0.5%, 30~40°C
② 0.1~0.5%, 60~80°C
③ 1.0~1.5%, 80~90°C
④ 1.0~1.5%, 90~100°C

해설
• 알칼리 농도 : 0.1~0.5%
• 알칼리 온도 : 60~80°C 유지

66 보일러 관수의 pH 및 알칼리도 조정제로 사용되는 약품이 아닌 것은?

① 수산화나트륨　② 탄닌
③ 탄산나트륨　　④ 인산나트륨

해설 탄닌 : 슬러지 조정제

67 다음 중 연료의 연소 시 비정상연소가 되는 경우로 가장 적합한 것은?

① 연소실의 온도가 높을 때
② 산소가 많이 투입될 때
③ 연료 중에 수분의 함유량이 지나치게 클 때
④ 가연물질이 투입될 때

해설 연료 중에 수분의 함유가 많아지면 불안정한 연소가 이루어진다. 즉, 맥동연소의 원인 된다.

68 보일러의 청관제 사용목적과 관계없는 것은?

① 보일러수의 경화
② 스케일 생성 방지
③ 스케일이 석출하는 것을 방지
④ 슬러지를 밖으로 배출

해설 청관제의 주목적은 스케일 생성 방지, 슬러지 배출

69 가스연료 보일러의 자동점화 시 보기의 작업이 수행되는 순서를 옳게 나열한 것은? (단, 프리퍼지 및 버너 동작은 이루어진 상태임)

> ㉠ 공기 댐퍼 작동
> ㉡ 연소
> ㉢ 노내압 조정
> ㉣ 화염 검출
> ㉤ 점화
> ㉥ 점화버너 작동
> ㉦ 전자밸브 열림

① ㉢ → ㉥ → ㉣ → ㉦ → ㉤ → ㉠ → ㉡
② ㉦ → ㉢ → ㉠ → ㉣ → ㉤ → ㉥ → ㉡
③ ㉠ → ㉣ → ㉤ → ㉥ → ㉢ → ㉦ → ㉡
④ ㉠ → ㉥ → ㉤ → ㉣ → ㉡ → ㉦ → ㉢

해설 프리퍼지 → 버너작동 → 노내압조정 → 점화버너 작동 → 화염검출 → 전자밸브 열림 → 점화 → 점화버너 작동 → 공기댐퍼 작동 → 연소

70 가스 보일러에 점화를 하고자 한다. 이때 지켜야 할 주의사항으로 옳은 것은?

① 점화전에 암모니아수로 연료배관 계통의 가스 누설 여부를 확인한다.
② 댐퍼를 완전하게 닫고, 연소실 용적 2배 이상의 공기로 사전 환기를 행한다.
③ 점화는 3회로 나누어 착화할 수 있도록 한다.
④ 갑작스런 실화 시에는 연료공급을 즉시 차단하고, 그 원인을 조사한다.

해설 ① 가스누설 : 비눗물
② 댐퍼를 열고 환기
③ 점화는 1회로 점화
④ 실화시에는 연료공급 즉시 차단

71 보일러 운전중의 수시 점검사항이 아닌 것은?

① 수위
② 발생증기 압력
③ 화염상태
④ 화염검출기 오손 상태

해설 화염검출기의 점검주기는 7~15일 이내이다.

72 장기간 사용하지 않는 보일러를 보존하는 방법으로 가장 적합한 것은?

① 만수보존
② 청관보존
③ 건조보존
④ 밀폐보존

해설 ① 건조보존 : 6개월 이상 장기보존
② 만수보존 : 2~3개월 단기보존

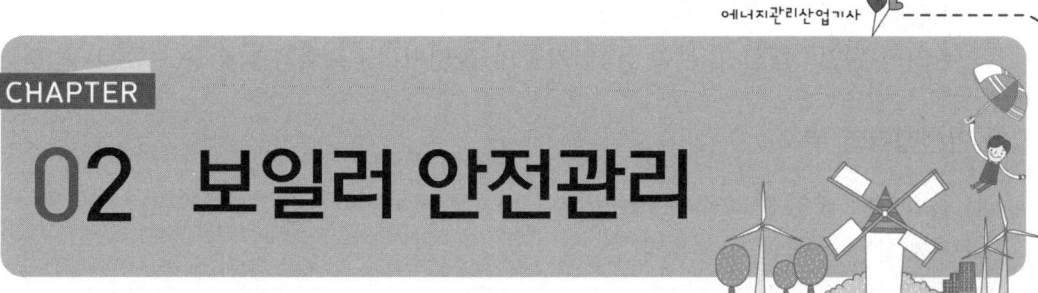

CHAPTER 02 보일러 안전관리

2-1 안전관리의 개요

1. 안전일반

(1) 의 의

인간의 생명을 존중하는 것을 목적으로 항시 작업자의 안전을 도모하여 위해를 방지하고 사고로 인한 재산적 피해를 입지 않도록 하기 위함이다.

❖ **안전관리의 목적**
① 인명의 존중   ② 사회복지의 증진
③ 생산성의 향상   ④ 경제성의 향상
⑤ 안전하고 발생방지

(2) 사고의 원인

1) 직접원인

① 불안전한 행동(인적 원인) : 안전조치 불이행, 불안전한 상태의 방치 등
② 불안전한 상태(물적 원인) : 작업환경의 결함, 보호구 복장 등의 결함 등

2) 간접원인

① 기술적 원인 : 기계, 기구, 장비 등의 방호설비, 경계설비 등의 기술적 결함
② 교육적 원인 : 무지, 경시, 몰이해, 훈련미숙, 나쁜 습관 등
③ 신체적 원인 : 각종 질병, 피로, 수면부족 등

④ 정신적 원인 : 태만, 반항, 불만, 초조, 긴장, 공포 등
⑤ 관리적 원인 : 책임감 부족, 작업기준의 불명확, 근로의욕침체 등

(3) 안전점검의 목적

① 결함이나 불안전 조건의 제거
② 기계설비 본래의 성능유지
③ 합리적인 생산관리

(4) 안전관리 일반

① 온도 : 안전활동에 가장 적당한 온도 18~21[℃]
② 습도 : 가장 바람직한 상대습도 30~35[%]
③ 불쾌지수 : 불쾌지수의 위험한계 75 이상
④ 유해가스
  ㉠ CO_2의 영향 : 1~2[%](작업능률 저하, 실수유발) 3[%] 이상(호흡장해) 5~10[%](일정시간 머물면 치명적)(CO_2의 농도가 0.1[%]를 넘으면 환기를 해야 한다.)
  ㉡ CO의 영향 : 두통, 현기증, 귀울림, 경련, 질식(CO의 농도가 0.01[%] 이상일 경우 환기상태를 개선해야 한다.)
⑤ 안전색 표시사항 : 적색(정지, 금지) · 오랜지색(위험) · 황색(주의) · 녹색(안전안내, 진행유도, 구급구호) · 청색(조심, 수리 중) · 백색(통로, 정리정돈) · 진한 보라색(방사능)

2. 작업 및 공구 취급 시의 안전

(1) 보호구

작업자는 작업의 종류에 따라 차광 안경, 방독 마스크, 내열 보호복, 작업모, 안전화, 귀마개 등을 착용해야 한다.

① 방진 안경 : 철분, 모래 등이 날리는 작업에 착용(연삭 작업, 선반, 밀링, 셰이퍼, 목공 기계작업 등)
② 차광 안경 : 용접작업과 같이 불티나 유해 광선이 나오는 작업에 착용
③ 보호 마스크 : 먼지가 많은 장소나 해로운 가스(납, 비소, 기타 유독물이 발생되는 작업)가 발생되는 작업에 사용한다. 만일 산소가 18[%] 이하로 결핍되었을 때는 산소 마스크를 착용할 것.

④ 장갑 : 장갑은 작업시 감겨들 위험이 있는 작업에는 착용을 금한다. 예를 들면 선반 작업, 드릴 작업, 목공 기계 작업, 연삭 작업, 해머 작업, 정밀 기계 작업 등이다.
⑤ 귀마개 : 소음이 발생하는 작업장에서는 난청질환에 걸릴 뿐 아니라 신호 전달이 어렵기 때문에 재해가 자주 일어나므로 귀마개를 사용한다. 귀마개 외에 소음을 방지하기 위해서 귀덮개가 있다. 직업성 귀머거리가 발생하기 쉬운 직종은 제관공, 조선공, 단조공, 직포공 등이다.

1) 안전모

① 모자를 쓸 때 모자와 머리 끝부분과의 간격은 25[mm] 이상되도록 헤모크를 조정한다.
② 올바른 착용 방법에 따라 쓴다.
③ 턱 끈은 반드시 조여 맨다.
④ 작업에 알맞은 것을 사용하며 전기 공사 등을 할 때에는 폴리에틸렌제와 같은 절연성이 있는 것을 선택한다.
⑤ 내장(內裝)이 땀이나 기름으로 더러워지므로 적어도 월 1회 정도는 세척하도록 한다.
⑥ 낡았거나 손상된 것은 교체한다.
⑦ 되도록 각 개인별 전용으로 한다.
⑧ 화기를 취급하는 곳에서 모자의 몸체와 차양이 셀룰로이드로 된 것을 사용하여서는 안 된다.
⑨ 산이나 알칼리를 취급하는 곳에서는 펠트나 파이버 모자를 사용해야 한다.
⑩ 통풍이 잘되어야 한다.

2) 작업복

① 옷에 끈이 있는 것을 기계 작업을 할 때에 착용하지 않는 것이 좋다.
② 주머니는 가급적 수가 적은 것이 좋다.
③ 정전기가 발생하기 쉬운 섬유질 옷의 착용을 금한다.
④ 상의의 옷자락이 밖으로 나오지 않도록 한다.
⑤ 화학적 성질에 대해 작업에는 화학 약품에 내성이 강한 것을 착용한다.
⑥ 자주 세탁하여 입도록 한다.
⑦ 작업 의욕을 돋구기 위하여 외관이 좋은 디자인으로 만든다.
⑧ 직종에 따라 여러 색채로 나누는 것도 효과적이다.

3) 보호 장갑

① 회전하는 기계 작업, 목공 작업 등을 할 때에는 장갑을 착용하지 않도록 한다.
② 화학 물질 등을 취급할 때는 화학 약품에 대한 내성이 강한 것을 사용해야 한다.

③ 손이나 손가락이 상하기 쉬운 작업을 할 때에는 작업에 적당한 토시, 장갑, 벙어리 장갑을 사용하도록 한다.

4) 안전화

① 스크랩(scrap)이나 파쇠철 때문에 갑피(甲皮)가 상하기 쉬운 작업장에서는 신 끝에 강철에 끝심이 들어있어야 한다.
② 파쇠철 또는 고열물을 취급하는 작업장에서는 갑피와 고무바닥을 압착시킨 내구력이 큰 것을 사용한다.
③ 부식성 약품 사용 시에는 고무 제품 장화를 착용한다.
④ 가죽에 해로운 분진이나 약품이 묻기 쉬우므로 일반화보다 자주 손질해야 한다.
⑤ 용접공은 구두창에 쇠붙이가 없는 부도체의 안전화를 신어야 한다.
⑥ 작거나 헐거운 구두를 신지 말아야 하며 튼튼한 신발을 신도록 한다.
⑦ 미끄럼 방지가 되어 있는 것을 신도록 한다.
⑧ 중량물을 취급하는 작업장에서는 앞 축이 강철로 된 신발을 착용한다.

5) 귀마개

① 휴대하기에 편리하고 귓구멍에 알맞은 것을 사용한다.
② 손질이 쉽고 깨끗하여야 한다.
③ 내열, 내습, 내한, 내유성이 있어야 한다.
④ 오랜시간 착용해도 압박감이 없어야 한다.
⑤ 피부를 자극하지 않고 쉽게 파손되지 말아야 한다.
⑥ 반차음(半遮音)된 것을 사용한다.

6) 마스크

① 방진 마스크
  ㉠ 방진 마스크에는 직결식과 격리식이 있다.
  ㉡ 광물성 먼지 등을 흡입함으로써 인체에 해로울 때 사용한다.
  ㉢ 취급이 간편하고 쉽게 파손되지 않는다.
  ㉣ 오랜 시간 사용하여도 고통과 압박이 없어야 한다.
  ㉤ 방진 마스크가 갖추어야 할 조건
    ⓐ 여과 효율이 좋아야 한다.
    ⓑ 사용적(死容積)이 적어야 한다.
    ⓒ 흡기·배기 저항이 적어야 한다.
    ⓓ 중량이 가벼워야 한다.(직결식은 120[g] 이하)
    ⓔ 시야가 넓어야 한다.(아래쪽 시야 50° 이상)

ⓕ 안면에 밀착성이 좋아야 한다.
ⓖ 피부와 접촉하는 고무의 질이 좋아야 한다.
ⓗ 사용 후 손질이 간단해야 한다.

② 방독 마스크
㉠ 방독 마스크에는 격리식, 직결식, 직결식 소형으로 구분되어 있다.
㉡ 산소가 결핍(약 16[%])되어 있는 곳에서 쓰면 질식한다.
㉢ 기본 지식은 알고 사용한다.
㉣ 딱딱하게 변화된 흡수관은 사용하지 않는다.
㉤ 맨홀이나 기관, 가스 탱크에서는 사용하지 않는다.
㉥ 흡수관의 제독 능력도 한도가 있어서 가스의 농도가 짙은 곳에서는 사용하지 않는다.

③ 송풍 마스크
㉠ 산소가 결핍된 곳이나 유해물의 농도가 짙은 곳에서 사용한다.
㉡ 호스 마스크와 에어 라인 마스크가 있다.

7) 보호 안경

① 차광 안경
㉠ 광선은 가스 광선(400~700[mμ]의 파장), 자외선(400[mμ]보다 짧은 파장), 적외선(700[mμ] 긴 장파장)이 있다.
㉡ 작업에 적당한 것을 사용한다.
㉢ 용접 및 평로 작업 등의 작업에는 가시광선을 약하게 하여 고열발광을 관측할 수 있게 한다.
㉣ 차광 안경의 농도

$$D = \log \frac{1}{T}$$

T : 투과율
S : 차광율

$$D = \frac{3}{7}(S-1)$$

② 보안용 안경 : 칩이 날아 튀기 쉬운 공작기계 및 먼지가 많은 곳에서는 보안경 안경을 꼭 착용하여야 한다.

(2) 작업안전

1) 정비작업 중 안전 확보

① 정비는 보일러 및 압력용기 등 일련의 장치의 각부 기능회복과 유지를 위한 업무이지만 이 업무 수행에 있어서 정비작업자 및 그 보조업무를 종사자의 작업 안전이 우선 확보되어야 한다.

② 정비 시에는 가스중독, 산소부족, 인화물질 폭발, 감전, 화상, 추락물에 의한 위해 방지에 대해 주의해야 한다.
③ 작업에 종사하는 종업원에게 재해방지를 무시한 채 작업을 하도록 하여서는 안된다. 업무를 착수할 때 작업책임자는 먼저 안전을 고려하여 작업진행을 계획하며, 작업 시작 전에 종사원에게도 구체적으로 주지시켜야 한다.
④ 정비와 관련한 재해는 사망, 중상 등으로 이어지므로 정비작업시에는 안전과 관련된 규정에 위반하지 않도록 한다.
⑤ 정비작업자 및 보조업무 종사자의 작업 행동에서 일어나는 재해는 물건을 잡는 방법, 이동방법, 연결방법의 부적합, 안전화, 복장, 보호장구 미착용 등의 여러 가지 원인이 있다. 이러한 행동작업 재해를 방지하기 위하여 작업경험이 많은 작업책임자가 안전지도를 철저히 하여 재해방지에 노력하여야 한다.

2) 보일러 정비와 관련한 안전대책
① 기기 내부를 충분 환기시킨다.
② 인화성 물질은 신중히 취급한다.
③ 보호구를 준비하여 착용하도록 한다.
④ 분진발생을 억제하기 위한 적정한 습도를 유지한다.
⑤ 토치램프의 사용을 금지한다.
⑥ 정비방법 및 순서를 충분히 익힌다.
⑦ 청결을 유지한다.
⑧ 안전위생교육을 실시한다.

3) 정비기기 사용 시 주의 사항
① 스패너로 무리하게 힘을 가하면 볼트가 비틀려 끊어지는 일이 있다. 스패너의 손잡이에는 긴 파이프를 끼우지 말아야 한다.
② 망치에는 철, 동, 납, 나무로 만든 것이 있으며 또 타격부분 형태도 여러 가지가 있다. 타격면의 재질이나 강도에 알맞은 것을 사용하도록 한다.
③ 보일러 및 압력용기의 스케일을 두드려서 떨어뜨리거나 깎아낼 경우, 소도구를 사용할 경우, 동력용 클리너를 사용할 경우에도 보일러 및 압력용기 표면에 상처가 나지 않도록 한다. 동력으로 운전하는 것은 강력하므로 제거작업을 할 때 특정한 곳에서 정체해서는 안된다. 그렇지 않으면 금속 표면을 깎거나 금속 표면이 과열될 수 있기 때문이다.
④ 내부가 건조한 상태에서 스케일 제거작업을 할 경우에 작업자는 분진마스크를 착용하도록 한다.

⑤ 체결(나사박음)이나 떼어낼 떔(쐐기박음)에는 힘을 똑같이 가해야 한다. 정밀부품이나 취성재료, 주철 등에는 특히 주의한다.
⑥ 작업의 주목적과 틀리지 않도록 한다.

(3) 공구 취급 시 안전

1) 드라이버
① 드라이버의 날 끝이 홈의 나비와 길이에 맞는 것을 사용한다.
② 드라이버의 날 끝은 평편한 것이라야 하며, 이가 빠지거나, 둥글게 된 것은 사용치 않는다.
③ 나사를 조일 때, 날 끝이 미끄러지지 않게 나사나 탭(tap) 구멍에 수직으로 대고 한 손으로 가볍게 잡고서 작업한다.

2) 쇠톱
① 톱날을 틀에 장치하고 두세번 사용한 후에 다시 한번 조정하고서 본 작업에 들어간다.
② 쇠톱의 손잡이와 틀의 선단을 각각 손으로 확실히 잡고 좌우로 흔들지 말고 침착하게 작업한다.
③ 모가난 쇠붙이를 자를 때는 톱날을 기울이고 모서리로부터 자르기 시작하며, 둥근 강이나 파이프는 삼각줄로 안내홈을 파고서 그 위를 자르기 시작한다.
④ 절단이 끝날 무렵에 힘을 알맞게 줄여야 한다.

3) 해머 작업
① 손잡이에 금이 갔거나 해머 머리가 손상된 것, 쐐기가 없는 것, 낡은 것, 모양이 찌그러진 것을 쓰지 않는다.
② 해머를 휘두르기 전에 반드시 주위를 살핀다.
③ 장갑을 끼어서는 안 된다.
④ 사용 중에도 자주 조사한다.
⑤ 불꽃이 생기거나 파편이 생길 수 있는 작업에서는 반드시 보호 안경을 써야 한다.
⑥ 좁은 곳이나 발판이 불안한 곳에서 해머 작업을 하여서는 아니 된다.

4) 스패너 렌치 작업
① 스패너는 너트에 꼭 맞는 것을 사용한다.
② 스패너, 렌치는 올바르게 끼우고 손 안쪽으로 사용한다.
③ 스패너에 파이프를 끼던가 해머로 두들겨서 사용하지 않는다.
④ 스패너, 렌치를 사용할 때는 그것이 벗어지더라도 넘어지지 않도록 몸가짐에 주의한다.

⑤ 스패너와 너트 사이에는 절대로 쐐기를 넣지 않는다.
⑥ 스패너 등을 해머 대신에 써서는 아니 된다.

5) 줄, 바이스 작업

① 줄은 그 손잡이가 확실한 것만을 사용한다.
② 땜질한 줄은 부러지기 쉬우므로 사용치 않는다.
③ 줄은 두들기지 않는다.
④ 줄질에서 생긴 가루는 입으로 불지 않는다.
⑤ 손잡이가 빠졌을 때는 주의해서 잘 꽂는다.
⑥ 줄을 다른 용도에 사용하지 않는다.
⑦ 바이스대는 언제든지 정돈해 두며 바이스대에 재료나 공구를 놓아두는 것은 위험하다.
⑧ 바이스는 특히 물림 이가 완전한 것을 사용하고 확실히 조인다.
⑨ 사용 중에 바이스가 풀어지는 경우가 있으므로 자주 죄어가면서 일한다.

6) 그라인더 작업

① 숫돌의 교체 및 시운전은 담당자만이 해야 한다.
② 숫돌의 받침대는 3[mm] 이상 열렸을 때에는 사용치 않는다.
③ 숫돌 작업은 정면을 피해서 작업을 한다.
④ 안전덮개를 떼어서는 안 된다.
⑤ 그라인더 작업에는 반드시 보호 안경을 써야 한다.
⑥ 숫돌은 옆면 압력이 약하기 때문에 측면을 사용치 않는다.
⑦ 이동식 그라인더를 고정식으로 대용해서는 아니된다.
⑧ 이동식 그라인더를 가동시킨대로 방치해서는 아니된다.

3. 화재 안전

(1) 화상 사고

화상은 분출증기, 가연물의 인화, 역화, 전기 스파크, 가스폭발에 의한 것이 많으며, 이들은 대부분 취급 불량이나 준비부족 등에 의해 일어난다.

① 산세관 중에 뜨거운 액이 넘쳐서 당한 화상
② 안전밸브에서 분출한 증기에 의한 화상
③ 증기, 뜨거운 물의 역류에 의한 화상
  ㉠ 이 경우에는 보일러 및 압력용기 동체, 드럼에 들어가는 경우에는 증기, 뜨거운 물의 역류가 없도록 다른 열원(이웃한 다른 기기, 급수예열기의 급수관, 다른 분출관)과 차단시켜야 한다.

ⓒ 스톱밸브를 잠그지 않거나 플러그 등으로 차단시키지 않으면 오조작으로 증기나 뜨거운 물이 동체나 드럼 안쪽으로 역류해서 화상을 입을 수 있다.
④ 연도 내부 물청소로 발생되는 증기에 의한 화상
⑤ 보일러의 블로우수에 의한 화상
⑥ 가스성분을 가진 세정유의 인화에 의한 화상
⑦ 시운전 중 오조작으로 일어난 폭발에 의한 화상
⑧ 보온이 안된 증기관 접촉에 의한 화상

(2) 화재의 등급별 소화방법

분 류	A급 화재	B급 화재	C급 화재	D급 화재
명 칭	보통 화재	유류·가스 화재	전기 화재	금속 화재
가 연 물	목재, 종이, 섬유	유류, 가스	전 기	Mg분, Al분
주된 소화 효과	냉각 효과	질식 효과	질식, 냉각	질식 효과
적응 소화제	① 물 소화기 ② 강화액 소화기	① 포말 소화기 ② CO_2소화기 ③ 분말 소화기 ④ 증발성 액체소화기	① 유기성 소화액 ② CO_2소화기 ③ 분말	① 건조사 ② 팽창 질식 ③ 팽창 진주암
구분색	백색	황색	청색	무색

※ 고압가스 용기의 도색 : 산소(녹색)·수소(주황색)·액화탄산가스(청색)·아세틸렌(황색)·액화염소(갈색)·액화 암모니아(백색)·기타의 가스(회색)

(3) 작업상의 화재

① 용접
　ⓐ 용접작업은 원칙으로 가연물에서 격리된 곳에서 한다.
　ⓑ 인화성 물질이나 가연물의 곁에서는 절대로 하지 않는다.
　ⓒ 마루 바닥이나 벽, 창 등의 갈라진 틈에 불꽃이 튀어 들어가는 경우가 있으므로 막을 수 있는 방법을 취해야 한다.
　ⓓ 실내에서 할 때는 가연물에서 가급적 떨어져서 가연물에 불연성의 커버를 덮고 물을 뿌리는 등의 방법을 취한다.
　ⓔ 작업 중에는 완전한 소화기를 준비하는 등의 대책이 필요하다.
② 전기 설비 : 전기 설비에 의한 화재는 누전, 과열, 스파크, 전열기 등이 원인이 되기 쉽다.
　ⓐ 전기로, 건조기, 전열기 등의 전열기를 사용할 때는 앞에서 설명한 용접에 준하여 취급하며 관리한다. 그리고 가연물과의 접촉이나 근접을 피해서 적당한 불연물 등으로 막는다. 특히, 코드의 절연, 열화가 생기기 쉬우므로 잘 점검한다.
　ⓑ 기타의 전기 설비 배선 기구에 대해서는 기구 장치류의 청소 점검을 하고, 발열이나 과열, 스파크 등이 일어나지 않게 주의한다.

(4) 아크 용접의 안전작업

① 용접 작업자는 용접기 내부에 손을 대지 않도록 한다.
② 용접기의 리드 단자와 케이블의 접속부는 반드시 절연물로 보호한다.
③ 홀더(holder)는 항상 파손이 없는 완전한 것을 사용한다.
④ 작업을 중단할 경우에는 반드시 전원 스위치를 끄거나 커넥터(connecter)를 풀어 두며, 전압이 걸려 있는 홀더를 버려두지 않도록 한다.
⑤ 용접봉을 갈아 끼울 경우에는 홀더에 몸이 닿지 않도록 조심스럽게 한다.
⑥ 작업장을 이동할 경우에는 홀더와 홀더선을 바닥에 끌지 않도록 한다.
⑦ 용접봉이 홀더(holder)의 크램프로부터 빠지지 않도록 정확하게 끼운다.
⑧ 특히 위험한 장소에서는 반드시 절연용 홀더를 사용한다.
⑨ 캡 타이어 케이블을 사용 전에 점검하여 피복 부분에 상처가 있는지 살펴본다.
⑩ 캡 타이어 케이블을 바닥 위에 배선할 경우나 통로를 횡단함으로써 케이블이 손상될 위험성이 있는 경우에는 철판으로 보호하거나 통로에 발판을 만들어 그 위에 배선한다.
⑪ 피용접물 또는 작업대에 접속된 접지선이 완전한지 점검하고 작업에 착수한다.
⑫ 차광 유리는 아크 전류의 크기에 적당한 번호를 사용한다.
⑬ 용접 작업장의 주변은 차광막을 세워서 아크가 밖으로 새지 않도록 한다.
⑭ 용접 작업장은 항상 청결하게 유지하고, 충분한 통풍 환기를 해서 유해 가스를 호흡하지 않도록 한다.
⑮ 가스가 많이 발생하여 통풍 환기가 충분하지 못할 경우에는 보호 호흡기를 사용한다.
⑯ 아연 도금 강판의 용접에는 유해 가스가 발생하기 때문에 통풍 환기를 충분히 한다.
⑰ 용접 작업시는 반드시 보호 장갑을 끼고 필요하면 에이프런, 팔목 커버, 무릎 받이, 발 커버를 사용한다.
⑱ 용접 작업장의 주위에는 기름, 나무 조각, 도료, 헝겊 등의 타기 쉬운 물건을 두지 않는다.

(5) 가스 용접작업의 안전사항

① 용접 착수 전에는 소화기 및 방화사 등을 준비하도록 한다.
② 작업하기 전에 안전기와 산소 조정기의 상태를 점검한다.
③ 기름 묻은 옷은 인화의 위험이 있으므로 절대 입지 않도록 한다.
④ 역화(逆火)하였을 때는 산소 밸브를 잠그도록 한다.
⑤ 역화의 위험을 방지하기 위하여 안전기를 사용하도록 한다.
⑥ 밸브를 열 때에는 용기 앞에서 몸을 피하도록 한다.
⑦ 아세틸렌의 사용 압력을 0.1MPa 이하로 한다.

⑧ 호스는 아세틸렌에 대하여 0.2MPa, 산소는 절단용이 1.5MPa의 내압에 합격한 것을 사용하여야 한다.
⑨ 발생기에서 5[m] 이내 또는 발생기실에서 3[m] 이내의 장소에서 담배를 피우거나 불꽃이 일어난 행위는 엄금하도록 한다.
⑩ 산소 용기는 산소가 15MPa의 고압으로 충전되어 있는 것이므로 용기가 파열되거나 폭발되지 않도록, 용기에 심한 충격·마찰을 주지 않도록 한다.
⑪ 토치 점화시는 조정기의 압력을 조정하고 먼저 토치의 아세틸렌 밸브를 먼저 열고 점화한 후 산소 밸브를 열며, 작업 완료 후에는 산소 밸브를 먼저 닫고 나서 아세틸렌 밸브를 닫도록 한다.
⑫ 가스의 누설 검사는 비눗물을 사용하도록 하며, 작업 후 화기나 가스의 누설 여부를 살핀다.
⑬ 유해 가스·연기·분진 발생이 심할 때에는 방진 마스크를 착용하도록 한다.
⑭ 이동 작업이나 출장 작업 시에는 용기에 충격을 주지 않도록 주의한다.
⑮ 작업하기 전에 주위에 가연물 등 위험물이 없는지 살펴보도록 한다.
⑯ 압력 조정기를 산소 용기에 바꾸어 달 경우에는 반드시 조정 핸들을 풀도록 한다.
⑰ 작업장은 환기가 잘 되게 한다.
⑱ 용접 이외의 목적 즉 통풍, 조연(助燃) 등에 산소를 사용해서는 안 된다.
⑲ 충전된 산소병에 햇빛이 직사되면 압력이 상승되어 위험하므로, 산소병은 햇빛이 들지 않는 장소에 두도록 한다.
⑳ 산소병을 뉘어 놓지 않도록 하며, 부득이한 경우에는 감압 밸브에 나무를 받쳐 놓도록 한다.
㉑ 토치는 작업의 규모와 성질에 따라서 선택한다.
㉒ 용기의 밸브는 천천히 열고 닫도록 한다.
㉓ 토치 내에서, 소리가 날 때나 과열했을 때는 역화에 주의하도록 한다.
㉔ 충전 용기는 빈 용기와 구별하여 안전한 장소에 저장하도록 한다.
㉕ 고무 호스와 아세틸렌병의 죔쇠는 황동 재료를 사용하고, 구리는 절대로 사용하지 말도록 한다.
㉑ 산소용 호스와 아세틸렌 호스는 색이 구별된 것을 사용하도록 하며 고무 호스를 사람이 밟거나 차가 그 위를 지나지 않도록 한다.
　㉠ 토치(torch)
　　ⓐ 분해를 자주하면 나사산이 마모되어 가스가 새든지 고장이 나므로 특별한 경우를 제외하고는 분해하지 않는다.
　　ⓑ 기름이나 그리스를 바르지 않는다.
　　ⓒ 팁의 점화는 용접용 라이터를 사용한다.
　　ⓓ 토치가 가열되었을 때는 아세틸렌 가스를 멈추고 산소 가스만을 분출시킨 상태로 물 속에서 식힌다.

ⓔ 팁을 청소할 경우에는 반드시 팁 클리너(tip cleaner)를 사용한다.
ⓕ 가스가 분출되는 상태로 토치를 방치하지 않도록 한다.
ⓖ 팁을 바꿀 때에는 반드시 가스 밸브를 잠그고 한다.
ⓗ 점화가 불량할 때는 고장난 곳을 점검하고 수리한 다음 사용한다.
ⓘ 토치나 팁을 작업대 등 지정된 장소에 놓으며 땅 위에 직접 놓아서는 안 된다.
ⓛ 산소용기
　　ⓐ 운반할 경우에는 반드시 캡을 씌운다.
　　ⓑ 산소병의 표면 온도가 40[℃] 이상 되지 않도록 하며 직사광선을 쬐지 않게 한다.
　　ⓒ 겨울철에 용기가 동결시는 불로 녹이지 말고 더운물로 녹인다.
　　ⓓ 조정기의 나사는 홈을 7개 이상 완전히 막아 넣는다.
　　ⓔ 밸브 개폐시 용기 앞에서 열지 말고 옆에서 열도록 한다.
　　ⓕ 산소가 새는 것을 조사할 경우는 비눗물을 사용한다.
　　ⓖ 기름 묻은 손으로 용기를 만져서는 안 된다.
　　ⓗ 사용이 끝났을 때는 밸브를 닫고 규정된 위치에 놓는다.
　　ⓘ 운반 중 굴리거나 넘어뜨리거나 또는 던지거나 해서는 안 된다.
ⓒ 아세틸렌 용기
　　ⓐ 용기의 스핀들 부분에서 가스가 샐 때에는 용기의 밸브를 조심스레 꼭 잠가야 한다.
　　ⓑ 용기는 주의 깊게 취급하며, 충돌이나 충격을 주지 않는다.

2-2 보일러 손상과 방지대책

1. 보일러 손상의 종류와 특징

보일러의 전열재는 일반강재(Fe)로 구성되어 있어 수부가 닿는 내부 부식과 고온의 화염 또는 저온의 가스부와 닿는 외부 부식으로 구분된다.

> ❖ 내부 부식
> ① 점식(pitting) ② 국부 부식 ③ 전면식 ④ 구식(그루빙) ⑤ 알칼리 부식
>
> ❖ 외부 부식
> ① 저온 부식 ② 고온 부식 ③ 산화부식

(1) 내부 부식

보일러의 내부, 즉 수면과 맞닿는 부분에서의 부식을 말하며 그 원인은 용존산소, 가스분, 탄산가스, 유지분 등이다.

① **점식(pitting)** : 동내부의 물은 전해액이 되고 동의 강재는 양극화가 되어 국부전지가 일시적으로 일어남으로서 그때의 관수 중 용존산소[OH^-]가 양극[Fe^{2+}]에 집중적으로 발생되어 강재 내부에[$Fe(OH)_2$] 깊게 부식되어 외형상으로는 좁쌀알 크기의 반점으로 나타나는 부식으로 잘 일어날 수 있는 곳은
  ㉠ 강재의 표면이 불균일 한 곳
  ㉡ 산화철의 보호피막이 파괴된 곳
  ㉢ 스케일이 생성되어 쌓인 곳

❖ **점식의 방지방법**
① 용존산소제거(탈기), ② 방청도장(보호피막), ③ 약한 전류의 통전, ④ 아연판 매달기

② **국부 부식** : 점부식(pitting)등이 부분적으로 집중하여 발생하는 등 보일러의 일부에 심하게 생기는 부식

③ **구식(구루빙 : grooving)** : 열팽창에 의한 신축으로 팽창, 수축의 반복적인 응력에 의해 도랑 형태의(V.U자) 홈을 만들며 나타나는 부식으로 보일러 연결부위 및 만곡부에 발생한다.

❖ **구식의 발생장소**
① 노통 보일러의 경판과 접합부 및 만곡부
② 관, 판, 나사 스테이 만곡부
③ 연돌관, 화실하단, 노통의 플랜지 만곡부

❖ **발생방지방법**
① 반복적인 열응력을 적게 한다.
② 플랜지 만곡부의 반지름을 가능한 크게 한다.
③ 노통호흡장소(breathing space)를 설치한다.

⑤ **가성취화(알칼리부식)** : 알칼리열화라고도 하며, 비교적 고압·고온의 리벳 보일러에 발생하는 응력부식균열의 일종, 보일러수의 알칼리도가 높은 경우에 리벳 이음판의 틈새나 리벳머리의 아래쪽에 보일러수가 침입하여 알칼리성분이 가열에 의해 농축되고, 이 알칼리와 이음부 등의 반복응력에 의해 재료의 결정입계에 따라 균열이 생기는 열화현상이다.

❖ 내부 부식 방지방법
① 예열된 급수를 사용하여 열응력을 적게 한다.
② 급수처리를 철저히 한다.(탈기, 관수연화)
③ 아연판 매달기
④ 약한 전류도 통전한다.

(2) 외부 부식

① 저온 부식 : 황분이 많은 연료를 사용하는 보일러에서 일어나는 부식으로 저온대의 가스와 응축된 수증기가 화합하여 발생하므로 연도내 저온대에 설치된 공기예열기 절탄기의 부대설비 및 수관이나 노통관 등 본체에서도 나타난다. 배기가스 중 황산화물의 노점온도는 황분 1[%]당 4[℃] 상승하는 관계를 유지하며 그로 인해 150~170[℃] 이하에서 일어나는 부식현상이다.

$S + O_2 \rightarrow SO_2$

$2SO_2 + O_2 \rightarrow SO_3$

$SO_3 + H_2O \rightarrow H_2SO_4$

❖ 방지대책
① 노점 강하제를 사용하여 황산화물의 노점을 낮출 것.
② 양질의 연료를 선택할 것.
③ 배기가스 온도를 노점온도 이상으로 유지한다.
④ 적정 공기비로 연소할 것.

② 고온 부식 : 고체연료, 중질유를 사용하는 연소장치 중에서 일어나는 부식으로 고온으로 접촉되어지는 과열기, 수관 보일러의 천장 등에 V_2O_5(오산화 바나듐), SO_x, Na_2O의 성분이 고온에서 용융침착하는 현상으로 침착된 부분에는 강재가 강하게 침식된다.(약 550~600[℃])

❖ 방지대책
① 회분 개질제를 첨가하여 회분의 융점을 높인다.
② 양질의 연료를 사용하며 연료 속의 V, Na, S을 제거 후 사용한다.
③ 고온가스가 접촉되는 부분에 보호피막을 한다.
④ 연소가스 온도를 융점온도 이하로 유지한다.

2. 보일러 손상

(1) 마모(磨耗, abrasion)

국부적으로 반복작용에 의해 나타나는 것으로 다음의 경우에 나타난다.

① 매연취출에 의해 수관에 오래 증기를 취출하는 경우
② 연소가스 중에 미립의 거친 성분을 함유하고 있는 경우
③ 수관이나 연관의 내부 청소에 튜브 크리너를 한 곳에 오래 사용된 경우

(2) 라미네이션, 블리스터(Lamination, Blister)

보일러 강판이나 관의 두께 속에 두 장의 층을 형성하고 있는 상태를 라미네이션이라 하고 이러한 상태에서 화염과 접촉하여 높은 열을 받아 부풀어 오르거나 표면이 타서 갈라지게 되는 상태를 블리스터라 한다.

(3) 소손(燒損, burn)

과열이 촉진되어 용해점 가까운 고온이 되면 함유탄소의 일부가 연소하므로 열처리를 하여도 근본의 성질로 회복되지 못하게 된다. 보일러에서는 노내가열을 통해 보일러수에 전달되는 것이므로 보일러 본체의 온도는 내부의 포화수보다 30~50[℃] 정도 높은 상태이기 때문에 물쪽으로의 열전달이 방해되거나, 수가 부족하여 공관연소하게 되면 강재의 온도가 상승하여 과열, 소손하게 된다.

(4) 팽출(膨出), 압궤(壓潰)

보일러 본체의 화염에 접하는 부분이 과열된 결과 내부의 압력에 의해 부풀어 오르는 현상을 팽출이라 하고 외부로부터의 압력에 의해 짓눌린 현상을 압궤라 한다.(팽출 : 인장응력, 압궤 : 압축응력)

① 압궤가 일어나는 부분 : 노통, 연소실, 관판
② 팽출이 일어나는 부분 : 횡연관, 보일러 동저부, 수관

(5) 크랙(crack)

무리한 응력을 받은 부분, 응력이 국부적으로 집중된 부분, 화염에 접촉된 부분 등에 압력변화, 가열로 인한 신축의 영향으로 조직이 파괴되고 천천히 금이 가는 현상이다. 특히 주철제 보일러의 경우엔 급열, 급냉의 부동팽창으로 크랙이 발생되기 쉽다.

> ❖ 크랙이 발생되기 쉬운 부분
> ① 스테이 자체나 부근의 판
> ② 연소구 주변의 리벳
> ③ 용접 이음부와 열 영향부

2-3 보일러 사고 및 방지대책

1. 의의(意義)

보일러는 내부에 열매체(온수, 증기)를 보유한 일종의 압력용기로 증기의 체적증가로 인한 압력초과 연소실 내의 미연소가스폭발 사고 등 언제라도 대형 사고와 직결하게 된다. 이에 사고의 구분과 대책을 숙지하여 만전을 다하길 바란다.

2. 보일러 사고의 구분

(1) 파열사고(破裂事故)

① 압력초과
② 저수위(이상 감수)
③ 과열

(2) 미연소 가스폭발사고(역화)

> ❖ 보일러 사고의 원인별 구분
> (1) 제작상의 원인
>   ① 재료불량, ② 구조 및 설계불량, ③ 강도불량, ④ 용접불량 등
> (2) 취급상의 원인
>   ① 압력초과, ② 저수위, ③ 과열, ④ 역화, ⑤ 부식 등

3. 발생 및 대책

보일러의 사고는 제작상의 원인보다는 취급상의 원인이 주사고 원인이여서 이에 대한 발생 원인과 대책은 다음과 같다.

(1) 압력 초과

① 원 인
  ㉠ 안전장치의 작동불량
  ㉡ 압력계의 기능 이상
  ㉢ 이상 감수
  ㉣ 급수계통의 이상
  ㉤ 수면계의 기능 이상

② 대 책
  ㉠ 안전장치의 작동시험 및 점검
  ㉡ 압력계의 작동시험 및 점검
  ㉢ 항시 상용수위의 유지관리 철저
  ㉣ 펌프 및 밸브류의 누설점검
  ㉤ 수면계의 작동시험 및 점검

(2) 저수위(이상 감수)

① 원 인
  ㉠ 수면계 수위의 오판
  ㉡ 수면계 주시 태만
  ㉢ 급수계통의 이상
  ㉣ 분출계통의 누수
  ㉤ 증발량의 과잉

② 대 책
  ㉠ 수면계연락관 청소 및 기능점검
  ㉡ 수면계의 철저한 감시
  ㉢ 펌프 및 밸브류의 기능점검·누설점검
  ㉣ 수저분출 밸브의 누설점검
  ㉤ 상용수위의 유지

(3) 과 열

① 원 인
  ㉠ 이상 감수
  ㉡ 전열면의 국부가열
  ㉢ 관수의 농축
  ㉣ 관수의 순환불량
  ㉤ 스케일의 생성

② 대 책
　㉠ 상용수위의 유지
　㉡ 연소장치의 개선, 분사각 조절
　㉢ 분출을 통한 한계값 유지
　㉣ 전열의 확산 및 순환 펌프의 기능점검
　㉤ 급수처리 철저 및 알맞은 시기의 분출

(4) 역화(미연소가스의 폭발)

① 원 인
　㉠ 프리퍼지 부족
　㉡ 점화 시 착화가 늦은 경우
　㉢ 과다한 연료공급
　㉣ 흡입통풍의 부족
　㉤ 압입통풍의 과대
　㉥ 공기보다 연료의 공급이 우선된 경우
　㉦ 연료의 불완전 및 미연소

② 대 책
　㉠ 점화시 송풍기 미작동일 때 연료 누입방지 장치
　㉡ 착화장치의 기능점검
　㉢ 적절한 연료공급
　㉣ 흡입통풍(유인통풍)의 증대
　㉤ 댐퍼의 개도로 적절히 조절
　㉥ 공기의 공급이 우선되어야 한다.
　㉦ 연료의 과대공급방지 및 연소장치의 개선

예상문제

01 보일러의 절탄기나 공기예열기를 주로 부식시키는 연료 중의 물질은?

① 탄소　　② 유황(S)
③ 수소(H_2)　　④ 바나듐(V)

해설 $S + O_2 \rightarrow SO_2$
$SO_2 + H_2O \rightarrow H_2SO_3$
$H_2SO_3 + 1/2O_2 \rightarrow H_2SO_4$

02 보일러 사용 전의 내부점검에 대한 주의사항으로 잘못된 것은?

① 보일러 속에 이물질이나 공구가 남아 있지 않은가 확인한다.
② 동체 내 부속장치들의 부착상태를 확인한다.
③ 동체 내의 부식을 막기 위해서 그리스를 발라 놓는다.
④ 내부에 이상이 없는가 확인한 후 소제구, 맨홀 등을 밀폐한다.

해설 보일러 동체 내의 그리스는 유지분에 의해 보일러가 과열된다.

03 보일러의 안전작업을 수행하기 위하여 부착하는 부속장치에 해당되지 않는 것은?

① 저수위 경보기
② 화염 검출기
③ 압력 제한기
④ 절탄기

해설 폐열(여열)회수장치 : 과열기, 재열기, 절탄기, 공기예열기

04 보일러의 가스폭발 방지대책으로 거리가 먼 것은?

① 점화시에는 미리 충분한 프리퍼지를 한다.
② 점화전에 중유를 가열하여 필요 점도로 해둔다.
③ 노내의 여열이나 다른 버너의 화염을 점화원으로 사용하지 않도록 한다.
④ 점화시의 분무량은 당해 버너의 고연소율 상태의 양으로 한다.

해설 보일러 점화는 당해 버너의 저연소에서 고연소의 단계로 행한다.

05 노통, 연소실, 연관 등이 과열이 되면 그 부분의 강도가 저하되는데 이것이 심한 경우에는 보일러의 압력에 못견디어 안쪽으로 오므라드는 현상은?

① 팽출　　② 라미네이션
③ 압궤　　④ 블리스터

해설 압궤 : 외부의 압력에 못견디어 안쪽으로 들어가는 현상

06 부식의 종류 중 균열을 동반하는 부식에 속하는 것은?

① 점식　　② 틈새 부식
③ 수소취화　　④ 탈성분 부식

해설 수소취화 : 상온 부근에서 고압수소를 흡수하여 취화하는 현상. 즉, 균열을 동반하면서 부식이 발생한다.

Answer 1.② 2.③ 3.④ 4.④ 5.③ 6.③

07 점화 후 보일러를 급격히 가열하면 좋지 못하다. 그 주된 이유로 가장 적절한 것은?

① 연료가 많이 든다.
② 이음부의 파손이나 누설위험이 발생한다.
③ 증기의 질이 나빠진다.
④ 보일러 수의 순환이 느려진다.

[해설] 점화 후 급격히 가열하면 이음부의 파손이나 누설 위험이 있다.

08 보일러에서 발생하는 부식을 내면에 발생하는 부식과 외면에 발생하는 부식으로 구분할 때 내면에 발생하는 부식의 일반적인 원인에 해당하는 것은?

① 연소가스
② 수처리 불량
③ 연료속의 부식성 물질
④ 내화벽들의 습기가 있는 장소

[해설] 수처리 불량은 내부 부식에 속한다.

09 증기보일러에 부착하는 압력계 눈금판의 바깥지름은 100mm 이상으로 해야 하나 특수한 경우 눈금판의 바깥지름을 60mm 이상으로 할 수 있다. 이 경우에 해당하지 않는 것은?

① 소용량 보일러
② 최대 증발량 5T/h 이하인 관류보일러
③ 최고사용압력 1.0MPa 이하로서 전열면적 $2m^2$ 이하인 보일러
④ 최고사용압력 0.5MPa 이하이고, 동체의 안지름 500mm 이하 동체의 길이 1000mm 이하인 보일러

[해설] 최고사용압력이 0.5MPa 이하이고 전열면적이 $2m^2$ 이하인 보일러

10 장기 휴지 보일러를 사용하기 위해 연소계통을 점검해야 할 때의 설명으로 틀린 것은?

① 기름탱크의 유량, 가스압력을 확인하여 연료공급에 차질이 생기지 않도록 한다.
② 연료배관은 연료가 누설되지 않은지 점검하고 연료밸브는 열어 놓는다.
③ 연도 댐퍼가 열려있는지 확인하고 이를 잠궈 놓는다.
④ 화염검출기의 오염여부를 확인하고 유리면을 깨끗이 닦는다.

[해설] 연소계통을 점검하는 경우에는 연도 댐퍼를 열어 놓고 점검해야 한다.

11 보일러 안전 저수위에 대한 설명으로 맞는 것은?

① 보일러 정지 중 항상 유지되는 수면
② 보일러 사용 중 유지해야 할 최저의 수면
③ 보일러 사용 중 항상 유지되는 수면
④ 보일러 사용 중 유지해야 할 최고의 수면

[해설] 안전저수위란 보일러 사용 중 유지해야 할 최저수위를 말한다.

12 보일러의 안전장치에 속하지 않는 것은?

① 압력계
② 방폭문
③ 화염검출기
④ 스테이빌라이저

[해설] 스테이빌라이저는 보염장치에 속한다.

ANSWER 7.② 8.② 9.③ 10.③ 11.② 12.④

13 집진장치의 선정 시 고려할 사항으로 가장 거리가 먼 것은?

① 연료의 연소방법
② 배기가스 중의 O_2 농도
③ 사용연료의 종류
④ 처리해야 할 입자의 크기

해설 집진장치는 배기가스 중의 분진 등을 포집하는 장치로 O_2 성분은 포집하지 못하므로 선정 시 고려 사항과 관련이 없다.

14 보일러 취급 시 화재예방 조치로서 가장 적당하지 않은 것은?

① 화기는 정해진 장소에서 취급한다.
② 유류취급 장소에는 방화수를 준비한다.
③ 흡연은 정해진 장소에서만 한다.
④ 기름걸레 등은 정해진 용기에 보관한다.

해설 유류취급 장소에는 방화사를 준비한다.

15 보일러 취급상의 부주의에 의해 발생하는 사고가 아닌 것은?

① 압력초과
② 저수위
③ 급수처리 불량
④ 구조 불량

해설 구조불량은 취급자의 부주의에 의해 발생된 사고가 아닌 구조적인 원인에 해당된다.

16 보일러 및 압력용기가 부식되는 원인과 가장 거리가 먼 것은?

① 증기발생이 과다할 때
② 급수에 불순물이 포함되었을 때
③ 폐수나 오염된 물을 사용할 때
④ 급수처리가 잘 되지 않았을 때

17 보일러의 손상 중 팽출이 발생하기 쉬운 장소가 아닌 곳은?

① 수관 보일러의 기수드럼 아래 부분
② 노통연관 보일러의 노통 위(上)부분
③ 연소실과 접하고 있는 수관
④ 외 연소 횡연관 보일러의 드럼 아래 부분

해설 팽출 : 내압에 의해 외부로 부풀어 오르는 현상으로 주로 수관 등에서 발생된다.(노통 상부에서는 압궤가 발생한다.)

18 자동제어 보일러가 가동 중 실화가 된 경우에도 연료 및 연소용 공기가 멈추지 않고 계속 공급된다면 일차적으로 어떤 부품에 고장이 있다고 생각할 수 있는가?

① 화염검출기
② 연료분무노즐
③ 통풍장치
④ 연료예열기

해설 화염검출기 : 가동 중 실화시 연소실 내로 진입되는 연료를 차단하는 역할을 해야 하나 고장시 감지를 못하므로 연료를 차단하지 못한다.

19 보일러 점화 시 역화의 원인에 해당되지 않는 것은?

① 프리퍼지가 불충분 하였을 경우
② 착화가 지연 되었을 경우
③ 점화원(점화봉, 점화용 전극)을 사용 하였을 경우
④ 연료의 공급밸브를 필요이상 급개 하였을 경우

해설 역화의 원인은 노내에 미연소가스가 있을 때 즉, 노내환기 불충분 시, 가동 중 실화 시, 착화가 늦어진 경우, 공기보다 연료를 먼저 노내에 진입 시 등의 경우에 발생한다.

ANSWER 13.② 14.② 15.④ 16.① 17.② 18.① 19.③

20 프라이밍, 포밍의 방지대책 중 맞지 않는 것은?

① 주증기 밸브를 천천히 개방할 것.
② 가급적 안전고수위 상태로 지속 운전할 것.
③ 보일러수의 농축을 방지할 것.
④ 급수처리를 하여 부유물을 제거할 것.

> 해설) 포밍은 보일러수의 유지류, 부유물질 등에 의해 발생하며, 프라이밍은 고수위 시에 발생한다.

21 보일러의 분출사고 시 긴급조치 사항으로 틀린 것은?

① 보일러 부근에 있는 사람들을 우선 안전한 곳으로 긴급히 대피시켜야 한다.
② 연소를 정지시키고 압입통풍기를 정지시킨다.
③ 다른 보일러와 증기관이 연결되어 있는 경우에는 증기밸브를 닫고 증기관 연결을 끊는다.
④ 급수를 정지하여 수위 저하를 막고 보일러의 수위유지에 노력한다.

> 해설) 급수를 계속하여 수위 저하를 막고 보일러의 수위유지에 노력한다.

22 보일러 내부부식의 발생원인과 관계가 없는 것은?

① 보일러 급수 중에 산소와 탄산가스 등이 있을 때 발생한다.
② 강재의 수축표면에 녹이 생겨서 국부적으로 전위차가 발생하여 전류가 흐르는 경우 발생한다.
③ 강재 속에 함유된 유황분이 온도상승과 더불어 산화되거나 또는 이외의 원인으로 녹이 생긴 경우 발생한다.
④ 증기나 보일러 수 등의 누출로 인한 습기나 수분에 의한 작용으로 발생한다.

> 해설) 증기나 보일러수 누출은 보일러 내부가 아닌 외부이므로 내부부식과는 무관하다.

23 증기 발생 시의 주의사항으로 옳지 않은 것은?

① 연소초기에는 수면계의 주시를 철저히 한다.
② 급격한 압력상승이 일어나지 않도록 연소상태를 서서히 조절시킨다.
③ 증기를 송기할 때 과열기의 드레인을 배출시킨다.
④ 증기를 송기할 때 증기관 내의 수격작용을 방지하기 위하여 배출을 사후에 실시한다.

> 해설) 증기를 송기할 때 증기관 내의 수격작용을 방지하기 위하여 응축수를 제거하여야 한다.

24 다음 그림과 같이 노통보일러의 갤러웨이관처럼 항장력을 받는 부분에 생기기 쉬운 것으로 보일러의 압력에 못 견디어 바깥쪽으로 부풀어 오르는 보일러 손상의 형태를 무엇이라고 하는가?

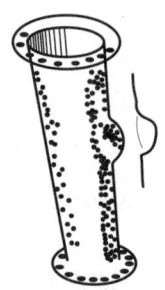

(겔러웨이관)

① 팽출
② 시임리스(seamlips)
③ 피팅(fitting)
④ 압궤

> 해설) 팽창 : 내압에 의해 외부로 부풀어 오르는 현상

25 보일러 파열 사고의 원인과 가장 거리가 먼 것은?

① 저수위 운전　② 고수위 운전
③ 보일러 압력초과　④ 구조불량

해설) 파열사고의 원인은 구조불량, 압력초과, 저수위 운전 시 발생한다.

26 가스보일러 점화 시 착화를 실패한 경우에는 가스공급을 차단하고 점화용 파이로트버너를 끈 후 연소실과 연도체적의 약 몇 배 이상의 공기로 충분히 환기시켜야 하는가?

① 1배　② 2배
③ 3배　④ 4배

해설) 착화를 실패한 경우는 가스를 차단하고 연소실과 연도 체적의 약 4배 이상으로 충분히 환기시켜야 한다.

27 다음 중 저수위 사고의 원인이 아닌 것은?

① 수면계 주시태만
② 수면계 지시 수위의 오판
③ 급수내관의 구멍에 스케일 부착
④ 안전밸브의 스케일 고착

해설) 저수위 사고 원인은 수위가 부족할 때 발생하는 현상이나 안전밸브의 스케일 고착과는 무관하다.

28 증기보일러 가동 중 과부하 상태가 될 때 나타나는 현상으로 틀린 것은?

① 보일러 효율이 떨어진다.
② 프라이밍(Priming)발생이 적어진다.
③ 전열면 증발율은 증가한다.
④ 연료의 단위당 증발량이 작아진다.

해설) 증기보일러에서 가동 중 과부하 상태가 될 때 프라이밍이 발생할 수 있다.

29 안전점검의 목적으로 가장 거리가 먼 것은?

① 종사자의 안전교육
② 결함이나 불안전한 조건의 제거
③ 기계설비 본래의 성능 유지
④ 재해의 사전 예방

해설) 종사자의 안전교육은 안전점검과 무관하다.

30 보일러의 손상에서 압궤(collapse)란?

① 고압보일러 드럼 이음부에 주로 생기는 응력에 의한 부식균열의 일종
② 보일러의 본체가 화영에 접촉하여 외부로 볼록하게 튀어나오는 형상
③ 과열된 노통이나 화실의 천정부가 외측의 압력에 의해 내부로 짓눌리는 현상
④ 가스를 포함한 강판이 화염의 접촉으로 양쪽으로 부풀려지는 현상

해설) 압궤 : 외압에 의해서 내부로 짓눌리는 현상이다.

31 보일러 고온부식은 연료 중의 어느 성분 때문에 발생하는가?

① 황(S)
② 수소(H)
③ 바나듐(V)
④ 탄소(C)

해설) 고온부식원인은 바나듐(V)이며, 저온부식의 원인은 황(S)이다.

ANSWER　25.②　26.④　27.④　28.②　29.①　30.③　31.③

32 보일러의 점화 시 역화원인에 대한 설명으로 틀린 것은?

① 프리퍼지의 불충분이나 또는 잊어버린 경우
② 연도댐퍼가 고장이 나서 열려진 경우
③ 점화원을 가동하기 전에 연료를 분무해 버린 경우
④ 착화가 지연되거나 혹은 불착화를 발견하지 못하고 연료를 노 내에 분무한 경우

해설 연도댐퍼가 고장이 나서 닫혀 있었다면 노내환기 불량으로 역화의 원인이 될 수 있다.

33 수면계의 시험회수 및 점검시기에 대한 설명으로 가장 거리가 먼 것은?

① 1일 1회 이상 행한다.
② 2개의 수면계 수위가 다를 때 행한다.
③ 안전밸브가 작동한 다음에 행한다.
④ 수면계 수위가 의심스러울 때 행한다.

해설 수면계 점검시기
• 2개의 수위가 서로 다를 때
• 수위가 의심스러울 때
• 장기간 휴지 후 재가동 시
• 1일 1회 이상 행하며, 안전밸브가 작동한 다음에 행하는 것은 잘못된 것임

34 보일러 판의 파열에 대한 구조적 결함(직접적 원인)의 종류에 해당되지 않는 것은?

① 설계 불량   ② 제작 불량
③ 재료 불량   ④ 급수처리 불량

해설 처리불량 : 취급상의 원인에 해당된다.

35 다음 보일러 운전 중 압력초과의 직접적인 원인이 아닌 것은?

① 압력계의 기능에 이상이 생겼을 때
② 안전밸브의 분출압력 조정이 불확실할 때
③ 연료공급을 다량으로 했을 때
④ 보일러 용량에 비해 안전밸브 분출용량이 부족할 때

해설 연료공급과 압력초과와는 관련이 없다.

36 보일러의 과열 소손방지 대책이 아닌 것은?

① 보일러수의 순환을 좋게 할 것
② 화염을 국부적으로 집중시키지 말 것
③ 보일러수를 농축시킬 것
④ 보일러 수위를 너무 낮게 하지 말 것

해설 보일러수 농축은 과열의 원인이 된다.

37 보일러를 구성하는 간판이 강한 열을 받아 판 두께의 일부분이 그림과 같이 부풀어 오르는 현상은?

① 라비네이션   ② 블리스터
③ 그루빙   ④ 피팅

해설 블리스터 : 라비네이션 상태에서 화염의 접촉에 의해 부풀어 오르는 현상

38 보일러 사고의 원인 중 구조적 원인에 해당하는 것은?

① 내부부식   ② 압력초과
③ 외부부식   ④ 공작시공 불량

해설 내부부식, 외부부식, 압력초과는 취급상의 원인에 해당된다.

ANSWER 32.② 33.③ 34.④ 35.③ 36.③ 37.② 38.④

39 보일러를 취급할 때 구식(grooving)을 예방하는 대책으로 틀린 것은?

① 증기압력이나 온도의 상하 또는 연소량 변동은 되도록 크게 한다.
② 보일러의 냉각, 냉열 등과 같은 무리한 일을 삼가한다.
③ 정확한 수처리를 하여 부식성 유해물을 제거하고, 스케일을 부착시키지 않는다.
④ 보일러 사용상 구식이 발생하기 쉬운 곳에는 되도록 화염이 직접 닿지 않도록 방호 등의 조치를 취한다.

해설) 구식(grooving) : 증기의 압력, 온도의 변화를 적게 한다.

40 보일러 시공 및 취급상 안전관리의 기본적인 목적으로 가장 적합한 것은?

① 인명의 존중
② 보일러 시공자의 사회복지 증진
③ 보일러 시공능력 향상
④ 보일러 제조기술 향상

해설) 안전관리의 기본 목적은 인명의 존중을 중시한다.

41 보일러 외부부식의 종류에 해당되지 않는 것은?

① 저온부식
② 고온부식
③ 점식
④ 산화부식

해설) 외부부식 : 저온부식, 고온부식, 산화부식이 있다.

42 보일러에서 내부부식의 주요 원인에 해당되지 않는 것은?

① 급수 중에 유지류, 산류, 탄산가스 등의 불순물을 함유하는 경우
② 강재 속에 함유된 유황분이나 인분이 온도상승과 더불어 산화되었을 경우
③ 강재의 수축 표면에 녹이 생겨서 국부적으로 전위차가 발생하여 전류가 흐르는 경우
④ 증기나 보일러수 등의 누출로 인한 습기나 수분에 의한 작용이 발생한 경우

해설) ④항은 외부부식 원인

43 보일러 사용 전의 내부점검에 대한 주의사항으로 틀린 것은?

① 기수분리기, 기타 부품의 부착상황을 확인하고, 이물질이나 공구가 보일러에 남아 있는지 확인한다.
② 수압시험이 끝난 후 보일러 물을 배수시켜 상용수위에 오도록 조정한다.
③ 내부의 공기를 빼고 밸브를 닫아놓은 상태로 급수하고 수위가 내려갈 때 저수위경보기 등이 정확하게 작동하는지 확인한다.
④ 내부에 이상이 없는지 확인하고 맨홀, 청소구 등에 수압시험에 사용한 평판 등이 제거되어 있는지 각 구멍을 점검한 후 뚜껑을 닫고 밀폐시킨다.

해설) 급수밸브를 열어 급수하여 상용수위가 되도록 유지한다.

ANSWER 39.① 40.① 41.③ 42.④ 43.③

44 보일러 내부부식의 한 종류인 점식(pitting)을 유발시키는 성분은?

① 열료 중의 황 성분
② 급수 중의 알칼리 성분
③ 연료 중의 염류
④ 급수 중의 용존산소

해설 점식의 원인 : 용존 산소가 원인이다.

45 보일러 파열사고의 원인과 거리가 먼 것은?

① 과열　　② 부식
③ 고수위　④ 압력초과

해설 저수위시 파열사고원인

46 이상(異狀)소화현상이 발생하는 경우의 원인 설명으로 틀린 것은?

① 오일스트레이너가 막히거나 펌프흡입구에서 급유온도가 저하하는 경우
② 중유의 예열온도가 낮아 압력이 낮아지는 경우
③ 공기량이 적정한 경우
④ 중유의 공급 온도저하와 급격한 연소량의 변동이 있을 경우

해설 공기량이 적당하면 연료가 완전 연소된다.

47 가스배관 계통의 외부누설 유무는 무엇으로 검사하는가?

① 질소　　② 아르곤
③ 비눗물　④ 탄산가스

해설 가스배관 누설검사시 비눗물 사용

48 보일러의 과열방지 대책 중 옳지 않은 것은?

① 보일러수의 순환을 교란시키지 말 것.
② 보일러 내면을 스케일이나 슬러지 등을 부착시켜 보호할 것.
③ 보일러의 수위가 안전저수면 이하가 되지 않도록 할 것.
④ 연소가스의 화염이 세차게 닿지 않도록 할 것.

해설 과열의 원인 : 전열면에 스케일 부착시, 저수위시, 보일러수의 순환불량시

49 보일러 동체 내부에 관석에 의한 영향으로 거리가 먼 것은?

① 물의 순환을 나쁘게 한다.
② 전열면의 국부 과열 현상을 일으킨다.
③ 배기가스 온도가 상승한다.
④ 연료의 소비량이 감소한다.

해설 관석(스케일)생성시에는 연료소비량이 증가한다.

50 보일러 고온부식의 방지대책이 아닌 것은?

① 고온의 전열면에 보호 피막을 씌울 것.
② 중유 중에 포함된 바나듐(V) 성분을 제거할 것.
③ 연소가스의 온도를 바나듐의 융점 이상으로 유지할 것.
④ 첨가제를 사용하여 바나듐의 융점을 높일 것.

해설 연소가스의 온도를 바나듐의 융점이하로 유지할 것.

ANSWER　44.④　45.③　46.③　47.③　48.②　49.④　50.③

51 보일러 내부부식에서 구식(grooving)이 발생하는 경우는?

① 보일러수(관수)가 과도하게 농축되었을 때
② 강판 재료의 표명 성분이 불균일할 때
③ 강판의 신축에 따라 응력이 반복적으로 작용할 때
④ 보일러 급수에 마그네슘 성분이 포함되었을 때

해설 구식 : 응력의 반복작용으로 발생되는 부식

52 보일러 사고 중 취급상의 원인이 아닌 것은?

① 공작시공 및 사용재료의 불량
② 저수위로 인한 보일러의 과열
③ 보일러수의 농축이나 스케일 부착으로 인한 과열
④ 보일러수의 처리불량 등으로 인한 내부 부식

해설 재료 불량의 경우는 취급상의 사고원인이 아니다.

53 다음 중 보일러 연소가스에 의한 폭발이 발생되는 가장 큰 원인은?

① 가스가 불완전 연소할 때
② 물이 지나치게 많은 경우
③ 증기압력이 높을 경우
④ 연소실 내 미연소 가스가 남아 있을 때

해설 역화(연소가스의 폭발)의 원인 : 연소실내에 미연소가스가 차 있을 때.

54 보일러 운전 중 역화방지 대책으로 맞는 것은?

① 실화 시 노내의 여열로 재점화 한다.
② 점화시 공기보다 연료를 먼저 노내에 공급한다.
③ 점화시 댐퍼를 열고 미연소가스를 배출시킨 뒤 점화한다.
④ 연료밸브를 급개하여 많은 양의 연료를 노내에 공급한다.

해설 역화발생원인 : 연소실 내에 미연소가스가 차있을 때 발생한다. 즉, 방지를 위해서는 노내환기를 시켜 미연소가스를 배출 시켜야 한다.

55 가마울림 현상이 연소실에서 발생하였다. 방지 대책 중 틀린 것은?

① 2차 공기의 가열, 통풍에 조절을 개선한다.
② 연소실과 연도를 개조한다.
③ 수분이 많은 연료를 사용한다.
④ 연소실내에서 완전연소 시킨다.

해설 가마울림 현상을 방지하려면 수분이 없는 연료를 사용해야 한다.

56 소화기 종류 중 석유와 같은 유류의 화재에 가장 적합한 소화기 형식은?

① A급 소화기
② B급 소화기
③ C급 소화기
④ D급 소화기

해설 A급 : 보통화재, B급 : 유류, 가스화재
C급 : 전기화재, D급 : 금속화재

ANSWER 51.③ 52.① 53.④ 54.③ 55.③ 56.②

57 점화 후 보일러를 급격히 가열하면 좋지 못하다. 그 주된 이유는?

① 연료가 많이 든다.
② 이음부의 파손이나 누설 위험이 발생한다.
③ 증기의 질이 좋지 못하다.
④ 보일러 폭발의 위험이 있다.

해설 점화 후 급격이 가열하면 이음부 파손, 노벽 손상 등의 원인이 발생한다.

58 보일러의 수위가 낮으면 어떠한 현상이 발생하는가?

① 보일러가 과열된다.
② 습증기가 과다하게 발생한다.
③ 증기 압력이 낮아진다.
④ 안전장치가 작동되지 않는다.

해설 저수위시에는 보일러 과열의 원인이 된다.

59 보일러에서 반복적인 응력을 받아 부분적인 균열이 쉽게 발생할 수 있는 중요 부분이 아닌 것은?

① 이음 부분
② 전열면 부분
③ 스테이 부착 부분
④ 리벳 구멍 부분

해설 응력에 의해 균열이 발생할 수 있는 부분은 이음부분, 스테이 부착부분, 리벳 구멍 부분이다.

60 안전사고 발생의 원인에서 인간의 정신적인 원인에 해당되지 않는 것은?

① 불안   ② 부적절한 판단
③ 피로   ④ 감정

해설 피로는 인간의 육체적 원인

61 다음 중 연천인율을 구하는 식은?

① (재해자수 ÷ 연평균 근로자수) ×1,000
② (근로손실일수 ÷ 연평균 근로자수) ×1,000
③ (재해발생건수 ÷ 연평균 총시간수) ×1,000
④ (근로총 손실일수 ÷ 연근로 총시간수) ×1,000

해설 연천인율 : 연 근로자 1,000명당 발생하는 재해로 인한 재해자 수
연천인율 = $\dfrac{\text{재해자수}}{\text{연평균 근로자수}} \times 1,000$

62 사업장에서 안전사고 발생시 안전사고를 조사하는 목적은?

① 안전사고를 분석자료로 물적 증거를 수집하기 위함이다.
② 사고의 원인을 파악하여 책임을 규명하기 위함이다.
③ 불안전한 행동과 상태의 사실을 알고 시정책을 강구하기 위함이다.
④ 관계자들의 활동을 조사하여 상·벌을 주기 위함이다.

63 렌치 사용 중 적합하지 않은 것은?

① 너트에 맞는 것을 사용
② 해머 대용으로 사용하지 말 것.
③ 렌치를 몸밖으로 밀어 움직이게 할 것.
④ 파이프 렌치를 사용할 때에는 정지장치를 확실히 할 것.

해설 렌치(wrench)는 몸 안쪽으로 밀어 움직이게 하여야 한다.

ANSWER 57.② 58.① 59.② 60.③ 61.① 62.③ 63.③

64 보호구 사용시 주의사항으로 맞지 않는 것은?

① 인화성 물질이 많이 묻어 있는 작업복을 입지 말 것.
② 고열물이 튀는 곳에서는 피부의 노출을 적게하고 목부분은 노출할 것.
③ 화상을 방지하기 위해서는 필요한 보호구를 반드시 착용할 것.
④ 전기용접 작업시 헬멧을 쓸 것.

해설 고열물이 튀는 곳에서는 피부의 노출을 적게 하고 목부분을 보호할 것.

65 연료 가스의 폭발을 방지하기 위한 안전사항 중 옳은 것은?

① 방폭문을 부착한다.
② 연료를 가열한다.
③ 스케일을 제거한다.
④ 배관을 굵게 한다.

해설 보일러 노내압의 이상 상승, 미연소 가스 등의 폭발에 대비하여 보일러 후부측에 방폭문(폭발구)을 설치하여 폭발 가스를 방출시킨다.

66 다음 중 장갑을 끼어도 되는 작업은?

① 전기 용접
② 해머 작업
③ 선반 작업
④ 줄 작업

해설 용접 작업시에는 장갑을 끼고 작업한다.

67 소화기를 두어야 할 곳으로 적당치 않은 것은?

① 인화물질이 있는 바로 옆
② 사람 왕래가 없는 구석
③ 눈에 잘 띄는 곳
④ 방화물을 놔두는 곳

해설 소화기의 배치는 사람의 왕래가 많고 눈에 잘 띄며 화재 발생우려가 있는 곳에 배치한다.

Answer 64.② 65.① 66.① 67.②

CHAPTER 03 에너지 관련 법규

3-1 에너지기본법

1. 목 적

안정적이고 효율적이며 환경친화적인 에너지수급구조를 실현하기 위한 에너지정책 및 에너지 관련 계획의 수립·시행에 관한 기본적인 사항을 정함으로써 국민경제의 지속가능한 발전과 국민의 복리향상에 이바지함

2. 정 의

① **에너지** : 연료·열·전기
② **연료** : 석유·가스·석탄 그 밖에 열을 발생하는 열원을 말함(다만, 제품의 원료로 사용되는 것은 제외)
③ **신·재생에너지** : 「신에너지 및 재생에너지 개발·이용·보급 촉진법」 제2조 제1호에 따른 에너지

> ❖ **신에너지 및 재생에너지 개발·이용·보급 촉진법」 제2조 제1호**
> 1. 신·재생에너지 : 기존의 화석연료를 변환시켜 이용하거나 햇빛·물·지열(地熱)·강수(降水)·생물유기체 등을 포함하는 재생 가능한 에너지를 변환시켜 이용하는 에너지
>   가. 태양에너지
>   나. 생물자원을 변환시켜 이용하는 바이오에너지로서 대통령령으로 정하는 기준 및 범위에 해당하는 에너지
>   다. 풍력
>   라. 수력

마. 연료전지
바. 석탄을 액화·가스화한 에너지 및 중질잔사유(重質殘渣油)를 가스화한 에너지로서 대통령령으로 정하는 기준 및 범위에 해당하는 에너지
사. 해양에너지
아. 대통령령으로 정하는 기준 및 범위에 해당하는 폐기물에너지
자. 지열에너지
차. 수소에너지
카. 그 밖에 석유·석탄·원자력 또는 천연가스가 아닌 에너지로서 대통령령으로 정하는 에너지

④ **에너지사용시설** : 에너지를 사용하는 공장·사업장 등의 시설이나 에너지를 전환하여 사용하는 시설
⑤ **에너지사용자** : 에너지사용시설의 소유자 또는 관리자
⑥ **에너지공급설비** : 에너지를 생산·전환·수송·저장하기 위하여 설치하는 설비
⑦ **에너지공급자** : 에너지를 생산·수입·전환·수송·저장 또는 판매하는 사업자
⑧ **에너지사용기자재** : 열사용기자재 그 밖에 에너지를 사용하는 기자재
⑨ **열사용기자재** : 연료 및 열을 사용하는 기기, 축열식 전기기기와 단열성자재로서 산업통상자원부령이 정하는 것
⑩ **온실가스** : 「저탄소 녹색성장 기본법」 제2조 제9호에 따른 온실가스 즉 적외선복사열을 흡수하거나 재방출하여 온실효과를 유발하는 대기 중의 가스상태의 물질로서 이산화탄소(CO_2)·메탄(CH_4)·아산화질소(N_2O)·수소불화탄소($HFCs$)·과불화탄소($PFCs$) 또는 육불화황(SF_6)을 말함, 온실가스 감축목표는 2020년 배출전망치 대비 100분의 30이다.

❖ **저탄소 녹색성장 기본법**
제1조(목적) 경제와 환경의 조화로운 발전을 위하여 저탄소(低炭素) 녹색성장에 필요한 기반을 조성하고 녹색기술과 녹색산업을 새로운 성장동력으로 활용함으로써 국민경제의 발전을 도모하며 저탄소 사회 구현을 통하여 국민의 삶의 질을 높이고 국제사회에서 책임을 다하는 성숙한 선진 일류국가로 도약하는 데 이바지함을 목적
제2조(용어정의)
 1. 저탄소 : 화석연료(化石燃料)에 대한 의존도를 낮추고 청정에너지의 사용 및 보급을 확대하며 녹색기술 연구개발, 탄소흡수원 확충 등을 통하여 온실가스를 적정수준 이하로 줄이는 것
 2. 녹색성장 : 에너지와 자원을 절약하고 효율적으로 사용하여 기후변화와 환경훼손을 줄이고 청정에너지와 녹색기술의 연구개발을 통하여 새로운 성장동력을 확보하며 새로운 일자리를 창출해 나가는 등 경제와 환경이 조화를 이루는 성장을 말함
 3. 지구온난화 : 사람의 활동에 수반하여 발생하는 온실가스가 대기 중에 축적되어 온실가스 농도를 증가시킴으로써 지구 전체적으로 지표 및 대기의 온도가 추가적으로 상승하는 현상
 4. 에너지 자립도 : 국내 총 소비 에너지량에 대하여 신·재생에너지 등 국내 생산에너지량 및 우리나라가 국외에서 개발(지분 취득 포함)한 에너지량을 합한 양이 차지하는 비율

3. 국가 등의 책무

① 국가 : 이 법의 목적을 실현하기 위한 종합적인 시책을 수립·시행
② 지방자치단체 : 지역 에너지 시책을 수립·시행(지역에너지시책의 수립·시행에 관하여 필요한 사항은 당해 지방자치단체의 조례로 정할 수 있음)
③ 에너지공급자 및 에너지사용자 : 국가 및 지방자치단체의 에너지시책에 적극 참여하고 협력, 에너지의 생산·전환·수송·저장·이용 등의 안전성·효율성 및 환경친화성을 극대화하도록 노력
④ 국민 : 일상생활에서 국가와 지방자치단체의 에너지시책에 적극 참여하고 협력하여야 하며, 에너지를 합리적이고 환경 친화적으로 사용하도록 노력
⑤ 국가, 지방자치단체 및 에너지공급자는 빈곤층 등 모든 국민에게 에너지가 보편적으로 공급되도록 기여하여야 함.

4. 에너지기본계획의 수립

① 정부는 에너지정책의 기본원칙에 따라 20년을 계획기간으로 하는 에너지기본계획을 5년마다 수립·시행
② 에너지기본계획을 수립하거나 변경하는 경우에는 「에너지법」제9조에 따른 에너지위원회의 심의를 거친 다음 위원회와 국무회의의 심의를 거쳐야 한다. 다만, 대통령령으로 정하는 경미한 사항을 변경하는 경우에는 그러하지 아니하다.

> ❖ **에너지위원회의 구성 및 운영(에너지법」제9조)**
> ① 정부는 주요 에너지정책 및 에너지 관련 계획에 관한 사항을 심의하기 위하여 산업통상자원부장관 소속으로 에너지위원회(위원회)를 둔다.
> ② 위원회는 위원장 1명을 포함한 25명 이내의 위원으로 구성하고, 위원은 당연직위원과 위촉위원으로 구성
> ③ 에너지위원회 위원장은 산업통상자원부장관
> ④ 당연직위원은 관계 중앙행정기관의 차관급 공무원 중 대통령령으로 정하는 사람
> ⑤ 위촉위원은 에너지 분야에 관한 학식과 경험이 풍부한 사람 중에서 산업통상자원부장관이 위촉하는 사람이 된다. 이 경우 위촉위원에는 대통령령으로 정하는 바에 따라 에너지 관련 시민단체에서 추천한 사람이 5명 이상 포함되어야 한다.
> ⑥ 에너지위원회 위원의 임기는 2년(연임가능)
> ⑦ 위원회의 회의에 부칠 안건을 검토하거나 위원회가 위임한 안건을 조사·연구하기 위하여 분야별 전문위원회를 둘 수 있다.
> ⑧ 그 밖에 위원회 및 전문위원회의 구성·운영 등에 관하여 필요한 사항은 대통령령으로 정한다.

③ 에너지기본계획 포함사항
　㉠ 국내외 에너지 수요와 공급의 추이 및 전망에 관한 사항
　㉡ 에너지의 안정적 확보, 도입·공급 및 관리를 위한 대책에 관한 사항
　㉢ 에너지 수요 목표, 에너지원 구성, 에너지 절약 및 에너지 이용효율 향상에 관한 사항
　㉣ 신·재생에너지 등 환경 친화적 에너지의 공급 및 사용을 위한 대책에 관한 사항
　㉤ 에너지 안전관리를 위한 대책에 관한 사항
　㉥ 에너지 관련 기술개발 및 보급, 전문인력 양성, 국제협력, 부존 에너지자원 개발 및 이용, 에너지 복지 등에 관한 사항

5. 지역에너지계획의 수립

① 특별시장·광역시장·도지사 또는 특별자치도지사(시·도지사)는 관할 구역의 지역적 특성을 고려하여 에너지기본계획의 효율적인 달성과 지역경제의 발전을 위한 지역에너지계획(지역계획)을 5년마다 5년 이상을 계획기간으로 하여 수립·시행
② **지역에너지계획에 포함될 사항**
　㉠ 에너지 수급의 추이와 전망에 관한 사항
　㉡ 에너지의 안정적 공급을 위한 대책에 관한 사항
　㉢ 신·재생에너지 등 환경 친화적 에너지 사용을 위한 대책에 관한 사항
　㉣ 에너지 사용의 합리화와 이를 통한 온실가스의 배출감소를 위한 대책에 관한 사항
　㉤ 「집단에너지사업법」에 따라 집단에너지공급대상지역으로 지정된 지역의 경우 그 지역의 집단에너지 공급을 위한 대책에 관한 사항
　㉥ 미활용 에너지원의 개발·사용을 위한 대책에 관한 사항
　㉦ 그 밖에 에너지시책 및 관련 사업을 위하여 시·도지사가 필요하다고 인정하는 사항
③ 시·도지사가 지역계획을 수립, 변경한 경우에는 이를 산업통상자원부장관에게 제출

6. 비상시 에너지수급계획의 수립 등

① 산업통상자원부장관은 에너지수급에 중대한 차질이 발생할 경우에 대비하여 비상시 에너지수급계획(비상계획)을 수립
② 비상계획수립, 변경 시 에너지위원회의 심의를 거쳐 확정
③ **비상계획에 포함될 사항**
　㉠ 국내·외 에너지수급의 추이와 전망에 관한 사항

　　　　ⓛ 비상시 에너지소비절감을 위한 대책에 관한 사항
　　　　ⓒ 비상시 비축에너지의 활용에 관한 대책에 관한 사항
　　　　② 비상시 에너지의 할당·배급 등 수급조정에 관한 대책에 관한 사항
　　　　⑩ 비상시 에너지수급안정을 위한 국제협력에 관한 대책에 관한 사항
　　　　ⓑ 비상계획의 효율적 시행을 위한 행정계획에 관한 사항
　　④ 산업통상자원부장관은 국내외 에너지 사정의 변동에 따른 에너지의 수급 차질에 대비하기 위하여 에너지 사용을 제한하는 등 관계 법령에서 정하는 바에 따라 필요한 조치를 할 수 있다.

7. 에너지 위원회의 기능

① 에너지기본계획의 수립·변경의 사전심의에 관한 사항
② 비상계획에 관한 사항
③ 국내외 에너지개발에 관한 사항
④ 에너지와 관련된 교통 또는 물류에 관련된 계획에 관한 사항
⑤ 주요 에너지정책 및 에너지사업의 조정에 관한 사항
⑥ 에너지와 관련된 사회적 갈등의 예방 및 해소 방안에 관한 사항
⑦ 에너지에 관련된 예산의 효율적 사용 등에 관한 사항
⑧ 원자력발전정책에 관한 사항
⑨ 「기후변화에 관한 국제연합 기본협약」에 대한 대책 중 에너지에 관한 사항

❖ 위원회 심의사항
① 중장기 에너지절약기본계획 및 연차별 추진계획
② 부처별 에너지절약추진계획의 종합, 조정 및 추진상황점검
③ 에너지절약에 관한 법령 및 제도의 정비, 개선 등에 관한 사항
④ 기타 에너지절약과 관련되는 사항으로서 위원장이 부의하는 사항

8. 에너지기술개발계획

① 정부 : 에너지 관련 기술의 개발과 보급을 촉진하기 위하여 10년 이상을 계획기간으로 하는 에너지기술개발계획(에너지기술개발계획)을 5년마다 수립하고, 이에 따른 연차별 실행계획을 수립·시행
② 에너지기술개발계획은 대통령령이 정하는 바에 따라 관계 중앙행정기관의 장의 협의와 국가과학기술위원회의 심의를 거쳐서 수립

③ 에너지기술개발계획 포함사항
  ㉠ 에너지의 효율적 사용을 위한 기술개발에 관한 사항
  ㉡ 신·재생에너지 등 환경 친화적 에너지에 관련된 기술개발에 관한 사항
  ㉢ 에너지 사용에 따른 환경오염 저감을 위한 기술개발에 관한 사항
  ㉣ 온실가스 배출을 줄이기 위한 기술개발에 관한 사항
  ㉤ 개발된 에너지기술의 실용화의 촉진에 관한 사항
  ㉥ 국제에너지기술협력의 촉진에 관한 사항
  ㉦ 에너지기술에 관련된 인력·정보·시설 등 기술개발자원의 확대 및 효율적 활용에 관한 사항

9. 에너지기술개발

관계 중앙행정기관의 장은 에너지기술개발을 효율적으로 추진하기 위하여 대통령령이 정하는 바에 따라 다음 각 호의 어느 하나에 해당하는 자로 하여금 에너지기술개발을 하게 할 수 있다.

① 공공기관
② 국·공립 연구기관
③ 특정연구기관
④ 전문생산기술연구소
⑤ 부품·소재기술개발전문기업
⑥ 정부출연 연구기관
⑦ 과학기술분야 정부출연 연구기관
⑧ 연구 개발업을 전문으로 하는 기업
⑨ 대학·산업대학·전문대학
⑩ 산업기술연구조합
⑪ 기업부설연구소

10. 한국 에너지기술 평가원의 설립

① 평가원의 사업 내용
  ㉠ 에너지기술개발사업의 기획, 평가 및 관리
  ㉡ 에너지기술 분야 전문 인력 양성사업의 지원
  ㉢ 에너지기술 분야의 국제협력 및 국제 공동연구사업의 지원
  ㉣ 그 밖에 에너지기술 개발과 관련하여 대통령령으로 정하는 사업
② 평가원의 운영 및 감독 등에 필요한 사항은 대통령령으로 정한다.

11. 에너지기술개발사업비

① 관계 중앙행정기관의 장은 에너지기술개발사업을 종합적이고 효율적으로 추진하기 위하여 연차별 실행계획의 시행에 필요한 에너지기술개발사업비를 조성할 수 있다.
② 에너지기술개발사업비는 정부 또는 에너지 관련 사업자 등의 출연금, 융자금, 그 밖에 대통령령으로 정하는 재원(財源)으로 조성한다.
③ 관계 중앙행정기관의 장은 평가원으로 하여금 에너지기술개발사업비의 조성 및 관리에 관한 업무를 담당하게 할 수 있다.
④ 에너지기술개발사업비로 사용할 수 있는 사업
　㉠ 에너지기술의 연구·개발에 관한 사항
　㉡ 에너지기술의 수요 조사에 관한 사항
　㉢ 에너지사용기자재와 에너지공급설비 및 그 부품에 관한 기술개발에 관한 사항
　㉣ 에너지기술 개발 성과의 보급 및 홍보에 관한 사항
　㉤ 에너지기술에 관한 국제협력에 관한 사항
　㉥ 에너지에 관한 연구인력 양성에 관한 사항
　㉦ 에너지 사용에 따른 대기오염을 줄이기 위한 기술개발에 관한 사항
　㉧ 온실가스 배출을 줄이기 위한 기술개발에 관한 사항
　㉨ 에너지기술에 관한 정보의 수집·분석 및 제공과 이와 관련된 학술활동에 관한 사항
　㉩ 평가원의 에너지기술개발사업 관리에 관한 사항

> ❖ **에너지 관련 통계 및 에너지 총 조사**
> ① 에너지수급에 관한 통계를 작성하는 경우에는 산업통상자원부령이 정하는 에너지열량환산기준을 적용하여야 한다.
> ② 산업통상자원부장관은 온실가스 총배출량 통계를 산업통상자원부장관이 관계 중앙행정기관의 장과 협의하여 정한 세부절차에 따라 작성·관리하고, 필요한 경우 관계 중앙행정기관에 대하여 부문별 통계자료의 제출을 요구할 수 있다.
> ③ 에너지 총 조사는 3년마다 실시하되, 산업통상자원부장관이 필요하다고 인정하는 때에는 간이조사를 실시할 수 있다.
> ❖ **에너지열량환산기준** : 에너지열량환산기준은 5년마다 작성하되, 산업통상자원부장관이 필요하다고 인정하는 때에는 수시로 작성할 수 있다.

12. 국회보고

① 정부는 매년 주요 에너지정책의 집행 경과 및 결과를 국회에 보고

② 국회보고사항
  ㉠ 국내외 에너지 수급의 추이와 전망에 관한 사항
  ㉡ 에너지·자원의 확보, 도입, 공급, 관리를 위한 대책의 추진 현황 및 계획에 관한 사항
  ㉢ 에너지 수요관리 추진 현황 및 계획에 관한 사항
  ㉣ 환경 친화적인 에너지의 공급·사용 대책의 추진 현황 및 계획에 관한 사항
  ㉤ 온실가스 배출 현황과 온실가스 감축을 위한 대책의 추진 현황 및 계획에 관한 사항
  ㉥ 에너지정책의 국제협력 등에 관한 사항의 추진 현황 및 계획에 관한 사항
  ㉦ 그 밖에 주요 에너지정책의 추진에 관한 사항
③ 제1항에 따른 보고에 필요한 사항은 대통령령으로 정한다.

3-2 에너지이용 합리화법

1. 총칙

(1) 목 적

① 에너지의 수급안정.
② 에너지의 합리적이고, 효율적인 이용 증진.
③ 에너지 소비로 인한 환경피해를 줄임.
④ 지구온난화의 최소화에 이바지함
⑤ 국민경제의 건전한 발전 및 국민복지의 증진에 이바지함

(2) 정부와 에너지 사용자·공급자 등의 책무

① 정부 : 에너지의 수급안정과 합리적이고 효율적인 이용을 도모하고 이를 통한 온실가스의 배출을 줄이기 위한 기본적이고 종합적인 시책을 강구하고 시행할 책무
② 지방자치단체 : 관할 지역의 특성을 고려하여 국가에너지정책의 효과적인 수행과 지역경제의 발전을 도모하기 위한 지역에너지시책을 강구하고 시행할 책무
③ 에너지 사용자와 에너지공급자 : 국가나 지방자치단체의 에너지시책에 적극 참여하고 협력하여야 하며, 에너지의 생산·전환·수송·저장·이용 등에서 그 효율을 극대화하고 온실가스의 배출을 줄이도록 노력
④ 에너지 사용기자재와 에너지 공급설비를 생산하는 제조업자 : 그 기자재와 설비의 에너지 효율을 높이고 온실가스의 배출을 줄이기 위한 기술의 개발과 도입을 위하여 노력

⑤ 국민 : 일상 생활에서 에너지를 합리적으로 이용하여 온실가스의 배출을 줄이도록 노력

2. 에너지이용 합리화를 위한 계획 및 조치 등

(1) 에너지이용 합리화 기본계획

산업통상자원부장관이 매 5년마다 수립하며 기본계획은 다음과 같다.

기본계획에 포함될 사항
① 에너지절약형 경제 구조로의 전환
② 에너지이용효율의 증대
③ 에너지이용합리화를 위한 기술개발
④ 에너지이용합리화를 위한 홍보 및 교육
⑤ 에너지원간 대체
⑥ 열사용기자재의 안전관리
⑦ 에너지이용합리화를 위한 가격 예시제의 시행에 관한사항
⑧ 에너지의 합리적인 이용을 통한 온실가스의 배출을 줄이기 위한 대책
⑨ 기타 에너지이용합리화의 추진에 필요한 사항

❖ 산업통상자원부장관은 대통령령에 의한 에너지 총 조사를 통계법에 따라 3년마다 실시하며, 필요하다고 인정할 때에는 수시로 간이 조사를 실시할 수 있다.

(2) 에너지이용합리화 실시계획

관계행정기관의 장과 시·도지사는 실시계획을 매년 수립하여야 하며, 그 계획을 당해 연도 1월 31일까지, 그 시행결과를 다음 연도 2월말까지 각각 산업통상자원부장관에게 제출하여야 한다.

(3) 국가에너지 절약추진위원회

1) 에너지절약 정책의 수립 및 추진에 관한 다음 각 호의 사항을 심의하기 위하여 산업통상자원부장관 소속으로 국가에너지절약추진위원회(이하 "위원회"라 한다)를 둔다.

2) 국가에너지절약추진위원회의 위원장은 산업통상자원부장관이 되며, 위원은 위원장을 포함하여 25명 이내로 한다.
① 국가에너지절약추진위원회(위원회)의 위원은 다음 각 호의 사람으로 한다. 이 경우 복수차관이 있는 기관은 해당 기관의 장이 지정하는 차관으로 한다.

1. 기획재정부차관
2. 교육부차관
3. 안전행정부차관
4. 농림축산부차관
5. 산업통상자원부차관
6. 환경부차관
7. 국토교통부차관
8. 국무총리실 국무차장
9. 에너지관리공단 이사장
10. 한국전력공사 사장
11. 한국가스공사 사장
12. 한국지역난방공사 사장
13. 그 밖에 에너지절약사업을 효율적으로 추진하기 위하여 위원장이 위촉하는 사람

② 위원장이 위촉하는 위원의 임기는 3년으로 한다.
③ 위원회의 위원장은 위원회를 대표하고, 위원회의 사무를 총괄한다.
④ 위원장이 부득이한 사유로 직무를 수행할 수 없을 때에는 위원장이 미리 지명하는 위원이 그 직무를 대행한다.
⑤ 위원장은 위원회의 회의를 소집하고, 그 의장이 된다.
⑥ 위원회의 회의는 재적위원 과반수의 출석으로 개의하고, 출석위원 과반수의 찬성으로 의결한다.

❖ **위원회의 기능**
국가에너지절약추진위원회 심의사항
1. 기본계획의 수립에 관한 사항
2. 실시계획의 종합·조정 및 추진상황 점검
3. 국가·지방자치단체 등의 에너지이용 효율화조치 등에 관한 사항
4. 에너지절약에 관한 법령 및 제도의 정비·개선 등에 관한 사항
5. 그 밖에 에너지절약과 관련되는 사항으로서 위원장이 회의에 부치는 사항

3) 국가에너지절약추진위원회의 구성과 운영 등에 관한 사항은 대통령령으로 정한다.

4) **실무위원회**

① 위원회의 심의에 앞서 위원회에 상정할 의안을 사전에 심의·조정하고, 위원회로부터 지시받은 사항을 처리하기 위하여 위원회에 국가에너지 절약 추진 실무위원회를 둔다.

② 실무위원회는 위원장 1명을 포함한 25명 이내의 위원으로 구성한다.
③ 실무위원회의 위원장은 산업통상자원부 제2차관이 되고, 위원은 다음 각 호의 사람으로 한다.

(4) 수급안정을 위한 조치

산업통상자원부장관은 국내외 에너지사정의 변동에 따른 에너지의 수급차질에 대비하기 위하여 대통령령이 정하는 주요 에너지사용자와 에너지공급자에게 에너지저장시설을 보유하고 에너지를 저장하도록 의무를 부과한다.(위반시 2년 이하 징역, 2천만원 이하 벌금형)

1) 산업통상자원부장관이 에너지저장의무를 부과할 수 있는 대상자
① 전기사업법에 따른 전기사업자
② 도시가스사업법에 따른 도시가스사업자
③ 석탄산업법에 따른 석탄가공업자
④ 집단에너지사업법에 따른 집단에너지사업자
⑤ 연간 2만 석유환산톤 이상의 에너지를 사용하는 자

2) 산업통상자원부장관은 에너지저장의무를 부과할 때에는 다음 각 호의 사항을 정하여 고시
① 대상자
② 저장시설의 종류 및 규모
③ 저장하여야 할 에너지의 종류 및 저장 의무량
④ 그 밖에 필요한 사항

❖ 수급안정을 위한 조정·명령 기타 필요한 조치 사항
① 지역별. 주요 수급자별 에너지할당
② 에너지공급설비의 가동 및 조업
③ 에너지의 비축과 저장
④ 에너지의 도입·수출입 및 위탁가공
⑤ 에너지공급자 상호간의 에너지의 교환 또는 분배사용
⑥ 에너지의 유통시설과 그 사용 및 유통경로
⑦ 에너지의 배급
⑧ 에너지의 양도·양수의 제한 또는 금지
⑨ 에너지사용의 시기·방법 및 에너지사용기자재의 사용 제한 또는 금지 등 대통령령으로 정하는 사항
⑩ 기타 에너지수급의 안정을 위하여 대통령이 정하는 사항

❖ 산업통상자원부장관은 규정에 의한 조치의 시행을 위하여 관계행정기관의 장 또는 지방자치단체의 장에게 필요한 협조를 요청할 수 있으며, 협조해야 한다.
❖ 산업통상자원부장관은 사유가 소멸되었다고 인정할 때에는 지체없이 이를 해제하여야 한다.

(5) 국가·지방자치단체 등의 에너지이용 효율화조치 등

① 다음 각 호의 자는 이 법의 목적에 따라 에너지를 효율적으로 이용하고 온실가스 배출을 줄이기 위하여 필요한 조치를 추진하여야 한다.
  1. 국가
  2. 지방자치단체
  3. 「공공기관의 운영에 관한 법률」 제4조제1항에 따른 공공기관
② 제1항에 따라 국가·지방자치단체 등이 추진하여야 하는 에너지의 효율적 이용과 온실가스의 배출 저감을 위하여 필요한 조치의 구체적인 내용은 대통령령으로 정한다.

(6) 에너지사용 계획의 협의

1) 도시개발사업이나 산업단지개발사업 등 대통령령으로 정하는 일정규모 이상의 에너지를 사용하는 사업을 실시하거나 시설을 설치하려는 자(사업주관자)는 그 사업의 실시와 시설의 설치로 에너지수급에 미칠 영향과 에너지소비로 인한 온실가스(이산화탄소만을 말한다)의 배출에 미칠 영향을 분석하고, 소요에너지의 공급계획 및 에너지의 합리적 사용과 그 평가에 관한 계획(에너지사용계획)을 수립하여, 그 사업의 실시 또는 시설의 설치 전에 산업통상자원부장관에게 제출하여야 한다.
  ① **공공사업주관자** : 국가기관·지방자치단체·정부투자기관·정부출자기관 등
    ㉠ 연간 2,500[TOE] 이상의 연료 및 열을 사용하는 시설
    ㉡ 연간 1,000만[kwh] 이상의 전력을 사용하는 시설
  ② **민간사업주관자** : 공공사업주관자 이외의 자로서 공장·사업장 등에서 에너지를 사용하는 사업을 실시하거나 시설을 설치하고자 하는 자
    ㉠ 연간 5,000[TOE] 이상의 연료 및 열을 사용하는 시설
    ㉡ 연간 2,000만[kwh] 이상의 전력을 사용하는 시설의 협의대상 사업

❖ 에너지사용 계획을 수립하여 산업통상자원부장관에게 제출하여야 하는 사업주관자
  ① 도시개발사업
  ② 산업단지 개발사업
  ③ 에너지개발사업
  ④ 항만건설사업
  ⑤ 철도건설사업

⑥ 공항건설사업
⑦ 관광단지개발사업
⑧ 개발촉진지구개발사업 또는 지역종합개발사업

산업통상자원부장관은 에너지사용 계획을 제출받은 경우에는 그날부터 30일 이내에 공공사업주관자에게는 그 협의 결과를, 민간사업주관자에게는 그 의견청취 결과를 통보하여야 한다. 다만, 산업통상자원부장관이 필요하다고 인정할 때에는 20일의 범위에서 통보를 연장할 수 있다.

❖ **대통령령으로 정하는 일정규모 이상의 에너지를 사용하는 자(에너지사용 기준량)**
연료 및 열 전력의 연간사용량의 합계가 2,000[TOE] 이상인 자

2) 에너지사용계획 내용

① 사업의 개요
② 에너지수요예측 및 공급계획
③ 에너지 수급에 미치게 될 영향 분석
④ 에너지 소비가 온실가스(이산화탄소만 해당한다)의 배출에 미치게 될 영향 분석
⑤ 에너지이용효율 향상방안
⑥ 에너지이용의 합리화를 통한 온실가스(이산화탄소만 해당한다)의 배출감소 방안
⑦ 사후관리계획
⑧ 그 밖에 에너지이용 효율 향상을 위하여 필요하다고 산업통상자원부장관이 정하는 사항

❖ **대통령령으로 정한 사항을 변경하려는 경우**
공공사업주관자의 경우에는 그 에너지사용계획의 변경 사항에 관하여 산업통상자원부장관에게 협의를 요청하여야 한다.
1. 토지나 건축물의 면적 또는 시설의 변경으로 인하여 에너지사용계획의 에너지사용량이 100분의 10 이상 증가되는 경우
2. 집단에너지 공급계획의 변경, 냉난방 방식의 변경, 그 밖에 에너지사용계획에 큰 변동을 가져오는 사항으로서 산업통상자원부장관이 정하여 고시하는 사항이 변경되는 경우
3. 에너지사용계획. 수립 대행자의 지정(→산업통상자원부장관)
   ① 국공립연구기관
   ② 정부출연연구기관
   ③ 대학부설 에너지관계연구소
   ④ 엔지니어링 기술진흥법에 의한 엔지니어링 활동 주체 또는 기술사법에 의한 기술사 사무소를 개설 등록한 기술사
   ⑤ 에너지절약 전문기업
   ⑥ 기타 산업통상자원부장관이 에너지사용계획의 수립을 할 수 있다고 인정하는 자

❖ 산업통상자원부장관은 대행자로 지정을 받은 자의 소속 기술요원에 대하여 에너지관리에 관한 교육을 받게 할 수 있다.

3) 에너지사용계획의 검토기준
① 에너지의 수급 및 이용합리화측면에서의 당해 사업의 실시 또는 시설 설치의 타당성
② 부문별·용도별 에너지수요의 적정성
③ 연료·열 및 전기의 공급체계·공급원 선택과 관련시설 건설계획의 적정성
④ 해당 사업에 있어서 용지의 이용 및 시설의 배치에 관한 효율화 방안의 적정성
⑤ 고효율 에너지이용 시스템 및 설비 설치의 적절성
⑥ 에너지이용의 합리화를 통한 이산화탄소 배출감소방안의 적정성
⑦ 폐열의 회수·활용 및 폐기물 에너지이용계획의 적정성
⑧ 대체 에너지이용계획의 적정성
⑨ 사후 에너지관리계획의 적정성

❖ 검토기준에 구체적인 내용은 산업통상자원부장관이 정한다.

4) 이행계획에 포함될 사항
① 에너지사용계획의 조정 또는 보완의 조치내용
② 이행주체
③ 이행방법
④ 이행시기

5) 에너지사용계획의 사후관리
공공사업주관자는 에너지사용계획에 대한 협의 절차가 완료된 때에는 그 에너지사용계획 및 이행계획 중 당해 사업 또는 시설의 실시설계서에 반영된 내용을 그 실시설계서의 확정 후 14일 이내에 산업통상자원부장관에게 제출

(7) 금융, 세제상의 지원
정부는 에너지이용을 합리화하고 이를 통하여 온실가스의 배출을 줄이기 위하여 대통령령으로 정하는 에너지절약형 시설투자, 에너지절약형 기자재의 제조·설치·시공, 그 밖에 에너지이용 합리화와 이를 통한 온실가스배출의 감축에 관한 사업에 대하여 금융·세제상의 지원 또는 보조금의 지급, 그 밖에 필요한 지원을 할 수 있다.

1) 에너지절약형 시설투자

① 노후된 보일러 및 산업용 요로 등 에너지다소비 설비의 대체
② 집단에너지사업, 열병합발전사업, 폐열이용사업과 대체연료 사용을 위한 시설 및 기기류의 설치
③ 그 밖에 에너지절약 효과 및 보급 필요성이 있다고 산업통상자원부장관이 인정하는 에너지절약형 시설투자, 에너지절약형 기자재의 제조·설치·시공

2) 에너지이용 합리화와 이를 통한 온실가스배출의 감축에 관한 사업(산업통상자원부장관이 인정하는 사업)

① 에너지원의 연구개발 사업
② 에너지이용 합리화 및 이를 통하여 온실가스배출을 줄이기 위한 에너지절약시설 설치 및 에너지기술개발 사업
③ 기술용역 및 기술지도 사업
④ 에너지 분야에 관한 신기술·지식집약형 기업의 발굴·육성을 위한 지원사업 기타 에너지이용합리화에 관한 사업

3. 에너지이용 합리화시책

(1) 에너지사용기자재 관련 시책

1) 효율관리기자재의 지정

산업통상자원부장관은 에너지이용 합리화를 위하여 필요하다고 인정하는 경우에는 일반적으로 널리 보급되어 있고 상당량의 에너지를 소비하는 에너지사용기자재로서 산업통상자원부령으로 정하는 기자재(효율관리기자재)에 대하여 다음 각 호의 사항을 정하여 고시

① 에너지의 목표소비효율 또는 목표사용량의 기준
② 에너지의 최저소비효율 또는 최대사용량의 기준
③ 에너지의 소비효율 또는 사용량의 표시
④ 에너지의 소비효율 등급기준 및 등급표시
⑤ 에너지의 소비효율 또는 사용량의 측정방법
⑥ 그 밖에 효율관리기자재의 관리에 필요한 사항으로서 산업통상자원부령으로 정하는 사항

❖ **효율관리기자재**
① 전기냉장고
② 전기냉방기
③ 전기세탁기
④ 조명기기
⑤ 삼상유도전동기
⑥ 자동차
⑦ 그 밖에 산업통상자원부장관이 그 효율의 향상이 특히 필요하다고 인정하여 고시하는 기자재 및 설비

2) 효율관리기자재의 제조업자 또는 수입업자는 산업통상자원부장관이 지정하는 시험기관(효율관리시험기관)에서 해당 효율관리기자재의 에너지 사용량을 측정 받아 에너지소비효율등급 또는 에너지소비효율을 해당 효율관리기자재에 표시하여야 한다. 다만, 산업통상자원부장관이 정하여 고시하는 시험설비 및 전문인력을 모두 갖춘 제조업자 또는 수입업자로서 산업통상자원부령으로 정하는 바에 따라 산업통상자원부장관의 승인을 받은 자는 자체측정으로 효율관리시험기관의 측정을 대체할 수 있다.

3) 효율관리기자재의 제조업자 또는 수입업자는 측정결과를 산업통상자원부장관에게 신고

4) 효율관리기자재의 제조업자·수입업자 또는 판매업자가 산업통상자원부령으로 정하는 광고매체를 이용하여 효율관리기자재의 광고를 하는 경우에는 그 광고내용에 에너지소비효율 등급 또는 에너지소비효율을 포함하여야 한다.

❖ **효율관리 시험기관은 「국가표준기본법」에 따라 시험·검사기관으로 인정받은 기관 즉**
① 국가가 설립한 시험·연구기관
②「특정연구기관 육성법」따른 특정연구기관
③ 제1호 및 제2호의 연구기관과 동등 이상의 시험능력이 있다고 산업통상자원부장관이 인정하는 기관

5) 효율관리 기자재의 사후관리

① 산업통상자원부장관은 효율관리기자재가 고시한 내용에 적합하지 아니하면 그 효율관리기자재의 제조업자·수입업자 또는 판매업자에게 일정한 기간을 정하여 그 시정을 명할 수 있다.
산업통상자원부장관은 효율관리기자재가 최저소비효율기준에 미달하거나 최대사용량기준을 초과하는 경우에는 해당 효율관리기자재의 제조업자·수입업자 또는 판매업자에게 그 생산이나 판매의 금지를 명할 수 있다.

② 산업통상자원부장관은 사후관리조사를 위하여 필요하면 다른 제조업자·수입업자·판매업자나 「소비자기본법」에 따른 한국소비자원 또는 소비자단체에게 협조를 요청할 수 있다.

6) 효율관리 기자재 자체측정의 승인신청

효율관리기자재에 대한 자체측정의 승인을 받으려는 자는 효율관리기자재 자체측정 승인신청서에 다음 각 호의 서류를 첨부하여 산업통상자원부장관에게 제출

① 시험설비 현황(시험설비의 목록 및 사진 포함)
② 전문인력 현황(시험 담당자의 명단 및 재직증명서 포함)
③ 「국가표준기본법」에 따른 시험·검사기관 인정서 사본(해당되는 경우만 첨부)

7) 효율관리 기자재 측정 결과의 신고

효율관리기자재의 제조업자 또는 수입업자는 효율관리시험기관으로부터 측정 결과를 통보받은 날 또는 자체측정을 완료한 날부터 각각 60일 이내에 그 측정 결과를 에너지관리공단에 신고

8) 효율관리 기자재의 광고매체

① 「잡지 등 정기간행물의 진흥에 관한 법률」에 따라 등록 또는 신고된 정기간행물 중 광고의 규격 등을 고려하여 산업통상자원부장관이 정하여 고시하는 것
② 해당 효율관리기자재의 제품안내서

(2) 평균에너지소비 효율제도

① 산업통상자원부장관은 각 효율관리기자재의 에너지소비효율 합계를 그 기자재의 총수로 나누어 산출한 평균에너지소비효율에 대하여 총량적인 에너지효율의 개선이 특히 필요하다고 인정되는 기자재로서 승용자동차 등 산업통상자원부령으로 정하는 기자재(평균효율관리기자재)를 제조하거나 수입하여 판매하는 자가 지켜야 할 평균에너지소비효율을 관계 행정기관의 장과 협의하여 고시하여야 한다.
② 산업통상자원부장관은 평균에너지소비효율(기준평균에너지소비효율)에 미달하는 평균효율관리기자재를 제조하거나 수입하여 판매하는 자에게 일정한 기간을 정하여 평균에너지소비효율의 개선을 명할 수 있다.
③ 평균에너지소비효율의 산정방법, 개선기간, 개선명령의 이행절차 및 공표방법 등 필요한 사항은 산업통상자원부령으로 정한다.

(3) 대기전력 저감대상 제품의 지정

① 산업통상자원부장관은 외부의 전원과 연결만 되어 있고, 주기능을 수행하지 아니하거나 외부로부터 켜짐 신호를 기다리는 상태에서 소비되는 전력(대기전력)의 저감(低減)이 필요하다고 인정되는 에너지사용기자재로서 산업통상자원부령으로 정하는 제품 즉 대기전력저감대상제품

> ❖ **대기전력 저감대상 제품 고시사항**
> ① 대기전력 저감 대상제품의 각 제품별 적용범위
> ② 대기전력 저감 기준
> ③ 대기전력의 측정방법
> ④ 대기전력 저감성이 우수한 대기전력저감대상제품(대기전력저감우수제품)의 표시
> ⑤ 그 밖에 대기전력 저감 대상제품의 관리에 필요한 사항으로서 산업통상자원부령으로 정하는 사항

② 대기전력경고표지대상제품의 지정

　㉠ 산업통상자원부장관은 대기전력저감대상제품 중 대기전력 저감을 통한 에너지 이용의 효율을 높이기 위하여 대기전력저감기준에 적합할 것이 특히 요구되는 제품으로서 산업통상자원부령으로 정하는 제품(대기전력경고표지대상제품)에 대하여 다음 각 호의 사항을 정하여 고시

　　ⓐ 대기전력 경고표지대상제품의 각 제품별 적용범위
　　ⓑ 대기전력 경고표지대상제품의 경고 표시
　　ⓒ 그 밖에 대기전력 경고표지대상제품의 관리에 필요한 사항으로서 산업통상자원부령으로 정하는 사항

　㉡ 대기전력 경고표지대상제품의 제조업자 또는 수입업자는 대기전력경고표지대상제품에 대하여 산업통상자원부장관이 지정하는 시험기관(대기전력시험기관)의 측정을 받아야 한다. 다만, 산업통상자원부장관이 정하여 고시하는 시험설비 및 전문 인력을 모두 갖춘 제조업자 또는 수입업자로서 산업통상자원부령으로 정하는 바에 따라 산업통상자원부장관의 승인을 받은 자는 자체측정으로 대기전력시험기관의 측정을 대체할 수 있다.

　㉢ 대기전력경 고표지대상제품의 제조업자 또는 수입업자는 측정 결과를 산업통상자원부령으로 정하는 바에 따라 산업통상자원부장관에게 신고

　㉣ 대기전력 경고표지 대상제품의 제조업자 또는 수입업자는 측정 결과, 해당 제품이 대기전력 저감기준에 미달하는 경우에는 그 제품에 대기전력 경고표지를 하여야 한다.

❖ **대기전력 시험기관으로 지정받으려는 자의 요건**
- 산업통상자원부령으로 정하는 바에 따라 산업통상자원부장관에게 지정 신청
  ① 국가가 설립한 시험·연구기관
  ② 「특정연구기관 육성법」 제2조에 따른 특정연구기관
  ③ 「국가표준기본법」에 따라 시험·검사기관으로 인정받은 기관
  ④ 국가가 설립한 시험·연구기관이나 특정연구기관과 동등 이상의 시험능력이 있다고 산업통상자원부장관이 인정하는 기관
- 산업통상자원부장관이 대기전력저감대상제품별로 정하여 고시하는 시험설비 및 전문 인력을 갖출 것

(4) 대기전력 저감우수 제품의 표시

① 대기전력 저감 대상 제품의 제조업자 또는 수입업자가 해당 제품에 대기전력저감우수제품의 표시를 하려면 대기전력시험기관의 측정을 받아 해당 제품이 대기전력저감기준에 적합하다는 판정을 받아야 한다. 다만, 시험설비 및 전문 인력을 모두 갖춘 제조업자 또는 수입업자로서 산업통상자원부장관의 승인을 받은 자는 자체측정으로 대기전력시험기관의 측정을 대체 할 수 있다
② 대기전력 저감 우수 제품의 적합 판정을 받아 표시를 하는 제조업자 또는 수입업자는 측정 결과를 산업통상자원부장관에게 신고

❖ **대기전력 경고표지 대상 제품**
1. 컴퓨터 2. 모니터 3. 프린터 4. 복합기 5. 텔레비전 6. 셋톱박스 7. 전자레인지
8. 팩시밀리 9. 복사기 10. 스캐너 11. 비디오테이프레코더 12. 오디오 13. DVD플레이어
14. 라디오카세트 15. 도어폰 16. 유무선전화기 17. 비데 18. 모뎀 19. 홈 게이트웨이
- 대기전력경고표지대상제품의 제조업자 또는 수입업자는 대기전력시험기관으로부터 측정 결과를 통보받은 날 또는 자체측정을 완료한 날부터 각각 60일 이내에 그 측정 결과를 공단에 신고

(5) 고효율에너지기자재의 인증

① 산업통상자원부장관은 에너지이용의 효율성이 높아 보급을 촉진할 필요가 있는 에너지사용기자재로서 고효율에너지인증대상기자재에 대하여 다음 사항을 정하여 고시
  ㉠ 고효율에너지인증대상기자재의 각 기자재별 적용범위
  ㉡ 고효율에너지인증대상기자재의 인증 기준·방법 및 절차
  ㉢ 고효율에너지인증대상기자재의 성능 측정방법
  ㉣ 에너지이용의 효율성이 우수한 고효율에너지기자재의 인증 표시

ⓜ 그 밖에 고효율에너지인증대상기자재의 관리에 필요한 사항으로서 산업통상자원부령으로 정하는 사항

❖ **고효율에너지인증대상기자재**
1. 펌프 2. 산업건물용 보일러
3. 무정전전원장치
4. 폐열회수형 환기장치
5. 발광다이오드(LED) 등 조명기기
6. 그 밖에 산업통상자원부장관이 특히 에너지이용의 효율성이 높아 보급을 촉진할 필요가 있다고 인정하여 고시하는 기자재 및 설비
• 인증 제한 기간 : 1년

② 고효율에너지기자재의 인증을 받으려는 자는 산업통상자원부령으로 정하는 바에 따라 산업통상자원부장관에게 인증을 신청하여야 한다.

③ 고효율에너지기자재의 사후관리
  ㉠ 산업통상자원부장관은 고효율에너지기자재가 거짓이나 그 밖의 부정한 방법으로 인증을 받은 경우는 인증을 취소하여야 하고, 고효율에너지기자재가 인증기준에 미달하는 경우에는 인증을 취소하거나 6개월 이내의 기간을 정하여 인증을 사용하지 못하도록 명할 수 있다.
  ㉡ 산업통상자원부장관은 인증이 취소된 고효율에너지기자재에 대하여 그 인증이 취소된 날부터 1년의 범위에서 산업통상자원부령으로 정하는 기간 동안 인증을 하지 아니할 수 있다.

4. 산업 및 건물관련시책

(1) 에너지절약 전문기업의 지원

1) 에너지절약 전문기업

정부는 제3자로부터 위탁을 받아 ① 에너지사용시설의 에너지절약을 위한 관리·용역사업 ② 에너지절약형 시설투자에 관한 사업 ③ 그 밖에 대통령으로 정하는 에너지절약을 위한 사업에 해당하는 사업을 하는 자로서 산업통상자원부장관에게 등록을 한 자는 에너지절약사업과 이를 통한 온실가스의 배출을 줄이는 사업을 하는 데에 필요한 지원을 할 수 있다.

❖ **대통령령으로 정하는 에너지절약을 위한 사업**
① 신에너지 및 재생에너지원의 개발 및 보급사업
② 에너지절약형 시설 및 기자재의 연구개발사업

2) 에너지절약전문기업 등록신청 : 에너지관리공단

❖ 에너지절약전문기업의 등록신청서 및 등록 사항 변경등록신청서
  ① 사업계획서
  ② 보유장비명세서 및 기술인력명세서(자격증명서 사본을 포함)
  ③ 「부동산 가격공시 및 감정평가에 관한 법률」에 따른 감정평가업자가 평가한 자산에 대한 감정평가서(개인인 경우만 해당한다)

3) 에너지절약전문기업 등록취소 사유

① 거짓이나 그 밖의 부정한 방법으로 등록을 한 경우
② 거짓이나 그 밖의 부정한 방법으로 금융, 세제상지원을 받거나 지원받은 자금을 다른 용도로 사용한 경우
③ 에너지절약전문기업으로 등록한 업체가 그 등록의 취소를 신청한 경우
④ 타인에게 자기의 성명이나 상호를 사용하여 에너지사용시설의 에너지절약을 위한 관리·용역사업을 수행하게 하거나 산업통상자원부장관이 에너지절약전문기업에 내준 등록증을 대여한 경우
⑤ 에너지절약형 시설투자에 관한 사업 등록기준에 미달하게 된 경우
⑥ 업무보고를 하지 아니하거나 거짓으로 보고한 경우 또는 검사거부·방해·기피한 경우
⑦ 정당한 사유 없이 등록한 후 3년 이내에 사업을 시작하지 아니하거나 3년 이상 계속하여 사업수행실적이 없는 경우

4) 에너지절약전문기업 등록제한

등록이 취소된 에너지절약전문기업은 등록 취소일부터 2년이 지나지 아니하면 에너지절약형 시설투자에 관한 사업 등록을 할 수 없다.

❖ 등록증을 발급받은 자는 그 등록증을 잃어버리거나 헐어 못 쓰게 된 경우에는 공단에 재발급신청을 할 수 있다. 이 경우 등록증이 헐어 못 쓰게 되어 재발급신청을 할 때에는 그 등록증을 첨부하여야 한다.

(2) 자발적 협약체결기업의 지원

1) 정부는 에너지사용자 또는 에너지공급자로서 에너지의 절약 및 합리적인 이용을 통한 온실가스의 배출을 줄이기 위한 목표와 그 이행방법 등에 관한 계획을 자발적으로 수립하여 이를 이행하기로 정부 또는 지방자치단체와 약속(자발적 협약)한 자가 에너지절약형 시설 기타 대통령령이 정하는 시설 등에 투자하는 경우에는 그에 필요한 지원을 할 수 있다.

❖ 자발적 협약의 목표, 이행 방법의 기준 및 평가에 관하여 필요한 사항은 환경부장관과 협의하여 산업통상자원부령으로 정한다.

❖ **대통령이 정하는 에너지절약형 시설**
① 에너지절약형 공정개선을 위한 시설
② 에너지이용합리화를 통한 온실가스의 배출을 줄이기 위한 시설
③ 그 밖에 에너지절약이나 온실가스의 배출을 줄이기 위하여 필요하다고 산업통상자원부장관이 인정하는 시설
④ 제1호 부터 제3호까지의 시설과 관련된 기술개발

2) 자발적 협약의 이행확인

에너지사용자 또는 에너지공급자가 수립하는 계획에 포함될 사항

① 협약 체결 전년도의 에너지소비 현황
② 에너지를 사용하여 만드는 제품, 부가가치 등의 단위당 에너지이용효율 향상목표 또는 온실가스배출 감축목표(효율향상목표) 및 그 이행 방법
③ 에너지관리체제 및 에너지관리방법
④ 효율향상목표 등의 이행을 위한 투자계획
⑤ 그 밖에 효율향상목표 등을 이행하기 위하여 필요한 사항

❖ **자발적 협약의 평가기준**
① 에너지 절감량 또는 에너지의 합리적인 이용을 통한 온실가스배출 감축량
② 계획 대비 달성률 및 투자실적
③ 자원 및 에너지의 재활용 노력
④ 그 밖에 에너지절감 또는 에너지의 합리적인 이용을 통한 온실가스배출 감축에 관한 사항

(3) 온실가스배출 감축실적의 등록·관리

1) 온실가스 배출 감축실적의 등록·관리

① 정부는 에너지절약전문기업, 자발적 협약체결기업 등이 에너지이용 합리화를 통한 온실가스배출 감축실적의 등록을 신청하는 경우 그 감축실적을 등록·관리 한다.
② 신청, 등록·관리 등에 관하여 필요한 사항은 대통령령으로 정한다.

2) 온실가스의 배출을 줄이기 위한 교육훈련 및 인력양성 등

① 정부는 온실가스의 배출을 줄이기 위하여 필요하다고 인정하면 산업계종사자 등 온실가스배출 감축 관련 업무담당자에 대하여 교육훈련을 실시할 수 있다.

② 정부는 온실가스 배출을 줄이는 데에 필요한 전문 인력을 양성하기 위하여 「고등교육법」에 따른 대학원 및 대통령령으로 정하는 기준에 해당하는 대학원이나 대학원대학을 기후변화협약특성화대학원으로 지정할 수 있다.
③ 정부는 지정된 기후변화협약특성화대학원의 운영에 필요한 지원을 할 수 있다.
④ 교육훈련대상자와 교육훈련 내용, 기후변화협약특성화대학원 지정절차 및 지원내용 등에 필요한 사항은 대통령령으로 정한다.

3) 기후변화협약특성화대학원의 지정기준

① 대통령령으로 정하는 기준에 해당하는 대학원 또는 대학원대학이란 기후변화 관련 교통정책, 환경정책, 온난화방지과학, 산업 활동과 대기오염 등 산업통상자원부장관이 정하여 고시하는 과목의 강의가 3과목 이상 개설되어 있는 대학원 또는 대학원대학을 말한다.
② 기후변화협약특성화대학원으로 지정을 받으려는 대학원 또는 대학원대학은 산업통상자원부장관에게 지정신청을 하여야 한다.
③ 지정기준 및 지정신청 절차에 관한 세부적인 사항은 산업통상자원부장관이 국토교통부장관 및 환경부장관과의 협의를 거쳐 정하여 고시한다.

(4) 에너지 다소비사업자(대통령이 정하는 기준량 이상인 자)

1) 연료·열 및 전력의 연간 사용량의 합계(연간 에너지사용량)가 2,000[TOE] 이상이 되는 경우 매년 1월 31일까지 시·도지사에게 신고

> ❖ **에너지 다소비사업자가 시·도지사에게 신고사항**
> ① 전년도의 에너지 사용량·제품 생산량
> ② 해당 연도의 에너지 사용예정량·제품생산 예정량
> ③ 에너지사용기자재의 현황
> ④ 전년도의 에너지이용 합리화 실적 및 해당 연도의 계획
> ⑤ 에너지관리자의 현황
> • 시·도지사는 전년도의 에너지사용량·제품생산량에 따른 신고를 받으면 이를 매년 2월 말일까지 산업통상자원부장관에게 보고

2) 에너지 진단

① 산업통상자원부장관은 관계 행정기관의 장과 협의하여 에너지다소비사업자가 에너지를 효율적으로 관리하기 위하여 필요한 기준(에너지관리기준)을 부문별로 정하여 고시 한다.
② 에너지다소비사업자는 산업통상자원부장관이 지정하는 에너지진단전문기관(진단기관)으로부터 3년 이상의 범위에서 대통령령으로 정하는 기간마다 그 사업장의 에너지의 효율적 사용 여부에 대한 진단(에너지진단)을 받아야 한다.

③ 산업통상자원부장관은 대통령령으로 정하는 바에 따라 에너지진단업무에 관한 자료제출을 요구하는 등 진단기관을 관리·감독한다.
④ 산업통상자원부장관은 자체에너지절감실적이 우수하다고 인정되는 에너지다소비사업자에 대하여는 산업통상자원부령으로 정하는 바에 따라 에너지진단을 면제하거나 에너지진단주기를 연장할 수 있다.
⑤ 산업통상자원부장관은 에너지진단 결과 에너지다소비사업자가 에너지관리기준을 지키고 있지 아니한 경우에는 에너지관리기준의 이행을 위한 지도(에너지관리지도)를 할 수 있다.

❖ **에너지진단 제외대상 사업장 산업통상자원부령으로 정하는 범위에 해당하는 사업장**
① 「전기사업법」에 따른 전기사업자가 설치하는 발전소
② 「건축법 시행령」에 따른 아파트, 연립주택, 다세대주택
③ 「건축법 시행령」에 따른 판매시설 중 소유자가 2명 이상이며, 공동 에너지사용설비의 연간 에너지사용량이 2천 티오이 미만인 사업장
④ 「건축법 시행령」에 따른 일반 업무시설 중 오피스텔
⑤ 「건축법 시행령」에 따른 창고
⑥ 「산업집적활성화 및 공장설립에 관한 법률」에 따른 지식산업센터
⑦ 「군사기지 및 군사시설 보호법」에 따른 군사시설
⑧ 「폐기물관리법」에 따라 폐기물처리의 용도만으로 설치하는 폐기물처리시설
⑨ 그 밖에 기술적으로 에너지진단을 실시할 수 없거나 에너지진단의 효과가 적다고 산업통상자원부장관이 인정하여 고시하는 사업장

❖ **에너지진단 면제자**
① 자발적 협약을 체결한 자로서 자발적 협약의 평가기준에 따라 자발적 협약의 이행 여부를 확인한 결과 이행실적이 우수한 사업자로 선정된 자
② 에너지절약 유공자로서 「정부표창규정」에 따른 중앙행정기관의 장 이상의 표창권자가 준단체표창을 받은 자
③ 에너지진단 결과를 반영하여 에너지를 효율적으로 이용하고 있다고 산업통상자원부장관이 인정하여 고시하는 자
④ 지난 연도 에너지사용량의 100분의 30 이상을 다음 각 목의 어느 하나에 해당하는 제품, 기자재 및 설비(친에너지형 설비)를 이용하여 공급하는 자
　가. 금융·세제상의 지원을 받는 설비
　나. 효율관리기자재 중 에너지소비효율이 1등급인 제품
　다. 대기전력저감우수제품
　라. 인증 표시를 받은 고효율에너지기자재
　마. 「신에너지 및 재생에너지 개발·이용·보급 촉진법」에 따라 설비인증을 받은 신·재생에너지 설비

(5) 개선명령

① 산업통상자원부장관은 에너지관리지도 결과, 에너지가 손실되는 요인을 줄이기 위하여 필요하다고 인정하면 에너지다소비사업자에게 에너지손실요인의 개선을 명할 수 있다. → 개선명령의 요건 및 절차는 대통령령으로 정한다.

② 에너지다소비업자에게 개선명령을 할 수 있는 경우
에너지관리지도결과 10% 이상의 에너지효율개선이 기대되고 효율개선을 위한 투자의 경제성이 있다고 인정되는 경우

❖ 구체적인 개선사항·개선기간 등을 명시 → 산업통상자원부장관

③ 에너지 다소비업자가 개선명령을 받은 때는 개선 명령일부터 60일 이내 개선계획을 수립하여 산업통상자원부장관에게 제출, 그 결과를 개선기간만료일부터 15일 이내에 산업통상자원부장관에게 통보

(6) 목표에너지원 단위

산업통상자원부장관은 에너지의 이용효율을 높이기 위하여 필요하다고 인정하면 관계 행정기관의 장과 협의하여 에너지를 사용하여 만드는 제품의 단위당 에너지사용목표량 또는 건축물의 단위면적당 에너지사용목표량(목표에너지원단위)을 정하여 고시

(7) 냉난방온도 제한건물의 지정

1) 산업통상자원부장관은 에너지의 절약 및 합리적인 이용을 위하여 필요하다고 인정하면 냉난방온도의 제한온도 및 제한기간을 정하여 다음건물 중 냉난방온도를 제한하는 건물을 지정할 수 있다.

① 자가 업무용으로 사용하는 건물
② 에너지다소비사업자의 에너지사용시설 중 에너지사용량이 대통령령으로 정하는 기준량 이상인 건물
③ 냉난방온도를 제한하는 건물로 지정된 건물(냉난방온도제한건물)의 관리기관 또는 에너지다소비사업자는 해당 건물의 냉난방온도를 제한온도에 적합하도록 유지·관리하여야한다.
④ 산업통상자원부장관은 냉난방온도제한건물의 관리기관 또는 에너지다소비사업자가 해당 건물의 냉난방온도를 제한온도에 적합하게 유지·관리하는지 여부를 점검하거나 실태를 파악할 수 있다.
⑤ 냉난방온도의 제한온도를 정하는 기준 및 냉난방온도제한건물의 지정기준, 점검 방법 등에 필요한 사항은 산업통상자원부령으로 정한다.

❖ **냉·난방온도의 제한온도기준**
① 냉방 : 26℃ 이상
② 난방 : 20℃ 이하
→ 판매시설 및 공항의 경우에 냉방온도는 25℃ 이상으로 한다.

2) 냉·난방온도 제한건물 중 다음 각 호의 어느 하나에 해당하는 구역에는 냉난방온도의 제한온도를 적용하지 않을 수 있다.

① 「의료법」에 따른 의료기관의 실내구역
② 식품 등의 품질관리를 위해 냉난방온도의 제한온도 적용이 적절하지 않은 구역
③ 숙박시설 중 객실 내부구역
④ 그 밖에 관련 법령 또는 국제기준에서 특수성을 인정하거나 건물의 용도상 냉난방온도의 제한온도를 적용하는 것이 적절하지 않다고 산업통상자원부장관이 고시하는 구역

5. 열사용기자재의 관리

(1) 열 사용기자재

[별표 1]

열사용기자재

구 분	품목명	적용범위
보일러	강철제보일러 주철제보일러	다음 각 호의 어느 하나에 해당하는 것을 말한다. 1. 1종관류보일러 : 강철제보일러 중 헤더의 안지름이 150mm 이하이고, 전열면적이 $5m^2$ 초과 $10m^2$ 이하이며, 최고사용압력이 1MPa 이하인 관류보일러(기수분리기를 장치한 경우에는 기수분리기의 안지름이 300mm 이하이고, 그 내용적이 $0.07m^3$ 이하인 것에 한한다)를 말한다. 2. 2종관류보일러 : 강철제보일러 중 헤더의 안지름이 150mm 이하이고, 전열면적이 $5m^2$ 이하이며, 최고사용압력이 1MPa 이하인 관류보일러(기수분리기를 장치한 경우에는 기수분리기의 안지름이 200mm 이하이고, 그 내용적이 $0.02m^3$ 이하인 것에 한한다)를 말한다. 3. 제1호 및 제2호 외에 금속(주철을 포함한다)으로 만든 것. 다만, 소형 온수보일러·구멍탄용 온수보일러 및 축열식 전기보일러를 제외한다.
	소형 온수보일러	전열면적이 $14m^2$ 이하이며, 최고사용압력이 0.35MPa 이하의 온수를 발생하는 것. 다만, 구멍탄용 온수보일러·축열식 전기보일러 및 가스 사용량이 17kg/h(도시가스는 232.6kW) 이하인 가스용 온수 보일러를 제외한다.
	구멍탄용 온수보일러	「석탄산업법 시행령」 제2조제2호의 규정에 의한 연탄을 연료로 사용하여 온수를 발생시키는 것으로서 금속제에 한한다.

	축열식 전기보일러	심야전력을 사용하여 온수를 발생시켜 축열조에 저장한 후 난방에 이용하는 것으로서 정격소비전력이 30kW 이하이며, 최고사용압력이 0.35MPa 이하인 것
	태양열집열기	
압력용기	1종압력용기	최고사용압력(MPa)과 내용적(m^3)을 곱한 수치가 0.004를 초과하는 다음 각호의 1에 해당하는 것 1. 증기 그 밖의 열매체를 받아들이거나 증기를 발생시켜 고체 또는 액체를 가열하는 기기로서 용기안의 압력이 대기압을 넘는 것 2. 용기안의 화학반응에 의하여 증기를 발생하는 용기로서 용기안의 압력이 대기압을 넘는 것 3. 용기안의 액체의 성분을 분리하기 위하여 해당 액체를 가열하거나 증기를 발생시키는 용기로서 용기안의 압력이 대기압을 넘는 것 4. 용기안의 액체의 온도가 대기압에서의 비점을 넘는 것
	2종압력용기	최고사용압력이 0.2MPa를 초과하는 기체를 그 안에 보유하는 용기로서 다음 각호의 1에 해당하는 것 1. 내용적이 0.04m^3 이상인 것 2. 동체의 안지름이 200mm 이상(증기헤더의 경우에는 동체의 안지름이 300mm 초과)이고, 그 길이가 1천mm 이상인 것

1) 열 사용기자재에서 제외되는 사항

① 「전기사업법」에 따른 전기사업자가 설치하는 발전소의 발전(發電)전용 보일러 및 압력용기. 다만, 「집단에너지사업법」을 적용받는 발전전용 보일러 및 압력용기와 「신에너지 및 재생에너지 개발·이용·보급 촉진법」에 따른 신·재생에너지를 발전(發電)에 이용하는 발전전용 보일러 및 압력용기는 열사용기자재에 포함된다.
② 「철도사업법」에 따른 철도사업을 하기 위하여 설치하는 기관차 및 철도차량용 보일러
③ 「고압가스 안전관리법」 및 「액화석유가스의 안전관리 및 사업법」에 따라 검사를 받는 보일러 및 압력용기
④ 「선박안전법」에 따라 검사를 받는 선박용 보일러 및 압력용기
⑤ 「전기용품안전 관리법」 및 「약사법」의 적용을 받는 2종압력용기
⑥ 이 규칙에 따라 관리하는 것이 부적합하다고 산업통상자원부장관이 인정하는 수출용 열사용기자재

2) 특정열사용기자재

열사용기자재 중 제조, 설치·시공 및 사용에서의 안전관리, 위해방지 또는 에너지이용의 효율관리가 특히 필요하다고 인정되는 것으로서 산업통상자원부령으로 정하는 열사용기자재(특정열사용기자재)의 설치·시공이나 세관(세관 : 물이 흐르는 관 속에 낀 물때나 녹따위를 벗겨 냄)을 업(시공업)으로 하는 자는 「건설산업기본법」에 따라 시·도지사에게 등록하여야 한다.

[별표 5]

특정열사용기자재 및 설치·시공범위

구 분	품목명	설치·시공범위
기관	강철제보일러 주철제보일러 온수보일러 구멍탄용온수보일러 축열식전기보일러 태양열집열기	당해기기의 설치·배관 및 세관
압력용기	1종압력용기 2종압력용기	당해기기의 설치·배관 및 세관
요업요로	연속식유리용융가마 불연속식유리용융가마 유리용융도가니가마 터널가마 도염식각가마 셔틀가마 회전가마 석회용선가마	당해기기의 설치를 위한 시공
금속요로	용선로 비철금속용융로 금속소둔로 철금속가열로 금속균열로	당해기기 설치를 위한 시공

(2) 검사대상기기

[별표 7]

검사대상기기

구 분	검사대상기기명	적용범위
보일러	강철제보일러 주철제보일러	다음 각 호의 어느 하나에 해당하는 것을 제외한다. 1. 최고사용압력이 0.1MPa 이하이고, 동체의 안지름이 300mm 이하이며, 길이가 600mm 이하인 것 2. 최고사용압력이 0.1MPa이하이고, 전열면적이 $5m^2$ 이하인 것 3. 2종 관류보일러 4. 온수를 발생시키는 보일러로서 대기개방형인 것
	소형온수보일러	가스를 사용하는 것으로서 가스사용량이 17kg/h(도시가스는 232.6kW)를 초과하는 것
압력용기	1종압력용기 2종압력용기	별표 1의 규정에 의한 압력용기의 적용범위에 의한다.
요로	철금속가열로	정격용량이 0.58MW를 초과하는 것

1) 검사대상기기의 검사

① 검사대상 기기의 제조에 관하여 에너지관리공단의 검사를 받아야 한다.(시·도지사 위임사항)
② 검사대상 기기 설치, 개조, 설치장소를 변경, 사용중지한 후 재사용하려는 자에 관하여 에너지관리공단의 검사를 받아야 한다.(시·도지사 위임사항)
③ 검사증의 교부 및 검사의 연기(에너지관리공단)
④ 검사대상기기를 폐기, 사용을 중지한 경우, 설치자가 변경된 경우 에너지관리공단의 검사를 받아야 한다.(시·도지사 위임사항)
⑤ 검사대상기기에 대한 검사의 내용·기준, 그 밖에 필요한 사항은 산업통상자원부령으로 정한다.

2) 검사대상기기 조종자 선임

① 검사대상기기설치자는 검사대상기기의 안전관리, 위해방지 및 에너지이용의 효율을 관리하기 위하여 검사대상기기 조종자를 선임하여야 한다.(에너지관리공단)
② 검사대상기기조종자의 자격기준과 선임기준은 산업통상자원부령으로 정한다.
③ 검사대상기기설치자는 검사대상기기조종자를 선임 또는 해임하거나 검사대상기기조종자가 퇴직한 경우에는 산업통상자원부령으로 정하는 바에 따라 에너지관리공단(시·도지사위임사항)에게 신고하여야 한다.
④ 검사대상기기설치자는 검사대상기기조종자를 해임하거나 검사대상기기조종자가 퇴직하는 경우에는 해임이나 퇴직 이전에 다른 검사대상기기조종자를 선임 한다. 다만, 산업통상자원부령으로 정하는 사유에 해당하는 경우에는 선임을 연기할 수 있다.

3) 검사대상기기 조종자 선임 기준

① 선임기준 : 산업통상자원부령으로 정하며 기준은 1구역마다 1인 이상으로 1구역은 조종자가 한 시야로 볼 수 있는 범위(난방용 압력용기의 조종자는 1인이 관리할 수 있는 범위)
② 선임신고 : 선임, 해임, 퇴직에 관한 신고는 신고 사유가 발생한 날로부터 30일 이내 공단 이사장

❖ **조종자 채용기한 연기사유**
① 검사대상기기 조종자가 천재·지변 등 불의의 사고로 업무를 수행할 수 없게 되어 해임 또는 퇴직한 경우
② 검사대상기기의 설치자가 선임을 위하여 필요한 조치를 하였으나 선임하지 못한 경우

❖ **검사대상기기의 사용 정지명령** : 시·도지사

❖ 인정검사 대상기기 조종자의 조종범위
① 증기보일러로서 최고사용압력이 1MPa이하이고, 전열면적이 $10m^2$ 이하인 것
② 온수 발생 또는 열매체를 가열하는 보일러로서 출력이 581.5kW 이하인 것
③ 압력용기

[별표 11]

검사대상기기조종자의 자격 및 조종범위

조종자의 자격	조종범위
에너지관리기능장 또는 에너지관리기사	용량이 30t/h를 초과하는 보일러
에너지관리기능장, 에너지관리기사, 에너지관리산업기사	용량이 10t/h를 초과하고 30 t/h 이하인 보일러
에너지관리기능장, 에너지관리기사, 에너지관리산업기사, 에너지관리기능사	용량이 10t/h 이하인 보일러
에너지관리기능장, 에너지관리기사, 에너지관리산업기사, 에너지관리기능사 또는 인정검사대상기기 조종자의 교육을 이수한 자	1. 증기보일러로서 최고사용압력이 1MPa 이하이고, 전열면적이 $10m^2$ 이하인 것 2. 온수 발생 또는 열매체를 가열하는 보일러로서 출력이 581.5kW 이하인 것 3. 압력용기

[비 고]
1. 온수발생 및 열매체를 가열하는 보일러의 용량은 697.8kW를 1t/h로 본다.
2. 제48조제2항에 따른 1구역에서 가스 연료를 사용하는 1종 관류보일러의 용량은 이를 구성하는 보일러의 개별 용량을 합산한 값으로 한다.
3. 계속사용검사 중 안전검사를 실시하지 않는 검사대상기기 또는 가스 외의 연료를 사용하는 1종 관류보일러의 경우에는 조종자의 자격에 제한을 두지 아니한다.
4. 가스를 연료로 사용하는 보일러의 검사대상기기 조종자의 자격은 위 표에 따른 자격을 가진 사람으로서 제47조제2항에 따라 산업통상자원부장관이 정하는 관련 교육을 이수한 사람 또는 「도시가스사업법 시행령」 별표 1에 따라 특정가스 사용시설의 안전관리 책임자의 자격을 가진 사람으로 한다.

4) 검사에 필요한 조치

① 기계적 시험의 준비
② 비파괴검사의 준비
③ 검사대상기기의 정비
④ 수압시험의 준비
⑤ 안전밸브 및 수면측정장치의 분해·정비
⑥ 검사대상기기의 피복물 제거
⑦ 조립식인 검사대상기기의 조립 해체
⑧ 운전성능 측정의 준비

5) 검사 신청서

① 용접검사 신청서
  ㉠ 용접부위도 1부
  ㉡ 검사대상기기의 설계도면 2부
  ㉢ 검사대상기기의 강도계산서 1부
② 계속 사용검사 신청서 및 재사용검사신청서는 유효기간 만료 10일 전까지 제출하고, 검사의 연기는 당해연도 말까지 연기할 수 있지만 유효 기간이 만료일이 9월 1일 이후인 경우는 4월의 범위 내에서 연기하며 공단 이사장에게 제출
③ 검사에 합격한 검사대상기기의 검사증은 검사일 후 7일 이내에 교부한다.(공단이사장/검사기관의장)
④ 검사에 불합격한 검사대상기기의 통지 : 7일 이내
⑤ 재검사에 합격하여야 할 기간은 불합격한 날로부터 6개월(철금속 가열로는 1년) 이내

6) 검사의 종류 및 적용대상

[별표 8]

검사의 종류 및 적용대상

검사의 종류		적용대상
제조 검사	용접검사	동체·경판 및 이와 유사한 부분을 용접으로 제조하는 경우의 검사
	구조검사	강판·관 또는 주물류를 용접·확대·조립·주조 등에 의하여 제조하는 경우의 검사
설치검사		신설한 경우의 검사(사용연료의 변경에 의하여 검사대상이 아닌 보일러가 검사대상으로 되는 경우의 검사를 포함한다)
개조검사		다음 각 호의 1에 해당하는 경우의 검사 1. 증기보일러를 온수보일러로 개조하는 경우 2. 보일러 섹션의 증감에 의하여 용량을 변경하는 경우 3. 동체·돔·노통·연소실·경판·천정판·관판·관모음 또는 스테이의 변경으로서 산업통상자원부장관이 정하여 고시하는 대수리의 경우 4. 연료 또는 연소방법을 변경하는 경우 5. 철금속가열로서 산업통상자원부장관이 정하여 고시하는 경우의 수리
설치장소변경검사		설치장소를 변경한 경우의 검사. 다만, 이동식 검사대상기기를 제외한다.
계속 사용 검사	안전검사	설치검사·개조검사·설치장소변경검사 또는 재사용검사 후 안전부문에 대한 유효기간을 연장하고자 하는 경우의 검사
	운전성능 검사	다음 각 호의 1에 해당하는 기기에 대한 검사로서 설치검사 후 운전성능부문에 대한 유효기간을 연장하고자 하는 경우의 검사 1. 용량이 1t/h(난방용의 경우에는 5t/h) 이상인 강철제보일러 및 주철제보일러 2. 철금속가열로
재사용검사		사용중지 후 재사용하고자 하는 경우의 검사

7) 검사의 유효기간

① 검사유효기간은 검사에 합격한 날의 다음 날부터 계산한다. 다만, 검사에 합격한 날이 검사유효기간 만료일 이전 30일 이내인 경우와 검사를 연기한 경우에는 유효기간 만료일의 다음 날부터 계산한다.

[별표 9]

검사의 유효기간

검사의 종류		검사유효기간
설 치 검 사		1. 보일러 : 1년. 다만, 운전성능 부문의 경우에는 3년 1개월로 한다. 2. 압력용기 및 철금속가열로 : 2년
개 조 검 사		1. 보일러 : 1년 2. 압력용기 및 철금속가열로 : 2년
설치장소 변경검사		1. 보일러 : 1년 2. 압력용기 및 철금속가열로 : 2년
계속사용 검사	안전검사	1. 보일러 : 1년 2. 압력용기 : 2년
	운전성능검사	1. 보일러 : 1년 2. 철금속가열로 : 2년
재사용검사		1. 보일러 : 1년 2. 압력용기 및 철금속가열로 : 2년

8) 검사기준

① 검사대상기기의 검사기준은 「산업표준화법」에 따른 한국산업표준에 따른다. 다만, 한국산업표준이 제정되지 아니한 경우에는 산업통상자원부장관이 정하는 기준에 따른다.
② 산업통상자원부장관은 검사기준이 제정되지 아니한 신제품에 대한 검사를 하려는 경우에는 열사용기자재기술위원회의 심의를 거친 기준을 검사기준으로 정할 수 있다.
③ 산업통상자원부장관은 신제품에 대한 검사기준을 정한 경우에는 특별시장·광역시장·도지사 또는 시·도지사 또는 해당 신청인에게 지체 없이 알려야 한다. 이 경우 산업통상자원부장관은 그 검사기준을 관보에 고시하여야 한다.

9) 검사의 면제

① 별표 10에서 정한 검사
② 통계법에 따라 통계청장이 고시하는 한국표준산업분류에 따른 제조업의 사업장에 설치된 다음 각 목의 요건에 해당하는 검사대상기기의 계속사용검사
㉠ 검사신청일 현재 최근 3년간 사업장 안에서의 업무상 재해로 인하여 「산업재해보상보험법」에 따른 보험급여를 지급한 사실이 없는 업체에 설치된 검사대상기기

   ⓛ 최초 설치 후 5년 이내이고 연속하여 2회 이상 합격한 검사대상기기
  ③ 다음의 요건에 해당하는 보일러 및 압력용기의 제조업자에 대한 제조검사 및 설치검사
   ㉠ 제조안전보험에 가입할 것
   ⓛ 검사시설 및 인력을 보유할 것
  ④ 다음 각 목의 요건에 해당하는 보일러 및 압력용기의 사용자에 대한 계속사용검사, 설치장소 변경검사 및 개조검사
   ㉠ 사용안전보험으로서 약정보험금액이 400억원 이상인 사용안전보험에 가입할 것
   ⓛ 보험가입일 현재 최근 2년간 사업장 안에서의 업무상 재해로 인하여 「산업재해보상보험법」에 따른 보험급여를 지급한 사실이 없을 것

[별표 10]

검사의 면제대상범위

검사대상 기기명	대상범위	면제되는 검사
강철제 보일러 주철제 보일러	1. 강철제 보일러 중 전열면적이 5m^2 이하이고, 최고사용압력이 0.35MPa 이하인 것 2. 주철제 보일러 3. 1종 관류보일러 4. 온수보일러 중 전열면적이 18m^2 이하이고, 최고사용압력이 0.35MPa 이하인 것	용접검사
	주철제 보일러	구조검사
	1. 가스 외의 연료를 사용하는 1종 관류보일러 2. 전열면적 30m^2 이하의 유류용 주철제 증기보일러	설치검사
	1. 전열면적 5m^2 이하의 증기보일러로서 다음 각 목의 어느 하나에 해당하는 것 가. 대기에 개방된 안지름이 25mm 이상인 증기관이 부착된 것 나. 수두압(水頭壓)이 5m 이하이며 안지름이 25mm 이상인 대기에 개방된 U자형 입관이 보일러의 증기부에 부착된 것 2. 온수보일러로서 다음 각 목의 어느 하나에 해당하는 것 가. 유류·가스 외의 연료를 사용하는 것으로서 전열면적이 30m^2 이하인 것 나. 가스 외의 연료를 사용하는 주철제 보일러	계속사용 검사
소형 온수보일러	가스사용량이 17kg/h(도시가스는 232.6kW)를 초과하는 가스용 소형 온수보일러	제조검사
1종 압력용기 2종 압력용기	1. 용접이음(동체와 플랜지와의 용접이음을 제외한다)이 없는 강관을 동체로 한 헤더 2. 압력용기 중 동체의 두께가 6mm 미만인 것으로서 최고사용압력(MPa)과 내용적(m^3)을 곱한 수치가 0.02 이하(난방용의 경우에는 0.05 이하)인 것 3. 전열교환식인 것으로서 최고사용압력이 0.35MPa 이하이고, 동체의 안지름이 600mm 이하인 것	용접검사

	1. 2종압력용기 및 온수탱크 2. 압력용기 중 동체의 두께가 6mm 미만인 것으로서 최고 사용압력(MPa)과 내용적(m^3)을 곱한 수치가 0.02 이하(난방용의 경우에는 0.05 이하)인 것 3. 압력용기 중 동체의 최고사용압력이 0.5MPa 이하인 난방용 압력용기 4. 압력용기 중 동체의 최고사용압력이 0.1MPa 이하인 취사용 압력용기	설치검사 및 계속사용검사
철금속가열로	철금속가열로	제조검사, 계속사용 검사 중 안전검사 및 재사용검사

(3) 시공업의 시설과 기술능력기준

업 종	기술능력	업무내용	시설 및 장비
제1종 난방 시공업	국가기술자격법에 의한 관련종목의 기술자격취득자 또는 전문대학 이상에서 공학계열학과를 졸업한 자 중 2인 이상	• 강철제 보일러 • 주철제 보일러 • 온수 보일러 • 구멍탄용 온수 보일러 • 축열식 전기 보일러 • 태양열집열기 • 1·2종압력용기의 설치와 이에 부대되는 배관·세관공사 • 공사예정금액 1천만원 이하의 온돌 설치공사	수압시험기 1대 이상
제2종 난방 시공업	제1종의 기술능력 자격자 중 1인 이상	• 태양열집열기 • 용량5만[kcal/h] 이하의 온수 보일러 • 구멍탄용 온수 보일러의 설치 및 이에 부대되는 배관·세관공사 • 공사예정금액 1천만원 이하의 온돌 설치공사	수압시험기 1대 이상
제3종 난방 시공업	국가기술자격법에 의한 세라믹기사·에너지관리기사·금속기사·기계분야기사·기계분야기능장 또는 금속분야기능장 이상의 기술자 중 1인 이상	• 요업요로 • 금속요로의 설치공사	1. 가스분석기 1대 이상 2. 광고온계 1대 이상 3. 열전식 또는 저항식으로서 온도측정범위가 1,200[℃] 이상인 온도측정기 1대 이상 4. 온도측정범위가 300[℃] 이하인 표면온도측정기 1대 이상 5. 버니어캘리퍼스 마이크로메터 1식 이상 6. 압축강도시험기 1대 이상 7. 한국산업규격에 규정된 내화도시험에 적합한 내화도측정기 1대 이상

6. 에너지관리공단 및 시공업자 단체

(1) 에너지관리공단의 설립

① 에너지이용합리화사업을 효율적으로 추진하기 위하여 설립
② 정부 또는 정부 외의 자는 공단의 설립·운영과 사업에 드는 자금에 충당하기 위하여 출연을 할 수 있다. → 출연시기, 출연방법, 그 밖에 필요한 사항은 대통령령으로 정한다.

(2) 공단의 사업

① 에너지이용합리화 및 이를 통한 이산화탄소의 배출 감소를 위한 사업
② 에너지기술의 개발, 도입, 지도 및 보급
③ 에너지이용 합리화, 신에너지 및 재생에너지의 개발과 보급, 집단 에너지 공급 사업을 위한 자금의 융자 및 지원
④ 에너지 절약전문기업의 지원 사업
⑤ 에너지 진단 및 에너지관리지도
⑥ 신에너지 및 재생에너지 개발사업의 촉진
⑦ 에너지관리에 관한 조사, 연구, 교육 및 홍보
⑧ 에너지이용합리화사업을 위한 토지, 건물 및 시설 등의 취득, 설치, 운영, 대여 및 양도
⑨ 집단 에너지사업의 촉진을 위한 지원 및 관리

(3) 시공업자단체의 설립 목적

시공업자는 품위의 유지, 기술의 향상, 시공방법의 개선, 기타 시공업의 건전한 발전을 위하여 산업통상자원부장관의 인가를 받아 시공업자 단체를 설립한다.

① 시공업자단체는 법인으로 한다.
② 시공업자단체는 설립등기를 함으로써 성립한다.
③ 시공업자단체의 설립, 정관의 기재사항과 감독에 관하여 필요한 사항은 대통령령으로 정한다.

7. 보칙

(1) 교육

① 산업통상자원부장관은 에너지관리의 효율적인 수행과 특정열사용기자재의 안전관리를 위하여 에너지 관리자, 시공업의 기술인력 및 검사대상기기조종자에 대하여 교육을 실시하여야 한다.

② 교육담당기관, 교육기간 및 교육과정, 기타 교육에 관하여 필요한 사항은 산업통상자원부령으로 한다.
③ 시공업의 기술 인력에 대한 교육은 시공업자 단체에서 행하며, 검사대상기기 조종자에 대한 교육은 공단에서 행한다.(교육기간은 7일 이내)
④ 공단이사장은 다음 연도의 교육계획을 수립하여 매년 12월 31일까지 산업통상자원부장관의 승인을 받아야 한다.

(2) 보고 및 검사

① 산업통상자원부장관이나 시·도지사는 이 법의 시행을 위하여 필요하면 산업통상자원부령으로 정하는 바에 따라 효율관리기자재·대기전력저감대상제품·고효율에너지인증대상기자재의 제조업자·수입업자·판매업자 및 각 시험기관, 에너지절약전문기업, 에너지다소비사업자, 진단기관과 검사대상기기설치자에 대하여 그 업무에 관한 보고를 명하거나 소속 공무원 또는 공단으로 하여금 효율관리기자재 제조업자 등의 사무소·사업장·공장이나 창고에 출입하여 장부·서류·에너지사용기자재, 그 밖의 물건을 검사하게 할 수 있다.
② 검사를 하는 공무원이나 공단의 직원은 그 권한을 표시하는 증표를 지니고 이를 관계인에게 내보여야 한다.
③ 보고
   ㉠ 산업통상자원부장관이 보고를 명할 수 있는 사항
      ⓐ 효율관리기자재·대기전력저감대상제품·고효율에너지인증대상기자재의 제조업자·수입업자 또는 판매업자의 경우 : 연도별 생산·수입 또는 판매 실적
      ⓑ 에너지절약전문기업의 경우 : 영업실적(연도별 계약실적을 포함)
      ⓒ 에너지다소비사업자의 경우 : 개선명령 이행실적
      ⓓ 진단기관의 경우 : 진단 수행실적
   ㉡ 산업통상자원부장관, 특별시장·광역시장·도지사 또는 특별자치도지사가 소속 공무원 또는 공단으로 하여금 검사하게 할 수 있는 사항
      ⓐ 에너지소비효율등급 또는 에너지소비효율 표시의 적합 여부에 관한 사항
      ⓑ 효율관리시험기관의 지정 및 자체측정의 승인을 위한 시험능력 확보 여부에 관한 사항

(3) 권한의 위임·위탁사항

① 산업통상자원부장관의 권한은 대통령령으로 정하는 바에 따라 그 일부를 시·도지사에게 위임할 수 있다.
   ㉠ 에너지수급 안정을 위하여 에너지사용의 제한 또는 금지에 관한 조정·명령, 그 밖에 필요한 조치를 위반한 자의 과태료 부과 징수

② 산업통상자원부장관 또는 시·도지사는 대통령령으로 정하는 바에 따라 다음 각 호의 업무를 공단·시공업자단체 또는 대통령령으로 정하는 기관에 위탁할 수 있다.
   ㉠ 에너지사용계획의 검토
   ㉡ 에너지 사용계획 이행 여부의 점검 및 실태파악
   ㉢ 효율관리기자재의 측정결과 신고의 접수
   ㉣ 대기전력경고표지대상제품, 대기전력저감대상제품의 측정결과 신고의 접수
   ㉤ 고효율에너지기자재 인증 신청의 접수 및 인증 또는 인증취소 또는 인증사용정지 명령
   ㉥ 에너지절약전문기업의 등록
   ㉦ 온실가스배출 감축실적의 등록 및 관리
   ㉧ 에너지다소비사업자 신고의 접수
   ㉨ 진단기관의 관리·감독
   ㉩ 에너지관리지도
   ㉪ 냉난방온도의 유지·관리 여부에 대한 점검 및 실태 파악
   ㉫ 검사대상기기의 검사, 검사증의 교부 및 검사대상기기 폐기 등의 신고의 접수
   ㉬ 검사대상기기조종자의 선임·해임 또는 퇴직신고의 접수 및 검사대상기기조종자의 선임기한 연기에 관한사항

8. 벌칙

(1) 2년 이하의 징역 또는 2천만원 이하의 벌금

① 에너지저장시설의 보유 또는 저장의무의 부과시 정당한 이유 없이 이를 거부하거나 이행하지 아니한 자
② 에너지 수급안정을위한 조정·명령 등의 조치를 위반한 자
③ 에너지관리 공단의 임직원으로 근무하거나 근무하였던 사람이 그 직무상 알게 된 비밀을 누설하거나 도용한 자

(2) 2천만원 이하의 벌금

최저소비효율기준에 미달하거나 최대사용량기준을 초과하는 경우에는 해당 효율관리기자재의 제조업자·수입업자 또는 판매업자에게 생산 또는 판매 금지 명령에 위반한 자

(3) 1년 이하 징역 또는 1천만원 이하의 벌금

① 검사대상기기의 제조, 설치, 개조, 설치장소 변경, 사용중지 후 재사용하려는 자가 검사를 받지 아니한 자
② 검사에 합격되지 아니한 검사대상기기 사용 정지 명령에 위반한 자

(4) 1천만원 이하의 벌금

① 검사대상기기 조종자를 선임하지 아니한 자

(5) 500만원 이하의 벌금

① 효율관리기자재에 대한 에너지사용량의 측정결과를 신고하지 아니한 자
② 대기전력경고표지대상제품에 대한 측정결과를 신고하지 아니한 자
③ 대기전력경고표지를 하지 아니한 자
④ 대기전력저감우수제품임을 표시하거나 거짓 표시를 한 자
⑤ 대기전력저감대상제품의 제조업자 또는 수입업자가 시정명령을 정당한 사유 없이 이행하지 아니한 자
⑥ 고효율에너지기자재를 위반하여 인증 표시를 한자

(6) 과태료

1) 2,000만원 이하의 과태료

① 에너지진단을 받지 아니한 에너지다소비사업자

2) 1,000만원 이하의 과태료

① 에너지사용 계획협의 제출. 협의 또는 변경협의를 요청하지 아니한 자(국가. 지방자치단체인 사업주관자는 제외)
② 에너지다소비사업자가 에너지손실요인의 개선 명령을 정당한 사유없이 이행하지 아니할 때
③ 효율관리기자재·대기전력저감대상제품·고효율에너지인증대상기자재의 제조업자·수입업자·판매업자 및 각 시험기관, 에너지절약전문기업, 에너지다소비사업자, 진단기관과 검사대상기기설치자에 대하여 검사를 거부·방해 또는 기피한 자

3) 300만원 이하의 과태료

① 에너지사용의 제한 또는 금지에 관한 조정·명령 기타 필요한 조치에 위반한 자
② 에너지공급자는 해당 에너지의 생산·전환·수송·저장 및 이용 상의 효율향상, 수요의 절감 및 온실가스배출의 감축 등을 도모하기 위한 연차별 수요관리투자계획을 수립·시행하여야 하며, 그 계획과 시행 결과를 제출하지 아니한 자
③ 수요관리투자계획을 수정·보완하여 시행하지 아니한 자
④ 에너지사용계획의 조정·보완에 필요한 조치의 요청을 정당한 이유 없이 거부하거나 이행하지 아니한 공공사업주관자
⑤ 대기전력저감우수제품 또는 고효율에너지기자재를 우선적으로 구매하지 아니한 자

⑥ 냉·난방온도의 유지·관리 여부에 대한 점검 및 실태 파악을 정당한 사유 없이 거부·방해 또는 기피한 자
⑦ 에너지관리공단 또는 이와 유사한 명칭을 사용한 자
⑧ 에너지관리자, 시공업의기술인력, 검사대상기기조정자 교육을 받지 아니한 자

에너지열량환산기준(제5조제1항 관련)

1) 총발열량 기준

에너지원	단위	총발열량 kcal	총발열량 MJ 환산	석유환산계수
원유	kg	10,750	45.0	1.075
휘발유	ℓ	8,000	33.5	0.800
실내등유	ℓ	8,800	36.8	0.880
보일러등유	ℓ	8,950	37.5	0.895
경유	ℓ	9,050	37.9	0.905
B-A 유	ℓ	9,300	38.9	0.930
B-B 유	ℓ	9,650	40.4	0.965
B-C 유	ℓ	9,900	41.4	0.990
프로판	kg	12,050	50.4	1.205
부탄	kg	11,850	49.6	1.185
나프타	ℓ	8,050	33.7	0.805
용제	ℓ	7,950	33.3	0.795
항공유	ℓ	8,750	36.6	0.875
아스팔트	kg	9,900	41.4	0.990
윤활유	ℓ	9,250	38.7	0.925
석유코크	kg	8,100	33.9	0.810
부생연료1호	ℓ	8,850	37.0	0.885
부생연료2호	ℓ	9,700	40.6	0.970
천연가스(LNG)	kg	13,000	54.5	1.300
도시가스(LNG)	Nm^3	10,550	44.2	1.055
도시가스(LPG)	Nm^3	15,000	62.8	1.500
국내무연탄	kg	4,650	19.5	0.465
수입무연탄	kg	6,550	27.4	0.655
유연탄(연료용)	kg	6,200	26.0	0.620
유연탄(원료용)	kg	7,000	29.3	0.700
아역청탄	kg	5,350	22.4	0.535
코크스	kg	7,050	29.5	0.705
전력	kWh	2,150	9.0	0.215
신탄	kg	4,500	18.8	0.450

[비 고]
1. "총발열량"이라 함은 연료의 연소과정에서 발생하는 수증기의 잠열을 포함한 발열량을 말한다.
2. "석유환산계수"라 함은 에너지원별 발열량을 1kg = 10,000kcal로 환산한 값을 말한다.
3. 최종에너지사용기준으로 전력량을 환산하는 경우에는 1kWh = 860kcal를 적용한다.
4. 에너지원별 실측결과는 50kcal에서 반올림한다.
5. 석탄의 발열량은 인수(引受)식 기준을 적용하여 측정한다.
6. 1cal = 4.1868 J로 한다.
7. MJ = 10^6 J로 한다.
8. Nm^3은 0℃, 1기압 상태의 체적을 말한다.

2) 순발열량 기준

에너지원	단위	총발열량 kcal	총발열량 MJ 환산	석유환산계수
원유	kg	10,100	42.3	1.010
휘발유	ℓ	7,400	31.0	0.740
실내등유	ℓ	8,200	34.3	0.820
보일러등유	ℓ	8,350	35.0	0.835
경유	ℓ	8,450	35.4	0.845
B-A 유	ℓ	8,750	36.6	0.875
B-B 유	ℓ	9,100	38.1	0.910
B-C 유	ℓ	9,350	39.1	0.935
프로판	kg	11,050	46.3	1.105
부탄	kg	10,900	45.7	1.090
나프타	ℓ	7,450	31.2	0.745
용제	ℓ	7,350	30.8	0.735
항공유	ℓ	8,200	34.3	0.820
아스팔트	kg	8,350	39.1	0.835
윤활유	ℓ	8,650	36.2	0.865
석유코크	kg	7,850	32.9	0.785
부생연료1호	ℓ	8,350	35.0	0.835
부생연료2호	ℓ	9,200	38.5	0.920
천연가스(LNG)	kg	11,750	49.2	1.175
도시가스(LNG)	Nm^3	9,550	40.0	0.955
도시가스(LPG)	Nm^3	13,800	57.8	1.380
국내무연탄	kg	4,600	19.3	0.460
수입무연탄	kg	6,400	26.8	0.640
유연탄(연료용)	kg	5,950	24.9	0.595
유연탄(원료용)	kg	6,750	28.3	0.675
아역청탄	kg	5,000	20.9	0.500
코크스	kg	7,000	29.3	0.700
전력	kWh	2,150	9.0	0.215
신탄	kg	–	–	–

[비 고]
1. "순발열량"이라 함은 총발열량에서 수증기의 잠열을 제외한 발열량을 말한다.
2. "석유환산계수"라 함은 에너지원별 발열량을 1kg = 10,000kcal로 환산한 값을 말한다.
3. 최종에너지사용기준으로 전력량을 환산하는 경우에는 1kWh = 860kcal를 적용한다.
4. 에너지원별 실측결과는 50kcal에서 반올림한다.
5. 석탄의 발열량은 인수(引受)식 기준을 적용하여 측정한다.
6. 1 cal = 4.1868 J로 한다.
7. MJ = 106 J로 한다.
8. Nm^3은 0℃, 1기압 상태의 체적을 말한다.

예상문제

01 에너지이용합리화법에 따라 국가·지방자치단체 등이 추진하여야하는 에너지의 효율적 이용과 온실가스의 배출저감을 위하여 필요한 조치의 구체적인 내용은 무엇으로 정하는가?

① 고용노동부령
② 산업통상자원부령
③ 대통령령
④ 환경부령

해설) 국가·지방자치단체 등이 추진하여야하는 에너지의 효율적 이용과 온실가스의 배출저감을 위하여 필요한 조치는 대통령령으로 정한다.

02 열사용기자재관리규칙에서 정하는 특정열사용기자재에 해당하지 않는 것은?

① 축열식전기보일러
② 태양열온수기
③ 금속소둔로
④ 1종압력용기

해설) 특정열사용 기자재
① 보일러류(강철제 보일러, 주철제 보일러, 온수보일러, 구멍탄용 온수보일러, 축열식 전기보일러)
② 태양열집열기
③ 요로(금속, 요업요로)
④ 압력용기(1종, 2종)

03 열사용기자재관리규칙에 따라 검사대상기기의 검사 종류 중 운전성능검사 대상이 아닌 것은?

① 철금속가열로
② 용량이 1t/h인 산업용 강철제보일러
③ 용량이 5t/h인 난방용 주철제보일러
④ 용량이 3t/h인 난방용 강철제보일러

해설) 운전성능검사 : 용량이 5t/h이하인 난방전용 강철제보일러는 대상에서 제외

04 에너지이용합리화법에 따라 검사대상기기의 검사를 받지 아니한 자에 대한 벌칙으로 맞는 것은?

① 1년 이하의 징역 또는 1천만원 이하의 벌금
② 2년 이하의 징역 또는 2천만원 이하의 벌금
③ 3년 이하의 징역 또는 3천만원 이하의 벌금
④ 6개월 이하의 징역 또는 5백만원 이하의 벌금

해설) 검사대상기기의 검사를 받지 아니한 자 : 1년 이하의 징역 또는 1천만원 이하의 벌금

ANSWER 1.③ 2.② 3.④ 4.①

05 에너지이용합리화법에 따라 에너지다소비사업자는 전년도의 에너지사용량·제품생산량, 해당 연도의 에너지사용예정량·제품생산예정량, 에너지사용기자재의 현황 등을 산업통상자원부령으로 정하는 바에 따라 매년 1월 31일까지 신고해야 하는데, 누구에게 신고해야 하는가?

① 산업통상자원부장관
② 시·도지사
③ 에너지관리공단이사장
④ 환경부장관

> 해설 에너지다소비자업자 신고 : 시·도지사

06 저탄소녹색성장기본법에서 정의하는 "녹색기술"에 해당하지 않는 것은?

① 온실가스 감축 기술
② 청정에너지 기술
③ 자연순환 및 친환경 기술
④ 핵반응융합 기술

> 해설 "녹색기술"이란 온실가스 감축기술, 에너지 이용 효율화 기술, 청정생산기술, 청정에너지 기술, 자원순환 및 친환경 기술(관련 융합기술을 포함한다) 등 사회·경제 활동의 전 과정에 걸쳐 에너지와 자원을 절약하고 효율적으로 사용하여 온실가스 및 오염물질의 배출을 최소화하는 기술을 말한다.

07 열사용지자재 관리규칙에 따라 검사대상기기 조종자의 선임기준에 관한 설명으로 옳은 것은?

① 검사대상기기 조종자의 선임기준은 1구역마다 1명 이상으로 한다.
② 1구역은 검사대상기기 1대를 기준으로 정한다.
③ 중앙통제설비를 갖춘 시설은 조종자 선임이 면제된다.
④ 압력용기의 경우 1구역은 검사대상기기 조종자 2명이 관리할 수 있는 범위로 한다.

08 에너지이용합리화법에 따라 다음 중 벌칙 기준이 가장 무거운 것은?

① 해당 법에 따른 에너지저장시설의 보유 또는 저장의무의 부과 시 정당한 이유 없이 이를 거부하거나 이행하지 아니한 자
② 해당 법에 따른 검사대상기기의 검사를 받지 아니한 자
③ 해당 법에 따른 검사대상기기조종자를 선임하지 아니한 자
④ 해당 법에 따른 효율관리기자재에 대한 에너지사용량의 측정결과를 신고하지 아니한 자

> 해설
> • ① : 2년 이하의 징역 또는 2천 만원 이하의 벌금
> • ② : 1년 이하의 징역 또는 1천만원 이하의 벌금
> • ③ : 1천 만원 이하의 벌금
> • ④ : 500만원 이하의 벌금

09 에너지이용합리화법에 따라 검사대상기기 설치자나 검사대상기기 조종자가 해임되거나 퇴직하는 경우 다른 검사대상기기 조종자는 언제 선임해야 하는가?

① 해임 또는 퇴직 이전
② 해임 또는 퇴직 후 10일 이내
③ 해임 또는 퇴직 후 30일 이내
④ 해임 또는 퇴직 후 3개월 이내

> 해설 검사대상기기 조종자를 해임하거나 퇴직하는 경우 해임 또는 퇴직 이전에 선임해야 한다.

ANSWER 5.② 6.④ 7.① 8.① 9.①

10 에너지이용합리화 기본계획 사항에 포함되지 않는 것은?

① 에너지 소비형 산업구조로의 전환
② 에너지원간 대체(代替)
③ 열사용기자재의 안전관리
④ 에너지의 합리적인 이용을 통한 온실가스의 배출을 줄이기 위한 대책

해설) 에너지 절약형 산업구조로의 전환이 기본계획에 포함될 사항이다.

11 신·재생 에너지 설비 성능검사기관으로 지정받으려는 자가 신청해서 첨부하여 제출해야 하는 서류가 아닌 것은?

① 법인인 경우 정관
② 성능검사기관의 운영계획서
③ 자산에 대한 감정평가서
④ 신·재생에너지 설비의 성능검사에 필요한 조직·인력 및 장비 현황에 관한 자료

12 열사용기자재 관리규칙에 따라 가스를 사용하는 소형온수보일러 중 검사대상기기에 해당 되는 것은 가스 사용량이 몇 kg/h를 초과하는 경우인가?

① 10kg/h ② 13kg/h
③ 17kg/h ④ 15kg/h

해설) 열사용기자재 관리규칙에 따라 가스를 사용하는 소형온수보일러 중 검사대상기기에 해당 되는 것은 가스사용량이 17kg/h를 초과하는 것

13 검사의 면제대상 범위에서 강철제 보일러 중 1종 관류보일러에 대하여 면제되는 검사는?

① 용접검사 ② 구조검사
③ 계속사용검사 ④ 제조검사

해설) 1종 관류보일러는 용접검사가 면제된다.

14 다음 중 인정검사 대상기기 조종자의 교육을 이수한 자가 조종할 수 있는 검사 대상기기는?

① 증기보일러로서 최고사용압력이 1.8MPa이고, 전열면적이 30m^2인 것
② 온수발생보일러로서 용량이 981.5kW인 것
③ 증기보일러로서 최고사용압력이 1MPa이고, 전열면적이 10m^2인 것
④ 온수발생보일러로서 용량이 685.5kW인 것

해설) 인정검사대상기기 조종자 조정범위
• 증기보일러로서 최고사용압력이 1MPa이고 전열면적이 10m^2 이하 인 것
• 온수발생 및 열매체 보일러로서 용량이 581.5kW인 것

15 저탄소 녹색성장 기본법에서 정의하는 온실가스의 종류가 아닌 것은?

① 이산화탄소 ② 아산화질소
③ 수소불화탄소 ④ 일산화탄소

해설) 온실가스 : 이산화탄소, 메탄, 아산화질소, 수소불화탄소, 과불화탄소, 육불화황 등이다.

16 검사를 받아야 하는 검사대상기기의 종류에 포함되지 않는 것은?

① 강철제 보일러
② 태양열 집열기
③ 주철제 보일러
④ 2종 압력용기

해설) 태양열 집열기는 검사대상기기에서 제외된다.

ANSWER 10.① 11.③ 12.③ 13.① 14.③ 15.④ 16.②

17 에너지법 시행규칙상 "석유환산계수"에 대한 설명으로 맞는 것은?

① "석유환산계수"라 함은 에너지원별 발열량을 1kg = 10000kcal로 환산한 값을 말한다.
② "석유환산계수"라 함은 에너지원별 발열량을 1kg = 30000kcal로 환산한 값을 말한다.
③ "석유환산계수"라 함은 에너지원별 발열량을 1kg = 15000kcal로 환산한 값을 말한다.
④ "석유환산계수"라 함은 에너지원별 발열량을 1kg = 20000kcal로 환산한 값을 말한다.

해설 "석유환산계수"라 함은 에너지원별 발열량을 1kg = 10000kcal로 환산한 값을 말한다.

18 에너지법에서 사용하는 용어에 대한 설명이 올바르지 않은 것은?

① "에너지"란 연료·열 및 전기를 말한다.
② "에너지사용시설"이란 에너지를 사용하는 공장·사업장 등의 시설이나 에너지를 전환하여 사용하는 시설을 말한다.
③ "에너지사용자"란 에너지시설이 판매자 또는 공급자를 말한다.
④ "에너지공급자"란 에너지를 생산·수입·전환·수송·저장 또는 판매하는 사업자를 말한다.

해설 에너지사용자란 에너지사용시설의 소유자 또는 관리자

19 에너지이용 합리화법상 최저소비효율기준에 미달하는 효율관리기자재의 생산 또는 판매금지 명령을 위반한 경우의 벌칙기준은?

① 1년 이하의 징역 또는 1천만원 이하의 벌금
② 2천만원 이하의 벌금
③ 1천만원 이하의 벌금
④ 5백만원 이하의 벌금

해설 최저소비효율기준에 미달하는 효율관리기자재의 생산 또는 판매금지 명령을 위반한 자는 2천만원 이하의 벌금

20 난방시공업 제1종 등록을 한 자가 시공할 수 없는 것은?

① 온수보일러 ② 태양열집열기
③ 금속요로 ④ 1종 압력용기

해설 3종시공업 : 금속요로, 요업요로

21 에너지이용합리화법에서 정한 정부, 지방자치단체, 에너지사용자와 에너지공급자, 에너지사용기자재와 에너지공급설비를 생산하는 제조업자의 책무에 대한 내용을 올바르게 설명한 것은?

① 정부는 에너지의 소비촉진과 합리적이고 효율적 이용에 관한 기본적이고 세부적인 시책을 강구하고 이를 관리할 책무를 진다.
② 지방자치단체는 관할지역의 특성을 고려하여 국가에너지정책의 효과적인 수행과 지역경제의 발전을 도모하기 위한 지역에너지시책을 강구하고 시행할 책무를 진다.

ANSWER 17.① 18.③ 19.② 20.③ 21.②

③ 에너지사용자와 에너지공급자는 국가의 에너지시책에 적극 참여하고 협력하여야 하며, 에너지의 생산·전환·수송·저장 등에서의 그 효율을 극소화 하여야 한다.
④ 에너지사용기자재와 에너지공급설비를 생산하는 제조업자는 그 기자재와 설비의 에너지효율을 낮추고 온실가스의 배출을 줄이기 위한 기술개발과 도입을 위하여 노력하여야 한다.

<small>해설</small> 에너지이용합리화법의 각 책무에서는 지방자치단체는 관할지역의 특성을 고려하여 국가에너지정책의 효과적인 수행과 지역경제의 발전을 도모하기 위한 지역에너지시책을 강구하고 시행할 책무를 진다.

22 에너지다소비사업자가 연간 에너지사용량이 20만[TOE] 미만일 경우 에너지진단주기로 맞는 것은?

① 1년　　② 2년
③ 4년　　④ 5년

<small>해설</small> 에너지다소비사업자가 연간 에너지사용량이 20만[TOE] 미만일 경우 에너지진단주기는 5년이다.

23 "대통령령으로 정하는 기준량 이상인 자"란 연료·열 및 전력의 연간 사용량의 합계가 얼마 이상인 자를 말하는가?

① 5백[TOE]
② 1천[TOE]
③ 1천5백[TOE]
④ 2천[TOE]

<small>해설</small> 대통령이 정하는 기준량 이상인 자 : 연료, 열 및 전력의 합계가 2000[TOE]를 말한다.

24 에너지사용의 제한 또는 금지에 관한 조정·명령, 그밖에 필요한 조치를 위반한 자에 대한 벌칙은?

① 3백만원 이하의 과태료
② 5백만원 이하의 벌금
③ 1백만원 이하의 과태료
④ 1천만원 이하의 벌금

<small>해설</small> 에너지사용의 제한 또는 금지에 관한 조정, 명령, 그밖에 필요한 조치를 위반한 자에 대한 벌칙은 3백만원 이하의 과태료에 해당한다.

25 보일러 용량이 10t/h를 초과하고 30t/h 이하인 보일러를 조종할 수 있는 조종자의 자격이 아닌 것은?

① 에너지관리기사
② 에너지관리기능장
③ 에너지관리산업기사
④ 에너지관리기능사

<small>해설</small> 검사대상기기 조종자의 자격
• 10t/h 이하 : 에너지관리기능사, 에너지관리산업기사, 에너지관리기사, 에너지관리기능장
• 10t/h에서 30t/h 이하 : 에너지관리산업기사, 에너지관리기사, 에너지관리기능장
• 30t/h 초과 : 에너지관리기사, 에너지관리기능장

26 검사의 종류 중 계속사용검사에 속하지 않는 것은?

① 재사용검사
② 운전성능검사
③ 설치검사
④ 안전검사

<small>해설</small> 설치검사는 계속사용검사 항목이 아님

ANSWER　22.④　23.④　24.①　25.④　26.③

27 국내외 에너지사정의 변동에 따른 에너지의 수급절차에 대비하기 위하여 대통령령으로 정하는 주요에너지사용자와 에너지공급자에게 에너지저장시설을 보유하고 에너지를 저장하는 의무를 부과할 수 있는 자는?

① 환경부장관
② 국무총리
③ 산업통상자원부장관
④ 지방자치단체장

해설 에너지 공급자에게 에너지저장시설을 보유하고 에너지를 저장하는 의무를 부과할 수 있는 자 : 산업통상자원부장관

28 다음 중 열사용기자재관리규칙에서 정한 검사의 유효기간이 다른 하나는?

① 보일러 설치장소 변경검사
② 압력용기 및 철금속가열로 설치검사
③ 압력용기 및 철금속가열로 재사용검사
④ 철금속가열로 운전성능검사

해설 보일러 설치장소 변경검사는 1년이며, ②, ③, ④ 항은 2년이다.

29 특정열사용기자재의 시공업을 하려는 자는 어느 법에 따라 시공업 등록을 해야 하는가?

① 에너지이용합리화법
② 건축법
③ 건설산업기본법
④ 집단에너지사업법

해설 시공업등록 : 건설산업기본법

30 검사대상기기의 계속사용검사에 관한 설명이 틀린 것은?

① 계속사용검사신청서는 유효기간 만료 10일전까지 제출하여야 한다.
② 유효기간 만료일이 9월 1일 이후인 경우에는 5개월 이내에서 계속사용검사를 연기할 수 있다.
③ 검사대상기기 검사연기신청서는 에너지관리공단이사장에게 제출하여야 한다.
④ 계속사용검사신청서에는 해당 검사기기의 검사증을 첨부하여야 한다.

해설 ②항은 4개월 이내

31 검사대상기기인 보일러의 계속사용검사 중 운전성능 검사의 유효기간은?

① 1년6개월 ② 2년
③ 6개월   ④ 1년

해설 계속사용검사 중 운전성능검사 유효기간 : 1년

32 산업통상자원부장관은 효율관리기자재가 (㉮)에 미달하거나 (㉯)를(을) 초과하는 경우에는 생산 또는 판매금지를 명할 수 있다. ( ) 안에 각각 들어갈 말은?

① ㉮ 최대소비효율기준
   ㉯ 최저사용량기준
② ㉮ 적정소비효율기준
   ㉯ 적정사용량기준
③ ㉮ 최적소비효율기준
   ㉯ 최대사용량기준
④ ㉮ 최대사용량기준
   ㉯ 저소비기준

ANSWER 27.③ 28.① 29.③ 30.② 31.④ 32.③

해설: 효율관리기자재가 최저소비효율기준에 미달하거나 최대사용량기준을 초과하는 경우 산업통상자원부장관은 생산 또는 판매금지를 명할 수 있다.

33 열사용기자재관리규칙에서 정한 특정열사용기자재 및 설치·시공범위의 구분에서 기관에 포함되지 않는 품목명은?

① 온수보일러
② 태양열집열기
③ 1종 압력용기
④ 구멍탄용 온수보일러

해설: 특정열사용기자재 : 기관, 금속요로, 요업요로, 압력용기(1종, 2종)

34 산업통상자원부장관은 에너지이용합리화를 위하여 에너지를 소비하는 에너지사용기자재 중 산업통상자원부령이 정하는 기자재에 대하여 고시할 수 있는 사항이 아닌 것은?

① 에너지의 최저소비효율 또는 최대사용량의 기준
② 에너지의 소비효율 또는 사용량의 표시
③ 에너지의 소비효율 등급기준 및 등급표시
④ 에너지의 소비효율 또는 생산량의 측정방법

해설: 생산량의 측정방법은 산업통상자원부장관의 고시 사항이 아님

35 다음 중 벌칙이 가장 무거운 것은?

① 에너지 저장의무의 부과시 정당한 이유없이 거부한 자
② 검사대상기기 검사를 받지 아니한 자
③ 검사대상기기조종자를 선임하지 아니한 자
④ 효율관리기자재에 대한 에너지사용량의 측정결과를 신고하지 아니한 자

해설: 에너지 저장의무의 부과 시 정당한 이유 없이 거부한자 : 2년 이하의 징역 또는 2000만원 이하의 벌금

36 에너지이용합리화법의 목적으로 틀린 것은?

① 에너지의 수급(需給)을 안정시킴
② 에너지의 합리적이고 효율적인 이용을 증진함
③ 국민복지의 증진과 지구온난화의 최대화에 이바지
④ 에너지의 소비로 인한 환경피해를 줄임

해설: 지구온난화 방지

37 에너지이용합리화법상 에너지의 이용효율을 높이기 위하여 관계행정기관의 장과 협의하여 건축물의 단위면적당 에너지 사용목표량을 정하여 고시하여야 하는 자는?

① 산업통상자원부장관
② 환경부장관
③ 시·도지사
④ 국무총리

해설: 건축물의 단위면적당 에너지 사용목표량을 정하여 고시 : 산업통상자원부장관

ANSWER 33.③ 34.④ 35.① 36.③ 37.①

38 에너지이용합리화법에 의한 검사대상기기의 개조검사 대상이 아닌 것은?

① 증기보일러를 온수보일러로 개조
② 보일러 섹션의 증감에 의한 용량의 변경
③ 연료 또는 연소방법의 변경
④ 보일러의 증설 또는 개체

[해설] 보일러 증설 : 설치검사

39 검사대상기기 조종자의 선임, 해임 또는 퇴직에 관한 신고는 신고 사유가 발생한 날부터 며칠 이내에 해야 하는가?

① 15일 이내 ② 30일 이내
③ 20일 이내 ④ 2개월 이내

[해설] 검사대상기기 조종자의 선임, 해임, 퇴직 신고 : 30일 이내

40 에너지기본법에서 정부는 에너지정책을 효율적이고 체계적으로 추진하기 위하여 국가에너지기본계획을 몇 년 마다 수립·시행하여야 하는가?

① 1년 ② 2년
③ 3년 ④ 5년

[해설] 국가에너지 기본계획 : 5년

41 에너지이용합리화법상 국가·지방자치단체 등이 추진하여야하는 에너지의 효율적 이용과 온실가스의 배출 저감을 위하여 필요한 조치의 구체적인 내용은 무엇으로 정하는가?

① 노동부령
② 산업통상자원부령
③ 대통령령
④ 환경부령

[해설] 온실가스의 배출저감 등 필요한 조치로 대통령령으로 정한다.

42 에너지이용합리화 기본계획 사항에 포함되지 않는 것은?

① 에너지 소비형 산업구조로의 전환
② 에너지원간 대체(代替)
③ 열사용기자재의 안전관리
④ 에너지 합리적인 이용을 통한 온실가스의 배출을 줄이기 위한 대책

43 에너지이용합리화법상 「소형 온수보일러」라 함은 전열면적은 얼마이하이며, 최고사용압력이 얼마 이하인 온수를 발생하는 보일러인가?

① $10m^2$, 0.2MPa ② $15m^2$, 0.25MPa
③ $13m^2$, 0.4MPa ④ $14m^2$, 0.35MPa

[해설] 소형온수보일러라 함은 전열면적이 $14m^2$이하, 최고사용압력이 0.35MPa이하인 온수발생보일러를 말한다.

44 에너지기본법에서 정한 「에너지공급설비」에 해당 되지 않는 것은?

① 에너지 생산설비
② 에너지 전환설비
③ 에너지 판매설비
④ 에너지 저장설비

45 열사용기자재 관리규칙상 검사대상기기의 설치자가 그 사용 중인 검사대상기기를 폐기할 때에는 그 폐기한 날부터 몇 일 이내에 신고하여야 하는가?

① 7일 ② 10일
③ 15일 ④ 20일

ANSWER 38.④ 39.② 40.④ 41.③ 42.① 43.④ 44.③ 45.③

46 다음 에너지기본법상 국가 에너지 기본 계획의 수립에 관한 조항에서 ( )에 들어갈 내용으로 맞는 것은?

> ( ) 는(은) 에너지 정책을 효율적이고 체계적으로 추진하기 위하여 20년을 계획기간으로 하는 국가 에너지 기본 계획(이하 "기본계획"이라고 한다.)을 5년마다 수립, 시행하여야 한다.

① 대통령
② 정부
③ 시·도지사
④ 에너지관리공단 이사장

47 열사용기자재관리규칙상 검사를 받아야 하는 검사대상기기 검사의 종류에 해당 되지 않는 것은?

① 설치검사
② 자체검사
③ 개조검사
④ 설치장소변경검사

48 열사용기자재관리규칙상 시공업의 기술 인력에 대한 교육을 실시할 수 있는 기관 및 교육기간으로 맞는 것은?

① 국토교통부장관의 허가를 받은 전국 보일러 설비협회 : 1일
② 에너지관리공단이사장의 허가를 받은 전국 보일러설비협회 : 5일
③ 한국산업인력공단 이사장의 허가를 받은 한국 열관리시공협회 : 5일
④ 시·도지사에서 허가를 받은 한국 열관리시공협회 : 3일

49 에너지이용합리화법상 효율관리기자재에 대한 에너지사용량의 측정결과를 신고 하지 아니한 자에 대한 벌칙은?

① 1천만원 이하의 벌금
② 3백만원 이하의 과태료
③ 5백만원 이하의 벌금
④ 1백만원 이하의 과태료

50 에너지이용합리화법상 검사에 합격되지 아니 한 검사대상기기를 사용한 자에 대한 벌칙은?

① 2년 이하의 징역 또는 2천만원 이하의 벌금
② 1천만원 이하의 벌금
③ 1년 이하의 징역 또는 1천만원 이하의 벌금
④ 5백만원 이하의 벌금

> [해설] 검사에 합격되지 아니한 검사 대상기기 사용시 : 1년 이하의 징역 또는 1천만원 이하의 벌금

51 특정열사용기자재가 아닌 것은?

① 강철제 보일러
② 구멍탄용 연소기기
③ 2종 압력용기
④ 태양열 집열기

> [해설] 구멍탄용 온수보일러 : 특정열사용기자재

52 에너지이용합리화법상 특정열사용기자재 중 검사대상기기를 설치하거나 개조하여 사용하고자 하는 자는 누구의 검사를 받아야 하는가?

① 산업통상자원통상부장관
② 시공업자단체의 장
③ 시·도지사
④ 국토해양부장관

ANSWER 46.② 47.② 48.① 49.③ 50.③ 51.② 52.③

53 에너지이용 합리화법상 최저소비효율기준에 미달하는 효율관리기자재의 생산 또는 판매금지 명령을 위반한 경우의 벌칙은?

① 1년 이하의 징역 또는 1천만원 이하의 벌금
② 2천만원 이하의 벌금
③ 1천만원 이하의 벌금
④ 5백만원 이하의 벌금

54 에너지이용 합리화법상 국내외 에너지 사정의 변동으로 에너지수급에 중대한 차질이 발생하거나 발생할 우려가 있다고 인정될 경우 에너지수급의 안정을 위한 조치 사항에 해당 되지 않는 것은?

① 에너지 판매시설의 확충
② 에너지사용기자재의 사용 제한
③ 에너지의 배급
④ 에너지의 비축과 저장

> 해설 에너지 수급 안정을 위한 조치
> ① 에너지의 비축과 저장
> ② 에너지 배급
> ③ 에너지사용기자재의 사용제한

55 건설산업기본법 시행령상 온수보일러 용량이 몇 kcal/h 이하인 경우 제2종 난방시공업자가 시공할 수 있는가?

① 5만   ② 8만
③ 10만   ④ 15만

> 해설 제2종 난방 시공업 : 온수보일러의 용량 5만kcal/h 이하 시공

56 에너지기본법상 에너지 사용자란?

① 에너지관리기사 자격 소유자
② 에너지관리공단 이사장
③ 에너지 사용시설의 소유자 또는 관리자
④ 에너지를 생산, 수입 또는 판매하는 사업자

> 해설 에너지사용자란 에너지 사용 시설의 소유자 또는 관리자

57 열사용기자재 관리규칙상 검사대상기기를 조종할 수 있는 국가기술자격이 아닌 것은?

① 에너지관리기사
② 에너지관리산업기사
③ 에너지관리기능사
④ 위험물관리기능사

> 해설 검사대상기기조정자 : 에너지관리기사, 에너지관리산업기사, 에너지관리기능사, 에너지관리기능장

58 열사용 기자재 관리규칙상 가스를 사용하는 것으로서 도시가스 사용량이 232.6kW를 초과하는 검사대상 기기는?

① 강철제보일러   ② 주철제보일러
③ 철금속가열로   ④ 소형온수보일러

59 에너지이용합리화법에서 규정한 열사용기자재가 아닌 것은?

① 구멍탄용 온수 보일러
② 축열식 전기보일러
③ 철도차량용 보일러
④ 소형온수보일러

> 해설 철도차량용 보일러 : 철도사업법에 적용된다.

ANSWER 53.② 54.① 55.① 56.③ 57.④ 58.④ 59.③

60 열사용기자재 관리규칙상 검사의 종류 중 계속사용검사에 속하지 않는 것은?

① 안전검사　② 구조검사
③ 운선성능검사　④ 재사용검사

61 에너지이용 합리화법상 에너지 다소비업자는 산업통상자원부령이 정하는 바에 따라 전년도의 에너지사용량 등을 매년 언제까지 신고해야 하는가?

① 1월 10일까지
② 1월 31일까지
③ 2월 말까지
④ 3월 31일까지

62 에너지이용 합리화법상 에너지의 수급 안정을 위하여 산업통상자원부 장관이 취할 수 있는 조치가 아닌 것은?

① 에너지의 배급
② 에너지의 개발 및 생산 중단
③ 에너지공급설비의 가동 및 조업
④ 에너지의 비축과 저장

63 에너지이용합리화법상 산업통상자원부 장관이 교육을 실시하여야 하는 대상이 아닌 자는?

① 에너지관리자
② 시공업의 기술인력
③ 검사대상기기 조정자
④ 효율관리기자재 제조자

64 에너지기본법상 지역에너지계획은 5년마다 수립하여야 한다. 이 지역에너지계획에 포함되어야 할 사항은?

① 국내 부존에너지자원의 개발 및 이용을 위한 대책에 관한 사항
② 에너지의 안전관리를 위한 대책에 관한 사항
③ 에너지 관련 전문인력의 양성을 촉진하기 위한 대책에 관한 사항
④ 에너지의 안정적 공급을 위한 대책에 관한 사항

지역에너지계획에 포함될 사항
• 에너지수급추이전망
• 안정적 공급대책
• 이산화탄소 배출감소 대책
• 환경친화적 에너지 이용을 위한 대책
• 집단 에너지공급을 위한 대책 등

65 에너지이용합리화법상 에너지절약전문기업의 등록이 취소된 자는 등록취소일로부터 몇 년이 경과해야 다시 등록을 할 수 있는가?

① 1년　② 2년
③ 3년　④ 5년

에너지절약전문기업의 등록은 등록 취소일로부터 3년이 경과해야 다시 등록이 가능하다.

66 열사용기자재관리규칙상 검사대상기기의 계속사용검사 중 운전성능 부문이 검사에 불합격한 경우 일정기간 내에 재검사를 하여 합격할 것을 조건으로 계속사용을 허용한다. 그 기간은 몇 월 이내인가?

① 6　② 7
③ 8　④ 10

운전성능 불합격한 경우 6개월 내에 재검사를 하며 합격할 것을 조건으로 계속사용 허용.

ANSWER　60.②　61.②　62.②　63.④　64.④　65.③　66.①

67 에너지이용합리화법에 따른 검사대상기기 설치자가 산업통상자원부령에 따라 시·도지사의 검사를 받아야 하는 검사대상기기 설치자가 아닌 것은?

① 설치 또는 개조 사용하고자 하는 자
② 설치장소를 변경하여 사용하고자 하는 자
③ 사용 중지한 후 재사용 하고자 하는 자
④ 사용을 중지하고자 하는 자

68 에너지사용량의 신고 대상인 자가 매년 1월 31일까지 신고해야 할 사항이 아닌 것은?

① 전년도의 수지계산서
② 전년도의 에너지 이용합리화 실적
③ 당해 연도의 에너지사용예정량
④ 에너지사용기자재의 현황

> **해설** 신고사항 : ②, ③, ④항 외에 전년도의 에너지이용합리화실적 및 당해 연도의 계획

69 검사대상기기에 대하여 받아야 할 검사를 받지 않은 자에 대한 벌칙은?

① 2년 이하의 징역 또는 2천만원 이하의 벌금
② 1년 이하의 징역 또는 1천만원 이하의 벌금
③ 2천만원 이하의 벌금
④ 3천만원 이하의 벌금

> **해설** 검사 대상기기의 검사를 받지 않은자 : 1년 이하의 징역 또는 1천만원 이하의 벌금

70 에너지이용합리화법에 의한 검사대상기기의 개조검사 대상이 아닌 것은?

① 증기보일러를 온수보일러로 개조
② 보일러 섹션의 증감에 의한 용량의 변경
③ 연료 또는 연소방법의 변경
④ 보일러의 증설 또는 개체

> **해설** 개조검사
> • 증기보일러를 온수보일러로 개조
> • 섹션의 증감에 의한 용량 변경
> • 연료 또는 연소방법 변경
> • 동체, 동, 노통, 연소실 변경등 대수리

71 특정열사용기자재 및 설치·시공범위에서 요업요로에 해당하는 것은?

① 용선로
② 금속소둔로
③ 철금속가열로
④ 회전가마

> **해설** 금속요로 : 용선로, 금속소둔로, 철금속가열로

72 에너지기본법에서 에너지정책 및 에너지 관련 계획을 수립 시행하기 위한 에너지정책의 기본원칙이 아닌 것은?

① 에너지의 효율적 사용을 위한 기술개발
② 에너지의 안정적인 공급 실현
③ 신·재생에너지 등 환경친화적인 에너지의 생산 및 사용 확대
④ 에너지 저소비형 경제사회구조로의 전환을 위한 에너지 수요관리의 지속적 강화

ANSWER 67.④ 68.① 69.② 70.④ 71.④ 72.①

73 에너지이용 합리화법에서 효율관리기자재에 대한 에너지 소비효율·사용량·소비효율등급 등을 측정하는 시험기관은 누가 지정하는가?

① 대통령
② 도지사
③ 산업통상자원부장관
④ 에너지관리공단이사장

해설) 효율관리기자재에 대한 에너지소비효율, 사용량, 소비효율등급 측정시험기관 지정 : 산업통상자원부장관

74 열사용기자재관리규칙에서 다음 검사 중 유효기간이 다른 하나는?

① 보일러 안전검사
② 압력용기 설치검사
③ 압력용기 재사용검사
④ 철금속가열로 운전성능검사

해설) 보일러 안전검사 1년 ②, ③, ④항은 2년이다.

75 열사용기자재 관리규칙에서 제조안전보험과 사용안전보험으로 구분할 때 제조안전보험의 요건이 아닌 것은?

① 검사대상기기의 제조상 하자와 관련된 제3자의 법률상 손해배상책임을 담보할 것
② 검사대상기기의 설치와 관련된 위험을 담보할 것
③ 검사대상기기의 계속사용에 따른 재물종합위험 및 기계위험을 담보할 것
④ 연 1회 이상 검사기준에 따른 위험관리서비스를 실시할 것

76 에너지기본법에서 정부는 에너지정책을 효율적이고 체계적으로 추진하기 위하여 국가에너지기본계획을 몇 년 마다 수립·시행하여야 하는가?

① 1년   ② 2년
③ 3년   ④ 5년

해설) 국가에너지 기본계획기간은 20년이며 국가에너지 기본계획의 수립은 5년마다 한다.

77 산업통상자원부장관이 특정에너지사용기자재를 설치하게 하거나 사용하게 할 수 있는 자가 아닌 것은?

① 지방자치단체
② 정부출자기관
③ 대기업
④ 국·공립 연구기관

78 에너지 총조사에 대한 설명으로 잘못된 것은?

① 필요하다고 인정하는 경우에는 대통령령이 정하는 바에 따라 에너지 총조사를 실시할 수 있다.
② 필요하다고 인정하는 때는 간이조사를 실시할 수 있다.
③ 에너지사용자에 대하여 자료의 제출을 요구할 수 있다.
④ 5년을 주기로 실시한다.

해설) 에너지 총 조사 : 3년마다 통계법에 따라 실시한다.

ANSWER 73.④ 74.① 75.③ 76.④ 77.③ 78.④

79 에너지사용자가 에너지 소비절감 목표 등을 수립하여 정부 또는 지방자치단체와 이행 약속을 하는 제도는?

① 수요관리투자 협약
② 에너지사용계획 협약
③ 자발적 협약
④ 에너지절감 이행 협약

[해설] 에너지 사용자가 에너지 소비절감 목표 등을 수립하여 정부 또는 지방자치단체와 이행약속을 하는 제도를 자발적 협약이라 한다.

80 에너지이용합리화법과 관련된 다음 업무 중 시·도지사의 업무는?

① 에너지이용합리화 사업의 추진
② 검사대상기기의 검사
③ 에너지이용합리화 기금의 운용 및 관리
④ 일정 규모 이상의 에너지 사용 신고의 접수

[해설] 시장, 도지사에게 일정규모 이상의 에너지(연간 석유환산 2,000T.O.E 이상) 사용신고의 접수는 매년 1월 31일까지이다.

81 국가에너지기본계획의 계획기간은?

① 3년 이상
② 5년 이상
③ 20년 이상
④ 필요 기간

[해설] ① 국가에너지기본계획의 기간은 20년 이상이다.
② 국가에너지계획 수립은 5년마다 한다.
③ 지역에너지계획 기간 5년 이상
④ 지역에너지계획 수립은 5년마다

82 검사대상기기의 연료 또는 연소방법을 변경한 경우 받아야 하는 검사는?

① 개조검사
② 구조검사
③ 설치검사
④ 계속사용검사

[해설] 검사대상기기의 연료 또는 연소방법의 변경시 개조검사는 에너지관리공단이사장에게 신청

83 에너지이용합리화법에 따른 연료, 열 및 전기량의 에너지환산은 무엇을 기준으로 하는가?

① 석유(원유)
② 가스
③ 석탄
④ 원자력

[해설] 연료, 열, 전기량의 에너지 환산은 석유로 환산한다.

84 검사대상기기의 설치자가 그 사용 중인 검사대상기기를 폐기한 경우에는 며칠 이내에 신고해야 하는가?

① 7일
② 10일
③ 15일
④ 20일

[해설] ① 검사대상기기
㉮ 폐기 신고 : 15일 이내
㉯ 사용중지 신고 : 15일 이내
㉰ 설치자 변경신고 : 15일 이내
② 에너지관리공단 이사장에게 신고

85 에너지이용합리화법상 검사대상기기의 검사종류가 아닌 것은?

① 설치검사
② 유효검사
③ 제조검사
④ 개조검사

[해설] 검사의 종류 : 용접검사, 구조검사, 장소설치변경검사, 설치검사, 개조검사, 재사용검사, 계속사용안전검사, 계속사용성능검사 등

ANSWER 79.③ 80.④ 81.③ 82.① 83.① 84.③ 85.②

PART 05

에·너·지·관·리·산·업·기·사

최근 기출문제

에너지관리산업기사 필기

에너지관리산업기사

2017년 3월 5일 시행

제1과목 열역학 및 연소관리

01 표준 대기압 하에서 실린더 직경이 5cm 인 피스톤 위에 질량 100kg의 추를 놓았다. 실린더 내 가스의 절대압력은 약 몇 kPa인가? (단, 피스톤 중량은 무시한다.)

① 501　　② 609
③ 1000　　④ 1100

해설 절대압력=대기압+게이지압력
$$= 1 + \frac{100}{\frac{3.14 \times 5^2}{4}} = 6.09 \text{kg/cm}^2 = 609 \text{kPa}$$

02 공기비(m)에 대한 설명으로 옳은 것은?

① 연료를 연소시킬 경우 이론 공기량에 대한 실제공급 공기량의 비이다.
② 연료를 연소시킬 경우 실제공급 공기량에 대한 이론 공기량의 비이다.
③ 연료를 연소시킬 경우 1차 공기량에 대한 2차 공기량의 비이다.
④ 연료를 연소시킬 경우 2차 공기량에 대한 1차 공기량의 비이다.

해설 공기비(m)란? 연료를 연소시킬 경우 이론 공기량에 대한 실제공급 공기량의 비이다.
즉, 공기비 = $\frac{\text{실제공기량}}{\text{이론공기량}}$

03 어떤 기압 하에서 포화수의 현열이 185.6 kcal/kg이고, 같은 온도에서 증기 잠열이 414.4kcal/kg인 경우, 증기의 전열량은? (단, 건조도는 1이다.)

① 228.8kcal/kg
② 650.0kcal/kg
③ 879.3kcal/kg
④ 600.0kcal/kg

해설 건포화증기 엔탈피 = 포화수 엔탈피+잠열
= 185.6+414.4 = 600kcal/kg

04 기체연료의 특징에 관한 설명으로 틀린 것은?

① 유황이나 회분이 거의 없다.
② 화재, 폭발의 위험이 크다.
③ 액체연료에 비해 체적당 보유 발열량이 크다.
④ 고부하 연소가 가능하고 연소실 용적을 작게 할 수 있다.

해설 기체연료의 특징
① 발열량이 낮은 연료로 고온을 얻을 수 있다.
(액체연료에 비해 체적당 보유 발열량은 낮다.
② 집중가열, 균일가열 분위기 조성이 가능
③ 연소효율이 좋고 작은 공기비로 완전연소 가능
④ 황분·회분이 거의 없어 공해 및 전열면 오손이 없다.
⑤ 가스폭발 위험성이 크고 가격이 비싸다.
⑥ 시설비가 많이 든다.

ANSWER　1.②　2.①　3.④　4.③

05 실제연소가스량(G)에 대한 식으로 옳은 것은? (단, 이론연소가스량 : G_O, 과잉공기비 : m, 이론공기량 A_O)

① $G = G_O + (m+1)A_O$
② $G = G_O - (m-1)A_O$
③ $G = G_O + (m-1)A_O$
④ $G = G_O - (m+1)A_O$

해설 $G = G_O + (m-1)A_O$

06 온도 150℃의 공기 1kg이 초기 체적 0.248m³에서 0.496m³으로 될 때까지 단열 팽창하였다. 내부에너지의 변화는 약 몇 kJ/kg인가? (단, 정적비열(Cv)은 0.72kJ/kg·℃, 비열비(k)는 1.4이다.)

① -25 ② -74
③ 110 ④ 532

해설 $(150+273) \times 0.72 \times (0.248-0.496) = -75$kJ/kg

07 엔트로피의 변화가 없는 상태변화는?

① 가역 단열 변화 ② 가역 등온 변화
③ 가역 등압 변화 ④ 가역 등적 변화

해설 주위와 열의 수수가 행해지지 않는 가역 변화를 말하며, 엔트로피가 변화하지 않는 등엔트로피 변화이다. 이상 기체의 가역 단열변화는 압력 P와 부피 V와 단열 지수 k를 사용해서 PVk일정의 관계로 표시된다. PVk=일정

08 다음 중 액체연료의 점도와 관련이 없는 것은?

① 캐논-펜스케(Cannon-Fenske)
② 몰리에(Mollier)
③ 스톡스(Stokes)
④ 포아즈(Poise)

09 탄소(C) 1kg을 완전 연소시킬 때 생성되는 CO_2의 양은 약 얼마인가?

① 1.67kg ② 2.67kg
③ 3.67kg ④ 6.34kg

해설
$C + O_2 \rightarrow CO_2$
12kg : 44kg
1kg : x
$\therefore x = \dfrac{44}{12} = 3.67$kg

10 다음은 물의 압력-온도 선도를 나타낸다. 임계점은 어디를 말하는가?

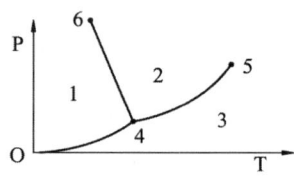

① 점 0 ② 점 4
③ 점 5 ④ 점 6

해설
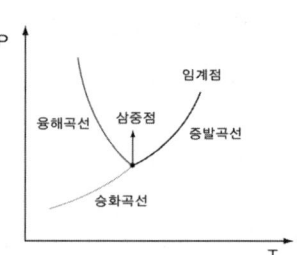

11 보일러 굴뚝의 통풍력을 발생시키는 방법이 아닌 것은?

① 연도에서 연소가스와 외부공기의 밀도차에 의해서 생기는 압력차를 이용하는 방법
② 벤튜리 관을 이용하여 배기가스를 흡입하는 방법
③ 압입 송풍기를 사용하는 방법
④ 흡입 송풍기를 사용하는 방법

ANSWER 5.③ 6.② 7.① 8.② 9.③ 10.③ 11.②

해설
자연통풍 : 연도에서 연소가스와 외부공기의 밀도차에 의해서 생기는 압력차를 이용하는 방법
강제통풍
① 압입통풍(연소실 입구측에 압입 송풍기를 설치하여 통풍시키는 방법)
② 흡입통풍(연도측에 흡입 송풍기를 설치하여 통풍시키는 방법)
③ 평형통풍(연소실 입구측과 연도측에 송풍기를 설치하여 통풍시키는 방법)

12 어떤 가역 열기관이 400°C에서 1000kJ을 흡수하여 일을 생산하고 100°C에서 열을 방출한다. 이 과정에서 전체 엔트로피 변화는 약 몇 kJ/K인가?

① 0 ② 2.5
③ 3.3 ④ 4

해설 가열사이클에서 $\int \frac{1}{T} = 0$ 이다.

13 이상 기체의 단열변화 과정에 대한 식으로 맞는 것은? (단, k는 비열비이다.)

① $PV = const$ ② $P^k V = const$
③ $PV^k = const$ ④ $PV^{1/k} = const$

해설 이상 기체의 단열변화 과정에서 $PV^k = const$ 이다.

14 −10°C의 얼음 1kg에 일정한 비율로 열을 가할 때 시간과 온도의 관계를 바르게 나타낸 그림은?
(단, 압력은 일정하다.)

①  ②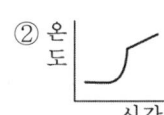

③ ④

15 다음 ( )안에 들어갈 내용으로 옳은 것은?

> 잠열은 물체의 (ㄱ)변화는 일으키지 않고, (ㄴ)변화만을 일으키는데 필요한 열량이며, 표준 대기압하에서 물 1kg의 증발잠열은 (ㄷ)kcal/kg이고, 얼음 1kg의 융해잠열은 (ㄹ)kcal/kg이다.

① (ㄱ) 상(phase), (ㄴ) 온도, (ㄷ) 539, (ㄹ) 80
② (ㄱ) 체적, (ㄴ) 상(phase), (ㄷ) 739, (ㄹ) 90
③ (ㄱ) 비열, (ㄴ) 상(phase), (ㄷ) 439, (ㄹ) 90
④ (ㄱ) 온도, (ㄴ) 상(phase), (ㄷ) 539, (ㄹ) 80

해설 잠열상태에서는 온도 변화없이 상태만이 변하고, 표준 대기압하에서 물 1kg의 잠열은 약 539kcal이며, 얼음의 융해잠열은 약 80kcal/kg이다.

16 압력이 300kPa, 체적이 0.5m³인 공기가 일정한 압력에서 체적이 0.7m³으로 팽창했다. 이 팽창 중에 내부 에너지가 50kJ 증가하였다면 팽창에 필요한 열량은 몇 kJ인가?

① 50 ② 60
③ 100 ④ 110

해설
$_1 W_2 = \int_1^2 PdV = P(V_2 - V_1) = R(T_2 - T_1)$
$= 300(0.7 - 0.5) = 60 kJ$
∴ $W = 60 + 50 = 110 kJ$

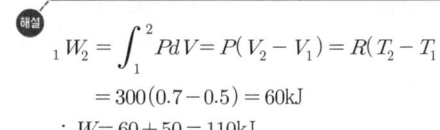

ANSWER 12.① 13.③ 14.③ 15.④ 16.④

17 기체의 분자량이 2배로 증가하면 기체상수는 어떻게 되는가?
① 2배   ② 1배
③ 1/2배 ④ 불변

[해설] 기체의 분자량이 2배로 증가하면 기체상수는 1/2배가 된다.

18 연소의 3요소에 해당하지 않는 것은?
① 가연물   ② 인화점
③ 산소 공급원 ④ 점화원

[해설] 연소의 3요소
① 가연물
② 산소공급원
③ 점화원

19 물 1kmol이 100℃, 1기압에서 증발할 때 엔트로피 변화는 몇 kJ/K인가?
(단, 물의 기화열은 2,257kJ/kg이다.)
① 22.57   ② 100
③ 109   ④ 139

[해설] $\dfrac{2,257}{273+100} \times 18 = 109 kJ/K$

20 27℃에서 12L의 체적을 갖는 이상기체가 일정 압력에서 127℃까지 온도가 상승하였을 때 체적은 약 얼마인가?
① 12L   ② 16L
③ 27L   ④ 56L

[해설] $\dfrac{V_1}{T_1} = \dfrac{V_2}{T_2}$
$\therefore V_2 = \dfrac{V_1 T_2}{T_1} = \dfrac{12 \times (127+273)}{27+273} = 16L$

제2과목 계측 및 에너지진단

21 증기 보일러에서 압력계 부착 시 증기가 압력계에 직접 들어가지 않도록 부착하는 장치는?
① 부압관
② 사이폰관
③ 맥동댐퍼관
④ 플랙시블관

[해설] 사이폰관
압력계(브르돈관)의 파손을 방지하기 위해 설치된다.

22 열 설비에 사용되는 자동제어 계의 동작순서로 옳은 것은?
① 조작 – 검출 – 판단(조절) – 비교 – 측정
② 비교 – 판단(조절) – 조작 – 검출
③ 검출 – 비교 – 판단(조절) – 조작
④ 판단 – 비교(조절) – 검출 – 조작

[해설] 자동제어 계통 동작순서
검출 – 비교 – 판단(조절) – 조작

23 오르자트 분석 장치에서 암모니아성 염화 제1동용액으로 측정할 수 있는 것은?
① CO_2
② CO
③ N_2
④ O_2

[해설]
• CO_2 : KOH 30% 수용액
• O_2 : 알칼리성 피로카롤 용액
• CO : 암모니아성 염화 제1동 용액

ANSWER 17.③ 18.② 19.③ 20.② 21.② 22.③ 23.②

24 증기부와 수부의 굴절률 차를 이용한 것으로 증기는 적색, 수부는 녹색으로 보이도록 한 것으로 고압의 대용량이나, 발전용 보일러에 사용되는 수면계는?

① 2색식 수면계
② 유리관 수면계
③ 평행투시식 수면계
④ 평형반사식 수면계

해설) 2색식 수면계는 증기부와 수부의 굴절률 차를 이용한 것으로 증기는 적색, 수부는 녹색으로 보이도록 한 것으로 고압의 대용량이나, 발전용 보일러에 사용

25 보일러에서 아래 식은 무엇을 나타내는가?
(단, G : 매시간당 증발량(kg/h),
G_f : 매시간당 연료소비량(kg/h),
H_ℓ : 연료의 저위발열량(kcal/kg),
i_2 : 증기의 엔탈피(kcal/kg),
i_1 : 급수의 엔탈피(kcal/kg))

$$\frac{G(i_2 - i_1)}{H_\ell \cdot G_f} \times 100$$

① 보일러 마력   ② 보일러 효율
③ 상당 증발량   ④ 연소 효율

해설) • 보일러효율 = $\frac{매시간당 증발량(증기엔탈피-급수엔탈피)}{연료의 저위발열량 \times 연료소비량} \times 100$

26 보일러 실제증발량에 증발계수를 곱한 값은?

① 상당 증발량
② 연소실 열부하
③ 전열면 열부하
④ 단위 시간당 연료 소모량

해설) • 상당증발량 = $\frac{매시간당 실제증발량(증기엔탈피-급수엔탈피)}{539}$
• 증발계수 = $\frac{증기엔탈피 - 급수엔탈피}{539}$

27 액면계에서 액면측정 방식에 대한 분류로 틀린 것은?

① 부자식   ② 차압식
③ 편위식   ④ 분동식

해설) 분동식은 압력계의 종류에 속한다.

28 증기 건도를 향상시키기 위한 방법과 관계가 없는 것은?

① 저압의 증기를 고압의 증기로 증압시킨다.
② 증기주관에서 효율적인 드레인 처리를 한다.
③ 기수분리기를 설치하여 증기의 건도를 높인다.
④ 포밍, 프라이밍 현상을 방지하여 캐리오버 현상이 일어나지 않도록 한다.

해설) 저압의 증기를 고압으로 할 경우 응축이 된다.

29 정해진 순서에 따라 순차적으로 제어하는 방식은?

① 피드백 제어   ② 추종 제어
③ 시퀀스 제어   ④ 프로그램 제어

해설) ① 피드백 제어(feed-back control system) : 자동제어방식의 기본적인 것으로 신호에 의하여 주어진 목표값과 조작한 결과인 제어량이 원인이 되어 제어동작을 되돌려 진행하는 것으로 출력측의 신호를 입력측으로 돌려보내는 조작으로 폐회로를 구성한다.(보일러의 기본제어이다.)
② 시퀀스 제어(sequence control system) : 피드백 제어에 의하지 않고 정해진 순서에 따라 제어단계를 순차적으로 진행하는 방식

ANSWER 24.① 25.② 26.① 27.④ 28.① 29.③

30 SI 단위표시에서 압력단위 표시방법으로 옳은 것은?

① mmHg/cm² ② cm²/kg
③ kg/at ④ N/m²

> 해설 N/m²과 Pa은 같은 압력 단위이다.

31 다음 중 연소실 내의 온도를 측정할 때 가장 적합한 온도계는?

① 알코올 온도계
② 금속 온도계
③ 수은 온도계
④ 열전대 온도계

> 해설 **열전대 온도계**
> 고온 측정용으로 연소실 내의 온도를 측정하는데 적합한 온도계이다.

32 다음 그림과 같은 액주계 설치 상태에서 비중량이 γ, γ_1 이고 액주 높이차가 h 일 때 관로압 P_X 는 얼마인가?

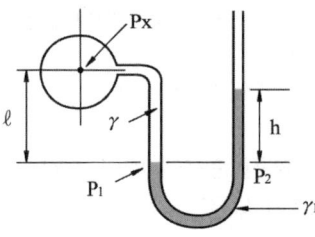

① $P_X = \gamma_1 h + \gamma \ell$
② $P_X = \gamma_1 h - \gamma \ell$
③ $P_X = \gamma_1 \ell - \gamma h$
④ $P_X = \gamma_1 \ell + \gamma h$

> 해설 관로압 측정은 $P_X = \gamma_1 h - \gamma \ell$ 이다.

33 공기압 신호 전송에 대한 설명으로서 틀린 것은?

① 조작부의 동특성이 우수하다.
② 제진, 제습 공기를 사용하여야 한다.
③ 공기압이 통일되어 있어 취급이 편리하다.
④ 전송 거리가 길어도 전송 지연이 발생되지 않는다.

> 해설 공기압식은 전송 지연이 발생되는 결점이 있다.

34 유체주에 해당하는 압력의 정확한 표현식은? (단, 유체주의 높이 h, 압력 P, 밀도 ρ, 비중량 γ, 중력 가속도 g라 하고, 중력 가속도는 지점에 따라 거의 일정하다고 가정한다.)

① $P = h\rho$ ② $P = hg$
③ $P = \rho g h$ ④ $P = \gamma g$

> 해설 유체주의 압력 $P = \rho g h$ 이다.

35 물체의 탄성 변위량을 이용한 압력계가 아닌 것은?

① 다이아프램 압력계
② 경사관식 압력계
③ 부르돈관 압력계
④ 벨로즈 압력계

> 해설 **탄성식 압력계의 종류**
> ① 다이아프램 압력계
> ② 벨로즈 압력계
> ③ 부르돈관 압력계

ANSWER 30.④ 31.④ 32.② 33.④ 34.③ 35.②

36 계량 계측기의 교정을 나타내는 말은?

① 지시값과 표준기의 지시값 차이를 계산하는 것
② 지시값과 참값을 일치하도록 수정하는 것
③ 지시값과 오차값의 차이를 계산하는 것
④ 지시값과 참값의 차이를 계산하는 것

> **해설** 계량 계측기의 교정이란?
> 지시값과 표준기의 지시값 차이를 계산하는 것

37 융커스식 열량계의 특징에 관한 설명으로 틀린 것은?

① 가스의 발열량 측정에 가장 많이 사용된다.
② 열량측정 시 시료가스 온도 및 압력을 측정한다.
③ 구성 요소로는 가스 계량기, 압력 조정기, 기압계, 온도계, 저울 등이 있다.
④ 열량측정 시 가스 열량계의 배기 온도는 측정하지 않는다.

> **해설** 융커스식 열량계 특징
> ① 가스의 발열량 측정에 가장 많이 사용된다.
> ② 열량측정 시 시료가스 온도 및 압력을 측정한다.
> ③ 구성 요소로는 가스 계량기, 압력 조정기, 기압계, 온도계, 저울 등이 있다.

38 2차 지연 요소에 대한 설명으로 옳은 것은?

① 1차 지연 요소 2개를 직렬로 연결한 것으로 1차 지연 요소보다 응답속도가 더 늦어진다.
② 1차 지연 요소 2개를 직렬로 연결한 것으로 1차 지연 요소보다 응답속도가 더 빨라진다.
③ 1차 지연 요소 2개를 병렬로 연결한 것으로 1차 지연 요소보다 응답속도가 더 늦어진다.
④ 1차 지연 요소 2개를 병렬로 연결한 것으로 1차 지연 요소보다 응답속도가 더 빨라진다.

> **해설** 2차 지연 요소는 1차 지연 요소 2개를 직렬로 연결한 것으로 1차 지연 요소보다 응답속도가 더 늦어진다.

39 보일러 열정산에 있어서 출열 항목이 아닌 것은?

① 불완전 연소 가스에 의한 손실 열량
② 복사열에 의한 손실 열량
③ 발생 증기의 흡수 열량
④ 공기의 현열에 의한 열량

> **해설** 입열항목
> ① 연료의 발열량
> ② 공기의 현열
> ③ 연료의 현열
> ④ 노내 분입 증기열

40 SI 단위계의 기본단위에 해당 되지 않는 것은?

① 길이
② 질량
③ 압력
④ 시간

> **해설** SI 단위계의 기본단위
> 길이(m), 시간(sec), 질량(kg) 전류(A), 광도(Cd), 온도(K)

ANSWER 36.① 37.④ 38.① 39.④ 40.③

제3과목 열설비구조 및 시공

41 보온재 중 무기질 보온재가 아닌 것은?
① 석면 ② 탄산마그네슘
③ 규조토 ④ 펠트

해설
펠트
유기질 보온재

42 배관을 아래에서 위로 떠 받쳐 지지하는 장치 중의 하나로 배관의 굽힘부 등에 관으로 영구히 고정시키는 것은?
① 앵커 ② 파이프 슈
③ 스토퍼 ④ 가이드

해설
파이프 슈
배관을 아래에서 위로 떠 받쳐 지지하는 장치 중의 하나로 배관의 굽힘부 등에 관으로 영구히 고정시키는 것

43 수관보일러에 대한 설명으로 틀린 것은?
① 수관 내에 흐르는 물을 연소가스 가열하여 증기를 발생시키는 구조이다.
② 수관에서 나오는 기포를 물과 분리하기 위하여 증기드럼이 필요하다.
③ 일반적으로 제작비용이 커 대용량 보일러에 적용이 많으나 중소형에도 적용이 가능하다.
④ 노통내면 및 동체 수부의 면을 고온가스로 가열하게 되어 비교적 열 손실이 적다.

해설
원통보일러에 속하는 노통 보일러는 노통 내면 및 동체 수부의 면을 고온가스로 가열하게 되어 비교적 열 손실이 적다.

44 다음 중 수관보일러는 어느 것인가?
① 관류 보일러
② 케와니 보일러
③ 입형 보일러
④ 스코치 보일러

해설
수관 보일러인 관류 보일러는 드럼이 없이 관으로만 구성이 되어 있다.

45 보일러의 종류에서 랭커셔 보일러는 무슨 보일러에 해당하는가?
① 수직 보일러
② 연관 보일러
③ 노통 보일러
④ 노통연관 보일러

해설
노통 보일러
랭커셔, 코르니쉬

46 조업방식에 따른 요의 분류 시 불연속식 요에 해당되지 않는 것은?
① 횡염식 요
② 터널식 요
③ 승염식 요
④ 도염식 요

해설
• 불연속요 : 횡염식, 승염식, 도염식
• 반연속요 : 등요, 셔틀요
• 연속요 : 윤요(고리가마), 터널요

47 호칭지름 15A의 강관을 반지름 90mm로 90도 각도로 구부릴 때 곡선부의 길이는?
① 130mm ② 141mm
③ 182mm ④ 280mm

해설
$\pi D \times \dfrac{각도}{360} = 3.14 \times 180 \times \dfrac{90}{360} = 141mm$

ANSWER 41.④ 42.② 43.④ 44.① 45.③ 46.② 47.②

48 평로법과 비교하여 LD전로법에 관한 설명으로 틀린 것은?

① 평로법보다 생산 능률이 높다.
② 평로법보다 공장 건설비가 싸다.
③ 평로법보다 작업비, 관리비가 싸다.
④ 평로법보다 고철의 배합량이 많다.

> LD전로는 종래의 전로가 노의 하부로부터 공기를 송풍한 것과는 달리 노의 상부로부터 순산소(純酸素)의 제트(jet)를 초음속으로 송풍하는 방식으로 순산소 제강법이라고도 한다.
> 불순물이 적은 양질의 강을 불과 30~40분(평로는 4~5시간)이라는 단 시간내에 얻을 수 있고, 건설비가 비교적 저렴하며 생산성이 높아 작업비가 저렴하다. 또한 원료로는 용선이 대부분이고 고철 장입량은 10~20%정도로 낮으므로 일괄 제철소에서는 제철소내에서 발생하는 고철로 그 소요량을 채울 수 있어 외부에서 별도로 고철을 구매할 필요가 없다.

49 수관보일러에서 수관의 배열을 마름모(지그재그)형으로 배열시키는 주된 이유는?

① 연소가스 접촉에 의한 전열을 양호하게 하기 위하여
② 보일러수의 순환을 양호하게 하기 위하여
③ 수관의 스케일 생성을 박기 위하여
④ 연소가스의 흐름을 원활히 하기 위하여

> 수관보일러에서 수관의 배열을 마름모(지그재그)형으로 배열시키는 주된 이유는 연소가스 접촉에 의한 전열을 양호하게 하기 위함이다.

50 보온벽의 온도가 안쪽 20℃, 바깥쪽 0℃이다. 벽 두께가 20cm, 벽 재료의 열전도율이 0.2kcal/m·h·℃ 일 때, 벽 1m²당, 매 시간의 열손실량은?

① 0.2kcal/h   ② 0.4kcal/h
③ 20kcal/h   ④ 50kcal/h

> $\dfrac{0.2 \times 1 \times (20-0)}{0.2} = 20\text{kcal/h}$

51 다음 보온재 중 안전사용 온도가 가장 높은 것은?

① 석면
② 암면
③ 규조토
④ 펄라이트

> • 석면(최고사용온도 약 500℃)
> • 암면(최고사용온도 약 600℃)
> • 규조토(최고사용온도 약 500℃)
> • 펄라이트(최고사용온도 약 800℃)

52 에너지이용 합리화법에 따른 보일러의 제조 검사에 해당되는 것은?

① 용접검사
② 설치검사
③ 개조검사
④ 설치장소 변경검사

> 용접검사는 제조검사에 속한다.

53 증기난방 배관용으로 쓰이는 증기트랩에 관한 설명으로 옳은 것은?

① 방열기의 송수구 또는 배관의 윗부분에 증기가 모이는 곳에 설치한다.
② 증기트랩을 설치하는 주목적은 고압의 증기와 공기를 배출하는 것이다.
③ 방열기나 증기관 속에 생긴 응축수를 환수관으로 배출한다.
④ 증기트랩은 마찰 저항이 커야 하며 내마모성 및 내식성 등이 작아야 한다.

> 증기 트랩은 방열기나 증기관 속에 생긴 응축수를 환수관으로 배출하여 부식, 수격작용등을 방지한다.

54 12m의 높이에 0.1m³/s의 물을 퍼 올리는데 필요한 펌프의 축 마력은?
(단, 펌프의 효율은 80%이다.)

① 15PS ② 20PS
③ 30PS ④ 38PS

해설 $\frac{1000 \times 0.1 \times 12}{75 \times 0.8} = 20ps$
• 물의 비중량 1000kg/m³

55 돌로마이트(dolomite)의 주요 화학성분은?

① SiO_2
② SiO_2, Al_2O_3
③ $CaCO_3$, $MgCO_3$
④ Al_2O_3

해설 돌로마이트(dolomite)의 주요 화학성분
$CaCO_3$, $MgCO_3$

56 에너지이용 합리화법에 의한 검사대상기기 조종자의 선임, 해임 또는 퇴직에 관한 신고는 신고 사유가 발생한 날부터 며칠 이내에 해야 하는가?

① 15일 ② 30일
③ 20일 ④ 2개월

해설 검사대상기기 조종자의 선임, 해임 또는 퇴직에 관한 신고는 신고 사유가 발생한 날부터 30일 이내에 해야 한다.

57 증기과열기의 종류를 열 가스의 흐름 방향에 따라 분류 할 때 해당되지 않는 것은?

① 병류형 ② 직류형
③ 향류형 ④ 혼류형

해설
• 열 가스 흐름에 따른 분류 : 병류형, 향류형, 혼류형
• 열 가스 접촉에 따른 분류 : 복사과열기, 접촉(대류)과열기, 접촉복사 과열기

58 그림과 같은 고체 벽면에 의하여 열이 전달될 때 전달 열량을 계산하는 식은?
(단, λ : 열전도율, S : 전열면적, τ : 시간, δ : 두께이다.)

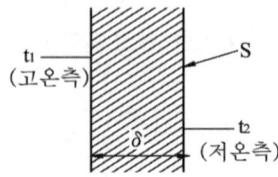

① $Q = \frac{\delta \cdot S(t_1 - t_2) \cdot \tau}{\lambda}$

② $Q = \frac{\lambda \cdot (t_1 - t_2) \cdot \tau}{\delta \cdot S}$

③ $Q = \frac{S \cdot (t_1 - t_2) \cdot \tau}{\lambda \cdot \delta}$

④ $Q = \frac{\lambda \cdot S(t_1 - t_2) \cdot \tau}{\delta}$

해설 $Q = \frac{\lambda \cdot S(t_1 - t_2) \cdot \tau}{\delta}$
즉, $\frac{열전도율 \times 면적 \times 온도차}{두께}$ (kcal/h)

59 보일러수 중 알칼리 용액의 농도가 높을 때 응력이 큰 금속표면에 미세한 균열이 일어나는 것을 무엇이라고 하는가?

① 피팅(pitting)
② 가성취화
③ 그루빙(grooving)
④ 포밍(foaming)

해설 보일러수 중 알칼리 용액의 농도가 높을 때 응력이 큰 금속표면에 미세한 균열이 일어나는 것을 가성취화라 한다.

ANSWER 54.② 55.③ 56.② 57.② 58.④ 59.②

60 재생식 공기 예열기로서 일반 대형 보일러에 주로 사용되는 것은?

① 엘레멘트 조립식
② 융그스트룸식
③ 판형식
④ 관형식

> 해설) 융그스트룸식을 재생식이라고 하며 일반 대형보일러에 주로 사용된다.

제4과목 열설비취급 및 안전관리

61 보일러의 건식 보존법에서 보일러 내부에 넣어두는 건조 약품으로 가장 적합한 것은?

① 탄산칼슘 ② 실리카겔
③ 염화나트륨 ④ 염화수소

> 해설) **흡습제 종류**
> 실리카겔, 생석회, 염화칼슘 등

62 건식 환수관에서 증기관 내의 응축수를 환수관에 배출할 때는 응축수가 체류하기 쉬운 곳에 무엇을 설치하여야 하는가?

① 안전밸브
② 드레인 포켓
③ 릴리프 밸브
④ 공기빼기 밸브

> 해설) 건식 환수관에서 증기관 내의 응축수를 환수관에 배출할 때는 응축수가 체류하기 쉬운 곳에는 드레인 포켓을 설치한다.

63 스프링식 안전밸브에 속하지 않는 것은?

① 전량식 안전밸브
② 고양정식 안전밸브
③ 전양정식 안전밸브
④ 기체용식 안전밸브

> 해설) **스프링식 안전밸브의 종류**
> 저양정식, 고양정식, 전양정식, 전량식

64 송수주관을 상향구배로 하고 방열면을 보일러 설치 기준면 보다 높게 하여 온수를 순환시키는 배관방식은?

① 단관식
② 복관식
③ 상향순환식
④ 하향순환식

> 해설) 상향순환식은 송수주관을 상향구배로 하고 방열면을 보일러 설치 기준면 보다 높게 하여 온수를 순환시키는 배관방식

65 보일러의 급수처리에 있어서 용해 고형물(경도성분)을 침전시켜 연화할 목적으로 사용되는 약제는?

① H_2SO_4
② $NaOH$
③ Na_2CO_3
④ $MgCl_2$

> 해설) 탄산나트륨(Na_2CO_3)은 경도성분을 연화할 목적으로 사용된다.

66 보일러 운전 중 취급상의 사고에 해당되지 않는 것은?

① 압력초과 ② 저수위 사고
③ 급수처리 불량 ④ 부속장치 미비

해설 보일러 사고의 원인별 구분
- 제작상의 원인
  ① 재료불량
  ② 구조 및 설계불량
  ③ 강도불량
  ④ 용접불량 등
- 취급상의 원인
  ① 압력초과
  ② 저수위
  ③ 과열
  ④ 역화
  ⑤ 부식 등

67 보일러에 사용되는 탈산소제의 종류로 옳은 것은?

① 황산
② 염화나트륨
③ 하이드라진
④ 수산화나트륨

해설 탈산소제 종류
아황산 나트륨, 탄닌, 히드라진 등

68 에너지이용 합리화법에서 검사대상기기 조종자의 선임·해임 또는 퇴직신고의 접수는 누구에게 하는가?

① 국토교통부장관
② 환경부장관
③ 한국에너지공단이사장
④ 한국열관리시공협회장

해설 검사대상기기조종자의 선임·해임 또는 퇴직신고 : 에너지관리공단이사장

69 보일러 안전밸브의 작동시험 방법으로 틀린 것은?

① 안전밸브가 2개 이상인 경우 그 중 1개는 최고사용압력 이하, 기타는 최고사용압력의 1.3배 이하이어야 한다.
② 과열기의 안전밸브 분출압력은 증발부 안전밸브의 분출압력 이하이어야 한다.
③ 안전밸브가 1개인 경우 분출압력은 최고사용압력 이하이어야 한다.
④ 재열기 및 독립과열기에 있어서는 안전밸브가 1개인 경우 분출압력은 최고사용압력 이하이어야 한다.

해설 안전밸브가 2개 이상인 경우 그 중 1개는 최고 사용압력 이하, 기타는 최고사용압력의 1.03배 이하이어야 한다.

70 다음 중 보일러 수의 슬러지 조정제로 사용되는 청관제는?

① 전분 ② 가성소다
③ 탄산소다 ④ 아황산소다

해설 슬러지 조정제
탄닌, 리그닌, 전분(녹말)

71 에너지이용 합리화법에 따른 개조검사에 해당되지 않는 것은?

① 온수보일러를 증기보일러로 개조
② 보일러 섹션의 증감에 의한 용량의 변경
③ 연료 또는 연소 방법의 변경
④ 철금속가열로로서 산업통상자원부장관이 정하여 고시하는 경우의 수리

해설 개조검사에 속하는 증기보일러를 온수보일러로 개조하는 경우

ANSWER 66.④ 67.③ 68.③ 69.① 70.① 71.①

72 에너지이용 합리화법에 따라 검사대상기기 조종자는 중·대형 보일러 조종자 교육 과정이나 소형보일러·압력용기 조종자 교육 과정을 받아야 하는데, 여기서 중·대형 보일러 조종자 교육 과정을 받아야 하는 기준으로 옳은 것은?

① 검사대상기기 조종자 중 용량이 1t/h (난방용의 경우에는 5t/h)를 초과하는 강철제 보일러 및 주철제 보일러의 조종자
② 검사대상기기 조종자 중 용량이 3t/h (난방용의 경우에는 5t/h)를 초과하는 강철제 보일러 및 주철제 보일러의 조종자
③ 검사대상기기 조종자 중 용량이 1t/h (난방용의 경우에는 10t/h)를 초과하는 강철제 보일러 및 주철제 보일러의 조종자
④ 검사대상기기 조종자 중 용량이 3t/h (난방용의 경우에는 10t/h)를 초과하는 강철제 보일러 및 주철제 보일러의 조종자

해설) 검사대상기기 조종자 중 용량이 1t/h(난방용의 경우에는 5t/h)를 초과하는 강철제 보일러 및 주철제 보일러의 조종자는 중·대형 보일러 조종자 교육 과정을 받아야 한다.

73 열역학적 트랩으로 수격현상에 강하고 과열증기에도 사용할 수 있으며 구조가 간단하여 유지보수가 용이한 증기트랩은?

① 버킷 트랩   ② 디스크 트랩
③ 벨로즈 트랩   ④ 바이메탈식 트랩

해설) **열역학적 트랩**
디스크식, 오리피스식

74 사무실에서 증기난방을 할 때 필요한 전체 방열량이 20000kcal/h 이라면 5세주 650mm 주철제 방열기로 난방을 할 때 필요한 방열기의 쪽수는? (단, 5세주 650mm 주철제 방열기의 쪽당 방열면적은 $0.26m^2$이다.)

① 119쪽
② 129쪽
③ 139쪽
④ 150쪽

해설) $\dfrac{20000}{650 \times 0.26} = 119$쪽

75 보일러에서 증기를 송기할 때의 조작 방법으로 틀린 것은?

① 증기헤더의 드레인 밸브를 열어 응축수를 배출한다.
② 주증기관 내에 관을 따뜻하게 하기 위해 다량의 증기를 급격히 보낸다.
③ 주증기 밸브의 열림 정도를 단계적으로 한다.
④ 주증기 밸브를 완전히 연 다음 약간 되돌려 놓는다.

해설) 주증기 밸브를 서서히 열어 응축수를 제거해야 한다.

ANSWER 72.① 73.② 74.① 75.②

76 에너지이용 합리화법에 관한 내용으로 다음 ( )안에 각각 들어갈 용어로 옳은 것은?

> 산업통상자원부장관은 효율관리기자재가 (㉠)에 미달하거나 (㉡)을 초과하는 경우에는 해당 효율관리기자재의 제조업자 또는 판매업자에게 그 생산이나 판매의 금지를 명령할 수 있다.

① ㉠ 최대소비효율기준
　㉡ 최저사용량기준
② ㉠ 적정소비효율기준
　㉡ 적정사용량기준
③ ㉠ 최저소비효율기준
　㉡ 최대사용량기준
④ ㉠ 최대사용량기준
　㉡ 최저소비효율기준

해설 ㉠ 최저소비효율기준 ㉡ 최대사용량기준

77 하트포드 배관에서 환수주관과 균형관(balance pipe)의 연결 위치는 보일러 사용수위(표준수위)에서 몇 mm 아래 위치하는가?

① 30　　② 50
③ 70　　④ 100

해설 하트포드 배관에서 환수주관과 균형관(balance pipe)의 연결 위치는 보일러 사용수위(표준수위)에서 몇 50mm 아래에 위치한다.

78 증기의 순환이 가장 빠르며 방열기 설치장소에 제한을 받지 않는 환수방식으로 증기와 응축수를 진공펌프로 흡입 순환시키는 난방법은?

① 중력환수식
② 기계환수식
③ 진공환수식
④ 자연환수식

해설 증기의 순환이 가장 빠르며 방열기 설치장소에 제한을 받지 않는 환수방식으로 증기와 응축수를 진공펌프로 흡입 순환시키는 것은 진공환수식이다.

79 에너지이용 합리화법에 따라 국내외 에너지사정의 변동으로 에너지수급에 중대한 차질이 발생하거나 발생할 우려가 있다고 인정될 경우, 에너지수급의 안전을 위한 조치 사항에 해당되지 않는 것은?

① 에너지의 배급
② 에너지의 비축과 저장
③ 에너지 판매시설의 확충
④ 에너지사용기자재의 사용 제한

80 다음 중 보일러의 보존방법이 아닌 것은?

① 건식보존법
② 소다 보일링법
③ 만수보존법
④ 질소봉입법

해설 신설보일러에서 유지류 등을 제거하기 위해 소다 보일 작업을 한다.

ANSWER　76.③　77.②　78.③　79.③　80.②

에너지관리산업기사

2017년 5월 7일 시행

제1과목 열역학 및 연소관리

01 비열에 대한 설명으로 틀린 것은?

① 비열은 1℃의 온도를 변화시키는데 필요한 단위질량당의 열량이다.
② 정압비열은 압력이 일정할 때 기체 1kg을 1℃높이는데 필요한 열량이다.
③ 기체의 정압비열과 정적비열은 일반적으로 같지 않다.
④ 정압비열은 정적비열보다 클 수도, 작을 수도 있다.

해설 정압비열이 항상 정적비열 보다 크다.

02 보일러의 자연통풍에서 통풍력을 크게 하기 위한 방법이 아닌 것은?

① 연돌의 높이를 높인다.
② 배기가스 온도를 높인다.
③ 연돌 상부 단면적을 적게 한다.
④ 연도의 굴곡부를 줄인다.

해설 자연통풍력을 크게 하는 방법
① 연돌의 높이를 높인다.
② 배기가스 온도를 높인다.
③ 연돌 상부 단면적을 크게 한다.
④ 연도의 굴곡부를 줄인다.

03 두 개의 단열과정과 두 개의 등온과정으로 이루어진 사이클은?

① 오토사이클   ② 디젤사이클
③ 카르노사이클   ④ 브레이튼사이클

해설 카르노사이클은 두 개의 단열과정과 두 개의 등온과정으로 이루어진 사이클이다.

04 엔트로피(entropy)에 대한 설명으로 옳은 것은?

① 열역학 제2법칙과 관련된 것으로서 비가역 사이클에서는 항상 엔트로피가 증가한다.
② 열역학 제1법칙과 관련된 것으로 가역사이클이 비가역 사이클보다 엔트로피의 증가가 뚜렷하다.
③ 열역학 제2의 법칙으로 정의된 엔트로피는 과정의 진행방향과는 아무런 관련이 없다.
④ 엔트로피의 단위는 K/kJ이다.

해설 엔트로피(entropy)는 열역학 제2법칙과 관련된 것으로서 비가역 사이클에서는 항상 엔트로피가 증가한다.

05 어떤 용기 내의 기체의 압력이 계기압력으로 Pg 이다. 대기압을 Pa 라고 할 때, 기체의 절대압력은?

① Pg - Pa   ② Pg + Pa
③ Pg × Pa   ④ Pg / Pa

해설 절대압력은 = 대기압+게이지압력

ANSWER 1.④ 2.③ 3.③ 4.① 5.②

06 증기터빈에 36kg/s의 증기를 공급하고 있다. 터빈의 출력이 3×10^4 kW 이면 터빈의 증기소비율은 몇 kg/kW·h 인가?

① 3.08　　② 4.32
③ 6.25　　④ 7.18

해설) $\frac{36}{30000} \times 3600 = 4.32$ kg/kwh

07 통풍압력을 2배로 높이려면 원심형 송풍기의 회전수를 몇 배로 높여야 하는가? (단, 다른 조건은 동일하다고 본다.)

① 1　　② $\sqrt{2}$
③ 2　　④ 4

해설) 원심형 송풍기에서 통풍압력을 2배로 하려면 회전수는 $\sqrt{2}$ 배로 한다.

08 탄소를 완전 연소시키면 다음 반응식과 같이 탄산가스와 함께 높은 열이 발생한다. 이를 참고하여 탄소(C) 1kg을 완전 연소시켰을 때 발생하는 열량은?

$$C + O_2 = CO_2 + 97,200 \text{kcal/kmol}$$

① 2,550kcal/kg　　② 8,100kcal/kg
③ 12,720kcal/kg　　④ 16,200kcal/kg

해설) $\frac{97,200}{12} = 8,100$ kcal/kg

09 연소장치의 선회방식 보염기가 아닌 것은?

① 평행류식　　② 축류식
③ 반경류식　　④ 혼류식

해설) **선회방식 보염기**
축류식, 혼류식, 반경류식

10 연돌의 입구 온도가 200℃, 출구 온도가 30℃일 때, 배출가스의 평균온도는 약 몇 ℃ 인가?

① 85℃　　② 90℃
③ 109℃　　④ 115℃

해설) $\frac{200-30}{\ln(\frac{200}{30})} = 90℃$

11 보일러 집진장치 중 매진을 액막이나 액방울에 충돌시키거나 접촉시켜 분리하는 것은?

① 여과식　　② 세정식
③ 전기식　　④ 관성 분리식

해설) 집진장치 중 세정식은 매진을 액막이나 액방울에 충돌시키거나 접촉시켜 분리한다.

12 기체연료의 특징에 관한 설명으로 틀린 것은?

① 회분 발생이 많고 수송이나 저장이 편리하다.
② 노 내의 온도분포를 쉽게 조절할 수 있다.
③ 연소조절, 점화, 소화가 용이하다.
④ 연소효율이 높고 약간의 과잉공기로 완전연소가 가능하다.

해설) 기체연료는 회분 발생이 적으나 수송이나 저장은 어렵다.

13 고체 연료가 가열되어 외부에서 점화하지 않아도 연소가 일어나는 최저 온도를 무엇이라고 하는가?

① 착화온도　　② 최적온도
③ 연소온도　　④ 기화온도

ANSWER　6.②　7.②　8.②　9.①　10.②　11.②　12.①　13.①

해설 가연성 물질인 연료가 가열되어 외부에서 점화하지 않아도 연소가 일어나는 최저 온도를 착화온도라 한다.

14 이상기체 5kg이 350℃에서 150℃까지 "$PV^{1.3}$ = 상수"에 따라 변화하였다. 엔트로피의 변화는? (단, 가스의 정적비열은 0.653kJ/kg·K이고, 비열비(k)는 1.4이다.)

① 1.69kJ/K ② 1.52kJ/K
③ 0.85kJ/K ④ 0.42kJ/K

15 가스연료 연소 시 발생하는 현상 중 옐로우 팁(Yellow tip)을 바르게 설명한 것은?

① 버너에서 부상하여 일정한 거리를 연소하는 불꽃의 모양
② 불꽃의 색상이 적황색으로 1차공기가 부족한 경우 발생하는 불꽃의 모양
③ 가스연소 시 공기량이 과다하여 발생하는 불꽃의 모양
④ 불꽃이 염공을 따라 거꾸로 들어가는 현상

해설 불꽃의 색상이 적황색으로 1차공기가 부족한 경우 발생하는 불꽃의 모양을 옐로우 팁(Yellow tip)이라 한다.

16 탄소 0.87, 수소 0.1, 황 0.03의 조성을 가지는 연료가 있다. 이론 건배가스량은 약 몇 Nm³/kg 인가?

① 7.54 ② 8.84
③ 9.94 ④ 10.84

해설 $8.89C + 21.07(H - \frac{O}{8}) + 3.33S + 0.8N$
$8.89 \times 0.87 + 21.07 \times 0.1 + 3.33 \times 0.03$
$= 9.94 \text{Nm}^3/\text{kg}$

17 압력 200kPa, 체적 0.4m³인 공기를 압력이 일정한 상태에서 체적을 0.6m³로 팽창시켰다. 팽창 중에 내부에너지가 80kJ 증가하였으면 팽창에 필요한 열량은?

① 40kJ ② 60kJ
③ 80kJ ④ 120kJ

해설 $\int_1^2 PdV = 200(0.6 - 0.4) = 40\text{kJ}$

∴ 팽창에 필요한 열량은 = 40+80 = 120kJ

18 증기의 압력이 높아질 때 나타나는 현상에 관한 설명으로 틀린 것은?

① 포화온도가 높아진다.
② 증발잠열이 증대한다.
③ 증기의 엔탈피가 증가한다.
④ 포화수 엔탈피가 증가한다.

19 15℃의 물 1kg을 100℃의 포화수로 변화시킬 때 엔트로피의 변화량은?
(단, 물의 평균 비열은 4.2kJ/kg·K이다.)

① 1.1kJ/K ② 8.0kJ/K
③ 6.7kJ/K ④ 85.0kJ/K

해설 $4.2 \times \ln(\frac{100+273}{15+273}) = 1.09\text{kJ/K}$

20 석탄을 공업 분석하였더니 수분이 3.35%, 휘발분이 2.65%, 회분이 25.5% 이었다. 고정탄소분은 몇 % 인가?

① 37.6 ② 49.4
③ 59.8 ④ 68.5

해설 고정탄소 = 100-(수분(%)+휘발분(%)+회분(%))
= 100-(3.35+2.65+25.5)=68.5%

ANSWER 14.④ 15.② 16.③ 17.④ 18.② 19.① 20.④

제2과목 계측 및 에너지진단

21 다음 중 액주계를 읽는 정확한 위치는?

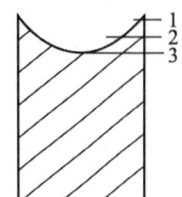

① 1
② 2
③ 3
④ 아무 곳이든 괜찮다.

해설 그림 3이 액주식을 읽는 정확한 위치이다.

22 보일러 열정산 시 입열항목에 해당되지 않는 것은?

① 방산에 의한 손실열
② 연료의 연소열
③ 연료의 현열
④ 공기의 현열

해설 출열항목
① 유효출열,
② 손실열(방산에 의한 손실열, 불완전 연소에 의한 손실열, 미연소 가스에 의한 손실열 등)

23 반도체 측온저항체의 일종으로 니켈, 코발트, 망간 등 금속산화물을 소결시켜 만든 것으로 온도계수가 부(-)특성을 지닌 것은?

① 더미스터 측온체
② 백금 측온체
③ 니켈 측온체
④ 동 측온체

24 열전대에 관한 설명으로 틀린 것은?

① 열전대의 접점은 용접하여 만들어도 무방하다.
② 열전대의 기본 현상을 발견한 사람은 Seebeck이다.
③ 열전대를 통한 열의 흐름은 온도의 측정에 영향을 미치지 않는다.
④ 열전대의 구비조건으로 전기저항, 저항온도 계수 및 열전도율이 작아야 한다.

해설 반도체 측온저항체의 일종인 더미스터 측온체는 합금소자(니켈, 코발트, 망간, 철, 구리)되어있다.

해설 열전대는 열전대를 통한 열의 흐름은 온도의 측정에 영향을 미친다.

25 면적식 유량계의 특징에 대한 설명으로 틀린 것은?

① 고점도 액체의 측정이 가능하다.
② 부식액의 측정에 적합하다.
③ 적산용 유량계로 사용된다.
④ 유량 눈금이 균등하다.

해설 면적식
면적식 유량계는 플로트 등의 변위를 이용하여 유량을 측정한다.

26 보일러 1마력은 몇 kgf의 상당증발량에 해당하는가? (단, 100℃의 물을 1시간 동안 같은 온도의 증기로 변화시킬 수 있는 능력이다.)

① 10.65   ② 12.68
③ 15.65   ④ 17.64

해설 보일러 1마력이 차지하는 상당증발량은 15.65kg이다.

ANSWER 21.③ 22.① 23.① 24.③ 25.③ 26.③

27 다음 중 질량의 보조단위가 아닌 것은?

① L/min ② g/s
③ t/s   ④ g/h

해설 L/min는 유량의 단위이다.

28 보일러의 노내압을 제어하기 위한 조작으로 적절하지 않은 것은?

① 연소가스 배출량의 조작
② 공기량의 조작
③ 댐퍼의 조작
④ 급수량의 조작

해설 노내압은 연소실의 압력을 말하므로 급수량과는 무관하다.

29 탄성식 압력계의 일종으로 보일러의 증기압 측정 등 공업용으로 많이 사용되는 압력계는?

① 링 밸런스식 압력계
② 부르동관식 압력계
③ 벨로즈식 압력계
④ 피스톤식 압력계

해설 보일러에 사용되는 압력계는 탄성식 압력계인 부르동관식을 사용한다.

30 다이어프램 압력계에 대한 설명으로 틀린 것은?

① 연소로의 드래프트게이지로 사용된다.
② 먼지를 함유한 액체나 점도가 높은 액체의 측정에는 부적당하다.
③ 측정이 가능한 범위는 공업용으로는 20~5000mmH₂O 정도이다.
④ 다이어프램의 재료로는 고무, 인청동, 스테인리스 등의 박판이 사용된다.

해설 다이어프램 압력계는 먼지를 함유한 액체나 점도가 높은 액체의 측정이 가능하다.

31 다음 중 O₂계로 사용되지 않는 것은?

① 연소식   ② 자기식
③ 적외선식 ④ 세라믹식

해설 과잉공기계(O₂)의 종류
연소식 O₂계, 자기식 O₂계, 세라믹식 O₂계 등

32 다음 중 SI 기본단위가 아닌 것은?

① 물질량[mol] ② 광도[Cd]
③ 전류[A]   ④ 힘[N]

해설 SI 기본단위
길이(m), 전류(A), 광도(Cd), 온도(K), 시간(sec), 질량(kg), 물질량(mol)

33 두께가 15cm이며 열전도율이 40kcal/m·h·℃, 내부온도가 230℃, 외부온도가 65℃일 때, 전열면적 1m²당 1시간 동안에 전열되는 열량은 몇 kcal/h인가?

① 40,000 ② 42,000
③ 44,000 ④ 46,000

해설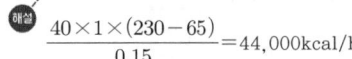
$$\frac{40 \times 1 \times (230-65)}{0.15} = 44,000 \text{kcal/h}$$

34 다음 중 보일러의 작동제어가 아닌 것은?

① 온도제어 ② 급수제어
③ 연소제어 ④ 위치제어

해설
- 보일러 자동제어(ABC)
- 급수자동제어(FWC)
- 연소자동제어(ACC)
- 증기온도자동제어(STC)

ANSWER 27.① 28.④ 29.② 30.② 31.③ 32.④ 33.③ 34.④

35 다음 중 비접촉식 온도계에 해당하는 것은?

① 유리온도계
② 저항온도계
③ 압력온도계
④ 광고온도계

해설 비접촉식 온도계
광고온도계, 방사온도계, 광전관식 온도계

36 유압식 신호전달 방식의 특징에 대한 설명으로 틀린 것은?

① 비압축성이므로 조작속도 및 응답이 빠르다.
② 주위의 온도변화에 영향을 받지 않는다.
③ 전달의 지연이 적고 조작향이 강하다.
④ 인화의 위험성이 있다.

해설 유압식 신호전달은 주위의 온도변화에 영향을 받는다.

37 조절기가 50~100°F 범위에서 온도를 비례제어하고 있을 때 측정온도가 66°F와 70°F에 대응할 때의 비례대는 몇 %인가?

① 8   ② 10
③ 12   ④ 14

해설 $\dfrac{70-66}{100-50} \times 100 = 8\%$

38 열정산 기준에서 보일러 범위에 포함되지 않는 것은?

① 입열   ② 출열
③ 손실열   ④ 외부열원

해설 외부열원은 열정산 기준범위에 포함되지 않는다.

39 다음 중 압력을 표시하는 단위가 아닌 것은?

① kPa   ② N/m²
③ bar   ④ kgf

해설 kgf는 힘, 하중, 질량 등의 단위이다.

40 액면에 부자를 띄워 부자가 상하로 움직이는 위치로 액면을 측정하는 것으로서 주로 저장 탱크, 개방 탱크 및 고압 밀폐 탱크 등의 액위 측정에 사용되는 액면계는?

① 직관식 액면계
② 플로트식 액면계
③ 방사성 액면계
④ 압력식 액면계

해설 플로트식 액면계는 액면에 부자를 띄워 부자가 상하로 움직이는 위치로 액면을 측정한다.

제3과목 열설비구조 및 시공

41 전기로나 시멘트 소성용 회전가마의 소성대 내벽에 사용하기 가장 적합한 내화물은?

① 내화점토질 내화물
② 크롬-마그네시아 내화물
③ 고알루미나질 내화물
④ 규석질 내화물

해설 전기로나 시멘트 소성용 회전 가마의 소성대 내벽에는 주로 크롬-마그네시아 내화물을 사용한다.

ANSWER 35.④ 36.② 37.① 38.④ 39.④ 40.② 41.②

42 다음 중 사용압력이 비교적 낮은 곳의 배관에 사용하는 "배관용 탄소 강관"의 기호로 맞은 것은?

① SPPH
② SPP
③ SPPS
④ SPA

해설 ① SPPH(고압배관용 탄소강관)
② SPP(배관용 탄소강관)
③ SPPS(압력배관용 탄소강관)
④ SPA(배관용 합금강관)

43 배관에 나사가공을 하는 동력 나사 절삭기의 형식이 아닌 것은?

① 오스터식
② 호브식
③ 로터리식
④ 다이헤드식

해설 동력나사 절삭기 종류
오스터식, 호브식, 다이헤드식

44 가열로의 내벽온도를 1200℃, 외벽온도를 200℃로 유지하고 매시간당 1m²에 대한 열손실을 400kcal로 설계할 때 필요한 노벽의 두께는? (단, 노벽 재료의 열전도율은 0.1kcal/m·h·℃이다.)

① 10cm
② 15cm
③ 20cm
④ 25cm

해설 $\dfrac{0.1 \times 1 \times (1,200-200)}{400} \times 100 = 25cm$

45 배관시공 시 보온재로 사용되는 석면에 대한 설명으로 옳은 것은?

① 유기질 보온재로서 진동이 있는 장치의 보온재로 많이 쓰인다.
② 약 400℃ 이하의 파이프나 탱크, 노벽 등의 보온재로 적합하며, 약 400℃를 초과하면 탈수 분해가 된다.
③ 열전도율이 작고, 300~320℃에서 열분해 되며, 방습 가공한 것은 습기가 많은 곳의 옥외배관에 사용한다.
④ 석회석을 주원료로 사용하며 화학적으로 결합시켜 만든 것으로 사용온도는 650℃까지이다.

해설 무기질 보온재인 석면은 약 400℃ 이하의 파이프나 탱크, 노벽 등의 보온재로 적합하며, 약 400℃를 초과하면 탈수 분해가 된다.

46 보일러에서 사용하는 분출관 및 분출밸브 등에 대한 설명으로 틀린 것은?

① 보일러 아랫부분에는 분출관과 분출밸브 또는 분출코크를 설치해야 한다.(관류보일러는 제외)
② 일반적으로 2개 이상의 보일러를 같이 사용할 경우 분출관은 공동으로 사용해야 한다.
③ 분출밸브의 크기는 호칭지름 25mm 이상의 것이어야 한다.(전열면적 10m² 이하의 보일러는 호칭지름 20mm 이상 가능)
④ 최고사용압력 0.7MPa 이상의 보일러의 분출관에는 분출밸브 2개 또는 분출밸브와 분출코크를 직렬로 갖추어야 한다.

해설 분출관은 각각 설치를 하여야 한다.

47 보일러에 공기예열기를 설치했을 때의 특징에 관한 설명으로 틀린 것은?

① 보일러의 열효율이 증가된다.
② 노 내의 연소속도가 빨라진다.
③ 연소상태가 좋아진다.
④ 질이 나쁜 연료는 연소가 불가능하다.

해설 연소효율이 높아지며 질이 나쁜 연료도 연소가 가능하다.

48 탄성이 부족하기 때문에 석면, 고무, 파형 금속관 등으로 표면 처리하여 사용하는 합성수지류의 패킹에 속하는 것은?

① 네오프렌
② 펠트
③ 유리섬유
④ 테프론

해설 테프론은 탄성이 부족하기 때문에 석면, 고무, 파형 금속관 등으로 표면 처리하여 사용하는 합성수지류의 패킹이다.

49 증기 엔탈피가 2,800kJ/kg이고 급수 엔탈피가 125kJ/kg 일 때 증발계수는 약 얼마인가? (단, 100℃ 포화수가 증발하여 100℃의 건포화증기로 되는데 필요한 열량은 2256.9kJ/kg이다.)

① 1.08
② 1.19
③ 1.44
④ 1.62

해설 $\dfrac{2,800-125}{2,256.9} = 1,019$

50 터널가마의 레일과 바퀴부분이 연소가스에 의해서 부식되지 않도록 하는 시공법은?

① 샌드시일(sand seal)
② 에어커튼(air curtain)
③ 내화갑
④ 칸막이

해설 터널가마의 레일과 바퀴부분이 연소가스에 의해서 부식되지 않도록 하는 시공법을 샌드시일(sand seal)이라 한다.

51 에너지이용 합리화법에 따라 발전용 보일러에 부착되는 안전밸브의 분출정지 압력은 분출압력의 얼마 이상이어야 하는가?

① 분출압력의 0.93배 이상
② 분출압력의 0.95배 이상
③ 분출압력의 0.98배 이상
④ 분출압력의 0.1배 이상

해설 에너지이용 합리화법에 따라 발전용 보일러에 부착되는 안전밸브의 분출정지 압력은 분출압력의 0.93배 이상이어야 한다.

52 보일러 연소 시 배기가스 성분 중 완전연소에 가까울수록 줄어드는 성분은?

① CO_2
② H_2O
③ CO
④ N_2

해설 탄화수소(C_mH_n)완전 연소 시 생성되는 물질은 CO_2와 H_2O이므로 연전연소에 가까울수록 CO성분이 줄어든다.

53 다음 중 에너지이용 합리화법에 따라 소형 온수보일러에 해당하는 것은?

① 전열면적이 14m² 이하이고 최고사용압력이 0.35MPa 이하의 온수를 발생하는 것
② 전열면적이 24m² 이하이고 최고사용압력이 0.5MPa 이상의 온수를 발생하는 것
③ 전열면적이 24m² 이하이고 최고사용압력이 0.35MPa 이하의 온수를 발생하는 것
④ 전열면적이 14m² 이하이고 최고사용압력이 0.5MPa 이상의 온수를 발생하는 것

> 해설 소형 온수보일러라 함은 전열면적이 14m² 이하이고 최고사용압력이 0.35MPa 이하의 온수를 발생하는 것

54 관류 보일러의 특징에 관한 설명으로 틀린 것은?

① 대형관류 보일러에는 벤슨 보일러, 슐저 보일러 등이 있다.
② 초임계 압력 하에서 증기를 얻을 수 있다.
③ 드럼이 필요 없다.
④ 부하 변동에 대한 적응력이 크다.

> 해설 수관보일러는 보유수량이 적어 파열시 피해는 적으나 부하변동에 응하기는 어렵다.

55 내화물의 구비조건으로 틀린 것은?

① 상온 및 사용온도에서 압축강도가 클 것
② 사용목적에 따라 적당한 열전도율을 가질 것
③ 팽창은 크고 수축이 작을 것
④ 온도변화에 의한 파손이 작을 것

> 해설 **내화물의 구비조건**
> ① 상온 및 사용온도에서 압축강도가 클 것
> ② 사용목적에 따라 적당한 열전도율을 가질 것
> ③ 수축 팽창이 작을 것
> ④ 온도변화에 의한 파손이 작을 것

56 에너지이용 합리화법에 따라 검사대상기기의 설치자가 그 사용 중인 검사대상기기를 폐기한 때에는 그 폐기한 날로부터 며칠 이내에 폐기신고서를 제출하여야 하는가?

① 15일　② 20일
③ 30일　④ 60일

> 해설 검사대상기기를 폐기한 때에는 그 폐기한 날로부터 며칠 15일 이내에 한다.

57 에너지이용 합리화법에 따라 증기보일러에 설치되는 안전밸브가 2개 이상인 경우 각각의 작동시험 기준은?

① 최고사용압력의 0.97배 이하, 1.0배 이하
② 최고사용압력의 0.98배 이하, 1.03배 이하
③ 최고사용압력의 1.0배 이하, 1.0배 이하
④ 최고사용압력의 1.0배 이하, 1.03배 이하

> 해설 최고사용압력이하, 최고사용압력의 1.03배에서 작동

ANSWER 53.① 54.④ 55.③ 56.① 57.④

58. 겔로웨이 관(Galloway tube)을 설치함으로써 얻을 수 있는 이점으로 틀린 것은?

① 화실 내벽의 강도 보강
② 전열면적 증가
③ 관수의 대류 순환을 촉진
④ 열로 인한 신축변화의 흡수용이

해설 겔로웨이 관(Galloway tube)을 설치 잇점
① 노통 강도 보강
② 전열면적 증가
③ 관수의 대류 순환을 촉진

59. 관의 안지름이 D(cm), 평균유속이 V(m/s)일 때, 평균 유량 Q(m³/s)을 구하는 식은?

① $Q = DV$
② $Q = \dfrac{\pi}{4}D^2 V$
③ $Q = \dfrac{\pi}{4}\left(\dfrac{D}{100}\right)^2 V$
④ $Q = \left(\dfrac{V}{100}\right)^2 D$

해설
$Q = \dfrac{\pi D^2}{4} V$
$\therefore Q = \dfrac{\pi \left(\dfrac{D}{100}\right)^2}{4} V$

60. 기수분리기 설치 시의 장점이 아닌 것은?

① 습증기의 발생률을 높인다.
② 마찰손실을 작게 한다.
③ 관내의 부식을 방지한다.
④ 수격방용을 방지한다.

해설 기수분리기는 증기와 수분을 분리하여 습증기 발생을 방지한다. 즉, 건증기를 얻기 위하여 기수분리기를 설치한다.

제4과목 열설비취급 및 안전관리

61. 염산 등을 사용하여 보일러내의 스케일을 용해시켜 제거하는 방법에 대한 설명으로 틀린 것은?

① 스케일의 시료를 채취하여 분석하고, 용해시험을 통하여 세정방법을 결정하여야 한다.
② 본체에 부착되어 있는 안전밸브, 수면계, 밸브류 등은 분리하지 않는다.
③ 수소가 발생하여 폭발의 우려가 있으므로 통풍이 잘 되는 장소에서 세정하여야 한다.
④ 화학세정이 끝난 다음에는 반드시 물로 충분하게 세척하여 사용한 약액의 영향이 미치지 않도록 주의한다.

해설 본체에 부착되어 있는 안전밸브, 수면계, 밸브류 등을 분리하여 청소를 한다.

62. 증기보일러 압력계와 연결되는 증기관을 황동관 또는 동관으로 하는 경우 안지름은 최소 몇mm 이상이어야 하는가?

① 3.5mm
② 5.5mm
③ 6.5mm
④ 12.7mm

해설 증기관(사이폰관)의 크기는 6.5mm 이상으로 하며, 동관은 6.5mm이상, 강관은 12.7mm이상으로 한다.

ANSWER 58.④ 59.③ 60.① 61.② 62.③

63 보일러의 과열 원인으로 가장 거리가 먼 것은?

① 물의 순환이 나쁠 때
② 고온의 가스가 고속으로 전열면에 마찰할 때
③ 관석이 많이 퇴적한 부분이 가열되어 열전달이 높아질 때
④ 보일러의 이상 저수위에 의하여 빈 보일러를 운전하였을 때

해설 **과열의 원인**
① 이상감수 시(저수위 시)
② 전열면에 스케일(관석)이 퇴적 시
③ 물의 순환이 불량할 때

64 트랩이나 스트레이너 등의 고장, 수리, 교환 등에 대비 하여 설치하는 것은?

① 바이패스 배관
② 드레인 포켓
③ 냉각 레그
④ 체크 밸브

해설 유량계, 트랩 등의 고장, 수리, 교환 등을 대비하여 바이패스관을 설치한다.

65 보일러를 사용하지 않고, 장기간 보존할 경우 가장 적합한 보존법은?

① 만수 보존법
② 건조 보존법
③ 밀폐 만수 보존법
④ 청관제 만수 보존법

해설 보일러를 6개월 이상 장기간 보존할 때는 건조 보존법을 택한다.

66 에너지이용 합리화법에 따라 에너지사용계획을 수립하여 산업통상자원부장관에게 제출하여야 하는 자는?

① 민간사업주주관자로 연간 5천 티오이 이상의 연료 및 열을 사용하는 시설을 설치하려는 자
② 공공사업주주관자로 연간 2천 티오이 이상의 연료 및 열을 사용하는 시설을 설치하려는 자
③ 민간사업주주관자로 연간 2천만 킬로와트시 이상의 전력을 사용하는 시설을 설치하려는 자
④ 공공사업주주관자로 연간 2백만 킬로와트시 이상의 전력을 사용하는 시설을 설치하려는 자

해설 민간사업주주관자로 연간 5천 티오이 이상의 연료 및 열을 사용하는 시설을 설치하려는 자는 에너지사용계획을 수립하여 산업통상자원부장관에게 제출하여야 한다.

67 보일러에서 가연가스와 미연가스가 노 내에 발생하는 경우가 아닌 것은?

① 연도가 너무 짧은 경우
② 점화조작에 실패한 경우
③ 노 내에 다량의 그을림이 쌓여있는 경우
④ 연소정지 중에 연료가 노 내에 스며든 경우

해설 연도가 짧으면 통풍력이 증가되므로 노 내에 미연소가스가 발생치 않는다.

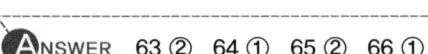
ANSWER 63.② 64.① 65.② 66.① 67.①

68 보일러를 건조보존 방법으로 보존할 때의 유의사항으로 틀린 것은?

① 모든 뚜껑, 밸브, 콕 등은 전부 개방하여 둔다.
② 습기를 제거하기 위하여 생석회를 보일러 안에 둔다.
③ 연도는 습기가 없게 항상 건조한 상태가 되도록 한다.
④ 보일러 수를 전부 빼고 스케일 제거 후 보일러 내에 열풍을 통과시켜 완전 건조시킨다.

해설) 건조 보존법은 밀폐하여 보존을 한다.

69 다음 중 보일러의 인터록의 종류가 아닌 것은?

① 고수위　　② 저연소
③ 불착화　　④ 프리퍼지

해설) 인터록 제어
운전 조작상태에서 조건이 불충분하다거나 다음의 진행에 미루어 불합리한 동작으로 변화하게 될 때 동작을 다음 단계에 도달되기 전에 기관을 정지시키는 제어방식으로 자동제어에서는 꼭 필요한 동작이다.
① 초과압력 인터록
② 저수위 인터록
③ 저연소 인터록
④ 프리퍼지 인터록
⑤ 불착화 인터록

70 에너지이용 합리화에 따라 특정열사용기자재 시공업은 누구에게 등록을 하여야 하는가?

① 국토교통부장관
② 산업통상자원부장관
③ 시·도지사
④ 한국에너지공단이사장

해설) 특정열사용기자재 시공업은 시·도지사에게 등록한다.

71 옥내 보일러실에 연료를 저장하는 경우 보일러 외측으로부터 얼마 이상 거리를 두고 저장해야 하는가?
(단, 소형 보일러는 제외한다.)

① 0.6m 이상
② 1m 이상
③ 1.2m 이상
④ 2m 이상

해설) 옥내 보일러실에 연료를 저장하는 경우 보일러 외측으로부터 2m 이상 거리를 둔다.

72 다음 반응 중 경질 스케일 반응식으로 옳은 것은?

① $Ca(HCO_3) + 열 \rightarrow CaCO_3 + H_2O + CO_2$
② $3CaSO_4 + 2Na_3PO_4 \rightarrow Ca_3(PO_4)_3 + 3Na_2SO_4$
③ $MgSO_4 + CaCO_3 + H_2O \rightarrow CaSO_4 + Mg(OH)_2 + CO_2$
④ $MgCO_3 + H_2O \rightarrow Mg(OH)_2 + CO_2$

해설) 경질 스케일 반응식
$MgSO_4 + CaCO_3 + H_2O \rightarrow CaSO_4 + Mg(OH)_2 + CO_2$

73 보일러 파열사고 원인 중 구조물의 강도 부족에 의한 원인이 아닌 것은?

① 재료의 불량
② 용접 불량
③ 용수관리의 불량
④ 동체의 구조 불량

해설) 용수관리 불량은 취급불량에 속한다.

ANSWER　68.①　69.①　70.③　71.④　72.③　73.③

74 증기보일러에서 포밍, 프라이밍이 발생하는 원인으로 틀린 것은?

① 주 증기 밸브를 천천히 개방 했을 때
② 증기 부하가 과대할 때
③ 보일러 수가 농축되었을 때
④ 보일러수 중에 불순물이 많이 포함되었을 때

해설 포밍, 프라이밍은 주증기 밸브를 급개, 고수위 시 발생한다.

75 매시 발생증기량이 2,000kg/h, 급수의 엔탈피는 10kcal/kg, 발생증기의 엔탈피가 549kcal/kg 일 때, 이 보일러의 매시 환산증발량은?

① 1,250kg/h ② 1,500kg/h
③ 2,000kg/h ④ 2,540kg/h

해설 $\dfrac{2,000 \times (549 - 10)}{539} = 2,000 \text{kg/h}$

76 보일러의 외부부식 원인이 아닌 것은?

① 빗물, 지하수 등에 의한 습기나 수분에 의한 경우
② 증기나 보일러수 등의 누출로 인한 습기나 수분에 의한 경우
③ 재나 회분 속에 함유된 부식성 물질(바나듐 등)에 의한 경우
④ 강재 속에 함유된 유황분이나 인분이 온도상승과 더불어 산화되거나 또는 이외의 원인으로 녹이 생긴 경우

해설 외부부식 : 고온부식(바나듐), 저온부식(황), 산화부식
강재 속에 함유된 유황분이나 인분이 온도상승과 더불어 산화되거나 또는 이외의 원인으로 녹이 생긴 것은 내부부식에 속한다.

77 증기 난방법의 종류를 중력, 기계, 진공, 환수방식으로 구분한다면 무엇에 따른 분류인가?

① 응축수 환수 방식
② 환수관 배관 방식
③ 증기 공급 방식
④ 증기 압력 방식

해설 응축수 환수방식
기계환수식, 중력환수식, 진공환수식

78 보일러 압력계의 검사를 해야 하는 시기로 가장 거리가 먼 것은?

① 2개가 설치된 경우 지시도가 다를 때
② 비수현상이 일어난 때
③ 신설보일러의 경우 압력이 오르기 시작했을 때
④ 부르동관이 높은 열을 받았을 때

해설 압력계 검사 시기
① 두 개가 설치된 경우 지시도가 다를 때
② 비수현상, 포밍 등으로 압력계에 영향이 미쳤다고 생각될 때
③ 신설 보일러의 경우 압력이 오르기 전
④ 부르동관이 높은 열을 받았을 때
⑤ 계속사용 검사를 할 때
⑥ 장기간 휴지 후 사용하고자 할 때
⑦ 안전밸브가 실제분출압력과 설정압력이 맞지 않을 때

Answer 74.① 75.③ 76.④ 77.① 78.③

79 에너지이용 합리화법에 따라 대통령으로 정하는 에너지공급자가 해당 에너지의 효율 향상과 수요 절감을 위해 연차별로 수립해야하는 것은?

① 비상시 에너지 수급 방안
② 에너지기술개발계획
③ 수요관리투자계획
④ 장기에너지수급계획

해설 에너지 공급자가 해당 에너지의 효율 향상과 수요 절감을 위해 연차별로 수요관리 투자계획 수립해야 한다.

80 에너지이용 합리화법에 의한 검사대상기기 조종자를 선임하지 아니 한 자에 대한 벌칙 기준은?

① 3백만원 이하의 과태료
② 5백만원 이하의 벌금
③ 1천만원 이하의 벌금
④ 1년 이하의 징역 또는 2천만원 이하의 벌금

해설 검사대상기기 조종자를 선임하지 아니 한 자에 대한 벌칙
1천만원 이하의 벌금

ANSWER   79.③   80.③

에너지관리산업기사

2017년 9월 23일 시행

제1과목 열역학 및 연소관리

01 탄화도를 기준으로 석탄을 분류할 때 탄화도 증가에 따라 석탄의 일반적인 성질 변화로 옳은 것은?

① 휘발성이 증가한다.
② 고정탄소량이 감소한다.
③ 수분이 감소한다.
④ 착화 온도가 낮아진다.

해설 탄화도 증가되면
① 휘발성이 감소한다.
② 고정탄소량이 증가한다.
③ 수분이 감소한다.
④ 착화 온도가 높아진다.

02 다음 중 건식 집진형식이 아닌 것은?

① 백필터식
② 사이클론식
③ 멀티클론식
④ 벤튜리스크러버식

해설 습식
유수식, 회전식, 가압수식(벤튜리스크러버식, 사크론스크러버식, 충전탑식)

03 이론 습연소가스량(Gow)과 이론 건연소가스량(God)과의 관계를 옳게 나타낸 것은? (단, 단위는 Nm^3/kg이다.)

① Gow = God+(9H+W)
② God = Gow+(9H+W)
③ Gow = God+1.25(9H+W)
④ God = Gow+1.25(9H+W)

해설 Gow = God+1.25(9H+W)

04 어느 열기관이 외부로부터 Q의 열을 받아서 외부에 100kJ의 일을 하고 내부에너지가 200kJ 증가하였다면 받은 열(Q)는 얼마인가?

① 100kJ   ② 200kJ
③ 300kJ   ④ 400kJ

해설 받은 열 = 외부에너지 + 내부에너지
100 + 200 = 300kJ

05 대기압에서 물의 증발잠열은 약 얼마인가?

① 334kJ/kg
② 539kJ/kg
③ 1,000kJ/kg
④ 2,264kJ/kg

해설 539 × 4.2 = 2,263.8kJ/kg

ANSWER 1.③ 2.④ 3.③ 4.③ 5.④

06 공기 2kg이 압력 400kPa, 온도 10℃인 상태로부터 정압하에서 온도가 200℃로 변화할 때 엔트로피 변화량은?
(단, 정압비열은 1.003kJ/kg·K, 정적비열은 0.716kJ/kg·K이다.)

① 0.51kJ/K   ② 1.03kJ/K
③ 136.12kJ/K   ④ 190.63kJ/K

해설
$\Delta s = Cv \times In(\frac{T_2}{T_1}) = 2 \times 1.003 \times In(\frac{473}{283})$
$= 1.03 kJ/K$

07 연소안전장치 중 화염이 발광체임을 이용하여 화염을 검출하는 것으로, 광전관, PbS 셀(cell), CdS 셀 등을 사용하는 것은?

① 플레임 아이   ② 플레임 로드
③ 스택 스위치   ④ 연료차단 밸브

해설 플레임 아이
화염의 발광체를 이용한 형식으로 광전관, PbS 셀(cell), CdS 셀 등을 사용하여 화염을 검출한다.

08 보일러의 안전장치 중 보일러 내부 증기 압력이 스프링 조정압력보다 높을 경우 내부의 벨로즈가 신축하여 수은 등 스위치를 작동하게 하여 전자밸브로 하여금 자동으로 연료 공급을 중단하게 함으로써 압력초과로 인한 보일러 파열사고를 방지해 주는 안전장치는?

① 안전밸브   ② 압력제한기
③ 방폭문   ④ 가용전

해설 증기압력제한기는 증기의 압력변화를 이용하여 수은 수위치 등으로 전자밸브로 하여금 자동으로 연료 공급을 중단하게 압력초과로 인한 보일러 파열사고를 방지해 주는 안전장치이다.

09 탄소 1kg을 연소시키기 위해서 필요한 이론적인 산소량은?

① $1Nm^3$ ② $1.867Nm^3$
③ $2.667Nm^3$ ④ $22.4Nm^3$

해설
C + O$_2$ → CO$_2$
12kg : 22.4Nm^3
1kg : x
$= \frac{22.4}{12} = 1.864 Nm^3$

10 1kg의 공기가 일정온도 200℃에서 팽창하여 처음 체적의 6배가 되었다. 전달된 열량(kJ)은? (단, 공기의 기체상수는 0.287kJ/kg·K 이다.)

① 243   ② 321
③ 413   ④ 582

해설
$0.287 \times In(\frac{6}{1}) \times 473 = 243 kJ$

11 공기보다 비중이 커서 누설이 되면 낮은 곳에 고여 인화폭발의 원인이 되는 가스는?

① 수소   ② 메탄
③ 일산화탄소   ④ 프로판

해설 각 가스의 분자량은 H$_2$(2), CH$_4$(16), CO(28), C$_3$H$_8$(44) 이며, 공기의 평균분자량은 약 29이고, 프로판의 분자량은 44이므로 누설 시 낮은 곳에 체류한다.

12 압축비가 5, 차단비가 1.6, 비열비가 1.4인 가솔린 기관의 이론 열효율은?

① 34.6%   ② 37.9%
③ 47.5%   ④ 53.9%

해설
$1 - (\frac{1}{5})^{1.4-1} = 0.475 \times 100 = 47.5\%$

ANSWER 6.② 7.① 8.② 9.② 10.① 11.④ 12.③

13 절대온도 1K 만큼의 온도차는 섭씨온도로 몇 ℃의 온도차와 같은가?

① 1℃　　② 5/9℃
③ 273℃　④ 274℃

해설 절대온도 1K 만큼의 온도차는 섭씨온도로 1℃의 온도차와 같다.

14 연도가스 분석에서 CO가 전혀 검출되지 않았고, 산소와 질소가 각각 $(O_2)Nm^3/kg$ 연료, $(N_2)Nm^3/kg$ 연료일 때 공기비(과잉공기율)는 어떻게 표시되는가?

① $m = \dfrac{0.21}{0.21 - 0.79(O_2)/(N_2)}$

② $m = \dfrac{0.79}{0.79 - 0.21(O_2)/(N_2)}$

③ $m = \dfrac{1}{1 - 0.79(N_2)/(O_2)}$

④ $m = \dfrac{1}{1 - 0.21(O_2)/(N_2)}$

해설 공기비(과잉공기율)$= m = \dfrac{0.21}{0.21 - 0.79(O_2)/(N_2)}$

15 기체연료의 연소방식 중 예혼합 연소방식의 특징에 대한 설명으로 틀린 것은?

① 화염이 짧다.
② 부하에 따른 조작범위가 좁다.
③ 역화의 위험성이 매우 작다.
④ 내부 혼합형이다.

해설 예혼합 연소방식은 역화의 우려가 있다.

16 프로판 가스(LPG)에 대한 설명으로 틀린 것은?

① 황분이 적고 유독성분 함량이 많다.
② 질식의 우려가 있다.
③ 가스 비중이 공기보다 크다.
④ 누설 시 인화 폭발성이 있다.

해설 프로판 가스는 독성가스가 아니므로 무독성이다.

17 열역학 제2법칙에 관한 설명으로 틀린 것은?

① 과정의 방향성을 제시한 비가역 법칙이다.
② 엔트로피 증가 법칙을 의미한다.
③ 열은 고온으로부터 저온으로 자동적으로 이동한다.
④ 열이 주위와 계에 아무런 변화를 주지 않고 운동 에너지로 변화할 수 있다.

해설 열역학 제2법칙은 열이 주위와 계에 아무런 변화를 주지 않고는 운동 에너지로 변화할 수 없다.

18 25℃의 철(Fe) 35kg을 온도 76℃로 올리는데 소요열량이 675kcal이다. 이 철의 비열(a)과 열용량(b)은?

① a : 0.38kcal/kg·℃, b : 13.2kcal/℃
② a : 2.64kcal/kg·℃, b : 9.25kcal/℃
③ a : 0.38kcal/kg·℃, b : 9.25kcal/℃
④ a : 0.26kcal/kg·℃, b : 13.2kcal/℃

해설
- 비열 $= \dfrac{675}{35 \times (76 - 25)} = 0.378 \text{kcal/kg} \cdot ℃$
- 열용량 $= 0.378 \times 35 = 13.2 \text{kcal/℃}$

ANSWER 13.① 14.① 15.③ 16.① 17.④ 18.①

19 공기압축기가 100kPa, 20℃, 0.8m³인 1kg의 공기를 1MPa까지 가역 등온과정으로 압축할 때 압축기의 소요일(kJ)은?

① 184　　② 232
③ 287　　④ 324

해설
$W = P_1 \cdot V_1 \cdot In(\dfrac{P_1}{P_2})$
$= 100 \times 0.8 \times In(\dfrac{1000}{100}) = 184 kJ$

20 습증기 영역에서 건도에 관한 설명으로 틀린 것은?

① 건도가 1에 가까워질수록 건포화증기 상태에 가깝다.
② 건도가 0에 가까워질수록 포화수 상태에 가깝다.
③ 건도가 x 일 때 습도는 x − 1 이다.
④ 건도가 1에 가까울수록 갖고 있는 열량이 크다.

해설 습증기의 건도 X는 0보다는 크고, 1보다는 작다. 즉, 0 < X < 1 이다.

제2과목　계측 및 에너지진단

21 편위식 액면계는 어떤 원리를 이용한 것인가?

① 아르키메데스의 부력 원리
② 토리첼리의 법칙
③ 달톤의 분압법칙
④ 도플러의 원리

해설 편위식 액면계는 아르키메데스의 부력 원리를 이용한 액면계이다.

22 서미스터(Thermistor)에 대한 설명으로 틀린 것은?

① 응답이 빠르다.
② 전기저항체 온도계이다.
③ 좁은 장소에서의 온도 측정에 적합니다.
④ 충격에 대한 기계적 강도가 양호하고, 흡습 등에 열화되지 않는다.

해설 서미스터의 단점은 흡수 등에 의하여 열화되기 쉽다.

23 자유 피스톤식 압력계에서 추와 피스톤의 무게 합이 30kg이고 피스톤 직경이 3cm 일 때 절대압력은 몇 kg/cm²인가? (단, 대기압은 1kg/cm²으로 한다.)

① 4.244　　② 5.244
③ 6.244　　④ 7.244

해설
$\dfrac{30}{\dfrac{3.14 \times (3)^2}{4}} + 1 = 5.246 kg/cm^2$

24 노내압을 제어하는데 필요하지 않은 조작은?

① 급수량 조작
② 공기량 조작
③ 댐퍼의 조작
④ 연소가스 배출량 조작

해설 노내압은 연료과 공기 즉, 연소에 관련된 사항이므로 급수량 조작과는 별개의 문제이다.

25 보일러 열정산 시의 측정사항이 아닌 것은?

① 외기온도
② 급수 압력
③ 배기가스 온도
④ 연료사용량 및 발열량

해설 열정산에 급수 압력은 측정을 하지 않는다.

ANSWER　19.①　20.③　21.①　22.④　23.②　24.①　25.②

26 방사율이 0.8, 물체의 표면온도가 300℃, 물체 벽면체 온도가 25℃일 때 공간에 방출하는 단위 면적당 방사에너지는 약 몇 W/m²인가?

① 2300 ② 3780
③ 4550 ④ 5760

해설
$4.88 \times 0.8 \times ((\frac{300+273}{100})^4 - (\frac{25+273}{100})^4) \times 1.163$
$= 4536 \, W/m^2$
$1KW = 860 kcal \quad \therefore \frac{1000}{860} = 1.163 W$

27 다음 중 전기식 제어방식의 특징으로 가장 거리가 먼 것은?

① 고온 다습한 주위환경에 사용하기 용이하다.
② 전송거리가 길고 전송지연이 생기지 않는다.
③ 신호처리나 컴퓨터 등과의 접속이 용이하다.
④ 배선이 용이하고 복잡한 신호에 적합하다.

해설 고온 다습한 주위환경에서는 감전 사고의 우려가 있다.

28 다음 중 연속동작이 아닌 것은?

① 비례동작
② 미분동작
③ 적분동작
④ ON-Off

해설 **연속동작** : 비례동작, 적분동작, 미분동작

29 다음 중 물리적 가스분석계가 아닌 것은?

① 전기식 CO_2계
② 연소열식 O_2계
③ 세라믹식 O_2계
④ 자기식 O_2계

해설 **화학적 가스분석계** : 연소열법, 오르잣법

30 저항온도계의 측온 저항체로 쓰이지 않는 것은?

① Fe   ② Ni
③ Pt   ④ Cu

해설 **저항온도계 측온저항체** : Ni, Pt, Cu

31 열정산에서 출열 항목에 해당하는 것은?

① 공기의 현열
② 연료의 현열
③ 연료의 발열량
④ 배기가스의 현열

해설 **입열항목**
연료의 발열량, 연료의 현열, 공기의 현열, 노내분 입증기열
출열항목
① 유효출열
② 손실열(배기가스에 의한 손실열, 미연소가스에 의한 손실열, 불완전연소에 의한 손실열, 방산에 의한 손실열)

32 다음 단위 중에서 에너지의 차원을 가지고 있는 것은?

① $kg \cdot m/s^2$ ② $kg \cdot m^2/s^2$
③ $kg \cdot m^2/s^3$ ④ $kg \cdot m^2/s$

해설 에너지의 차원($kg \cdot m^2/s^2$)

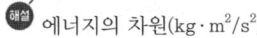

33 광전관식 온도계의 특징에 대한 설명으로 옳은 것은?

① 응답속도가 매우 빠르다.
② 구조가 다소 복잡하다.
③ 기록의 제어가 불가능하다.
④ 고정물체의 측정만 가능하다.

해설 광전관식 온도계 특징
① 응답속도가 느리다.
② 구조가 다소 복잡하다.
③ 자동제어 및 기록이 용이하다.
④ 이동하는 물체의 측정이 용이하다.

34 보일러의 자동제어와 관련된 약호가 틀린 것은?

① FWC : 급수제어
② ACC : 자동연소제어
③ ABC : 보일러 자동제어
④ STC : 증기압력제어

해설 STC : 증기온도제어

35 부력과 중력의 평형을 이용하여 액면을 측정하는 것은?

① 초음파식 액면계
② 정전용량식 액면계
③ 플로트식 액면계
④ 차압식 액면계

해설 플로트식 액면계는 부력을 이용하여 액면을 측정한다.

36 연료가 보유하고 있는 열량으로부터 실제 유효하게 이용된 열량과 각종 손실에 의한 열량 등을 조사하여 열량의 출입을 계산한 것은?

① 열정산
② 보일러효율
③ 전열면부하
④ 상당증발량

해설 연료가 보유하고 있는 열량으로부터 실제 유효하게 이용된 열량과 각종 손실에 의한 열량 등을 조사하여 열량의 출입을 계산한 것을 열정산이라 한다.

37 가정용 수도미터에 사용되는 유량계는?

① 플로우 노즐 유량계
② 오벌유량계
③ 월트만 유량계
④ 플로트 유량계

해설 가정용 수도미터는 월트만 유량계가 사용된다.

38 각 물리량에 대한 SI 기본단위의 명칭이 아닌 것은?

① 전류 – 암페어(A)
② 온도 – 섭씨(℃)
③ 광도 – 칸델라(cd)
④ 물질의 양 – 몰(mol)

해설 온도 – 절대온도(K)

39 다음 중 열량의 단위가 아닌 것은?

① 주울(J)
② 중량 킬로그램미터(kg·m)
③ 왓트시간(Wh)
④ 입방미터매초(m^3/s)

해설 유량단위(m^3/s)

ANSWER 33.② 34.④ 35.③ 36.① 37.③ 38.② 39.④

40 다음 상당증발량을 구하는 식에서 i_2가 뜻하는 것은?

$$상당증발량 = \frac{G(i_2 - i_1)}{538.8} (kg/h)$$

① 증기발생량
② 급수의 엔탈피
③ 발생 증기의 엔탈피
④ 대기압 하에서 발생하는 포화증기의 엔탈피

해설
i_2 : 발생 증기의 엔탈피
i_1 : 급수엔탈피
G : 매시간당 증발량

제3과목 열설비구조 및 시공

41 섹션이라고 불리는 여러 개의 물집들을 연결하고 하부로 급수하여 상부로 증기 또는 온수를 방출하는 구조로 되어 있으며, 압력에 약해서 0.3MPa 이하에서 주로 사용하는 보일러는?

① 노통연관식 보일러
② 관류 보일러
③ 수관식 보일러
④ 주철제 보일러

해설 주철제 보일러는 여러 개의 섹션을 조립하여 제작한다.

42 보온 시공 상의 주의사항으로 틀린 것은?

① 보온재와 보온재의 틈새는 되도록 적게 한다.
② 냉·온수 수평배관의 현수밴드는 보온을 내부에서 한다.
③ 증기관 등이 벽·바닥 등을 관통할 때는 벽면에서 25mm 이내는 보온하지 않는다.
④ 보온의 끝 단면은 사용하는 보온재 및 보온 목적에 따라 필요한 보호를 한다.

해설 냉·온수 수평배관의 현수밴드는 보온을 외부에서 한다.

43 동관의 압축이음 시 동관의 끝을 나팔형으로 만드는데 사용되는 공구는?

① 사이징 툴   ② 플레어링 툴
③ 튜브 벤더   ④ 익스펜더

해설
동관용 공구
① 토치 램프 : 납땜, 동관접합, 벤딩 등의 작업을 하기 위해 가열용으로 사용하는 가열공구
② 사이징 툴 : 동관의 끝을 정확하게 원형으로 가공하는 공구
③ 튜브 벤더 : 동관 굽힘용 공구
④ 익스펜더 : 동관의 확관용 공구
⑤ 플레어링 툴 : 동관의 압축 접합용 공구

44 보온재에서 열전도율이 작아지는 요인이 아닌 것은?

① 기공이 작을수록
② 재질의 밀도가 클수록
③ 재질내의 수분이 적을수록
④ 재료의 두께가 두꺼울수록

해설 재질의 밀도가 작을수록 열전도율이 작아진다.

ANSWER 40.③ 41.④ 42.② 43.② 44.②

45 다음 중 유기질 보온재가 아닌 것은?
① 펠트 ② 기포성 수지
③ 코르크 ④ 암면

해설) 암면 : 무기질 보온재

46 열전도율 30kcal/m·h·℃, 두께 10mm 인 강판의 양면 온도차가 2℃이다. 이 강판 1m²당 전열량(kcal/h)은?
① 60000 ② 15000
③ 6000 ④ 1500

해설) $\frac{30 \times 2}{0.01} = 6000 \text{kcal/h}$

47 보일러 노통 안에 겔로웨이관(galloway tube)을 2~4개 설치하는 이유로 가장 적합한 것은?
① 전열면적을 증대시키기 위함
② 스케일의 부착방지를 위함
③ 소형으로 제작하기 위함
④ 증기가 새는 것을 방지하기 위함

해설) 겔로웨이관의 설치 목적
① 전열면적 증가
② 물의 순환양호
③ 노통 강도보강

48 보일러 통풍기의 회전수(N)와 풍량(Q), 풍압(P), 동력(L)에 대한 관계식 중 틀린 것은?
① $Q_2 = P_1 (\frac{N_2}{N_1})^{1/2}$ ② $Q_2 = Q_1 (\frac{N_2}{N_1})$
③ $P_2 = P_1 (\frac{N_2}{N_1})^2$ ④ $L_2 = L_1 (\frac{N_2}{N_1})^3$

해설) 상사의 법칙에서 풍량은 회전수에 비례, 풍압은 회전수의 2승에 비례, 축동력은 회전수 3승에 비례한다.

49 절탄기(economizer)에 관한 설명으로 틀린 것은?
① 보일러 드럼 내의 열응력을 경감시킨다.
② 배기가스의 폐열을 이용하여 연소용 공기를 예열하는 장치이다.
③ 보일러의 효율이 증대된다.
④ 일반적으로 연도의 입구에 설치된다.

해설) 절탄기는 급수를 예열하는 장치이다.

50 글로브 밸브의 디스크 형상 종류에 속하지 않는 것은?
① 스윙형 ② 반구형
③ 원뿔형 ④ 반원형

해설) 글로브 밸브의 디스크 형상 종류(반구형, 원뿔형, 반원형)

51 다음 중 관류식 보일러에 해당되는 것은?
① 슐처 보일러
② 레플러 보일러
③ 열매체 보일러
④ 슈미드-하트만 보일러

해설) 관류보일러(벤숀, 슐초, 람진, 앳모스 보일러 등)

52 증기트랩의 구비 조건이 아닌 것은?
① 마찰저항이 적을 것
② 내구력이 있을 것
③ 공기를 뺄 수 있는 구조로 할 것
④ 보일러 정지와 함께 작동이 멈출 것

해설) 증기트랩은 정지 후에도 물 빠짐이 좋을 것

ANSWER 45.④ 46.③ 47.① 48.① 49.② 50.① 51.① 52.④

53 과열증기 사용 시 장점에 대한 설명으로 틀린 것은?

① 이론상의 열효율이 좋아진다.
② 고온부식이 발생하지 않는다.
③ 증기의 마찰저항이 감소된다.
④ 수격작용이 방지된다.

54 패킹 재료 중 합성수지류로서 탄성은 부족하나 약품, 기름에도 침식이 적어 많이 사용되며, 내열성이 양호한 것은?

① 테프론   ② 네오프렌
③ 콜크   ④ 우레탄

해설) 테프론은 합성수지류로서 탄성은 부족하나 약품, 기름에도 침식이 적어 많이 사용되며, 내열성이 양호하다.

55 다음 중 내화 점토질 벽돌에 속하지 않는 것은?

① 납석질 벽돌
② 샤모트질 벽돌
③ 고알루미나 벽돌
④ 반규석질 벽돌

해설)
• 산성내화물 : 규석질, 반규석질, 납석질, 샤모트질
• 중성내화물 : 고알루미아질, 탄소질, 탄화규소질, 크롬질

56 다음 중 노재가 갖추어야 할 조건이 아닌 것은?

① 사용 온도에서 연화 및 변형이 되지 않을 것
② 팽창 및 수축이 잘 될 것
③ 온도급변에 의한 파손이 적을 것
④ 사용목적에 따른 열전도율을 가질 것

해설) 노재는 팽창 수축이 적어야 한다.

57 증기보일러에는 원칙적으로 2개 이상의 안전밸브를 설치하여야 하지만, 1개를 설치할 수 있는 최대 전열면적 기준은?

① $10m^2$ 이하   ② $30m^2$ 이하
③ $50m^2$ 이하   ④ $100m^2$ 이하

해설) 증기보일러에는 원칙적으로 2개 이상의 안전밸브를 설치하여야 하지만, 전열면적이 50m2이하의 경우에는 1개를 설치한다.

58 노통 보일러의 특징에 관한 설명으로 틀린 것은?

① 구조가 간단하고 제작이 쉽다.
② 급수처리가 비교적 복잡하다.
③ 전열면적이 다른 형식에 비해 적어 효율이 낮다.
④ 수부가 커서 부하변동에 영향을 적게 받는다.

해설) 수관 보일러에 비해 급수처리가 까다롭지 않다.

59 직경 500mm, 압력 $12kg/cm^2$의 내압을 받는 보일러 강판의 최소두께는 몇 mm로 하여야 하는가? (단, 강판의 인장응력은 $30kg/mm^2$, 안전율은 4.5이고, 이음효율은 0.58로 가정하며 부식여유는 1mm이다.)

① 8.8mm   ② 7.8mm
③ 7.0mm   ④ 6.3mm

해설)
$$\frac{PD}{200S\eta - 2P} + C$$
$$\frac{12 \times 500}{200 \times \frac{30}{4.5} \times 0.58 - 2 \times 12} + 1 \fallingdotseq 9mm$$

ANSWER 53.② 54.① 55.③ 56.② 57.③ 58.② 59.①

제4회 에너지관리산업기사(2017년 9월 23일 시행) • 629

60 원심펌프의 소요동력이 15kW이고, 양수량이 4.5m³/min일 때, 이 펌프의 전양정은? (단, 펌프의 효율은 70%이며, 유체의 비중량은 1,000kg/m³이다.)

① 10.5m ② 14.28m
③ 20.4m ④ 28.56m

$$\frac{102 \times 0.7 \times 15 \times 60}{1,000 \times 4.5} = 14.28\text{m}$$

제4과목 열설비취급 및 안전관리

61 에너지이용 합리화법에 의한 검사대상기기의 개조검사 대상이 아닌 것은?

① 보일러 섹션의 증감에 의하여 용량을 변경하는 경우
② 증기보일러를 온수보일러로 개조하는 경우
③ 연료 또는 연소방법을 변경하는 경우
④ 보일러의 증설 또는 개체하는 경우

개조검사 항목
① 증기 보일러를 온수 보일러로 개조하는 경우
② 보일러 섹션의 증감에 의하여 용량을 변경하는 경우
③ 동체·돔·노통·연소실·경판·천정판·관판·관모음 또는 스테이의 변경으로서 지식경제부장관이 정하여 고시하는 수리의 경우
④ 연료 또는 연소방법을 변경하는 경우
⑤ 철금속가열로서 지식경제부장관이 정하여 고시하는 경우의 수리

62 에너지이용 합리화법상 특정열사용기자재 중 요업요로에 해당하는 것은?

① 용선로 ② 금속소둔로
③ 철금속가열로 ④ 회전가마

회전가마는 요업요로이다.

63 다음은 보일러 수압시험 압력에 관한 설명이다. ㉠ ~ ㉣에 해당하는 숫자로 알맞은 것은?

[보기]
강철제 보일러의 수압시험은 최고사용압력이 (㉠)이하일 때는 그 최고사용압력의 (㉡)배의 압력으로 한다. 다만, 그 시험압력이 (㉢) 미만인 경우에는 (㉣)로 한다.

① ㉠ 4.3MPa, ㉡ 1.5
  ㉢ 0.2MPa, ㉣ 0.2MPa
② ㉠ 4.3MPa, ㉡ 2
  ㉢ 2MPa, ㉣ 2MPa
③ ㉠ 0.43MPa, ㉡ 2
  ㉢ 0.2MPa, ㉣ 0.2MPa
④ ㉠ 0.43MPa, ㉡ 1.5
  ㉢ 0.2MPa, ㉣ 2MPa

64 보일러를 2~3개월 이상 장기간 휴지하는 경우 가장 적합한 보존방법은?

① 건조보존법
② 습식보존법
③ 단기만수보존법
④ 장기만수보존법

장기간 보존법으로는 건조보존법이 적합하다.

65 보일러 급수처리법 중 내처리 방법은?

① 여과법
② 폭기법
③ 이온교환법
④ 청관제의 사용

청관제 처리는 보일러 내처리 방법이다.

ANSWER 60.② 61.④ 62.④ 63.③ 64.① 65.④

66 주형방열기에 온수를 흐르게 할 경우, 상당방열면적(EDR)당 발생되는 표준방열량(kW/m²)은?

① 0.332 ② 0.523
③ 0.755 ④ 0.899

해설 온수의 표준방열량은 450kcal/m²h 이다.
그러므로 450/860=0.523kW/m²

67 보일러 내의 스케일 발생방지 대책으로 틀린 것은?

① 보일러 수에 약품을 넣어 스케일 성분이 고착되지 않게 한다.
② 기수분리기를 설치하여 경도 성분을 제거한다.
③ 보일러수의 농축을 막기 위하여 관수 분출작업을 적절히 한다.
④ 급수 중의 염류 등 스케일 생성 성분을 제거한다.

해설 기수분리기는 수분과 증기를 분리하여 건증기를 얻기 위해 설치된다.

68 에너지이용 합리화법에 따라 특정열사용기자재의 안전관리를 위해 산업통상자원부장관이 실시하는 교육의 대상자가 아닌 자는?

① 에너지관리자
② 시공업의 기술인력
③ 검사대상기기 조종자
④ 효율관리기자재 제조자

해설 효율관리기자재 제조자는 안전관리의 교육대상자가 아니다.

69 에너지이용 합리화법에 따라 에너지이용 합리화 기본계획 사항에 포함되지 않는 것은?

① 에너지 소비형 산업구조의 전환
② 에너지원간 대체(代替)
③ 열사용기자재의 안전관리
④ 에너지의 합리적인 이용을 통한 온실가스의 배출을 줄이기 위한 대책

해설 기본계획은 다음과 같다.
① 에너지절약형 경제 구조로의 전환
② 에너지이용효율의 증대
③ 에너지이용합리화를 위한 기술개발
④ 에너지이용합리화를 위한 홍보 및 교육
⑤ 에너지의 대체 계획
⑥ 열사용기자재의 안전관리
⑦ 에너지이용합리화를 위한 가격 예시제의 시행에 관한사항
⑧ 에너지의 이용을 통한 이산화탄소의 배출감소 대책
⑨ 기타 에너지이용합리화의 추진에 필요한 사항

70 보일러 관수의 분출 작업 목적이 아닌 것은?

① 스케일 부착 방지
② 저수위 운전 방지
③ 포밍, 프라이밍 현상을 방지
④ 슬러지 취출

해설 분출의 목적
① 스케일 부착 방지
② 고수위 운전 방지
③ 포밍, 프라이밍 현상을 방지
④ 슬러지 취출
⑤ 관수의 농축방지 및 PH조절

ANSWER 66.② 67.② 68.④ 69.① 70.②

71 보일러 운전 정지 시 주위사항으로 틀린 것은?

① 작업종료 시까지 증기의 필요량을 남긴 채 운전을 정지한다.
② 벽돌 쌓은 부분이 많은 보일러는 압력 상승 방지를 위해 급히 증기밸브를 닫는다.
③ 보일러의 압력을 급히 내리거나 벽돌 등을 급냉시키지 않는다.
④ 보일러 수는 정상수위보다 약간 높게 급수하고, 급수 후 증기밸브를 닫고, 증기관의 드레인 밸브를 열어 놓는다.

해설 벽돌 쌓은 부분이 많은 보일러는 압력 상승 방지를 위해 서서히 증기밸브를 닫는다.

72 에너지이용 합리화법에 따라 에너지다소비사업자가 매년 1월 31일까지 신고해야 할 사항이 아닌 것은?

① 전년도의 수지계산서
② 전년도의 분기별 에너지이용 합리화 실적
③ 해당 연도의 분기별 에너지사용 예정량
④ 에너지사용기자재의 현황

해설 에너지다소비사업자가 매년 1월 31일까지 신고해야 할 사항
• 전년도의 에너지사용량 · 제품생산량
• 전년도의 에너지 이용합리화 실적 및 당해연도의 계획
• 당해 년도의 에너지 사용 예정량 및 제품 생산 예정량
• 에너지 사용기자재의 현황

73 중유를 A급, B급, C급의 3종류로 나눌 때, 이것을 분류하는 기준은 무엇인가?

① 점도에 따라 분류
② 비중에 따라 분류
③ 발열량에 따라 분류
④ 황의 함유율에 따라 분류

해설 중유는 점도에 따라 A, B, C 중유로 분류한다.

74 에너지이용 합리화법에 따라 검사에 합격되지 아니 한 검사대상기기를 사용한 자에 대한 벌칙 기준은?

① 2년 이하의 징역 또는 2천만원 이하의 벌금
② 1년 이하의 징역 또는 1천만원 이하의 벌금
③ 3천만원 이하의 벌금
④ 5백만원 이하의 벌금

해설 검사에 합격되지 아니 한 검사대상기기를 사용한 자에 대한 벌칙은 1년 이하의 징역 또는 1천만원 이하의 벌금

75 다음 중 원수로부터 탄산가스나 철, 망간 등을 제거하기 위한 수처리 방식은?

① 탈기법   ② 기폭법
③ 응집법   ④ 이온교환법

해설 탄산가스나 철, 망간 등의 제거는 기폭법이다.

76 진공환수식 증기 난방법에서 방열기 밸브로 사용하는 것은?

① 콕 밸브   ② 팩리스 밸브
③ 바이패스 밸브   ④ 솔레노이드 밸브

해설 방열기 밸브는 팩리스 밸브를 사용한다.

ANSWER 71.② 72.① 73.① 74.② 75.② 76.②

77 다음 중 보일러를 점화하기 전에 역화와 폭발을 방지하기 위하여 가장 먼저 취해야 할 조치는?

① 포스트 퍼지를 실시한다.
② 화력의 상승속도를 빠르게 한다.
③ 댐퍼를 열고 체류가스를 배출시킨다.
④ 연료의 점화가 신속하게 이루어지도록 한다.

해설) 점화전에는 댐퍼를 열고 체류가스를 배출하기 위한 프리퍼지를 실시한다.

78 연소 조절 시 주의사항에 관한 설명으로 틀린 것은?

① 보일러를 무리하게 가동하지 않아야 한다.
② 연소량을 급격하게 증감하지 말아야 한다.
③ 불필요한 공기의 연소실내 침입을 방지하고, 연소실 내를 저온으로 유지한다.
④ 연소량을 증가시킬 경우에는 먼저 통풍량을 증가시킨 후에 연료량을 증가시킨다.

해설) 연소실 내를 고온으로 유지한다.

79 다음 [조건]과 같은 사무실의 난방부하(kW)는?

[조건]
- 바닥 및 천장 난방면적 : $48m^2$
- 벽체의 열관류율 : $5kcal/m^2 \cdot h \cdot ℃$
- 실내온도 : $18℃$
- 외기온도 : 영하 $5℃$
- 방위에 따른 부가 계수 : 1.1
- 벽체의 전면적 : $70m^2$

① 24   ② 20
③ 18   ④ 13

해설) $5 \times (48+48+70) \times (18+5) \times 1.1 = 20,999 kcal/h$
$\dfrac{20,999}{860} ≒ 24 kw$

80 보일러 사용이 끝난 후 다음 사용을 위하여 조치해야 할 주의사항으로 틀린 것은?

① 석탄연료의 경우 재를 꺼내고 청소한다.
② 자동 보일러의 경우 스위치를 전부 정상 위치에 둔다.
③ 예열용 기름을 노 내에 약간 넣어둔다.
④ 유류 사용 보일러의 경우 연료계통의 스톱밸브를 닫고 버너를 청소하고 노 내어 기름이 들어가지 않도록 한다.

해설) 노 내에 연료를 넣어 두면 점화 시 폭발의 위험성이 있다.

ANSWER 77.③ 78.③ 79.① 80.③

 # 에너지관리산업기사

2018년 3월 4일 시행

제1과목 열역학 및 연소관리

01 온도-엔트로피(T-S)선도 상에서 상태변화를 표시하는 곡선과 S축(엔트로피 축) 사이의 면적은 무엇을 나타내는가?

① 일량　　② 열량
③ 압력　　④ 비체적

 T-S선도 상에서 상태변화를 표시하는 곡선과 엔트로피 축 사이의 면적은 열량을 나타낸다.

02 보일러의 연료로 사용되는 LNG의 일반적인 특징에 대한 설명으로 틀린 것은?

① 메탄을 주성분으로 한다.
② 유독성 물질이 적다.
③ 비중이 공기보다 가벼워서 누출되어도 가스폭발의 위험이 적다.
④ 연소범위가 넓어서 특별한 연소기구가 필요치 않다.

LNG의 일반적인 특징
① 메탄(CH_4)을 주성분으로 한다.
② 유독성 물질이 적다.
③ 비중이 공기보다 가벼워서 누출되어도 가스폭발의 위험이 적다.
④ 연소범위(5~15%)가 좁은 편이다.

03 고체 및 액체연료의 이론산소량(Nm^3/kg)에 대한 식을 바르게 표기하는 것은?
(단, C는 탄소, H는 수소, O는 산소, S는 황이다.)

① $1.87C + 5.6(H-O/8) + 0.7S$
② $2.67C + 8(H-O/8) + S$
③ $8.89C + 26.7H + 3.33(O-S)$
④ $11.49C + 34.5H - 4.31(O-S)$

이론산소량(Nm^3/kg)
$= 1.867C + 5.6\left(H - \dfrac{O}{8}\right) + 0.7S$

04 고위발열량과 저위발열량의 차이는 무엇인가?

① 연료의 증발잠열
② 연료의 비열
③ 수분의 증발잠열
④ 수분의 비열

• **고위발열량**: 수증기 증발잠열을 포함한 상태의 발열량
• **저위발열량**: 수증기 증발잠열을 제외한 연료 고유의 발열량
즉, 고위발열량과 저위발열량의 차이는 수분의 증발잠열이다.

05 압력 90kPa에서 공기 1L의 질량이 1g이었다면 이 때의 온도는(K)? (단, 기체상수(R)는 0.287kJ/kg·K이며, 공기는 이상기체이다.)

① 273.7　　② 313.5
③ 430.2　　④ 446.3

ANSWER　1.② 2.④ 3.① 4.③ 5.②

해설 $PV = GRT$

$T = \dfrac{90 \times 1}{0.001 \times 0.287} = 313.58K$

06 가연성가스 용기와 도색 색상의 연결이 틀린 것은?

① 아세틸렌-황색
② 액화염소-갈색
③ 수소-주황색
④ 액화암모니아-회색

해설 • 액화암모니아-백색

07 연소설비 내에 연소 생성물(CO_2, N_2, H_2O 등)의 농도가 높아지면 연소 속도는 어떻게 되는가?

① 연소 속도와 관계 없다.
② 연소 속도가 저하된다.
③ 연소 속도가 빨라진다.
④ 초기에는 느려지나 나중에는 빨라진다.

해설 • 연소 생성물(CO_2, N_2, H_2O 등)이 증가하면 연소 속도가 저하된다.

08 보일의 법칙에 따라 가스의 상태변화에 대해 일정한 온도에서 압력을 상승시키면 체적은 어떻게 변화하는가?

① 압력에 비례하여 증가한다.
② 변화 없다.
③ 압력에 반비례하여 감소한다.
④ 압력의 자승에 비례하여 증가한다.

해설 • **보일의 법칙** : 일정온도 하에서 체적은 압력에 반비례한다.

09 중유의 비중이 크면 탄화수소비(C/H 비)가 커지는데 이때 발열량은 어떻게 되는가?

① 커진다.
② 관계없다.
③ 작아진다.
④ 불규칙하게 변한다.

해설 • 탄화수소비(C/H)가 커지면 탄소는 증가하고 수소 성분은 감소하므로 발열량은 작아진다.

10 외부로부터 열을 받지도 않고 외부로 열을 방출하지도 않는 상태에서 가스를 압축 또는 팽창시켰을 때의 변화를 무엇이라고 하는가?

① 정압변화
② 정적변화
③ 단열변화
④ 폴리트로픽변화

해설 • **단열변화** : 외부로부터 열을 받지도 않고 외부로 열을 방출하지도 않는 상태

11 중유의 종류 중 저점도로서 예열을 하지 않고도 송유나 무화가 가장 양호한 것은?

① A급 중유
② B급 중유
③ C급 중유
④ D급 중유

해설 중유는 점도에 따라서 A, B, C급 중유로 분류하며, A급 중유는 점도가 낮아 예열을 하지 않는다.

ANSWER 6.④ 7.② 8.③ 9.③ 10.③ 11.①

12 체적 300L의 탱크 안에 350℃의 습포화 증기가 60kg이 들어있다. 건조도(%)는 얼마인가?
(단, 350℃ 포화수 및 포화증기의 비체적은 각각 0.0017468m³/kg, 0.008811m³/kg 이다.)

① 32 ② 46
③ 54 ④ 68

해설
- 습포화 증기 비체적 = $\frac{0.3}{60}$ = 0.005m³/kg
- 0.005 − 0.0017468 = 0.0032532m³/kg
- 0.008811 − 0.0017468 = 0.0070642m³/kg

∴ $\frac{0.0032532}{0.0070642} \times 100 = 46\%$

13 재생 가스터빈 사이클에 대한 설명으로 틀린 것은?

① 가스터빈 사이클에 재생기를 사용하여 압축기 출구온도를 상승시킨 사이클이다.
② 효율은 사이클 내 최대 온도에 대한 최저온도의 비와 압력비의 함수이다.
③ 효율과 일량은 압력비가 최대일 때 최대치가 나타난다.
④ 사이클 효율은 압력비가 증가함에 따라 감소한다.

해설 효율은 압력비가 증가할수록 일량이 많을수록 감소한다.

14 연료의 원소분석법 중 탄소의 분석법은?

① 에쉬카법 ② 리비히법
③ 켈달법   ④ 보턴법

해설 연료의 원소분법에서 탄소의 분석은 리비히법이 사용된다.

15 액체연료를 분석한 결과 그 성분이 다음과 같았다. 이 연료의 연소에 필요한 이론 공기량은(Nm³/kg)은?

| 탄소 : 80%, 수소 : 15%, 산소 : 5% |

① 10.9 ② 12.3
③ 13.3 ④ 14.3

해설
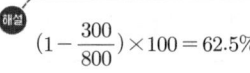
$A_o = [1.867 \times 0.8 + 5.6(0.15 - \frac{0.05}{8})] \times \frac{1}{0.21}$
= 10.9Nm³/kg

16 고열원 온도 800K, 저열원 온도 300K인 두 열원 사이에서 작동하는 이상적인 카르노 사이클이 있다. 고열원에서 사이클에 가해지는 열량이 120kJ이라면, 사이클의 일(kJ)은 얼마인가?

① 60   ② 75
③ 85   ④ 120

해설 $(1 - \frac{300}{800}) \times 100 = 62.5\%$
∴ 120 × 0.625 = 75kJ

17 증기의 압력이 높아졌을 때 나타나는 현상으로 틀린 것은?

① 현열이 증대한다.
② 습증기발생이 높아진다.
③ 포화온도가 높아진다.
④ 증발잠열이 증대한다.

해설 압력이 상승하면 포화수 엔탈피는 증가하나 잠열은 감소한다. 즉, 임계점 상태에서 증발잠열은 0이다.

ANSWER 12.② 13.③ 14.② 15.① 16.② 17.④

18 같은 온도 범위에서 작동되는 다음 사이클 중 가장 효율이 높은 사이클은?

① 랭킨 사이클
② 디젤 사이클
③ 카르노 사이클
④ 브레이튼 사이클

해설) 동일 온도 범위에서는 카르노 사이클이 효율이 가장 높다.

19 다음 중 1기압 상온상태에서 이상기체로 취급하기에 가장 부적당한 것은?

① N_2 ② He
③ 공기   ④ H_2O

해설) 물(H_2O)은 액체이므로 이상기체로의 취급이 부적당하다.

20 과열증기에 대한 설명으로 옳은 것은?

① 건조도가 1인 상태의 증기
② 주어진 온도에서 증발이 일어났을 때의 증기
③ 온도는 일정하고 압력만이 증가된 상태의 증기
④ 압력이 일정할 때 온도가 포화온도 이상으로 증가된 상태의 증기

해설) 과열증기란 압력 변화 없이 온도만 포화온도 이상으로 증가된 상태의 온도를 말한다.

제2과목 계측 및 에너지진단

21 보일러 열정산에서 입열항목에 해당하는 것은?

① 연소 잔재물이 갖고 있는 열량
② 발생증기의 흡수열량
③ 연소용 공기의 열량
④ 배기가스의 열량

해설) 입열 항목
㉮ 연료의 발열량   ㉯ 연료의 현열
㉰ 공기의 현열   ㉱ 노내 분입 증기열

22 다음 전기식 조절기에 대한 설명으로 옳지 않은 것은?

① 배관을 설치하기 힘들다.
② 신호의 전달 지연이 거의 없다.
③ 계기를 움직이는 곳에 배선을 한다.
④ 신호의 취급 및 변수 산의 계산이 용이하다.

해설)

전달방식	장 점	단 점
공기식	① 배관이 용이 ② 위험성이 없다. ③ 보존이 비교적 용이	① 신호의 전달 지연이 있다. ② 조작 지연이 있다. ③ 희망특성을 살리기 어렵다.
유압식	① 조작속도가 크다. ② 조작력이 강대 ③ 희망특성의 것을 만드는 것이 용이	① 기름이 넘치면 더럽다. ② 인화의 위험이 있다. ③ 수기압정도의 유압원이 필요
전기식	① 배선의 용이 ② 신호의 전달지연이 없다. ③ 신호의 복잡한 취급이 용이	① 조작속도가 빠른 비례조작부를 만드는 것이 곤란하다. ② 보존에 기술이 요한다.

ANSWER   18.③ 19.④ 20.④ 21.③ 22.①

제1회 에너지관리산업기사(2018년 3월 4일 시행)

23 보일러 열정산 시 보일러 최종 출구에서 측정하는 값은?

① 급수온도
② 예열공기온도
③ 배기가스온도
④ 과열증기온도

 전열면 최종출구에 배기가스 온도계를 설치하여 배기가스온도를 측정한다.

24 다음의 연소가스 측정방법 중 선택성이 가장 우수한 것은?

① 열전도율식   ② 연소열식
③ 밀도식   ④ 자기식

종류	구분	측정방법	선택성
화학적 가스분석계	화학반응을 이용	연소열법	양 호
		오르잣법	양 호
물리적 가스분석계	물성정수에 의한 측정	열전도율법	불 량
		밀도법	불 량
		가스 크로마토그래프법	우 수
	전기적 성질을 이용	도전율법	양 호
		세라믹법	양 호
	자기적 성질을 이용	자화율법	우 수
	광학적 성질을 이용	적외선흡수법	우 수

25 다음 중 측정제어 방식이 아닌 것은?

① 캐스케이드 제어
② 프로그램 제어
③ 시퀀스 제어
④ 비율 제어

• 제어방식에 의한 분류 : 피드백 제어, 시퀀스 제어

26 압력을 나타내는 단위가 아닌 것은?

① N/m^2 ② bar
③ Pa   ④ $N \cdot s/m^2$

 1[atm] = 760[mmHg] = 1.0332[$kg/cm^2 \cdot a$]
= 10.332[mH_2O] = 14.7[$lb/in^2 a$]
= 1013[mbar] = 101325[N/m^2] = 101325[Pa]
= 0.101325[MPa]

27 열전대온도계가 갖추어야 할 특성으로 옳은 것은?

① 열기전력과 전기저항은 작고 열전도율은 커야 한다.
② 열기전력과 전기저항은 크고 열전도율은 작아야 한다.
③ 전기저항과 열전도율은 작고 열기전력은 커야 한다.
④ 전기저항과 열전도율은 크고 열기전력은 작아야 한다.

열전대 구비조건
㉮ 장시간 사용해도 기전력이 안정될 것.
㉯ 내열성 가스의 기밀유지 및 내식성이 클 것.
㉰ 외부온도의 변화에 신속하게 반응할 것.
㉱ 기전력이 크고 온도변화에 따라 연속상승 할 것.
㉲ 열전도율, 전기저항, 온도계수가 적을 것.
㉳ 충격 및 진동에 강할 것.

28 다음 계측기의 구비조건으로 적절하지 않은 것은?

① 취급과 보수가 용이해야 한다.
② 견고하고 신뢰성이 높아야 한다.
③ 설치되는 장소의 주위 조건에 대하여 내구성이 있어야 한다.
④ 구조가 복잡하고, 전문가가 아니면 취급할 수 없어야 한다.

계측기기는 구조가 간단하고 취급이 용이해야 한다.

ANSWER 23.③ 24.④ 25.③ 26.④ 27.③ 28.④

29 화씨온도 68°F는 섭씨온도로 몇 ℃인가?

① 15 ② 20
③ 36 ④ 68

해설) $\frac{5}{9} \times (68 - 32) = 20℃$

30 다음 국제단위계(SI)에서 사용되는 접두어 중 가장 작은 값은?

① n ② p
③ d ④ μ

해설) ① n = 10^{-9} ② p = 10^{-12}
③ d = 10^{-1} ④ $\mu = 10^{-6}$

31 보일러내의 포화수 상태에서 습증기 상태로 가열하는 경우 압력과 온도 변화로 옳은 것은?

① 압력증가, 온도일정
② 압력일정, 온도감소
③ 압력일정, 온도증가
④ 압력일정, 온도일정

해설) 포화수에서 건증기상태로 가열하는 과정에서 압력과 온도는 일정하다.

32 다음 중 접촉식 온도계가 아닌 것은?

① 유리 온도계
② 방사 온도계
③ 열전 온도계
④ 바이메탈 온도계

해설) **비접촉식 온도계** : 방사 온도계, 광고 온도계, 광전관식 온도계

33 보일러 자동제어인 연소제어(A.C.C)에서 조작량에 해당되지 않는 것은?

① 연소가스량 ② 연료량
③ 공기량 ④ 전열량

해설)

종 류	제어량	조작량
증기온도제어(S.T.C)	증기온도	전열량
급수제어(F.W.C)	보일러 수위	급수량
연소제어(A.C.C)	증기압력	연료량공기량
	노내압력	연소 가스량

34 다음 열전대 종류 중 사용온도가 가장 높은 것은?

① K형 : 크로멜-알루멜
② R형 : 백금-백금 · 로듐
③ J형 : 철-콘스탄탄
④ T형 : 구리-콘스탄탄

해설)

종 류	측정온도 범위	금속제	
		양 극	음 극
백금 로듐-백금(PR)	0~1600[℃]	백금 로듐	백 금
크로멜-알루멜(CA)	0~1200[℃]	크 로 멜	알 루 멜
철-콘스탄탄(IC)	-200~800[℃]	순 철	콘스탄탄
구리-콘스탄탄	-200~300[℃]	순 구 리	콘스탄탄

35 다음 액면계의 종류 중 보일러 드럼의 수위 경보용에 주로 사용되며, 액면에 부자를 띄워 그것이 상하로 움직이는 위치에 따라 액면을 측정하는 방식은?

① 플로트식 ② 차압식
③ 초음파식 ④ 정전용량식

해설) **플로트식**
수위 경보용에 주로 사용되며, 액면에 부자를 띄워 그것이 상하로 움직이는 위치에 따라 액면을 측정하는 방식

ANSWER 29.② 30.② 31.④ 32.② 33.④ 34.② 35.①

36 발열량이 40,000kJ/kg인 중유 40kg을 연소해서 실제로 보일러에 흡수된 열량이 1,400,000kJ일 때 이 보일러의 효율은 몇 %인가?

① 84.6 ② 87.5
③ 89.3 ④ 92.4

해설 $\dfrac{1,400,000}{40,000 \times 40} \times 100 = 87.5\%$

37 다음 중 탄성식 압력계의 종류가 아닌 것은?

① 부르동관식 압력계
② 다이어프램식 압력계
③ 환상천평식 압력계
④ 벨로스식 압력계

해설
- 액주식 압력계 : 단관식, U자관식, 경사관식, 환상천평식(링밸런스식)
- 탄성식 압력계 : 부르동관식, 다이어프램식, 벨로스식

38 액주식 압력계에서 사용되는 액체의 구비조건 중 틀린 것은?

① 항상 액면은 수평을 만들 것
② 온도 변화에 의한 밀도 변화가 클 것
③ 점도, 팽창계수가 적을 것
④ 모세관 현상이 적을 것

해설 액주식 압력계 액체의 구비조건
㉮ 항상 액면은 수평을 만들 것
㉯ 온도 변화에 의한 밀도 변화가 적을 것
㉰ 점도, 팽창계수가 적을 것
㉱ 모세관 현상이 적을 것

39 링밸런스식 압력계에 대한 설명 중 옳은 것은?

① 압력원에 가깝도록 계기를 설치한다.
② 부식성 가스나 습기가 많은 곳에서는 다른 압력계보다 정도가 높다.
③ 도압관은 될 수 있는 한 가늘고 긴 것이 좋다.
④ 측정 대상 유체는 주로 액체이다.

해설 링밸러스식 압력계 설치 시 주의 사항
① 진동 충격 등이 없는 장소에 수평수직으로 설치한다.
② 부식성 가스나 습기가 적은 곳에 설치한다.
③ 도압관은 굵고 짧게하며 압력원에 가깝도록 설치한다.
④ 측정 대상 유체는 주로 액체이다.

40 어떠한 조건이 충족되지 않으면 다음 동작을 저지하는 제어방법은?

① 인터록제어
② 피드백제어
③ 자동연소제어
④ 시퀀스제어

해설 인터록제어
어떠한 조건이 충족되지 않으면 다음 동작을 저지하는 제어방법

ANSWER 36.② 37.③ 38.② 39.① 40.①

제3과목 열설비구조 및 시공

41 관류보일러의 일반적인 특징에 관한 설명으로 옳은 것은?

① 증기압력이 고압이므로 급수펌프가 필요없다.
② 전열면적에 대한 보유수량이 많아 가동시간이 길다.
③ 보일러 드럼이 필요 없고 지름이 작은 전열관을 사용하여 증발속도가 빠르다.
④ 열용량이 크기 때문에 추종성이 느리다.

> 관류 보일러는 드럼이 필요 없고 지름이 작은 전열관을 사용하여 증발속도가 빠르다.

42 초임계압력 이상의 고압증기를 얻을 수 있으며 증기드럼을 없애고 긴 관으로만 이루어진 수관식 보일러는?

① 노통보일러
② 연관보일러
③ 열매체보일러
④ 관류보일러

> 관류보일러는 초임계압력 이상의 고압증기를 얻을 수 있으며 증기드럼을 없애고 긴 관으로만 이루어진 수관식 보일러이다.

43 보일러 부속기기 중 발생 증기량에 비해 소비량이 적을 때 남은 잉여증기를 저장하였다가, 과부하시 긴급히 사용하는 잉여증기의 저장장치는?

① 병향류식 과열기
② 재열기
③ 방사대류형 과열기
④ 증기 축열기

> **증기 축열기**
> 발생 증기량에 비해 소비량이 적을 때 남은 잉여증기를 저장하였다가, 과부하시 긴급히 사용하는 장치

44 강도와 유연성이 커서 곡률반경에 대해 관경의 8배까지 굽힘이 가능하고 내한 내열성이 강한 배관재료는?

① 염화비닐관
② 폴리부틸렌관
③ 폴리에틸렌관
④ XL관

> **폴리부틸렌관**
> 강도와 유연성이 커서 곡률반경에 대해 관경의 8배까지 굽힘이 가능하고 내한 및 내열성이 크다.

45 다음 온수 보일러의 부속품 중 증기 보일러의 압력계와 기능이 동일한 것은?

① 액면계   ② 압력조절기
③ 수고계   ④ 수면계

> 온수 보일러의 수고계는 증기 보일러의 압력계와 기능이 동일하다.

46 찬물이 한 곳으로 인입되면 보일러가 국부적으로 냉각되어 부동팽창에 의한 악영향을 방지하기 위해 설치하는 장치는?

① 체크 밸브
② 급수 내관
③ 기수 분리기
④ 주증기 정지관

> **급수 내관의 설치 목적**
> 안전 저수위 약간 아래(약 50mm)에 설치되며, 찬물이 한 곳으로 인입되면 보일러가 국부적으로 냉각되어 부동팽창에 의한 악영향을 방지하기 위해 설치한다.

ANSWER 41.③ 42.④ 43.④ 44.② 45.③ 46.②

제1회 에너지관리산업기사(2018년 3월 4일 시행)

47 20℃ 상온에서 재료의 열전도율(kcal/m·h·℃)이 큰 것부터 낮은 순서대로 바르게 나열한 것은?

① 구리 > 알루미늄 > 철 > 물 > 고무
② 구리 > 알루미늄 > 철 > 고무 > 물
③ 알루미늄 > 구리 > 철 > 물 > 고무
④ 알루미늄 > 철 > 구리 > 고무 > 물

해설 열전도율이 큰 순서
구리 > 알루미늄 > 철 > 물 > 고무
(20℃에서 물질의 열전도율 : 구리(320), 알루미늄(175), 철(46), 물(0.511), 고무(0.12∼0.14))

48 에너지이용합리화법에 따라 검사대상기기의 계속사용검사를 받으려는 자와 계속사용검사신청서를 검사유효기간 만료 며칠 전까지 제출하여야 하는가?

① 3일   ② 5일
③ 10일 ④ 30일

해설 검사대상기기의 계속사용검사신청은 검사유효기간 만료 10일전까지 제출하여야 한다.

49 공기예열기는 전열식과 재생식으로 나뉜다. 다음 중 재생식 공기예열기에 해당되는 것은?

① 관형식
② 강판형식
③ 판형식
④ 융그스트롬식

해설
• 전열식(관형, 판형)
• 재생식(융그스트롬식)

50 불에 타지 않고 고온에 견디는 성질을 의미하는 것으로 제게르콘(Segercone) 번호(SK)로 표시하는 것은?

① 내화도
② 감온성
③ 크리프계수
④ 점도지수

해설 제게르콘 온도계는 내화물의 내화도를 측정하는 온도계이다.

51 관의 안지름을 D (cm), 1초간의 평균 유속을 V (m/sec)라 하면 1초간의 평균 유량 Q (m³/sec)을 구하는 식은?

① $Q = DV$
② $Q = \pi D^2 V$
③ $Q = \dfrac{\pi}{4}(D/100)^2 V$
④ $Q = (V/100)^2 D$

해설 $Q = A \times V = \dfrac{\pi D^2}{4} \times V$

52 탄화규소질 내화물에 관한 특성으로 틀린 것은?

① 탄화규소를 주원료로 한다.
② 내열성이 대단히 우수하다.
③ 내마모성 및 내스폴링성이 크다.
④ 화학적 침식이 잘 일어난다.

해설 탄화규소질 내화물의 특성
㉮ 탄화규소를 주원료로 한다.
㉯ 내열성이 대단히 우수하다.
㉰ 내마모성 및 내스폴링성이 크다.
㉱ 화학적 침식이 잘 일어나지 않는다.

ANSWER 47.① 48.③ 49.④ 50.① 51.③ 52.④

53 내화 골재에 주로 알루미나 시멘트를 섞어 만든 부정형 내화물은?

① 내화 모르타르
② 돌로마이트
③ 캐스터블 내화물
④ 플라스틱 내화물

> 캐스터블 내화물은 내화 골재에 주로 알루미나 시멘트를 섞어 만든 부정형 내화물이다.

54 에너지이용합리화법에 의한 검사대상기기인 보일러의 연료 또는 연소방법을 변경한 경우 받아야 하는 검사는?

① 구조검사
② 개조검사
③ 계속사용 성능검사
④ 설치검사

> 에너지이용 합리화법에 의한 검사대상기기인 보일러의 연료 또는 연소방법을 변경한 경우에는 개조검사를 받아야 한다.

55 열매체 보일러에서 사용하는 유체 중 온도에 따른 물과 다우섬 사용에 관한 비교 설명으로 옳은 것은?

① 100℃ 온도에서 물과 다우섬 모두 증발이 일어난다.
② 100℃ 온도에서 물은 증발되며 다우섬은 증발이 일어나지 않는다.
③ 물은 300℃ 온도에서 액체만 순환된다.
④ 다우섬은 300℃ 온도에서 액체만 순환된다.

> 다우섬 포화온도 260℃이므로 100℃에서 물은 증발되며 다우섬은 증발이 일어나지 않는다.

56 평행류 열교환기에서 가열 유체가 80℃로 들어가 50℃로 나오고, 가스는 10℃에서 40℃로 가열된다. 열관류율이 25kcal/m²·h·℃일 때, 시간당 7200kcal의 열교환율을 위한 열교환 면적은?

① $1.4m^2$ ② $3.5m^2$
③ $6.7m^2$ ④ $9.3m^2$

> • 80 − 10 = 70
> • 50 − 40 = 10
> • $\dfrac{70-10}{In(\frac{70}{10})} = 1.94549℃$
> ∴ $\dfrac{7200}{25 \times 30.84} = 9.3m^2$

57 시로코형 송풍기를 사용하는 보일러에서 출구압력이 42mmAq, 효율 65%, 풍량이 850m³/min일 때 송풍기 축동력은?

① 0.01 PS   ② 12.2 PS
③ 476 PS   ④ 732.3 PS

>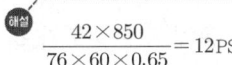
> $\dfrac{42 \times 850}{76 \times 60 \times 0.65} = 12 PS$

58 강관의 접합 방법으로 부적합한 것은?

① 나사이음   ② 플랜지이음
③ 압축이음   ④ 용접이음

> 압축이음(플레어 이음)은 동관이음 방법이다.

59 주철제 보일러의 일반적인 특징에 관한 설명으로 틀린 것은?

① 조립 및 분해나 운반이 편리하다.
② 쪽수의 증감에 따라 용량 조절에 유리하다.
③ 내부구조가 간단하여 청소가 쉽다.
④ 고압용 보일러로는 적합하지 않다.

ANSWER 53.③ 54.② 55.② 56.④ 57.② 58.③ 59.③

해설) 주철제 보일러는 내부구조가 복잡하여 청소검사가 곤란하다.

60 보일러의 증기 공급, 차단을 위하여 설치하는 밸브는?

① 스톱밸브　② 게이트밸브
③ 감압밸브　④ 체크밸브

해설) 증기의 각 분출구에는 스톱밸브를 설치한다. (단, 안전밸브의 분출구에는 스톱밸브를 설치하지 않는다.)

제4과목　열설비취급 및 안전관리

61 스케일의 종류와 성질에 대한 설명으로 틀린 것은?

① 중탄산칼슘은 급수에 용존되어 있는 염류 중에 슬러지를 생성하는 주된 성분이다.
② 중탄산칼슘의 용해도는 온도가 올라갈수록 떨어지기 때문에 높은 온도에서 석출된다.
③ 황산칼슘은 주로 증발관에서 스케일화 되기 쉽다.
④ 중탄산마그네슘은 보일러 수 중에서 열분해하여 탄산마그네슘으로 된다.

해설) 중탄산칼슘의 용해도는 온도가 올라갈수록 높아지기 때문에 높은 온도에서 석출된다.

62 회전차(impeller)의 둘레에 안내깃을 달고 이것에 의해 물의 속도를 압력으로 변화시켜 급수하는 펌프는?

① 인젝터펌프　② 분사펌프
③ 원심펌프　　④ 피스톤펌프

해설) 원심펌프의 원리는 회전차(impeller)의 회전에 의한 원심력을 이용하여 물의 속도를 압력으로 변화시켜 급수하는 펌프(터빈펌프 : 안내깃이 있다. 볼류트펌프 : 안내깃이 없다.)

63 보일러의 증기 배관에서 수격작용의 발생을 방지하는 방법으로 틀린 것은?

① 환수관 등의 배관 구배를 작게 한다.
② 배관 관경을 크게 한다.
③ 송기를 급격히 하지 않는다.
④ 증기관의 드레인 빼기장치로 관 내의 드레인을 완전히 배출한다.

해설) 환수관의 기울기를 크게 할수록 응축수 회수가 양호하여 수격작용이 방지된다.

64 보일러 저수위 사고 방지 대책으로 틀린 것은?

① 수면계의 수위를 수시로 점검한다.
② 급수관에는 체크밸브를 부착한다.
③ 관수 분출작업은 부하가 적을 때 행한다.
④ 저수위가 되면 연도 댐퍼를 닫고 즉시 급수한다.

해설) 저수위 발생시 보일러 운전을 정지하고 원인을 파악한 후 조치를 취한다.

65 보일러수의 이상증발 예방대책이 아닌 것은?

① 송기에 있어서 증기밸브를 빠르게 연다.
② 보일러수의 블로우 다운을 적절히 하여 보일러수의 농축을 막는다.
③ 보일러의 수위를 너무 높이지 않고 표준수위를 유지하도록 제어한다.

ANSWER　60.①　61.②　62.③　63.①　64.④　65.①

④ 보일러수의 유지분이나 불순물을 제거하고 청관제를 넣어 보일러수 처리를 한다.

해설 송기 시에는 증기밸브를 천천히 열어 증기를 공급한다.

66 프라이밍, 포밍의 발생 원인으로 틀린 것은?

① 보일러수에 유지분이 다량 포함되어 있다.
② 증기부하가 급변하고 고수위로 운전하였다.
③ 보일러수가 과도하게 농축되었다.
④ 송기밸브를 천천히 열어 송기했다.

해설 송기 시 증기밸브를 급개하면 비수현상이 발생하여 수격작용의 원인이 되므로 송기밸브를 천천히 열어 송기한다.

67 에너지이용합리화법에 따라 산업통상자원부장관은 에너지관리지도 결과, 에너지가 손실되는 요인을 줄이기 위하여 필요하다고 인정하는 경우에 에너지다소비사업자에게 어떤 조치를 할 수 있는가?

① 에너지손실 요인의 개선을 명할 수 있다.
② 벌금을 부과할 수 있다.
③ 시공업의 등록을 말소시킬 수 있다.
④ 에너지사용정지를 명할 수 있다.

해설 산업통상자원부장관은 에너지관리지도 결과, 에너지가 손실되는 요인을 줄이기 위하여 필요하다고 인정하는 경우에 에너지다소비사업자에게 에너지손실 요인의 개선을 명할 수 있다.

68 온수난방에서 각 방열기에 공급되는 유량분배를 균등히 하여 전후방 방열기의 온도차를 최소화 시키는 방식으로 환수배관의 길이가 길어지는 단점이 있는 배관 방식은?

① 하트포트 배관법
② 역환수식 배관법
③ 콜드 드래프트 배관법
④ 직접 환수식 배관법

해설 **역환수식 배관법**
유량을 균등하게 분배하기 위해 설치하는 배관방식

69 에너지이용 합리화법에 따라 에너지사용량이 대통령령으로 정하는 기준량 이상인 자는 매년 언제까지 신고해야 하는가?

① 1월 31일 ② 3월 31일
③ 6월 30일 ④ 12월 31일

해설 에너지이용 합리화법에 따라 에너지사용량이 대통령령으로 정하는 기준량 이상인 자는 매년 1월 31일까지 신고한다.

70 노통연관 보일러의 유지해야 할 최저수위 위치로 옳은 것은? (단, 연관이 30mm 높은 경우이다.)

① 연관 최상면에서 100mm 상부에 오도록 한다.
② 연관 최상면에서 75mm 상부에 오도록 한다.
③ 노통 상면에서 110mm 상부에 오도록 한다.
④ 노통 상면에서 75mm 상부에 오도록 한다.

해설 안전 저수위의 위치는 통상 노통 상단 100mm, 연관 상단 75mm 상부에 오도록 한다.

ANSWER 66.④ 67.① 68.② 69.① 70.②

71 에너지이용합리화법에 따라 에너지다소비사업자가 매년 그 에너지사용시설이 있는 지역을 관할하는 시·도지사에게 신고하여야 하는 사항이 아닌 것은?

① 전년도의 분기별 에너지사용량
② 해당 연도의 분기별 에너지이용 합리화 실적
③ 에너지관리자의 현황
④ 해당 연도의 분기별 제품생산예정량

해설 **에너지다소비사업자가 신고해야 할 사항**
㉮ 전년도의 에너지사용량·제품생산량
㉯ 전년도의 에너지 이용합리화 실적 및 당해 연도의 계획
㉰ 당해 연도의 에너지 사용 예정량 및 제품 생산 예정량
㉱ 에너지 사용기자재의 현황

72 복사 난방의 특징에 대한 설명으로 틀린 것은?

① 실내의 온도분포가 거의 균등하다.
② 난방의 쾌감도가 좋다.
③ 실내에 방열기가 없으므로 바닥의 이용도가 높다.
④ 열용량이 크므로 외기온도가 급변할 경우 방열량 조절이 쉽다.

해설 **복사 난방의 특징**
㉮ 높이에 따른 온도분포가 균일하다.
㉯ 방열기 등의 설치공간이 불필요하여 실내 공간의 이용율이 높다.
㉰ 공기 등의 미진을 태우지 않아 쾌감도가 좋다.
㉱ 동일 방열량에 대해 열손실이 적다.
㉲ 예열이 길어 부하에 대응하기 어렵다.

73 보일러 급수의 스케일(관석) 생성 성분 중 경질스케일을 생성하는 물질은?

① 탄산마그네슘　② 탄산칼슘
③ 수산화칼슘　　④ 황산칼슘

해설 • 경질스케일 : 황산염, 규산염
• 연질스케일 : 탄산염

74 에너지이용합리화법에 따라 강철제 보일러 및 주철제 보일러에서 계속사용검사의 면제대상 범위에 해당되지 않는 것은?

① 전열면적 $5m^2$ 이하의 증기보일러로서 대기에 개방된 안지름이 25mm 이상인 증기관이 부착된 것
② 전열면적 $5m^2$ 이하의 증기보일러로서 수두압이 5mm 이하이며 안지름이 25mm 이상인 대기에 개방된 U자형 입관이 보일러의 증기부에 부착된 것
③ 온수보일러로서 유류·가스 외의 연료를 사용하는 것으로 전열면적이 $30m^2$ 이상인 것
④ 온수보일러로서 가스 외의 연료를 사용하는 주철제 보일러

해설 **강철제 보일러 및 주철제 보일러에서 계속사용검사의 면제대상 범위**
㉮ 전열면적 $5m^2$ 이하의 증기보일러로서 대기에 개방된 안지름이 25mm 이상인 증기관이 부착된 것
㉯ 전열면적 $5m^2$ 이하의 증기보일러로서 수두압이 5mm 이하이며 안지름이 25mm 이상인 대기에 개방된 U자형 입관이 보일러의 증기부에 부착된 것
㉰ 온수보일러로서 가스 외의 연료를 사용하는 주철제 보일러

ANSWER　71.②　72.④　73.④　74.③

75 다음 중 에너지이용 합리화법에 따라 2년 이하의 징역 또는 2000만원 이하의 벌금기준에 해당하는 경우는?

① 에너지 저장의무를 이행하지 아니한 경우
② 검사대상기기 조종자를 선임하지 아니한 경우
③ 검사대상기기의 사용정지 명령에 위반한 경우
④ 검사대상기기를 설치하고 검사를 받지 아니하고 사용한 경우

해설
- 검사대상기기 조종자를 선임하지 아니한 경우(천만원 이하의 벌금)
- 검사대상기기의 사용정지 명령에 위반한 경우(1년 이하의 징역 또는 천만원 이하의 벌금)
- 검사대상기기를 설치하고 검사를 받지 아니하고 사용한 경우(1년 이하의 징역 또는 천만원 이하의 벌금)

76 에너지이용합리화법에 따라 특정열사용기자재 시공업을 할 경우에는 시·도지사에게 등록하여야 한다. 이때 특정열사용기자재 시공업의 범주에 포함되지 않는 것은?

① 기자재의 설치
② 기자재의 제조
③ 기자재의 시공
④ 기자재의 세관

해설
특정열사용기자재 시공업 범주
기자재의 설치, 시공, 세관

77 강철제 보일러 수압시험압력에 대한 설명으로 틀린 것은?

① 보일러 최고사용압력이 0.43MPa 이하일 때는 그 최고사용압력의 2배의 압력으로 한다.
② 시험압력이 0.2MPa 미만일 때는 0.2MPa의 압력으로 한다.
③ 보일러 최고사용압력이 0.43MPa 초과 1.5MPa 이하일 때는 그 최고사용압력의 1.3배의 압력으로 본다.
④ 보일러 최고사용압력이 1.5MPa를 초과할 때는 그 최고사용압력의 1.5배의 압력으로 한다.

해설
보일러 최고사용압력이 0.43MPa 초과 1.5MPa 이하일 때는 그 최고사용압력의 1.3배에 0.3을 더한 압력으로 본다.

78 보일러의 보존을 위한 보일러 청소에 관한 설명으로 틀린 것은?

① 보일러 청소의 목적은 사용 수명을 연장하고 사고를 방지하며 열효율을 향상시키기 위함이다.
② 보일러 청소 횟수를 결정하는 요소에는 보일러 부하, 보일러의 종류, 급수의 성질 등을 들 수 있다.
③ 외부 청소법의 종류에는 증기 청소법, 워터쇼킹법, 샌드블라스트법, 스틸쇼트 세정법 등을 들 수 있다.
④ 내부 청소법은 수세법과 물리적 방법으로 나뉘어 진다.

해설
내부 청소법은 화학적 방법과 물리적 방법으로 나뉘어 진다.

 75.① 76.② 77.③ 78.④

79 방열기의 방열량이 700kcal/m²·h이고 난방부하가 5,000kcal/h일 때 5-650 주철방열기(방열면적 a = 0.26m² / 쪽)를 설치하고자 한다. 소요되는 쪽수는?

① 24쪽 ② 28쪽
③ 32쪽 ④ 36쪽

해설
$$\frac{5,000}{700 \times 0.26} = 28쪽$$

80 수면계의 시험 회수 및 점검시기로 틀린 것은?

① 1일 1회 이상 실시한다.
② 2개의 수면계 수위가 다를 때 실시한다.
③ 안전밸브가 작동한 다음에 실시한다.
④ 수면계 수위가 의심스러울 때 실시한다.

해설 수면계 점검시기
㉮ 비수, 포밍 발생 시
㉯ 두 개의 수면계 수위가 서로 다르고 수위가 보이지 않을 때
㉰ 연락관에 이상이 발견된 때
㉱ 운전 전이나 송기 전 압력이 오를 때
㉲ 수면계의 움직임이 둔하고, 수위가 의심스런 경우

ANSWER 79.② 80.③

에너지관리산업기사

2018년 4월 28일 시행

제1과목 열역학 및 연소관리

01 전기식 집진장치의 특징에 관한 설명으로 틀린 것은?

① 집진효율이 90~99.5% 정도로 높다.
② 고전압장치 및 정전설비가 필요하다.
③ 미세입자 처리도 가능하다.
④ 압력손실이 크다.

해설 전기식 집진장치는 압력손실이 적다.

02 사이클론식 집진기는 어떤 성질을 이용한 것인가?

① 관성력   ② 부력
③ 원심력   ④ 중력

해설 원심력식(사이크론식, 멀티크로식)

03 냉동기에서의 성능계수 COP_R과 열펌프에서의 성능계수 COP_H와의 관계식으로 옳은 것은?

① $COP_R = COP_H$
② $COP_R = COP_H + 1$
③ $COP_R = COP_H - 1$
④ $COP_R = 1 - COP_H$

해설 열펌프 성능계수가 냉동기 성능계수보다 항상 1만큼 크다.

04 그림은 P-T(압력-온도)선도 상에서의 물의 상태도이다. 다음 설명 중 틀린 것은?

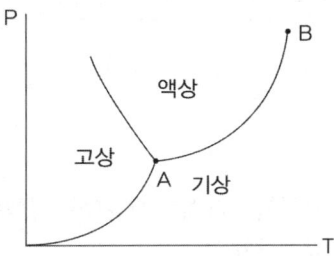

① A점을 삼중점이라 한다.
② B점을 임계점이라 한다.
③ B점은 온도의 기준점을 사용된다.
④ 곡선 AB는 증발곡선을 표시한다.

해설 B점을 임계점이라 한다.

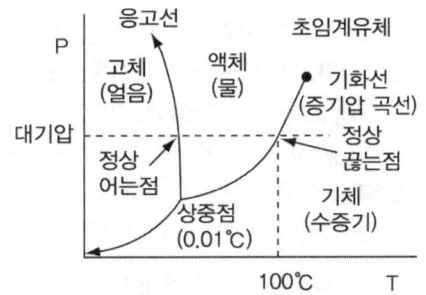

05 가스가 40kJ의 열량을 받음과 동시에 외부에 30kJ의 일을 했다. 이 때 이 가스의 내부에너지 변화량은?

① 10kJ 증가   ② 10kJ 감소
③ 70kJ 증가   ④ 70kJ 감소

해설 40 - 30 = 10KJ 증가

ANSWER 1.④ 2.③ 3.③ 4.③ 5.①

06 산소를 일정 체적하에서 온도를 27℃로부터 −3℃로 강하시켰을 경우 산소의 엔트로피(kJ/kg·K)의 변화는 얼마인가? (단, 산소의 정적비열은 0.654kJ/kg·K 이다.)

① −0.0689　② 0.0689
③ −0.0582　④ 0.0582

해설
$$\triangle S = C_p \ln\left(\frac{T_2}{T_1}\right) = 0.654 \ln\left(\frac{273-3}{273+27}\right)$$
$$= -0.0689 \text{kJ/kg} \cdot \text{K}$$

07 열역학 제1법칙과 가장 밀접한 관련이 있는 것은?

① 시스템의 에너지 보존
② 시스템의 열역학적 반응속도
③ 시스템의 반응방향
④ 시스템의 온도효과

해설 열역학 제1법칙(에너지 보존의 법칙)

08 86보일러 마력에 60℃의 물을 공급하여 686.48kPa의 포화 수증기를 제조한다. 보일러 효율이 72%이고, 연료 소비량이 100kg/h이라고 할 때, 이 연료의 저위발열량(MJ/kg)은? (단, 686.48kPa, 포화 수증기의 엔탈피는 2.763MJ/kg이다.)

① 31.31　② 36.54
③ 42.18　④ 45.39

해설
- $15.65 \times 86 = 1345.9$kg/h
 (보일러 1마력의 상당증발량 = 15.65kg/h)
- $539 \times 0.004186 = 2.256254$MJ
 (1kcal = 0.004186MJ)
$$\therefore \frac{1345.9 \times 2.256254}{100 \times 0.72} = 42.18$$

09 급수 중 용존하고 있는 O_2, CO_2 등의 용존기체를 분리 제거하는 것을 무엇이라고 하는가?

① 폭기법　② 기폭법
③ 탈기법　④ 이온교환법

해설 탈기법은 O_2, CO_2 등의 용존기체를 분리 제거한다.

10 탄소 0.87, 수소 0.1, 황 0.03의 연료가 있다. 과잉공기 50%를 공급할 경우 실제 건배기가스량(Nm^3/kg)은?

① 8.89　② 9.94
③ 10.5　④ 15.19

해설
$$A'_0 = \left[1.867C + 5.6\left(H - \frac{O}{8}\right) + 0.7S\right] \times \frac{1}{0.21}$$
$$= [1.867 \times 0.87 + 5.6 \times 0.1 + 0.7 \times 0.03] \times \frac{1}{0.21}$$
$$= 10.50 \text{Nm}^3/\text{kg}$$

$$G' = (m - 0.21)A'_0 + 1.867C + 0.7S + 0.8N$$
$$= (1.5 - 0.21) \times 10.50 + 1.867 \times 0.87 + 0.7 \times 0.03$$
$$= 15.19 \text{Nm}^3/\text{kg}$$

11 고체나 유체에서 서로 접하고 있는 물질의 구성분자 간에 정지상태에서 열에너지가 고온의 분자로부터 저온의 분자로 이동하는 현상을 무엇이라 하는가?

① 열전도　② 열관류
③ 열발생　④ 열전달

해설 **열전도** : 고온에서 저온으로 이동하는 주로 고체간의 열의 이동현상

12 어떤 온수보일러의 수두압이 30m일 때, 이 보일러에 가해지는 압력(kg/cm^2)은?

① 0.3　② 3
③ 3000　④ 30000

ANSWER　6.①　7.①　8.③　9.③　10.④　11.①　12.②

> 해설
> 수두압 10m = 1kg/cm² 이므로
> 수두압 30m는 3kg/cm²

13 다음 중 기체 연료의 장점이 아닌 것은?

① 연소가 균일하고 연소조절이 용이하다.
② 회분이나 매연이 없어 청결하다.
③ 저장이 용이하고 설비비가 저가이다.
④ 연소효율이 높고 점화속도가 용이하다.

> 해설
> 기체연료는 누설 시 폭발의 위험성이 크므로 저장에 주의를 요하며, 시설비가 많이 든다.

14 열과 일에 대한 설명으로 틀린 것은?

① 모두 경계를 통해 일어나는 현상이다.
② 모두 경로함수 있다.
③ 모두 불완전 미분형을 갖는다.
④ 모두 양수의 값을 갖는다.

> 해설
> 열과 일은 항상 양과 음의 수로 나타낸다.

15 오일 버너 중 유량 조절범위가 1 : 10 정도로 크며, 가동 시 소음이 큰 버너는?

① 유압 분무식
② 회전 분무식
③ 저압 공기식
④ 고압 기류식

> 해설
> **각 버너의 유량조절 범위**
> 고압 기류식(1 : 10)
> 저압 기류식(1 : 5 ~ 8)
> 회전 분무식(1 : 5)
> 유압 분무식(환류식 1 : 3, 비환류식 1 : 2)

16 디젤기관의 열효율은 압축비 ϵ, 차단비(또는 단절비)σ와 어떤 관계가 있는가?

① ϵ와 σ가 증가할수록 열효율이 커진다.
② ϵ와 σ가 감소할수록 열효율이 커진다.
③ ϵ가 감소하고, σ가 증가할수록 열효율이 커진다.
④ ϵ가 증가하고, σ가 감소할수록 열효율이 커진다.

> 해설
> 디젤기관의 열효율은 압축비가 증가하고, 차단비가 감소할수록 열효율이 커진다.

17 다음 중 석탄의 원소분석 방법이 아닌 것은?

① 리비히법
② 에쉬카법
③ 라이트법
④ 켈달법

> 해설
> **석탄의 원소분석 방법** : 리비히법, 에쉬카법, 켈달법

18 체적이 5.5m³인 기름의 무게가 4500kgf일 때 이 기름의 비중은?

① 1.82   ② 0.82
③ 0.63   ④ 0.55

> 해설
> $\dfrac{4500}{5.5 \times 1000} = 0.818 \text{kgf}/\ell$

19 다음 중 열의 단위 1kcal와 다른 값은?

① 426.8kgf · m
② 1kWh
③ 0.00158PSh
④ 4.1855kJ

> 해설
> 1kWh = 860kcal

ANSWER 13.③ 14.④ 15.④ 16.④ 17.③ 18.② 19.②

20 보일러의 연소 온도에 직접적으로 영향을 미치는 인자로 가장 거리가 먼 것은?

① 산소의 농도
② 연료의 발열량
③ 공기비
④ 연료의 단위 중량

> 연소 온도에 영향을 미치는 인자
> ㉠ 산소의 농도
> ㉡ 연료의 발열량
> ㉢ 공기비

제2과목 계측 및 에너지진단

21 다음 중 보일러 부하율(%)을 바르게 나타낸 것은?

① $\dfrac{최대연속증기발생량}{상당증기발생량} \times 100$

② $\dfrac{상당증기발생량}{최대연속증기발생량} \times 100$

③ $\dfrac{실제증기발생량}{최대연속증기발생량} \times 100$

④ $\dfrac{최대연속증기발생량}{실제증기발생량} \times 100$

> 부하율(%) = $\dfrac{실제증기발생량}{최대연속증기발생량} \times 100$

22 상당증발량(G_e, kg / hr)을 구하는 공식으로 맞는 것은?
(단, G는 실제 증발량(kg/hr), h_2는 발생증기의 엔탈피(kJ/kg), h_1는 급수의 엔탈피(kJ/kg)이다.)

① $G_e = \dfrac{G(h_1 - h_2)}{2256}$

② $G_e = \dfrac{G(h_2 - h_1)}{2256}$

③ $G_e = \dfrac{G(h_1 - h_2)}{226}$

④ $G_e = \dfrac{G(h_2 - h_1)}{226}$

> $G_e = \dfrac{G(h_2 - h_1)}{2256}$

23 절대단위계 및 중력 단위계에 대한 설명으로 옳은 것은?

① MKS단위계는 길이(m), 질량(kg), 시간(sec)을 기준으로 한다.
② 절대단위계는 질량(F), 길이(L), 시간(T)을 기준으로 한다.
③ 중력단위계는 힘(F), 길이(k), 시간(sec)을 기준으로 한다.
④ 기계공학 분야에는 중력단위를 사용해서는 안된다.

> • MKS단위계는 길이(m), 질량(kg), 시간(sec)을 기준으로 한다.
> • CGS단위계는 길이(cm), 질량(g), 시간(sec)을 기준으로 한다.

ANSWER 20.④ 21.③ 22.② 23.①

24 아스팔트유, 윤활유, 절삭유 등 인화점 80℃ 이상의 석유제품의 인화점 측정에 사용하는 시험기는?

① 타그 밀폐식
② 타그 개방방식
③ 클리블랜드 개방식
④ 아벨펜스키 밀폐식

해설 • 밀폐식
주로 아벨-펜스키 밀폐식 시험기와 펜스키-마르텐스 밀폐식 시험기 등이 사용된다. 아벨-펜스키 시험기는 인화점이 20~50℃인 가솔린·등유(燈油) 등의 석유제품에, 펜스키-마르텐스 밀폐식 시험기는 인화점이 50℃ 이상인 등유·경유·중유·윤활유 등에 적합하다.

• 개방식
주로 클리블랜드 개방식 시험기가 사용되며, 개방식 인화점 80℃ 이상인 윤활유·아스팔트 등의 인화점·연소점을 측정하는 데 사용된다.

25 다음 중 보일러 자동제어 장치의 종류로 가장 거리가 먼 것은?

① 연소제어
② 급수제어
③ 급유제어
④ 증기온도제어

해설
• ACC : 연소 자동제어
• FWC : 급수 자동제어
• STC : 증기온도 자동제어

26 오르자트분석계에서 채취한 시료량 50cc 중 수산화칼륨 30% 용액에 흡수되고 남은 양이 41.8cc이었다면, 흡수된 가스의 원소와 그 비율은?

① O_2, 16.4% ② CO_2, 16.4%
③ O_2, 8.2%   ④ CO_2, 8.2%

해설
• CO_2 : KOH 30%수용액
• O_2 : 알칼리성 피로카롤용액
• CO : 염화제1동용액

$$\therefore \frac{50-41.8}{50} \times 100 = 16.4\%$$

27 상자성체이므로 자력을 이용하여 자기풍을 발생시켜 농도를 측정할 수 있는 기체는?

① 산소
② 수소
③ 이산화탄소
④ 메탄가스

해설 산소(O_2)는 상자성체이므로 자력을 이용하여 자기풍을 발생시켜 농도를 측정할 수 있다.

28 열전 온도계에 사용되는 보상도선에 대한 설명으로 옳은 것은?

① 열전대의 보호관 단자에서 냉접점 단자까지 사용하는 도선이다.
② 열전대를 기계적으로나 화학적으로 보호하기 위해서 사용한다.
③ 열전대와 다른 특성을 가진 전선이다.
④ 주로 백금과 마그네슘의 합금으로 만든다.

해설 보상도선 : 열전대의 보호관 단자에서 냉접점 단자까지 사용하는 도선을 말하며, 종류로는 일반용과 내열용을 나누며 일반용은 105[℃] 정도까지 견디는 비닐 피복으로 침수의 위험시에도 절연이 되는 것이며 내열용은 200[℃]까지 견딜 수 있는 글라스울로 절연피복 시킨다.

29 P동작의 비례이득이 4일 경우 비례대는 몇 %인가?

① 20   ② 25
③ 30   ④ 40

ANSWER 24.③ 25.③ 26.② 27.① 28.① 29.②

해설 ∴ $\frac{100}{4} \times 100 = 25\%$

30 다음 중 용적식 유량계가 아닌 것은?
① 벤츄리식
② 오벌기어식
③ 로터리피스톤식
④ 루트식

해설 • 차압식 : 오리피스식, 벤츄리식, 플로우노즐식

31 출력이 일정한 값에 도달한 이후의 제어계의 특성을 무엇이라고 하는가?
① 과도특성
② 스텝특성
③ 정상특성
④ 주파수응답

해설
• **정상특성** : 출력이 일정한 값에 도달한 이후의 제어계의 특성
• **과도특성** : 입력 신호의 급격한 변화에 대해 출력 신호가 얼마나 정확하게 대응하는가를 나타낸 것
• **주파수 응답** : 입력에 주파수에 따라 출력의 변화를 알아보는 것

32 다음 중 제어 계기의 공기압 신호의 압력범위는 일반적으로 몇 kg/cm²인가?
① 0.01 ~ 0.05
② 0.06 ~ 0.1
③ 0.2 ~ 1.0
④ 2.0 ~ 5.0

해설 • 공기압 신호의 압력범위는 일반적으로 0.2 ~ 1.0 kg/cm²이다.

33 열정산에서 입열에 해당되는 것은?
① 공기의 현열
② 발생증기의 흡수열
③ 배기가스의 손실열
④ 방산에 의한 손실열

해설
• **입열 항목**
㉠ 연료의 발열량
㉡ 연료의 현열
㉢ 공기의 현열
㉣ 노내분입 증기열

• **출열 항목**
㉠ 유효출열(발생증기의 흡수열)
㉡ 손실열(배기가스에 의한 손실열, 미연소가스에 의한 손실열, 방산에 의한 손실열)

34 다음 압력계 중 가장 높은 압력을 측정할 수 있는 것은?
① 다이아프램식 압력계
② 벨로우즈식 압력계
③ 부르동관식 압력계
④ U자관식 압력계

해설

종류	정도	측정범위
U자관 압력계	0.5[mmH₂O]	0~2,000[mmH₂O]
단관 압력계	0.1[mmH₂O]	0~2,000[mmH₂O]
경사관 압력계	0.001[mmH₂O]	0~50[mmH₂O]
부르동관 압력계	±0.25~3[%]	0~3,000[kg/cm²abs]
벨로즈 압력계	±0.25~2.5[%]	0~2[kg/cm²abs]
다이어프램식 압력계	±0.2~2.5[%]	0~2[kg/cm²abs]

ANSWER 30.① 31.③ 32.③ 33.① 34.③

35 다음 액면계에 대한 설명 중 옳지 않은 것은?

① 공기압을 이용하여 액면을 측정하는 액면계는 퍼지식 액면계이다.
② 고압 밀폐 탱크의 액면제어용으로 가장 많이 사용하는 것은 부자식 액면계이다.
③ 기준 수위에서 압력과 측정액면에서의 압력차를 비교하여 액위를 측정하는 것은 차압식 액면계이다.
④ 관내의 공기압과 액압이 같아지는 압력을 측정하여 액면의 높이를 측정하는 것은 정전용량식 액면계이다.

> 정전용량식 액면계는 전극을 탱크 속에 삽입하는 경우, 전극과 탱크(다른 극) 사이의 정전용량은, 이 공간을 채울 물질(액체, 분체를 불문하고)의 레벨이 오르는 것에 따라 증가된다. 이 정전용량의 변화를 검출하고 탱크 안의 물질의 레벨을 측정하는 것

36 다음 서미스터 저항온도계에 사용되는 서미스터 재질 중 가장 적절하지 않은 것은?

① 코발트 ② 망간
③ 니켈   ④ 크롬

> • 서미스터 합금 : 니켈, 코발트, 망간, 철, 구리

37 대유량의 측정에 적합하고, 비전도성 액체라도 유량 측정이 가능하며 도플러효과를 이용한 유량계는?

① 플로노즐유량계
② 벤튜리유량계
③ 임펠러유량계
④ 초음파유량계

> • 초음파유량계 : 대유량의 측정에 적합하고, 비전도성 액체라도 유량 측정이 가능하며 도플러효과를 이용한 유량계이다.

38 다음 출열 항목 중 열손실이 가장 큰 것은?

① 방산에 의한 손실
② 배기가스에 의한 손실
③ 불완전 연소에 의한 손실
④ 노내 분입 증기에 의한 손실

> 출열 항목 중 배기가스에 의한 열손실이 가장 크다.

39 다음 중 열량의 계량 단위가 아닌 것은?

① 주울(J)   ② 와트(W)
③ 와트초(WS) ④ 칼로리(kcal)

> • 와트(W)는 SI(단위계)에서 1초에 1J(줄)의 일을 행하는 것과 같은 일률의 단위

40 다음 중 화학적 가스 분석계의 종류로 옳은 것은?

① 열전도율법 ② 연소열법
③ 도전율법   ④ 밀도법

종류	구분	측정방법	선택성
화학적 가스분석계	화학반응을 이용	연소열법	양호
		오르잣법	양호
물리적 가스분석계	물성정수에 의한 측정	열전도율법	불량
		밀도법	불량
		가스 크로마토그래프법	우수
	전기적 성질을 이용	도전율법	양호
		세라믹법	양호
	자기적 성질을 이용	자화율법	우수
	광학적 성질을 이용	적외선흡수법	우수

ANSWER 35.④ 36.④ 37.④ 38.② 39.② 40.②

제3과목 열설비구조 및 시공

41 축열기(steam accumulator)를 설치했을 경우에 대한 설명으로 틀린 것은?

① 보일러 증기측에 설치하는 변압식와 보일러 급수측에 설치하는 정압식이 있다.
② 보일러 용량 부족으로 인한 증기의 과부족을 해소할 수 있다.
③ 연료 소비량을 감소시킨다.
④ 부하변동에 대한 압력변동이 발생한다.

해설 증기 축열기는 부하변동에 대한 압력 변동이 발생하지 않는다.

42 다음 중 무기질 보온재에 속하는 것은?

① 규산칼슘 보온재
② 양모 펠트 보온재
③ 탄화 코르크 보온재
④ 기포성 수지 보온재

해설 유기질 보온재(양모 펠트, 탄화 코르크, 기포성 수지)

43 T형 필렛 용접이음에서 모재의 두께를 h(mm), 하중을 W(kg), 용접길이를 ℓ(mm)이라 할 때 인장응력(kg/mm²)을 계산하는 식은?

① $\sigma = \dfrac{W}{0.707h\ell}$
② $\sigma = \dfrac{W\ell}{0.707h}$
③ $\sigma = \dfrac{W}{h\ell}$
④ $\sigma = \dfrac{0.707W}{h\ell}$

해설
• 인장응력(kg/mm²) = $\sigma = \dfrac{0.707W}{h\ell}$

44 에너지이용합리화법에 따른 인정검사대상기기 조종자의 교육을 이수한 자의 조종 범위가 아닌 것은?

① 용량이 10t/h 이하인 보일러
② 압력용기
③ 증기보일러로서 최고사용압력이 1MPa 이하이고, 전열면적이 10m² 이하인 것
④ 열매체를 가열하는 보일러로서 용량이 581.5kW 이하인 것

해설 • 인정검사대상기기 조종자 범위
㉮ 증기보일러로서 최고사용압력이 1MPa 이하이고, 전열면적이 10m² 이하인 것.
㉯ 온수 또는 열매체 보일러로서 출력이 50만 Kcal/h(0.58MW) 이하인 것
㉰ 압력용기(다단식 취사기, 열교환기, 염색기 등)

45 보일러에서 보염장치를 설치하는 목적으로 가장 거리가 먼 것은?

① 연소 화염을 안정시킨다.
② 안정된 착화를 도모한다.
③ 저공기비 연소를 가능하게 한다.
④ 연소가스 체류 시간을 짧게 해 준다.

해설 • 보염장치 설치목적
㉮ 연료의 분무를 돕고 공기와의 혼합을 양호하게 한다.
㉯ 안정된 착화를 도모한다.
㉰ 화염의 형상을 조절한다.
㉱ 연소실의 온도분포를 고르게 하고 국부과열을 방지한다.
㉲ 연소가스의 체류시간을 지연시켜 돕는다.

46 가마를 사용하는 데 있어 내용수명과의 관계가 가장 거리가 먼 것은?

① 가마 내의 부착물(휘발분 및 연료의 재)
② 피열물의 열용량
③ 열처리 온도
④ 온도의 급변

ANSWER 41.④ 42.① 43.④ 44.① 45.④ 46.②

해설 피열물의 열용량은 가마의 내용수명에 영향은 미치지 않는다.

47 강관 50A의 방향 전환을 위해 맞대기 용접식 롱 엘보 이음쇠를 사용하고자 한다. 강관 50A의 용접식 이음쇠인 롱 엘보의 곡률반경은? (단, 강관 50A의 호칭지름은 60mm로 한다.)

① 50mm ② 60mm
③ 90mm ④ 100mm

해설
- 롱 엘보의 곡률반경은 호칭지름의 1.5배로 한다. (60×1.5=90mm)
- 숏 엘보의 곡률반경은 호칭지름으로 한다.

48 보일러의 가용전(가용마개)에 사용되는 금속의 성분은?

① 납과 알루미늄의 합금
② 구리와 아연의 합금
③ 납과 주석의 합금
④ 구리와 주석의 합금

해설 가용전은 납과 주석의 합금으로 되어있다.

49 영국에서 개발된 최초의 관류보일러로 수십 개의 수관을 병렬로 배치시킨 고압용 대용량 보일러는?

① 라몬트
② 스틸링
③ 벤슨
④ 슐져

해설
- 벤슨보일러는 영국에서 개발된 최초의 관류보일러로 수십 개의 수관을 병렬로 배치시킨 고압용 대용량 보일러이다.

50 다음 중 급수 중의 보일러 과열의 직접적인 원인이 될 수 있는 물질은?

① 탄산가스
② 수산화나트륨
③ 히드라진
④ 유지

해설
- **과열의 원인**
  ㉠ 저수위(이상감수) 발생시
  ㉡ 보일러수 농축 시
  ㉢ 전열면에 스케일 생성 시
- 유지류는 보일러수 농축의 원인이 된다.

51 간접가열용 열매체 보일러 중 다우섬액을 사용하는 보일러 형식은?

① 레플러보일러
② 슈미트-하트만보일러
③ 슐져보일러
④ 라몬트보일러

해설
- **슈미트-하트만보일러** : 간접가열용 열매체 보일러 중 다우섬액을 사용하는 보일러 형식이다.

52 신축이음 중 온수 혹은 저압증기의 배관분기관 등에 사용되는 것으로 2개 이상의 엘보를 사용하여 나사맞춤부의 적용에 의하여 신축을 흡수하는 것은?

① 벨로즈 이음
② 슬리브 이음
③ 스위블 이음
④ 신축곡관

해설
- **스위블 이음** : 온수 혹은 저압증기의 배관분기관 등에 사용되는 것으로 2개 이상의 엘보를 사용하여 나사맞춤부의 적용에 의하여 신축을 흡수하는 형식

ANSWER 47.③ 48.③ 49.③ 50.④ 51.② 52.③

53 압력배관용 강관의 인장강도가 24kg/mm², 스케줄번호가 120일 때 이 강관의 사용압력(kgf/cm²)은?
(단, 안전율은 4로 한다.)

① 96 ② 72
③ 60 ④ 24

$SCH = \dfrac{사용압력}{허용응력} \times 10$

• 허용응력 $= \dfrac{인장강도}{4}$

∴ $120 \times \dfrac{24}{10 \times 4} = 72$

54 에너지이용 합리화법에 따라 검사면제를 위한 보험을 제조안전보험과 사용안전보험으로 구분할 때 제조안전보험의 요건이 아닌 것은?

① 검사대상기기의 설치와 관련된 위험을 담보할 것
② 연 1회 이상 검사기준에 따른 위험관리 서비스를 실시할 것
③ 검사대상기기의 계속사용에 따른 재물종합위험 및 기계위험을 담보할 것
④ 검사대상기기의 제조상 하자와 관련된 제3자의 법률상 손해배상책임을 담보할 것

검사면제 보험 요건

구 분	보험의 요건
제조안전보험	1. 검사대상기기의 제조상 하자와 관련된 제3자의 법률상 손해배상책임을 담보할 것 2. 검사대상기기의 설치와 관련된 위험을 담보할 것 3. 연 1회 이상 제31조의 9에 따른 검사기준에 따라 위험관리서비스를 실시할 것
사용안전보험	1. 검사대상기기의 계속사용에 따른 재물종합위험 및 기계위험을 담보할 것 2. 검사대상기기의 계속사용에 따른 사고로 인한 제3자의 법률상 손해배상책임을 담보할 것 3. 연 1회 이상 제31조의 9에 따른 검사기준에 따라 위험관리서비스를 실시할 것

55 다음 중 보일러의 급수설비에 속하지 않는 것은?

① 급수내관
② 응축수 탱크
③ 인젝터
④ 취출밸브

분출밸브(취출밸브)는 분출장치에 속한다.

56 화염의 이온화를 이용한 전기 전도성으로 화염의 유무를 검출하는 화염검출기는?

① 플레임 로드
② 플레임 아이
③ 자외선 광전관
④ 스택 스위치

• 플레임 아이 : 화염의 발광체(광학적 성질)이용
• 플레임 로드 : 화염의 이온화(전기 전도성)이용
• 스택 스위치 : 화염의 발열체(열적변화)이용

57 증발량 2,000kg/h인 보일러의 상당증발량(kg/h)은?
(단, 증기의 엔탈피는 600kcal/kg, 급수의 엔탈피는 30kcal/kg이다.)

① 1,560kg/h ② 2,115kg/h
③ 2,565kg/h ④ 2,890kg/h

ANSWER 53.② 54.③ 55.④ 56.① 57.②

해설) $\dfrac{2,000 \times (600-30)}{539} = 2,115 \text{kg/h}$

58 축열식 반사로를 사용하여 선철을 용해, 정련하는 방법으로 시멘스 – 마틴법(siemens-martins process)이라고도 하는 것은?

① 불림로　② 용선로
③ 평로　　④ 전로

해설) • 평로 : 시멘스-마틴법(siemens-martins process)이라고도 하며, 축열식 반사로를 사용하여 선철을 용해, 정련하는 방법

59 보일러 그을음 제거 장치인 수트블러워의 분사형식이 아닌 것은?

① 모래분사　② 물분사
③ 공기분사　④ 증기분사

해설) • 수트블러워의 분사매체 : 물, 공기, 증기를 고압으로 분사하여 전열면에 부착되어 그을음을 제거하는 장치

60 에너지이용합리화법에서의 검사대상기기 계속사용검사에 관한 내용으로 틀린 것은?

① 검사대상기기 계속사용검사신청서는 검사유효기간 만료 10일전까지 제출하여야 한다.
② 검사유효기간 만료일이 9월 1일 이후인 경우에는 3개월 이내에서 계속사용검사를 연기할 수 있다.
③ 검사대상기기 검사연기신청서는 한국에너지공단이사장에게 제출하여야 한다.
④ 검사대상기기 계속사용검사신청서에는 해당 검사기기 설치검사 중 사본을 첨부하여야 한다.

해설) • 검사유효기간 만료일이 9월 1일 이후인 경우에는 4개월 이내에서 계속사용검사를 연기할 수 있다.

제4과목　열설비취급 및 안전관리

61 에너지이용합리화법에 따라 에너지다소비사업자인 연간 에너지사용량이 얼마 이상인 자를 말하는가?

① 5백 티오이
② 1천 티오이
③ 1천 5백 티오이
④ 2천 티오이

해설) • 에너지다소비사업자는 연간 에너지사용량이 2천 티오이 이상

62 다음 중 보일러의 인터록 제어에 속하지 않는 것은?

① 저수위 인터록
② 미분 인터록
③ 불착화 인터록
④ 프리퍼지 인터록

해설) • 인터록 제어 : 운전 조작상태에서 조건이 불충분하다거나 다음의 진행에 미루어 불합리한 동작으로 변화하게 될 때 동작을 다음 단계에 도달되기 전에 기관을 정지시키는 제어방식
㉮ 초과압력 인터록
㉯ 저수위 인터록
㉰ 저연소 인터록
㉱ 프리퍼지 인터록
㉲ 불착화 인터록

ANSWER　58.③　59.①　60.②　61.④　62.②

63 기계장치에서 발생하는 소음 중 주로 기계의 진동과 관련되는 소음은?

① 고체음
② 공명음
③ 기류음
④ 공기전파음

• 고체음 : 소음 중 주로 기계의 진동과 관련되는 소음

64 보일러에서 그을음 불어내기(수트 블로우) 작업을 할 때의 주의사항으로 틀린 것은?

① 댐퍼의 개도를 줄이고 통풍력을 적게 한다.
② 한 장소에 장시간 불어대지 않도록 한다.
③ 수트 블로우를 하기 전에 충분히 드레인을 실시한다.
④ 소화한 직후의 고온 연소실 내에서는 하여서는 안 된다.

• 수트 블로우 작업 시는 댐퍼의 개도를 크게 하고 통풍력을 증가한다.

65 증기트랩의 설치에 관한 설명으로 옳은 것은?

① 응축수와 증기를 배출하기 위하여 설치하는 중요한 부품이다.
② 응축수량이 많이 발생하는 증기관에는 열동식 트랩이 주로 사용된다.
③ 냉각래그(cooling leg)는 1.5m 이상 설치하며 증기 공급관의 관말부에 설치한다.
④ 증기트랩의 주위에는 바이패스관을 설치할 필요가 없다.

• 증기트랩
㉮ 증기배출은 막고 응축수만을 배출한다.
㉯ 응축수량이 많이 발생할 때는 플로우트식(다량 트랩)을 설치한다.
㉰ 증기트랩의 주위 배관은 바이패스관을 설치한다.
㉱ 냉각래그(cooling leg)는 1.5m 이상 설치하며 증기 공급관의 관말부에 설치한다.

66 에너지이용합리화법에 따다 검사대상기기의 설치자가 사용 중인 검사대상기기를 폐기한 경우에는 폐기한 날부터 며칠 이내에 폐기신고서를 제출해야 하는가?

① 10일   ② 15일
③ 20일   ④ 30일

검사대상기기는 폐기한 날로부터 15일 이내에 신고서를 제출해야한다.

67 강철제 보일러의 수압시험 방법에 관한 설명으로 틀린 것은?

① 수압시험 중 또는 시험 후에도 물이 얼지 않도록 해야 한다.
② 물을 채운 후 천천히 압력을 가한다.
③ 규정된 시험수압에 도달된 후 30분이 경과된 뒤에 검사를 실시한다.
④ 시험수압은 규정된 압력의 10% 이상을 초과하지 않도록 적절한 제어를 마련한다.

시험수압은 규정된 압력의 6% 이상을 초과하지 않도록 한다.

68 다음 증기 난방의 응축수 환수방법 중 응축수의 환수 및 증기의 회전이 가장 빠른 방식은?

① 중력 환수식   ② 기계 환수식
③ 진공 환수식   ④ 자연 환수식

ANSWER 63.① 64.① 65.③ 66.② 67.④ 68.③

해설 • 응축수 환수가 빠른 순서
진공 환수식 > 기계 환수식 > 중력 환수식

69 보일러 관수의 pH 및 알칼리도 조정제로 사용되는 약품이 아닌 것은?

① 탄닌
② 인산나트륨
③ 탄산나트륨
④ 수산화나트륨

해설 • 슬러지 조정제 : 탄닌, 리그린, 녹말 등

70 가스용 보일러의 연료 배관 외부에 표시해야 하는 항목이 아닌 것은?

① 사용 가스명
② 가스의 제조일자
③ 최고 사용압력
④ 가스 흐름방향

해설 • 가스 배관 외부에 표시해야 할 항목
㉮ 사용 가스명
㉯ 최고 사용압력
㉰ 가스 흐름방향

71 보일러 내부부식 중의 하나인 가성취화의 특징에 관한 설명으로 틀린 것은?

① 균열의 방향이 불규칙적이다.
② 주로 인장응력을 받는 이음부에 발생한다.
③ 반드시 수면 위쪽에서 발생한다.
④ 농알칼리 용액의 작용에 의하여 발생한다.

해설 • 가성취화는 알칼리도가 높아져서 생기는 알칼리 부식으로 수중에서 발생된다.

72 보일러 설치 시 안전밸브 작동시험에 관한 설명으로 틀린 것은?

① 안전밸브의 분출압력은 안전밸브가 1개인 경우 최고사용압력 이하이어야 한다.
② 안전밸브의 분출압력은 안전밸브가 2개 이상인 경우 그 중 1개는 최고사용압력 이하, 기타는 최고사용압력의 1.03배 이하이어야 한다.
③ 발전용 보일러에 부착하는 안전밸브의 분출정지 압력은 분출압력의 1.07배 이상이어야 한다.
④ 재열기 및 독립과열기에 있어서 안전밸브가 하나인 경우 최고사용압력 이하에서 분출하여야 한다.

해설 발전용 보일러에 부착하는 안전밸브의 분출정지 압력은 분출압력의 0.93배 이상이어야 한다.

73 환수관이 고장을 일으켰을 때 보일러의 물이, 유출하는 것을 막기 위하여 하는 배관방법은?

① 리프트 이음 배관법
② 하트포트 연결법
③ 이경관 접속법
④ 증기 주관 관말 트랩 배관법

해설 • 하트포트 연결법
저압 증기난방에서 환수관이 고장을 일으켰을 때 보일러의 물이, 유출하여 저수위사고가 발생되는 것을 막기 위하여 하는 배관방법

ANSWER 69.① 70.② 71.③ 72.③ 73.②

74 보일러 점화 시 역화의 원인에 해당되지 않는 것은?

① 프리퍼지가 불충분 하였을 경우
② 착화가 지연되거나 혹은 불착화를 발견하지 못하고 연료를 노내에 분무한 경우
③ 점화원(점화봉, 점화용 전극)을 사용 하였을 경우
④ 연료의 공급밸브를 필요이상 급개 하였을 경우

해설
• 점화 시 화력이 큰 점화원(점화봉, 점화용 전극)을 사용한다.
(가스연료 : 5000~700V,
액체연료 : 10,000~15,000V)

75 다음 중 보일러 급수 내 장해가 되는 철 염이 함유되어 있는 경우, 이를 제거하기 위한 방법으로 가장 적합한 것은?

① 폭기법
② 탈기법
③ 가열법
④ 이온교환법

해설
• **기폭법** : 탄산가스체나 철, 망간 등을 제거

76 건물의 난방면적이 85m²이고, 배관부하가 14%, 온수사용량이 20kg/h, 열손실지수가 140kcal/m²·h일 때 난방부하(kcal/h)는?

① 8,500 ② 9,500
③ 11,900 ④ 12,900

해설
• 난방부하 = 방열량(열손실지수) × 난방면적
∴ 140×85 = 11,900kcal/h

77 보일러 스케일로 인한 영향이 아닌 것은?

① 배기가스 온도 저하
② 전열면 국부 과열
③ 보일러 효율 저하
④ 관수 순환 악화

해설
• **스케일의 영향**
㉮ 전열면 국부 과열
㉯ 보일러 효율 저하
㉰ 관수 순환 악화

78 가동 중인 보일러를 정지시키고자 하는 경우 가장 먼저 조치해야 할 안전사항은?

① 급수를 사용 수위보다 약간 높게 한다.
② 송풍기를 정지시키고 댐퍼를 닫는다.
③ 연료의 공급을 차단한다.
④ 주증기 밸브를 닫는다.

해설
가동 중 보일러를 정지시키고자 할 때 가장 먼저 해야 할 조치는 연료의 공급을 차단한다.

79 에너지이용합리화법에 따라 등록이 취소된 에너지절약전문기업은 등록 취소일로부터 몇 년이 경과해야 다시 등록을 할 수 있는가?

① 1년
② 2년
③ 3년
④ 5년

해설
등록이 취소된 에너지절약전문기업은 등록 취소일로부터 2년이 경과해야 다시 등록이 가능하다.

ANSWER 74.③ 75.① 76.③ 77.① 78.③ 79.②

80 보일러의 고온부식 방지대책에 해당되지 않는 것은?

① 바나듐(V)이 적은 연료를 사용한다.
② 실리카 분말과 같은 첨가제를 사용한다.
③ 고온의 전열면에 내식재료를 사용하거나 보호피막을 입힌다.
④ 돌로마이트, 마그네시아 등의 첨가제를 중유에 첨가해서 부착물의 성상을 바꾸어 전열면에 부착되지 못하도록 한다.

해설 • 고온부식 방지법

㉮ 바나듐(V)이 적은 연료를 사용한다.
㉯ 고온의 전열면에 내식재료를 사용하거나 보호피막을 입힌다.
㉰ 돌로마이트, 마그네시아 등의 첨가제를 중유에 첨가해서 부착물의 성상을 바꾸어 전열면에 부착되지 못하도록 한다.
㉱ 회분 개질제를 첨가하여 회분의 융점을 높인다.

ANSWER 80.②

에너지관리산업기사

2018년 9월 15일 시행

제1과목 열역학 및 연소관리

01 보일러 절탄기 등에 발생할 수 있는 저온 부식의 원인이 되는 물질은?

① 질소 가스
② 아황산 가스
③ 바나듐
④ 수소 가스

해설
- 저온부식 발생원인은 황(S), 아황산가스(SO_2)
- 고온부식 발생원인은 바나듐(V)

02 보일러 연료의 완전연소 시 공기비(m)의 일반적인 값은?

① m > 1　　② m = 1
③ m < 1　　④ m = 0

해설 완전연소 시 공기비는 m > 1이다.

03 다음 중 집진효율이 가장 좋은 집진장치는 무엇인가?

① 중력식 집진장치
② 관성력식 집진장치
③ 여과식 집진장치
④ 원심력식 집진장치

해설 중력식, 관성력식, 원심력식 보다는 여과식(백필터식) 집진장치가 효율이 높다.

04 이상기체에 대한 설명으로 틀린 것은?

① 기체분자 간의 인력을 무시할 수 있고 이상기체의 상태 방정식을 만족하는 기체
② 보일-샤를의 법칙(Pv / T = Const)을 만족하는 기체
③ 분자 간에 완전 탄성충돌을 하는 기체
④ 일상생활에서 실제로 존재하는 기체

해설 이상기체는 일상생활에서 실제로 존재하는 실제 기체가 아니다.

05 중유연소의 취급에 대한 설명으로 틀린 것은?

① 중유를 적당히 예열한다.
② 과잉공기량을 가급적 많이 하여 연소시킨다.
③ 연소용 공기는 적절히 예열하여 공급한다.
④ 2차 공기의 송입을 적절히 조절한다.

해설 과잉공기량을 가급적 적게하여 연소시킨다.

06 다음 사이클에 대한 설명으로 옳은 것은?

① 오토사이클은 정압사이클이다.
② 디젤사이클은 정적사이클이다.
③ 사바테사이클의 압력상승비(α)가 1인 상태가 디젤사이클이다.
④ 오토사이클의 효율은 압축비의 증가에 따라 감소한다.

ANSWER　1.②　2.①　3.③　4.④　5.②　6.③

해설
㉠ 오토사이클은 정적사이클이다.
㉡ 디젤사이클은 등압사이클이다.
㉢ 사바테사이클의 압력상승비(α)가 1인 상태가 디젤사이클이다.
㉣ 오토사이클의 효율은 압축비의 증가에 따라 증가한다.

07 고열원 227℃, 저열원 17℃의 온도범위에서 작동하는 카르노 사이클의 열효율은?

① 7.5% ② 42%
③ 58%   ④ 92.5%

해설
$\dfrac{Q_1 - Q_2}{Q_1} = \dfrac{500 - 290}{500} \times 100 = 42\%$
$(227 + 273 = 500K, \ 17 + 273 = 290K)$

08 다음 ( ) 안에 들어갈 경판의 두께 기준에 대한 설명으로 바르게 짝지어진 것은?

> 경판의 최소 두께는 전반구형인 것을 제외하고 계산상 필요한 이음매 없는 동체판의 두께 이상이어야 한다. 다만, 어떠한 경우도 (a) 이상으로 하고, 스테이를 부착하는 경우에는 (b) 이상으로 한다.

① a : 6mm, b : 10mm
② a : 4mm, b : 8mm
③ a : 4mm, b : 10mm
④ a : 6mm, b : 8mm

해설 경판의 최소두께는 전반구형인 것을 제외하고 계산상 필요한 이음매 없는 동체판의 두께 이상이어야 한다. 다만, 어떠한 경우도 6mm 이상으로 하고, 스테이를 부착하는 경우에는 8mm 이상으로 한다.

09 온도측정과 연관된 열역학의 기본 법칙으로서 열적평형과 관련된 법칙은?

① 열역학 제0법칙
② 열역학 제1법칙
③ 열역학 제2법칙
④ 열역학 제3법칙

해설 열역학 제0법칙은 열평형의 법칙이다.

10 1kg의 물이 0℃에서 100℃까지 가열될 때 엔트로피의 변화량(kJ/K)은?
(단, 물의 평균 비열은 4.184kJ/kg·K이다.)

① 0.3   ② 1
③ 1.3   ④ 100

해설
$\therefore \triangle S = C_p In(\dfrac{T_2}{T_1}) = 4.184 In(\dfrac{273 + 100}{273 + 0})$
$= 1.3 \text{kJ/K}$

11 전체 일(W)을 면적으로 나타낼 수 있는 선도로서 가장 적합한 것은?

① P-T(압력-온도) 선도
② P-V(압력-체적) 선도
③ h-s(엔탈피-엔트로피) 선도
④ T-V(온도-체적) 선도

해설 • P-V(압력-체적) 선도 : 전체 일(W)을 면적

12 매연의 발생 방지방법으로 틀린 것은?

① 공기비를 최소화하여 연소한다.
② 보일러에 적합한 연료를 선택한다.
③ 연료가 연소하는데 충분한 시간을 준다.
④ 연소실 내의 온도가 내려가지 않도록 공기를 적정하게 보낸다.

ANSWER 7.② 8.④ 9.① 10.③ 11.② 12.①

해설 • 공기비는 완전연소가 가능하도록 적정공기를 사용하여 연소한다.

13 포화수의 증발 현상이 없고 액체와 기체의 구분이 없어지는 지점을 무엇이라 하는가?

① 삼중점 　② 포화점
③ 임계점 　④ 비점

해설 • 임계점 : 포화수의 증발 현상이 없고 액체와 기체의 구분이 없어지는 점

14 연료 1kg을 연소시키는 데 이론적으로 2.5Nm³의 산소가 소요된다. 이 연료 1kg을 공기비 1.2로 연소시킬 때 필요한 실제공기량(Nm³/kg)은?

① 11.9 　② 14.3
③ 18.5 　④ 24.4

해설 실제공기량 = $\dfrac{이론공기량}{0.21} \times 공기비$
= $\dfrac{2.5}{0.21} \times 1.2 = 14.3 \, \text{Nm}^3/\text{kg}$

15 기체연료 연소 장치 중 가스버너의 특징으로 틀린 것은?

① 공기비 제어가 불가능하다.
② 정확한 온도제어가 가능하다.
③ 연소상태가 좋아 고부하 연소가 용이하다.
④ 버너의 구조가 간단하고 보수가 용이하다.

해설 • 가스버너의 특징
㉠ 공기비 제어가 용이하다.
㉡ 정확한 온도제어가 가능하다.
㉢ 연소상태가 좋아 고부하 연소가 용이하다.
㉣ 버너의 구조가 간단하고 보수가 용이하다.

16 고체연료의 일반적인 연소방법이 아닌 것은?

① 화격자연소 　② 미분탄연소
③ 유동층연소 　④ 예혼합연소

해설 가스연소 방법(예혼합연소, 확산연소)

17 증기 동력사이클의 기본 사이클인 랭킨 사이클에서 작동 유체의 흐름을 바르게 나타낸 것은?

① 펌프 → 응축기 → 보일러 → 터빈
② 펌프 → 보일러 → 응축기 → 터빈
③ 펌프 → 보일러 → 터빈 → 응축기
④ 펌프 → 터빈 → 보일러 → 응축기

해설 • 랭킨 사이클의 작동 유체의 흐름 순서
펌프 → 보일러 → 터빈 → 응축기

18 다음 중 공기와 혼합 시 폭발범위가 가장 넓은 것은?

① 메탄 　② 프로판
③ 일산화탄소 　④ 메틸알코올

해설
• 메탄(5~15%)
• 프로판(2.1~9.5%)
• 일산화탄소(12.5~74%)
• 메틸알코올(5.5~44%)

19 랭킨 사이클의 열효율 증대 방안이 아닌 것은?

① 응축기 압력을 낮춘다.
② 증기를 고온으로 가열한다.
③ 보일러 압력을 높인다.
④ 응축기 온도를 높인다.

해설 열효율 증대를 위해 응축기 온도를 낮춘다.

ANSWER　13.③　14.②　15.①　16.④　17.③　18.③　19.④

20 노내의 압력이 부압이 될 수 없는 통풍 방식은?

① 흡입통풍　② 압입통풍
③ 평형통풍　④ 자연통풍

해설
- 압입통풍(정압)
- 흡입통풍(부압)
- 평형통풍(정압과 부압이 동시 발생)

제2과목　계측 및 에너지진단

21 보일러 전열량을 크게 하는 방법으로 틀린 것은?

① 보일러의 전열면적을 작게 하고 열가스의 유동을 느리게 한다.
② 전열면에 부착된 스케일을 제거한다.
③ 보일러수의 순환을 잘 시킨다.
④ 연소율을 높인다.

해설　보일러의 전열량을 크게 하려면 보일러의 전열면적을 크게 하고 열가스와 전열면의 접촉을 양호하게 해야 한다.

22 다음 중 부르돈관(Bourdon tube) 압력계에서 측정된 압력은?

① 절대압력　② 게이지압력
③ 진공압　　④ 대기압

해설
- 압력계가 지시하는 압력은 게이지압력이다.
- 절대압력 = 대기압+게이지압력

23 다음 중 SI 기본 단위에 속하지 않는 것은?

① 길이　② 시간
③ 열량　④ 광도

해설
- 기본(SI)단위
  전류(A), 길이(m), 시간(sec), 광도(cd), 온도(K), 질량(kg)

24 보일러 열정산 시 측정할 필요가 없는 것은?

① 급수량 및 급수온도
② 연소용 공기의 온도
③ 과열기의 전열면적
④ 배기가스의 압력

해설　열정산 시 과열기의 전열면적은 측정을 하지 않는다.

25 액주식 압력계의 액체로서 구비조건이 아닌 것은?

① 항상 액면은 수평으로 만들 것
② 온도변화에 의한 밀도의 변화가 적을 것
③ 화학적으로 안정적이고 휘발성 및 흡수성이 클 것
④ 모세관 현상이 적을 것

해설　액주식 압력계의 액체는 화학적으로 안정되고, 휘발성 및 흡수성이 적어야 한다.

26 다음 보일러 자동제어 중 증기온도 제어는?

① ABC　② ACC
③ FWC　④ STC

해설
- ABC(보일러자동제어)
- ACC(연소자동제어)
- FWC(급수자동제어)
- STC(증기온도제어)

ANSWER　20.②　21.①　22.②　23.③　24.③　25.③　26.④

27 자동제어 장치에서 조절계의 종류에 속하지 않는 것은?

① 공기압식
② 전기식
③ 유압식
④ 증기식

> 해설 자동제어 장치에서 조절계의 전송길이가 긴 순서
> (전기식 > 유압식 > 공기압식)

28 열전대의 종류 중 환원성이 강하지만 산화의 분위기에는 약하고 가격이 저렴하며 IC 열전대라고 부르는 것은?

① 동-콘스탄탄
② 철-콘스탄탄
③ 백금-백금로듐
④ 크로멜-알루멜

> 해설
> ㉠ 백금 로듐-백금(PR)
> 사용온도 범위가 약 1,500[℃] 정도로 고온에 잘 견디며 산화성 분위기로 정도가 높고 안정성을 지니고 있으나 금속증기에 침식되기 쉽고 가격이 비싸다.
>
> ㉡ 크로멜-알루멜(CA)
> 사용온도가 1,200[℃] 정도까지 사용 가능한 비금속 열전대로 가격이 저렴하나 산화성 분위기에서 노화가 빠르다.
>
> ㉢ 철-콘스탄탄(IC)
> 환원성 분위기에 가장 강하고 가격이 저렴하며 열기전력이 크고 사용온도가 800[℃] 정도이다.
>
> ㉣ 구리-콘스탄탄(CC)
> 측정온도 범위가 -200~300[℃] 정도 측정하는 특히 저온용으로 적합한 것으로 수분에 의한 내식성이 강하다.

29 그림과 같은 경사관 압력계에서 P_1의 압력을 나타내는 식으로 옳은 것은?
(단, γ는 액체의 비중량이다.)

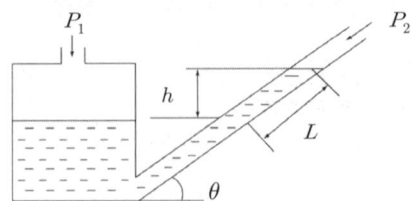

① $P_1 = \dfrac{P_2}{\gamma \times L} 90$
② $P_1 = P_2 \times \gamma \times L \times \cos\theta$
③ $P_1 = P_2 + \gamma \times L \times \tan\theta$
④ $P_1 = P_2 + \gamma \times L \times \sin\theta$

> 해설 경사관식 압력계($P_1 = P_2 + \gamma \times L \times \sin\theta$)

30 열전대가 있는 보호관 속에 MgO, Al_2O_3를 넣고 길게 만든 것으로서 진동이 심하고 가소성이 있는 곳에 주로 사용되는 열전대는?

① 시이드(Sheath) 열전대
② CA(K형) 열전대
③ 서미스트 열전대
④ 석영관 열전대

> 해설 시이드(Sheath) 열전대
> 열전대가 있는 보호관 속에 MgO, Al_2O_3를 넣고 길게 만든 것으로서 진동이 심하고 가소성이 있는 곳에 주로 사용한다.

31 오차에 대한 설명으로 틀린 것은?

① 계측기 고유오차의 최대허용한도를 공차라 한다.
② 과실오차는 계통오차가 아니다.
③ 오차는 "측정값-참값"이다.
④ 오차율은 "$\dfrac{참값}{오차}$"이다.

해설 오차율 = $\frac{참값 - 측정값}{참값}$

32 다음 중 열전대 온도계의 비금속 보호관이 아닌 것은?

① 석영관 ② 자기관
③ 황동관 ④ 카보런덤관

해설

비금속보호관	최고 사용 온도	
카보란담관	1,600	1,700[℃]
자기관	1,450	1,550[℃]
석영관	1,000	1,050[℃]

금속보호관	최고 사용 온도	
13Cr카로라이즈강관	900	1,100[℃]
13Cr강관	800	950[℃]
연 강 관	600	800[℃]
황 동 관	400	650[℃]

33 보일러의 1마력은 한 시간에 몇 kg의 상당증발량을 나타내 수 있는 능력인가?

① 15.65 ② 30.0
③ 34.5   ④ 40.56

해설
• BHp = $\frac{상당증발량}{15.65}$

∴ 보일러 1마력이 차지하는 상당증발량은 15.65kg, 열량은 약 8,435kcal/hr이다.

34 보일러에 대한 인터록이 아닌 것은?

① 압력초과 인터록
② 온도초과 인터록
③ 저수위 인터록
④ 저연소 인터록

해설 • 인터록 제어
운전 조작상태에서 조건이 불충분하다거나 다음의 진행에 미루어 불합리한 동작으로 변화하게 될 때 동작을 다음 단계에 도달되기 전에 기관을 정지시키는 제어방식

㉠ 초과압력 인터록
㉡ 저수위 인터록
㉢ 저연소 인터록
㉣ 프리퍼지 인터록
㉤ 불착화 인터록

35 미량성분의 양을 표시하는 단위인 ppm은?

① 1만분의 1단위
② 10만분의 1단위
③ 100만분의 1단위
④ 10억분의 1단위

해설 • ppm : 100만분의 1단위

36 물탱크에서 h = 10m, 오리피스의 지름이 5cm일 때 오리피스의 유량은 약 몇 m³/s인가?

① 0.0275 ② 0.1099
③ 0.14   ④ 14

해설
$Q = A \times V = A \times \sqrt{2gh}$
$= \frac{3.14 \times (0.05)^2}{4} \times \sqrt{2 \times 9.8 \times 10}$
$= 0.0275 \, m^3/s$

37 다음 중 광학적 성질을 이용한 가스분석법은?

① 가스 크로마토그래피법
② 적외선 흡수법
③ 오르자트법
④ 세라믹법

ANSWER 32.③ 33.① 34.② 35.③ 36.① 37.②

제4회 에너지관리산업기사(2018년 9월 15일 시행)

종 류	구 분	측정방법	선택성
화학적 가스분석계	화학반응을 이용	연소열법	양 호
		오르잣법	양 호
물리적 가스분석계	물성정수에 의한 측정	열전도율법	불 량
		밀도법	불 량
		가스 크로마토 그래프법	우 수
	전기적 성질을 이용	도전율법	양 호
		세라믹법	양 호
	자기적 성질을 이용	자화율법	우 수
	광학적 성질을 이용	적외선흡수법	우 수

38 보일러의 자동제어에서 제어량의 대상이 아닌 것은?

① 증기압력   ② 보일러 수위
③ 증기온도   ④ 급수온도

종 류	제어량	조작량
증기온도제어(S.T.C)	증기온도	전열량
급수제어(F.W.C)	보일러 수위	급수량
연소제어(A.C.C)	증기압력	연료량·공기량
	노내압력	연소 가스량

39 다음 중 보일러 열정산을 하는 목적으로 가장 거리가 먼 것은?

① 연료의 성분을 알 수 있다.
② 열의 행방을 파악할 수 있다.
③ 열설비 성능을 파악할 수 있다.
④ 열의 손실을 파악하여 조업 방법을 개선할 수 있다.

연료의 성분파악과 열정산은 무관하다.

40 액면계의 특징에 대한 설명으로 옳지 않은 것은?

① 방사선식 액면계는 밀폐고압탱크나 부식성 탱크의 액면측정에 용이하다.
② 부자식 액면계는 초대형 지하탱크의 액면을 측정하기에 적합하다.
③ 박막식 액면계는 저압밀폐탱크와 고농도액체저장탱크의 액면측정에 용이하다.
④ 유리관식 액면계는 지상탱크에 적합하며 직접적인 자동제어가 불가능하다.

제3과목 열설비구조 및 시공

41 다음 중 에너지이용합리화법에 따라 검사대상기기인 보일러의 검사유효기간이 1년이 아닌 검사는?

① 설치장소변경검사
② 개조검사
③ 계속사용안전검사
④ 용접검사

용접검사는 유효기간이 없다.

42 에너지이용합리화법에 따라 검사의 전부 또는 일부를 면제할 수 있다. 다음 중 용접 검사가 면제되는 경우에 해당되는 것은?

① 강철제보일러 중 전열면적이 $5m^2$ 이하이고, 최고사용압력이 3.5MPa인 것
② 강철제보일러 중 헤더의 안지름이 200mm이고 전열면적이 $10m^2$이며 최고사용압력이 0.35MPa인 관류보일러

ANSWER 38.④ 39.① 40.③ 41.④ 42.④

③ 압력용기 중 동체의 두께가 6mm이고 최고사용압력(MPa)과 내용적(m^3)을 곱한 수치가 0.2 이하인 것
④ 온수보일러로서 전열면적이 15m^2이고 최고사용압력이 0.35MPa인 것

해설 보일러 용접검사 면제 대상범위
㉠ 강철제보일러 중 전열면적이 5m^2 이하이고, 최고사용압력이 0.35MPa 이하인 것
㉡ 주철제 보일러
㉢ 1종 관류보일러
㉣ 온수보일러로서 전열면적이 18m^2 이하이고, 최고사용압력이 0.35MPa 이하인 것

43 관을 구부렸다가 힘을 제거하면 탄성이 작용하여 다시 펴지는 현상을 무엇이라 하는가?

① 스프링백 ② 브레이스
③ 플렉시블 ④ 벨로즈

해설 • **스프링백** : 관을 구부렸다가 힘을 제거하면 탄성이 작용하여 다시 펴지는 현상

44 원심력 송풍기의 회전수가 2500rpm일 때 송풍량이 150m^3/min이었다. 회전수를 3000rpm으로 증가시키면 송풍량(m^3/min)은?

① 259 ② 216
③ 180 ④ 125

해설 $150 \times (\frac{3000}{2500}) = 180 \, m^3/min$

45 배관용 연결부속 중 관의 수리, 점검, 교체가 필요한 곳에 사용되는 것은?

① 플러그 ② 니플
③ 소켓   ④ 유니온

해설 **유니온** : 수리, 점검, 교체가 필요한 곳에 사용 된다.

46 다음 중 아담슨 조인트, 갤로웨이관과 관련이 있는 원통보일러는?

① 노통보일러 ② 연관보일러
③ 입형보일러 ④ 특수보일러

해설 노통보일러는 열에 의한 신축성을 증가 시킬 목적으로 아담슨 조인트를 설치하고, 전열면적 증가, 물의 순환 촉진 등을 위해 갤로웨이관을 설치한다.

47 검사대상 증기보일러에서 사용해야 하는 안전밸브는?

① 스프링식 안전밸브
② 지렛대식 안전밸브
③ 중추식 안전밸브
④ 복합식 안전밸브

해설 보일러에 사용되는 안전밸브는 스프링식을 사용한다.

48 보일러의 부대장치에 대한 설명으로 옳은 것은?

① 윈드박스는 흡입통풍의 경우에 풍도에서의 정압을 동압으로 바꾸어 노 내에 유입시킨다.
② 보염기는 보일러 운전을 정지할 때 진화를 원활하게 한다.
③ 플레임 아이는 연소 중에 발생하는 화염빛을 감지부에서 전기적 신호로 바꾸어 화염의 유무를 검출한다.
④ 플레임 로드는 연소온도에 의하여 화염의 유무를 검출한다.

해설
• 흡입통풍(부압)
• 보염기(보일러 운전 중 연소를 양호하게 할 목적 등)
• 플레임아이(화염의 발광체 이용)
• 플레임로드(화염의 이온화 이용)

ANSWER 43.① 44.③ 45.④ 46.① 47.① 48.③

49 보온재의 보온효율을 바르게 나타낸 것은? (단, Q_0 : 보온을 하지 않았을 때 표면으로부터의 방열량, Q : 보온을 하였을 때 표면으로부터의 방열량이다.)

① $\dfrac{Q_0}{Q}$ ② $\dfrac{Q}{Q_0}$
③ $\dfrac{Q_0 - Q}{Q}$ ④ $\dfrac{Q_0 - Q}{Q_0}$

해설
• 보온효율 $= \dfrac{Q_0 - Q}{Q_0}$

50 내화벽돌이나 단열벽돌을 쌓을 때 유의사항으로 틀린 것은?

① 열의 이동을 막기 위하여 불꽃이 접촉하는 부분에 단열벽돌을 쌓고 그 다음에 내화벽돌을 쌓는다.
② 물기가 없는 건조한 것과 불순물을 제거한 것을 쌓는다.
③ 내화 모르타르는 화학조성이 사용 내화벽돌과 비슷한 것을 사용한다.
④ 내화벽돌과 단열벽돌 사이에는 내화모르타르를 사용한다.

해설
열의 이동을 막기 위하여 불꽃이 접촉하는 부분에 내화벽돌을 쌓고 그 다음에 단열벽돌을 쌓는다.

51 기수분리기에 대한 설명으로 옳은 것은?

① 보일러에 투입되는 연소용 공기 중에서 수분을 제거하는 장치
② 보일러 급수 중에 포함되어 있는 공기를 제거하는 장치
③ 증기사용처에서 증기사용 후 물과 증기를 분리하는 장치
④ 보일러에서 발생한 증기 중에 남아있는 물방울을 제거하는 장치

해설
기수분리기
보일러에서 발생한 증기 중에 남아있는 물방울을 제거하는 장치

52 에너지이용합리화법에 따라 검사대상기기 설치자가 변경된 경우 새로운 검사대상기기의 설치자는 그 변경일부터 며칠 이내에 신고서를 공단 이사장에게 제출해야 하는가?

① 7일 ② 10일
③ 15일 ④ 30일

해설
검사대상기기 설치자가 변경된 경우 새로운 검사대상기기의 설치자는 그 변경일부터 15일 이내에 신고

53 불연속식 가마로서 바닥은 직사각형이며 여러 개의 흡입구멍이 연도에 연결되어 있고 화교가 버너 포트의 앞쪽에 설치되어 있는 것은?

① 도염식가마 ② 터널가마
③ 둥근가마 ④ 호프만가마

해설
• 도염식가마 : 불연속식 가마로서 바닥은 직사각형이며 여러 개의 흡입구멍이 연도에 연결되어 있고 화교가 버너 포트의 앞쪽에 설치되어 있다.

54 발열량이 5,500kcal/kg인 석탄을 연소시키는 보일러에서 배기가스 온도가 400℃일 때 보일러의 열효율(%)은?
(단, 연소가스량은 10Nm³/kg, 연소가스의 비열은 0.33kcal/Nm³·℃, 실온과 외기온는 0℃이며, 미연분에 의한 손실과 방사에 의한 열손실은 무시한다.)

① 64 ② 70
③ 76 ④ 80

ANSWER 49.④ 50.① 51.④ 52.③ 53.① 54.③

해설) $\dfrac{0.33 \times 10 \times 400}{5,500} \times 100 = 24\%$

∴ $100 - 24 = 76\%$

55 돌로마이트 내화물에 대한 설명으로 틀린 것은?

① 염기성 슬래그에 대한 저항이 크다.
② 소화성이 크다.
③ 내화도는 SK26~30 정도이다.
④ 내스폴링성이 크다.

해설) 내화도는 SK36~39 정도이다.

56 에너지이용합리화법에 따라 특정열사용기자재 중 온수보일러를 설치하는 경우 제 몇 종 난방시공자가 시공할 수 있는가?

① 제1종　② 제2종
③ 제3종　④ 제4종

해설)
- 제1종 난방시공업(강철제 보일러, 주철제보일러, 온수보일러, 구멍탄용온수보일러 축열식 전기보일러, 태양열집열기, 1~2종압력용기의 설치와 이에 부대되는 배관, 세관공사, 공사예정금액 1천만원 이하의 온돌 설치공사)
- 제2종 난방시공업(태양열집열기, 용량 5만kcal/h 이하의 온수 보일러, 구멍탄용 온수보일러의 설치 및 이에 부대되는 배관, 세관공사, 공사예정금액 1천만원 이하의 온돌설치공사)
- 제3종 난방시공업(요업요로, 금속요로의 설치공사)

57 특수 열매체 보일러에서 사용하는 특수 열매체로 적합하지 않은 것은?

① 다우섬　② 카네크롤
③ 수은　　④ 암모니아

해설) **열매체 종류**
수은, 다우섬, 카네크롤액, 모빌섬 등

58 에너지이용합리화법에 따라 검사대상기기의 계속사용검사 중 산업통상자원부령으로 정하는 항목의 검사에 불합격한 경우 일정기간 내 그 검사에 합격할 것을 조건으로 계속 사용을 허용한다. 그 기간을 불합격한 날부터 몇 개월 이내인가? (단, 철금속가열로는 제외한다.)

① 6개월　② 7개월
③ 8개월　④ 10개월

해설) 에너지이용 합리화법에 따라 검사대상기기의 계속사용검사 중 산업통상자원부령으로 정하는 항목의 검사에 불합격한 경우 일정기간 내 그 검사에 합격할 것을 조건으로 계속 사용을 허용한다. 그 기간은 불합격한 날부터 6개월 이내로 한다.

59 구조가 간단하여 취급이 용이하고 수리가 간편하며, 수부가 크므로 열의 비축량이 크고 사용 증기량의 변동에 따른 발생 증기의 압력변동이 작은 이점이 있으나 폭발 시 재해가 큰 보일러는?

① 원통형보일러
② 수관식보일러
③ 관류보일러
④ 열매체보일러

해설) • **원통형 보일러** : 구조가 간단하고 취급이 용이하며, 수부가 크므로 열의 비축량은 크나 파열시 피해가 크며, 사용 증기량의 변동에 따른 발생 증기의 압력변동이 작은 잇점이 있다.

60 용광로에 장입하는 코크스의 역할로 가장 거리가 먼 것은?

① 열원으로 사용
② SiO_2, P의 환원
③ 광석의 환원
④ 선철에 흡수

ANSWER 55.③ 56.① 57.④ 58.① 59.① 60.②

해설) 코크스는 주로 열원으로 사용되며, 광석의 환원, 선철에 흡수 등의 역할을 한다.

제4과목 열설비취급 및 안전관리

61 보일러 수의 불순물 농도가 400ppm이고 1일 급수량이 5,000L일 때, 이 보일러의 1일 분출량(L/day)은 얼마인가?
(단, 급수 중의 불순물 농도는 50ppm이고, 응축수는 회수하지 않는다.)

① 688 ② 714
③ 785 ④ 828

해설)
$$\frac{50}{400-50} \times 5000 = 714.29 \text{L/day}$$

62 에너지법에 따라 에너지 수급에 중대한 차질이 발생할 경우를 대비하여 비상시 에너지수급 계획을 수립하여야 하는 자는?

① 대통령
② 국토교통부장관
③ 산업통상자원부장관
④ 한국에너지공단이사장

해설) • 에너지법에 따라 에너지 수급에 중대한 차질이 발생할 경우를 대비하여 비상시 에너지수급 계획을 수립권자는 산업통산자원부장관

63 공급되는 1차 고온수를 감압하여 직결하는데, 여기에 귀환하는 2차 고온수 일부를 바이패스시켜 합류시킴으로써 고온수의 온도를 낮추어 시스템에 공급하도록 하는 고온수 난방방식을 무엇이라고 하는가?

① 고온수 직결방식
② 브리드인 방식
③ 열 교환방식
④ 캐스케이드 방식

해설) • **브리드인 방식** : 공급되는 1차 고온수를 감압하여 직결하는데, 여기에 귀환하는 2차 고온수 일부를 바이패스시켜 합류시킴으로써 고온수의 온도를 낮추어 시스템에 공급하도록 하는 고온수 난방방식

64 보일러 내부부식의 발생을 방지하는 방법으로 틀린 것은?

① 급수나 관수 중의 불순물을 제거한다.
② 급열, 급냉을 피하여 열응력 작용을 방지한다.
③ 보일러 수의 pH를 약산성으로 유지한다.
④ 분출을 적당히 하여 농축수를 제거한다.

해설) • 보일러수의 pH = 10.5 ~ 11.8인 약알칼리성을 사용한다.

65 에너지법에서 사용하는 용어의 정의로 옳은 것은?

① 에너지는 연료, 열 및 전기를 말한다.
② 연료는 석유, 석탄 및 핵연료를 말한다.
③ 에너지공급자는 에너지를 개발, 판매하는 사업자를 말한다.
④ 에너지사용자는 에너지공급시설의 소유자 또는 관리자를 말한다.

ANSWER 61.② 62.③ 63.② 64.③ 65.①

해설
㉠ 에너지 : 연료, 열, 전기
㉡ 에너지사용자 : 에너지사용시설의 소유자 또는 관리자
㉢ 에너지공급설비 : 에너지를 생산·전환·수송·저장하기 위하여 설치하는 설비
㉣ 에너지공급자 : 에너지를 생산·수입·전환·수송·저장 또는 판매하는 사업자
㉤ 연료 : 석유·가스·석탄 그 밖에 열을 발생하는 열원을 말함(다만, 핵연료 및 제품의 원료로 사용되는 것은 제외)

66 보일러 급수의 외처리 방법 중 기폭법과 탈기법으로 공통으로 제거할 수 있는 가스는?

① 수소 ② 질소
③ 탄산가스 ④ 황화수소

해설 · 탄산가스(CO_2)는 가스체 제거방법인 기폭법과 탈기법으로 제거를 할 수 있다.

67 이온교환수지의 이온교환 능력이 소진되었을 때 재생 처리를 하는데, 이온교환 처리장치의 운전공정 순서로 옳은 것은?

㉠ 압출	㉡ 부하
㉢ 역세	㉣ 수세
㉤ 통약	

① ㉠ → ㉤ → ㉢ → ㉡ → ㉣
② ㉢ → ㉡ → ㉠ → ㉤ → ㉣
③ ㉠ → ㉡ → ㉢ → ㉣ → ㉤
④ ㉢ → ㉤ → ㉠ → ㉣ → ㉡

해설 · 이온교환처리장치의 운전공정 순서
역세 → 통약 → 압출 → 수세 → 부하

68 보일러 성능검사 시 증기 건도 측정이 불가능한 경우, 강철제 증기보일러의 증기 건도는 몇 %인가?

① 90 ② 93
③ 95 ④ 98

해설 · 증기 건도(강철제 증기보일러 : 98%)

69 에너지이용합리화법에 따라 산업통상자원부장관이 효율관리기자재에 대하여 고시하여야 하는 사항에 해당되지 않는 것은?

① 에너지의 소비효율 또는 사용량의 표시
② 에너지의 소비효율 등급기준 및 등급 표시
③ 에너지의 소비효율 또는 생산량의 측정방법
④ 에너지의 최저소비효율 또는 최고사용량의 기준

해설 · 에너지의 생산량의 측정방법은 효율관리기자재에 대하여 고시할 상하에 해당되지 않는다.

70 온수난방 배관에서 원칙적으로 배관 중 밸브류를 설치해서는 안 되는 곳은?

① 송수주관
② 환수주관
③ 방출관
④ 팽창관

해설 팽창관에는 밸브류를 설치하지 않는다.

ANSWER 66.③ 67.④ 68.④ 69.③ 70.④

71 보일러 수면계 유리판의 파손 원인으로 가장 거리가 먼 것은?

① 프라이밍 또는 포밍 현상이 발생할 때
② 수면계의 너트를 너무 무리하게 조인 경우
③ 유리관의 재질이 불량한 경우
④ 외부에서 충격을 받았을 때

해설 프라이밍, 포밍이 발생하면 수위판단은 어렵지만 유리관의 파손 원인이 되지는 않는다.

72 표준 대기압에서 급수용으로 사용되는 물의 일반적 성질에 관한 설명으로 틀린 것은?

① 물의 비중이 가장 높은 온도는 약 1℃이다.
② 임계압력은 약 22MPa이다.
③ 임계온도는 약 374℃이다.
④ 증발잠열은 약 2256kJ/kg이다.

해설 물의 온도 4℃일 때 비중은 1로 가장 높다.

73 온수발생보일러는 온수 온도가 얼마 이하일 때, 방출밸브를 설치하여야 하는가?

① 100℃ ② 120℃
③ 130℃ ④ 150℃

해설 • 온수 온도 120℃를 기준하여 120℃ 이하이면 방출밸브를 120℃를 초과하면 안전밸브를 부착한다.

74 다음 중 에너지이용 합리화법에 따라 특정열사용기자재가 아닌 것은?

① 온수보일러 ② 1종압력용기
③ 터널가마   ④ 태양열온수기

해설 특정열사용기자재(태양열 집열기)

75 보일러의 점식을 일으키는 요인 중 국부전지가 유지되는 주요 원인으로 가장 밀접한 것은?

① 실리카 생성
② 염화마그네슘 생성
③ pH 상승
④ 용존산소 존재

해설 용존산소는 점식의 원인이 된다.

76 신설 보일러에 행하는 소다 끓임에 대한 설명으로 옳은 것은?

① 보일러 내부에 부착된 철분, 유지분 등을 제거하는 방법
② 보일러 본체의 누수 여부를 확인하는 작업
③ 보일러 부속장치의 누수 여부를 확인하는 작업
④ 보일러수의 순환상태 및 증발력을 점검하는 작업

해설 • 소다 끓이기 : 보일러 내부에 부착된 철분, 유지분 등을 제거하기 방법

77 저압 증기 난방장치의 하트포트 배관방식에서 균형관에 접속하는 환수주관의 분기 위치는 보일러 표준수면에서 약 몇 mm 아래가 적정한가?

① 30   ② 50
③ 80   ④ 100

해설 • 하트포트 배관방식 : 환수주관의 분기 위치는 보일러 표준수면에서 약 50 mm 아래에 설치한다.

ANSWER 71.① 72.① 73.② 74.④ 75.④ 76.① 77.②

78 보일러의 외부 청소방법이 아닌 것은?

① 산세관법
② 수세법
③ 스팀 소킹법
④ 워터 소킹법

해설 • 산세관법(내부 청소방법)

79 에너지이용합리화법에 의한 검사대상기기의 검사에 관한 설명으로 틀린 것은?

① 검사대상기기를 개조하여 사용하려는 자는 시·도지사의 검사를 받아야 한다.
② 검사대상기기의 계속사용검사를 받으려는 자는 유효기간 만료 전에 검사신청서를 제출하여야 한다.
③ 검사대상기기의 설치장소를 변경한 경우에는 시·도지사의 검사를 받아야 한다.
④ 검사대상기기를 사용 중지하는 경우에는 별도의 신고가 필요 없다.

해설 • 검사대상기기의 폐기 및 사용중지신고는 15일 이내에 에너지관리공단이사장에게 신고한다.

80 보일러에서 압력차단(제한)스위치의 작동압력은 어느 정도 조정하여야 하는가?

① 사용압력과 같게 조정한다.
② 안전밸브 작동압력과 같게 조정한다.
③ 안전밸브 작동압력보다 약간 낮게 조정한다.
④ 안전밸브 작동압력보다 약간 높게 조정한다.

해설 • 설정압력이 낮음에서 높은 순서
① 증기압력조절기 → ② 증기압력제한기 → ③ 안전밸브

ANSWER 78.① 79.④ 80.③

제4회 에너지관리산업기사(2018년 9월 15일 시행)

 **에너지관리산업기사**

2019년 3월 3일 시행

 제1과목 **열역학 및 연소관리**

01 다음 중 에너지 보존과 가장 관련이 있는 열역학의 법칙은?

① 제0법칙 ② 제1법칙
③ 제2법칙 ④ 제3법칙

해설) 열역학 제1법칙을 에너지보존(불변)의 법칙이라 한다.

02 이상기체에 대하여 Cp와 Cv의 관계식으로 옳은 것은?
(단, Cp는 정압비열, Cv는 정적비열, R은 기체상수이다.)

① $C_p = C_v - R$
② $C_p = C_v + R$
③ $C_p = R - C_v$
④ $R = C_p / C_v$

해설)
- $C_p = C_v + R$
- $C_v = C_p - R$

03 과열증기에 대한 설명으로 옳은 것은?

① 습포화증기에서 압력을 높인 것이다.
② 동일압력에서 온도를 높인 습포화증기이다.
③ 건포화증기를 가열해서 압력을 높인 것이다.
④ 건포화증기에 열을 가해 온도를 높인 것이다.

해설) 과열증기란 압력변화 없이 온도만 상승시킨 것을 말하며, 건포화증기에 열을 가해 온도를 높인 증기를 말한다.

04 액체연소장치의 무화요소와 가장거리가 먼 것은?

① 액체의 운동량
② 주위 공기와의 마찰력
③ 액체와 기체의 표면장력
④ 기체의 비중

해설) 무화요소
① 액체의 운동량
② 주위 공기와의 마찰력
③ 액체와 기체의 표면장력 등

05 회분이 연소에 미치는 영향에 대한 설명으로 틀린 것은?

① 연소실의 온도를 높인다.
② 통풍에 지장을 주어 연소효율을 저하시킨다.
③ 보일러 벽이나 내화벽돌에 부착되어 장치를 손상 시킨다.
④ 용융 온도가 낮은 회분은 클링커(clinker)를 발생시켜 통풍을 방해한다.

해설) 회분의 영향
① 통풍에 지장을 주어 연소효율을 저하시킨다.
② 용융 온도가 낮은 회분은 클링커(clinker)를 발생시켜 통풍을 방해한다.
③ 보일러 벽이나 내화벽돌에 부착되어 장치를 손상 시킨다.

ANSWER 1.② 2.② 3.④ 4.④ 5.①

06 체적 0.5m³, 압력 2MPa, 온도 20℃인 일정량의 이상기체가 압력 100kPa, 온도 80℃가 되면 기체의 체적(m³)은?

① 6 ② 8
③ 10 ④ 12

해설
$$\frac{PV}{T} = \frac{P'V'}{T'}$$
∴ $\frac{2000 \times 0.5 \times (273+80)}{100 \times (273+20)} = 12m^3$

07 폴리트로픽 지수가 무한대(n = ∞)인 변화는?

① 정온(등온)변화 ② 정적(등적)변화
③ 정압(등압)변화 ④ 단열변화

해설
① 정온(등온)변화(n = 1)
② 정적(등적)변화(n = ∞)
③ 정압(등압)변화(n = 0)
④ 단열변화(n = K)

08 어떤 물질이 온도변화 없이 상태가 변할 때 방출되거나 흡수되는 열을 무엇이라 하는가?

① 현열 ② 잠열
③ 비열 ④ 열용량

해설
• 현열 : 상태변화 없이 온도만 변하는 것
• 잠열 : 온도화 없이 상태만 변하는 것

09 보일러에서 댐퍼의 설치목적으로 가장 거리가 먼 것은?

① 통풍력을 조절한다.
② 가스의 흐름을 차단한다.
③ 연료 공급량을 조절한다.
④ 주연도와 부연도가 있을 때 가스 흐름을 전환한다.

해설
댐퍼의 설치목적
① 통풍력을 조절한다.
② 가스의 흐름을 차단한다.
③ 주연도와 부연도가 있을 때 가스 흐름을 전환한다.

10 랭킨사이클의 효율을 높이기 위한 방법으로 옳은 것은?

① 보일러의 가열 온도를 높인다.
② 응축기의 응축 온도를 높인다.
③ 펌프 소요 일을 증대시킨다.
④ 터빈의 출력을 줄인다.

해설
과열증기를 사용하면 랭킨 사이클 효율을 향상할 수 있다.

11 파형의 강판을 다수 조합한 형태로 된 기수분리기의 형식은?

① 배플형
② 스크러버형
③ 사이클론형
④ 건조스크린형

해설
① 배플형(방향전환 이용)
② 스크러버형(파형의 장애판 이용)
③ 사이클론형(원심력 이용)
④ 건조스크린형(금속망 이용)

12 430K에서 500kJ의 열을 공급받아 300K에서 방열시키는 카르노사이클의 열효율과 일량으로 옳은 것은?

① 30.2%, 349kJ
② 30.2%, 151kJ
③ 69.8%, 151kJ
④ 69.8%, 349kJ

ANSWER 6.④ 7.② 8.② 9.③ 10.① 11.② 12.②

- 효율 = $(1 - \frac{300}{430}) \times 100 = 30.2\%$
- 일량 = $500 \times 0.302 = 151 \text{kJ}$

13 다음 중 이상기체 상태방정식에서 체적이 절대온도에 비례하게 되는 조건은?

① 밀도가 일정할 때
② 엔탈피가 일정할 때
③ 비중량이 일정할 때
④ 압력이 일정할 때

> 일정압력 하에서 체적은 절대온도에 비례한다.

14 공기 40kg에 포함된 질소의 질량(kg)은 얼마인가?
(단, 공기는 체적비로 질소 80%와 산소 20%로 구성되어있다.)

① 25   ② 27
③ 29   ④ 32

> $40 \times 0.8 = 32 \text{kg}$

15 다음 변화과정 중에서 엔탈피의 변화량과 열량의 변화량이 같은 경우는 어느 것인가?

① 등온변화과정
② 정적변화과정
③ 정압변화과정
④ 단열변화과정

> 정압변화과정은 엔탈피의 변화량과 열량의 변화량이 같다.

16 다음 중 중유를 버너로 연소시킬 때 연소 상태에 가장 적게 영향을 미치는 것은?

① 황분   ② 점도
③ 인화점 ④ 유동점

> 중유 연소 시 점도, 인화점, 유동점에 따라서 연소 상태의 영향을 크게 미치므로 중유는 점도를 낮추기 위해 B, C 중유는 가열하여 사용한다.

17 연료 중 유황이나 회분은 거의 포함하지 않으나 쉽게 인화하여 화재 및 폭발의 위험이 큰 연료는?

① B-C유   ② 코크스
③ 중유   ④ LPG

> 기체연료(LPG)는 유황이나 회분이 거의 없어 연소는 양호하나 화재 및 폭발의 위험성이 크다.

18 다음 중 기체연료 연소장치의 종류가 아닌 것은?

① 계단형   ② 포트형
③ 저압버너 ④ 고압버너

> 기체연료 버너
> - 확산연소방식 : 포트형, 버너형
> - 예혼합연소방식 : 저압버너, 고압버너, 송풍버너

19 압력 1500kPa, 체적 0.1m³의 기체가 일정 압력 하에 팽창하여 체적이 0.5m³가 되었다. 이 기체가 외부에 한 일(kJ)은 얼마인가?

① 150   ② 600
③ 750   ④ 900

> $_1W_2 = P(V_2 - V_1)$
> ∴ $1500 \times (0.5 - 0.1) = 600 \text{kJ}$

ANSWER 13.④ 14.④ 15.③ 16.① 17.④ 18.① 19.②

20 액체연료 공급 라인에 설치하는 여과기의 설치방법에 대한 설명으로 틀린 것은?

① 여과기 전후에 압력계를 부착하여 일정 압력차 이상이면 청소하도록 한다.
② 여과기의 청소를 위해 여과기 2개를 직렬로 설치한다.
③ 유량계와 같이 설치하는 경우 연료가 여과기를 거쳐 유량계로 가도록 한다.
④ 여과기의 여과망은 유량계보다 버너 입구측에 더 가는 눈의 것을 사용한다.

해설 여과기 설치방법
① 여과기 전후에 압력계를 부착하여 일정 압력차 이상이면 청소하도록 한다.
② 여과기의 여과망은 유량계보다 버너 입구측에 더 가는 눈의 것을 사용한다.
③ 유량계와 같이 설치하는 경우 연료가 여과기를 거쳐 유량계로 가도록 한다.

제2과목 계측 및 에너지진단

21 계단상 입력(STEP INPUT)변화에 대한 아래 그림은 어떤 제어동작의 특성을 나타낸 것인가?

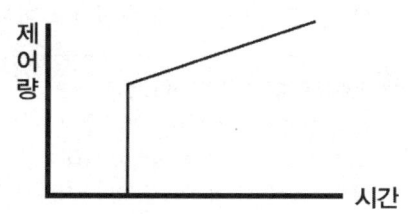

① 적분동작
② 비례, 적분·미분동작
③ 비례, 미분동작
④ 비례, 적분동작

22 다음 중 사용온도가 가장 높은 경우에 적합한 보호관으로 급냉, 급열에 약한 것은?

① 자기관
② 석영관
③ 황동강관
④ 내열강관

해설 자기관은 사용온도는 높으나 급냉, 급열 시 파손의 우려가 있다.

23 보일러 효율 80%, 실제 증발량 4 t/h, 발생증기 엔탈피 650kcal/kgf, 급수 엔탈피 10kcal/kgf, 연료 저위 발열량 9,500kcal/kgf일 때, 이 보일러의 시간당 연료 소비량은 약 몇 kgf/h 인가?

① 193   ② 264
③ 337   ④ 394

해설 $\dfrac{4,000 \times (650-10)}{0.8 \times 9,500} = 337\,\text{kgf/h}$

24 측정계기의 감도가 높을 때 나타나는 특성은?

① 측정범위가 넓어지고 정도가 좋다.
② 넓은 범위에서 사용이 가능하다.
③ 측정시간이 짧아지고 측정범위가 좁아진다.
④ 측정시간이 길어지고 측정범위가 좁아진다.

해설 측정계기의 감도가 높아지면 측정시간이 길어지고 측정범위는 좁아진다.

ANSWER 20.② 21.④ 22.① 23.③ 24.④

25 계측계의 특성으로 계측에 있어 변환기의 선정 또는 측정의 참값을 판단하는 계의 특성 중 정특성에 해당하는 것은?

① 감도
② 과도특성
③ 유량특성
④ 시간지연과 동오차

해설 • **정특성**
계측계의 특성을 살펴보면 계측계로의 입력신호가 시간적으로 변동하지 않던가 또는 변동이 늦어 그 영향이 무시될 수 있는 경우의, 입력신호와 출력신호의 관계를 정특성이라고 한다.
(정적감도, 스레쉬홀드와 분해도, 이력현상)

• **동특성**
계측계로의 입력신호가 시간적으로 변동하고 있을 때의 입력신호와 출력신호의 관계를 동특성이라고 한다.(과도특성, 시간지연과 동오차)

26 금속이나 반도체의 온도변화로 전기저항이 변하는 원리를 이용한 전기저항 온도계의 종류가 아닌 것은?

① 백금저항 온도계
② 니켈저항 온도계
③ 서미스터 온도계
④ 베크만 온도계

해설 • **전기저항 온도계**
(백금저항 온도계, 니켈저항 온도계, 서미스터 온도계)

• **유리제 온도계**
(알콜 온도계, 수은 온도계, 베크만 온도계)

27 열팽창계수가 서로 다른 박판을 사용하여 온도 변화에 따라 휘어지는 정도를 이용한 온도계는?

① 제겔콘 온도계
② 바이메탈 온도계
③ 알코올 온도계
④ 수은 온도계

해설 **바이메탈 온도계** : 2종의 서로다른 금속의 열팽창력을 이용하여 온도 측정

28 다음 중 고체연료의 열량측정을 위한 원소분석 성분으로 가장 거리가 먼 것은?

① 탄소
② 수소
③ 질소
④ 휘발분

해설 • 원소분석 성분(탄소, 수소, 산소, 질소, 황 등)
• 공업분석 성분(고정탄소, 회분, 수분, 휘발분)

29 연소실 열 발생률의 단위는 어느 것인가?

① kcal/m³h
② kcal/mh
③ kg/m²h
④ kg/m³h

해설 연소실 열 발생률(kcal/m³h)

30 액주식 압력계 중 하나인 U자관 압력계에 사용되는 유체의 구비조건에 대한 설명으로 틀린 것은?

① 점성이 작아야 한다.
② 휘발성과 흡습성이 작아야 한다.
③ 모세관 현상 및 표면장력이 커야 한다.
④ 온도에 따른 밀도 변화가 작아야 한다.

해설 **액주식 압력계 유체의 구비조건**
① 점성이 작아야 한다.
② 휘발성과 흡습성이 작아야 한다.
③ 모세관 현상 및 표면장력이 작아야 한다.
④ 온도에 따른 밀도 변화가 작아야 한다.

ANSWER 25.① 26.④ 27.② 28.④ 29.① 30.③

31 계측기기의 구비조건으로 적절하지 않은 것은?

① 연속 측정이 가능하여야 한다.
② 유지보수가 어렵고 신뢰도가 높아야 한다.
③ 정도가 좋고 구조가 간단하여야 한다.
④ 설치장소의 주위 조건에 대하여 내구성이 있어야 한다.

해설 계측기의 구비조건
① 연속 측정이 가능하여야 한다.
② 유지보수가 용이하고, 신뢰도가 높아야 한다.
③ 정도가 좋고 구조가 간단하여야 한다.
④ 설치장소의 주위 조건에 대하여 내구성이 있어야 한다.

32 프로세스제어계 내에 시간지연이 크거나 외란이 심한 경우에 사용하는 제어는?

① 프로세서제어
② 캐스케이드제어
③ 프로그램제어
④ 비율제어

해설 캐스케이드제어는 시간 지연발생은 있으나, 외란이 심한 경우에 주로 사용되는 제어방식이다.

33 보일러의 증발계수 계산공식으로 알맞은 것은?
(단, h″ : 발생증기의 엔탈피(kcal/kgf), h : 급수의 엔탈피(kcal/kgf)이다.)

① 증발계수 = (h″ + h)/539
② 증발계수 = (h″ − h)/539
③ 증발계수 = 539/(h + h″)
④ 증발계수 = 539/(h − h″)

해설 $\dfrac{증기엔탈피 - 급수엔탈피}{539}$

34 안지름이 16cm인 관속을 흐르는 물의 유속이 24m/s라면 유량은 몇 m³/s인가?

① 0.24 ② 0.36
③ 0.48 ④ 0.60

해설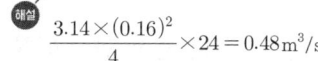
$\dfrac{3.14 \times (0.16)^2}{4} \times 24 = 0.48 m^3/s$

35 다음의 가스분석법 중에서 정량범위가 가장 넓은 것은?

① 도전율법
② 자기식법
③ 열전도율법
④ 가스크로마토그래피법

해설 ① 도전율법(정량범위 1ppm ~ 100%)
② 자기식법(정량범위 0.1 ~ 100%)
③ 열전도율법(정량범위 0.01 ~ 100%)
④ 가스크로마토그래피법(정량범위 0.1 ~ 100%)

36 한 시간 동안 연도로 배기되는 가스량이 300kg, 배기가스 온도 240℃, 가스의 평균비열이 0.32kcal/kg℃이고 외기 온도가 −10℃일 때, 배기가스에 의한 손실 열량은 약 몇 kcal/h인가?

① 14100 ② 24000
③ 32500 ④ 38400

해설 300×0.32×(240+10)=24000kcal/h

37 다음 중 차압식 유량계의 종류로 압력 손실이 가장 적은 유량측정 방식은?

① 터빈형
② 플로트형
③ 벤튜리관
④ 오발기어형 유량계

> 압력손실이 큰 순서
> 오리피스 > 플로우노즐 > 벤튜리관

38 부르동관 압력계에 대한 설명으로 틀린 것은?

① 얇은 금속이나 고무 등의 탄성 변형을 이용하여 압력을 측정한다.
② 탄성식 압력계의 일종으로 고압의 증기 압력 측정이 가능하다.
③ 부르동관이 손상되는 것을 방지하기 위하여 압력계 입구쪽에 사이폰관을 설치한다.
④ 압력계 지침을 움직이는 부분은 기어나 링의 형태로 되어 있다.

> 부르동관 재질
> • 저압용(인청동, 황동, 니켈청동)
> • 고압용(니켈강)

39 보일러 연소특성으로 어떤 조건이 충족되지 않으면 다음 동작이 중지되는 인터록 (InterLock)의 종류가 아닌 것은?

① 온오프 인터록
② 불착화 인터록
③ 저수위 인터록
④ 프리퍼지 인터록

> 온오프 인터록
> 연소특성으로 어떤 조건이 충족되지 않으면 다음 동작이 중지되는 인터록이다.

40 다음 중 차압을 일정하게 하고 가변 단면적을 이용하여 유량을 측정하는 유량계는?

① 노즐   ② 피토관
③ 모세관   ④ 로터미터

> 로터미터
> 차압을 일정하게 유지하고 가변 단면적을 이용하여 유량을 산출한다.

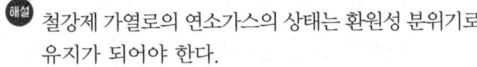

제3과목 열설비구조 및 시공

41 철강제 가열로의 연소가스는 어떤 상태로 유지되어야 하는가?

① SO_2 가스가 많아야 한다.
② CO 가스가 검출되어서는 안 된다.
③ 환원성 분위기 이어야 한다.
④ 산성 분위기 이어야 한다.

> 철강제 가열로의 연소가스의 상태는 환원성 분위기로 유지가 되어야 한다.

42 에너지이용 합리화법에 따라 검사대상기기관리자의 선임기준에 관한 설명으로 옳은 것은?

① 검사대상기기관리자의 선임기준은 1구역마다 1명이상으로 한다.
② 1구역은 검사대상기기 1대를 기준으로 정한다.
③ 중앙통제설비를 갖춘 시설은 관리자 선임이 면제된다.
④ 압력용기의 경우 1구역은 검사대상기기관리자 2명이 관리할 수 있는 범위로 한다.

> 검사대상기기관리자의 선임기준은 1구역 당 1인 이상으로 한다.

43 다음은 과열기에서 증기의 유동방향과 연소가스의 유동방향에 따른 분류이다. 고온의 연소가스와 고온의 증기가 접촉하여 열효율은 양호하나 고온에서 배열관의 손상이 큰 특징이 있는 과열기의 형식은?

① 병류식
② 대향류식
③ 혼류식
④ 평행류식

해설
- **병류식** : 열 이용도가 높고, 소손도 적다.
- **향류식(대향류식)** : 열 이용율이 높고 양호하나, 연소가스에 의한 소손의 우려가 있다.
- 열 이용율이 높고, 소손의 우려도 적다.

44 에너지이용 합리화법에서 정한 검사대상기기의 검사 유효기간이 없는 검사의 종류는?

① 설치검사
② 구조검사
③ 계속사용검사
④ 설치장소변경검사

해설
- **구조검사** : 유효기간이 없다.

45 공업로의 조업방법 중 연속식 재료 반송 방식이 아닌 것은?

① 푸셔형
② 워킹빔형
③ 엘리베이터형
④ 회전노상형

해설
- **연속식** : 푸셔형, 워킹빔형, 회전노상형

46 보일러 종류에 따른 특징에 관한 설명으로 틀린 것은?

① 관류보일러는 보일러 드럼과 대형 헤더가 있어 작은 전열관을 사용할 수 있기 때문에 중량이 무거워진다.
② 수관보일러는 노통보일러에 비하여 전열면적이 크므로 증발량이 크다.
③ 수관보일러는 증발량에 비해 수부가 적어 부하변동에 따른 압력변화가 크다.
④ 원통보일러는 보유수량이 많아 파열사고 발생 시 위험성이 크다.

해설
가스버너의 특징
관류보일러는 드럼이 없이 관으로만 구성되어 있다.

47 검사대상기기에 대해 개조검사의 적용 대상에 해당되지 않는 것은?

① 연료를 변경하는 경우
② 연소방법을 변경하는 경우
③ 온수보일러를 증기보일러로 개조하는 경우
④ 보일러 섹션의 증감에 의하여 용량을 변경 하는 경우

해설
개조검사 적용대상
㉠ 증기보일러를 온수보일러로 개조하는 경우
㉡ 보일러 섹션의 증감에 의하여 용량을 변경하는 경우
㉢ 동체, 돔, 노통, 연소실, 경판 등 산업통상자원부장관이 정하여 고시하는 대수리의 경우
㉣ 연료 또는 연소방법을 변경하는 경우
㉤ 철금속가열로로 산업통상자원부장관이 정하여 고시하는 경우의 수리

ANSWER 43.② 44.② 45.③ 46.① 47.③

제1회 에너지관리산업기사(2019년 3월 3일 시행) • **685**

48 에너지 이용 합리화법에 따라 검사대상 기기의 계속사용검사 신청서를 검사유효기간 만료 최대 며칠 전까지 제출해야 하는가?

① 7일 전   ② 10일 전
③ 15일 전 ④ 30일 전

> 계속사용검사 신청서는 검사유효기간 만료 10일 전에 제출해야 한다.

49 탄력을 이용하여 분출압력을 조정하는 방식으로써 보일러에 진동이 있거나 충격이 가해져도 안전하게 작동하는 안전밸브는?

① 추식 안전밸브
② 레버식 안전밸브
③ 지렛대식 안전밸브
④ 스프링식 안전밸브

> 보일러에는 스프링식 안전밸브를 사용한다.

50 노통보일러에서 브리징 스페이스의 간격을 적게 할 경우 어떤 장해가 발생하기 쉬운가?

① 불완전 연소가 되기 쉽다.
② 증기 압력이 낮아지기 쉽다.
③ 서징현상이 발생되기 쉽다.
④ 구루빙 현상이 발생되기 쉽다.

> 브리징 스페이스가 간격이 적을 경우 구루빙(구식) 현상이 발생되기 쉽다.

51 염기성 내화물의 주원료가 아닌 것은?

① 마그네시아
② 돌로마이트
③ 실리카
④ 포스테라이트

- 산성 내화물(규석질, 반규석질, 납석질, 샤모트질)
- 중성 내화물(고알루미나질, 탄소질, 탄화규소질, 크롬질)
- 염기성 내화물(마그네시아질, 크롬마그네시아질, 돌로마이트질, 폴스테라이트질)

52 다음 중 가스 절단에 속하지 않는 것은?

① 분말 절단
② 플라즈마 제트 절단
③ 가스 가우징
④ 스카핑

> **플라즈마 절단**
> 플라즈마(전기방전)를 이용한 절단 방식인데 가스 절단보다 절단 시 드랙현상이 나지 않는 점이 장점이 있다.

53 내벽은 내화벽돌로 두께 220mm, 열전도율 1.1kcal/mh℃, 중간벽은 단열벽돌로 두께 9cm, 열전도율 0.12kcal/mh℃, 외벽은 붉은 벽돌로 두께 20cm, 열전도율 0.8kcal/mh℃로 되어 있는 노벽이 있다. 내벽 표면의 온도가 1,000℃일 때, 외벽의 표면온도는? (단, 외벽 주위 온도는 20℃, 외벽 표면의 열전달률은 7kcal/m²h℃로 한다.)

① 104   ② 124
③ 141   ④ 267

> $$\frac{1}{\frac{0.22}{1.1}+\frac{0.09}{0.12}+\frac{0.2}{0.8}+\frac{1}{7}} \times (1,000-20)$$
> $= 729.7$ kcal/h
>
> **외표면온도**
> $= 외벽\ 주위온도 + \frac{1}{\alpha_1} \times Q = 20 + \frac{1}{7} \times 729.7$
> $= 124℃$

ANSWER 48.② 49.④ 50.④ 51.③ 52.② 53.②

54 아크 용접기의 구비조건으로 틀린 것은?

① 사용 중에 온도상승이 커야 한다.
② 가격이 저렴하고 사용 유지비가 적게 들어야 한다.
③ 아크 발생이 잘 되도록 무부하 전압이 유지되어야 한다.
④ 전류 조정이 용이하고 일정한 전류가 흘러야 한다.

해설) 아크 용접기는 사용 중에 온도상승이 적어야 한다.

55 에너지이용 합리화법에 따라 검사를 받아야하는 검사대상기기 검사의 종류에 해당 되지 않는 것은?

① 설치검사
② 자체검사
③ 개조검사
④ 설치장소 변경검사

해설) 자체검사는 검사대상기기의 검사 종류에 해당하지 않는다.

56 노통보일러와 비교하여 연관보일러의 특징에 대한 설명으로 틀린 것은?

① 보일러 내부 청소가 간단한다.
② 전열면적이 크므로 중량당 증발량이 크다.
③ 증기발생에 소요시간이 짧다.
④ 보유수량이 적다.

해설) 노통보일러에 비해 연관보일러의 구조가 복잡하므로 내부 청소가 어렵다.

57 에너지 이용 합리화법에 따라 열사용기 자재 중 소형 온수보일러는 최고사용압력 얼마 이하의 온수를 발생하는 보일러를 의미하는가?

① 0.35Mpa 이하
② 0.5Mpa 이하
③ 0.65Mpa 이하
④ 0.85Mpa 이하

해설) 소형 온수보일러라 함은 최고사용압력이 0.35Mpa 이하

58 20cm 두께의 벽체 열전도계수가 54W/m℃, 내·외 표면의 열전달계수가 $\alpha_1 = 50W/m^2℃$, $\alpha_2 = 1800W/m^2℃$인 경우 이 벽체의 열관류율은?

① 41.2W/m² ℃
② 48.2W/m² ℃
③ 52.2W/m² ℃
④ 63.2W/m² ℃

해설) $K = \dfrac{1}{\dfrac{1}{\alpha_1}+\dfrac{b}{\lambda}+\dfrac{1}{\alpha_2}} = \dfrac{1}{\dfrac{1}{50}+\dfrac{0.2}{54}+\dfrac{1}{1800}} = 41.2$

59 나사식 가단 주철제 관 이음쇠에서 유체의 상태가 300℃ 이하의 증기, 공기, 가스 및 기름일 경우 최고사용압력 기준으로 옳은 것은?

① 1.4MPa
② 2.0MPa
③ 1.0MPa
④ 2.5MPa

해설) 나사식 가단 주철제 관 이음쇠에서 유체의 상태가 300℃ 이하의 증기, 공기, 가스 및 기름일 경우 최고사용압력은 1.0MPa이다.

ANSWER 54.① 55.② 56.① 57.① 58.① 59.③

60 원심펌프가 회전속도 600rpm에서 분당 6m³의 수량을 방출하고 있다. 이 펌프의 회전속도를 900rpm으로 운전하면 토출수량(m³/min)은 얼마가 되겠는가?

① 3.97　② 9
③ 12　④ 13.5

해설 $6 \times \left(\dfrac{900}{600}\right) = 9 \text{m}^3/\text{min}$

제4과목 열설비취급 및 안전관리

61 다음 중 역귀환 배관방식이 사용되는 난방설비는?

① 증기난방
② 온풍난방
③ 온수난방
④ 전기난방

해설 역귀환 배관방식은 온수난방설비에서 유량분배를 균등하게 하기 위해서 택하는 방식

62 증기트랩을 사용하는 이유로 가장 적합한 것은?

① 증기배관 내의 수격작용을 방지한다.
② 증기의 송기량을 증가시킨다.
③ 증기배관의 강도를 증가시킨다.
④ 증기발생을 왕성하게 해준다.

해설 증기트랩은 증기관내의 응축수를 제거하여 수격작용 및 부식을 방지하기 위해 설치한다.

63 보일러의 분출밸브 크기와 개수에 대한 설명으로 틀린 것은?

① 정상 시 보유수량 400kg 이하의 강제순환보일러에는 열린 상태에서 전개하는데 회전축을 적어도 3회전 이상 회전을 요하는 분출밸브 1개를 설치하여야 한다.
② 최고사용압력 0.7MPa 이상의 보일러의 분출관에는 분출밸브 2개 또는 분출밸브와 분출코크를 직렬로 갖추어야 한다.
③ 2개 이상의 보일러에서 분출관을 공동으로 하여서는 안 된다.
④ 전열면적이 10m² 이하인 보일러에서 분출밸브의 크기는 호칭지름 20mm 이상으로 할 수 있다.

해설 분출밸브를 직렬로 2개를 설치 시 한 개는 적어도 5회전 이상 회전을 요하는 분출밸브를 설치해야 한다.

64 수질의 용어 중 ppb(parts per billion)에 대한 설명으로 옳은 것은?

① 물 1kg중에 함유되어 있는 불순물의 양을 mg으로 표시한 것이다.
② 물 1ton 중에 함유되어 있는 불순물의 양을 mg으로 표시한 것이다.
③ 물 1kg 중에 함유되어 있는 불순물의 양을 g으로 표시한 것이다.
④ 물 1ton 중에 함유되어 있는 불순물의 양을 g으로 표시한 것이다.

해설 ppb(parts per billion)
물 1ton 중에 함유되어 있는 불순물의 양을 mg으로 표시한 것이다.

ANSWER　60.②　61.③　62.①　63.①　64.②

65 보일러를 휴지상태로 보존할 때 부식을 방지하기 위해 채워는 가스로 가장 적절한 것은?

① 아황산가스
② 이산화탄소
③ 질소가스
④ 헬륨가스

해설 보일러 휴지상태로 보존할 경우 부식 방지를 위해 질소가스를 봉입하여 보관한다.

66 에너지이용 합리화법에 따라 에너지다소비사업자가 산업통상자원부령으로 정하는 바에 따라 해당 시, 도지사에 신고해야 할 사항이 아닌 것은?

① 전년도의 분기별 에너지사용량
② 해당 연도의 수입, 지출 예산서
③ 해당 연도의 제품생산예정량
④ 전년도의 분기별 에너지이용 합리화 실적

해설 **시, 도지사에 신고해야 할 사항**
① 전년도의 분기별 에너지사용량
② 전년도의 분기별 에너지이용 합리화 실적
③ 해당 연도의 제품생산예정량

67 방열계수가 $8.5 kcal/m^2 h℃$ 인 방열기에서 방열기 입구온도 85℃, 실내온도 20℃, 방열기 출구온도 65℃이다. 이 방열기의 방열량($kcal/m^2 h$)은?

① 450.8 ② 467.5
③ 386.7 ④ 432.2

해설 $8.5 \times (\frac{85+65}{2} - 20) = 467.5 kcal/m^2 h$

68 다음 중 공기비가 작을 경우 연소에 미치는 영향으로 틀린 것은?

① 불완전 연소가 되어 매연 발생이 심하다.
② 연소가스 중 SO_2의 함유량이 많아져 저온부식이 촉진된다.
③ 미연소에 의한 열손실이 증가한다.
④ 미연소 가스로 인한 폭발사고가 일어나기 쉽다.

해설 공기비가 클 때 연소가스 중 SO_2의 함유량이 많아져 저온부식이 촉진된다.

69 에너지법상 지역에너지계획은 5년마다 수립하여야 한다. 이 지역에너지 계획에 포함되어야 할 사항은?

① 국내외 에너지 수요와 공급추이 및 전망에 관한 사항
② 에너지의 안전관리를 위한 대책에 관한 사항
③ 에너지 관련 전문인력의 양성 등에 관한 사항
④ 에너지의 안정적 공급을 위한 대책에 관한 사항

해설 **지역에너지계획에 포함될 사항**
㉠ 에너지 수급의 추이와 전망에 관한 사항
㉡ 에너지의 안정적 공급을 위한 대책에 관한 사항
㉢ 신·재생에너지 등 환경친화적 에너지 사용을 위한 대책에 관한 사항
㉣ 에너지 사용의 합리화와 이를 통한 온실가스의 배출감소를 위한 대책에 관한 사항
㉤ 미활용 에너지원의 개발·사용을 위한 대책에 관한 사항 등

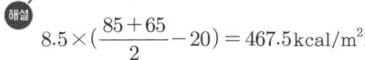
ANSWER 65.③ 66.② 67.② 68.② 69.④

70 화학 세관에서 사용하는 유기산에 해당되지 않는 것은?

① 인산
② 초산
③ 구연산
④ 옥살산

해설) 유기산(초산, 구연산, 옥살산)

71 에너지이용 합리화법에 따라 검사대상기기설치자는 검사대상기기로 인한 사고가 발생한 경우 한국에너지공단에 통보하여야 한다. 그 통보를 하여야 하는 사고의 종류로 가장 거리가 먼 것은?

① 사람이 사망한 사고
② 사람이 부상당한 사고
③ 화재 또는 폭발 사고
④ 가스 누출사고

해설) 사고 발생이 통보하여야 할 사항
  ㉠ 사람이 사망한 사고
  ㉡ 사람이 부상당한 사고
  ㉢ 화재 또는 폭발 사고

72 증기난방에서 방열기 안에서 생긴 응축수를 보일러에 환수할 때 응축수와 증기가 동일한 관을 흐르도록 하는 방식은?

① 단관식
② 복합식
③ 복관식
④ 혼수식

해설)
• **단관식** : 증기와 응축수가 동일관으로 흐르는 방식
• **복관식** : 증기와 응축수가 별개의 관으로 흐르는 방식

73 보일러 이상연소 중 불완전연소의 원인으로 가장 거리가 먼 것은?

① 연소용 공기량의 부족할 경우
② 연소속도가 적절하지 않은 경우
③ 버너로부터 분무입자가 작을 경우
④ 분무연료와 연소용 공기와의 혼합이 불량할 경우

해설) 분무입자가 작을수록 연소효율이 높아 완전연소가 된다.

74 급수 중에 용존산소가 보일러에 주는 가장 큰 영향은?

① 포밍을 일으킨다.
② 강판, 강관을 부식시킨다.
③ 오존을 발생시킨다.
④ 습증기를 발생시킨다.

해설) 급수 중에 용존산소는 부식의 원인이 된다.

75 보일러 산세관 시 사용하는 부식 억제제의 구비조건으로 틀린 것은?

① 점식발생이 없을 것
② 부식 억제능력이 클 것
③ 물에 대한 용해도가 작을 것
④ 세관액의 온도농도에 대한 영향이 적을 것

76 보일러 수처리에서 이온교환제와 관계가 있는 것은?

① 천연산 제올라이트
② 탄산소다
③ 히드라진
④ 황산마그네슘

ANSWER 70.① 71.④ 72.① 73.③ 74.② 75.③ 76.①

해설 천연 제올라이트는 양이온(암모늄과 중금속 이온)에 대하여 다양한 이온 교환 능력을 나타내며, 일부 제올라이트는 수용액 중의 음이온과 유기물에 대해서도 흡착 특성을 가진다. 천연 제올라이트가 몇 가지 (산 처리, 이온 교환, 계면활성제 기능화) 방법으로 수식되면 유기물과 음이온에 대하여서도 보다 높은 흡착 능력을 가진다.

77 에너지이용 합리화법에 따른 특정열사용기자재 및 그 설치·시공범위에 속하지 않는 것은?

① 강철제 보일러의 설치
② 태양열 집열기의 세관
③ 3종 압력용기의 배관
④ 연속식 유리용융가마의 설치를 위한 시공

해설 • **특정열사용기자재 설치 시공범위**: 보일러의 설치
• 배관 및 세관, 1종 및 2종 압력용기, 요로 등 시공

78 보일러를 옥내에 설치하는 경우 설치 시 유의사항으로 틀린 것은? (단, 소형보일러 및 주철제보일러는 제외한다.)

① 도시가스를 사용하는 보일러실에서는 환기구를 가능한 한 낮게 설치하여 가스가 누설되었을 때 체류하지 않는 구조이어야 한다.
② 보일러 동체 최상부로부터 천장, 배관 등 보일러 상부에 있는 구조물까지의 거리는 1.2m 이상이어야 한다.
③ 보일러 동체에서 벽, 배관, 기타 보일러 측부에 있는 구조물까지 거리는 0.45m 이상이어야 한다.
④ 보일러 및 보일러에 누설된 금속제의 굵기 또는 연도의 외측으로부터 0.3m 이내에 있는 가연성 물체에 대하여는 금속 이외의 불연성 재료로 피복하여야 한다.

해설 도시가스의 환기구는 가능한 한 높게 설치한다.

79 보일러 급수처리의 목적으로 가장 거리가 먼 것은?

① 응결수 증가 방지
② 전열면의 스케일의 생성 방지
③ 프라이밍, 포밍 등의 발생방지
④ 점석 등의 내면 부식 방지

해설 **급수처리의 목적**
㉠ 점석 등의 내면 부식 방지
㉡ 전열면의 스케일의 생성 방지
㉢ 프라이밍, 포밍 등의 발생방지

80 에너지이용 합리화법에 따라 산업통상자원부장관에게 에너지 사용계획을 제출하여야 하는 사업주관자가 실시하는 사업의 종류가 아닌 것은?

① 에너지 개발사업
② 관광단지 개발사업
③ 철도 건설사업
④ 주택 개발사업

해설 **에너지 사용계획을 제출하여야 하는 사업주관자**
㉠ 에너지 개발사업
㉡ 관광단지 개발사업
㉢ 철도 건설사업
㉣ 도시개발사업
㉤ 산업단지 개발사업
㉥ 항만건설사업
㉦ 공항건설사업
㉧ 개발촉진지구개발사업 또는 지역종합개발사업

 # 에너지관리산업기사

2019년 4월 27일 시행

제1과목 열역학 및 연소관리

01 노 앞과 연돌하부에 송풍기를 두어 노 내압을 대기압보다 약간 낮게 조절한 통풍 방식은?

① 압입통풍   ② 흡입통풍
③ 간접통풍   ④ 평형통풍

 평형통풍
연소실(노) 입구측과 연돌하부(연도측)에 송풍기를 설치하여 통풍시키는 방식

02 탱크 내에 900kPa의 공기 20kg이 충전되어 있다. 공기 1kg을 뺄 때 탱크 내 공기온도가 일정하다면 탱크 내 공기압력 (kPa)은?

① 655   ② 755
③ 855   ④ 900

 탱크 내 공기압력 = $\frac{900}{20}$ = 45kpa/kg
∴ 공기압력 = 900 − 45 = 855kpa

03 고체연료의 일반적인 주성분은 무엇인가?

① 나트륨
② 질소
③ 유황
④ 탄소

고체연료의 주성분은 탄소(C)이다.

04 이상기체의 가역 단열과정에서 절대온도 T와 압력 P의 관계식으로 옳은 것은?
(단, 비열비 k = C_p / C_v이다.)

① $TP^{k-1} = C$
② $TP^k = C$
③ $TP^{\frac{k+1}{k}} = C$
④ $TP^{\frac{1-k}{k}} = C$

 관계식 = $TP^{\frac{1-k}{k}} = C$

05 몰리에르 선도로부터 파악하기 어려운 것은?

① 포화수의 엔탈피
② 과열증기의 과열도
③ 포화증기의 엔탈피
④ 과열증기의 단열팽창 후 상대습도

 몰리에르 선도에서 과열증기의 단열팽창 후 상대습도는 파악이 어렵다.

06 절대온도 293K는 섭씨온도로 얼마인가?

① −20℃
② 0℃
③ 20℃
④ 566℃

 293 − 270=20℃

ANSWER   01.④   02.③   03.④   04.④   05.④   06.③

07 정압비열 5kJ/kg·K의 기체 10kg을 압력을 일정하게 유지하면서 20℃에서 30℃까지 가열하기 위해 필요한 열량(kJ)은?

① 400　　② 500
③ 600　　④ 700

[해설] $5 \times 10 \times [(273+30-273+20)] = 500$ kJ

08 비중이 0.8인 액체의 압력이 2kg/cm²일 때, 액체의 양정(m)은?

① 4　　② 16
③ 20　　④ 25

[해설] $p = rh$
∴ $h = \dfrac{p}{r} = \dfrac{2 \times 10000}{0.8 \times 1000} = 25$ m

09 다음 중 건식 집진장치에 해당하지 않는 것은?

① 백 필터
② 사이클론
③ 벤튜리 스크레버
④ 멀티클론

[해설]
- 건식집진장치 : 중력식, 여과식(백필터), 원심력식(사이클론, 멀티크론식), 관성력식
- 습식집진장치 : 유수식, 회전식, 가압수식(벤튜리 스크레버, 사이클론 스크레버, 충전탑)

10 증기 동력사이클의 효율을 높이는 방법이 아닌 것은?

① 과열기를 설치한다.
② 재생사이클을 사용한다.
③ 증기의 공급온도를 높인다.
④ 복수기의 압력을 높인다.

[해설] 복수기는 사용된 증기를 복수로 만들어 보일러로 보내는 장치이므로 효율과는 무관하다.

11 증기 축열기(steam sccumulator)의 부품이 아닌 것은?

① 증기 분사노즐　② 순환관
③ 증기 분배관　　④ 트레이

[해설] 증기 축열기(steam sccumulator)내의 부품 : 증기 분사노즐, 순환관, 증기 분배관

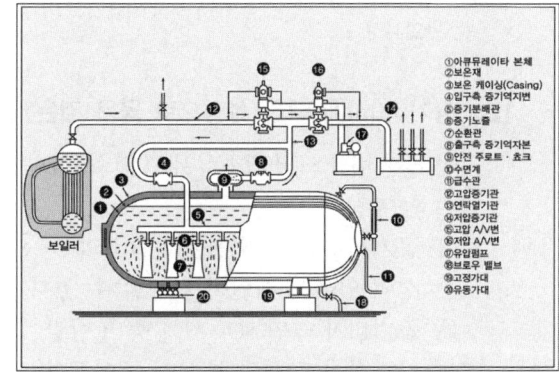

12 인화점에 대한 설명으로 틀린 것은?

① 가연성 증기발생시 연소범위에 하한계에 이르는 최저온도이다.
② 점화원의 존재와 연관된다.
③ 연소가 지속적으로 확산될 수 있는 최저온도이다.
④ 연료의 조성, 점도, 비중에 따라 달라진다.

[해설]
- 인화점 : 가연성 물질이 불씨로 인하여 점화될 수 있는 최저온도를 말하며, 연소가 지속적으로 확산될 수 있는 최저온도이다.

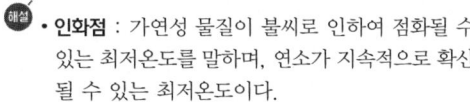

13 카르노사이클의 과정 중 그 구성이 옳은 것은?

① 2개의 가역등온과정, 2개의 가역팽창과정
② 2개의 가역정압과정, 2개의 가역단열과정
③ 2개의 가역등온과정, 2개의 가역단열과정
④ 2개의 가역정압과정, 2개의 가역등온과정

• 카르노사이클 : 2개의 가역등온과정, 2개의 가역단열과정

14 공기비(m)에 대한 설명으로 옳은 것은?

① 공기비가 크면 연소실 내의 연소온도는 높아진다.
② 공기비가 작으면 불완전연소의 가능성이 있어서 매연이 발생할 수 있다.
③ 공기비가 크면 SO_2, NO_2 등의 함량이 감소하여 장치의 부식이 줄어든다.
④ 공기비는 연료의 이론연소에 필요한 공기량을 실제연소에 사용한 공기량으로 나눈 값이다.

㉠ 공기비가 크면 연소실 내의 연소온도는 낮아진다.
㉡ 공기비가 작으면 불완전연소의 가능성이 있어서 매연이 발생할 수 있다.
㉢ 공기비가 크면 SO_2, NO_2 등의 함량이 증가하여 장치의 부식을 초래한다.
㉣ 공기비는 연료의 실제공기량에 필요한 공기량을 이론공기량으로 나눈 값이다.

15 액체연료의 특징에 대한 설명으로 틀린 것은?

① 액체연료는 기체연료에 비해 밀도가 크다.
② 액체연료는 고체연료에 비해 단위 질량당 발열량이 크다.
③ 액체연료는 고체연료에 비해 완전 연소시키기가 어렵다.
④ 액체연료는 고체연료에 비해 연소 장치를 작게 할 수 있다.

액체연료는 고체연료에 비해 완전 연소시키기가 쉽다.

16 굴뚝 높이가 50m, 연소가스 평균온도가 227℃, 대기온도가 27℃일 때 이 굴뚝의 이론통풍력(mmH$_2$O)은? (단, 표준상태에서 공기의 비중량은 1.29kg/m³, 연소가스의 비중량은 1.34kg/m³이며, 굴뚝 내의 각종 압력손실은 무시한다.)

① 13.7　　② 22.1
③ 26.5　　④ 30.4

$$= 50 \times \left(\frac{273 \times 1.29}{273 + 27} - \frac{273 \times 1.34}{273 + 227}\right) = 22.1 \,\mathrm{mmH_2O}$$

17 압력에 관한 설명으로 옳은 것은?

① 압력은 단위면적에 작용하는 수직성분과 수평성분의 모든 힘으로 나타낸다.
② 1Pa은 1m²에 1kg의 힘이 작용하는 압력이다.
③ 압력이 대기압보다 높을 경우 절대압력은 대기압과 게이지압력의 합이다.

④ A, B, C 기체의 압력을 각각 P_a, P_b, P_c라고 표현할 때 혼합기체의 압력은 평균값인 $\dfrac{P_a+P_b+P_c}{3}$ 이다.

해설 절대압력 = 대기압 + 게이지압력

18 보일러의 통풍력에 영향을 미치는 인자로 가장 거리가 먼 것은?

① 공기예열기, 댐퍼, 버너 등에서 연소가스와의 마찰저항
② 보일러 본체 전열면, 절탄기, 과열기 등에서 연소가스와의 마찰저항
③ 통풍 경로에서 유로의 방향전환
④ 통풍 경로에서 유로의 단면적 변화

해설 통풍력은 연도에 설치된 장치와 연관되므로 버너는 통풍력에 영향을 미치지 않는다.

19 열역학의 기본법칙으로 일종의 에너지 보존법칙과 관련된 것은?

① 열역학 제3법칙
② 열역학 제2법칙
③ 열역학 제0법칙
④ 열역학 제1법칙

해설 **열역학 제1법칙** : 에너지보존의 법칙

20 500℃와 0℃ 사이에서 운전되는 카르노 사이클의 열효율(%)은?

① 49.9 ② 64.7
③ 85.6 ④ 99.2

해설 효율 = $\dfrac{[(273+500)-(273+0)]}{273+500} \times 100 = 64.7\%$

제2과목 계측 및 에너지진단

21 가스분석방법으로 세라믹식 O_2계에 대한 설명으로 옳은 것은?

① 응답이 느리다.
② 온도조절용 전기로가 필요 없다.
③ 연속측정이 가능하며 측정범위가 좁다.
④ 측정가스 중에 가연성 가스가 존재하면 사용이 불가능하다.

해설 **세라믹식 O_2계 특징**
㉠ 비교적 응답이 빠르다.
㉡ 가스량이나 주위 온도 변화에 영향이 별로 없다.
㉢ 측정 범위가 넓다.
㉣ 측정부의 온도를 유지하기 위하여 전기로를 사용한다.
㉤ 가연성가스가 포함된 것은 O_2의 농도를 저하시키므로 측정할 수 없다.

22 표준대기압(1atm)과 거리가 먼 것은?

① 1.01325 bar
② 101325 Pa
③ 10.332 N/m²
④ 1.033 kgf/cm²

해설 101325Pa = 101325N/m²

23 간접 측정식 액면계가 아닌 것은?

① 유리관식
② 방사선식
③ 정전용량식
④ 압력식

해설
• **직접식** : 유리관식, 부자식, 검척식 등
• **간접식** : 방사선식, 정전용량식, 압력식, 기포식 등

ANSWER 18.① 19.④ 20.② 21.④ 22.③ 23.①

24 유출량을 일정하게 유지하면 유입량이 증가됨에 따라 수위가 상승하여 평형을 이루지 못하는 요소는?

① 1차 지연요소
② 2차 지연요소
③ 적분요소
④ 낭비시간요소

해설 적분요소는 유출량을 일정하게 유지하면 유입량이 증가됨에 따라 수위가 상승하여 평형을 이루지 못함

25 상당 증발량이 300kg/h이고, 급수온도가 30℃, 증기 엔탈피가 730kcal/kg인 보일러의 실제 증발량은 약 몇 kg/h인가?

① 215.3
② 220.5
③ 231.0
④ 244.8

해설 $\dfrac{539 \times 300}{730 - 30} = 231\,\text{kg/h}$

26 다음 중 내화물의 내화도 측정에 주로 사용되는 온도계는?

① 제겔콘
② 백금저항 온도계
③ 기체압력식 온도계
④ 백금-백금·로듐 열전대 온도계

해설 • 제겔콘 온도계 : 내화물의 내화도를 측정하는데 사용된다.

27 다음 오차의 분류 중에서 측정자의 부주의로 생기는 오차는?

① 우연 오차
② 과실 오차
③ 계기 오차
④ 계통적 오차

해설
• 과실 오차(과오에 의한 오차) : 측정자가 눈금을 잘못 읽음과 기록의 잘못 등에 의하여 생기는 오차
• 계통적 오차 : 어떤 정해진 원인에 의하여 규칙적으로 생기는 오차로서 쏠림(치우침)의 원인이 되는 오차
• 우연 오차 : 계통적 오차를 제거해도 역시 예측할 수 없는 우연적인 원인에 의하여 생기는 오차로서 계측기기의 사소한 진동이나 기온 기압의 사소한 변동 등 몇 개의 원인이 겹쳐서 생기는 오차로 산포를 생기게 하는 원인이 된다.
• 계기 오차 : 계측기의 눈금의 부동 마찰력의 변화 나사피치의 부동 등에 고유오차와 외부적인 요인으로 오는 히스테리시스(hysteresis)차, 설치 부적당으로 오는 시차 등을 계량기의 오차인 기차로 볼 수 있다.

28 계통오차로서 계측기가 가지고 있는 고유의 오차는?

① 기차
② 감차
③ 공차
④ 정차

해설 기차는 계통오차로서 계측기가 가지고 있는 고유의 오차

29 2개의 제어계를 조합하여 1차 제어장치가 제어량을 측정하여 제어명령을 발하고, 2차 제어장치가 이 명령을 바탕으로 제어량을 조절하는 제어방식은?

① 비율제어
② 캐스케이드 제어
③ 추종제어
④ 추치제어

해설 캐스케이드 제어
2개의 제어계를 조합하여 1차 제어장치가 제어량을 측정하여 제어명령을 발하고, 2차 제어장치가 이 명령을 바탕으로 제어량을 조절하는 제어방식

ANSWER 24.③ 25.③ 26.① 27.② 28.① 29.②

30 도전성 유체에 자장을 형성시켜 기전력 측정에 의해 유량을 측정하는 것은?

① 전자 유량계
② 칼만식 유량계
③ 델타 유량계
④ 애뉴바 유량계

해설 전자 유량계
도전성 유체에 자장을 형성시켜 기전력 측정에 의해 유량을 측정

31 보일러에서 사용하는 압력계의 최고 눈금에 대한 설명으로 옳은 것은?

① 보일러 최고사용압력의 4배 이하로 하되 2배보다 작아서는 안 된다.
② 보일러 최고사용압력의 4배 이하로 하되 최고사용압력보다 작아서는 안 된다.
③ 보일러 최고사용압력의 3배 이하로 하되 1.5배보다 작아서는 안 된다.
④ 보일러 최고사용압력의 3배 이하로 하되 최고사용압력보다 작아서는 안 된다.

해설 압력계 눈금범위
최고사용압력의 3배 이하로 하되 1.5배보다 작아서는 안 된다.

32 유량계의 종류 중 차압식이 아닌 것은?

① 오리피스
② 플로우 노즐
③ 벤투리미터
④ 로터미터

해설 면적식
로토미터, 부력식(부자식), 피스톤식, 게이트식

33 아르키메데스의 부력의 원리를 이용한 액면 측정방식은?

① 차압식
② 기포식
③ 편위식
④ 초음파식

해설 편위식
아르키메데스의 원리를 이용한 측정방식

34 자동제어식에서 전기식 제어방식의 특징으로 옳은 것은?

① 조작력이 약하다.
② 신호의 복잡한 취급이 어렵다.
③ 신호전달 지연이 있다.
④ 배선이 용이하다.

해설

전달방식	장 점	단 점
공기식	① 배관이 용이 ② 위험성이 없다. ③ 보존이 비교적 용이	① 신호의 전달 지연이 있다. ② 조작 지연이 있다. ③ 희망특성을 살리기 어렵다.
유압식	① 조작속도가 크다. ② 조작력이 강대 ③ 희망특성의 것을 만드는 것이 용이	① 기름이 넘치면 더럽다. ② 인화의 위험이 있다. ③ 수기압정도의 유압원이 필요
전기식	① 배선의 용이 ② 신호의 전달지연이 없다. ③ 신호의 복잡한 취급이 용이	① 조작속도가 빠른 비례조작부를 만드는 것이 곤란하다. ② 보존에 기술이 요한다.

ANSWER 30.① 31.③ 32.④ 33.③ 34.④

제2회 에너지관리산업기사(2019년 4월 27일 시행)

35 다음 그림과 같이 부착된 압력계에서 개방탱크의 액면 높이(h)는 약 몇 m인가?
(단, 액의 비중량 950kgf/m³, 압력 2kgf/cm², h_0 = 10m이다.)

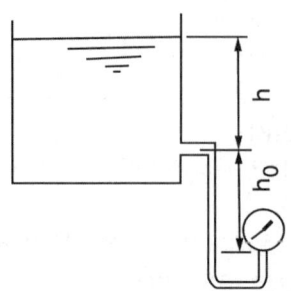

① 1.105   ② 11.05
③ 3.105   ④ 31.05

해설 $\dfrac{2 \times 10000}{950} - 10 = 11.05$

36 보일러 용량표시에 관한 설명으로 옳은 것은?

① 단위면적당 증기 발생량을 상당증발량이라 한다.
② 급수의 엔탈피를 h_1(kcal/kg), 증기의 엔탈피를 h_2(kcal/kg)라 할 때 증발계수 f를 계산하는 식은 539(h_2-h_1)이다.
③ 1시간에 15.65kg의 증발량을 가진 능력을 1상당증발량이라 한다.
④ 보일러 본체 전열면적당 단위시간에 발생하는 증발량을 증발률이라 한다.

해설 • 증발율(kg/m²h) : 전열면적당 단위시간에 발생하는 증발량이다.

37 다음 자동제어 방법 중 피드백 제어(Feedback-control)가 아닌 것은?

① 보일러 자동제어
② 증기온도 제어
③ 급수 제어
④ 연소 제어

해설 자동제어의 종류
㉠ 시퀀스 제어 (Sequence Control) : 연소제어
미리 정해진 순서에 따라 순차적으로 제어의 각 단계를 실행하는 제어로서 대표적인 것으로는 연소제어가 있다.
㉡ 피드백 제어 (Feedback Control) : 보일러 기본 제어
제어신호의 되돌림(Feedback)에 의해 온도, 습도, 압력 등과 같은 제어량을 설정치와 비교하고 제어량과 설정치가 일치하도록 그 제어량에 대한 수정동작을 행하는 제어로 출력측의 신호를 입력측으로 되돌려 보내는 조작으로 폐회로로 구성된다.

38 수소(H_2)가 연소되면 증기를 발생시킨다. 이 증기를 복수시키면 증발열이 발생한다. 만약 수소 1kg을 연소시켜 증기를 완전 복수시키면 얼마의 증발열을 얻을 수 있는가?

① 600kcal   ② 1800kcal
③ 5400kcal ④ 10800kcal

해설 증발열은 약 600kcal/kg이므로 수소 2kg일 때 18kg이므로
1kg을 계산하면 600×9=5400kcal

39 보일러 본체에서 발생한 포화증기를 같은 압력하에서 고온으로 재가열하여 수분을 증발시키고 증기의 온도를 상승시키는 장치는?

① 절탄기   ② 과열기
③ 축열기   ④ 흡수기

해설 과열증기란 압력변화 없이 온도만 상승시킨 상태이다.

40 휘도를 표준온도의 고온 물체와 비교하여 온도를 측정하는 온도계는?

① 액주온도계
② 광고온도계
③ 열전대온도계
④ 기체팽창온도계

해설 광고온도계의 원리는 휘도를 표준온도의 고온 물체와 비교하여 온도를 측정한다.

제3과목 요로 및 시공

41 조업방법에 따라 분류할 때 다음 중 등요(오름가마)는 어디에 속하는가?

① 불연속식요
② 반연속식요
③ 연속식요
④ 회전가마

해설
㉠ 불연속요 : 횡염요, 승염식요, 도염식요
㉡ 반연속요 : 등요, 셔틀요
㉢ 연속요 : 윤요(고리가마), 터널요

42 요로의 열효율을 높이는 방법으로 가장 거리가 먼 것은?

① 발열량이 높은 연료 사용
② 단열보온재 사용
③ 적정 노압 유지
④ 배기가스 회수장치 사용

해설 요로의 열효율을 높이는 방법
㉠ 단열보온재 사용하여 열손실 방지
㉡ 적정 노압 유지한다.
㉢ 배기가스 회수장치 사용한다.

43 열전도율이 0.8kcal/m·h·℃인 콘크리트 벽의 안쪽과 바깥쪽의 온도가 각각 25℃와 20℃이다. 벽의 두께가 5cm일 때 1m²당 전달되어 나가는 열량(kcal)은?

① 0.8   ② 8
③ 80   ④ 800

해설 $\dfrac{0.8 \times (25-20)}{0.05} = 80\,\text{kcal}$

44 노통보일러에서 노통이 열응력에 의해서 신축이 일어나므로 노통의 신축 작용에 대처하기 위해 설치하는 이음방법은?

① 평형조인트
② 브레이징 스페이스
③ 가셋 스테이
④ 아담슨 조인트

해설 **아담슨 조인트**
열에 의한 수축팽창을 흡수시켜 노통의 변형 및 파손을 방지한다.

45 검사대상기기인 보일러의 계속사용검사 중 안전검사 유효기간은? (단, 안전성향상계획과 공정안전보고서를 작성하는 경우는 제외한다.)

① 1년   ② 2년
③ 3년   ④ 4년

해설 보일러 계속사용 안전검사 유효기간 : 1년

ANSWER 40.② 41.② 42.① 43.③ 44.④ 45.①

46 다음 보온재 중 안전사용온도가 가장 낮은 것은?

① 펄라이트
② 규산칼슘
③ 탄산마그네슘
④ 세라믹화이버

해설 안전사용온도
펄라이트(200~800℃), 규산칼슘(650℃), 탄산마그네슘(250℃), 탄산마그네슘(30~1300℃)

47 보온재의 구비조건으로 틀린 것은?

① 사용온도 범위에 적합해야 한다.
② 흡습, 흡수성이 커야 한다.
③ 장시간 사용에도 견딜 수 있어야 한다.
④ 부피, 비중이 작아야 한다.

해설 흡습, 흡수성이 적어야 한다.

48 에너지이용 합리화법에 따른 보일러의 제조검사에 해당되는 것은?

① 용접검사
② 설치검사
③ 개조검사
④ 설치장소 변경검사

해설 제조검사(용접검사)

49 내화 모르타르의 구비조건으로 틀린 것은?

① 접착성이 클 것
② 필요한 내화도를 가질 것
③ 화학조성이 사용벽돌과 같을 것
④ 건조, 소성에 의한 수축, 팽창이 클 것

해설 건조, 소성에 의한 수축, 팽창이 적을 것

50 유량 300L/s, 양정 10m인 급수펌프의 효율이 90%라면 소요되는 축동력(kW)은? (단, 물의 비중량은 1000kg/m³으로 한다.)

① 24.5
② 27.1
③ 30.6
④ 32.7

해설 $\dfrac{1000 \times 0.3 \times 10}{102 \times 0.9} = 32.7 KW$

51 다음 중 수관식 보일러에 해당하는 것은?

① 노통보일러
② 기관차형보일러
③ 바브콕보일러
④ 횡연관식보일러

해설 원통보일러
(노통보일러, 기관차형 보일러, 횡연관식보일러)

52 다음 중 탄성압력계에 해당하지 않는 것은?

① 부르동관 압력계
② 벨로즈식 압력계
③ 다이어프램 압력계
④ 링벨런스식 압력계

해설
• 탄성식 압력계(부르동관 압력계, 벨로즈식 압력계, 다이어프램 압력계)
• 액주식 압력계(단관식, U자관식, 경사관식, 링벨런스식 등)

53 전기적, 화학적 성질이 우수한 편이고 비중이 0.92~0.96 정도이며 약 90℃에서 연화하지만, 저온에 강하여 한랭지 배관으로 우수한 관은?

① 염화비닐관
② 석면 시멘트관
③ 폴리에틸렌관
④ 철근 콘크리트관

ANSWER 46.③ 47.② 48.① 49.④ 50.④ 51.③ 52.④ 53.③

해설) 폴리에틸렌관은 전기적, 화학적 성질이 우수한 편이고 비중이 0.92~0.96 정도이며 약 90℃에서 연화하지만, 저온에 강하여 한랭지 배관으로 우수한 관

54 증기와 응축수와의 비중차를 이용하는 증기트랩은?

① 버킷형   ② 벨로즈형
③ 디스크형   ④ 오리피스형

해설)
㉠ 증기와 응축수와 비중차 이용(버킷형, 플로트형)
㉡ 증기와 응축수와 온도차 이용(벨로즈형, 바이메탈형)
㉢ 증기와 응축수와 열역학적 특성 이용(오리피스형, 디스크형)

55 다음 보일러 중 일반적으로 효율이 가장 좋은 것은? (단, 동일한 조건을 기준으로 한다.)

① 노통 보일러
② 연관 보일러
③ 노통연관 보일러
④ 입형 보일러

해설) 보일러의 효율은 수관보일러가 높으나, 원통 보일러 중 가장 효율이 좋은 것은 노통연관 보일러이다.

56 보일러 사용 중 정전되었을 때 조치사항으로 적절하지 못한 것은?

① 연료공급을 멈추고 전원을 차단한다.
② 댐퍼를 열어둔다.
③ 급수는 상용수위보다 약간 많을 정도로 한다.
④ 급수탱크가 다른 시설과 공용으로 사용될 때에는 보일러용 이외의 급수관을 차단한다.

해설) 댐퍼를 닫는다.

57 액체연료 연소장치 중 고압기류식 버너의 선단부에 혼합실을 설치하고 공기, 기름 등을 혼합시킨 후 노즐에서 분사하여 무화하는 방식은?

① 내부 혼합식
② 외부 혼합식
③ 무화 혼합식
④ 내·외부 혼합식

해설) **내부 혼합식**
버너의 선단부에 혼합실을 설치하고 공기, 기름 등을 혼합시킨 후 노즐에서 분사하여 무화하는 방식

58 에너지이용 합리화법에 따라 보일러 설치검사 시 가스용 보일러의 운전성능 기준 중 부하율이 90%일 때 배기가스 성분기준으로 옳은 것은?

① O_2 3.7% 이하, CO_2 12.7% 이상
② O_2 4.0% 이하, CO_2 11.0% 이상
③ O_2 3.7% 이하, CO_2 10.0% 이상
④ O_2 4.0% 이하, CO_2 12.7% 이상

해설) **가스용 보일러의 운전성능 기준 중 부하율이 90%일 때 배기가스 성분기준**
O_2 3.7% 이하, CO_2 10.0% 이상

59 이음쇠 안쪽에 내장된 그래브링과 O-링에 의한 삽입식 접합으로 나사 및 용접이음이 필요 없고 이종관과의 접합 시 커넥터 및 어댑터를 사용하여 나사이음을 하는 관은?

① 스테인리스강 이음관
② 폴리부틸렌(PB) 이음관
③ 폴리에틸렌(PE) 이음관
④ 열경화성 PVC 이음관

ANSWER 54.① 55.③ 56.② 57.① 58.③ 59.②

> 폴리부틸렌(PB) 이음관은 이음쇠 안쪽에 내장된 그래브링과 O-링에 의한 삽입식 접합으로 나사 및 용접 이음이 필요 없고 이종관과의 접합 시 커넥터 및 어댑터를 사용하여 나사이음하는 형식이다.

60 맞대기 용접이음에서 인장하중이 2,000 kgf, 강판의 두께가 6mm라 할 때 용접길이(mm)는? (단, 용접부의 허용인장응력은 7kgf/mm²이다.)

① 40.1 ② 44.3
③ 47.6 ④ 52.2

> $p = \sigma_a \cdot t \cdot l$
> $\therefore l = \dfrac{p}{\sigma_a \cdot t} = \dfrac{2,000}{7 \times 6} = 47.6 \text{mm}$

제4과목 열설비취급 및 안전관리

61 에너지이용 합리화법에 따라 산업통상자원부장관이 냉·난방온도를 제한온도에 적합하게 유지관리하지 않은 기관에 시정조치를 명령할 때 포함되지 않는 사항은?

① 시정조치 명령의 대상 건물 및 대상자
② 시정결과 조치 내용 통지 사항
③ 시정조치 명령의 사유 및 내용
④ 시정기한

> **시정조치**
> ① 시정조치 명령의 대상 건물 및 대상자
> ② 시정기한
> ③ 시정조치 명령의 사유 및 내용

62 다음 중 보일러 급수에 함유된 성분 중 전열면 내면 점식의 주원인이 되는 것은?

① O_2 ② N_2
③ $CaSO_4$ ④ $NaSO_4$

> 점식원인(O_2)

63 스케일의 영향으로 보일러 설비에 나타나는 현상으로 가장 거리가 먼 것은?

① 전열면의 국부과열
② 배기가스 온도 저하
③ 보일러의 효율 저하
④ 보일러의 순환 장애

> 스케일은 급수계통과의 관계이므로 배기가스 온도 저하와는 무관하다.

64 증기난방의 응축수 환수방법 중 증기의 순환이 가장 빠른 것은?

① 기계환수식
② 진공환수식
③ 단관식 중력환수식
④ 복관식 중력환수식

> **응축수 환수가 빠른 순서**
> 진공환수식 > 기계환수식 > 중력환수식

65 에너지이용 합리화법에 따른 가스사용량이 17kg/h를 초과하는 가스용 소형 온수보일러에 대해 면제되는 검사는?

① 계속사용 안전검사
② 설치검사
③ 제조검사
④ 계속사용 성능검사

> 에너지이용 합리화법에 따른 가스사용량이 17kg/h를 초과하는 가스용 소형 온수보일러에 대해 면제되는 검사 : 제조검사

ANSWER 60.③ 61.② 62.① 63.② 64.② 65.③

66 보일러 가동 중 프라이밍과 포밍의 방지 대책으로 틀린 것은?

① 급수처리를 하여 불순물 등을 제거한 것
② 보일러수의 농축을 방지할 것
③ 과부하가 되지 않도록 운전할 것
④ 고수위로 운전할 것

해설) 고수위 시 프라이밍이 발생하므로 상용수위를 유지하는 것이 중요하다.

67 보일러 운전 중 취급상의 사고에 해당되지 않는 것은?

① 압력초과
② 저수위 사고
③ 급수처리 불량
④ 부속장치 미비

해설) 제작상의 원인(재료불량, 구조 및 설계불량, 강도불량, 용접불량, 부속장치 미비 등)

68 급수처리 방법인 기폭법에 의하여 제거되지 않는 성분은?

① 탄산가스
② 황화수소
③ 산소
④ 철

해설) 탈기법(용존산소, 탄산가스체를 제거한다.)

69 에너지이용 합리화법에 따라 검사대상기기관리자에 대한 교육기간은 얼마인가?

① 1일   ② 3일
③ 5일   ④ 10일

해설) 검사대상기기관리자에 대한 교육기간 : 1일

70 수관식보일러와 비교하여 노통연관식 보일러의 특징에 대한 설명으로 옳은 것은?

① 청소가 곤란하다
② 시동하고 나서 증기 발생시간이 짧다.
③ 연소실을 자유로운 형상으로 만들 수 있다.
④ 파열시 더욱 위험하다.

해설) 수관식 보일러는 보유수량이 적어 파열시 피해가 적다.

71 에너지이용 합리화법에 따라 용접검사 신청서 제출 시 첨부하여야 할 서류가 아닌 것은?

① 용접 부위도
② 검사대상기기의 설계도면
③ 검사대상기기의 강도계산서
④ 비파괴시험성적서

해설) **용접검사 신청서 제출서류**
㉠ 용접 부위도
㉡ 검사대상기기의 설계도면
㉢ 검사대상기기의 강도계산서

72 보일러에서 산 세정 작업이 끝난 후 중화처리를 한다. 다음 중 중화처리 약품으로 사용할 수 있는 것은?

① 가성소다
② 염화나트륨
③ 염화마그네슘
④ 염화칼슘

해설) 중화 방청제
(탄산소다, 가성소다, 인산소다, 히드라진)

ANSWER 66.④ 67.④ 68.③ 69.① 70.④ 71.④ 72.①

73 에너지이용 합리화법에 따라 에너지저장 의무 부과대상자로 가장 거리가 먼 것은?

① 전기사업자
② 석탄가공업자
③ 도시가스사업자
④ 원자력사업자

> 해설 에너지이용 합리화법에 따라 에너지저장의무 부과대상자 : 전기사업자, 석탄가공업자, 도시가스사업자 등

74 에너지이용 합리화법에 따라 검사대상기기 적용범위에 해당하는 소형 온수보일러는?

① 전기 및 유류겸용 소형 온수보일러
② 유류를 연료로 쓰는 가정용 소형 온수보일러
③ 최고사용압력이 0.1MPa 이하이고, 전열면적이 5m² 이하인 소형 온수보일러
④ 가스 사용량이 17kg/h를 초과하는 소형 온수보일러

> 해설 가스 사용량이 17kg/h를 초과하는 소형 온수보일러

75 사고의 원인 중 간접원인에 해당되지 않는 것은?

① 기술적 원인
② 관리적 원인
③ 인적 원인
④ 교육적 원인

> 해설 • 직접 원인
> ㉠ 불안전한 행동(인적 원인)
> ㉡ 불안전한 상태(물적 원인)
> • 간접 원인
> ㉠ 기술적 원인 ㉡ 교육적 원인
> ㉢ 신체적 원인 ㉣ 정신적 원인
> ㉤ 관리적 원인

76 다음 보일러의 외부청소 방법 중 압축공기와 모래를 분사하는 방법은?

① 샌드 블라스트법
② 스틸 쇼트 크리닝법
③ 스팀 쇼킹법
④ 에어 쇼킹법

> 해설 샌드 블라스트법
> 압축공기를 이용하여 모래를 분사시켜 녹 등을 제거하는 방법

77 에너지이용 합리화법에 따라 산업통상자원부장관 또는 시·도지사의 업무 중 한국에너지공단에 위탁된 업무에 해당하는 것은?

① 특정열사용기자재의 시공업 등록
② 과태료의 부과·징수
③ 에너지절약 전문기업의 등록
④ 에너지관리대상자의 신고 접수

> 해설 에너지절약 전문기업의 등록은 시·도지사의 업무 중 한국에너지공단에 위탁

78 온수난방에서 방열기 내 온수의 평균온도가 85℃, 실내온도가 20℃, 방열계수가 7.2kcal/m²·h·℃ 이라면, 이 방열기의 방열량(kcal/m²·h)은?

① 468   ② 472
③ 496   ④ 592

> 해설 $7.2 \times (85-20) = 468 \text{kcal/m}^2 \cdot h$

ANSWER 73.④ 74.④ 75.③ 76.① 77.③ 78.①

79 포밍과 프라이밍이 발생했을 때 나타나는 현상으로 가장 거리가 먼 것은?

① 캐리오버 현상이 발생한다.
② 수격작용이 발생한다.
③ 수면계의 수위 확인이 곤란하다.
④ 수위가 급히 올라가고 고수위 사고의 위험이 있다.

해설 포밍과 프라이밍이 발생했을 때 나타나는 현상
㉠ 캐리오버 현상이 발생한다.
㉡ 수격작용이 발생한다.
㉢ 수면계의 수위 확인이 곤란하다.

80 보일러 급수처리의 목적으로 가장 거리가 먼 것은?

① 스케일 생성 및 고착 방지
② 부식 발생 방지
③ 가성취화 발생 감소
④ 배관 중의 응축수 생성 방지

해설 급수처리 목적
㉠ 스케일 생성 및 고착 방지
㉡ 부식 발생 방지
㉢ 가성취화 발생 감소 등

ANSWER 79.④ 80.④

에너지관리산업기사

2019년 9월 21일 시행

제1과목 열역학 및 연소관리

01 다음 중 모리엘(Mollier) 선도를 이용할 때 가장 간단하게 계산할 수 있는 것은?

① 터빈효율 계산
② 엔탈피 변화 계산
③ 사이클에서 압축비 계산
④ 증발시의 체적 증가량 계산

> 해설) 엔탈피 변화 계산(포화수의 엔탈피, 과열증기의 과열도, 포화증기의 엔탈피)

02 액체연료의 특징에 대한 설명으로 틀린 것은?

① 수송과 저장이 편리하다.
② 단위 중량에 대한 발열량이 석탄보다 크다.
③ 인화, 역화 등 화재의 위험성이 없다.
④ 연소 시 매연이 적게 발생한다.

> 해설) 액체 연료는 고체연료에 비해 인화, 역화 등 화재의 위험이 있다.

03 탄소(C) 1kg을 완전히 연소시키는 데 요구되는 이론산소량은 몇 Nm^3인가?

① 1.87
② 2.81
③ 5.63
④ 8.94

> 해설) $C + O_2 \rightarrow CO_2$
> 12kg : 22.4Nm^3
> 1kg : x
> ∴ $\frac{1 \times 22.4}{12} = 1.87 Nm^3$

04 오토사이클에 대한 설명으로 틀린 것은?

① 일정 체적 과정이 포함되어 있다.
② 압축비가 클수록 열효율이 감소한다.
③ 압축 및 팽창은 등엔트로피 과정으로 이루어진다.
④ 스파크 점화 내연기관의 사이클에 해당된다.

> 해설) 오토사이클의 열효율은 압축비만의 함수이며, 압축비 및 작동유체의 비열비가 클수록 열효율은 증가하나 이상연소의 문제 때문에 압축비 크기는 제한을 받는다.

05 연돌의 통풍력에 관한 설명으로 틀린 것은?

① 일반적으로 직경이 크면 통풍력도 크게 된다.
② 일반적으로 높이가 증가하면 통풍력도 증가한다.
③ 연돌의 내면에 요철이 적은 쪽이 통풍력이 크다.
④ 연돌의 벽에서 배기가스의 열방사가 많은 편이 통풍력이 크다.

> 해설) 통풍력은 연돌 벽의 열방사가 적을수록 통풍력이 증가한다.

ANSWER 01.② 02.③ 03.① 04.② 05.④

06 용기내부에 증기 사용처의 증기 압력 또는 열수 온도보다 높은 압력과 온도의 포화수를 저장하여 증기 부하를 조절하는 장치를 무엇이라고 하는가?

① 기수분리기
② 스팀 어큐뮬레이터
③ 스토리지 탱크
④ 오토 클레이브

해설 스팀 어큐뮬레이터(증기축열기)
용기내부에 증기 사용처의 증기 압력 또는 열수 온도보다 높은 압력과 온도의 포화수를 저장하여 증기 부하를 조절하는 장치 즉, 증기를 일시 저장하였다가 응급 시 대비하기 위한 장치이다.

07 그림은 초기 체적이 V_i 상태에 있는 피스톤이 외부로 일을 하여 최종적으로 체적이 V_f인 상태로 된 것을 나타낸다. 외부로 가장 많은 일을 한 과정은?

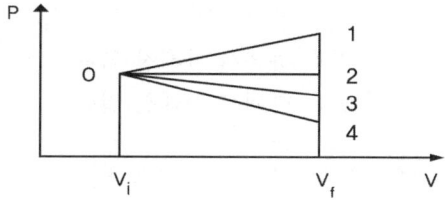

① 0 - 1 과정
② 0 - 2 과정
③ 0 - 3 과정
④ 0 - 4 과정

해설 0 - 1 과정 : 초기 체적이 V_i 상태에 있는 피스톤이 외부로 일을 하여 최종적으로 체적이 V_f인 상태

08 물질을 연소시켜 생긴 화합물에 대한 설명으로 옳은 것은?

① 수소가 연소했을 때는 물로 된다.
② 황이 연소했을 때는 황화수소로 된다.
③ 탄소가 불완전 연소했을 때는 이산화탄소가 된다.
④ 탄소가 완전 연소했을 때는 일산화탄소가 된다.

해설 ㉠ 수소가 완전연소하면 물로 된다.
㉡ 황이 완전연소하면 이산화황이 된다.
㉢ 탄소가 불완전 연소하면 일산화탄소가 된다.
㉣ 탄소가 완전연소하면 이산화탄소가 된다.

09 분사컵으로 기름을 비산시켜 무화하는 버너는?

① 유압분무식
② 공기분무식
③ 증기분무식
④ 회전분무식

해설 회전분무식
고속으로 회전하는 분무컵을 이용하여 무화시키는 방식

10 랭킨사이클에서 단열과정인 것은?

① 펌프
② 발전기
③ 보일러
④ 복수기

해설 랭킨사이클에서 펌프는 단열과정이다.

ANSWER 06.② 07.① 08.① 09.④ 10.①

11 다음 그림은 물의 압력 – 온도 선도를 나타낸 것이다. 액체와 기체의 혼합물은 어디에 존재하는가?

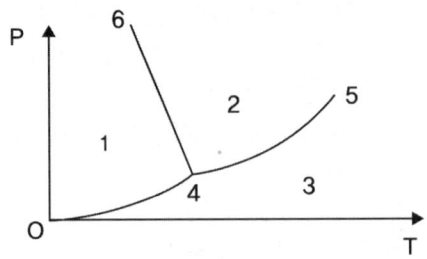

① 영역 1　　② 선 4 – 6
③ 선 0 – 4　　④ 선 4 – 5

해설

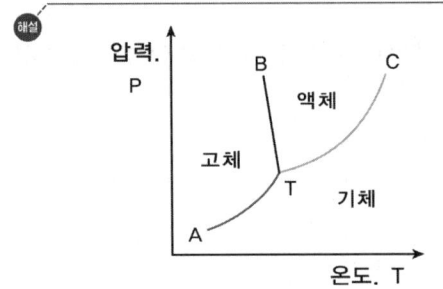

12 일을 할 수 있는 능력에 관한 법칙으로 기계적인 일이 없이는 스스로 저온부에서 고온부로 이동할 수 없다는 법칙은?

① 열역학 제0법칙
② 열역학 제1법칙
③ 열역학 제2법칙
④ 열역학 제3법칙

해설 **열역학 제2법칙**
기계적인 일이 없이는 스스로 저온부에서 고온부로 이동할 수 없다는 법칙

13 보일러 매연의 발생 원인으로 틀린 것은?

① 연소 기술이 미숙할 경우
② 통풍이 많거나 부족할 경우
③ 연소실의 온도가 너무 낮을 경우
④ 연료와 공기가 충분히 혼합된 경우

해설 연료와 공기가 충분히 혼합되면 완전연소가 되어 매연발생이 적어진다.

14 다음 연료 중 고위발열량이 가장 큰 것은? (단, 동일 조건으로 가정한다.)

① 중유　　② 프로판
③ 석탄　　④ 코크스

해설 동일 조건으로 가정하면 프로판의 발열량이 높다.

15 엔탈피는 다음 중 어느 것으로 정의되는가?

① 과정에 따라 변하는 양
② 내부 에너지와 유동 일의 합
③ 정적 하에서 가해진 열량
④ 등온 하에서 가해진 열량

해설 엔탈피란 내부 에너지와 유동 일의 합이다.

16 이상기체의 가역단열변화에 대한 식으로 틀린 것은? (단, k는 비열비이다.)

① $\dfrac{P_2}{P_1} = \left(\dfrac{V_2}{V_1}\right)^{K-1}$

② $\dfrac{T_2}{T_1} = \left(\dfrac{V_1}{V_2}\right)^{K-1}$

③ $\dfrac{T_2}{T_1} = \left(\dfrac{P_2}{P_1}\right)^{\frac{k-1}{k}}$

④ $\left(\dfrac{V_1}{V_2}\right)^{k-1} = \left(\dfrac{P_2}{P_1}\right)^{\frac{k-1}{k}}$

ANSWER 11.④　12.③　13.④　14.②　15.②　16.①

해설 가역단열변화

$$\frac{T_2}{T_1} = \left(\frac{V_1}{V_2}\right)^{K-1},$$

$$\frac{T_2}{T_1} = \left(\frac{P_2}{P_1}\right)^{\frac{k-1}{k}},$$

$$\left(\frac{V_1}{V_2}\right)^{k-1} = \left(\frac{P_2}{P_1}\right)^{\frac{k-1}{k}}$$

17 60℃의 물 200 kg과 100℃ 포화증기를 적당량 혼합하여 90℃의 물이 되었을 때 혼합하여야 할 포화증기의 양은 몇 kg인가? (단, 물의 비열은 4.2kJ/kg·K 이며, 물의 증발잠열은 2,250kJ/kg이다.)

① 9
② 10
③ 11
④ 12

해설
$(100-90) \times 4.2 + 2,250 = 2,292 \text{kJ/kg}$

$\therefore \dfrac{200 \times 4.2 \times (90-60)}{2,292} = 10.99 \text{kg}$

18 C(87%), H(12%), S(1%)의 조성을 가진 중유 1kg을 연소시키는 데 필요한 이론 공기량은 몇 Nm³/kg인가?

① 6.0
② 8.5
③ 9.4
④ 11.0

해설
$[1.867 \times 0.87 + 5.6 \times 0.12 + 0.7 \times 0.01] \times \dfrac{1}{0.21}$
$= 11.0 \text{Nm}^3/\text{kg}$

19 연소 시 일반적으로 실제공기량과 이론 공기량의 관계는 어떻게 설정하는가?

① 실제 공기량은 이론공기량과 같아야 한다.
② 실제 공기량은 이론공기량보다 작아야 한다.
③ 실제 공기량은 이론공기량보다 커야 한다.
④ 아무런 관계가 없다.

해설 실제공기량=이론공기량+과잉공기량

20 카르노사이클의 작동순서로 알맞은 것은?

① 등온팽창 → 단열팽창 → 등온압축 → 단열압축
② 등온팽창 → 등온압축 → 단열팽창 → 단열압축
③ 등온압축 → 등온팽창 → 단열팽창 → 단열압축
④ 단열압축 → 단열팽창 → 등온팽창 → 등온압축

해설 카르노사이클 작동순서
등온팽창 → 단열팽창 → 등온압축 → 단열압축

제2과목 계측 및 에너지진단

21 물 20kg을 포화증기로 만들려고 한다. 전열효율이 80%일 때, 필요한 공급 열량 (kJ)은? (단, 포화증기 엔탈피는 2,780kJ/kg, 급수 엔탈피는 100kJ/kg이다.)

① 53,600
② 55,500
③ 67,000
④ 69,400

ANSWER 17.③ 18.④ 19.③ 20.① 21.③

해설 $\dfrac{20 \times (2{,}780 - 100)}{0.8} = 67{,}000$

22 물체의 탄성 변위량을 이용한 압력계가 아닌 것은?

① 다이어프램식 압력계
② 경사관식 압력계
③ 부르동관식 압력계
④ 벨로즈식 압력계

해설
• 탄성식(다이어프램식, 부르동관식, 벨로즈식)
• 액주식(단관식, U자관식, 경사관식 등)

23 배기가스 중 산소농도를 검출하여 적정 공연비를 제어하는 방식을 무엇이라 하는가?

① O_2 Trimming 제어
② 배기가스 온도 제어
③ 배기가스량 제어
④ CO 제어

해설 O_2 Trimming 제어
배기가스 중 산소농도를 검출하여 적정 공연비를 제어하는 방식

24 잔류편차(off-set)가 있는 제어는?

① P 제어
② I 제어
③ PI 제어
④ PID 제어

해설 P 제어 : 잔류편차(off-set)가 있는 제어

25 배관의 열팽창에 의한 배관 이동을 구속 또는 제한하는 레스트레인트의 종류에 속하지 않는 것은?

① 스토퍼(stopper)
② 앵커(anchor)
③ 가이드(guide)
④ 서포트(support)

해설
• 레스트레인트의 종류 : 배관의 열팽창에 의한 배관 이동을 구속 또는 제한하는 장치(앵커, 스토퍼, 가이드)
• 레스트레인트의 종류 : 배관 하중을 밑에서 떠받쳐 지지해 주는 장치
(스프링 서포트. 롤러 서포트, 파이프 슈, 리지드 서포트)

26 다음 중 열량의 계량단위가 아닌 것은?

① J   ② kWh
③ Ws   ④ kg

해설 kg : 하중, 무게의 단위

27 진동이 일어나는 장치의 진동을 억제시키는데 가장 효과적인 제어동작은?

① on-off 동작
② 비례 동작
③ 미분 동작
④ 적분 동작

해설 진동이 일어나는 장치의 진동을 억제시키는데 가장 효과적인 제어동작은 미분 동작이다.

28 측정기로 여러 번 측정할 때 측정한 값의 흩어짐이 작으면, 즉 우연오차가 작다면 이 측정기는 어떠한가?

① 정밀도가 높다.   ② 정확도가 높다.
③ 감도가 좋다.   ④ 치우침이 적다.

ANSWER 22.② 23.① 24.① 25.④ 26.④ 27.③ 28.①

해설) 정밀도가 높은 측정기는 측정값의 흩어짐과 우연오차가 작다.

29 가스 분석을 위한 시료채취 방법으로 틀린 것은?

① 시료채취 시 공기의 침입이 없도록 한다.
② 가능한 한 시료 가스의 배관을 짧게 한다.
③ 시료 가스는 가능한 한 벽에 가까운 가스를 채취한다.
④ 가스성분과 화학성분을 일으키는 배관재나 부품을 사용하지 않는다.

해설) 시료가스의 채취는 중앙부에서 한다.

30 보일러 효율시험 측정 위치(방법)에 대한 설명으로 틀린 것은?

① 연료 온도 - 유량계 전
② 급수 온도 - 보일러 출구
③ 배기가스 온도 - 전열면 출구
④ 연료 사용량 - 체적식 유량계

해설) 급수 온도 - 급수 입구에서 측정

31 비접촉식 광전관식 온도계의 특징으로 틀린 것은?

① 연속 측정이 용이하다.
② 이동하는 물체의 온도 측정이 용이하다.
③ 응답 속도가 빠르다.
④ 기록제어가 불가능하다.

해설) 비접촉식 광전관식 온도계의 특징
㉠ 연속 측정이 용이하다.
㉡ 이동하는 물체의 온도 측정이 용이하다.
㉢ 응답 속도가 빠르다.
㉣ 기록제어가 가능하다.

32 다음 중 압력의 계량 단위가 아닌 것은?

① N/m^2
② $mmHg$
③ $mmAq$
④ Pa/cm^2

해설) 압력의 단위 : Pa(파스칼)이다.

33 유체의 압력차를 일정하게 유지하고 유체가 흐르는 단면적을 변화시켜 유량을 측정하는 계측기는?

① 오리피스
② 플로우 노즐
③ 벤투리미터
④ 로터미터

해설) 로터미터
유체의 압력차를 일정하게 유지하고 유체가 흐르는 단면적을 변화시켜 유량을 측정하는 방식

34 보일러의 열정산 조건으로 가장 거리가 먼 것은?

① 측정 시간은 최소 30분으로 한다.
② 발열량은 연료의 총발열량으로 한다.
③ 증기의 건도는 0.98 이상으로 한다.
④ 기준 온도는 시험 시의 외기 온도를 기준으로 한다.

해설) 측정 시간은 2시간 이상으로 한다.

ANSWER 29.③ 30.② 31.④ 32.④ 33.④ 34.①

35 모세관 상부에 수은을 고이게 하여 측정 온도에 따라 수은의 양을 조절하여 0.01℃까지 정도가 좋은 온도계로 열량계에 많이 사용하는 것은?

① 색온도계
② 저항온도계
③ 베크만 온도계
④ 액체 압력식 온도계

해설 베크만 온도계
모세관 상부에 수은을 고이게 하여 측정온도에 따라 수은의 양을 조절하여 0.01℃까지 정도가 좋다.

36 제어계가 불안정해서 제어량이 주기적으로 변화하는 좋지 못한 상태를 무엇이라고 하는가?

① 외란
② 헌팅
③ 오버슈트
④ 스텝응답

해설 헌팅
제어계가 불안정해서 제어량이 주기적으로 변화하는 좋지 못한 상태

37 비접촉식 온도계의 특성 중 잘못 짝지어진 것은?

① 광전관 온도계 : 서로 다른 금속선에서 생긴 열기전력을 측정
② 광고온계 : 한 파장의 방사에너지 측정
③ 방사온도계 : 전 파장의 방사에너지 측정
④ 색온도계 : 고온체의 색 측정

해설 열전대 온도계
서로 다른 금속선에서 생긴 열기전력을 측정

38 다음 중 유량을 나타내는 단위가 아닌 것은?

① m^3/h
② kg/min
③ Ls
④ kg/cm^2

해설 kg/cm^2 : 압력 단위

39 두께 144mm의 벽돌 벽이 있다. 내면 온도 250℃, 외면온도 150℃일 때 이 벽면 10m²에서 손실되는 열량(W)은? (단, 벽돌의 열전도율은 0.7W/m℃이다.)

① 2,790
② 4,860
③ 6,120
④ 7,270

해설 $\dfrac{0.7 \times 10 \times (250 - 150)}{0.144} = 4,861\,W$

40 물의 삼중점에 해당되는 온도(℃)는?

① -273.87
② 0
③ 0.01
④ 4

해설 물의 삼중점 : 0.01℃

제3과목 열설비구조 및 시공

41 자연 순환식 수관보일러의 종류가 아닌 것은?

① 야로우 보일러
② 타쿠마 보일러
③ 라몬트 보일러
④ 스털링 보일러

해설 강제순환식(라몬트 보일러, 벨룩스 보일러)

ANSWER 35.③ 36.② 37.① 38.④ 39.② 40.③ 41.③

42 배관에 사용되는 보온재의 구비 조건으로 틀린 것은?

① 물리적·화학적 강도가 커야 한다.
② 흡수성이 적고, 가공이 용이해야 한다.
③ 부피, 비중이 작아야 한다.
④ 열전도율이 가능한 한 커야 한다.

> 해설 열전도율이 적어야 한다.

43 보일러 노통의 구비 조건으로 적절하지 않은 것은?

① 전열작용이 우수해야 한다.
② 온도 변화에 따른 신축성이 있어야 한다.
③ 증기의 압력에 견딜 수 있는 충분한 강도가 필요하다.
④ 연소가스의 유속을 크게 하기 위하여 노통의 단면적을 작게 한다.

> 해설 노통의 단면적은 보일러 동에 적합한 크기로 하며, 연소가스는 전열면에 열전달이 충분히 되도록 유속을 느리게 하여야 한다.

44 에너지이용 합리화법에 따라 검사대상 기기인 보일러의 계속사용검사 중 운전 성능 검사의 유효기간은?

① 6개월   ② 1년
③ 2년   ④ 3년

> 해설 운전성능 유효기간 : 1년

45 감압밸브를 작동방법에 따라 분류할 때 해당되지 않는 것은?

① 솔레노이드식 ② 다이어프램식
③ 벨로스식   ④ 피스톤식

> 해설 작동방법에 따른 종류
> ㉠ 다이어프램식
> ㉡ 벨로스식
> ㉢ 피스톤식

46 상온의 물을 양수하는 펌프의 송출량이 0.7m³/s이고 전양정이 40m인 펌프의 축동력은 약 몇 kW인가?
(단, 펌프의 효율은 80%이다.)

① 327   ② 343
③ 376   ④ 443

> 해설 $\dfrac{1,000 \times 0.7 \times 40}{102 \times 0.8} = 343\,kW$
> (물의 비중량 1kg/ℓ = 1,000kg/m³)

47 캐리오버(Carry over)를 방지하기 위한 대책으로 틀린 것은?

① 보일러 내에 증기 세정장치를 설치한다.
② 급격한 부하변동을 준다.
③ 운전 시에 블로우 다운을 행한다.
④ 고압보일러에서는 실리카를 제거한다.

> 해설 급격한 부하변동으로 인하여 비수현상이 발생하면 캐리오버가 발생된다.

48 보일러 내부의 전열면에 스케일이 부착되어 발생하는 현상이 아닌 것은?

① 전열면 온도 상승
② 전열량 저하
③ 수격현상 발생
④ 보일러수의 순환 방해

> 해설 스케일 부착 시 현상
> ㉠ 전열면 온도 상승(과열의 원인)
> ㉡ 전열량 저하
> ㉢ 보일러수의 순환 방해

ANSWER 42.④ 43.④ 44.② 45.① 46.② 47.② 48.③

49 급수의 성질에 대한 설명으로 틀린 것은?

① pH는 최적의 값을 유지할 때 부식방지에 유리하다.
② 유지류는 보일러수의 포밍의 원인이 된다.
③ 용존산소는 보일러 및 부속장치의 부식의 원인이 된다.
④ 실리카는 슬러지를 만든다.

[해설] **선택적 캐리오버**
증기 속에 용해되어 있던 실리카(무수규산) 성분이 증기와 함께 송출되어 지는 현상

50 관경 50A 인 어떤 관의 최대인장강도가 400 MPa일 때, 허용응력(MPa)은?
(단, 안전율은 4이다.)

① 100 ② 125
③ 168 ④ 200

[해설]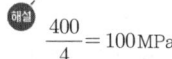

51 용해로, 소둔로, 소성로, 균열로의 분류방식은?

① 조업방식 ② 전열방식
③ 사용목적 ④ 온도상승속도

[해설] 사용목적에 따른 분류방식 : 용해로, 소둔로, 소성로, 균열로 등

52 다음 중 관류보일러로 옳은 것은?

① 술저(Sulzer) 보일러
② 라몬트(Lamont) 보일러
③ 벨럭스(Velox) 보일러
④ 타쿠마(Takuma) 보일러

[해설] 관류보일러 : 벤손보일러, 술저보일러

53 에너지이용 합리화법에서 검사의 종류 중 계속사용검사에 해당하는 것은?

① 설치검사 ② 개조검사
③ 안전검사 ④ 재사용검사

[해설] 안전검사 : 계속사용검사

54 다음 중 에너지이용 합리화법에 따라 소형 온수보일러에 해당하는 것은?

① 전열면적이 $14m^2$ 이하이고 최고사용압력이 0.35MPa 이하의 온수를 발생하는 것
② 전열면적이 $14m^2$ 이하이고 최고사용압력이 0.5MPa 이상의 온수를 발생하는 것
③ 전열면적이 $24m^2$ 이하이고 최고사용압력이 0.35MPa 이하의 온수를 발생하는 것
④ 전열면적이 $24m^2$ 이하이고 최고사용압력이 0.5MPa 이상의 온수를 발생하는 것

[해설] 소형온수보일러 : 전열면적이 $14m^2$ 이하이고 최고사용압력이 0.35MPa 이하의 온수를 발생하는 것

55 보일러 증기과열기의 종류 중 증기와 열가스의 흐름이 서로 반대 방향인 방식은?

① 병류식(병행류)
② 향류식(대향류)
③ 혼류식
④ 분사식

[해설] 향류식(대향류식) : 증기와 열 가스의 흐름이 반대 방향인 방식

ANSWER 49.④ 50.① 51.③ 52.① 53.③ 54.① 55.②

56 동경관을 직선으로 연결하는 부속이 아닌 것은?

① 소켓 ② 니플
③ 리듀서 ④ 유니온

해설 리듀셔(줄이개) : 관경을 줄이는데 사용되는 부속품

57 가열로의 내벽 온도를 1200℃, 외벽 온도를 200℃로 유지하고 매 시간당 1m² 에 대한 열손실을 1440kJ로 설계할 때 필요한 노벽의 두께(cm)는?
(단, 노벽 재료의 열전도율은 0.1W/m·℃ 이다.)

① 10 ② 15
③ 20 ④ 25

해설 $\dfrac{0.1 \times 1 \times (1200-200)}{1440} \times 3.6 \times 100 = 25\,\text{cm}$
(1W = 3.6kJ/h)

58 용해로에 대한 설명이 틀린 것은?

① 용해로는 용탕을 만들어 내는 것을 목적으로 한다.
② 전기로에는 형식에 따라 아크로, 저항로, 유도용해로가 있다.
③ 반사로는 내화벽돌로 만든 아치형의 낮은 천장으로 구성되어 있다.
④ 용선로는 자연통풍식과 강제통풍식으로 나뉘며 석탄, 중유, 가스를 열원으로 사용한다.

해설 용선로의 열원은 코크스를 사용한다.

59 보일러 사고의 종류인 저수위의 원인이 아닌 것은?

① 급수계통의 이상
② 관수의 농축
③ 분출계통의 누수
④ 증발량의 과잉

해설 **과열의 원인**
㉠ 저수위 시
㉡ 관수의 농축 시
㉢ 전열면에 스케일 생성 시

60 에너지이용 합리화법에 따라 검사 대상 기기 관리자 선임에 대한 설명으로 틀린 것은?

① 검사대상기기 설치자는 검사대상기기 관리자가 퇴직한 경우 시·도지사에 게 신고하여야 한다.
② 검사대상기기 설치자는 검사대상기기 관리자가 퇴직하는 경우 퇴직 후 7일 이내에 후임자를 선임하여야 한다.
③ 검사 대상기기 관리자의 선임기준은 1구역마다 1명 이상으로 한다.
④ 검사 대상기기 관리자의 자격기준과 선임기준은 산업통상자원부령으로 정한다.

해설 선임신고 : 선임, 해임, 퇴직에 관한 신고는 사유가 발생한 날로부터 30일 이내 공단 이사장

ANSWER 56.③ 57.④ 58.④ 59.② 60.②

제4과목 열설비취급 및 안전관리

61 특정 열사용기자재의 시공업을 하려는 자는 어느 법에 따라 시공업 등록을 해야 하는가?

① 건축법
② 집단에너지사업법
③ 건설산업기본법
④ 에너지이용 합리화법

해설 시공업을 하려는 자는 건설산업기본법에 따라 등록

62 다음은 보일러 설치 시공기준에 대한 설명으로 틀린 것은?

① 전열면적 $10m^2$를 초과하는 보일러에서 급수밸브 및 체크밸브의 크기는 호칭 20A 이상이어야 한다.
② 최대증발량이 5t/h 이하인 관류보일러의 안전밸브는 호칭지름 25A 이상이어야 한다.
③ 2개 이상의 원격지시 수면계를 시설하는 경우에 한하여 유리수면계는 1개 이상으로 할 수 있다.
④ 증기보일러의 압력계에는 물을 넣은 안지름 6.5mm 이상의 사이폰관 또는 동등한 작용을 하는 장치를 부착해야 한다.

해설 최대증발량이 5t/h 이하인 관류보일러의 안전밸브는 호칭지름 20A 이상이어야 한다.

63 증기 발생 시 주의사항으로 틀린 것은?

① 연소 초기에는 수면계의 주시를 철저히 한다.
② 증기를 송기할 때 과열기의 드레인을 배출시킨다.
③ 급격한 압력상승이 일어나지 않도록 연소상태를 서서히 조절시킨다.
④ 증기를 송기할 때 증기관 내의 수격작용을 방지하기 위하여 응축수의 배출을 사후에 실시한다.

해설 증기를 송기할 때 증기관 내의 수격작용을 방지하기 위하여 응축수의 배출을 사전에 실시한다.

64 과열기가 설치된 보일러에서 안전밸브의 설치기준에 대해 맞게 설명된 것은?

① 과열기에 설치하는 안전밸브는 고장에 대비하여 출구에 2개 이상 있어야 한다.
② 관류보일러는 과열기 출구에 최대증발량에 해당하는 안전밸브를 설치할 수 있다.
③ 과열기에 설치된 안전밸브의 분출용량 및 수는 보일러 동체의 분출용량 및 수에 포함이 안 된다.
④ 과열기에 안전밸브가 설치되면 동체에 부착되는 안전밸브는 최대증발량의 90% 이상 분출할 수 있어야 한다.

해설 관류보일러는 과열기 출구에 최대증발량에 해당하는 안전밸브를 설치할 수 있다.

ANSWER 61.③ 62.② 63.④ 64.②

65 단관 중력순환식 온수난방 방열기 및 배관에 대한 설명으로 틀린 것은?

① 방열기마다 에어벤트 밸브를 설치한다.
② 방열기는 보일러보다 높은 위치에 오도록 한다.
③ 배관은 주관 쪽으로 앞 올림 구배로 하여 공기가 보일러 쪽으로 빠지도록 한다.
④ 배수밸브를 설치하여 방열기 및 관내의 물을 완전히 뺄 수 있도록 한다.

해설 온수 주관은 하향 기울기로 하여 공기가 모두 팽창탱크로 빠지도록 한다.

66 진공환수식 증기난방의 장점이 아닌 것은?

① 배관 및 방열기 내의 공기를 뽑아내므로 증기순환이 신속하다.
② 환수관의 기울기를 크게 할 수 있고 소규모 난방에 알맞다.
③ 방열기 밸브의 개폐를 조절하여 방열량의 폭넓은 조절이 가능하다.
④ 응축수의 유속이 신속하므로 환수관의 직경이 작아도 된다.

해설 진공 환수식 특징
㉠ 중력, 기계 환수보다 순환이 가장 빠르다.
㉡ 기울기(구배)에 큰 애로가 없다.
㉢ 방열량을 광범위하게 조절할 수 있다.
㉣ 증기의 순환이 신속하고, 환수관의 관지름을 적게 할 수 있다.
㉤ 버큠 브레이커(vacuum breaker)를 사용하여 진공을 일정히 유지해야 한다.

67 선설 보일러의 소다 끓이기의 주요 목적은?

① 보일러 가동 시 발생하는 열응력을 감소하기 위해서
② 보일러 동체와 관의 부식을 방지하기 위해서
③ 보일러 내면에 남아있는 유지분을 제거하기 위해서
④ 보일러 동체의 강도를 증가시키기 위해서

해설 소다 끓이기 목적 : 보일러 내면에 남아있는 유지분 등을 제거하기 위함

68 어떤 급수용 원심펌프가 800rpm으로 운전하여 전양정이 8m이고 유량이 2m³/min를 방출한다면 1,600rpm으로 운전할 때는 몇 m³/min을 방출할 수 있는가?

① 2   ② 4
③ 6   ④ 8

해설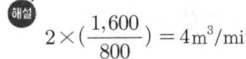
$2 \times (\frac{1,600}{800}) = 4 \text{m}^3/\text{min}$

69 보일러의 동판에 점식(Pitting)이 발생하는 가장 큰 원인은?

① 급수 중에 포함되어 있는 산소 때문
② 급수 중에 포함되어 있는 탄산칼슘 때문
③ 급수 중에 포함되어 있는 인산마그네슘 때문
④ 급수 중에 포함되어 있는 수산화나트륨 때문

해설 점식(Pitting)이 발생 원인
급수 중에 포함되어 있는 산소

ANSWER 65.③ 66.② 67.③ 68.② 69.①

70. 수격작용을 예방하기 위한 조치사항이 아닌 것은?

① 송기할 때는 배관을 예열할 것
② 주증기 밸브를 급 개방하지 말 것
③ 송기하기 전에 드레인을 완전히 배출할 것
④ 증기관의 보온을 하지 말고 냉각을 잘 시킬 것

해설 증기관을 보온하여 응축수가 발생하지 않도록 한다.

71. 온도를 측정하는 원리와 온도계가 바르게 짝지어진 것은?

① 열팽창을 이용 - 유리제 온도계
② 상태변화를 이용 - 압력식 온도계
③ 전기저항을 이용 - 서모컬러 온도계
④ 열기전력을 이용 - 바이메탈식 온도계

해설
㉠ 상태변화를 이용 - 제켈콘, 더모칼라 온도계
㉡ 전기저항을 이용 - 저항 온도계
㉢ 열기전력을 이용 - 열전대식 온도계

72. 에너지법에서 에너지공급자가 아닌 자는?

① 에너지를 수입하는 사업자
② 에너지를 저장하는 사업자
③ 에너지를 전환하는 사업자
④ 에너지사용시설의 소유자

해설 에너지공급자 : 에너지를 생산, 수입, 전환, 수송, 저장 또는 판매하는 사업자

73. 보일러의 만수보존법은 어느 경우에 가장 적합한가?

① 장기간 휴지할 때
② 단기간 휴지할 때
③ N_2 가스의 봉입이 필요할 때
④ 겨울철에 동결의 위험이 있을 때

해설 만수보존
㉠ 보통 만수 보존(2주~1개월 정도)
㉡ 소다 만수 보존(2~3개월 이내)

74. 보일러를 사용하지 않고 장기간 보존할 경우 가장 적합한 보존법은?

① 건조 보존법
② 만수 보존법
③ 밀폐 만수 보존법
④ 청관제 만수 보존법

해설
• 건식보존법(건조보존법) : 6개월 이상 장기간 보존
• 가열건조법(2주~1개월 단기보존)

75. 에너지이용 합리화법에 따라 검사대상기기 관리자가 퇴직한 경우, 검사 대상기기 관리자 퇴직 신고서에 자격증수첩과 관리할 검사 대상기기 검사증을 첨부하여 누구에게 제출하여야 하는가?

① 시·도지사
② 시공업자단체장
③ 산업통상자원부장관
④ 한국에너지공단 이사장

해설 에너지이용 합리화법에 따라 검사대상기기 관리자가 퇴직한 경우, 검사 대상기기 관리자 퇴직 신고서에 자격증수첩과 관리할 검사 대상기기 검사증을 첨부하여 한국에너지공단 이사장에게 제출

ANSWER 70.④ 71.① 72.④ 73.② 74.① 75.④

76 다음 중 에너지이용 합리화법에 따라 검사대상기기의 검사유효기간이 다른 하나는?

① 보일러 설치장소 변경 검사
② 철금속가열로 운전성능검사
③ 압력용기 및 철금속가열로 설치검사
④ 압력용기 및 철금속가열로 재사용검사

해설
- 보일러 설치장소 변경검사 : 1년
- 철금속가열로 운전성능검사 : 2년
- 압력용기 및 철금속가열로 설치검사 : 2년
- 압력용기 및 철금속가열로 재사용검사 : 2년

77 진공환수식 증기난방에서 환수관 내의 진공도는?

① 50~75mmHg
② 70~125mmHg
③ 100~250mmHg
④ 250~350mmHg

해설 진공환수식 진공도 : 100 ~ 250mmHg

78 에너지이용 합리화법에 따라 효율관리기자재에 에너지소비효율 등을 표시해야 하는 업자로 옳은 것은?

① 효율관리기자재의 제조업자 또는 시공업자
② 효율관리기자재의 제조업자 또는 수입업자
③ 효율관리기자재의 시공업자 또는 판매업자
④ 효율관리기자재의 수입업자 또는 시공업자

해설 에너지이용 합리화법에 따라 효율관리기자재에 에너지소비효율 등을 표시 : 효율관리기자재의 제조업자 또는 수입업자

79 보일러 관석(scale)의 성분이 아닌 것은?

① 황산칼슘($CaSO_4$)
② 규산칼슘($CaSiO_2$)
③ 탄산칼슘($CaCO_3$)
④ 염화칼슘($CaCl_2$)

해설 염화칼슘($CaCl_2$) : 흡습제

80 에너지이용 합리화법에서 에너지사용계획을 제출하여야 하는 민간사업주관자가 설치하려는 시설로 옳은 것은?

① 연간 5천 티오이 이상의 연료 및 열을 사용하는 시설
② 연간 1만 티오이 이상의 연료 및 열을 생산하는 시설
③ 연간 1천만 킬로와트시 이상의 전기를 사용하는 시설
④ 연간 2천만 킬로와트시 이상의 전기를 생산하는 시설

해설 에너지이용 합리화법에서 에너지사용계획을 제출하여야 하는 민간사업주관자가 설치하려는 시설은 연간 5천 티오이 이상의 연료 및 열을 사용하는 시설

ANSWER 76.① 77.③ 78.② 79.④ 80.①

에너지관리산업기사

2020년 복원문제

제1과목 열역학 및 연소관리

01 공기 중에서 폭발범위가 약 2.2~9.5[v%]인 기체연료는?

① 수소 ② 프로판
③ 아세틸렌 ④ 일산화탄소

해설 공기 중 각 가스 폭발범위
- 수소 : 4.0~75%
- 부탄 : 1.8~8.4%
- 아세틸렌 : 2.5~81%
- 일산화탄소 : 12.5~74%
- 메탄 : 5~15%

02 압축성 인자(compressibility factor)에 대한 설명으로 옳은 것은?

① 실제 기체가 이상기체에 대한 거동에서 벗어나는 정도를 나타낸다.
② 항상 1보다 작은 값을 갖는다.
③ 실제 기체는 1의 값을 갖는다.
④ 기체 압력이 0으로 접근할 때 0으로 접근된다.

해설 압축성 인자는 실제 기체에는 작용하고, 이상 기체에서는 없는 상태를 의미한다.

03 수소 1kg을 완전연소시키는데 필요한 이론산소량은 약 몇 [Nm³]인가?

① 1.86 ② 2
③ 5.6 ④ 26.7

해설
$H_2 + \frac{1}{2}O_2 \rightarrow H_2O$
$2kg + 0.5 \times 22.4 Nm^3 \rightarrow 18kg$
$1kg + x\ Nm^3$
$\therefore x = 5.6 Nm^3$

04 기체연료의 장점에 해당하지 않는 것은?

① 저장이나 운송이 쉽고 용이하다.
② 연소 후 유해 잔류 성분이 거의 없다.
③ 연료의 공급량 조절이 쉽고 공기와의 혼합을 임의로 조절할 수 있다.
④ 비열이 작아서 예열이 용이하고 열효율, 화염온도 조절이 비교적 용이하다.

해설 기체연료 특징
[장점]
① 적은 공기비로 완전연소 가능하다.
② 연소효율이 높고 공해문제가 없다.
③ 회분이 없고, 전열면 오손이 적다.
④ 부하 변동에 신속히 응하기 쉽다.
[단점]
① 누설 시 화재, 폭발 위험이 크다.
② 저장, 수송에 주의 요망
③ 설비비가 많이 든다.

ANSWER 01.② 02.① 03.③ 04.①

05 15℃의 물로 −15℃의 얼음을 매시간당 100kg씩 제조하고자 할 때, 냉동기의 능력은 약 몇 kW인가? (단, 0℃ 얼음의 응고잠열은 335kJ/kg이고, 물의 비열은 4.2kJ/kg·℃, 얼음의 비열은 2kJ/kg·℃이다.)

① 2   ② 4
③ 12   ④ 30

해설
① 얼음의 현열(Q1)
 = 100kg × 2kJ × (0−(−15)) = 3000kJ/h
② 얼음의 응고열(Q2)
 = 100kg × 335kJ = 33500kJ/h
③ 물의 현열(Q1)
 = 100kg × 4.2kJ × (15−0) = 6300kJ/h
∴ ① + ② + ③ = 42800kJ/h
∴ 냉동기 능력
 = 42800[kJ/h] × $\frac{1[kW]}{3600[kJ/h]}$ = 11.8[kW]
※ 1[kW]=1[kJ/s]=3600[kJ/h]

06 다음 온도에 대한 설명으로 잘못된 것은?

① 온수의 온도가 110°F로 표시되어 있다면 섭씨온도로는 43.3℃이다.
② 30℃를 화씨온도로 고치면 86°F이다.
③ 섭씨 30℃에 해당하는 절대온도는 303°K이다.
④ 40°F는 절대 온도로 464.4°K이다.

해설
(40−32) × $\frac{5}{9}$ = 4.44℃
∴ 4.44 + 273 = 277.44°K

07 보일러 통풍에 대한 설명으로 틀린 것은?

① 자연통풍은 굴뚝 내의 연소가스와 대기와의 밀도차에 의해 이루어진다.
② 통풍력은 굴뚝 외부의 압력과 굴뚝하부(유입구)의 압력과의 치이이다.
③ 압입통풍을 하는 경우 연소실내는 부압이 작용한다.
④ 강제통풍 방식 중 평형통풍 방식은 통풍력을 조절할 수 있다.

해설
통풍의 종류
1) **자연통풍** : 배기가스와 공기의 비중차와 연돌의 높이에 의한 통풍
2) **강제통풍** : 송풍기를 이용한 강제통풍
 ① 압입통풍 : 송풍기를 노 앞에서 대기압 이상으로 밀어 넣는 형식 (정압+)
 ② 흡입(유입, 흡인)통풍 : 송풍기를 연돌 하부에서 연소가스를 빨아내는 형식 (부압−)
 ③ 평형통풍 : 압입과 흡입의 통풍을 병합한 형식(정압+, 부압−) 가능

08 과잉공기량이 많을 경우 발생되는 현상을 설명한 것으로 틀린 것은?

① 배기가스 중 CO_2 농도가 낮게 된다.
② 연소실 온도가 낮게 된다.
③ 배기가스에 의한 열손실이 증가한다.
④ 불완전연소를 일으키기 쉽다.

해설 불완전연소는 공기량이 부족할 때 현상

09 물질의 상변화 과정 동안 흡수되거나 방출되는 에너지의 양을 무엇이라 하는가?

① 잠열   ② 비열
③ 현열   ④ 반응열

해설
① **잠열(latent heat)** : 온도 변화 없이 상태변화만 일으키는데 필요한 열(에너지양)
② **현열(sensible heat)** : 상태 변화 없이 온도 변화만 일으키는 데 필요한 열(에너지양)

ANSWER 05.③ 06.④ 07.③ 08.④ 09.①

10 온도 300K인 공기를 가열하여 600K가 되었다. 초기 상태 공기의 비체적을 1m³/kg, 최종 상태 공기의 비체적을 2m³/kg이라고 할 때, 이 과정 동안 엔트로피의 변화량은 약 몇 kJ/kg·K인가?
(단, 공기의 정적비율은 0.7kJ/kg·K, 기체상수는 0.3kJ/K이다.)

① 0.3 ② 0.5
③ 0.7 ④ 1.0

해설 엔트로피 변화량
$$dS = Cv \times \ln\left(\frac{T_2}{T_1}\right) + R \times \ln\left(\frac{v_2}{v_1}\right)$$
$$= 0.7 \times \ln\left(\frac{600}{300}\right) + 0.3 \times \ln\left(\frac{2}{1}\right) = 0.693$$

11 연돌의 상부 단면적을 구하는 식으로 옳은 것은? (단, F : 연돌의 상부 단면적(m²), t : 배기가스 온도(℃), W : 배기가스 속도(m/s), G : 배기가스 양(Nm³/h)이다.)

① $F = \dfrac{G(1+0.0037t)}{2700W}$

② $F = \dfrac{GW(1+0.0037t)}{2700}$

③ $F = \dfrac{G(1+0.0037t)}{3600W}$

④ $F = \dfrac{GW(1+0.0037t)}{3600}$

해설 연돌 상부 단면적 식
$$F = \dfrac{G(1+0.0037t) \times \dfrac{P_1}{P_2}}{3600W}$$
여기서, F : 연돌 상부 단면적(m²)
t : 배기가스 온도(℃)
W : 배기가스 속도(m/s)
G : 배기가스 양(Nm³/h)
P_1 : 대기압(mmHg)
P_2 : 배기가스 압력(mmHg)

12 임의의 사이클에서 클라우지우스의 적분을 나타내는 식은?

① $\oint \dfrac{\delta Q}{T} < 0$ ② $\oint \dfrac{\delta Q}{T} > 0$

③ $\oint \dfrac{\delta Q}{T} = 0$ ④ $\oint \dfrac{\delta Q}{T} \leq 0$

해설 클라우지우스의 적분값은 비가역 <0, 가역 =0 이다

13 압력 0.1MPa, 온도 20℃의 공기가 6m×10m×4m인 실내에 존재할 때 공기의 질량은 약 몇 kg인가? (단, 공기의 기체상수 R은 0.287kJ/kg·K이다.)

① 270.7 ② 285.4
③ 299.1 ④ 303.6

해설 이상기체 상태방정식 : 이상기체의 상태 온도, 압력, 부피와의 관계를 나타내는 식
$PV = GRT$
여기서, P : 압력[kg/m²a]
V : 부피[m³]
G : 질량[kg]
R : 기체상수(0.287KJ/kg·°K)
T : 절대온도[°K]
$\therefore G = \dfrac{PV}{RT} = \dfrac{(0.1 \times 1000) \times (240)}{0.287 \times (273+20)} = 285.405$kg

14 원심식 통풍기에서 주로 사용하는 풍량 및 풍속 조절 방식이 아닌 것은?

① 회전수를 변화시켜 조절한다.
② 댐퍼의 개폐에 의해 조절한다.
③ 흡입 베인의 개도에 의해 조절한다.
④ 날개를 동익가변시켜 조절한다.

해설 원심식 용량제어 방법
① 회전수 가감법
② 바이패스법
③ 베인조정법
④ 흡입댐퍼 조절법
⑤ 냉각수량 조절법

Answer 10.③ 11.③ 12.④ 13.② 14.④

15 증기의 건도에 관한 설명으로 틀린 것은?

① 포화수의 건도는 0이다.
② 습증기의 건도는 0보다 크고 1보다 작다.
③ 건포화증기의 건도는 1이다.
④ 과열증기의 건도는 0보다 작다.

해설) **건조도**
증기속 포함되어 있는 물의 양으로 포화수 = 0,
습포화 증기 = 0 < X < 1,
건포화증기, 과열증기 = 1

16 중유에 대한 설명으로 틀린 것은?

① 점도에 따라 A급, B급, C급으로 나눈다.
② 비중은 약 0.79~0.85이다.
③ 보일러용 연료로 많이 사용된다.
④ 인화점은 약 60~150℃ 정도이다.

해설) 중유 비중 : 약 0.856~1

17 포화액의 온도를 그대로 두고 압력을 높이면 어떤 상태가 되는가?

① 압축액
② 포화액
③ 습포화 증기
④ 건포화 증기

해설) 포화액의 온도가 일정하고 압력을 높이면 비등점은 높아지고, 액압축이 된다.

18 액체연료 사용 시 고려해야 할 대상이 아닌 것은?

① 잔류탄소분   ② 인화점
③ 점결성   ④ 황분

해설) **점결성** : 역청탄을 고온 건류시켰을 때 350℃ 부근에서 용융되었다가 450℃ 정도에서 굳어지는 성질로 고체연료의 고려 사항

19 다음 중 CH_4 및 H_2를 주성분으로 한 기체연료는?

① 고로가스   ② 발생로가스
③ 수성가스   ④ 석탄가스

해설)
① **고로가스(BFG)**
   용광로에서 코크스를 연소해 얻어지는 부산물 가스 : N_2, CO, H_2
② **발생로 가스**
   고체연료를 적열상태로 가열하여 공기, 산소를 공급하여 불완전 연소로 얻는 가스 : N_2, CO, H_2
③ **수성가스**
   고온의 코크스, 무연탄에 수증기를 작용시켜 얻는 가스 : H_2, CO, N_2
④ **석탄가스**
   석탄을 고온건류 시(1,000[℃] 정도) 얻어지는 가스 : 수소(H_2), 메탄가스(CH_4), 일산화탄소(CO)

20 랭킨사이클에서 열효율을 상승시키기 위한 방법으로 옳은 것은?

① 보일러의 온도를 높이고, 응축기의 압력을 높게 한다.
② 보일러의 온도를 높이고, 응축기의 압력을 낮게 한다.
③ 보일러의 온도를 낮추고, 응축기의 압력을 높게 한다.
④ 보일러의 온도를 낮추고, 응축기의 압력을 낮게 한다.

해설) 온도는 높게, 응축 압력은 낮게 해야 열효율이 향상된다.

ANSWER 15.④ 16.② 17.① 18.③ 19.④ 20.②

제2과목 계측 및 에너지진단

21 적외선 가스분석계의 특징에 대한 설명으로 옳은 것은?

① 선택성이 뛰어나다.
② 대상 범위가 좁다.
③ 저농도의 분석에 부적합하다.
④ 측정가스의 더스트 방지나 탈습에 충분한 주의가 필요 없다.

해설 적외선 가스분석계 : 가스에 연속 스펙트럼을 주어 가스 특유의 파장이 흡수되고, 파장의 흡수에너지만큼 측정 장치의 압력차로 가스의 농도를 지시하는 가스분석계(단, 가스 중 2원자 분자 가스(H_2, O_2, N_2 등)는 적외선을 흡수하지 않는다.)
특징
① 선택성이 뛰어나다.
② 대상 범위가 넓다.
③ 저농도의 분석에 적합하다.
④ 측정 가스의 먼지나 습기에 주의를 요한다.

22 다음 중 전기식 제어방식의 특징으로 틀린 것은?

① 고온 다습한 주위환경에 사용하기 용이하다.
② 전송거리가 길고 전송지연이 생기지 않는다.
③ 신호처리나 컴퓨터 등과의 접속이 용이하다.
④ 배선이 용이하고 복잡한 신호에 적합하다.

해설 고온다습한 주위 환경에서 누전 및 감전 위험 있다.

23 매시간 1,600kg의 연료를 연소시켜 16,000kg/h의 증기를 발생시키는 보일러의 효율(%)은 약 얼마인가? (단, 연료의 발열량 39,800kJ/kg, 발생증기의 엔탈피 3,023kJ/kg, 급수증기의 엔탈피 92kJ/kg이다.)

① 84.4 ② 73.6
③ 65.2 ④ 88.9

해설 $\eta = \dfrac{16000 \times (3023-92)}{1600 \times 39800} \times 100\% = 73.64\%$

24 보일러의 노내압을 제어하기 위한 조작으로 적절하지 않은 것은?

① 연소가스 배출량의 조작
② 공기량의 조작
③ 댐퍼의 조작
④ 급수량 조작

해설 급수량 조작은 보일러 수위를 제어한다.
[제어량과 조작량 관계]

제어종류	제어량	조작량
자동연소제어 (A.C.C)	증기압력	연료량, 공기량
	노내압력	연소가스량
급수제어(F.W.C)	보일러수위	급수량
증기온도제어 (S.T.C)	증기온도	전열량

25 증기보일러의 용량표시 방법 중 일반적으로 가장 많이 사용되는 정격용량은 무엇을 의미하는가?

① 상당증발량 ② 최고사용압력
③ 상당방열면적 ④ 시간당 발열량

해설 보일러의 용량 표시는 최대 연속부하(정격 부하)의 상태에서 단위 시간마다의 증발량[kg/h], [Ton/h]으로 표시하며 일반적으로 상당증발량을 말한다.

ANSWER 21.① 22.① 23.② 24.④ 25.①

- 보일러의 크기
① 정격용량　　　② 정격 출력
③ 보일러 마력　　④ 전열면적
⑤ 상당방열면적

26 보일러 열정산에서 출열 항목에 속하는 것은?

① 연료의 현열
② 연소용 공기의 현열
③ 미연분에 의한 손실열
④ 노내 분입 증기의 보유열량

해설 **열정산의 결과 표시**
(1) **입열항목** : 외부에서 설비 내로 들어오는 에너지
① 연료의 연소열
② 연료 현열
③ 공기 현열
④ 노내 분입증기에 의한 입열
(2) **출열항목** : 설비 내에서 외부로 나가는 에너지
① 유효 출열(발생 증기의 보유열)
② 배기가스에 의한 열손실
③ 불완전 연소에 의한 열손실
④ 방사 및 전도 등에 의한 열손실

27 오차에 대한 설명으로 틀린 것은?

① 계통오차는 발생 원인을 알고 보정에 의해 측정값을 바르게 할 수 있다.
② 계측상태의 미소변화에 의한 것은 우연오차이다.
③ 표준편차는 측정값에서 평균값을 더한 값의 제곱의 산술평균의 제곱근이다.
④ 우연오차는 정확한 원인을 찾을 수 없어 완전한 제거가 불가능하다.

해설 **표준편차** : 측정값과 평균값의 차이의 제곱합을 측정 치수로 나눈 평균치의 제곱근
오차의 종류
① **과오에 의한 오차** : 측정자의 오류에 의해 발생된 오차
② **계통적 오차** : 어떤 정해진 원인에 의해 규칙적으로 발생되는 오차 – 측정기 오차(고유오차) – 측정자 습관 오차(개인 오차) – 온도나 습도 등 환경적 오차

③ **우연 오차** : 랜덤오차(random error) 혹은 비재현성 오차(non-repeatability)라 하며, 측정치의 흩어짐(산포)을 나타내는 오차 즉 계통적인 오차를 제거해도 역시 예측할 수 없는 우연적인 오차
④ **계기오차** : 측정기가 불완전하거나, 내부적 요인, 설치 불량의 오차

28 도너츠형의 측정실이 있고, 온도변화가 적고 부식성 가스나 습기가 적은 곳에 주로 사용되며 저압기체 및 배기가스의 압력측정에 적합한 압력계는?

① 침종식 압력계
② 환상천평식 압력계
③ 분동식 압력계
④ 부르동관식 압력계

해설 **환상천평식(링밸런스) 압력계** : 부식성 가스나 습기가 적은 곳. 충격, 진동이 없는 곳에 사용, 원격 전송이 가능하고 단면적을 크게 하면 회전력이 증대되어 고정도를 얻을 수 있고 저압 기체 및 배기가스 압력 측정에 사용
① **내부사용액** : 물, 수은, 기름 등
② **용도** : 배기가스 압력측정, 원격 측정용
③ **설치조건**
㉮ 온도 변화가 적고 상온이 유지되는 장소
㉯ 진동, 충격이 없는 장소
㉰ 보수 점검이 쉽고 눈에 잘 띄는 장소
㉱ 습기나 부식성 기체가 없는 장소

29 공기식으로 전송하는 계장용 압력계의 공기압 신호압력(kPa) 범위는?

① 20~100　　② 300~500
③ 500~1000　　④ 800~2000

해설 **공기식 신호압력(kPa)** : 20~100kPa
공기식 전송 길이 : 100~150m

ANSWER 26.③　27.③　28.②　29.①

30 보일러 열정산 시 보일러 최종 출구에서 측정하는 값은?

① 급수온도 ② 예열공기온도
③ 배기가스온도 ④ 과열증기온도

> **해설**
> ① **급수온도** : 절탄기 입구에서 측정(절탄기 없는 경우 보일러 몸체의 입구에서 측정)
> ② **예열 공기온도** : 공기예열기 입구 및 출구에서 측정
> ④ **과열증기 및 재열 증기온도** : 과열기 및 재열기 출구에 근접한 위치

31 2000[kPa]의 압력을 [mmHg]로 나타내면 약 얼마인가?

① 10000 ② 15000
③ 17000 ④ 20000

> **해설**
> $2000KPa \times \dfrac{760mmHg}{101.325KPa} = 15001.2[mmHg]$
> $1[atm] = 760[mmHg] = 1.0332[kg/cm^2 a]$
> $= 10.332[mH_2O]$
> $= 10332[mmH_2O] = 30[inHg] = 14.7[Lb/in^2]$
> $= 101.325[N/m^2]$
> $= 1.013[bar]$
> $= 101.325Pa$

32 다음 온도계 중 가장 높은 온도를 측정할 수 있는 것은?

① 바이메탈 온도계
② 수은 온도계
③ 백금저항 온도계
④ PR열전대 온도계

> **해설**
> ① **바이메탈 온도계** : 열팽창 계수가 서로 다른 2종의 금속박판의 열팽창력을 이용한 것으로 구조 간단하며, 취급 용이하다. 응답이 빠르다.
>   −50 ~ 500[℃]
> ② **수은온도계** : −35 ~ 350[℃]
> ③ **백금 저항 온도계** : 저항체 중 사용온도 범위 가장 넓음 : −200~500[℃])
> ④ **열전대 온도계** : 다른 2종의 금속이 온도 변화에 따라 발생되는 열기전력(제백효과)을 이용

> ㉠ P(−), R(+) : 사용범위 0 ~1,600[℃], 가장 고온용, 금속증기에 침식되기 쉽고 가격이 비싸다.
> ㉡ C(+), A(−) : 사용범위 −20 ~ 1,200[℃], 비금속 열전대로 가격이 저렴하나 산화성 분위기에서 노화가 빠르다.
> ㉢ I(+), C(−) : 사용범위 −20 ~ 800[], 환원성 분위기에 가장 강하고 가격이 저렴하며 열기전력이 크고, 산화에 약함
> ㉣ C(+), C(−) : 사용범위 −180 ~ 350[℃], 저온측정에 유리하며, 수분에 의한 내식성에 강함

33 차압식 유량계로서 교축기구 전·후에 탭을 설치하는 것은?

① 오리피스 ② 로터미터
③ 피토관 ④ 가스미터

> **해설**
> **차압식 유량계** : 베르누이 방정식을 이용하여 조리개 전후의 압력차를 측정하여 유량을 측정하는 유량계(교축기구 전후의 차압을 이용)
> **종류** : 오리피스식, 벤츄리식, 플로우노즐식

34 SI 유도단위 상태량이 아닌 것은?

① 넓이 ② 부피
③ 전류 ④ 전압

> **해설**
> **국제표준단위계(SI)**
> ① **기본단위** : 측정 방법을 정해서 기준을 세워놓은 값
> ② **유도단위** : 기본단위로부터 유도하여 얻은 값
> ㉠ 기본단위 : 길이(m), 시간(sec), 질량(kg), 온도(K), 전류(A암페어), 조도(cd칸델라), 물질량(mol)
> ㉡ 유도단위 : 면적, 체적, 속도, 가속도, 힘, 압력, 일, 유량, 점도, 힘, 일, 에너지, 일률, 진동수, 전하량, 전위, 저항, 전기용량, 자기장, 자속, 인덕턴스 등

ANSWER 30.③ 31.② 32.④ 33.① 34.③

35 원거리 지시 및 기록이 가능하여 1대의 계기로 여러 개소의 온도를 측정할 수 있으며, 제백(Seebeck) 효과를 이용한 온도계는?

① 유리 온도계　　② 압력 온도계
③ 열전대 온도계　④ 방사 온도계

해설 **열전대 온도계** : 다른 2종의 금속이 온도 변화에 따라 발생되는 열기전력(제백효과)을 이용

36 서미스터(thermistor)에 관한 설명으로 틀린 것은?

① 온도변화에 따라 저항치가 크게 변하는 반도체로 Ni, Co, Mn, Fe 및 Cu 등 금속산화물을 혼합하여 만든 것이다.
② 서미스터는 넓은 온도 범위 내에서 온도계수가 일정하다.
③ 25℃에서 서미스터 온도계수는 약 -2~6%/℃의 매우 큰 값으로서 백금선의 약 10배이다.
④ 측정온도 범위는 -100~300℃ 정도이며, 측온부를 작게 제작할 수 있어 시간 지연이 매우 적다.

해설 **서미스터(thermistor)** : 측온소자 (Ni, Co, Mn, Fe, Cu), 사용 범위 (-100~300[℃])
※ 측온 저항소자의 구비 조건
① 저항온도 계수가 클 것
② 기계적 화학적으로 안정될 것
③ 온도 저항 곡선이 연속적일 것
④ 온도 특성이 같고 호환성일 것

37 고압유체에서 레이놀즈수가 클 때 유량 측정에 적합한 교축기구는?

① 플로우 노즐　② 오리피스
③ 피토관　　　④ 벤츄리관

해설 레이놀즈 수가 클 때 플로우 노즐이 유량측정에 적합하다.

38 보일러에 있어서 자동제어가 아닌 것은?

① 급수제어　　② 위치제어
③ 연소제어　　④ 온도제어

해설 **보일러 자동제어(ABC : Automatic Boiler Control)**
1) **자동연소제어(ACC)**
　① 증기압력제어
　② 온수온도제어
　③ 노내압제어
2) **급수제어(FWC)** : 급수양을 자동으로 보충하여 조절하는 제어장치
　① 단요소식(수위만 검출)
　② 2 요소식(수위와 증기량 검출)
　③ 3 요소식(수위·증기량·급수량 검출)
3) **증기온도제어(STC)**

39 액체와 계기가 직접 접촉하지 않고 측정하는 액면계로서 산, 알카리, 부식성 유체의 액면 측정에 사용되는 액면계는?

① 직관식 액면계
② 초음파 액면계
③ 압력식 액면계
④ 플로트식 액면계

해설 **초음파 유량계** : 유체 중에 초음파를 전파시켜 배관 안의 유속을 측정하여 전파속도의 변화를 시간차로 검출하는 전파 속도차(Transit Time)방식 (도플러 원리 이용). 산, 알칼리, 부식성 유체 액면 측정용

ANSWER　35.③　36.②　37.①　38.②　39.②

40 화학적 가스분석계의 측정법에 속하는 것은?

① 도전율법 ② 세라믹법
③ 자화율법 ④ 연소열법

> **해설** 가스분석계 구분

종류	구분	측정 방법	측정 가스	분석계기 및 분석법
화학적 가스 분석계	화학 반응 이용	연소열법	H_2, CO, C_mH_n 등의 가연성 기체 및 산소	미연소가스계 (H_2+CO) 연소식 O_2계
		오르잣트법	($CO_2 \to O_2 \to CO$) 흡수액 (시약)에 쉽게 용해되는 기체	간헐자동 측정식 자동화학식 CO_2계
물리적 가스 분석계	물성정수이용	열전도율법	2성분으로 볼 수 있는 혼합기체 또는 열전도율이 어느 정도 다른 2성분	전기식 CO_2계
		밀도법	밀도가 어느 정도 다른 2개의 성분이나 2성분으로 간주되는 혼합기체	라우터계 라나렉스계
		가스크로마토 그래프법	비점 및 기체가 300[℃] 이하의 액체	간헐자동 측정식
	전기적 성질 이용	도전율법	물이나 용액에 녹아 도전율이 변해지는 기계	저농도 가스측정
		세라믹법	산소(O_2)가스	지르코니아식
	자기적 성질 이용	자화율법	산소(O_2)가스	자기식 O_2계
	광학적 성질 이용	적외선 흡수법	H_2, O_2, N_2(2원자분자) 이외의 가스	

제3과목 열설비구조 및 시공

41 스폴링(spalling)이란 내화물에 대한 어떤 현상을 의미하는가?

① 용융현상 ② 연화현상
③ 박락현상 ④ 분화현상

> **해설** 스폴링(spalling)현상 : 내화물이 깨지(박락)는 현상으로 열적, 기계적, 조직절적 스폴링 현상

42 강판의 두께가 12mm이고 리벳의 직경이 20mm이며, 피치가 48mm의 1줄 겹치기 리벳 조인트가 있다. 이 강판의 효율은?

① 25.9% ② 41.7%
③ 58.3% ④ 75.8%

> **해설** 효율 : $(1 - \frac{20}{48}) \times 100\% = 58.33\%$

43 주철관의 공구 중 소켓 접합시 용해된 납물의 비산을 방지하는 것은?

① 클립
② 파이어 포트
③ 링크형 파이프 커터
④ 코킹정

> **해설**
> ① **클립** : 주철관 소켓 접합 시 납물의 비산 방지
> ② **납 용해용 공구 셸** : 냄비, 파이어포트, 납물용 국자, 산화납 제거기
> ③ **링크형 파이프 커터** : 주철관 전용 절단 공구
> ④ **코킹 정** : 소켓 접합 시 다지기용 공구

ANSWER 40.④ 41.③ 42.③ 43.①

44 다음 중 전기로에 속하지 않는 것은?

① 전로   ② 전기 저항로
③ 아크로   ④ 유도로

해설 전기로종류 : 저항로, 아크로, 유도로, 전자빔로 등

45 보일러 설치검사기준상 전열면적이 $7m^2$ 인 경우 급수밸브 크기의 기준은 얼마이어야 하는가?

① 10A 이상   ② 15A 이상
③ 20A 이상   ④ 25A 이상

해설 급수밸브 크기
- 전열면적 10 이하 : 15A 이상
- 전열면적 10 초과 : 20A 이상

46 고로에 대한 설명으로 틀린 것은?

① 제철공장에서 선철을 제조하는데 사용된다.
② 광석을 제련상 유리한 상태로 변화시키는데 목적이 있다.
③ 용광로의 하부에 배치된 송풍구로부터 고온의 열풍을 취입한다.
④ 용광로의 상부에 철광석과 환원제 그리고 원료로서 코크스를 투입한다.

해설 고로 : 용광로에서 선철 제조에 사용하며, 코크스를 연소해 얻어지는 부산물 가스는 : N_2, CO, H_2

47 인젝터의 특징에 관한 설명으로 틀린 것은?

① 구조가 간단하고 소형이다.
② 별도의 소요 동력이 필요하다.
③ 설치장소를 적게 차지한다.
④ 시동과 정지가 용이하다.

해설 인젝터[injector] : 증기의 열에너지를 압력에너지로 전환시키고, 다시 운동 에너지로 바꾸어 급수하는 장치

【장점】	【단점】
① 구조가 간단하며 소형이면서 동력이 필요 없다.	① 인젝터 자체의 흡입양정이 적다.
② 설치 장소가 별도로 필요 없다.	② 급수 온도가 높으면 사용이 곤란하다.
③ 가격이 저렴하고, 취급이 간단하다.	③ 급수에 불순물이 많으면 급수가 어렵다.
④ 급수가 증기로 예열되어 열효율이 좋다.	④ 급수 조절이 곤란하다.

48 증기보일러에는 원칙적으로 2개 이상의 안전밸브를 설치하여야 하지만, 1개를 설치할 수 있는 최대 전열면적 기준은?

① $10m^2$ 이하   ② $30m^2$ 이하
③ $50m^2$ 이하   ④ $100m^2$ 이하

해설 안전밸브 설치 기준
$50m^2$ 이하는 1개
$50m^2$ 이상은 2개

49 그림과 같이 노벽에 깊이 10cm의 구멍을 뚫고 온도를 재었더니 250℃이었다. 바깥표면의 온도는 200℃이고, 노벽재료의 열전도율이 0.814W/m·℃일 때 바깥 표면 $1m^2$에서 전열량은 약 몇 W인가?

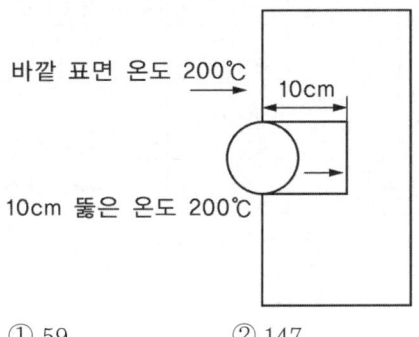

① 59   ② 147
③ 171   ④ 407

해설 $Q = K \cdot A \cdot \Delta t$

ANSWER 44.① 45.② 46.② 47.② 48.③ 49.④

여기서, Q : 전열량
K : 열통과율
A : 전열면적(m²)
Δt : 온도차(℃)

$= \dfrac{1}{\dfrac{0.1}{0.814}} \times 1 \times (250-200) = 407$

50 다음 중 연관식 보일러에 해당되는 것은?

① 벤슨 보일러
② 케와니 보일러
③ 라몬트 보일러
④ 코르니시 보일러

해설 보일러의 종류

보일러의 종류			
원통형		입형	입형횡관식, 입형 다관식(연관식), 코크란
	횡형	노통	코르니쉬, 랭커셔
		연관	횡 연관식, 기관차, 케와니(기관차형)
		노통 연관	스코치, 하우덴 존슨, 노통 연관 팩케이지형
수관식	자연 순환식		바브콕, 쓰네기찌, 타구마, 2동 D형, 야로우, 3동 A형, 방사
	강제순환식		베록스, 라몬트
	관류식		벤슨, 술저어, 엣모스, 람진, 소형관류
주철제			주철제 섹셔널 보일러
특수 보일러	특수 액체보일러		열매체 보일러(수은, 다우썸)
	특수 연료보일러		버케스, 흑액, 소다 회수, 바크
	폐열보일러		리히, 하이네
	간접 가열보일러		슈미트, 레플러

51 캐스터블 내화물에 대한 설명으로 틀린 것은?

① 현장에서 필요한 형상으로 성형이 가능하다.
② 접촉부 없이 로체를 수축할 수 있다.
③ 잔존 수축이 크고 열팽창도 작다.
④ 내스폴링성이 작고 열전도율이 크다.

해설 내스폴링성은 크고, 열전도율은 작다.
내화물의 형상에 의한 분류
① 표준형 : (230 ×114×65mm)
② 이형 : (230 ×110×60mm)
③ 부정형 내화물 종류
  ㉮ 내화 몰타르
  ㉯ 캐스터블 내화물
  ㉰ 플라스틱 내화물

52 중심선의 길이가 600mm이 되도록 25A의 관에서 90°와 45°의 엘보를 이음할 때 파이프의 실제 절단 길이(mm)는?
(단, 25A의 관 90° 엘보 중심에서 끝까지의 길이는 38mm, 45° 엘보 중심에서 끝까지의 길이는 29mm, 25A의 관 나사 물림길이는 15mm이다.)

① 563   ② 575
③ 600   ④ 650

해설 실제 절단길이 산출식 : $\ell = L - 2(A-a)$
여기서, ℓ : 실제 절단길이
L : 전체길이
A : 부속중심길이
a : 삽입길이
∴ $600 - (38-15) + (29-15) = 563$mm

ANSWER 50.② 51.④ 52.①

53 에너지이용 합리화법령에 따라 검사의 종류 중 개조검사 적용 대상이 아닌 것은?

① 보일러의 설치장소를 변경하는 경우
② 연료 또는 연소방법을 변경하는 경우
③ 증기보일러를 온수보일러로 개조하는 경우
④ 보일러 섹션의 증감에 의하여 용량을 변경하는 경우

해설) 보일러의 설치 장소를 변경하는 경우의 검사는 설치장소 변경 검사

54 크롬마그네시아계 내화물에 대한 설명으로 옳은 것은?

① 용융 온도가 낮다.
② 비중과 열팽창성이 작다.
③ 내화도 및 하중연화점이 낮다.
④ 염기성 슬래그에 대한 저항이 크다.

해설) 내스폴링성 및 비중이 크고, 염기성 슬래그에 대한 저항도 크다.

55 주로 보일러 전열면이나 절탄기에 고정설치해 두며, 분사관은 다수의 작은 구멍이 뚫려 있고 이곳에서 분사되는 증기로 매연을 제거하는 것으로서 분사관은 구조상 고온가스의 접촉을 고려해야 하는 매연 분출장치는?

① 롱레트랙터블형
② 쇼트레트랙터블형
③ 정치 회전형
④ 공기예열기 클리너

해설) **매연 분출장치 종류**
① **롱레트랙블형(삽입형)** : 고온부인 과열기나 수관부용으로 고온의 열가스 통로에 사용할 때 사용되며 긴 분사관에 노즐을 설치하여, 고온전열면 청소시 사용

② **쇼트레트랙블형** : 분사관이 짧으며 1개의 노즐을 설치하여, 연소 노벽 매연분출용
③ **건타입 형** : 일반적인 전열면 블로워로, 타고 남은 재가 많이 부착하는 보일러에 사용
④ **로터리용(회전용)** : 회전을 하면서 분사청소하는 것으로 보일러 저온전열면이나 절탄기, 연도 등 저온전열면 청소시 사용

56 에너지이용 합리화법령상 검사대상기기 관리자의 선임을 하여야 하는 자는?

① 시 · 도지사
② 한국에너지공단이사장
③ 검사대상기기판매자
④ 검사대상기기설치자

해설) **검사대상기기 관리자의 선임 임무** : 검사대상기기 설치자

57 글로브 밸브의 디스크 형상 종류에 속하지 않는 것은?

① 스윙형   ② 반구형
③ 원뿔형   ④ 반원형

해설) **디스크 형상에 따른 종류** : 원뿔형, 반원형, 반구형, 평면

58 에너지이용 합리화법령상 검사대상기기의 계속사용검사신청서는 검사유효기간 만료 며칠 전까지 한국에너지공단이사장에게 제출하여야 하는가?

① 7일   ② 10일
③ 15일   ④ 30일

해설) **검사대상기기 계속사용검사 신청** : 검사유효기간 만료 10일 전까지

ANSWER 53.① 54.④ 55.③ 56.④ 57.① 58.②

59 연도나 매연 속에 복사광선을 통과시켜 광도변화에 따른 매연농도가 지시 기록된다. 이 농도계의 명칭은?

① 링겔만 매연농도계
② 광전관식 매연농도계
③ 전기식 매연농도계
④ 매연포집 중량계

해설 **광전관식 매연농도계** : 표준 전구와 광전관을 부착하여 연기의 색도에 따라 투과된 방사관의 양을 광전관에 의해 자동으로 매연 측정

60 원통형 보일러와 비교할 때 수관식 보일러의 장점에 해당되지 않는 것은?

① 수부가 커서 부하변동에 따른 압력변화가 적다.
② 전열면적이 커서 증기발생이 빠르다.
③ 과열기, 공기예열기 설치가 용이하다.
④ 효율이 좋고, 고압, 대용량에 많이 쓰인다.

해설 **수관 보일러**
장점
① 고압, 대용량에 적당하다.
② 보일러 효율이 가장 높다.
③ 파열 시 피해가 적다.
④ 증발량이 많고, 증발 시간이 빠르다.
⑤ 보일러수 순환이 양호하다.
⑥ 연소실의 설계가 다양하다.
단점
① 급수처리가 까다롭다.
② 청소, 검사가 곤란하다.
③ 보유수량이 적어 부하변동에 응하기가 어렵다.
④ 가격이 비싸다.
⑤ 취급에 기술을 요한다.

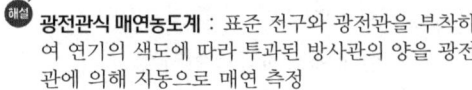

제4과목 열설비취급 및 안전관리

61 보일러 청관제 중 슬러지 조정제가 아닌 것은?

① 탄닌   ② 리그닌
③ 전분   ④ 수산화나트륨

해설 **청관제 종류 및 사용처**
① **pH, 알카리조정제** : 가성소다, 탄산소다(고압보일러는 온도가 높아지면 탄산가스, 산화나트륨으로 분해되어 사용치 않음), 제3인산나트륨, 암모니아
② **관수연화제**(경도성분을 슬러지로 만들기 위함): 수산화나트륨, 탄산나트륨, 인산나트륨
③ **슬러지조정제**(탄산가스 발생되므로 저압보일러만 사용) : 탄닌, 리그린, 전분
④ **탈산소제** : 아황산소다(황산나트륨이 되어 고형물 증가 유발하므로 저압보일러에 사용), 히드라진(고압보일러용), 탄닌
⑤ **가성취화 억제제** : 질산나트륨, 인산나트륨, 탄닌, 리그린

62 환수관이 고장을 일으켰을 때 보일러의 물이 유출하는 것을 막기 위하여 하는 배관방법은?

① 리프트 이음 배관법
② 하트포트 연결법
③ 이경관 접속법
④ 증기 주관 관말 트랩 배관법

해설 **하트포트 접속** : 저압증기난방의 습식 환수방식에 있어 증기관과 환수관 사이에 설치하며 환수관이 고장났을 때 보일러 물이 유출되어 저수위사고 방지를 위해 표준수면에서 50[mm] 아래로 균형관을 설치한다.

ANSWER 59.② 60.① 61.④ 62.②

63 수트 블로워를 실시할 때 주의 사항으로 틀린 것은?

① 수트 블로워 전에 반드시 드레인을 충분히 한다.
② 부하가 클 때나 소화 후에 사용해야 한다.
③ 수트 블로워 할 때는 통풍력을 크게 한다.
④ 수트 블로워는 한 장소에서 오래 사용하면 안 된다.

해설 수트 블로워 사용 시 주의 사항
① 저부하 시(50% 이하), 소화 후에는 사용하지 말 것
② 배풍기를 사용하여 유인 통풍을 증가시킬 것
③ 응축수를 배출시킨 후 사용할 것

64 온수난방에서 방열기의 평균온도 80℃, 실내온도 18℃, 방열계수 8.1W/m²·℃의 측정 결과를 얻었다. 방열기의 방열량(W/m²)은 약 얼마인가?

① 146   ② 502
③ 648   ④ 794

해설 방열기 방열량 계산식
①
$$Q = 표준방열량 \times \frac{\frac{방열기입구온도+방열기출구온도}{2} - 실내온도}{온도보정계수(62:온수, 81:증기)}$$

②
$$Q = 방열기방열계수 \times \left(\frac{방열기입구온도+방열기출구온도}{2}\right) - 실내온도$$

∴ 방열기 방열량 = 8.1×(80-18) = 502.2(W/m²)

65 노통이나 화실 등과 같이 외압을 받는 원통 또는 구체의 부분이 과열이나 좌굴에 의해 외압에 견디지 못하고 내부로 들어가는 현상은?

① 팽출   ② 압궤
③ 균열   ④ 블리스터

해설 보일러 손상
① **압궤** : 노통이나 화실 등이 외부 압력에 의해 오목하게 들어가는 현상
② **팽출** : 과열된 부분이 내압에 의해 부풀어 오르는 현상
③ **라미네이션** : 보일러 강판이나 관이 2장의 층으로 갈라지는 현상
④ **브리스터** : 보일러 강판이나 관이 2장의 층으로 갈라지면서 화염에 접합 부분이 부풀어 오르는 현상

66 다음 보일러 운전 중 압력초과의 직접적인 원인이 아닌 것은?

① 압력계의 기능에 이상이 생겼을 때
② 안전밸브의 분출압력 조정이 불확실할 때
③ 연료공급을 다량으로 했을 때
④ 연소장치의 용량이 보일러 용량에 비해 너무 클 때

해설 연료공급을 다량으로 했을 때는 간접 원인

67 연도 내에서 가스폭발이 일어나는 원인으로 가장 옳은 것은?

① 연소초기에 통풍이 너무 강했다.
② 배기가스 중에 산소량이 과다하다.
③ 연도 중의 미연소가스를 완전히 배출하지 않고 점화하였다.
④ 댐퍼를 너무 열어 두었다.

해설 연소가스 폭발원인
① 노내 미연소가스 충만시
② 착화가 늦어졌을 경우
③ 공기보다 연료 먼저 공급시
④ 소화 후 연료공급시

ANSWER 63.② 64.② 65.② 66.③ 67.③

2020년 복원문제

68 가마울림 현상의 방지 대책이 아닌 것은?

① 수분이 많은 연료를 사용한다.
② 연소실과 연도를 개조한다.
③ 연소실내에서 완전연소 시킨다.
④ 2차 공기의 가열, 통풍 조절을 개선한다.

해설 고체연료 연소시 이상 연소현상으로 방지책으로 연료속 수분을 제거한다.

69 에너지이용 합리화법령에 따라 산업통상자원부장관이 에너지 저장의무를 부과할 수 있는 대상자는? (단, 연간 2만 티오이 이상의 에너지를 사용하는 자는 제외한다.)

① 시장·군수
② 시·도지사
③ 전기사업법에 따른 전기사업자
④ 석유사업법에 따른 석유정제업자

해설 에너지 저장의무 부과 대상자
① 연간 2만 석유환산톤 이상의 에너지 사용자
② 전기사업법에 따른 전기사업자
③ 도시가스법에 따른 도시가스사업자
④ 석탄산업법에 따른 석탄가공업자
⑤ 집단에너지법에 따른 집단에너지사업자

70 에너지이용 합리화법령에서 정한 효율관리기자재에 속하지 않는 것은? (단, 산업통상자원부장관이 그 효율의 향상이 특히 필요하다고 인정하여 따로 고시하는 기자재 및 설비는 제외한다.)

① 전기냉장고 ② 자동차
③ 조명기기   ④ 텔레비전

해설 효율관리기자재 : 전기냉장고, 전기 냉방기, 전기세탁기, 조명기기, 삼상 유도 전동기, 자동차

71 다음 중 에너지이용 합리화법령상 매년 1월31일까지 그 에너지사용시설이 있는 지역을 관할하는 시·도지사에게 전년도 분기별 에너지사용량을 신고를 하여야 하는 자에 대한 기준으로 옳은 것은?

① 연료·열 및 전력의 분기별 사용량의 합계가 3백 티오이 이상인 자
② 연료·열 및 전력의 연간 사용량의 합계가 2천 티오이 이상인 자
③ 연간사용량 1천 티오이 이상의 연료 및 열을 사용하거나 연간사용량 2백만 킬로와트시 이상의 전력을 사용하는 자
④ 연간사용량 1천 티오이 이상의 연료 및 열을 사용하거나 계약전력 5백 킬로와트 이상으로서 연간 사용량 2백만 킬로와트시 이상의 전력을 사용하는 자

해설 연료. 열. 전력의 합계 : 년간 2,000[TOE] 이상인 자는 1월 31일까지 시·도지사에게 전년도 분기별 에너지사용량을 신고.
에너지 다소비업자(대통령이 정한 기준량)의 신고 내용
① 전년도의 에너지사용량 및 제품생산량
② 해당 연도의 에너지사용예정량·제품생산예정량
③ 에너지사용기자재의 현황
④ 전년도의 에너지 이용합리화 실적 및 당해연도의 계획

72 보일러의 장기 보존 시 만수보존법에 사용되는 약품은?

① 생석회   ② 탄산마그네슘
③ 가성소다   ④ 염화칼슘

해설 만수보존법 : 만수후 관수를 비등시켜 공기, 탄산가스 제거 후 약품 첨가 후 pH12~13 정도 유지(2~3개월 단기보존법. 동결 우려 없을시)
만수보존시 사용 약품 : 가성소다, 아황산소다, 히드라진, 암모니아 등 알칼리성 약제

ANSWER 68.① 69.③ 70.④ 71.② 72.③

73 에너지 이용 합리화 법령에 따라 제조업자 또는 수입업자가 효율관리기자재의 에너지 사용량을 측정 받아야 하는 시험 기관은 누가 지정하는가?

① 산업통상자원부장관
② 시·도지사
③ 한국에너지공단이사장
④ 국토교통부장관

해설 시험 기관 지정은 산업통상자원부장관이 한다.

74 고온의 응축수 흡입 시 흡인력 증가를 위해 보조로 사용하며 일반적인 펌프보다 효율은 떨어지나, 취급이 용이한 펌프의 종류는?

① 제트펌프　② 기어펌프
③ 와류펌프　④ 축류펌프

해설 제트펌프 : 구성은 노즐, 슬롯, 디퓨져로 구성되어 있고 노즐에서 고속으로 분출하는 힘에 의해 유체를 흡입하여 토출하는 펌프

75 보일러 수질 기준에서 순수 처리 기준에 맞지 않는 것은? (단, 25℃ 기준이다.)

① pH : 7~9
② 총경도 : 1~2
③ 전기 전도율 : 0.5 $\mu S/cm$ 이하
④ 실리카 : 흔적이 나타나지 않음

해설 총경도(SiO_2) : 0 mg

76 에너지 이용 합리화 법령에 따라 검사대상기기 관리자를 선임하지 아니하였을 경우에 부과되는 벌칙 기준으로 옳은 것은?

① 100만원 이하의 벌금
② 500만원 이하의 벌금
③ 1천만원 이하의 벌금
④ 2천만원 이하의 벌금

해설 검사대상기기 관리자 미선임 시 : 1천만원 이하의 벌금

77 다음 중 온수 난방용 밀폐식 팽창 탱크에 설치되지 않는 것은?

① 압축공기 공급관
② 수위계
③ 일수관 (over flow관)
④ 안전밸브

해설
① 개방식 팽창탱크 주변 배관 : 급수관, 배수관, 방출관(안전관), 배기관, 오버플루우관(물 넘쳐 흐르는 관), 팽창관
② 밀폐식 팽창탱크 주변 배관 : 급수관, 배수관, 방출관(안전관), 수위계, 압력계, 압축공기관

78 프라이밍, 포밍의 방지대책 중 맞지 않는 것은?

① 주증기 밸브를 천천히 개방할 것
② 가급적 안전고수위 상태를 지속 운전할 것
③ 보일러수의 농축을 방지할 것
④ 급수 처리를 하여 부유물을 제거할 것

해설 보일러 수위가 너무 높지 않고 표준 수면으로 유지할 것

ANSWER 73.① 74.① 75.② 76.③ 77.③ 78.②

79 난방부하를 계산하는 경우 여러 가지 여건을 검토해야 하는데 이에 대한 사항으로 거리가 먼 것은?

① 건물의 방위   ② 천장높이
③ 건축구조   ④ 실내소음, 진동

> **해설** 실내소음, 진동과는 관련 없음

80 다음 중 구식(grooving)이 가장 발생되기 쉬운 곳은?

① 기수드럼
② 횡형 노통의 상반면
③ 연소실과 접하는 수관
④ 경판의 구석의 둥근 부분

> **해설** **구루빙(구식)** : 이음부 부근에서 발생하는 도랑 형태 부식, 수면선을 따라 얇은 패임의 띠모양 부식
> 1) 발생 장소
>   ① 노통보일러 플랜지 둥근 부분
>   ② 코르니시/랭카셔보일러 노통의 플랜지 만곡 부분
>   ③ 가셋트 스테이 부착부분
>   ④ 접시형 경판의 구석 둥근 부분
> 2) 방지법
>   ① 용존산소 제거
>   ② 아연판 부착
>   ③ 방청 도장, 보호피막(그래파이트)
>   ④ 약한 전류 통전

ANSWER 79.④ 80.④

에너지관리산업기사

2021년 복원문제

제1과목 열역학 및 연소관리

01 다음 중 압축비에 대한 정의로서 옳은 것은?

① $\dfrac{격간체적}{실린더체적}$ ② $\dfrac{실린더체적}{격간체적}$

③ $\dfrac{격간체적}{행정체적}$ ④ $\dfrac{행정체적}{격간체적}$

해설 압축비 : 실린더 내부의 체적과 실린더와 피스톤 사이의 격간체적
(피스톤이 실린더 내부를 이동할 때 생기는 공간)의
비율 $= \dfrac{실린더체적}{격간체적}$

02 이상기체의 비열에는 정적비열(C_v)과 정압비열(C_p)이 있다. 이들 사이의 관계 중 올바른 것은?

① 정적비열과 정압비열은 서로 아무런 관계가 없다.
② 정적비열은 정압비열보다 항상 크다.
③ 정적비열은 정압비열보다 항상 작다.
④ 정적비열은 정압비열과 항상 같다.

해설 비열비$\left(\dfrac{C_P}{C_V}\right)$: 정압비열과 정적비열의 비로 값이 항상 1보다 크다. $(C_P) > (C_V)$

03 카르노 사이클에 대한 설명으로 옳은 것은?

① 가역사이클의 열효율은 어떠한 사이클의 열효율보다 낮다.
② 동등한 두 열원에서 작동하는 가역사이클의 열효율은 동일하다.
③ 동일한 두 열원에서 작동하는 비가역사이클과 가역사이클의 열효율은 동일하다.
④ 고열원이 동일하면 저열원이 다르더라도 가역사이클의 열효율이 비가역사이클보다 항상 크다.

해설 카르노 사이클 : 고 · 저 열원 사이에 작동하는 가역사이클로 2개의 등온변화, 2개의 단열변화로 구성되며, 동등한 두 열원에서 작동하는 가역사이클의 열효율은 동일한, 열기관의 이상적 사이클

04 다음 중 고위발열량 Hh[MJ/kg] 계산식을 바르게 나타낸 것은?

① Hh = Hl + 2.5 − (9H + W)
② Hh = Hl + 2.5 − (6H − W)
③ Hh = Hl − 2.5 + (9H + W)
④ Hh = Hl + 2.5 × (9H + W)

해설 ① 고위발열량(Hh) : 열량계에 의해 측정된 발열량(총발열량)
 Hh (Kcal/kg) = Hl + 600(9H+W)
 Hh (MJ/kg) = Hl + 2.5(9H+W)
 여기서 (H : 수소(kg) W : 수분(kg))
② 저위발열량(Hl) : 고위발열량에서 수증기의 응축열을 제거한 열량(진발열량)
 Hl (Kcal/kg) = Hh − 600 (9H+W)
 Hl (MJ/kg) = Hh − 2.5 (9H+W)

ANSWER 01.② 02.③ 03.② 04.④

05 프로판(C_3H_8) 11[kg]을 이론공기량으로 완전 연소시켰을 때의 습연소가스의 부피[Nm³]는 얼마인가? (단, 산소의 연소에 필요한 양은 28[Nm³]이다.)

① 115.8   ② 127.9
③ 133.2   ④ 144.5

해설 ① 이론 습배기가스량(G_{ow}) : $CO_2 + H_2O + N_2$
② 프로판 연소식 : $C_3H_8 + 5O_2 \rightarrow 3CO_2 + 4H_2O + N_2$
㉠ CO_2량 : 44[kg]   : 3×22.4[Nm³]
             11[kg]   : X[Nm³]
∴ $X = \dfrac{3 \times 22.4 Nm^3 \times 11 kg}{44 kg} = 16.8 Nm^3$
㉡ H_2O량 : 44[kg]   : 4×22.4[Nm³]
             11[kg]   : X[Nm³]
∴ $X = \dfrac{4 \times 22.4 Nm^3 \times 11 kg}{44 kg} = 22.4 Nm^3$
㉢ N_2량 : 21   : 79
           28[Nm³] : X[Nm³]
∴ $X = \dfrac{79 \times 28 Nm^3}{21} = 105.33 Nm^3$
∴ 이론 습배기가스량(G_{ow})
= 16.8 + 22.4 + 105.33 = 144.53

06 연소가스와 외부 공기의 밀도차에 의해서 생기는 압력차를 이용한 통풍 방식은?

① 자연통풍   ② 흡인통풍
③ 압입통풍   ④ 평형통풍

해설 통풍의 종류
① **자연통풍** : 배기가스와 공기의 비중차와 연돌의 높이에 의한 자연통풍 방법
② **강제통풍** : 송풍기를 이용한 강제통풍 방법(압입통풍, 유인, 평형통풍)

07 탄소를 완전 연소시키면 다음 반응식과 같이 탄산가스와 함께 높은 열이 발생한다. 이를 참고하여 탄소(C) 1[kg]을 완전 연소시켰을 때 발생하는 열량은 얼마인가?

$$C + O_2 \rightarrow CO_2 + 97200[kcal/kmol]$$

① 2550[kcal/kg]
② 8100[kcal/kg]
③ 12720[kcal/kg]
④ 16200[kcal/kg]

해설 ① $C + O_2 \rightarrow CO_2 + 97200[kcal/kmol]$
12[kg]   : 97200[kcal]
1[kg]   : X[kca]
∴ $\dfrac{1 \times 97200}{12} = 8100$

08 피스톤이 설치된 실린더에 압력 0.3[MPa], 체적 0.8[m³]인 습증기 4[kg]이 들어 있다. 압력이 일정한 상태에서 가열하여 체적이 1.6[m³]이 되었을 때 습증기의 건도는 얼마인가? (단 0.3[MPa]에서 포화액 비체적은 0.001[m³/kg], 건포화증기 비체적은 0.60[m³/kg]이다.)

① 0.334   ② 0.425
③ 0.575   ④ 0.666

해설 습증기의 건도(x)
$\dfrac{V}{G}$(비체적 : v) = 포화액비체적(v') + 건도(x) × (건포화증기비체적(v'') − 포화액비체적(v'))
∴ $x = \dfrac{\dfrac{V}{G} - v'}{v'' - v'} = \dfrac{\dfrac{1.6}{4} - 0.001}{0.60 - 0.001} = 0.666$

ANSWER 05.④ 06.① 07.② 08.④

09 기체연료의 관리에 대한 문제점을 설명한 내용 중 잘못된 것은?

① 저장이나 수송에 어려움이 있다.
② 누설 시 화재, 폭발의 위험이 크다.
③ 연소효율이 낮고 연소제어가 어렵다.
④ 시설비가 많이 들고 설비공사에 기술을 요한다.

해설 기체연료 특징
[장점]
① 적은 공기비로 완전연소 가능하다.
② 연소효율이 높고 자동제어가 편리하다.
③ 회분이 없고, 전열면 오손이 적어 공해문제가 없다.
④ 부하변동에 신속히 응하기 쉽다.
[단점]
① 누설 시 화재, 폭발 위험이 크다.
② 저장, 수송에 주의 요망
③ 설비비가 많이 든다.

10 가연성 혼합기의 폭발 방지를 위한 방법으로 가장 거리가 먼 것은?

① 산소농도의 최소화
② 불활성 가스의 치환
③ 불활성 가스의 첨가
④ 이중용기의 사용

해설 폭발 방지법 : 산소 농도의 최소화, 불활성 가스 첨가 및 치환, 방폭형 전기기구 사용 등

11 노즐에서 이론적으로는 외부에 대해 열의 수수가 없고 외부에 대한 일을 하지도 않는다. 유입속도를 무시할 때 유출속도 V는 어떻게 표시되는가? (단, 노즐 입구에서의 엔탈피[J/kg] h_1, 노즐 출구에서의 엔탈피[J/kg] h_2이다.)

① $\sqrt{2(h_1+h_2)}$ ② $2\sqrt{(h_1-h_2)}$
③ $\sqrt{2(h_1-h_2)}$ ④ $2\sqrt{(h_1+h_2)}$

해설 유출속도식 : $V=\sqrt{2(h_1-h_2)}$

12 비열에 대한 설명으로 틀린 것은?

① 비열은 1℃의 온도를 변화시키는데 필요한 단위 질량당의 열량이다.
② 정압비열은 압력이 일정할 때 온도변화에 따른 엔탈피의 변화이다.
③ 기체에 대한 정압비열과 정적비열은 일반적으로 같지 않다.
④ 정압비열은 정적비열보다 클 수도, 작을 수도 있다.

해설 비열비$\left(\dfrac{C_P}{C_V}\right)$: 정압비열과 정적비열의 비로 값이 항상 1보다 크다. $(C_P) > (C_V)$

13 액체연료의 저장 방법으로 적절치 못한 것은?

① 통기관을 설치하여야 한다.
② 증발 소모가 적어야 한다.
③ 사각기둥형의 탱크를 사용하여야 한다.
④ 탱크의 강판두께는 3.2[mm] 이상이어야 한다.

해설 액체연료의 저장탱크는 원형을 사용한다.

14 내용적 20[m³]의 용기에 공기가 들어있다. 처음에 그 압력 및 온도를 측정하였더니 600[kPa], 20(℃)이었는데 열을 공급하고 1시간 후에 측정하였더니 압력이 700[kPa]이었다. 이 사이에 용기 내에 있는 공기에 전해진 열량은 얼마인가? (단, 공기 정적비열 0.715[kJ/kg℃], 용기 변형은 없다.)

① 7533[kJ] ② 5231[kJ]
③ 4976[kJ] ④ 4988[kJ]

ANSWER 09.③ 10.④ 11.③ 12.④ 13.③ 14.④

해설 ① $Q = G \cdot C \cdot \Delta t$ 에서
$Q = 142.86 \times 0.715 \times (341.83 - 293) = 4988$

② $G : 20[m^3]$의 용기 속 공기 무게는 이상기체 상태방정식에서 $PV = GRT$
$G = \dfrac{PV}{RT} = \dfrac{600 \times 20}{\dfrac{8.314}{29} \times (273+20)} = 142.86[kg]$

③ 가열후 온도 : $\dfrac{P_1 V_1}{T_1} = \dfrac{P_2 V_2}{T_2}$ 에서
$T_2 = \dfrac{P_2 T_1}{P_1} = \dfrac{700 \times (273+20)}{600} = 341.83$

15 액체연료를 분석한 결과 그 성분이 다음과 같았다. 이 연료의 연소에 필요한 이론공기량은? (단, 탄소 80[%], 산소 5[%], 수소 15[%]이다.)

① 10.95[Nm³/kg]
② 12.33[Nm³/kg]
③ 13.56[Nm³/kg]
④ 15.64[Nm³/kg]

해설 이론공기량 (A_0) 계산식
$= 8.89 C + 26.67(H - \dfrac{O}{8}) + 3.33 S [Nm^3/kg]$
$= (8.89 \times 0.8) + 26.67(0.15 - \dfrac{0.05}{8}) = 10.946 [Nm^3/kg]$

16 연소가스를 분석한 결과 CO_2 12.0[%], O_2 6.0[%]일 때 $(CO_2)max$는 몇 [%]인가?

① 16.8 ② 18.8
③ 20.8 ④ 22.8

해설 기체연료 CO_2 max[%]식
① 완전연소 시
$\dfrac{CO_2}{100 - O_2/0.21} \times 100[\%] = \dfrac{21 \times CO_2}{21 - O_2}$ 에서
$\therefore \dfrac{21 \times 12}{21 - 6} = 16.8[\%]$

② 불완전연소 시(CO가 존재할 때)
$\dfrac{21(CO_2 + CO)}{21 - O_2 + 0.395 CO}$

17 연소실 내 가스를 완전 연소시키기 위한 조건으로 잘못된 것은?

① 연소실 온도를 착화온도 이상으로 충분히 높게 한다.
② 연소실의 크기를 연소에 필요한 크기 이상으로 한다.
③ 연소실은 기밀을 유지하는 구조로 한다.
④ 이론공기량으로 공급한다.

해설 이론공기량만으로는 완전연소가 불가능하므로 더 보내지는 여분의 공기를 과잉공기라 함
▶ 과잉공기 = $A - A_0$ (실제공기 - 이론공기량)

18 출력 30[kW]인 열기관이 1시간동안 하는 일의 열 상당량은 약 몇 [kcal/h]인가?

① 18900 ② 23800
③ 25800 ④ 28900

해설 $1[kWh] = 102[kgm/s] \times 3600s/h \times \dfrac{1}{427}[kcal/kgm] = 860[kcal]$
$\therefore 30[kW] \times 860[Kcal/h] = 25800[kcal/h]$

19 다음 중 인화점 측정기와 관계없는 것은?

① 펜스키-마르텐 ② 태그
③ 클리브랜드   ④ 헴펠

해설 오르잣트법, 헴펠법, 게겔법, 연소열법은 화학적 가스분석계 종류이다.
액체연료 인화점 시험기 및 종류
① 펜스키 마아텐스식(밀폐형) : 인화점 50℃ 이상의 석유제품 인화점 시험용(원유, 경유, 중유, 방청유 등)
② 아벨펜스키식(밀폐형) : 인화점 50℃ 이하의 석유제품 인화점 시험용 (휘발유, 등유, 도로용제 등)
③ 클리브랜드식(개방형) : 인화점 80℃ 이상의 석유제품 인화점 시험용 (아스팔트유, 윤활유, 절삭유)
④ 타그식(밀폐형, 개방형) : 인화점 80℃ 이하의 석유제품 인화점 시험용 (원유, 휘발유, 등유 등)

ANSWER 15.① 16.① 17.④ 18.③ 19.④

20 표준압력(1atm)하에서 순수한 물의 빙점은 랭킨온도로 몇 [°R]이 되는가?

① 0   ② 100
③ 273.15   ④ 491.67

해설) 물의 빙점 : 0[℃] = 32[°F]
각 온도 환산
① $[℃] = \frac{5}{9}([°F] - 32)$
② $[°F] = \frac{9}{5}[℃] + 32$
③ $[°K] = 273 + [℃]$
④ $[°R] = 459.7 + [°F]$
∴ 32[°F] + 459.7 = 491.7[°R]

제2과목 계측 및 에너지진단

21 다음 중 유량의 단위로 옳은 것은?

① kg/m²   ② kg/m³
③ m³/s   ④ m³/kg

해설) **유량단위** : m³/h, m³/min, m³/s, kg/h, kg/min, kg/s 등

22 금속의 전기 저항값이 변화되는 것을 이용하여 압력을 측정하는 전기저항 압력계의 특성으로 맞는 것은?

① 응답속도가 빠르고 초고압에서 미압까지 측정한다.
② 구조가 간단하여 압력검출용으로 사용한다.
③ 먼지의 영향이 적고 변동에 대한 적응성이 적다.
④ 가스폭발 등 급속한 압력 변화를 측정하는데 사용한다.

해설) **전기식 압력계 종류**
① **전기저항 압력계** : 압력 변화에 따른 전기 전하값을 이용하여 압력 측정, 망가닌선 코일상으로 감아 이것을 가압하여 전기 저항을 측정, 초고압에서 미압까지 특수 목적으로 사용
② **피에조 전기 압력계** : 수정이나 전기석, 롯셀염 등의 결정체의 특수 방향에 압력을 가하면 그 표면에 발생된 전기량을 이용 압력 측정, 가스폭발 등 급속한 압력 변화 등에 측정
③ **스트레인게이지** : 기계적 변형이 일어나면 전기저항이 변화되는 원리 이용

23 분동식 압력계에서 300[MPa] 이상 측정할 수 있는 것에 사용되는 액체로 가장 적합한 것은?

① 경유   ② 스핀들유
③ 피마자유   ④ 모빌유

해설) **분동식 압력계(표준분동식)** : 펌프, 램, 실린더, 기름탱크 등으로 구성된 압력계로, 분동을 사용하여 압력을 측정, 일반 압력계의 기준. 교정. 검정용 표준기로 사용
• **사용압력범위**
① 경유 : 4~10[MPa]
② 스핀들유, 피마자유 : 10~100[MPa]
③ 모빌유 : 300[MPa] 이상

24 배관시공 시 적당한 온도계의 설치 높이는 약 몇[m]인가?

① 4.5   ② 3.5
③ 2.5   ④ 1.5

해설) 온도계 설치 높이가 1.5m 높이인 이유는 작업자의 행동 높이이다.

ANSWER 20.④ 21.③ 22.① 23.④ 24.④

25 유속 측정을 위해 피토관을 사용하는 경우 양쪽 관 높이의 차(Δh)를 측정하여 유속(V)을 구하는데, 이때 V는 Δh와 어떤 관계가 있는가?

① Δh에 비례한다.
② Δh 제곱에 비례한다.
③ $\sqrt{\Delta h}$에 비례한다.
④ $\frac{1}{\Delta h}$에 비례한다.

해설 피토관 유속 : $V = \sqrt{2 \cdot g \cdot \Delta h}$ [m/s]
여기서, V : 유속[m/s]
g : 9.8[kg/s²]
Δh : 수두[m]에서 $\sqrt{\Delta h}$에 비례관계

26 정전 용량식 액면계의 특징에 대한 설명 중 틀린 것은?

① 측정범위가 넓다.
② 구조가 간단하고 보수가 용이하다.
③ 유전율이 온도에 따라 변화되는 곳에도 사용할 수 있다.
④ 습기가 있거나 전극에 피측정체를 부착하는 곳에는 부적당하다.

해설 정전용량식 : 액면의 높이를 두 개의 절연된 전극간의 정전용량으로 측정. 가동부나 정밀한 기계부분이 없으므로 견고하고, 신뢰성이 높아 액의 경계나, 분체의 레벨 측정도 가능, 유전율이 온도에 따라 변화하는 곳은 사용할 수 없다.

27 어떤 측정대상의 참값이 2.15인데 측정값이 2.19이었다면 오차율은 약 몇 [%]인가?

① 1.63   ② 18.6
③ 1.86   ④ 16.3

해설 오차율[%]식
$\frac{측정값 - 참값}{참값} = \frac{2.19 - 2.15}{2.15} \times 100[\%] = 1.86[\%]$

28 휘발유 100[리터]에서 발생하는 이산화탄소 배출량은 약 몇 [tCO₂]인가? (단, 휘발유의 석유환산계수를 0.740[TOE/kL]이며, 탄소배출 계수는 0.783[TC/TOE]이다.)

① 0.06   ② 0.21
③ 0.3   ④ 0.7

해설 에너지진단 산출법
① 석유환산톤 : 연료사용량(MWh) × 연료(소비기준) 석유환산계수(toe/MWh)
② 탄소 배출량(tC) : 연료사용량(MWh) × 연료탄소배출계수
③ 이산화탄소 배출량(tCO₂) : 탄소배출량(tC) × (이산화탄소 분자량/탄소분자량)에서 탄소 배출량(tC) : 0.1 × 0.740 × 0.783 = 0.0579
∴ 이산화탄소 배출량 [tCO₂] : $0.0579 \times \frac{44}{12} = 0.21$

29 다음 중 표준 대기압이 아닌 것은?

① 760[mmHg]
② 76[Torr]
③ 1.0332[kg_f/cm²]
④ 1013.25[mbar]

해설 표준 대기압[atm] : 위도 45° 해저면에서 0[℃]의 수은주 760[mmHg]에 상당하는 압력
$P = rh = 13,595[kg/m^3] \times 0.76 [m]$
$= 10332[kg/m^2] = 1.0332[kg/cm^2]$
∴
1[atm] = 760 [mmHg] = 1.0332 [kg/cm²a] = 10.332 [mH₂O]
= 10332[mmH₂O] = 30 [inHg] = 14.7 [Lb/in²] = 1.013 [bar]
= 101.325[N/m²] = 101.325 Pa =101,325dyn/cm²
= 760torr

30 밴투리미터 유량계는 어떤 유량계에 속하는가?

① 체적식 유량계
② 속도식 유량계
③ 차압식 유량계
④ 면적식 유량계

ANSWER 25.③ 26.③ 27.③ 28.② 29.② 30.③

차압식 유량계 : 교축기구 전후의 차압을 이용한 유량 산출(종류 : 오리피스식, 벤츄리식, 플로우노즐식)

31 인터록 제어 중 하나로 대형 보일러 등에서 송풍기가 작동되지 않으면 전자밸브가 열리지 않고 점화를 저지하는 것은?

① 불착화 인터록
② 저수위 인터록
③ 프리퍼지 인터록
④ 저연소 인터록

① **저수위인터록** : 수위가 이상 저수위 시 전자밸브를 닫아 연소정지
② **압력초과인터록** : 증기압이 소정압력 초과 시 전자밸브를 닫아 연소정지
③ **저연소인터록** : 유량조절밸브가 저연소 상태가 되지 않으면 전자밸브를 열지 않아 점화저지
④ **불착화인터록** : 연소중 화염이 소멸 시 전자밸브를 닫아 버너에 연료분사 정지
⑤ **프리퍼지인터록** : 보일러 점화전 송풍기가 작동되지 않으면 전자밸브가 열리지 않아 점화저지

32 측정기로 여러 번 측정할 때 측정한 값의 흩어짐이 작으면, 즉 우연오차가 작다면 이 측정기는 어떠한가?

① 정밀도가 높다.
② 정확도가 높다.
③ 감도가 좋다.
④ 치우침이 적다.

우연 오차 : 랜덤오차(random error) 혹은 비재현성 오차(non-repeatability)라 하며, 측정치의 흩어짐(산포)을 나타내는 오차 즉 계통적인 오차를 제거해도 역시 예측 할 수 없는(불규칙적) 우연적인 오차
※ 오차가 작은 것은 정확도가 높고, 우연오차가 작은 것은 정밀도가 높다라는 뜻.

33 열전대 온도계의 취급 시 주의사항으로 잘못된 것은?

① 계기는 고정시켜 놓고 습기, 직사광선 먼지 등에 주의한다.
② 사용온도한계에 주의하고 알맞은 보호관을 선택한다.
③ 열전대 단자와 보상도선의 극성을 일치시켜 배선한다.
④ 도선을 접속 후에 지시 눈금의 영점을 조정한다.

도선 접속 전에 지시 눈금의 영점을 조정한다.

34 다음 중 람베르트-비어의 법칙을 이용한 분석법은?

① 분광광도법
② 분별연소법
③ 전위차적정법
④ 가스크로마토그래피법

비어-람베르트(Beer-Lambert) 법칙 : 물질이 빛의 흡수 과정에서 입사광과 투과광의 강도의 비율은 그 물질의 성질에 따라 비례한다는 법칙으로 분광광도법

35 계측기기의 구비조건으로 잘못된 것은?

① 연속 측정이 되어야 한다.
② 견고하고 신뢰성이 낮아야 한다.
③ 정도가 높고 구조가 간단하여야 한다.
④ 설치장소 및 주위 조건에 내구성이 있어야 한다.

견고하고 신뢰성이 높을 것

ANSWER 31.③ 32.① 33.④ 34.① 35.②

36 다음 중 탄성식 압력계가 아닌 것은?

① 부르동관식 압력계
② 링 밸런스식 압력계
③ 벨로즈식 압력계
④ 다이어프램식 압력계

> 링 밸런스(환상천평)식 압력계는 1차 액주식 압력계로 그 외 단관식, U자관식, 경사관식이 있다.

37 가스 분석에서 시료가스 채취 시의 주의사항으로 잘못된 것은?

① 고온가스의 채취관은 석영관, 자기관을 사용한다.
② 저온가스의 채취관은 동관, 황동관을 사용한다.
③ 시료가스의 채취구 위치에 주의하여 채취한다.
④ 채취배관은 되도록 깊게 하고 기울어지지 않게 수평으로 배관한다.

> 채취배관은 되도록 짧게 하여 신속히 하고, 경사지게 하여 드레인을 배출할 수 있게 한다.

38 배기가스 분석 방법 중 물리적 가스분석 방법에 속하지 않는 것은?

① 밀도법
② 용해도전율법
③ 가스크로마토그래피법
④ 자동 오르사트법

가스분석계 구분

종류	구분	측정방법	측정 가스	분석계기 및 분석법
화학적 가스분석계	화학반응 이용	연소열법	H_2, CO, $CmHn$ 등의 가연성 기체 및 산소	미연소가스계(H_2+CO) 연소식 O_2계
		오르잣트법	($CO_2 \rightarrow O_2 \rightarrow CO$) 흡수액(시약)에 쉽게	간헐자동측정식 자동화학식
물리적 가스분석계	물성정수 이용		용해되는 기계	CO_2계
		열전도율법	2성분으로 볼 수 있는 혼합기체 또는 열전도율이 어느 정도 다른 2성분	전기식 CO_2계
		밀도법	밀도가 어느 정도 다른 2개의 성분이나 2성분으로 간주되는 혼합기체	라우터계 라나렉스
		가스크로마토그래프법	비점 및 기체가 300[℃] 이하의 액체	간헐자동측정식
	전기적성질이용	도전율법	물이나 용액에 녹아 도전율이 변해지는 기계	저농도율측정
		세라믹법	산소(O_2)가스	지르코니아식
	자기적성질이용	자화율법	산소(O_2)가스	자기식 O_2계
	광학적성질이용	적외선흡수법	H_2, O_2, N_2(2원자분자) 이외의 가스	

39 온수 보일러의 제어장치에 속하지 않는 것은?

① 아쿠아 스태트
② 프로텍터 릴레이
③ 콤비네이션 릴레이
④ 코프식 수위조절기

> **수위제어기 종류** : 플로트식, 전극식, 코프식

ANSWER 36.② 37.④ 38.④ 39.④

40 다음 중 용적식 유량계의 종류에 속하지 않는 것은?

① 벤투리식 유량계
② 오벌기어식 유량계
③ 루츠식 유량계
④ 가스미터식 유량계

 유량계 분류
① **면적식** : 압력차를 일정하게 유지하여 교축의 면적을 변화시켜 유량 측정
- (베르누이 정리 이용) 종류 : 로터미터, 부력식, 피스톤식
② **용적식** : 용적과 시간의 적산에 의한 측정.
- 종류 : 오벌 기어식, 루츠식, 가스미터식(건식·습식), 로터리, 피스톤, 로터리 베인식, 디스크형
③ **차압식** : 교축기구의 전후 압력차에 의한 측정
- 종류 : 벤튜리, 오리피스, 플로우 노즐
④ **유속식** : 임펠러 회전 변환으로 회전수의 적산에 의한 측정
- 종류 : 수도미터(임펠러식)

제3과목　열설비구조 및 시공

41 기수분리기의 종류 중 파형의 다수의 강판을 조합하여 만든 것은?

① 사이크론형
② 스크레버형
③ 건조 스크린형
④ 배풀형

 기수분리기의 종류
① 사이클론형 : 원심력 이용
② 스크레버형 : 파형의 장애판 이용
③ 건조스크린형 : 금속망 이용
④ 배풀형 : 방향전환 이용

42 주철제 보일러의 장점 설명으로 틀린 것은?

① 용량을 적절히 조절할 수 있다.
② 조립, 해체, 운반이 편리하다.
③ 내열성 및 내식성이 좋다.
④ 고압 및 대용량에 적당하다.

 주철제 보일러 특징
[장점]
① 저압이므로 파열사고 시 피해가 적다.
② 주물제작으로 복잡한 구조로 제작이 가능하다.
③ 전열면적이 크고 효율이 높다.
④ 내식·내열성이 우수하다.
⑤ 섹션 증감으로 용량조절이 용이하다.
[단점]
① 인장 및 충격에 약하다.
② 열에 의한 부동팽창으로 균열이 생기기 쉽다.
③ 고압·대용량에 부적당하다.
④ 구조가 복잡하므로 내부청소 및 검사가 곤란하다.

43 노통의 약한 단점을 보완하고, 열에 의한 신축 흡수, 노통의 강도 보강을 위해 약 1[m] 정도의 노통 이음을 한 것을 무엇이라고 하는가?

① 튜브 스테이　② 거더 스테이
③ 케와니 조인트　④ 아담슨 조인트

아담슨 접합(Adamson joint) : 노통의 열응력에 따른 신축 문제를 고려 1~2[m] 정도로 분할 제작, 플랜지 형식으로 접합한 방식으로 노통강도보강, 열에 의한 수축 팽창 양호

44 호칭지름 15[A] 강관을 곡률반경 150[mm]로 90° 구부림을 할 경우 곡선길이는 약 몇 [mm]인가?

① 150　② 236
③ 300　④ 436

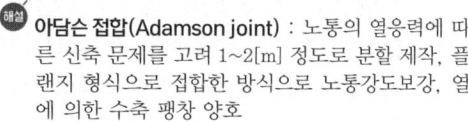
곡관부 길이 산출식 : $\ell = \dfrac{2\pi R\theta}{360}$
(R : 곡관의 반지름, θ : 각도)
∴ $\ell = \dfrac{2 \times 3.14 \times 150 \times 90}{360} = 235.62$

ANSWER 40.① 41.② 42.④ 43.④ 44.②

45 다음 중 주철관의 이음 방법이 아닌 것은?

① 기계식 이음　② 타이톤 이음
③ 노허브 이음　④ 몰코 이음

> 해설 몰코 이음 : 스테인리스관 이음법으로 압착공구를 이용한다.

46 강도와 유연성이 커서 곡률반경에 대해 관경의 8배까지 굽힘이 가능하고, 내한, 내열성이 강하며, PB관이라고 불리는 배관재료는?

① 염화비닐관
② 폴리부틸렌관
③ 폴리에틸렌관
④ XL관

> 해설 폴리부틸렌관(polybuthylene) : PB파이프, 95℃ 이하의 물 수송관으로 에이콘 파이프(acorn pipe)로도 알려져 있다. 이음 부속은 캡, 오-링(O-ring), 와셔, 그립링의 순서로 구성되며, 용접이나 나사이음이 필요없이 푸시 피트 방식으로 시공한다.

47 어떤 보일러의 효율이 85[%]이고, 연료소비량이 50[kg/h]일 때 4시간 연속 운전으로 인한 손실열량은 약 몇 [kcal]인가? (단, 연료의 발열량은 10000[kcal/kg]이다.)

① 500,000　② 300,000
③ 400,000　④ 150,000

> 해설 열효율$(\eta) = \dfrac{유효열}{공급열} \times 100\%$
> $= \left(1 - \dfrac{손실열}{입열}\right) \times 100\%$에서
> 손실열
> $=$ 입열$\times (1-\eta)$
> $= 50[\text{kg/h}] \times 4\text{h} \times 10000[\text{kcal/kg}] \times (1-0.85)$
> $= 300,000[\text{kcal}]$

48 수관식 보일러에서 다수의 수관을 지그재그 형식으로 중첩되게 설치하는 주된 이유는?

① 수관 외부의 청소가 용이하기 때문에
② 통풍손실을 줄일 수 있기 때문에
③ 수관을 설치할 구멍을 뚫기 쉽기 때문에
④ 전열에 유리하기 때문에

> 해설 수관을 지그재그 형식 설치하는 이유는 열가스 접촉을 크게 하여 전열을 좋게 하기 위함

49 증기보일러에서 압력계 부착에 대한 설명 중 옳지 않은 것은?

① 압력계와 연결된 증기관은 최고사용압력에 견딜 수 있어야 한다.
② 압력계는 원칙적으로 보일러 증기실에 눈금판의 눈금이 잘 보이는 위치에 부착한다.
③ 압력계의 코크는 그 핸들을 수직인 증기관과 동일 방향에 놓은 경우 닫혀 있는 상태여야 한다.
④ 압력계의 증기관이 길어서 압력계의 위치에 따라 수두압에 따른 영향을 고려할 필요가 있을 경우 눈금을 보정하여야 한다.

> 해설 압력계 코크는 그 핸들을 수직인 증기관과 동일 방향에 놓은 경우 열려 있는 상태여야 한다.

ANSWER 45.④ 46.② 47.② 48.④ 49.③

50 슈트 블로워의 종류 중 보일러의 고온가스부, 과열기 등 고온의 배기가스의 통로 부분에 대해서 사용시만 슈트 블로워를 통로 속에 놓고 사용하며, 사용하지 않는 때는 벽외로 끌어 내놓는 형식인 것은?

① 건타입 슈트 블로워
② 정치회전형 슈트 블로워
③ 장발형 슈트 블로워
④ 단발형 슈트 블로워

해설 매연분출장치(Soot Blower) : 전열면 외측의 그을음이나 재를 물, 공기, 증기로 분사하여 제거하는 장치

※ 종류
① 롱레트랙블(장발)형 (삽입형) : 고온부인 과열기나 수관부용으로 고온의 열가스 통로에 사용할 때 사용되며 긴 분사관에 노즐을 설치하여, 고온 전열면에 사용
② 쇼트레트랙블(단발)형 : 분사관이 짧으며 1개의 노즐을 설치하여, 연소 노벽 매연분출용
③ 건타입형 : 일반적인 전열면 블로워로 타고 남은 재가 많이 부착하는 보일러에 사용
④ 로터리용(회전용) : 회전을 하면서 분사 청소하는 것으로 연도등 저온 전열면에 사용

51 보일러 계속 사용검사 시 준비 사항으로 틀린 것은?

① 내용물은 배출하고 충분히 냉각시킨다.
② 맨홀, 검사구멍 또는 청소구멍을 닫아 놓아야 한다.
③ 안전밸브 및 방출밸브는 분해, 정비하여야 한다.
④ 다른 부분과의 연락관은 차단시켜 놓아야 한다.

해설 맨홀, 검사구멍, 청소구멍을 열어 놓는다.

52 보일러 안전밸브가 2개 이상 설치된 경우 그중 1개는 최고사용압력 이하에서 작동해야 하고, 다른 하나는 최고사용압력의 몇 배 이하에서 작동해야 하는가?

① 0.95배
② 0.97배
③ 1.03배
④ 1.06배

해설 안전밸브의 분출압력은 1개일 경우 최고사용압력 이하, 안전밸브가 2개 이상인 경우 1개는 최고사용압력 이하, 기타는 최고사용압력의 1.03배 이하일 것

53 에너지이용합리화법에 따라 검사대상기기의 설치자가 사용 중인 검사대상기기를 폐기한 경우에는 폐기한 날부터 며칠 이내에 폐기신고서를 제출해야 하는가?

① 10일
② 15일
③ 20일
④ 30일

해설 검사대상기기의 휴지. 폐기. 변경 신고는 15일 전까지 공단 이사장에게 신고한다.

54 에너지다소비사업자가 연간 에너지사용량이 20만티오이 미만일 경우 에네지진단주기로 맞는 것은?

① 1년
② 2년
③ 4년
④ 5년

해설 진단주기
① 20만티·오·이 이상인자 : (전체진단 : 5년, 부분진단 : 3년)
② 20만티·오·이 미만인자 : 5년

ANSWER 50.③ 51.② 52.③ 53.② 54.④

55 에너지이용합리화법에 따라 강철제 보일러 및 주철제 보일러에서 계속 사용검사가 면제되는 범위의 기준으로 틀린 것은?

① 전열면적 5[m²] 이하의 증기보일러로서 수두압이 5[mm] 이하이며 안지름이 25[mm] 이상인 대기에 개방된 U자형 입관이 보일러의 증기부에 부착된 것
② 전열면적 5[m²] 이하의 증기보일러로서 대기에 개방된 안지름이 25[mm] 이상인 증기관에 부착된 것
③ 온수보일러로서 유류, 가스 이외의 연료를 사용하는 것으로서 전열면적이 30[m²] 이상인 것
④ 온수보일러로서 가스 외의 연료를 사용하는 주철제 보일러

해설 검사의 면제대상범위

검사대상 기기명	대상범위	면제되는 검사
강철제 보일러, 주철제 보일러	1. 강철제 보일러 중 전열면적이 5m² 이하이고, 최고사용압력이 0.35MPa 이하인 것 2. 주철제 보일러 3. 1종 관류보일러 4. 온수보일러 중 전열면적이 18m² 이하이고, 최고사용 압력이 0.35MPa 이하인 것	용접 검사
	주철제 보일러	구조검사
	1. 가스 외의 연료를 사용하는 1종 관류보일러 2. 전열면적 30m² 이하의 유류용 주철제 증기보일러	설치 검사
	1. 전열면적 5m² 이하의 증기보일러로서 다음 각 목의 어느 하나에 해당하는 것 가. 대기에 개방된 안지름이 25mm 이상인 증기관이 부착된 것 나. 수두압이 5m 이하이며 안지름이 25mm 이상인 대기에 개방된 U자형 입관이 보일러의 증기부에 부착된 것 2. 온수보일러로서 다음 각 목의 어느 하나에 해당하는 것 가. 유류·가스 외의 연료를 사용하는 것으로서 전열면적이 30m² 이하인 것 나. 가스 외의 연료를 사용하는 주철제 보일러	계속 사용 검사
소형온수 보일러	가스 사용량이 17kg/h(도시가스는 232.6kW)를 초과하는 가스용 소형온수보일러	제조 검사

56 에너지이용합리화법령에 따라 에너지절약 전문기업의 등록이 취소된 에너지절약 전문기업은 등록 취소일로부터 최소 몇 년이 지나면 다시 등록할 수 있는가?

① 1년 ② 2년
③ 3년 ④ 5년

해설 에너지절약전문기업의 등록제한 : 등록 취소 후 2년이 지나지 아니하면 등록할 수 없다.

57 강철제 또는 주철제 보일러의 외벽 온도는 주위 온도보다 몇 (℃)를 초과해서는 안되는가?

① 30(℃) ② 50(℃)
③ 90(℃) ④ 100(℃)

해설 보일러의 외벽 온도는 주위 온도보다 30℃를 초과하지 말 것

58 에너지 검사대상기기가 용접검사를 받으려 할 경우 용접 검사 신청서와 함께 몇 가지 서류를 제출해야 하는데, 다음 중 그 서류에 해당하지 않는 것은?

① 용접 부위도
② 연간 판매실적
③ 검사대상기기의 설계도면
④ 검사대상기기의 강도계산서

해설 용접검사 구비 신청서 : 용접 부위도 1부, 검사대상기기의 설계도면 2부, 검사대상기기의 강도계산서 1부

ANSWER 55.③ 56.② 57.① 58.②

59 검사대상기기 관리자는 에너지이용합리화법에 따라 중대형 보일러 관리자 교육과정이나 소형보일러 입력용기 관리자 교육과정을 받아야 하는데, 여기서 중대형 보일러 관리자 교육과정을 받아야 하는 기준으로 옳은 것은?

① 검사대상기기 관리자 중 용량이 1[t/h](난방용의 경우에는 5[t/h])를 초과하는 강철제 보일러 및 주철제 보일러의 관리자
② 검사대상기기 관리자 중 용량이 3[t/h](난방용의 경우에는 5[t/h])를 초과하는 강철제 보일러 및 주철제 보일러의 관리자
③ 검사대상기기 관리자 중 용량이 1[t/h](난방용의 경우에는 10[t/h])를 초과하는 강철제 보일러 및 주철제 보일러의 관리자
④ 검사대상기기 관리자 중 용량이 3[t/h](난방용의 경우에는 10[t/h])를 초과하는 강철제 보일러 및 주철제 보일러의 관리자

해설
① 중·대형보일러 관리자 과정 : 보일러 용량이 1t/h(난방용의 경우에는 5t/h) 초과하는 보일러 관리자
② 소형보일러·압력용기 관리자 과정 : 보일러 용량이 1t/h(난방용의 경우에는 5t/h) 이하인 보일러 관리자 및 압력용기 관리자
※ 교육 과정중 중·대형보일러관리자 과정을 이수한 경우 소형보일러·압력용기관리자 과정을 이수한 것으로 인정한다.

60 내열범위는 -100~260(℃) 정도이며, 탄성이 부족하기 때문에 석면, 고무, 파형 금속관 등으로 표면처리하여 사용하는 합성수지료의 패킹에 속하는 것은?

① 네오프렌   ② 펠트
③ 유리섬유   ④ 테프론

해설 플랜지 패킹 종류
① 고무패킹(탄성은 우수하나 흡수성 없다, 기름에 침식, 100[℃] 이하 사용).
② 석면 조인트시트(450℃ 고온 배관 사용)
③ 합성수지 패킹 (테프론-260℃~260℃의 내열성)
④ 오일시일 패킹(한지를 내유가공)
⑤ 금속패킹 : 크롬강 → 주석 → 구리 → 납 (사용온도 높은 순서)

제4과목 열설비취급 및 안전관리

61 보일러 판의 파열에 대한 구조적 결함(직접적 원인)의 종류에 해당되지 않는 것은?

① 설계 불량   ② 제작 불량
③ 재료 불량   ④ 급수처리 불량

해설 보일러사고 원인
① **제작상원인(직접원인)** : 재료불량, 설계불량, 구조불량, 강도불량
② **취급상불량(간접원인)** : 압력초과, 저수위, 급수처리불량, 부식, 과열, 미연소가스폭발

62 다음 중 사용목적에 따라 요로를 분류한 것은?

① 도염식요로   ② 연소요로
③ 소둔요로   ④ 중유요로

해설
① **사용목적에 따른 분류** : 소둔로, 용해로, 균열로, 소성로
② **조업방법에 따른 분류** : 연속식(터널요. 윤요), 반연속식(등요. 샤틀요), 불연속식(도염식요. 횡염식요. 승염식요)
③ **화염진행 방향에 따른 분류** : 횡염식요. 승염식요. 도염식요.

ANSWER 59.① 60.④ 61.④ 62.③

63 방사율이 0.8, 물체의 표면온도가 300(°C), 물체 벽면체 온도가 25(°C)일 때 공간에 방출하는 단위 면적당 방사에너지는 약 몇 [W/m²]인가?

① 2300　　② 3781
③ 4550　　④ 5760

해설 스테판-볼츠만(Stafan-Boltzmann)의 법칙 : 흑체 표면에서 방출하는 복사열 에너지 총량은 절대온도의 4제곱에 비례한다는 법칙

$$Q = 5.69 \times \varepsilon \left[\left(\frac{T1}{100} \right)^4 - \left(\frac{T2}{100} \right)^4 \right] [\text{wl/m}^2 °\text{K}^4]$$

여기서, Q : 단위 면적당 방사 열량[W/m²]
　　　　스테판볼츠만 정수
　　　　　$: (5.675 \times 10^{-8} \, (\text{w/m}^2 \text{K}^4))$
　　　　ε : 흑도(방사율)
　　　　T : 흑체표면의 절대온도(°K)

$$\therefore Q = 5.69 \times 0.8 \times \left[\left(\frac{300+273}{100} \right)^4 - \left(\frac{25+273}{100} \right)^4 \right]$$
$$= 4550 [\text{W/m}^2]$$

64 연소조절 시 주의사항에 관한 설명으로 틀린 것은?

① 보일러를 무리하게 가동하지 않아야 한다.
② 연소량을 급격하게 증감하지 않아야 한다.
③ 불필요한 공기의 연소실 내 침입을 방지하고, 연소실 내를 저온으로 유지한다.
④ 연소량을 증가시킬 경우에는 먼저 통풍량을 증가시킨 후에 연료량을 증가시킨다.

해설 연소실 내를 고온으로 유지해야 연소효율이 좋아진다.

65 보일러 내에 들어가서 작업(청소, 정비 등)할 때의 주의사항으로 가장 거리가 먼 것은?

① 다른 보일러와 연결되는 주증기 밸브, 급수 밸브 등은 반드시 개방하여 둔다.
② 보일러 내에 공기가 유통될 수 있도록 모든 구멍 등은 개방하여 둔다.
③ 보일러 외부에 감시인을 두고, 각종 밸브 등에는 조작 금지의 표시를 한다.
④ 보일러 내부에 가지고 들어가는 전등은 안전망이 부착된 것을 사용토록 한다.

해설 다른 보일러와 연결되는 주증기 밸브, 급수 밸브 등은 차단 후 작업한다.

66 보일러의 손상에서 압궤란?

① 고압보일러 드럼 이음부에 주로 생기는 응력에 의한 부식 균열의 일종
② 보일러의 본체가 화염에 접촉하여 외부로 볼록하게 튀어나오는 현상
③ 과열된 노통이나 화실의 천정부가 외측의 압력에 의해 내부로 짓눌리는 현상
④ 가스를 포함한 강판이 화염의 접촉으로 양쪽으로 부풀려지는 현상

해설 보일러 손상
① **압궤** : 노통이나 화실 등이 외부 압력에 의해 오목하게 들어가는 현상
② **팽출** : 과열된 부분이 내압에 의해 부풀어 오르는 현상
③ **라미네이션** : 보일러 강판이나 관이 2장의 층으로 갈라지는 현상
④ **브리스터** : 보일러 강판이나 관이 2장의 층으로 갈라지면서 화염에 접합 부분이 부풀어 오르는 현상

ANSWER　63.③　64.③　65.①　66.③

67 10[bar]의 포화증기를 4.2[kg/s]로 생산하는 보일러가 있다. 연료소비량이 0.4[kg/s]이고, 연료의 저위발열량이 40[MJ/kg]일 때 보일러의 효율은 약 몇 [%]인가? (단, 급수온도는 15(℃), 엔탈피 62.97[kJ/kg]이고, 10[bar] 포화증기의 엔탈피는 2778[kJ/kg]이다.)

① 61[%]   ② 66[%]
③ 71[%]   ④ 76[%]

해설 보일러 열효율
$$\eta = \frac{G(h'' - h')}{Gf \times Hl} \times 100\% \text{ 에서}$$
$$\eta = \frac{4.2(2778 - 62.97)}{0.4 \times (40 \times 1000)} \times 100\% = 71.27$$
여기서, Gf : 시간당 연료사용량(kg/h)
H : 연료의 발열량(kcal/kg)
Hh : 고위발열량
Hl : 저위발열량

68 엔탈피가 25[kcal/kg]인 급수를 받아서 1시간당 10,000[kg]의 증기를 발생할 때 상당증발량은 약 몇 [kg/h]인가?
(단, 발생증기의 엔탈피는 725[kcal/kg]이다.)

① 10987   ② 12987
③ 14287   ④ 15287

해설 **상당 증발량[kg/h]** : 환산 증발량(기준 증발량)이라고도 하며 표준대기압하에서 100[℃]의 포화수가 100[℃]의 건포화 증기로 변화시키는 경우의 1시간당 증발량
$$Ge = \frac{G(h'' - h')}{539} \text{[kg/h]}$$
여기서, Ge : 상당증발량(kg/h)
G : 매시간당 실제증발량(kg/h)
h'' : 증기엔탈피(kcal/kg)
h' : 급수엔탈피(kcal/kg)
$$\therefore Ge = \frac{10,000(725 - 25)}{539} = 12987 \text{[kg/h]}$$

69 사용 중인 보일러의 점화 전 준비 사항으로 잘못된 것은?

① 수면계의 수위를 확인한다.
② 연도의 댐퍼를 열어놓고 환기시킨다.
③ 공기빼기 밸브는 증기가 발생하기 전까지 닫아 놓는다.
④ 분출밸브를 조작하여 기능이 정상인지 확인하고 누수되지 않도록 한다.

해설 점화전 준비 사항
① 댐퍼를 열고 가스를 배출(프리퍼지 가장 우선 실시)
② 분출 밸브를 열어 동체 내부의 침전물을 배출
③ 수면계 및 수위 점검
④ 압력계, 안전밸브 등의 기능을 검사
⑤ 공기빼기 밸브는 증기가 발생하기 전까지 열어 놓는다.

70 진공환수식 증기난방법에서 진공펌프로 응축수와 공기를 흡인하는데, 환수관 내의 진공도는 어느 정도로 유지시켜야 하는가?

① 5~10[mmHg]
② 40~80[mmHg]
③ 100~250[mmHg]
④ 500~1000[mmHg]

해설 **진공 환수식** : 응축수를 원활히 끌어 올리기 위해서 진공펌프 입구측에 리프트 이음으로 피팅의 높이는 1.5[m] 이내로 설치하며, 진공 환수관 내 진공도는 100~250[mmHg] 정도

71 보일러 사용 시 이상 저수위의 원인 설명으로 틀린 것은?

① 분출밸브에서 누수가 생겼을 때
② 급수펌프 흡입관에 여과기를 설치하였을 때
③ 급수장치가 증발 능력에 비해 과소하였을 때
④ 급수내관에 스케일이 쌓여 급수가 되지 않았을 때

해설 이상 저수위 원인
① 급수장치의 증발 능력에 비해 과소한 경우
② 증기 취출량이 과대한 경우
③ 보일러 연결부에서 누출이 있는 경우
④ 수면계 고장으로 수위를 오인한 경우

72 급수처리 방법 중 기폭법의 주 제거 대상이 아닌 것은?

① O_2 ② CO_2
③ Fe ④ Mn

해설 관외처리방법으로 기폭법은 급수 중 CO_2, Fe, Mn, NH_3, H_2, S 을 공기와 접촉해 분리하고, 탈기법은 O_2, CO_2, NH_3 용존가스 제거 목적

73 중유를 사용하는 보일러의 자동점화 시 기동(가동) 스위치를 ON에 넣은 후 시퀀스 제어의 진행 순서로 옳은 것은?

① 송풍기 모터 작동 → 프리퍼지 → 1,2차 공기 댐퍼작동 → 버너 모터 작동 → 점화용 버너 착화 → 주버너 착화
② 버너 모터 작동 → 점화용 버너 착화 → 송풍기 모터 작동 → 1,2차 공기 댐퍼 작동 → 프리퍼지 → 주버너 착화
③ 버너 모터 작동 → 송풍기 모터 작동 → 1,2차 공기 댐퍼 작동 → 프리퍼지 → 점화용 버너 착화 → 주버너 착화
④ 송풍기 모터 작동 → 1,2차 공기 댐퍼 작동 → 프리퍼지 → 버너 모터 작동 → 점화용 버너 착화 → 주버너 착화

해설 보일러 자동 점화순서 : 버너 모터 작동 → 송풍기 모터 작동 → 1,2차 공기 댐퍼 작동 → 프리퍼지 → 점화용 버너 착화 → 주버너 착화

74 증발관이나 본체 드럼 등 탄소강제 기기의 비등 전열이 심한 곳에 수처리 약품 등으로 인해 생기는 수산화나트륨 성분이 농축되어 발생하는 부식을 무엇이라고 하는가?

① 황산노점 부식 ② 알칼리 부식
③ 입계 부식 ④ 갈바닉 부식

해설 알칼리 부식 : 보일러수 중 수산화나트륨(NaOH)이 함유되어 농축하게 되면 pH의 이상 상승이 조장되어 증발관, 본체, 드럼 등에 부식현상

75 보일러에서 수격작용을 예방하기 위한 조치로 적합하지 않은 것은?

① 송기에 앞서서 증기관의 드레인 빼기 장치로 관내의 드레인을 완전히 배출한다.
② 송기할 때에는 주증기 밸브는 절대로 급히 열지 않아야 한다.
③ 송기에 앞서서 배관의 온도가 상승하지 않도록 주의한다.
④ 증기관은 증기가 흐르는 방향으로 경사가 지도록 한다.

해설 수격작용 방지법
① 관경을 크게, 유속은 줄이고 관내 드레인을 배출할 것
② 조압수조 및 공기실을 관로에 설치한다.
③ 주증기 밸브를 서서히 연다.
④ 펌프에 관성차(플라이 휠)를 설치한다.
⑤ 증기배관을 보온할 것

ANSWER 71.② 72.① 73.③ 74.② 75.③

76 보일러 수의 청관제로서 슬러리 조정을 목적으로 사용되는 약품이 아닌 것은?

① 탄닌 ② 탄산칼슘
③ 전분 ④ 리그닌

해설 **슬러지 조정제**(탄산가스가 발생되므로 저압보일러에만 사용) : 탄닌, 리그린, 전분

77 사무실에서 증기난방을 할 때 필요한 전체 방열량이 20,000[kcal/h]이라면 5세주 650[mm] 주철제 방열기로 난방을 할 때 필요한 방열기의 쪽수는? (단, 5세주 650[mm] 주철제 방열기의 쪽당 방열면적은 0.26[m^2]이다.)

① 119쪽 ② 129쪽
③ 139쪽 ④ 150쪽

해설 방열기 쪽수(N)

$$= \frac{난방부하(Q)(kcal/h)}{표준방열량(kcal/m^2 h) \times 방열기쪽당면적(m^2)}$$

▶ 표준방열량
  (증기 : 650kcal/m^2h, 온수 : 450kcal/m^2h)

$$\therefore \frac{20,000}{650 \times 0.26} = 118.34 \quad \therefore 119쪽$$

(방열기 쪽수는 여유있게 정수로 표시)

78 온수보일러의 개방형 팽창탱크의 설치 목적과 거리가 먼 것은?

① 난방수의 순환력을 크게 한다.
② 온수의 체적팽창을 흡수한다.
③ 장치 내의 압력을 일정하게 유지한다.
④ 팽창한 물의 배출을 방지하여 장치의 열손실을 방지한다.

해설 **팽창탱크 설치 목적** : 온도 상승에 의한 체적팽창 흡수, 보충수 공급, 공기배출 및 공기침입 방지로 배관파손, 열손실 방지 목적

79 보일러 수 중에 포함되어 있는 성분 중에서 포밍 발생의 가장 큰 원인이 되는 것은?

① 산소 ② 탄산칼슘
③ 유지분 ④ 황산칼슘

해설 **포밍(forming)** : 관수 중에 용존 고형물, 관수 농축, 유지분, 부유물 등을 다량 함유하고 있으면 증기 발생 시 거품이 수면 위를 뒤덮는 현상

80 산성 내화물의 중요 화학성분의 형은?

① R_2O형 ② RO형
③ RO_2형 ④ R_2O_3형

해설 **내화물 화학성분**
① **산성내화물** : 규석질(SiO_2), 반규석질($SiO_2-Al_2O_3$), 납석질($SiO_2-Al_2O_3$), 샤모트질($SiO_2-Al_2O_3$)
② **중성내화물** : 고알루미나질($Al_2O_3-SiO_2$), 탄소질(C), 탄화규소질(SiC), 크롬질(Cr_2O_3, Al_2O_3, MgO)
③ **염기성내화물** : 마그네시아질(MgO), 크롬마그네시아질(Cr_2O_3, MgO), 돌마이트질(MgO, CaO), 폴스테라이트질(MgO, SiO_2)

ANSWER 76.② 77.① 78.① 79.③ 80.③

에너지관리산업기사

2022년 복원문제

제1과목 열역학 및 연소관리

01 다음 중 공기비가 가장 적은 연료는?

① 무연탄 ② 갈탄
③ 가스류 ④ 유류

해설 연료 종류별 과잉공기비
① 고체연료 : 1.5~2.0
② 액체연료 : 1.2~1.4
③ 기체연료 : 1.1~1.2

02 습증기를 단열 압축시키는 경우에 대한 설명으로 가장 적당한 것은?

① 압력과 온도는 변하지 않는다.
② 압력은 상승하며 온도는 변하지 않는다.
③ 압력과 온도가 상승하여 과열증기가 된다.
④ 압력은 상승하고 온도는 강하되어 압축 액체가 된다.

해설 습증기를 단열 압축시키면 압력과 온도가 상승하여 과열증기가 된다.

03 중유에 수분이 혼입되는 경우와 거리가 먼 것은?

① 정제과정에 ② 사용 중에
③ 수송 중에   ④ 저장 중에

해설 수분이 혼입되는 경우는 정제과정, 수송, 저장 중에 생길 수 있다.

04 고열원의 온도가 400℃, 저열원의 온도가 15℃인 두 열원 사이에서 작동하는 카르노사이클이 있다. 사이클에 가해지는 열량이 120[kJ]이면 사이클 일은 약 몇 [kJ]인가?

① 68.6 ② 73.1
③ 81.5 ④ 87.3

해설 카르노사이클

$$\eta = \frac{\text{유효일}(AW)}{\text{공급열량}(Q_1)} = \frac{Q_1 - Q_2}{Q_1}$$
$$= 1 - \frac{Q_2}{Q_1} = \frac{T_1 - T_2}{T_1} = 1 - \frac{T_2}{T_1}$$

여기서, 고열원열량 Q_1
저열원열량 Q_2
고열원온도 T_1
저열원온도 T_2

$$\therefore \frac{(273+400)-(273+15)}{(273+400)} = 68.65 \text{kJ}$$

ANSWER 01.③ 02.③ 03.② 04.①

05 다음과 같은 사이클에 대한 이론 열효율의 표현식으로 옳은 것은? (단, k는 비열비로서 C_p/C_v이다.)

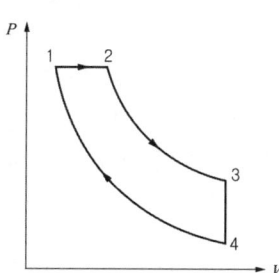

① $1 - \dfrac{k(T_2 - T_1)}{(T_3 - T_4)}$

② $1 - \dfrac{(T_2 - T_1)}{k(T_3 - T_4)}$

③ $1 - \dfrac{k(T_3 - T_4)}{(T_2 - T_1)}$

④ $1 - \dfrac{(T_3 - T_4)}{k(T_2 - T_1)}$

해설 **디젤사이클** : 단열압축, 등압가열, 단열팽창, 등적냉각의 4행정에 의해 구성되는 열기관 사이클로 저속회전의 대형디젤기관의 사이클이다.
디젤사이클 열효율 :
$1 - \dfrac{(T_3 - T_4)}{k(T_2 - T_1)} = 1 - (\dfrac{1}{\varepsilon})^{k-1} \times \dfrac{\sigma^k - 1}{k(\sigma - 1)}$

(ε) 차단비(단절비 = 체절비) $= \dfrac{V_2}{V_1}$,

(σ) 압축비 $= \dfrac{V_4}{V_1} = \dfrac{V_3}{V_1}$

06 물의 기화열은 1기압에서 539[cal/g]이다. 1기압하에서 포화수 1[g]을 포화수증기로 만들 때 엔트로피의 변화는 약 몇 [cal/K]인가?

① 0   ② 1.45
③ 3.97   ④ 5.39

해설 $\triangle S = \dfrac{dQ}{T}$에서 $\dfrac{539}{(273+100)} = 1.45$

07 이상기체 5[kg]이 350℃에서 150℃까지 "PV1.3=상수"에 따라 변화하였다. 엔트로피의 변화는 약 몇 [kJ/K]인가? (단, 가스의 정적비열은 653[kJ/kg·K]이고, 비열비(k)는 1.4이다.)

① 1.69   ② 1.52
③ 0.85   ④ 0.42

해설 $\triangle S = G \cdot C \cdot \dfrac{(n-k)}{(n-1)} \cdot \ln \dfrac{T_2}{T_1}$ 에서

$5 \times 0.653 \times \dfrac{(1.3 - 1.4)}{(1.3 - 1)} \times \ln \dfrac{(273+150)}{(273+350)} = 0.42$

08 27℃에서 내용적 600[L]의 용기에 산소가 40[atm]으로 충전되어 있을 때 산소는 약 몇 [kg]인가? (단, 산소는 이상기체라고 가정한다.)

① 15.61   ② 31.22
③ 34.31   ④ 40.72

해설 $PV = nRT$에서
$\left(n = \dfrac{W}{M}, R = 0.08205 \left[\dfrac{l \cdot atm}{mol \cdot °K}\right]\right)$,
$W = \dfrac{PVM}{RT}$에서
∴ $\dfrac{40 \times 600 \times 32}{0.082 \times (273+27)} = 31219.5[g] = 31.22[kg]$

09 공기 1[kg]이 온도 27℃로부터 300℃까지 가열되며, 이때 압력이 400[kPa]에서 300[kPa]로 강하시키는 경우의 엔트로피 변화량은 약 몇 [kJ/kg·K]인가? (단, 공기의 정압비열은 1.005[kJ/kg·K]이며, 공기에 대한 가스상수는 0.287[kJ/kg·K]이다.)

① 0.362   ② 0.533
③ 0.733   ④ 0.957

ANSWER 05.④ 06.② 07.④ 08.② 09.③

해설 엔트로피 변화량

$$dS = CP \times \ln\left(\frac{T_2}{T_1}\right) - R \times \ln\left(\frac{P_2}{P_1}\right)$$
$$= 1.005 \times \ln\left(\frac{273+300}{273+27}\right) - 0.287 \times \ln\left(\frac{300}{400}\right)$$
$$= 0.733$$

10 다음 액체 연료 중 저위발열량[MJ/kg]이 가장 높은 것은?

① 가솔린 ② 등유
③ 경유   ④ 중유

해설
가솔린 : 47(MJ/kg)
등유 : 36.8~37.5(MJ/kg)
경유 : 45(MJ/kg)
중유 : 38.9~41.4(MJ/kg)

11 다음 연료 중에서 연소 중에 매연이 가장 잘 생기는 것은?

① 석유   ② 프로판
③ 중유   ④ 타르

해설 매연은 연료와 공기의 혼합이 불충분하거나, 연소 온도가 낮을 때 불완전 연소로 인해 생성되는 탄소 입자로, 타르, 중유, 석유, 프로판 순으로 탄소 함량이 높을수록 매연 발생이 많다.

12 전기에너지 1[kW]를 [kcal/h]로 환산하면 약 얼마인가?

① 632   ② 427
③ 860   ④ 539

해설
$$1[kWh] = 102[kg \cdot m/s] \times 3600s/h \times \frac{1}{427}[kcal/kgm]$$
$$= 859.9[kcal/h]$$

13 연소 시 발생하는 배기가스 중의 질소산화물의 함유량을 감소시키는 방법으로 틀린 것은?

① 연돌을 높게 한다.
② 연소 온도를 낮게 한다.
③ 질소함량이 적은 연료를 사용한다.
④ 연소가스가 고온으로 유지되는 시간을 짧게 한다.

해설 연돌을 높게 하는 것은 자연통풍을 좋게 하는 방법이다.

14 공기 표준 브레이튼 사이클에 대한 설명으로 틀린 것은?

① 등엔트로피 과정과 정압과정으로 이루어진다.
② 일이 최대가 되는 압력비를 구할 수 없다.
③ 가스터빈에 대한 이상적인 사이클이다.
④ 효율은 압력비에 의해 결정된다.

해설 가스터빈기관의 이상적인 사이클로써 2개의 정압과정과 2개의 단열과정(등엔트로피)으로 이루어지며, 열효율은 압력비만의 함수가 되며 그 향상에는 높은 압력비가 요구된다.

15 다음 가스 연료 중에서 가장 가벼운 것은?

① 일산화탄소 ② 프로판
③ 아세틸렌   ④ 메탄

해설
① 일산화탄소(CO) 비중 : $\frac{28}{29} = 0.66$
② 프로판(C_3H_8) 비중 : $\frac{44}{29} = 1.52$
③ 아세틸렌(C_2H_2) 비중 : $\frac{26}{29} = 0.89$
④ 메탄(CH_4) 비중 : $\frac{16}{29} = 0.55$
공기의 평균 분자량
= 공기성분 중 N_2 : 78[%], O_2 : 21[%], Ar : 1[%]일 때
= $(28 \times 0.78) + (32 \times 0.21) + (40 \times 0.01) = 29$

ANSWER 10.① 11.④ 12.③ 13.① 14.② 15.④

16 연도가스의 분석결과 탄산가스가 14.2[%], 산소가 5.41[%]로 측정될 때 최고 탄산가스량(CO_2 max[%])은 약 몇 [%]인가?

① 18.0　　② 19.1
③ 12.5　　④ 4.2

해설 기체연료 CO_2 max[%]식
① 완전연소시 : $\dfrac{CO_2}{100-O_2/0.21}\times 100[\%]$
$=\dfrac{21\times CO_2}{21-O_2}$ 에서
∴ $\dfrac{21\times 14.2}{21-5.41}=19.13[\%]$
② 불완전연소시(CO가 존재할 때) :
$\dfrac{21(CO_2+CO)}{21-O_2+0.395CO}$

17 열효율이 압축비만으로 결정되며 동력 사이클이라고도 하는 사이클은? (단, 비열비는 일정하다.)

① 오토 사이클　　② 에릭슨 사이클
③ 스털링 사이클　　④ 브레이턴 사이클

해설 오토사이클(Otto cycle) : 가솔린 기관, 불꽃점화기관의 이상적 사이클로 급열과 방열이 등적과정에서 이루어지는 등적 사이클, 압축비가 증가할수록 효율은 증가한다.

18 탄소 C[kg]를 완전연소시키는데 필요한 공기량[Nm^3/kg]을 옳게 나타낸 것은?

① $\dfrac{1}{0.21}\times 22.4\times C$
② $\dfrac{1}{0.21}\times\dfrac{22.4}{12}\times C$
③ $\dfrac{1}{0.21}\times\dfrac{22.4}{6}\times C$
④ $\dfrac{1}{0.21}\times\dfrac{22.4}{24}\times C$

해설 $C + O_2 \rightarrow CO_2$
12kg : $\dfrac{22.4Nm^3}{0.21}$
C[kg] : X 공기량
∴ $X=\dfrac{\dfrac{22.4Nm^3}{0.21}\times C}{12kg}=\dfrac{1}{0.21}\times\dfrac{22.4}{12}\times C$

19 연소할 때 유효하게 자유로이 연소할 수 있는 수소, 즉 유효수소량[kg]을 구하는 식으로 옳은 것은? (단, H는 연료 속의 수소량[kg]이고, O는 연료 속에 포함된 산소량[kg]이다.)

① $H+\dfrac{O}{8}$　　② $H-\dfrac{O}{8}$
③ $H+\dfrac{O}{4}$　　④ $H-\dfrac{O}{4}$

해설 $(H-\dfrac{O}{8})$: 유효수소, $\dfrac{O}{8}$: 무효수소

20 중유 버너 연소에서 무화 방법으로 잘못된 것은?

① 금속판에 연료를 고속으로 충돌시키는 방법
② 가열에 의해 가스화하는 방법
③ 압축공기를 사용하는 방법
④ 원심력을 사용하는 방법

해설 무화방법
① 유압식
② 이류체식
③ 회전식
④ 진동(초음파)식
⑤ 충돌식

Answer　16.②　17.①　18.②　19.②　20.②

제2과목 계측 및 에너지진단

21 계측기의 보전관리 사항에 해당되지 않는 것은?

① 정기 점검과 일상 점검
② 정기적인 계측기의 교체
③ 보전 요원의 교육
④ 계측기의 시험 및 교정

해설 계측기는 측정 결과의 신뢰성 확보가 매우 중요하기에 정기적 점검 및 보전요원의 교육, 계기의 시험, 교정을 통해 신뢰성을 확보한다.

22 보일러의 자동제어의 수위 제어방식 3요소식에서 검출하지 않는 것은?

① 수위   ② 노내압
③ 증기유량   ④ 급수유량

해설 급수제어(FWC) 종류
① 단요소식(수위만 검출)
② 2 요소식(수위와 증기량 검출)
③ 3요소식(수위·증기량·급수량 검출)

23 적외선 가스분석계로 분석할 수 없는 것은?

① CO_2 ② CH_4
③ CO ④ Cl_2

해설 적외선 가스분석계 : 압력차를 금속박막의 변위, 전기 용량의 변화로 검출하여 CO_2 농도를 측정하는 것으로 적외선을 흡수하지 않는 N_2, O_2, H_2, Cl_2 등은 측정 불능, CO, CO_2, CH_4 등 적외선 스펙트럼을 이용한 가스분석기

24 전기저항 온도계의 종류 중 일종의 반도체 소자로서 니켈, 망간, 코발트, 철, 구리 등의 금속 산화물을 혼합하여 압축 소결시켜 만든 것은?

① 동 저항 온도계
② 니켈 저항 온도계
③ 백금 저항 온도계
④ 서미스터

해설 전기 저항 온도계 : 금속이나 반도체의 저항은 온도변화에 따라 변화되는 것을 이용
① 백금저항 온도계 : 저항체 중 사용온도 범위 가장 넓음 : $-200 \sim 500[℃]$), 저항치 $0[℃]$에서 25, 50, 100Ω
② 니켈 저항 온도계 : 저항치 $0[℃]$에서 500Ω
③ 구리 저항 온도계 : 사용 범위 $0 \sim 120[℃]$
④ 서미스터(thermistor) : 온도 계수가 크고 응답 속도가 빠르다. 측온소자(Ni, Co, Mn, Fe, Cu), 사용 범위 $-100 \sim 300[℃]$

25 보일러 효율 80[%], 실제 증발량 4[t/h], 발생 증기 엔탈피 650[kcal/kg], 급수 엔탈피 10[kcal/kg], 연료 저위발열량 9500[kcal/kg]일 때 이 보일러의 시간당 연료소비량은 약 몇 [kcal/h]인가?

① 193   ② 264
③ 337   ④ 394

해설 보일러 효율[%]
$$\eta = \frac{G(h''-h')}{Gf \times Hl} \times 100\% \text{에서 } Gf = \frac{G(h''-h')}{Hl \times \eta}$$
$$\therefore Gf = \frac{4000(650-10)}{9500 \times 0.8} = 336.8$$

ANSWER 21.② 22.② 23.④ 24.④ 25.③

26 유체의 흐름 중에 터빈이나 프로펠러를 설치하여 이것의 회전수로 유량을 측정하는 유량계는?

① 로터미터　② 전자 유량계
③ 오리피스　④ 수도미터

해설 **수도미터** : 유속식 유량계로 임펠러 회전 변환으로 회전수의 적산에 의한 측정

27 보일러 수면이 위험수위보다 낮아지면 신호를 발신하여 버너를 정지시켜 주는 장치는?

① 노내압 조절장치
② 저수위 차단장치
③ 압력 조절장치
④ 증기트랩

해설 **인터록 제어종류** : 보일러 운전중 어떠한 한 가지라도 이상현상이 발생되면 다음 동작하지 못하게 보일러를 자동정지시키는 장치
① 저수위인터록 : 수위가 이상저수위시 전자밸브를 닫아 연소정지
② 압력초과인터록 : 증기압이 소정압력 초과시 전자밸브를 닫아 연소정지
③ 저연소인터록 : 유량조절밸브가 저연소 상태가 되지않으면 전자밸브를 열지 않아 점화저지
④ 불착화인터록 : 연소중 화염이 소멸시 전자밸브를 닫아 버너에 연료분사 정지
⑤ 프리퍼지인터록 : 보일러 점화전 송풍기가 작동되지 않으면 전자밸브가 열리지 않아 점화저지

28 보일러 수위를 측정하는 유리관식 수면계 종류 중 가장 높은 압력 범위에서 사용할 수 있는 것은?

① 멀티포트식
② 2색식 수면계
③ 평형 반사식
④ 원형 유리관식

해설 **유리관식(직관식) 수면계종류 및 사용압력**
• 원형유리관식 : 최고사용압력 1Mpa 이하
• 평형반사식 : 최고사용압력 1.6~2.5Mpa 이하
• 평형투시식 : 최고사용압력 4.5~7.5Mpa 이하
• 2색 액면계 : 최고사용압력 4.5~7.5Mpa 이하
• 멀티포트식 : 21Mpa까지 사용

29 어떤 보일러에서 사용하는 과열기의 과열증기 발생량, 과열증기 엔탈피, 포화증기 엔탈피, 과열기의 전열면적이 다음과 같을 때 과열기 열부하는 약 몇 [kcal/m²·h]인가?

| 과열증기 발생량 : 840[kg/h] |
| 과열기 전열면적 : 19[m²] |
| 과열증기 엔탈피 : 689.1[kcal/kg] |
| 포화증기 엔탈피 : 651.0[kcal/kg] |

① 1684　② 1735
③ 1863　④ 1918

해설 **전열면 열부하(열발생율)[kcal/m²h]** : 보일러 전열면적 1[m²]당 1시간 동안의 보일러 전열면 열이동량

전열면 열부하 = $\dfrac{G(h'' - h_1)}{H_A}$ [kcal/m²h]

$\therefore \dfrac{840(689.1 - 651.0)}{19} = 1684.4$

30 보일러에 사용하는 압력계의 최고 눈금에 대해서 바르게 설명한 것은?

① 보일러 최고사용압력의 4배 이하로 하되 2배보다 작아서는 안된다.
② 보일러 최고사용압력의 4배 이하로 하되 최고 사용압력보다 작아서는 안된다.
③ 보일러 최고사용압력의 3배 이하로 하되 1.5배보다 작아서는 안된다.
④ 보일러 최고사용압력의 3배 이하로 하되 최고 사용압력보다 작아서는 안된다.

해설 **압력계의 눈금범위** : 1.5배 이상~3배 이하

ANSWER　26.④　27.②　28.①　29.①　30.③

31 측정 오차의 종류 중 계통적 오차에 해당하지 않는 것은?

① 우연오차　　② 환경오차
③ 기기오차　　④ 개인오차

해설 오차의 종류
① **과오에 의한 오차** : 측정자의 오류에 의해 발생된 오차
② **계통적 오차** : 어떤 정해진 원인에 의해 규칙적으로 발생되는 오차
　㉠ 측정기 오차(고유오차)
　㉡ 측정자 습관 오차(개인 오차)
　㉢ 환경적 오차(온도, 습도)
③ **우연 오차** : 랜덤오차(random error) 혹은 비재현성 오차(non-repeatability)라 하며, 측정치의 흩어짐(산포)을 나타내는 오차 즉 계통적인 오차를 제거해도 역시 예측 할 수 없는(불규칙적) 우연 오차

32 다음 중 방전을 이용한 진공계는?

① 피라니　　② 가이슬러관
③ 휘스톤 브리지　　④ 서미스터

해설
① **피라니 게이지(Pirani gauge)** : 가스의 온도를 측정해서 계산하는 열량형 유량계와 같은 원리를 이용한 방식(범용적 진공계)
② **가이슬러관(Geissler Tube)** : 방전(플라즈마)은 압력에 따라 방전형태가 변화하는 원리에 의한 진공도 측정(저진공 게이지로 가장 많이 사용)

33 베크만 온도계에 대한 설명으로 옳은 것은?

① 빠른 응답성의 온도를 얻을 수 있다.
② 저온용으로 적합하여 약 -100[℃]까지 측정할 수 있다.
③ -60~350[℃] 정도의 측정 온도 범위인 것이 보통이다.
④ 모세관의 상부에 수은을 봉입한 부분에 대해 측정 온도에 따라 남은 수은의 양을 가감하여 그 온도 부분의 온도차를 0.01[℃]까지 측정할 수 있다.

해설 **베크만온도계** : 모세관 상부에 보조 구부를 설치하고 측정온도의 사용에 따라 수은 양을 조절할 수 있어 0.01[℃] 정도의 미세온도까지 측정이 가능하며, 열량계로서도 쓰인다. 최고 150[℃]까지 측정, 실험용으로 사용되며 가장 정밀도가 좋다.
※ 유리온도계 중 베크만이 가장 정도가 좋고, 저온 측정 및 감도는 알콜이 좋다.

34 보일러의 증발량이 37400[kg/h]이고, 보일러 전열면적이 550[m²]일 때 이 보일러 증발률은 몇 [kg/m²·h]인가?

① 44.4　　② 54.5
③ 63.8　　④ 68.0

해설 **보일러 증발율[kg/m²h]** : 보일러의 전열면적 1[m²]당 1시간 동안의 실제 증발량
$= \dfrac{G}{H_A}$ [kg/m²h]
여기서, G : 시간당 실제 증발량[kg/h]
　　　　H_A : 전열면적[m²]
$\therefore \dfrac{37400}{550} = 68$ [kg/m²h]

35 액체와 고체연료의 열량을 측정하는 열량계는?

① 봄브식　　② 융커스식
③ 클리브랜식　　④ 타그식

해설 열량계 종류
① 기체 연료용 : 융커스(Junkers), 시그마
② 고체 및 액체 연료용 : 봄(베)브 열량계

36 다음은 가스분석계인 자동화학식 CO_2계에 대한 설명이다. 틀린 것은?

① 오르자트식 가스분석계와 같이 CO_2를 흡수액에 흡수시켜서 이것에 의한 시료가스 용액의 감소를 측정하고 CO_2 농도를 지시한다.
② 피스톤의 운동으로 일정한 용적의 시료가스가 KOH 용액 중에 분출되며 CO_2는 여기서 용액에 흡수되지 않는다.
③ 조작은 모두 자동화되어 있다.
④ 흡수액에 따라서는 O_2 및 CO의 분석계로도 사용할 수 있다.

해설 피스톤의 운동으로 일정한 용적의 시료가스를 흡수시키는 방법은 오르잣트법으로 분석가스를 각흡수액에 흡수시켜 CO_2, O_2, CO의 순서로 분석하는 방법
※ 가스분석순서 및 흡수제 : CO_2 (KOH 30[%] 이하 수용액) → O_2 (알칼리성 피로카롤용액) → CO (암모니아성 염화제1동 용액)

37 보일러 연도에서 가스를 채취하여 분석할 때 분석계 입구에서 2차 필터로 주로 사용되는 것은?

① 아런덤   ② 유리솜
③ 소결금속   ④ 카보런덤

해설
• **유리솜** : 연도 가스에 포함된 미세 먼지, 이물질을 걸러내어 분석계 센서를 보호하는 역할. 분석계 입구 2차 필터로 사용
• **아런덤, 소결금속, 카보런덤** : 입자 크기가 유리솜보다 커서 1차 필터용으로 사용

38 아르키메데스의 부력 원리를 이용한 액면측정 기기는?

① 차압식 액면계
② 퍼지식 액면계
③ 기포식 액면계
④ 편위식 액면계

해설 **편위식 액면계** : 물체가 유체에 잠겨 있을 때 유체가 물체에 미치는 힘으로 물체의 부피에 비례하고 물체의 밀도와 유체의 밀도의 차이에 반비례한다는 부력의 원리를 이용한 액면 높이를 측정하는 방식 (아르키메데스의 부력 원리)

39 제어시스템에서 응답이 계단변화가 도입된 후에 얻게 될 최종적인 값을 얼마나 초과하게 되는지를 나타내는 척도는?

① 오프셋   ② 쇠퇴비
③ 오버슈트   ④ 응답시간

해설 **오버슈트(Overshoot)** : 어떤 신호의 값이 목표값보다 더 크게 나오는 현상

40 미리 정해진 순서에 따라 순차적으로 진행하는 제어방식은?

① 시퀀스 제어
② 피드백 제어
③ 피드포워드 제어
④ 적분 제어

해설
① **시퀀스 제어** : 미리 정해진 순서에 따라 제어 단계를 순차적으로 진행하는 방식(보일러 점화 및 소화시 제어)
② **피드백 제어** : 폐회로로 구성되어 제어하고자 하는 제어량을 목표값에 가깝도록 출력값을 입력측으로 되먹임 작업을하는 회로(보일러 운전중 신호)

ANSWER 36.② 37.② 38.④ 39.③ 40.①

제3과목 열설비구조 및 시공

41 가스절단은 산소와 철과의 화학반응을 이용하는 절단 방법으로 다음 중 가스절단을 사용하는데 가장 적합한 소재는?

① 주철
② 저탄소강
③ 스테인리스강
④ 아연도금강관

[해설] **가스절단 원리** : 강 또는 합금강에 아세틸렌-산소불꽃으로 850℃~900℃로 예열후 고압산소를 불어내면 예열부위가 연소되면서 산화철이 되고, 산화철은 용융점이 모재보다 낮아지기 때문에 계속되는 고압산소로 불어내 날려지게 되면서 절단된다.

42 다음 중 동관 이음의 종류가 아닌 것은?

① 몰코 이음
② 플랜지 이음
③ 납땜 이음
④ 압축 이음

[해설] **몰코 이음** : 스테인리스관 이음법으로 압착공구를 이용한다.

43 관지지장치 중 통상 배관의 이동을 구속 또는 제한하는 역할을 하는 것으로 앵커, 스토퍼, 가이드 등이 속하는 장치를 무엇이라 하는가?

① 서포트
② 리스트 레인트
③ 행거
④ 브레이스

[해설] **배관 지지쇠 종류**
① **행거** : 배관 하중을 위에서 끌어 당겨지지(리지드, 스프링, 콘스탄트)
② **써포오트** : 배관 하중을 밑에서 떠 받쳐지지(리지드, 스프링, 로울러, 파이프슈)
③ **리스트레인트** : 열팽창에 의한 배관의 이동을 구속(앵커, 스톱, 가이드)
④ **브레이스(방진기, 완충기)** : 펌프, 압축기 등에서 발생되는 진동, 충격 등을 흡수완화

44 노통 보일러의 특징을 설명한 것으로 틀린 것은?

① 급수처리가 비교적 복잡하다.
② 구조가 간단하고 제작이 쉽다.
③ 수부가 커서 부하변동에 영향을 적게 받는다.
④ 전열면적이 다른 형식에 비해 적어 효율이 낮다.

[해설] **노통보일러 특징**
[장점]
① 구조간단, 취급 용이하다.
② 청소, 검사 용이하다.
③ 보유 수량이 많아 부하 변동에 응하기가 쉽다.
④ 급수처리가 수관식 보일러에 비해 까다롭지 않다.
[단점]
① 고압, 대용량에 부적당하다.
② 전열 면적이 적어 효율이 낮다.
③ 보유수량이 많아 파열시 피해가 크다.
④ 증발시간이 오래 걸린다.

45 매연분출장치 중에서 롱 레트랙터형의 주요 사용 장소에 대해 바르게 설명한 것은?

① 보일러의 고온부인 과열기나 고온의 열가스 통로 부분에 사용한다.
② 보일러의 연소실 노벽 등에 부착하여 타고 남은 찌꺼기를 제거한다.
③ 보일러 전열면, 절탄기 등에 사용하며 자동식과 수동식이 있다.
④ 관형의 공기계열기에 사용되며 원격 조작이 가능하다.

[해설] **매연분출장치(Soot Blower)** : 전열면 외측의 그을음이나 재를 물, 공기, 증기로 분사하여 제거하는 장치
※ **종류**
① **롱레트랙블(장발)형 (삽입형)** : 고온부인 과열기나 수관부용으로 고온의 열가스 통로에 사용할 때 사용되며 긴 분사관에 노즐을 설치하여, 고온전열면에 사용
② **쇼트레트랙블(단발)형** : 분사관이 짧으며 1개의 노즐을 설치하여, 연소 노벽 매연분출용

ANSWER 41.② 42.① 43.② 44.① 45.①

③ 건타입 형 : 일반적인 전열면 블로워로 ,타고 남은 재가 많이 부착하는 보일러에 사용
④ 로터리용(회전용) : 회전을 하면서 분사청소하는 것으로 연도 등 저온전열면에 사용

46 보일러에서 착화와 화염안정을 위한 보염장치에 해당하지 않는 것은?

① 윈드 박스
② 스테빌라이저
③ 버너 타일
④ 플레임 아이

해설 보염 장치 : 착화와 연소화염을 안정시키고 공기와 연료의 혼합을 도모케 하여 저공기비 연소를 하게 하는 장치
① 스테 빌라이저 : 연료유의 분무흐름이나 연소공기 사이에서 저유속 흐름을 유도함으로 불꽃의 안정성을 유지하는 장치
② 윈드 박스(wind box) : 버너 벽면에 설치된 밀폐상자로 공기흐름을 적절히 유지하며 동압을 정압 상태로 바꾸어 착화나 연속화염을 안정시키는 장치
③ 버너 타일 : 버너의 첨단부분을 보호하며 화염의 모양을 형성시켜 연속화염을 안정시키는 내화재로 구축된 장치
④ 콤버스터 : 저온의 노에서도 연소를 안정시켜 분출 흐름의 모양을 안정시킨 장치

47 전기적, 화학적 성질이 우수한 편이고 비중이 0.92~0.96 정도이며, 약 90℃에서 연화하지만 저온에 강하여 한랭지 배관으로 우수한 관은?

① 염화비닐관
② 석면 시멘트관
③ 폴리에틸렌관
④ 철근 콘크리트관

해설 폴리에틸렌관(Poly ethylene : PE관) : 최고사용압력 0.4MPa 이하 가스매설 배관용으로 전기적, 화학적 성질이 우수하고, 저온에도 강하여 한랭지 배관으로도 사용, PE관 연결법으로는 융착이음, 테이퍼죠인트, 인서트이음 등이 있다.

48 관을 구부렸다가 힘을 제거하면 탄성이 작용하여 다시 펴지는 현상을 무엇이라 하는가?

① 스프링백
② 브레이스
③ 플렉시블
④ 벨로즈

해설 스프링백(springback)현상 : 배관 벤딩 후 힘을 제거할 때 내부 잔류응력에 의해 배관이 원래 상태로 되돌아가려는 현상으로 배관 조립시 원래 치수와 달라지는 문제가 발생할 수 있다.

49 열관류율이 5[W/m·K]인 구조물에서 전열면적이 10[m²]이고 구조물 안쪽 온도와 바깥쪽 온도를 각각 500[℃], 100[℃]라고 하면 손실열량은 약 몇 [kW]인가?

① 10
② 15
③ 20
④ 25

해설 $Q = K \cdot A \cdot \Delta t$ 에서
$Q = 5 \times 10 \times [(273+500) - (273+100)] = 2000[W]$
$= 20[KW]$

50 보일러가 개발된 초기에 사용한 형식이었지만, 근래에는 일반 보일러에 거의 사용되지 않고 폐열보일러에는 많이 적용되는 보일러 형식은?

① 연관식 보일러
② 원통 보일러
③ 다관식 관류 보일러
④ 자연순환식 수관보일러

해설 연관보일러(기관차, 케와니)특징
① 노통에 비해 전열면적이 크다.
② 노통에 비해 증발량이 많고, 효율이 높다.
③ 같은 용량이면 노통에 비해 설치면적을 적게 차지한다.
④ 구조가 복잡하고, 내부 청소가 어렵다.
⑤ 연관 부분에 누설이나 고장이 많다.

ANSWER 46.④ 47.③ 48.① 49.③ 50.①

51 호칭지름 20[A]인 강관을 곡률 반지름 100[mm]로 90° 구부릴 때 곡선부의 길이는 약 몇 [mm]인가?

① 217　② 197
③ 157　④ 87

> 해설
> 곡관부 길이 산출식 : $\ell = \dfrac{2\pi R\theta}{360}$
> (R : 곡관의 반지름, θ : 각도)
> $\therefore \ell = \dfrac{2 \times 3.14 \times 100 \times 90}{360} = 157$

52 급유장치 중 하나인 서비스 탱크의 부속설비에 해당하지 않는 것은?

① 가열장치
② 유면계
③ 솔레노이드 밸브
④ 오버플로우 관

> 해설
> 솔레노이드 밸브는 인터록장치와 연결되어 연료밸브를 제어하기 위한 자동제어 장치와 연결된 부속설비

53 에너지이용합리화법에 따라 국가, 지방자치단체 등이 추진하여야 하는 에너지의 효율적인 이용과 온실가스의 배출 저감을 위하여 필요한 조치의 구체적인 내용은 무엇으로 정하는가?

① 고용노동부령
② 산업통상자원부령
③ 대통령령
④ 환경부령

> 해설
> 온실가스 배출 감축실적의 신청, 등록, 관리 등 필요한 조치의 구체적인 내용에 관한 사항을 정하는령 : 대통령령

55 에너지이용합리화법에 따라 검사대상기기의 검사를 받지 않고 사용한 자에 대한 벌칙으로 맞는 것은?

① 1년 이하의 징역 또는 1천만원 이하의 벌금
② 2년 이하의 징역 또는 2천만원 이하의 벌금
③ 3년 이하의 징역 또는 3천만원 이하의 벌금
④ 6개월 이하의 징역 또는 5백만원 이하의 벌금

> 해설
> 1년 이하 징역 또는 1천만원 이하 벌금
> ① 검사 대상 기기의 검사를 받지 아니한 자(제조, 설치, 개조, 설치장소 변경, 계속 사용 검사), 검사에 합격하지 아니한 검사대상기기를 사용한 자
> ② 검사 대상 기기의 사용 정지 명령에 위반한 자

55 에너지이용합리화법에 따라 검사대상기기의 검사 종류 중 운전성능검사 대상이 아닌 것은?

① 철금속가열로
② 용량이 1[t/h]인 산업용 강철제 보일러
③ 용량이 5[t/h]인 난방용 강철제 보일러
④ 용량이 3[t/h]인 난방용 강철제 보일러

> 해설
> 운전성능검사 : 설치검사 후 운전성능부문에 대한 유효기간을 연장하고자 하는 검사
> ① 용량이 1t/h(난방용의 경우에는 5t/h) 이상인 산업용 강철제 보일러 및 주철제보일러
> ② 철금속가열로

ANSWER　51.③　52.③　53.③　54.①　55.④

56 에너지이용합리화법령에서 정하는 특정 열사용기자재에 해당하지 않는 것은?

① 축열식 전기보일러
② 태양열 온수기
③ 금속 소둔로
④ 1종 압력용기

해설 특정 열사용기자재
① 기관 : 강철제, 주철제, 온수, 구멍탄용 온수보일러, 축열식 전기보일러, 태양열 집열기
② 압력용기 : 제 1종 및 2종 압력용기
③ 요업요로(터널가마), 금속요로(용선로, 금속균열로, 금속소둔로)

57 에너지이용합리화법에 따라 에너지다소비사업자는 전년도의 분기별 에너지사용량 및 제품생산량, 해당 연도의 분기별 에너지사용 예정량 및 제품생산 예정량, 에너지사용기자재의 현황 등을 산업통상자원부령으로 정하는 바에 따라 매년 1월 31일까지 신고해야 하는데, 누구에게 신고해야 하는가?

① 산업통상자원부장관
② 시 · 도지사
③ 한국에너지공단이사장
④ 환경부장관

해설 에너지 다소비업자의 신고 내용 및 신고 : 1월31일까지 시 · 도지사에게
① 전년도의 에너지사용량 및 제품생산량
② 해당 연도의 에너지사용 예정량 · 제품생산 예정량
③ 에너지사용기자재의 현황
④ 전년도의 에너지 이용합리화 실적 및 당해연도의 계획

58 주철제 보일러의 일반적인 특징에 관한 설명으로 틀린 것은?

① 조립 및 분해나 운반이 편리하다.
② 쪽수의 증감에 따라 용량 조절에 유리하다.
③ 내부구조가 간단하여 청소가 쉽다.
④ 고압용 보일러로는 적합하지 않다.

해설 주철제 보일러 특징
① 분해, 조립, 운반이 편리하다.
② 섹션수 증감으로 용량 증감이 가능하다.
③ 내식, 내열성에 강하다.
④ 저압으로 파열시 피해가 적다.
⑤ 인장, 충격에 약하다.
⑥ 열에 의한 부동팽창의 우려가 있다.
⑦ 청소, 검사가 곤란하다.

59 보일러 설치규격에서 보일러 가스누설 경보기의 구조에 대한 기준 설명으로 틀린 것은?

① 충분한 강도를 가지며 취급과 정비가 용이할 것
② 경보기의 경보부와 검지부는 반드시 일체형일 것
③ 경보는 램프의 점등 또는 점멸과 동시에 경보를 울리는 것일 것
④ 검지부가 다점식인 경우에는 경보가 울릴 때 경보부에서 가스의 검지 장소를 알 수 있는 구조여야 할 것

해설 경보부와 검지부는 분리하여 설치할 수 있을 것

60 보일러에서 사용하는 분출관 및 분출밸브 등에 대한 설명으로 틀린 것은?

① 보일러 아랫부분에는 분출관과 분출밸브 또는 분출코크를 설치해야 한다 (관류보일러는 제외).
② 일반적으로 2개 이상의 보일러를 같이 사용할 경우 분출관은 공동으로 사용해야 한다.
③ 분출밸브의 크기는 호칭지름 25[mm] 이상의 것이어야 한다(전열면적 10[m^2] 이하의 보일러는 호칭지름 20[m^2] 이상 가능)
④ 최고사용압력 0.7[MPa] 이상의 보일러의 분출관에는 분출밸브 2개 또는 분출밸브와 분출코크를 직렬로 갖추어야 한다.

해설 일반적으로 2개 이상의 보일러를 같이 사용할 경우 분출관은 공동으로 사용하지 말 것.

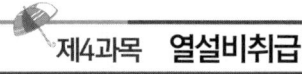

제4과목 열설비취급 및 안전관리

61 다음 출열 항목 중 열손실이 가장 큰 것은?

① 방산에 의한 손실
② 배기가스에 의한 손실
③ 불완전 연소에 의한 손실
④ 노 내 분입 증기에 의한 손실

해설 1) 입열 항목
 ① 연료의 발열량(저위발열량)
 ② 연료의 현열
 ③ 공기의 현열
 ④ 노내 분입 증기열

2) 출열 항목
 ① 유효출열(피열물이 가지고 나가는 열)
 ② 배기가스에 의한 손실열(손실열이 가장 크다)
 ③ 미연소 가스에 의한 손실열
 ④ 방산(노벽을 통한)에 의한 손실열

62 증기보일러에 부착하는 압력계 눈금판의 바깥지름은 100[mm] 이상으로 해야 하나 특수한 경우 눈금판의 바깥지름을 60[mm] 이상으로 할 수 있다. 이 경우에 해당하지 않는 것은?

① 소용량 보일러
② 최대증발량 5[t/h] 이하인 관류보일러
③ 최고사용 압력 1.0[MPa] 이하로서 전열면적 2[m^2] 이하인 보일러
④ 최고사용 압력 5.0[mm] 이하이고, 동체의 안지름 50[mm] 이하 동체의 길이 1000[mm] 이하인 보일러

해설 압력계 눈금판 바깥지름 60mm 이상으로 할 수 있는 경우
① 최고사용압력 0.5MPa 이하, 동체 안지름 500mm 이하, 동체 길이 1,000mm 이하 보일러
② 최고사용압력 0.5MPa 이하, 전열면적 2m^2 이하 보일러
③ 최대증발량 5t/h 이하인 관류보일러
④ 소용량 보일러

63 다음 중 보일러 구성의 3대 요소에 해당되지 않는 것은?

① 본체   ② 분출장치
③ 연소장치   ④ 부속장치

해설 보일러 3대 구성요소
① 본체
② 연소장치
③ 부속장치

ANSWER 60.② 61.② 62.③ 63.②

64 보일러를 옥내에 설치하는 경우의 설명으로 잘못된 것은?

① 보일러에 설치된 계기들은 육안으로 관찰하는데 지장이 없도록 충분한 조명시설이 있어야 한다.
② 보일러 및 보일러에 부설된 금속제의 굴뚝 또는 연도의 외측으로부터 0.3[m] 이내에 있는 가연성 물체에 대하여는 금속 이외의 불연성 재료로 피복하여야 한다.
③ 보일러 동체에서 벽, 배관, 기타 보일러 축 부에 있는 구조물(검사 및 청소에 지장이 없는 것은 제외)까지 거리는 0.2[m] 이상이어야 한다.
④ 보일러실은 연소 및 환경을 유지하기에 충분한 급기구 및 환기구가 있어야 한다.

해설 보일러 동체에서 벽, 배관, 기타 보일러 측부에 있는 구조물까지 거리는 0.45m 이상(소형보일러는 0.3m 이상)

65 보일러 급수의 탈기법 가운데 화학적 방법을 설명한 것 중 관계없는 것은?

① 히드라진을 보일러 급수에 첨가하면 탈산소가 이루어진다.
② 아황산나트륨을 보일러 급수에 첨가하면 탈산소가 행하여진다.
③ 기체 분압의 감소 및 가열에 의한 용해도 감소, 비등과 확산 등이 발생한다.
④ 탄닌은 저압보일러용의 탈산소제로서 사용되고 있다.

해설 탈기법 : 기계적 방법, 화학적 방법 (청관제 처리법)
탈산소제 종류 : 탄닌, 아황산소다(황산나트륨이 되어 고형물 증가 유발하므로) (저압보일러에 사용), 히드라진(고압보일러용)

66 장기 휴지 보일러를 사용하기 위해 연소 계통을 점검해야 할 때의 설명으로 틀린 것은?

① 기름탱크의 유량, 가스 압력을 확인하여 연료 공급에 차질이 생기지 않도록 한다.
② 연료 배관은 연료가 누설되지 않는지 점검하고 연료밸브를 열어놓는다.
③ 연도 댐퍼가 열려있는지 확인하고 이를 잠가 놓는다.
④ 화염검출기의 오염 여부를 확인하고 유리면을 깨끗이 닦는다.

해설 연도 댐퍼를 열어 놓는다.

67 강철제 증기보일러의 수압시험 방법에 대한 설명으로 틀린 것은?

① 공기를 빼고 물을 채운 후 천천히 압력을 가한다.
② 수압시험 중 또는 시험 후에도 물이 얼지 않도록 하여야 한다.
③ 규정된 시험 수압에 도달한 후 10분이 경과한 뒤 검사를 실시한다.
④ 수압시험은 규정된 압력의 6[%] 이상을 초과하지 않도록 적절한 제어를 마련한다.

해설 30분 경과 후 검사를 실시한다.

ANSWER   64.③   65.③   66.③   67.③

68 보일러에서 발생하는 부식을 내면에 발생하는 부식과 외면에 발생하는 부식으로 구분할 때 내면에 발생하는 부식의 일반적인 원인에 해당하는 것은?

① 연소가스
② 수처리 불량
③ 연료 속의 부식성 물질
④ 내화벽돌의 습기가 있는 장소

해설 보일러 부식종류 및 원인
① **외부부식** : 고온부식, 저온부식, 산화부식 (원인: 부식성 가스나 수분)
② **내부부식** : 점식, 국부부식, 전면식, 구식(구루빙), 알카리부식 (원인: 급수처리 불량)

69 집진장치의 선정 시 고려할 사항으로 가장 거리가 먼 것은?

① 연료의 연소방법
② 배기가스 중의 O_2 농도
③ 사용연료의 종류
④ 처리해야 할 입자의 크기

해설 집진장치 선정시 고려사항 : 연료의 연소방법 및 연료의 종류, 먼지 농도 및 입도, 집진효율, 배기가스 성상, 포집한 먼지의 탈진방법 등이다.

70 보일러의 부속장치 중 폐열회수장치에 대한 설명이 잘못된 것은?

① 재열기 : 보일러에서 발생된 증기로 급수를 예열시켜 주는 장치
② 공기예열기 : 연소가스의 여열 등으로 연소용 공기를 예열하는 장치
③ 과열기 : 포화증기를 가열하여 압력은 일정하게 유지하면서 증기의 온도를 높이는 장치
④ 절탄기 : 폐열가스를 이용하여 보일러에 급수되는 물을 예열하는 장치

해설 재열기(Reheater) : 과열기와 같은 역할을 하며, 과열기에서 발생된 증기의 일부를 회수하고, 고압터빈에서 사용된 증기를 회수 재가열하여 증기의 건조도를 상승시킨다.

71 증기난방의 응축수 환수 방법 중 증기의 순환속도가 제일 빠른 환수방식은?

① 진공 환수식
② 기계 환수식
③ 중력 환수식
④ 강제 환수식

해설 진공 환수식 : 응축수를 원활히 끌어올리기 위해서 진공펌프 입구에 리프트 이음을 한다. 리프트 이음의 높이는 1.5[m] 이내 설치한다.

72 어떤 강철제 증기보일러의 최고사용압력이 2.0[MPa]일 때 수압시험 압력은 몇 [MPa]로 해야 하는가?

① 2.0
② 2.5
③ 3.0
④ 3.5

해설 강철제 및 주철제 보일러 수압시험 압력
① 최고사용압력이 0.43MPa 이하 : 최고사용압력의 2배
② 최고사용압력이 0.43MPa 초과 1.5MPa 이하 : 최고사용압력의 (1.3배 + 0.3MPa) 압력
③ 최고사용압력이 1.5MPa를 초과 : 최고사용압력의 1.5배
∴ 2×1.5=3[MPa]

73 관로 속을 가득 차 흐르는 물 등의 유체 속도를 급격히 변화시킬 때 생기는 압력 변화로 인해 관에 타격을 주는 작용으로 밸브의 급격한 개폐, 기체의 혼입 등에 의하여 발생하는 이상 현상은?

① 수격작용
② 캐비테이션
③ 맥동현상
④ 포밍

해설 수격작용(Water hammer) : 배관 내부에 고여 있던 응축수가 송기시 급격히 변화하면 관 내부를 심하게 타격하여 소음 및 부식, 배관의 이상 현상을 발생시킨다.

ANSWER 68.② 69.② 70.① 71.① 72.③ 73.①

74 보일러 수중의 용존산소에 의한 국부전지가 구성되어 생기는 전기화학적 부식에 해당되는 것은?

① 알칼리 부식 ② 가성취하
③ 구식 ④ 점식

> **해설** **점식** : 물에 함유된 CO_2와 산소 작용으로 점모양의 부식

75 점화 후 보일러를 급격히 가동하면 좋지 않다. 그 주된 이유로 적합한 것은?

① 염류가 많아진다.
② 증기의 질이 나빠진다.
③ 보일러 수의 순환이 느려진다.
④ 이음부의 파손이나 누설위험이 발생한다.

> **해설** 보일러를 급격히 가동하면 이음 부분이 새거나 파손의 우려가 있다.

76 다음 중 스케일의 생성형태를 맞게 설명한 것은?

① 규산칼슘 스케일은 실리카가 많은 급수 또는 칼슘의 제거가 불완전한 경우 생성된다.
② 황산칼슘 스케일은 pH 조정제의 투입으로 pH가 상승되는 경우 생성된다.
③ 탄산칼슘 스케일은 경도성분 중 마그네슘 성분의 제거가 불충분한 경우 생성된다.
④ 중탄산칼슘은 저온에서 탄산가스를 분리하여 황산칼슘 등과 결합하면 경질의 스케일이 생성된다.

> **해설** **스케일(관석)** : 급수 중 용해되어 있는 규산염, 칼슘염, 마그네슘염 등의 농축이 단독 또는 다른 성분과의 화합으로 발생하며 황산염과 규산염은 경질 스케일의 원인. 스케일이 부착하면 전열이 방해되어 과열의 원인

77 증기난방에서 증기 공급관의 관말부의 최종 분기 이후에서 트랩에 이르는 배관은 여분의 증기가 충분히 냉각되어 응축될 수 있도록 냉각레그를 설치하는데 일반적으로 냉각레그의 길이는 몇 [m] 이상으로 하는가?

① 1.0 ② 1.5
③ 2.0 ④ 2.5

> **해설** **냉각관(냉각레그)** : 건식 환수 방식의 관말에 설치하여 관내 응축수를 제거하고 순환을 좋게 하기 위해 1.5m 이상 나관상태로 만들어 준다.

78 보일러 안전장치에 속하지 않는 것은?

① 증기압력 제한기
② 방폭문
③ 화염검출기
④ 스테빌라이저

> **해설** **스테빌라이저** : 연료유의 분무 흐름이나 연소공기 사이에서 저유속 흐름을 유도함으로 불꽃의 안정성을 유지하는 보염장치

79 보일러 안전 저수면에 대한 설명으로 맞는 것은?

① 보일러 정지 중 항상 유지되는 수면
② 보일러 사용 중 유지해야 할 최저의 수면
③ 보일러 사용 중 항상 유지되는 수면
④ 보일러 사용 중 유지해야 할 최고의 수면

> **해설** **안전저수위** : 보일러 사용 중 유지해야 할 최저 수면

ANSWER 74.④ 75.④ 76.① 77.② 78.④ 79.②

80 과열기에 부착되는 안전밸브의 분출용량 및 수는 보일러 동체의 안전밸브의 분출용량 및 수에 포함시킬 수 있다. 이 경우 보일러 동체에 부착하는 안전밸브는 보일러의 최대증발량의 몇 [%] 이상을 분출할 수 있는 것이어야 하는가?

① 55 ② 65
③ 75 ④ 85

> **해설** 보일러 동체에 부착하는 안전밸브 : 보일러 최대 증발량의 75% 이상 분출할 수 있는 것(다만, 관류보일러 경우는 과열기 출구에 최대 증발량에 상당하는 분출 용량의 안전밸브를 설치할 수 있다.)

에너지관리산업기사

2023년 복원문제

제1과목 열역학 및 연소관리

01 습증기 영역에 대한 표현 중 옳은 것은?
(단, x는 건도이다.)

① x = 0   ② 0 < x < 1
③ x = 1   ④ x > 1

해설
① 포화수(100℃ 물) : (x= 0)
② 습포화 증기(100℃의 물과 증기) : (0 < x < 1)
③ 건포화 증기(100℃의 증기) : (x=1)
④ 과열 증기(100℃ 이상의 증기) : (x=1)

02 연돌의 상부 단면적을 구하는 식으로 옳은 것은? (단, F : 연돌의 상부 단면적(m^2), t : 배기가스 온도(℃), W : 배기가스 속도(m/s), G : 배기가스 양(Nm^3/h)이다.)

① $F = \dfrac{G(1+0.0037t)}{2700\,W}$

② $F = \dfrac{GW(1+0.0037t)}{2700}$

③ $F = \dfrac{G(1+0.0037t)}{3600\,W}$

④ $F = \dfrac{GW(1+0.0037t)}{3600}$

해설
연돌 상부 단면적 식 $F = \dfrac{G(1+0.0037t) \times \dfrac{P_1}{P_2}}{3600\,W}$

여기서, F : 연돌 상부 단면적(m^2)
t : 배기가스 온도(℃)
W : 배기가스 속도(m/s)
G : 배기가스 양(Nm^3/h)
P_1 : 대기압(mmHg)
P_2 : 배기가스압력(mmHg)

03 보일러 통풍에 대한 설명으로 틀린 것은?

① 자연통풍은 굴뚝 내의 연소가스와 대기와의 밀도차에 의해 이루어진다.
② 통풍력은 굴뚝 외부의 압력과 굴뚝하부(유입구)의 압력과의 차이이다.
③ 압입통풍을 하는 경우 연소실 내는 부압이 작용한다.
④ 강제통풍 방식 중 평형통풍 방식은 통풍력을 조절할 수 있다.

해설
통풍의 종류
1) **자연통풍** : 배기가스와 공기의 비중차와 연돌의 높이에 의한 통풍
2) **강제통풍** : 송풍기를 이용한 강제 통풍
  ① 압입통풍 : 송풍기를 노 앞에서 대기압 이상으로 밀어 넣는 형식(정압+)
  ② 흡입(유입, 흡인)통풍 : 송풍기를 연돌하부에서 연소가스를 빨아내는 형식(부압-)
  ③ 평형통풍 : 압입과 흡입의 통풍을 병합한 형식(정압+, 부압-) 가능

04 원통형 보일러와 비교할 때 수관식 보일러의 장점에 해당되지 않는 것은?

① 수부가 커서 부하변동에 따른 압력변화가 적다.
② 전열면적이 커서 증기발생이 빠르다.
③ 과열기, 공기예열기 설치가 용이하다.
④ 효율이 좋고, 고압, 대용량에 많이 쓰인다.

해설
수관 보일러의 특징
[장점]
㉠ 고온, 고압에 적당하다.
㉡ 설치 면적이 작고 발생열량이 크다.
㉢ 효율이 대단히 높다.

ANSWER 01.② 02.③ 03.③ 04.①

ㄹ) 외분식이어서 연료의 질에 장애를 받지 않으며 연소 상태도 양호하다.
ㅁ) 보유수량이 적어 파열 시 피해가 적다.
[단점]
㉠ 급수처리가 까다롭다.
㉡ 증발 속도가 너무 빨라 습증기로 인한 관내장애가 우려된다.
㉢ 구조가 복잡하여 청소, 검사, 수리에 불편하다.
㉣ 제작이 까다로우며 비용도 많이 든다.
㉤ 외분식이어서 노벽으로의 방산손실이 많다.
㉥ 보유수량이 적어 부하 변동에 응하기가 어렵다.

05 온도 300K인 공기를 가열하여 600K가 되었다. 초기 상태 공기의 비체적을 1m³/kg, 최종 상태 공기의 비체적을 2m³/kg이라고 할 때 이 과정 동안 엔트로피의 변화량은 약 몇 kJ/kg·K인가? (단, 공기의 정적비열은 0.7kJ/kg·K, 기체상수는 0.3kJ/K이다.)

① 0.3   ② 0.5
③ 0.7   ④ 1.0

해설 엔트로피 변화량

$$dS = Cv \times \ln\left(\frac{T_2}{T_1}\right) + R \times \ln\left(\frac{v_2}{v_1}\right)$$
$$= 0.7 \times \ln\left(\frac{600}{300}\right) + 0.3 \times \ln\left(\frac{2}{1}\right) = 0.693$$

06 15℃의 물 1kg을 100℃의 포화수로 변화시킬 때 엔트로피 변화량(kJ/K)은? (단, 물의 평균 비열을 4.2kJ/kg·K이다.)

① 1.1   ② 6.7
③ 8.0   ④ 85.0

해설 엔트로피 변화량

$$\Delta S = G \cdot C \ln\frac{T_2}{T_1}$$
$$\therefore 1 \times 4.2 \times \ln\frac{(273+100)}{(273+15)} = 1.086$$

07 정상유동과정으로 단위시간당 50℃의 물 200kg과 100℃ 포화증기 10kg을 단열된 혼합실에서 혼합할 때 출구에서 물의 온도(℃)는? (단, 100℃ 물의 증발잠열은 2250kJ/kg이며, 물의 비열은 4.2kJ/kg·K이다.)

① 55.0   ② 77.3
③ 77.9   ④ 82.1

해설
200kg × 4.2kJ/kg·K × [tm−(273+50)]K
= (10kg × 2250kJ/kg) +
[10kg × 4.2kJ/kg·K × [(273+100)K − tm]
$$tm = \frac{22,500 + 15,666 + 271,320}{(840+42)} = 350.89°K$$
∴ 350.89 − 273 = 77.89℃

08 다음은 물의 압력-온도 선도를 나타낸 것이다. 임계점은 어디를 말하는가?

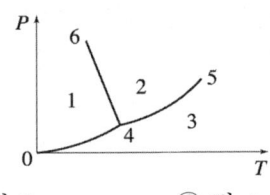

① 점 0   ② 점 4
③ 점 5   ④ 점 6

해설
1. 고체영역   2. 액체영역
3. 기체영역   4. 삼중점   5. 임계점
① 4-6선 : 융해곡선
② 0-4선 : 승화곡선
③ 4-5선 : 증발곡선

ANSWER 05.③ 06.① 07.③ 08.③

09 과열증기에 대한 설명으로 옳은 것은?

① 습포화증기에서 압력을 높인 것이다.
② 동일압력에서 온도를 높인 습포화증기이다.
③ 건포화증기를 가열해서 압력을 높인 것이다.
④ 건포화증기에 열을 가해 온도를 높인 것이다.

해설 **과열증기** : 건조포화 증기에 열을 가해 얻은 증기(압력은 일정)
과열증기엔탈피
= 건포화증기 엔탈피 + (증기비열 × 과열도)

10 노통보일러와 비교하여 연관보일러의 특징에 대한 설명으로 틀린 것은?

① 보일러 내부 청소가 간단하다.
② 전열면적이 크므로 중량당 증발량이 크다.
③ 증기발생에 소요시간이 짧다.
④ 보유수량이 적다.

해설 **연관 보일러 특징**
[장점]
㉠ 외분식 구조로 완전연소 및 고온도의 상승이 용이하다.
㉡ 전열면적이 넓어 대류순환이 잘된다.
㉢ 같은 용량이면 노통 보일러보다 설치 면적이 적다.
㉣ 예열부하가 적어 부하에 응하기 쉽다.
[단점]
㉠ 구조가 복잡하여 취급 및 청소가 어렵다.
㉡ 급수처리를 요한다.
㉢ 외분식의 경우(횡연관식) 노벽방사손실이 있다.

11 중유의 비중이 크면 탄화수소비(C/H비)가 커지는데 이때 발열량은 어떻게 되는가?

① 커진다.
② 관계없다.
③ 작아진다.
④ 불규칙하게 변한다.

해설 **탄소수소(C/H)비** : 석유계 연료로, 연소에 필요한 공기량이나 발열량에 관계되는 수치로, 타르 > 중유 > 경유 > 등유 > 휘발유 순으로 (C/H)비는 감소한다.
(C/H)비가 클수록 : 이론 공연비는 감소, 비점이 높다, 매연 발생이 쉽다, 휘도(방사율)가 크다, 화염은 길다, 발열량이 적다, 인화점이 높다.

12 25℃의 철(Fe) 35kg을 온도 76℃로 올리는데 소요열량이 675kcal이다. 이 철의 비열과 열용량은?

① 비열 : 0.38kcal/kg·℃,
  열용량 : 13.2kcal/℃
② 비열 : 2.64kcal/kg·℃,
  열용량 : 9.25kcal/℃
③ 비열 : 0.38kcal/kg·℃,
  열용량 : 9.25kcal/℃
④ 비열 : 0.26kcal/kg·℃,
  열용량 : 13.2kcal/℃

해설 ① **비열** : 어떤 물질 1[kg]의 온도를 1[℃] 올리는데 필요한 열량[kcal/kg·℃]
$= G \cdot C \cdot \Delta t$
$\therefore \dfrac{675}{35 \times (76-25)} = 0.378$
② **열용량** : 어떤 물질의 온도를 1[℃] 만큼 올리는데 필요한 열량[kcal/℃]
= 질량(G) × 비열(C) 35[kg] × 0.378[kcal/kg·℃]
= 13.23[kcal/℃]

13 이상기체의 가역단열 변화를 가장 바르게 표시하는 식은? (단, P : 절대압력, V : 체적, k : 비열비, n : 폴리트로픽지수, C : 상수이다.)

① $P^k V = C$
② $P^{k-1} V^n = C$
③ $PV^k = C$
④ $PV^{k-1} = C$

해설 **이상기체 상태변화 관계식**
① 등압변화 : $PV^0 = C$
② 등온변화 : $PV^1 = C$
③ 단열변화 : $PV^k = C$

ANSWER 09.④ 10.① 11.③ 12.① 13.③

④ 폴리트로픽변화 : $PV^n = C$
⑤ 등적변화 : $PV^\infty = C$

14 광전관식 온도계의 측정온도 범위로 옳은 것은?

① 700~3000℃   ② -20~350℃
③ 50~650℃   ④ -260~1000℃

해설 **광전관식 온도계** : 두 개의 광전관을 통해 측온체로부터 빛을 얻어 양자의 휘도를 같도록 하여 필라멘트 전류로부터 온도지시(온도 측정이 자동), 사용범위 700~3,000[℃]

15 다음 온도에 대한 설명으로 잘못된 것은?

① 온수의 온도가 110°F로 표시되어 있다면 섭씨 온도로는 43.3℃이다.
② 30℃를 화씨온도로 고치면 86°F이다.
③ 섭씨 30℃에 해당하는 절대온도는 303K이다.
④ 40°F는 절대온도로 464.4K이다.

해설 40°F의 절대온도는 460+40°F = 500[°R]이다.
① $[°C] = \frac{5}{9}([°F] - 32)$
② $[°F] = \frac{9}{5}[°C] + 32$
③ $[°K] = 273 + [°C]$
④ $[°R] = 459.7 + [°F]$

16 탄소 1kg을 연소시키기 위해서 필요한 이론적인 산소량은?

① $1Nm^3$ ② $1.867Nm^3$
③ $2.667Nm^3$ ④ $22.4Nm^3$

해설 $C + O_2 \rightarrow CO_2$
12kg : 22.4Nm³
1kg : X (Nm³)
∴ $X = \frac{1kg \times 22.4Nm^3}{12kg} = 1.867Nm^3$

17 압력 0.1MPa, 온도 20℃의 공기가 6m × 10m × 4m인 실내에 존재할 때 공기의 질량은 약 몇 kg인가? (단, 공기의 기체상수 R은 0.287kJ/kg·K이다.)

① 270.7   ② 285.4
③ 299.1   ④ 303.6

해설 **이상기체 상태방정식** : 이상기체의 상태 온도, 압력, 부피와의 관계를 나타내는 식
$PV = GRT$
(여기서, P : 압력[kg/m²a]
V : 부피[m³]
G : 질량[kg]
R : 기체상수(0.287KJ/kg.°K)
T : 절대온도[°K])
∴ $G = \frac{PV}{RT} = \frac{(0.1 \times 1000) \times (240)}{0.287 \times (273 + 20)} = 285.405kg$

18 냉동 사이클의 작업 유체인 냉매의 구비 조건으로 가장 거리가 먼 것은?

① 증발잠열이 클 것
② 임계온도가 낮을 것
③ 응축압력이 낮을 것
④ 열전달 특성이 좋을 것

해설 **냉매의 구비조건**
① 저온, 대기압 이상에서 증발하고, 상온 저압에서 쉽게 응축 액화할 것
② 임계온도가 높고, 응고온도는 낮을 것(액화하기 쉽다)
③ 소요 동력이 적을 것
④ 증발잠열이 크고 액체비열이 작을 것
⑤ 비열비가 작을 것
⑥ 윤활유, 수분 등과 작용하여 냉동작용에 영향을 미치지 않을 것
⑦ 점도와 표면장력이 작을 것
⑧ 전기적 절연내력이 클 것
⑨ 금속을 부식하지 않고, 압축기 윤활유를 열화시키지 않을 것
⑩ 냉매 가스의 비체적이 작을 것

ANSWER 14.① 15.④ 16.② 17.② 18.②

19 열 펌프의 성능계수를 나타낸 식은? (단, Q_1은 고열원의 열량 Q_2는 저열원의 열량이다.)

① $\dfrac{Q_1}{Q_1 - Q_2}$ ② $\dfrac{Q_1 - Q_2}{Q_2}$

③ $\dfrac{Q_1 - Q_2}{Q_1}$ ④ $\dfrac{Q_2 - Q_1}{Q_2}$

해설 열펌프 성능계수(COP)
$COP = \dfrac{Q_1}{Q_1 - Q_2} = \dfrac{T_1}{T_1 - T_2}$
고열원열량 Q_1, 온도 T_1
저열원열량 Q_2, 온도 T_2

20 카르노 사이클로 작동되는 기관이 250℃에서 300kJ의 열을 공급받아 25℃에서 방열했을 때의 일은 얼마인가?

① 30kJ   ② 129kJ
③ 171kJ   ④ 225kJ

해설 카르노사이클
효율(η) = $\dfrac{유효일(AW)}{공급열량(Q_1)} = \dfrac{Q_1 - Q_2}{Q_1}$
$= 1 - \dfrac{Q_2}{Q_1} = \dfrac{T_1 - T_2}{T_1} = 1 - \dfrac{T_2}{T_1}$
고열원열량 Q_1, 저열원열량 Q_2,
고열원온도 T_1, 저열원온도 T_2
$\therefore AW = 300(\text{kJ}) \times \dfrac{(273+250) - (273+25)}{(273+250)}$
$= 129.06\text{kJ}$

제2과목 계측 및 에너지진단

21 배관용 연결부속 중 관의 수리, 점검, 교체가 필요한 곳에 사용되는 것은

① 플러그   ② 니플
③ 소켓   ④ 유니온

해설 플랜지(유니온) 이음 : 배관의 보수, 점검을 위한 관의 해체, 교환에 사용하는 이음쇠로 관경이 65A 이상 시 플랜지 이음, 관경이 50A 이하는 유니온 이음을 한다.

22 증기트랩의 설치에 관한 설명으로 옳은 것은?

① 응축수와 증기를 배출하기 위하여 설치하는 중요한 부품이다.
② 응축수량이 많이 발생하는 증기관에는 열동식 트랩이 주로 사용된다.
③ 냉각래그는 1.5m 이상 설치하며 증기 공급관의 관말부에 설치한다.
④ 증기트랩의 주위에는 바이패스관을 설치할 필요가 없다.

해설
① 증기중 응축수를 배출하기 위한 부품이다.
② 응축수량이 많을 시 기계식 트랩을 사용한다.
④ 증기트랩 주변 배관은 바이패스관을 설치한다.

23 전기전도도 및 열전도도가 비교적 크고 내식성과 굴곡성이 풍부하여 전기단자, 압력계관, 급수관, 냉난방관에 사용되는 관은?

① 강관
② 동관
③ 스테인리스 강관
④ PVC관

해설 동관 특징
① 전성, 연성이 풍부하여 가공이 쉽다.
② 전기 및 열전도성이 양호하며, 열교환기용으로 사용
③ 연수에 부식되는 성질
④ 알카리에 강하나 산성에는 약하다.
⑤ 가벼우나 외부 충격에 약하다.
⑥ 가격이 비싸다.

ANSWER 19.① 20.② 21.④ 22.③ 23.②

24 적외선 가스분석계의 특징에 대한 설명으로 옳은 것은?

① 선택성이 뛰어나다.
② 대상 범위가 좁다.
③ 저농도의 분석에 적합하다.
④ 측정가스의 더스트 방지나 탈습에 충분한 주의가 필요없다.

해설 **적외선 가스분석계** : 압력차를 금속박막의 변위, 전기용량의 변화로 검출하여 CO_2 농도를 측정하는 것으로 적외선을 흡수하지 않는 N_2, O_2, H_2, Cl_2 등은 측정불능, CO, CO_2, CH_4 등 적외선 스펙트럼을 이용한 가스분석기
※ 특징
① 저농도가스의 분석에 적합하다.
② 선택성이 우수하다.
③ 더스트 및 습기방지에 주의한다.
④ 대상 범위가 넓고 연속 측정이 용이하다.

25 고온의 응축수 흡입 시 흡인력 증가를 위해 보조로 사용하며, 일반적인 펌프보다 효율은 떨어지나 취급이 용이한 펌프의 종류는?

① 제트펌프   ② 기어펌프
③ 와류펌프   ④ 물펌프

해설 **제트펌프** : 노즐, 슬롯, 디퓨저로 구성되어 노즐에서 고속으로 분출된 유체에 의해 주위에 유체를 흡입하여 토출한다.

26 열전대를 보호하기 위하여 사용되는 보호관 중 내식성, 내열성, 기계적 도가 크고 황을 함유한 산화염에서도 사용할 수 있는 것은?

① 황동관   ② 자기관
③ 카보랜던관   ④ 내열강관

해설 **내열강관 특징**
① 내식성, 내열성, 강도가 좋다.
② 유황가스 및 산화염에도 사용 가능하다.
③ 비금속관에 비해 비교적 저온 측정용(1050℃ 정도)

27 크롬마그네시아계 내화물에 대한 설명으로 옳은 것은?

① 용융 온도가 낮다.
② 비중과 열팽창성이 작다.
③ 내화도 및 하중연화점이 낮다.
④ 염기성 슬래그에 대한 저항이 크다.

해설 **크롬마그네시아계 내화물의 특성**
① 용융 온도 2,000℃ 이상으로 높다.
② 비중 4.1~4.8g/cm^3, 열팽창성 1.0~1.5%로 크다.
③ 내화도 1,600~1,800℃,
   하중연화점 1,400~1,600℃로 높다.

28 광고온계의 특징에 대한 설명으로 틀린 것은?

① 구조가 간단하고 휴대가 편리하다.
② 개인에 따라 오차가 적다.
③ 연속 측정이나 제어에는 이용할 수 없다.
④ 고온측정에 적합하다.

해설 **광고온계** : 비접촉식 온도계로 피측온물에서 방출되는 복사에너지를 측정하여 온도를 측정하는 방식으로 피측온물의 표면 상태, 측정 거리, 주변 환경의 영향 등에 따라 측정 오차가 발생할 수 있다.

29 아르키메데스의 원리를 이용하여 측정하는 액면계는?

① 액압측정식 액면계
② 전극식 액면계
③ 편위식 액면계
④ 기포식 액면계

해설 **편위식 액면계** : 물체가 유체에 잠겨 있을 때 유체가 물체에 미치는 힘으로 물체의 부피에 비례하고 물체의 밀도와 유체의 밀도의 차이에 반비례한다는 부력의 원리를 이용한 액면 높이를 측정하는 방식(아르키메데스의 부력 원리)

ANSWER 24.① 25.① 26.④ 27.④ 28.② 29.③

30 다음 중 내화 점토질 벽돌에 속하지 않는 것은?

① 납석질 벽돌
② 샤모트질 벽돌
③ 고알루미나 벽돌
④ 반규석질 벽돌

> **해설** 내화 점토질 벽돌은 산성내화물, 고알루미나 벽돌은 중성내화물
> ① **산성내화물** : 규석질(SiO_2), 반규석질($SiO_2-Al_2O_3$), 납석질($SiO_2-Al_2O_3$), 샤모트질($SiO_2-Al_2O_3$)
> ② **중성내화물** : 고알루미나질($Al_2O_3-SiO_2$), 탄소질(C), 탄화규소질(SiC), 크롬질(Cr_2O_3, Al_2O_3, MgO)
> ③ **염기성내화물** : 마그네시아질(MgO), 크롬마그네시아질(Cr_2O_3, MgO), 돌마이트질(MgO, CaO), 폴스테라이트질(MgO, SiO_2)

31 다음 중 유기질 보온재가 아닌 것은?

① 펠트   ② 기포성 수지
③ 코르크   ④ 암면

> **해설** 보온재 종류
> ① 유기질보온재 종류 : 펠트류, 텍스류, 폼류(염화비닐폼, 폴리스틸폼), 탄화콜크류
> ② 무기질보온재 종류 : 탄산마그네슘, 유리섬유(글라스울), 규산칼슘, 암면, 퍼얼라이트, 실리카화이버, 세라믹화이버

32 용기 내부에 증기 사용처의 증기압력 또는 열수온도보다 높은 압력과 온도의 포화수를 저장하여 증기부하를 조절하는 장치를 무엇이라고 하는가?

① 기수분리기
② 스팀 어큐뮬레이터
③ 스토리지 탱크
④ 오토 클레이브

> **해설** 증기축열기(steam accumulator) : 저부하 또는 변동부하 시 잉여증기를 저장하고 과부하 시(peak)에 저장된 잉여증기를 공급하는 장치로 변압식, 정압식이 있다.

33 복사 난방의 특징에 대한 설명으로 틀린 것은?

① 실내의 온도분포가 거의 균등하다.
② 난방의 쾌감도가 좋다.
③ 실내에 방열기가 없으므로 바닥의 이용도가 높다.
④ 열용량이 크므로 외기온도가 급변할 경우 방열량 조절이 쉽다.

> **해설** 복사 난방의 특징
> ① 장점 : 쾌감도가 좋다. 실내 공간의 이용율이 높다(방열기 설치 불필요). 동일 방열량에 대한 열손실이 적다.
> ② 단점 : 매입배관이므로 시공, 수리, 고장 발견, 외기온도 변화에 대한 조절이 어렵고, 시설비가 비싸다.

34 다음 보일러의 부속장치에 관한 설명으로 틀린 것은?

① 재열기 : 보일러에서 발생된 증기로 급수를 예열시켜 주는 장치
② 공기예열기 : 연소가스의 예열 등으로 연소용 공기를 예열하는 장치
③ 과열기 : 포화증기를 가열하여 압력은 일정하게 유지하면서 증기의 온도는 높이는 장치
④ 절탄기 : 폐열가스를 이용하여 보일러에 급수되는 물을 예열하는 장치

> **해설** 재열기(reheater) : 증기의 건도를 높이기 위해 증기를 재가열하는 장치로 과열증기가 고압 터빈에서 팽창이 끝나고 응축 직전에 회수하여 다시 가열시켜 저압 터빈에서 팽창하도록 하는 것으로 증기 터빈의 열효율을 향상시킬 뿐만 아니라 터빈 날개의 부식이나 마찰에 따른 손실을 감소시켜 준다.

ANSWER 30.③ 31.④ 32.② 33.④ 34.①

35 관의 안지름을 D(cm), 1초간의 평균유속을 V(m/sec)라 하면 1초간의 평균유량 Q(m³/sec)를 구하는 식은?

① $Q = DV$
② $Q = \frac{\pi}{4}DV$
③ $Q = \frac{\pi}{4}(\frac{D}{100})^2 V$
④ $Q = (\frac{V}{100})^2 D$

해설
$Q = A \cdot V = \frac{\pi(D)^2}{4} \cdot V = \frac{\pi}{4}(\frac{D}{100})^2 \cdot V$, 1m=100cm

36 다음 중 물리적 가스분석계가 아닌 것은?

① 전기식 CO_2계
② 연소열식 O_2계
③ 세라믹식 O_2계
④ 자기식 O_2계

해설 가스분석계 구분

종류	구분	측정방법	측정 가스	분석계기 및 분석법
화학적 가스분석계	화학반응 이용	연소열법	H_2, CO, C_mH_n 등의 가연성 기체 및 산소	미연소 가스계 (H_2+CO) 연소식 O_2계
		오르잣트법	($CO_2 \to O_2 \to CO$) 흡수액(시약)에 쉽게 용해되는 기체	간헐자동 측정식 자동화학식 CO_2계
물리적 가스분석계	물성정수 이용	열전도율법	2성분으로 볼 수 있는 혼합기체 또는 열전도율이 어느 정도 다른 2성분	전기식 CO_2계
		밀도법	밀도가 어느 정도 다른 2개의 성분이나 2성분으로 간주되는 혼합기체	라우터계, 밀도식 CO_2계 라나렉스계
		가스	비점 및 기체가 300[℃]	간헐자동

	크로마토그래프법	이하의 액체	측정식
전기적 성질 이용	도전율법	물이나 용액에 녹아 도전율이 변해지는 기계	저농도가스측정
	세라믹법	산소(O_2)가스	지르코니아식
자기적 성질 이용	자화율법	산소(O_2)가스	자기식 O_2계
광학적 성질 이용	적외선흡수법	H_2, O_2, N_2(2원자분자) 이외의 가스	

37 조업방식에 따른 요의 분류 시 불연속식 요에 해당되지 않는 것은?

① 횡염식 요
② 터널식 요
③ 승염식 요
④ 도염식 요

해설 조업방식에 따른 분류
① 불연속식 : 횡염식, 승염식, 도염식
② 연속식 : 터널식, 반터널식, 연속식
③ 반연속식 : 셔틀가마, 등요

38 갤로웨이 관을 설치함으로써 얻을 수 있는 이점으로 틀린 것은?

① 화실 내벽의 강도 보강
② 전열면적 증가
③ 관수의 대류 순환을 촉진
④ 열로 인한 신축변화의 흡수 용이

해설 갤러웨이관(Galloway tube)의 설치 목적
① 전열면적 증가
② 물의 순환 양호
③ 노통강도 보강

ANSWER 35.③ 36.② 37.② 38.④

39 면적식 유량계의 특징에 대한 설명으로 틀린 것은?

① 고점도 액체의 측정이 가능하다.
② 부식액의 측정에 적합하다.
③ 적산용 유량계로 사용된다.
④ 유량 눈금이 균등하다.

> **면적식 유량계** : 교축(조리개)기구 전후의 압력을 일정히 유지시켜 플로우트의 변위를 이용한 유량 산출 방식으로 로터미터(체적과 시간으로부터 직접 유량계측), 게이트식, 피스톤형
> ※ 특징
> ① 소유량 고점도 유체 측정 용이하다.
> ② 부식성 유체나 슬러리 유체의 측정에 적합하다.
> ③ 고점도 및 소량의 유체에 대한 측정이 가능하다.
> ④ 압력손실이 적고, 진동이 적은 장소에 수직으로 설치한다.
> ⑤ 유량에 따른 균등눈금을 얻는다.

40 보일러에서 사용하는 분출관 및 분출밸브 등에 대한 설명으로 틀린 것은?

① 보일러 아랫부분에서는 분출관과 분출밸브 또는 분출코크를 설치해야 한다(관류보일러는 제외).
② 일반적으로 2개 이상의 보일러를 같이 사용할 경우 분출관은 공동으로 사용해야 한다.
③ 분출밸브의 크기는 호칭지름 25mm 이상의 것이어야 한다(전열면적 10m² 이하의 보일러는 호칭지름 20mm 이상 가능).
④ 최고사용압력 0.7MPa 이상 보일러의 분출관에는 분출밸브 2개 또는 분출밸브와 분출코크를 직렬로 갖추어야 한다.

> 2개 이상의 보일러에서 분출관을 공동으로 하여서는 안된다. 분출관은 각 보일러마다 온도와 압력이 다르기 때문에 별도로 설치 한다.

제3과목 열설비구조 및 시공

41 분사컵으로 기름을 비산시켜 무화하는 버너는?

① 유압분무식   ② 공기분무식
③ 증기분무식   ④ 회전분무식

> **회전식(로우터리)버너** : 버너 전방에 분사컵을 설치하여 고속으로 회전하는 원심력을 이용하여 연료를 0.03[MPa] 정도 가압 분출하여 1차로 공급된 공기가 에어 노즐을 통해 무화하는 형식

42 다음 중 보일러 자동제어 중 자동연소제에서 연료량과 공기량을 조작량으로 하여 무엇을 제어하기 위함인가?

① 증기압력   ② 보일러수위
③ 증기온도   ④ 급수온도

> **제어량과 조절량의 관계**

제어종류	제어량	조작량
자동연소제어(A.C.C)	증기압력	연료량, 공기량
	노내압력	연소가스량
급수제어(F.W.C)	보일러수위	급수량
증기온도제어(S.T.C)	증기온도	전열량

43 보일러의 자동제어 속하지 않는 것은?

① 급수제어   ② 위치제어
③ 연소제어   ④ 온도제어

> **보일러 자동제어(ABC : Automatic Boiler Control)**
> 1) 자동연소제어(ACC)
>   ① 증기압력제어
>   ② 온수온도제어
>   ③ 노내압제어
> 2) 급수제어(FWC) : 급수양을 자동으로 보충하여 조절하는 제어장치

ANSWER 39.③ 40.② 41.④ 42.① 43.②

2023년 복원문제

① 단요소식(수위만 검출)
② 2요소식(수위와 증기량 검출)
③ 3요소식(수위·증기량·급수량 검출)
3) 증기온도제어(STC)

44 1ppm이란 용액 몇 kg_f 중의 용질 1mg이 녹아 있는 경우인가?

① $1kg_f$ ② $10kg_f$
③ $100kg_f$ ④ $1000kg_f$

해설 농도 단위
① PPM : 용액 1kg (1ℓ) 중에 함유하는 불순물의 양 1mg(단위 : mg/kg, mg/ℓ, g/ton, g/m³)
② PPB : 용액 1000 kg(1m³) 중에 함유하는 불순물의 양 1mg(단위 : mg/ton, mg/m³)
③ EPM : 용액 1kg 중의 용질 1mg 당량 (당량농도라고도 함) : 상온수용액 경우 1ℓ 중에 mg 당량)

45 다음 중 급수 중의 불순물이 직접 보일러의 과열의 원인이 되는 것은?

① 탄산가스 ② 수산화나트륨
③ 히드라진 ④ 유지분

해설 관수 중에 유지분, 부유물, 용존고형물 등이 다량 함유하고 있으면 증기 발생 시 거품이 수면 위를 뒤덮는 포밍현상으로 과열의 직접원이 된다.

46 강판의 두께가 12mm이고, 리벳의 직경이 20mm이며, 피치가 48mm의 1줄 겹치기 리벳 조인트가 있다. 이 강판의 효율은?

① 25.9% ② 41.7%
③ 58.3% ④ 75.8%

해설 효율 : $(1 - \frac{20}{48}) \times 100\% = 58.33 \%$

47 보일러에 대한 인터록이 아닌 것은?

① 압력초과 인터록
② 온도초과 인터록
③ 저수위 인터록
④ 저연소 인터록

해설 인터록 종류
① 저수위인터록 : 수위가 이상저수위시 전자밸브를 닫아 연소정지
② 압력초과인터록 : 증기압이 소정압력 초과 시 전자밸브를 닫아 연소정지
③ 저연소인터록 : 유량조절밸브가 저연소 상태가 되지 않으면 전자밸브를 열지 않아 점화저지
④ 불착화인터록 : 연소중 화염이 소멸 시 전자밸브를 닫아 버너에 연료분사 정지
⑤ 프리퍼지인터록 : 보일러 점화전 송풍기가 작동되지 않으면 전자밸브가 열리지 않아 점화저지

48 동관 이음쇠 중 C × M 어댑터에 대한 설명으로 맞는 것은?

① 한쪽은 이음쇠 외측으로 관이 들어가고, 한쪽은 관형나사가 안으로 난 이음쇠
② 한쪽은 이음쇠 외측으로 관이 들어가고, 한쪽은 관형나사가 밖으로 난 이음쇠
③ 한쪽은 이음쇠 내측으로 관이 들어가고, 한쪽은 관형나사가 밖으로 난 이음쇠
④ 양쪽이 이음쇠 내로 관이 들어가는 소켓 이음쇠

해설 동관이음쇠
① C×M어댑터 : 한쪽은 수나사로 되어 있어 강관 부속에 나사 이음되고, 다른 한쪽은 동관이 삽입되어 용접하도록 되어 있는 이음쇠
② C×F어댑터 : 한쪽은 암나사로 되어 있어 강관의 수나사와 연결되고, 다른 한쪽은 동관이 삽입되어 용접하도록 구성되어 있는 이음쇠
③ M×Ftg어댑터 : 한쪽은 수나사로 되어 있어 강관 부속에 나사 이음되고, 다른 한쪽은 동관이음쇠 외부로 삽입되어 용접하도록 되어 있는 이음쇠

ANSWER 44.① 45.④ 46.③ 47.② 48.③

49 보일러 설치 시공을 하고자 할 때 온도계 설치 기준으로 적합하지 않은 것은?

① 급수 입구의 급수 온도계
② 보일러 본체 배기가스 온도계
③ 과열기 또는 재열기의 입구 온도계
④ 버너 급유 입구의 급유 온도계

해설 온도계 설치 기준
① 급수 입구의 급수 온도계
② 버너 급유입구의 급유온도계. 다만, 예열을 필요로 하지 않는 것은 제외한다.
③ 절탄기 또는 공기예열기가 설치된 경우에는 각 유체의 전후 온도를 측정할 수 있는 온도계. (단, 포화증기의 경우에는 압력계로 대신할 수 있다)
④ 보일러 본체 배기가스 온도계. 다만 (3)의 규정에 의한 온도계가 있는 경우에는 생략할 수 있다.
⑤ 과열기 또는 재열기가 있는 경우에는 그 출구 온도계
⑥ 유량계를 통과하는 온도를 측정할 수 있는 온도계

50 배기가스분석에 의한 공기비[m] 계산에서 산소농도가 3.5%일 때 공기비[m]는 얼마인가?

① 1   ② 1.2
③ 1.4   ④ 2.0

해설 ① 완전 연소시 공기비(m)식
$$m = \frac{A}{A_0} = \frac{A}{A - \text{과잉공기}} \quad m = \frac{N_2}{N_2 - 3.76 O_2}$$
② 배기가스중 O_2 함량에 의한 공기비(m)
$$m = \frac{21}{21 - O_2} \quad \therefore m = \frac{21}{21 - 3.5} = 1.2$$

51 보일러 가동 시 풍도에서 공기를 흡입하여 동압의 대부분을 정압으로 노 내에 유입시키는 부대장치는 무엇인가?

① 보염기   ② 윈드박스
③ 버너타일   ④ 플레임 아이

해설 보염 장치 : 착화와 연소화염을 안정시키고 공기와 연료의 혼합을 도모케 하여 저공기비 연소를 하게 하는 장치

① **스테빌라이저** : 연료유의 분무흐름이나 연소공기 사이에서 저유속 흐름을 유도함으로 불꽃의 안정성을 유지하는 장치
② **윈드 박스(wind box)** : 버너 벽면에 설치된 밀폐상자로 공기흐름을 적절히 유지하며 동압을 정압 상태로 바꾸어 착화나 연소화염을 안정시키는 장치
③ **버너 타일** : 버너의 첨단 부분을 보호하며 화염의 모양을 형성시켜 연속화염을 안정시키는 내화재로 구축된 장치
④ **콤버스터** : 저온의 노에서도 연소를 안정시켜 분출 흐름의 모양을 안정시킨 장치

52 다음 무기질 보온재 중 안전 사용온도가 가장 높은 것은?

① 펄라이트   ② 규산칼슘
③ 탄산마그네슘   ④ 세라믹화이버

해설 무기질 보온재의 종류 및 사용온도
① 석면(400℃ 이하)
② 규조토(500℃ 이하)
③ 탄산마그네슘(250℃ 이하)
④ 유리섬유(300℃ 이하)
⑤ 규산칼슘, 펄얼라이트(650℃ 이하)
⑥ 암면(600℃ 이하)
⑦ 실리카화이버(1100℃ 이하)
⑧ 세라믹화이버(1300℃ 이하)

53 연소 시 발생되는 이상 현상 중에서 연료의 분출속도가 연소속도보다 빠를 때 불꽃이 염공 위에 들뜨는 현상으로 염공 위에서 연소되는 것을 무엇이라 하는가?

① 역화   ② 비화
③ 황염   ④ 블로우오프

해설 비화(선화)현상 : 연료의 분출속도가 연소속도보다 빠를 때 불꽃이 염공을 떠나 연소되는 불안정한 연소현상

ANSWER 49.③ 50.② 51.② 52.④ 53.②

54 급수장치를 필요로 하는 보일러에는 주펌프 세트와 보조 펌프 세트를 갖춘 급수장치가 있어야 한다. 다음 중 보조 펌프를 생략할 수 있는 조건이 아닌 것은?

① 전열면적 12m^2 이하의 보일러
② 전열면적 14m^2 이하의 가스용 온수보일러
③ 전열면적 50m^2 이하의 원통형 보일러
④ 전열면적 100m^2 이하의 관류보일러

해설 보조펌프 생략 가능한 것
① 전열면적 12m^2 이하 보일러
② 전열면적 14m^2 이하 가스용 온수 보일러
③ 전열면적 100m^2 이하 관류 보일러

55 보일러 자동제어 동작에서 제어편차 검출 시 편차변화 속도에 비례하여 조작량을 가감하며 단독으로 사용하기보다는 비례동작과 조합하여 사용하는 제어동작은?

① P동작 ② I동작
③ D동작 ④ PD동작

해설 자동제어 연속동작
① **비례동작(P동작)** : 조작량이 동작신호의 현재 값에 비례하는 동작으로 잔류편차가 남는 동작, 외란이 큰제어는 부적당, 부하변화가 적은 프로세스 제어용
② **적분동작(I동작)** : 제어편차의 적분값에 비례하여 조작량을 정하는 제어로 잔류편차가 남지 않는 제어, 제어의 안정성이 떨어짐, 진동하는 경향
③ **미분동작(D 동작)** : 편차가 변화하는 속도의 미분에 비례하여 조작량을 가감하는 조절동작으로 진동이 제거되어 빨리 안정되고, 출력이 제어편차의 시간변화에 비례하는 동작

56 찬물이 한곳으로 인입되면 보일러가 국부적으로 냉각되어 부동챙창에 의한 악영향을 방지하기 위해 설치하는 장치는?

① 체크밸브   ② 급수내관
③ 기수 분리기 ④ 주증기 정지판

해설 급수내관 : 찬물로 인한 국부적인 부동팽창방지 목적으로 안전저수위 50mm 아래에 설치

57 보일러 자동제어 장치 중에서 제어신호의 되돌림을 통해 제어량과 설정값을 일치하도록 그 제어량을 수정 동작을 행하는 보일러의 기본 제어는? 무엇인가?

① 시퀀스제어 ② 피드백제어
③ 인터록제어 ④ 추치제어

해설 피드백 제어 : 폐회로로 구성되어 제어하고자 하는 제어량을 목표값에 가깝도록 출력값을 입력측으로 되먹임 작업을 하는 회로(보일러 운전 중 신호)

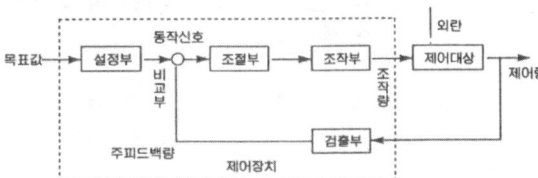

58 급수제어 방식 중에서 부하 변동이 심한 대형 보일러에 이용하는 3요소식의 제어대상에 속하지 않는 것은?

① 수위   ② 증기량
③ 급수량 ④ 급유량

해설 급수제어(FWC) : 급수양을 자동으로 보충하여 조절하는 제어장치
① 단요소식(수위만 검출)
② 2요소식(수위와 증기량 검출)
③ 3요소식(수위·증기량·급수량 검출)

ANSWER 54.④ 55.③ 56.② 57.② 58.④

59. 다음 중 보일러 분출작업의 목적이 아닌 것은?

① 관수의 불순물 농도를 한계치 이하로 유지한다.
② 프라이밍 및 캐리오버를 촉진한다.
③ 슬러분을 배출하고 스케일 부착을 방지한다.
④ 관수의 순환을 용이하게 한다.

분출의 목적	분출시기
① 관수의 불순물 농도를 한계치 이하로 유지	① 보일러 점화전
② 관수의 PH를 조절	② 운전중인 보일러에는 부하가 가장 가벼울 때
③ 캐리오버현상을 방지	③ 포밍 프라이밍의 발생 시
④ 관수의 신진대사 촉진으로 대류열 향상	④ 고수위로 가동될 때
⑤ 스케일. 슬러지 생성 방지 및 청소보존을 위해	⑤ 관수의 농축이 지나치다고 생각될 때

60. 보일러 안지름이 1850mm를 초과하는 것은 동체의 최소 두께를 얼마 이상으로 하여야 하는가?

① 6mm   ② 8mm
③ 10mm   ④ 12mm

동체 최소 두께기준
① 안지름 900mm 이하 : 6mm 이상(스테이 부착 시 : 8mm 이상)
② 안지름 900mm 초과 1350mm 이하 : 8mm 이상
③ 안지름 1350mm 초과 1,850mm 이하 : 10mm 이상
④ 안지름 1,850mm 초과 : 12mm 이상

제4과목 열설비취급 및 안전관리

61. 지역난방의 장점에 대한 설명으로 틀린 것은?

① 각 건물에는 보일러가 필요 없고 인건비와 연료비가 절감된다.
② 건물 내의 유효면적이 감소되며 열효율이 좋다.
③ 설비의 합리화에 의해 매연처리를 할 수 있다.
④ 대규모 시설을 관리할 수 있으므로 효율이 좋다.

지역난방 : 고압의 증기 또는 고온수 등을 이용하여 일정 지역의 다수건물(신도시 등)에 공급하여 난방하는 방식으로 각 건물에 보일러가 필요없이 유효면적이 넓고, 연료비가 절감되고, 대기오염이 감소한다.

62. 보일러 설치장소가 옥외일 경우 설치 기준으로 적합하지 않은 것은?

① 빗물이 스며들지 않도록 폭우방지 설치
② 노출된 절연재 등에 금속커버 또는 페인트칠
③ 증기관 및 급수관 등이 얼지 않도록 조치
④ 가스누설시 체류하지 않는 높이로 환기구 설치

가스누설 시 체류하지 않는 높이로 환기구 설치는 옥내설치기준

ANSWER 59.② 60.④ 61.② 62.④

63 다음 중 에너지이용 합리화법령상 매년 1월 31일까지 그 에너지사용시설이 있는 지역을 관할하는 시·도지사에게 전년도 분기별 에너지 사용량을 신고를 하여야 하는 자에 대한 기준으로 옳은 것은?

① 연료, 열 및 전력의 분기별 사용량의 합계가 300티오이 이상인 자
② 연료, 열 및 전력의 연간 사용량의 합계가 2000티오이 이상인 자
③ 연간사용량 1000티오이 이상의 연료 및 열을 사용하거나 연간사용량 200만 킬로와트시 이상의 전력을 사용하는 자
④ 연간사용량 1000티오이 이상의 열료 및 열을 사용하거나 계약전력 500킬로와트 이상으로서 연간 사용량 200만 킬로와트시 이상의 전력을 사용하는 자

해설 에너지 다소비 사업자(대통령이정한 기준량) : 연료. 열. 전력의 합계 : 년간 2,000[TOE] 이상자 에너지 다소비업자의 신고 내용
① 전년도의 에너지사용량 및 제품생산량
② 해당 연도의 에너지사용예정량. 제품생산예정량
③ 에너지사용기자재의 현황
④ 전년도의 에너지 이용합리화 실적 및 당해연도의 계획

64 보일러 사고에 관한 내용으로 틀린 것은?

① 압궤는 고온의 화염을 받는 전열면이 과열이 지나쳐서 견디지 못하고 안쪽으로 눌리어 오목하게 들어간 현상이다.
② 팽출은 전열면의 과열이 지나쳐 내압력 작용에 견디지 못하고 밖으로 부풀어 나오는 현상이다.
③ 라미네이션은 기포 및 가스구멍이 혼재된 강괴를 압연할 경우 강판 및 강관이 기포에 의해 내부에서 두장으로 분리되는 현상이다.
④ 블리스터는 라미네이션 상태에서 가열이 지나쳐 내부로 오목하게 들어간 현상이다.

해설 보일러손상
① **압궤** : 노통이나 화실 등이 외부 압력에 의해 오목하게 들어가는 현상
② **팽출** : 과열된 부분이 내압에 의해 부풀어 오르는 현상
③ **라미네이션** : 보일러 강판이나 관이 2장의 층으로 갈라지는 현상
④ **브리스터** : 보일러 강판이나 관이 2장의 층으로 갈라지면서 화염에 접합 부분이 부풀어 오르는 현상

65 에너지이용 합리화법의 목적에 해당되지 않는 것은?

① 에너지의 합리적이고 효율적인 이용 증진
② 에너지소비로 인한 환경파괴 줄임
③ 국민복지 증진과 지구온난화 최소화
④ 에너지의 풍부한 사용

해설 에너지이용 합리화법 목적
① 에너지의 수급안정을 위함
② 에너지의 합리적이고, 효율적인 이용증진
③ 에너지 소비로 인한 환경피해를 줄임
④ 국민경제의 건전한 발전 및 증진과 지구온난화의 최소화에 이바지함

ANSWER 63.② 64.④ 65.④

66 보일러의 고온부식 방지대책으로 틀린 것은?

① 회분 개질제를 첨가하여 바나듐의 융점을 낮춘다.
② 연료 중의 바나듐 성분을 제거한다.
③ 고온가스가 접촉되는 부분에 보호피막을 한다.
④ 연소가스 온도를 바나듐의 융점온도 이하로 유지한다.

해설
• 고온부식 : 연료중 V2O5 에의한 고온부(550℃~650℃) 부식으로 재열기, 과열기 등에서 일어남
• 방지책
① 중유의 전처리로 바나듐, 나트륨, 황분제거
② 바나듐의 융점을 올려 부착방지
③ 전열면 내식처리
④ 전열면 표면온도를 550℃ 이하 유지

67 보일러 운전 중 역화방지 대책에 대한 설명으로 옳은 것은?

① 점화시 착화는 천천히 한다.
② 노내에 연료를 우선 공급한후 공기를 공급한다.
③ 점화시 댐퍼를 닫고 미연소가스를 배출시킨다.
④ 실화시 재점화할 때 노내는 충분히 환기 시킨후 점화한다.

해설
• 역화(Back fire) : 연소실 내 미연소가스가 폭발하는 현상
• 역화원인
① 연소실 내 미연소가스가 차 있을 때
② 점화 실패 시
③ 가동 중 실화로 연소가스 누설 시
④ 점화 시간이 늦어졌을 때
⑤ 노내 환기 불충분 시

68 돌로마이트 내화물에 대한 설명으로 틀린 것은?

① 염기성 슬래그에 대한 저항이 크다.
② 소화성이 크다.
③ 내화도는 SK26~30이다.
④ 내스폴링성이 크다.

해설
염기성 내화물(주성분 : CaO, MgO)로 내화도는 SK36~39 정도이다.

69 에너지이용 합리화법에 따라 검사대상 기기의 검사 유효기간이 정해져 있다. 검사 유효기간이 1년이 아닌 것은?

① 보일러 설치검사
② 보일러 개조검사
③ 보일러 재사용검사
④ 압력용기 설치검사

해설
검사의 유효기간
① 용접 및 구조검사 : 없음
② 설치검사 / 개조검사
　㉠ 보일러 : 1년
　㉡ 압력용기 : 2년
　㉢ 철금속 가열로 : 2년
③ 계속 사용성능검사 : 1년
④ 계속 사용검사
　㉠ 보일러 : 1년
　㉡ 압력용기 : 2년
　㉢ 철금속가열로 : 2년

70 가스용 보일러의 연료배관에 대한 설명으로 틀린 것은?

① 배관은 외부에 노출하여 시공해야 한다.
② 배관이음부와 절연전선과의 거리는 5cm 이상 유지해야 한다.
③ 배관이음부와 전기접속기와의 거리는 30cm 이상 유지해야 한다.
④ 배관이음부와 전기계량기와의 거리는 60cm 이상 유지해야 한다.

ANSWER 66.① 67.④ 68.③ 69.④ 70.②

> **[해설] 배관의 이음부와**
> ① 전기계량기, 전기개폐기와의 이격거리 : 60cm 이상
> ② 굴뚝, 전기점멸기, 전기접속기와의 이격거리 : 30cm 이상
> ③ 절연전선과의 이격거리 : 15cm 이상
> ④ 절연조치를 하지 아니한 전선과의 이격거리 : 30cm 이상

71 압력용기 및 철금속가열로의 설치검사에 대한 검사의 유효기간은?

① 1년　　② 2년
③ 3년　　④ 4년

> **[해설] 검사의 유효기간**
> ① 용접 및 구조검사 : 없음
> ② 설치검사/개조검사
> 　㉠ 보일러 : 1년
> 　㉡ 압력용기 : 2년
> 　㉢ 철금속 가열로 : 2년
> ③ 계속 사용성능검사 : 1년
> ④ 계속 사용검사
> 　㉠ 보일러 : 1년
> 　㉡ 압력용기 : 2년
> 　㉢ 철금속가열로 : 2년

72 보일러를 사용하지 않고 장기간 보존할 경우 가장 적합한 보존법은?

① 만수 보존법
② 건조 보존법
③ 밀폐 만수 보존법
④ 청관제 만수 보존법

> **[해설] 보일러 보존 방법**
> ① **건조보존법** : 관수배출후 열풍기로 건조 후 질소 봉입 후 석회 밀폐 건조 보존법(6개월 이상 장기 보존법, 동결우려 시)
> ② **만수보존법** : 만수후 관수를 비등시켜 공기, 탄산가스 제거 후 약품첨가 후 pH12~13 정도 유지 (2~3개월 단기보존법, 동결우려 없을시)

73 다음은 안전 점검에 대한 사항으로 기계, 기구 및 설비를 신설, 이전, 변경하거나 고장 시에 실시하는 점검은?

① 일상점검　　② 정기점검
③ 특별점검　　④ 임시점검

> **[해설] 안전점검의 종류**
> ① **일상점검(수시점검, 일일점검)** : 작업시작전이나 사용전 또는 작업중에 일상적으로 실시하는 작업
> ② **정기점검(계획점검)** : 일정 기간마다 정기적으로 실시하는 점검
> ③ **특별점검(특수점검)** : 기계, 기구 또는 설비를 신설 및 변경하거나 고장에 의한 수리 등 부정기적 점검. 일정 규모 이상의 강풍, 폭우, 지진 등의 기상 이변이 있는 후에 실시하는 점검(안전강조기간, 방화주간 등)
> ④ **일시점검(임시점검)** : 정기점검을 실시한 후, 차기 점검일 이전에 트러블이나 고장 등의 직후에 임시로 실시하는 점검

74 에너지이용 합리화법에 따라 에너지다소비업자는 에너지 진단을 받아야 한다. 연간 에너지 사용량이 20만 TOE 미만인 경우 그 주기는 몇 년인가?

① 1년　　② 2년
③ 3년　　④ 5년

> **[해설] 진단주기**
> ① 20만티·오·이 이상인 자 : (전체진단 : 5년, 부분진단 : 3년)
> ② 20만티·오·이 미만인 자 : 5년

ANSWER 71.② 72.② 73.③ 74.④

75. 에너지이용 합리화법에 의한 검사대상기기 관리자의 자격 및 조종범위 중 에너지관리산업기사 자격을 가지고 운전할 수 없는 보일러의 용량은?

① 용량이 30t/h를 초과하는 보일러
② 용량이 10t/h를 초과하고 30t/h 이하인 보일러
③ 용량이 5t/h를 초과하고 10t/h 이하인 보일러
④ 용량이 5t/h를 이하인 보일러

해설 검사대상기기 조종자 자격 및 조종범위

조종자의자격	조종범위
에너지관리기능장, 에너지관리기사 이상	용량 30t/h를 초과하는 보일러
에너지관리산업기사 이상	용량 10t/h~30t/h 이하인 보일러
에너지관리기능사 이상	용량 10t/h 이하 보일러
인정검사대상기기 조종자의 교육을 이수한 자	① 증기보일러로서 최고사용압력이 1MPa 이하이고, 전열면적이 10m² 이하인 것 ② 온수발생 또는 열매체를 가열하는 보일러로서 출력이 581.5kW 이하인 것 ③ 압력용기

76. 에너지이용 합리화법에 따라 검사대상기기 설치자가 변경되는 경우 새로운 검사대상기기의 설치자는 그 변경이로부터 며칠 이내에 신고서를 공단이사장에게 제출해야 하는가?

① 7일 ② 10일
③ 15일 ④ 30일

해설 검사대상기기기의 휴, 폐지, 변경신고는 15일 전까지 공단이사장에게 제출

77. 에너지이용 합리화법에 따라 온실가스 배출 감축사업 계획서의 제출 및 감축 실적의 등록 신청은 누구에게 해야 하는가?

① 환경부장관
② 산업통상자원부장관
③ 시도지사
④ 한국에너지공단

해설 온실가스배출 감축사업계획서 제출 및 등록 : 산업통상자원부장관

78. 다음은 온수 발생 보일러의 방출관 크기에 대한 사항이다. 전열면적 20m² 이상일 경우 방출관의 크기는 얼마로 해야 하는가?

① 25mm ② 30mm
③ 40mm ④ 50mm

해설 온수발생(열매체)보일러 방출관 크기

전열면적(m²)	방출관 안지름(mm)
10m² 미만	25A 이상
10~15m²	30A 이상
15~20m²	40A 이상
20m² 이상	50A 이상

79. 다음은 산업안전보건 관련 교육과정별 교육시간에 대한 내용이다. 안전보건 관리책임자의 신규교육은 몇 시간 이수해야 하는가?

① 2시간 ② 4시간
③ 6시간 ④ 10시간

해설 안전보건 관리책임자의 신규 및 보수교육 시간은 6시간 이상

ANSWER 75.① 76.③ 77.② 78.④ 79.③

80 안전사고 예방을 위한 위험성 평가의 일반 원칙 중 단계별 수행 방법 2단계에 해당하는 것은?

① 유해 위험요인 파악
② 위험성 계산
③ 위험성 결정
④ 위험성 완화 대책 수립 및 시행

해설 위험성 평가 절차 5단계
① 사전 준비
② 유해 및 위험 요인 파악
③ 위험성 계산
④ 위험성 결정(감소 대책 수립 및 실행)
⑤ 위험성 완화 대책 수립 및 시행(결과의 기록 및 공유)

ANSWER 80.①

에너지관리산업기사

2024년 복원문제

제1과목 열역학 및 연소관리

01 액체 연료 연소방식에서 연료를 무화시키는 목적으로 틀린 것은?

① 연소효율을 높이기 위하여
② 연소실의 열부하를 낮게 하기 위하여
③ 연료와 연소용 공기의 혼합을 고르게 하기 위하여
④ 연료 단위 중량당 표면적을 크게 하기 위하여

해설 무화의 목적
① 단위 중량당 표면적을 넓게 한다.
② 공기와 연료 혼합을 좋게 한다.
③ 연소효율을 증대시킨다.

02 다음 중 물체의 온도는 변화시키지 않고 상의 변화를 일으키는데만 사용되는 열량은?

① 현열   ② 잠열
③ 반응영 ④ 액체열

해설
① **현열**(감열 : Sensible heat) : 물질의 상태 변화는 없고, 온도 변화에만 필요한 열량
② **잠열**(Latent heat) : 물질의 온도 변화는 없고, 상태 변화에만 필요한 열량

03 보일러 통풍 방식 중에서 대형 보일러에 적합하고 연소관리가 편리한 방식으로 노 앞쪽과 연도 끝에 통풍팬을 설치한 방식은?

① 흡입통풍 ② 압입통풍
③ 평형통풍 ④ 자연통풍

해설 강제통풍방식 종류
① **압입통풍**(정압) : 연소실의 압력이 대기압보다 높다.
② **흡입통풍**(부압) : 연소실의 압력이 대기압보다 낮다.
③ **평형통풍**(정압, 부압) : 연소실의 압력을 정압 및 부압으로 조절 가능하다.

04 다음 중 열역학 제2법칙과 가장 직접적인 관련이 있는 물리량은?

① 엔트로피 ② 엔탈피
③ 열량   ④ 내부에너지

해설 **열역학 제2법칙**(에너지흐름의 법칙) : 일은 쉽게 열로 바뀌나 열은 쉽게 일로 바뀔 수 없다는 법칙, 에너지 변환의 방향성인 엔트로피를 표시한 것
① **크라우시우스법칙** : 열은 그 자신만으로는 저온물체에서 고온물체로 이동할 수 없다.
② **켈빈플랭크의 법칙** : 제2종 영구기관 제작 불가능의 법칙

05 열펌프의 성능계수를 나타낸 식은?(단, Q_1은 고열원의 열량, Q_2는 저열원의 열량이다.)

① $\dfrac{Q_1}{Q_1 - Q_2}$ ② $\dfrac{Q_1 - Q_2}{Q_2}$

③ $\dfrac{Q_1 - Q_2}{Q_1}$ ④ $\dfrac{Q_2 - Q_1}{Q_2}$

ANSWER 01.② 02.② 03.③ 04.① 05.①

해설 ① 열펌프성능계수 (COP)(카르노사이클)

$$COP = \frac{Q_1}{Q_1 - Q_2} = \frac{T_1}{T_1 - T_2}$$

여기서, 고열원열량 : Q_1, 온도 : T_1
저열원열량 : Q_2, 온도 : T_2

06 탄소(C) 1kg을 완전연소시킬 때 생성되는 CO_2의 양은 약 얼마인가?

① 1.67kg ② 2.67kg
③ 3.67kg ④ 6.34kg

해설
C + O_2 → CO_2
12[kg] 32[kg] 44[kg]
1[kg]   X [kg]

$$\therefore X = \frac{1kg \times 44kg}{12kg} = 3.667[kg]$$

07 오토 사이클에서 압축비가 7일 때 열효율은? (단, 비열은 k = 1.4이다.)

① 0.13 ② 0.38
③ 0.54 ④ 0.76

해설 오토사이클 열 효율식

$$1 - (\frac{1}{\varepsilon})^{k-1} \therefore 1 - (\frac{1}{7})^{1.4-1} = 0.54$$

08 증기의 압력이 높아졌을 때 나타나는 현상으로 틀린 것은?

① 현열이 증대한다.
② 습증기 발생이 높아진다.
③ 포화온도가 높아진다.
④ 증발잠열이 증대한다.

해설 증기 압력이 상승하면 잠열은 감소되고, 포화온도는 상승한다. 그러므로 고압 보일러에서는 잠열이 감소하므로 강제순환을 한다.

09 연료의 원소분석법 중 탄소의 분석법은?

① 에쉬카법 ② 리비히법
③ 켈달법   ④ 보턴법

해설 석탄의 화학적 원소분석법
① **수소, 탄소 정량법** : 리비히법, 세필드법
② **황분정량법** : 에쉬카법, 연소용량법, 산보봄브법
③ **질소정량법** : 켈달법, 세미마이크로켈달법

10 연료 1kg을 연소시키는데 이론적으로 $2.5Nm^3$의 산소가 소요된다. 이 연료 1kg을 공기비 1.2로 연소시킬 때 필요한 실제공기량(Nm^2/kg)은?

① 11.9   ② 14.3
③ 18.5   ④ 224.4

해설
공기비$(m) = \frac{실제공기량(A)}{이론공기량(A_0)}$ 에서

$A = m \times A_o$, 이론공기량$(A_0) = \frac{이론산소량}{0.21}$ 에서

$\therefore$ 실제공기량$(A) = 1.2 \times \frac{2.5}{0.21} = 14.29$

11 기체연료의 일반적인 특징에 대한 설명으로 가장 거리가 먼 것은?

① 저장하기 쉽다.
② 열효율이 높다.
③ 점화 및 소화가 간단하다.
④ 연소용 공기 예열에 의해 저발열량이라도 전열효율을 높일 수 있다.

해설 기체연료 특징
[장점]
① 적은 공기비로 완전연소 가능하다.
② 연소효율이 높고 공해문제가 없다.
③ 회분이 없고, 전열면 오손이 적다.
④ 부하변동에 신속히 응하기 쉽다.

ANSWER 06.③ 07.③ 08.④ 09.② 10.② 11.①

12 연료를 구성하는 3대 주성분이 아닌 것은?

① C   ② H
③ O   ④ N

해설
① **연료의 주성분** : C(탄소), H(수소), O (산소)
② **연료의 가연성분** : C(탄소), H(수소), S(황)

13 미분탄 연소의 특징이 아닌 것은?

① 과잉공기가 적어도 완전연소가 가능하다.
② 사용 연료 범위가 넓다.
③ 부하 변동에 대한 적응성이 좋다.
④ 설비비 및 유지비가 적게 든다.

해설
미분탄 : 고체연료중 150[mesh] 이하 또는 3[mm] 이하로 잘게 만든 연료로 버너를 연소장치로 사용할 수 있어 다른 고체연료에 비해 완전연소가 가능하고, 연료범위 및 부하변동성에 대한 적응성이 좋지만 유지관리비가 많이 든다.

14 석탄의 공업분석 시 필수적으로 측정하는 항이 아닌 것은?

① 수분   ② 황분
③ 휘발분   ④ 회분

해설
석탄 공업 분석항목
① 수분   ② 회분
③ 휘발분   ④ 고정탄소

15 섭씨와 화씨의 온도 눈금이 같은 경우는 몇 도인가?

① 20[℃]   ② 0[℃]
③ -20[℃]   ④ -40[℃]

해설
$[°F] = \frac{9}{5}[℃] + 32$에서

$[℃] = [°F]$조건에서 $= (1 - \frac{9}{5})[℃] = 32$

$= [℃]\frac{32}{(1-\frac{9}{5})} = -40$

각 온도 환산
① $[℃] = \frac{5}{9}([°F] - 32)$
② $[°F] = \frac{9}{5}[℃] + 32$
③ $[°K] = 273 + [℃]$
④ $[°R] = 459.7 + [°F]$

∴ 1[°K] = 1/1.8[°R]
∴ 1[°R] = 1.8[°K]

16 압력이 200kPA인 이상기체 200kg이 있다. 온도를 일정하게 유지하면서 압력을 40kPA로 변화시켰다면 엔트로피 변화량은? (단, 기체상수는 0.287kJ/kg·K 이다.)

① 40.1kJ/K   ② 52.8kJ/K
③ 73.1kJ/K   ④ 92.4kJ/K

해설
$\triangle S = G \cdot R \cdot \ln\frac{P_1}{P_2}$

$\triangle S = 200 \times 0.287 \times \ln\frac{200}{40} = 92.38$

17 물 120kg을 20℃에서 80℃까지 가열하는데 필요한 열량은? (단, 물의 비열은 4.2kJ/kg℃이다.)

① 252kJ   ② 3,600kJ
③ 7,200kJ   ④ 30,240kJ

해설
$Q = G \cdot C \cdot \triangle t$
$Q = 120 \times 4.2 \times (80 - 20) = 30,240$

18 랭킨 사이클의 효율을 올리기 위한 방법이 아닌 것은?

① 유입되는 증기의 온도를 높인다.
② 배출되는 증기의 온도를 높인다.
③ 배출되는 증기의 압력을 낮춘다.
④ 유입되는 증기의 압력을 높인다.

ANSWER 12.④ 13.④ 14.② 15.④ 16.④ 17.④ 18.②

랭킨사이클 열효율 향상 방법
① 보일러 압력은 높고, 응축기 압력은 낮을 것
② 터빈 입구의 초온, 초압이 높을 것
③ 터빈 출구압력이 낮을 것

19 다음 중 열관류율의 단위로 옳은 것은?

① $kcal/m^2 \cdot h \cdot ℃$ ② $kcal/m \cdot h \cdot ℃$
③ $kcal/h$ ④ $kcal/m^2 \cdot h$

열전도율=$kcal/mh℃$,
열관류율, 대류율, 복사율=$kcal/m^2h℃$
$Q = K \times A \times \triangle t$ [열관류율×면적×온도차]

20 정적과정, 정압과정 및 단열과정으로 구성된 사이클은?

① 카르노사이클 ② 디젤사이클
③ 브레이턴사이클 ④ 오토사이클

디젤사이클 : 단열압축, 등압가열, 단열팽창, 등적냉각의 4행정에 의해 구성되는 열기관 사이클로 저속 회전의 대형 디젤기관의 사이클이다.

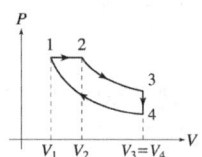

제2과목 계측 및 에너지진단

21 보일러의 증기 배관에서 수격작용의 발생을 방지하는 방법으로 틀린 것은?

① 환수관 등의 배관 구배를 작게 한다.
② 배관 관경을 크게 한다.
③ 송기를 급격히 하지 않는다.
④ 증기관의 드레인 빼기장치로 관 내의 드레인을 완전히 배출시킨다.

① 증기배관을 보온한다.
② 배관의 관경을 크게하여 유속을 낮춘다.
③ 서지탱크를 설치한다.
④ 배관을 직선으로 시공한다.

22 보일러 설비 중 트랩이나 스트레이너 등의 고장, 수리, 교환 등에 대비하여 설치하는 것은?

① 바이패스 배관 ② 드레인 포켓
③ 냉각 레그 ④ 체크 밸브

바이패스 배관 : 보일러 설비 중 순환펌프, 유량계, 수량계, 감압밸브 등의 고장이나 보수, 수리에 대비하여 설치하는 배관

23 10m의 높이에 $0.05m^3/sec$의 물을 퍼 올리는데 필요한 펌프의 축마력은? (단, 효율은 75%이다.)

① 8.89PS ② 10.16PS
③ 7.34PS ④ 5.62PS

동력 (PS) = $\dfrac{\gamma \times Q \times \triangle P}{75 \times 60 \times \eta}$ [PS]에서

$\dfrac{1000kg/m^3 \times 0.05m^3/s \times 10m}{75kg.m/s \times 0.75\eta}$ = 8.89

※동력 계산식
① 동력 KW(L_s) = $\dfrac{\gamma \times Q \times \triangle P}{102 \times 60 \times \eta}$ [kW]
② 동력(PS) = $\dfrac{\gamma \times Q \times \triangle P}{75 \times 60 \times \eta}$ [PS]
③ 동력(HP) = $\dfrac{\gamma \times Q \times \triangle P}{76 \times 60 \times \eta}$ [PS]

여기서, γ : 물의비중량 $1000(kg/m^3)$
Q : 송풍량(m^3/min)
$\triangle P$: 송풍기정압(mmAq)
n : 송풍기효율

24 배관에 나가가공을 하는 동력 나사 절삭기의 형식에 해당되지 않는 것은?

① 오스터식   ② 호브식
③ 로터리식   ④ 다이헤드식

> **해설** 나사 절삭기 종류
> ① **수동용** : 오스타형, 리드형
> ② **동력용** : 다이헤드식, 오스터식, 호브식

25 다음 그림과 같이 $\ell_1 = 90mm$, $\ell_2 = 85mm$이고 반지름 100mm로 90도 굽힘을 할 때 파이프의 소요길이는 얼마인가?

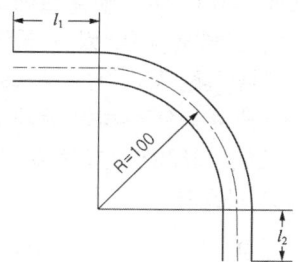

① 314mm   ② 332mm
③ 342mm   ④ 362mm

> **해설** 곡관부 길이 산출식 : $\ell = \dfrac{2\pi R\theta}{360}$
> (R : 곡관의 반지름, θ : 각도)
> 또는 $90°L = 1.5R + \dfrac{1.5R}{20}$ 에서
> $\dfrac{2 \times 3.1414 \times 100 \times 90}{360} = 157mm$
> ∴ 파이프 총길이 : 90mm+157mm+85mm=332mm

26 다음 중 전개했을 때 유체의 저항 손실이 가장 큰 밸브는?

① 슬루스밸브   ② 글로브밸브
③ 버터플라이밸브   ④ 체크밸브

> **해설** ① **슬루우스 밸브(게이트, 사절밸브)** : 유체의 개.폐용 밸브, 유체 저항 적다.
> ② **글로브 밸브(옥형변)** : 유량 조절용 밸브, 유체 저항 크다.

27 아래 벽체구조의 열관류율(kcal/h·m²·℃) 값은? (단, 이때 내측 열저항 값은 $0.05m^2 \cdot h \cdot ℃/kcal$, 외측 열저항 값은 $0.13m^2 \cdot h \cdot ℃/kcal$이다.)

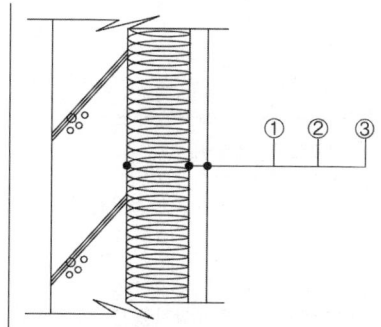

재료	두께(mm)	열전도율(kcal/h·m·℃)
내측		
① 콘크리트	250	1.4
② 글라스올	100	0.031
③ 석고보드	20	0.20
외측		

① 0.27   ② 0.37
③ 0.47   ④ 0.57

> **해설**
> $K = \dfrac{1}{\dfrac{1}{a_1} + \dfrac{b}{\lambda} + \dfrac{1}{a_2}}$
> $= \dfrac{1}{0.13 + \dfrac{0.25}{1.4} + \dfrac{0.1}{0.031} + \dfrac{0.02}{0.2} + 0.05} = 0.27[kcal/m^2 \cdot h \cdot ℃]$

28 다음 동관용 공구 중에서 동관의 끝부분을 정형하는 공구는?

① 사이징 툴   ② 플레어링 툴
③ 익스팬더   ④ 리머

> **해설** 동관용 공구
> ① 플레어링툴 : 동관의 압축이나 접합용으로 나팔관 모양으로 만드는 공구
> ② 사이징 툴 : 동관 끝을 원형으로 교정하는 공구
> ③ 벤더 : 벤딩용 공구
> ④ 리머 : 동관 거스러미 제거용 공구

ANSWER 24.③ 25.② 26.② 27.① 28.①

⑤ 튜브커터 : 동관 절단용 공구
⑥ 티뽑기 : 동관의 분기관 성형시 사용

29 다음 중 보일러 및 열교환기용 합금강관의 KS 기호는 무엇인가?

① SPLT   ② STLA
③ STBH   ④ STHA

해설 K/S에 의한 배관용도
SPP : 배관용탄소강관
SPPS : 압력 배관용 탄소강관
SPPH : 고압 배관용 탄소강관
PHT : 고온 배관용 탄소강관
SPLT : 저온 배관용 탄소강관
STLT : 저온 열교환기용 탄소강관
STBH : 보일러, 열교환기용 탄소강관
STHA : 보일러, 열교환기용 합금강관

30 온수 난방에서 각 방열기에 공급되는 유량분배를 균등히 하여 전후방 방열기의 온도차를 최소화시키는 방식으로 환수배관의 길이가 길어지는 단점이 있는 배관 방식은?

① 하트포트 배관법
② 역환수식 배관법
③ 콜드 드래프트 배관법
④ 직접 환수식 배관법

해설 리버스 리턴[reverse-return][역귀환]배관방식 : 난방배관에 사용하는 배관이며 각 기기에 접속되는 배관길이를 일정하게 함으로써 일정한 유량이 흐르게 하여 각 기기의 온도를 일정하게 하는 배관방식

31 다음 중 배관의 굵기 표시 기준이 다른 것은?

① 강관   ② 동관
③ 주철관   ④ 비철금속관

해설 ① 내경기준 : 동관
② 외경기준 : 강관, 주철관, 비철금속관

32 청동 또는 스테인리스강을 파형으로 주름을 잡아서 아코디언과 같이 만들고, 이 주름의 신축으로 온도 변화에 따른 배관의 길이 방향 신축을 흡수하는 이음은?

① 루프형   ② 스위블형
③ 슬리브형   ④ 벨로우즈형

해설 벨로우즈형(주름통형, 팩렉스형, 파형) : 파형의 주름통에 의한 신축을 흡수하는 구조로 설치장소를 적게 차지하고, 응력 및 누설이 적고, 신축에 의한 피로현상 때문에 스테인레스제를 사용한다.

33 밸브, 트랩, 기기 등의 앞에 설치하여 관 속의 유체에 섞여 있는 모래, 부스러기 등 이물질을 제거하는 것으로 원통형 여과망을 수직으로 하여 유체 저항이 크지만 보수 점검이 편리하여 기름 배관에 많이 사용하는 여과기는?

① Y형   ② U형
③ V형   ④ X형

해설 여과기 종류 : Y형, U형(기름배관용), V형(저항크다), 복식형

34 다음에 나오는 패킹재 중에서 증기, 기름, 약품 배관에 주로 사용되는 패킹방법으로 화학약품에 강하고 내유성이 크며, 내열 범위는 -30~130℃인 것은?

① 고무패킹   ② 액상 합성수지
③ 일산화연   ④ 페인트

해설 나사용 패킹의 종류 및 특징
① **페인트** : 광명단을 혼합사용하는 것으로 오일 배관에는 사용하지 못한다.
② **일산화연** : 페인트에 소량의 일산화연을 혼합 사용하며 냉매배관에 많이 사용된다.
③ **액상합성수지** : 내열범위가 -30~130[℃] 정도로 약품에 강하고 내유성이 강해 증기, 기름, 약품 배관에 사용된다.

ANSWER 29.④ 30.② 31.② 32.④ 33.② 34.②

35 흡수제에 각 성분을 흡수시켜 흡수 전후의 체적 변화로 가스를 분석하는 화학적 가스분석계는?

① 오르자트식
② 자동화학식 CO_2계
③ 연소시기 O_2계
④ 미연소 가스계

해설 ※ 가스분석계 구분

종류	구분	측정 방법	측정 가스	분석계기 및 분석법
화학적 가스분석계	화학반응이용	연소열법	H_2, CO, CmHn 등의 가연성 기체 및 산소	미연소가스계(H_2+CO) 연소식 O_2계
		오르잣트법	($CO_2 \to O_2 \to CO$) 흡수액 (시약)에 쉽게 용해되는 기체	간헐자동측정식 자동화학식 CO_2계
물리적 가스분석계	물성정수이용	열전도율법	2성분으로 볼 수 있는 혼합기체 또는 열전도율이 어느 정도 다른 2성분	전기식 CO_2계
		밀도법	밀도가 어느 정도 다른 2개의 성분이나 2성분으로 간주되는 혼합기체	라우터계 라나렉스계
		가스크로마토그래프법	비점 및 기체가 300[℃] 이하의 액체	간헐자동측정식
	전기적 성질이용	도전율법	물이나 용액에 녹아 도전율이 변해지는 기체	저농도가스측정
		세라믹법	산소(O_2)가스	지르코니아식
	자기적 성질이용	자화율법	산소(O_2)가스	자기식 O_2계
	광학적 성질이용	적외선 흡수법	H_2, O_2, N_2 (2원자분자) 이외의 가스	

36 액주식 압력계의 종류 중에서 주로 저압 가스 압력 측정에 사용하는 것은?

① U자관식
② 환상천평식
③ 침종식
④ 플로트식

해설 **환상천평식(링밸런스) 압력계** : 부식성 가스나 습기가 적은 곳, 충격, 진동이 없는 곳에 사용, 원격 전송이 가능하고 단면적을 크게 하면 회전력이 증대되어 고정도를 얻을 수 있고 저압기체 및 배기가스 압력 측정에 사용(미압 측정용)

37 탄성식 압력계의 종류 중 부식성 액체, 구조상 먼지 등을 함유한 액체, 점성이 높은 액체의 압력을 측정하는데 사용하는 것은?

① 부르동관식
② 벨로우즈식
③ 다이어프램식
④ 액주식

해설 **탄성식 압력계 종류** : 부르동관, 벨로우즈, 다이어프램
다이어프램 압력계(격막식) : 탄성체의 막판을 격막으로 사용하여 압력에 대한 탄성 변형을 이용한 압력계로 부식성, 점성이 높은 액체 측정용

38 전열면적이 10m² 이상일 때 급수밸브의 규격은 몇 mm 이상으로 해야 하는가?

① 15mm
② 20mm
③ 25mm
④ 30mm

해설 전열면적 10m² 이하는 15A 이상, 전열면적 10m² 이상은 20A 이상

39 다음 중 각종 집진장치의 성능을 비교할 때 집진율(%)이 가장 우수한 집진기는?

① 원심력식
② 세정식
③ 여과식
④ 전기식

해설 **전기(코트렐)식 집진장치** : 집진 입자의 크기는 0.5 μm 이하의 미립자도 집진이 가능하며 효율은 99.5% 정도로 집진효율이 가장 우수하다.

40 동관 이음쇠의 기호 중 Ftg를 적절하게 설명한 것은?

① 이음쇠 내로 관이 들어가 접합
② 이음쇠 외로 관이 들어가 접합
③ 관용 나사가 안으로 난 나사 이음
④ 관용 나사가 밖으로 난 나사 이음

ANSWER 35.① 36.② 37.③ 38.② 39.④ 40.②

동관이음쇠
① C×M아답터 : 한쪽은 수나사로 되어 있어 강관 부속에 나사 이음되고, 다른 한쪽은 동관이 삽입되어 용접하도록 되어 있는 이음쇠
② C×F아답터 : 한쪽은 암나사로 되어 있어 강관의 수나사와 연결되고, 다른 한쪽은 동관이 삽입되어 용접하도록 구성되어 있는 이음쇠
③ M×Ftg어댑터 : 한쪽은 수나사로 되어 있어 강관 부속에 나사 이음되고, 다른 한쪽은 동관이음쇠 외부로 삽입되어 용접하도록 되어 있는 이음쇠

제3과목 열설비구조 및 시공

41 미리 정해진 순서에 따라 순차적으로 진행하는 제어방식은?

① 시퀀스 제어
② 피드백 제어
③ 피드포워드 제어
④ 적분 제어

자동제어방식 분류
① **피드백 제어** : 폐회로로 구성되어 제어하고자 하는 제어량을 목표값에 가깝도록 출력값을 입력측으로 되먹임 작업을 하는 회로(보일러 운전중 신호)
② **시퀀스 제어** : 미리 정해진 순서에 따라 제어단계를 순차적으로 진행하는 방식(보일러 점화 및 소화 시 제어)

42 보일러 1마력을 잘 설명하고 있는 것은?

① 1시간에 156.5kg의 물을 증기로 변환시키는 보일러의 능력
② 1시간에 15.65kg의 물을 처리하는 보일러의 능력
③ 539kg의 물을 1시간에 같은 온도의 증기로 변환시키는 보일러의 능력
④ 1시간에 15.65kg의 상당증발량을 가진 보일러의 능력

보일러 마력(B-Hp) : 표준대기압(760[mmHg])에서 100[℃]의 포화수 15.65[kg]을 1시간에 100[℃]의 포화증기로 바꿀 수 있는 능력

43 사용 중인 보일러의 전화전 점검 또는 준비 사항이 아닌 것은?

① 수위와 압력 확인
② 증기 공급 밸브를 완전히 개방
③ 노 내의 환기, 송풍 확인
④ 부속장치 확인

증기 공급밸브는 압력이 오른 후 개방한다.

44 다음 중 보일러 연소방법으로 적절치 않은 것은?

① 과잉공기량을 되도록 많게 한다.
② 연료와 공기의 접촉이 고루 되도록 한다.
③ 연소실의 온도를 높게 유지한다.
④ 연료에 포함된 수분 등 불순물을 잘 제거한다.

과잉공기가 많으면 열손실 및 배기가스 중 SO_2, NO_2 함량 증가로 대기오염 초래한다.

45 자동제어에서 목표값이 일정한 제어방식은?

① 캐스케이드 제어
② 프로그램 제어
③ 정치 제어
④ 추종 제어

제어방법에 따른 분류
① **정치제어** : 목표값이 일정한 제어방식으로 목표값이 시간적으로 변화되지 않는 제어
② **추치제어** : 목표값을 측정하면서 제어량을 목표값에 일치시키는 제어방식으로 목표값이 변화되는 방식(추종 제어, 비율 제어, 프로그램 제어, 캐스케이드 제어)

46 다음 중 보일러의 비동력 급수로서 분사를 이용하여 예비 급수용으로 사용하는 장치는 무엇인가?

① 급수펌프 ② 인젝터
③ 급수예열기 ④ 급수내관

해설 인젝터(Injector) : 보일러의 증기압을 이용하여 급수하는 급수보조 장치(동력원 : 증기)

47 방열기의 방열량이 700[kcal/m²·h]이고, 난방 부하가 5000[kcal/h]일 때 5-650주철 방열기(방열면적 a = 0.26m²/쪽)를 설치하고자 한다. 소요되는 쪽수는?

① 24쪽 ② 28쪽
③ 32쪽 ④ 36쪽

해설 방열기 쪽수(N)
$$= \frac{난방부하(Q)(kcal/h)}{표준방열량(kcal/m^2h) \times 방열기쪽당면적(m^2)}$$

$\frac{5000}{700 \times 0.26} = 27.47$쪽

∴ 방열기 쪽수는 정수로 표시하며 여유있게 설계하기 위해 28쪽

48 관류 보일러의 특징에 관한 설명으로 옳은 것은?

① 증기압력이 고압이므로 급수펌프가 필요 없다.
② 전열면적에 대한 보유 수량이 많아 가동시간이 길다.
③ 보일러 드럼이 필요없고 지름이 작은 전열관을 사용하여 증발속도가 빠르다.
④ 열용량이 크기 때문에 추종성이 느리다.

해설 관류 보일러 : 드럼 없이 수관만으로 이를 자유롭게 배치한 형식으로 가장 고압, 대용량의 강제 순환식으로 증발 속도가 빠르다.

49 다음 조건과 같은 사무실의 난방부하(kW)는 약 얼마인가?

| 바닥 및 천정 난방면적 : 48m² |
| 벽체의 열관류율 : 5kcal/m²·h·℃ |
| 실내온도 : 18℃ |
| 외기온도 : 영하 5℃ |
| 방위에 따른 부가 계수 : 1.1 |
| 벽체의 전면적 : 70m² |

① 24 ② 20
③ 18 ④ 13

해설 $Q = K \cdot F \cdot \Delta t \cdot$ 방위계수
$= 5 \times (48 + 48 + 70) \times (18 + 5) \times 1.1$
$= 20,999 [kcal/h]$
∴ $\frac{20999}{860} = 24.42 [kW]$

50 보일러 자동제어인 연소제어(A.C.C)에서 조작량에 해당되지 않는 것은?

① 연소가스량 ② 연료량
③ 공기량 ④ 전열량

해설 보일러 자동제어 제어량과 조절량 관계

제어종류	제어량	조작량
자동연소제어	증기압력	연료량, 공기량
(A.C.C)	노내압력	연소가스량
급수제어(F.W.C)	보일러수위	급수량
증기온도제어(S.T.C)	증기온도	전열량

51 연소 시 발생되는 이상 현상 중에서 연료의 분출속도가 연소속도보다 빠를 때 불꽃이 염공 위에 들뜨는 현상으로 염공 위에서 연소되는 것을 무엇이라 하는가?

① 역화 ② 비화
③ 황염 ④ 블로우오프

ANSWER 46.② 47.② 48.③ 49.① 50.④ 51.②

해설 비화(선화)현상 : 연료의 분출 속도가 연소속도보다 빠를 때 불꽃이 염공을 떠나 연소되는 불안정한 연소현상

52 다음 중 보일러 자동제어를 위한 타이머 사용 시 전류를 ON하면 설정시간 후 동작하고 전류를 OFF하면 설정시간 후 복귀하는 것은?

① 한시 동작 순시 복귀
② 순시 동작 한시 복귀
③ 한시 동작 한시 복귀
④ 순시 동작 순시 복귀

해설 타이머(Timer) : 입력신호가 주어지고 일정 시간 경과 후에 접점을 개폐시키는 기기
① **한시동작 순시복귀** : 설정 시간 경과 후 접점이 동작하며, 신호 차단 시 순간적으로 복귀되는 동작
② **순시동작 한시복귀** : 순간적으로 접점이 동작하며, 입력신호가 소자하면 접점이 설정 시간 후 복귀되는 동작
③ **한시동작 한시복귀** : 설정 시간 경과한 후 접점이 동작하며, 설정 시간 경과 후 접점이 복귀되는 동작

53 보일러에서 안전밸브를 설치하는데 기준이 되는 전열 면적(m^2)은 얼마인가?

① $5m^2$ ② $10m^2$
③ $25m^2$ ④ $50m^2$

해설 **안전밸브 설치기준** : 전열면적 $50m^2$ 이상 : 2개, 전열면적 $50m^2$ 이하 : 1개

54 다음 중 보일러 수 내처리에 사용하는 청관제의 종류 중 슬러지 조정제로 사용하는 약제는?

① 전분   ② 알코올
③ 암모니아   ④ 히드라진

해설 청관제 종류
① **pH, 알칼리조정제** : 고압 보일러의 경우 제3인산나트륨, 암모니아, 수산화나트륨
② **연화제** : 수산화나트륨, 탄산나트륨, 인산나트륨
③ **탈산소제** : 탄닌, 아황산나트륨, 히드라진
④ **슬러지조정** : 탄닌, 리그린, 녹말

55 보일러의 자동제어에서 인터록 제어의 종류가 아닌 것은?

① 고온도   ② 저연소
③ 불착화   ④ 압력초과

해설 인터록 종류
① **저수위인터록** : 수위가 이상저수위시 전자밸브를 닫아 연소정지
② **압력초과인터록** : 증기압이 소정압력 초과 시 전자밸브를 닫아 연소정지
③ **저연소인터록** : 유량조절밸브가 저연소 상태가 되지 않으면 전자밸브를 열지 않아 점화저지
④ **불착화인터록** : 연소중 화염이소멸시 전자밸브를 닫아 버너에 연료분사 정지
⑤ **프리퍼지인터록** : 보일러 점화전 송풍기가 작동되지 않으면 전자밸브가 열리지 않아 점화저지

56 가스공급 배관이 지나가는 곳에 설치된 전기개폐기와 배관 이음부의 이격거리는 얼마인가?

① 15cm 이상   ② 30cm 이상
③ 45cm 이상   ④ 60cm 이상

해설 배관의 이음부와
① 전기계량기, 전기개폐기와의 이격거리 : 60cm 이상
② 굴뚝, 전기점멸기, 전기접속기와의 이격거리 : 30cm 이상
③ 절연전선과의 이격거리 : 15cm 이상
④ 절연 조치를 하지 아니한 전선과의 이격거리 : 30cm 이상

ANSWER 52.③ 53.④ 54.① 55.① 56.④

57 다음 중 복사난방의 특징 설명으로 틀린 것은?

① 온도분포가 균등하여 쾌감도가 높다.
② 방열기가 필요하여 바닥면 이용도가 떨어진다.
③ 공기의 대류가 적어 먼지의 유동이 없다.
④ 천정이 높은 공화당, 홀 등의 난방에 적합하다.

해설 **복사 난방의 장·단점**
① 장점 : 쾌감도가 좋다. 실내공간의 이용율이 높다 (방열기 설치 불필요). 동일 방열량에 대한 열 손실이 적다.
② 단점 : 매입배관이므로 시공, 수리 곤란. 외기온도 변화에 대한 조절이 곤란. 고장 발견이 곤란하고 시설비가 비싸다.

58 다음 중 보온재의 구비 조건으로 틀린 것은?

① 열전도율이 좋고 보온 능력이 클 것
② 장시간 사용하여도 사용 온도에 견딜 것
③ 어느 정도의 기계적 강도를 가질 것
④ 흡습성이나 흡수성이 적을 것

해설 **보온재 구비조건**
① 열전도율이 작을 것
② 부피, 비중이 작을 것
③ 독립기포의 고다공질이며 균일할 것
④ 흡습, 흡수성이 적을 것

59 급탕 배관을 공급 방식에 따라 분류할 때 속하지 않는 것은?

① 상향공급식   ② 하향공급식
③ 역환수 방식   ④ 복관식

해설 **배관방식에 따른 분류** : 단관식, 복관식

60 보일러 급수 중에 포함된 불순물은 보일러 내의 물의 증발과 함께 점점 농축되고 침전물을 형성하게 되는데, 이러한 불순물을 배출하는 시기로 적절하지 않은 것은?

① 연속 운전하는 보일러 경우 부하가 가장 작을 때
② 보일러 가동 직후
③ 수위가 지나치게 높아졌을 때
④ 비수가 발생하거나 보일러수가 농축되었을 때

해설 **분출 시기**
① 점화 전
② 부하가 가장 적게 걸릴 때
③ 고수위 시
④ 프라이밍, 포밍 발생 시
⑤ 관수의 농축이 지나칠 때

제4과목   열설비취급 및 안전관리

61 노통연관 보일러의 유지해야 할 최저수위 위치로 옳은 것은?

① 연관 최상면에서 100mm 상부에 오도록 한다.
② 연관 최상면에서 75mm 상부에 오도록 한다.
③ 노통 상면에서 100mm 상부에 오도록 한다.
④ 노통 상면에서 75mm 상부에 오도록 한다.

ANSWER   57.② 58.① 59.④ 60.② 61.②

해설 보일러 안전 저수위

보일러 종별	안전저수위(수면계설치 위치)
입형 횡관 보일러	화실 천장판 최고부위 75[mm]
입형 연관 보일러	화실 관판 최고부위 연관길이 1/3
횡연관식	최상단 연관 최고부위 75[mm]
노통 보일러	노통 최고부(플랜지부 제외) 위 100[mm]
노통 연관식	연관이 높은 경우 최상단 부위 75[mm] / 노통이 높을 경우 노통 최상단부위 100[mm]

62 보일러 분출 작업 시의 주의 사항으로 틀린 것은?

① 분출 작업을 행할 때 2대의 보일러를 동시에 해서는 안 된다.
② 수저분출은 보일러 가동 시부터 정지 시까지 연속적으로 행한다.
③ 분출 도중 다른 작업을 하지 않는다.
④ 연속사용인 보일러에서는 부하가 가장 바어운 시기를 택하여 행한다.

해설 분출 시 주의 사항
① 관수 중 불순물 농도를 분석 분출량을 측정한다.
② 분출은 2명이 1조로 하되 수위의 감시를 철저히 하도록 한다.(저수위 사고 예방)
③ 분출은 가급적 가동 전. 또는 부하가 가장 가벼울 때 한다.
④ 1일 1회 이상 분출하되 신속히 작업한다.
⑤ 비수현상이나 농축되었을 때 분출한다.
⑥ 매화를 한 보일러는 가동(불때기) 직전에 한다.

63 보일러 옥내 설치 시 보일러 상부와 천장의 이격 거리로 맞는 것은?

① 0.3m 이상 ② 0.5m 이상
③ 1.0m 이상 ④ 1.2m 이상

해설 보일러 옥내 설치 기준
① 불연성 물질의 격벽 장소에 설치
② 보일러 동체 최상부로부터 천장, 배관 등 보일러 상부 구조물까지 거리는 1.2m 이상 설치(소형 보일러 : 0.6m 이상)
③ 굴뚝 및 연도 외측 30cm 이내는 금속 이외의 불연재로 피복
④ 보일러와 저장탱크간 이격 거리는 2m 이상거리 유지(소형 보일러 1m 이상)
⑤ 보일러는 바닥보다 10cm 이상 높게 설치

64 내면 부식의 일종으로 물과 접하는 보일러 내면에 좁쌀 크기로 형성되며, 주로 동체, 경판, 노통, 관면 등에 발생하는 부식은?

① 점식   ② 국부부식
③ 전면부식   ④ 구상부식

해설 점식 : 물에 함유된 CO_2 와 산소 작용으로 점 모양의 부식으로 보일러 동저면, 노통, 경판 등에서 발생

65 에너지이용합리화법에 따라 검사 대상기기 설치자는 검사대상기기관리자가 해임되거나 퇴직하는 경우 다른 검사대상기기관리자를 언제 선임해야 하는가?

① 해임 또는 퇴직 이전
② 해임 또는 퇴직 후 10일 이내
③ 해임 또는 퇴직 후 30일 이내
④ 해임 또는 퇴직 후 3개월 이내

해설 검사대상기기 관리자를 해임 또는 퇴직 이전 선임

66 압력용기 및 철금속가열로의 설치검사에 대한 검사의 유효 기간은?

① 1년   ② 2년
③ 3년   ④ 4년

해설 검사의 유효기간
① 용접 및 구조검사 : 없음
② 설치검사 / 개조검사

ANSWER 62.② 63.④ 64.① 65.① 66.②

③ ㉠ 보일러 : 1년
㉡ 압력용기 : 2년
㉢ 철금속 가열로 : 2년
③ 계속 사용성능검사 : 1년
④ 계속 사용검사
㉠ 보일러 : 1년
㉡ 압력용기 : 2년
㉢ 철금속가열로 : 2년

67 에너지이용 합리화법에 따라 제3자로부터 에너지 절약형 시설투자에 관한 사업을 위탁받아 수행하는 자를 무엇이라고 하는가?

① 에너지 진단기업
② 수요관리 투자기업
③ 에너지절약전문기업
④ 에너지기술 개발 전담기업

해설 **에너지절약전문기업** : 제3자로부터 위탁을 받아 ① 에너지 사용 시설의 에너지 절약을 위한 관리 용역사업 ② 에너지 절약형 시설투자에 관한 사업 ③ 그 밖에 대통령령으로 정하는 에너지절약을 위한 사업을 하는 자

68 에너지이용 합리화법에 따라 에너지사용계획을 수립하여 제출하여야 하는 대상기업이 아닌 것은?

① 도시개발사업
② 공항건설사업
③ 철도건설사업
④ 개발제한지구 개발사업

해설 **에너지사용계획 수립 대상사업 주관자** : 항만건설사업, 공항건설사업, 에너지개발사업, 철도건설사업, 도시개발사업, 개발촉진지구 개발사업, 지역종합개발사업, 관광 단지개발사업

69 에너지법에서 정한 열사용기자재의 정의에 대한 내용이 아닌 것은?

① 연료를 사용하는 기기
② 열을 사용하는 기기
③ 단열성 자재 및 축열식 전기기기
④ 폐열 회수장치 및 전열장치

해설 **열사용기자재** : 연료 및 열을 사용하는 기기, 축열식 전기기기와 단열성 자재로 산업통상자원부장관이 정하는 것

70 에너지이용 합리화법령상 산업통상자원부장관이 에너지다소비사업자에게 개선명령을 할 수 있는 경우는 에너지관리지도 결과 몇 % 이상의 에너지 효율개선이 기대될 때로 규정하고 있는가?

① 10
② 20
③ 30
④ 50

해설 **개선명령**
① 에너지관리지도결과 10%이상의 에너지효율개선이기 대 되고,효율개선을 위한 투자의경제성이 있다고 인정되는 경우
② 에너지 다소비사업자가 개선명령을 받은 때는 개선 명령일부터 60일 이내 개선계획 수립하여, 산업통상자원부장관에게 제출, 그 결과를 개선기간 만료일부터 15일 이내에 산업통상자원부장관에게 통보

71 에너지이용 합리화법령에서 정한 에너지사용자가 수립하여야 할 자발적 협약 이행계획에 포함되지 않는 것은?

① 협약 체결 전년도의 에너지소비 현황
② 에너지관리체제 및 관리방법
③ 전년도의 에너지사용량 제품생산량
④ 효율향상목표 등의 이행을 위한 투자계획

해설 전년도 에너지사용량 및 제품생산량 신고는 에너지다소비업자가 시·도지사에게 매년 1월31일까지 신고 사항임

ANSWER 67.③ 68.④ 69.④ 70.① 71.③

72 검사대상기기의 폐기 및 중지 신고 기준은?

① 폐기 및 중지한 날로부터 즉시 신고
② 폐기 및 중지한 날로부터 10일 이내
③ 폐기 및 중지한 날로부터 15일 이내
④ 폐기 및 중지한 날로부터 30일 이내

해설 검사대상기기의 휴. 폐지. 변경신고는 15일 전까지 에너지관리공단이사장에게 신고한다.

73 에너지 이용 합리화 법령에 따라 인정 검사대상기기 관리자의 교육을 이수한 사람의 관리 범위 기준은 증기보일러로서 최고사용 압력이 1MPA 이하이고 전열면적이 최대 얼마 이하일 때인가?

① $1m^2$ ② $2m^2$
③ $5m^2$ ④ $10m^2$

해설 인정검사대상기기 조종자의 교육을 이수한 자의 조정 범위
① 증기보일러로서 최고사용압력이 1MPa 이하이고, 전열면적이 $10m^2$ 이하인 것
② 온수발생 또는 열매체를 가열하는 보일러로서 출력이 581.5kW 이하인 것
③ 압력용기

74 에너지 이용 합리화 법령상 검사대상기기의 계속 사용검사 유효기간 만료일이 9월 1일 이후인 경우 계속 사용검사를 연기할 수 있는 기간 기준은 몇 개월 이내인가?

① 2개월 ② 4개월
③ 6개월 ④ 10개월

해설 4월 : 계속 사용 연기신청
① 그해 말까지
② 9월 1일 이후인 것 : 4개월 이내

75 에너지 이용 합리화 법령에 따라 에너지관리산업기사 자격을 가진 자는 관리가 가능하나, 에너지관리기능사 자격을 가진 자는 관리할 수 없는 보일러 용량의 범위는?

① 5t/h 초과 10t/h 이하
② 10t/h 초과 30t/h 이하
③ 20t/h 초과 40t/h 이하
④ 30t/h 초과 60t/h 이하

해설 검사대상기기 조종자 자격 및 조종범위

조종자의자격	조종범위
에너지관리기능장, 에너지관리기사	용량 30t/h를 초과하는 보일러
에너지관리산업기사 이상	용량 10t/h~30t/h 이하인 보일러
에너지관리기능사 이상	용량 10t/h 이하 보일러
인정검사대상기기 조종자의 교육을 이수한 자	① 증기보일러로서 최고사용압력이 1MPa 이하이고, 전열면적이 $10m^2$ 이하인 것 ② 온수발생 또는 열매체를 가열하는 보일러로서 출력이 581.5kW 이하인 것 ③ 압력용기

76 보일러 설치검사 기준상 검사 신청자의 준비 사항으로 틀린 것은?

① 기기 관리자가 입회하여야 한다.
② 보일러 검사 절차 매뉴얼을 구비해야 한다.
③ 보일러를 운전할 수 있도록 준비해야 한다.
④ 정전, 단수, 화재, 천재지변 등 부득이한 사정으로 검사 실시가 어려운 경우는 재신청 없이 다시 검사를 해야 한다.

해설 보일러 검사 절차 매뉴얼은 검사자 준비 사항

ANSWER 72.③ 73.④ 74.② 75.② 76.②

77 안전밸브 및 압력방출장치의 크기 기준으로 잘못된 것은?

① 호칭지름 25A 이상으로 하여야 한다.
② 최대증발량이 5t/h 이하인 관류보일러의 경우 호칭지름 20A 이상으로 해도 된다.
③ 최고사용압력이 1MPa 이하의 보일러의 경우 호칭지름 20A 이상으로 해도 된다.
④ 최고사용압력이 0.5MPa 이하의 보일러로 전열면적 2m² 이하인 것은 호칭지름 20A 이상으로 해도 된다.

해설
안전밸브 및 압력방출장치의 크기는 호칭지름 25A 이상으로 한다.(단, 20A 이상으로 할 수 있는 보일러)
① 최고사용압력 0.1MPa {1kg/cm²} 이하의 보일러
② 최고사용압력 0.5MPa {5kg/cm²} 이하의 보일러로 동체의 안지름이 500mm 이하이며 동체의 길이가 1,000mm 이하의 것
③ 최고사용압력 0.5MPa {5kg/cm²} 이하의 보일러로 전열면적 2m² 이하의 것
④ 최대증발량 5t/h 이하의 관류보일러
⑤ 소용량 강철제보일러, 소용량 주철제보일러

78 에너지이용 합리화법을 위반하여 검사대상기기의 검사를 받지 아니한 자의 벌칙 기준으로 맞는 것은?

① 2년 이하의 징역 또는 2천만원 이하의 벌금
② 1년 이하의 징역 또는 1천만원 이하의 벌금
③ 2천만원 이하의 벌금
④ 1천만원 이하의 벌금

해설
1년 이하 징역 또는 1천만원 이하 벌금
① 검사 대상 기기의 검사(제조, 설치, 개조, 설치장소 변경, 계속 사용)를 받지 아니한 자, 검사에 합격하지 아니한 검사대상기기를 사용한 자
② 검사 대상 기기의 사용 정지 명령에 위반한 자

79 에너지이용 합리화법의 목적이 아닌 것은?

① 에너지의 안정적 수급
② 에너지의 합리적 효율 이용 증진
③ 에너지 소비로 인한 환경파괴를 줄임
④ 에너지 사업자를 보호

해설
에너지이용 합리화법 목적
① 에너지의 수급 안정을 위함
② 에너지의 합리적이고, 효율적인 이용증진
③ 에너지 소비로 인한 환경피해를 줄임
④ 국민경제의 건전한 발전 및 증진과 지구온난화의 최소화에 이바지함

80 다음 중 보일러 안전장치로 가장 거리가 먼 것은?

① 방폭문
② 안전밸브
③ 고저수위경보기
④ 체크밸브

해설
안전장치: 안전밸브, 방출밸브, 가용전, 방폭문, 저수위 경보장치, 증기압력 제한기, 증기압력 조절기 등

ANSWER 77.③ 78.② 79.④ 80.④

PART 06

에·너·지·관·리·산·업·기·사

CBT 모의고사

에너지관리산업기사 필기

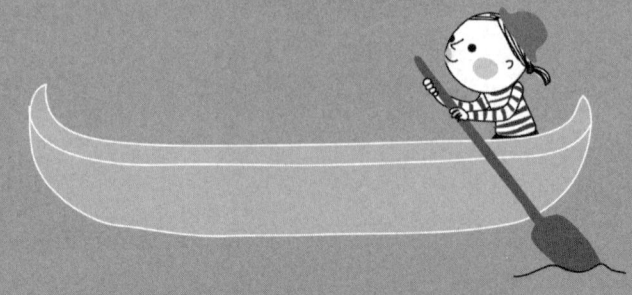

에너지관리산업기사

제1회 CBT 모의고사

제1과목 열역학 및 연소관리

01 물질의 상 변화와 관계가 있는 열량을 무엇이라 하는가?
① 잠열 ② 비열
③ 현열 ④ 반응열

> 해설
> • 현열 : 상 변화는 없고 온도만 변화
> • 잠열 : 온도 변화 없고 상 변화

02 안전밸브의 크기에 대한 선정원칙은?
① 증발량과 증기압력에 비례한다.
② 증발량과 증기압력에 반비례한다.
③ 증발량에 반비례하고, 증기압력에 비례한다.
④ 증발량에 비례하고, 증기압력에 반비례한다.

> 해설
> 안전밸브의 크기
> 전열면적에 비례하고, 압력에 반비례할 것.
> 즉, 증발량에 비례하고, 증기압력에 반비례한다.

03 C 중유 1kg을 연소시켰을 때 생성되는 수증기 양은? (단, C 중유의 수소함량은 11%로 하고, 기타 수분은 없는 것으로 가정한다.)
① $0.52Nm^3/kg$ ② $0.75Nm^3/kg$
③ $1.00Nm^3/kg$ ④ $1.23Nm^3/kg$

> 해설
> 이론 습배기가스량
> = 이론 건배기가스량 + 1.244(9H + W)에서
> = 1.244(9×0.11) = $1.23Nm^3/kg$

04 가솔린 기관의 이론 표준 사이클인 오토 사이클(Otto cycle)의 4가지 기본 과정에 포함되지 않는 것은?
① 정압가열 ② 단열팽창
③ 단열압축 ④ 정적방열

> 해설
> ① 정(등)적가열
> ② 단열팽창
> ③ 단열압축
> ④ 정(등적)적방열

05 기체연료 연소 장치 중 가스버너의 특징으로 틀린 것은?
① 공기비 제어가 불가능하다.
② 정확한 온도제어가 가능하다.
③ 연소상태가 좋아 고부하 연소가 용이하다.
④ 버너의 구조가 간단하고 보수가 용이하다.

> 해설
> 가스버너의 특징
> ① 공기비 제어가 가능하다.
> ② 정확한 온도제어가 가능하다.
> ③ 연소상태가 좋아 고부하 연소가 용이하다.
> ④ 버너의 구조가 간단하고 보수가 용이하다.

ANSWER 1.① 2.④ 3.④ 4.① 5.①

06 어떤 계가 한 상태에서 다른 상태로 변할 때, 이 계의 엔트로피의 변화는?

① 항상 감소한다.
② 항상 증가한다.
③ 항상 증가하거나 불변이다.
④ 증가, 감소, 불변 모두 가능하다.

[해설] 어떤 계가 한 상태에서 다른 상태로 변할 때, 이 계의 엔트로피의 변화는 증가, 감소, 불변 모두 가능하다.

07 공기 1kg을 15℃로부터 80℃로 가열하여 체적이 0.8m³에서 0.95m³로 되는 과정에서의 엔트로피 변화량은?
(단, 밀폐계로 가정하며, 공기의 정압비열은 1.004kJ/kg·K이며, 기체 상수는 0.287kJ/kg·K이다.)

① 0.2kJ/K ② 1.3kJ/K
③ 3.8kJ/K ④ 6.5kJ/K

[해설]
$$\Delta s = C_v \cdot \ln\left(\frac{T_2}{T_1}\right) + R \cdot \ln\left(\frac{V_2}{V_1}\right) \cdot C_v$$
$$= Cp - R = 1.004 - 0.287 = 0.717 kJ/kg \cdot K$$
$$\therefore \Delta s = 0.717 \times \ln\left(\frac{353}{288}\right) + 0.287 \times \ln\left(\frac{0.95}{0.8}\right)$$
$$\fallingdotseq 0.2 kJ/K$$

08 다음 과정 중 등온과정에서 가장 가까운 것으로 가정할 수 있는 것은?

① 공기가 500rpm으로 작동되는 압축기에서 압축되고 있다.
② 압축공기를 이용하여 공기압 이용 공구를 구동한다.
③ 압축공기 탱크에서 공기가 작은 구멍을 통해 누설된다.
④ 2단 공기 압축기에서 중간냉각기 없이 대기압에서 500kPa까지 압축한다.

[해설] 등온과정(等溫過程, isothermal process)은 계의 온도 변화가 없는 열역학적 과정을 말하는 것으로 압축공기 탱크에서 공기가 작은 구멍을 통해 누설될 때가 가장 가까운 등온과정으로 가정할 수 있다.

09 열역학 제2법칙에 대한 설명으로 옳은 것은?

① 음식으로 섭취한 화학에너지는 운동 에너지로 변한다.
② 0℃의 물과 0℃의 얼음은 열적 평형 상태를 이루고 있다.
③ 증기 기관의 운동에너지는 연료로부터 나온 에너지이다.
④ 효율이 100%인 열기관은 만들 수 없다.

[해설] 열역학 제2법칙을 간단히 표현하면 온도가 높은 곳에서 보내진 열을 온도가 낮은 곳으로 보내지 않고 일로만 전환하는 것은 불가능하다.(The Principle of Thomsen) 한 마디로 표현하면 열을 일로 100% 변환하는 것은 불가능하다.

10 기름 5kg을 15℃에서 115℃까지 가열하는데 필요한 열량은? (단, 기름의 평균 비열은 0.65kcal/kg·℃이다.)

① 325kcal ② 422kcal
③ 510kcal ④ 525kcal

[해설] $Q = G \times C \times \Delta t = 5 \times 0.65 \times (115 - 15)$
$= 325 kcal$

11 폴리트로픽 지수가 무한대(n = ∞)인 변화는?

① 정온(등온) 변화
② 정적(등적) 변화
③ 정압(등압) 변화
④ 단열 변화

ANSWER 6.④ 7.① 8.③ 9.④ 10.① 11.②

해설
- 등온 변화(n=1)
- 정적(등적) 변화(n=∞)
- 정압(등압) 변화(n=0)
- 단열 변화(n=k)
- 폴리트로픽 변화(n)

12 과열증기에 대한 설명으로 가장 적합한 것은?

① 보일러에서 처음 발생한 증기이다.
② 습포화증기의 압력과 온도를 높인 것이다.
③ 건포화증기를 가열하여 온도를 높인 것이다.
④ 액체의 증발이 끝난 상태로 수분이 전혀 함유되지 않은 증기이다.

해설 과열증기란 건포화증기를 압력 변화없이 온도만 상승시킨 것을 말한다.

13 다음 랭킨사이클에서 1-2과정은 보일러 및 과열기에서의 열흡수, 2-3은 터빈에서의 일, 3-4는 응축기에서의 열방출, 4-1은 펌프의 일을 표시할 때 열효율을 나타내는 식은? (단, h_1, h_2, h_3, h_4는 각 지점에서의 엔탈피를 나타낸다.)

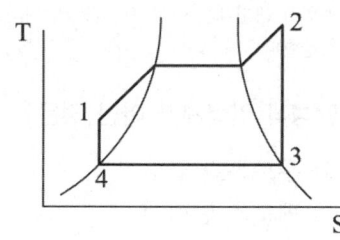

① $\dfrac{h_3 - h_4}{h_2 - h_1}$
② $1 - \dfrac{h_3 - h_4}{h_2 - h_1}$
③ $1 - \dfrac{h_2 - h_3}{h_2 - h_1}$
④ $\dfrac{h_1 - h_4}{h_2 - h_1}$

해설 열효율 = $1 - \dfrac{h_3 - h_4}{h_2 - h_1}$

14 고열원 300℃와 저열원 30℃의 사이클로 작동되는 열기관의 최고 효율은?

① 0.47   ② 0.52
③ 1.38   ④ 2.13

해설 $\eta_c = 1 - \dfrac{T_2}{T_1} = 1 - \dfrac{303}{573} = 0.47$

15 탄소 72.0%, 수소 5.3%, 황 0.4%, 산소 8.9%, 질소 1.5%, 수분 0.9%, 회분 11.0%의 조성을 갖는 석탄의 고위 발열량은?

① 4,990kcal/kg   ② 5,890kcal/kg
③ 6,990kcal/kg   ④ 7,266kcal/kg

해설
$Hh = 8100C + 34000(H - \dfrac{O}{8}) + 2500S$
$= 8100 \times 0.72 + 34000(0.053 - \dfrac{0.089}{8})$
$\quad + 2500 \times 0.004$
$\fallingdotseq 7266 kcal/kg$

16 증발잠열이 0kcal/kg이고, 액체와 기체의 구별이 없어지는 지점을 무엇이라고 하는가?

① 포화점
② 임계점
③ 비등점
④ 기화점

해설 **임계점** : 액체, 기체가 구별이 없어지는 지점으로 증발잠열이 0kcal/kg, 온도 374.15℃(647.15K), 압력은 225.6kg/cm² (22.56Mpa)이다.

ANSWER 12.③ 13.② 14.① 15.④ 16.②

제1회 CBT 모의고사 • 809

17 공급열량과 압축비가 일정한 경우에 다음 중 효율이 가장 좋은 것은?

① 오토 사이클
② 디젤 사이클
③ 사바테 사이클
④ 브레이튼 사이클

해설 공급열량과 압축비가 일정한 경우에 오토 사이클이 효율이 가장 좋다.

18 공기비(m)에 대한 설명으로 옳은 것은?

① 공기비는 이론공기량을 실제공기량으로 나눈 값이다.
② 어떠한 연료든 연료를 연소시킬 경우 이론공기량보다 더 적은 공기량으로 완전연소가 가능하다.
③ 일반적으로 연료를 완전연소시키기 위해 실제공기량이 적을수록 좋으며 열효율도 증대된다.
④ 실제 공기비는 연료의 종류에 따라 다르며, 연료와 공기의 접촉면적 비율이 작을수록 커진다.

해설 공기비란 실제공기량을 이론공기량으로 나눈 값으로 어떠한 연료든 이론공기량보다 많은 공기량으로 완전연소가 가능하며, 실제 공기비는 연료의 종류에 따라 다르며, 연료와 공기의 접촉면적 비율이 작을수록 커진다.

19 표준대기압하에서 메탄(CH_4), 공기의 가연성 혼합기체를 완전연소 시킬 때 메탄 1kg을 연소시키기 위해서 필요한 공기량은? (단, 공기 중의 산소는 23.15wt%이다.)

① 4.4kg   ② 17.3kg
③ 21.1kg ④ 28.8kg

해설
$CH_4 + 2O_2 \rightarrow CO_2 + H_2O$
16kg : 2×32kg
1kg : X
∴ $\dfrac{1 \times 2 \times 32}{16} \times \dfrac{1}{0.2315} ≒ 17.3kg$

20 어떤 증기의 건도가 0보다 크고 1보다 작으면 어떤 상태의 증기인가?

① 포화수   ② 습증기
③ 포화증기 ④ 과열증기

해설
· 포화수(X=0)   · 습포화증기(0 < X < 1)
· 건포화증기   · 과열증기(n=1)

제2과목 계측 및 에너지진단

21 아르키메데스의 원리를 이용하여 측정하는 액면계는?

① 액압측정식 액면계
② 전극식 액면계
③ 편위식 액면계
④ 기포식 액면계

해설 편위식 액면계는 아르키메데스의 원리를 이용하여 측정한다.

22 탄성식 압력계가 아닌 것은?

① 부르돈관 압력계
② 벨로즈 압력계
③ 다이어프램 압력계
④ 경사관식 압력계

해설 탄성식 압력계 종류 : 부르돈관식, 벨로즈식, 다이어프램식

ANSWER 17.① 18.④ 19.② 20.② 21.③ 22.④

23 0℃에서의 저항이 100Ω인 저항온도계를 로 안에서 측정 시 저항이 200Ω이 되었다면, 이 로 안의 온도는?
(단, 저항온도계수는 0.005이다.)

① 100℃ ② 150℃
③ 200℃ ④ 250℃

해설 $t = \dfrac{R - R_O}{R_O \times \alpha} = \dfrac{200 - 100}{100 \times 0.005} = 200℃$

24 다음의 블록 선도에서 피드백제어의 전달함수를 구하면?

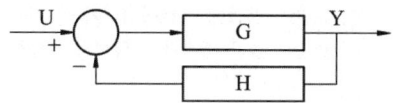

① $F = \dfrac{G}{1-H}$ ② $F = \dfrac{G}{1+H}$
③ $F = \dfrac{G}{1-GH}$ ④ $F = \dfrac{G}{1+GH}$

해설 $F = \dfrac{G}{1+GH}$

25 보일러 5마력의 상당증발량은?

① 55.65kg/h ② 78.25kg/h
③ 86.45kg/h ④ 98.35kg/h

해설 1마력의 상당증발량은 15.65kg이므로
15.65kg × 5 = 78.25kg/h

26 보일러 연도에서 가스를 채취하여 분석할 때 분석계 입구에서 2차 필터로 주로 사용되는 것은?

① 아런덤 ② 유리솜
③ 소결금속 ④ 카보런덤

해설
- 1차 필터 : 아란덤(alundum)
  카보런덤(carborundum)
- 2차 필터 : 유리솜, 면

27 다음 공업 계측기기 중 고온측정용으로 가장 적합한 접촉식 온도계는?

① 유리 온도계 ② 압력 온도계
③ 방사 온도계 ④ 열전대 온도계

해설
- 유리 온도계(알콜 : -100~200℃)
- 압력 온도계(약 -40~500℃)
- 방사 온도계(비접촉식 : 50~3,000℃)
- 열전대 온도계(0~1,600℃)

28 지르코니아식 O_2 측정기의 특징에 대한 설명 중 틀린 것은?

① 응답속도가 빠르다.
② 측정범위가 넓다.
③ 설치장소 주위의 온도 변화에 영향이 적다.
④ 온도 유지를 위한 전기로가 필요 없다.

해설
- 지르코니아식 O_2 특징
  ① 응답속도가 빠르다.
  ② 측정범위가 넓다.
  ③ 설치장소 주위의 온도 변화에 영향이 적다.
  ④ 온도를 유지하기 위하여 전기로를 사용한다.

29 직각으로 굽힌 유리관의 한쪽을 수면 바로 밑에 넣고 다른 쪽은 연직으로 세워 수평방향으로 설치하였다. 수면 위로 상승된 높이가 13mm일 때 유속은?

① 0.1m/s ② 0.3m/s
③ 0.5m/s ④ 0.7m/s

해설 $V = \sqrt{2gH} = \sqrt{2 \times 9.8 \times 0.013} = 0.5$m/s

ANSWER 23.③ 24.④ 25.② 26.② 27.④ 28.④ 29.③

30 보일러의 점화, 운전, 소화를 자동적으로 행하는 장치에 관한 설명으로 틀린 것은?

① 긴급연료차단 밸브 : 버너에 연료 공급을 차단시키는 전자 밸브
② 유량조절 밸브 : 버너에서의 분사량 조절
③ 스택스위치 : 풍압이 낮아진 경우 연료의 차단신호를 송출
④ 전자개폐기 : 연료 펌프, 송풍기 등의 가동·장치

해설 **스택스위치**
연소가스의 발열체(열적 변화)를 이용하여 화염 검출

31 다음 중 차압식 유량계가 아닌 것은?

① 벤투리 유량계
② 오리피스 유량계
③ 피스톤형 유량계
④ 플로우 노즐 유량계

해설 **차압식 유량계** : 오리피스식, 플로우 노즐식, 벤투리식

32 증기보일러에서 부하율을 올바르게 설명한 것은?

① 최대연속증발량(kg/h)을 실제증발량(kg/h)으로 나눈 값의 백분율이다.
② 실제증발량(kg/h)을 상당증발량(kg/h)으로 나눈 값의 백분율이다.
③ 실제증발량(kg/h)을 최대연속증발량(kg/h)으로 나눈 값의 백분율이다.
④ 상당증발량(kg/h)을 실제증발량(kg/h)으로 나눈 값의 백분율이다.

해설 부하율 = $\frac{실제증발량}{최대연속증발량} \times 100$

33 용적식 유량계의 특징에 대한 설명으로 틀린 것은?

① 맥동의 영향이 적다.
② 직관부는 필요 없으며, 압력손실이 크다.
③ 유량계 전단에 스트레이너가 필요하다.
④ 점도가 높은 경우에도 측정이 가능하다.

해설 **용적식 유량계의 특징**
① 맥동의 영향이 적다.
② 압력손실이 적다.
③ 유량계 전단에 스트레이너가 필요하다.
④ 점도가 높은 경우에도 측정이 가능하다.

34 다음 화염검출기 중 가장 높은 온도에서 사용할 수 있는 것은?

① 프레임 로드
② 황화카드뮴 셀
③ 광전관 검출기
④ 자외선 검출기

해설 프레임 로드는 가스버너 착화용으로 사용되므로 화염에 직접 접촉이 되므로 가장 고온에 사용된다.

35 다음 중 패러데이(Faraday)법칙을 이용한 유량계는?

① 전자 유량계
② 델타 유량계
③ 스와르미터
④ 초음파 유량계

해설 **전자식 유량계** : 자계속을 도전성 유체가 흐르면 그 유체 안에서 기전력이 발생한다는 패러데이의 전자 유도법칙을 이용한 것

ANSWER 30.③ 31.③ 32.③ 33.② 34.① 35.①

36 자동제어계에서 제어량의 성질에 의한 분류에 해당되지 않는 것은?

① 서보기구
② 다수변제어
③ 프로세스제어
④ 정지제어

해설 자동제어계에서 제어량의 성질에 의한 분류 : 서보기구, 프로세스제어, 다수변제어

37 1ppm이란 용액 몇 kg_f의 용질 1mg이 녹아있는 경우인가?

① $1kg_f$ ② $10kg_f$
③ $100kg_f$ ④ $1,000kg_f$

해설 1ppm이란 용액 $1kg_f$의 용질 1mg이 녹아있는 경우

38 한 시간 동안 연도로 배기되는 가스량이 300kg, 배기가스 온도 240℃, 가스의 평균비열이 0.32kcal/kg·℃이고, 외기 온도가 −10℃일 때, 배기가스에 의한 손실열량은?

① 14,100kcal/h
② 24,000kcal/h
③ 32,500kcal/h
④ 38,400kcal/h

해설 300×0.32×(240+10) = 24,000kcal/h

39 보일러 자동제어의 장점으로 가장 거리가 먼 것은?

① 효율적인 운전으로 연료비가 절감된다.
② 보일러 설비의 수명이 길어진다.
③ 보일러 운전을 안전하게 한다.
④ 급수처리 비용이 증가한다.

해설 자동제어의 장점
① 효율적인 운전으로 연료비가 절감된다.
② 보일러 설비의 수명이 길어진다.
③ 보일러 운전을 안전하게 한다.
④ 급수처리 비용이 절감된다.

40 서로 다른 금속의 열팽창계수 차이를 이용하여 온도를 측정하는 것은?

① 열전대 온도계
② 바이메탈 온도계
③ 측온저항체 온도계
④ 서미스터

해설 바이메탈 온도계 : 2종의 서로 다른 금속의 열팽창계수 차이를 이용하여 온도를 측정

제3과목 열설비구조 및 시공

41 관류보일러의 특징으로 틀린 것은?

① 관(管)으로만 구성되어 기수드럼이 필요하지 않기 때문에 간단한 구조이다.
② 전열 면적당 보유수량이 많기 때문에 증기발생까지의 시간이 많이 소요된다.
③ 부하변동에 의해 압력변동이 생기기 쉽기 때문에 급수량 및 연료량의 자동제어 장치가 필요하다.
④ 충분히 수처리된 급수를 사용하여야 한다.

해설 전열 면적당 보유수량이 적기 때문에 증발 시간이 빠르다.

ANSWER 36.④ 37.① 38.② 39.④ 40.② 41.②

42 마그네시아를 원료로 하는 내화물이 수증기의 작용을 받아 Mg(OH)$_2$을 생성하는데 이 때 큰 비중 변화에 의한 체적 변화를 일으켜 노벽에 균열이 발생하는 현상은?

① 슬래킹(Slaking)
② 스폴링(Spalling)
③ 버스팅(Bursting)
④ 해밍(Hamming)

해설
- **슬래킹(Slaking)** : 마그네시아, 돌로마이트(염기성) 등이 수분을 흡수하여 수산화마그네슘, 수산화칼슘으로 소화하여 부피 팽창을 일으켜 균열, 붕괴 현상을 나타내는 현상
- **버스팅(Bursting)** : 평로 등에서 크로마그계 벽돌은 사용 중 고온면이 일정의 침식반응을 일으켜, 표면적이 부풀어 올라 열괴하는 현상
- **스폴링(Spalling)** : 로가 열응력을 받아 균열 또는 쪼개지는 현상

43 보일러 검사를 받는 자에게는 그 검사의 종류에 따라 필요한 사항에 대한 조치를 하게 할 수 있다. 그 조치에 해당되지 않는 것은?

① 비파괴검사의 준비
② 수압시험의 준비
③ 운전성능 측정의 준비
④ 보온단열재의 열전도 시험준비

해설 검사에 필요한 검사 필요 조치 사항
① 비파괴검사의 준비
② 수압시험의 준비
③ 운전성능 측정의 준비

44 열사용기자재 중 검사대상기기에 해당되는 것은?

① 태양열 집열기
② 구멍탄용 가스보일러
③ 제2종 압력용기
④ 축열식 전기보일러

해설
[검사대상기기]

구분	검사대상 기기	적용범위
보일러	강철제 보일러 주철제 보일러	다음 각 호의 어느 하나에 해당하는 것은 제외한다. 1. 최고사용압력이 0.1MPa 이하이고, 동체의 안지름이 300밀리미터 이하이며, 길이가 600밀리미터 이하인 것 2. 최고사용압력이 0.1MPa 이하이고, 전열면적이 5제곱미터 이하인 것 3. 2종 관류보일러 4. 온수를 발생시키는 보일러로서 대기개방형인 것
	소형 온수보일러	가스를 사용하는 것으로서 가스사용량이 17kg/h(도시가스는 232.6킬로와트)를 초과하는 것
압력용기	1종 압력용기 2종 압력용기	별표 1에 따른 압력용기의 적용범위에 따른다.
요로	철금속가열로	정격용량이 0.58MW를 초과하는 것

ANSWER 42.① 43.④ 44.③

45 검사대상기기의 계속사용검사 중 산업통상자원부령으로 정하는 항목의 검사에 불합격한 경우 일정 기간 내 그 검사에 합격할 것을 조건으로 계속 사용을 허용한다. 그 기간은 몇 개월 이내인가?
(단, 철금속가열로는 제외한다.)

① 6개월   ② 7개월
③ 8개월   ④ 10개월

해설 검사대상기기의 계속사용검사 중 산업통상자원부령으로 정하는 항목의 검사에 불합격한 경우 6개월 이내 그 검사에 합격할 것을 조건으로 계속 사용을 허용한다.

46 보일러 관석(scale)에 대한 설명 중 틀린 것은?

① 관석이 부착하면 열전도율이 상승한다.
② 수관 내에서 관석이 부착하면 관수 순환을 방해한다.
③ 관석을 부착하면 국부적인 과열로 산화, 팽창파열의 원인이 된다.
④ 관석의 주성분은 크게 나누어 황산칼슘, 규산칼슘, 탄산칼슘 등이 있다.

해설 관석(scale)
① 관석이 부착하면 열전도율이 감소한다.
② 수관 내에서 관석이 부착하면 관수 순환을 방해한다.
③ 관석을 부착하면 국부적인 과열로 산화, 팽창파열의 원인이 된다.
④ 관석의 주성분은 크게 나누어 황산칼슘, 규산칼슘, 탄산칼슘 등이 있다.

47 검사대상기기의 검사종류 중 제조검사에 해당되는 것은?

① 구조검사   ② 개조검사
③ 설치검사   ④ 계속사용검사

해설 • 제조검사 : 구조검사, 용접검사

48 산소를 로(爐) 속에 공급하여 불순물을 제거하고 강철을 제조하는 로(爐)는?

① 큐폴라
② 반사로
③ 전로
④ 고로

해설 • 전로 : 산소를 로(爐) 속에 공급하여 불순물을 제거하고 강철을 제조하는 로(爐)

49 다음 중 산성내화물의 주요 화학 성분은?

① SiO_2
② MgO
③ FeO
④ SiC

해설 • 산성 : SiO_2
• 중성 : SiC
• 염기성 : MgO

50 수관보일러와 비교하여 원통보일러의 특징으로 틀린 것은?

① 형상에 비해서 전열면적이 적고, 열효율은 수관보일러보다 낮다.
② 전열면적당 수부의 크기는 수관보일러에 비해 크다.
③ 구조가 간단하므로 취급이 쉽다.
④ 구조상 고압용 및 대용량이 적합하다.

해설 고압, 대용량에 부적당하다.

ANSWER 45.① 46.① 47.① 48.③ 49.① 50.④

제1회 CBT 모의고사 • 815

51 강판의 두께가 12mm이고 리벳의 직경이 20mm이며, 피치가 48mm의 1줄 겹치기 리벳조인트가 있다. 이 강판의 효율은?

① 25.9% ② 41.7%
③ 58.3% ④ 75.8%

해설 $\eta = \dfrac{p-d}{p} = \dfrac{48-20}{48} \times 100 = 58.3\%$

52 큐폴라(Cupola)의 다른 명칭은?

① 용광로 ② 반사로
③ 용선로 ④ 평로

해설 큐폴라(Cupola)를 다른 명칭으로 용선로라 한다.

53 오르자트(orsat) 가스분석기로 측정할 수 있는 성분이 아닌 것은?

① 산소(O_2)
② 일산화탄소(CO)
③ 이산화탄소(CO_2)
④ 수소(H_2)

해설 오르자트(orsat) 가스분석기로 측정할 수 있는 성분
① 이산화탄소(CO_2)
② 산소(O_2)
③ 일산화탄소(CO)

54 단열벽돌을 요로에 사용 시 특징에 대한 설명으로 틀린 것은?

① 축열 손실이 적어진다.
② 전열 손실이 적어진다.
③ 노내 온도가 균일해지고, 내화물의 배면에 사용하면 내화물의 내구력이 커진다.
④ 효과적인 면도 적지 않으나 가격이 비싸므로 경제적인 이익은 없다.

해설 단열벽돌 사용 시 특징
① 축열 손실이 적어진다.
② 전열 손실이 적어진다.
③ 노내 온도가 균일해지고, 내화물의 배면에 사용하면 내화물의 내구력이 커진다.

55 매 초당 20L의 물을 송출시킬 수 있는 급수펌프에서 양정이 7.5m, 펌프효율이 75%일 때, 펌프의 소요 동력은?

① 4.34kW
② 2.67kW
③ 1.96kW
④ 0.27kW

해설 $KW = \dfrac{rQH}{102 \times \eta} = \dfrac{1 \times 20 \times 7.5}{102 \times 0.75} = 1.96KW$

56 증기 배관에서 감압밸브 설치 시 주의점에 대한 설명으로 가장 거리가 먼 것은?

① 감압밸브는 부하설비에 가깝게 설치한다.
② 감압밸브 앞에는 스트레이너를 설치하여야 한다.
③ 감압밸브 1차 측의 관 축소시 동심 레듀서를 설치하여야 한다.
④ 감압밸브 앞에는 기수분리기나 트랩을 설치하여 응축수를 제거한다.

해설 감압밸브 1차 측의 관 축소 시 편심 레듀서를 설치하여야 한다.

ANSWER 51.③ 52.③ 53.④ 54.④ 55.③ 56.③

57 다음 중 박스 트랩(box trap) 중 하나로 주로 아파트 및 건물의 발코니 등의 바닥 배수에 사용하여 상층의 배수 침투 및 악취 분출 방지 역할을 하는 트랩은?

① 벨 트랩 ② S 트랩
③ 관 트랩 ④ 그리스 트랩

해설 **벨 트랩** : 박스 트랩(box trap) 중 하나로 주로 아파트 및 건물의 발코니 등의 바닥 배수에 사용하여 상층의 배수 침투 및 악취 분출 방지 역할을 하는 트랩

58 큐폴라에 대한 설명으로 틀린 것은?

① 규격은 매 시간당 용해할 수 있는 중량(ton)으로 표시한다.
② 코크스 속의 탄소, 인, 황 등의 불순물이 들어가 용탕의 질이 저하된다.
③ 열효율이 좋고 용해시간이 빠르다.
④ Al합금이나 가단주철 및 칠드 롤러(chilled roller)와 같은 대형 주물제조에 사용된다.

해설 큐폴라의 특징
① 규격은 매 시간당 용해할 수 있는 중량(ton)으로 표시한다.
② 코크스 속의 탄소, 인, 황 등의 불순물이 들어가 용탕의 질이 저하된다.
③ 열효율이 좋고 용해시간이 빠르다.
④ 보통 주철의 용해로 사용된다.

59 어느 대향류 열교환기에서 가열유체는 80℃로 들어가서 30℃로 나오고 수열유체는 20℃로 들어가서 30℃로 나온다. 이 열교환기의 대수 평균 온도차는?

① 25℃ ② 30℃
③ 35℃ ④ 40℃

해설
$\triangle T_1 = 80 - 30 = 50℃$
$\triangle T_2 = 30 - 20 = 10℃$
$\triangle tm = \dfrac{50 - 10}{In(\dfrac{50}{10})} ≒ 25℃$

60 다음 중 수관식 보일러에 속하는 것은?

① 노통 보일러
② 기관차형 보일러
③ 바브콕 보일러
④ 횡연관식 보일러

해설 **바브콕** : 수관보일러(직관식)

제4과목 열설비취급 및 안전관리

61 일반적으로 보일러를 정지시키기 위한 순서로 옳은 것은?

① 연료차단 → 공기차단 → 주증기밸브 폐쇄 → 댐퍼 폐쇄
② 연료차단 → 공기차단 → 주증기밸브 폐쇄 → 댐퍼 개방
③ 공기차단 → 연료차단 → 주증기밸브 폐쇄 → 댐퍼 폐쇄
④ 주증기밸브 폐쇄 → 공기차단 → 연료차단 → 댐퍼 개방

해설 보일러 정지 순서
연료차단 → 공기차단 → 주증기밸브 폐쇄 → 댐퍼 폐쇄

62 보일러에서 압력차단(제한)스위치의 작동압력은 어떻게 조정하여야 하는가?

① 사용압력과 같게 조정한다.
② 안전밸브 작동압력과 같게 조정한다.
③ 안전밸브 작동압력보다 약간 낮게 조정한다.
④ 안전밸브 작동압력보다 약간 높게 조정한다.

해설 압력차단(제한)스위치의 작동압력은 안전밸브 작동압력보다 약간 낮게 조정한다.

63 온수 보일러에서 물의 온도가 393K(120℃)를 초과하는 온수 보일러에 안전장치로 설치하는 것은?

① 안전밸브   ② 압력계
③ 방출밸브   ④ 수면계

해설
- 온수의 온도가 393K(120℃) 초과 : 안전밸브
- 온수의 온도가 393K(120℃) 이하 : 방출밸브

64 강철제 보일러의 최고 사용압력이 1.6MPa일 때 수압시험 압력은 최고 사용압력의 몇 배로 계산하는가?

① 최고 사용압력의 1.3배
② 최고 사용압력의 1.5배
③ 최고 사용압력의 2배
④ 최고 사용압력의 3배

해설
- **최고 사용 압력이 0.43Mpa 이하**
  최고 사용압력의 2배
- **최고 사용 압력이 0.43Mpa ~ 1.5Mpa 이하**
  최고 사용압력의 1.3배+0.3
- **최고 사용 압력이 1.5Mpa 초과**
  최고 사용압력의 1.5배

65 에너지이용합리화법에 따른 한국에너지공단의 사업이 아닌 것은?

① 열사용 기자재의 안전관리
② 도시가스 기술의 개발 및 도입
③ 신에너지 및 재생에너지 개발사업의 촉진
④ 에너지이용합리화 및 이를 통한 온실가스의 배출을 줄이기 위한 사업과 국제협력

해설 한국에너지공단 사업
㉠ 에너지이용합리화 및 이를 통한 온실가스의 배출을 줄이기 위한 사업과 국제협력
㉡ 에너지기술의 개발·도입·지도 및 보급
㉢ 에너지이용합리화, 신에너지 및 재생에너지의 개발과 보급, 집단에너지 공급사업을 위한 자금의 융자 및 지원
㉣ 에너지진단 및 에너지관리지도
㉤ 신에너지 및 재생에너지 개발사업의 촉진
㉥ 에너지관리에 관한 조사·연구·교육 및 홍보
㉦ 에너지이용 합리화사업을 위한 토지·건물 및 시설 등의 취득·설치·운영·대여 및 양도
㉧ 에너지사용기자재·에너지관련기자재의 효율관리 및 열사용기자재의 안전관리
㉨ 사회취약 계층의 에너지이용 지원
㉩ 제1호부터 제12호까지의 사업 외에 산업통상자원부장관, 시·도지사, 그 밖의 기관 등이 위탁하는 에너지이용의 합리화와 온실가스의 배출을 줄이기 위한 사업

ANSWER 62.③ 63.① 64.② 65.②

66 에너지이용합리화법에 따라 다음 중 효율관리 기자재가 아닌 것은?

① 자동차   ② 컴퓨터
③ 조명기기   ④ 전기세탁기

> **해설** 효율관리 기자재
> ㉠ 전기냉장고
> ㉡ 전기냉방기
> ㉢ 전기세탁기
> ㉣ 조명기기
> ㉤ 삼상유도전동기(三相誘導電動機)
> ㉥ 자동차
> ㉦ 그 밖에 산업통상자원부장관이 그 효율의 향상이 특히 필요하다고 인정하여 고시하는 기자재 및 설비

67 에너지법에 의하면 에너지 수급에 차질이 발생할 경우를 대비하여 비상시 에너지수급 계획을 수립하여야 하는 자는?

① 대통령
② 국방부장관
③ 산업통상자원부장관
④ 한국에너지공단이사장

> **해설** 에너지 수급에 차질이 발생할 경우를 대비하여 비상시 에너지수급 계획 수립권자
> 산업통상자원부장관

68 다음 석탄재의 조성 중 많을수록 석탄재의 융점을 낮아지게 하는 성분이 아닌 것은?

① Fe_2O_3 ② CaO
③ SiO_2 ④ MgO

> **해설** SiO_2의 농도가 높아지면 경질 스케일이 생성되고 실리카의 선택적 캐리오버가 발생한다.

69 보일러 가동 중 연료 소비의 과대 원인으로 가장 거리가 먼 것은?

① 연료의 발열량이 낮을 경우
② 연료의 예열온도가 높을 경우
③ 연료 내 물이나 협잡물이 포함된 경우
④ 연소용 공기가 부족한 경우

> **해설** 연료를 예열하면 분무가 양호해지고 연소효율이 높아져 연료가 절약된다.

70 다음 소형온수보일러 중 에너지이용합리화법에 의한 검사대상기기는?

① 전기 및 유류 겸용 소형온수보일러
② 유류를 연료로 쓰는 가정용 소형온수보일러
③ 도시가스 사용량이 20만kcal/h 이하인 소형온수보일러
④ 가스 사용량이 17kg/h를 초과하는 소형온수보일러

71 증기보일러 가동 중 과부하 상태가 될 때 나타나는 현상으로 틀린 것은?

① 프라이밍(priming) 발생이 적어진다.
② 단위 연료당 증발량이 작아진다.
③ 전열면 증발률은 증가한다.
④ 보일러 효율이 떨어진다.

> **해설** 보일러 가동 중 과부하 시
> ① 프라이밍(priming) 발생의 우려가 있다.
> ② 단위 연료당 증발량이 작아진다.
> ③ 전열면 증발률은 증가한다.
> ④ 보일러 효율이 떨어진다.

ANSWER 66.② 67.③ 68.③ 69.② 70.④ 71.①

72 에너지이용합리화법에 의한 에너지 사용시설이 아닌 것은?

① 발전소
② 에너지를 사용하는 공장
③ 에너지를 사용하는 사업장
④ 경유 등을 사용하는 가정

해설) 경유를 사용하는 가정은 에너지이용합리화법에 의한 에너지 사용시설에 포함하지 않는다.

73 신설 보일러의 가동 전 준비 사항에 대한 설명으로 틀린 것은?

① 공구나 기타 물건이 동체 내부에 남아 있는지 반드시 확인한다.
② 기수분리기나 부속품의 부착상태를 확인한다.
③ 신설 보일러에 대해서는 가급적 가열건조를 시키지 않고 자연건조(1주 이상)를 시킨다.
④ 제작 시 내부에 부착한 페인트, 유지, 녹 등을 제거하기 위해 내면을 소다 끓이기 등을 통하여 제거한다.

해설) 신설 보일러 가동 전 준비 사항
① 내부점검
② 노 및 연도 내의 점검
③ 부속품의 정비 상황 점검
④ 소다 보링
⑤ 자동제어 점검

74 보일러설비 계획 시 연소장치의 버너를 선정할 때 검토해야 할 사항으로 가장 거리가 먼 것은?

① 연료의 종류
② 안전밸브 여부
③ 유량조절 및 공기조절
④ 연소실의 분위기(압력, 온도조절)

해설) 안전밸브는 안전장치이므로 연소장치인 버너선정과는 무관하다.

75 에너지관리자에 대한 교육을 실시하는 기관은?

① 시·도지사
② 한국에너지공단
③ 안전보건공단
④ 한국산업인력공단

해설) 에너지관리자에 대한 교육을 실시하는 기관
한국에너지공단

76 감압밸브 설치 시 배관시공법에 대한 설명으로 틀린 것은?

① 감압밸브는 가급적 사용처에 근접 시공한다.
② 감압밸브 앞에는 여과기를 설치해야 한다.
③ 감압 후 배관은 1차 측보다 확관되어야 한다.
④ 감압장치의 안전을 위하여 밸브 앞에 안전밸브를 설치한다.

해설) 감압밸브 전측에는 보일러 본체에 안전밸브를 설치하므로 설치하지 않는다.

77 보일러에서 압력계에 연결하는 증기관(최고 사용압력에 견디는 것)을 강관으로 하는 경우 안지름은 최소 몇 mm 이상으로 하여야 하는가?

① 6.5mm   ② 12.7mm
③ 15.6mm ④ 17.5mm

해설) 압력계에 연결하는 증기관 : 강관 12.7mm 이상, 동관 6.5mm 이상

ANSWER 72.④ 73.③ 74.② 75.② 76.④ 77.②

78 pH가 높으면 보일러 수중의 경도 성분인 (①), (②) 등의 화합물의 용해도가 감소되기 때문에 스케일 부착이 어렵게 된다. ①, ②에 들어갈 적당한 용어는?

① ① : 망간, ② : 나트륨
② ① : 인산, ② : 나트륨
③ ① : 탄닌, ② : 나트륨
④ ① : 칼슘, ② : 마그네슘

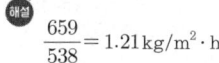
pH가 높으면 보일러 수중의 경도 성분인 칼슘, 마그네슘 등 화합물의 용해도가 감소되기 때문에 스케일 부착이 어렵게 된다.

79 압력 $0.1kg/cm^2$의 증기를 이용하여 난방을 하는 경우 방열기 내의 증기 응축량은? (단, $0.1kg/cm^2$에서의 증발잠열은 538kcla/kg이다.)

① $13.5kg/m^2 \cdot h$
② $12.1kg/m^2 \cdot h$
③ $1.35kg/m^2 \cdot h$
④ $1.21kg/m^2 \cdot h$

$\dfrac{659}{538} = 1.21 kg/m^2 \cdot h$

80 보일러에서 저수위로 인한 사고의 원인으로 가장 거리가 먼 것은?

① 저수위 제어장치의 고장
② 보일러 급수장치의 고장
③ 증기 발생량의 부족
④ 분출장치의 누수

저수위 사고
① 저수위 제어장치의 고장
② 보일러 급수장치의 고장
③ 증기 발생량의 과잉
④ 분출장치의 누수

ANSWER   78.④   79.④   80.③

에너지관리산업기사

제2회 CBT 모의고사

제1과목 열역학 및 연소관리

01 다음 열기관 사이클 중 가장 이상적인 사이클은?

① 랭킨사이클　② 재열사이클
③ 재생사이클　④ 카르노사이클

> 해설 열기관 사이클 중 가장 이상적인 사이클은 카르노 사이클이다.

02 보일러의 수면이 위험수위보다 낮아지면 신호를 발신하여 버너를 정지시켜 주는 장치는?

① 노내압 조절장치
② 저수위 차단장치
③ 압력 조절장치
④ 증기트랩

> 해설 수면이 위험수위(안전저수위)보다 낮아지면 수위를 감지하여 신호를 발신하며 버너를 정지시켜 주는 장치는 저수위 경보장치(차단장치)이다.

03 어떤 냉동기의 냉각수, 냉수의 온도 및 유량을 측정하였더니 다음 표와 같이 나타났다. 이 냉동기의 성능계수(COP)는?

항목	유량(Ton/h)	입구온도(℃)	출구온도(℃)
냉수	30	12	7
냉각수	47	29	33

① 3.65　② 3.95
③ 4.25　④ 4.55

> 해설
> $COP = \dfrac{QL}{QH-QL} = \dfrac{150}{188-150} = 3.95$
> • $QH = 47 \times 1 \times (33-29) = 188$
> • $QL = 30 \times 1 \times (12-7) = 150$

04 다음 중 연료품질평가 시 세탄가를 사용하는 연료는?

① 중유　② 등유
③ 경유　④ 가솔린

> 해설 세탄가는 디젤연료의 자기착화성을 나타내는 지수의 일종으로, 경유는 압축착화방식이라 자연발화 온도가 낮으며, 이에 대한 기준으로 세탄가를 품질기준으로 가늠한다.

05 보일러 송풍기의 형식 중 원심식 송풍기가 아닌 것은?

① 다익형　② 리버스형
③ 프로펠러형　④ 터보형

> 해설
> **원심식 송풍기**
> ① 다익형
> ② 리버스형
> ③ 터보형

06 "일과 열은 서로 변환될 수 있다"는 것과 가장 관계가 깊은 법칙은?

① 열역학 제1법칙
② 열역학 제2법칙
③ 줄(Joule)의 법칙
④ 푸리에(Fourier)의 법칙

ANSWER 1.④ 2.② 3.② 4.③ 5.③ 6.①

해설 열역학 제1법칙을 에너지 보존의 법칙이라 하며, 일과 열은 가역적이다. 즉, "일과 열은 서로 변환될 수 있다."

07 500L의 탱크에 압력 1atm, 온도 0℃인 산소가 채워져 있다. 이 산소를 100℃까지 가열하고자 할 때 소요열량은?
(단, 산소의 정적비열은 0.65kJ/kg·K이며, 가스상수는 26.5kg·m/kg·K이다.)

① 20.8kJ   ② 46.4kJ
③ 68.2kJ   ④ 100.6kJ

해설
- $PV = GRT$
$$\therefore G = \frac{PV}{RT} = \frac{1 \times 1.0332 \times 10000 \times 0.5}{26.5 \times (273+0)} = 0.714\text{kg}$$
$$= 0.714 \times 0.65 \times (373-273) = 46.4\text{kJ}$$

08 프로판(C_3H_8) 20vol%, 부탄(C_4H_{10}) 80 vol%의 혼합가스 1L를 완전 연소하는데 50%의 과잉 공기를 사용하였다면 실제 공급된 공기량은? (단, 공기 중 산소는 21vol%로 가정한다.)

① 27L   ② 34L
③ 44L   ④ 51L

해설
$C_3H_8 + 5O_2 \rightarrow 3CO_2 + 4H_2O$
22.4 : 5×22.4
1 : x
$x = \frac{1 \times 5 \times 22.4}{22.4} \times 0.2 = 1\text{L}$

$C_4H_{10} + 6.5O_2 \rightarrow 4CO_2 + 5H_2O$
22.4 : 6.5×22.4
1 : x
$x = \frac{1 \times 6.5 \times 22.4}{22.4} \times 0.8 = 5.2\text{L}$

$\therefore (1+5.2) \times \frac{1}{0.21} \times 1.5 = 44.3\text{L}$

09 보일러의 부속장치 중 안전장치가 아닌 것은?

① 화염검출기
② 가용전
③ 증기압력제한기
④ 증기 축열기

해설
- **안전장치** : 화염검출기, 안전밸브, 방출밸브, 가용전, 증기압력제한기, 저수위 경보장치, 방폭문 등
- **증기 축열기** : 송기장치에 해당된다.

10 대기압이 750mmHg일 때, 탱크의 압력계가 9.5kg/cm²를 지시한다면 이 탱크의 절대압력은?

① 7.26kg/cm²   ② 10.52kg/cm²
③ 14.27kg/cm²   ④ 18.45kg/cm²

해설
절대압력 = 대기압 + 게이지압력
= 1.0196 + 9.5 = 10.52kg/cm²
1atm 상태에서 760mmHg : 1.0332kg/cm²
750mmHg : x
- 대기압 = $\frac{750 \times 1.0332}{760} = 1.0196\text{kg/cm}^2$

11 가역 및 비가역과정에 대한 설명으로 틀린 것은?

① 가역과정은 실제로 얻어질 수 없으나 거의 근접할 수 있다.
② 비가역과정의 인자로는 마찰, 점성력, 열전달 등이 있다.
③ 가역과정은 이상적인 과정으로 최대의 열효율을 갖는 과정이다.
④ 가역과정은 고열원, 저열원 사이의 온도차와 작동 물질에 따라 열효율이 달라진다.

ANSWER 7.② 8.③ 9.④ 10.② 11.④

가역 현상 : 외부에 아무런 변화를 남기지 않고 스스로 원래의 상태로 되돌아갈 수 있는 현상

12 저위발열량이 27,000kJ/kg인 연료를 시간당 20kg씩 연소시킬 때 발생하는 열을 전부 활용할 수 있는 열기관의 동력은?

① 150KW　　② 900KW
③ 9,000KW　④ 540,000KW

해설　$1KW = 3,600kJ$

$$\therefore \frac{27,000 \times 20}{3,600} = 150KW$$

13 압력(유압)분무식 버너에 대한 설명으로 틀린 것은?

① 유지 및 보수가 간단하다.
② 고점도의 연료도 무화가 양호하다.
③ 압력이 낮으면 무화가 불량하게 된다.
④ 분출 유량은 유압의 평방근에 비례한다.

해설　압력(유압)분무식 버너는 고점도의 연료는 무화가 불량하다.

14 100℃ 건포화증기 2kg이 온도 30℃인 주위로 열을 방출하여 100℃ 포화액으로 변했다. 증기의 엔트로피 변화는?
(단, 100℃에서의 증발잠열은 2,257kJ/kg이다.)

① -14.9kJ/K　② -12.1kJ/K
③ -11.3kJ/K　④ -10.2kJ/K

해설　$\therefore (\frac{2,257 \times 2}{273 + 100}) = -12.1kJ/K$

15 가로, 세로, 높이가 각각 3m, 4m, 5m인 직육면체 상자에 들어있는 이상기체의 질량이 80kg일 때, 상자 안의 기체의 압력이 100kPa이면 온도는? (단, 기체상수는 250J/kg·K이다.)

① 27℃
② 31℃
③ 34℃
④ 44℃

해설
· $PV = GRT$

$$\therefore T = \frac{PV}{GR} = \frac{100 \times 60}{80 \times 0.25} - 273 = 27℃$$

· 용적 = $3 \times 4 \times 5 = 60m^3$

16 프로판(C_3H_8) $5Nm^3$을 이론 산소량으로 완전 연소시켰을 때 건연소가스량은?

① $10Nm^3$
② $15Nm^3$
③ $20Nm^3$
④ $25Nm^3$

해설
$C_3H_8 + 5O_2 \rightarrow 3CO_2 + 4H_2O$
　22.4　　:　3×22.4
　　5　　:　x

$$\therefore \frac{5 \times 3 \times 22.4}{22.4} = 15Nm^3$$

17 다음 연료 중 단위중량당 고위발열량이 가장 큰 것은?

① 탄소
② 황
③ 수소
④ 일산화탄소

해설　연료 중 수소의 단위 중량당 발열량은 34,000kcal/kg으로 가장 높다.

ANSWER　12.①　13.②　14.②　15.①　16.②　17.③

18 압력이 300kPa인 공기가 가역단열 변화를 거쳐 체적이 처음 체적의 5배로 증가하는 경우의 최종 압력은? (단, 공기의 비열비는 1.4이다.)

① 23kPa
② 32kPa
③ 143kPa
④ 276kPa

해설
• $300 \times (\frac{1}{5})^{1.4} = 32 kPa$

19 랭킨 사이클의 효율을 올리기 위한 방법이 아닌 것은?

① 유입되는 증기의 온도를 높인다.
② 배출되는 증기의 온도를 높인다.
③ 배출되는 증기의 압력을 낮춘다.
④ 유입되는 증기의 압력을 높인다.

해설
랭킨 사이클의 효율을 올리기 위한 방법
① 유입되는 증기의 온도를 높인다.
② 유입되는 증기의 압력을 높인다.
③ 배출되는 증기의 압력을 낮춘다.

20 기체의 C_p (정압비열)와 C_v (정적비열)의 관계식으로 옳은 것은?

① $C_p = C_v$
② $C_p \leq C_v$
③ $C_p < C_v$
④ $C_p > C_v$

해설
$C_p > C_v$ 이며, 비열비$(k) = \frac{c_p}{c_v} > 1$

제2과목 계측 및 에너지진단

21 액면계를 측정방법에 따라 분류할 때 간접법을 이용한 액면계가 아닌 것은?

① 게이지 글라스 액면계
② 초음파식 액면계
③ 방사선식 액면계
④ 압력식 액면계

해설
게이지 글라스 액면계 : 직접법

22 2개의 제어계를 조합하여 1차 제어장치가 제어량을 측정하여 제어 명령을 하면 2차 제어장치가 이 명령을 바탕으로 제어량을 조절하는 제어방식은?

① 비율 제어
② on-off 제어
③ 프로그램 제어
④ 캐스케이드 제어

해설
캐스케이드 제어 : 2개의 제어계를 조합하여 1차 제어장치가 제어량을 측정하여 제어 명령을 하면 2차 제어장치가 이 명령을 바탕으로 제어량을 조절하는 제어방식

23 용적식 유량계의 특징에 관한 설명으로 틀린 것은?

① 고점도 유체의 유량 측정이 가능하다.
② 입구 측에 여과기를 설치해야 한다.
③ 구조가 간단하며 적산용으로 부적합하다.
④ 유체의 맥동에 대한 영향이 적다.

해설
용적식 유량계의 특징
① 고점도 유체의 유량 측정이 가능하다.
② 입구 측에 여과기를 설치해야 한다.
③ 구조가 간단하며 적산용으로 적합하다.
④ 유체의 맥동에 대한 영향이 적다.

ANSWER 18.② 19.② 20.④ 21.① 22.④ 23.③

24 아래와 같은 경사압력계에서 $P_1 - P_2$는 어떻게 표시되는가? (단, 유체의 밀도는 ρ, 중력가속도는 g로 표시된다.)

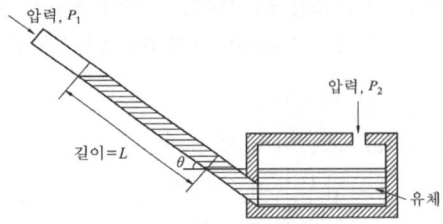

① $P_1 - P_2 = \rho g L$
② $P_1 - P_2 = -\rho g L$
③ $P_1 - P_2 = \rho g L \sin\theta$
④ $P_1 - P_2 = -\rho g L \sin\theta$

25 압력 12kg$_f$/cm^{2}로 공급되는 어떤 수증기의 건도가 0.95이다. 이 수증기 1kg당 엔탈피는? (단, 압력 12kgf/cm^{2}에서 포화수의 엔탈피는 189.8kcal/kg, 포화 증기 엔탈피는 664.5kcal/kg이다.)

① 474.7kcal/kg
② 531.3kcal/kg
③ 640.8kcal/kg
④ 854.3kcal/kg

<u>해설</u> = 189.8+(664.5−189.8)×0.95
= 640.8kcal/kg

26 계측기기 측정법의 종류가 아닌 것은?

① 적산법
② 영위법
③ 치환법
④ 보상법

<u>해설</u> 계측기기 측정법
① 보상법, ② 연위법, ③ 치환법, ④ 편위법

27 잔류편차(off-set)가 있는 제어는?

① P제어   ② I제어
③ PI제어   ④ PID제어

<u>해설</u> 잔류편차(off-set)가 있는 제어 : P제어

28 보일러의 상당증발량이란 1시간 동안의 실제 증발량을 몇 기압, 몇 ℃의 포화수를 같은 온도의 포화 증기로 만드는 증기량으로 환산하여 표시한 것인가?

① 1기압, 0℃
② 1기압, 100℃
③ 3기압, 85℃
④ 10기압, 100℃

<u>해설</u> 상당증발량이란 1시간 동안의 실제 증발량을 1기압 100℃의 포화수를 같은 온도의 포화 증기로 만드는 증기량으로 환산하여 표시한 것

29 전자밸브를 이용하여 온도를 제어하려 할 때 전자밸브에 온도 신호를 보내기 위해 필요한 장치는?

① 압력센서
② 플로트 스위치
③ 스톱 밸브
④ 서모스탯

<u>해설</u> 서모스탯
전자밸브를 이용하여 온도를 제어하려 할 때 전자밸브를 온도 신호로 보내기 위해 필요한 장치

ANSWER 24.④ 25.③ 26.① 27.① 28.② 29.④

30 보일러의 열손실에 해당되지 않는 것은?

① 굴뚝으로 배출되는 배기가스 열량의 손실
② 미보온에 의한 방열손실
③ 연료 중의 수소나 수분에 의한 손실
④ 연료의 불완전연소에 의한 손실

해설 열손실의 종류
① 배기가스에 의한 열손실
② 미연소(불완전 연소) 가스에 의한 열손실
③ 미보온에 의한 방열손실

31 보일러 드럼(drum)수위를 제어하기 위하여 활용되고 있는 수위제어 검출방식이 아닌 것은?

① 전극식
② 차압식
③ 플로트식
④ 공기식

해설 수위제어 검출방식 : 전극식, 차압식, 플로트식

32 다음 중 구조상 보상도선을 반드시 사용하여야 하는 온도계는?

① 열전대식 온도계
② 광고 온도계
③ 방사 온도계
④ 전기식 온도계

해설 열전대식 온도계
열기전력을 이용하여 온도를 측정하는 온도계이며, 보상도선을 사용한다.

33 0°C에서 수은주의 높이가 760mm에 상당하는 압력을 1표준기압 또는 대기압이라 할 때 다음 중 1atm과 다른 것은?

① 1013mbar
② 101.3Pa
③ 1.033kg/cm^2
④ 10.332mH$_2$O

해설 • 760mmHg = 101325Pa

34 저항온도계의 일종으로 온도변화에 따라 저항치가 변화하는 반도체의 성질을 이용, 온도계수가 크고 응답속도가 빠르며, 국부적인 온도측정이 가능한 온도계는?

① 열전대 온도계
② 서미스터 온도계
③ 베크만 온도계
④ 바이메탈 온도계

해설 서미스터 온도계
저항온도계의 일종으로 온도변화에 따라 저항치가 변화하는 반도체의 성질을 이용, 온도계수가 크고 응답속도가 빠르며, 국부적인 온도측정이 가능하다.

35 물이 들어있는 저장탱크의 수면에서 5m 깊이에 노즐이 있다. 이 노즐의 속도계수(Cv)가 0.95일 때 실제 유속(m/s)은?

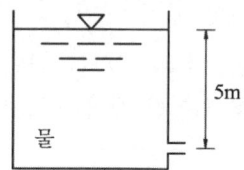

① 9.4
② 11.3
③ 14.5
④ 17.7

해설 $C_v\sqrt{2gH} = 0.95\sqrt{2\times9.8\times5} = 9.4\text{m/s}$

ANSWER 30.③ 31.④ 32.① 33.② 34.② 35.①

36 급수온도 15℃에서 압력 10kg/cm², 온도 183.2℃의 증기를 2,000kg/h 발생시키는 경우, 이 보일러의 상당증발량은?
(단, 증기엔탈피는 715kcal/kg로 한다.)

① 2,003kg/h ② 2,473kg/h
③ 2,597kg/h ④ 2,950kg/h

해설) $= \dfrac{2,000 \times (715-15)}{539} = 2,597 kg/h$

37 열전대 온도계에서 냉접점(기준접점)이란?

① 측온 개소에 두는 +측의 열전대 선단
② 기준온도(통상 0℃)로 유지되는 열전대 선단
③ 측온 접점에 보상도선이 접속되는 위치
④ 피측정 물체와 접촉하는 열전대의 접점

해설) 열전대 온도계에서 냉접점(기준접점)이란 기준온도(통상 0℃)로 유지되는 열전대 선단을 말한다.

38 오차에 대한 설명으로 틀린 것은?

① 계통오차는 발생원인을 알고 보정에 의해 측정값을 바르게 할 수 있다.
② 계측상태의 미소변화에 의한 것은 우연오차이다.
③ 표준편차는 측정값에서 평균값을 더한 값의 제곱의 산술평균의 제곱근이다.
④ 우연오차는 정확한 원인을 찾을 수 없어 완전한 제거가 불가능하다.

해설) 표준편차는 분포의 평균치와 편차 정도를 나타내기 위한 통계적 수치. 표준편차는 분포에서 개인점수와 중간점수 간의 평균차이다. 이는 편차를 제곱하여 이를 모두 더하여 점수보다 적은 1 이하의 숫자로 나누어 결과의 제곱근을 취하여 구한다.

39 다음 중 오르사트(orsat) 가스분석기에서 분석하는 가스가 아닌 것은?

① CO_2 ② O_2
③ CO ④ N_2

해설) 오르사트 가스분석기 가스 분석 종류
CO_2, O_2, CO

40 다음 중 유체의 흐름 중에 프로펠러 등의 회전자를 설치하여 이것의 회전수로 유량을 측정하는 유량계의 종류는?

① 유속식
② 전자식
③ 용적식
④ 피토관식

해설) 유속식 : 체의 흐름 중에 프로펠러 등의 회전자를 설치하여 이것의 회전수로 유량을 측정

제3과목 열설비구조 및 시공

41 KS규격에 일정 이상의 내화도를 가진 재료를 규정하는데 공업요로, 요업요로에서 사용되는 내화물의 규정 기준은?

① SK19(1,520℃) 이상
② SK20(1,530℃) 이상
③ SK26(1,580℃) 이상
④ SK27(1,610℃) 이상

해설) 내화물의 규정 기준 : SK26(1,580℃) 이상

ANSWER 36.③ 37.② 38.③ 39.④ 40.① 41.③

42 대형 보일러 설비 중 절탄기(economizer)란?

① 석탄을 연소시키는 장치
② 석탄을 분쇄하기 위한 장치
③ 보일러 급수를 예열하는 장치
④ 연소가스로 공기를 예열하는 장치

해설 **절탄기** : 연소가스의 여열을 이용하여 급수를 예열하는 장치

43 다음 중 대차(Kiln car)를 쓸 수 있는 가마는?

① 등요(Up hill kiln)
② 선가마(Shaft kiln)
③ 회전요(Rotary kiln)
④ 셔틀가마(Shuttle kiln)

해설 셔틀가마는 대차를 사용하여 이송한다.

44 배관용 탄소 강관 접합 방식이 아닌 것은?

① 나사접합
② 용접접합
③ 플랜지접합
④ 압축접합

해설 **압축접합** : 동관의 이음 방식

45 열확산계수에 대한 운동량확산계수의 비에 해당하는 무차원수는?

① 프란틀(Prantl)수
② 레이놀즈(Reynolds)수
③ 그라쇼프(Grashoff)수
④ 누셀(Nusselt)수

해설 프란틀수는 루트비히 프란틀의 이름을 딴 운동량의 퍼짐도와 열적 퍼짐도의 비를 근사적으로 표현하는 무차원수로 열확산계수에 대한 운동량확산계수의 비로 나타낸다.

46 신·재생에너지 설비 중 지하수 및 지하의 열 등의 온도차를 변환시켜 에너지를 생산하는 설비는?

① 지열에너지 설비
② 해양에너지 설비
③ 연료전지 설비
④ 수력에너지 설비

해설 **지열에너지 설비**
지하수 및 지하의 열 등의 온도차를 변환시켜 에너지를 생산하는 설비

47 단열 벽돌을 요로에 사용하였을 때 나타나는 효과가 아닌 것은?

① 노내 온도가 균일해진다.
② 열전도도가 작아진다.
③ 요로의 열용량이 커진다.
④ 내화 벽돌을 배면에 사용하면 내화벽돌의 스폴링을 방지한다.

48 전기전도도 및 열전도도가 비교적 크고, 내식성과 굴곡성이 풍부하여 전기단자, 압력계관, 급수관, 냉난방관에 사용되는 관은?

① 강관
② 동관
③ 스테인리스 강관
④ PVC관

ANSWER 42.③ 43.④ 44.④ 45.① 46.① 47.③ 48.②

해설 동관은 전기전도도 및 열전도도가 비교적 크고, 내식성과 굴곡성이 풍부하여 전기단자, 압력계관, 급수관, 냉난방관 등에 사용된다

49 수관보일러의 특징으로 틀린 것은?

① 보일러 효율이 높다.
② 고압 대용량에 적합하다.
③ 전열면적당 보유수량이 적어 가동시간이 짧다.
④ 구조가 간단하여 취급, 청소, 수리가 용이하다.

해설 수관보일러의 특징
① 보일러 효율이 좋다.
② 고압 대용량에 적합하다.
③ 전열면적당 보유수량이 적어 가동시간이 짧다.
④ 구조가 복잡하고, 청소, 검사, 수리가 어렵다.

50 두께 25.4mm인 노벽의 안쪽온도가 352.7K이고 바깥쪽 온도는 297.1K이며 이 노벽의 열전도도가 0.048W/m·K일 때, 손실되는 열량은?

① 75W/m²   ② 80W/m²
③ 98W/m²   ④ 105W/m²

해설 $=\dfrac{0.048\times(352.7-297.1)}{0.0254}=105\,W/m^2$

51 주철제 보일러의 특징에 관한 설명으로 틀린 것은?

① 내식성, 내열성이 좋다.
② 구조가 간단하고, 충격이나 열응력에 강하다.
③ 내부 청소가 어렵다.
④ 저압으로 운전되므로 파열 시 피해가 적다.

해설 주철제 보일러의 특징
① 내식성, 내열성이 좋다.
② 충격에 약하다.
③ 내부 청소가 어렵다.
④ 저압으로 간단하여 취급, 청소, 수리가 용이하다.

52 증발량 3,500kg/h인 보일러의 증기엔탈피가 640kcal/kg이며, 급수엔탈피는 20kcal/kg이다. 이 보일러의 상당증발량은?

① 4,155kg/h
② 4,026kg/h
③ 3,500kg/h
④ 3,085kg/h

해설 $=\dfrac{3500\times(640-20)}{539}=4,026\,kg/h$

53 아래에서 설명하는 밸브의 명칭은?

- 직선배관에 주로 설치한다.
- 유입방향과 유출방향이 동일하다.
- 유체에 대한 저항이 크다.
- 개폐가 쉽고 유량 조절이 용이하다.

① 슬루스 밸브
② 글로브 밸브
③ 플로트 밸브
④ 버터플라이 밸브

해설 글로브 밸브
직선배관에 주로 설치, 유입방향과 유출방향이 동일, 유체에 대한 저항이 크며, 개폐가 쉽고 유량 조절이 용이하다.

ANSWER 49.④ 50.④ 51.② 52.② 53.②

54 증기 어큐뮬레이터(accumulator)를 설치할 때의 장점이 아닌 것은?

① 증기의 과부족을 해소시킨다.
② 보일러의 연소량을 일정하게 할 수 있다.
③ 부하 변동에 대한 보일러의 압력 변화가 적다.
④ 증기 속에 포함된 수분을 제거한다.

해설 어큐뮬레이터(accumulator) 설치 시 장점
① 증기의 과부족을 해소시킨다.
② 보일러의 연소량을 일정하게 할 수 있다.
③ 부하 변동에 대한 보일러의 압력 변화가 적다.

55 증기 보일러에 압력계를 설치할 때 압력계와 보일러를 연결시키는 관은?

① 냉각관　　② 통기관
③ 사이폰관　④ 오버플로우관

해설 사이폰관은 압력계 파손방지를 위함이며, 보일러에 압력계를 설치할 때 압력계와 보일러를 연결시키는 관

56 입형 보일러의 특징에 관한 설명으로 틀린 것은?

① 설치면적이 비교적 작은 것에 유리하다.
② 전열면적을 크게 할 수 있으므로 열효율이 크다.
③ 증기발생이 빠르고 설비비가 적게 든다.
④ 보일러 통을 수직으로 세워 설치한 것이다.

해설 입형 보일러 특징
① 설치면적이 비교적 작은 곳에 유리하다.
② 전열면적이 비교적 작다.
③ 증기발생이 빠르고 설비비가 적게 든다.
④ 보일러 통을 수직으로 세워 설치한 것이다.

57 안전밸브의 증기누설이나 작동불능의 원인으로 가장 거리가 먼 것은?

① 밸브 구경이 사용압력에 비해 클 때
② 밸브 축이 이완될 때
③ 스프링의 장력이 감소될 때
④ 밸브 시트 사이에 이물질이 부착될 때

해설 안전밸브의 증기누설 원인
① 설정압력 초과 시
② 밸브 축이 이완될 때
③ 스프링의 장력이 감소될 때
④ 밸브 시트 사이에 이물질이 부착될 때

58 동일 지름의 안전밸브를 설치할 경우 다음 중 분출량이 가장 많은 형식은?

① 저양정식　② 온양정식
③ 전량식　　④ 고양정식

해설 분출용량이 큰 순서
전량식 > 전양정식 > 고양정식 > 저양정식

59 배관재료에 대한 설명으로 틀린 것은?

① 주철관은 용접이 용이하고 인장강도가 크기 때문에 고압용 배관에 사용된다.
② 탄소강 강관은 인장강도가 크고, 접합작업이 용이하여 일반배관, 고온고압의 증기배관으로 사용된다.
③ 동관은 내식성, 굴곡성이 우수하고 전기열의 양도체로서 열교환기용, 압력계용으로 사용된다.
④ 알루미늄관은 열전도도가 좋으며, 가공이 용이하여 전기기기, 광학기기, 열교환기 등에 사용된다.

ANSWER　54.④　55.③　56.②　57.①　58.③　59.①

해설 주철관은 내구력 및 내식성이 좋은 편이나 인장강도가 약하다.

60 강관의 두께를 나타내는 번호인 스케줄 번호를 나타내는 식은? (단, 허용응력 : S, 최고 사용압력 : P)

① $10 \times \dfrac{S}{P}$ ② $10 \times \dfrac{P}{S}$
③ $10 \times \dfrac{P}{\sqrt{S}}$ ④ $10 \times \dfrac{S}{\sqrt{P}}$

해설 스케줄 번호(SCH) : $10 \times \dfrac{P}{S}$

제4과목 열설비취급 및 안전관리

61 보일러의 성능을 향상시키기 위하여 지켜야 할 사항이 아닌 것은?

① 과잉공기를 가급적 많게 한다.
② 외부 공기의 누입을 방지한다.
③ 증기나 온수의 누출을 방지한다.
④ 전열면의 그을음 등을 주기적으로 제거한다.

해설 보일러의 성능 향상을 위한 사항
① 과잉공기를 가급적 적게 한다.
② 외부 공기의 누입을 방지한다.
③ 증기나 온수의 누출을 방지한다.
④ 전열면의 그을음 등을 주기적으로 제거한다.

62 보일러의 분출사고 시 긴급조치 사항으로 틀린 것은?

① 보일러 부근에 있는 사람들을 우선 안전한 곳으로 긴급히 대피시켜야 한다.
② 연소를 정지키시고 압입통풍기를 정지시킨다.
③ 다른 보일러와 증기관이 연결되어 있는 경우에는 증기밸브를 달고 증기관 연결을 끊는다.
④ 급수를 정지하여 수위 저하를 막고 보일러의 수위 유지에 노력한다.

해설 분출사고 발생 시 우선 보일러를 정지시킨 후 대처 방법을 찾아야 한다.

63 보일러 산세관 시 사용하는 부식억제제의 구비조건으로 틀린 것은?

① 점식발생이 없을 것
② 부식 억제능력이 클 것
③ 물에 대한 용해도가 작을 것
④ 세관액의 온도농도에 대한 영향이 적을 것

해설 부식억제제는 물에 대한 용해도가 좋아야 한다.

64 다음 중 보일러 급수에 함유된 성분 중 전열면내면 점식의 주원인이 되는 것은?

① O_2
② N_2
③ $CaSO_4$
④ $NaSO_4$

해설 점식원인 : 용전산소(O_2)

ANSWER 60.② 61.① 62.④ 63.③ 64.①

65 에너지이용 합리화법에 따라 다음 중 벌칙 기준이 가장 무거운 것은?

① 해당 법에 따른 검사대상기기의 검사를 받지 아니한 자
② 해당 법에 따른 검사대상기기조정자를 선임하지 아니한 자
③ 해당 법에 따른 에너지저장시설의 보유 또는 저장의무의 부과시 정당한 이유 없이 이를 거부하거나 이행하지 아니한 자
④ 해당 법에 따른 효율관리기자재에 대한 에너지 사용량의 측정결과를 신고하지 아니한 자

해설
① 검사대상기기의 검사를 받지 아니한 자
  1년 이하의 징역 또는 1천만 원 이하의 벌금
② 검사대상기기조종자를 선임하지 아니한 자
  1천만 원 이하의 벌금
③ 에너지저장시설의 보유 또는 저장의무의 부과 시 정당한 이유 없이 이를 거부하거나 이행하지 아니한 자
  2년 이하의 징역 또는 2천만 원 이하의 벌금
④ 효율관리기자재에 대한 에너지 사용량의 측정결과를 신고하지 아니한 자
  500만 원 이하의 벌금

66 보일러 스케일 발생의 방지대책과 가장 거리가 먼 것은?

① 보일러수에 약품을 넣어 스케일 성분이 고착되지 않게 된다.
② 물에 용해도가 큰 규산 및 유지분 등을 이용하여 세관 작업을 실시한다.
③ 보일러수의 농축을 막기 위하여 분출을 적절히 실시한다.
④ 급수 중의 염류 불순물을 될 수 있는 한 제거한다.

해설
스케일 발생의 방지대책
① 보일러수에 약품을 넣어 스케일 성분이 고착되지 않게 한다.
② 물에 용해도가 큰 염산, 알칼리 등을 이용하여 세관 작업을 실시한다.
③ 보일러수의 농축을 막기 위하여 분출을 적절히 실시한다.
④ 급수 중의 염류 불순물을 될 수 있는 한 제거한다.

67 보일러설치검사 기준에서 정한 압력방출장치 및 안전밸브에 대한 설명으로 틀린 것은?

① 증기 보일러에는 2개 이상의 안전밸브를 설치하여야 한다.
② 전열면적이 $50m^2$ 이하의 증기보일러에서는 안전밸브를 1개 이상으로 한다.
③ 관류보일러에서 보일러와 압력방출장치와의 사이에 체크밸브를 설치할 경우 압력방출장치는 2개 이상으로 한다.
④ 안전밸브는 쉽게 검사할 수 있는 장소에 밸브축을 수직으로 하여 가능한 한 보일러 동체에 간접 부착한다.

해설 안전밸브는 쉽게 검사할 수 있는 장소에 밸브축을 수직으로 하여 가능한 한 보일러 동체에 직접 부착한다.

68 시공업자단체에 관하여 에너지이용합리화법에 규정한 것을 제외하고 어느 법의 사단법인에 관한 규정을 준용하는가?

① 상법
② 행정법
③ 민법
④ 집단에너지사업법

ANSWER 65.③ 66.② 67.④ 68.③

해설) 시공업자 단체에 관하여 에너지이용합리화법에 규정한 것을 제외하고 사단법인에 관한 규정, 민법을 준용함.

69 보일러 급수 중 용해되어 있는 칼슘염, 규산염 및 마그네슘염이 농축되었을 때 보일러에 영향을 미치는 것으로 가장 적절한 것은?

① 슬러지 생성의 원인이 된다.
② 보일러의 효율을 향상시킨다.
③ 가성취화와 부식의 원인이 된다.
④ 스케일 생성과 국부적 과열의 원인이 된다.

해설) **칼슘염, 규산염 및 마그네슘**
스케일과 국부 과열의 원인

70 보일러 수면계의 기능시험의 시기가 아닌 것은?

① 수면계를 보수 교체했을 때
② 2개 수면계의 수위가 서로 다를 때
③ 수면계 수위의 움직임이 민첩할 때
④ 포밍이나 프라이밍 현상이 발생할 때

해설) **수면계 점검 시기**
① 수면계를 보수 교체했을 때
② 2개 수면계의 수위가 서로 다를 때
③ 장기간 휴지 후 재사용 시
④ 포밍이나 프라이밍 현상이 발생할 때

71 보일러 설치 시 옥내설치 방법에 대한 설명으로 틀린 것은?

① 소용량 보일러는 반격벽으로 구분된 장소에 설치할 수 있다.
② 보일러 동체 최상부로부터 보일러실의 천장까지의 거리에는 제한이 없다.
③ 연료를 저장할 때는 보일러 외측으로부터 2m 이상 거리를 둔다.
④ 보일러는 불연성물질의 격벽으로 구분된 장소에 설치하여야 한다.

해설) 보일러 동체 상부로부터 천장까지는 1.2m(소용량의 경우 0.6m)의 거리를 유지한다.

72 사용 중인 보일러의 점화 전 준비사항과 가장 거리가 먼 것은?

① 수면계의 수위를 확인한다.
② 압력계의 지시압력 감시 등 증기압력을 관리한다.
③ 미연소가스의 배출을 위해 댐퍼를 완전히 열고 노와 연도 내를 충분히 통풍시킨다.
④ 연료, 연소장치를 점검한다.

해설) 압력계의 지시압력 감시는 사용 중에 한다.

73 에너지이용합리화법에서 정한 효율관리기자재에 속하지 않는 것은?

① 전기냉장고
② 자동차
③ 조명기기
④ 텔레비전

해설) 텔레비전은 에너지이용합리화법상 효율관리기자재에 속하지 않는다.

ANSWER 69.④ 70.③ 71.② 72.② 73.④

74 유류 보일러에서 연료유의 예열온도가 낮을 때 발생될 수 있는 현상이 아닌 것은?

① 화염이 편류된다.
② 무화가 불량하게 된다.
③ 기름의 분해가 발생한다.
④ 그을음이나 분진이 발생한다.

해설 예열온도가 높으면 기름의 분해가 발생한다.

75 난방면적(바닥면적)이 45m², 벽체 면적(창문, 문 포함)은 50m², 외기온도는 -5℃, 실내온도 23℃, 벽체의 열관류율이 5kcal/m²·h·℃일 때 방위계수가 1.1이라면 이때의 난방부하는? (단, 천장면적은 바닥면적과 동일한 것으로 본다.)

① 7,700kcal/h
② 19,600kcal/h
③ 21,560kcal/h
④ 23,100kcal/h

해설 = 5×(45+45+50)×(23+5)×1.1
= 21,560kcal/h

76 보일러 이상연소 중 불완전연소의 원인이 아닌 것은?

① 연소용 공기량이 부족할 경우
② 연소속도가 적정하지 않을 경우
③ 버너로부터의 분무입자가 작을 경우
④ 분무연료와 연소용 공기와의 혼합이 불량할 경우

해설 점화 및 완전연소를 위해 분무입자를 작게 한다.

77 에너지이용합리화법에 따라 보일러 사용자와 보험계약을 체결한 보험사업자가 15일 이내에 시·도지사에게 알려야 하는 경우가 아닌 것은?

① 보험계약담당자가 변경된 경우
② 보험계약에 따른 보증기간이 만료한 경우
③ 보험계약이 해지된 경우
④ 사용자에게 보험금을 지급한 경우

해설 에너지이용합리화법에 따라 보일러 사용자와 보험계약을 체결한 보험사업자가 15일 이내에 시·도지사에게 알려야 하는 사항
① 사용자에게 보험금을 지급한 경우
② 보험계약에 따른 보증기간이 만료한 경우
③ 보험계약이 해지된 경우

78 에너지이용합리화법에 따라 에너지저장 의무부과대상자로 가장 거리가 먼 것은?

① 전기사업자
② 석탄가공업자
③ 도시가스사업자
④ 원자력사업자

해설 원자력사업자는 에너지이용합리화법의 적용대상이 아님

ANSWER 74.③ 75.③ 76.③ 77.① 78.④

79 보일러 사용 중 수시로 점검해야 할 사항으로만 구성된 것은?

① 압력계, 수면계
② 배기가스 성분, 댐퍼
③ 안전밸브, 스톱밸브, 맨홀
④ 연료의 성상, 급수의 수질

[해설] 보일러 가동 중 압력계, 수면계는 수시로 점검한다.

80 에너지이용합리화법에서 효율관리기자재의 지정 등 산업통상자원부령으로 정하는 기자재에 대한 고시기준이 아닌 것은?

① 에너지의 목표소비효율
② 에너지의 목표사용량
③ 에너지의 최저소비효율
④ 에너지의 최저사용량

ANSWER 79.① 80.④

에너지관리산업기사

제3회 CBT 모의고사

제1과목 열역학 및 연소관리

01 다음 중 열관류율의 단위로 옳은 것은?

① $kcal/m^2 \cdot h \cdot ℃$
② $kcal/m \cdot h \cdot ℃$
③ $kcal/h$
④ $kcal/m^2 \cdot h$

<해설> 열관류율 단위 : $kcal/m^2 \cdot h \cdot ℃$

02 기체연료 저장설비인 가스홀더의 종류가 아닌 것은?

① 유수식 가스홀더
② 무수식 가스홀더
③ 고압 가스홀더
④ 저압 가스홀더

<해설> 가스홀더의 종류
① 유수식 가스홀더
② 무수식 가스홀더
③ 고압 가스홀더

03 0℃의 얼음 100g을 50℃의 물 400g에 넣으면 몇 ℃가 되는가?
(단, 얼음의 융해잠열은 80kcal/kg이고, 물의 비열은 1kcal/kg·℃로 가정한다.)

① 8.4℃
② 13.5℃
③ 26.7℃
④ 38.8℃

<해설>
① $Q = 0.4 \times 1 \times 50 = 20 kcal$
② $Q_r = 0.1 \times 80 = 8 kcal$
∴ ② - ① = 20 - 8 = 12kcal
· $0.1 \times 0.5 + 0.4 \times 1 = 0.45$
∴ $\dfrac{12}{0.45} = 26.7℃$

04 온도 27℃, 최초 압력 100kPa인 공기 3kg을 가역단열적으로 1,000kPa까지 압축하고자 할 때 압축일의 값은?
(단, 공기의 비열비 및 기체상수는 각각 K=1.4, R=0.287kJ/kg·K이다.)

① 200kJ
② 300kJ
③ 500kJ
④ 600kJ

<해설>
$w = \dfrac{GR}{K-1}(T_1 - T_2)$
$= \dfrac{3 \times 0.287}{1.4 - 1}(300 - 24.59) ≒ 593kJ$
$T_2 = T_1 \times (\dfrac{p_2}{p_1})^{k-1}$
$= (27 + 273) \times (\dfrac{1,000}{100})^{1.4-1} = 24.59K$

05 물 1kg이 100℃에서 증발할 때 엔트로피의 증가량은?
(단, 이때 증발열은 2,257kJ/kg 이다.)

① 0.01kJ/kg·K
② 1.4kJ/kg·K
③ 6.1kJ/kg·K
④ 22.5kJ/kg·K

<해설>
$\dfrac{2,257}{(100 + 273)} = 6.1 kJ/kg \cdot K$

ANSWER 1.① 2.④ 3.③ 4.④ 5.③

06 프로판가스 1Nm³를 완전 연소시키는데 필요한 이론공기량은?
(단, 공기 중 산소는 21%이다.)

① 21.92Nm³ ② 22.61Nm³
③ 23.81Nm³ ④ 24.62Nm³

해설
$C_3H_8 + 5O_2 \rightarrow 3CO_2 + 4H_2O$
22.4Nm³ : 5×22.4Nm³
1Nm³ : x
$= \frac{5 \times 22.4}{22.4} \times \frac{1}{0.21} = 23.81 Nm^3$

07 대기압하에서 건도가 0.9인 증기 1kg이 가지고 있는 증발잠열은?

① 53.9kcal
② 100.3kcal
③ 485.1kcal
④ 539.2kcal

해설 539×0.9=485.1kcal

08 압력 0.2MPa, 온도 200℃의 이상기체 2kg이 가역단열과정으로 팽창하여 압력이 0.1MPa로 변화하였다. 이 기체의 최종온도는? (단, 이 기체의 비열비는 1.4이다.)

① 92℃   ② 115℃
③ 365℃   ④ 388℃

해설
$T_2 = T_1 \times \left(\frac{p_2}{p_1}\right)^{\frac{K-1}{K}}$
$= (200+273) \times \left(\frac{0.1}{0.2}\right)^{\frac{1.4-1}{1.4}} = 388K$
$= 388 - 273 = 115℃$

09 오토 사이클에서 압축비가 7일 때 열효율은? (단, 비열비 k = 1.4이다.)

① 0.13   ② 0.38
③ 0.54   ④ 0.76

해설
$\eta_0 = 1 - \left(\frac{1}{\epsilon}\right)^{k-1} = 1 - \left(\frac{1}{7}\right)^{1.4-1} = 0.54$

10 정적과정, 정압과정 및 단열과정으로 구성된 사이클은?

① 카르노사이클
② 디젤사이클
③ 브레이턴사이클
④ 오토사이클

해설 디젤사이클은 정적과정, 정압과정, 단열과정으로 구성된 사이클이다.

11 공기 과잉계수(공기비)를 옳게 나타낸 것은?

① 실제연소 공기량 ÷ 이론공기량
② 이론공기량 ÷ 실제연소 공기량
③ 실제연소 공기량 － 이론공기량
④ 공급공기량 － 이론공기량

해설
$m(공기비) = \frac{A(실제공기량)}{A_0(이론공기량)}$

12 어떤 기체가 압력 300kPa, 체적 2m³의 상태로부터 압력 500kPa, 체적 3m³의 상태로 변화하였다. 이 과정 중에 내부에너지의 변화가 없다고 하면 엔탈피의 변화량은?

① 570kJ   ② 870kJ
③ 900kJ   ④ 975kJ

해설 (500×3)-(300×2)=900kJ

ANSWER 6.③ 7.③ 8.② 9.③ 10.② 11.① 12.③

13 회분이 연소에 미치는 영향에 대한 설명으로 틀린 것은?

① 연소실의 온도를 높인다.
② 통풍에 지장을 주어 연소효율을 저하시킨다.
③ 보일러 벽이나 내화벽돌에 부착되어 장치를 손상시킨다.
④ 용융 온도가 낮은 회분은 클린커(clin-ker)를 작용시켜 통풍을 방해한다.

> 해설 회분이 연소에 미치는 영향
> ① 연소실의 온도가 낮아진다.
> ② 통풍에 지장을 주어 연소효율을 저하시킨다.
> ③ 보일러 벽이나 내화벽돌에 부착되어 장치를 손상시킨다.

14 5kcal의 열을 전부 일로 변환하면 몇 $kg_f \cdot m$인가?

① $50 kg_f \cdot m$
② $100 kg_f \cdot m$
③ $327 kg_f \cdot m$
④ $2,135 kg_f \cdot m$

> 해설 열의 일당량 = $427 kg_f \cdot m/kcal$이므로
> $427 \times 5 = 2,135 kg_f \cdot m$

15 다음 연료 중 이론공기량(Nm^3/Nm^3)을 가장 많이 필요로 하는 것은?
(단, 동일 조건으로 기준한다.)

① 메탄
② 수소
③ 아세틸렌
④ 이산화탄소

> 해설 연소 시 필요한 이론공기량이 필요한 순서
> 아세틸렌 > 메탄 > 수소

16 연소가스를 송풍기로 빨아들여 연도 끝에서 배출하도록 하는 방식으로서 노내의 압력이 대기압 이하가 되는 통풍방식은?

① 압입통풍
② 흡입통풍
③ 평형통풍
④ 자유통풍

> 해설 흡입강제통풍 : 연도측에 배출기를 설치하여 통풍시키는 방식으로 연소실의 압력은 대기압보다 낮다.

17 압력에 관한 설명으로 옳은 것은?

① 압력은 단위면적에 작용하는 수직성분과 수평성분의 모든 힘으로 나타낸다.
② 1Pa는 $1m^2$에 1kg의 힘이 작용하는 압력이다.
③ 절대압력은 대기압과 게이지압력의 합으로 나타낸다.
④ A, B, C 기체의 압력을 각각 P_a, P_b, P_c라고 표현할 때 혼합기체의 압력은 평균값인 $\frac{P_a+P_b+P_c}{3}$이다.

> 해설 절대압력= 대기압 + 게이지압력

18 습증기의 건도에 관한 설명으로 옳은 것은?

① 습증기 1kg 중에 포함되어 있는 액체의 양을 습증기 1kg 중에 포함된 건포화증기의 양으로 나눈 값
② 습증기 1kg 중에 포함되어 있는 건포화 증기의 양을 습증기 1kg 중에 포함된 액체의 양으로 나눈 값
③ 습증기 1kg 중에 포함되어 있는 액체의 양을 습증기 1kg으로 나눈 값
④ 습증기 1kg 중에 포함되어 있는 건포화증기의 양을 습증기 1kg으로 나눈 값

ANSWER 13.① 14.④ 15.③ 16.③ 17.③ 18.④

> **[해설]** 습증기의 건도 : 습증기 1kg 중에 포함되어 있는 건포화 증기의 양을 습증기 1kg으로 나눈 값

19 액체 연료 연소방식에서 연료를 무화시키는 목적으로 틀린 것은?

① 연소효율을 높이기 위하여
② 연소실의 열부하를 낮게 하기 위하여
③ 연료와 연소용 공기의 혼합을 고르게 하기 위하여
④ 연료 단위중량당 표면적을 크게 하기 위하여

> **[해설]** 무화의 목적
> ① 연소효율을 높이기 위하여
> ② 연료 단위중량당 표면적을 크게 하기 위하여
> ③ 연료와 연소용 공기의 혼합을 고르게 하기 위하여

20 디젤사이클의 이론열효율을 표시하는 식에서 차단비(cut off ratio) σ를 나타내는 식으로 옳은 것은?

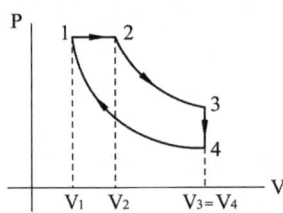

① $\sigma = \dfrac{V_1}{V_3}$ ② $\sigma = \dfrac{V_3}{V_1}$

③ $\sigma = \dfrac{V_2}{V_1}$ ④ $\sigma = \dfrac{V_1}{V_2}$

> **[해설]** 차단비(cut off ratio) $\sigma = \dfrac{V_2}{V_1}$

제2과목 계측 및 에너지진단

21 다음 중 온-오프 동작(on-off action)은?

① 2위치 동작
② 적분 동작
③ 속도 동작
④ 비례 동작

> **[해설]** 온-오프 동작(on-off action) : 2위치 동작

22 1차 제어장치가 제어명령을 하고 2차 제어장치가 1차 명령을 바탕으로 제어량을 조절하는 측정제어는?

① 캐스케이드제어
② 추종제어
③ 프로그램제어
④ 비율제어

> **[해설]** 캐스케이드제어 : 1차 제어장치가 제어명령을 하고 2차 제어장치가 1차 명령을 바탕으로 제어량을 조절하는 측정제어

23 열전달에 대한 설명으로 틀린 것은?

① 유체의 밀도차에 의한 유동에 의해 열이 전달되는 형태는 전도이다.
② 대류 전열에는 자연대류와 강제대류 방식이 있다.
③ 중간 열매체를 통하지 않고 열이 이동되는 형태는 복사이다.
④ 열전달에는 전도, 대류, 복사의 3방식이 있다.

> **[해설]** 유체의 밀도차에 의한 유동에 의해 열이 전달되는 것을 대류 전열이라 한다.
> 전도 : 고체 간의 열의 이동을 말한다.

ANSWER 19.② 20.① 21.① 22.① 23.①

24 다음 중 열량의 계량단위가 아닌 것은?

① J ② kWh
③ Ws ④ kg

해설 kg : 힘, 하중의 단위

25 측정기의 우연오차와 가장 관련이 깊은 것은?

① 감도 ② 부주의
③ 보정 ④ 산포

해설 **우연오차** : 확인되지 않는 원인에 의해 일어나, 측정값의 불균일로 되어 나타나는 오차. 계통 오차를 완전히 제거해도 일일이 확인할 수 없는 오차 등 다수의 원인에 의해 측정값이 일정하지 않고 규명할 수 없는 오차를 말하며, 산포가 가장 관련이 깊다.

26 적외선 가스분석계의 특징에 대한 설명으로 옳은 것은?

① 선택성이 뛰어나다.
② 대상 범위가 좁다.
③ 저농도의 분석에 부적합하다.
④ 측정가스의 더스트 방지나 탈습에 충분한 주의가 필요 없다.

해설 ① 선택성이 뛰어나다.
② 대상 범위가 넓고 연속측정이 용이하다.
③ 저농도의 분석에 적합하다.
④ 측정가스의 더스트 방지나 탈습에 충분한 주의가 필요하다.

27 지름이 200mm인 관에 비중이 0.9인 기름이 평균속도 5m/s로 흐를 때 유량은?

① 14.7kg/s ② 15.7kg/s
③ 141.4kg/s ④ 157.1kg/s

해설 $\dfrac{3.14 \times (0.2)^2}{4} \times 5 \times 0.9 \times 1{,}000 = 141.4\text{kg/s}$

28 압력계 선택 시 유의하여야 할 사항으로 틀린 것은?

① 진동이나 충격 등을 고려하여 필요한 부속품을 준비하여야 한다.
② 사용목적에 따라 크기, 등급, 정도를 결정한다.
③ 사용압력에 따라 압력계의 범위를 결정한다.
④ 사용 용도는 고려하지 않아도 된다.

해설 ① 진동이나 충격 등을 고려하여 필요한 부속품을 준비하여야 한다.
② 사용목적에 따라 크기, 등급, 정도를 결정한다.
③ 사용압력에 따라 압력계의 범위를 결정한다.
④ 사용 용도를 고려해야 한다.

29 수위제어방식이 아닌 것은?

① 1요소식
② 2요소식
③ 3요소식
④ 4요소식

해설 **수위제어방식** : ① 1요소식 ② 2요소식 ③ 3요소식

30 압력식 온도계가 아닌 것은?

① 액체압력식 온도계
② 증기압력식 온도계
③ 열전 온도계
④ 기체압력식 온도계

해설 **압력식 온도계 종류**
① 액체압력식 온도계
② 증기압력식 온도계
③ 기체압력식 온도계

31 다음 중 탄성식 압력계가 아닌 것은?

① 부르동관식 압력계
② 링 밸런스식 압력계
③ 벨로즈식 압력계
④ 다이어프램식 압력계

해설 **탄성식 압력계의 종류**
① 부르동관식 압력계
② 다이어프램식 압력계
③ 벨로즈식 압력계

32 다음 중 온도를 높여주면 산소 이온만을 통과시키는 성질을 이용한 가스분석계는?

① 세라믹 O_2계
② 갈바닉 전자식 O_2계
③ 자기식 O_2계
④ 적외선 가스분석계

해설 세라믹 O_2계는 온도를 높여주면 산소 이온만을 통과시키는 성질을 이용한 가스분석계이다.

33 열전대 온도계의 특징이 아닌 것은?

① 냉접점이 있다.
② 접촉식으로 가장 높은 온도를 측정한다.
③ 전원이 필요하다.
④ 자동제어, 자동기록이 가능하다.

해설 **열전대 온도계의 특징**
① 냉접점이 있다.
② 접촉식으로 가장 높은 온도를 측정한다.
③ 전원이 필요 없다.
④ 자동제어, 자동기록이 가능하다.

34 보일러 자동제어의 수위제어방식 3요소식에서 검출하지 않는 것은?

① 수위   ② 노내압
③ 증기유량   ④ 급수유량

해설 3요소식 : 수위, 증기량, 급수량을 이용하여 수위제어하는 방식

35 다음 중 저압가스의 압력 측정에 사용되며, 연돌가스의 압력 측정에 가장 적당한 압력계는?

① 링밸런스식 압력계
② 압전식 압력계
③ 분동식 압력계
④ 부르동관식 압력계

해설 연돌가스의 압력 측정에 가장 적합한 것은 저압 측정에 적합한 링밸런스식 압력계이다.

36 저항식 습도계의 특징에 관한 설명으로 틀린 것은?

① 연속기록이 가능하다.
② 응답이 느리다.
③ 자동제어가 용이하다.
④ 상대습도 측정이 쉽다.

해설 **저항식 습도계 특징**
① 연속기록이 가능하다.
② 응답이 빠르다.
③ 자동제어가 용이하다.
④ 상대습도 측정이 쉽다.

37 제어동작 중 제어량에 편차가 생겼을 때 편차의 적분차를 가감하여 조작단의 이동 속도가 비례하는 동작으로 잔류편차가 남지 않으나 제어의 안정성이 떨어지는 동작은?

① 2위치 동작
② 비례 동작
③ 미분 동작
④ 적분 동작

ANSWER 31.② 32.① 33.③ 34.② 35.① 36.② 37.④

해설 적분 동작은 제어동작 중 제어량에 편차가 생겼을 때 편차의 적분차를 가감하여 조작단의 이동 속도가 비례하는 동작으로 잔류편차가 남지 않으나 제어의 안정성이 떨어진다.

38 다음 Ⓐ, Ⓑ에 들어갈 내용으로 적절한 것은?

> 유체 관로에 설치된 오리피스(orifice) 전후의 압력차는 (Ⓐ)에 (Ⓑ)한다.

① Ⓐ 유량의 제곱, Ⓑ 비례
② Ⓐ 유량의 평방근, Ⓑ 비례
③ Ⓐ 유량, Ⓑ 반비례
④ Ⓐ 유량의 평방근, Ⓑ 반비례

해설 Ⓐ 유량의 제곱
Ⓑ 비례

39 가스분석계인 자동화학식 CO_2계에 대한 설명으로 틀린 것은?

① 오르자트(orsat)식 가스분석계와 같이 CO_2를 흡수액에 흡수시켜 이것에 의한 시료 가스 용액의 감소를 측정하고 CO_2 농도를 지시한다.
② 피스톤의 운동으로 일정한 용적의 시료가스가 $CaCO_3$ 용액 중에 분출되면 CO_2는 여기서 용액에 흡수된다.
③ 조작은 모두 자동화되어 있다.
④ 흡수액에 따라 O_2 및 CO의 분석계로도 사용할 수 있다.

해설 오르자트의 원리로 CO_2를 흡수시켜 시료가스 용적이 흡수된 CO_2 양에 의해 감소되는 측정방법으로 피스톤에 의해 자동으로 CO_2의 농도를 지시한다.

40 다음 중 유량을 나타내는 단위가 아닌 것은?

① m^3/h ② kg/min
③ L/s ④ kg/cm^2

해설 kg/cm^2 : 압력단위

제3과목 열설비구조 및 시공

41 비동력 급수장치인 인젝터(injector)의 특징에 관한 설명으로 틀린 것은?

① 구조가 간단하다.
② 흡입양정이 낮다.
③ 급수량의 조절이 쉽다.
④ 증기와 물이 혼합되어 급수가 예열된다.

해설 인젝터의 특징
① 구조가 간단하다.
② 흡입양정이 낮다.
③ 인젝터 자체만으로는 급수량의 조절이 어렵다.
④ 증기와 물이 혼합되어 급수가 예열된다.

42 노벽을 통하여 전열이 일어난다. 노벽의 두께 200mm, 평균 열전도도 3.3kcal/m·h·℃, 노벽 내부온도 400℃, 외벽 온도는 50℃라면 10시간 동안 손실되는 열량은?

① $5,775 kcal/m^2$ ② $11,550 kcal/m^2$
③ $57,750 kcal/m^2$ ④ $66,000 kcal/m^2$

해설 $Q = \dfrac{\lambda A \Delta t}{b} = \dfrac{3.3 \times (400-50) \times 10}{0.2}$
$= 57,750 kcal/m^2$

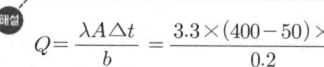

43 4증기 보일러에서 안전밸브 부착에 대한 설명으로 옳은 것은?

① 보일러 몸체에 직접 부착시키지 않는다.
② 밸브 축을 수직으로 하여 부착한다.
③ 안전밸브는 항상 3개 이상 부착해야 한다.
④ 안전을 고려하여 쉽게 보이는 곳에 설치하지 않는다.

해설 안전밸브는 안전을 고려하여 쉽게 보이는 곳인 동체에 직접 수직으로 2개 이상을 부착한다.

44 방청용 도료 중 연단을 아마인유와 혼합하여 만들며, 녹스는 것을 방지하기 위하여 널리 사용되는 것은?

① 광명단 도료
② 합성수지 도료
③ 산화철 도료
④ 알루미늄 도료

해설 광명단 도료는 방청용 도료 중 연단을 아마인유와 혼합하여 만들며, 녹스는 것을 방지하기 위하여 널리 사용됨

45 검사대상기기인 보일러의 사용연료 또는 연소방법을 변경한 경우에 받아야 하는 검사는?

① 구조검사   ② 설치검사
③ 개조검사   ④ 용접검사

해설 개조검사 항목
① 증기 보일러를 온수 보일러로 개조하는 경우
② 보일러 섹션의 증감에 의하여 용량을 변경하는 경우
③ 동체·돔·노통·연소실·경판·천정판·관판·관모음 또는 스테이의 변경으로서 산업통상자원부장관이 정하여 고시하는 수리의 경우
④ 연료 또는 연소방법을 변경하는 경우
⑤ 철금속가열로로서 산업통상자원부장관이 정하여 고시하는 경우의 수리

46 두께 25mm, 넓이 1m²의 철판의 전열량이 매시간 1,000kcal가 되려면 양면의 온도차는 얼마이어야 하는가? (단, 열전도계수 K=50kcal/m·h·℃이다.)

① 0.5℃   ② 1℃
③ 1.5℃   ④ 2℃

해설 $Q = \dfrac{\lambda A \Delta t}{b}$ ∴ $\Delta t = \dfrac{1,000 \times 0.025}{50 \times 1} = 0.5℃$

47 아래 팽창탱크 구조 도시에서 ㉠으로 지시된 관의 명칭은?

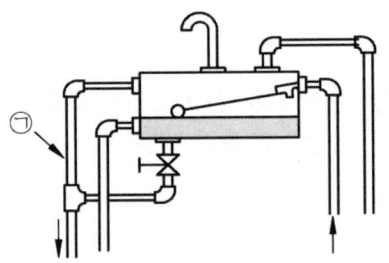

① 통기관
② 안전관
③ 배수관
④ 오버플로우관

해설 ㉠ 오버플로우관

48 보일러 과열기에 대한 설명으로 틀린 것은?

① 과열기를 설치함으로써 보일러 열효율을 증대시킬 수 있다.
② 과열기 내의 증기와 연소가스의 흐름방향에 따라 병향류식, 대향류식, 혼류식으로 구분할 수 있다.
③ 전열방식에 따라 방사형, 대류형, 방사대류형이 있다.
④ 과열기 외부는 황(S)에 의한 저온 부식이 발생한다.

해설 과열기 외부는 바나듐(V)에 의한 고온 부식이 발생한다.

49 다음 중 보일러 분출 작업의 목적이 아닌 것은?

① 관수의 불순물 농도를 한계치 이하로 유지한다.
② 프라이밍 및 캐리오버를 촉진한다.
③ 슬러지분을 배출하고 스케일 부착을 방지한다.
④ 관수의 순환을 용이하게 한다.

해설 분출 작업의 목적
① 관수의 불순물 농도를 한계치 이하로 유지한다.
② 프라이밍 및 캐리오버를 방지한다.
③ 슬러지분을 배출하고 스케일 부착을 방지한다.
④ 관수의 순환을 용이하게 한다.

50 폐열가스를 이용하여 본체로 보내는 급수를 예열하는 장치는?

① 절탄기
② 급유예열기
③ 공기예열기
④ 과열기

해설 절탄기 : 연소가스의 여열(폐열)을 이용하여 급수 예열

51 검사대상기기의 용접검사를 받으려 할 경우 용접검사 신청서와 함께 검사기관의 장에게 몇 가지 서류를 제출해야 하는데 다음 중 그 서류에 해당하지 않는 것은?

① 용접 부위도
② 연간 판매 실적
③ 검사대상기기의 설계도면
④ 검사대상기기의 강도계산서

해설 용접검사 신청서
① 용접 부위도
② 검사대상기기의 강도계산서
③ 검사대상기기의 설계도면

52 압력용기 및 철금속가열로의 설치검사에 대한 검사의 유효기간은?

① 1년   ② 2년
③ 3년   ④ 4년

해설 압력용기 및 철금속가열로의 설치검사에 대한 검사의 유효기간 : 2년

53 허용인장응력 $10kg_f/mm^2$, 두께 12mm의 강판을 160mm V홈 맞대기 용접이음을 할 경우 그 효율이 80%라면 용접 두께는 얼마로 하여야 하는가? (단, 용접부의 허용응력은 $8kgf/mm^2$이다.)

① 6mm
② 8mm
③ 10mm
④ 12mm

해설
$P = \sigma_a \cdot tl = 10 \times 12 \times 160 = 19,200 \text{kgf/mm}^2$
$P_{max} = 0.8p = 0.8 \times 19200 = 15,360 \text{kgf/mm}^2$
$\therefore t \frac{P_{max}}{\sigma l} = \frac{15,360}{8 \times 160} = 12\text{mm}$

54 다음 중 알루미나 시멘트를 원료로 사용하는 것은?

① 캐스터블 내화물
② 플라스틱 내화물
③ 내화모르타르
④ 고알루미나질 내화물

해설 캐스터블 내화물은 알루미나 시멘트를 주원료로 사용한다.

55 보일러 안지름이 1,850mm를 초과하는 것은 동체의 최소 두께를 얼마 이상으로 하여야 하는가?

① 6mm
② 8mm
③ 10mm
④ 12mm

56 증기트랩을 설치할 경우 나타나는 장점이 아닌 것은?

① 응축수로 인한 관 내의 부식을 방지할 수 있다.
② 응축수를 배출할 수 있어서 수격작용을 방지할 수 있다.
③ 관 내 유체의 흐름에 대한 마찰 저항을 줄일 수 있다.
④ 관 내의 불순물을 제거할 수 있다.

해설 증기트랩은 관 내의 응축수를 제거한다.

57 크롬질 벽돌의 특징에 대한 설명으로 틀린 것은?

① 내화도가 높은 하중연화점이 낮다.
② 마모에 대한 저항성이 크다.
③ 온도 급변에 잘 견딘다.
④ 고온에서 산화철을 흡수하여 팽창한다.

해설 **크롬질 벽돌의 특징**
① 내화도가 높은 하중연화점이 낮다.
② 마모에 대한 저항성이 크다.
③ 온도 급변화에 약하다.
④ 고온에서 산화철을 흡수하여 팽창한다.

58 복사증발기에 수십 개의 수관을 병렬로 배치시키고 그 양단에 헤더를 설치하여 물의 합류와 분류를 되풀이하는 구조로 된 보일러는?

① 간접가열 보일러
② 강제순환 보일러
③ 관류 보일러
④ 바브콕 보일러

해설 **관류 보일러** : 복사증발기에 수십 개의 수관을 병렬로 배치시키고 그 양단에 헤더를 설치하여 물의 합류와 분류를 되풀이하는 구조로 된 보일러

59 강제순환식 수관보일러의 강제순환 시 각 수관 내의 유속을 일정하게 설계한 보일러는?

① 라몽트 보일러 ② 베록스 보일러
③ 레플러 보일러 ④ 밴손 보일러

해설 라몽트 보일러는 강제순환식 수관보일러의 강제순환 시 각 수관 내의 유속을 일정하게 설계한 보일러이다.

ANSWER 54.① 55.④ 56.④ 57.③ 58.③ 59.①

60 노통보일러에서 노통에 갤로웨이관(galloway tube)을 설치하는 장점으로 틀린 것은?

① 물의 순환 증가
② 연소가스 유동저항 감소
③ 전열면적의 증가
④ 노통의 보강

  갤로웨이관(galloway tube)의 설치 목적
① 물의 순환 증가
② 노통의 보강
③ 전열면적의 증가

 제4과목 **열설비취급 및 안전관리**

61 보일러 점화 시 역화(逆火)의 원인으로 가장 거리가 먼 것은?

① 프리퍼지가 부족했다.
② 연료 중에 물 또는 협잡물이 섞여 있었다.
③ 연도 댐퍼가 열려 있었다.
④ 유압이 과대했다.

  역화의 원인
① 프리퍼지가 부족했다.
② 연료 중에 물 또는 협잡물이 섞여 있었다.
③ 연도 댐퍼가 닫혀 있었다.
④ 유압이 과대했다.

62 가스용 보일러의 보일러 실내 연료 배관 외부에 반드시 표시해야 하는 항목이 아닌 것은?

① 사용 가스명
② 최고 사용압력
③ 가스 흐름방향
④ 최고 사용온도

  가스배관 외부에 반드시 표시해야 하는 항목
① 사용 가스명
② 최고 사용압력
③ 가스 흐름방향

63 보일러의 안전저수위란 무엇인가?

① 사용 중 유지해야 할 최저의 수위
② 사용 중 유지해야 할 최고의 수위
③ 최고사용압력에 상응하는 적정수위
④ 최대증발량에 상응하는 적정수위

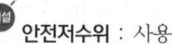 : 사용 중 유지해야 할 최저의 수위

64 증기보일러의 압력계 부착 시 강관을 사용할 때 압력계와 연결된 증기관 안지름의 크기는 얼마이어야 하는가?

① 6.5mm 이하
② 6.5mm 이상
③ 12.7mm 이하
④ 12.7mm 이상

  압력계와 연결된 증기관(사이펀관) 안지름의 크기
6.5mm 이상
• 동관 : 6.5mm 이상
• 강관 : 12.7mm 이상

ANSWER 60.② 61.③ 62.④ 63.① 64.④

65 보일러의 고온부식 방지대책으로 틀린 것은?

① 회분 개질제를 첨가하여 바나듐의 융점을 낮춘다.
② 연료 중의 바나듐 성분을 제거한다.
③ 고온가스가 접촉되는 부분에 보호피막을 한다.
④ 연소가스 온도를 바나듐의 융점온도 이하로 유지한다.

해설
① 회분 개질제를 첨가하여 회분의 융점을 높인다.
② 연료 중의 바나듐 성분을 제거한다.
③ 고온가스가 접촉되는 부분에 보호피막을 한다.
④ 연소가스 온도를 바나듐의 융점온도 이하로 유지한다.

66 에너지이용합리화법에 따라 검사에 불합격한 검사대상기기를 사용한 자에 대한 벌칙기준은?

① 1년 이하의 징역 또는 1천만 원 이하의 벌금
② 1천만 원 이하의 벌금
③ 2년 이하의 징역 또는 2천만 원 이하의 벌금
④ 500만 원 이하의 벌금

해설 불합격한 검사대상기기를 사용한 자에 대한 벌칙
1년 이하의 징역 또는 1천만 원 이하의 벌금

67 에너지이용합리화법에 따라 에너지절약전문기업으로 등록을 하려는 자는 등록신청서를 누구에게 제출하여야 하는가?

① 한국에너지공단이사장
② 시·도지사
③ 산업통상자원부장관
④ 시공업자단체의 장

해설 에너지절약전문기업 등록 : 산업통상자원부장관

68 보일러가 과열되는 경우로 가장 거리가 먼 것은?

① 보일러에 스케일이 퇴적될 때
② 이상저수위 상태로 가동할 때
③ 화염이 국부적으로 전열면에 충돌할 때
④ 황(S)분이 많은 연료를 사용할 때

69 에너지법에서 정한 에너지공급설비가 아닌 것은?

① 전화설비
② 수송설비
③ 개발설비
④ 생산설비

해설 에너지공급설비 : 에너지를 생산·전환·수송·저장하기 위하여 설치하는 설비

70 에너지이용합리화법에 따라 검사대상기기 설치자는 검사대상기기조종자가 해임되거나 퇴직하는 경우 다른 검사대상기기조종자를 언제 선임해야 하는가?

① 해임 또는 퇴직 이전
② 해임 또는 퇴직 후 10일 이내
③ 해임 또는 퇴직 후 30일 이내
④ 해임 또는 퇴직 후 3개월 이내

해설 검사대상기기조종자가 해임되거나 퇴직하는 경우 다른 검사대상기기조종자 선임 시기 : 해임 또는 퇴직 이전

ANSWER 65.① 66.① 67.③ 68.④ 69.③ 70.①

71 다음 중 보일러에 점화하기 전 가장 우선적으로 점검해야 할 사항은?

① 과열기 점검
② 증기압력 점검
③ 수위 확인 및 급수 계통 점검
④ 매연 CO_2 농도 점검

해설 보일러에 점화하기 전 가장 우선적으로 점검해야 할 사항
수위 확인 및 급수 계통 점검

72 에너지이용합리화법에 따라 검사대상기기조종자를 선임하지 아니한 자에 대한 벌칙기준은?

① 1천만 원 이하의 벌금
② 2천만 원 이하의 벌금
③ 5백만 원 이하의 벌금
④ 1년 이하의 징역

해설 검사대상기기조종자를 선임하지 아니한 자에 대한 벌칙
1천만 원 이하의 벌금

73 기름연소장치의 점화에 있어서 점화불량의 원인으로 가장 거리가 먼 것은?

① 연료 배관 속에 물이나 슬러지가 들어갔다.
② 점화용 트랜스의 전기 스파크가 일어나지 않는다.
③ 송풍기 풍압이 낮고 공연비가 부적당하다.
④ 연도가 너무 습하거나 건조하다.

해설 점화불량의 원인
① 연료 배관 속에 물이나 슬러지가 들어갔다.
② 점화용 트랜스의 전기 스파크가 일어나지 않는다.
③ 송풍기 풍압이 낮고 공연비가 부적당하다.

74 증기난방의 분류 방법이 아닌 것은?

① 증기관의 배관 방식에 의한 분류
② 응축수의 환수 방식에 의한 분류
③ 증기압력에 의한 분류
④ 급기 배관 방식에 의한 분류

해설 증기난방의 분류 방법
① 증기관의 배관 방식에 의한 분류
② 응축수의 환수 방식에 의한 분류
③ 증기압력에 의한 분류

75 캐리오버의 방지책으로 가장 거리가 먼 것은?

① 부유물이나 유지분 등이 함유된 물을 급수하지 않는다.
② 압력을 규정압력으로 유지해야 한다.
③ 염소이온을 높게 유지해야 한다.
④ 부하를 급격히 증가시키지 않는다.

해설 캐리오버의 방지책
① 부유물이나 유지분 등이 함유된 물을 급수하지 않는다.
② 압력을 규정압력으로 유지해야 한다.
③ 염소이온을 낮게 유지해야 한다.
④ 부하를 급격히 증가시키지 않는다.

76 증기난방의 응축수 환수방법 중 증기의 순환속도가 제일 빠른 환수방식은?

① 진공 환수식
② 기계 환수식
③ 중력 환수식
④ 강제 환수식

해설 증기난방의 응축수 환수방법 중 증기의 순환속도가 제일 빠른 환수방식 : 진공 환수식

Answer 71.③ 72.① 73.④ 74.④ 75.③ 76.①

77 다음 통풍의 종류 중 노 내 압력이 가장 높은 것은?

① 자연통풍
② 압입통풍
③ 흡입통풍
④ 평형통풍

- 노내압력이 높은 순서
  압입통풍 > 평형통풍 > 흡입통풍
- 통풍력(배기가스의 유속이 빠른)이 가장 큰 순서
  평형통풍 > 흡입통풍 > 압입통풍

78 보일러의 설치시공기준에서 옥내에 보일러를 설치할 경우 다음 중 불연성 물질의 반격벽으로 구분된 장소에 설치할 수 있는 보일러가 아닌 것은?

① 노통 보일러
② 가스용 온수 보일러
③ 소형 관류 보일러
④ 소용량 주철제 보일러

노통 보일러와 연료저장 탱크와의 거리는 2m 이상을 유지한다.

79 보일러 점화조작 시 주의사항으로 틀린 것은?

① 연료가스의 유출속도가 너무 늦으면 실화 등이 일어나고 너무 빠르면 역화가 발생한다.
② 연소실의 온도가 낮으면 연료의 확산이 불량해지며 착화가 잘 안 된다.
③ 연료의 예열온도가 너무 낮으면 무화불량의 원인이 된다.
④ 유압이 낮으면 점화 및 분사가 불량하고 높으면 그을음이 축적된다.

점화조작 시 주의사항
① 연료가스의 유출속도가 너무 빠르면 실화 등이 일어나고 너무 느리면 역화가 발생한다.
② 연소실의 온도가 낮으면 연료의 확산이 불량해지며 착화가 잘 안 된다.
③ 연료의 예열온도가 너무 낮으면 무화불량의 원인이 된다.
④ 유압이 낮으면 점화 및 분사가 불량하고 높으면 그을음이 축적된다.

80 에너지이용합리화법에 따라 효율관리기자재의 제조업자는 해당 효율관리기자재의 에너지 사용량을 어느 기관으로부터 측정받아야 하는가?

① 검사기관
② 시험기관
③ 확인기관
④ 진단기관

효율관리기자재의 에너지 사용량은 시험기관으로부터 측정받아야 한다.

ANSWER 77.② 78.① 79.① 80.②

에너지관리산업기사

제4회 CBT 모의고사

제1과목 열역학 및 연소관리

01 기체연료의 특징에 관한 설명으로 틀린 것은?

① 유황이나 회분이 거의 없다.
② 화재, 폭발의 위험이 크다.
③ 액체연료에 비해 체적당 보유 발열량이 크다.
④ 고부하 연소가 가능하고 연소실 용적을 작게 할 수 있다.

해설 기체연료의 특징
① 발열량이 낮은 연료로 고온을 얻을 수 있다.
 (액체연료에 비해 체적당 보유 발열량은 낮다.)
② 집중가열, 균일가열 분위기 조성이 가능
③ 연소효율이 좋고 작은 공기비로 완전연소 가능
④ 황분·회분이 거의 없어 공해 및 전열면 오손이 없다.
⑤ 가스폭발 위험성이 크고 가격이 비싸다.
⑥ 시설비가 많이 든다.

02 공기비(m)에 대한 설명으로 옳은 것은?

① 연료를 연소시킬 경우 이론 공기량에 대한 실제공급 공기량의 비이다.
② 연료를 연소시킬 경우 실제공급 공기량에 대한 이론 공기량의 비이다.
③ 연료를 연소시킬 경우 1차 공기량에 대한 2차 공기량의 비이다.
④ 연료를 연소시킬 경우 2차 공기량에 대한 1차 공기량의 비이다.

해설 공기비(m)란? 연료를 연소시킬 경우 이론 공기량에 대한 실제공급 공기량의 비이다.

즉, 공기비 $= \dfrac{실제공기량}{이론공기량}$

03 표준 대기압 하에서 실린더 직경이 5cm인 피스톤 위에 질량 100kg의 추를 놓았다. 실린더 내 가스의 절대압력은 약 몇 kPa인가? (단, 피스톤 중량은 무시한다.)

① 501 ② 609
③ 1,000 ④ 1,100

해설 절대압력 = 대기압 + 게이지압력
$= 1 + \dfrac{100}{\dfrac{3.14 \times 5^2}{4}} = 6.09\,\text{kg/cm}^2 = 609\,\text{kPa}$

04 어떤 기압 하에서 포화수의 현열이 185.6 kcal/kg이고, 같은 온도에서 증기 잠열이 414.4kcal/kg인 경우, 증기의 전열량은? (단, 건조도는 1이다.)

① 228.8kcal/kg
② 650.0kcal/kg
③ 879.3kcal/kg
④ 600.0kcal/kg

해설 건포화증기 엔탈피 = 포화수 엔탈피 + 잠열
 = 185.6 + 414.4
 = 600kcal/kg

ANSWER 1.③ 2.① 3.② 4.④

05 실제연소가스량(G)에 대한 식으로 옳은 것은? (단, 이론연소가스량 : GO, 과잉공기비 : m, 이론공기량 AO)

① $G = G_O + (m+1)A_O$
② $G = G_O - (m-1)A_O$
③ $G = G_O + (m-1)A_O$
④ $G = G_O - (m+1)A_O$

해설 $G = G_O + (m-1)A_O$

06 엔트로피의 변화가 없는 상태 변화는?

① 가역 단열 변화
② 가역 등온 변화
③ 가역 등압 변화
④ 가역 등적 변화

해설 주위와 열의 수수가 행해지지 않는 가역 변화를 말하며, 엔트로피가 변화하지 않는 등엔트로피 변화이다. 이상 기체의 가역 단열 변화는 압력 P와 부피 V와 단열 지수 k를 사용해서 PVk 일정의 관계로 표시된다. PVk=일정

07 온도 150℃의 공기 1kg이 초기 체적 0.248m³에서 0.496m³으로 될 때까지 단열 팽창하였다. 내부에너지의 변화는 약 몇 kJ/kg인가? (단, 정적비열(Cv)은 0.72kJ/kg·℃, 비열비(k)는 1.4이다.)

① -25   ② -74
③ 110   ④ 532

해설 $(150+273) \times 0.72 \times (0.248-0.496) = -75 kJ/kg$

08 탄소(C) 1kg을 완전 연소시킬 때 생성되는 CO_2의 양은 약 얼마인가?

① 1.67kg   ② 2.67kg
③ 3.67kg   ④ 6.34kg

해설
$C + O_2 \rightarrow CO_2$
12kg : 44kg
1kg : x
$\therefore x = \dfrac{44}{12} = 3.67kg$

09 다음 중 액체연료의 점도와 관련이 없는 것은?

① 캐논-펜스케(Cannon-Fenske)
② 몰리에(Mollier)
③ 스톡스(Stokes)
④ 포아즈(Poise)

10 다음은 물의 압력-온도 선도를 나타낸다. 임계점은 어디를 말하는가?

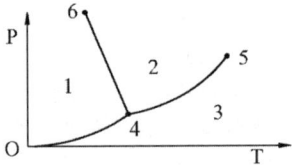

① 점 0   ② 점 4
③ 점 5   ④ 점 6

해설
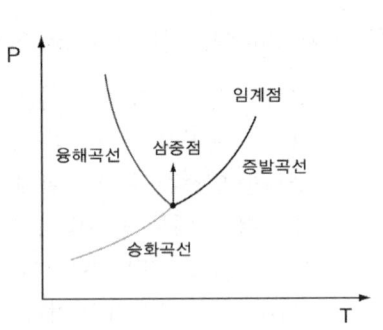

ANSWER 5.③ 6.① 7.② 8.③ 9.② 10.③

11 이상 기체의 단열변화 과정에 대한 식으로 맞는 것은? (단, k는 비열비이다.)

① $PV = const$
② $P^k V = const$
③ $PV^k = const$
④ $PV^{1/k} = const$

해설) 이상 기체의 단열변화 과정에서 $PV^k = const$ 이다.

12 -10°C의 얼음 1kg에 일정한 비율로 열을 가할 때 시간과 온도의 관계를 바르게 나타낸 그림은? (단, 압력은 일정하다.)

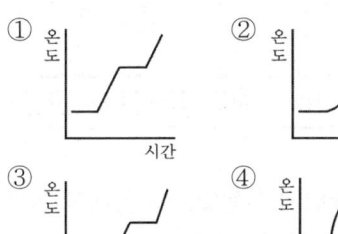

13 다음 ( )안에 들어갈 내용으로 옳은 것은?

> 잠열은 물체의 (ㄱ)변화는 일으키지 않고, (ㄴ)변화만을 일으키는데 필요한 열량이며, 표준 대기압하에서 물 1kg의 증발잠열은 (ㄷ)kcal/kg이고, 얼음 1kg의 융해잠열은 (ㄹ)kcal/kg 이다.

① (ㄱ) 상(phase), (ㄴ) 온도, (ㄷ) 539, (ㄹ) 80
② (ㄱ) 체적, (ㄴ) 상(phase), (ㄷ) 739, (ㄹ) 90
③ (ㄱ) 비열, (ㄴ) 상(phase), (ㄷ) 439, (ㄹ) 90
④ (ㄱ) 온도, (ㄴ) 상(phase), (ㄷ) 539, (ㄹ) 80

해설) 잠열상태에서는 온도 변화없이 상태만이 변하고, 표준 대기압하에서 물 1kg의 잠열은 약 539kcal 이며, 얼음의 융해잠열은 약 80kcal/kg이다.

14 보일러 굴뚝의 통풍력을 발생시키는 방법이 아닌 것은?

① 연도에서 연소가스와 외부공기의 밀도차에 의해서 생기는 압력차를 이용하는 방법
② 벤튜리 관을 이용하여 배기가스를 흡입하는 방법
③ 압입 송풍기를 사용하는 방법
④ 흡입 송풍기를 사용하는 방법

해설) **자연통풍**
연도에서 연소가스와 외부공기의 밀도차에 의해서 생기는 압력차를 이용하는 방법
강제통풍
① 압입통풍(연소실 입구측에 압입 송풍기를 설치하여 통풍시키는 방법)
② 흡입통풍(연도측에 흡입 송풍기를 설치하여 통풍시키는 방법)
③ 평형통풍(연소실 입구측과 연도측에 송풍기를 설치하여 통풍시키는 방법)

15 어떤 가역 열기관이 400°C에서 1,000kJ을 흡수하여 일을 생산하고 100°C에서 열을 방출한다. 이 과정에서 전체 엔트로피 변화는 약 몇 kJ/K인가?

① 0
② 2.5
③ 3.3
④ 4

해설) 가역사이클에서 $\int \frac{1}{T} = 0$ 이다.

ANSWER 11.③ 12.③ 13.④ 14.② 15.①

16 기체의 분자량이 2배로 증가하면 기체상수는 어떻게 되는가?

① 2배 ② 1배
③ 1/2배 ④ 불변

해설) 기체의 분자량이 2배로 증가하면 기체상수는 1/2배가 된다.

17 연소의 3요소에 해당하지 않는 것은?

① 가연물 ② 인화점
③ 산소공급원 ④ 점화원

해설) 연소의 3요소
① 가연물
② 산소공급원
③ 점화원

18 물 1kmol이 100℃, 1기압에서 증발할 때 엔트로피 변화는 몇 kJ/K인가?
(단, 물의 기화열은 2,257kJ/kg이다.)

① 22.57 ② 100
③ 109 ④ 139

해설) $\dfrac{2,257}{273+100} \times 18 = 109 \text{kJ/K}$

19 7℃에서 12L의 체적을 갖는 이상기체가 일정 압력에서 127℃까지 온도가 상승하였을 때 체적은 약 얼마인가?

① 12L ② 16L
③ 27L ④ 56L

해설) $\dfrac{V_1}{T_1} = \dfrac{V_2}{T_2}$

$\therefore V_2 = \dfrac{V_1 T_2}{T_1} = \dfrac{12 \times (127+273)}{27+273} = 16L$

20 압력이 300kPa, 체적이 0.5m³인 공기가 일정한 압력에서 체적이 0.7m³으로 팽창했다. 이 팽창 중에 내부 에너지가 50kJ 증가하였다면 팽창에 필요한 열량은 몇 kJ인가?

① 50 ② 60
③ 100 ④ 110

해설) $_1W_2 = \int_1^2 PdV = P(V_2 - V_1) = R(T_2 - T_1)$
$= 300(0.7 - 0.5) = 60\text{kJ}$
$\therefore W = 60 + 50 = 110\text{kJ}$

제2과목 계측 및 에너지진단

21 열 설비에 사용되는 자동제어 계의 동작 순서로 옳은 것은?

① 조작-검출-판단(조절)-비교-측정
② 비교-판단(조절)-조작-검출
③ 검출-비교-판단(조절)-조작
④ 판단-비교(조절)-검출-조작

해설) 자동제어 계통 동작순서
검출-비교-판단(조절)-조작

22 증기 보일러에서 압력계 부착 시 증기가 압력계에 직접 들어가지 않도록 부착하는 장치는?

① 부압관 ② 사이폰관
③ 맥동댐퍼관 ④ 플랙시블관

해설) 사이폰관
압력계(브르돈관)의 파손을 방지하기 위해 설치된다.

ANSWER 16.③ 17.② 18.③ 19.② 20.④ 21.③ 22.②

23 오르자트 분석 장치에서 암모니아성 염화 제1동 용액으로 측정할 수 있는 것은?

① CO_2　　② CO
③ N_2　　④ O_2

해설
- CO_2 : KOH 30% 수용액
- O_2 : 알칼리성 피로카롤 용액
- CO : 암모니아성 염화 제1동 용액

24 보일러에서 아래 식은 무엇을 나타내는가?

(단, G : 매 시간당 증발량(kg/h),
G_f : 매 시간당 연료소비량(kg/h),
H_ℓ : 연료의 저위발열량(kcal/kg),
i_2 : 증기의 엔탈피(kcal/kg),
i_1 : 급수의 엔탈피(kcal/kg))

$$\frac{G(i_2-i_1)}{H_\ell \cdot G_f} \times 100$$

① 보일러 마력
② 보일러 효율
③ 상당 증발량
④ 연소 효율

해설
- 보일러 효율 = $\dfrac{\text{매 시간당 증발량(증기엔탈피-급수엔탈피)}}{\text{연료의 저위발열량×연료소비량}} \times 100$

25 증기부와 수부의 굴절률 차를 이용한 것으로 증기는 적색, 수부는 녹색으로 보이도록 한 것으로 고압의 대용량이나, 발전용 보일러에 사용되는 수면계는?

① 2색식 수면계
② 유리관 수면계
③ 평행투시식 수면계
④ 평형반사식 수면계

해설
2색식 수면계는 증기부와 수부의 굴절률 차를 이용한 것으로, 증기는 적색, 수부는 녹색으로 보이도록 한 것으로, 고압의 대용량이나, 발전용 보일러에 사용

26 보일러 실제 증발량에 증발계수를 곱한 값은?

① 상당 증발량
② 연소실 열부하
③ 전열면 열부하
④ 단위 시간당 연료 소모량

해설
- 상당 증발량 = $\dfrac{\text{매 시간당 실제증발량(증기엔탈피-급수엔탈피)}}{539}$
- 증발계수 = $\dfrac{\text{증기엔탈피-급수엔탈피}}{539}$

27 정해진 순서에 따라 순차적으로 제어하는 방식은?

① 피드백 제어
② 추종 제어
③ 시퀀스 제어
④ 프로그램 제어

해설
① 피드백 제어(feed-back control system) : 자동제어방식의 기본적인 것으로 신호에 의하여 주어진 목표값과 조작한 결과인 제어량이 원인이 되어 제어동작을 되돌려 진행하는 것으로 출력측의 신호를 입력측으로 돌려보내는 조작으로 폐회로를 구성한다.(보일러의 기본 제어이다.)
② 시퀀스 제어(sequence control system) : 피드백 제어에 의하지 않고 정해진 순서에 따라 제어단계를 순차적으로 진행하는 방식

ANSWER　23.②　24.②　25.①　26.①　27.③

28 증기 건도를 향상시키기 위한 방법과 관계가 없는 것은?

① 저압의 증기를 고압의 증기로 증압시킨다.
② 증기주관에서 효율적인 드레인 처리를 한다.
③ 기수분리기를 설치하여 증기의 건도를 높인다.
④ 포밍, 프라이밍 현상을 방지하여 캐리오버 현상이 일어나지 않도록 한다.

[해설] 저압의 증기를 고압으로 할 경우 응축이 된다.

29 액면계에서 액면측정 방식에 대한 분류로 틀린 것은?

① 부자식
② 차압식
③ 편위식
④ 분동식

[해설] 분동식은 압력계의 종류에 속한다.

30 공기압 신호 전송에 대한 설명으로서 틀린 것은?

① 조작부의 동특성이 우수하다.
② 제진, 제습 공기를 사용하여야 한다.
③ 공기압이 통일되어 있어 취급이 편리하다.
④ 전송 거리가 길어도 전송 지연이 발생되지 않는다.

[해설] 공기압식은 전송 지연이 발생되는 결점이 있다.

31 SI 단위표시에서 압력단위 표시방법으로 옳은 것은?

① $mmHg/cm^2$
② cm^2/kg
③ kg/at
④ N/m^2

[해설] N/m^2과 Pa은 같은 압력 단위이다.

32 물체의 탄성 변위량을 이용한 압력계가 아닌 것은?

① 다이아프램 압력계
② 경사관식 압력계
③ 부르돈관 압력계
④ 벨로즈 압력계

[해설] 탄성식 압력계의 종류
① 다이아프램 압력계
② 벨로즈 압력계
③ 부르돈관 압력계

33 다음 중 연소 실내의 온도를 측정할 때 가장 적합한 온도계는?

① 알코올 온도계
② 금속 온도계
③ 수은 온도계
④ 열전대 온도계

[해설] 열전대 온도계
고온 측정용으로 연소 실내의 온도를 측정하는데 적합한 온도계이다.

ANSWER 28.① 29.④ 30.④ 31.④ 32.② 33.④

34 다음 그림과 같은 액주계 설치 상태에서 비중량이 γ, γ_1 이고 액주 높이차가 h 일 때 관로압 P_X 는 얼마인가?

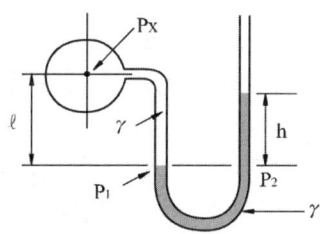

① $P_X = \gamma_1 h + \gamma \ell$
② $P_X = \gamma_1 h - \gamma \ell$
③ $P_X = \gamma_1 \ell - \gamma h$
④ $P_X = \gamma_1 \ell + \gamma h$

해설 관로압 측정은 $P_X = \gamma_1 h - \gamma \ell$ 이다.

35 유체주에 해당하는 압력의 정확한 표현식은? (단, 유체주의 높이 h, 압력 P, 밀도 ρ, 비중량 γ, 중력 가속도 g라 하고, 중력 가속도는 지점에 따라 거의 일정하다고 가정한다.)

① $P = h\rho$
② $P = hg$
③ $P = \rho g h$
④ $P = \gamma g$

해설 유체주의 압력 $P = \rho g h$이다.

36 보일러 열정산에 있어서 출열 항목이 아닌 것은?

① 불완전 연소 가스에 의한 손실 열량
② 복사열에 의한 손실 열량
③ 발생 증기의 흡수 열량
④ 공기의 현열에 의한 열량

해설 입열항목
① 연료의 발열량
② 공기의 현열
③ 연료의 현열
④ 노내 분입 증기열

37 융커스식 열량계의 특징에 관한 설명으로 틀린 것은?

① 가스의 발열량 측정에 가장 많이 사용된다.
② 열량측정 시 시료가스 온도 및 압력을 측정한다.
③ 구성 요소로는 가스 계량기, 압력 조정기, 기압계, 온도계, 저울 등이 있다.
④ 열량측정 시 가스 열량계의 배기 온도는 측정하지 않는다.

해설 융커스식 열량계 특징
① 가스의 발열량 측정에 가장 많이 사용된다.
② 열량측정 시 시료가스 온도 및 압력을 측정한다.
③ 구성 요소로는 가스 계량기, 압력 조정기, 기압계, 온도계, 저울 등이 있다.

38 계량 계측기의 교정을 나타내는 말은?

① 지시값과 표준기의 지시값 차이를 계산하는 것
② 지시값과 참값을 일치하도록 수정하는 것
③ 지시값과 오차값의 차이를 계산하는 것
④ 지시값과 참값의 차이를 계산하는 것

해설 계량 계측기의 교정이란?
지시값과 표준기의 지시값 차이를 계산하는 것

ANSWER 34.② 35.③ 36.④ 37.④ 38.①

39 2차 지연 요소에 대한 설명으로 옳은 것은?

① 1차 지연 요소 2개를 직렬로 연결한 것으로 1차 지연 요소보다 응답속도가 더 늦어진다.
② 1차 지연 요소 2개를 직렬로 연결한 것으로 1차 지연 요소보다 응답속도가 더 빨라진다.
③ 1차 지연 요소 2개를 병렬로 연결한 것으로 1차 지연 요소보다 응답속도가 더 늦어진다.
④ 1차 지연 요소 2개를 병렬로 연결한 것으로 1차 지연 요소보다 응답속도가 더 빨라진다.

해설 2차 지연 요소는 1차 지연 요소 2개를 직렬로 연결한 것으로 1차 지연 요소보다 응답속도가 더 늦어진다.

40 SI 단위계의 기본단위에 해당되지 않는 것은?

① 길이　　② 질량
③ 압력　　④ 시간

해설 SI 단위계의 기본단위
길이(m), 시간(sec), 질량(kg) 전류(A), 광도(Cd), 온도(K)

제3과목　열설비구조 및 시공

41 수관 보일러에 대한 설명으로 틀린 것은?

① 수관 내에 흐르는 물을 연소가스로 가열하여 증기를 발생시키는 구조이다.
② 수관에서 나오는 기포를 물과 분리하기 위하여 증기드럼이 필요하다.
③ 일반적으로 제작비용이 커 대용량 보일러에 적용이 많으나 중소형에도 적용이 가능하다.
④ 노통내면 및 동체 수부의 면을 고온가스로 가열하게 되어 비교적 열 손실이 적다.

해설 원통 보일러에 속하는 노통보일러는 노통 내면 및 동체 수부의 면을 고온가스로 가열하게 되어 비교적 열 손실이 적다.

42 보온재 중 무기질 보온재가 아닌 것은?

① 석면
② 탄산마그네슘
③ 규조토
④ 펠트

해설 펠트
유기질 보온재

43 배관을 아래에서 위로 떠받쳐 지지하는 장치 중의 하나로 배관의 굽힘부 등에 관으로 영구히 고정시키는 것은?

① 앵커　　② 파이프 슈
③ 스토퍼　④ 가이드

ANSWER　39.①　40.③　41.④　42.④　43.②

해설 **파이프 슈**
배관을 아래에서 위로 떠받쳐 지지하는 장치 중의 하나로 배관의 굽힘부 등에 관으로 영구히 고정시키는 것

44 조업방식에 따른 요의 분류 시 불연속식 요에 해당되지 않는 것은?

① 횡염식 요　② 터널식 요
③ 승염식 요　④ 도염식 요

해설
• 불연속요 : 횡염식, 승염식, 도염식
• 반연속요 : 등요, 셔틀요
• 연속요 : 윤요(고리가마), 터널요

45 보일러의 종류에서 랭커셔 보일러는 무슨 보일러에 해당하는가?

① 수직 보일러
② 연관 보일러
③ 노통 보일러
④ 노통연관 보일러

해설 **노통 보일러**
랭커셔, 코르니쉬

46 호칭지름 15A의 강관을 반지름 90mm로 90도 각도로 구부릴 때 곡선부의 길이는?

① 130mm
② 141mm
③ 182mm
④ 280mm

해설 $\pi D \times \dfrac{각도}{360} = 3.14 \times 180 \times \dfrac{90}{360} = 141mm$

47 평로법과 비교하여 LD전로법에 관한 설명으로 틀린 것은?

① 평로법보다 생산 능률이 높다.
② 평로법보다 공장 건설비가 싸다.
③ 평로법보다 작업비, 관리비가 싸다.
④ 평로법보다 고철의 배합량이 많다.

해설
LD전로는 종래의 전로가 노의 하부로부터 공기를 송풍한 것과는 달리 노의 상부로부터 순산소(純酸素)의 제트(jet)를 초음속으로 송풍하는 방식으로 순산소 제강법이라고도 한다.
불순물이 적은 양질의 강을 불과 30~40분(평로는 4~5시간)이라는 단 시간 내에 얻을 수 있고, 건설비가 비교적 저렴하며 생산성이 높아 작업비가 저렴하다. 또한 원료로는 용선이 대부분이고 고철 장입량은 10~20% 정도로 낮으므로 일괄 제철소에서는 제철소 내에서 발생하는 고철로 그 소요량을 채울 수 있어 외부에서 별도로 고철을 구매할 필요가 없다.

48 증기난방 배관용으로 쓰이는 증기트랩에 관한 설명으로 옳은 것은?

① 방열기의 송수구 또는 배관의 윗부분에 증기가 모이는 곳에 설치한다.
② 증기트랩을 설치하는 주목적은 고압의 증기와 공기를 배출하는 것이다.
③ 방열기나 증기관 속에 생긴 응축수를 환수관으로 배출한다.
④ 증기트랩은 마찰 저항이 커야 하며 내마모성 및 내식성 등이 작아야 한다.

해설
증기트랩은 방열기나 증기관 속에 생긴 응축수를 환수관으로 배출하여 부식, 수격작용 등을 방지한다.

ANSWER 44.② 45.③ 46.② 47.④ 48.③

49 수관보일러에서 수관의 배열을 마름모(지그재그)형으로 배열시키는 주된 이유는?

① 연소가스 접촉에 의한 전열을 양호하게 하기 위하여
② 보일러수의 순환을 양호하게 하기 위하여
③ 수관의 스케일 생성을 막기 위하여
④ 연소가스의 흐름을 원활히 하기 위하여

해설 수관보일러에서 수관의 배열을 마름모(지그재그)형으로 배열시키는 주된 이유는 연소가스 접촉에 의한 전열을 양호하게 하기 위함이다.

50 에너지이용합리화법에 따른 보일러의 제조검사에 해당되는 것은?

① 용접검사
② 설치검사
③ 개조검사
④ 설치장소 변경검사

해설 용접검사는 제조검사에 속한다.

51 보온벽의 온도가 안쪽 20℃, 바깥쪽 0℃이다. 벽 두께가 20cm, 벽 재료의 열전도율이 0.2kcal/m·h·℃일 때, 벽 1m² 당, 매 시간의 열손실량은?

① 0.2kcal/h
② 0.4kcal/h
③ 20kcal/h
④ 50kcal/h

해설 $\dfrac{0.2 \times 1 \times (20-0)}{0.2} = 20\text{kcal/h}$

52 다음 보온재 중 안전사용온도가 가장 높은 것은?

① 석면
② 암면
③ 규조토
④ 펄라이트

해설
- 석면(최고 사용온도 약 500℃)
- 암면(최고 사용온도 약 600℃)
- 규조토(최고 사용온도 약 500℃)
- 펄라이트(최고 사용온도 약 800℃)

53 12m의 높이에 0.1m³/s의 물을 퍼 올리는데 필요한 펌프의 축 마력은?
(단, 펌프의 효율은 80%이다.)

① 15PS
② 20PS
③ 30PS
④ 38PS

해설 $\dfrac{1{,}000 \times 0.1 \times 12}{75 \times 0.8} = 20\text{ps}$

- 물의 비중량 1,000kg/m³

54 돌로마이트(dolomite)의 주요 화학성분은?

① SiO_2
② SiO_2, Al_2O_3
③ $CaCO_3$, $MgCO_3$
④ Al_2O_3

해설 돌로마이트(dolomite)의 주요 화학성분
$CaCO_3$, $MgCO_3$

55 에너지이용 합리화법에 의한 검사대상기기 조종자의 선임, 해임 또는 퇴직에 관한 신고는 신고 사유가 발생한 날부터 며칠 이내에 해야 하는가?

① 15일
② 30일
③ 20일
④ 2개월

ANSWER 49.① 50.① 51.③ 52.④ 53.② 54.③ 55.②

해설 검사대상기기조종자의 선임, 해임 또는 퇴직에 관한 신고는 신고 사유가 발생한 날부터 30일 이내에 해야 한다.

56 증기과열기의 종류를 열 가스의 흐름 방향에 따라 분류할 때 해당되지 않는 것은?

① 병류형 ② 직류형
③ 향류형 ④ 혼류형

해설
- 열 가스 흐름에 따른 분류 : 병류형, 향류형, 혼류형
- 열 가스 접촉에 따른 분류 : 복사과열기, 접촉(대류)과열기, 접촉복사 과열기

57 그림과 같은 고체 벽면에 의하여 열이 전달될 때 전달 열량을 계산하는 식은?
(단, λ : 열전도율, S : 전열면적, τ : 시간, δ : 두께이다.)

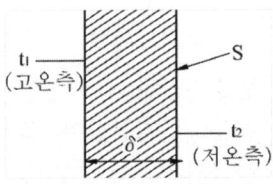

① $Q = \dfrac{\delta \cdot S(t_1 - t_2) \cdot \tau}{\lambda}$

② $Q = \dfrac{\lambda \cdot (t_1 - t_2) \cdot \tau}{\delta \cdot S}$

③ $Q = \dfrac{S \cdot (t_1 - t_2) \cdot \tau}{\lambda \cdot \delta}$

④ $Q = \dfrac{\lambda \cdot S(t_1 - t_2) \cdot \tau}{\delta}$

해설 $Q = \dfrac{\lambda \cdot S(t_1 - t_2) \cdot \tau}{\delta}$

즉, 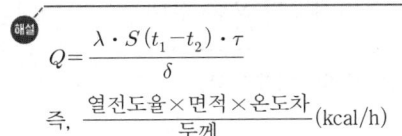 (kcal/h)

58 재생식 공기 예열기로서 일반 대형 보일러에 주로 사용되는 것은?

① 엘레멘트 조립식
② 융그스트룸식
③ 판형식
④ 관형식

해설 융그스트룸식을 재생식이라고 하며 일반 대형 보일러에 주로 사용된다.

59 보일러수 중 알칼리 용액의 농도가 높을 때 응력이 큰 금속표면에 미세한 균열이 일어나는 것을 무엇이라고 하는가?

① 피팅(pitting)
② 가성취화
③ 그루빙(grooving)
④ 포밍(foaming)

해설 보일러수 중 알칼리 용액의 농도가 높을 때 응력이 큰 금속표면에 미세한 균열이 일어나는 것을 가성취화라 한다.

60 하트포드 배관에서 환수주관과 균형관(balance pipe)의 연결 위치는 보일러 사용수위(표준수위)에서 몇 mm 아래 위치하는가?

① 30
② 50
③ 70
④ 100

해설 하트포드 배관에서 환수주관과 균형관(balance pipe)의 연결 위치는 보일러 사용수위(표준수위)에서 몇 50mm 아래에 위치한다.

ANSWER 56.② 57.④ 58.② 59.② 60.②

제4과목 열설비취급 및 안전관리

61 송수주관을 상향구배로 하고 방열면을 보일러 설치 기준면보다 높게 하여 온수를 순환시키는 배관방식은?

① 단관식   ② 복관식
③ 상향순환식   ④ 하향순환식

해설 상향순환식은 송수주관을 상향구배로 하고 방열면을 보일러 설치 기준면보다 높게 하여 온수를 순환시키는 배관방식

62 보일러의 건식 보존법에서 보일러 내부에 넣어두는 건조 약품으로 가장 적합한 것은?

① 탄산칼슘
② 실리카겔
③ 염화나트륨
④ 염화수소

해설 흡습제 종류
실리카겔, 생석회, 염화칼슘 등

63 건식 환수관에서 증기관 내의 응축수를 환수관에 배출할 때는 응축수가 체류하기 쉬운 곳에 무엇을 설치하여야 하는가?

① 안전 밸브
② 드레인 포켓
③ 릴리프 밸브
④ 공기빼기 밸브

해설 건식 환수관에서 증기관 내의 응축수를 환수관에 배출할 때는 응축수가 체류하기 쉬운 곳에는 드레인 포켓을 설치한다.

64 보일러 운전 중 취급상의 사고에 해당되지 않는 것은?

① 압력초과
② 저수위 사고
③ 급수처리 불량
④ 부속장치 미비

해설 보일러 사고의 원인별 구분
• 제작상의 원인
 ① 재료불량   ② 구조 및 설계불량
 ③ 강도불량   ④ 용접불량 등
• 취급상의 원인
 ① 압력초과   ② 저수위
 ③ 과열   ④ 역화
 ⑤ 부식 등

65 에너지이용합리화법에서 검사대상기기조종자의 선임·해임 또는 퇴직신고의 접수는 누구에게 하는가?

① 국토교통부장관
② 환경부장관
③ 한국에너지공단이사장
④ 한국열관리시공협회장

해설 검사대상기기조종자의 선임·해임 또는 퇴직신고 : 에너지관리공단이사장

66 보일러 운전 중의 수시 점검사항이 아닌 것은?

① 수위
② 발생증기 압력
③ 화염상태
④ 화염검출기 오손 상태

해설 화염검출기의 점검주기는 7~15일 이내이다.

ANSWER 61.③ 62.② 63.② 64.④ 65.③ 66.④

67 보일러에 사용되는 탈산소제의 종류로 옳은 것은?

① 황산
② 염화나트륨
③ 하이드라진
④ 수산화나트륨

해설 탈산소제 종류
아황산 나트륨, 탄닌, 히드라진 등

68 보일러의 보존을 위한 내부청소법이 아닌 것은?

① 와이어브러시에 의한 스케일 제거법
② 스팀쇼킹법
③ 산 세관법
④ 알칼리 세관법

해설 스팀쇼킹법 : 외부청소 방법

69 스프링식 안전밸브에 속하지 않는 것은?

① 전량식 안전밸브
② 고양정식 안전밸브
③ 전양정식 안전밸브
④ 기체용식 안전밸브

해설 스프링식 안전밸브의 종류
저양정식, 고양정식, 전양정식, 전량식

70 보일러의 급수처리에 있어서 용해 고형물(경도성분)을 침전시켜 연화할 목적으로 사용되는 약제는?

① H_2SO_4
② $NaOH$
③ Na_2CO_3
④ $MgCl_2$

해설 탄산나트륨(Na_2CO_3)은 경도성분을 연화할 목적으로 사용된다.

71 보일러 안전밸브의 작동시험 방법으로 틀린 것은?

① 안전밸브가 2개 이상인 경우 그 중 1개는 최고사용압력 이하, 기타는 최고사용압력의 1.3배 이하이어야 한다.
② 과열기의 안전밸브 분출압력은 증발부 안전밸브의 분출압력 이하이어야 한다.
③ 안전밸브가 1개인 경우 분출압력은 최고사용압력 이하이어야 한다.
④ 재열기 및 독립과열기에 있어서는 안전밸브가 1개인 경우 분출압력은 최고사용압력 이하이어야 한다.

해설 안전밸브가 2개 이상인 경우 그 중 1개는 최고사용압력 이하, 기타는 최고사용압력의 1.03배 이하이어야 한다.

72 다음 중 보일러 수의 슬러지 조정제로 사용되는 청관제는?

① 전분
② 가성소다
③ 탄산소다
④ 아황산소다

해설 슬러지 조정제
탄닌, 리그닌, 전분(녹말)

ANSWER 67.③ 68.② 69.④ 70.③ 71.① 72.①

73 에너지이용합리화법에 따른 개조검사에 해당되지 않는 것은?

① 온수보일러를 증기보일러로 개조
② 보일러 섹션의 증감에 의한 용량의 변경
③ 연료 또는 연소 방법의 변경
④ 철금속가열로서 산업통상자원부장관이 정하여 고시하는 경우의 수리

해설) 개조검사에 속하는 증기보일러를 온수보일러로 개조하는 경우

74 에너지이용합리화법에 따라 검사대상기기 조종자는 중·대형 보일러 조종자 교육 과정이나 소형보일러·압력용기 조종자 교육 과정을 받아야 하는데, 여기서 중·대형 보일러 조종자 교육 과정을 받아야 하는 기준으로 옳은 것은?

① 검사대상기기조종자 중 용량이 1t/h(난방용의 경우에는 5t/h)를 초과하는 강철제 보일러 및 주철제 보일러의 조종자
② 검사대상기기조종자 중 용량이 3t/h(난방용의 경우에는 5t/h)를 초과하는 강철제 보일러 및 주철제 보일러의 조종자
③ 검사대상기기조종자 중 용량이 1t/h(난방용의 경우에는 10t/h)를 초과하는 강철제 보일러 및 주철제 보일러의 조종자
④ 검사대상기기조종자 중 용량이 3t/h(난방용의 경우에는 10t/h)를 초과하는 강철제 보일러 및 주철제 보일러의 조종자

해설) 검사대상기기조종자 중 용량이 1t/h(난방용의 경우에는 5t/h)를 초과하는 강철제 보일러 및 주철제 보일러의 조종자는 중·대형 보일러 조종자 교육 과정을 받아야 한다.

75 사무실에서 증기난방을 할 때 필요한 전체 방열량이 20,000kcal/h 이라면 5세주 650mm 주철제 방열기로 난방을 할 때 필요한 방열기의 쪽수는? (단, 5세주 650mm 주철제 방열기의 쪽당 방열면적은 0.26m²이다.)

① 119쪽
② 129쪽
③ 139쪽
④ 150쪽

해설) $\dfrac{20,000}{650 \times 0.26} = 119$쪽

76 열역학적 트랩으로 수격현상에 강하고 과열증기에도 사용할 수 있으며 구조가 간단하여 유지보수가 용이한 증기 트랩은?

① 버킷 트랩
② 디스크 트랩
③ 벨로즈 트랩
④ 바이메탈식 트랩

해설) **열역학적 트랩**
디스크식, 오리피스식

ANSWER 73.① 74.① 75.① 76.②

77 보일러에서 증기를 송기할 때의 조작방법으로 틀린 것은?

① 증기헤더의 드레인 밸브를 열어 응축수를 배출한다.
② 주증기관 내에 관을 따뜻하게 하기 위해 다량의 증기를 급격히 보낸다.
③ 주증기 밸브의 열림 정도를 단계적으로 한다.
④ 주증기 밸브를 완전히 연 다음 약간 되돌려 놓는다.

해설 주증기 밸브를 서서히 열어 응축수를 제거해야 한다.

78 증기의 순환이 가장 빠르며 방열기 설치장소에 제한을 받지 않는 환수방식으로 증기와 응축수를 진공펌프로 흡입 순환시키는 난방법은?

① 중력환수식
② 기계환수식
③ 진공환수식
④ 자연환수식

해설 증기의 순환이 가장 빠르며 방열기 설치장소에 제한을 받지 않는 환수방식으로 증기와 응축수를 진공펌프로 흡입 순환시키는 것은 진공환수식이다.

79 에너지이용합리화법에 관한 내용으로 다음 ( )안에 각각 들어갈 용어로 옳은 것은?

> 산업통상자원부장관은 효율관리기자재가 (㉠)에 미달하거나 (㉡)을 초과하는 경우에는 해당 효율관리기자재의 제조업자 또는 판매업자에게 그 생산이나 판매의 금지를 명령할 수 있다.

① ㉠ 최대소비효율기준
   ㉡ 최저사용량기준
② ㉠ 적정소비효율기준
   ㉡ 적정사용량기준
③ ㉠ 최저소비효율기준
   ㉡ 최대사용량기준
④ ㉠ 최대사용량기준
   ㉡ 최저소비효율기준

해설 ㉠ 최저소비효율기준
㉡ 최대사용량기준

80 에너지이용합리화법에 따라 국내외 에너지사정의 변동으로 에너지수급에 중대한 차질이 발생하거나 발생할 우려가 있다고 인정될 경우, 에너지수급의 안전을 위한 조치 사항에 해당되지 않는 것은?

① 에너지의 배급
② 에너지의 비축과 저장
③ 에너지 판매시설의 확충
④ 에너지사용기자재의 사용 제한

ANSWER 77.② 78.③ 79.③ 80.③

에너지관리산업기사

제5회 CBT 모의고사

제1과목 열역학 및 연소관리

01 엔트로피(entropy)에 대한 설명으로 옳은 것은?

① 열역학 제2법칙과 관련된 것으로서 비가역 사이클에서는 항상 엔트로피가 증가한다.
② 열역학 제1법칙과 관련된 것으로 가역 사이클이 비가역 사이클보다 엔트로피의 증가가 뚜렷하다.
③ 열역학 제2법칙으로 정의된 엔트로피는 과정의 진행방향과는 아무런 관련이 없다.
④ 엔트로피의 단위는 K/kJ이다.

해설 엔트로피(entropy)는 열역학 제2법칙과 관련된 것으로서 비가역 사이클에서는 항상 엔트로피가 증가한다.

02 비열에 대한 설명으로 틀린 것은?

① 비열은 1℃의 온도를 변화시키는데 필요한 단위질량당의 열량이다.
② 정압비열은 압력이 일정할 때 기체 1kg을 1℃ 높이는데 필요한 열량이다.
③ 기체의 정압비열과 정적비열은 일반적으로 같지 않다.
④ 정압비열은 정적비열보다 클 수도, 작을 수도 있다.

해설 정압비열이 항상 정적비열보다 크다.

03 보일러의 자연통풍에서 통풍력을 크게 하기 위한 방법이 아닌 것은?

① 연돌의 높이를 높인다.
② 배기가스 온도를 높인다.
③ 연돌 상부 단면적을 적게 한다.
④ 연도의 굴곡부를 줄인다.

해설 자연통풍력을 크게 하는 방법
① 연돌의 높이를 높인다.
② 배기가스 온도를 높인다.
③ 연돌 상부 단면적을 크게 한다.
④ 연도의 굴곡부를 줄인다.

04 어떤 용기 내의 기체의 압력이 계기압력으로 Pg이다. 대기압을 Pa라고 할 때, 기체의 절대압력은?

① Pg − Pa
② Pg + Pa
③ Pg × Pa
④ Pg / Pa

해설 절대압력은 = 대기압+게이지압력

05 증기터빈에 36kg/s의 증기를 공급하고 있다. 터빈의 출력이 3×10^4 kW 이면 터빈의 증기소비율은 몇 kg/kW·h 인가?

① 3.08   ② 4.32
③ 6.25   ④ 7.18

해설 $\dfrac{36}{30,000} \times 3,600 = 4.32$ kg/kwh

ANSWER 1.① 2.④ 3.③ 4.② 5.②

06 통풍압력을 2배로 높이려면 원심형 송풍기의 회전수를 몇 배로 높여야 하는가? (단, 다른 조건은 동일하다고 본다.)

① 1 ② $\sqrt{2}$
③ 2 ④ 4

해설 원심형 송풍기에서 통풍압력을 2배로 하려면 회전수는 $\sqrt{2}$배로 한다.

07 탄소를 완전연소시키면 다음 반응식과 같이 탄산가스와 함께 높은 열이 발생한다. 이를 참고하여 탄소(C) 1kg을 완전연소시켰을 때 발생하는 열량은?

$$C + O_2 = CO_2 + 97,200 \text{kcal/kmol}$$

① 2,550kcal/kg ② 8,100kcal/kg
③ 12,720kcal/kg ④ 16,200kcal/kg

해설 $\dfrac{97,200}{12} = 8,100 \text{kcal/kg}$

08 두 개의 단열과정과 두 개의 등온과정으로 이루어진 사이클은?

① 오토사이클
② 디젤사이클
③ 카르노사이클
④ 브레이튼사이클

해설 카르노사이클은 두 개의 단열과정과 두 개의 등온과정으로 이루어진 사이클이다.

09 연돌의 입구 온도가 200℃, 출구 온도가 30℃일 때, 배출가스의 평균온도는 약 몇 ℃ 인가?

① 85℃   ② 90℃
③ 109℃ ④ 115℃

해설 $\dfrac{200-30}{\ln(\frac{200}{30})} = 90℃$

10 연소장치의 선회방식 보염기가 아닌 것은?

① 평행류식 ② 축류식
③ 반경류식 ④ 혼류식

해설 **선회방식 보염기**
축류식, 혼류식, 반경류식

11 이상기체 5kg이 350℃에서 150℃까지 "$PV^{1.3} = 상수$"에 따라 변화하였다. 엔트로피의 변화는?
(단, 가스의 정적비열은 0.653kJ/kg·K 이고, 비열비(k)는 1.4이다.)

① 1.69kJ/K
② 1.52kJ/K
③ 0.85kJ/K
④ 0.42kJ/K

12 보일러 집진장치 중 매진을 액막이나 액방울에 충돌시키거나 접촉시켜 분리하는 것은?

① 여과식
② 세정식
③ 전기식
④ 관성 분리식

해설 집진장치 중 세정식은 매진을 액막이나 액방울에 충돌시키거나 접촉시켜 분리한다.

ANSWER 6.② 7.② 8.③ 9.② 10.① 11.④ 12.②

13 기체연료의 특징에 관한 설명으로 틀린 것은?

① 회분 발생이 많고 수송이나 저장이 편리하다.
② 노 내의 온도분포를 쉽게 조절할 수 있다.
③ 연소조절, 점화, 소화가 용이하다.
④ 연소효율이 높고 약간의 과잉공기로 완전연소가 가능하다.

[해설] 기체연료는 회분 발생이 적으나 수송이나 저장은 어렵다.

14 고체 연료가 가열되어 외부에서 점화하지 않아도 연소가 일어나는 최저 온도를 무엇이라고 하는가?

① 착화온도   ② 최적온도
③ 연소온도   ④ 기화온도

[해설] 가연성 물질인 연료가 가열되어 외부에서 점화하지 않아도 연소가 일어나는 최저 온도를 착화온도라 한다.

15 가스연료 연소 시 발생하는 현상 중 옐로우 팁(Yellow tip)을 바르게 설명한 것은?

① 버너에서 부상하여 일정한 거리를 연소하는 불꽃의 모양
② 불꽃의 색상이 적황색으로 1차 공기가 부족한 경우 발생하는 불꽃의 모양
③ 가스연소 시 공기량이 과다하여 발생하는 불꽃의 모양
④ 불꽃이 염공을 따라 거꾸로 들어가는 현상

[해설] 불꽃의 색상이 적황색으로 1차공기가 부족한 경우 발생하는 불꽃의 모양을 옐로우 팁(Yellow tip)이라 한다.

16 탄소 0.87, 수소 0.1, 황 0.03의 조성을 가지는 연료가 있다. 이론 건배가스량은 약 몇 Nm³/kg 인가?

① 7.54   ② 8.84
③ 9.94   ④ 10.84

[해설]
$8.89C + 21.07(H - \dfrac{O}{8}) + 3.33S + 0.8N$
$8.89 \times 0.87 + 21.07 \times 0.1 + 3.33 \times 0.03$
$= 9.94 Nm^3/kg$

17 증기의 압력이 높아질 때 나타나는 현상에 관한 설명으로 틀린 것은?

① 포화온도가 높아진다.
② 증발잠열이 증대한다.
③ 증기의 엔탈피가 증가한다.
④ 포화수 엔탈피가 증가한다.

18 15℃의 물 1kg을 100℃의 포화수로 변화시킬 때 엔트로피의 변화량은?
(단, 물의 평균 비열은 4.2kJ/kg·K이다.)

① 1.1kJ/K
② 8.0kJ/K
③ 6.7kJ/K
④ 85.0kJ/K

[해설] $4.2 \times \ln\left(\dfrac{100+273}{15+273}\right) = 1.09 kJ/K$

ANSWER 13.① 14.① 15.② 16.③ 17.② 18.①

19 압력 200kPa, 체적 0.4m³인 공기를 압력이 일정한 상태에서 체적을 0.6m³로 팽창시켰다. 팽창 중에 내부에너지가 80kJ 증가하였으면 팽창에 필요한 열량은?

① 40kJ   ② 60kJ
③ 80kJ   ④ 120kJ

해설
$\int_1^2 PdV = 200(0.6-0.4) = 40\text{kJ}$

∴ 팽창에 필요한 열량은 = 40+80 = 120kJ

20 석탄을 공업 분석하였더니 수분이 3.35%, 휘발분이 2.65%, 회분이 25.5%이었다. 고정탄소분은 몇 %인가?

① 37.6   ② 49.4
③ 59.8   ④ 68.5

해설
고정탄소 = 100-(수분(%)+휘발분(%)+회분(%))
= 100-(3.35+2.65+25.5)=68.5%

21 다음 중 액주계를 읽는 정확한 위치는?

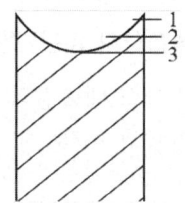

① 1
② 2
③ 3
④ 아무 곳이든 괜찮다.

해설 그림 3이 액주식을 읽는 정확한 위치이다.

22 면적식 유량계의 특징에 대한 설명으로 틀린 것은?

① 고점도 액체의 측정이 가능하다.
② 부식액의 측정에 적합하다.
③ 적산용 유량계로 사용된다.
④ 유량 눈금이 균등하다.

해설 면적식
면적식 유량계는 플로트 등의 변위를 이용하여 유량을 측정한다.

23 보일러 1마력은 몇 kgf의 상당증발량에 해당하는가? (단, 100℃의 물을 1시간 동안 같은 온도의 증기로 변화시킬 수 있는 능력이다.)

① 10.65   ② 12.68
③ 15.65   ④ 17.64

해설 보일러 1마력이 차지하는 상당증발량은 15.65kg이다.

24 보일러 열정산 시 입열항목에 해당되지 않는 것은?

① 방산에 의한 손실열
② 연료의 연소열
③ 연료의 현열
④ 공기의 현열

해설 출열항목
① 유효출열
② 손실열(방산에 의한 손실열, 불완전 연소에 의한 손실열, 미연소 가스에 의한 손실열 등)

25 반도체 측온저항체의 일종으로 니켈, 코발트, 망간 등 금속산화물을 소결시켜 만든 것으로 온도계수가 부(−)특성을 지닌 것은?

① 더미스터 측온체
② 백금 측온체
③ 니켈 측온체
④ 동 측온체

해설 반도체 측온저항체의 일종인 더미스터 측온체는 합금소자(니켈, 코발트, 망간, 철, 구리)로 되어 있다.

26 탄성식 압력계의 일종으로 보일러의 증기압 측정 등 공업용으로 많이 사용되는 압력계는?

① 링 밸런스식 압력계
② 부르동관식 압력계
③ 벨로즈식 압력계
④ 피스톤식 압력계

해설 보일러에 사용되는 압력계는 탄성식 압력계인 부르동관식을 사용한다.

27 다이어프램 압력계에 대한 설명으로 틀린 것은?

① 연소로의 드래프트게이지로 사용된다.
② 먼지를 함유한 액체나 점도가 높은 액체의 측정에는 부적당하다.
③ 측정이 가능한 범위는 공업용으로는 20~5,000mmH₂O 정도이다.
④ 다이어프램의 재료로는 고무, 인청동, 스테인리스 등의 박판이 사용된다.

해설 다이어프램 압력계는 먼지를 함유한 액체나 점도가 높은 액체의 측정이 가능하다.

28 열전대에 관한 설명으로 틀린 것은?

① 열전대의 접점은 용접하여 만들어도 무방하다.
② 열전대의 기본 현상을 발견한 사람은 Seebeck이다.
③ 열전대를 통한 열의 흐름은 온도의 측정에 영향을 미치지 않는다.
④ 열전대의 구비조건으로 전기저항, 저항온도 계수 및 열전도율이 작아야 한다.

해설 열전대는 열전대를 통한 열의 흐름은 온도의 측정에 영향을 미친다.

29 다음 중 질량의 보조단위가 아닌 것은?

① L/min
② g/s
③ t/s
④ g/h

해설 L/min는 유량의 단위이다.

30 보일러의 노 내압을 제어하기 위한 조작으로 적절하지 않은 것은?

① 연소가스 배출량의 조작
② 공기량의 조작
③ 댐퍼의 조작
④ 급수량의 조작

해설 노 내압은 연소실의 압력을 말하므로 급수량과는 무관하다.

31 다음 중 O₂계로 사용되지 않는 것은?

① 연소식
② 자기식
③ 적외선식
④ 세라믹식

ANSWER 25.① 26.② 27.② 28.③ 29.① 30.④ 31.③

해설 과잉공기계(O_2)의 종류
연소식 O_2계, 자기식 O_2계, 세라믹식 O_2계 등

32 다음 중 SI 기본단위가 아닌 것은?

① 물질량[mol] ② 광도[Cd]
③ 전류[A] ④ 힘[N]

해설 SI 기본단위
길이(m), 전류(A), 광도(Cd), 온도(K), 시간(sec), 질량(kg), 물질량(mol)

33 유압식 신호전달 방식의 특징에 대한 설명으로 틀린 것은?

① 비압축성이므로 조작속도 및 응답이 빠르다.
② 주위의 온도변화에 영향을 받지 않는다.
③ 전달의 지연이 적고 조작향이 강하다.
④ 인화의 위험성이 있다.

해설 유압식 신호전달은 주위의 온도변화에 영향을 받는다.

34 다음 중 보일러의 작동제어가 아닌 것은?

① 온도제어
② 급수제어
③ 연소제어
④ 위치제어

해설
- 보일러 자동제어(ABC)
- 급수자동제어(FWC)
- 연소자동제어(ACC)
- 증기온도자동제어(STC)

35 두께가 15cm이며 열전도율이 40kcal/m·h·℃, 내부온도가 230℃, 외부온도가 65℃일 때, 전열면적 1m²당 1시간 동안에 전열되는 열량은 몇 kcal/h인가?

① 40,000 ② 42,000
③ 44,000 ④ 46,000

해설 $\dfrac{40 \times 1 \times (230-65)}{0.15} = 44,000 \text{kcal/h}$

36 다음 중 압력을 표시하는 단위가 아닌 것은?

① kPa ② N/m^2
③ bar ④ kgf

해설 kgf는 힘, 하중, 질량 등의 단위이다.

37 열정산 기준에서 보일러 범위에 포함되지 않는 것은?

① 입열
② 출열
③ 손실열
④ 외부열원

해설 외부열원은 열정산 기준범위에 포함되지 않는다.

38 조절기가 50~100°F 범위에서 온도를 비례제어하고 있을 때 측정온도가 66°F와 70°F에 대응할 때의 비례대는 몇 %인가?

① 8 ② 10
③ 12 ④ 14

해설 $\dfrac{70-66}{100-50} \times 100 = 8\%$

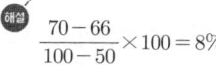
32.④ 33.② 34.④ 35.③ 36.④ 37.④ 38.①

39 다음 중 비접촉식 온도계에 해당하는 것은?

① 유리온도계
② 저항온도계
③ 압력온도계
④ 광고온도계

해설 **비접촉식 온도계**
광고온도계, 방사온도계, 광전관식 온도계

40 액면에 부자를 띄워 부자가 상하로 움직이는 위치로 액면을 측정하는 것으로서 주로 저장 탱크, 개방 탱크 및 고압 밀폐 탱크 등의 액위 측정에 사용되는 액면계는?

① 직관식 액면계
② 플로트식 액면계
③ 방사성 액면계
④ 압력식 액면계

해설 플로트식 액면계는 액면에 부자를 띄워 부자가 상하로 움직이는 위치로 액면을 측정한다.

제3과목 열설비구조 및 시공

41 배관시공 시 보온재로 사용되는 석면에 대한 설명으로 옳은 것은?

① 유기질 보온재로서 진동이 있는 장치의 보온재로 많이 쓰인다.
② 약 400℃ 이하의 파이프나 탱크, 노벽 등의 보온재로 적합하며, 약 400℃를 초과하면 탈수 분해가 된다.
③ 열전도율이 작고, 300~320℃에서 열분해 되며, 방습 가공한 것은 습기가 많은 곳의 옥외배관에 사용한다.
④ 석회석을 주원료로 사용하며 화학적으로 결합시켜 만든 것으로 사용온도는 650℃까지이다.

해설 무기질 보온재인 석면은 약 400℃ 이하의 파이프나 탱크, 노벽 등의 보온재로 적합하며, 약 400℃를 초과하면 탈수 분해가 된다.

42 전기로나 시멘트 소성용 회전가마의 소성대 내벽에 사용하기 가장 적합한 내화물은?

① 내화점토질 내화물
② 크롬-마그네시아 내화물
③ 고알루미나질 내화물
④ 규석질 내화물

해설 전기로나 시멘트 소성용 회전 가마의 소성대 내벽에는 주로 크롬-마그네시아 내화물을 사용한다.

43 다음 중 사용압력이 비교적 낮은 곳의 배관에 사용하는 "배관용 탄소강관"의 기호로 맞은 것은?

① SPPH
② SPP
③ SPPS
④ SPA

해설 ① SPPH(고압배관용 탄소강관)
② SPP(배관용 탄소강관)
③ SPPS(압력배관용 탄소강관)
④ SPA(배관용 합금강관)

ANSWER 39.④ 40.② 41.② 42.② 43.②

44 보일러에서 사용하는 분출관 및 분출밸브 등에 대한 설명으로 틀린 것은?

① 보일러 아랫부분에는 분출관과 분출밸브 또는 분출코크를 설치해야 한다.(관류보일러는 제외)
② 일반적으로 2개 이상의 보일러를 같이 사용할 경우 분출관은 공동으로 사용해야 한다.
③ 분출밸브의 크기는 호칭지름 25mm 이상의 것이어야 한다.(전열면적 10m² 이하의 보일러는 호칭지름 20mm 이상 가능)
④ 최고사용압력 0.7MPa 이상의 보일러의 분출관에는 분출밸브 2개 또는 분출밸브와 분출코크를 직렬로 갖추어야 한다.

해설 분출관은 각각 설치를 하여야 한다.

45 탄성이 부족하기 때문에 석면, 고무, 파형 금속관 등으로 표면 처리하여 사용하는 합성수지류의 패킹에 속하는 것은?

① 네오프렌
② 펠트
③ 유리섬유
④ 테프론

해설 테프론은 탄성이 부족하기 때문에 석면, 고무, 파형 금속관 등으로 표면 처리하여 사용하는 합성수지류의 패킹이다.

46 가열로의 내벽온도를 1200℃, 외벽온도를 200℃로 유지하고 매 시간당 1m²에 대한 열손실을 400kcal로 설계할 때 필요한 노벽의 두께는? (단, 노벽 재료의 열전도율은 0.1kcal/m·h·℃이다.)

① 10cm
② 15cm
③ 20cm
④ 25cm

해설 $\dfrac{0.1 \times 1 \times (1,200 - 200)}{400} \times 100 = 25\text{cm}$

47 배관에 나사가공을 하는 동력 나사 절삭기의 형식이 아닌 것은?

① 오스터식
② 호브식
③ 로터리식
④ 다이헤드식

해설 **동력나사 절삭기 종류**
오스터식, 호브식, 다이헤드식

48 보일러에 공기예열기를 설치했을 때의 특징에 관한 설명으로 틀린 것은?

① 보일러의 열효율이 증가된다.
② 노 내의 연소속도가 빨라진다.
③ 연소상태가 좋아진다.
④ 질이 나쁜 연료는 연소가 불가능하다.

해설 연소효율이 높아지며 질이 나쁜 연료도 연소가 가능하다.

ANSWER 44.② 45.④ 46.④ 47.③ 48.④

49 증기 엔탈피가 2,800kJ/kg이고 급수 엔탈피가 125kJ/kg일 때 증발계수는 약 얼마인가? (단, 100℃ 포화수가 증발하여 100℃의 건포화증기로 되는데 필요한 열량은 2,256.9kJ/kg이다.)

① 1.08　　② 1.19
③ 1.44　　④ 1.62

해설 $\dfrac{2,800 - 125}{2,256.9} = 1.019$

50 터널가마의 레일과 바퀴부분이 연소가스에 의해서 부식되지 않도록 하는 시공법은?

① 샌드시얼(sand seal)
② 에어커튼(air curtain)
③ 내화갑
④ 칸막이

해설 터널가마의 레일과 바퀴부분이 연소가스에 의해서 부식되지 않도록 하는 시공법을 샌드시얼(sand seal)이라 한다.

51 다음 중 에너지이용합리화법에 따라 소형 온수보일러에 해당하는 것은?

① 전열면적이 14m² 이하이고 최고사용압력이 0.35MPa 이하의 온수를 발생하는 것
② 전열면적이 24m² 이하이고 최고사용압력이 0.5MPa 이상의 온수를 발생하는 것
③ 전열면적이 24m² 이하이고 최고사용압력이 0.35MPa 이하의 온수를 발생하는 것
④ 전열면적이 14m² 이하이고 최고사용압력이 0.5MPa 이상의 온수를 발생하는 것

해설 소형 온수보일러라 함은 전열면적이 14m² 이하이고 최고사용압력이 0.35MPa 이하의 온수를 발생하는 것

52 보일러 연소 시 배기가스 성분 중 완전연소에 가까울수록 줄어드는 성분은?

① CO_2
② H_2O
③ CO
④ N_2

해설 탄화수소(CmHn) 완전연소 시 생성되는 물질은 CO_2와 H_2O이므로 완전연소에 가까울수록 CO 성분이 줄어든다.

53 에너지이용합리화법에 따라 발전용 보일러에 부착되는 안전밸브의 분출정지압력은 분출압력의 얼마 이상이어야 하는가?

① 분출압력의 0.93배 이상
② 분출압력의 0.95배 이상
③ 분출압력의 0.98배 이상
④ 분출압력의 0.1배 이상

해설 에너지이용합리화법에 따라 발전용 보일러에 부착되는 안전밸브의 분출정지압력은 분출압력의 0.93배 이상이어야 한다.

ANSWER　49.②　50.①　51.①　52.③　53.①

54 관류 보일러의 특징에 관한 설명으로 틀린 것은?

① 대형관류 보일러에는 벤슨 보일러, 슐저 보일러 등이 있다.
② 초임계 압력 하에서 증기를 얻을 수 있다.
③ 드럼이 필요 없다.
④ 부하 변동에 대한 적응력이 크다.

해설 수관 보일러는 보유수량이 적어 파열 시 피해는 적으나 부하변동에 응하기는 어렵다.

55 내화물의 구비조건으로 틀린 것은?

① 상온 및 사용온도에서 압축강도가 클 것
② 사용목적에 따라 적당한 열전도율을 가질 것
③ 팽창은 크고 수축이 작을 것
④ 온도변화에 의한 파손이 작을 것

해설 **내화물의 구비조건**
① 상온 및 사용온도에서 압축강도가 클 것
② 사용목적에 따라 적당한 열전도율을 가질 것
③ 수축 팽창이 작을 것
④ 온도변화에 의한 파손이 작을 것

56 겔로웨이 관(Galloway tube)을 설치함으로써 얻을 수 있는 이점으로 틀린 것은?

① 화실 내벽의 강도 보강
② 전열면적 증가
③ 관수의 대류 순환을 촉진
④ 열로 인한 신축변화의 흡수 용이

해설 **겔로웨이 관(Galloway tube) 설치 이점**
① 노통 강도 보강
② 전열면적 증가
③ 관수의 대류 순환을 촉진

57 에너지이용합리화법에 따라 검사대상기기의 설치자가 그 사용 중인 검사대상기기를 폐기한 때에는 그 폐기한 날로부터 며칠 이내에 폐기신고서를 제출하여야 하는가?

① 15일　　② 20일
③ 30일　　④ 60일

해설 검사대상기기를 폐기한 때에는 그 폐기한 날로부터 며칠 15일 이내에 한다.

58 기수분리기 설치 시의 장점이 아닌 것은?

① 습증기의 발생률을 높인다.
② 마찰손실을 작게 한다.
③ 관 내의 부식을 방지한다.
④ 수격방용을 방지한다.

해설 기수분리기는 증기와 수분을 분리하여 습증기 발생을 방지한다. 즉, 건증기를 얻기 위하여 기수분리기를 설치한다.

59 에너지이용합리화법에 따라 증기보일러에 설치되는 안전밸브가 2개 이상인 경우 각각의 작동시험 기준은?

① 최고사용압력의 0.97배 이하, 1.0배 이하
② 최고사용압력의 0.98배 이하, 1.03배 이하
③ 최고사용압력의 1.0배 이하, 1.0배 이하
④ 최고사용압력의 1.0배 이하, 1.03배 이하

해설 최고사용압력 이하, 최고사용압력의 1.03배에서 작동

ANSWER　54.④　55.③　56.④　57.①　58.①　59.④

60 관의 안지름이 D(cm), 평균유속이 V(m/s)일 때, 평균 유량 Q(m³/s)을 구하는 식은?

① $Q = DV$
② $Q = \frac{\pi}{4}D^2 V$
③ $Q = \frac{\pi}{4}(\frac{D}{100})^2 V$
④ $Q = (\frac{V}{100})^2 D$

해설
$Q = \frac{\pi D^2}{4} V$
$\therefore Q = \frac{\pi(\frac{D}{100})^2}{4} V$

제4과목 열설비취급 및 안전관리

61 보일러를 사용하지 않고, 장기간 보존할 경우 가장 적합한 보존법은?

① 만수 보존법
② 건조 보존법
③ 밀폐 만수 보존법
④ 청관제 만수 보존법

해설 보일러를 6개월 이상 장기간 보존할 때는 건조 보존법을 택한다.

62 트랩이나 스트레이너 등의 고장, 수리, 교환 등에 대비하여 설치하는 것은?

① 바이패스 배관
② 드레인 포켓
③ 냉각 레그
④ 체크 밸브

해설 유량계, 트랩 등의 고장, 수리, 교환 등을 대비하여 바이패스관을 설치한다.

63 보일러의 과열 원인으로 가장 거리가 먼 것은?

① 물의 순환이 나쁠 때
② 고온의 가스가 고속으로 전열면에 마찰할 때
③ 관석이 많이 퇴적한 부분이 가열되어 열전달이 높아질 때
④ 보일러의 이상 저수위에 의하여 빈 보일러를 운전하였을 때

해설
과열의 원인
① 이상감수 시(저수위 시)
② 전열면에 스케일(관석)이 퇴적 시
③ 물의 순환이 불량할 때

64 염산 등을 사용하여 보일러 내의 스케일을 용해시켜 제거하는 방법에 대한 설명으로 틀린 것은?

① 스케일의 시료를 채취하여 분석하고, 용해시험을 통하여 세정방법을 결정하여야 한다.
② 본체에 부착되어 있는 안전밸브, 수면계, 밸브류 등은 분리하지 않는다.
③ 수소가 발생하여 폭발의 우려가 있으므로 통풍이 잘 되는 장소에서 세정하여야 한다.
④ 화학세정이 끝난 다음에는 반드시 물로 충분하게 세척하여 사용한 약액의 영향이 미치지 않도록 주의한다.

해설 본체에 부착되어 있는 안전밸브, 수면계, 밸브류 등을 분리하여 청소를 한다.

65 증기보일러 압력계와 연결되는 증기관을 황동관 또는 동관으로 하는 경우 안지름은 최소 몇 mm 이상이어야 하는가?

① 3.5mm
② 5.5mm
③ 6.5mm
④ 12.7mm

해설) 증기관(사이폰관)의 크기는 6.5mm 이상으로 하며, 동관은 6.5mm 이상, 강관은 12.7mm 이상으로 한다.

66 에너지이용합리화법에 따라 에너지사용계획을 수립하여 산업통상자원부장관에게 제출하여야 하는 자는?

① 민간사업주주관자로 연간 5천 티오이 이상의 연료 및 열을 사용하는 시설을 설치하려는 자
② 공공사업주주관자로 연간 2천 티오이 이상의 연료 및 열을 사용하는 시설을 설치하려는 자
③ 민간사업주주관자로 연간 2천만 킬로와트 시 이상의 전력을 사용하는 시설을 설치하려는 자
④ 공공사업주주관자로 연간 2백만 킬로와트 시 이상의 전력을 사용하는 시설을 설치하려는 자

해설) 민간사업주주관자로 연간 5천 티오이 이상의 연료 및 열을 사용하는 시설을 설치하려는 자는 에너지사용계획을 수립하여 산업통상자원부장관에게 제출하여야 한다.

67 보일러에서 가연가스와 미연가스가 노 내에 발생하는 경우가 아닌 것은?

① 연도가 너무 짧은 경우
② 점화조작에 실패한 경우
③ 노 내에 다량의 그을림이 쌓여있는 경우
④ 연소정지 중에 연료가 노 내에 스며든 경우

해설) 연도가 짧으면 통풍력이 증가되므로 노 내에 미연소가스가 발생치 않는다.

68 보일러를 건조보존 방법으로 보존할 때의 유의사항으로 틀린 것은?

① 모든 뚜껑, 밸브, 콕 등은 전부 개방하여 둔다.
② 습기를 제거하기 위하여 생석회를 보일러 안에 둔다.
③ 연도는 습기가 없게 항상 건조한 상태가 되도록 한다.
④ 보일러 수를 전부 빼고 스케일 제거 후 보일러 내에 열풍을 통과시켜 완전 건조시킨다.

해설) 건조보존법은 밀폐하여 보존을 한다.

69 다음 중 보일러의 인터록의 종류가 아닌 것은?

① 고수위   ② 저연소
③ 불착화   ④ 프리퍼지

해설) **인터록 제어**
운전 조작 상태에서 조건이 불충분하다거나 다음의 진행에 미루어 불합리한 동작으로 변화하게 될 때 동작을 다음 단계에 도달되기 전에 기관을 정지시키는 제어방식으로 자동제어에서는 꼭 필요한 동작이다.

ANSWER 65.③ 66.① 67.① 68.① 69.①

① 초과압력 인터록
② 저수위 인터록
③ 저연소 인터록
④ 프리퍼지 인터록
⑤ 불착화 인터록

70 옥내 보일러실에 연료를 저장하는 경우 보일러 외측으로부터 얼마 이상 거리를 두고 저장해야 하는가?
(단, 소형 보일러는 제외한다.)

① 0.6m 이상
② 1m 이상
③ 1.2m 이상
④ 2m 이상

해설) 옥내 보일러실에 연료를 저장하는 경우 보일러 외측으로부터 2m 이상 거리를 둔다.

71 에너지이용합리화에 따라 특정열사용기자재 시공업은 누구에게 등록을 하여야 하는가?

① 국토교통부장관
② 산업통상자원부장관
③ 시·도지사
④ 한국에너지공단이사장

해설) 특정열사용기자재 시공업은 시·도지사에게 등록한다.

72 다음 반응 중 경질 스케일 반응식으로 옳은 것은?

① $Ca(HCO_3) + 열 \rightarrow CaCO_3 + H_2O + CO_2$
② $3CaSO_4 + 2Na_3PO_4 \rightarrow Ca_3(PO_4)_3 + 3Na_2SO_4$
③ $MgSO_4 + CaCO_3 + H_2O \rightarrow CaSO_4 + Mg(OH)_2 + CO_2$
④ $MgCO_3 + H_2O \rightarrow Mg(OH)_2 + CO_2$

해설) 경질 스케일 반응식
$MgSO_4 + CaCO_3 + H_2O \rightarrow CaSO_4 + Mg(OH)_2 + CO_2$

73 보일러 파열사고 원인 중 구조물의 강도 부족에 의한 원인이 아닌 것은?

① 재료의 불량
② 용접 불량
③ 용수관리의 불량
④ 동체의 구조 불량

해설) 용수관리 불량은 취급불량에 속한다.

74 증기 난방법의 종류를 중력, 기계, 진공, 환수방식으로 구분한다면 무엇에 따른 분류인가?

① 응축수 환수 방식
② 환수관 배관 방식
③ 증기 공급 방식
④ 증기 압력 방식

해설) 응축수 환수방식
기계환수식, 중력환수식, 진공환수식

75 보일러 압력계의 검사를 해야 하는 시기로 가장 거리가 먼 것은?

① 2개가 설치된 경우 지시도가 다를 때
② 비수현상이 일어난 때
③ 신설보일러의 경우 압력이 오르기 시작했을 때
④ 부르동관이 높은 열을 받았을 때

해설) 압력계 검사 시기
① 두 개가 설치된 경우 지시도가 다를 때
② 비수현상, 포밍 등으로 압력계에 영향이 미쳤다고 생각될 때
③ 신설보일러의 경우 압력이 오르기 전

ANSWER 70.④ 71.③ 72.③ 73.③ 74.① 75.③

④ 부르동관이 높은 열을 받았을 때
⑤ 계속하용 검사를 할 때
⑥ 장기간 휴지 후 사용하고자 할 때
⑦ 안전밸브가 실제분출압력과 설정압력이 맞지 않을 때

76 매시 발생증기량이 2,000kg/h, 급수의 엔탈피는 10kcal/kg, 발생증기의 엔탈피가 549kcal/kg일 때, 이 보일러의 매시 환산증발량은?

① 1,250kg/h
② 1,500kg/h
③ 2,000kg/h
④ 2,540kg/h

해설 $\frac{2,000 \times (549-10)}{539} = 2,000 kg/h$

77 보일러의 외부부식 원인이 아닌 것은?

① 빗물, 지하수 등에 의한 습기나 수분에 의한 경우
② 증기나 보일러수 등의 누출로 인한 습기나 수분에 의한 경우
③ 재나 회분 속에 함유된 부식성 물질(바나듐 등)에 의한 경우
④ 강재 속에 함유된 유황분이나 인분이 온도상승과 더불어 산화되거나 또는 이외의 원인으로 녹이 생긴 경우

해설 **외부부식**
고온부식(바나듐), 저온부식(황), 산화부식 강재 속에 함유된 유황분이나 인분이 온도상승과 더불어 산화되거나 또는 이외의 원인으로 녹이 생긴 것은 내부부식에 속한다.

78 에너지이용합리화법에 의한 검사대상기기 조종자를 선임하지 아니한 자에 대한 벌칙 기준은?

① 3백만원 이하의 과태료
② 5백만원 이하의 벌금
③ 1천만원 이하의 벌금
④ 1년 이하의 징역 또는 2천만원 이하의 벌금

해설 **검사대상기기 조종자를 선임하지 아니 한 자에 대한 벌칙**
1천만원 이하의 벌금

79 증기보일러에서 포밍, 프라이밍이 발생하는 원인으로 틀린 것은?

① 주 증기 밸브를 천천히 개방했을 때
② 증기 부하가 과대할 때
③ 보일러 수가 농축되었을 때
④ 보일러수 중에 불순물이 많이 포함되었을 때

해설 포밍, 프라이밍은 주증기 밸브를 급개, 고수위 시 발생한다.

80 에너지이용합리화법에 따라 대통령으로 정하는 에너지공급자가 해당 에너지의 효율향상과 수요절감을 위해 연차별로 수립해야하는 것은?

① 비상시 에너지수급 방안
② 에너지기술개발계획
③ 수요관리투자계획
④ 장기에너지수급계획

해설 에너지공급자가 해당 에너지의 효율향상과 수요절감을 위해 연차별로 수요관리투자계획 수립해야 한다.

ANSWER 76.③ 77.④ 78.③ 79.① 80.③

에너지관리산업기사

제6회 CBT 모의고사

제1과목 열역학 및 연소관리

01 이론 습연소가스량(Gow)과 이론 건연소가스량(God)과의 관계를 옳게 나타낸 것은? (단, 단위는 Nm^3/kg이다.)

① Gow = God+(9H+W)
② God = Gow+(9H+W)
③ Gow = God+1.25(9H+W)
④ God = Gow+1.25(9H+W)

[해설] Gow = God+1.25(9H+W)

02 어느 열기관이 외부로부터 Q의 열을 받아서 외부에 100kJ의 일을 하고 내부에너지가 200kJ 증가하였다면 받은 열(Q)은 얼마인가?

① 100kJ   ② 200kJ
③ 300kJ   ④ 400kJ

[해설] 받은 열 = 외부에너지 + 내부에너지
100 + 200 = 300kJ

03 탄화도를 기준으로 석탄을 분류할 때 탄화도 증가에 따라 석탄의 일반적인 성질 변화로 옳은 것은?

① 휘발성이 증가한다.
② 고정탄소량이 감소한다.
③ 수분이 감소한다.
④ 착화 온도가 낮아진다.

[해설] 탄화도 증가되면
① 휘발성이 감소한다.
② 고정탄소량이 증가한다.
③ 수분이 감소한다.
④ 착화 온도가 높아진다.

04 다음 중 건식 집진형식이 아닌 것은?

① 백필터식
② 사이클론식
③ 멀티클론식
④ 벤튜리스크러버식

[해설] 습식
유수식, 회전식, 가압수식(벤튜리스크러버식, 사이클론스크러버식, 충전탑식)

05 공기 2kg이 압력 400kPa, 온도 10℃인 상태로부터 정압하에서 온도가 200℃로 변화할 때 엔트로피 변화량은?
(단, 정압비열은 1.003kJ/kg·K, 정적비열은 0.716kJ/kg·K이다.)

① 0.51kJ/K
② 1.03kJ/K
③ 136.12kJ/K
④ 190.63kJ/K

[해설] $\triangle s = Cv \times In(\frac{T_2}{T_1}) = 2 \times 1.003 \times In(\frac{473}{283})$
$= 1.03 kJ/K$

ANSWER 1.③ 2.③ 3.③ 4.④ 5.②

06 대기압에서 물의 증발잠열은 약 얼마인가?

① 334kJ/kg ② 539kJ/kg
③ 1,000kJ/kg ④ 2,264kJ/kg

해설) $539 \times 4.2 = 2,263.8$ kJ/kg

07 절대온도 1K만큼의 온도차는 섭씨온도로 몇 ℃의 온도차와 같은가?

① 1℃ ② 5/9℃
③ 273℃ ④ 274℃

해설) 절대온도 1K만큼의 온도차는 섭씨온도로 1℃의 온도차와 같다.

08 연소안전장치 중 화염이 발광체임을 이용하여 화염을 검출하는 것으로, 광전관, PbS 셀(cell), CdS 셀 등을 사용하는 것은?

① 플레임 아이
② 플레임 로드
③ 스택 스위치
④ 연료차단 밸브

해설) 플레임 아이
화염의 발광체를 이용한 형식으로 광전관, PbS 셀(cell), CdS 셀 등을 사용하여 화염을 검출한다.

09 보일러의 안전장치 중 보일러 내부 증기압력이 스프링 조정압력보다 높을 경우 내부의 벨로즈가 신축하여 수은 등 스위치를 작동하게 하여 전자밸브로 하여금 자동으로 연료 공급을 중단하게 함으로써 압력초과로 인한 보일러 파열사고를 방지해 주는 안전장치는?

① 안전밸브 ② 압력제한기
③ 방폭문 ④ 가용전

해설) 증기압력제한기는 증기의 압력변화를 이용하여 수은 스위치 등으로 전자밸브로 하여금 자동으로 연료 공급을 중단하게 압력 초과로 인한 보일러 파열사고를 방지해 주는 안전장치이다.

10 탄소 1kg을 연소시키기 위해서 필요한 이론적인 산소량은?

① 1Nm³ ② 1.867Nm³
③ 2.667Nm³ ④ 22.4Nm³

해설)
$$C + O_2 \rightarrow CO_2$$
12kg : 22.4Nm³
1kg : x

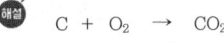
$= \dfrac{22.4}{12} = 1.864$ Nm³

11 공기보다 비중이 커서 누설이 되면 낮은 곳에 고여 인화폭발의 원인이 되는 가스는?

① 수소
② 메탄
③ 일산화탄소
④ 프로판

해설) 각 가스의 분자량은 $H_2(2)$, $CH_4(16)$, $CO(28)$, $C_3H_8(44)$이며, 공기의 평균분자량은 약 29이고, 프로판의 분자량은 44이므로 누설 시 낮은 곳에 체류한다.

12 프로판 가스(LPG)에 대한 설명으로 틀린 것은?

① 황분이 적고 유독성분 함량이 많다.
② 질식의 우려가 있다.
③ 가스 비중이 공기보다 크다.
④ 누설 시 인화 폭발성이 있다.

해설) 프로판 가스는 독성가스가 아니므로 무독성이다.

ANSWER 6.④ 7.① 8.① 9.② 10.② 11.④ 12.①

13 1kg의 공기가 일정 온도 200℃에서 팽창하여 처음 체적의 6배가 되었다. 전달된 열량(kJ)은? (단, 공기의 기체상수는 0.287kJ/kg·K 이다.)

① 243 ② 321
③ 413 ④ 582

해설 $0.287 \times In(\frac{6}{1}) \times 473 = 243 kJ$

14 압축비가 5, 차단비가 1.6, 비열비가 1.4인 가솔린 기관의 이론 열효율은?

① 34.6%
② 37.9%
③ 47.5%
④ 53.9%

해설 $1 - (\frac{1}{5})^{1.4-1} = 0.475 \times 100 = 47.5\%$

15 연도가스 분석에서 CO가 전혀 검출되지 않았고, 산소와 질소가 각각 $(O_2)Nm^3$/kg 연료, $(N_2)Nm^3$/kg 연료일 때 공기비(과잉공기율)는 어떻게 표시되는가?

① $m = \dfrac{0.21}{0.21 - 0.79(O_2)/(N_2)}$

② $m = \dfrac{0.79}{0.79 - 0.21(O_2)/(N_2)}$

③ $m = \dfrac{1}{1 - 0.79(N_2)/(O_2)}$

④ $m = \dfrac{1}{1 - 0.21(O_2)/(N_2)}$

해설 공기비(과잉공기율) $m = \dfrac{0.21}{0.21 - 0.79(O_2)/(N_2)}$

16 열역학 제2법칙에 관한 설명으로 틀린 것은?

① 과정의 방향성을 제시한 비가역 법칙이다.
② 엔트로피 증가법칙을 의미한다.
③ 열은 고온으로부터 저온으로 자동적으로 이동한다.
④ 열이 주위와 계에 아무런 변화를 주지 않고 운동 에너지로 변화할 수 있다.

해설 열역학 제2법칙은 열이 주위와 계에 아무런 변화를 주지 않고는 운동 에너지로 변화할 수 없다.

17 기체연료의 연소방식 중 예혼합 연소방식의 특징에 대한 설명으로 틀린 것은?

① 화염이 짧다.
② 부하에 따른 조작범위가 좁다.
③ 역화의 위험성이 매우 작다.
④ 내부 혼합형이다.

해설 예혼합 연소방식은 역화의 우려가 있다.

18 25℃의 철(Fe) 35kg을 온도 76℃로 올리는데 소요열량이 675kcal이다. 이 철의 비열(a)과 열용량(b)은?

① a : 0.38kcal/kg·℃, b : 13.2kcal/℃
② a : 2.64kcal/kg·℃, b : 9.25kcal/℃
③ a : 0.38kcal/kg·℃, b : 9.25kcal/℃
④ a : 0.26kcal/kg·℃, b : 13.2kcal/℃

해설
• 비열 = $\dfrac{675}{35 \times (76-25)} = 0.378 kcal/kg·℃$
• 열용량 = $0.378 \times 35 = 13.2 kcal/℃$

ANSWER 13.① 14.③ 15.① 16.④ 17.③ 18.①

19 공기압축기가 100kPa, 20℃, 0.8m³인 1kg의 공기를 1MPa까지 가역 등온과정으로 압축할 때 압축기의 소요일(kJ)은?

① 184 ② 232
③ 287 ④ 324

해설
$$W = P_1 \cdot V_1 \cdot In\left(\frac{P_1}{P_2}\right)$$
$$= 100 \times 0.8 \times In\left(\frac{1,000}{100}\right) = 184 kJ$$

20 습증기 영역에서 건도에 관한 설명으로 틀린 것은?

① 건도가 1에 가까워질수록 건포화증기 상태에 가깝다.
② 건도가 0에 가까워질수록 포화수 상태에 가깝다.
③ 건도가 x 일 때 습도는 x − 1 이다.
④ 건도가 1에 가까울수록 갖고 있는 열량이 크다.

해설 습증기의 건도 X는 0보다는 크고, 1보다는 작다. 즉, 0 < X < 1 이다.

제2과목 계측 및 에너지진단

21 자유 피스톤식 압력계에서 추와 피스톤의 무게 합이 30kg이고 피스톤 직경이 3cm일 때 절대압력은 몇 kg/cm²인가? (단, 대기압은 1kg/cm²으로 한다.)

① 4.244 ② 5.244
③ 6.244 ④ 7.244

해설
$$\frac{30}{\frac{3.14 \times (3)^2}{4}} + 1 = 5.246 kg/cm^2$$

22 서미스터(Thermistor)에 대한 설명으로 틀린 것은?

① 응답이 빠르다.
② 전기저항체 온도계이다.
③ 좁은 장소에서의 온도 측정에 적합하다.
④ 충격에 대한 기계적 강도가 양호하고, 흡습 등에 열화되지 않는다.

해설 서미스터의 단점은 흡수 등에 의하여 열화되기 쉽다.

23 편위식 액면계는 어떤 원리를 이용한 것인가?

① 아르키메데스의 부력 원리
② 토리첼리의 법칙
③ 달톤의 분압법칙
④ 도플러의 원리

해설 편위식 액면계는 아르키메데스의 부력 원리를 이용한 액면계이다.

24 노 내압을 제어하는데 필요하지 않은 조작은?

① 급수량 조작
② 공기량 조작
③ 댐퍼의 조작
④ 연소가스 배출량 조작

해설 노 내압은 연료과 공기 즉, 연소에 관련된 사항이므로 급수량 조작과는 별개의 문제이다.

ANSWER 19.① 20.③ 21.② 22.④ 23.① 24.①

25 다음 중 전기식 제어방식의 특징으로 가장 거리가 먼 것은?

① 고온 다습한 주위 환경에 사용하기 용이하다.
② 전송거리가 길고 전송지연이 생기지 않는다.
③ 신호처리나 컴퓨터 등과의 접속이 용이하다.
④ 배선이 용이하고 복잡한 신호에 적합하다.

[해설] 고온 다습한 주위 환경에서는 감전 사고의 우려가 있다.

26 보일러 열정산 시의 측정사항이 아닌 것은?

① 외기온도
② 급수 압력
③ 배기가스 온도
④ 연료사용량 및 발열량

[해설] 열정산에 급수 압력은 측정을 하지 않는다.

27 방사율이 0.8, 물체의 표면온도가 300℃, 물체 벽면체 온도가 25℃일 때 공간에 방출하는 단위 면적당 방사에너지는 약 몇 W/m^2인가?

① 2,300   ② 3,780
③ 4,550   ④ 5,760

[해설] $4.88 \times 0.8 \times \left(\frac{300+273}{100}\right)^4 - \left(\frac{25+273}{100}\right)^4 \times 1.163$
$= 4,536 W/m^2$
$1KW = 860kcal \quad \therefore \frac{1,000}{860} = 1.163W$

28 다음 중 연속동작이 아닌 것은?

① 비례동작   ② 미분동작
③ 적분동작   ④ ON-Off

[해설] **연속동작** : 비례동작, 적분동작, 미분동작

29 다음 중 물리적 가스분석계가 아닌 것은?

① 전기식 CO_2계
② 연소열식 O_2계
③ 세라믹식 O_2계
④ 자기식 O_2계

[해설] **화학적 가스분석계** : 연소열법, 오르잣법

30 저항온도계의 측온 저항체로 쓰이지 않는 것은?

① Fe   ② Ni
③ Pt   ④ Cu

[해설] **저항온도계 측온저항체** : Ni, Pt, Cu

31 광전관식 온도계의 특징에 대한 설명으로 옳은 것은?

① 응답속도가 매우 빠르다.
② 구조가 다소 복잡하다.
③ 기록의 제어가 불가능하다.
④ 고정물체의 측정만 가능하다.

[해설] **광전관식 온도계 특징**
① 응답속도가 느리다.
② 구조가 다소 복잡하다.
③ 자동제어 및 기록이 용이하다.
④ 이동하는 물체의 측정이 용이하다.

ANSWER 25.① 26.② 27.③ 28.④ 29.② 30.① 31.②

32 열정산에서 출열 항목에 해당하는 것은?

① 공기의 현열
② 연료의 현열
③ 연료의 발열량
④ 배기가스의 현열

해설 입열항목
연료의 발열량, 연료의 현열, 공기의 현열, 노내분 입증기열

출열항목
① 유효출열
② 손실열(배기가스에 의한 손실열, 미연소가스에 의한 손실열, 불완전연소에 의한 손실열, 방산에 의한 손실열)

33 다음 단위 중에서 에너지의 차원을 가지고 있는 것은?

① $kg \cdot m/s^2$ ② $kg \cdot m^2/s^2$
③ $kg \cdot m^2/s^3$ ④ $kg \cdot m^2/s$

해설 에너지의 차원($kg \cdot m^2/s^2$)

34 연료가 보유하고 있는 열량으로부터 실제 유효하게 이용된 열량과 각종 손실에 의한 열량 등을 조사하여 열량의 출입을 계산한 것은?

① 열정산
② 보일러효율
③ 전열면부하
④ 상당증발량

해설 연료가 보유하고 있는 열량으로부터 실제 유효하게 이용된 열량과 각종 손실에 의한 열량 등을 조사하여 열량의 출입을 계산한 것을 열정산이라 한다.

35 보일러의 자동제어와 관련된 약호가 틀린 것은?

① FWC : 급수제어
② ACC : 자동연소제어
③ ABC : 보일러 자동제어
④ STC : 증기압력제어

해설 STC : 증기온도제어

36 부력과 중력의 평형을 이용하여 액면을 측정하는 것은?

① 초음파식 액면계
② 정전용량식 액면계
③ 플로트식 액면계
④ 차압식 액면계

해설 플로트식 액면계는 부력을 이용하여 액면을 측정한다.

37 가정용 수도미터에 사용되는 유량계는?

① 플로우 노즐 유량계
② 오벌유량계
③ 월트만 유량계
④ 플로트 유량계

해설 가정용 수도미터는 월트만 유량계가 사용된다.

38 각 물리량에 대한 SI 기본단위의 명칭이 아닌 것은?

① 전류-암페어(A)
② 온도-섭씨(℃)
③ 광도-칸델라(cd)
④ 물질의 양-몰(mol)

해설 온도-절대온도(K)

ANSWER 32.④ 33.② 34.① 35.④ 36.③ 37.③ 38.②

39 다음 상당증발량을 구하는 식에서 i_2가 뜻하는 것은?

$$상당증발량 = \frac{G(i_2 - i_1)}{538.8} (kg/h)$$

① 증기발생량
② 급수의 엔탈피
③ 발생증기의 엔탈피
④ 대기압 하에서 발생하는 포화증기의 엔탈피

해설
i_2 : 발생증기의 엔탈피
i_1 : 급수엔탈피
G : 매 시간당 증발량

40 다음 중 열량의 단위가 아닌 것은?

① 주울(J)
② 중량 킬로그램미터(kg·m)
③ 왓트시간(Wh)
④ 입방미터매초(m^3/s)

해설 유량단위(m^3/s)

제3과목 열설비구조 및 시공

41 동관의 압축이음 시 동관의 끝을 나팔형으로 만드는데 사용되는 공구는?

① 사이징 툴   ② 플레어링 툴
③ 튜브 벤더   ④ 익스펜더

해설
동관용 공구
① 토치 램프 : 납땜, 동관접합, 벤딩 등의 작업을 하기 위해 가열용으로 사용하는 가열공구
② 사이징 툴 : 동관의 끝을 정확하게 원형으로 가공하는 공구
③ 튜브 벤더 : 동관 굽힘용 공구
④ 익스펜더 : 동관의 확관용 공구
⑤ 플레어링 툴 : 동관의 압축 접합용 공구

42 보온 시공 상의 주의사항으로 틀린 것은?

① 보온재와 보온재의 틈새는 되도록 적게 한다.
② 냉·온수 수평배관의 현수밴드는 보온을 내부에서 한다.
③ 증기관 등이 벽·바닥 등을 관통할 때는 벽면에서 25mm 이내는 보온하지 않는다.
④ 보온의 끝 단면은 사용하는 보온재 및 보온 목적에 따라 필요한 보호를 한다.

해설 냉·온수 수평배관의 현수밴드는 보온을 외부에서 한다.

43 섹션이라고 불리는 여러 개의 물집들을 연결하고 하부로 급수하여 상부로 증기 또는 온수를 방출하는 구조로 되어 있으며, 압력에 약해서 0.3MPa 이하에서 주로 사용하는 보일러는?

① 노통연관식 보일러
② 관류 보일러
③ 수관식 보일러
④ 주철제 보일러

해설 주철제 보일러는 여러 개의 섹션을 조립하여 제작한다.

44 보일러 노통 안에 겔로웨이관(galloway tube)을 2~4개 설치하는 이유로 가장 적합한 것은?

① 전열면적을 증대시키기 위함
② 스케일의 부착방지를 위함
③ 소형으로 제작하기 위함
④ 증기가 새는 것을 방지하기 위함

해설 겔로웨이관의 설치 목적
① 전열면적 증가
② 물의 순환양호
③ 노통 강도보강

45 열전도율 30kcal/m·h·°C, 두께 10mm인 강판의 양면 온도차가 2°C이다. 이 강판 1m²당 전열량(kcal/h)은?

① 60,000   ② 15,000
③ 6,000   ④ 1,500

해설 $\frac{30 \times 2}{0.01} = 6,000 \text{kcal/h}$

46 다음 중 유기질 보온재가 아닌 것은?

① 펠트   ② 기포성 수지
③ 코르크   ④ 암면

해설 암면 : 무기질 보온재

47 보온재에서 열전도율이 작아지는 요인이 아닌 것은?

① 기공이 작을수록
② 재질의 밀도가 클수록
③ 재질 내의 수분이 적을수록
④ 재료의 두께가 두꺼울수록

해설 재질의 밀도가 작을수록 열전도율이 작아진다.

48 보일러 통풍기의 회전수(N)와 풍량(Q), 풍압(P), 동력(L)에 대한 관계식 중 틀린 것은?

① $Q_2 = P_1(\frac{N_2}{N_1})^{1/2}$ ② $Q_2 = Q_1(\frac{N_2}{N_1})$
③ $P_2 = P_1(\frac{N_2}{N_1})^2$ ④ $L_2 = L_1(\frac{N_2}{N_1})^3$

해설 상사의 법칙에서 풍량은 회전수에 비례, 풍압은 회전수의 2승에 비례, 축동력은 회전수 3승에 비례한다.

49 절탄기(economizer)에 관한 설명으로 틀린 것은?

① 보일러 드럼 내의 열응력을 경감시킨다.
② 배기가스의 폐열을 이용하여 연소용 공기를 예열하는 장치이다.
③ 보일러의 효율이 증대된다.
④ 일반적으로 연도의 입구에 설치된다.

해설 절탄기는 급수를 예열하는 장치이다.

50 패킹 재료 중 합성수지류로서 탄성은 부족하나 약품, 기름에도 침식이 적어 많이 사용되며, 내열성이 양호한 것은?

① 테프론   ② 네오프렌
③ 콜크   ④ 우레탄

해설 테프론은 합성수지류로서 탄성은 부족하나 약품, 기름에도 침식이 적어 많이 사용되며, 내열성이 양호하다.

51 글로브 밸브의 디스크 형상 종류에 속하지 않는 것은?

① 스윙형   ② 반구형
③ 원뿔형   ④ 반원형

ANSWER 44.① 45.③ 46.④ 47.② 48.① 49.② 50.① 51.①

해설 글로브 밸브의 디스크 형상 종류(반구형, 원뿔형, 반원형)

52 다음 중 관류식 보일러에 해당되는 것은?

① 슐처 보일러
② 레플러 보일러
③ 열매체 보일러
④ 슈미드-하트만 보일러

해설 관류 보일러(벤손, 슐처, 람진, 앳모스 보일러 등)

53 증기트랩의 구비 조건이 아닌 것은?

① 마찰저항이 적을 것
② 내구력이 있을 것
③ 공기를 뺄 수 있는 구조로 할 것
④ 보일러 정지와 함께 작동이 멈출 것

해설 증기트랩은 정지 후에도 물 빠짐이 좋을 것

54 과열증기 사용 시 장점에 대한 설명으로 틀린 것은?

① 이론상의 열효율이 좋아진다.
② 고온부식이 발생하지 않는다.
③ 증기의 마찰저항이 감소된다.
④ 수격작용이 방지된다.

55 다음 중 내화 점토질 벽돌에 속하지 않는 것은?

① 납석질 벽돌
② 샤모트질 벽돌
③ 고알루미나 벽돌
④ 반규석질 벽돌

해설 · 산성내화물 : 규석질, 반규석질, 납석질, 샤모트질

· 중성내화물 : 고알루미나질, 탄소질, 탄화규소질, 크롬질

56 다음 중 노재가 갖추어야 할 조건이 아닌 것은?

① 사용 온도에서 연화 및 변형이 되지 않을 것
② 팽창 및 수축이 잘 될 것
③ 온도급변에 의한 파손이 적을 것
④ 사용목적에 따른 열전도율을 가질 것

해설 노재는 팽창 수축이 적어야 한다.

57 원심펌프의 소요동력이 15kW이고, 양수량이 4.5m³/min일 때, 이 펌프의 전양정은? (단, 펌프의 효율은 70%이며, 유체의 비중량은 1,000kg/m³이다.)

① 10.5m ② 14.28m
③ 20.4m ④ 28.56m

해설 $\dfrac{102 \times 0.7 \times 15 \times 60}{1,000 \times 4.5} = 14.28\text{m}$

58 직경 500mm, 압력 12kg/cm²의 내압을 받는 보일러 강판의 최소두께는 몇 mm로 하여야 하는가? (단, 강판의 인장응력은 30kg/mm², 안전율은 4.5이고, 이음효율은 0.58로 가정하며 부식여유는 1mm이다.)

① 8.8mm ② 7.8mm
③ 7.0mm ④ 6.3mm

해설 $\dfrac{PD}{200S\eta - 2P} + C$

$\dfrac{12 \times 500}{200 \times \dfrac{30}{4.5} \times 0.58 - 2 \times 12} + 1 \fallingdotseq 9\text{mm}$

ANSWER 52.① 53.④ 54.② 55.③ 56.② 57.② 58.①

59 증기보일러에는 원칙적으로 2개 이상의 안전밸브를 설치하여야 하지만, 1개를 설치할 수 있는 최대 전열면적 기준은?

① 10m² 이하
② 30m² 이하
③ 50m² 이하
④ 100m² 이하

해설) 증기보일러에는 원칙적으로 2개 이상의 안전밸브를 설치하여야 하지만, 전열면적이 50m² 이하의 경우에는 1개를 설치한다.

60 노통 보일러의 특징에 관한 설명으로 틀린 것은?

① 구조가 간단하고 제작이 쉽다.
② 급수처리가 비교적 복잡하다.
③ 전열면적이 다른 형식에 비해 적어 효율이 낮다.
④ 수부가 커서 부하변동에 영향을 적게 받는다.

해설) 수관 보일러에 비해 급수처리가 까다롭지 않다.

제4과목 열설비취급 및 안전관리

61 다음은 보일러 수압시험 압력에 관한 설명이다. ㉠~㉣에 해당하는 숫자로 알맞은 것은?

[보기]
강철제 보일러의 수압시험은 최고사용압력이 (㉠) 이하일 때는 그 최고사용압력의 (㉡)배의 압력으로 한다. 다만, 그 시험압력이 (㉢) 미만인 경우에는 (㉣)로 한다.

① ㉠ 4.3MPa, ㉡ 1.5
　㉢ 0.2MPa, ㉣ 0.2MPa
② ㉠ 4.3MPa, ㉡ 2
　㉢ 2MPa, ㉣ 2MPa
③ ㉠ 0.43MPa, ㉡ 2
　㉢ 0.2MPa, ㉣ 0.2MPa
④ ㉠ 0.43MPa, ㉡ 1.5
　㉢ 0.2MPa, ㉣ 2MPa

62 에너지이용합리화법상 특정열사용기자재 중 요업요로에 해당하는 것은?

① 용선로
② 금속소둔로
③ 철금속가열로
④ 회전가마

해설) 회전가마는 요업요로이다.

63 에너지이용합리화법에 의한 검사대상 기기의 개조검사 대상이 아닌 것은?

① 보일러 섹션의 증감에 의하여 용량을 변경하는 경우
② 증기보일러를 온수보일러로 개조하는 경우
③ 연료 또는 연소방법을 변경하는 경우
④ 보일러의 증설 또는 개체하는 경우

해설) 개조검사 항목
① 증기 보일러를 온수 보일러로 개조하는 경우
② 보일러 섹션의 증감에 의하여 용량을 변경하는 경우
③ 동체·돔·노통·연소실·경판·천정판·관판·관모음 또는 스테이의 변경으로서 산업통상자원부장관이 정하여 고시하는 수리의 경우
④ 연료 또는 연소방법을 변경하는 경우
⑤ 철금속가열로로서 산업통상자원부장관이 정하여 고시하는 경우의 수리

ANSWER 59.③ 60.② 61.③ 62.④ 63.④

64 주형방열기에 온수를 흐르게 할 경우, 상당방열면적(EDR)당 발생되는 표준방열량(kW/m²)은?

① 0.332　② 0.523
③ 0.755　④ 0.899

해설 온수의 표준방열량은 450kcal/m²h이다.
그러므로 450/860=0.523kW/m²

65 보일러를 2~3개월 이상 장기간 휴지하는 경우 가장 적합한 보존방법은?

① 건조보존법　② 습식보존법
③ 단기만수보존법　④ 장기만수보존법

해설 장기간 보존법으로는 건조보존법이 적합하다.

66 보일러 급수처리법 중 내처리 방법은?

① 여과법　② 폭기법
③ 이온교환법　④ 청관제의 사용

해설 청관제 처리는 보일러 내처리 방법이다.

67 보일러 내의 스케일 발생방지 대책으로 틀린 것은?

① 보일러수에 약품을 넣어 스케일 성분이 고착되지 않게 한다.
② 기수분리기를 설치하여 경도 성분을 제거한다.
③ 보일러수의 농축을 막기 위하여 관수 분출작업을 적절히 한다.
④ 급수 중의 염류 등 스케일 생성 성분을 제거한다.

해설 기수분리기는 수분과 증기를 분리하여 건증기를 얻기 위해 설치된다.

68 보일러 관수의 분출 작업 목적이 아닌 것은?

① 스케일 부착 방지
② 저수위 운전 방지
③ 포밍, 프라이밍 현상을 방지
④ 슬러지 취출

해설 분출의 목적
① 스케일 부착 방지
② 고수위 운전 방지
③ 포밍, 프라이밍 현상을 방지
④ 슬러지 취출
⑤ 관수의 농축방지 및 PH 조절

69 에너지이용합리화법에 따라 특정열사용기자재의 안전관리를 위해 산업통상자원부장관이 실시하는 교육의 대상자가 아닌 자는?

① 에너지관리자
② 시공업의 기술인력
③ 검사대상기기 조종자
④ 효율관리기자재 제조자

해설 효율관리기자재 제조자는 안전관리의 교육대상자가 아니다.

70 에너지이용합리화법에 따라 에너지다소비사업자가 매년 1월 31일까지 신고해야 할 사항이 아닌 것은?

① 전년도의 수지계산서
② 전년도의 분기별 에너지이용 합리화 실적
③ 해당 연도의 분기별 에너지사용 예정량
④ 에너지사용기자재의 현황

ANSWER　64.②　65.①　66.④　67.②　68.②　69.④　70.①

해설 에너지다소비사업자가 매년 1월 31일까지 신고해야 할 사항
- 전년도의 에너지사용량·제품생산량
- 전년도의 에너지 이용합리화 실적 및 당해연도의 계획
- 당해연도의 에너지 사용 예정량 및 제품 생산 예정량
- 에너지 사용기자재의 현황

71 에너지이용합리화법에 따라 에너지이용합리화 기본계획 사항에 포함되지 않는 것은?

① 에너지 소비형 산업구조의 전환
② 에너지원간 대체(代替)
③ 열사용기자재의 안전관리
④ 에너지의 합리적인 이용을 통한 온실가스의 배출을 줄이기 위한 대책

해설 기본계획은 다음과 같다.
① 에너지절약형 경제 구조로의 전환
② 에너지이용효율의 증대
③ 에너지이용합리화를 위한 기술개발
④ 에너지이용합리화를 위한 홍보 및 교육
⑤ 에너지의 대체 계획
⑥ 열사용기자재의 안전관리
⑦ 에너지이용합리화를 위한 가격 예시제의 시행에 관한 사항
⑧ 에너지의 이용을 통한 이산화탄소의 배출감소 대책
⑨ 기타 에너지이용합리화의 추진에 필요한 사항

72 보일러 운전 정지 시 주의사항으로 틀린 것은?

① 작업종료 시까지 증기의 필요량을 남긴 채 운전을 정지한다.
② 벽돌 쌓은 부분이 많은 보일러는 압력 상승 방지를 위해 급히 증기밸브를 닫는다.
③ 보일러의 압력을 급히 내리거나 벽돌 등을 급냉시키지 않는다.
④ 보일러 수는 정상수위보다 약간 높게 급수하고, 급수 후 증기밸브를 닫고, 증기관의 드레인밸브를 열어 놓는다.

해설 벽돌 쌓은 부분이 많은 보일러는 압력 상승 방지를 위해 서서히 증기밸브를 닫는다.

73 중유를 A급, B급, C급의 3종류로 나눌 때, 이것을 분류하는 기준은 무엇인가?

① 점도에 따라 분류
② 비중에 따라 분류
③ 발열량에 따라 분류
④ 황의 함유율에 따라 분류

해설 중유는 점도에 따라 A, B, C 중유로 분류한다.

74 다음 중 원수로부터 탄산가스나 철, 망간 등을 제거하기 위한 수처리 방식은?

① 탈기법　　② 기폭법
③ 응집법　　④ 이온교환법

해설 탄산가스나 철, 망간 등의 제거는 기폭법이다.

75 에너지이용합리화법에 따라 검사에 합격되지 아니한 검사대상기기를 사용한 자에 대한 벌칙 기준은?

① 2년 이하의 징역 또는 2천만원 이하의 벌금
② 1년 이하의 징역 또는 1천만원 이하의 벌금
③ 3천만원 이하의 벌금
④ 5백만원 이하의 벌금

해설 검사에 합격되지 아니한 검사대상기기를 사용한 자에 대한 벌칙은 1년 이하의 징역 또는 1천만원 이하의 벌금

76 진공환수식 증기 난방법에서 방열기 밸브로 사용하는 것은?

① 콕 밸브 ② 팩리스 밸브
③ 바이패스 밸브 ④ 솔레노이드 밸브

해설 방열기 밸브는 팩리스 밸브를 사용한다.

77 연소 조절 시 주의사항에 관한 설명으로 틀린 것은?

① 보일러를 무리하게 가동하지 않아야 한다.
② 연소량을 급격하게 증감하지 말아야 한다.
③ 불필요한 공기의 연소실 내 침입을 방지하고, 연소실 내를 저온으로 유지한다.
④ 연소량을 증가시킬 경우에는 먼저 통풍량을 증가시킨 후에 연료량을 증가시킨다.

해설 연소실 내를 고온으로 유지한다.

78 다음 중 보일러를 점화하기 전에 역화와 폭발을 방지하기 위하여 가장 먼저 취해야 할 조치는?

① 포스트 퍼지를 실시한다.
② 화력의 상승속도를 빠르게 한다.
③ 댐퍼를 열고 체류가스를 배출시킨다.
④ 연료의 점화가 신속하게 이루어지도록 한다.

해설 점화 전에는 댐퍼를 열고 체류가스를 배출하기 위한 프리퍼지를 실시한다.

79 보일러 사용이 끝난 후 다음 사용을 위하여 조치해야 할 주의사항으로 틀린 것은?

① 석탄연료의 경우 재를 꺼내고 청소한다.
② 자동 보일러의 경우 스위치를 전부 정상 위치에 둔다.
③ 예열용 기름을 노 내에 약간 넣어둔다.
④ 유류 사용 보일러의 경우 연료계통의 스톱밸브를 닫고 버너를 청소하고 노 내에 기름이 들어가지 않도록 한다.

해설 노 내에 연료를 넣어 두면 점화 시 폭발의 위험성이 있다.

80 다음 [조건]과 같은 사무실의 난방부하 (kW)는?

[조건]
- 바닥 및 천장 난방면적 : 48m²
- 벽체의 열관류율 : 5kcal/m²·h·℃
- 실내온도 : 18℃
- 외기온도 : 영하 5℃
- 방위에 따른 부가 계수 : 1.1
- 벽체의 전면적 : 70m²

① 24 ② 20
③ 18 ④ 13

해설 $5 \times (48+48+70) \times (18+5) \times 1.1 = 20,999$ kcal/h
$\dfrac{20,999}{860} ≒ 24$ kw

ANSWER 76.② 77.③ 78.③ 79.③ 80.①

에너지관리산업기사 필기

초 판 인쇄 | 2014년 1월 10일
초 판 발행 | 2014년 1월 15일
개정6판 발행 | 2020년 3월 2일
개정7판 발행 | 2022년 1월 20일
개정8판 발행 | 2023년 1월 10일
개정9판 발행 | 2025년 2월 20일

지 은 이 | 안동칠·장영오
발 행 인 | 조규백
발 행 처 | 도서출판 구민사
  (07293) 서울특별시 영등포구 문래북로 116, 604호(문래동3가 46, 트리플렉스)
전   화 | (02) 701-7421
팩   스 | (02) 3273-9642
홈페이지 | www.kuhminsa.co.kr

신고번호 | 제2012-000055호 (1980년 2월 4일)
I S B N | 979-11-6875-497-3   13500

값 34,000원

※ 낙장 및 파본은 구입하신 서점에서 바꿔드립니다.
※ 본서를 허락없이 부분 또는 전부를 무단복제, 게재행위는 저작권법에 저촉됩니다.